CD - ROM

超值语音视频教学光盘↑

光盘操作方法

将随书附赠光盘放入光驱中，几秒钟后光盘将自动运行。若没有自动运行，可在桌面双击"我的电脑"图标，在打开的窗口中右击光盘所在的盘符，在弹出的快捷菜单中执行"自动播放"命令，即可启动并进入视频教学光盘的主界面。

光盘内容预览

- **12小时**超长多媒体语音视频教学，帮助读者迅速掌握案例操作技巧
- **22类1000多个**标准模架及模具标准件，可直接应用到实际操作中
- **100张**行业真实案例建筑设计图，帮助读者快速掌握行业应用标准
- **300个**本书所有案例素材与工程文件，方便读者边学边练、快速上手

1000个标准模架及模具预览

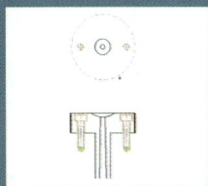

大水口浇口套

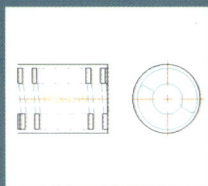

弹簧

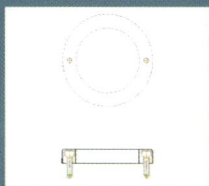

定位环

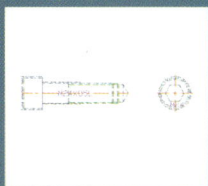

内六角螺丝

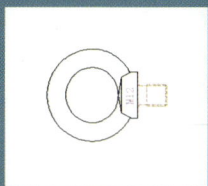

吊环螺丝

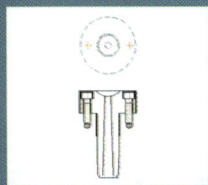

细水口浇口套

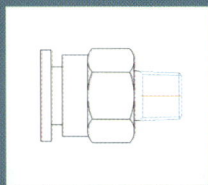

水路

材料标记

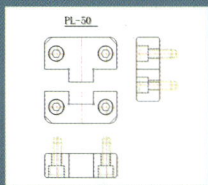

T型管定位块

垃圾钉

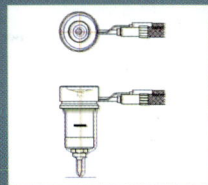

尖咀热流道

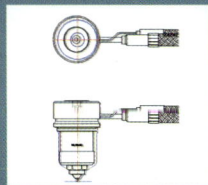

针阀咀热流道

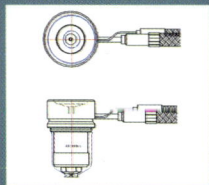

通咀热流道

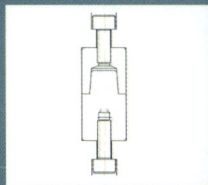

分型面管位块

开闭器

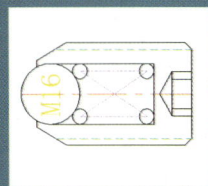

波子螺丝

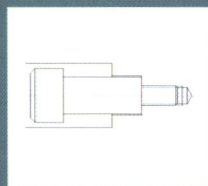

限位螺丝

无头螺丝

斜导柱

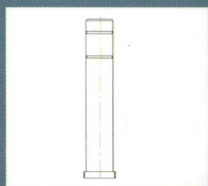

导柱

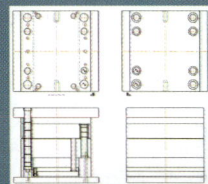

DCI型细水口模架

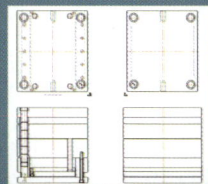

FCH型简化细水口模架

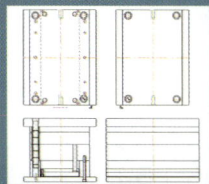

FCI型简化细水口模架

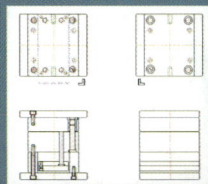

CI型大水口模架

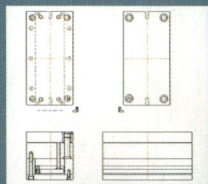

CH型大水口模架

园林景观设计是在一定的地域范围内，运用相关的园林艺术和工程技术手段，通过改造地形、营造建筑和布置园路等途径创造美的自然环境和生活、游憩境域的过程。通过景观设计，使环境具有美学欣赏价值和日常使用的功能，并能保证生态的可持续性发展。本章将以绘制社区花园为例，来介绍 AutoCAD 软件在园林设计领域中的运用。

徐州庭院景观绿化平面图

园林图形设计

植物图例表

序号	名称	图例	规格	单位	数量
1	萱冬		高4CM	M²	30
2	红制蔷薇		高1M	丛	10
3	山茶花		高1M	棵	27
4	桂花		高1.5M、蓬径1M	棵	2
5	芭蕉		高1.5~2M	棵	8
6	红叶李		干径3~6CM	棵	3
7	女贞		干径10M	棵	3
8	毛鹃		高40CM	M²	31
9	小叶黄球		蓬径60CM	棵	4
10	紫薇		干径3CM	棵	6
11	南天竹		高40CM	M²	36
12	刚竹		高3.6M	棵	2400
13	慈孝竹		高2M	墩	20
14	草坪			M²	260
15	山茶		高40CM	M²	31

植物列表

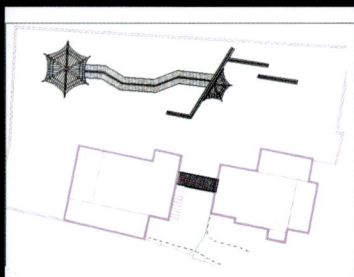

建筑与道路设计

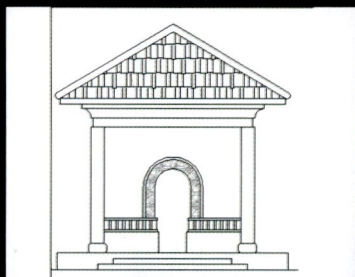

凉亭立面图

电气图形是用电气图形符号、带注释的图框或简化外形表示电气系统或设备中组成部分之间相互关系及其连接关系的图形。本章将介绍电气工程图的基础知识和绘图的一般规则，可让读者对电气工程和电气工程图有一个初步的认识。

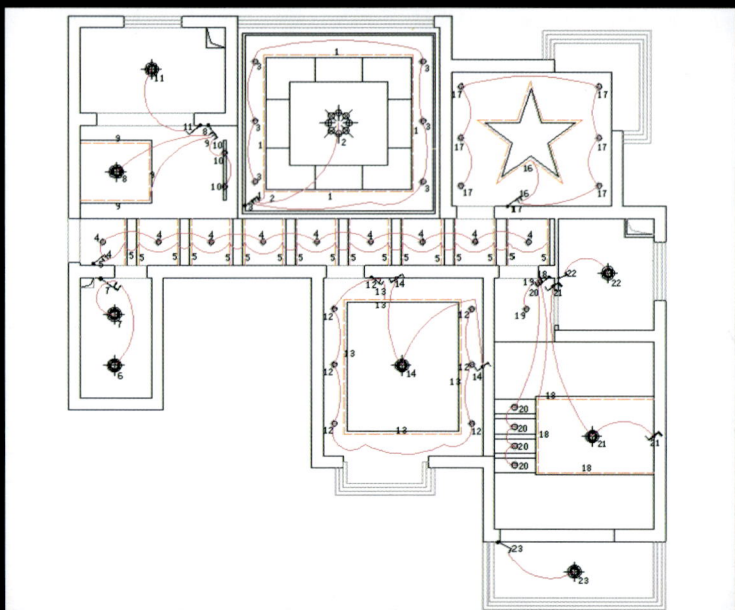

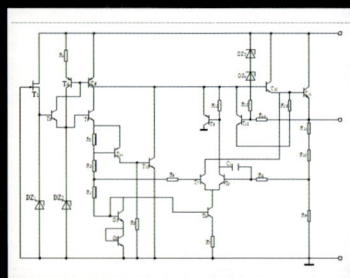

绘制线路图

三居室照明图

机械零件绘制　**P509**

机械制图是用图样确切表示机械的结构形状、尺寸大小、工作原理和技术要求的学科。图样由图形、符号、文字和数字等组成，是表达设计意图和制造要求以及交流经验的技术文件。本章将以法兰盘为例，介绍机械制图的绘制方法与技巧。

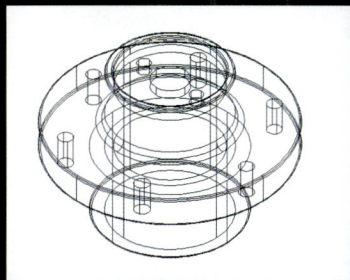

法兰盘实体模型

三维法兰盘

建筑图形设计　**P543**

建筑制图是为建筑设计服务的，因此，在设计的不同阶段，要绘制不同内容的设计图。一张较为完整的建筑图纸是由平面图、立面图和结构大样图这三大类图纸组成的。本章将以三居室平面图为例，介绍 AutoCAD 软件在建筑制图中的运用。

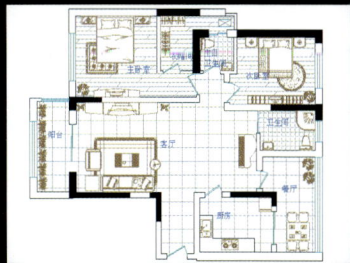

三居室平面布置图

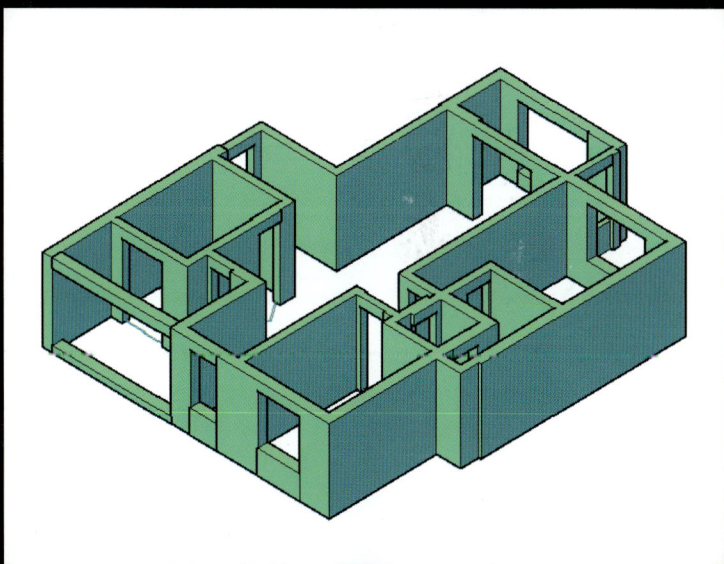

三居室三维效果图

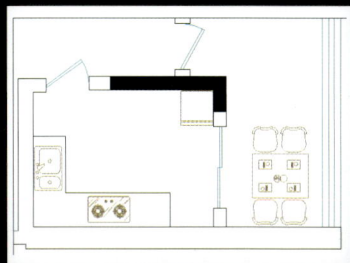

厨房平面图

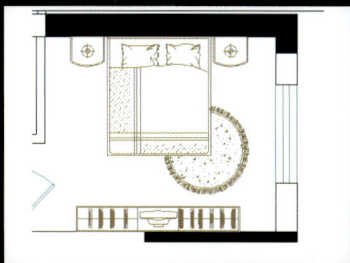

卧室平面图

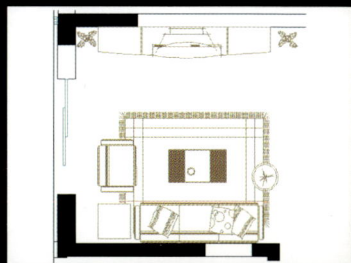

客厅平面图

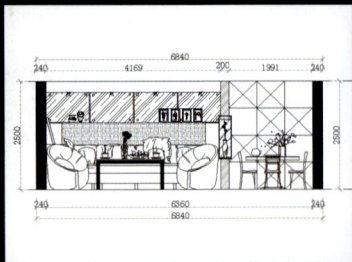

KTV包间立面图

KTV平面布置图

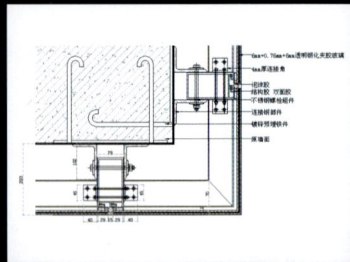

玻璃幕墙局部节点图

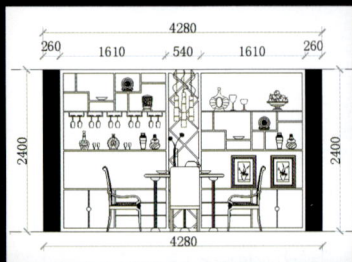

餐厅立面图

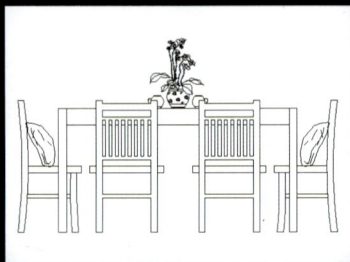

餐桌立面图

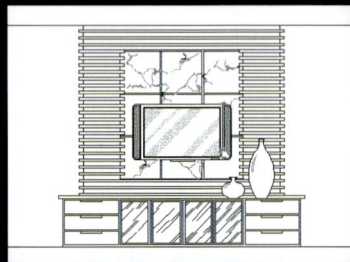

电视背景墙

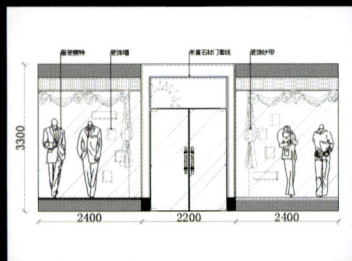

服装专卖店立面图

公园大门立面图

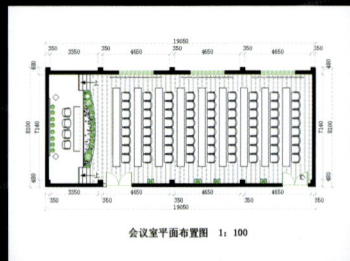

会议室平面布置图

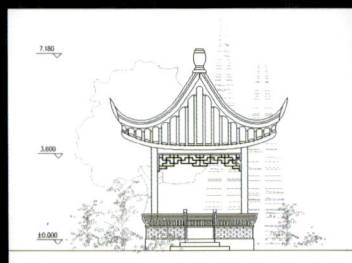

凉亭立面图

沙发背景墙

时尚餐桌

售楼处外立面图

小区单元楼外立面图

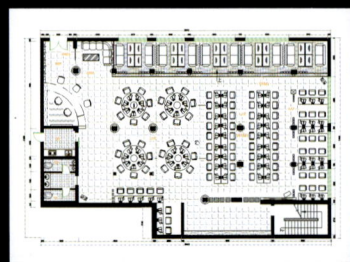

小型网吧平面布置图

双人床组合

可爱婴儿床

门厅三维效果图

三居室卫生间效果图

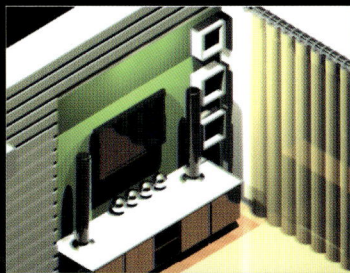
三居室电视背景墙

三居室客厅沙发背景墙

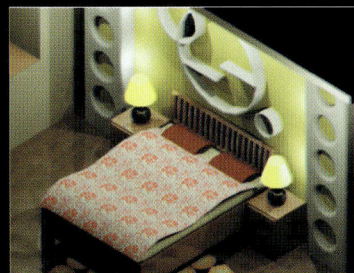
三居室主卧效果图

三居室次卧效果图

三居室餐厅效果图

别墅一层客厅效果图

别墅一层餐厅效果图

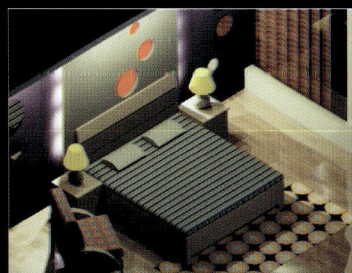
别墅二层主卧效果图

别墅二层会议室效果图

别墅二层书房效果图

KTV包厢局部效果图

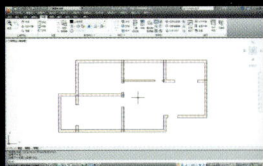
🎥 绘制二维墙体

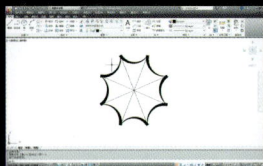
🎥 绘制遮阳伞平面图

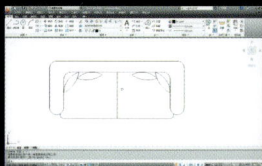
🎥 绘制沙发平面图

🎥 绘制电视机立面图

🎥 插入灯具图块

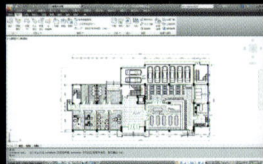
🎥 提取图块属性

🎥 编辑剖面图尺寸标注

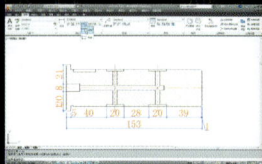
🎥 为零件图添加尺寸标注

🎥 为零件图添加技术要求

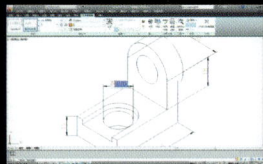
🎥 标注与编辑轴测图尺寸

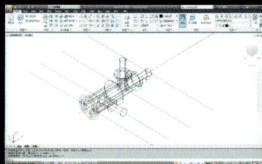
🎥 绘制泵体模型

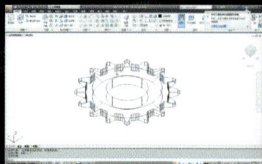
🎥 绘制牙轮实体模型

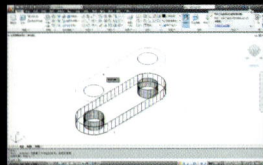
🎥 绘制直纹体面模型

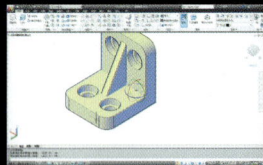
🎥 旋转三维直角模型

🎥 创建平面布置图

🎥 打印剖面图纸

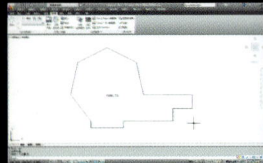
🎥 计算多边形面积

🎥 自动标注平面图序号

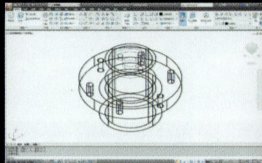
🎥 绘制法兰盘三维模型

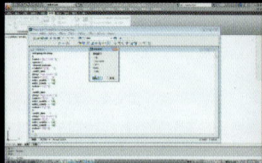
🎥 设计对话框

🎥 更改文字高度

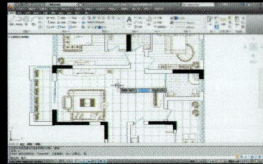
🎥 绘制次卧卫生间

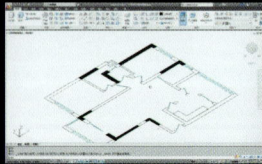
🎥 绘制墙体

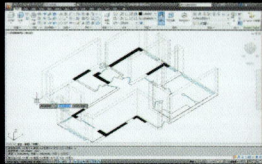
🎥 绘制窗台

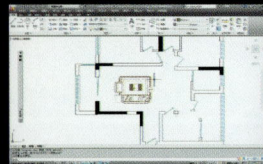
🎥 绘制沙发组合

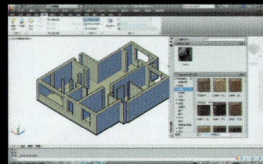
🎥 渲染三维模型

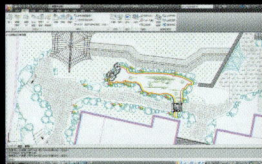
🎥 绘制社区中心平面图

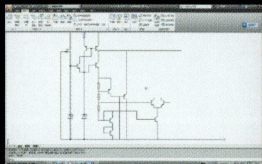
🎥 绘制三维集成稳压器

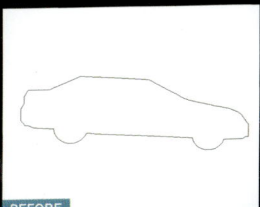

BEFORE

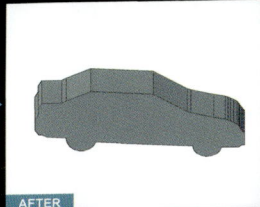

AFTER

拉伸效果

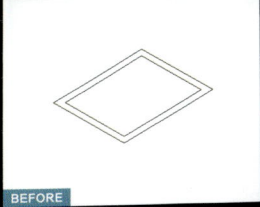

BEFORE

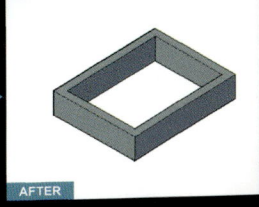

AFTER

拖动效果

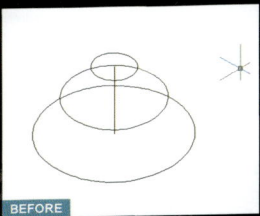

BEFORE

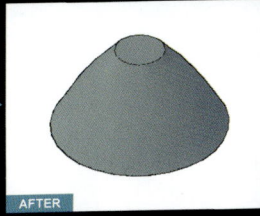

AFTER

放样效果

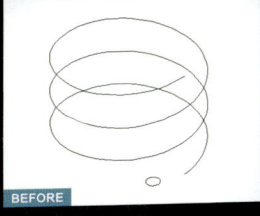

BEFORE

AFTER

扫掠效果

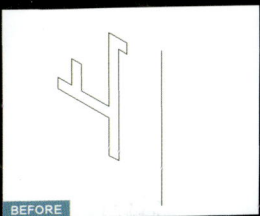

BEFORE

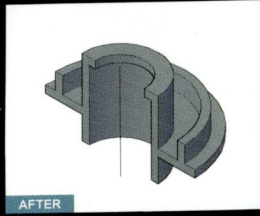

AFTER

旋转效果

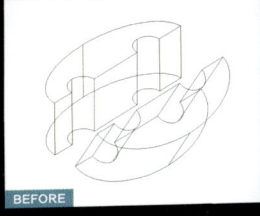

BEFORE

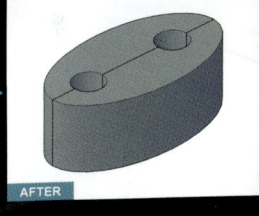

AFTER

对齐效果

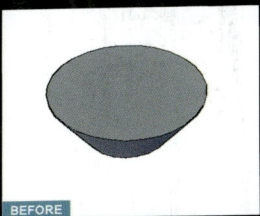

BEFORE

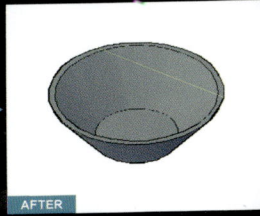

AFTER

抽壳效果

BEFORE

AFTER

三维移动

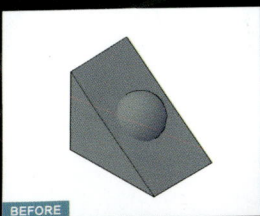

BEFORE

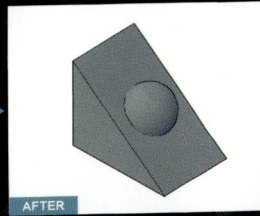

AFTER

并集效果

BEFORE

AFTER

差集结果

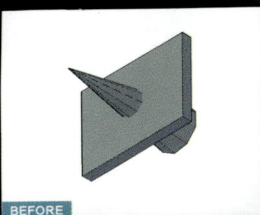

BEFORE

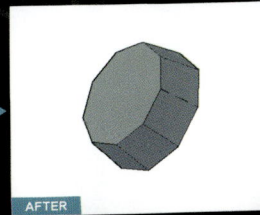

AFTER

交集效果

BEFORE

AFTER

镜像效果

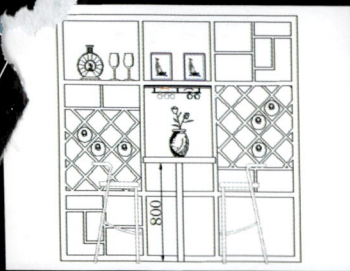

酒柜式吧台

橱柜组合

沙发背景墙

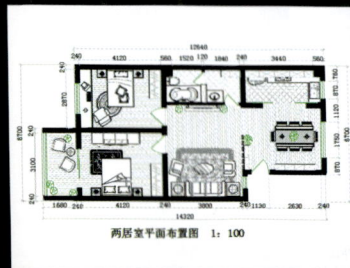

两居室平面布置图

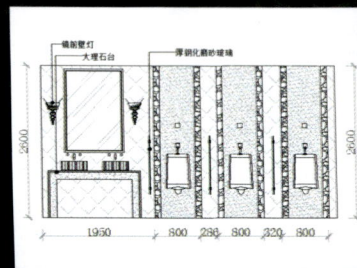

公共卫生间立面图

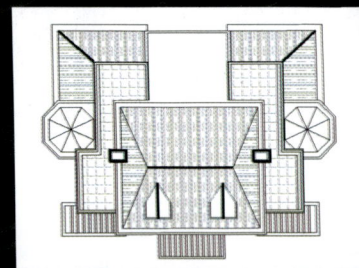

房屋屋顶平面图

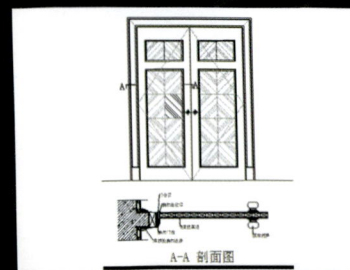

门套大样图

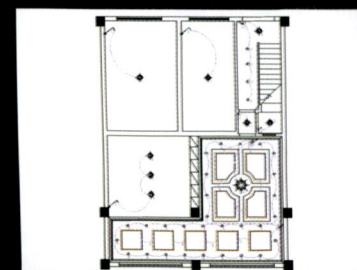

事务所电路布置图

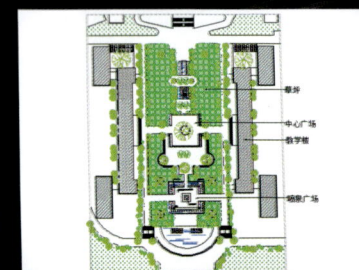

校园广场平面图

酒楼一层平面图

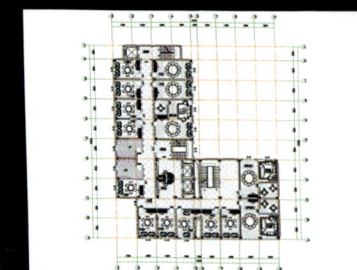

酒楼二、三层平面图

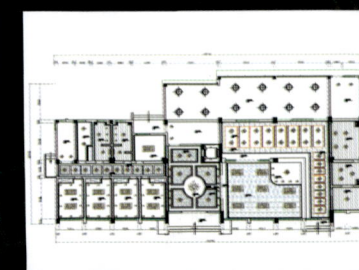

办公楼层顶棚图

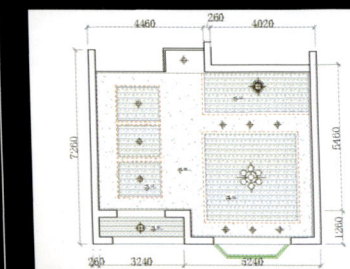

别墅客厅顶棚图

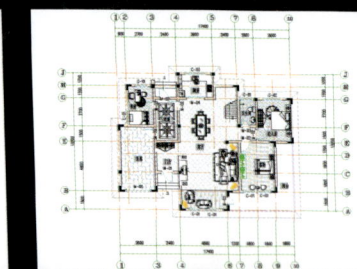

别墅一层平面图

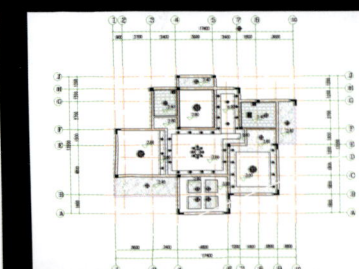

别墅二层顶棚图

别墅一层平面布置图

别墅二层平面布置图

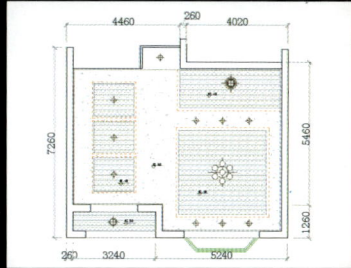
别墅客厅顶棚图

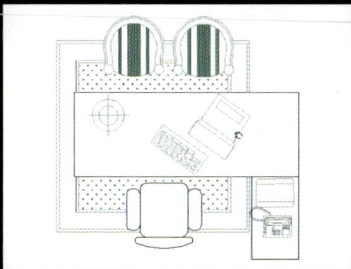
办公组合桌椅

餐厅平面布置图　1:100

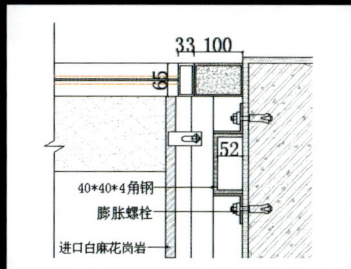
窗帘套节点图

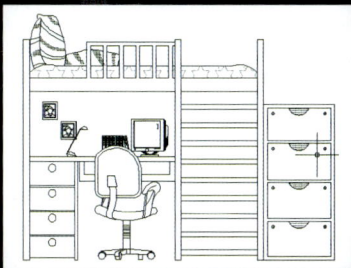
多功能床组合柜

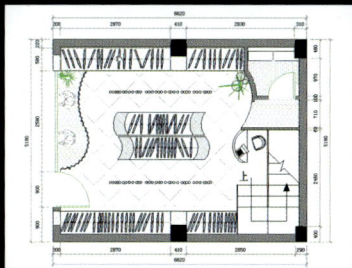
服装店平面布置图

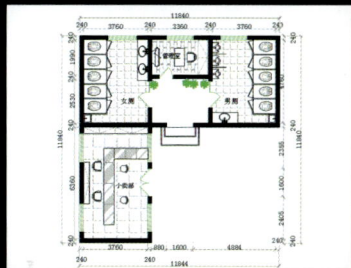
公厕平面布置图

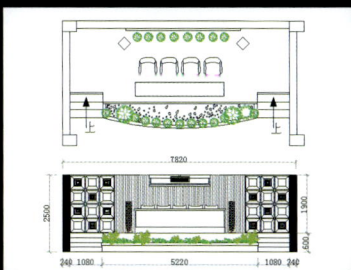
会议室立面图

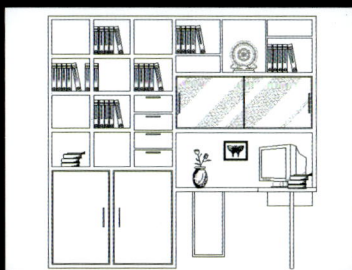
简约组合书柜

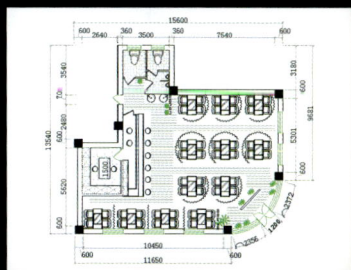
咖啡馆平面布置图

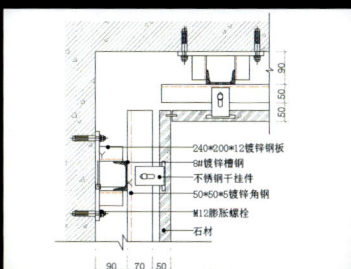
石材幕墙剖面节点图

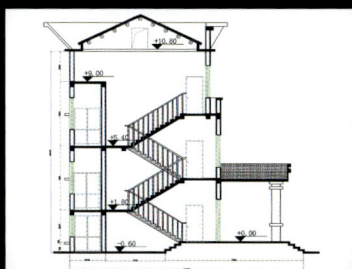
小型写字楼剖面图

住宅屋顶花园平面图

300个案例素材与工程文件

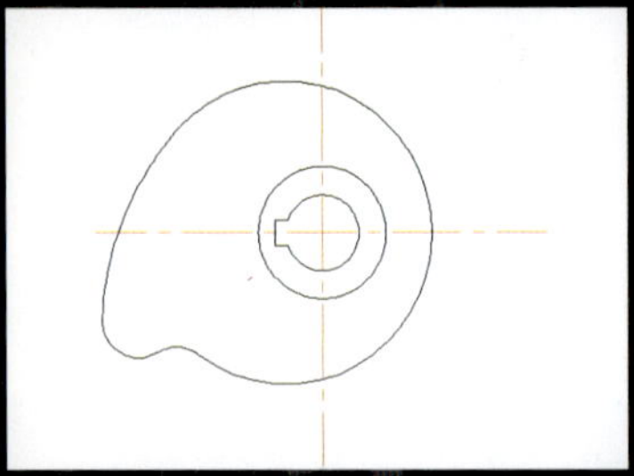

创建偏心轮面域

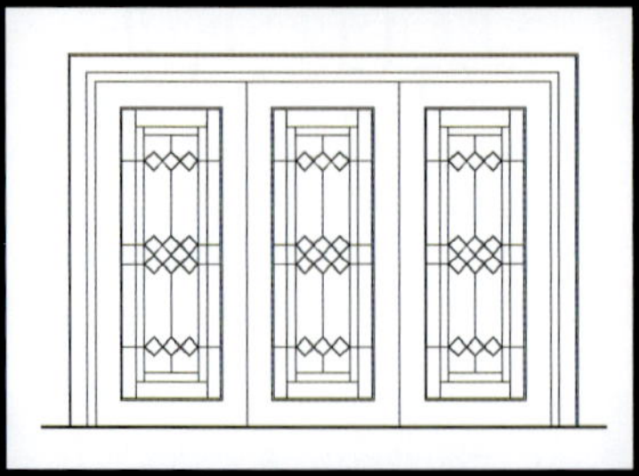

复制推拉门

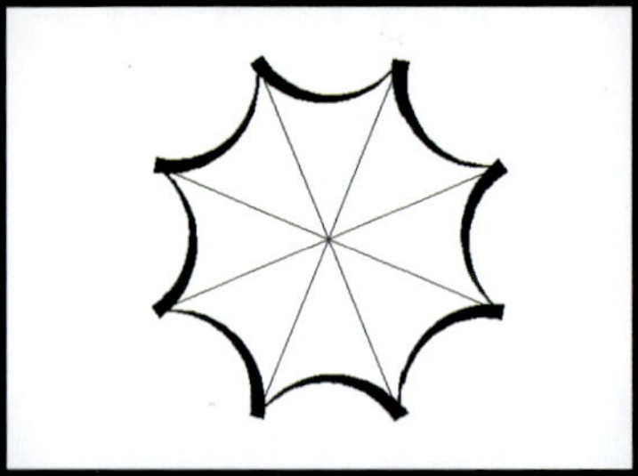

绘制户外遮阳伞平面图

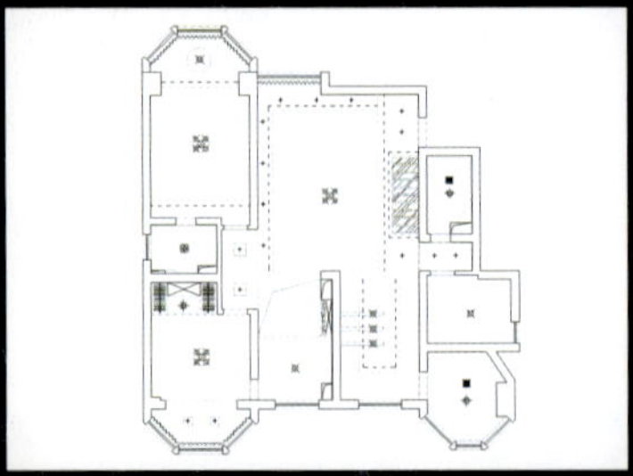

插入灯具图形

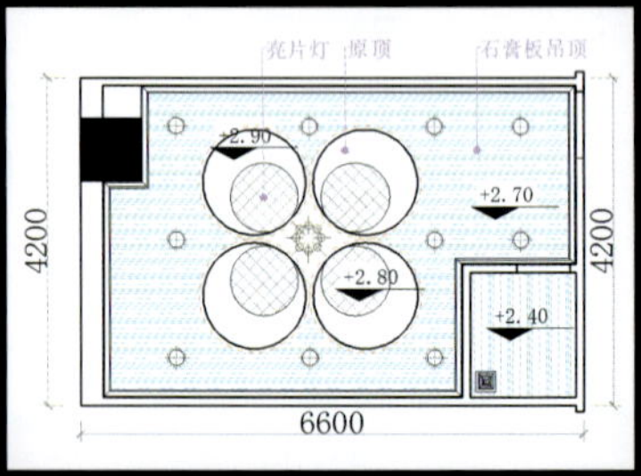

更改图形属性

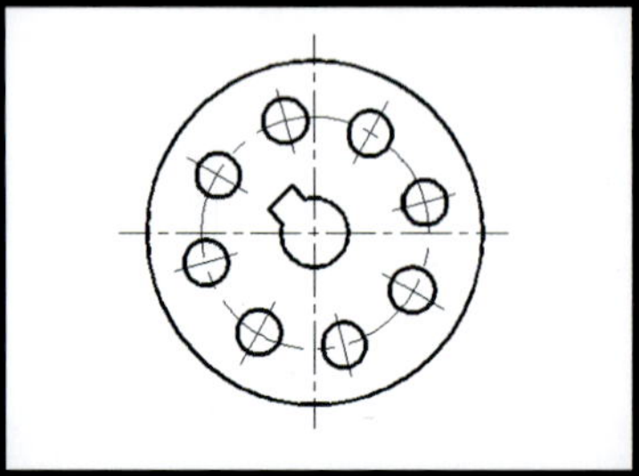

创建动态图块

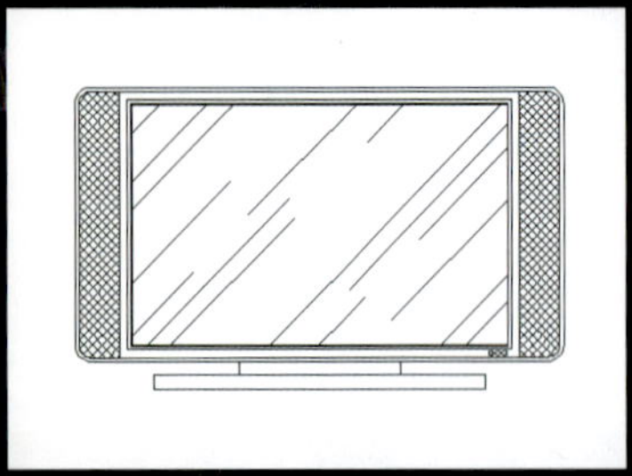

填充电视机立面图

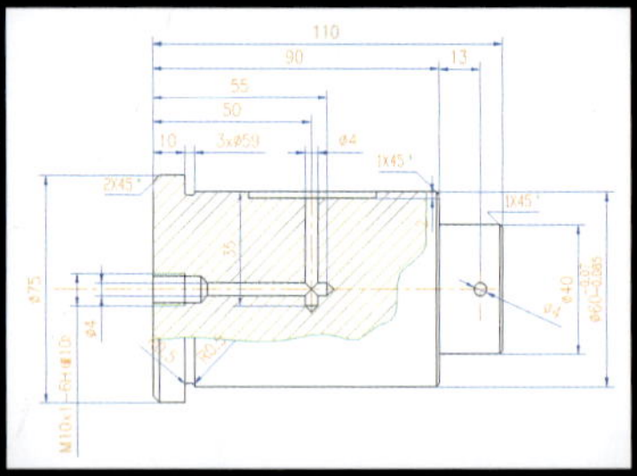

标注剖面图尺寸

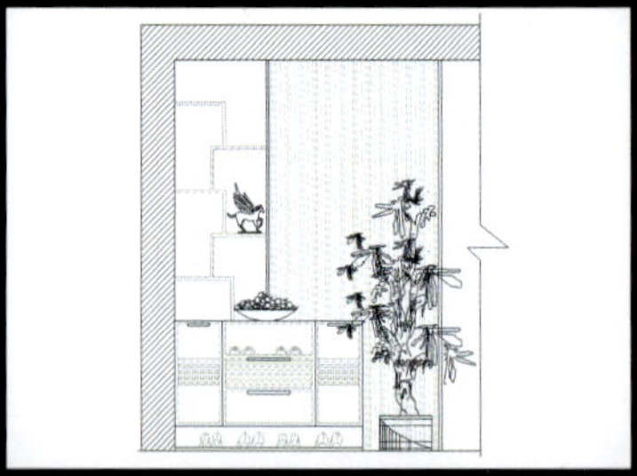

利用布局向导创建布局

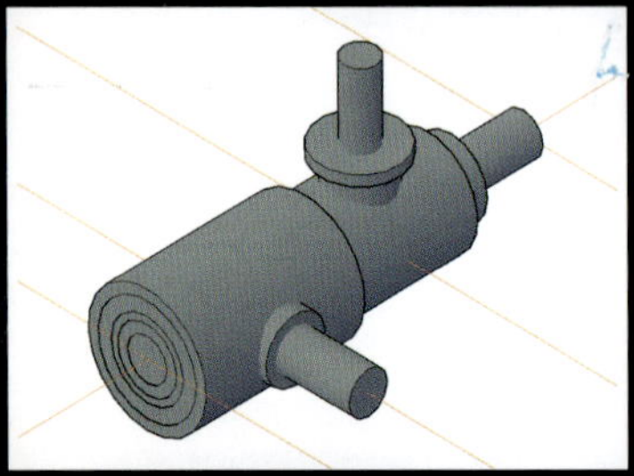

绘制泵体模型

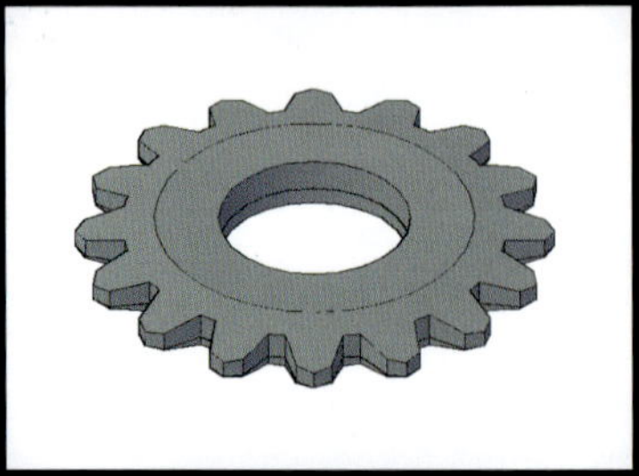

绘制牙轮实体模型

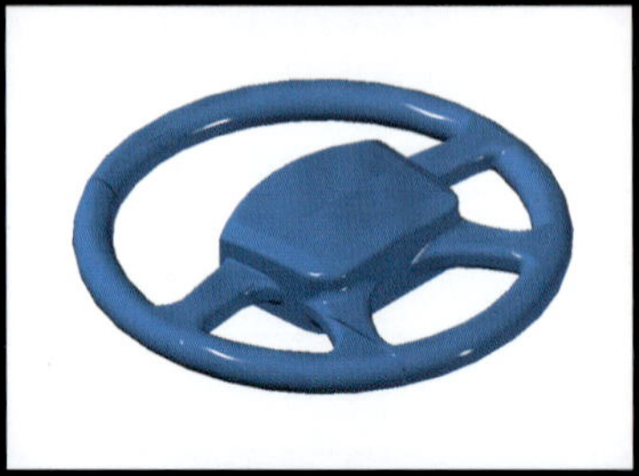

创建新材质

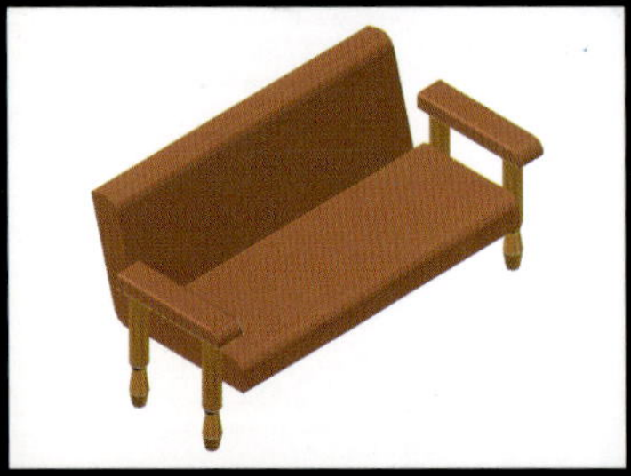

为沙发添加材质

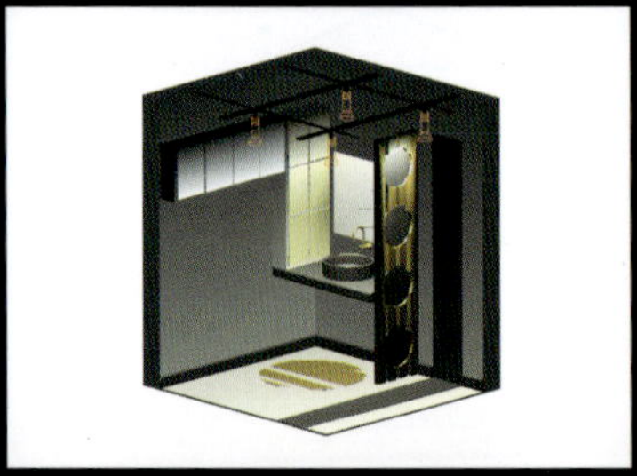

为洗手间添加灯光

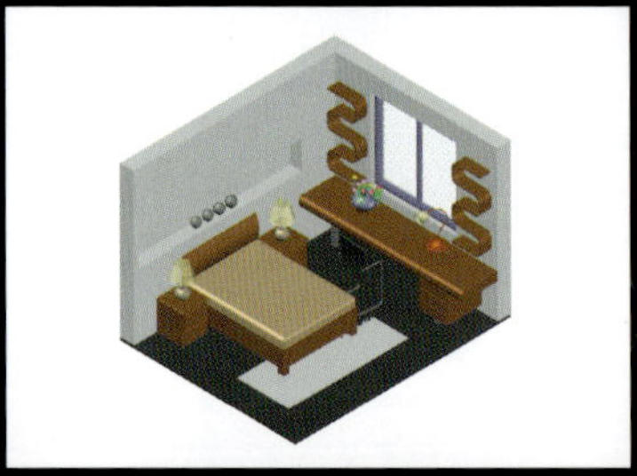

为模型渲染并输出

AutoCAD
应用大全 2012
中文版

开思网 / 编著

中国青年出版社
CHINA YOUTH PRESS　中青雄狮

图书在版编目（CIP）数据

AutoCAD 2012 中文版应用大全 / 开思网编著 . — 2 版 .

— 北京：中国青年出版社，2014.8

ISBN 978-7-5153-2642-9

I. ①A… II. ①开… III. ① AutoCAD 软件 IV. ①TP391.72

中国版本图书馆 CIP 数据核字（2014）第 201738 号

AutoCAD 2012中文版应用大全

开思网 编著

出版发行：中国青年出版社

地   址：北京市东四十二条 21 号

邮政编码：100708

电   话：（010）59521188 / 59521189

传   真：（010）59521111

企   划：北京中青雄狮数码传媒科技有限公司

策划编辑：张   鹏

责任编辑：林 杉

封面设计：六面体书籍设计

            张宇海   王玉平

印   刷：中煤涿州制图印刷厂北京分厂

开   本：787×1092   1/16

印   张：44.875

版   次：2014 年 12 月北京第 2 版

印   次：2014 年 12 月第 1 次印刷

书   号：ISBN 978-7-5153-2642-9

定   价：85.00 元（附赠 1 光盘，含视频教学 + 实例文件 + 工程图纸）

本书如有印装质量等问题，请与本社联系 电话：（010）59521188 / 59521189

读者来信：reader@cypmedia.com

如有其他问题请访问我们的网站：www.lion-media.com.cn

序

十年来，通过开思网这个平台，我们不断地与网友探讨学习和使用AutoCAD的各种问题，历经十年，我们将这些零散的知识点，如整理衣橱一样将顺层次关系，从实际应用角度对各项功能进行全面、透彻的讲解。另外，我们还针对相应知识点安排了大量练习，凝聚开思网上百位资深绘图专家独家创作技巧与多年行业经验，涉及建筑装饰、机械制造、园林设计等当今热门行业。希望本书能够成为您跨入这个行业并迅速提升水平的应用指南。

无论您是在校学生、普通职员还是专业技术人员，都能从本书中找到您所需要的东西，通过学习本书，您还可以拓展自己的知识面，并将自己的行业知识快速转化为生产力。创造价值，这正是开思网的目标所在，对于本书也同样适用！

金欣

开思网创始人

本书由开思网众多版主倾情打造，全面、详细地讲解了Auto CAD的各项基础功能，并涵盖了高级的三维建模、曲面网格以及Auto LISP二次开发等知识。在讲解内容时穿插了大量兼具实用性和可操作性的典型案例，涉及建筑装饰、机械零件设计以及电子电气等当今热门行业，帮助读者在实际操作过程中充分掌握软件的相关知识。

▶本书内容特色

全书共22章，分为6个学习阶段，由浅入深、循序渐进地阐述了AutoCAD 2012的全部功能和应用技巧。包括基础入门篇、提高进阶篇、三维绘图篇、系统设置篇、二次开发篇和综合案例篇，内容涉及建筑图形设计、机械零件制造、园林设计等方面，涵盖行业应用的全部技能。

全面知识覆盖： 300个知识点覆盖建筑装饰、机械制造、电子电气等行业，360度探索CAD设计精髓。

权威专家指导： 350个典型案例凝聚开思网上百位资深绘图专家独家创作技巧，全方位提升用户效率。

实用热点问答： 从网站论坛的上百万个网友提问中提炼的热点技术问答，帮助读者轻松攻克技术难关。

优秀作品赏析： 为了让读者有一个好的学习心情，精选业内优秀作品放在每章的开始，供读者参考。

▶随书光盘赠送

随书附赠的光盘中包含大量丰富的学习资源，方便读者学习使用。

- 12小时本书基础知识+案例操作语音视频教学，详细讲解案例制作方法与软件操作技巧。
- 22类1000多个CAD图纸及效果图，包括FCI型简化细水口模架、顶针等。
- 近300个本书实例素材和工程文件，方便读者边学边练、快速上手。
- 100张行业真实案例建筑设计图，帮助读者提高实际操作能力。

▶适用读者群

本书面向广大AutoCAD初、中、高级用户，既可作为了解Auto CAD各项功能和最新特性的应用指南，也可作为提高用户设计和创新能力的指导。本书适用于以下读者：

- 机械、建筑、园林设计行业的相关设计师
- 大中专院校相关专业的师生
- 参加计算机辅助设计培训的学员
- 想快速掌握AutoCAD软件并应用于实际的初学者

真诚希望本书能够对读者有一定的帮助，可以指导读者在CAD绘图和行业应用中崭露头角，为行业发展贡献绵薄之力。本书力求严谨，但由于时间有限，疏漏之处在所难免，望广大读者批评指正。

编 者

CONTENTS

目 录

PART 01　基础入门篇

PART 02 提高进阶篇

第4章 线型、线宽和图层的设置

第5章 图案填充与信息查询

第6章 图块与外部参照

PART 03 三维绘图篇

PART 06　综合案例篇

PART 01

基础
入门篇

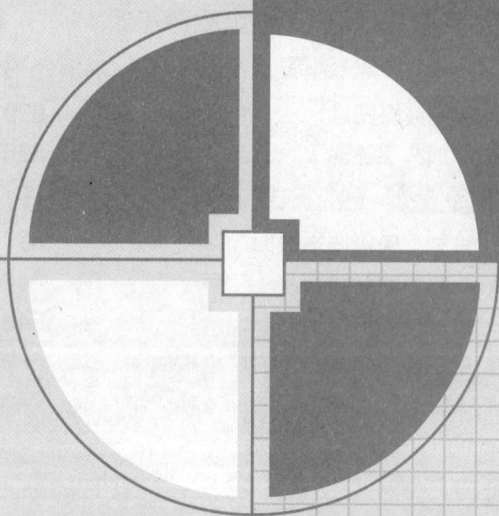

AutoCAD 2012
基础知识

随着当今科学技术的发展，AutoCAD软件已被广泛运用到了各行各业中，如建筑设计、工业设计、服装设计、机械设计以及电子电气设计等。本章将向读者介绍新版本AutoCAD 2012的一些新增功能、图形基本操作以及绘图环境的设置等基础知识。

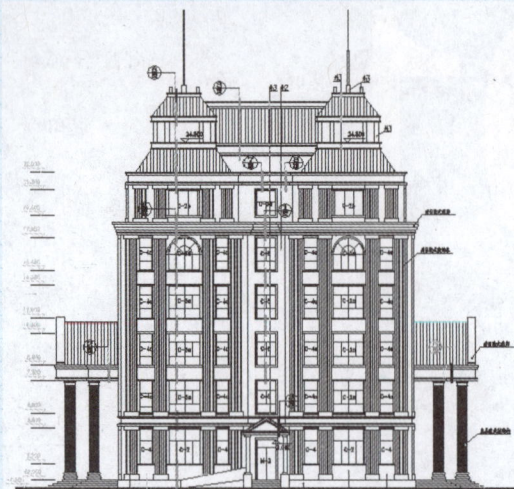

01 欧式教堂立面图

通过运用"直线"、"图案填充"、"圆弧"等基本命令,完成该欧式教堂立面图的绘制。

02 仿古长方凉亭立面图

在绘制一些较为复杂的图形时,学会运用"块"命令,即可方便轻松完成。

03 小区单元楼立面图

在绘制住宅单元楼立面图时,只需巧妙运用"直线"、"偏移"、"镜像"和"复制"命令,即可轻松完成。

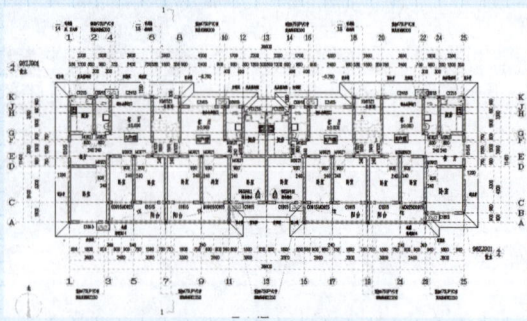

04 一梯两户平面户型图

该图纸是运用天正建筑软件绘制的,天正建筑软件常常用于绘制一些大型建筑工程图纸。

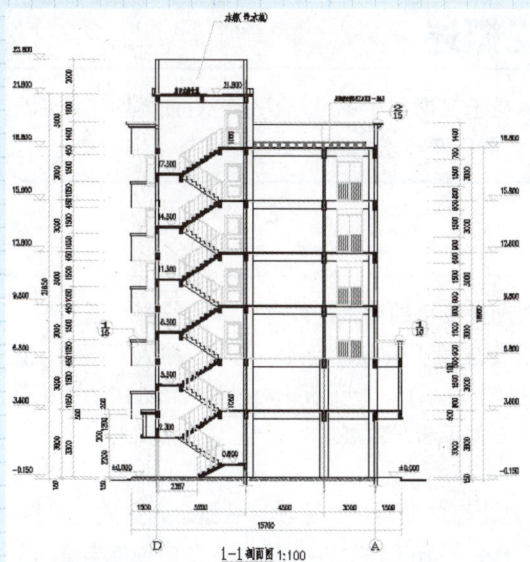

05 单元楼剖面图

在天正建筑软件中可将复杂平面图纸通过指定操作,迅速生成立面图形,再加以适当的装饰调整即可形成剖面图。

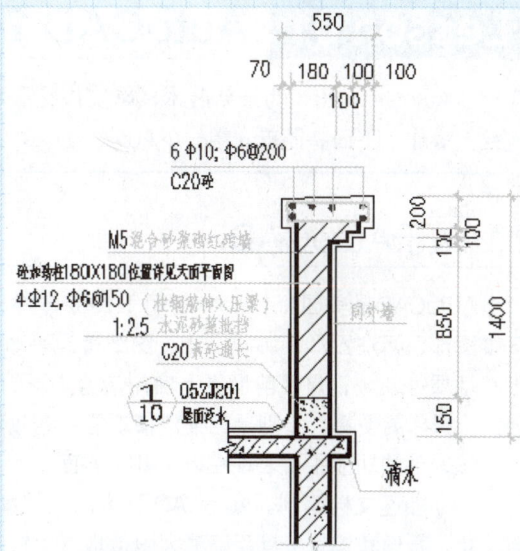

06 建筑大样图

建筑大样图主要表现的是建筑内部的构造以及明确建筑构件的安装方法。

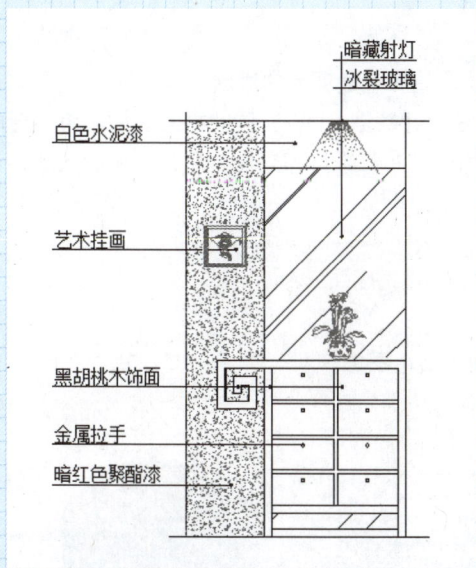

07 玄关立面图

该图纸是运用AutoCAD软件中的"直线"、"偏移"、"填充"以及"文字注释"等基本命令绘制完成的。

08 组合衣柜

该图纸主要是运用AutoCAD软件中的"直线"、"偏移"以及"插入块"命令来绘制完成的。

Lesson 01 AutoCAD 2012概述

AutoCAD 2012为最新版本，它在以往版本的基础上又增加了不少新功能，更加方便了用户绘图操作。下面将简单介绍一下AutoCAD 2012软件的应用及新增功能。

01 关于AutoCAD

AutoCAD是美国Autodesk公司于1982年推出的自动计算机辅助设计软件，具有绘制二维图形、三维图形、标注图形、协同设计、图纸管理等功能，广泛应用于机械、建筑、电子、航天、石油、化工、地质等领域，是目前世界上使用最为广泛的计算机绘图软件。最新版本AutoCAD 2012功能更加强大，操作更便捷，特别是三维建模功能和参数化设计得到了长足发展。

该软件的功能主要表现在以下几个方面。

（1）加速文档编制。AutoCAD 强大的文档编制工具，可帮助用户加速项目从概念到完成的过程。自动化、管理和编辑工具能够最大限度地减少重复性工作，提升工作效率。AutoCAD 中种类丰富的工具集可以帮助任何一个行业的用户在绘图和文档编制流程中提高效率。

- 参数化绘图：定义对象间的关系。有了参数化绘图工具，设计修订变得轻而易举。
- 图纸集：有效整理和管理用户的图纸。
- 动态块：使用标准的重复组件，显著节约时间。
- 标注比例：节约用于确定和调整标注比例的时间。

（2）探索设计创意。AutoCAD 支持灵活地以二维和三维方式探索设计创意，并且提供了直观的工具帮助用户实现创意的可视化和造型，将创新理念变为现实。

- 三维自由形状设计：使用曲面、网格和实体建模工具自由探索并改进用户的创意。
- 强大的可视化工具：让设计更具影响力。
- 三维导航工具：在模型中漫游或飞行。
- 点云支持：将三维激光扫描图导入AutoCAD，加快改造和重建项目的进展。

（3）无缝沟通。用户可安全、高效、精确地共享关键设计数据。DWG 是世界上使用最为广泛的设计数据格式。借助支持演示的图形、渲染工具和强大的绘制和三维打印功能，用户可明确表现设计意图，与他人加强沟通。

- 原始DWG支持：支持原始格式，而非转换或编译。
- PDF导入/导出：轻松共享和重复使用设计。
- DWF支持：毫不费力地收集关于设计的详细反馈。
- 照片级真实感渲染效果：创建丰富多彩、令人心动的出色图像。
- 三维打印：在线连接服务提供商。

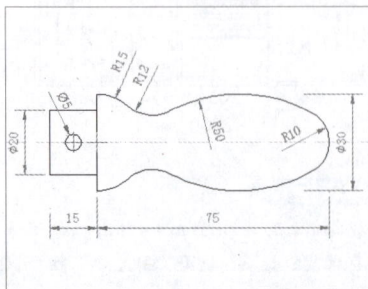

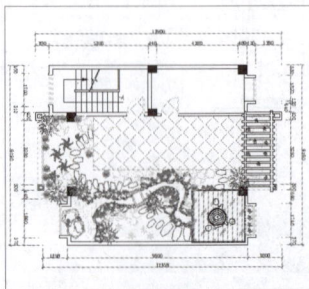

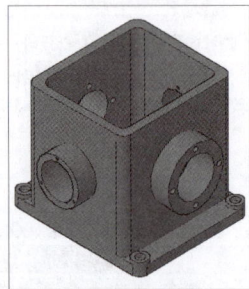

02 AutoCAD 2012的新特性

　　AutoCAD 2012系列产品提供多种全新的高效设计工具，能够帮助用户提升草图绘制、详细设计和设计修改的速度。其中，参数化绘图工具能够自动定义对象之间的恒定关系；延伸关联数组功能可支持用户利用同一路径建立一系列对象；强化的PDF发布和导入功能则可帮助用户清楚明确地与客户沟通。另外AutoCAD 2012系列产品还新增了更多强有力的3D建模工具，提升曲面和概念设计功能。强大的设计和制图工具能协助用户阅读并编辑各种文件格式，简化制图过程，提高设计精度并缩短设计时间。其他新增功能还加快了启动和执行命令速度、提升产品整体性能，展现了优良的图形和视觉体验。全新推出的AutoCAD LT 2012不仅能够支持硬件加速，而且提升了整体性能，从而展现更高的设计效率。AutoCAD 2012新增的主要功能包括以下几个方面。

- 关联数组：可在已排列的对象之间建立并维持一组特定关系。当进行概念设计或最终制图时，该功能可帮助用户节省重复操作的时间。
- 多功能夹点：可支持直接操作，能够加速并简化编辑工作。经扩充后，功能强大、效率出众的多功能夹点得以广泛应用于直线、弧线、椭圆弧、尺寸和多重引线对象，另外还可用于多段线和引线对象上。在一个夹点上悬停，即可查看相关命令和选项，如下左图所示。
- 图纸集管理器：可整理图纸、减少发布步骤、自动建立布局视图、将图纸集信息链接到标题块和打印标记、对整个图纸集执行任务，进而简化设计工作。
- 自动完成命令：可在使用者输入命令时自动提供一份清单，列出匹配的命令名称、系统变量和命令别名，如下右图所示。

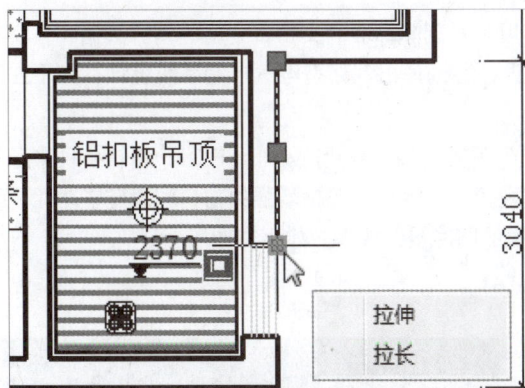

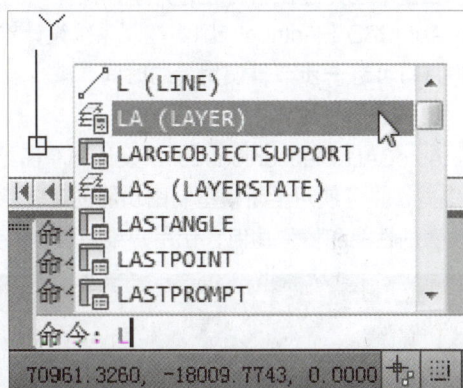

　　AutoCAD 2012 包含了AutoCAD LT 2012的所有改善内容，同时针对概念设计、模型制图和现实捕捉提供新的工作流程和扩展工作流程。AutoCAD 2012提供功能强大的工具以简化3D设计和制图工作流程，促进项目更快完成。

- 模型制图工具：可支持用户从多个CAD应用程序导入模型，并快速生成智能图纸。例如Autodesk Inventor、Solidworks、CATIA、NX和Rhino应用程序等。
- Autodesk Inventor Fusion：该软件用于3D概念设计，现已纳入AutoCAD 2012。它既拥有基于历史的参数化建模所具备的强大功能和控制能力，又兼具无历史约束直接建模的易用特点和效率优势。AutoCAD与Inventor Fusion的整合也促进了各个应用程序之间乃至与其他3D、CAD环境的快速转换，如下图所示。

● 点云支持：可覆盖多达20亿个点，协助用户直接在建模工作空间中对扫描对象进行快速可视化，生成3D图像，并协助简化耗时的整修和修复项目。

AutoCAD Architecture 2012 软件加快了启动速度、并缩短图纸加载时间，让用户可更迅速地存取相关工具及使用大型绘图导航功能。全新的转角窗功能则便于用户在两堵墙的拐角处添加单扇窗户。

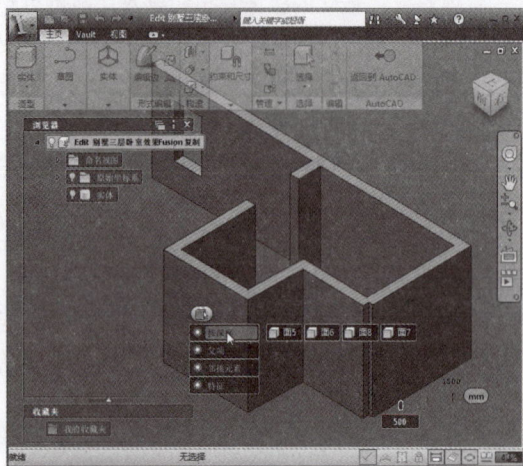

AutoCAD MEP 2012机电及配管软件提供了强化的本地生产力和公共设施工具，在进行建筑系统设计时，可以更轻松地存取动态交互式3D建模功能。AutoCAD MEP中新增的"工业基础类"可帮助用户在整个设计过程中管理并共享数据。

AutoCAD Electrical 2012 控制系统设计软件拓展了对国际标准的支持，全新的辅导数据和直观的用户接口可进一步节省使用者的时间、减少设计失误，并创作出创新型电气控制系统设计，如下左图所示。

AutoCAD Mechanical 2012 设计和草图绘制软件现支持用户利用Inventor Fusion编辑各种来源的3D模型，并可使用全新模型制图功能创建智能绘图视图。该软件亦包括增强的物料列表迁移功能，经过改善的性能和协作功能，让用户维持现有工作流程的同时提升效率，如下右图所示。

AutoCAD用户可登录Autodesk Exchange网站了解相关产品信息、获取用户支持。该网站针对AutoCAD产品、AutoCAD 2012的使用等相关问题提供教育训练、提示、进阶技巧、专家建议以及其他工具。该网站汇总了所有AutoCAD说明内容，有助用户更高效地利用各类资源。

Lesson 02 安装AutoCAD 2012

在了解了AutoCAD软件的一些应用范围后，下面就来熟悉并掌握该软件的一些基本操作。

01 AutoCAD 2012的运行环境

在安装AutoCAD 2012软件时，用户需根据当前计算机的操作系统来选择相应的软件运行环境。目前AutoCAD 2012软件按操作系统可分为32位和64位。32位的操作系统不能安装64的AutoCAD软件，但64位的操作系统可以安装32位的AutoCAD软件。

下面将以64位操作系统为例，简单介绍下AutoCAD 2012软件所需的配置，如表1-1所示。

表1-1 安装AutoCAD 2012的配置需求

名称	说明
操作系统	Windows 7 Enterprise Windows 7 Ultimate Windows 7 Professional Windows 7 Home Premium Windows XP Professional x64 Edition
浏览器	Windows Internet Explorer 7.0或更高版本
处理器	支持SSE2技术的AMD Athlon 64处理器 支持SSE2技术的AMD Opteron 处理器 支持SSE2和EM64T技术的英特尔至强处理器 支持SSE2和EM64T技术的英特尔奔腾4处理器
内存	2GB RAM
显示屏分辨率	1024 x 768，真彩色
磁盘空间	至少2GB安装空间
定点设备	MS-Mouse兼容
显卡	具有128MB或更大显存，并且支持Direct3D的显卡

工程师点拨│64位软件

只有计算机安装了64位的CPU，并装上64位的操作系统才能运行64位软件。64位的操作系统是指CPU一次能处理64位的数据。CAD软件运算量大，用64位的软件能发挥出更好的效能，但是在软件操作上并没有不同，只是软件内部处理数据的位数不同。

02 AutoCAD 2012的安装

在学习AutoCAD 2012软件之前，我们先来学习该软件的安装。下面就来介绍一下如何安装并启动AutoCAD 2012软件。

STEP 01 安装软件之前，需下载好AutoCAD 2012安装包，然后双击该安装包，进入解压对话框。

STEP 02 在对话框中，单击Install（安装）按钮，将AutoCAD 2012安装包进行解压。解压后，即可进入安装界面。

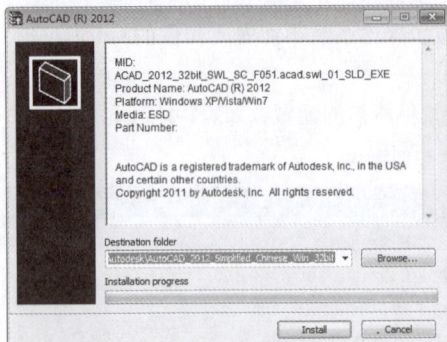

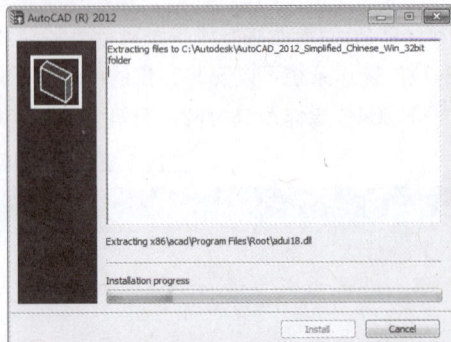

STEP 03 在打开的安装界面中，单击"安装"按钮。

STEP 04 在"安装 > 许可协议"对话框中，单击"我接受"单选按钮，再单击"下一步"按钮。

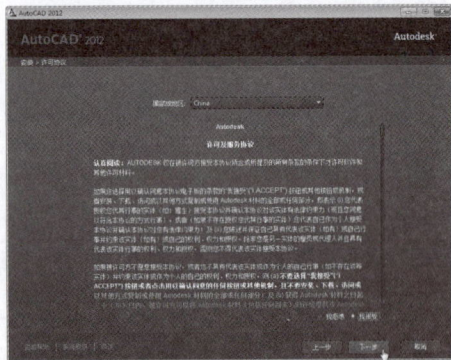

STEP 05 在打开的"安装>产品信息"对话框中，输入序列号和密钥，然后单击"下一步"按钮。

STEP 06 在打开的"安装>配置安装"对话框中，根据用户需要，勾选相应的插件选项复选框，然后单击"安装"按钮。

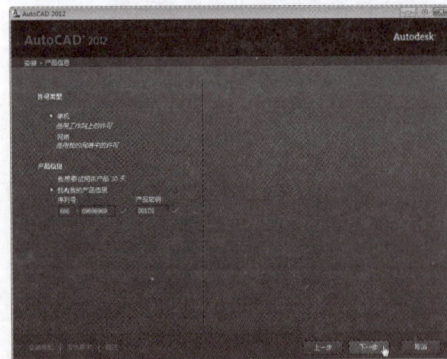

STEP 07 在打开的"安装＞安装进度"对话框中，系统显示正在安装，用户需稍等片刻。

STEP 08 安装完成后，打开"安装＞安装完成"对话框，单击"完成"按钮，完成安装。

工程师点拨｜注册AutoCAD 2012软件

　　通常软件安装完成后，需将该软件激活，当然用户也可以选择试用30天。在进行软件激活时，可用软件相对应的注册机。例如该软件是32位的，就用32位注册机，将申请号复制至注册机中的Request一栏中，然后单击Men Patch按钮，再单击Generate按钮，即可算出激活码，再将激活码复制到产品激活页面中，即可成功激活。

Lesson 03　AutoCAD 2012的工作界面

　　启动AutoCAD 2012软件后，细心的用户就会发现AutoCAD 2012的工作界面虽然融合了早期版本的操作界面风格，但又略有不同。另外，该版本还可以轻松地在不同的工作空间之间进行切换。

　　AutoCAD 2012的工作界面主要包括标题栏、应用程序菜单、快速访问工具栏、功能区、绘图窗口、命令窗口、快捷菜单和状态栏等，如下图所示。

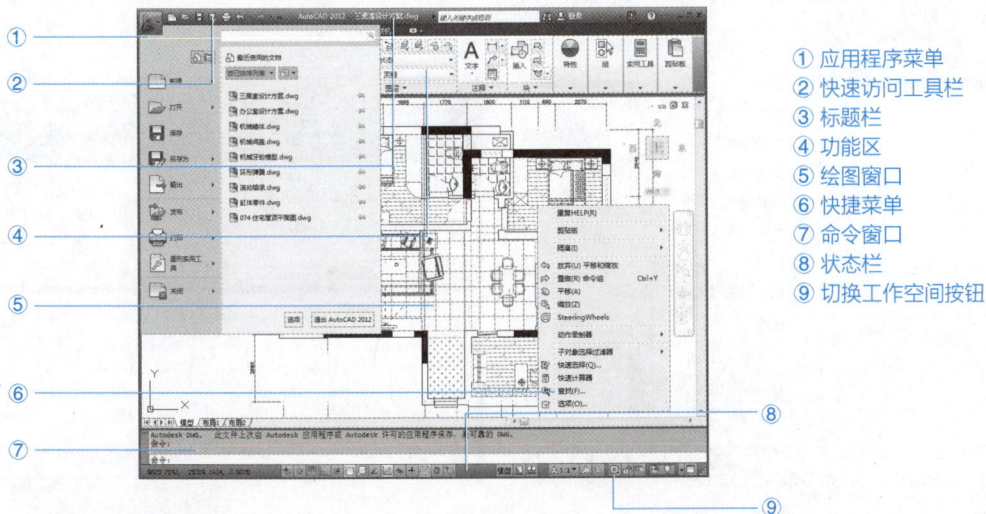

① 应用程序菜单
② 快速访问工具栏
③ 标题栏
④ 功能区
⑤ 绘图窗口
⑥ 快捷菜单
⑦ 命令窗口
⑧ 状态栏
⑨ 切换工作空间按钮

01 应用程序菜单

应用程序菜单提供快速文件管理与图形发布功能，以及选项设置的快捷路径方式。AutoCAD 2012 对该功能重新进行了改进，增加了图形实用工具，便于用户进行图形的快速设置，如下两图所示。

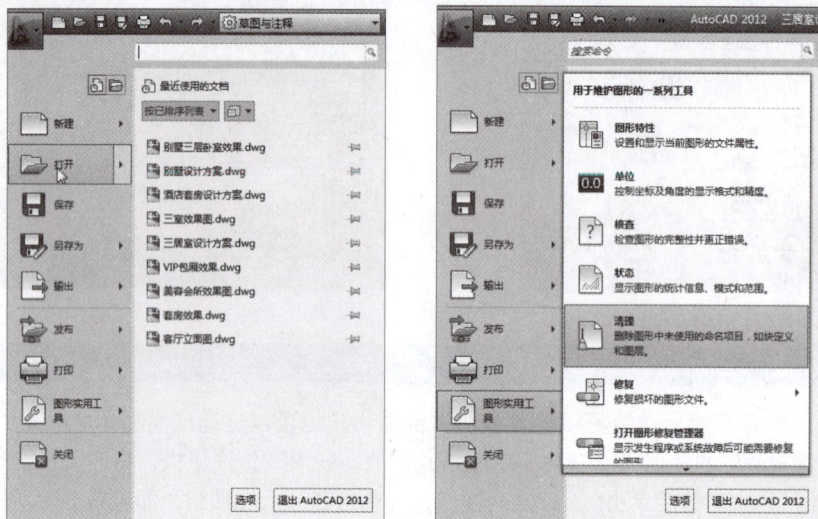

02 快速访问工具栏

快速访问工具栏为用户提供了一些常用的操作及设置。单击"快速访问工具栏"右侧的下拉按钮，在弹出的下拉菜单中，用户可以根据自己的习惯和工作需要添加或移除快捷工具。将光标停留在菜单命令上会自动显示出该命令的帮助提示，如下左图所示。在下拉菜单中执行"显示菜单栏"命令，会在标题栏的下方显示出菜单栏，如下右图所示。再次打开该下拉菜单时，在下拉菜单中将会显示"隐藏菜单栏"命令。

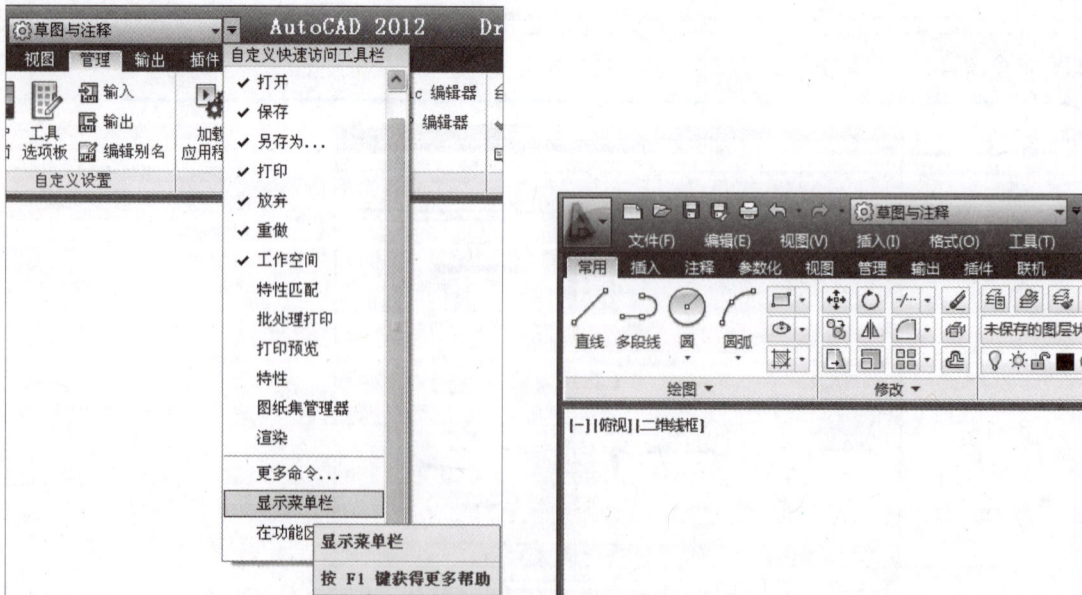

在该下拉菜单中，用户还可以选择快速访问工具栏的位置是在功能区的上方还是下方。下左图为快速访问工具栏在功能区的上方显示，下右图为在功能区的下方显示。

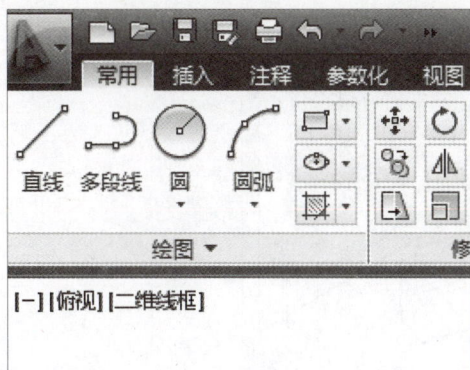

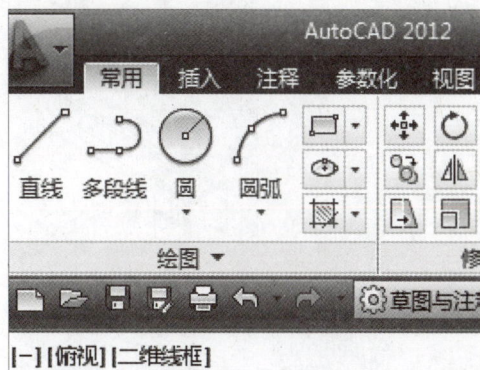

03 标题栏

标题栏位于工作界面的最上方，包括软件版本和当前已经打开的图形文件的名称，如下图所示。

04 功能区

功能区是一种选项面板，用于显示工作空间中基于任务的按钮和控件，当前工作空间相关的操作都与菜单栏中的命令一一对应。使用功能区时无需显示多个工具栏，它通过单一紧凑的显示方式使应用程序变得简洁有序，使绘图窗口变得更大。功能区位于绘图窗口的上方、标题栏的下方。在功能区面板中单击扩展按钮将弹出隐藏的命令，单击"最小化为面板标题"按钮可以将面板最小化，具体说明如下图所示。

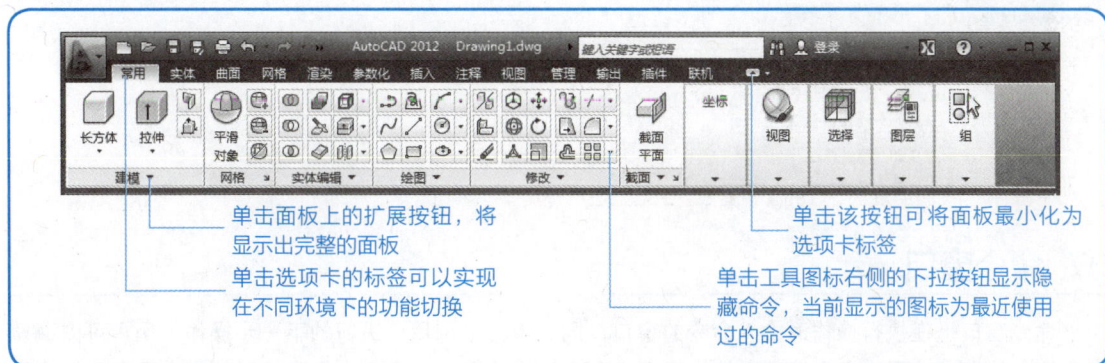

单击面板上的扩展按钮，将显示出完整的面板

单击选项卡的标签可以实现在不同环境下的功能切换

单击该按钮可将面板最小化为选项卡标签

单击工具图标右侧的下拉按钮显示隐藏命令，当前显示的图标为最近使用过的命令

05 绘图窗口

绘图窗口是最主要的操作区域，所有图形的绘制都是在该区域完成的。绘图窗口位于功能区的下方，命令窗口的上方。绘图窗口的左下方为用户坐标系（UCS），默认情况下世界坐标系（WCS）与用户坐标系是重合在一起的，如下图所示。

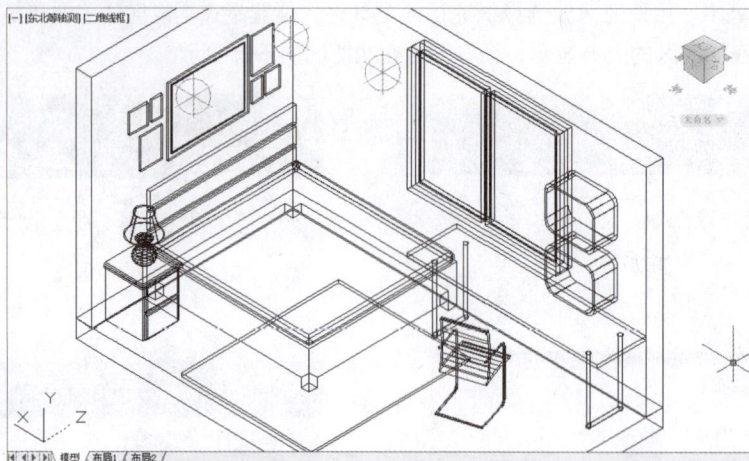

06 · 快捷菜单

通常快捷菜单是隐藏的，在绘图窗口空白处单击鼠标右键，即可弹出快捷菜单。在无操作状态下的快捷菜单与在操作状态下的快捷菜单是不相同的，如下两图所示。

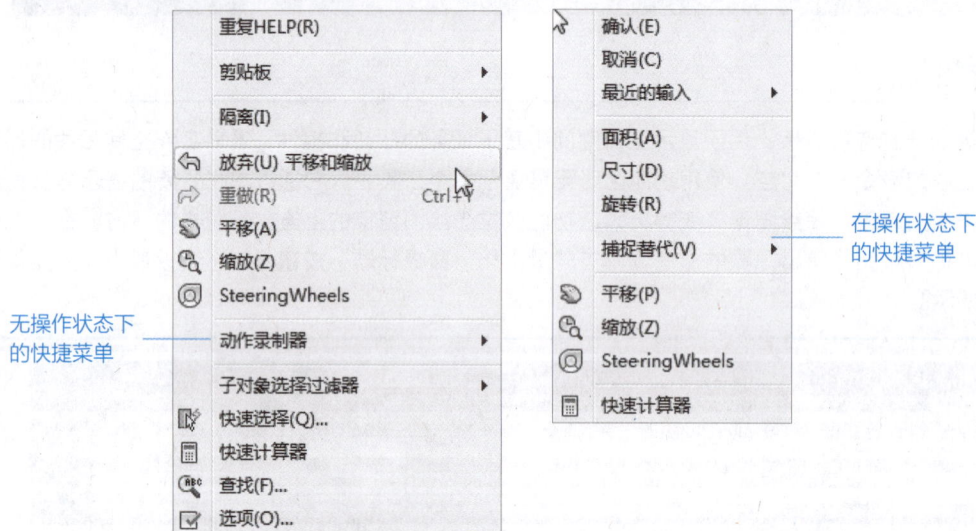

无操作状态下的快捷菜单

在操作状态下的快捷菜单

07 命令窗口

命令窗口是在执行操作时输入命令的窗口，同时也会提示用户进行的下一步操作。用户可以调整命令窗口的大小，更改命令窗口中的文字大小和字体样式等。在命令窗口中输入的命令及显示的提示内容如下图所示。

```
命令: *取消*
命令: f FILLET
当前设置: 模式 = 修剪, 半径 = 0.0000
选择第一个对象或 [放弃(U)/多段线(P)/半径(R)/修剪(T)/多个(M)]: r 指定圆角半径 <0.0000>: 100
选择第一个对象或 [放弃(U)/多段线(P)/半径(R)/修剪(T)/多个(M)]:
选择第二个对象, 或按住 Shift 键选择对象以应用角点或 [半径(R)]:
命令:
```

08 状态栏

状态栏分为应用程序状态栏和图形状态栏两种，分别为用户提供打开或关闭图形工具的有用信息和按钮，可以通过系统变量STATUSBAR或者使用工作空间来控制。这两种状态栏可显示当前光标所在处的坐标值、绘图工具、导航工具以及用于快速查看和注释缩放的工具，如下图所示。

09 绘图工作空间

工作空间是用户在绘制图形时使用到的各种工具和功能面板的集合。AutoCAD 2012软件提供了4种工作空间，分别为"草图与注释"、"三维基础"、"三维建模"以及"AutoCAD 经典"，如下图所示。其中"草图与注释"为默认工作空间。

"草图与注释"工作空间主要用于绘制二维草图，是最常用的空间。在该工作空间中，系统提供了常用的绘图工具、图层、图形修改等各种功能面板。

"三维基础"工作空间只限于绘制三维模型，用户可运用系统所提供的建模、编辑、渲染等各种命令，创建三维模型。

"三维建模"工作空间与"三维基础"相似，但增添了"网格"和"曲面"建模功能，在该工作空间中，也可运用二维命令来创建三维模型。

"AutoCAD 经典"工作空间则保留了 AutoCAD 早期版本的界面风格，突出实用性和可操作性，扩大了绘图窗口的空间。

在AutoCAD 2012软件中，除了这4种默认空间外，用户还可新建工作空间，操作步骤如下。

STEP 01 在快速访问工具栏中，单击工作空间右侧下拉按钮，选择"将当前工作空间另存为 ..."选项。在打开的"保存工作空间"对话框中输入空间名称"我的空间"，单击"保存"按钮即可。

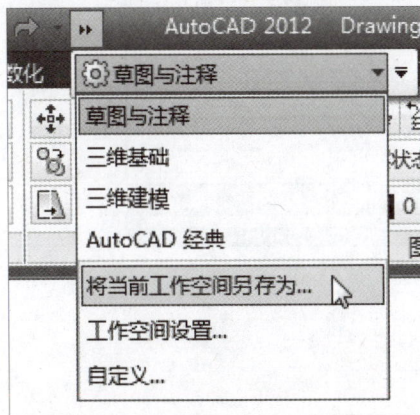

STEP 02 再次打开工作空间的下拉列表，即可看到刚保存的工作空间。

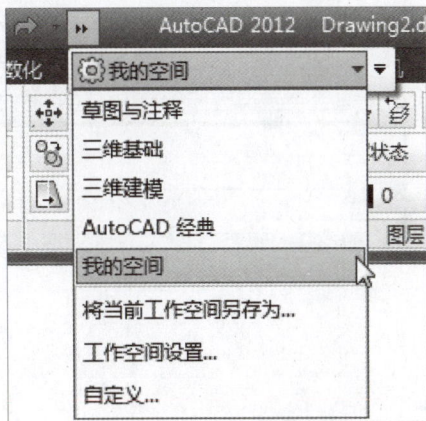

STEP 03 若想将保存的工作空间删除，则在工作空间列表中，单击"自定义"选项。

STEP 04 在"自定义用户界面"对话框中，右击"我的空间"选项，在打开的快捷菜单中，单击"删除"选项。在打开的系统提示框中，单击"是"按钮，即可完成删除。

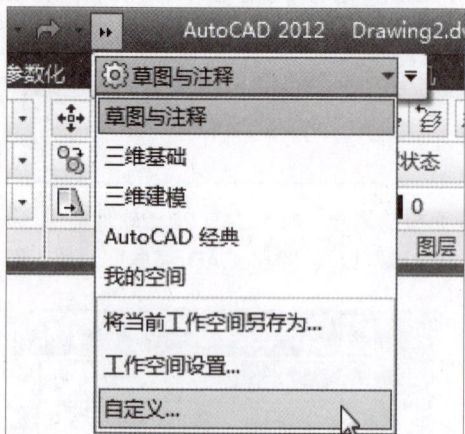

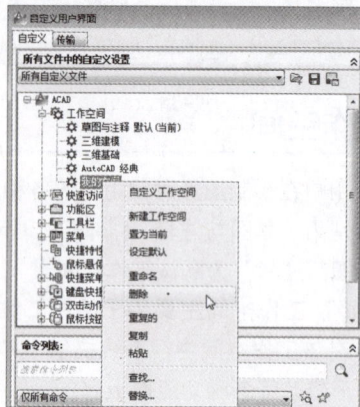

10 全屏显示

使用全屏显示功能将隐藏功能区面板，将软件窗口在整个桌面上进行平铺，这会使绘图窗口变得更加宽广。在菜单栏中执行"视图>全屏显示"命令，或按组合键Ctrl+0，即可进入到全屏显示模式下，如下图所示。再次执行该命令将退出全屏显示模式。

Lesson 04　图形文件的操作与管理

在了解了AutoCAD 2012工作界面后，就可进行基本操作与文件管理了。为了避免由于误操作导致图形文件的意外丢失，在操作过程中，需随时对当前文件进行保存。下面将介绍一下CAD图形文件的基本操作与管理。

01　新建图形文件

启动AutoCAD 2012软件后，系统将自动从样板文件中新建一个图形文件。新建图形文件的方法有5种，操作方法分别介绍如下。

● 单击"应用程序菜单"按钮，在弹出的菜单中执行"新建>图形"命令，如下左图所示。在打开的"选择样板"对话框中，选择好样板文件，再单击"打开"按钮即可，如下右图所示。

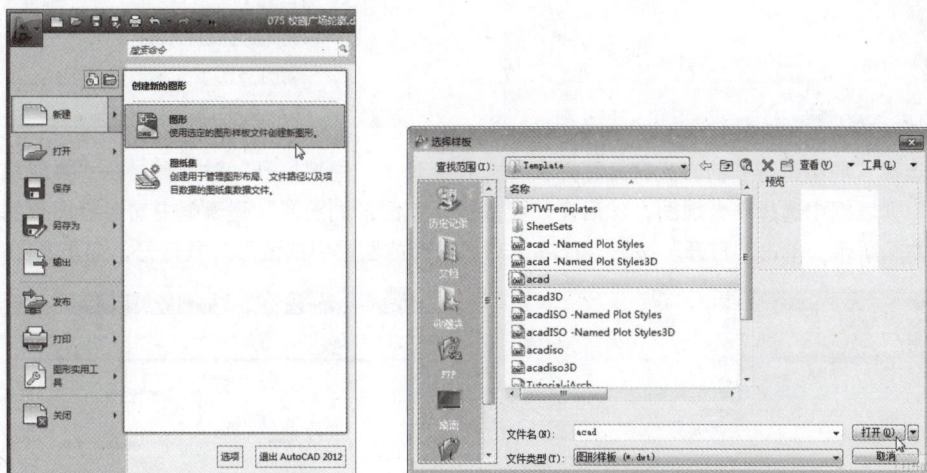

● 在快速访问工具栏中单击"新建"按钮，也可新建图形文件，如下左图所示。
● 在菜单栏中执行"文件>新建"命令，新建图形文件，如下右图所示。

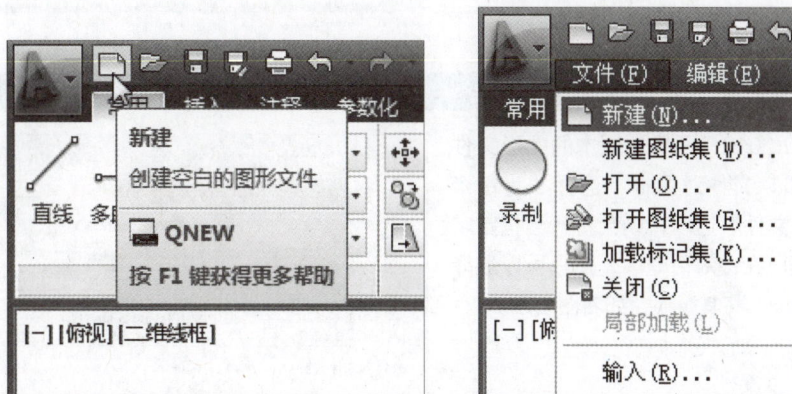

● 使用组合键Ctrl+N，新建图形文件。
● 在命令窗口中输入命令new，按Enter键，即可新建图形文件。

02 打开已有的图形文件

打开图形文件的方法有4种，分别为打开完整的图形文件、以只读方式打开完整的图形文件、打开局部图形文件以及以只读方式打开局部图形文件。启动AutoCAD 2012软件，在菜单栏中执行"文件>打开"命令，将弹出"选择文件"对话框，在对话框中选择所需文件，单击"打开"按钮即可，如下左图所示。

用户也可以在"选择文件"对话框中，单击"打开"按钮右侧的下拉按钮，在弹出的下拉列表中选择所需的方式来打开图形文件，如下右图所示。

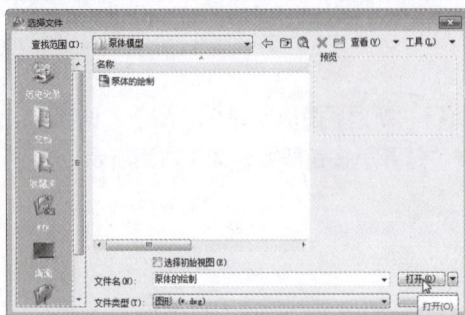

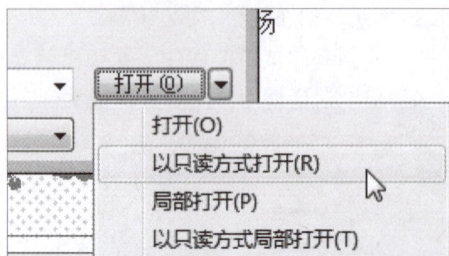

如果选择"局部打开"的方式打开图形文件，将会弹出"局部打开"对话框，在"要加载几何图形的视图"列表框中选择一个视图，然后在"要加载几何图形的图层"列表框中勾选要加载的几何图层，如下左图所示。单击"打开"按钮，程序自动将选择的图层中的图形对象打开，如下右图所示。

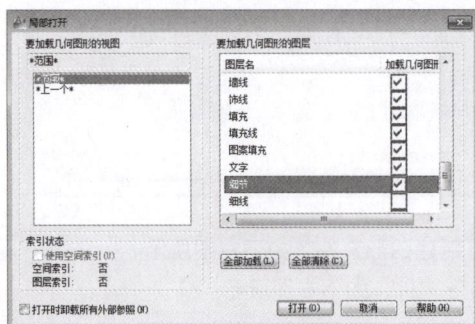

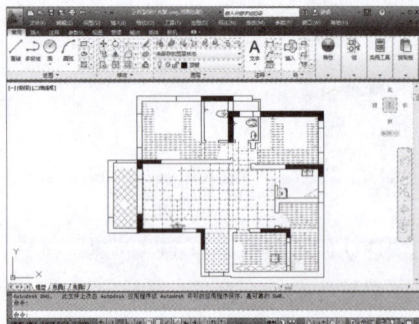

工程师点拨 | 替换字体样式

使用AutoCAD 2012打开早期版本的图形文件时，经常会出现SHX文件对话框，选择"为每个SHX文件指定替换文件"选项，则会打开"指定字体给样式"对话框。在该对话框中，用户可以选择大字体"chineset.shx"将其替换，如右图所示。

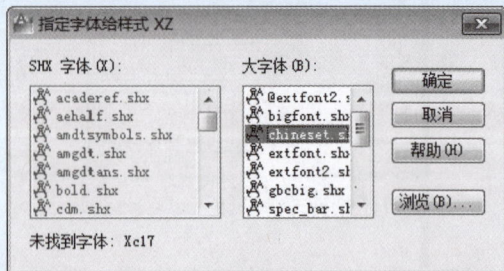

03 保存图形文件

在AutoCAD 2012软件中，保存图形文件的方法有两种，分别为对新建图形文件的保存和对已有图形文件的保存。

对于新建的图像文件，在菜单栏中执行"文件>保存"命令，或在快速访问工具栏中单击"保存"按钮，如下左图所示，弹出"图形另存为"对话框，指定文件的名称和保存路径后单击"保存"按钮，即可将文件保存。AutoCAD 2012支持中文、英文和阿拉伯数字组合成的图形名称。对于已经存在的图形文件在改动后的保存只需在菜单栏中执行"文件>保存"命令，即可用当前的图形文件替换早期的图形文件。如果要保留原来的图形文件，可以在菜单栏中执行"文件>另存为"命令，如下右图所示。此时将生成一个副本文件，副本文件为当前改动后保存的图形文件，原图形文件将被保留。

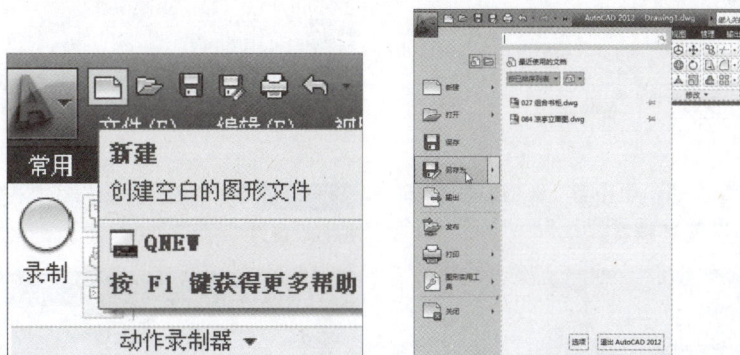

工程师点拨 | 保存为早期版本的图形文件

为了便于在 AutoCAD 早期版本中能够打开 AutoCAD 2012 的图形文件，用户在保存图形文件的时候可以选择保存为较早的格式类型。在"图形另存为"对话框中单击"文件类型"下拉按钮，在打开的下拉列表中包括了 12 种类型的保存方式，选择其中一种较早的文件类型后单击"保存"按钮即可。

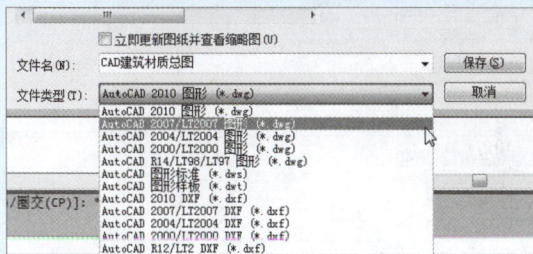

Lesson 05　绘图环境的设置

在进行绘图之前需要对绘图环境进行一些必要的设置，包括工作单位的设置、绘图边界的设置、绘图比例的设置等操作。

01 设置工作单位

在进行绘图之前设置工作单位是必须的，这里的工作单位包括长度单位、角度单位、缩放单位、光源单位以及方向控制等。下面介绍如何设置工作单位。

STEP 01 在菜单栏中执行"格式 > 单位"命令，弹出"图形单位"对话框。

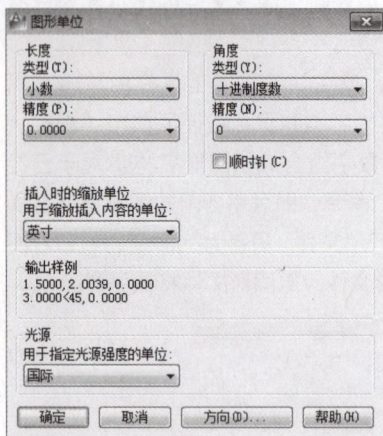

STEP 02 在该对话框中的"长度"选项组中设置"类型"参数为"小数"，并设置其精度。

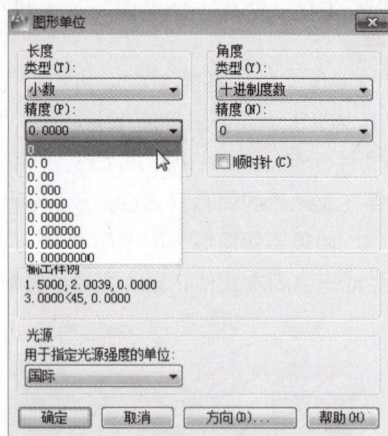

STEP 03 在"角度"选项组中设置"类型"参数为"十进制度数"，并设置其精度。

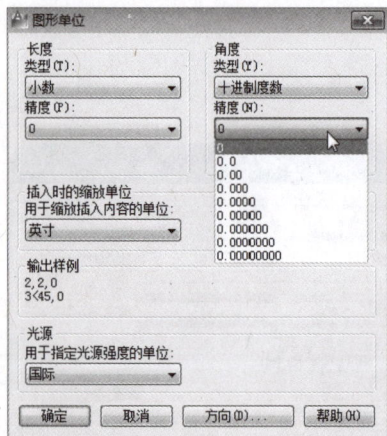

STEP 04 将"插入时的缩放单位"设置为"毫米"，将"光源"设置为"国际"。

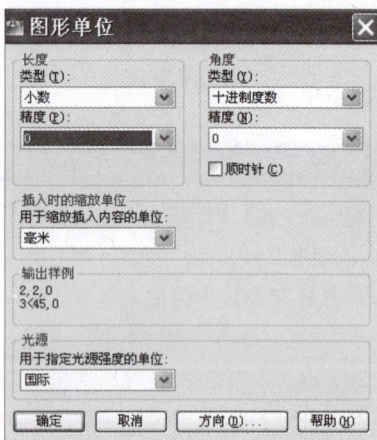

STEP 05 在"图形单位"对话框中，单击"方向"按钮，将会弹出"方向控制"对话框。

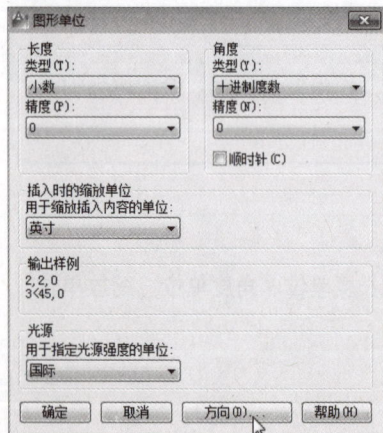

STEP 06 单击"东"单选按钮，再单击"确定"按钮，返回"图形单位"对话框，最后单击"确定"按钮，完成工作单位的设置。

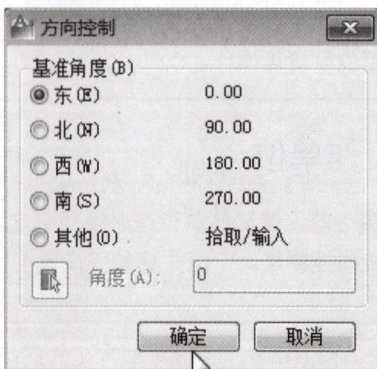

02 设置绘图比例

设置绘图比例与所绘制图形的精确度有很大关系，其操作步骤如下。

STEP 01 执行"格式>比例缩放列表"命令。

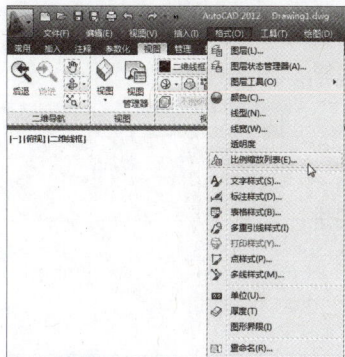

STEP 02 在打开的"编辑图形比例"对话框中，单击"添加"按钮。

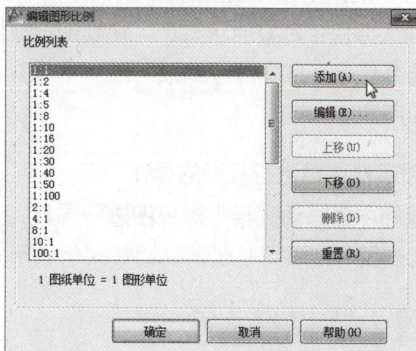

STEP 03 弹出"添加比例"对话框后，在"显示在比例列表中的名称"下的文本框中输入名称，并设置好"图形单位"与"图纸单位"的比例。

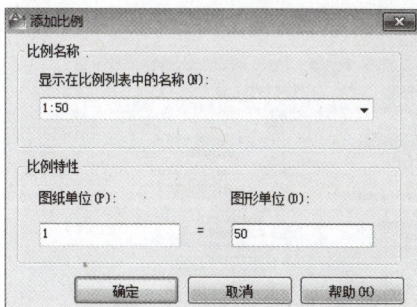

STEP 04 单击"确定"按钮，返回上一层对话框，单击"确定"按钮，完成比例设置。

03 视图的平移与缩放

在使用AutoCAD 2012绘制图形时经常需要对视图进行移动、放大或缩小等操作，这些操作可以通过4种方式来进行。

1. 通过菜单命令进行视图的操作

在菜单栏中执行"视图>缩放"命令，在其后的级联菜单中，选择所需的缩放视图选项，即可将当前视图进行缩放，如右图所示。

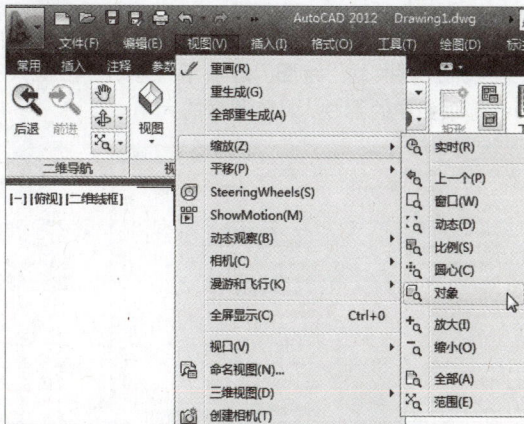

2. 通过功能区命令进行视图的操作

在功能区中，单击"视图"标签在"二维导航"面板中单击"范围"按钮 旁的下拉按钮，在打开的下拉列表中，选择任意一缩放选项，即可进行缩放操作。

3. 通过快捷菜单进行视图的操作

在没有选择任何对象的状态下，在绘图窗口空白处单击鼠标右键，在弹出的快捷菜单中可以选择"缩放"或"平移"命令对视图进行缩放或平移，如右图所示。

4. 通过鼠标中键进行视图的操作

按住鼠标中键移动鼠标可对视图进行平移，滚动鼠标中键可对视图进行缩放，双击鼠标中键可将当前视图最大化显示。

04 设置十字光标大小

用户也可根据绘图习惯改变十字光标的属性。因为十字光标的延长线是水平或垂直的，在需要检验两条线段是否在同一直线上时它就非常有用，很容易观察，其设置操作如下。

STEP 01 单击"应用程序菜单"按钮，在打开的菜单中单击"选项"按钮。

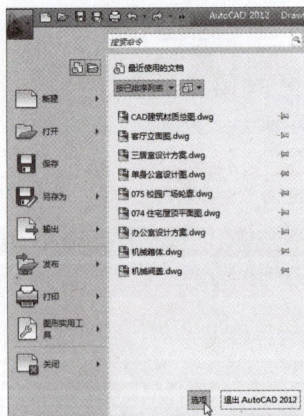

STEP 02 在"选项"对话框中，切换到"显示"选项卡，在"十字光标大小"选项组的文本框中，输入十字光标大小的百分值为100。

STEP 03 切换到"绘图"选项卡，拖动"靶框大小"选项组中的滑块，调节靶框的大小。

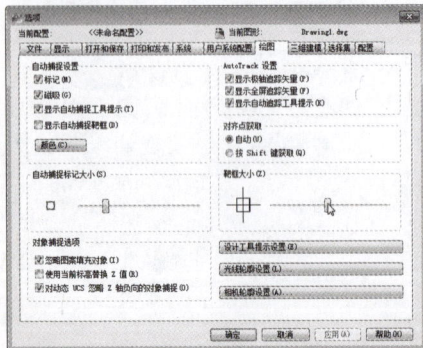

STEP 04 设置完毕后，单击"确定"按钮，即可完成十字光标大小的设置。

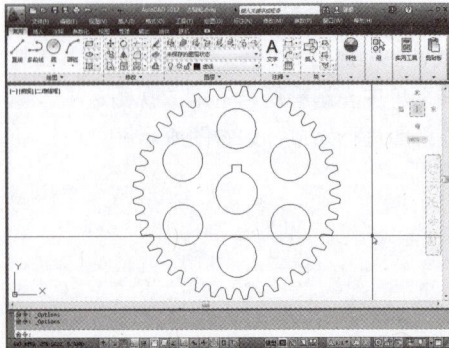

Q A 工程技术问答

用户刚熟悉新的应用软件，难免会遇到基础性的问题，如背景颜色的设置、图形显示的精度和图形文件的锁定等一些问题，下面将一一为用户讲解。

Q01： 如何设置AutoCAD操作界面的背景颜色？

A01： AutoCAD操作界面的背景颜色是可以根据习惯进行更改的，其操作步骤如下。

STEP 01 单击"应用程序菜单"按钮，在菜单中单击"选项"按钮，或右击绘图窗口空白区域，在快捷菜单中选择"选项"命令。

STEP 02 在"选项"对话框的"显示"选项卡中，单击"窗口元素"选项组中的"颜色"按钮。

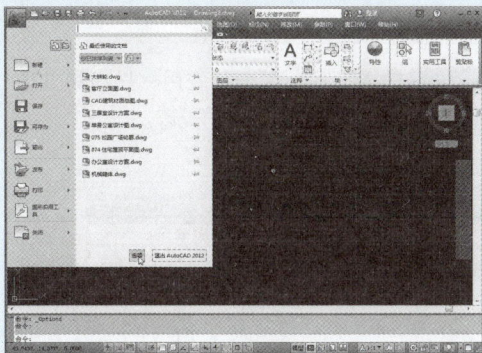

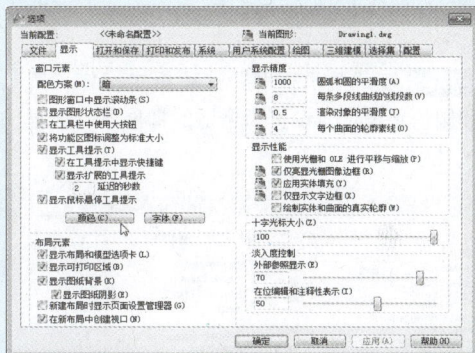

STEP 03 在打开的"图形窗口颜色"对话框中，单击"颜色"下方的下拉按钮，选择自己喜爱的颜色，这里我们选择白色。

STEP 04 设置完成后，单击"应用并关闭"按钮，返回上一层对话框，单击"确定"按钮，完成更改。

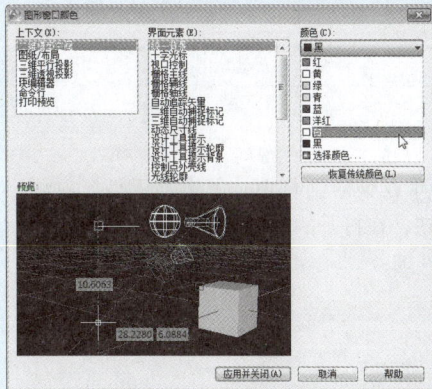

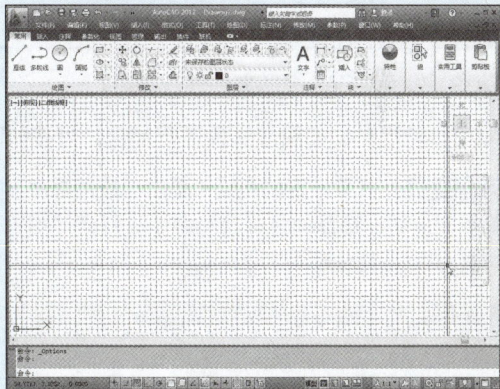

Q02： 为什么打开CAD图形后，所绘制的曲线变成折线，绘制的圆形变成了多边形？

A02： 遇到该情况是图形显示精度出现了问题。用户只需修改其精度值即可恢复图形，精度值越大，图形越平滑；精度值越小，平滑度越低，其设置步骤如下。

STEP 01 打开一张显示精度较低的CAD图形，单击"应用程序菜单"按钮，单击"选项"按钮。

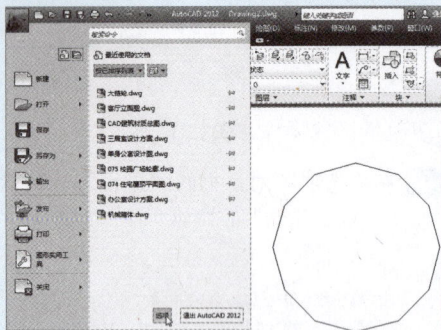

STEP 02 在"选项"对话框中，切换到"显示"选项卡。

STEP 03 在"显示精度"选项组中，将"圆弧和圆的平滑度"设置为合适的精度值，这里输入1000。

STEP 04 输入好后，单击"应用"按钮和"确定"按钮，即可完成精度值的更改。

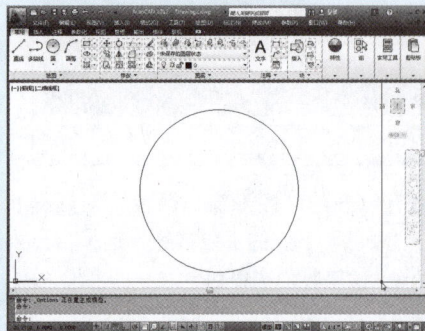

Q03： 如何对CAD图形文件进行加密？

A03： 若想对CAD图形文件进行加密，可按如下步骤操作。

STEP 01 打开要锁定的图纸，单击"应用程序菜单"按钮，选择"另存为"命令，打开"图形另存为"对话框。

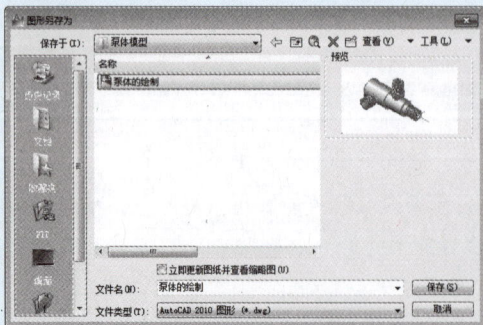

STEP 02 在该对话框中，单击"工具"右侧下拉按钮，在打开的下拉菜单中，单击"安全选项"选项。

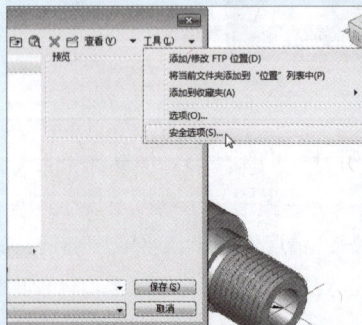

STEP 03 在打开的"安全选项"对话框中，选择"密码"选项卡，设置文件要使用的密码或短语。

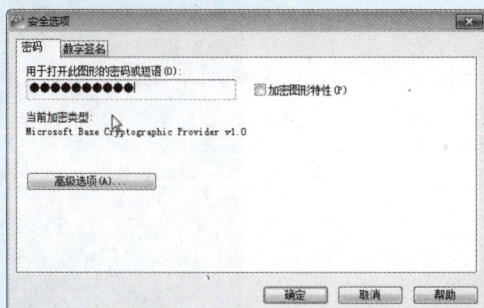

STEP 04 勾选"加密图形特性"复选框，单击"确定"按钮。

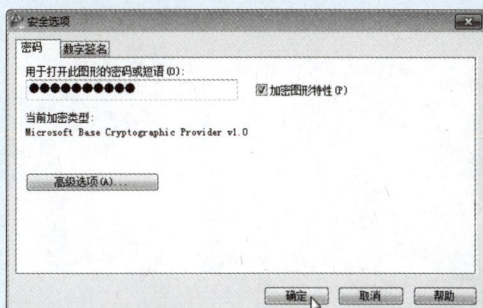

STEP 05 在打开的"确认密码"对话框中，再次输入密码或短语，单击"确定"按钮，保存好文件。

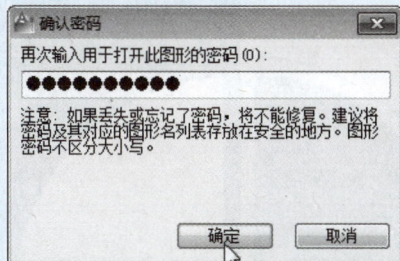

STEP 06 当再次启动该文件后，会弹出"密码"对话框，输入密码后，即可打开该图形文件。

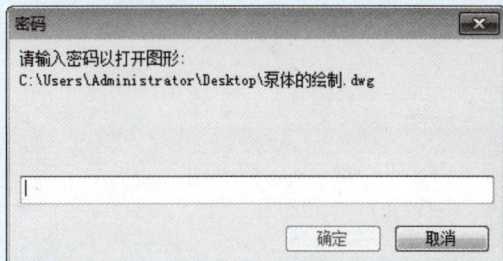

Q04：如何将CAD文件转换成JPG格式的文件呢？

A04：将CAD文件转换成JPG格式的文件的方法有多种，例如截图，或是先将CAD文件转换成BMP格式的文件，然后使用Photoshop软件打开，将其保存为JPG格式即可。如果这几种方法都不理想，可以使用以下操作方法进行操作。

STEP 01 打开要转换的图形文件，在命令窗口中输入命令JPGOUT，按Enter键，打开"创建光栅文件"对话框，并设置好保存位置。

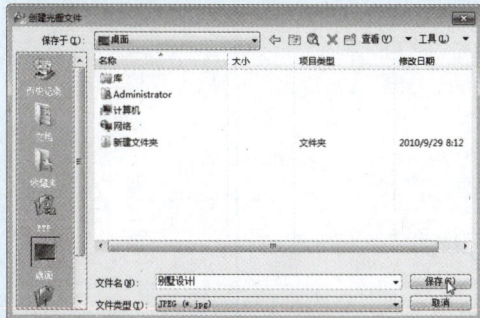

STEP 02 根据提示信息，框选出该图形文件中所要转换的部分，按Enter键，即可完成转换。

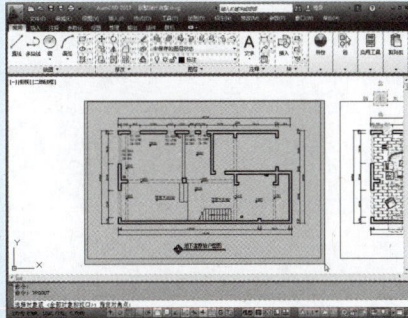

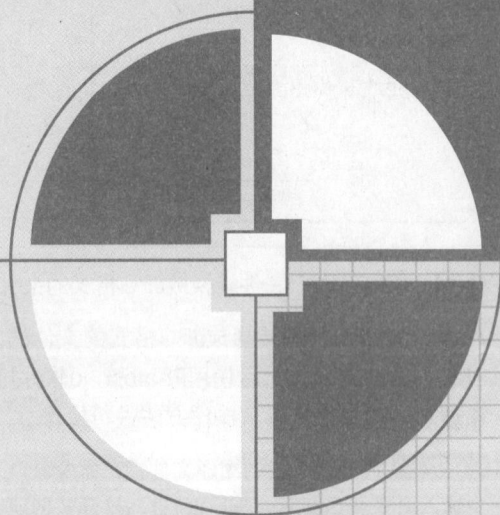

CHAPTER 02

绘制基本二维图形

本章将向读者介绍如何利用AutoCAD 2012软件来创建一些简单的二维图形,包括绘制点、线、曲线、矩形以及止多边形等时涉及的操作命令。通过对本章内容的学习,可以使读者掌握一些制图的基本要领,同时为后面章节的学习打下基础。

01 高档住宅小区总平面图

在绘制小区、广场等的总规划图时，最常用到的命令为"插入块"，使用该命令能够大大提高绘图效率。

02 办公室平面图

在绘制办公室图纸时，需注意办公空间的划分，特别要注意通道的设计，以方便人们的办公需求。

03 异形别墅室内平面设计图

该图纸主要通过利用"图层"、"插入块"、"极轴追踪"以及"线型标注"等命令完成。

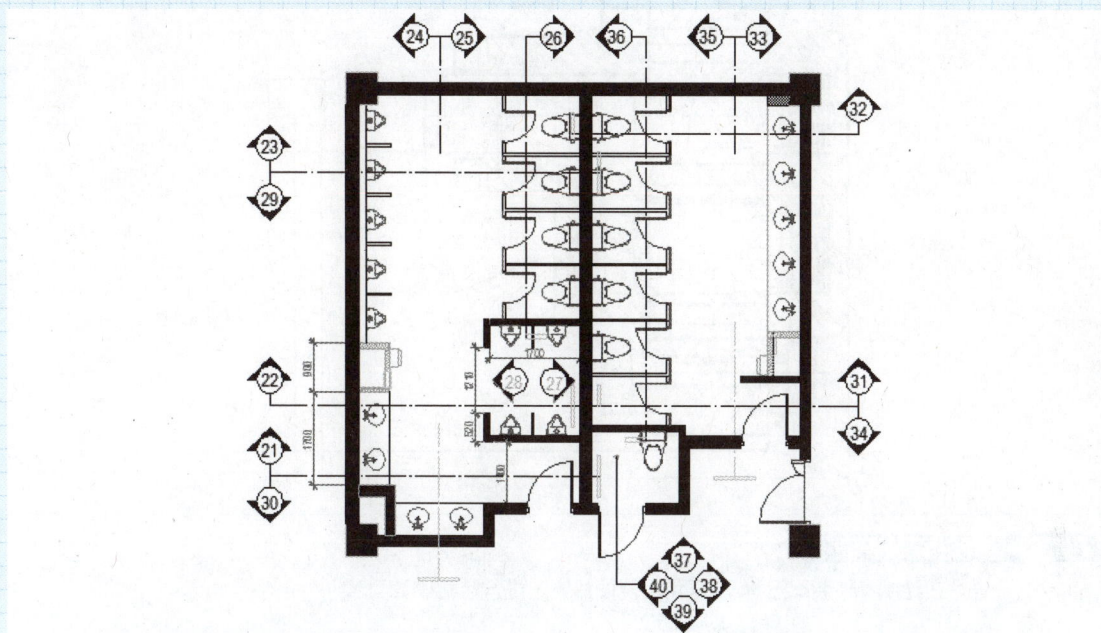

04 公共厕所平面图

在绘制大量相同的图形时,可运用"复制"和"镜像"命令来完成绘制。

05 别墅外立面图

该图纸主要运用"直线"、"偏移"、"复制"、"填充"等基本操作命令来完成绘制。

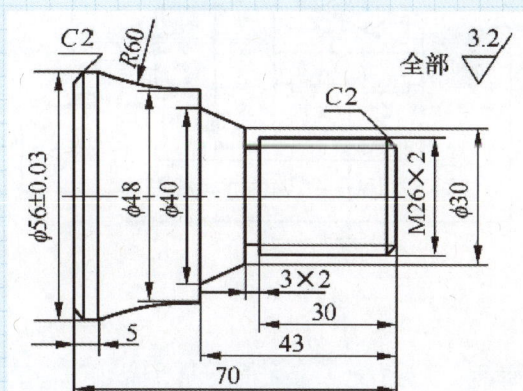

06 定位销轴零件图

机械制图与建筑制图的要求不同,机械制图在尺寸精度上要求比较高。

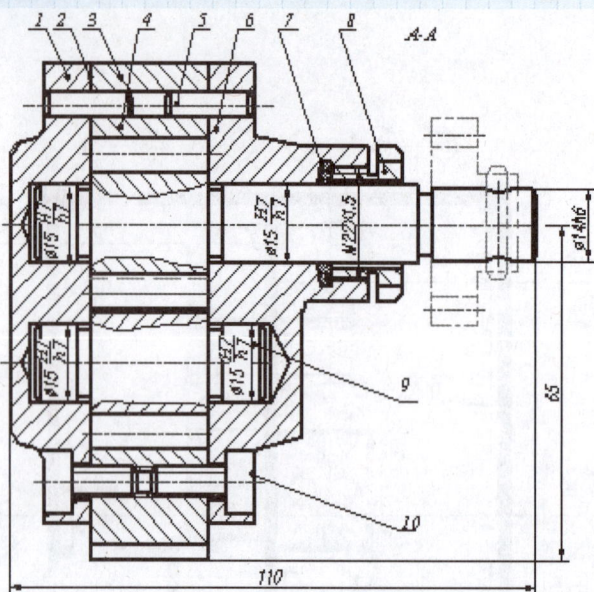

07 齿轮油泵装配图

通常在绘制零件装配图时，需采用剖视图的方法进行装配设计。

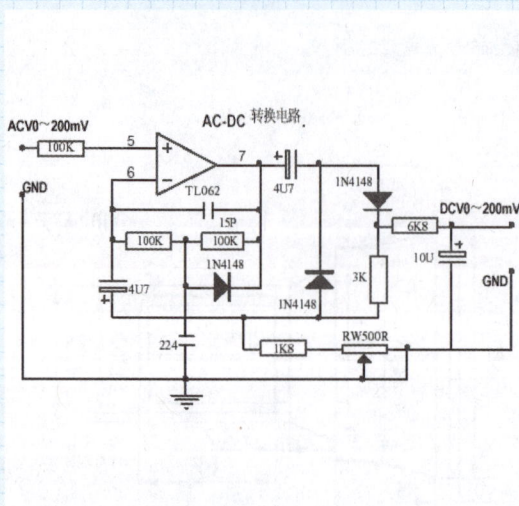

08 电路转换图

电子电路图看似很简单，但若不懂得电路知识，那么在绘制该图纸时会觉得很难下手。

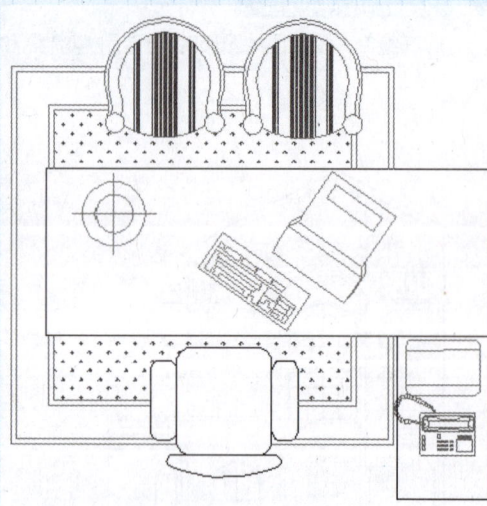

09 办公桌图块

该图块主要运用了"矩形"、"圆弧"、"复制"、"移动"、"偏移"等基本命令来完成绘制。

Lesson 01 图形的基本操作

在使用AutoCAD 2012软件进行绘图之前，需了解如何对图形进行最基本的操作。例如输入命令的方式、鼠标键盘的操作、对象捕捉的设置以及视口设置等。下面将对这些操作进行具体介绍。

01 命令的执行方式

AutoCAD 2012中命令的执行方式有三种，具体介绍如下。

1. 通过功能区面板来执行

功能区中有各种面板，直接单击面板中的按钮即可执行相应的命令，如下图所示。

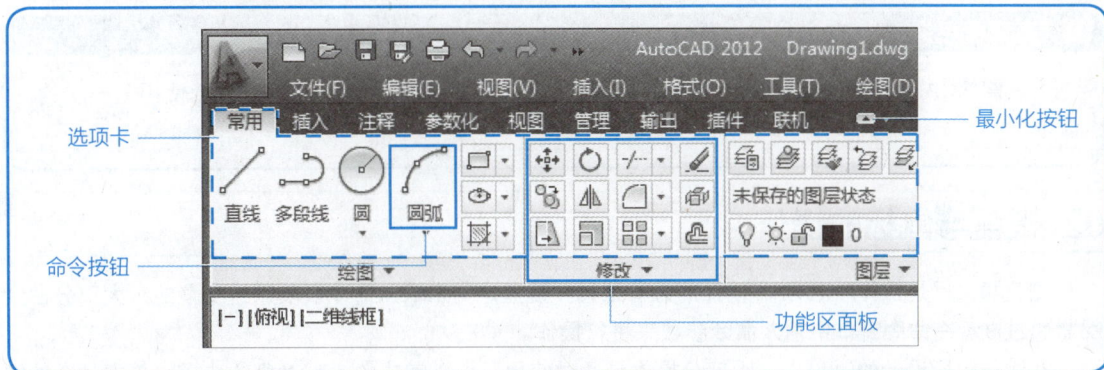

- **最小化按钮**：该按钮具有将面板最小化的功能，可以将面板最小化为面板标题或选项卡。单击该按钮，功能区面板最小化为标题；再次单击该按钮，功能区面板最小化为选项卡。
- **选项卡**：在选项卡中包含了各种与选项卡内容相关的面板，用户可以在不同的选项卡之间切换。
- **功能区面板**：在功能区面板中包含与该面板相关的各种按钮和命令，功能区面板分为完整面板和隐藏面板，在隐藏的功能区面板中单击扩展按钮即可显示完整的面板。
- **命令按钮**：在功能区面板上单击按钮即可执行相关的命令，单击按钮旁边的下拉按钮，可以显示隐藏的多个命令。

2. 通过菜单栏中的命令来执行

单击菜单栏中的菜单项，在打开的菜单中，执行相应的命令，如下左图所示即可调用该命令，弹出的对话框如下右图所示。

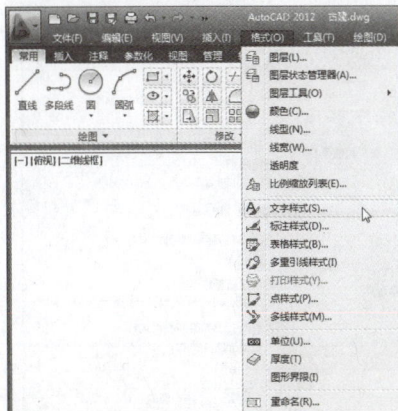

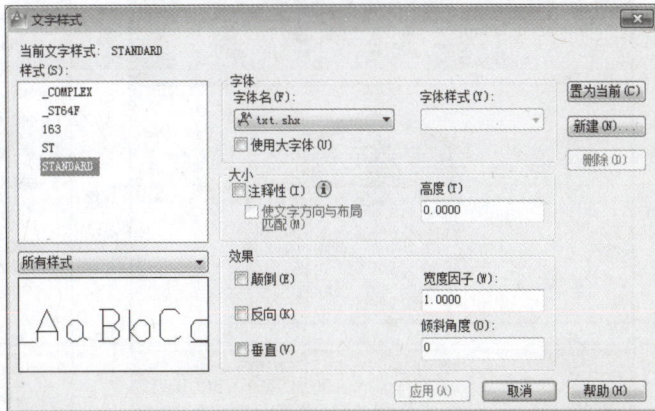

3. 通过在命令窗口中输入命令来执行

　　该方法满足了部分习惯使用快捷键来绘图的用户的需求。在命令窗口中输入命令后，按Enter键，此时在命令窗口中会提示下一步的操作，用户只需按照提示即可完成图形的绘制，如下图所示。

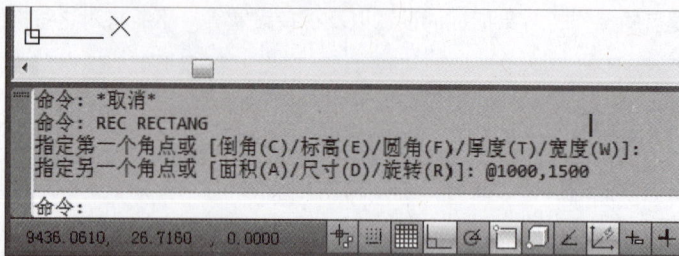

工程师点拨｜重复命令操作

　　只需按Enter键即可重复使用上一次使用的命令，如果按Esc键，则不能继续使用上一次的命令。

02　键盘与鼠标的操作

　　键盘和鼠标是操作AutoCAD软件的必备工具。键盘是用来输入命令及其系统变量的，大部分命令都需通过键盘在命令窗口中输入命令参数来进行操作。

　　在进行图形设计的过程中，大部分操作是通过使用鼠标来完成的，如对象的选择、单击某个按钮或执行菜单命令、视图的控制、各种环境设置和属性设置。

　　按住鼠标中键并拖动鼠标可以平移图形，双击鼠标中键可以将图像在绘图窗口中最大化显示，滚动鼠标中键可以对图形对象进行缩放，单击鼠标右键还可以弹出快捷菜单。

03　栅格与正交模式

　　在状态栏中单击"栅格显示按钮▦"，将启用栅格显示功能，如下左图所示。再次单击该按钮，则关闭栅格显示功能。用户也可通过快捷键F7来开启或关闭栅格显示。在"栅格显示"按钮上单击鼠标右键，将弹出快捷菜单，执行快捷菜单中的"设置"命令，在打开的"草图设置"对话框中，还可对栅格数量进行设置，如下右图所示。

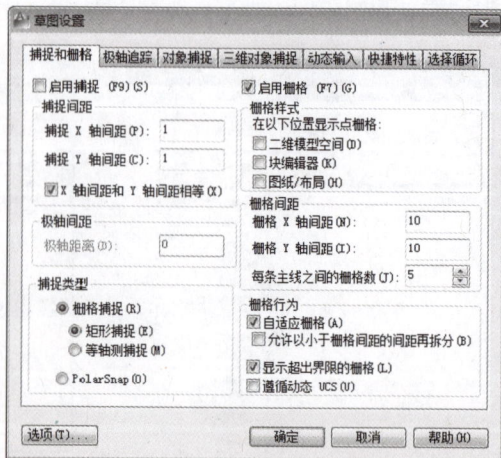

在"草图设置"对话框中，勾选"启用栅格"复选框，然后设置栅格X轴间距、栅格Y轴间距和每条主线之间的栅格数。设置完成后，单击"确定"按钮，程序只将当前窗口中的图像显示为栅格，并且缩放图形后会随之发生变化。

正交模式是在任意角度和直角之间进行切换，在约束线段为水平或垂直的时候可以使用正交模式。在状态栏中单击"正交模式"按钮，将启用正交模式，再次单击该按钮，则取消正交模式。在正交模式下绘制直线对象时，只能绘制出水平直线或垂直直线，如下左图所示。取消该模式，则可绘制任意角度的直线，如下右图所示。

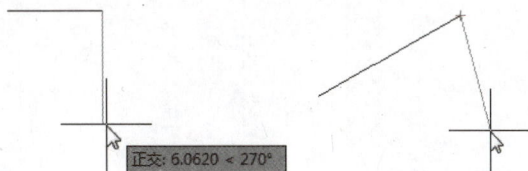

04 对象的捕捉与追踪

使用对象捕捉功能可指定对象上的精确位置，用户可自定义对象捕捉的距离。

在状态栏中右击"捕捉模式"按钮，在打开的快捷菜单中单击"设置"命令，如下左图所示。在"草图设置"对话框中，勾选"启用捕捉"复选框，然后输入捕捉 X 轴、捕捉 Y 轴间距，设置完成后，单击"确定"按钮，光标会以指定的距离进行移动，如下右图所示。

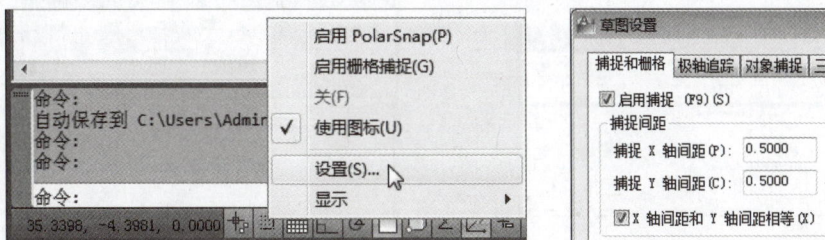

05 视口的分类与应用

视口是用于显示模型不同视图的区域，AutoCAD 2012中包含12种类型的视口样式，用户可以选择不同的视口样式以便于从各个角度来观察模型。执行菜单栏中的"视图>视口>新建视口"命令，打开"视口"对话框，如下图所示。

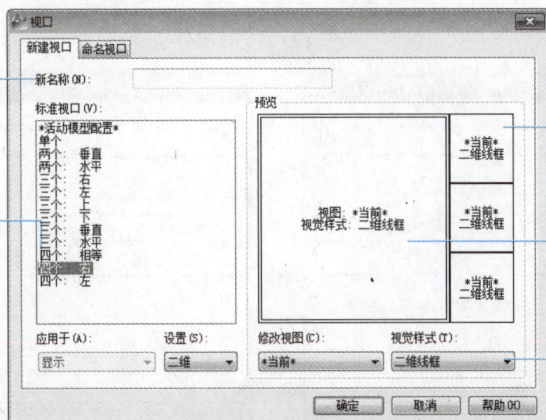

输入当前视口的新名称

标准视口从一个视口到四个视口，有不同的排列方式，可以为上中下排列，也可为左中右排列，共有12种排列方式

预览窗口用于显示图形在不同视口下的显示状态

当前使用并处于编辑状态的视口

视觉样式用于在二维与三维显示之间选择切换

1. 新建视口

用户可根据需要创建视口，并将创建好的视口保存，以便下次使用。其操作如下。

STEP 01 执行"视图>视口>新建视口"命令，打开"视口"对话框。

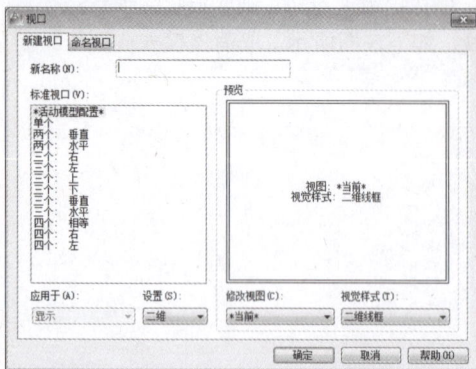

STEP 02 在"视口"对话框中，选择"新建视口"选项卡，输入视口名称，并选择视口样式。

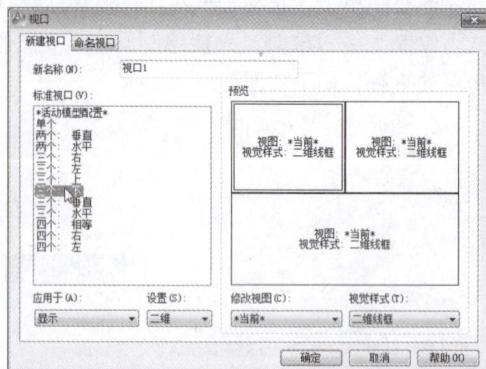

STEP 03 选择完成后，单击"确定"按钮，此时在绘图窗口中，系统将自动按照要求进行视口分隔。

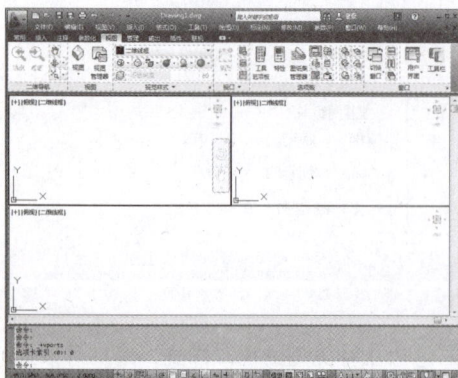

STEP 04 在绘图窗口中，单击各视口名称，则在打开的下拉菜单中，可根据需要更改当前视口名称。

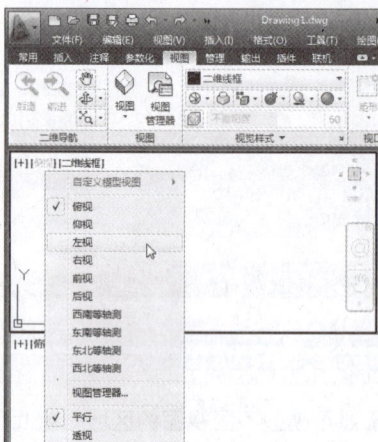

2. 合并视口

在AutoCAD 2012中，可将多个视口合并。执行"视图>视口>合并"命令，然后在绘图窗口中选择两个所要合并的视口，即可完成合并。下左图为合并前效果，下右图为合并后效果。

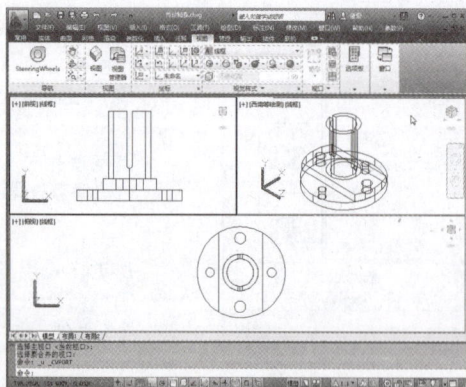

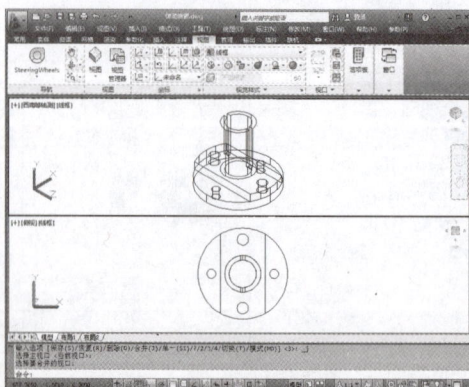

Lesson 02　坐标系的应用

AutoCAD坐标系分为世界坐标系和用户坐标系，默认情况下为世界坐标系，用户可通过UCS命令进行坐标系的转换。

01　世界坐标系与用户坐标系

世界坐标系也称为WCS坐标系，它是AutoCAD中默认的坐标系。一般情况下世界坐标系与用户坐标系是重合在一起的，且世界坐标系是不能更改的。在二维图形中，世界坐标系的X轴为水平方向，Y轴为垂直方向，世界坐标系的原点为X轴与Y轴的交点位置，如下左图所示。

用户坐标系也称为UCS坐标系，用户坐标系是可以更改的，主要为绘制图形时提供参考。创建用户坐标系可以通过在菜单栏中执行相关命令来创建，也可以通过在命令窗口中输入命令UCS来创建，如下右图所示。

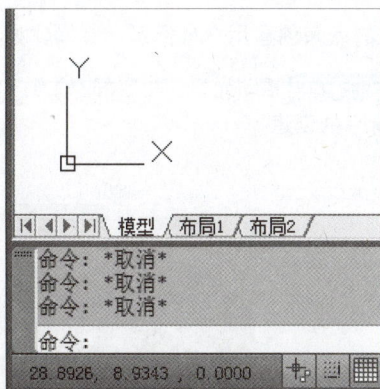

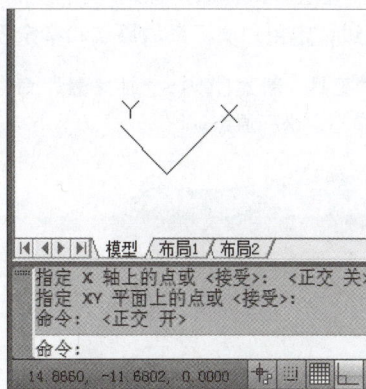

1. 通过输入原点来创建坐标系

执行"工具>新建UCS>原点"命令，根据命令窗口中的提示信息，在绘图窗口中指定新的坐标原点，并输入 X、Y、Z的坐标值，按Enter键，即可完成创建。

2. 通过三点来创建坐标系

该方法是通过指定用户坐标系的原点、X轴上的点和Y轴上的点来定义用户坐标系，具体操作方法如下。

STEP 01 在命令窗口中，输入命令UCS，按Enter键，在绘图窗口中指定新的坐标原点。

STEP 02 确定好原点后，在绘图窗口中指定好X、Y坐标轴的方向，即可创建完成。

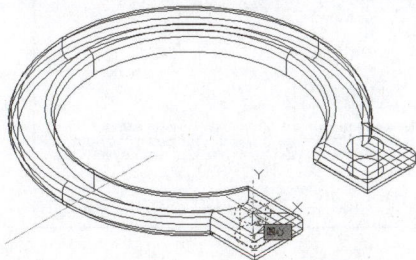

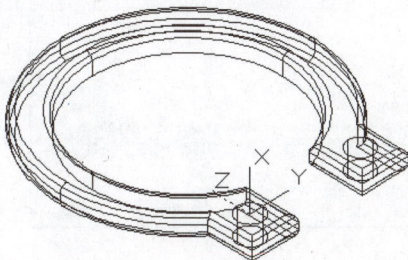

3. 通过对象的面来创建坐标系

该方法是通过选择实体上的一个面来作为要创建用户坐标系的面，用户可以更改X轴、Y轴的方向，其操作步骤如下。

STEP 01 执行"工具>新建UCS>面"命令，在绘图窗口中指定一个面为用户坐标平面。

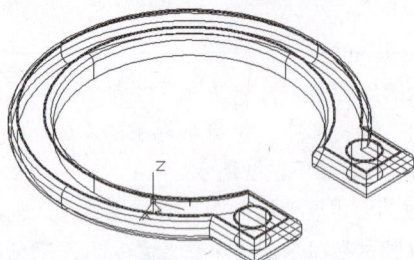

STEP 02 按照命令窗口中的提示信息，选择X、Y坐标轴方向，按Enter键，完成创建。

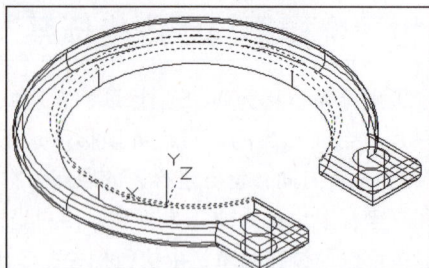

4. 通过指定Z轴矢量来创建坐标系

该方法是通过指定用户坐标系的原点和指定Z轴上的点来创建用户坐标系，其操作如下。

STEP 01 执行"工具>新建UCS>Z轴矢量"命令，在绘图窗口中指定坐标原点。

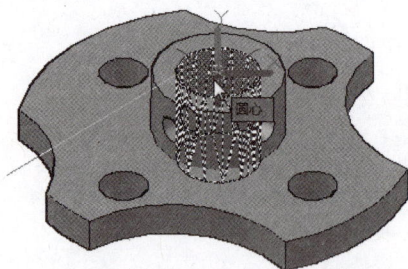

STEP 02 移动光标，指定好Z轴方向，即可完成坐标系的创建。

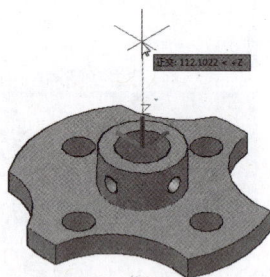

02 更改用户坐标系的样式

用户坐标系的样式是可根据需要进行更改的，其具体操作如下。

STEP 01 执行"视图>显示>UCS图标>特性"命令，打开"UCS 图标"对话框。

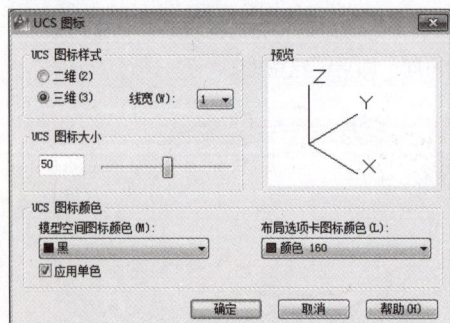

STEP 02 在该对话框中，设置"UCS图标大小"参数，例如输入70。

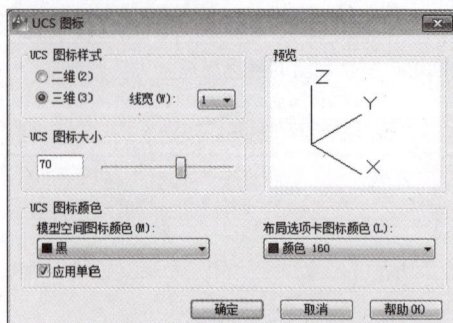

STEP 03 再设置 "UCS图标颜色" 参数。

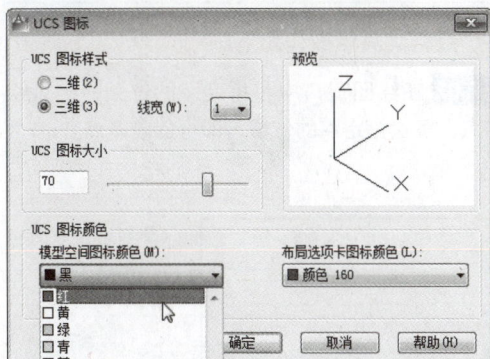

STEP 04 设置完成后，单击 "确定" 按钮，即可完成坐标系的更改。

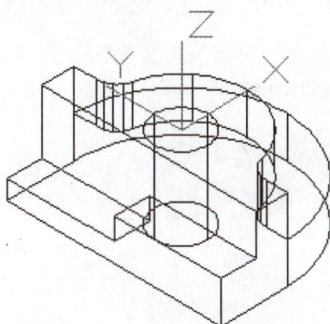

🔧 **工程师点拨** | 旋转坐标系

通常在二维图纸中，坐标轴只能看到X轴和Y轴，实际上Z轴是存在的，只是在二维平面中观察不到。若想从二维平面中看到Z轴，只需对坐标轴进行 "动态观察" 即可。

Lesson 03　绘制点对象

在AutoCAD 2012中，点分为单个点和多个点。在绘制点之前，需对点的样式进行设置，其设置步骤如下。

STEP 01 执行 "格式>点样式" 命令，打开 "点样式" 对话框。

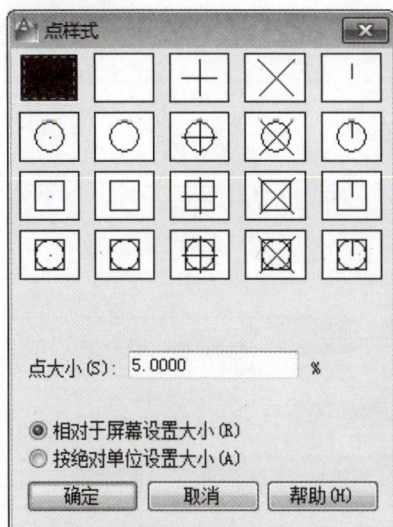

STEP 02 在该对话框中，选择合适的点样式，并设置其大小即可。

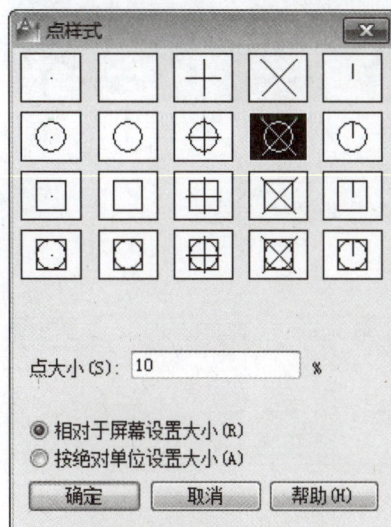

01 绘制多个点

设置点样式后,执行"多点"命令,即可连续绘制多个点,其具体操作如下。

STEP 01 在功能区中的"常用"选项卡下打开"绘图"的完整面板,单击"多点"按钮。

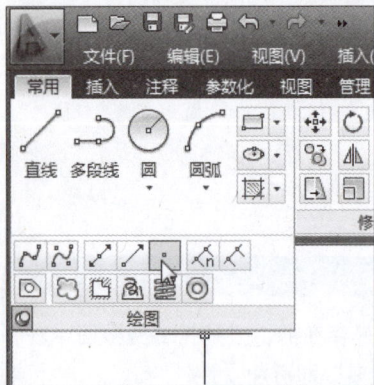

STEP 02 在绘图窗口中,指定点的位置,则可绘制出点,多次指定点的位置,即可创建多点。

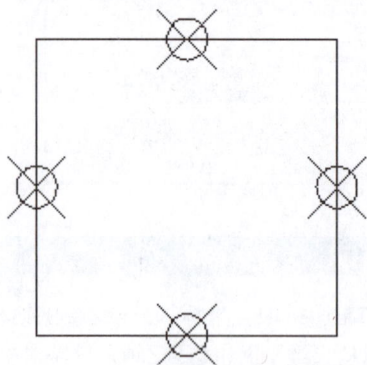

单点的绘制与多点的绘制相同,只不过执行"单点"命令后,一次只能创建一个点,而多点则是一次能创建多个点,直到按Esc键,完成操作。

02 绘制定数等分点

定数等分点是将选择的曲线或线段按照指定的段数进行平均等分。其具体操作步骤如下。

STEP 01 在功能区的"常用"选项卡下打开"绘图"的完整面板,单击"定数等分"按钮。

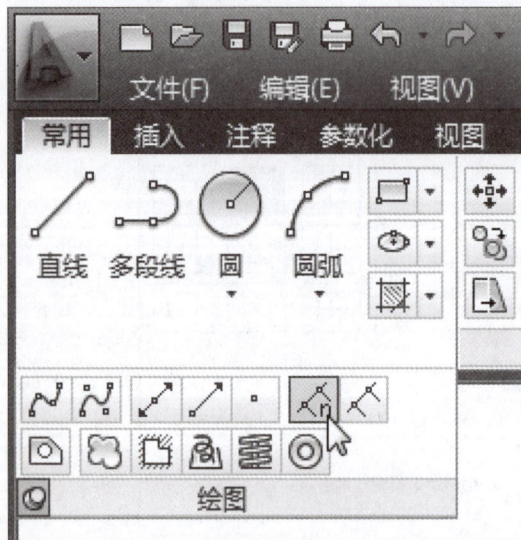

STEP 02 根据命令窗口中的信息提示,选择所要等分的图形对象,这里选择圆形。

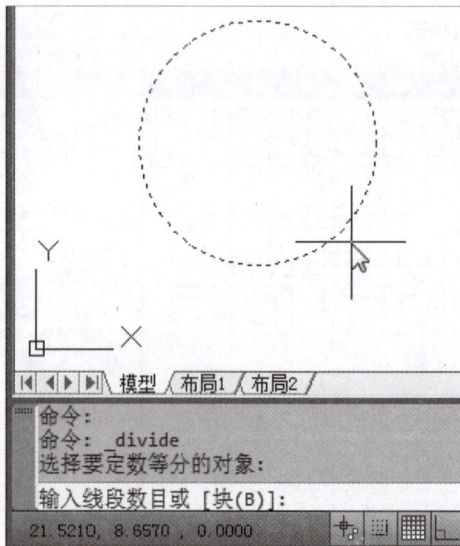

STEP 03 在命令窗口中，根据提示，输入等分数目，例如输入"5"。

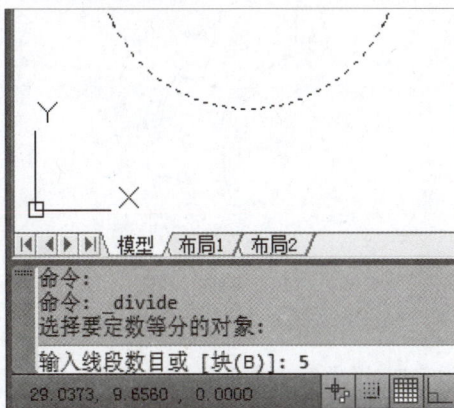

STEP 04 输入完毕后，按Enter键，即可将该圆等分。

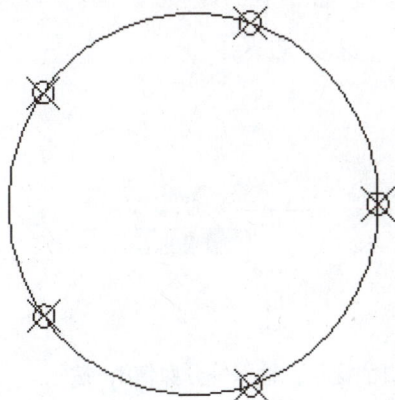

相关练习 | 等分圆餐桌

在绘图过程中，常常会使用"定数等分"命令，将图形进行等分。下面将以圆餐桌为例，介绍如何将圆形餐桌进行等分操作。

原始文件：实例文件\第2章\原始文件\圆形餐桌平面.dwg
最终文件：实例文件\第2章\最终文件\等分圆形餐桌.dwg

STEP 01 设置点样式

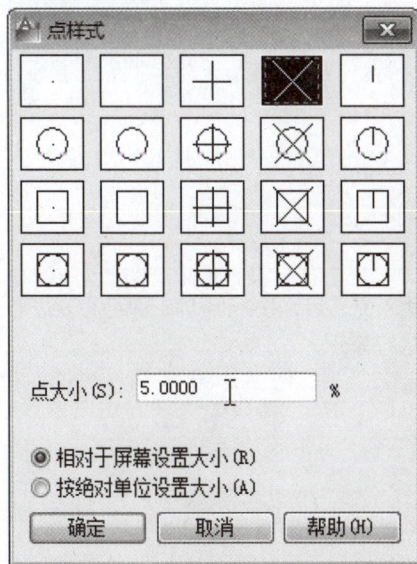

执行"格式>点样式"命令，在打开的对话框中，选择一款合适的点样式，并设置好点大小值，单击"确定"按钮，完成设置。

STEP 02 选择要等分的图形

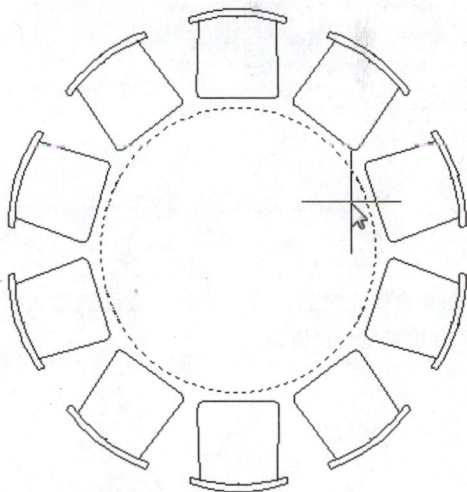

在"常用"选项卡的"绘图"面板中，单击"定数等分"按钮，根据命令窗口的提示，选择圆形餐桌图形。

STEP 03 输入等分数值

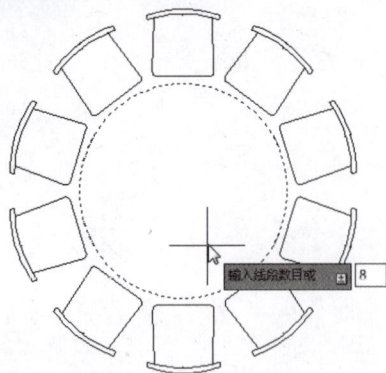

STEP 04 完成等分

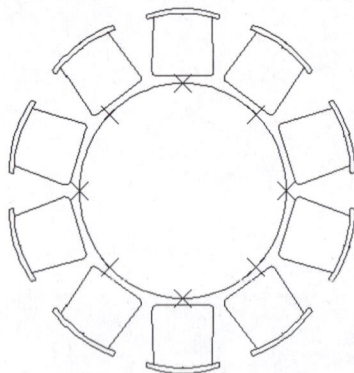

根据命令窗口的提示，输入等分数值8，按
Enter键。

软件自动完成对圆形餐桌的等分，将其等分为8段。

03 测量

　　AutoCAD 2012 中的"测量"命令相当于旧版本中的"定距等分"命令，其操作方法与旧版本相同。"测量"命令是在对象上以指定间隔放置点对象，但指定的间隔不一定能等分对象，其操作如下。

STEP 01 在"常用"选项卡中的"绘图"面板中单击"测量"按钮。

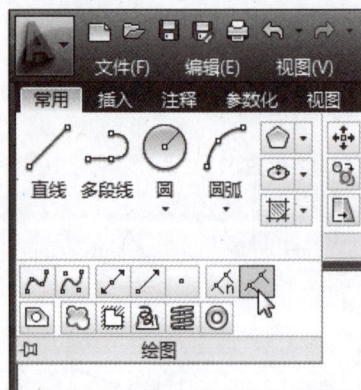

STEP 02 根据命令窗口的提示，选择需要定距等分的图形对象。

STEP 03 选择完成后，在命令窗口或动态输入框中输入线段长度距离值为5。

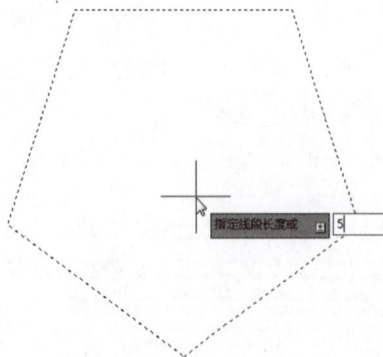

STEP 04 输入完毕后，按Enter键，即可将多边形以长度为5进行等分。

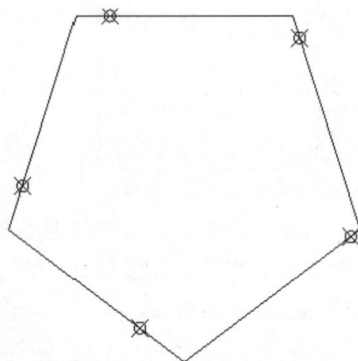

Lesson 04 绘制线条对象

在AutoCAD 2012中，线条的类型有多种，如直线、射线、构造线、多线、多段线、样条曲线以及矩形等。用户可根据需求选择相关的命令进行操作。

01 绘制直线

绘制直线的方式有三种：使用功能区中的"直线"命令绘制，如下左图所示；在命令窗口中输入"直线"的快捷命令绘制，如下中图所示；使用菜单栏中的"直线"命令来绘制，如下右图所示。

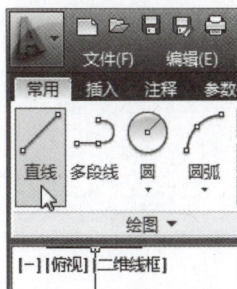

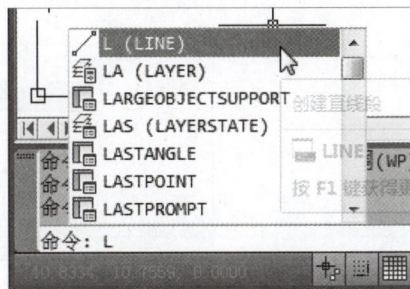

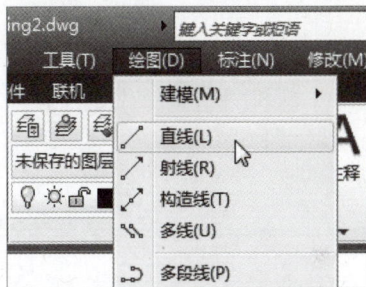

下面介绍利用命令窗口绘制直线的步骤。

STEP 01 在命令窗口中输入 L 后按 Enter 键，启动"直线"命令，提示指定直线的起点。

STEP 02 指定起点后，根据提示在动态输入框中输入第二点的距离为200，按Enter键。

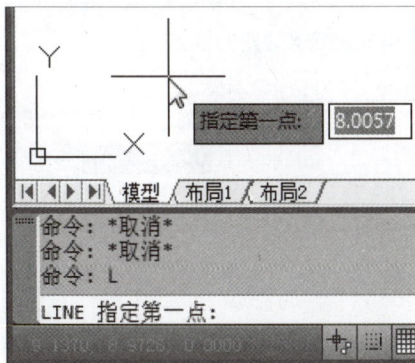

STEP 03 向Y轴正方向移动光标，并在动态输入框中输入线段的距离值为300。

STEP 04 输入完毕后，按Enter键，即可完成直线的绘制。

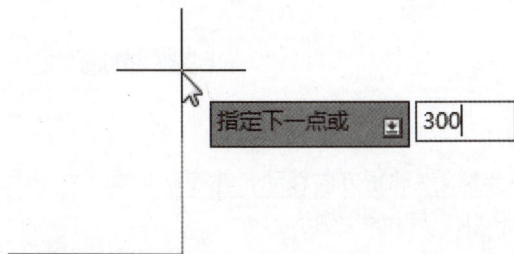

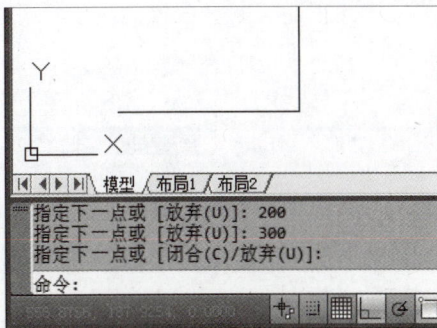

相关练习 | 绘制户型图轮廓线

　　绘制住宅户型图的方法有多种，下面我们运用"直线"命令，根据测量的尺寸数据，绘制户型轮廓线。

原始文件：无
最终文件：实例文件\第2章\最终文件\绘制户型图轮廓线.dwg

STEP 01 指定起点，输入距离值

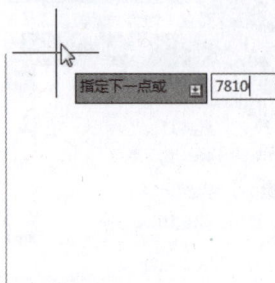

指定下一点或 [7810

在命令窗口中，输入L后按Enter键，指定好线段起点，将光标沿Y轴正方向移动，并在动态输入框中输入7810，再按Enter键。

STEP 02 指定X轴正方向点

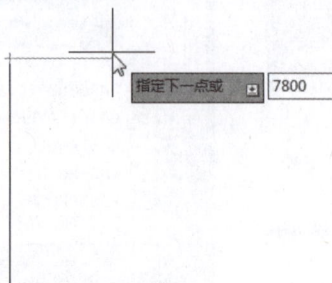

指定下一点或 [7800

沿X轴正方向移动光标，并在动态输入框中输入7800，按Enter键确认。

STEP 03 指定Y轴负方向点

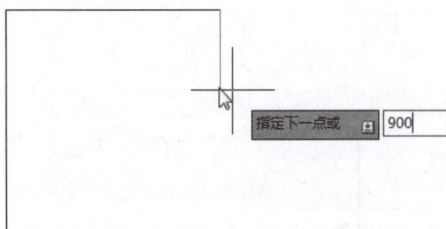

指定下一点或 [900

将光标沿Y轴负方向移动，并在动态输入框中输入900，按Enter键确认。

STEP 04 再次指定X轴正方向点

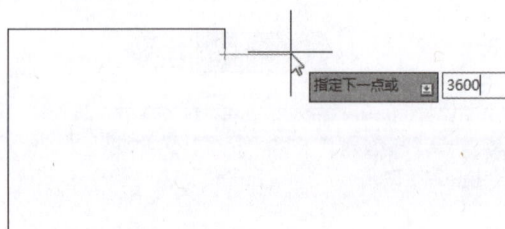

指定下一点或 [3600

将光标沿X轴正方向移动，并在动态输入框中输入3600，按Enter键确认。

STEP 05 再次指定Y轴负方向点

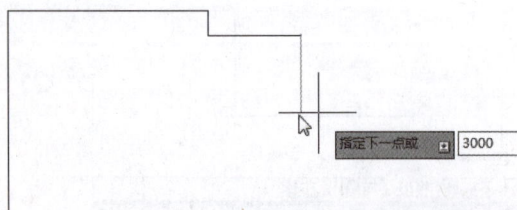

指定下一点或 [3000

将光标沿Y轴负方向移动，并在动态输入框中输入3000，按Enter键确认。

STEP 06 指定第七个点

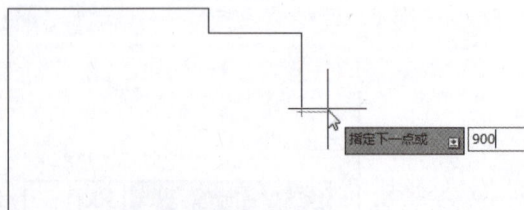

指定下一点或 [900

将光标沿X轴正方向移动，并在动态输入框中输入900，按Enter键确认。

STEP 07 指定第八个点

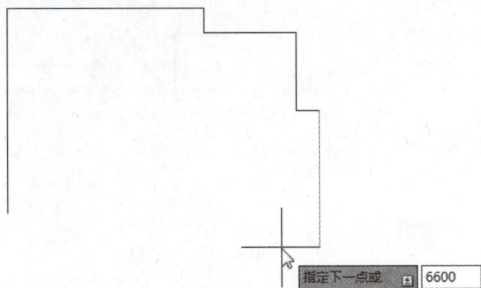

指定下一点或 6600

将光标沿Y轴负方向移动，并在动态输入框中输入6600，按Enter键确认。

STEP 08 指定第九个点

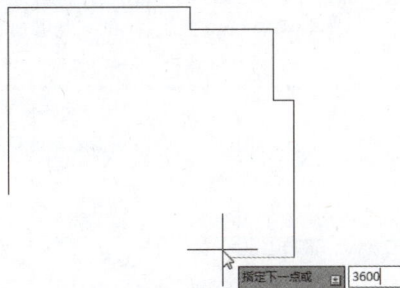

指定下一点或 3600

将光标沿X轴负方向移动，并在动态输入框中输入3600，按Enter键确认。

STEP 09 指定第十个点

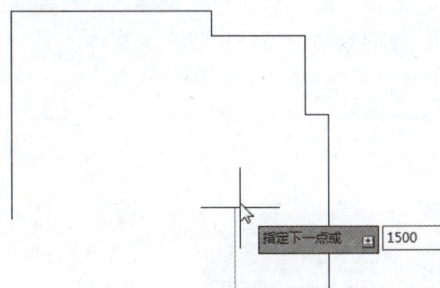

指定下一点或 1500

将光标沿Y轴正方向移动，并在动态输入框中输入1500，按Enter键确认。

STEP 10 指定第十一个点

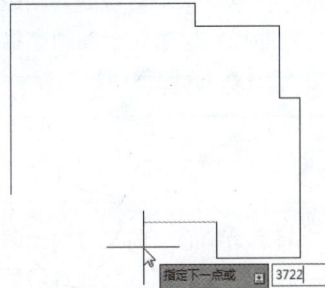

指定下一点或 3722

将光标沿X轴负方向移动，并在动态输入框中输入3722，按Enter键确认。

STEP 11 指定第十二个点

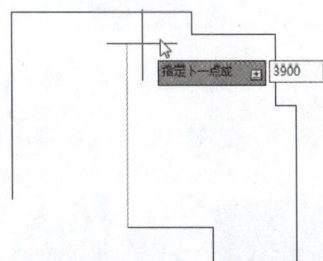

指定下一点或 3900

将光标沿Y轴正方向移动，并在动态输入框中输入3900，按Enter键确认。

STEP 12 指定第十三个点

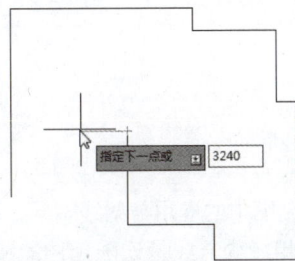

指定下一点或 3240

将光标沿X轴负方向移动，并在动态输入框中输入3240，按Enter键确认。

STEP 13 指定第十四个点

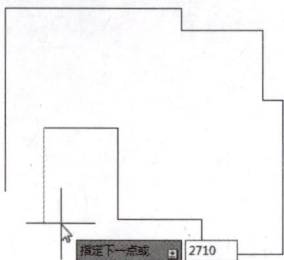

将光标沿Y轴负方向移动，并在动态输入框中输入2710，按Enter键确认。

STEP 14 捕捉起点，完成绘制

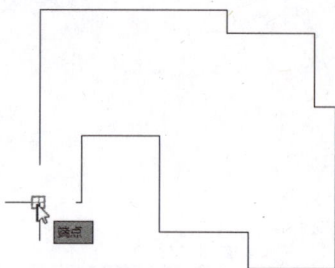

捕捉第一条线段的起点，闭合图形，按Enter键，完成户型图轮廓线的绘制。

> **工程师点拨｜启动"动态输入"功能**
>
> 在绘制图形时，单击状态栏中的"动态输入"按钮即可开启该功能。在执行某操作时，它会将命令窗口中的一些操作信息显示在动态输入框中，无需用户再回到命令窗口中输入或操作。再次单击"动态输入"按钮，则禁用该功能。

02 绘制射线

射线是以一个起点为中心，向某方向无限延伸的直线。射线一般用来作为创建其他直线的参照。在"常用"选项卡下的"绘图"面板中单击"射线"按钮，如右图所示。在绘图窗口中，指定好射线的起始点，根据需要将光标移至所需位置，并指定好第二点，即可完成射线的绘制。

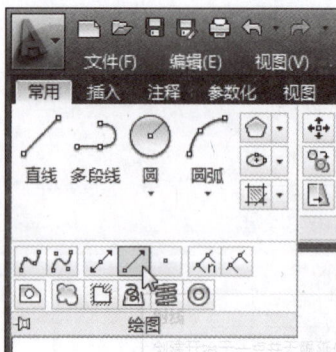

03 绘制构造线

构造线在建筑制图中的应用与射线相同，都是起辅助制图的作用。构造线是无限延伸的线，也可以用来作为创建其他直线的参照，用户可以创建出水平、垂直或具有一定角度的构造线。在"常用"选项卡下的"绘图"面板中单击"构造线"按钮，在绘图窗口中，分别指定线段起点和端点即可创建出构造线，这两个点就是构造线上的点，如右图所示。

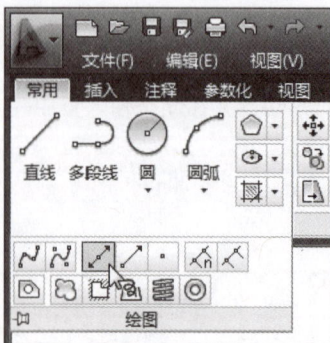

04 绘制多线

　　多线一般是由多条平行线组成的对象，平行线之间的间距和数目是可以设置的。在绘制多线之前，需先设置多线的样式。具体操作步骤如下。

STEP 01 执行菜单栏中的"格式>多线样式"命令，打开"多线样式"对话框。

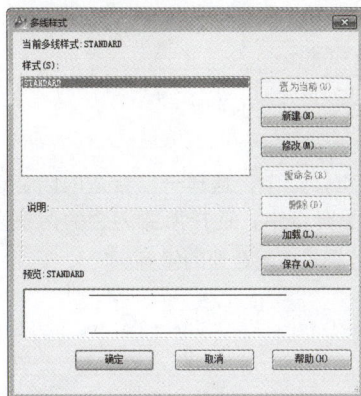

STEP 02 单击"新建"按钮，打开"创建新的多线样式"对话框。在该对话框中，输入新样式名，并单击"继续"按钮。

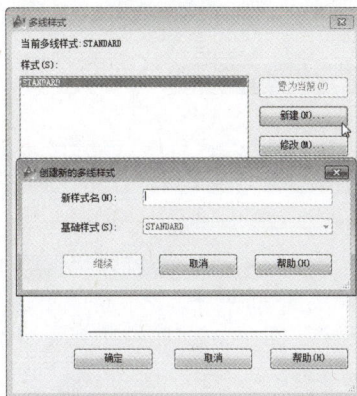

STEP 03 在打开的"新建多线样式"对话框中，勾选"封口"选项组中的"起点"和"端点"复选框。

STEP 04 单击"确定"按钮，返回上一层对话框。再单击"置为当前"按钮，然后单击"确定"按钮，完成设置。

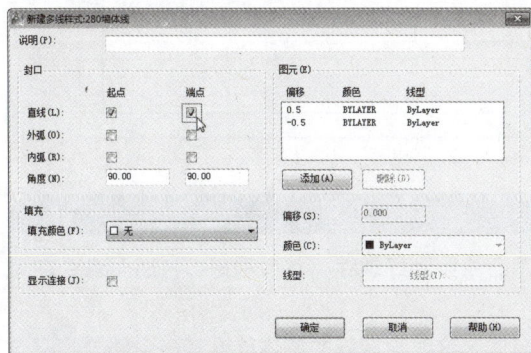

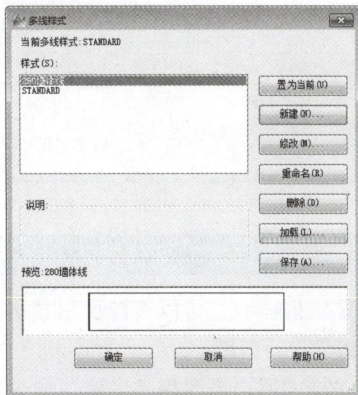

STEP 05 在命令窗口中，输入ML命令，按Enter键，启动"多线"命令。

STEP 06 根据命令窗口信息提示，将"比例"设置为280，将"对正"设置为"无"。

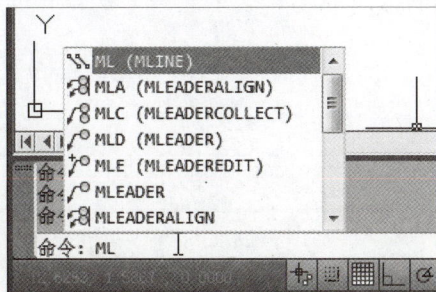

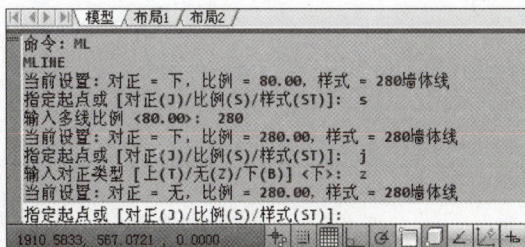

STEP 07 设置完毕后，按Enter键，在绘图窗口中指定多线的起点。

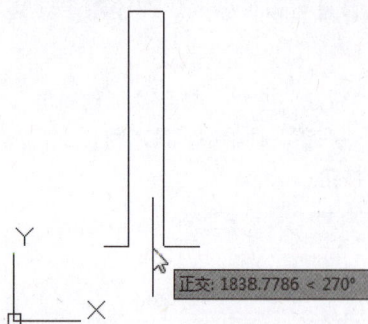

STEP 08 在动态输入框中输入长度值5000，然后按照同样的方法完成多线的绘制。

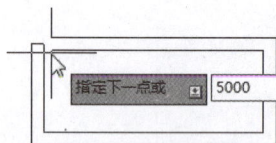

正交: 1838.7786 < 270°

指定下一点或 ▮ 5000

STEP 09 双击闭合处任意一条多线，打开"多线编辑工具"对话框。

多线编辑工具

要使用工具，请单击图标。必须在选定工具之后执行对象选择。

多线编辑工具

十字闭合	T 形闭合	角点结合	单个剪切
十字打开	T 形打开	添加顶点	全部剪切
十字合并	T 形合并	删除顶点	全部接合

关闭(C)　帮助(H)

STEP 10 在该对话框中，选择一款合适的闭合选项，然后在绘图窗口中，选择所要闭合的两条多线，即可完成当前多线闭合处的修剪。

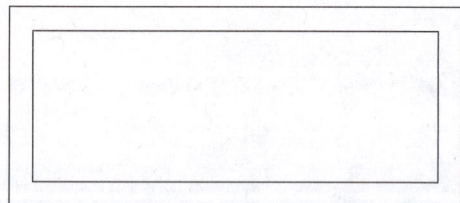

🔧 **工程师点拨** | 启多线绘制墙体技巧

在在绘制建筑墙体时，可以首先使用"构造线"命令绘制好轴线，然后利用"打断"命令在轴线适当的位置处进行打断。

设置好多线样式后，再利用"多线"命令绘制墙体，这时绘制好的墙体就没有多余部分，不需要进行修剪，从而方便地绘制插入门窗块，但这种方法并不会炸开墙体，因此以后修改也非常方便，用户可根据需要进行绘制。

相关练习 | 绘制二维墙体线

二维墙体线是建筑制图中最基本的元素。其绘制的方法较多。本例将运用"多线"命令来介绍二维墙体线的绘制方法。

原始文件：实例文件\第2章\原始文件\两室一厅墙体轴线.dwg
最终文件：实例文件\第2章\最终文件\二维墙体线.dwg

STEP 01 打开原始文件

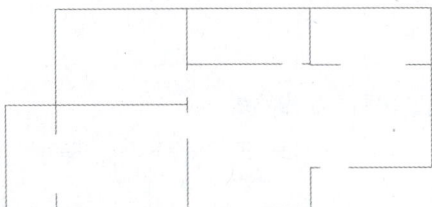

启动AutoCAD 2012，打开"两室一厅墙体轴线.dwg"文件。

STEP 02 打开"多线样式"对话框

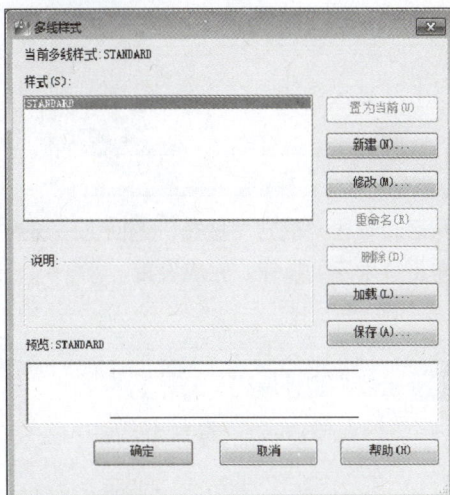

执行菜单栏中的"格式 > 多线样式"命令，打开"多线样式"对话框。

STEP 03 打开"修改多线样式"对话框

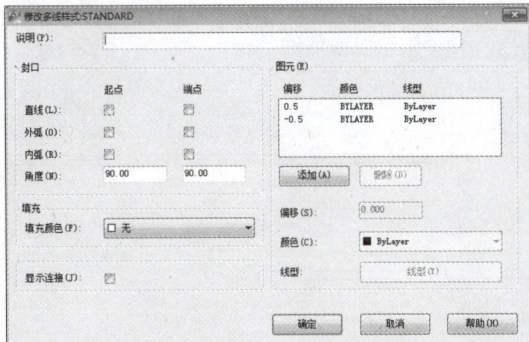

在"多线样式"对话框中，单击"修改"按钮，打开"修改多线样式"对话框。

STEP 04 设置多线样式

在该对话框的"封口"选项组中，勾选"起点"与"端点"复选框。

STEP 05 完成多线样式设置

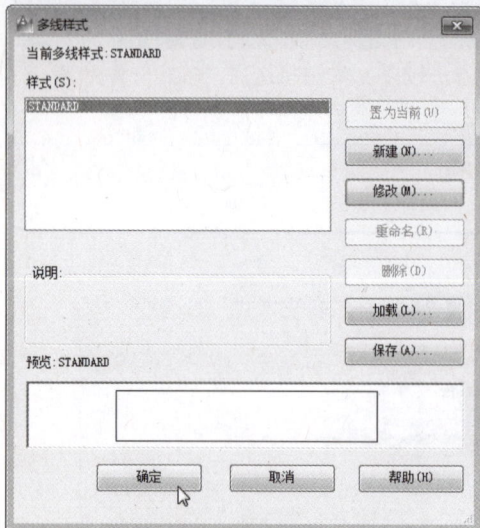

设置完成后，单击"确定"按钮，返回上一层对话框，单击"确定"按钮，完成设置。

STEP 06 设置多线比例和对正

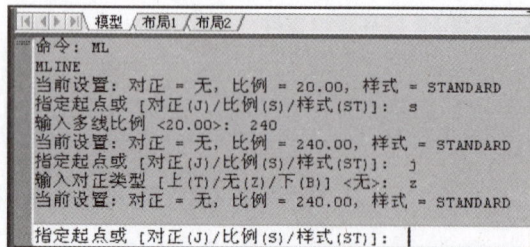

在命令窗口中，输入命令ML，按Enter键，根据信息提示，设置多线"比例"为240，设置"对正"为"无"。

STEP 07 绘制户型外墙线

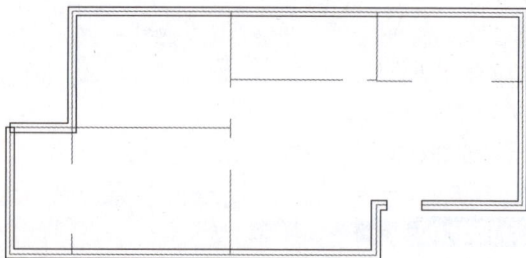

捕捉绘图区中轴线起点，沿着轴线绘制出户型外轮廓。

STEP 08 绘制户型内墙线

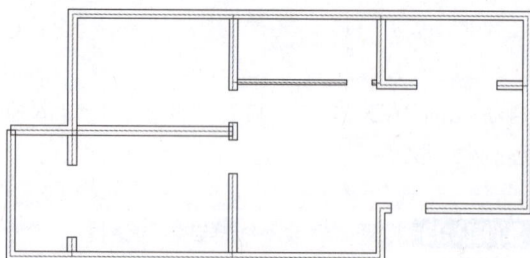

按照同样的操作方法，完成户型内墙线的绘制。

STEP 09 修改多线

双击所需要修改的多线，打开"多线编辑工具"对话框。

STEP 10 完成墙体线的修剪

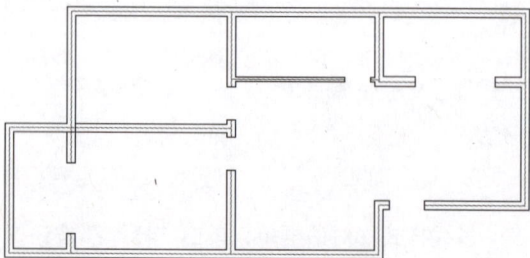

根据需要选择合适的多线编辑工具，在绘图窗口中选择要编辑的两条多线，完成修改。

05 绘制样条曲线

样条曲线是通过一系列指定点的光滑曲线，用来绘制不规则的曲线图形。样条曲线主要用来绘制波浪线、断面线等。其操作步骤如下。

STEP 01 在"常用"选项卡的"绘图"面板中单击"样条曲线拟合"按钮。

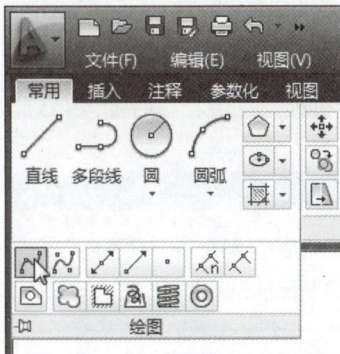

STEP 02 根据命令窗口的提示信息，指定样条曲线的起点，并按照同样的操作，指定一下点的位置，直到端点，按Enter键完成绘制。

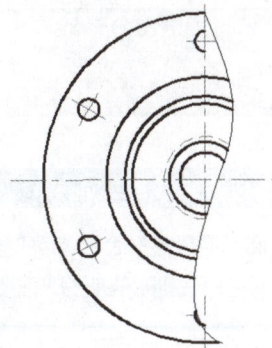

06 绘制多段线

多段线是由相连的直线和圆弧曲线组成的，可在直线和圆弧曲线之间进行自由切换。多段线可设置其宽度，也可在不同的线段中设置不同的线宽，并允许将线段的始末端点设置成不同的线宽。具体操作步骤如下。

STEP 01 在"常用"选项卡的"绘图"面板中单击"多段线"按钮。

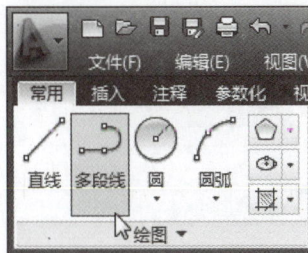

STEP 02 根据命令窗口提示信息，指定多段线起点。在动态输入框中，输入W后按Enter键。

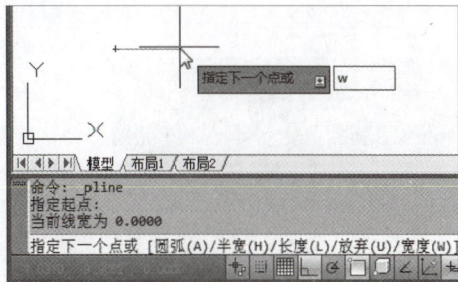

STEP 03 在动态输入框中输入"起点"的宽度值为0，"端点"的宽度值为50，按Enter键。

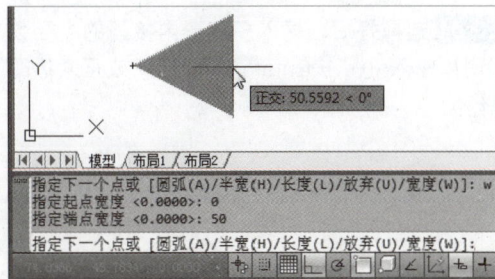

STEP 04 根据命令窗口的提示信息，向右移动光标，并输入长度值100。

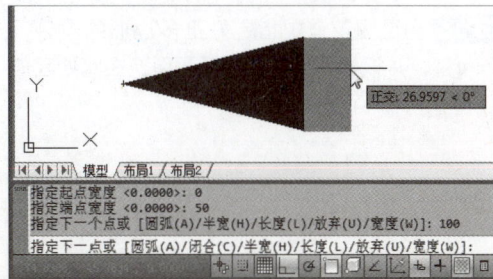

STEP 05 再次输入W后按Enter键，并设置多段线的"起点"和"端点"宽度均为10。

STEP 06 根据提示，输入下一点的距离值为100，按两次Enter键，完成箭头图形的绘制。

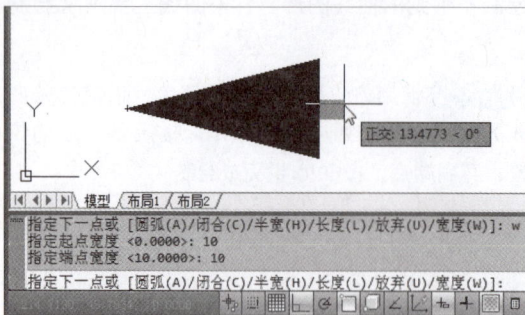

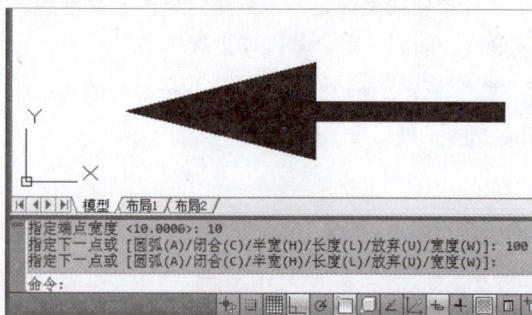

工程师点拨 | 直线与多段线的区别

利用"直线"命令和"多段线"命令都可以绘制首尾相连的线段。它们的区别在于，"直线"命令绘制的是独立线段；而多段线则可在直线和圆弧曲线之间切换，并且绘制出的是一条完整的线段。

07 绘制正多边形

正多边形是由多条边长相等的闭合线段组合而成的多边形。各边相等，各角也相等的多边形叫做正多边形。AutoCAD默认的正多边形的边数为4。绘制正多边形的具体操作如下。

STEP 01 在"常用"选项卡下的"绘图"面板中单击"矩形"按钮右侧的下拉按钮，再选择"多边形"按钮。

STEP 02 根据命令窗口的提示信息，输入多边形边数为6，然后按Enter键。

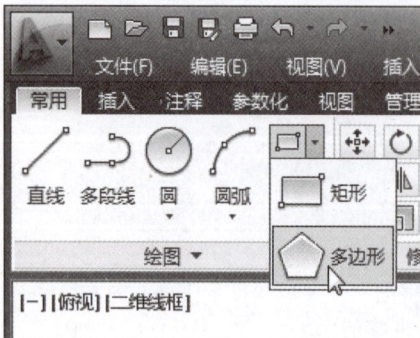

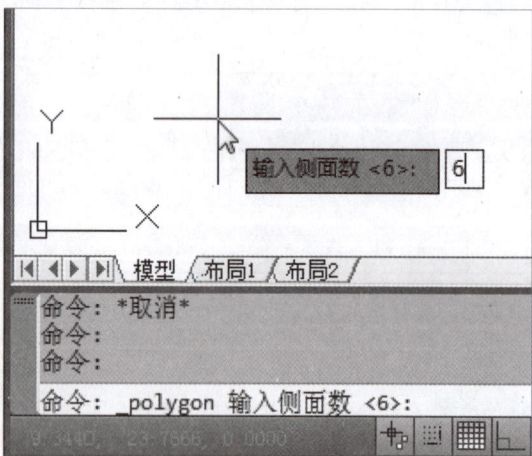

STEP 03 在绘图窗口中指定好正多边形的中心，按Enter键，并根据参数需要选择类型，在此处我们输入"I"。

STEP 04 选择好后，输入多边形内接圆的半径数值。例如输入50，按Enter键，即可完成正六边图形的绘制。

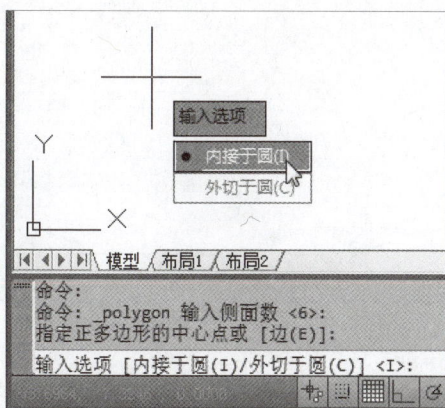

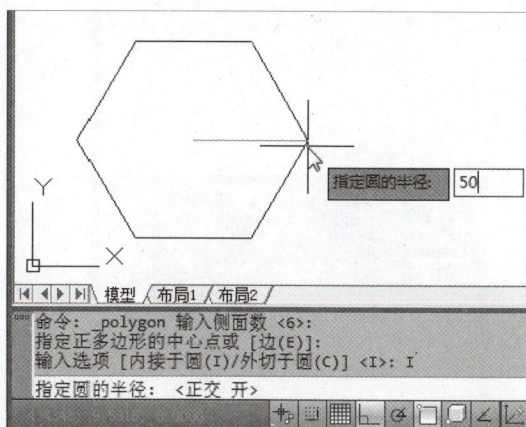

08 绘制矩形

"矩形"命令是 AutoCAD 中最常用的命令之一，它是通过两个角点来定义的。在"常用"选项卡的"绘图"面板中单击"矩形"按钮，如下左图所示。在绘图窗口中指定一个点作为矩形的起点，再指定第二个点作为矩形的对角点，即可创建出一个矩形，如下右图所示。

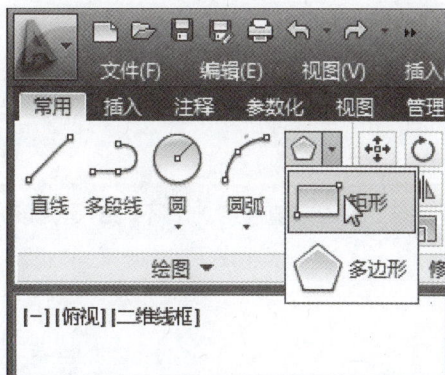

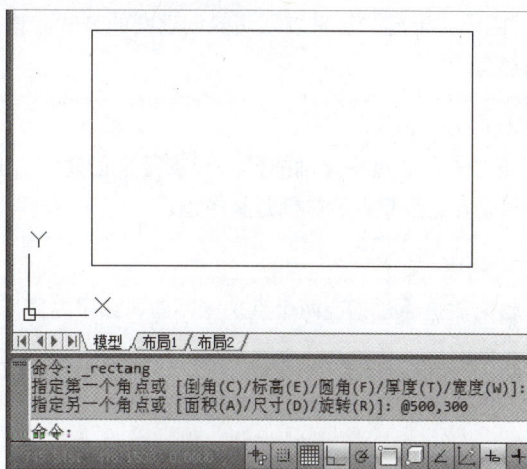

Lesson 05　绘制曲线对象

绘制曲线对象也是在AutoCAD中会经常用到的，曲线对象主要包括圆弧、圆、椭圆和椭圆弧等。下面分别对其绘制操作进行介绍。

01 绘制圆

在制图过程中，"圆"命令是常用命令之一。在"常用"选项卡下的"绘图"面板中单击"圆"按钮，如下左图所示，根据命令窗口信息提示，指定圆的中心点以及圆半径值，即可创建圆，如下右图所示。

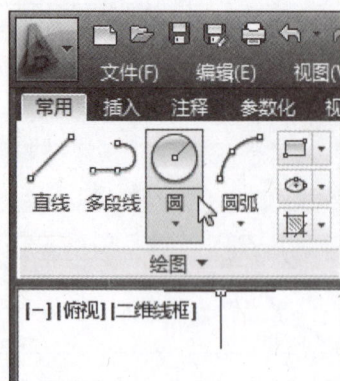

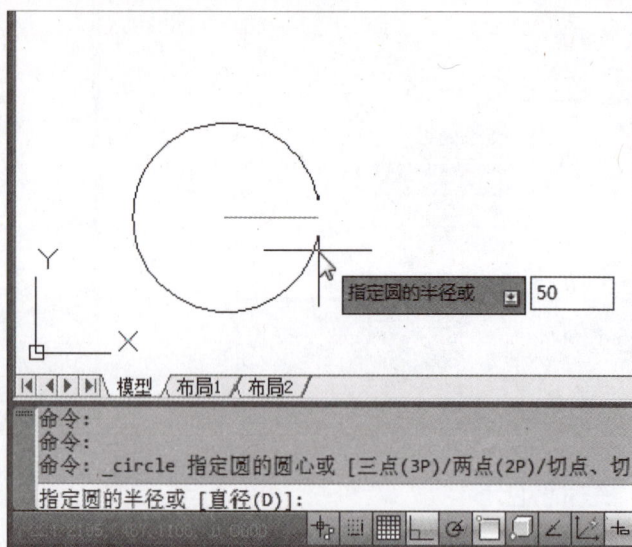

在AutoCAD 2012软件中，绘制圆的方式共有6种。

1. 圆心、半径

"圆心、半径"是系统默认的创建圆的方式。该方式只需要指定圆的圆心和圆的半径值即可创建出圆形。

2. 圆心、直径

该方式是通过指定圆的圆心和直径来创建圆。其操作方法与"圆心、半径"的操作方法是一样的，只是在这里输入的数值是直径值。

3. 两点

该方式是通过指定两个点来绘制圆，如下左图所示。它与"圆心、直径"方式不同的是，该方式是以直径的两个端点来确定圆，如下右图所示。

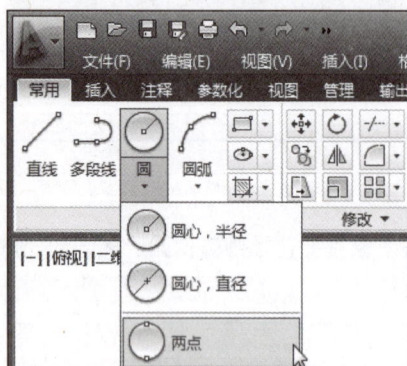

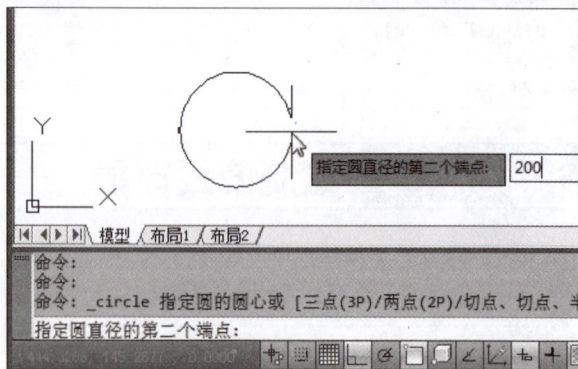

4. 三点

该方式是通过指定三个点来创建圆，调用方法如下左图所示。根据命令行中的提示，依次指定圆的三个点，即可创建出图，如下右图所示。

第一点
第二点
第三点
指定圆上的第三个点:

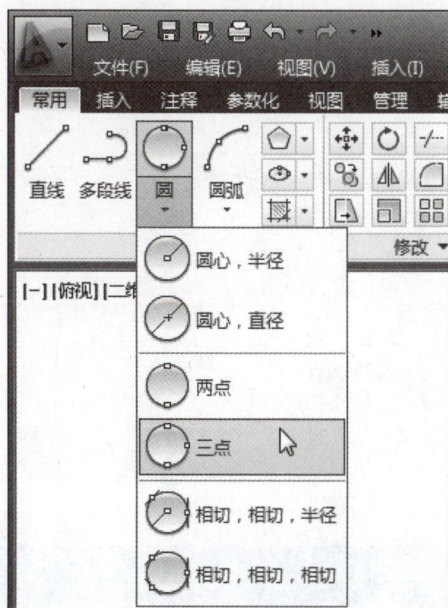

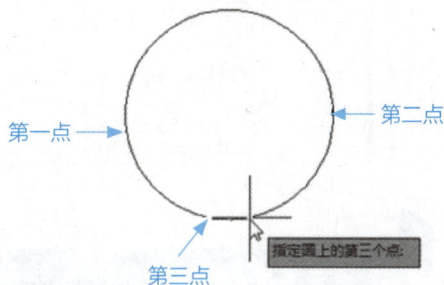

5. 相切、相切、半径

该方式是通过指定与已有对象相切的两个切点，并输入圆的半径来绘制圆的，调用方法如下左图所示。在使用该命令时所选的相切对象必须是圆或圆弧曲线，其中第1个点为与第1组曲线相切的切点，如下右图所示。

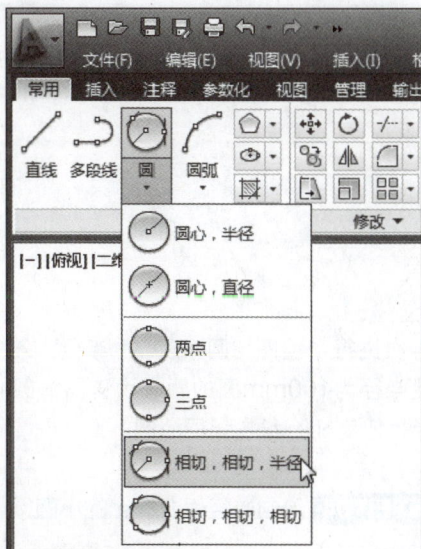

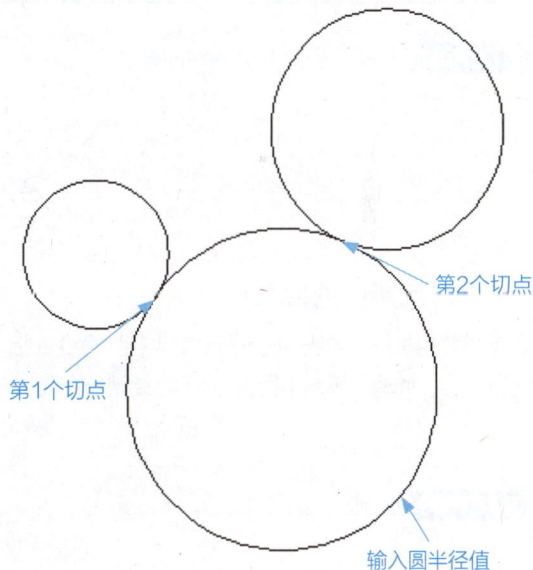

第2个切点
第1个切点
输入圆半径值

6. 相切、相切、相切

该方式是通过指定与已经存在的圆弧或圆对象相切的三个切点来绘制圆的，调用方法如下左图所示。先在第1个圆或圆弧上指定第1个切点，然后在第2个、第3个圆或圆弧上分别指定切点，即可完成创建，如下右图所示。

第1个切点
第2个切点
第3个切点

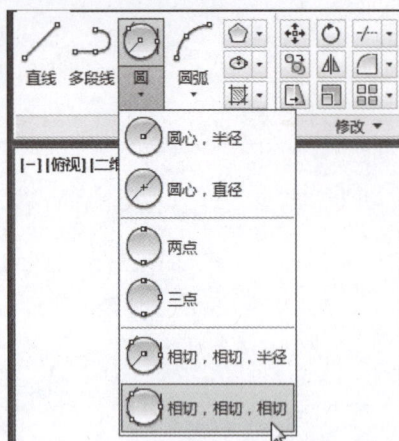

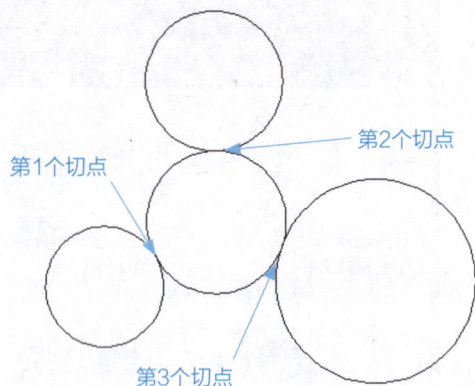

相关练习 | 绘制二维垫片元件平面图

　　垫片样式有多种，例如方形、圆形、三角等。它是为了防止流体泄漏，设置在静密封面之间的密封元件。下面将运用"圆"命令来绘制圆形垫片平面图。

原始文件：无
最终文件：实例文件\第2章\最终文件\二维垫片元件平面图.dwg

STEP 01 绘制半径为100mm的圆

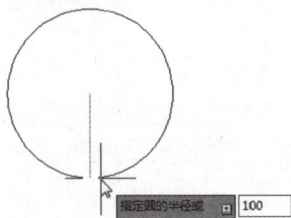

指定圆的半径或 ⬚ 100

在菜单栏中执行"绘图>圆>圆心、半径"命令，指定好圆心，并输入圆的半径值为100，绘制一个圆。

STEP 02 绘制半径为50mm的圆

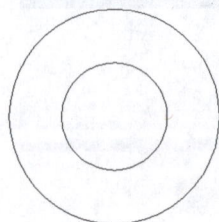

再次执行"绘图>圆>圆心、半径"命令，并捕捉半径为100mm圆的圆心为该圆的圆心，输入半径值为50，绘制出同心圆。

STEP 03 绘制圆形辅助线

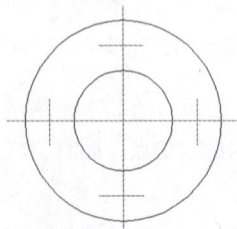

执行菜单栏中的"绘图>直线"命令，绘制垫片辅助线。

STEP 04 绘制半径为10mm的小圆

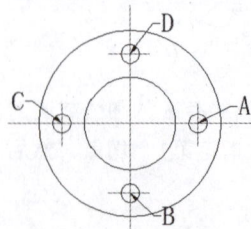

D
C
A
B

执行"绘图>圆>圆心、半径"命令，分别以A、B、C、D四点为圆心，绘制出半径为10mm的小圆。

02 绘制圆弧曲线

圆弧是圆的一部分，绘制圆弧一般需要指定三个点，分别为圆弧的起点、圆弧上的点和圆弧的端点。而在AutoCAD中，绘制圆弧的方法有多种，有"三点"、"起点、圆心、端点"、"起点、端点、角度"、"圆心、起点、端点"以及"连续"等，如下左图所示。其中"三点"命令为系统默认的绘制方式，所绘图形如下右图所示。

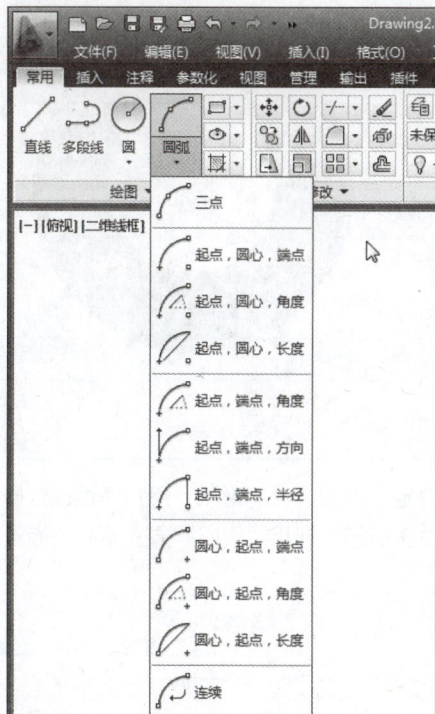

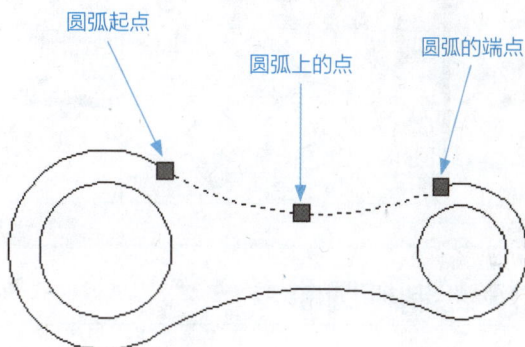

1. 三点

该方式是通过指定三个点来创建一条圆弧曲线，第一个点为圆弧的起点，第二个点为圆弧上的任意点，第三个点为圆弧的端点。

2. 起点、圆心

指定圆弧的起点和其所在圆的圆心。使用该方法绘制圆弧时还需要指定它的端点、角度或长度。

3. 起点、端点

指定圆弧的起点和端点。使用该方法绘制圆弧还需要指定圆弧的半径、角度或方向。

4. 圆心、起点

指定圆弧的圆心和起点。使用该方法绘制圆弧还需要指定它的端点、角度或长度。

5. 连续

使用该方法绘制的圆弧将之前最后一个创建的对象相切。

03 绘制圆环

圆环是由两个圆心相同、半径不同的圆组成的，命令调用方法如下左图所示。圆环分为填充环和实体填充圆，即带有宽度的闭合多段线。绘制圆环时，应首先指定圆环的内径和外径，然后再指定圆环的中心点即可完成圆环的绘制，如下右图所示。

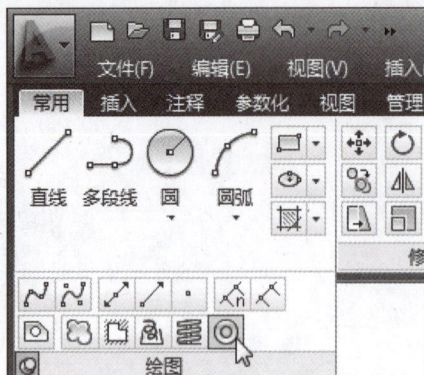

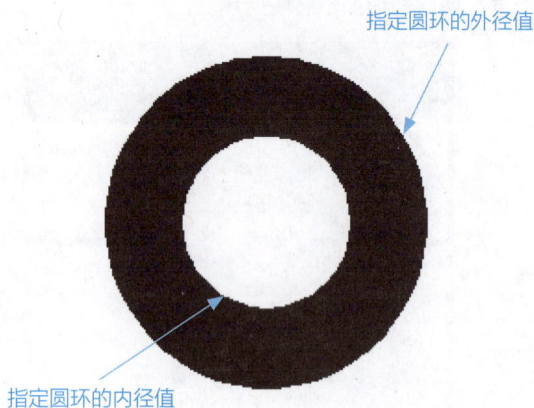

指定圆环的外径值

指定圆环的内径值

04 绘制椭圆曲线

椭圆曲线有长半轴和短半轴，长半轴与短半轴的值决定了椭圆曲线的形状，用户通过设置椭圆的起始角度和终止角度可以绘制椭圆弧，命令调用方式如下左图所示。利用"圆心"方式绘制的椭圆如下右图所示。

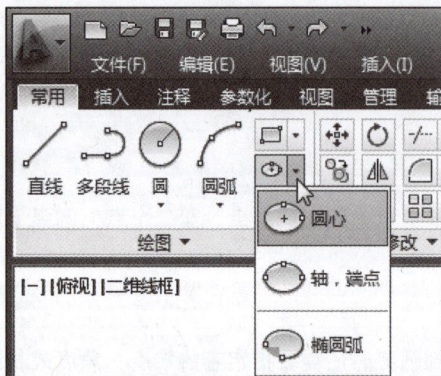

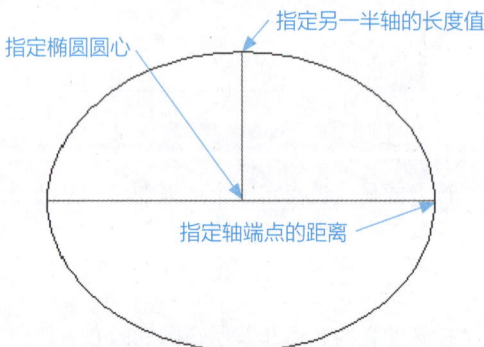

指定椭圆圆心

指定另一半轴的长度值

指定轴端点的距离

在 AutoCAD 2012 软件中，绘制椭圆的方法有三种，分别为"圆心"、"轴、端点"和"椭圆弧"。其中"圆心"方式为系统默认绘制椭圆的方式。

1. 圆心

该方式是通过指定一个点作为椭圆曲线的圆心点，然后再分别指定椭圆曲线的长半轴长度和短半轴长度来绘制椭圆。

2. 轴、端点

该方式是指定一个点作为椭圆曲线半轴的起点，指定第二个点为长半轴（或短半轴）的端点，指定第三个点为短半轴（或长半轴）的半径点。

3. 椭圆弧

该方式的创建方法与"轴、端点"的创建方式相似，只是使用该方法创建的椭圆可以为完整的椭圆，也可以为其中的一段椭圆弧。

工程师点拨 | 绘制椭圆弧

当使用"椭圆弧"命令绘制椭圆时，若指定的椭圆起始角度值大于 0°且小于 360°，椭圆的终止角度小于 360°，则创建的将是一个没有闭合的椭圆弧，如右图所示。

命令行提示如下。

命令：_ellipse
指定椭圆的轴端点或 [圆弧(A)/中心点(C)]：//输入a
指定椭圆弧的轴端点或 [中心点(C)]：
指定轴的另一个端点：//输入 80，按Enter键
指定另一条半轴长度或 [旋转(R)]：//输入50，按Enter键
指定起点角度或 [参数(P)]：//输入45，按Enter键
指定端点角度或 [参数(P)/包含角度(I)]：//输入270，按Enter键

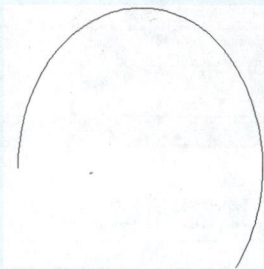

---

05 绘制螺旋线

螺旋线常被用来创建具有螺旋特征的曲线，螺旋线的底面半径和顶面半径决定了螺旋线的形状，用户还可以控制螺旋线的圈间距。具体绘制操作如下。

STEP 01 在"常用"选项卡的"绘图"面板中单击"螺旋"按钮。

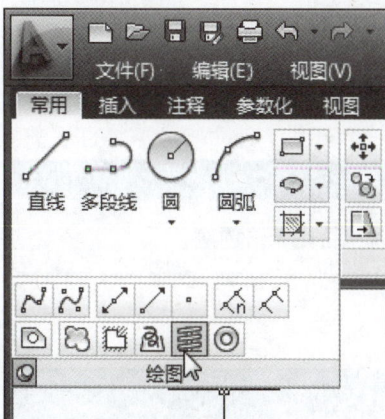

STEP 02 根据命令窗口的提示，指定螺旋底面中心点，并输入底面半径值5。

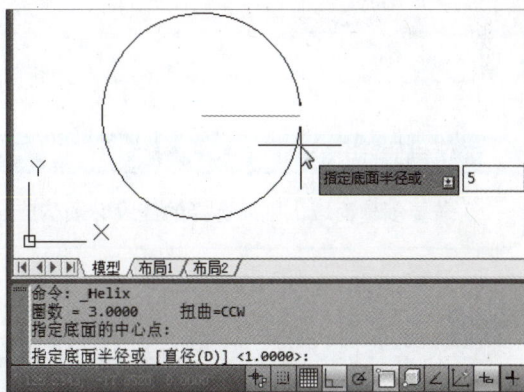

STEP 03 输入完成后，根据需要指定螺旋顶面半径值，这里输入10。

STEP 04 根据命令窗口的提示，输入螺旋高度值 5，在"视图"选项卡下的"视图"面板中选择"西南等轴测"选项，即可看到其螺旋效果。

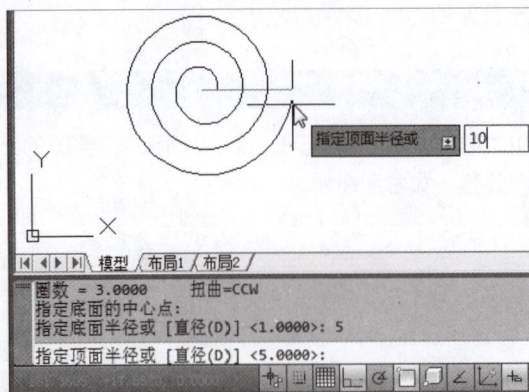

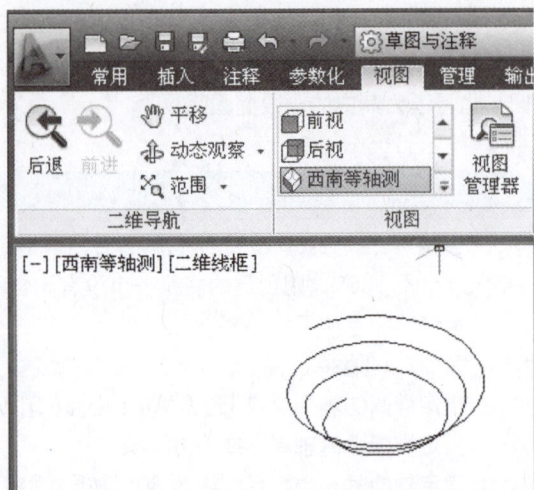

圈数 = 3.0000   扭曲=CCW
指定底面的中心点:
指定底面半径或 [直径(D)] <1.0000>: 5
指定顶面半径或 [直径(D)] <5.0000>:

06 绘制面域

面域是具有一定边界的二维闭合区域。在"常用"选项卡的"绘图"面板中单击"面域"按钮，根据命令窗口的提示，选择要创建面域的线段，按Enter键，即可完成面域的创建，如下图所示。

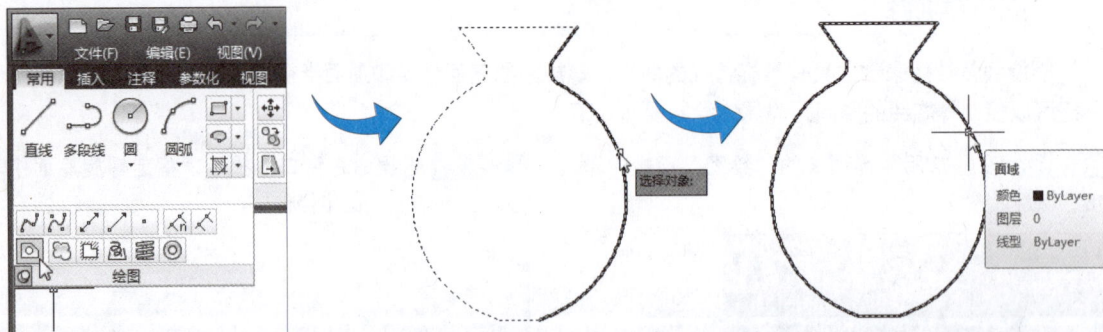

工程师点拨｜创建面域需为封闭区域

若要创建面域，则所选择的线段必须构成一个封闭区域才可以，否则无法创建。

相关练习｜创建面域

本例将以绘制机械偏心轮平面图为例，运用"面域"命令，将其偏心轮创建成面域。

原始文件：实例文件\第2章\原始文件\偏心轮平面.dwg
最终文件：实例文件\第2章\最终文件\创建偏心轮面域.dwg

STEP 01 打开原始文件

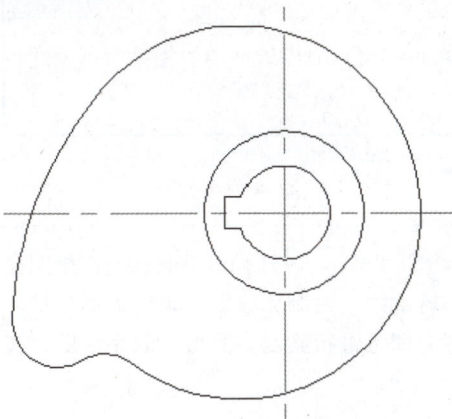

单击"应用程序菜单"按钮，执行"打开>图形"命令，打开"偏心轮平面"文件。

STEP 02 选择偏心轮轮廓线

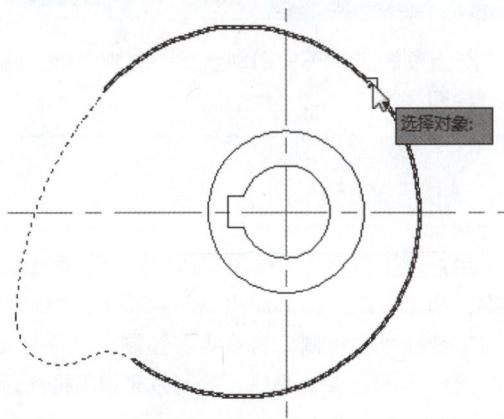

执行菜单栏中的"绘图>面域"命令，根据需要选择偏心轮轮廓线。

STEP 03 确认选择，完成创建

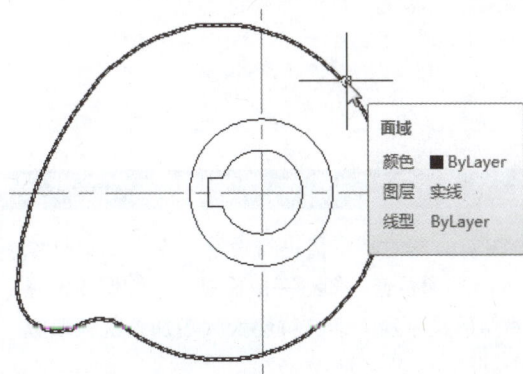

选择完成后，按Enter键，即可创建完成。

STEP 04 创建另一组面域

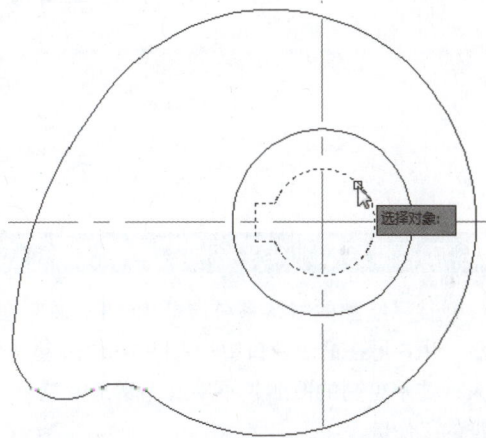

按照同样的方法，完成创建偏心轮另一组面域的操作。

工程师点拨│创建面域的作用

　　通常创建面域图形的目的是将该面域拉伸成三维实体。该命令在制作三维实体模型时经常被用到。当创建完面域后，将工作空间设置为"三维建模"，并执行"视图>三维视图>西南等轴测"命令，然后执行"绘图>建模>拉伸"命令，根据命令窗口中的提示信息，选中所创建的面域，输入拉伸距离值，即可完成三维实体模型的创建，如右图所示。

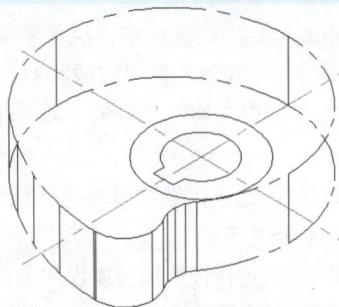

Lesson 06　徒手绘制图形

在制图过程中会遇到一些不规则图形，此时需要借助AutoCAD 2012软件中的相关命令来进行绘制。

01　徒手绘图

用户若要进行徒手绘图操作，则需在命令窗口中输入命令Sketch，并按Enter键确认。在绘图窗口中，指定一点为图形起点，然后移动光标即可绘制出图形轮廓线。绘制完成后，单击鼠标左键，即可完成线段的绘制。若要再次绘制，则再次单击鼠标左键，即可进行绘制。图形绘制完成后，按Enter键，即可结束该操作，绘制效果如下图所示。

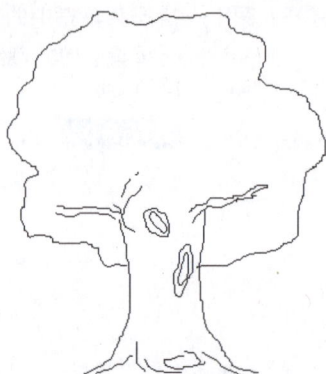

🔧 工程师点拨｜徒手绘图的增量设置

徒手绘图的默认系统增量为0.1，通常在徒手绘图前，需对其增量进行设置。在启动该操作后，用户可在命令窗口中输入I并按Enter键，然后输入新的增量值，即可完成设置。一般增量值越大，徒手绘制的图形越不平滑；增量值越小，绘制的图形越平滑，但这样会大大增加系统读取数据的工作量。

02　修订云线

修订云线是由连续圆弧组成的多段线。在检查或用红线圈阅图形时，可以使用修订云线功能亮显标记以提高工作效率。

在AutoCAD 2012软件中，执行菜单栏中的"绘图>修订云线"命令，根据命令窗口中提示，依次指定好云线点的位置，即可完成绘制，如右图所示。

在执行"修订云线"命令时，命令窗口中的提示信息的说明如下。

● 弧长(A)：选择该选项可以为云线设置弧长，最大弧长不得超过最小弧长的三倍。

● 对象(O)：选择该选项可以设置云线的弧方向。

● 样式(S)：选择该选项可以设置是使用"普通"还是"手绘"方式来绘制云线。

工程师点拨｜云线是多段线的一种

在执行"修订云线"命令时，可以使用鼠标单击沿途各点来进行绘制，也可以通过拖动鼠标自动生成，而此时生成的线段为多段线。

相关练习｜绘制户外遮阳伞平面图

本例将运用"修订云线"命令来绘制户外遮阳伞平面图形。

原始文件：无
最终文件：实例文件\第2章\最终文件\遮阳伞平面.dwg

STEP 01 绘制正八边形

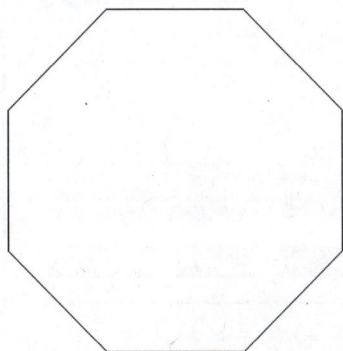

在菜单栏中执行"绘图>正多边形"命令，绘制边长为800mm的正八边形。

STEP 02 绘制伞撑

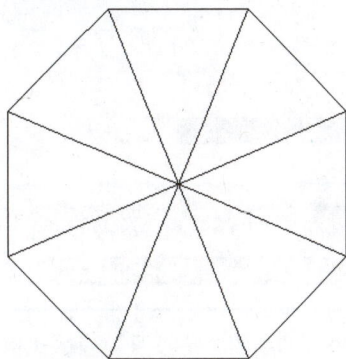

执行"绘图>直线"命令，将正八边形的8个顶点进行连接。

STEP 03 设置云线最小、最大弧长

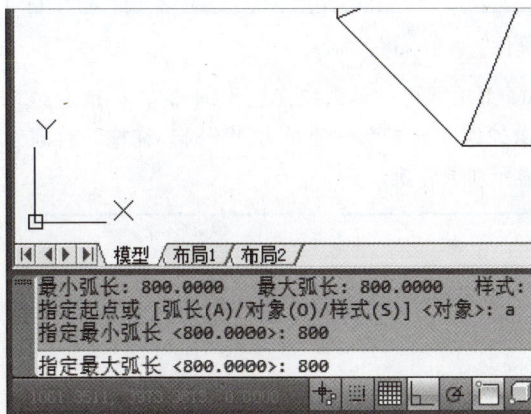

最小弧长：800.0000　最大弧长：800.0000　样式：
指定起点或 [弧长(A)/对象(O)/样式(S)] <对象>：a
指定最小弧长 <800.0000>：800
指定最大弧长 <800.0000>：800

执行"绘图>修订云线"命令，在命令窗口中输入A，分别设置最小和最大弧长均为800。

STEP 04 完成绘制

输入好后按Enter键，并根据提示信息，输入O，选择正八边形轮廓线为对象，输入Y，并按Enter键确认，即可完成绘制。

Q **A** **工程技术问答**

在图形绘制的过程中，对于各个命令的命令行选项的设置、虚线的显现、自定义快捷键，以及"帮助"命令的使用，来解决一些疑难问题，下面将介绍其解决方法。

Q01： 如何绘制带圆角的矩形？

A01： 在执行"矩形"命令时，可按照需要绘制出带圆角的矩形，其操作步骤如下。

STEP 01 执行"绘图>矩形"命令，在命令窗口中，根据需要输入命令F并按Enter键确认，输入矩形的圆角半径值为20。

STEP 02 按Enter键确认，在绘图窗口中，指定矩形的第一角点，再输入矩形长宽数值，即可完成。

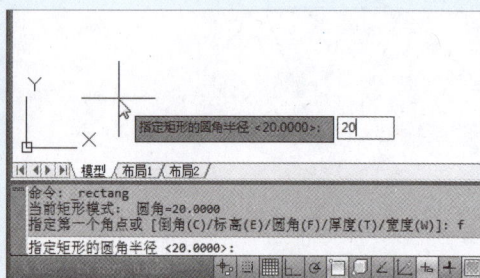

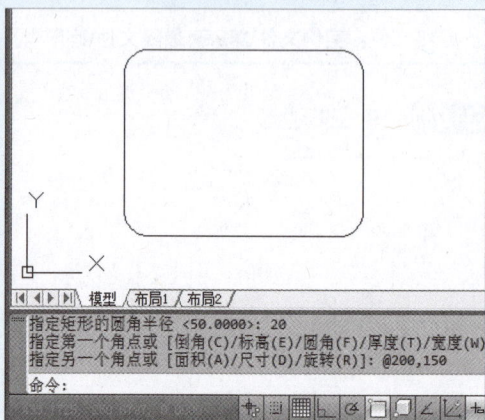

Q02： 使用AutoCAD绘图时是按照1：1的比例吗？还是由出图的纸张大小决定的？

A02： AutoCAD图形是按"绘图单位"来绘制的，一个绘图单位则是在图纸上的长度1。通常在出图时有一个打印尺寸和绘图单位的比值关系，打印尺寸按毫米计，如果打印时按1：1出图，则一个绘图单位将打印出来1毫米，在规划图中，如果使用1：1000的比例，则在绘图时用1个绘图单位表示1米，打印时用1：1出图即可。

Q03： 在选择图形时，无法显示虚线轮廓，该如何操作？

A03： 遇到该情况，用户只需修改系统变量DRAGMODE即可。若系统变量为ON时，再选定对象，只能在命令窗口中输入DRAG后，才能显示对象轮廓；而当系统变量为OFF时，在拖动时则不会显示轮廓；当系统变量为"自动"时，则总是显示对象轮廓。

Q04： 如何自定义快捷键？

A04： 通常在AutoCAD中有系统默认的快捷键，用户也可根据自己的使用习惯来定义各命令的快捷键，其操作步骤如下。

STEP 01 执行菜单栏中的"工具>自定义>编辑程序参数"命令，打开"记事本"窗口。

STEP 02 在该窗口中，找到快捷命令列表，选中所要修改的快捷键将其修改即可。

Q05： 如何运用"帮助"命令解决问题？

A05： 学会运用AutoCAD 2012软件中的"帮助"命令，可以帮助用户解决不少疑难问题。下面就将简单介绍一下其运用方法。

STEP 01 启动AutoCAD 2012软件，单击标题栏中的"帮助"按钮，打开"AutoCAD 2012帮助"页面。

STEP 02 在该页面中，用户可根据问题的类型，在左侧选择相应的选项，如选择"命令参考>命令"选项。

STEP 03 在打开的页面中，用户可选择所需帮助命令的开头字母，如选择"D命令"。

STEP 04 在打开的"D命令"页面中，根据命令解释，选择相应的命令操作，例如，选择"DDPTYPE"命令。

STEP 05 此时在打开的"DDPTYPE"页面中，用户即可查看到该命令的定义及访问方法。

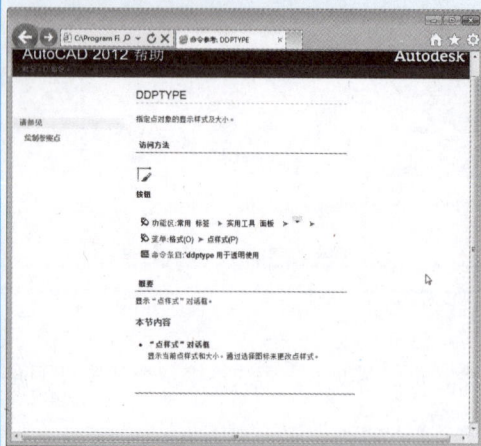

STEP 06 用户想了解具体操作，可单击相应的链接选项，例如选择"点样式"对话框，在打开的页面中，即可查看其用法。

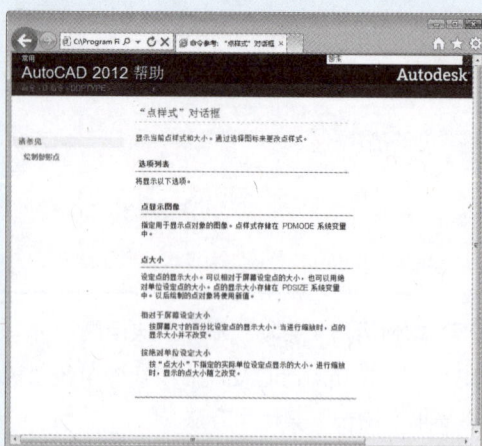

Q06： 为什么在使用组合键Ctrl+C进行复制时，所复制的对象总是离光标点很远？

A06： 在CAD的剪贴板复制命令中，默认的基点在图形的左下角。最好带基点复制，这样则可指定所需的基点。带基点复制是CAD的要求与Windows剪贴板结合的产物，而该命令只需在绘图窗口空白处，单击鼠标右键，在快捷菜单中选择"剪贴板>带基点复制"命令即可，如下左图所示；同样在菜单栏中执行"编辑>带基点复制"命令也可进行操作，如下右图所示。

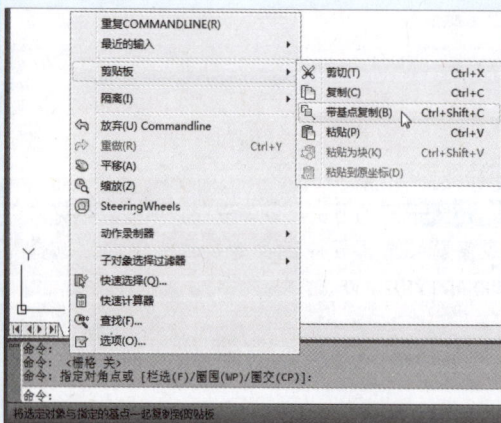

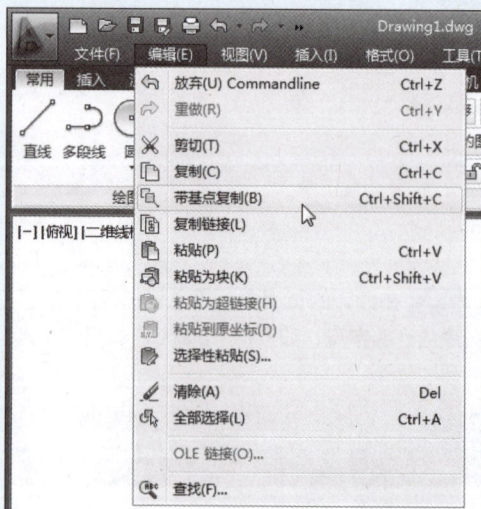

Q07： 为什么在使用"Ctrl＋C"组合键进行复制时，所复制的物体总是离光标点很远?

A07： 使用UNDO命令可迅速取消之前的操作。用户在命令窗口中输入UNDO后，按Enter键，即可根据其提示进行操作。

命令行提示如下。

```
命令：UNDO
当前设置：自动 = 开，控制 = 全部，合并 = 是，图层 = 是
输入要放弃的操作数目或 [自动(A)/控制(C)/开始(BE)/结束(E)/标记(M)/后退(B)] <1>：4
CIRCLE CIRCLE CIRCLE RECTANG
```

其中"开始"和"结束"选项将若干操作定义为一组，"标记"和"返回"选项与放弃所有操作配合使用返回到预先确定点；如果使用"后退"或"数目"选项放弃多个操作，AutoCAD将在必要时重生成或重画图形。但UNDO会对一些命令和系统变量无效，包括用以打开、关闭或保存窗口或图形、显示信息、更改图形显示、重生成图形和以不同格式输出图形的命令及系统变量等命令。

Q08： 如何将利用"直线"命令绘制的线段变成一条多段线?

A08： 执行"修改>对象>多段线"命令，根据命令窗口中的提示信息，选择其中一条直线，按Enter键，然后选择"合并（J）"选项，选择剩余的直线，即可生成多段线，如下图所示。

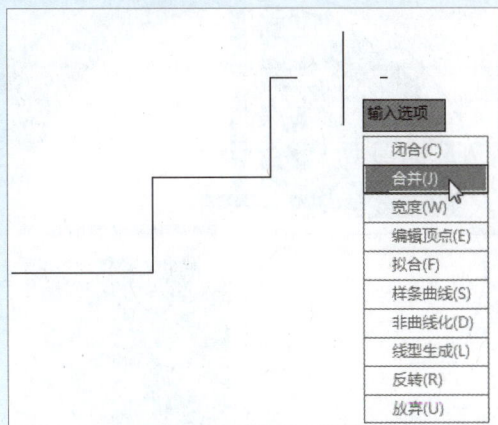

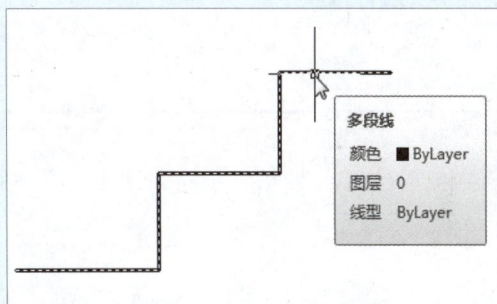

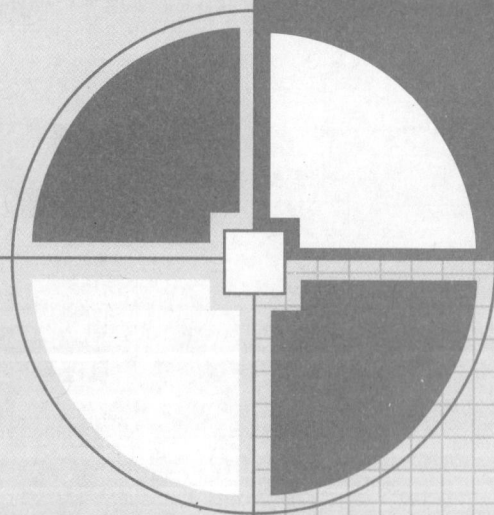

CHAPTER

03

二维图形的编辑

二维图形绘制完成后，就需对所绘制的图形进行编辑和修改，包括图形的选择、镜像图形、旋转图形、阵列图形、偏移图形以及修剪图形等。特别对于复杂的二维图形，可以通过各种编辑命令来进行操作。

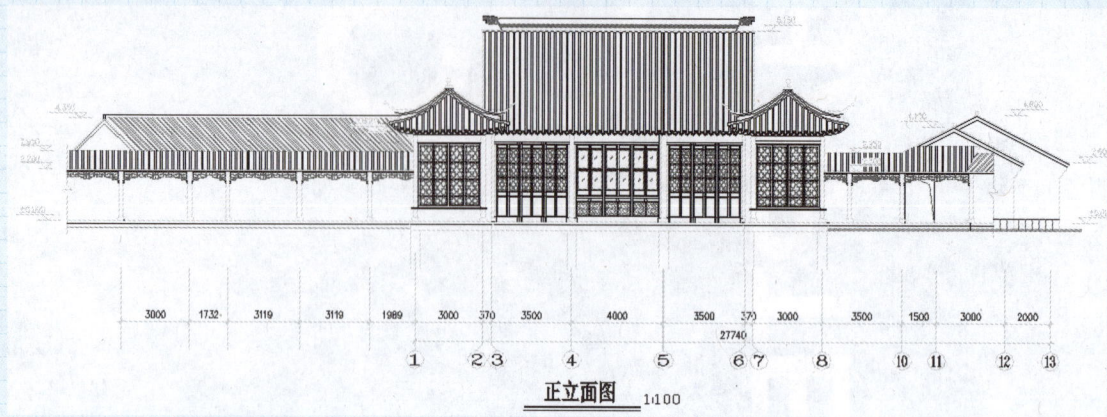

正立面图 1:100

01 生态园垂钓区立面图

该图纸主要运用了"镜像"和"复制"命令来绘制的。使用这些编辑命令可使复杂图形的制作简单化。

02 叠泉平面图

该图纸主要利用"样条曲线"、"弧线"或"圆形"命令来完成的。当绘制好一条弧线或曲线后,可使用相关编辑命令修改其形状。

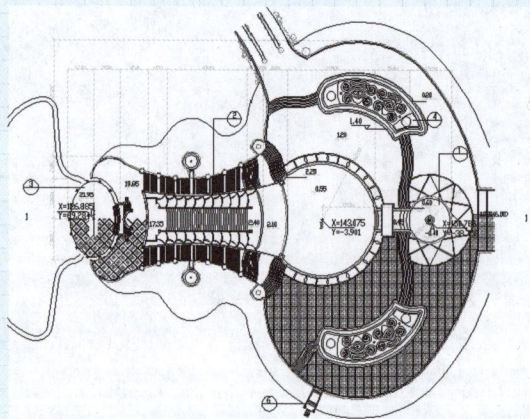

03 某县文化广场规划图

该规划图层次分明、一目了然,给人一种舒适的感觉。在绘制这类复杂的图纸时,通常对图层的管理分类要求较高。

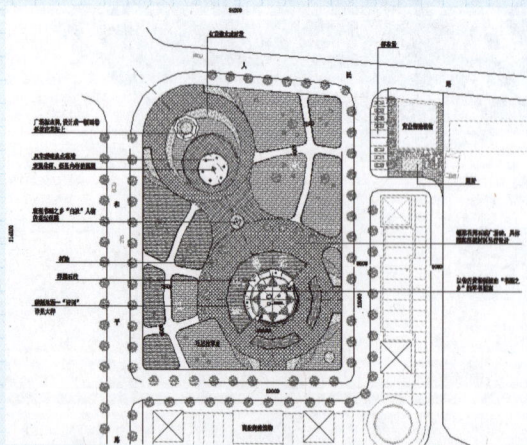

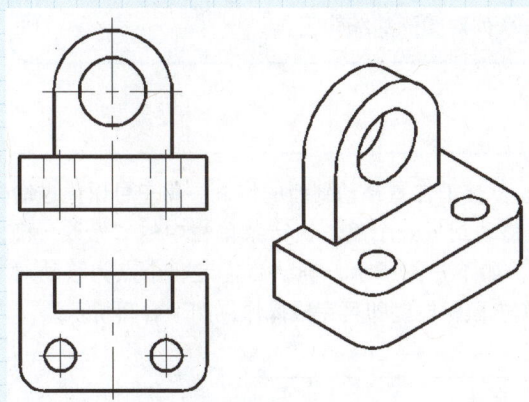

04 机械零件三视图

在设计机械零件图时,通常需绘制零件的平面、正立面、侧立面以及三维图来表现该零件结构。

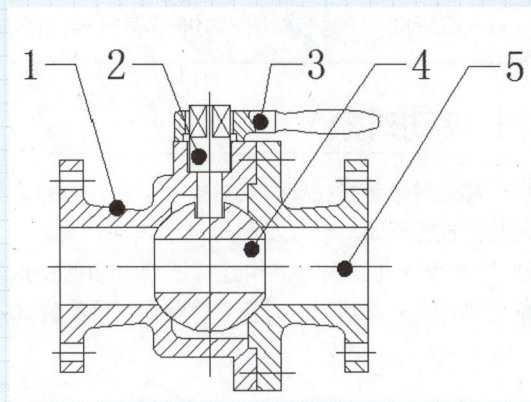

05 截流阀装配图

绘制机械零件装配图是为了便于展示零件内部的安装结构,通常使用剖视图的方法进行绘制。

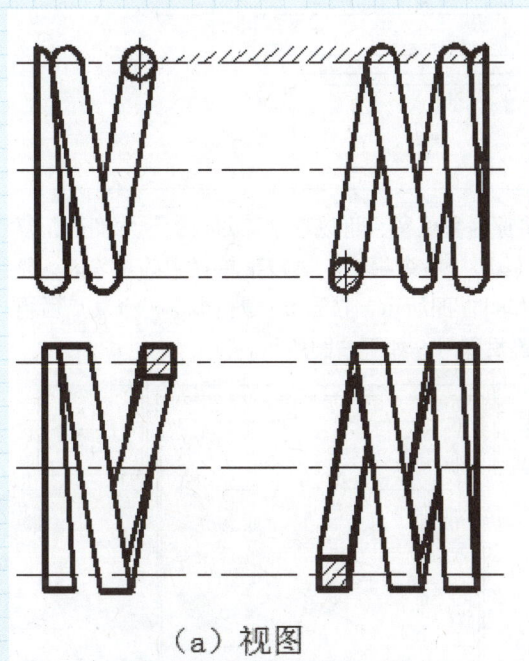

（a）视图

06 弹簧零件图

可使用"多线"命令绘制弹簧零件图,然后使用"分解"和"修剪"命令将其修剪。

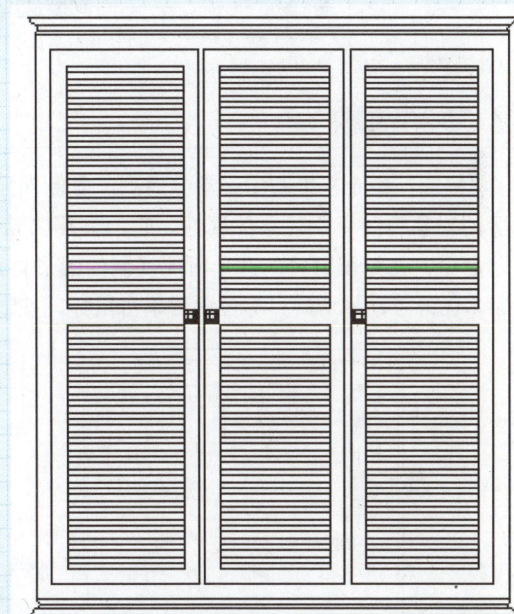

07 衣橱立面图

该立面图表现了衣柜外立面的造型,在绘制过程中,主要运用了"镜像"和"偏移"命令。

81

Lesson 01 编辑对象基本操作

在绘制二维图形时，有时无法一次性绘制成功，此时需借助图形的修改编辑功能进行修改。
AutoCAD 2012的编辑图形功能非常完善，提供了一系列对图形的编辑工具。

01 移动对象

移动对象是指在不改变对象大小和方向的情况下，从当前位置移动到新的位置。用户可以通过输入数值进行移动，也可以利用自动捕捉功能从一个点移动到另一个点。执行菜单栏中的"修改>移动"命令，在绘图窗口中选择所要移动的图形对象，如下左图所示，确认后指定一个点为移动对象的基准点，然后拖动光标将对象拖至目标位置处，单击鼠标左键即可完成操作，如下右图所示。

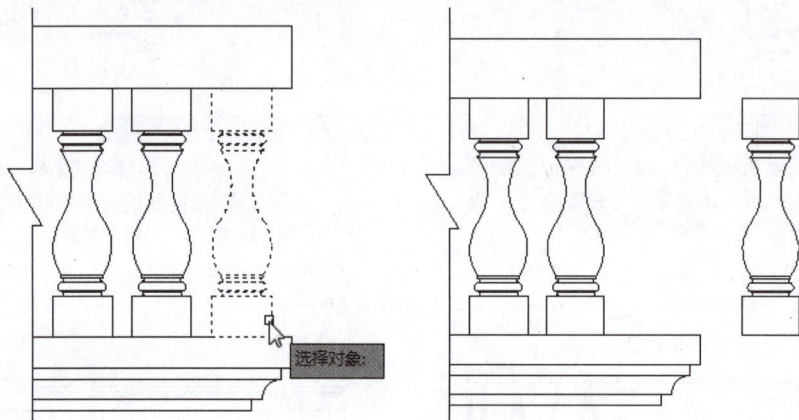

02 复制对象

"复制"命令在绘图中经常会遇到。复制对象是将原对象保留，可以移动原对象的副本图形，复制后的对象将继承原对象的属性。它的使用方法与"移动"命令相似。执行菜单栏中的"修改>复制"命令，在绘图窗口中选择所要复制的图形对象，如下左图所示，按Enter键，指定一个基点后再将副本图形移动到新的目标位置后单击鼠标，按Enter键后即可，如下右图所示。

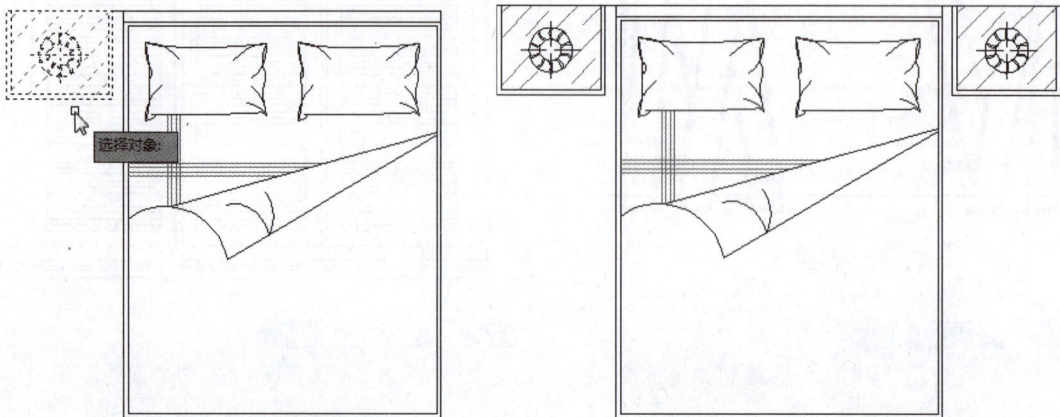

03 复制嵌套对象

在AutoCAD 2012中，使用"复制嵌套对象"命令，可在组合图块中指定任意图形进行复制，而不需要将图块分解或解组后再复制。可以说该命令是AutoCAD 2012的新增命令之一，具体操作如下。

STEP 01 在"常用"选项卡的"修改"面板中，单击"复制嵌套对象"按钮，根据命令窗口中的提示信息，选择图块中所要复制的图形，这里选择窗户图形。

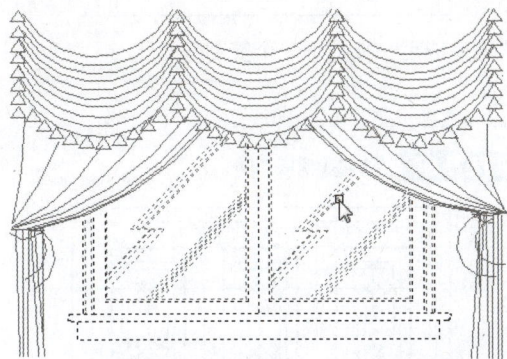

STEP 02 选择完成后，按Enter键，根据命令窗口的提示信息，指定好复制的基点，按Enter键，即可进行复制操作。

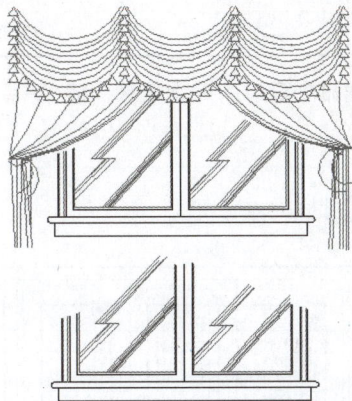

工程师点拨 │ 复制后独立显示图形

使用"复制嵌套对象"命令复制出的图形是单独显示的，而不是原先的一整体图块。用户可根据需要对复制后的图形进行编辑操作。

相关练习 │ 复制推拉门图形

本例以推拉门图块为例介绍"复制"命令的操作用法。

原始文件：实例文件\第3章\原始文件\推拉门.dwg
最终文件：实例文件\第3章\最终文件\复制推拉门.dwg

STEP 01 打开原始文件

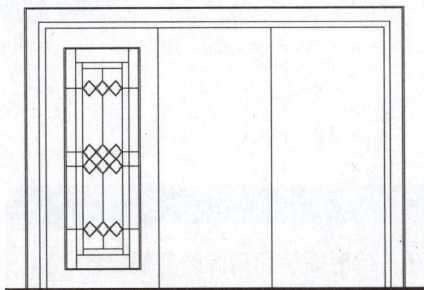

启动AutoCAD 2012，打开"推拉门"文件。

STEP 02 选择复制图形

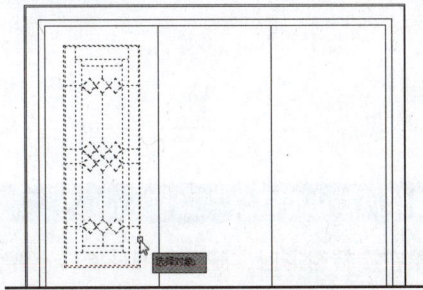

执行菜单栏中的"修改>复制"命令，在绘图窗口中选择推拉门装饰图形，按Enter键确认。

STEP 03 指定复制基点

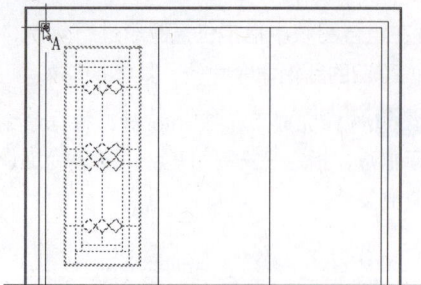

用户根据命令窗口的提示信息，捕捉A点作为复制基点。

STEP 04 捕捉复制点B

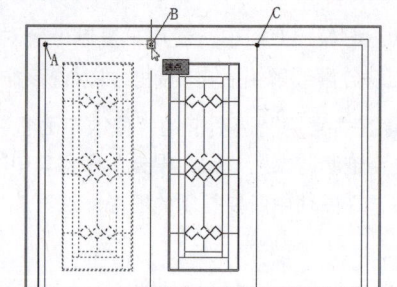

选择完成后，捕捉下一个复制基点B。

STEP 05 捕捉复制点C

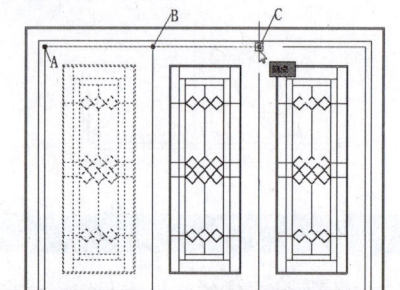

按照同样的操作方法，捕捉下一复制基点C。

STEP 06 完成复制操作

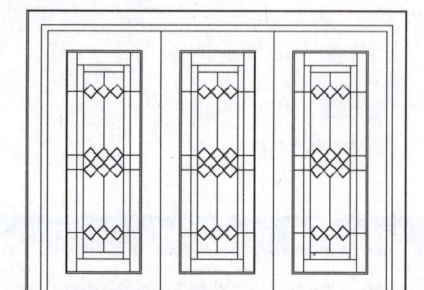

捕捉完成后，按Enter键，即可完成复制操作。

04 旋转对象

旋转对象是将选择的图形按照指定的点进行旋转，还可进行多次旋转复制。执行菜单栏中的"修改>旋转"命令，在绘图窗口中选择要旋转的图形对象，然后指定好旋转基点，如下左图所示，在命令窗口中输入所需旋转的角度，即可完成旋转操作，如下右图所示。

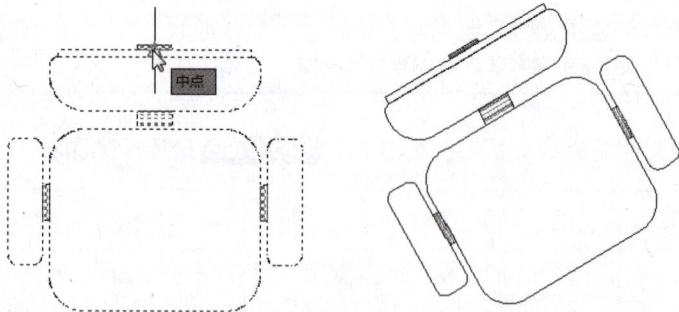

🔧 **工程师点拨** | 旋转复制操作

如果在旋转图形时，既要将图形旋转也要保留源文件的话，此时需使用到旋转复制操作。执行"修改>旋转"命令，选中所要旋转的图形后，按Enter键，在命令窗口中输入C，按Enter键，然后输入旋转角度，即可完成复制旋转操作。

相关练习 | 复制旋转餐椅

旋转复制命令极大地减少了用户进行重复绘制的操作。本实例将以餐椅的绘制为例介绍其具体的操作步骤。

原始文件：实例文件\第3章\原始文件\餐桌平面.dwg
最终文件：实例文件\第3章\最终文件\旋转餐椅.dwg

STEP 01 打开原始文件

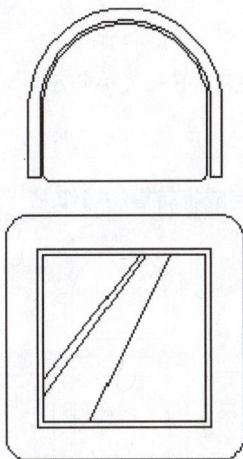

启动AutoCAD 2012软件，打开原始文件"餐桌平面.dwg"。

STEP 02 选择餐椅图块

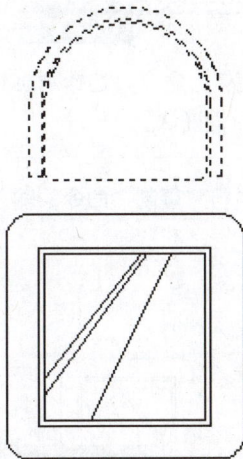

执行"修改>复制"命令，根据窗口提示，选择餐椅图块，按Enter键。

STEP 03 指定旋转基点

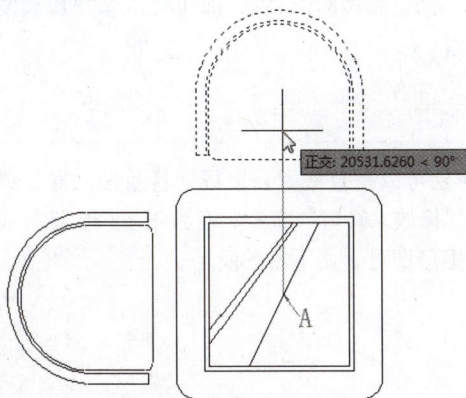

正交: 20531.6260 < 90°

选择旋转基点A点，并将光标向上移动。

STEP 04 复制餐椅

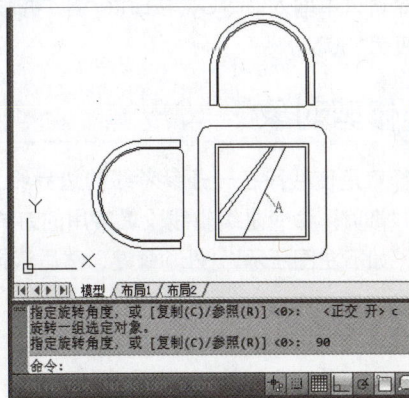

指定旋转角度，或 [复制(C)/参照(R)] <0>: 　　<正交 开> c
旋转一级选定对象。
指定旋转角度，或 [复制(C)/参照(R)] <0>: 90
命令:

在命令窗口中输入命令C，按Enter键，然后输入旋转角度为90°。

STEP 05 选择两个餐椅图形

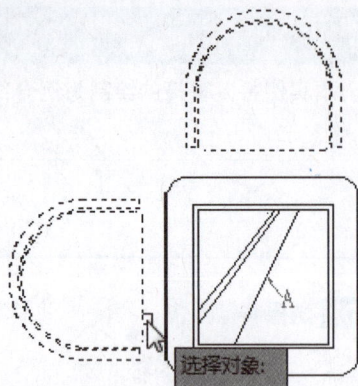

再次执行"旋转"命令，选择刚旋转后两个餐椅图形，按Enter键确认。

STEP 06 指定旋转基点A

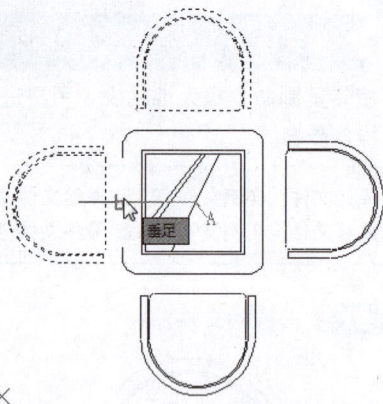

指定旋转基点A，并将光标向左移动。

STEP 07 执行"复制"命令，输入角度

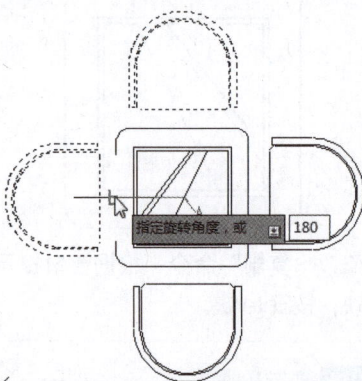

在命令窗口中输入命令C，按Enter键，并输入旋转角度为180°。

STEP 08 完成旋转复制操作

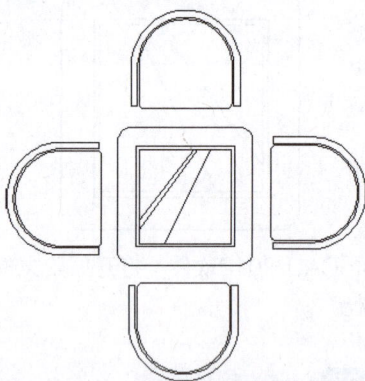

输入完成后按Enter键，即可完成餐椅旋转复制操作。

05 修剪对象

　　修剪是使线段在一条参考线的边界终止。修剪的对象可以是直线、多段线、样条曲线等二维曲线。"修剪"命令是编辑线段最常用的方式之一。执行"修改>修剪"命令，在绘图窗口中选择整体对象，如下左图所示，按Enter键，然后选择要修剪掉的图形即可，如下右图所示。

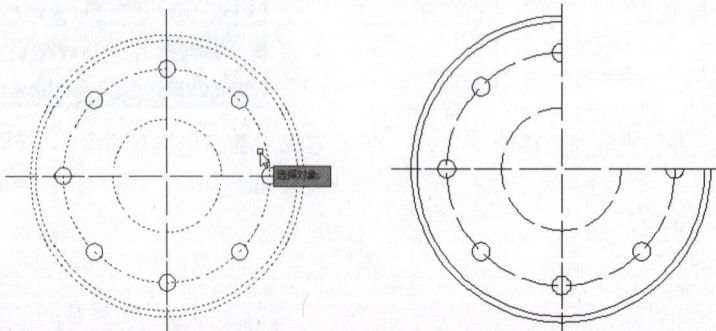

06 拉伸对象

拉伸是将对象沿指定的方向和距离进行延伸，拉伸后的原对象只是长度发生改变。执行"修改>拉伸"命令，在绘图窗口中选择要拉伸的对象，如下左图所示，指定好拉伸的基点，在命令窗口中输入拉伸距离，或指定好拉伸的距离点，如下中图所示，按Enter键完成操作，效果如下右图所示。

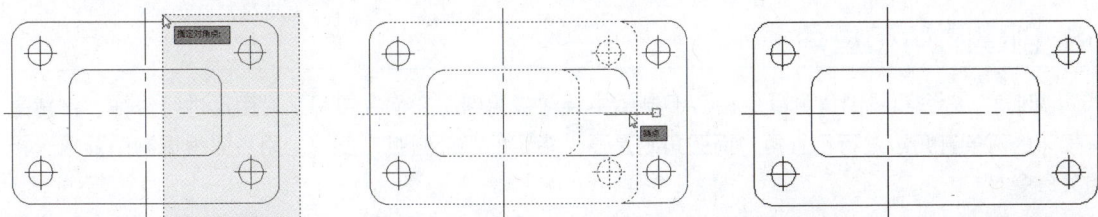

> **工程师点拨** | 图块拉伸操作妙招
>
> 在进行拉伸操作时，用户需注意，图块、矩形不能被拉伸。若要将其拉伸，则需对当前图块进行分解，再进行拉伸操作。

07 拉长对象

"拉长"命令可修改开放曲线如线段、圆弧、开放的多段线、开放的样条曲线及直线的长度。它与"拉伸"命令的区别在于，前者操作对象为开放的线段；而后者操作对象为某一组图形。

执行"修改>拉长"命令，根据命令窗口中的提示，选择要拉长的线段，并根据其提示信息，输入相关选项，即可完成操作，具体操作如下。

STEP 01 执行"修改>拉长"命令，根据命令窗口的提示，选择要拉长的直线。

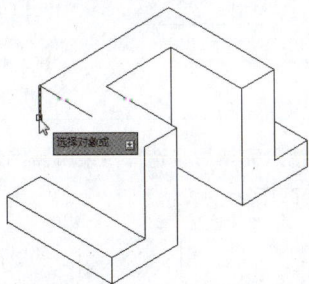

STEP 02 此时在命令窗口中显示了当前线段的长度，然后输入命令DE，按Enter键。

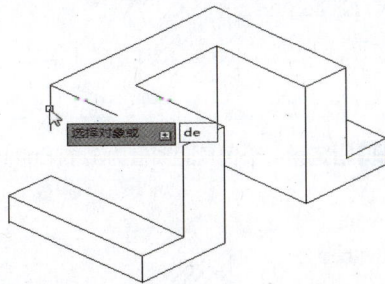

STEP 03 在命令窗口中，输入要拉长的长度增量值，这里输入5。

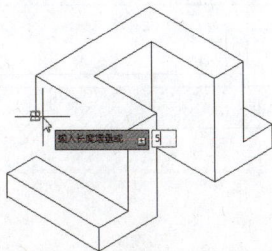

STEP 04 输入完成后，按Enter键，选择要拉长的线段，即可完成操作。

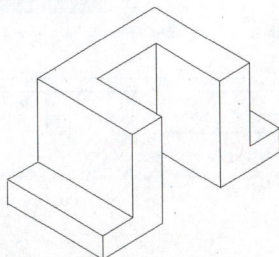

执行"拉长"命令时有4种选项可供用户选择，具体选项说明如下。

- 增量(DE)：指定从端点开始测量的增量长度和角度。
- 百分数(P)：按总长度或角度的百分比指定新长度和角度。
- 全部(T)：指定对象的总绝对长度或包含角。
- 动态(DY)：动态拖动对象的端点。

08 创建圆角和直角

"圆角"命令和"倒角"命令在CAD制图中经常被用到。它们主要用来对图形进行修饰。倒角是将相邻的两条直角边进行倒直角；而圆角则是通过指定的半径圆弧来倒角。用户需根据制图要求选择相关命令。

1. 倒角

执行"修改>倒角"命令，根据命令窗口中的提示，选择"距离(D)"选项，输入第一条直线的倒角距离，再输入第二条直线的倒角值，最后选择两条所需倒角的直线，即可完成倒角操作。其具体操作如下。

STEP 01 执行"修改>倒角"命令，输入命令D，按Enter键。

STEP 02 指定第一个倒角距离值为5，按Enter键。

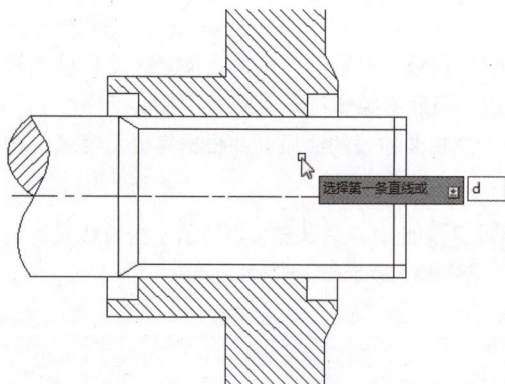

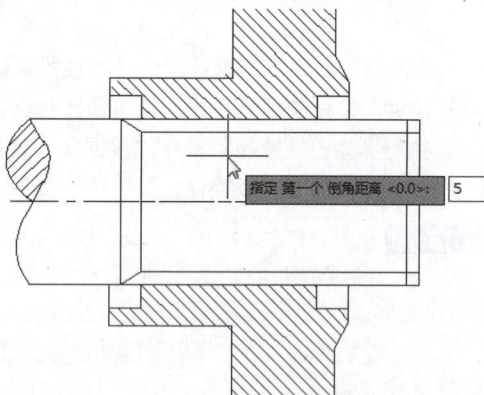

STEP 03 指定第二个倒角距离值为3，按Enter键。

STEP 04 输入完毕后，选择两条所需倒角的边，即可完成倒角操作。

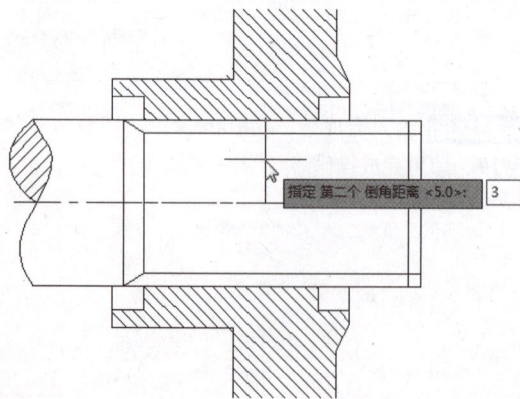

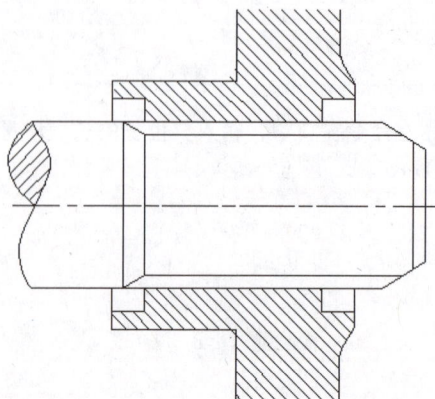

2. 圆角

执行"修改>圆角"命令，根据命令窗口提示，选择"半径(R)"选项，并输入半径数值，然后选择所需倒角的边，即可完成倒角操作，具体操作如下。

STEP 01 执行"修改>圆角"命令，在命令窗口中输入命令R，按Enter键。

STEP 02 在命令窗口中输入圆角半径值3，按Enter键，选择要圆角的线段，即可完成。

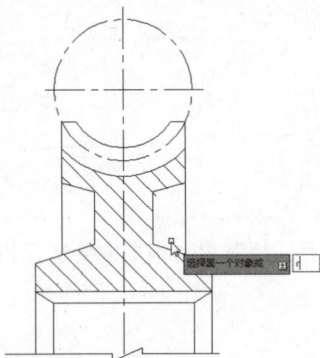

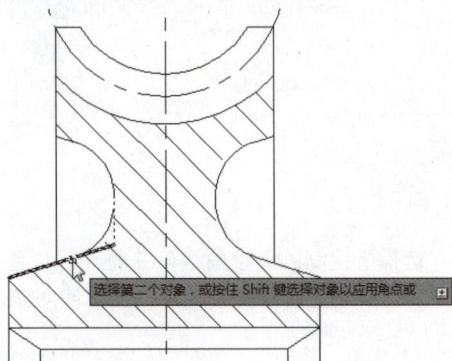

在AutoCAD 2012软件中，还可运用以下两种方式进行圆角的操作。

● 平行线倒圆角：使用"圆角"命令，可将两条相互平行的线段相交，其垂直距离为圆的直径值。执行"修改 > 圆角"命令，在绘图窗口中选择两条平行线，如下左图所示，即可完成操作，如下右图所示。

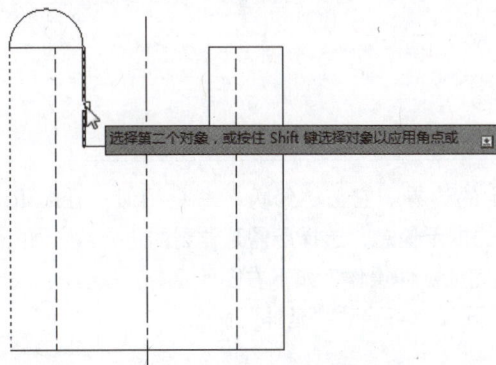

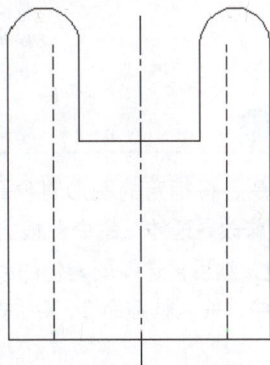

● 不修剪倒圆角：执行"修改>圆角"命令，在命令窗口中输入命令T，按Enter键，然后输入N，设置修剪类型为"不修剪"，按Enter键。在绘图窗口中选择要圆角的边，如下左图所示，即可在保留原来的边的情况下，生成圆角效果，如下右图所示。

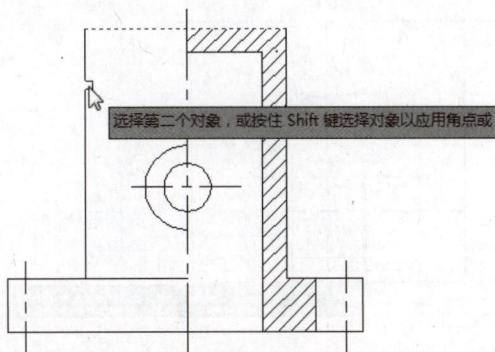

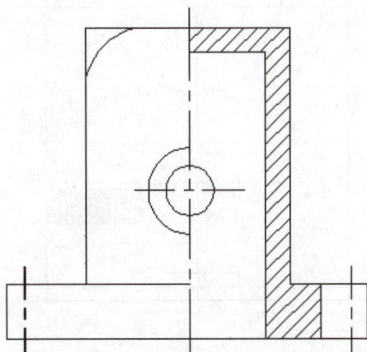

09 光顺曲线

　　"光顺曲线"命令是AutoCAD 2012的新增命令。它是在两条开放的曲线或线段之间创建一条相切或平滑的样条曲线。执行"修改>光顺曲线"命令，根据命令窗口中的提示信息，选择两条需连接的曲线，即可完成操作，如下图所示。

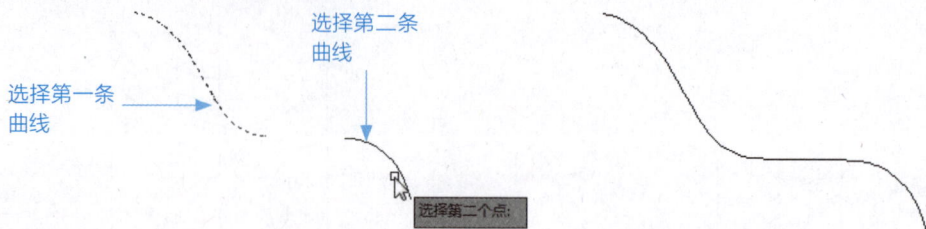

选择第一条曲线
选择第二条曲线
选择第二个点：

　　选择所绘制的连接曲线，并将光标放置曲线控制点上，打开快捷菜单，根据需要选择相关选项，即可对当前曲线进行修改编辑，如下图所示。

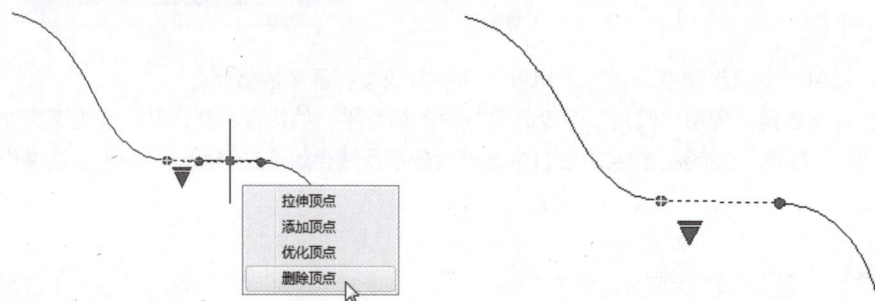

拉伸顶点
添加顶点
优化顶点
删除顶点

10 延伸对象

　　"延伸"命令是将指定的图形对象延伸到指定的边界。它与"修剪"命令相似。在AutoCAD 2012中，执行"修改>延伸"命令，根据命令窗口的提示信息，选择所需延伸到的边界线，如下左图所示，按Enter键，然后再选择要延伸的线段，即可完成延伸操作，如下右图所示。

　　在命令窗口中，输入快捷命令EX后按Enter键，同样也可启动"延伸"命令。

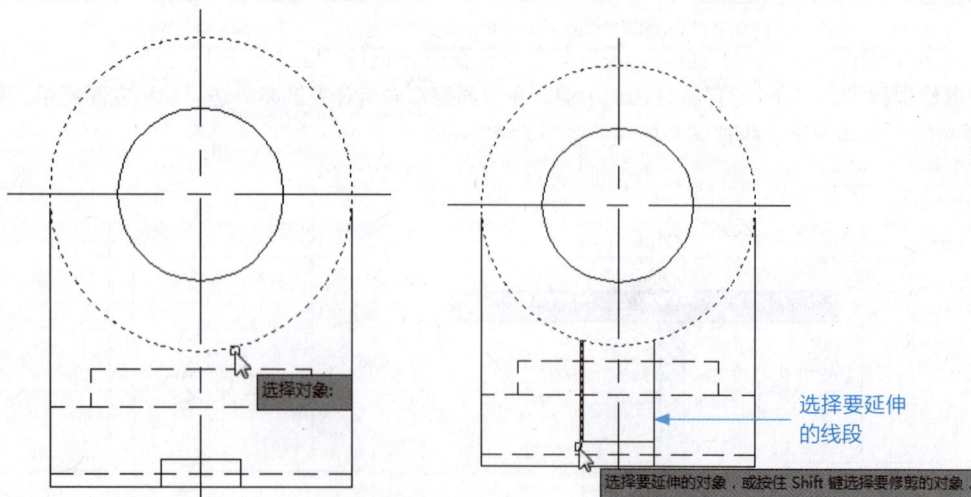

选择对象：
选择要延伸的线段
选择要延伸的对象，或按住 Shift 键选择要修剪的对象。

> **工程师点拨**｜多条线段延伸
>
> 　　延伸命令可一次性选择多条线段进行延伸操作。按组合键Ctrl＋Z，可取消上一次延伸操作，而按Esc键，则结束延伸操作。

11　比例缩放对象

　　比例缩放是将选择的对象按照一定的比例来进行放大或缩小。执行"修改>缩放"命令，在命令窗口中根据提示选择要缩放的图形，然后在命令窗口中输入比例因子，即可将该图形进行缩放操作。

　　若输入的比例因子大于1，则当前图形为放大；若比例因子小于1，则图形为缩小，如下图所示。

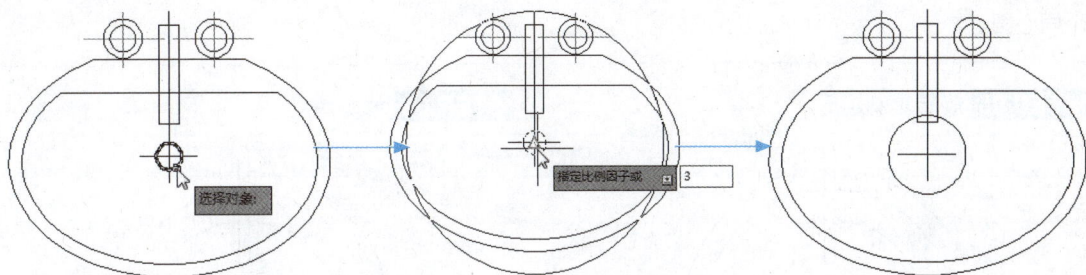

> **相关练习**｜绘制炉灶平面图
>
> 　　本实例将运用"矩形"、"圆"、"复制"、"旋转"、"圆角"等基本制图命令来绘制炉灶平面图。

　　原始文件：无
　　最终文件：实例文件\第3章\最终文件\炉灶平面图.dwg

STEP 01 设置矩形圆角值

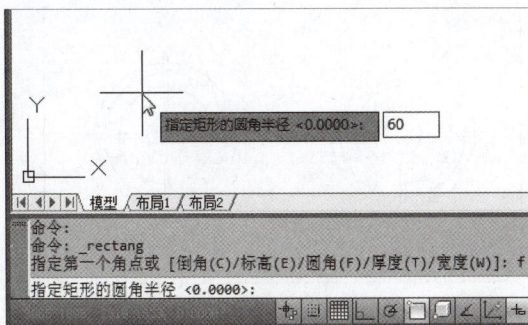

执行"绘图>矩形"命令，在命令窗口中输入F后按Enter键，输入矩形圆角半径值为60。

STEP 02 绘制圆角矩形

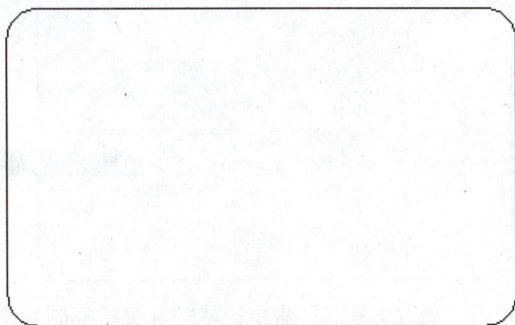

根据命令窗口的提示，绘制一个长1010mm、宽610mm的圆角矩形。

STEP 03 绘制圆形

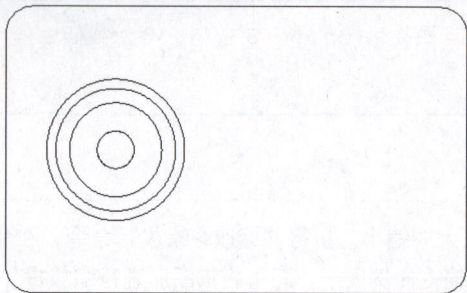

执行"绘图>圆>圆心、半径"命令，分别绘制半径为150mm、130mm、100mm和40mm的4个同心圆。

STEP 04 绘制小圆角矩形

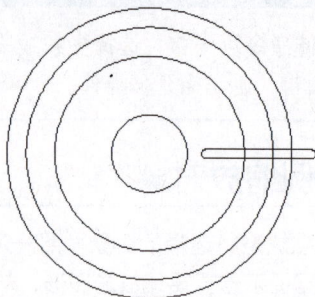

执行"绘制>矩形"命令，绘制一个圆角为5mm，长为120mm，宽为10mm的矩形。

STEP 05 旋转复制矩形

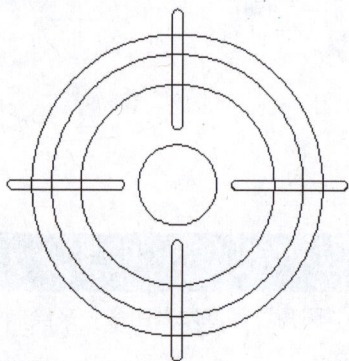

执行"修改>旋转"命令，将上一步中绘制的矩形旋转复制。

STEP 06 修剪炉灶

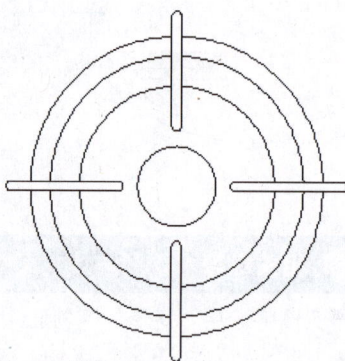

执行"修改>修剪"命令，将绘制好的炉灶图形进行修剪。

STEP 07 复制炉灶图形

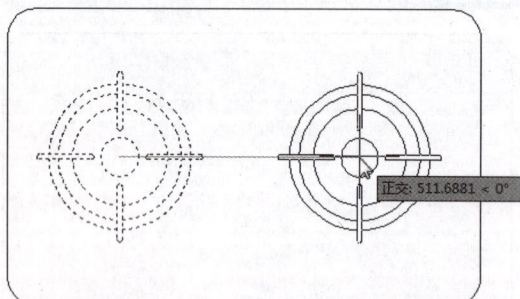

正交: 511.6881 < 0°

执行"修改>复制"命令，将炉灶进行复制并移动至合适位置。

STEP 08 绘制圆形

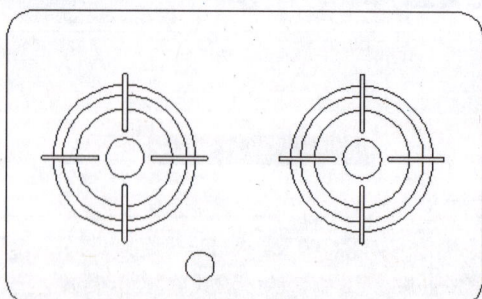

执行"绘图>圆>圆心、半径"命令，绘制半径为30mm的圆。

A

STEP 09 绘制开关旋钮

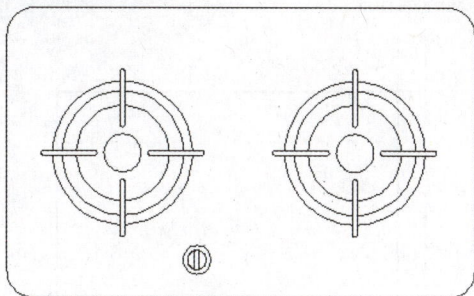

再利用"圆"命令绘制半径为20mm的圆，并通过执行"直线"命令绘制开关图样。

STEP 10 修剪开关旋钮

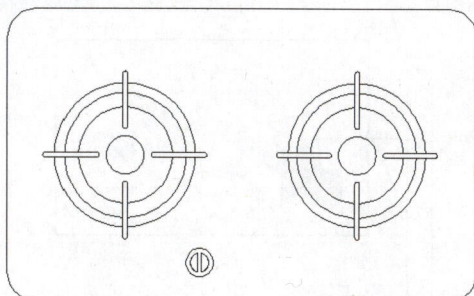

执行"修改>修剪"命令，将开关旋钮图形进行修剪。

STEP 11 复制开关旋钮

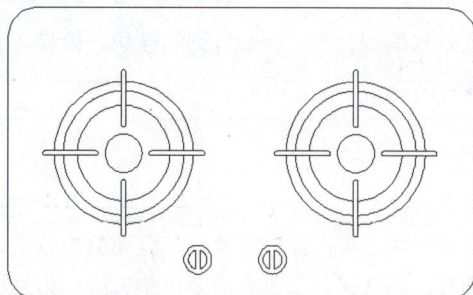

执行"修改>复制"命令，将修改好的开关旋钮图形进行复制操作。

STEP 12 完成图形的绘制

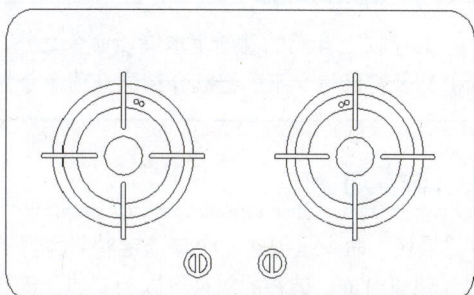

执行"绘图>圆>圆心、半径"命令，绘制炉灶排气孔图形，然后将排气孔进行复制，完成炉灶图形的绘制。

12 对齐对象

在AutoCAD 2012中，利用"对齐"命令可将图形根据需要进行对齐操作。在"常用"选项卡的"修改"面板中单击"对齐"按钮，根据命令窗口的提示，选择要对齐的图形对象，按Enter键，选择对齐基点，然后选择第二个图形的对齐基点，按Enter键，即可完成对齐操作，具体步骤如下。

STEP 01 在"常用"选项卡的"修改"面板中单击"对齐"按钮，选择要对齐的小长方形对象。

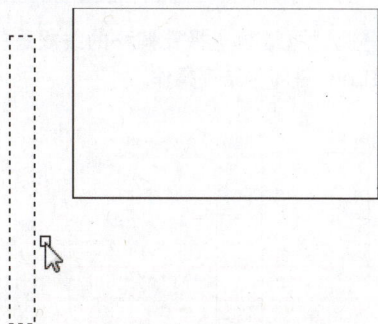

STEP 02 选择完成后按Enter键，根据命令窗口的提示，选择小长方形的中点。

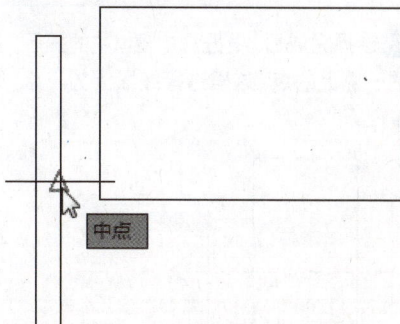

中点

STEP 03 按照命令窗口的提示，再指定大长方形的左侧中点。

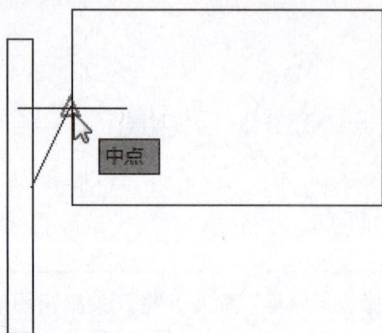

STEP 04 指定完成后，按Enter键，即可完成该图形的对齐操作。

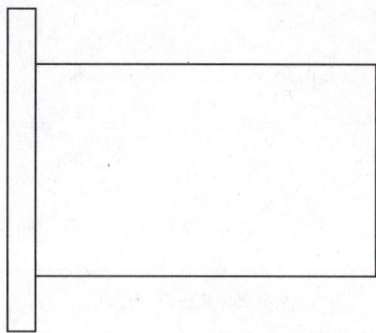

Lesson 02 偏移、阵列和镜像对象

除了以上介绍的几项基本编辑命令之外，还有几项基本编辑命令，例如阵列、镜像、偏移、合并以及打断等，下面继续介绍这几项命令的操作方法。

01 偏移对象

"偏移"命令是创建一个与选定对象类似的新对象，并将其放置在离原对象一定距离的位置上，同时保留原对象。偏移的对象可以为直线、圆弧、圆、椭圆、椭圆弧、二维多段线、构造线、射线或样条曲线组成的对象。

STEP 01 执行菜单栏中的"修改>偏移"命令，根据命令窗口中的提示信息，输入要偏移的距离值，例如输入5。

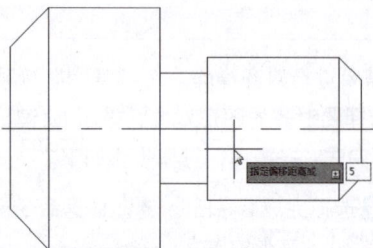

STEP 02 输入完毕后，按Enter键，在绘图窗口中选择要偏移的线段。

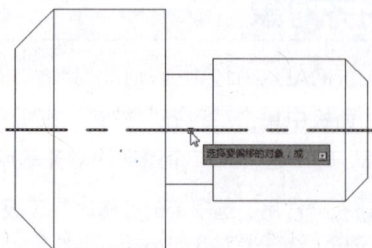

STEP 03 选择完成后，根据命令窗口中的提示，指定要偏移的一侧上的点，这里选择线段上方一点，即完成偏移操作。

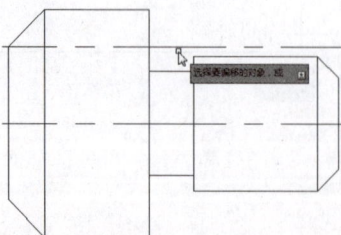

STEP 04 此时可继续选择要偏移的线段进行偏移操作。按Enter键即可结束操作。

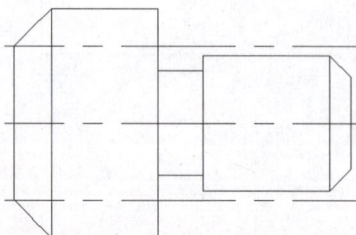

02 阵列对象

"阵列"命令是一种有规律的复制命令。当用户遇到一些有规则分布的图形时，就可以使用该命令来解决。在AutoCAD 2012中，"阵列"命令分为矩形阵列、环形阵列以及路径阵列三种。下面将分别对其操作进行介绍。

1. 矩形阵列

矩形阵列是通过设置行数、列数、行偏移和列偏移来对选择的对象进行复制。执行菜单栏中的"修改>阵列>矩形阵列"命令，选择对象后根据命令窗口中的提示，选择"计数"选项，设置好行数、列数以及间距值，按Enter键，完成矩形阵列。

STEP 01 执行"修改>阵列>矩形阵列"命令，在绘图窗口中，选择好需要阵列的图形，按Enter键确认。

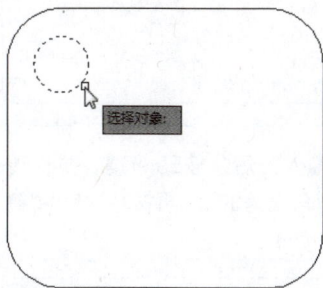

STEP 02 在命令窗口中输入C，按Enter键确认，根据提示设置好行数、列数及间距值，按两次Enter键，即可完成矩形阵列。

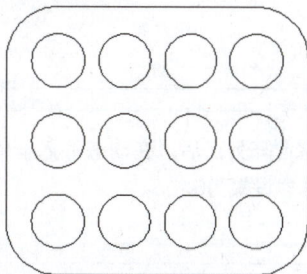

🛈 **工程师点拨** | 矩形阵列角度的应用

在进行"矩形阵列"操作时，用户也可以设置阵列角度。其操作为：选择好阵列对象后，在命令窗口中输入A后按Enter键，指定好行轴角度值后再输入C，按Enter键，设置阵列的行数、列数以及间距值，即可完成操作。

命令窗口提示如下。

```
命令：_arrayrect
选择对象：找到 1 个
选择对象：//按Enter键
类型 = 矩形　关联 = 是
为项目数指定对角点或 [基点(B)/角度(A)/计数(C)] <计数>：//输入a
指定行轴角度 <0>：//输入20
为项目数指定对角点或 [基点(B)/角度(A)/计数(C)] <计数>：//输入c
输入行数或 [表达式(E)] <4>：//输入3
输入列数或 [表达式(E)] <4>：//输入2
指定对角点以间隔项目或 [间距(S)] <间距>：//输入间距
按 Enter 键接受或 [关联(AS)/基点(B)/行(R)/列(C)/层(L)/退出
(X)] <退出>：//按Enter键
```

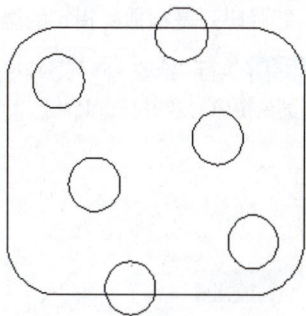

2. 环形阵列

环形阵列是指阵列后的图形呈环形。使用环形阵列时也需要设定相关参数，包括阵列的中心点、阵列方式、项目总数和填充角度。与矩形阵列相比，环形阵列创建出的阵列效果更灵活。

执行"修改>阵列>环形阵列"命令，根据命令窗口中的提示信息进行相关操作。

STEP 01 执行"修改>阵列>环形阵列"命令，选择要阵列的图形并按Enter键。

STEP 02 根据提示指定好阵列中心点，这里选择圆心。

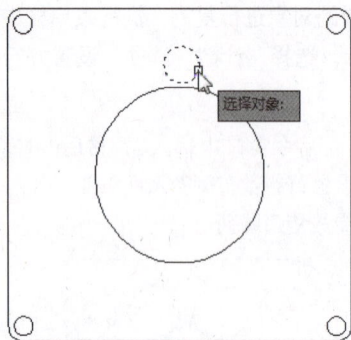

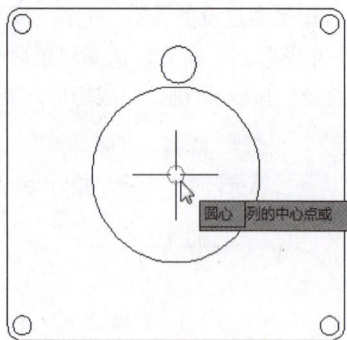

STEP 03 指定阵列点后，在动态输入框中，输入阵列数目值，这里设置为6。

STEP 04 输入好后，按Enter键，并在动态输入框中输入阵列角度为360，再按两次Enter键，即可完成环形阵列操作。

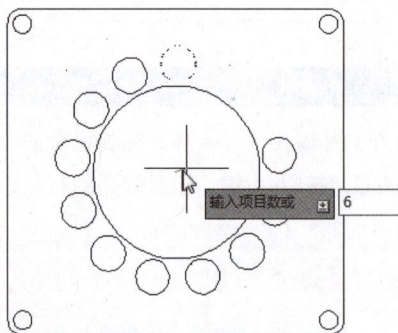

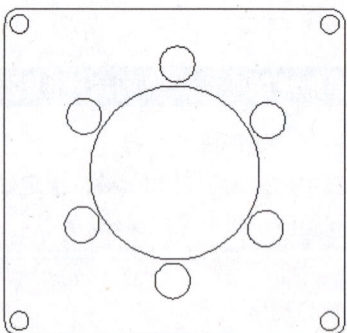

3. 路径阵列

路径阵列是根据所指定的路径进行阵列，路径可以为曲线、弧线、折线等所有开放型线段。

STEP 01 执行"修改>阵列>路径阵列"命令，选择要阵列的图像对象并按Enter键。

STEP 02 根据命令窗口的提示，选择所要阵列的路径曲线。

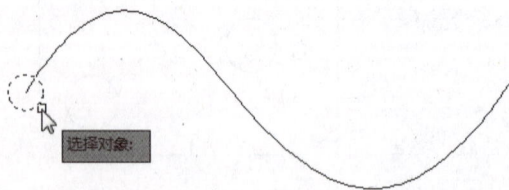

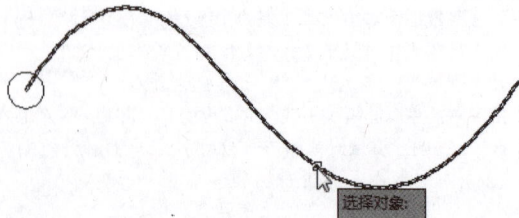

STEP 03 在命令窗口中，输入E选择"表达式（E）"选项，按Enter键，输入要阵列的数目，这里输入8。

STEP 04 确认后捕捉路径曲线终点，按Enter键，即可完成路径阵列操作。

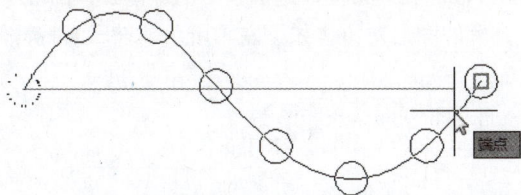

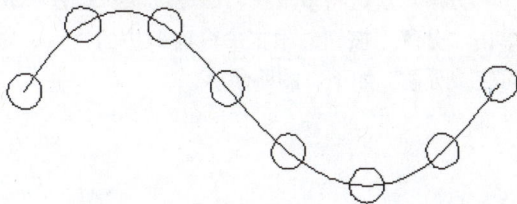

⚙ **工程师点拨** | 对阵列图形进行修改

在AutoCAD 2012中，用户可对阵列后的图形进行修改编辑。选择所需修改的阵列图形，此时在功能区中，会显示出"阵列"选项卡。在该选项卡中，用户可对其"类型"、"项目"、"行"、"级别"、"特性"以及"选项"进行修改操作，如右图所示。

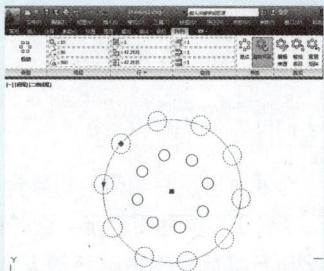

---

03 镜像对象

镜像对象是将选择的图形以两个点为镜像中心进行对称复制，"镜像"命令在AutoCAD中属于常用命令，它在很大程度上减少了重复操作的时间。

STEP 01 执行菜单栏中的"修改>镜像"命令，选择要镜像的图形对象。

STEP 02 选择后按Enter键，根据命令窗口的提示，选择镜像线的起点和终点，这里选择A点和B点。

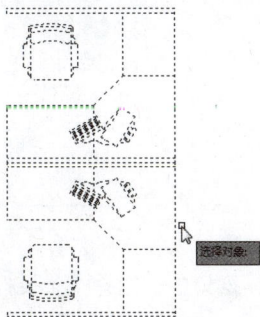

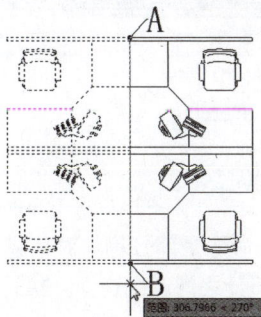

STEP 03 根据提示，输入N选择不删除源对象。

STEP 04 按Enter键，即可完成镜像操作。

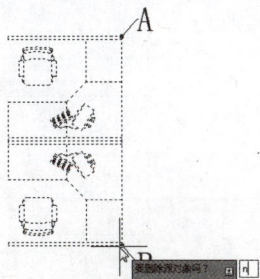

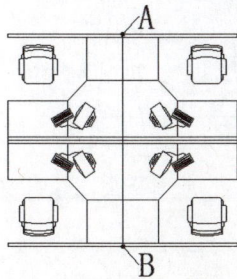

04 分解对象

分解对象是将多段线、面域或块对象分解成独立的线段。在"常用"选项卡下的"修改"面板中单击"分解"按钮，根据命令窗口中的提示，选择要分解的图形对象，如下左图所示，按Enter键即可完成分解，如下右图所示。

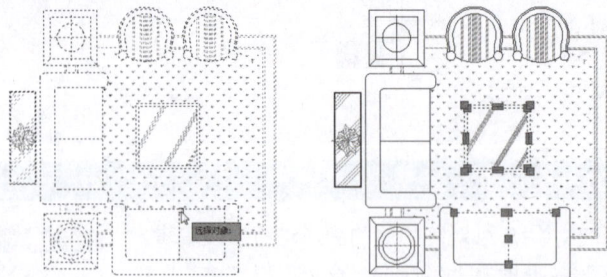

05 合并对象

合并对象是将相似的对象合并为一个对象，例如将两条断开的直线合并成一条线段，但合并的对象必须位于相同的平面上。合并的对象可以为圆弧、椭圆弧、直线、多段线和样条曲线。

执行菜单栏中的"修改>合并"命令，根据命令窗口提示信息，选择要合并的线段，按Enter键，即可完成合并，如下图所示。

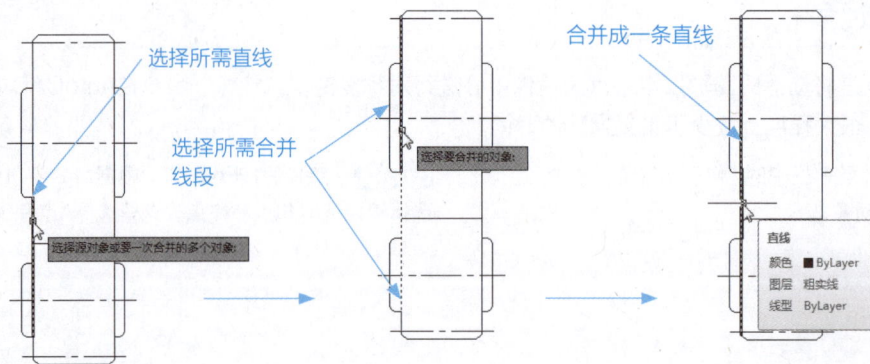

06 打断对象

"打断"命令是部分删除对象或把对象分解成两部分。打断对象可以在一个对象上创建间距，使分开的两个部分之间产生空间。执行"修改>打断"命令，在绘图窗口中，选择一条要打断的线段，并选择两点作为打断点，此时线段以打断点被打断，如下图所示。

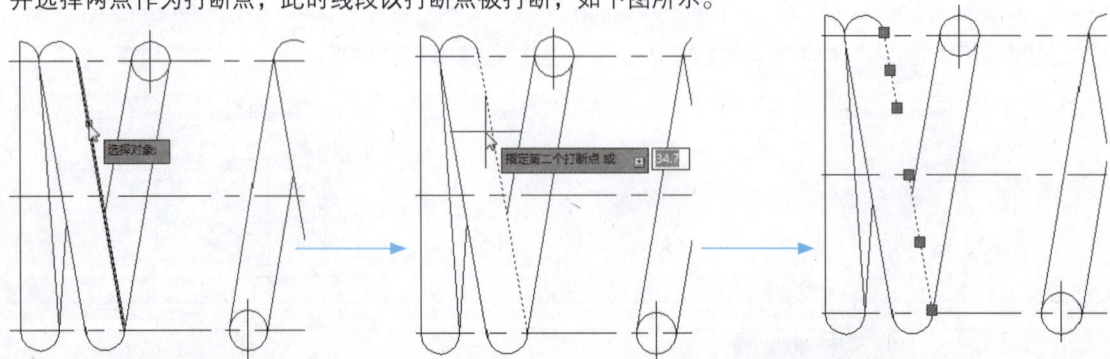

默认情况下，选择线段后系统自动将该选择点作为第一个打断点，然后根据需要选择下一个断点。其实用户也可以自定义第一、二打断点位置。执行"打断"命令并选择要打断的线段后，在命令窗口中输入F，按Enter键，此时就可以选择第一打断点和第二打断点，即可完成打断操作，如下图所示。

命令行提示如下。

```
命令：_break 选择对象：
指定第二个打断点 或 [ 第一点(F)]：//输入f
指定第一个打断点：//指定第一个打断点
指定第二个打断点：//指定第二个打断点
```

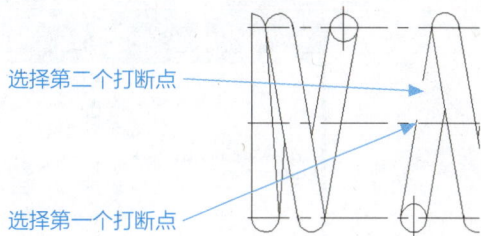

选择第二个打断点

选择第一个打断点

07 打断于点

"打断于点"命令与"打断"命令相似，前者是将线段在交点位置断开，线段中间没有间隙；而后者可根据需要设置断点间隙。在"常用"选项卡的"修改"面板中单击"打断于点"按钮，选择要打断的线段，再指定好所需打断的位置即可完成操作，如下图所示。

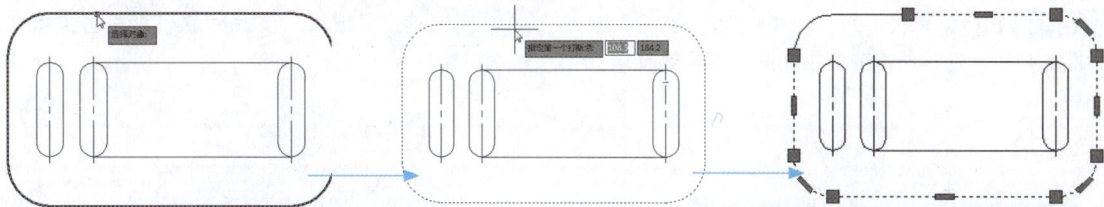

两种命令作用都是打断，其区别在于"打断"命令是将物体在指定的两点之间的图形删除；而"打断于点"命令相当于这两点是重合的，对象没有被删掉任何图形，只是在该点被断开而已。

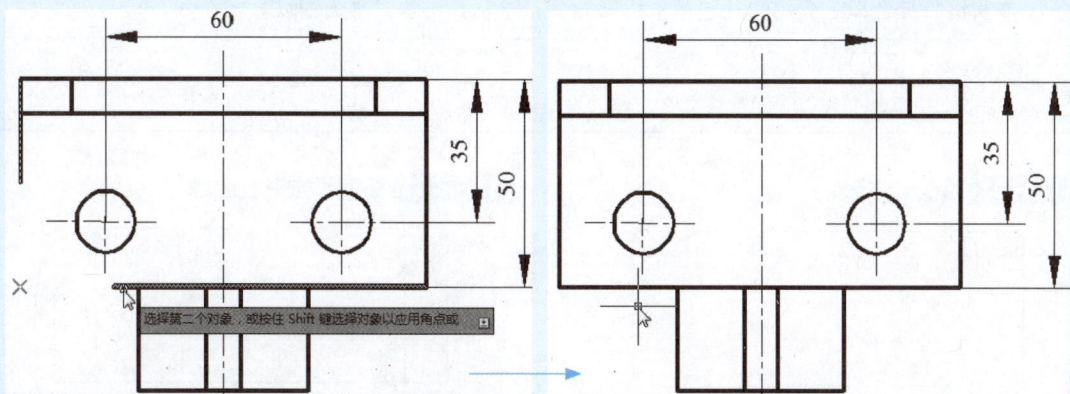

08 删除重复对象

在绘制复杂图纸时，难免会出现有多余重叠的线段和图形的情况，这样一来大大增加了文件的储藏容量。在AutoCAD 2012中，使用"删除重复对象"命令，可快速清除图纸中多余重叠的图形。

执行"常用"选项卡下"修改"面板中的"删除重复对象"按钮，如下左图所示。根据命令窗口中的提示信息，选择要删除的图形，按Enter键，即可打开"删除重复对象"对话框，用户只需根据需要，勾选相关选项，完成清除操作即可，如下右图所示。

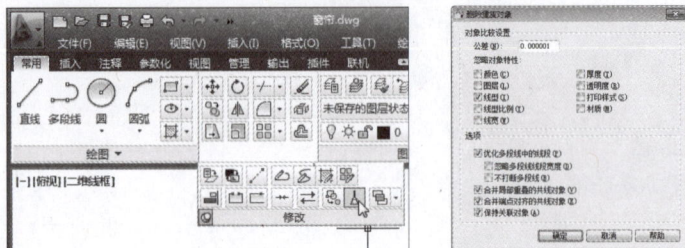

09 前置对象

前置对象，顾名思义就是强制使选定的图形对象显示在所有对象之前。一般情况下系统默认选项为"前置"。用户单击"常用"选项卡的"修改"面板中"前置"按钮右侧下拉按钮，在下拉菜单中，根据需要选择所需的命令即可。

STEP 01 执行菜单栏中的"修改>前置"命令，在绘图窗口中，选择所需前置的图形，这里选择填充图块。

STEP 02 选择完成后，按Enter键，即可将该填充图块前置。

文字后置

相关练习 | 绘制二维沙发平面图

本实例将结合以上介绍的几项基本编辑命令，绘制二维沙发平面图块。

原始文件：无
最终文件：实例文件\第3章\最终文件\二维沙发平面图.dwg

STEP 01 绘制长方形

执行"绘图>矩形"命令，绘制长1900mm，宽730mm的长方形。

STEP 02 偏移长方形左边线

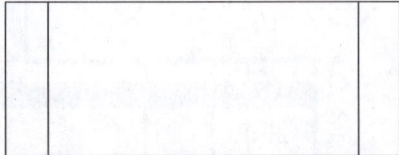

执行"修改>分解"命令，将长方形分解，然后执行"修改>偏移"命令，将长方形左侧边线向右依次偏移200mm和1500mm。

STEP 03 偏移长方形下边线

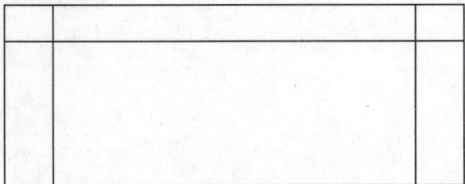

再次执行"修改>偏移"命令，将长方形下侧边线向上偏移580mm。

STEP 04 绘制沙发中线

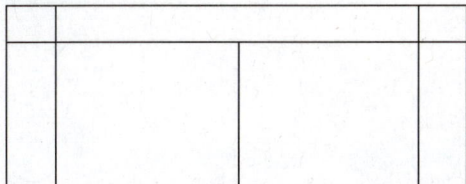

执行"绘图>直线"命令，捕捉沙发坐垫中心点，绘制一条垂直中线。

STEP 05 修剪图形

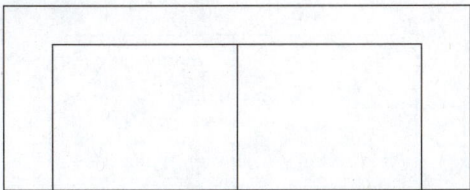

执行"修改>修剪"命令，修剪沙发图形。

STEP 06 偏移图形

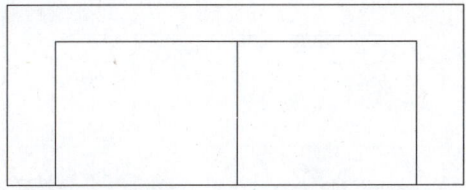

执行"修改>偏移"命令，将沙发下侧边线向下偏移50mm。

STEP 07 偏移沙发扶手边线

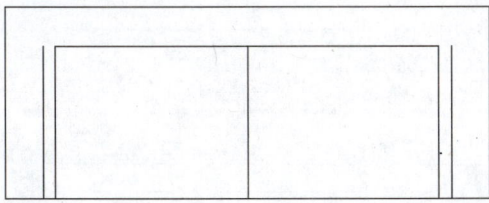

再次执行"偏移"命令，将沙发两侧扶手边线向外偏移50mm。

STEP 08 延长线段

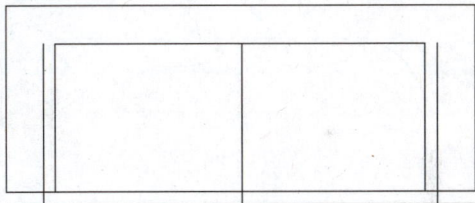

执行"拉长"命令，将偏移后的垂直线延长至最下方线段上。

STEP 09 再次修剪图形

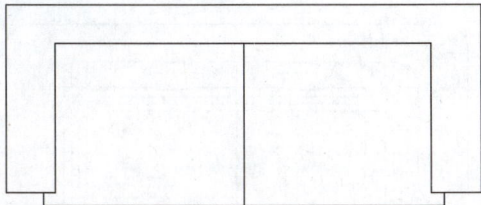

执行"修改>修剪"命令，再次将沙发图形进行修剪。

STEP 10 圆角处理

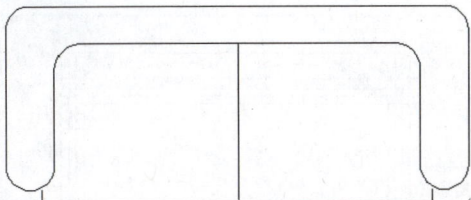

执行"圆角"命令，将沙发靠背图形进行倒圆角处理，其中圆角半径设置为100mm。

STEP 11 对沙发垫进行圆角处理

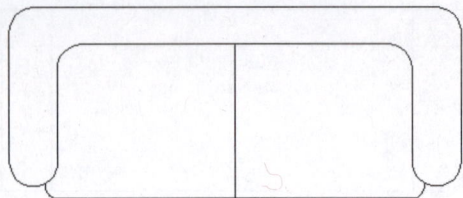

再次执行"圆角"命令,将沙发坐垫倒圆角,其中圆角半径设置为50mm。

STEP 12 绘制沙发靠垫

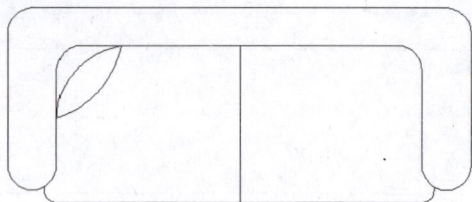

执行"绘图>多段线"命令,绘制靠垫轮廓线。

STEP 13 镜像沙发靠垫

执行"修改>镜像"命令,以坐垫中线为镜像线,镜像沙发靠垫对象。

STEP 14 旋转复制靠垫

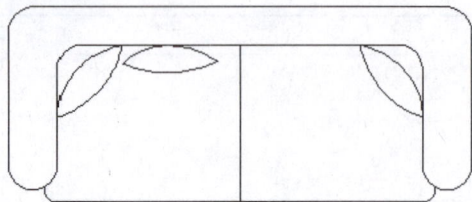

执行"修改>旋转"命令,将沙发靠垫进行旋转复制,旋转角度为 – 45°,并移至合适位置。

STEP 15 镜像靠垫

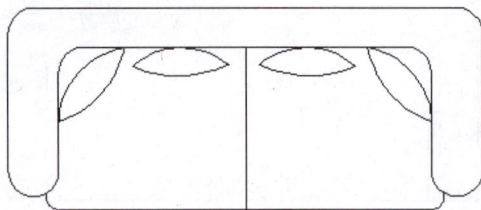

再次执行"修改>镜像"命令,将旋转后的沙发靠垫进行镜像。

STEP 16 绘制靠垫装饰线

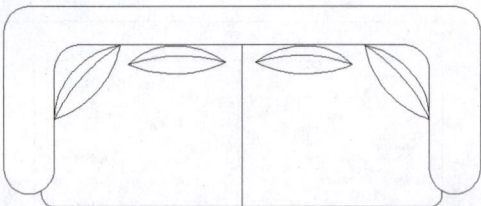

执行"绘图>圆弧"命令,捕捉靠垫两端点,绘制装饰线。

STEP 17 绘制坐垫装饰线

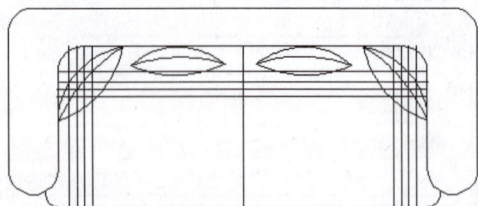

分别执行"修改>复制"和"绘图>直线"命令,绘制沙发坐垫装饰线条。

STEP 18 修剪图形

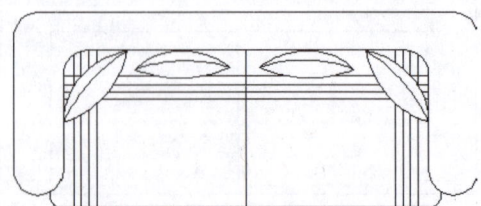

执行"修改>修剪"命令,将装饰线条进行修剪,完成沙发平面图块的绘制。

Lesson 03　编辑多段线

在AutoCAD中，已经绘制的多段线是可以根据用户的需要进行修改编辑的。编辑的方式有多种，包括闭合、合并、线段宽度以及移动、添加或删除单个顶点来编辑多段线，或者可以在任意两个顶点之间拉直多段线，也可切换线型以便在每个顶点前或后显示虚线，还可以通过多段线创建线性近似样条曲线。

01　闭合多段线

闭合多段线是将多段线首尾连接，生成一条封闭的多段线。执行菜单栏中的"常用>修改>对象>多段线"命令，在绘图窗口中，选择所要编辑的多段线，此时在打开的快捷菜单中，选择"闭合"选项，或者在命令窗口中输入C，再按Enter键确认，如下左图所示，即可将当前多段线闭合，如下右图所示。

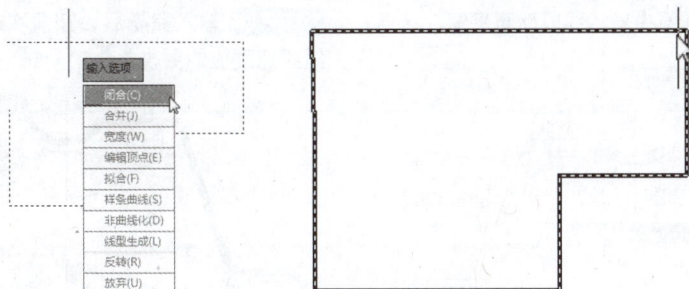

02　合并多段线

合并多段线是将两条或两条以上的多段线合并成一条多段线，可包括直线、圆弧等线段。如果多段线的端点不重合，而是相距一段，则可通过修剪、延伸或将端点用新的线段连接起来的方式来合并端点。

STEP 01 执行"修改>对象>多段线"命令，根据命令窗口的提示信息，选择需合并的线段。

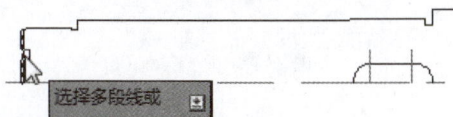

STEP 02 根据命令窗口中的提示，按Enter键，将当前线段设为多段线，即可进入下　操作。

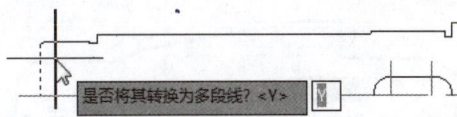

STEP 03 在打开的快捷菜单中，选择"合并"选项，或在命令窗口中，输入J后按Enter键。

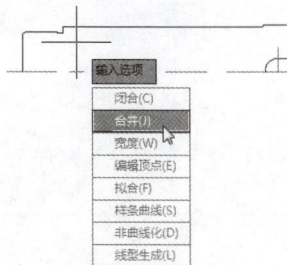

STEP 04 在绘图窗口中，选择其他需要合并的线段，再按两次Enter键，即可完成多段线的合并。

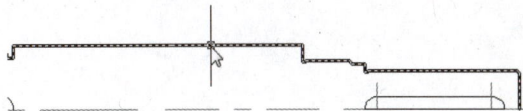

03 编辑线宽

AutoCAD 2012中，可以根据用户的需要来编辑多段线的线段宽度，其默认线宽为0，具体操作如下。

STEP 01 执行"修改>对象>多段线"命令，根据命令窗口的提示信息，选择要编辑的多段线。

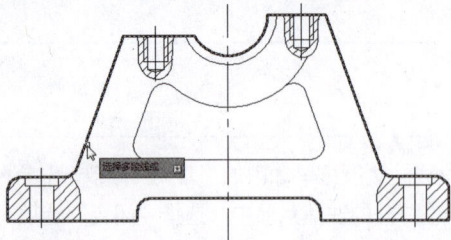

STEP 02 在打开的快捷菜单中，选择"宽度"选项。

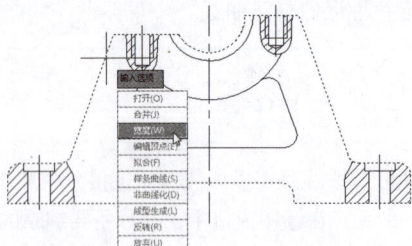

STEP 03 在动态输入框中输入线段新宽度值，这里输入0.5。

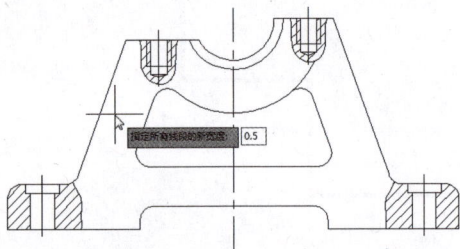

STEP 04 输入完毕后，按两次Enter键，即可完成线段宽度值的更改。

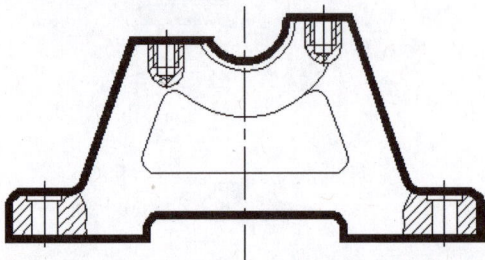

04 编辑顶点

在AutoCAD中还可对多段线的顶点进行编辑，可在其上一个点和下一个点之间切换点的位置，具体方法如下。

STEP 01 执行"修改>对象>多段线"命令，选择所需编辑的多段线。

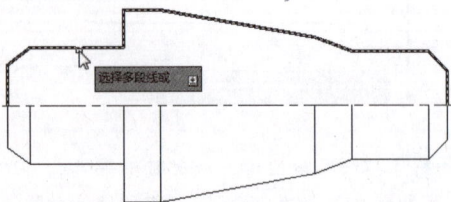

STEP 02 在打开的快捷菜单中，选择"编辑顶点"选项。

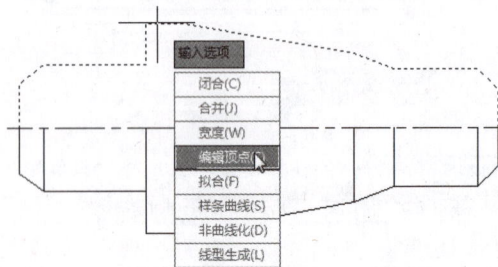

STEP 03 在动态输入框中，选择"宽度"选项。

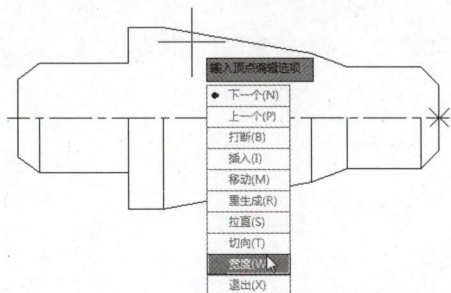

STEP 04 根据提示信息，输入下一条线段起点的宽度值，这里输入0.5。

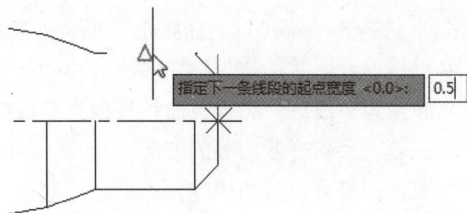

STEP 05 按照同样的操作方法，根据需求移动光标至合适位置，并输入下一条线段端点宽度值。

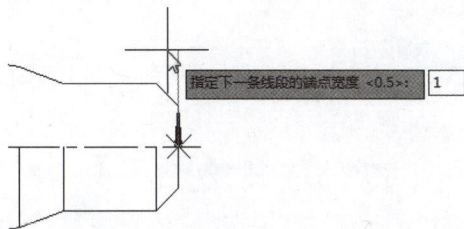

STEP 06 输入完毕后，按Enter键，即可设置下一顶点的宽度值，全部设置完成后，选择"退出"选项，结束操作。

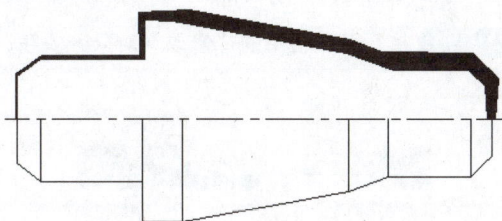

05 编辑样条曲线

在AutoCAD中，不仅可以对多段线进行编辑，也可对绘制完成的样条曲线进行编辑。编辑样条曲线的方法有两种，下面对其操作进行介绍。

1. 使用功能面板中的"编辑样条曲线"命令操作

在"常用"选项卡的"修改"面板中单击"编辑样条曲线"按钮，如下左图所示，根据命令窗口的提示，选择所需编辑的样条曲线，在打开的快捷菜单中，选择相关操作选项即可，如下右图所示。

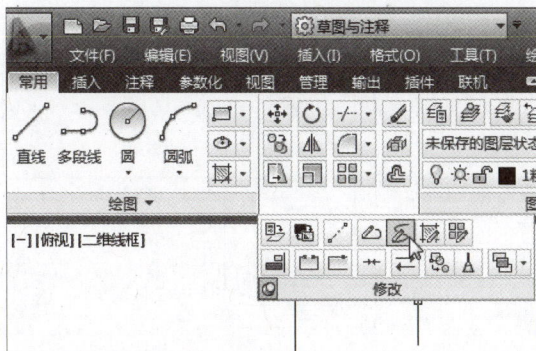

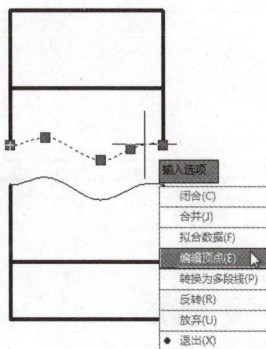

2. 通过双击样条曲线操作

在绘图窗口中，双击所需编辑的样条曲线，则会打开快捷菜单，用户可根据需要选择相应的操作选项，即可进行编辑。

快捷菜单各项操作命令的说明如下。

- 闭合：将开放的样条曲线的起始点与结束点闭合。
- 合并：将两条或两条以上的开放曲线进行合并操作。
- 拟合数据：在该选项中，会出现多项操作命令，例如添加、闭合、删除、扭折、清理、移动、公差等。这些选项都是针对曲线上的拟合点来进行操作。
- 编辑顶点：其用法与编辑多段线中的选项相似。
- 转换为多段线：将样条曲线转换为多段线。
- 反转：反转样条曲线的方向。
- 放弃：放弃当前的操作，不保存更改。
- 退出：结束当前操作，退出该命令。

06 编辑多线

编辑多线是对多线进行编辑。在使用多线绘制图形时，其线段难免会有交叉、重叠的现象，此时用户只需要运用"多线编辑工具"功能，即可将线段修改编辑。

STEP 01 执行菜单栏中的"修改 > 对象 > 多线"命令。

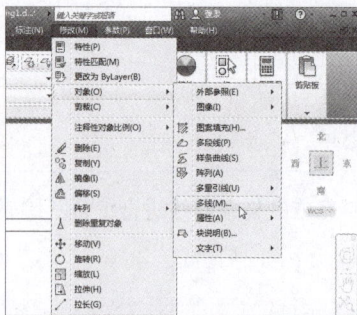

STEP 02 在打开的"多线编辑工具"对话框中，根据需要，选择所需编辑工具，这里选择"角点结合"选项。

STEP 03 在绘图窗口中，选择两条所需编辑的多线。

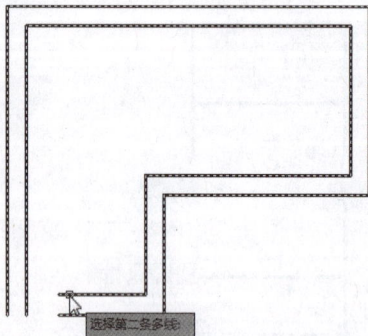

STEP 04 选择完成后，系统将自动修剪多线。

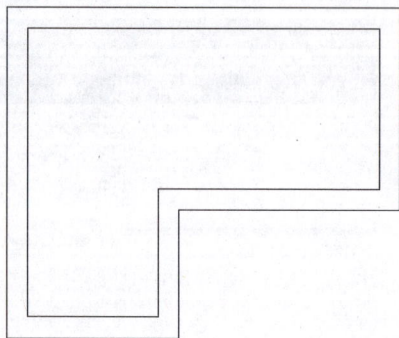

在绘图窗口中，双击所要编辑的多线，系统也会自动打开"多线编辑工具"对话框。用户可在该对话框中选择合适的编辑工具进行操作。

相关练习 | 绘制衣橱平面

本例将结合AutoCAD软件中的一些基本操作编辑命令绘制衣柜平面图。

原始文件：无
最终文件：实例文件\第3章\最终文件\衣橱平面图.dwg

STEP 01 绘制长方形

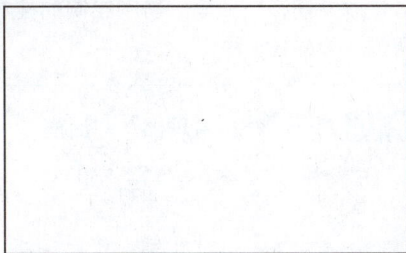

执行菜单栏中的"绘图>矩形"命令，绘制一个长1000mm、宽600mm的长方形。

STEP 02 偏移长方形

执行"修改>偏移"命令，将长方形向内偏移20mm。

STEP 03 绘制衣柜门

执行"绘图>矩形"命令，绘制一个长500mm、宽20mm的长方形作为衣柜门。

STEP 04 旋转长方形

执行"修改>旋转"命令，将衣柜门图形向下旋转45°，并将其移至图形合适位置。

STEP 05 镜像衣柜门

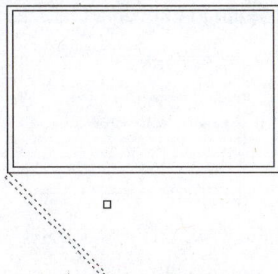

执行"修改>镜像"命令，选择刚旋转的衣柜门图形。

STEP 06 完成柜门的镜像

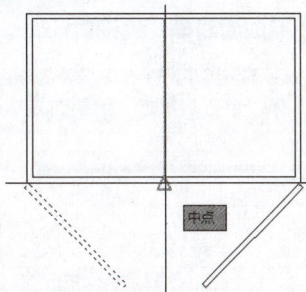

选择完成后，捕捉方形衣柜的两个中心点，按Enter键，即可完成柜门的镜像。

STEP 07 绘制挂衣杆

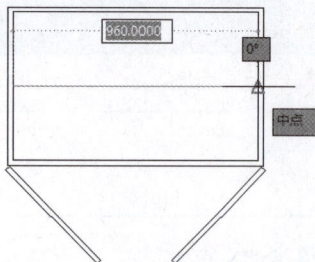

执行"绘图>直线"命令，捕捉衣橱两侧的中心点，绘制直线，作为挂衣杆。

STEP 08 偏移挂衣杆

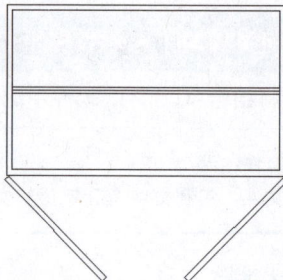

执行"修改>偏移"命令，将刚绘制的挂衣杆向上下两侧各偏移10mm。

STEP 09 执行"特性"命令

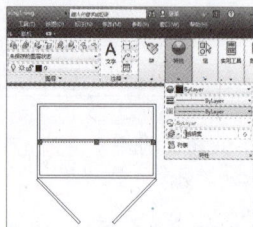

选择任意一条偏移线，在"常用"选项卡下的"特性"面板中单击"线型"按钮。

STEP 10 打开"线型管理器"对话框

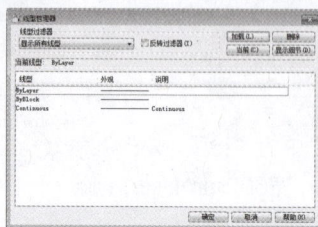

在"线型"下拉列表中，选择"其他"选项，打开"线型管理器"对话框。

STEP 11 打开"加载或重载线型"对话框

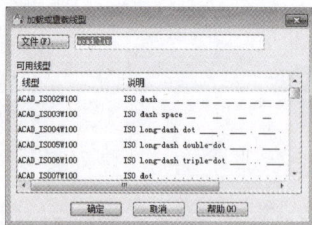

在该对话框中，单击"加载"按钮，打开"加载或重载线型"对话框。

STEP 12 加载虚线线型

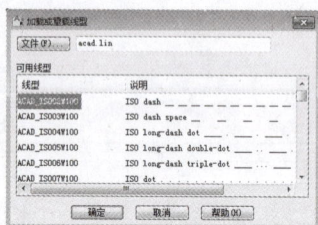

在该对话框中，根据需要选择合适的线型样式，这里选择虚线线型。

STEP 13 完成虚线样式的设置

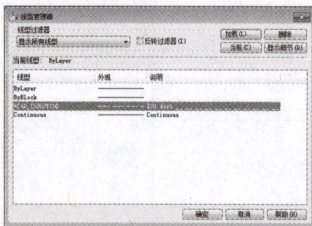

单击"确定"按钮，返回上一层对话框，选择刚设置的线型样式，单击"确定"按钮。

STEP 14 转换成虚线

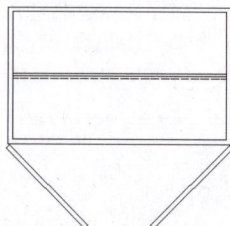

选择要转换的线型，在"特性"面板中的"线型"下拉列表中选择刚加载的虚线线型，完成转换。

STEP 15 设置线型比例

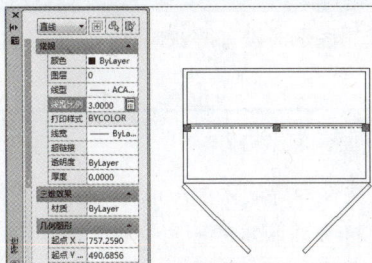

设置完线型后，将其比例进行调整，在命令窗口中输入命令CH再按Enter键，在"特性"选项板中，对"线型比例"选项进行设置即可。

STEP 16 执行"格式刷"命令

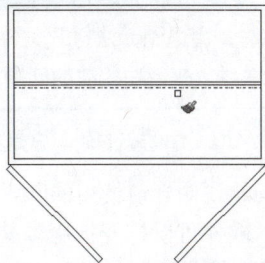

在命令窗口中输入命令MA并按Enter键，即可启动"格式刷"命令，在绘图窗口中选择虚线线型。

STEP 17 将挂衣杆线段设置成虚线

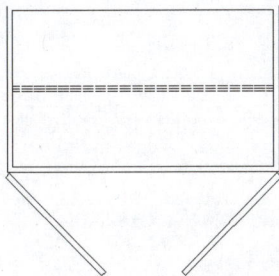

选择其他挂衣杆线段，即可快速将其设置为虚线。

STEP 18 绘制圆角长方形

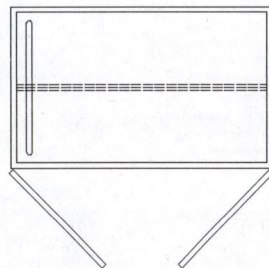

执行"矩形"命令，绘制一个长500mm、宽20mm的圆角长方形作为衣架图形，其圆角设置为10mm。

STEP 19 复制旋转衣架图形

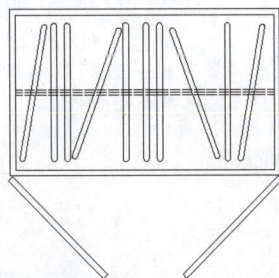

将刚绘制好的衣架图形进行旋转复制，其旋转参数适中即可。

STEP 20 完成衣柜平面绘制

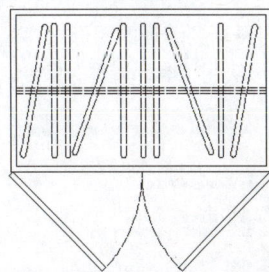

调用"格式刷"命令，将衣架图形线段设置为虚线，并执行"圆弧"命令，完成衣柜门开门弧线的绘制。

Q A 工程技术问答

当使用软件时，会遇到无法打开文件、内存不足，或者是在编辑图形时没有得到想要的结果等问题，通过本章的总结，来解决相应的问题。

Q01: 打开AutoCAD文件时，总是提示"图形文件无效"界面，怎么办？

A01: 该问题说明当前使用的CAD版本过低，需要安装与文件同等版本的AutoCAD软件才可打开。高版本软件可以打开低版本文件，但低版本软件不能打开高版本的图形文件。遇到该情况时，用户需在保存CAD文件时，保存成相应的版本即可，其操作如下。

STEP 01 打开所要保存的CAD文件，执行"应用程序按钮>另存为"命令。

STEP 02 在打开的"图形另存为"对话框中，单击"文件类型"下拉按钮，在打开的菜单列表中选择所需版本类型，单击"保存"按钮。

Q02: 为什么打开一些图纸的速度很慢，有时甚至提示"致命错误，内存不足"字样？

A02: 对于一个未经过复杂操作的AutoCAD文件来说，也许使用"清理"命令不起作用，但是对于一个几经修改，利用外部参照及图块等操作而变的异常大，而目前外部参照及图块等已不再使用的文件来说，则有着非常实用价值，其具体操作如下。

STEP 01 打开所要清理的图形文件，执行"应用程序>图形实用工具>清理"命令。

STEP 02 在打开的"清理"对话框中，勾选"清理嵌套项目"复选框，其后单击"全部清理"按钮，即可快速清理多余文件。

除了以上介绍的方法外，还可使用"WBLOCK"命令来清理文件，该命令可将所需操作的图形，用WBLOCK命令以块的方式产生新的图形文件，并将其生成图形文件进行保存，其操作为：在命令窗口中输入"WBLOCK"后按Enter键，在打开的"写块"对话框中，输入文件名及文件存放位置，并根据需要选择"源"选项组中的选项，单击"确定"按钮即可，如右图所示。

比较以上两种方法，各有长短。用"清理"命令操作简便，但效果稍差；而用WBLOCK命令最大的优点则是效果好，但最大的缺点就是不能对新生成的图形进行修改（甚至不作任何修改）存盘，否则文件又变大了。

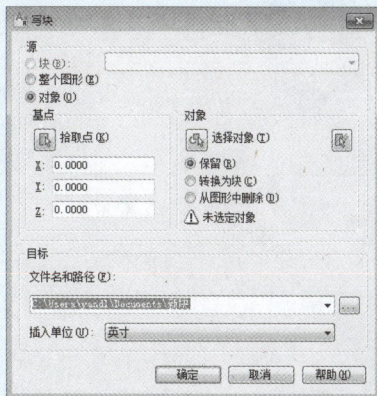

Q03: 在进行偏移操作时，为什么有的线段可以偏移，而有的则无法偏移？

A03: 在AutoCAD中不管是规则的弧线或是不规则的曲线都是可以偏移的，但要注意的是它们的偏移与直线不同。弧线的每次偏移都会改变弧长。当其偏移量大过弧线的半径时就无法偏移了。而不规则的曲线同样有一个类似于半径的值，当其偏移量大于这个值时则无法偏移。但此时向另一个方向偏移时却可以偏移。所以这个问题最主要的原因是设置偏移量大小的问题。

Q04: 为什么复制某个CAD图块至当前图形中后，图块不显示？

A04: 这是由于复制图块的显示比例未调整造成的。有的图块显示比例太小而无法显示，此时只需执行"修改>缩放"命令，将图块放大几倍后即可显示。

Q05: AutoCAD中如何使用文字镜像命令？

A05: 镜像文字用mirror命令，而不是用MIRRTEXT。MIRRTEXT是个系统变量，它用于控制文字镜像的行为。将MIRRTEXT设置为0时镜像文字，只把文字镜像到相应的位置，而文字是正位放置的，如下左图所示；将MIRRTEXT设置为1时镜像文字，不仅把文字镜像到相应的位置，而且连文本身也镜像了，文字是翻过来放置的，如下右图所示。

```
命令：MIRRTEXT                          命令：MIRRTEXT
输入 MIRRTEXT 的新值 <1>：1              输入 MIRRTEXT 的新值 <1>：0
```

PART 02

提高
进阶篇

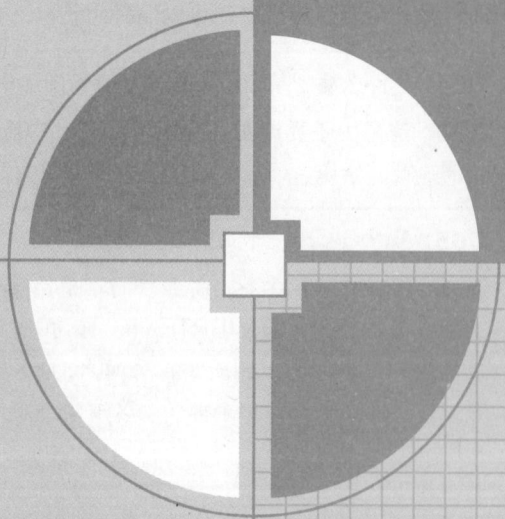

CHAPTER

04

线型、线宽和图层的设置

在使用AutoCAD软件制图时，线段的线型、线宽的设置很重要。不同线型、线宽绘制出来的线段，其表达的意义不同，这在机械制图中足以体现。在AutoCAD软件中，也经常用到图层命令。它可将复杂的图形进行分层管理，使图形易于观察。

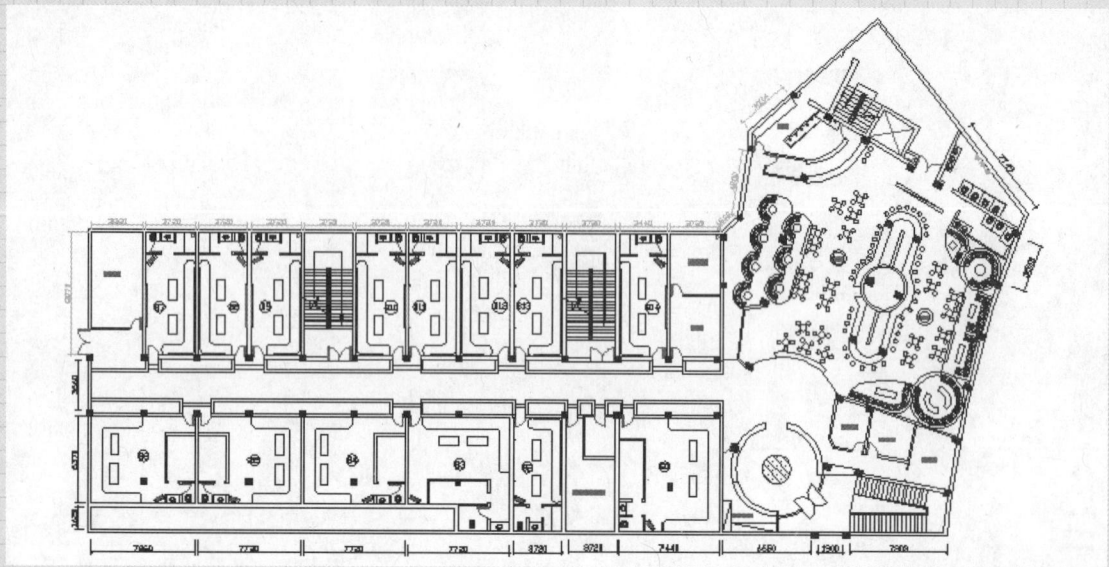

01 主题酒吧平面设计稿

在开始绘制该平面图时，需根据需求将图纸进行分层设置。这样一来，若想暂时不显示某图形时，可选择相应的图层并将其隐藏即可。

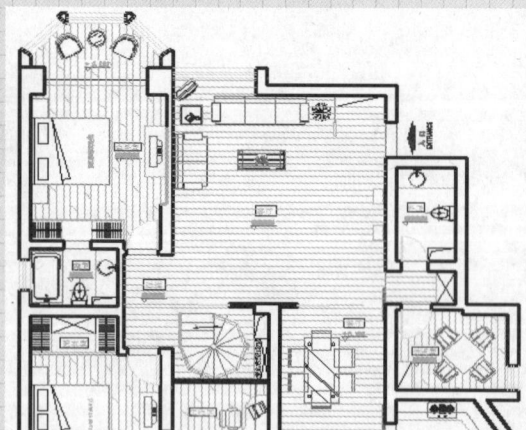

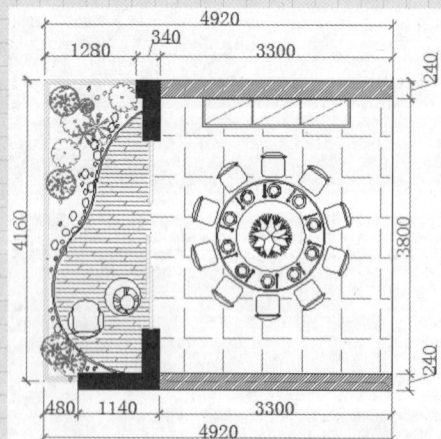

02 跃层平面图

使用图层可以方便地将各个图形对象进行分类，方便用户察看图形。

03 餐厅平面图

在绘制该图纸时，首先需要进行图层分类，然后在其相应的图层中绘图。

04 某娱乐会馆包厢立面图

在绘制建筑立面图时,有时可以不用完全严格地将图形进行分层操作,可以在绘制完成后进行归类。

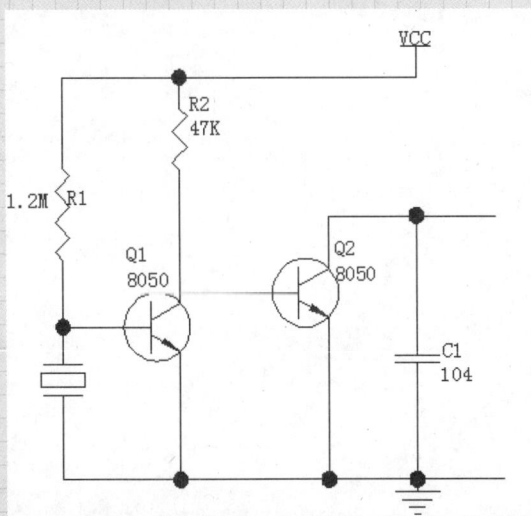

05 单片机电路图

绘制电气电路图看似简单,但用户在不懂得电路原理的情况下是较难绘制的。

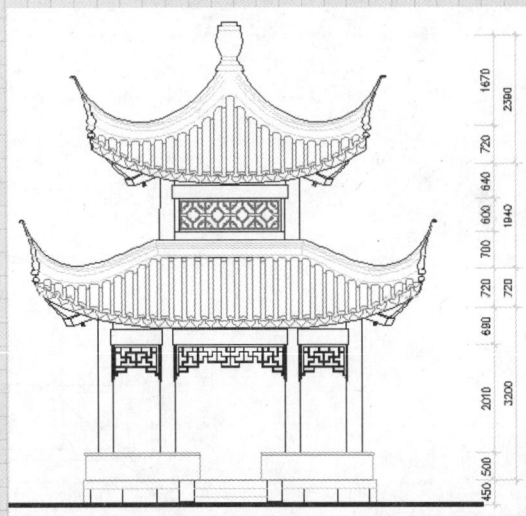

06 四角方亭立面图

不仅可使用线段特性命令来设置线段属性,也可通过线段所在图层来设置。

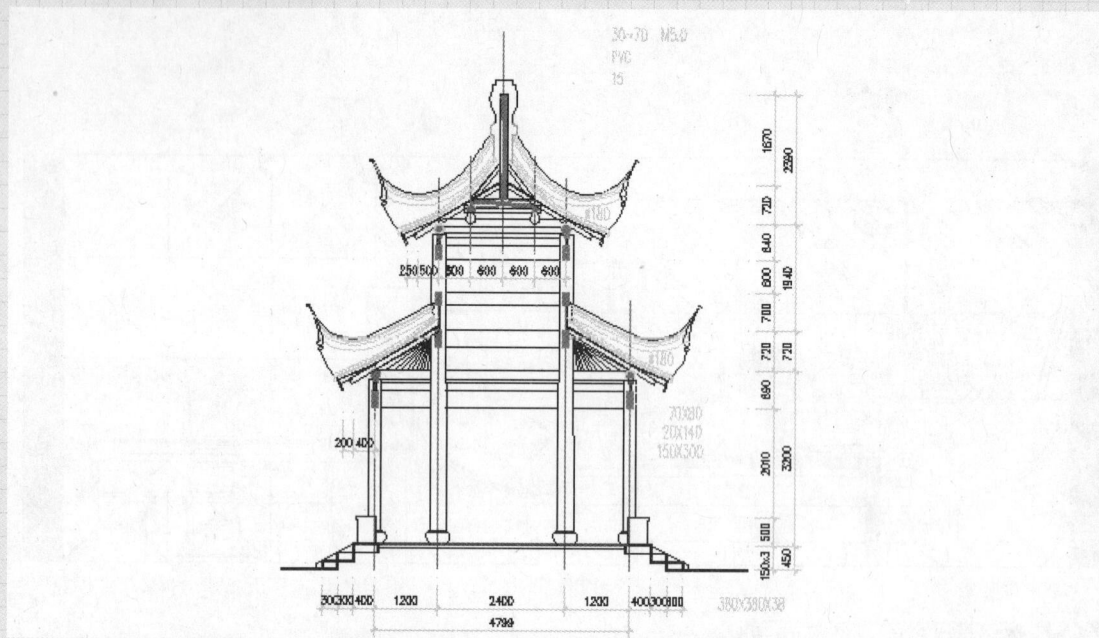

07 四角方亭剖面图

为了便于观察，用户可将剖面线、结构线以及辅助线进行区分。

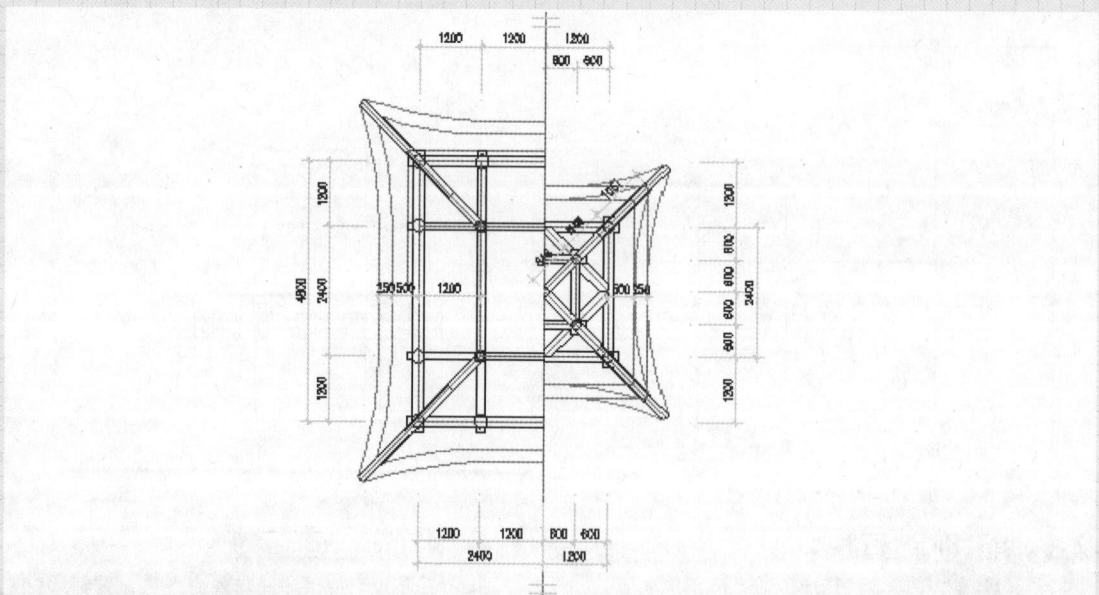

08 四角方亭顶面结构图

该结构主要表现方亭顶部的搭建关系，可使用"圆弧"、"直线"、"偏移"以及设置线型属性等命令来完成。

Lesson 01　线型、线宽的设置

在AutoCAD中，线型和线宽的种类有多种，用户可根据需要选择相应的线型或线宽来绘制。

在新建的空白文件中，系统默认的线型为Continuous。若需更改线型，则在"常用"选项卡下单击"特性"面板中的"线型"按钮，在打开的下拉列表中选择合适的线型样式即可，如下左图所示。

若想更改线段的宽度，可在"常用"选项卡下的"特性"面板中单击"线宽"按钮，在下拉列表中选择所需的线宽，即可完成更改，如下右图所示。

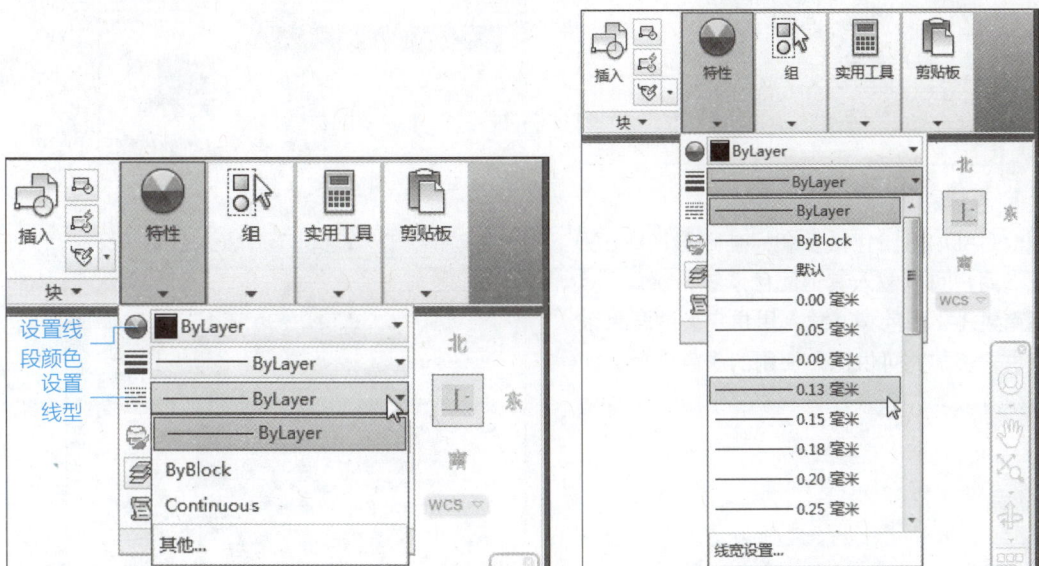

01　图形颜色的设置

在 AutoCAD 中,可将线段的颜色根据需要进行设置。在"常用"选项卡的"特性"面板中单击"对象颜色"按钮，在下拉列表中选择颜色即可。若在列表中没有满意的颜色，可单击"选择颜色"选项，在打开的"选择颜色"对话框中可根据需要选择。

在"选择颜色"对话框中，有三种选项卡，下面对其进行介绍。

1. 索引颜色

在AutoCAD中使用的颜色都为ACI标准颜色。每种颜色用ACI编号（1~255之间）进行标识。但标准颜色名称仅适用于1~7号颜色，分别为：红、黄、绿、青、蓝、洋红、白/黑，如右图所示。

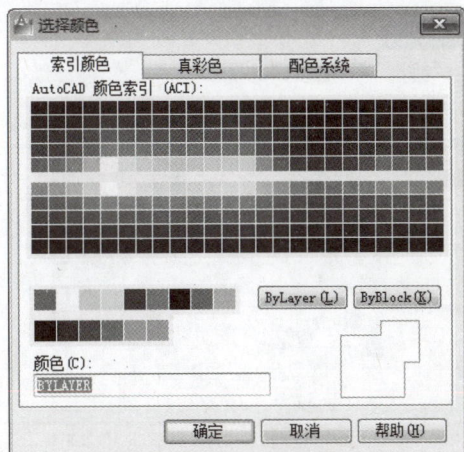

2. 真彩色

真彩色使用24位颜色定义显示1600多万种颜色。在选择某色彩时，可以使用RGB或HSL颜色模

式。通过RGB颜色模式，可选择颜色的红、绿、蓝组合；通过HSL颜色模式，可选择颜色的色调、饱和度、亮度要素，如下左图为HSL颜色模式，而下右图为RGB颜色模式。

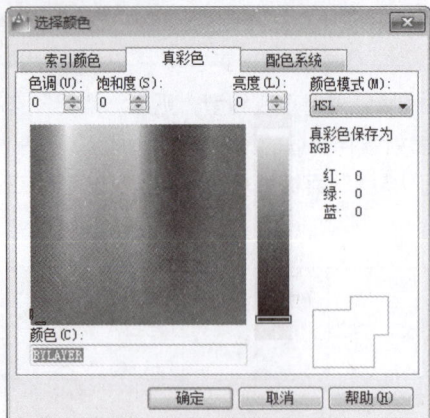

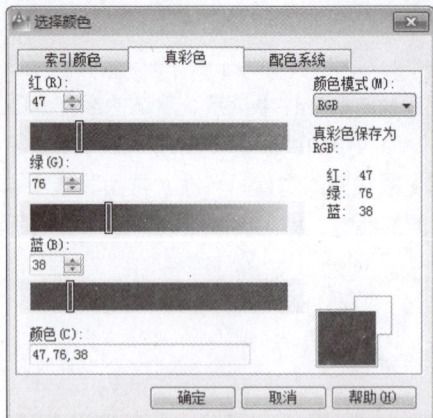

3. 配色系统

AutoCAD 2012包括多个标准PANTONE配色系统。用户可以载入其他配色系统，例如DIC颜色指南或RAL颜色集。载入用户定义的配色系统可以进一步扩充可供用户使用的颜色选择，如右图所示。

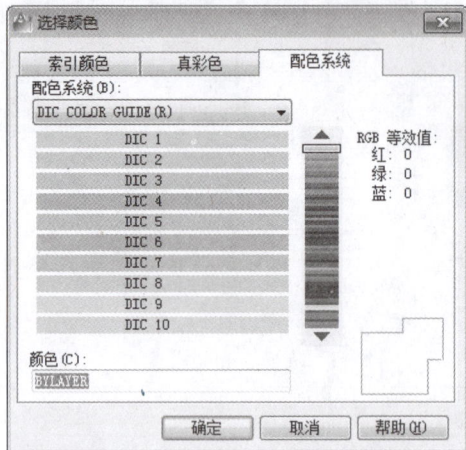

02 线型的设置

在 AutoCAD 中，用户可通过两种方法来进行线型设置。分别为通过图层来设置对象的线型和通过"线型"下拉菜单进行设置。用户可根据当前绘图的需求来选择设置方式，操作如下。

STEP 01 在"常用"选项卡的"特性"面板中单击"线型"下拉按钮。

STEP 02 在下拉菜单中，选择"其他"选项。

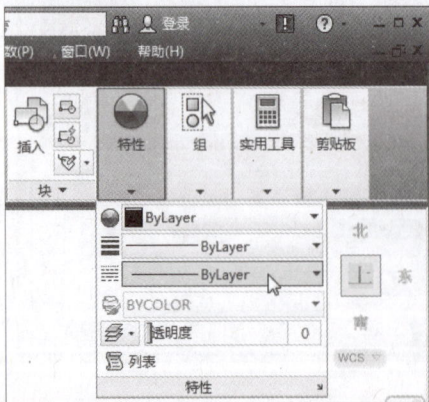

STEP 03 在"线型管理器"对话框中，单击"加载"按钮。

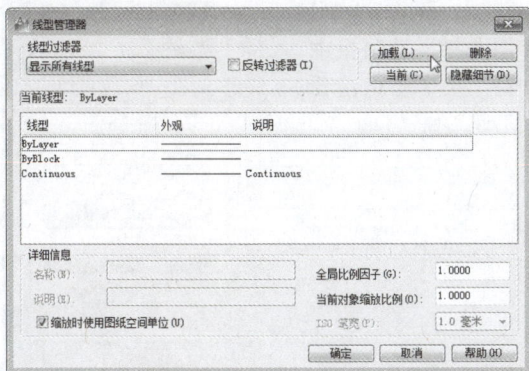

STEP 04 在"加载或重载线型"对话框中，根据需要在"可用线型"列表框中，选择所需的线型，这里选择折线。

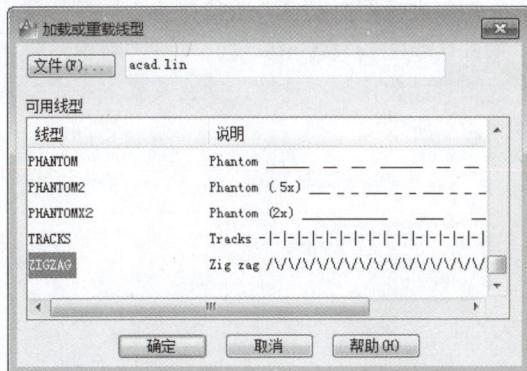

STEP 05 选择完成后，单击"确定"按钮，返回至上一层对话框。

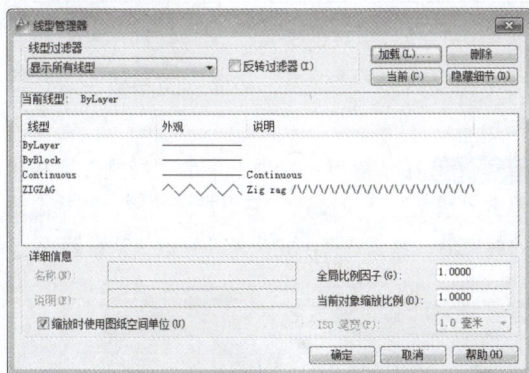

STEP 06 在该对话框中，选择刚加载的折线，单击"确定"按钮，关闭对话框，在绘图窗口中，选择所要更改的线型。

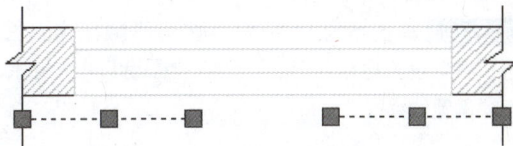

STEP 07 再次单击"线型"下拉按钮，在打开的下拉列表中选择刚加载的折线。

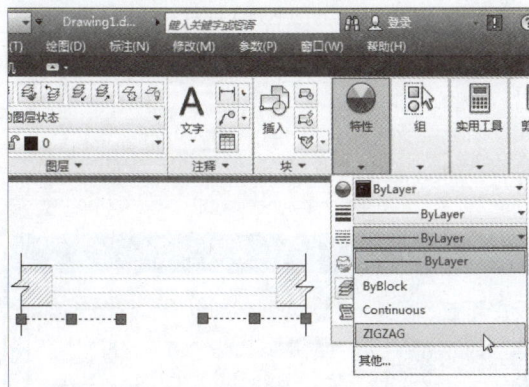

STEP 08 选择完成后即可完成当前线型的更改。

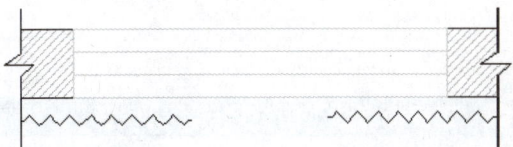

工程师点拨 | 设置线段比例

　　有时设置线型完成后，其线型还是显示为默认线型，这是因为线型比例未进行调整所致。其操作为：选择所需设置的线型，在命令窗口中输入命令CH，按Enter键，打开"特性"选项板，用户在该选项板中，选择"线型比例"选项，并在其文本框中输入比例值，即可完成操作，如右图所示。

03 线宽的设置

　　在制图过程中，使用线宽可以清楚地表达出截面的剖切方式、标高的深度、尺寸线和小标记以及细节上的不同。在进行线宽显示之前需要在状态栏中激活"显示/隐藏线宽"功能，否则将不显示线宽，具体设置方法如下。

STEP 01 单击状态栏中的"显示/隐藏线宽"按钮，将其设为显示状态，然后在绘图窗口中，选择所需设置的线段。

STEP 02 在"常用"选项卡下的"特性"面板中单击"线宽"下拉按钮，在下拉菜单中，选择合适的线宽值，这里选择0.30毫米，完成线宽设置。

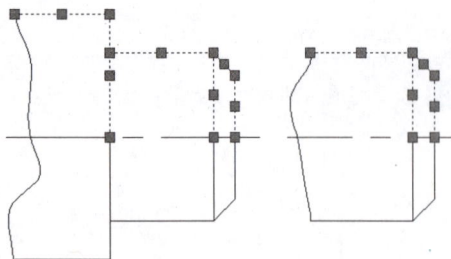

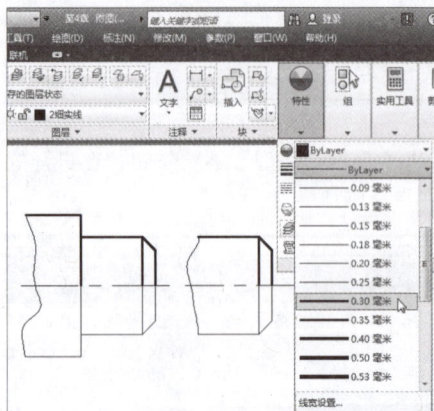

工程师点拨 | 用户可自定义线宽

　　若在线宽的下拉列表中没有满意的线宽值，用户可在列表中单击"线宽设置"选项，在打开的"线宽设置"对话框中，根据需要选择线宽单位及线宽值等选项，单击"确定"按钮即可完成设置，如右图所示。

相关练习 | 通管方形接头平面图

本实例将介绍如何运用"矩形"、"圆形"、"圆角"以及设置线型、线宽命令绘制方形接头平面图。

原始文件：无
最终文件：实例文件\第4章\最终文件\通管方形接头平面.dwg

STEP 01 绘制圆角长方形

执行"绘图>矩形"命令，绘制一个长17.6mm、宽16.8mm的圆角长方形，其圆角半径为2.4mm。

STEP 02 绘制长方形中线

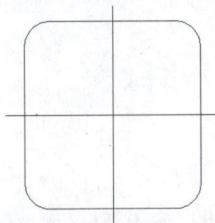

执行"绘图>直线"命令，捕捉长方形的四条边的中点，绘制两条相互垂直的中心线。

STEP 03 打开"线型管理器"对话框

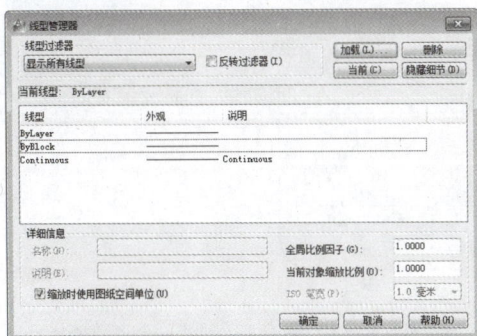

在"特性"面板的"线型"下拉列表中选择"其他"选项，打开"线型管理器"对话框。

STEP 04 打开"加载或重载线型"对话框

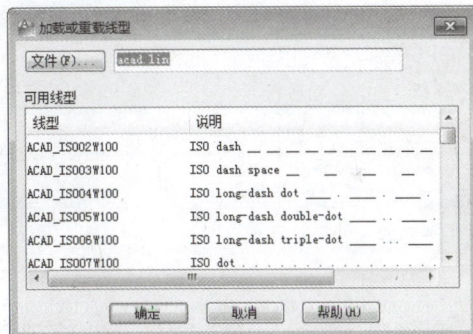

在该对话框中，单击"加载"按钮，打开"加载或重载线型"对话框。

STEP 05 选择合适的线型

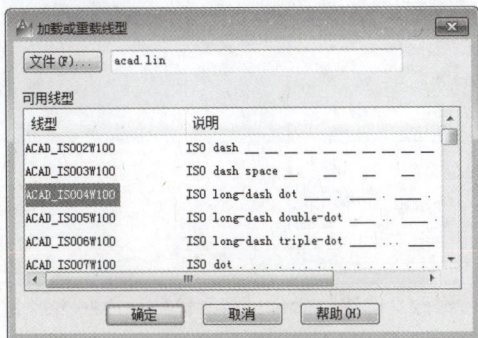

STEP 06 设置线型比例

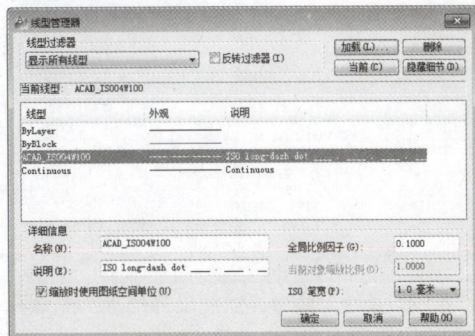

在当前对话框中，选择合适的虚线样式，这里选择"ACAD_IS004W100"线型。

单击"确定"按钮，返回上一层对话框，选择刚加载的虚线型，在"全局比例因子"文本框中，输入线型的比例值，这里输入0.1。

STEP 07 转换线型

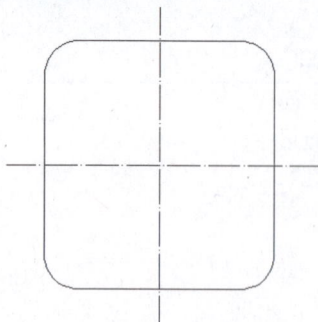

输入好后，单击"确定"按钮，关闭对话框。在绘图窗口中选择中心线，再在"特性"面板中单击"线型"下拉按钮，选择虚线型，完成转换。

STEP 08 设置线型颜色

单击"特性"面板中的"对象颜色"下拉按钮，在下拉列表中选择合适的线型颜色。这里选择"红色"，即可更改当前线型颜色。

STEP 09 绘制圆形

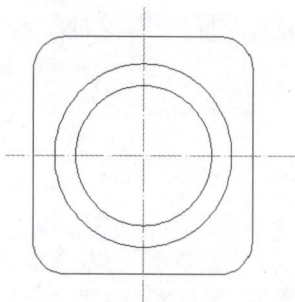

执行"绘图>圆>圆心、半径"命令，捕捉长方形中心点，分别绘制半径为5.2mm和6.8mm的同心圆。

STEP 10 绘制长方形

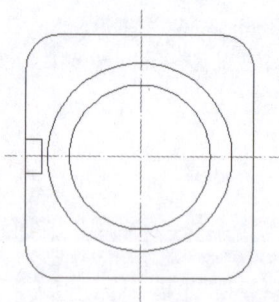

执行"绘图>矩形"命令，绘制一个长2.4mm、宽1.2mm的长方形，并将其移至图形中合适的位置处。

STEP 11 绘制螺孔

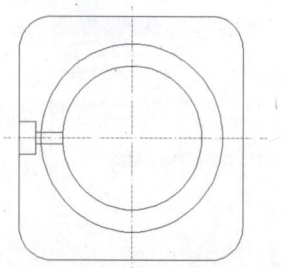

执行"绘图>直线"命令，绘制出方形接头的螺孔图形。

STEP 12 偏移长方形

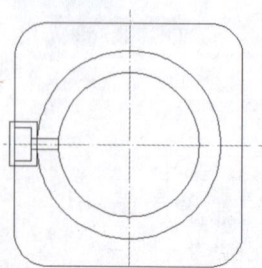

执行"修改>偏移"命令，将刚绘制的小长方形向外偏移0.4mm。

STEP 13 分解和修剪图形

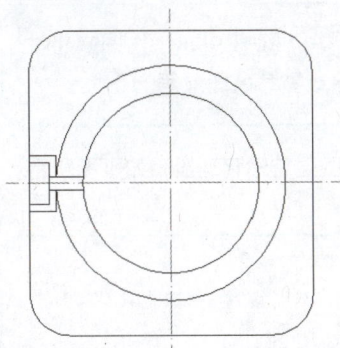

在"修改"面板中单击"分解"按钮，将螺孔图形分解，并执行"修改 > 修剪"命令，将图形修剪完整。

STEP 14 图形倒圆角

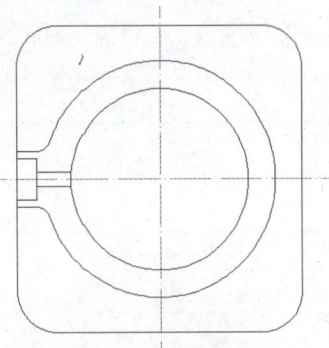

执行"修改 > 圆角"命令，将分解后的螺孔图形与大圆形进行倒角，倒角距离为0.8mm。

STEP 15 绘制轴孔

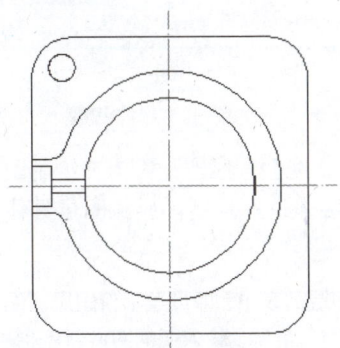

执行"绘制 > 圆 > 圆心、半径"命令，绘制半径为0.8mm的圆形，作为长方形轴孔图形。

STEP 16 镜像轴孔

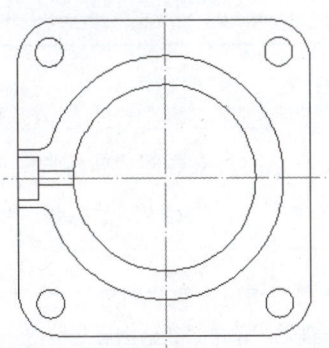

执行"修改 > 镜像"命令，将轴孔图形以长方形中心线为镜像线进行镜像。

STEP 17 显示线宽

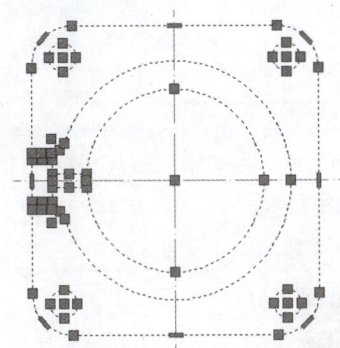

单击状态栏中的"显示\隐藏线宽"按钮，将其设置为开启状态，在绘图窗口中选择要设置的线段。

STEP 18 设置线宽，完成绘制

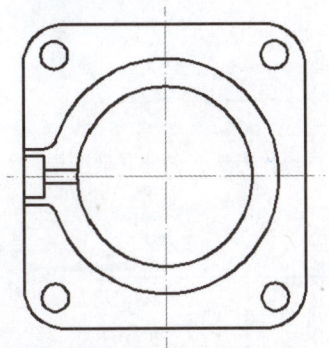

单击"特性"面板中的"线宽"下拉按钮，在下拉列表中选择所需的线宽值，这里选择0.3mm。至此完成方形接头平面的绘制。

Lesson 02 图层特性管理器

图层是用来控制对象线型、线宽和颜色等属性的工具。在AutoCAD 2012中，运用图层特性管理器，可以显示图形中图层的列表及其特性，并且可以添加、删除或重命名图层等。

在"常用"选项卡的"图层"面板中单击"图层特性"按钮，打开图层特性管理器，如下图所示。

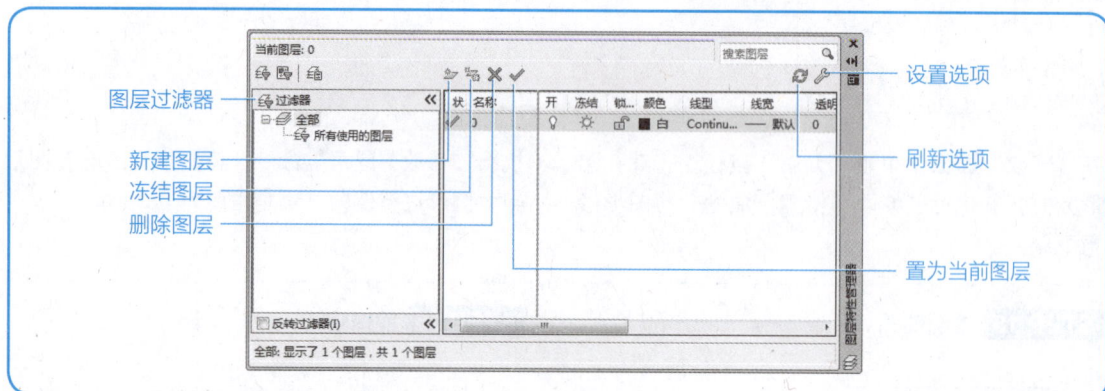

01 新建图层

通常在绘制图纸之前，需要创建新图层。图层可以单独设置颜色、线型和线宽。因为在绘制图形时会根据需要使用到不同的颜色和线型，这就需要创建不同的图层来进行控制。新建图层具体操作如下。

STEP 01 单击"图层"面板中的"图层特性"按钮，打开图层特性管理器，单击"新建图层"按钮。

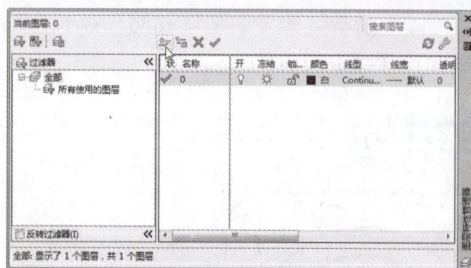

STEP 02 此时在图层列表中，即可显示新图层"图层1"，单击"图层1"名称，输入所需图层新名称。

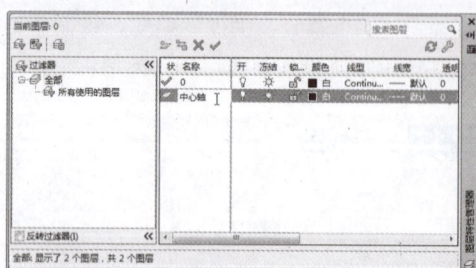

STEP 03 按照同样的操作方法，创建其他图层。

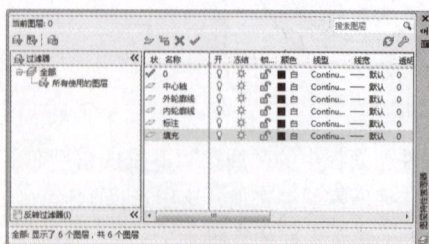

STEP 04 单击"中心轴"图层中的颜色参数，打开"选择颜色"对话框。

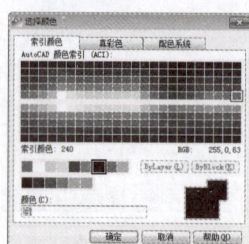

STEP 05 在该对话框中选择适合的颜色，这里选择"红色"。单击"确定"按钮，即可更改该图层颜色。

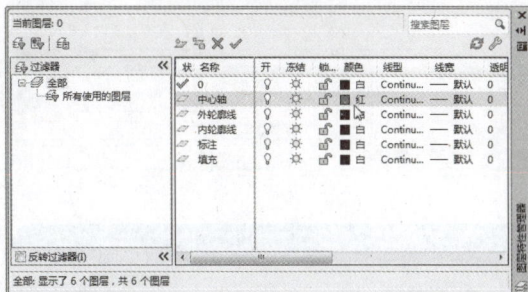

STEP 06 单击"中心轴"图层的"线型"参数，打开"选择线型"对话框，单击"加载"按钮。

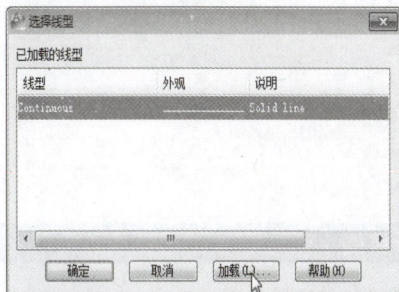

STEP 07 在"加载或重载线型"对话框中，选择需要的线型样式，单击"确定"按钮，返回上一层对话框。

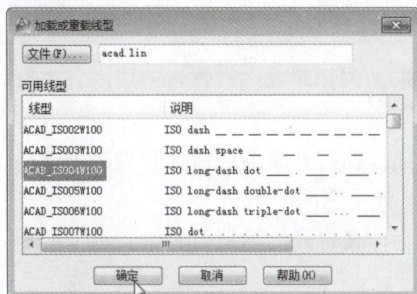

STEP 08 在"选择线型"对话框中，选择刚加载的线型，按"确定"按钮，完成当前线型的设置。

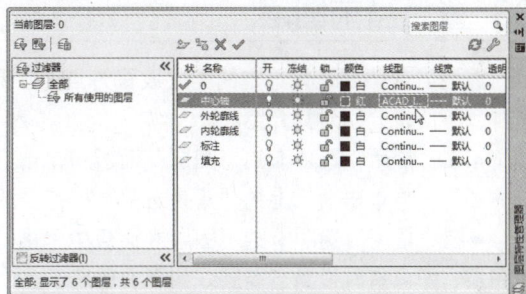

STEP 09 单击"外轮廓线"图层的"线宽"参数，打开"线宽"对话框。

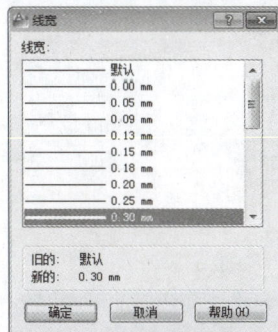

STEP 10 在该对话框中选择所需的线宽值，然后单击"确定"按钮，即可将该层线宽属性更改。

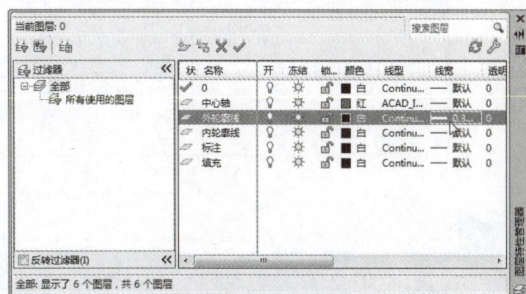

02 删除图层

若想将多余的图层进行删除，可利用"图层管理器"中的"删除图层"按钮将其删除。

STEP 01 在"图层特性管理器"中，选择要删除的图层。

STEP 02 选择完成后，单击"删除"按钮，即可将该图层删除。

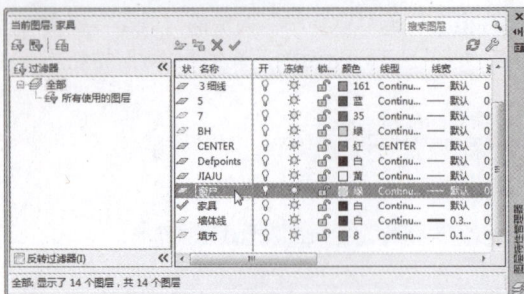

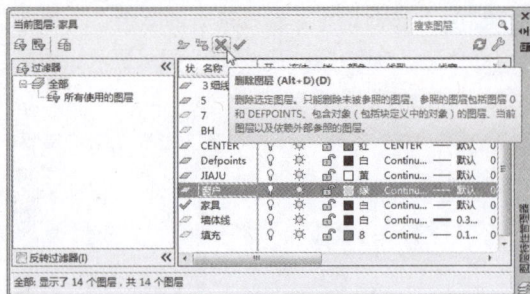

> 🔧 **工程师点拨** | 无法删除图层的类型
>
> 　删除图层只能删除未被参照的图层，而被参照的图层是不能被删除的，这其中包括图层0、包含对象的图层、当前图层以及依赖外部参照的图层，还有一些局部打开图形中的图层也被视为已参照不能被删除。

03 置为当前图层

　　置为当前图层是将选定的图层设置为当前图层，并在当前图层上创建对象。设置当前层的方法有两种，下面将分别对其介绍。

- 在"常用"选项卡的"图层"面板中单击"图层特性"按钮，在打开的图层特性管理器中选择所需图层，再单击面板上的"置为当前"按钮，即可设为当前层，如下左图所示。
- 在"常用"选项卡的"图层"面板中单击"图层"下拉按钮，在打开的图层列表中，选择所需的图层，即可将其设为当前层，如下右图所示。

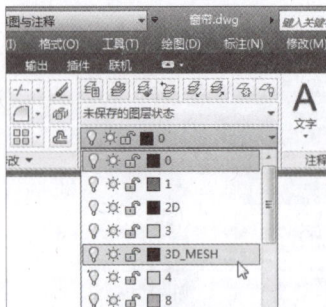

> 📘 **相关练习** | 自定义样板文件
>
> 　图层、线型、线宽这些设置只在当前文件中有效，若新建空白文档，其所有图层、线型等都需重新设置。AutoCAD 2012支持自定义样板文件，用户可以在图形中新建图层，然后在图层中分别设置线型、线宽和线条的颜色，完成后保存为样板文件。下次新建图形时直接打开样板文件，程序将自动加载图层。
>
> 🔵 原始文件：无
> 　最终文件：实例文件\第4章\最终文件\自定义样板文件.dwt

STEP 01 新建样板文件

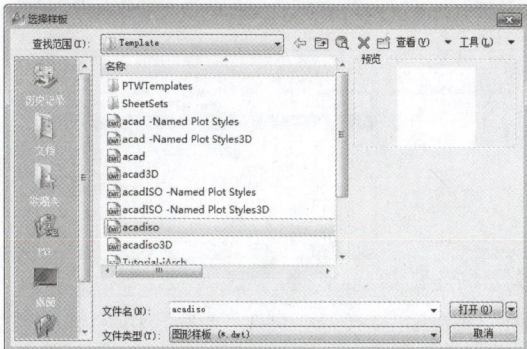

单击"应用程序菜单"按钮，单击"新建"命令，在打开的"选择样板"对话框中，选择所需的样板文件，单击"打开"按钮。

STEP 02 创建图层

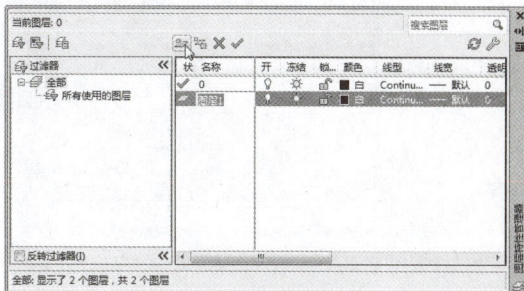

在"常用"选项卡的"图层"面板中单击"图层特性"命令，在打开的图层特性管理器中单击"新建图层"按钮，创建默认图层。

STEP 03 更改图层名称

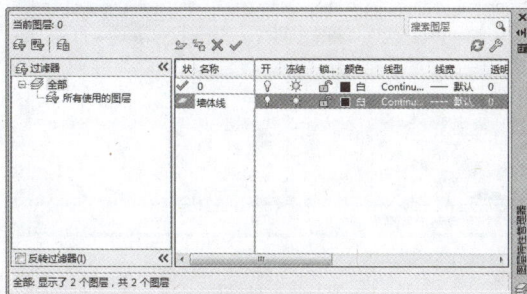

将默认的"图层1"名称更改为"墙体线"。

STEP 04 更改图层线宽

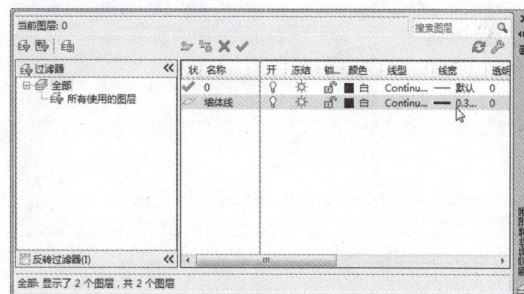

单击"墙体线"图层的"线宽"参数，在"线宽"对话框中，选择合适的线宽值。

STEP 05 创建"门窗"图层

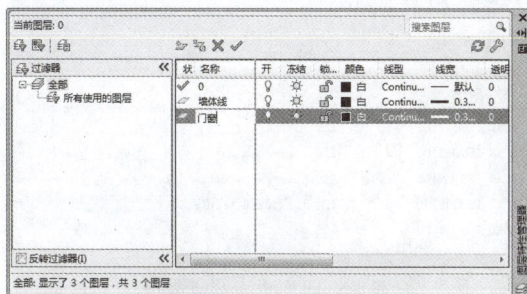

单击"新建图层"按钮，创建"门窗"图层。

STEP 06 设置"门窗"层颜色

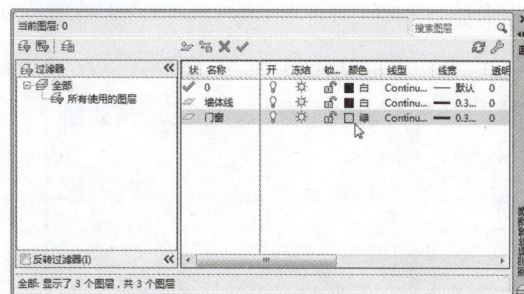

单击该图层"颜色"参数，在打开的"选择颜色"对话框中，选择合适颜色，完成设置。

STEP 07 设置"门窗"图层线宽值

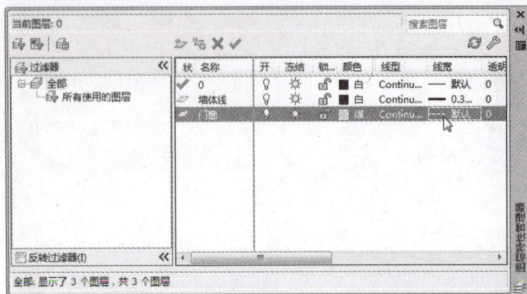

单击"门窗"图层的"线宽"参数,在打开的"线宽"对话框中,将线宽设置为"默认"选项,单击"确定"按钮,完成设置。

STEP 08 创建"家具"图层,设置属性

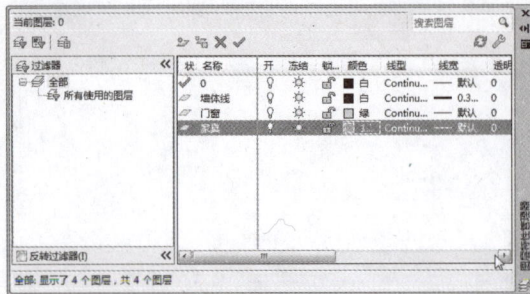

单击"新建图层"命令,创建"家具"图层。将该图层颜色设为蓝色。

STEP 09 创建"虚线"图层

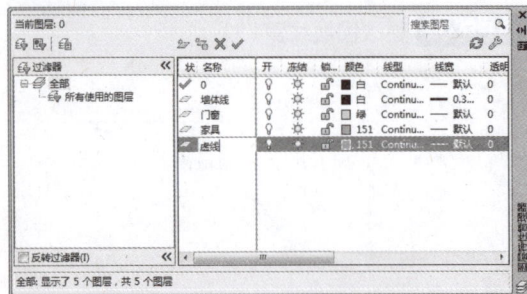

单击"新建图层"按钮,创建"虚线"图层。

STEP 10 设置"虚线"图层颜色

单击"虚线"图层中的"颜色"参数,在"选择颜色"对话框中选择灰色。

STEP 11 设置"虚线"图层线型

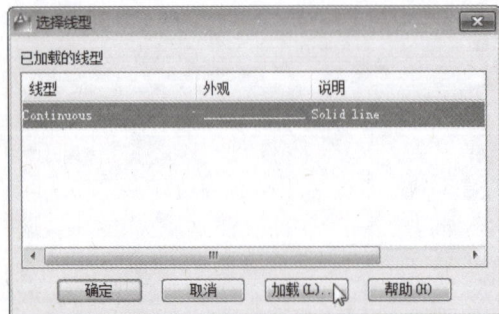

单击"虚线"图层中的"线型"参数,在打开的"选择线型"对话框中,单击"加载"按钮。

STEP 12 加载线型

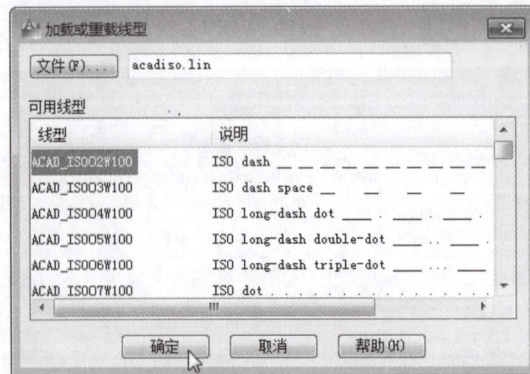

在"加载或重载线型"对话框中,选择所需线型,单击"确定"按钮。

STEP 13 完成线型设置

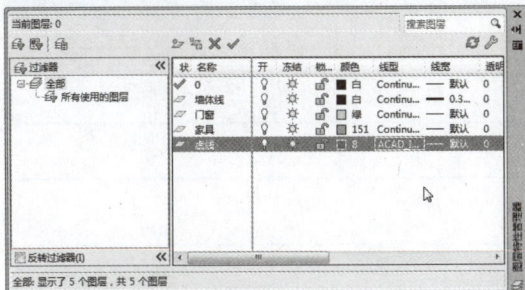

在"选择线型"对话框中，选择加载的图形，单击"确定"按钮，完成虚线线型设置。

STEP 14 创建"标注"图层并设置属性

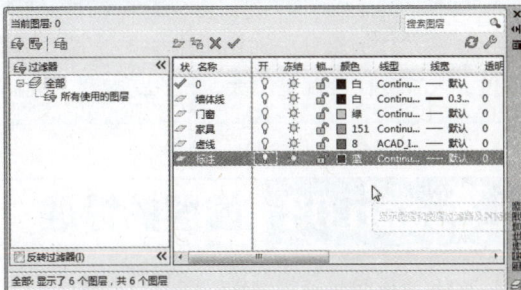

创建"标注"图层，将其图层颜色设置为深蓝，将其线型设为默认线型。

STEP 15 设置文件格式

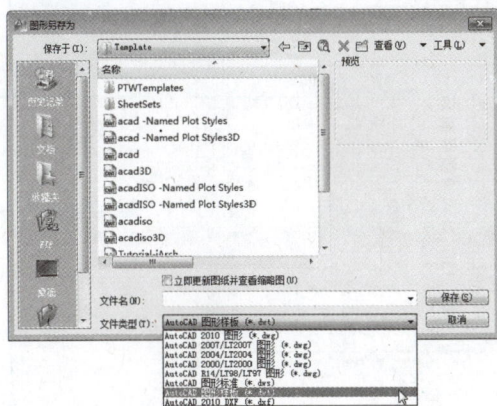

单击"应用程序菜单"按钮，单击"另存为"命令，在打开的"图形另存为"对话框中，将"文件类型"设置为"*.dwt"。

STEP 16 保存样板文件

在该对话框中，命名样板文件名，然后单击"保存"按钮。

STEP 17 设置样板单位

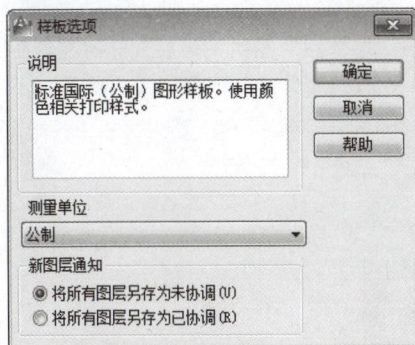

在打开的"样板选项"对话框中，将其"测量单位"设为"公制"，单击"确定"按钮。

STEP 18 打开样板文件

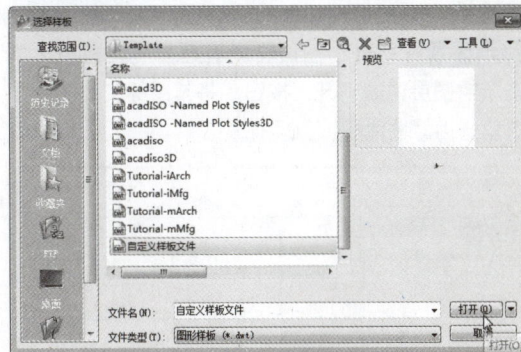

单击"应用程序菜单"按钮，单击"新建"命令，在"选择样板"对话框中，选择刚保存的样板文件，单击"打开"按钮即可。

在"样板选项"对话框中如果设置"测量单位"为"英制",所有对象的单位将是英制单位,尺寸要比公制单位大,无论是选择"英制"还是"公制"都需根据设计要求来确定。

Lesson 03　图层的管理

在图层特性管理器中,除了可创建图层并设置图层属性,还可以对创建好的图层进行管理操作。例如图层的关闭、冻结、锁定以及图层的复制、合并、保存等操作。

在"常用"选项卡的"图层"面板中单击"图层特性"按钮,打开图层特性管理器,如下图所示。

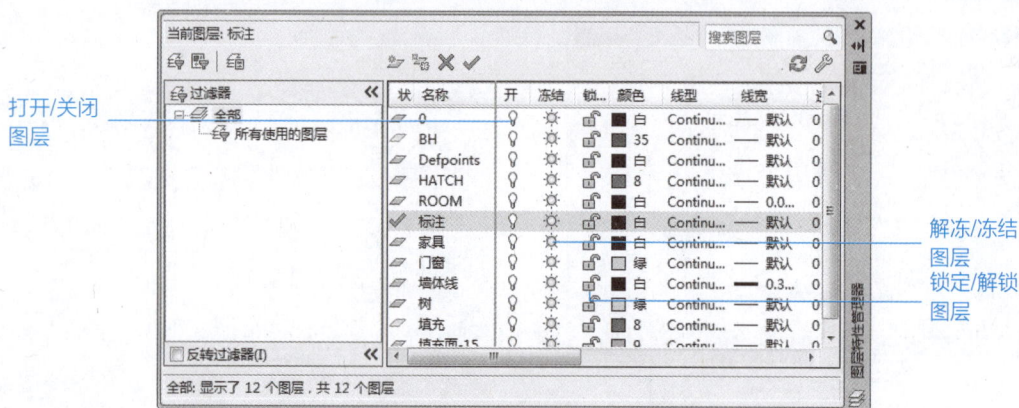

01 图层的打开与关闭

在 AutoCAD 2012 中,可将要隐藏的对象移动到某个图层中,然后关闭该图层即可将对象隐藏。图层上的对象只是暂时被隐藏为不可见状态,但实际上是存在的。

打开图层管理器,选择所需图层,单击该图层前的"打开/关闭"按钮,则可将该图层显示或隐藏操作。

STEP 01 在打开"图层特性管理器"面板中,单击所需图层中的"开"按钮,将其图标变为灰色,这里选中"墙体线"图层。

STEP 02 当"墙体线"图层关闭后,此时在绘图窗口中,一些与"墙体线"图层相关的图形将不显示。

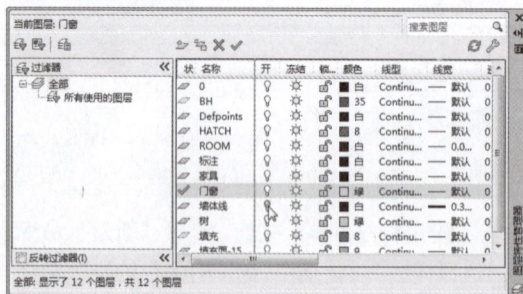

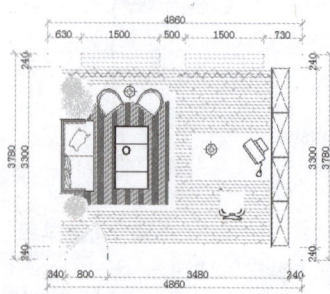

除了以上方法外，还可直接在"图层"面板中，单击"图层"下拉按钮，并在其下拉列表中，选择相关图层，进行关闭或打开操作，如下图所示。

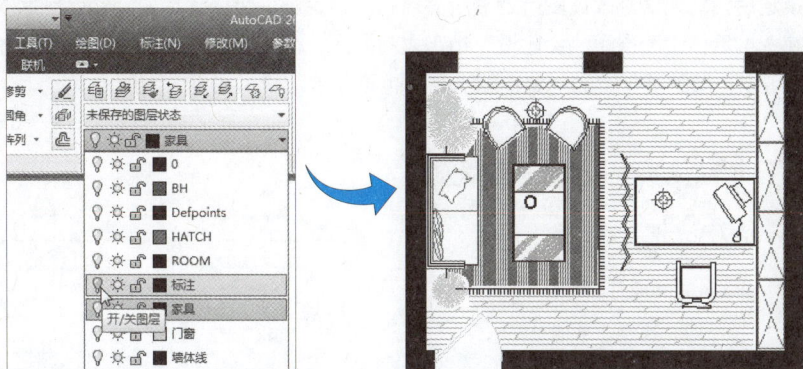

> **工程师点拨** | 关闭当前层
>
> 若想将当前图层关闭，同样可执行以上操作，只是在操作过程中，系统会打开提示窗口，询问是否确定关闭当前层，用户只需选择"关闭当前图层"选项即可，如右图所示。但需注意一点，当前层被关闭后，在该层中绘制图形，其结果将不显示。

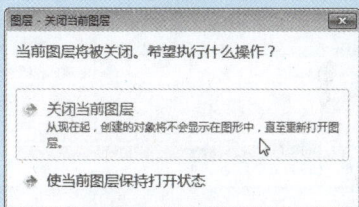

02 图层的冻结与解冻

冻结图层有利于减少系统重生成图形的时间，在冻结图层中的图形文件则不显示在绘图窗口中。在打开的图层特性管理器中，选择所需图层，单击"冻结"按钮，当图标变成"雪花"图样时即完成图层的冻结，如下左图所示。

在"图层"面板中，单击"图层"下拉按钮，在下拉列表中，单击所需图层的"冻结"按钮，也可完成冻结操作，如下右图所示。若想解冻，同样单击该按钮，即可完成图层解冻操作。

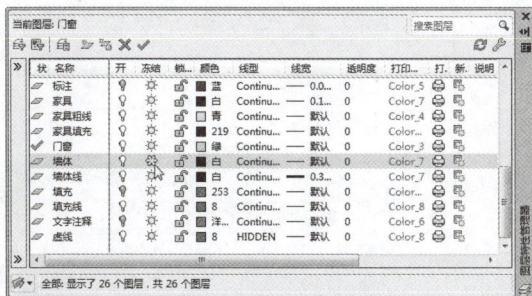

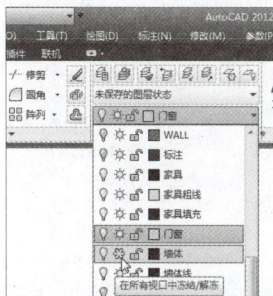

> **工程师点拨** | 当前层不能冻结
>
> 当前图层是无法冻结的，用户需更换当前层后才可进行冻结操作，如右图所示。

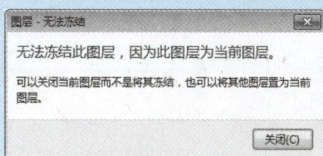

03 图层的锁定与解锁

将图层锁定后，将无法修改该图层上的所有对象。锁定图层可以降低意外修改对象的可能性。

当锁定某图层后，该图层颜色会比没有锁定之前要浅，而将光标移动到锁定的对象上将会出现锁定符号，如下左图所示，同时被锁定的对象不能被选中也不能被编辑，如下右图所示。

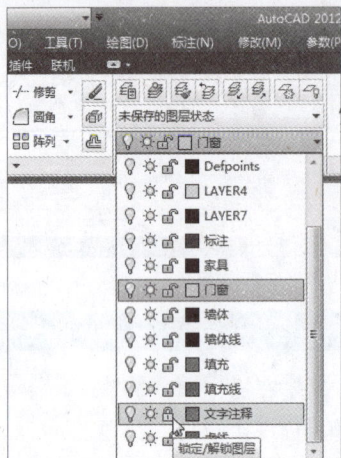

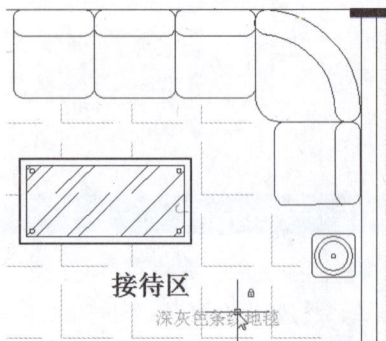

04 图层合并

合并图层是将选定图层合并到目标图层中，并将以前的图层从图形中删除。

执行菜单栏中的"格式 > 图层工具 > 图层合并"命令，根据命令窗口的提示，在绘图窗口中，选择要合并的图层上的对象，然后选择目标图层上的对象，即可将图层进行合并。

STEP 01 执行菜单栏中的"格式>图层工具>图层合并"命令。

STEP 02 根据需要，在绘图窗口中选择所要合并的图层对象，这里选择"门窗"图层上的图形对象。

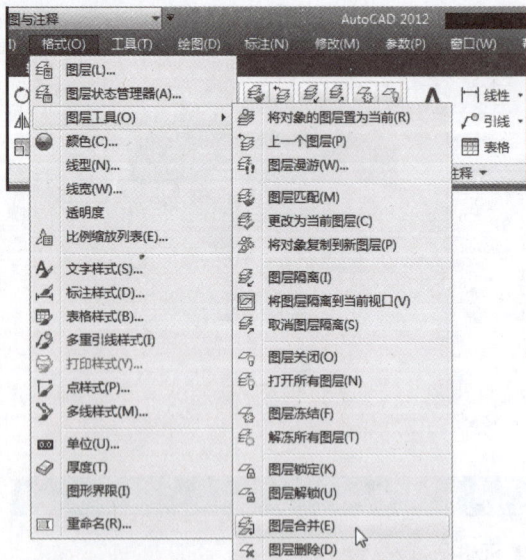

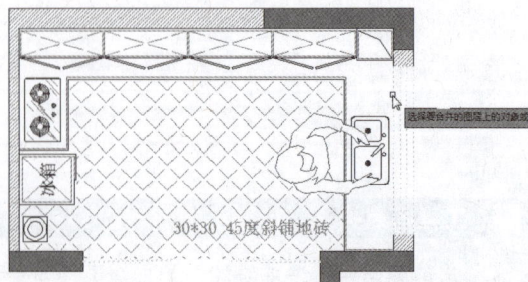

STEP 03 选择好后，按Enter键确认，在绘图窗口中选择要合并的图层对象，这里选择"文字"图层上的图形对象。

STEP 04 选择好后，在光标右下角打开快捷列表，单击"是"选项，即可完成图层合并操作。

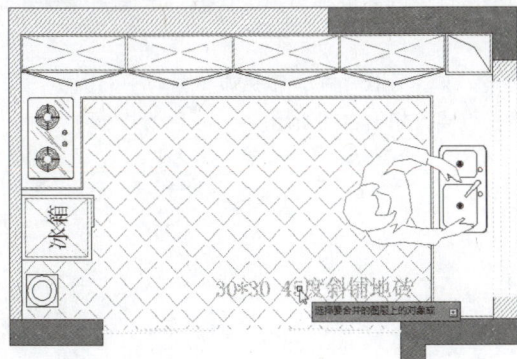

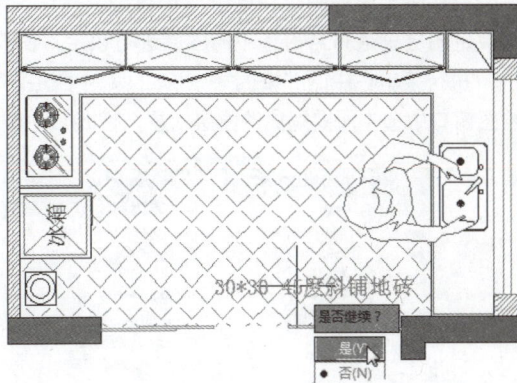

05 图层匹配

图层匹配是更改选定对象所在的图层，以使其匹配目标图层。图层匹配就相当于一把格式刷可以将目标图层的特性进行继承，在进行图层匹配时先选择要进行匹配的对象，然后再选择要继承的对象，程序自动将匹配的图层继承目标图层的特性。

STEP 01 执行"格式>图层工具>图层"命令，根据命令窗口的提示信息，选择所需匹配的图形对象，这里选择窗帘图形。

STEP 02 选择完成后，按Enter键，根据需要选择目标图层上的图形对象，这里选择门窗图形，即可完成图层匹配操作。

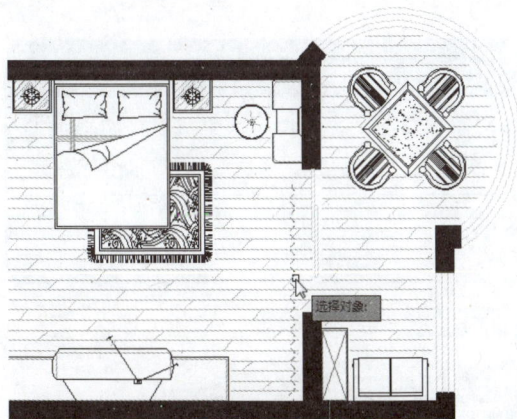

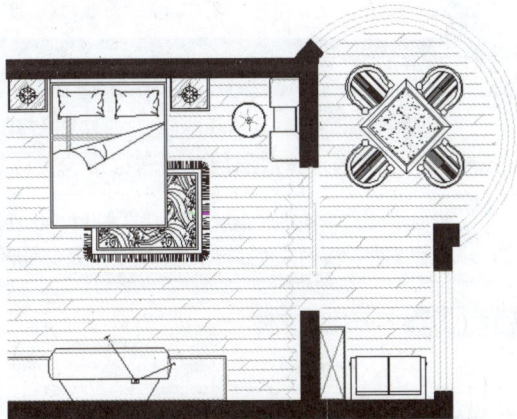

> **工程师点拨 | 图层特性将永久保留**
>
> 图层的特性将会随图形文件一起被保存，将图层移动或复制后，图层的特性也不会消失，图层特性会永久被保留。将图层移动或复制到一个新的图形文件后，图层的特性仍然会被保留。但是将图层进行合并、删除后，源图层的特性将会发生改变。

06 图层隔离

图层隔离与图层锁定相似，都是为了降低在进行操作时，其他图层受到意外修改的可能性，其区别在于图层隔离只能将选中的图层进行修改操作，而其他未被选中的图层都为锁定状态，无法进行编辑；而锁定图层只是将当前选中的图层进行锁定，使其无法被编辑。

执行菜单栏中的"格式 > 图层工具 > 图层隔离"命令，如下左图所示，根据命令窗口中的提示，在绘图窗口中选中所要隔离的图层对象，按 Enter 键即可将其隔离，如下右图所示。

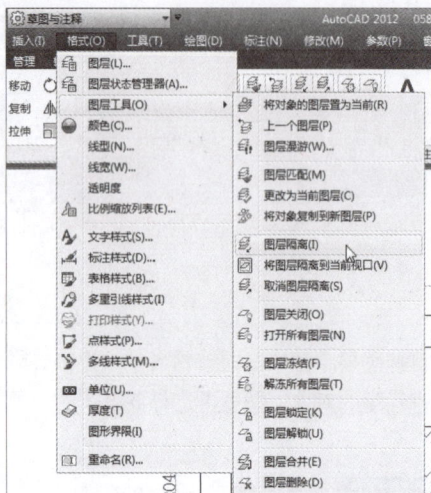

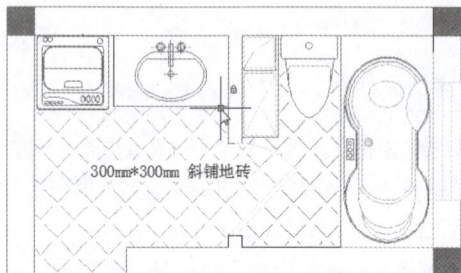

300mm*300mm 斜铺地砖

若想取消图层隔离，执行菜单栏中的"格式>图层工具>取消图层隔离"命令即可。

相关练习 | 使用图层命令更改图形颜色、线段

在制图过程中，如果通过逐个选择的方式来选择对象很费时间，可以将该类对象移动到一个图层中，然后通过修改图层特性来批量调整对象的某一特性。

原始文件：实例文件\第4章\原始文件\ktv包间顶棚图.dwg
最终文件：实例文件\第4章\最终文件\更改图形属性.dwg

STEP 01 打开原始文件

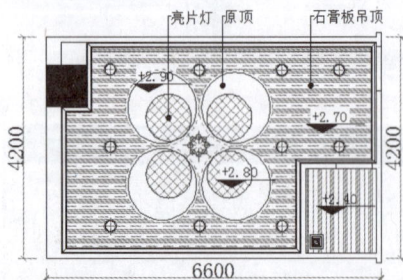

启动AutoCAD 2012软件，打开原始文件"KTV包间顶棚图.dwg"。

STEP 02 图层隔离设置

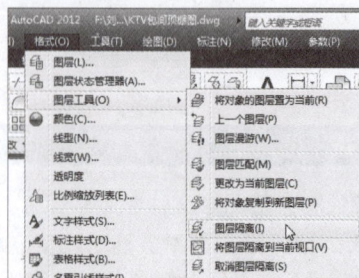

执行菜单栏中的"格式>图层工具>图层隔离"命令。

STEP 03 选择"填充"图层

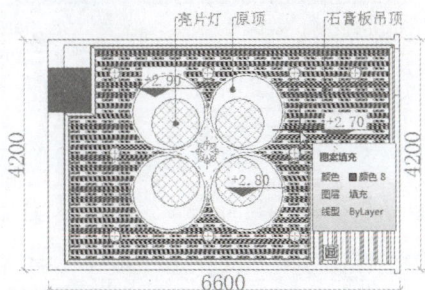

根据命令窗口的提示，在绘图窗口中选择"填充"层，按Enter键，完成该层隔离操作。

STEP 04 图层关闭设置

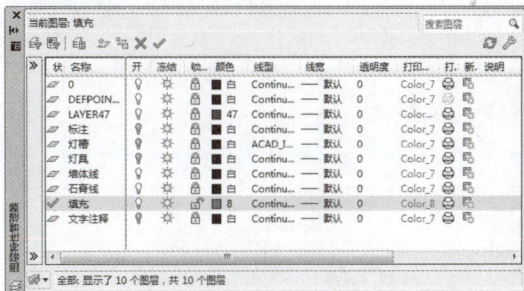

打开图层特性管理器，将"灯具"、"标注"、"文字注释"等图层关闭。

STEP 05 更改"填充"图层颜色

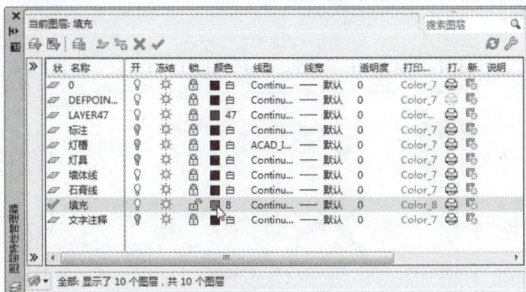

在图层特性管理器中，单击"填充"图层中的"颜色"参数。

STEP 06 选择图层新颜色

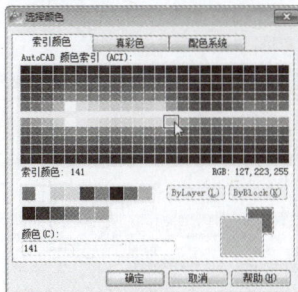

在打开的"选择颜色"对话框中，选择一个合适的颜色，单击"确定"按钮。

STEP 07 完成颜色设置

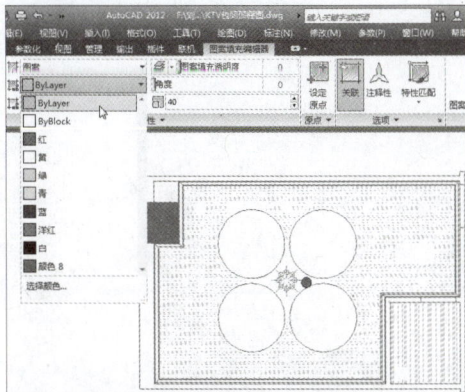

选择文件中的填充图案，在"图案填充编辑器"选项卡中单击"特性"面板中的"图案填充颜色"下拉按钮，选择ByLayer选项，完成颜色更改。

STEP 08 取消图层隔离操作

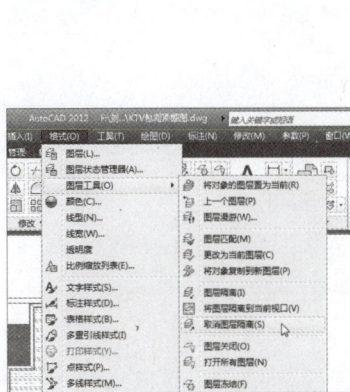

执行菜单栏中的"格式>图层工具>取消图层隔离"命令，取消当前图层隔离操作。

STEP 09 冻结图层

打开图层特性管理器，冻结除"文字注释"图层外的所有图层。

STEP 10 设置图层颜色

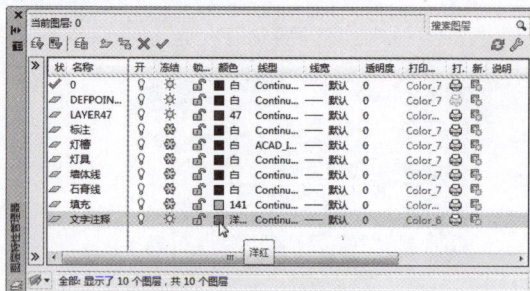

单击"文字注释"图层中的"颜色"按钮，在打开的对话框中选择一款新颜色，单击"确定"按钮，完成设置。

STEP 11 解冻图层

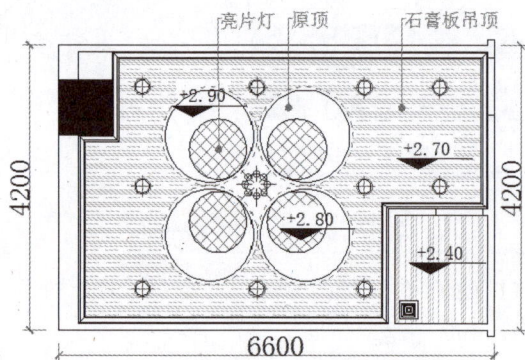

在该对话框中，解冻所有冻结图层，关闭对话框。

STEP 12 墙体线层线宽设置

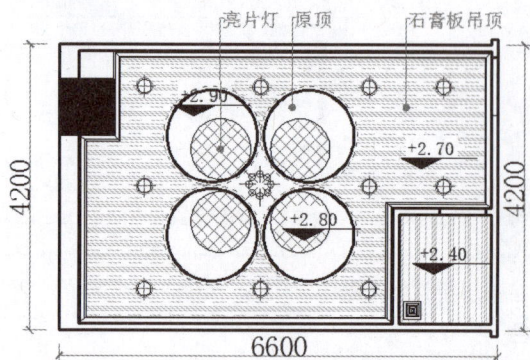

在图层特性管理器中，单击"墙体"图层中的"线宽"参数，设置合适的线宽值，即可完成"墙体"图层线宽的设置。

Q A 工程技术问答

通过本章对图层初步的了解，在运用过程中也会遇到一些问题，例如如何删除多余的图层、如何保存并导入图层、图层特性过滤器的使用等，下面将会为用户详细的介绍如何解决。

Q01： 如何删掉AutoCAD里顽固的图层？

A01： 通常0层和当前层是无法删除的，除此之外其他一些以外部参照的图层也是无法删除的。此时，可使用"清理"命令删除部分无法删除的图层，如下左图和下右图所示。

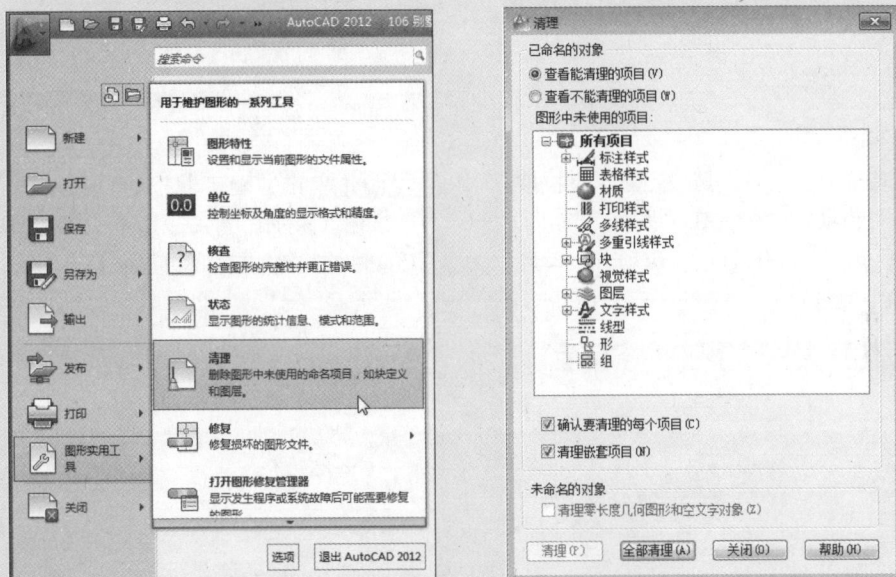

如果使用以上方法还是无法删除那些顽固图层的话，还可使用以下两种方法操作。

方法1：复制图层至新文件中

打开图层特性管理器，将一些多余的图层关闭，然后在绘图窗口中，框选所有图形，按组合键Ctrl+C复制图形，按组合键Ctrl+V粘贴图形到新文件中，即可删除多余图层，如下图所示。

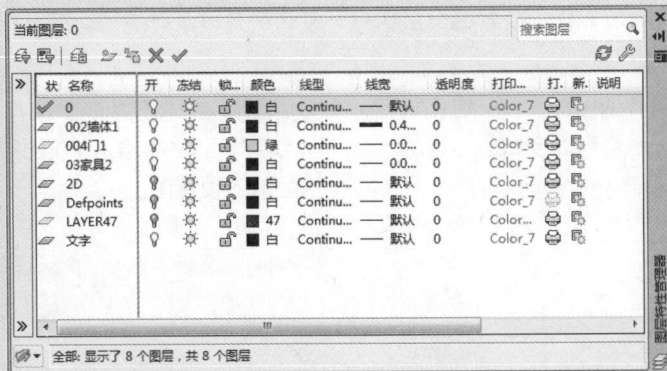

方法2：另存为DXF格式删除

具体操作步骤如下。

STEP 01 将需删除的图层关闭，单击"应用程序文件菜单"按钮执行"另存为"命令，打开"图形另存为"对话框。

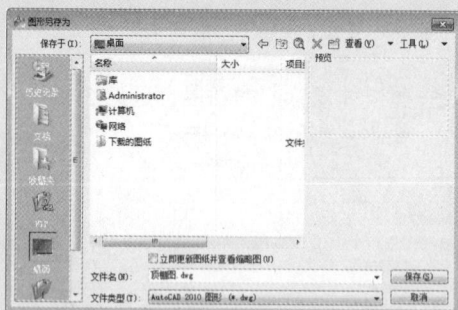

STEP 02 在该对话框中，确定文件名，并将其"文件类型"选择为"*.DXF"格式。

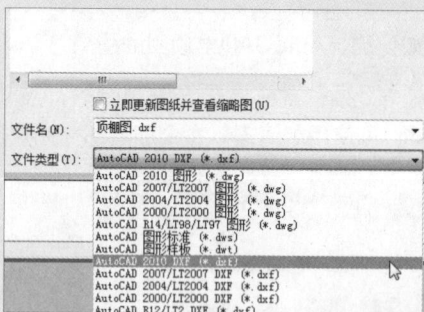

STEP 03 单击对话框右上角"工具"下拉按钮，选择"选项"命令，在"另存为选项"对话框中，选择"DXF 选项"选项卡，勾选"选择对象"复选框。

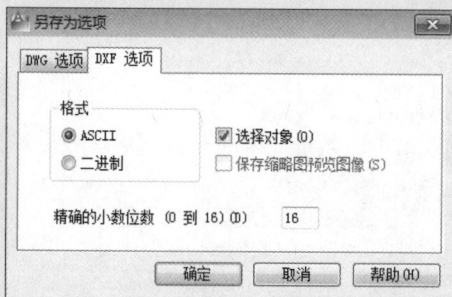

STEP 04 单击"确定"按钮，并单击"保存"按钮，保存图形，关闭文件，其后再次打开该文件，多余图层就不再显示了。

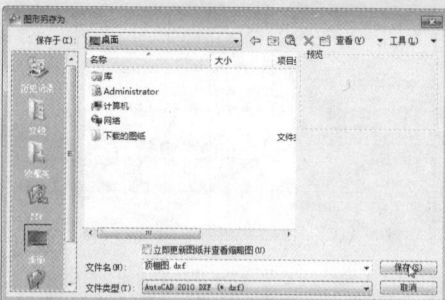

Q02： 如何保存并导入图层？

A02： 通常创建好一系列图层后，当再次打开一空白文件，其建好的图层已不存在，此时则需再次创建图层。而若能将创建好的图层保存，并在需要时及时调用，则可减少一半的工作量。其具体操作步骤如下。

STEP 01 打开所要保存的图形文件，在图层特性管理器中，右击图层列表空白处，选择"保存图层状态"选项。

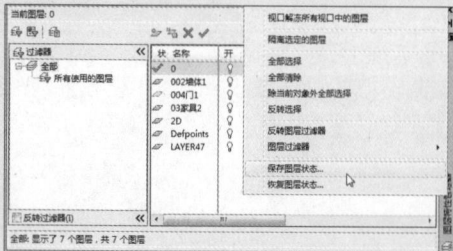

STEP 02 在打开的"要保存的新图层状态"对话框中，输入"新图层状态名"，这里输入顶棚图。

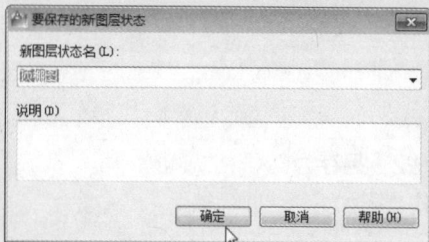

STEP 03 输入完成后，单击"确定"按钮，在图层特性管理器中，单击"图层状态管理器"按钮，打开相应对话框。

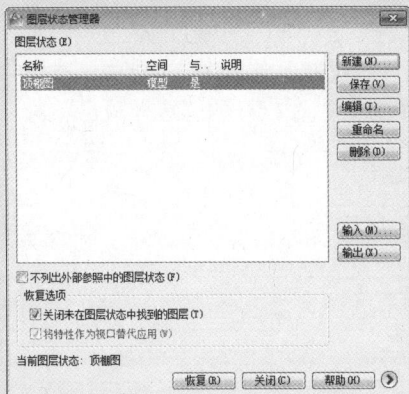

STEP 05 新建一空白文件，打开图层特性管理器，单击"图层状态管理器"按钮，打开相应的对话框，单击"输入"按钮。

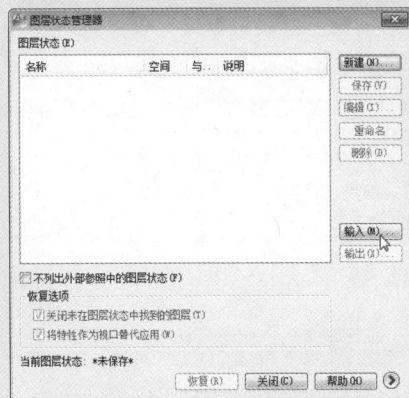

STEP 07 在打开的"图层状态－成功输入"对话框中，单击"恢复状态"按钮。

STEP 04 单击"输出"按钮，打开"输出图层状态"对话框。输入文件名称，并将文件类型设置为"图层状态（*las）"格式，单击"保存"按钮，完成保存。

STEP 06 在打开的"输入图层状态"对话框中，选择所保存的图层，单击"打开"按钮。

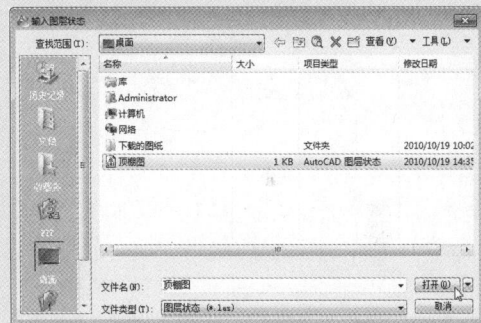

STEP 08 关闭该对话框，此时，用户即可看到所导入的图层。

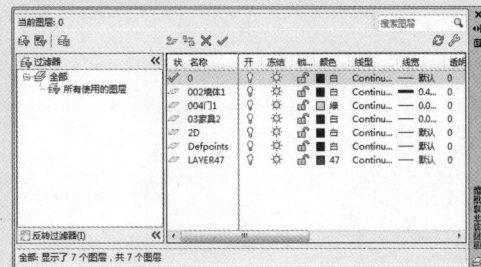

Q03: 图层特性过滤器的作用是什么？如何操作？

A03: 在一些复杂的图纸中，一般都会有很多图层，控制好这些图层就需运用到图层特性过滤器功能。图层过滤功能简化了图层的操作，使用新建特性过滤器功能可根据图层的一个或多个特性创建图层过滤器。下面将以新建一个"特性过滤器"为例，介绍其具体的操作步骤。

STEP 01 打开图层特性管理器，单击左侧上方的"新建特性过滤器"按钮，在"图层过滤器特性"对话框中，进行命名新的过滤器，这里选择默认名。

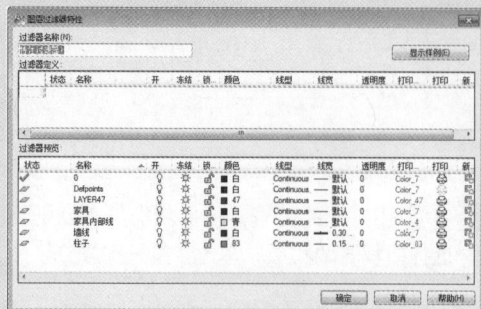

STEP 02 在"过滤器定义"选项组中，选择"颜色"参数栏，在打开的"选择颜色"对话框中，选择青色，并单击"确定"按钮。

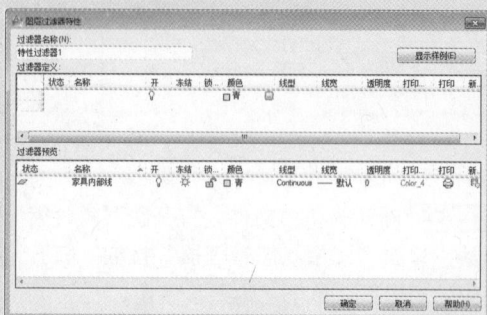

STEP 03 单击"确定"按钮，即可完成特性过滤器的创建。

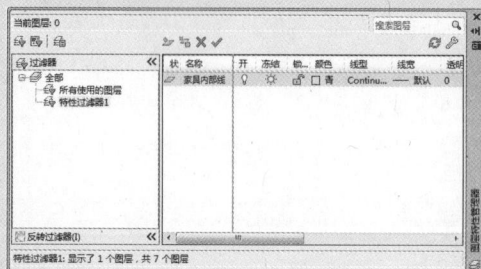

STEP 04 若勾选"反转过滤器"复选框，则在图层列表中会显示未过滤的图层。

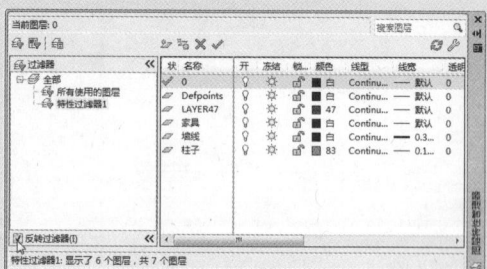

CHAPTER

05

图案填充与信息查询

在制图过程中，需要通过一定的图案来表示图形的意义。例如建筑、机械零件的切剖面，各种建筑构件等。在AutoCAD中，图案填充功能是使用线条或图案来填充指定的图形区域，这样可以清晰表达出指定区域的外观纹理。而学会使用信息查询功能，可快速地读取图形的基本信息，例如图形的周长、面积、面域质量等。

效果图赏析

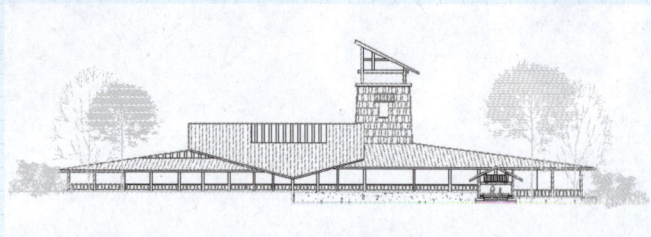

01 公园北门入口

不同建筑材质填充上不同的图案,使画面有层次感。

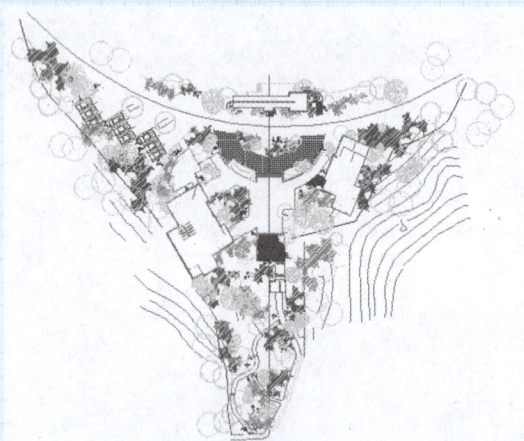

02 游乐园入口平面图

通过填充不同的图案,显示出规划图的总体构造。

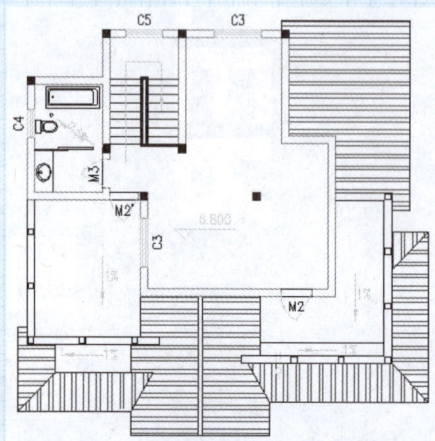

03 别墅屋顶平面图

该图纸利用"图案填充"命令,对所有屋顶进行了填充,使屋顶与墙体有很好的区分。

04 公园大门立面图

在该立面图中,将大门立柱、房屋墙体等图形进行了填充,使整个图纸层次较为分明。

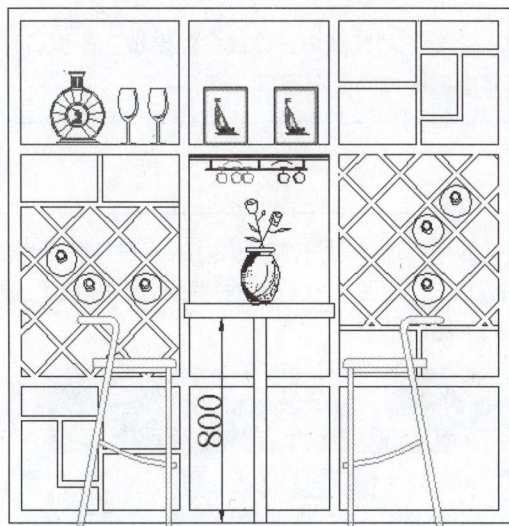

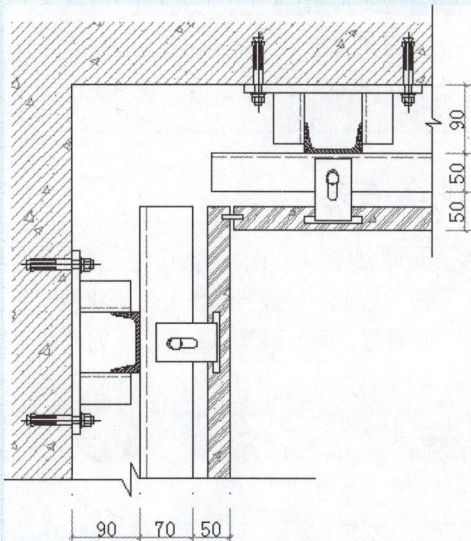

05 酒柜立面图

　　运用"图案填充"命令填充酒柜，然后运用"分解"、"偏移"和"修剪"命令，完成酒架造型的绘制。

06 石材幕墙节点图

　　在该节点图中，对墙体、石材以及连接槽钢图形进行了填充，使其有更好的区分。

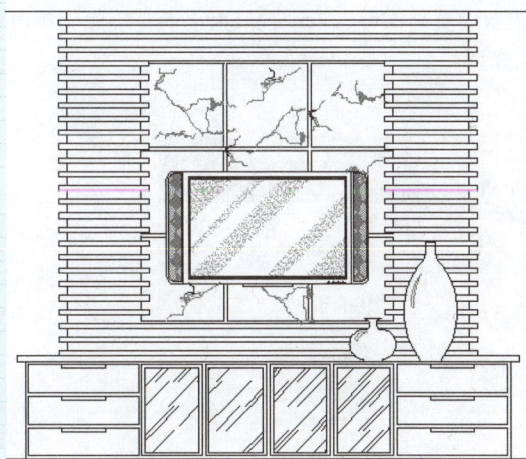

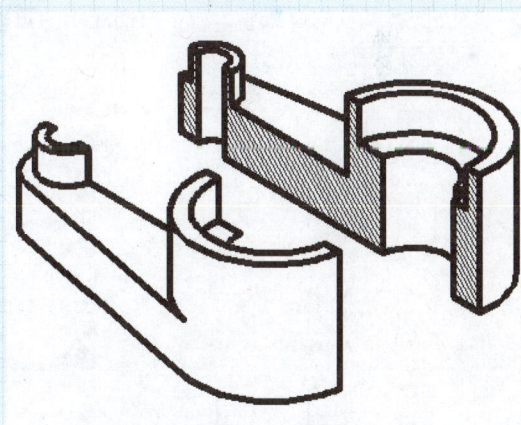

07 电视背景墙立面

　　当系统自带的填充图案满足不了需求时，用户可自定义加载一些填充图案。

08 机械零件剖视图

　　将零件被剖开的部位进行填充，可增加其立体效果。

Lesson 01 | 填充图案

在绘图过程中，经常要将某种特定的图案填充到一个封闭的区域内，这就是图案填充。组成图案填充区域的图形对象可以是圆、矩形、正多边形等图形围成的封闭图形。

01 图案填充

在 AutoCAD 2012 中，"图案填充"功能界面与之前旧版本有所不同。在新版本中，用户只需在"图案填充创建"选项卡中进行操作即可。执行"绘图 > 图案填充"命令，在打开的"图案填充创建"选项卡中，可根据需要，设置相关参数，完成填充操作，如下图所示。

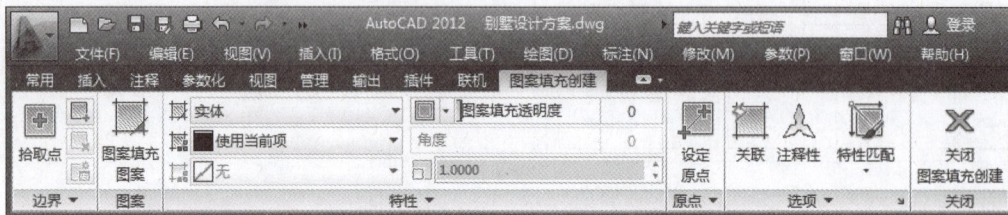

"图案填充创建"选项卡中常用面板说明如下。

- "边界"面板：该面板是用来选择填充的边界点或边界线段。
- "图案"面板：该面板用于选择图案的类型，如下左图所示。
- "特性"面板：用户可根据需要在该面板中设置填充的方式、填充颜色、填充透明度、填充角度以及填充比例值等功能，如下中图为选择填充颜色。
- "原点"面板："设置原点"按钮可使用户在移动填充图形时，方便与指定原点对齐。
- "选项"面板：在该面板中，可根据需要选择是否自动更新图案、自动视口大小调整填充比例值以及填充图案属性的设置等，如下右图所示为孤岛填充类型。
- "关闭"面板：退出该功能。

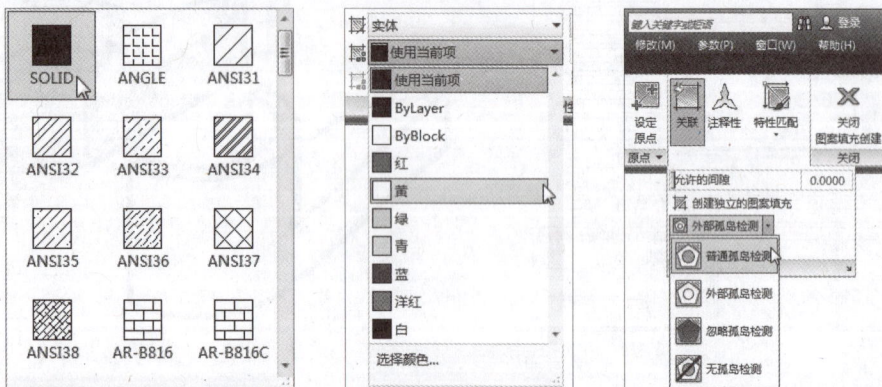

在进行图案填充时，无非是选择填充图案的类型、设置填充图案的属性以及选择好填充边界等几项操作。下面将分别对其进行讲解。

1. 填充图案类型

执行"绘图 > 图案填充"命令，切换至"图案填充创建"选项卡中，在"特性"面板中，单击"图案填充类型"下拉按钮,在打开的快捷菜单中,选择所需的填充类型。这里有 4 种类型,分别为:实体、渐变色、图案以及用户定义。

● 实体填充:其填充的图形为纯色。系统默认为黑色,执行"绘图 > 图案填充"命令,在"特性"面板的"图案填充类型"下拉菜单中选择"实体"选项,如下左图所示,然后在绘图窗口中,指定所需填充的图形即可,如下右图所示。

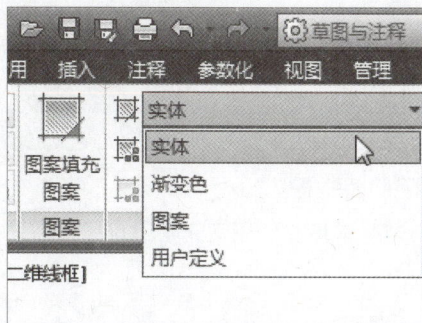

● 渐变色填充:其填充图形为渐变色,系统默认为蓝黄渐变,在"图案填充类型"下拉菜单中选择"渐变色"选项,如下左图所示,并在绘图窗口中指定填充图形即可,如下右图所示。

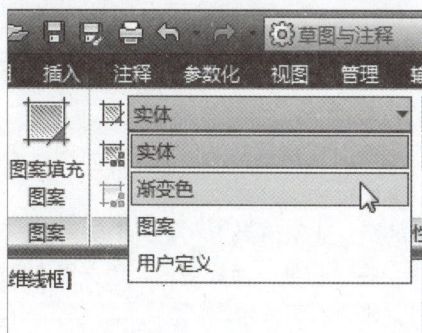

> ### 🛠 **工程师点拨** | 更换渐变色
>
> 当选择"渐变色"选项进行填充时,用户可根据作图需要,设置填充的颜色。单击"渐变色1"下拉按钮,在打开的颜色列表中,选择第一种渐变色,其后单击"渐变色2"下拉按钮,选择第二种所需的渐变颜色,如下左图所示,即可修改填充颜色,如下右图所示。
>
>

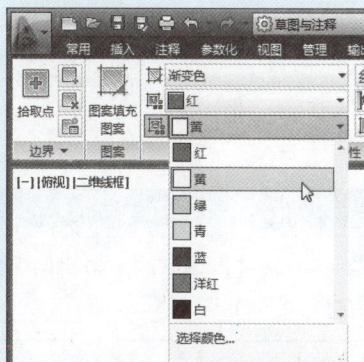

● 图案填充：填充图形为各种图案形状，系统默认为ANGLE，在"图案填充类型"下拉菜单中选择"图案"选项，如下左图所示，单击左侧"图案填充图案"按钮，如下中图所示，在打开的图案列表中，选择合适的图案选项即可进行填充，如下右图所示。

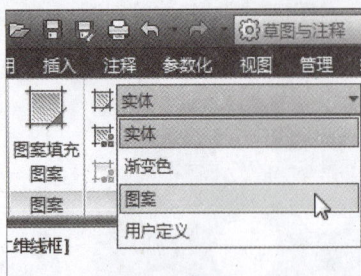

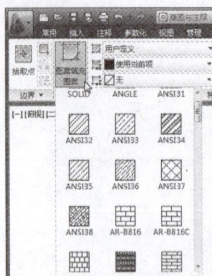

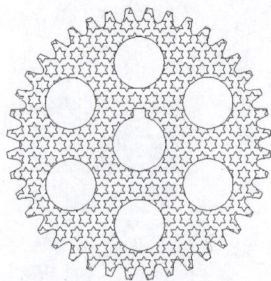

● 用户定义：该填充类型为用户自定义图案，若当前填充的图案无法满足用户需求时，则可考虑用该类型进行填充。

工程师点拨 | 用户定义选项填充需注意

使用"用户定义"选项进行填充时，其前提是需在该软件中已加载了自定义填充图形，否则将以默认填充图案USER进行填充。

2. 设置填充属性

选择好填充的图案后，用户可根据作图需要，设置其图案属性。例如图案比例、图案角度、图案填充的颜色以及图案透明度等。

● 设置填充比例值：在 AutoCAD 中，填充比例的默认比例值为 1，用户可根据需要调整该比例值。选择所填充的图案，在"图案填充创建"选项卡中，在"特性"面板中的"填充图案比例"文本框中输入所需的比例值，如下左图所示，即可完成调整，如下右图所示。

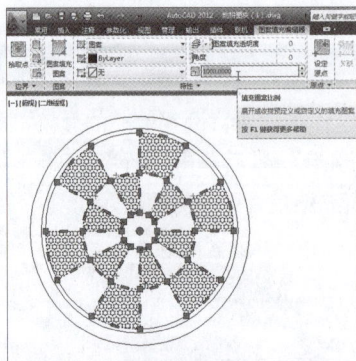

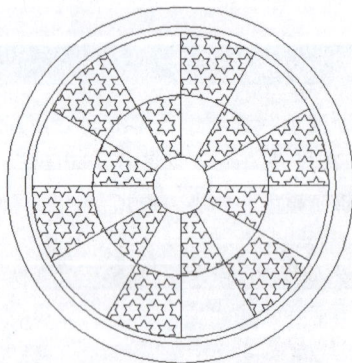

工程师点拨 | 填充比例设置注意点

填充比例是以当前图案为基准将图案进行放大或缩小来进行填充的。当比例值大于1时将对图案进行放大处理，当比例值大于0小于1时将对图案进行缩小处理。

● 设置填充角度：有时在填充好图案后，其图案角度不符合要求，此时就需设置填充角度。在"图案填充角度"数值框中输入角度值，或拖动角度滑块即可完成角度设置，如下图所示。

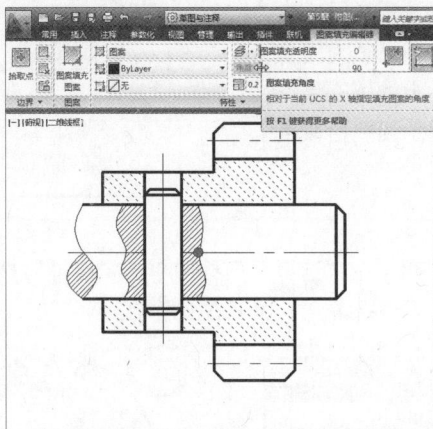

● 设置填充透明度：该功能可根据需要，调整当前填充图案的透明度。数值越大，透明度越高，相反，数值越小，透明度越低。在"图案填充透明度"数值框中输入所需数值即可，前后效果对比如下图所示。

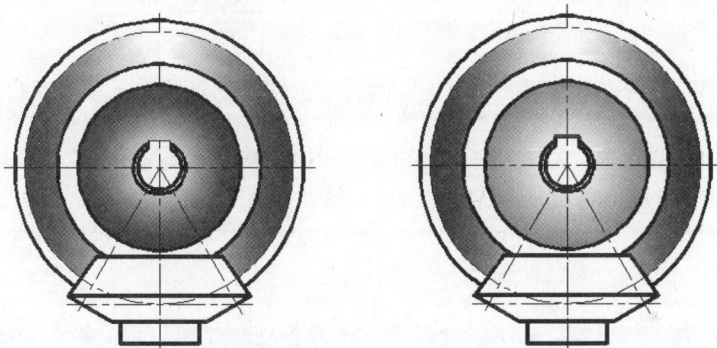

3. 设置填充边界

图案填充是指对某一区域内的空白区域进行填充，围绕空白区域的线段就称为边界。在AutoCAD软件中，用户可通过两种方法来创建填充边界。

● 使用"拾取点"创建：在"图案填充创建"选项卡中，在"边界"面板中单击"拾取点"按钮，如下左图所示，然后在绘图窗口中指定填充点，按 Enter 键即可完成创建，如下右图所示。

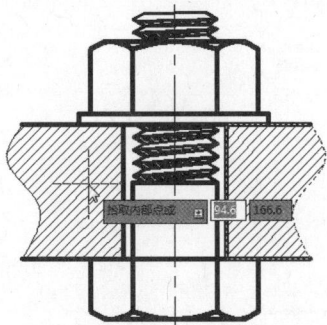

工程师点拨 | 填充区域需闭合图形

在进行"拾取点"操作时，用户可一次选择多个填充区域，但每个区域必须为闭合图形，否则将无法填充。当指定的填充点不对时，系统会打开提示框，提示用户拾取点出错，如右图所示。

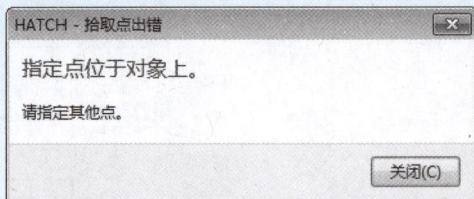

● 使用"选择边界对象"创建：在"边界"面板中单击"选择"按钮，如下左图所示，选择所需填充的边界线段，按 Enter 键即可进行填充，如下右图所示。

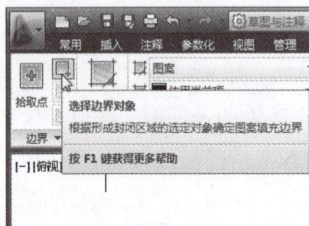

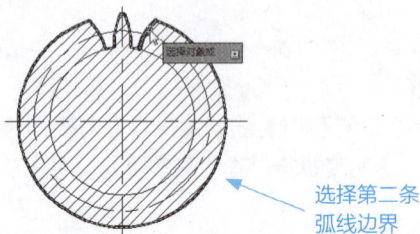

选择第二条弧线边界

工程师点拨 | 边界线段必须是独立的线段

在使用"选择边界对象"的方式来选择边界线段时，其线段必须是独立的线段。如果线段不是独立的线段，在填充时，将会把所选线段区域一起进行填充。

相关练习 | 填充立面窗图形

下面将运用以上介绍的填充类型的知识点，为绘制好的立面窗户填充合适的图案。

原始文件：实例文件\第5章\原始文件\立面窗.dwg
最终文件：实例文件\第5章\最终文件\填充立面窗.dwg

STEP 01 打开原始文件

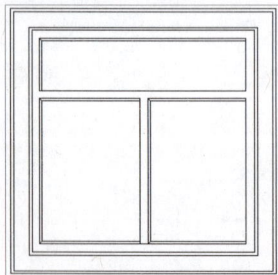

启动AutoCAD 2012软件，打开原始文件"立面窗.dwg"。

STEP 02 选择填充图案

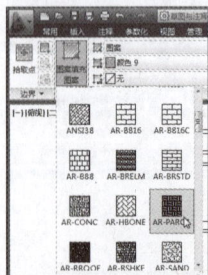

执行"绘图 > 图案填充"命令，在"图案填充创建"选项卡的"图案"面板中，单击"图案填充图案"按钮，并选择合适图案。

STEP 03 拾取窗套内部点

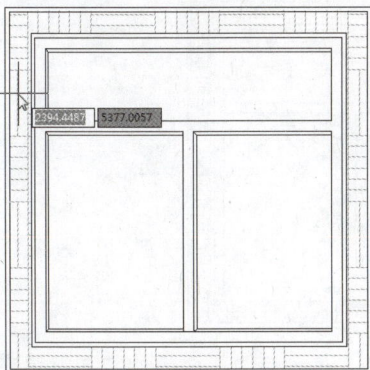

单击"边界"面板中的"拾取点"按钮，在绘图窗口中，指定窗套图形内部一点。

STEP 04 修改填充比例

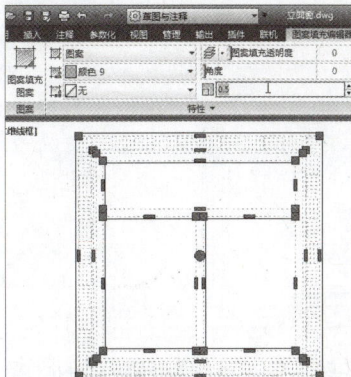

选择窗套填充图形，在"特性"面板中的"填充图案比例"中输入比例值，这里输入0.5。

STEP 05 设置填充颜色

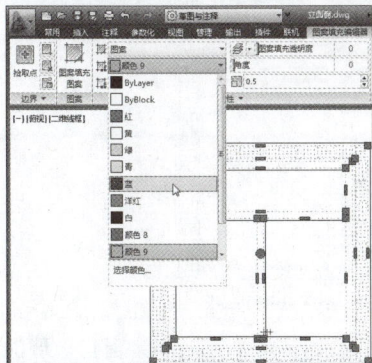

同样选择窗套填充图形，单击"特性"面板中的"图案填充颜色"下拉按钮，在颜色列表中，选择填允的颜色。

STEP 06 完成窗套图形的填充

选择完成后，即可完成窗套图形的填充。

STEP 07 选择玻璃填充图形

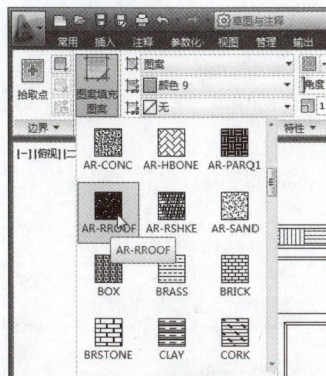

执行"绘图 > 图案填充"命令，在打开的选项卡中，单击"图案填充图案"按钮，选择合适的图案。

STEP 08 选择玻璃边界线

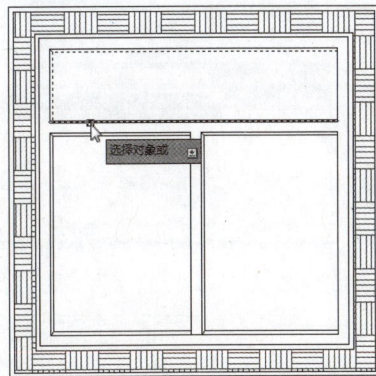

单击"边界"面板中的"选择"按钮，在绘图窗口中依次选择玻璃边界线段。

STEP 09 设置填充角度

选择玻璃填充图案，在"特性"面板中的"角度"数值框中输入填充角度值，这里输入45。

STEP 10 设置填充比例

选择玻璃图案，在"特性"面板的"图案填充比例"中输入填充比例值15。

STEP 11 设置填充颜色

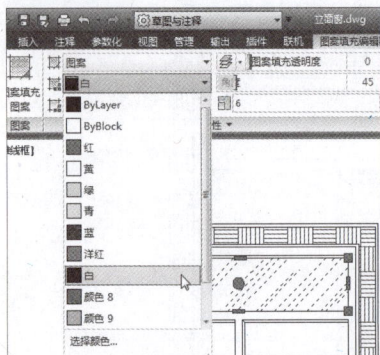

单击"特性"面板中"图案填充颜色"下拉按钮，选择合适的填充颜色，这里选择白色。

STEP 12 填充剩余窗户玻璃

按照以上同样的操作方法，完成剩余窗户玻璃的填充，至此完成窗户立面填充。

工程师点拨 | 打开"图案填充和渐变色"对话框

如果部分用户习惯使用旧版本中的"图案填充"功能的话，在新版本中也可进行操作。打开"图案填充创建"选项卡，单击"选项"面板右侧扩展箭头按钮，如下左图所示，即可打开"图案填充和渐变色"对话框，如下右图所示。

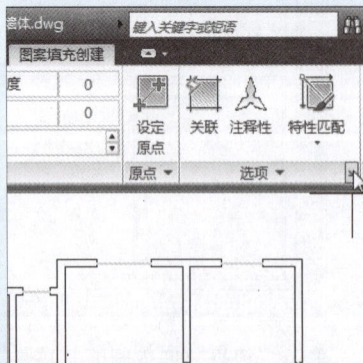

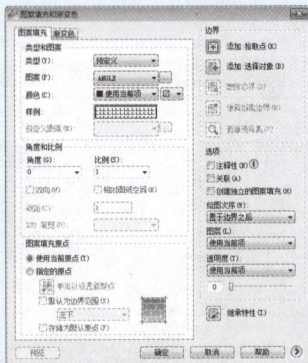

02 孤岛填充方式

孤岛填充方式是填充方式中的高级功能。在 AutoCAD 2012 中，单击"图案填充创建"选项卡中的"选项"面板的扩展按钮，在扩展列表中，选择"普通孤岛检测"选项，即可启动该功能，如下左图所示。该功能分为 4 种类型，分别为"普通孤岛检测"、"外部孤岛检测"、"忽略孤岛检测"和"无孤岛检测"，其中"普通孤岛检测"为系统默认类型，如下右图所示。

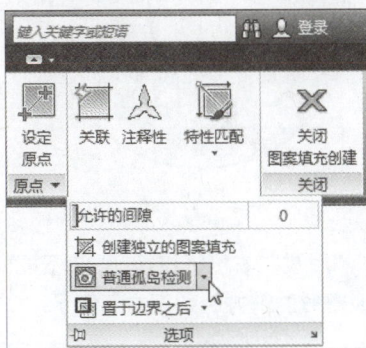

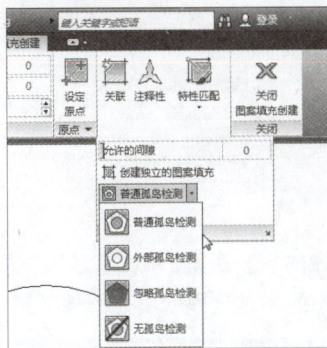

1. 普通孤岛检测

选择该选项是将填充图案从外向里填充，在遇到封闭的边界时不显示填充图案，遇到下一个区域时才显示填充，如下左图所示。

2. 外部孤岛检测

选择该选项是将填充图案向里填充时，遇到封闭的边界将不再填充图案，如下中图所示。

3. 忽略孤岛检测

选择该选项填充时，图案将铺满整个边界内部，任何内部封闭边界都不能阻止，如下右图所示。

4. 无孤岛检测

选择该选项则是关闭孤岛检测功能，使用传统填充功能。

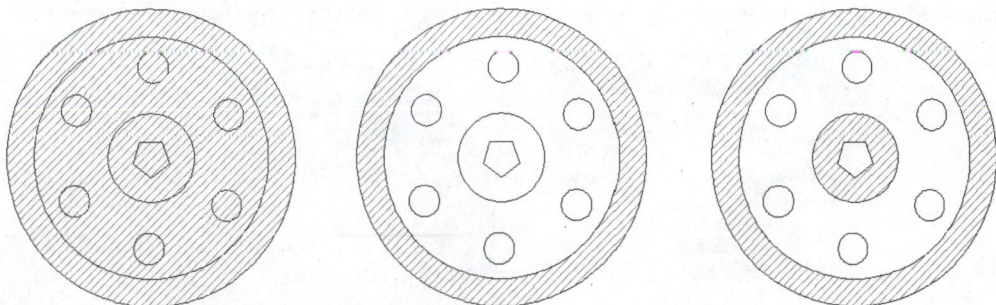

03 绘图次序

该功能是为图案填充指定相关绘图的次序。例如将填充图案前置、后置、置于边界之后、置于边界之前以及不指定。用户可根据需要进行相关设置。

1. 后置

选择需设置的填充图案，在"图案填充创建"选项卡中，单击"选项"面板的扩展按钮，在打开的扩展列表中，单击"置于边界之后"右侧的下拉按钮，在下拉菜单中选择"后置"选项，如下左图所示，即可将当前填充的图案置于其他图形后方，如下右图所示。

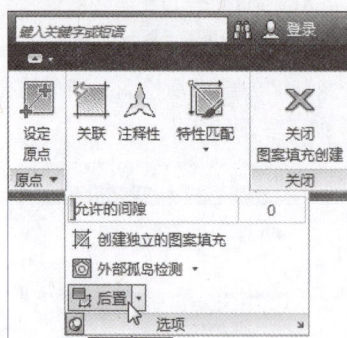

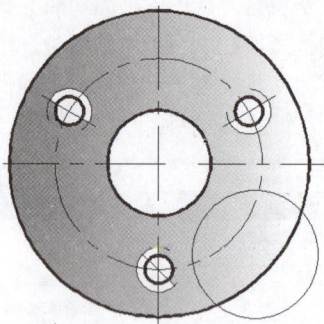

2. 前置

同样选择需设置的填充图案，单击"选项"面板中"后置"右侧下拉按钮，在下拉列表中选择"前置"命令，如下左图所示，选择的填充图案将置于其他图形的前方，如下右图所示。

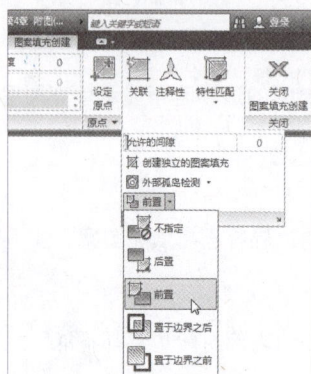

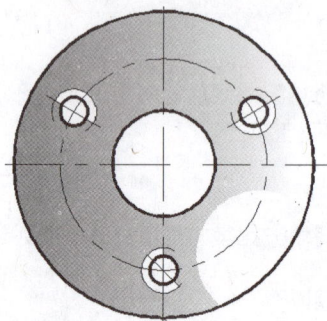

3. 置于边界之后

该选项顾名思义是将所填充的图案置于填充边界后方，显示图形边界线。该选项为系统默认选项。用户同样可在"选项"面板中选择使用，如下左图所示，效果如下右图所示。

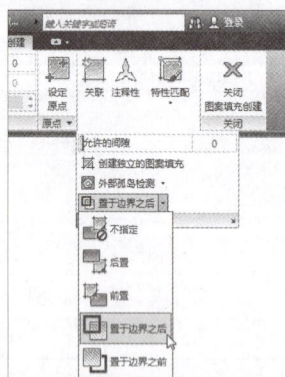

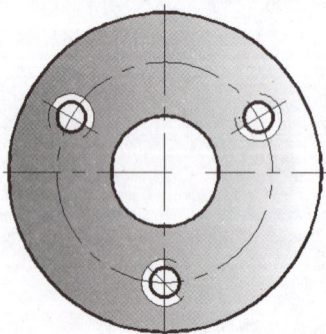

4. 置于边界之前

该选项是将填充的图案置于填充边界前方，不显示图形边界线。在下拉列表中选择"置于边界之前"命令即可完成操作，如下左图所示，效果如下右图所示。

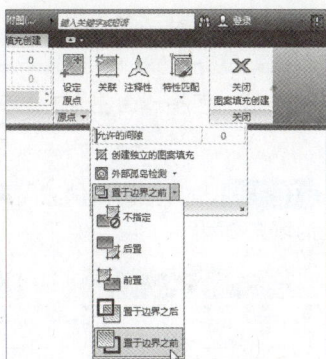

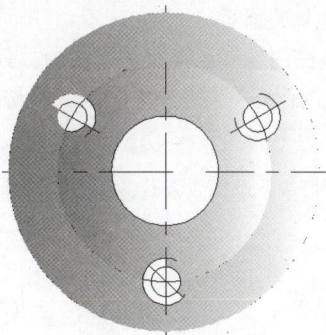

04 编辑图案填充

填充图案后，有时用户觉得效果不满意，可通过图案填充编辑命令，对其进行修改编辑。例如更换填充图案、分解图案以及修剪图案等。

1. 修改填充图案

选中所需修改的填充图案，如下左图所示，在"图案填充创建"选项卡中，单击"图案填充图案"按钮，在打开的图案列表中，选择所需更换的填充图案如下中图所示，效果如下右图所示。

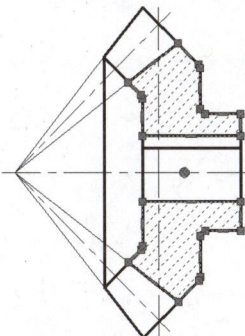

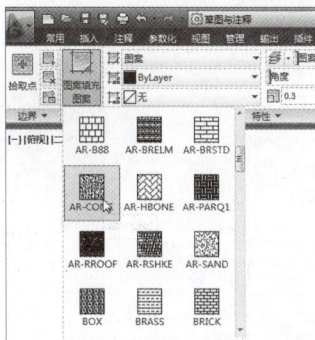

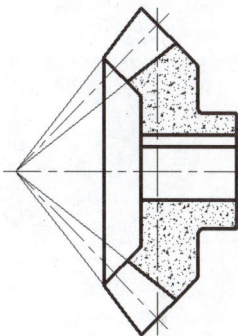

2. 分解图案

填充后的图案是以图块显示的，它是一个单独的图形对象。有时根据需要需对填充的图形进行修剪，此时可使用到"分解"命令。

STEP 01 选择所要修改的填充图案，在"常用"选项卡中的"修改"面板中单击"分解"按钮，将该图案分解。

STEP 02 执行"修改 > 修剪"命令，将分解后的填充图形进行修剪。

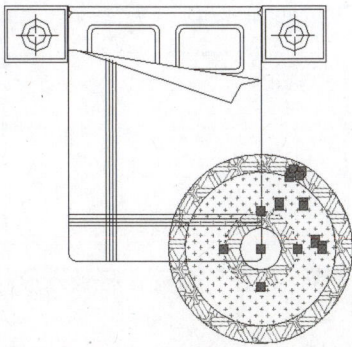

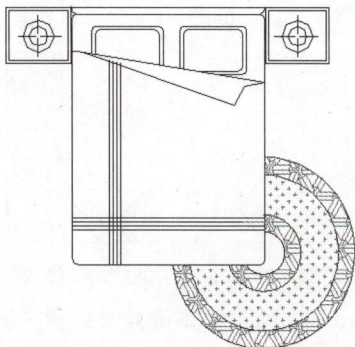

3. 修改渐变色填充图案

如用户想对填充的渐变色更改渐变方向，只需在"图案填充图案"下拉列表中，选择相应的渐变方向选项即可。在AutoCAD 2012中，系统自带9种渐变类型，包括"由左至右渐变"、"由中间至两侧渐变"、"由上至下渐变"及"由内至外渐变"等。

STEP 01 在绘图窗口中，选择要修改的渐变色图案。

STEP 02 单击"图案填充图案"按钮，选择所需的填充类型。

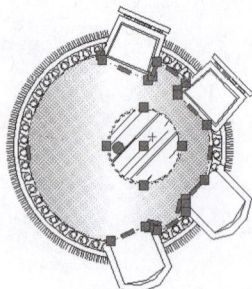

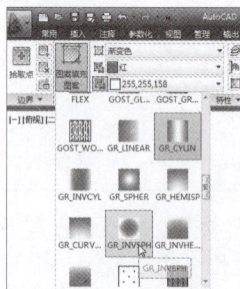

STEP 03 选择完成后，即可看到设置效果。

STEP 04 选择刚填充的图案，单击"原点"面板中的"居中"按钮，即可将渐变原点位置进行更换。

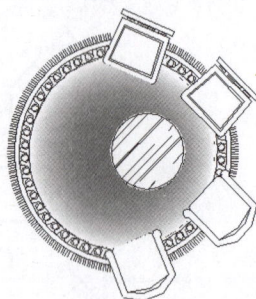

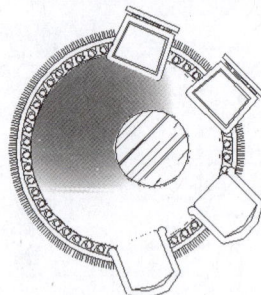

相关练习 | 绘制并填充电视机立面图

下面将运用以上介绍的填充图案的知识点将绘制好的立面窗户填充合适的图案。

原始文件：无
最终文件：实例文件\第5章\最终文件\填充电视机立面.dwg

STEP 01 绘制圆角长方形

STEP 02 偏移长方形

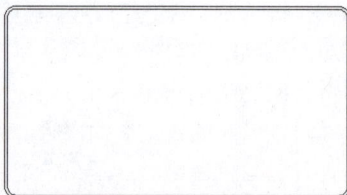

执行"绘图 > 矩形"命令，绘制一个长650mm、宽1200mm的圆角长方形，圆角半径设置为40mm。

执行"修改 > 偏移"命令，将长方形向内偏移10mm。

STEP 03 绘制电视机喇叭区

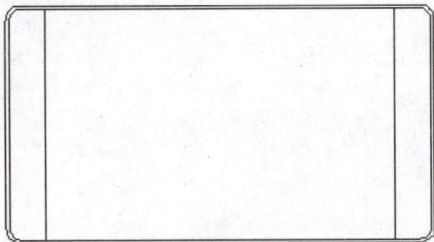

执行"绘图 > 直线"命令，在长方形中绘制电视分隔线，作为电视机喇叭区。

STEP 04 填充电视机喇叭图形

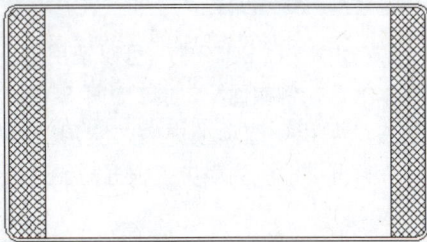

执行"绘图 > 图案填充"命令，选择合适的图形进行填充。

STEP 05 绘制长方形

执行"绘图 > 矩形"命令，绘制一个长590mm、宽940mm的长方形，放置在电视机合适位置中。

STEP 06 偏移长方形

执行"修改 > 偏移"命令，将刚绘制的长方形分别向内偏移8mm和2mm。

STEP 07 绘制电视机座和开关

执行"绘图 > 矩形"命令，绘制电视机底座以及开关图形，并将其放置电视机合适位置。

STEP 08 填充电视屏幕

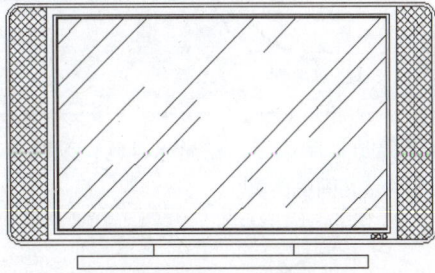

执行"绘图 > 图案填充"命令，将电视屏幕填充合适图案，并适当调整其图案属性。

工程师点拨｜自定义填充

在AutoCAD 2012中，除了使用提供的预定义填充图案外，还可以设计并创建自己的自定义填充图案。AutoCAD 提供的填充图案存储在 acad.pat 和 acadiso.pat 文本文件中。用户可以在该文件中添加填充图案定义，也可以创建自己的文件。无论将定义存储在哪个文件中，自定义填充图案都具有相同的格式。将所需使用的图案安装在AutoCAD文件夹里的FONTS文件夹里，其后，在AutoCAD里填充的时候选自定义就能看到了。

Lesson 02　图形基本信息查询

在AutoCAD 2012中，可以使用查询工具查询对象、查询图形的基本信息，例如面积、周长、距离以及面域/质量特性等。

在"常用"选项卡中的"实用工具"面板中单击"测量"按钮，在打开的命令列表中，根据需要进行选择，如右图所示。

01　距离查询

距离查询是测量两个点之间的最短长度值，距离查询是最常用的查询方式。在使用距离查询工具时只需要指定要查询距离的两个端点即可，系统将自动显示出两个点之间的距离。

STEP 01 在"常用"选项卡的"实用工具"面板中单击"测量"下拉按钮，选择"距离"命令，选择所需查询图形的第一点。

STEP 02 根据需要捕捉图形第二个测量点。

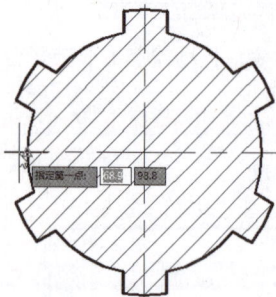

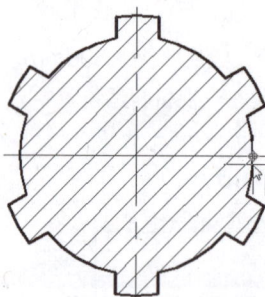

STEP 03 选择完成后，在光标右侧，系统将自动显示出两点之间的距离。

STEP 04 若没有启动"动态输入"功能，用户则可在命令窗口中，查看到距离值。

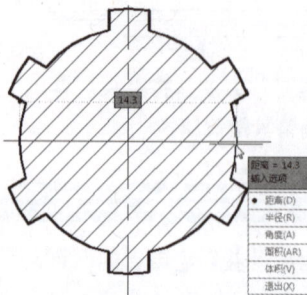

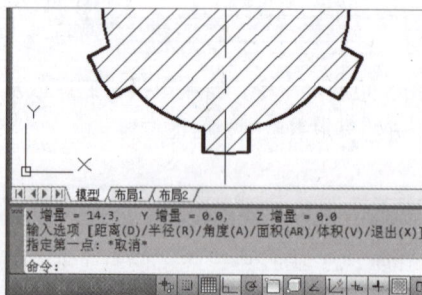

🛈 **工程师点拨**｜距离查询快捷键

在AutoCAD 2012中，在命令窗口中输入命令DI，同样可启动"距离"查询功能，其操作方法与以上介绍相同。

02 半径查询

半径查询主要用于查询圆或圆弧的半径或直径值。在"实用工具"面板中单击"测量"下拉按钮，选择"半径"命令，如下左图所示，在绘图窗口中选择要进行查询的圆或圆弧曲线，此时，系统自动查询出圆或圆弧的半径和直径值，如下右图所示。

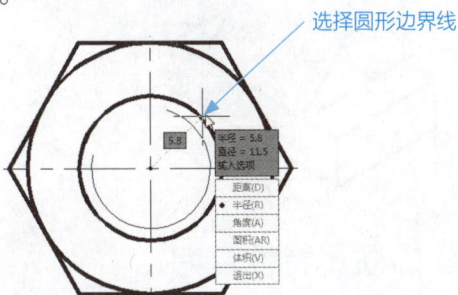

选择圆形边界线

03 角度查询

角度查询用于测量两条线段之间的夹角度数，在"实用工具"面板中单击"测量"下拉按钮，选择"角度"命令，如下左图所示，在绘图窗口中分别选择所要查询角度的两条边，此时系统将自动测量出两条线段之间的夹角度数，如下右图所示。

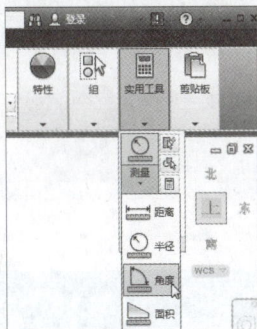

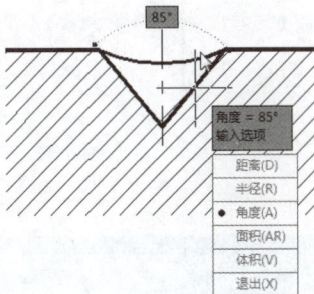

04 面积查询

面积查询可以测量出对象的面积和周长，在查询图形面积的时候可以通过指定点来选择查询面积的区域，具体操作如下。

STEP 01 在"实用工具"面板中单击"测量"下拉按钮，选择"面积"命令，在绘图窗口中，选择所需测量图形的第一点。

STEP 02 根据命令窗口提示选择测量的第二点。

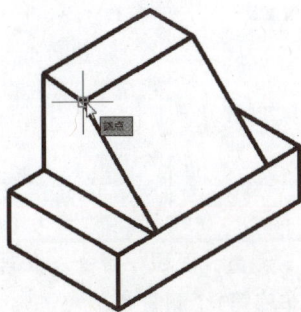

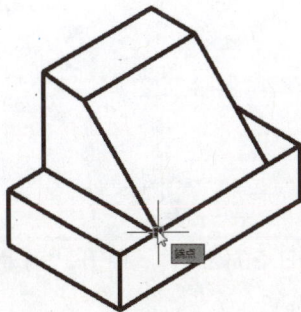

STEP 03 按照同样的操作方法，在图形中选择下一测量点。

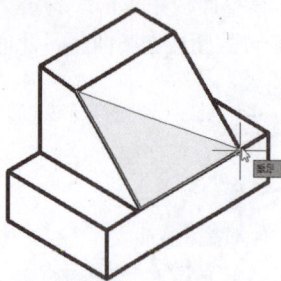

STEP 04 选择完所有测量点后，按Enter键，系统将自动计算出面积和周长。

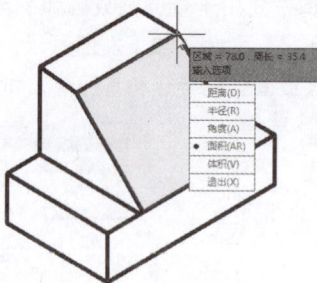

05 面域/质量特性查询

在AutoCAD 2012中，可通过执行菜单栏中的"工具 > 查询 > 面域/质量特性"命令，选择所需查询的图形对象，如下左图所示，按Enter键，在打开的文本窗口中，即可查看其具体信息，再按Enter键，可继续读取相关信息，如下右图所示。

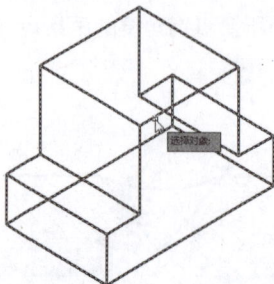

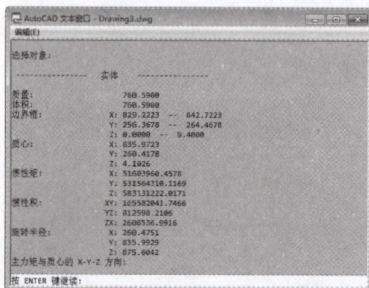

相关练习 | 查询室内各房间面积及周长

在建筑装潢设计中，经常用到查询建筑面积操作。下面以别墅一层户型为例，介绍如何通过利用"测量"命令来计算其面积和周长的方法。

原始文件：实例文件\第5章\原始文件\别墅一层户型.dwg
最终文件：实例文件\第5章\最终文件\查询房间面积及周长.dwg

STEP 01 打开原始文件

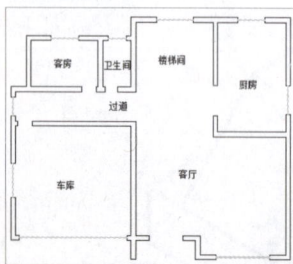

启动AutoCAD 2012软件，打开"别墅一层户型"原始文件。

STEP 02 指定车库第1测量点

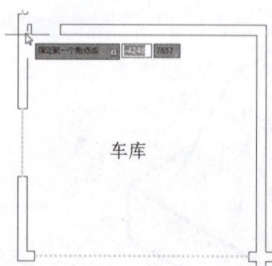

执行"工具 > 测量 > 面积"命令，根据命令窗口提示，捕捉车库第1个测量点。

STEP 03 捕捉车库第2测量点

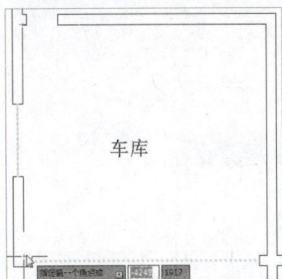

根据命令窗口的提示信息，捕捉车库第2个测量点。

STEP 04 捕捉车库第3测量点

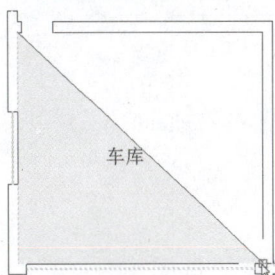

根据命令窗口的提示信息，捕捉车库第3个测量点。

STEP 05 完成车库面积、周长的计算

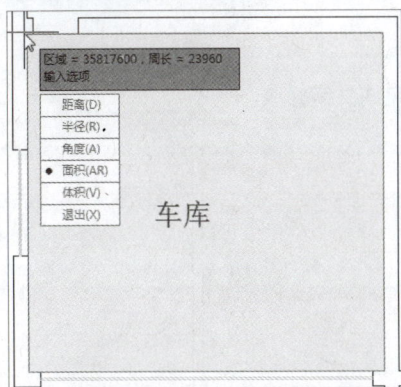

捕捉测量点完成后，按Enter键，系统将自动计算出面积及周长值。

STEP 06 执行"多行文字"命令

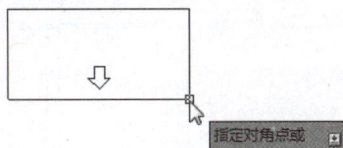

在"注释"选项卡的"文字"面板中，单击"多行文字"按钮，在绘图窗口中按住鼠标左键，拖拽出文字范围。

STEP 07 输入面积及周长值

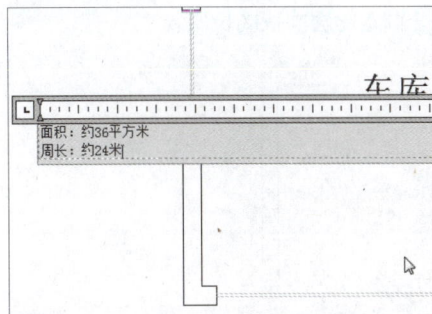

在文字编辑器中，输入面积及周长值。

STEP 08 设置字体大小

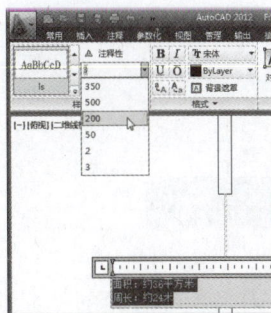

输入完成后，选择文字内容，在"样式"面板中单击"注释性"按钮，设置好文字大小。

STEP 09 完成输入

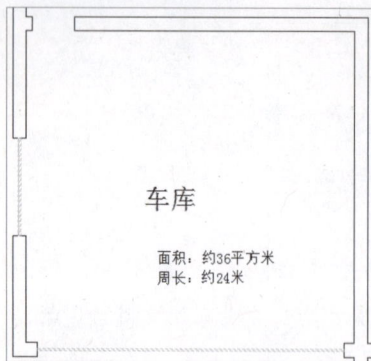

车库

面积：约36平方米
周长：约24米

设置完成后，单击绘图窗口空白处，即可完成输入。

STEP 10 计算客厅面积及周长

客厅

区域 = 47464000，周长 = 28840
输入选项

| 距离(D) |
| 半径(R) |
| 角度(A) |
| ◆ 面积(AR) |
| 体积(V) |
| 退出(X) |

执行"工具 > 测量 > 面积"命令，计算出客厅面积及周长。

STEP 11 输入客厅面积周长值

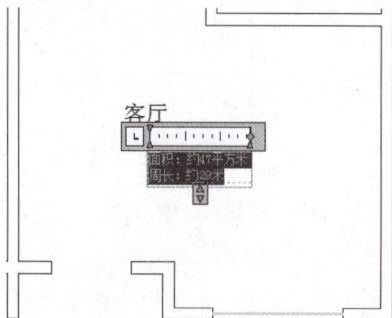

客厅

面积：约47平方米
周长：约29米

执行"修改 > 复制"命令，将车库面积、周长文字内容复制粘贴至客厅合适区域内，双击该文字，输入客厅计算值。

STEP 12 完成文字修改

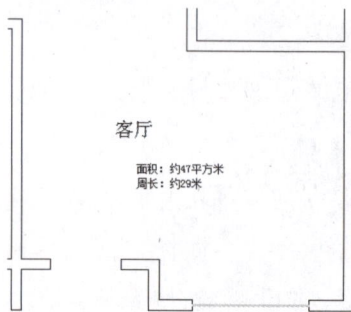

客厅

面积：约47平方米
周长：约29米

输入好后，单击绘图窗口空白位置即可完成文字内容的修改。

STEP 13 计算厨房面积及周长

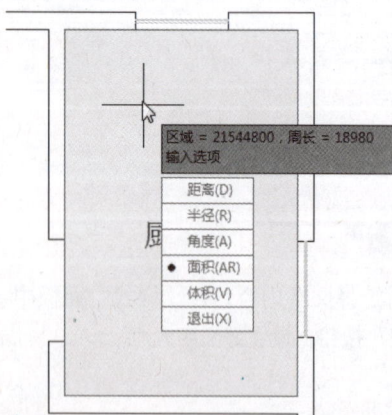

区域 = 21544800，周长 = 18980
输入选项

| 距离(D) |
| 半径(R) |
| 角度(A) |
| ◆ 面积(AR) |
| 体积(V) |
| 退出(X) |

厨

执行"工具 > 测量 > 面积"命令，计算出厨房面积及周长。

STEP 14 输入厨房面积周长值

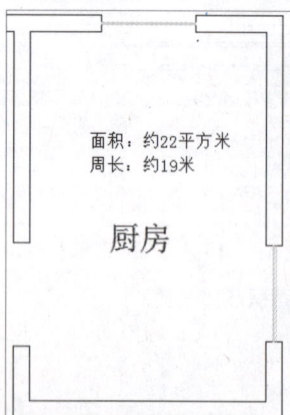

面积：约22平方米
周长：约19米

厨房

将客厅的面积和周长文字复制至厨房合适位置处，并将其进行修改。

STEP 15 完成剩余空间面积、周长的计算

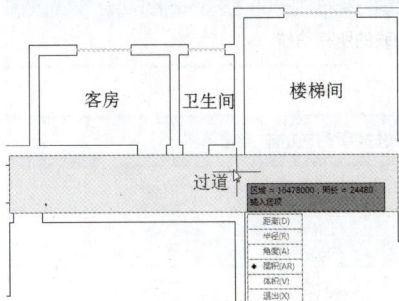

执行"工具 > 测量 > 面积"命令，计算出剩余空间面积及周长值。

STEP 16 输入剩余空间计算值

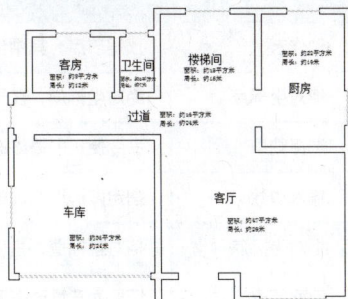

按照以上同样的操作方法，完成剩余空间面积、周长值的修改。

> **工程师点拨** | 计算面积、周长快捷键
>
> 除了通过选择面板中的"面积"命令外，还可在命令窗口中输入命令AA，按Enter键，同样也可进行面积、周长的计算。

Lesson 03 动作录制器

动作录制器主要用于创建自动化重复任务的动作宏，可以将用户的操作步骤录制下来，操作步骤中所产生的参数将会显示在动作树列表中，供用户随时调用。

01 动作录制器概述

用户在使用动作录制器时，程序将自动创建一个动作宏，并将操作步骤录制下来。动作录制器的操作范围如表5-1所示。

表5-1 动作录制器操作的动作范围

可录制的动作	不可录制的动作
工具栏、快速访问工具栏	在特性选项板中所做的一切参数值修改
应用程序菜单、图标、数字化仪菜单	在快捷菜单中执行的动作，但"附着为外部参照"和"插入为块"除外
功能区	在"联机设计中心"选项卡插入块
特性选项板	拖动已命名的对象，例如图层和线型
工具选项板	
下拉菜单、快捷菜单	不是在状态栏中执行的动作
设计中心	

当动作录制器处于录制状态时，每一个动作都由"动作树"中的一个节点表示。为了便于识别动作录制器在使用过程中的动作或输入的类型，在"动作树"上的每个节点旁边均显示一个图标。动作录制器的图标含义如表5-2所示。

表5-2 动作树中节点图标的含义

图标		说 明
	动作宏	顶层节点，其中包含与当前动作宏相关联的所有动作
⬩	绝对坐标点	绝对坐标值，在录制期间获取的点
	选择结果	命令使用的最终选择集，它包含每个子选择所对应的节点
123	输入边数	指定多边形的边数
	相对坐标点	相对坐标值，基于动作宏的前一个点
👁	观察更改	切换为三维动态调整时的图标
	距离	设置的距离值
🔗	命令	节点，其中包含命令的所有录制的输入
	提示信息	命令窗口的提示信息
📄	特性选项板	表示通过特性选项板来进行更改
	选项设置	更改选项中的设置
☑	特性	通过特性选项板来更改特性
	UCS更改	将UCS坐标进行更改
📁	选择在宏中创建对象	仅选择在当前宏的对象

02 动作录制器的使用

在"管理"选项卡的"动作录制器"面板中单击"录制"按钮，如下左图所示，在光标旁边将会出现红色圆形，表示当前为录制状态，如下右图所示。

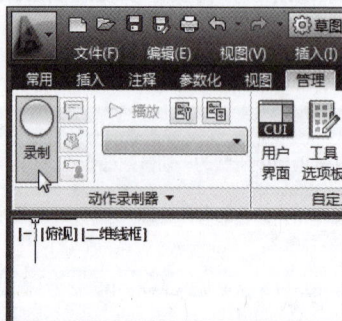

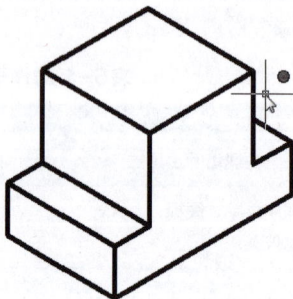

在"动作录制器"面板中，单击"首选项"按钮，此时用户可在"动作录制器首选项"对话框中设置相关动作录制选项，如右图所示。

- "回放时展开"复选框：可以在回放动作宏时展开"动作录制器"面板。
- "录制时展开"复选框：可以在录制动作宏时展开"动作录制器"面板。
- "提示输入动作宏名称"复选框：在停止录制动作宏时显示"动作宏"对话框，如果未勾选，则使用默认的名称保存录制的动作宏。

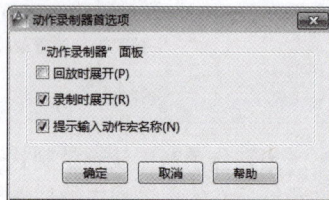

下面将举例来介绍动作录制器的使用方法。

STEP 01 在"管理"选项卡的"动作录制器"面板中单击"录制"按钮，并执行"绘图 > 图案填充"命令。

STEP 02 单击"图案填充图案"按钮，选择合适的填充图案，并将其填充在图形中。

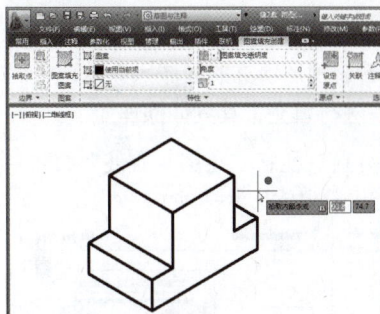

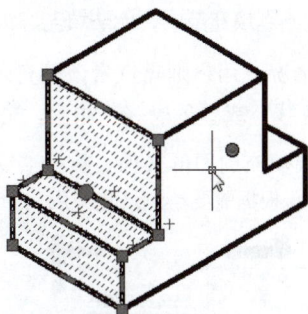

STEP 03 录制完成后，在"管理"选项卡的"动作录制器"面板中单击"停止"按钮，则会打开"动作宏"对话框。

STEP 04 在该对话框中，输入宏的路径和文件名，单击"确定"按钮，再单击"可用动作宏"下拉列表，即可显示出所有动作宏。

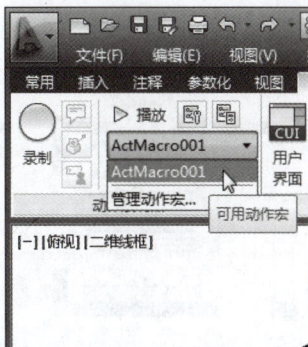

工程师点拨│删除动作宏

　　若用户对当前录制的宏不满意，可在"动作录制器"面板中，单击"可用动作宏"下拉列表，选择"管理动作宏"命令，打开"动作宏管理器"对话框，如右图所示，在该对话框中，选择要删除的宏，单击"删除"按钮即可。

　　当然除了可删除宏操作，也可对宏进行其他管理操作，如复制、重命名以及修改等。用户可按作图需求，进行相关选项的操作。

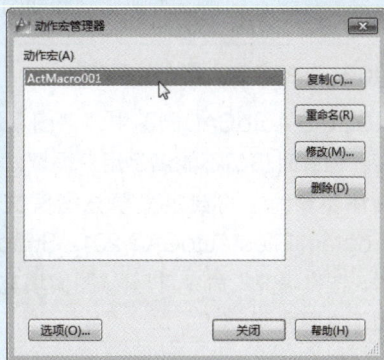

Q—A 工程技术问答

通过本章的学习，要解决的是填充范围的确定、自定义填充图案、图案填充比例的设定等问题，下面将会为用户——讲解，避免发生类似问题。

Q01： 在填充时找不到填充范围，无法填充怎么办？

A01： 遇到这种情况，用户则需查看该填充区域是否完全封闭。若该图形填充的区域大而繁琐，则用户可使用"直线"或"多段线"命令，将该区域划分成几小块进行填充，其具体操作如下。

STEP 01 打开所要填充的图形文件，执行"绘图 > 多段线"命令，根据需要绘制填充范围。

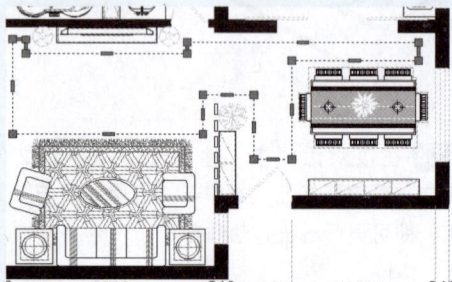

STEP 02 绘制好后，执行"绘图 > 直线"命令，将该填充范围分隔成几小块。

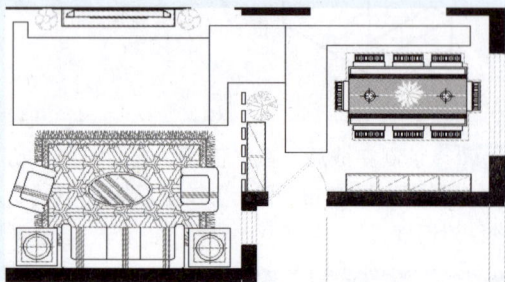

STEP 03 执行"绘图 > 图案填充"命令，选择好填充图案，并将其填充至分隔好的图形中。

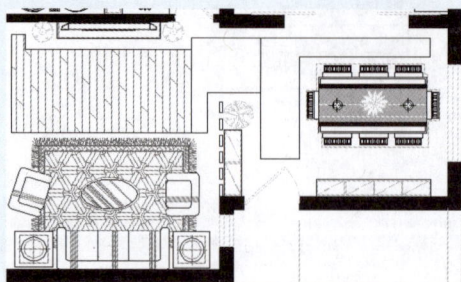

STEP 04 按照同样的方法，将剩余区域进行填充，然后删除多段线，即可完成填充。

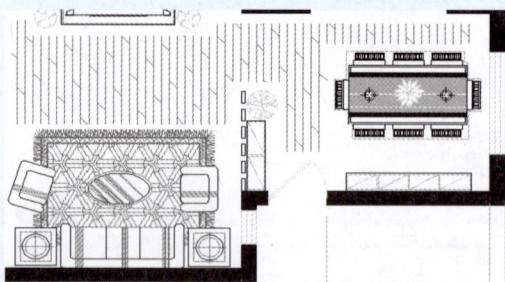

在进行填充操作时需注意，并不是所有填充都需进行以上操作才可。有时一些简单的图形填充只需直接填充即可，否则会给后期图形编辑带来麻烦。

Q02： 如何自定义填充的图案？

A02： 在AutoCAD制图中，"图案填充"命令的使用较为频繁，CAD自带的图案库虽然内容丰富，但有时仍然不能满足用户需要。此时，用户可以自定义图案来进行填充。

具体步骤为：将自定义填充图案文件复制到 CAD 安装目录下的 Support 文件夹下。例如 C:\Program Files\AutoCAD 2012\Support，如下左图所示；然后，打开 AutoCAD 2012 软件，执行"绘图 > 图案填充"命令，打开"图案填充创建"选项卡，在"特性"面板中选择"用户定义"选项即可，如下右图所示。

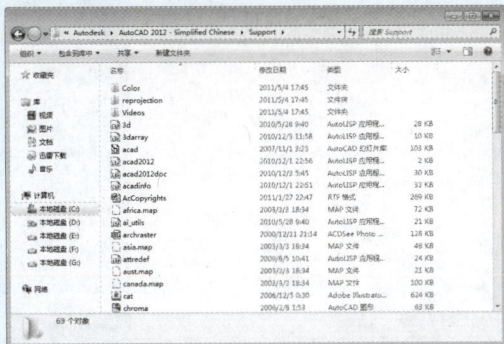

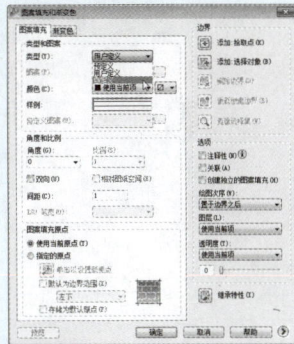

Q03： 在AutoCAD中怎样用命令直接查询圆弧长度？

A03： 使用命令LIST即可查询。操作很简单，在命令窗口中输入LIST按Enter键，并根据需要选择所需查询的圆弧，如下左图所示，按Enter键即可计算出，如下右图所示。

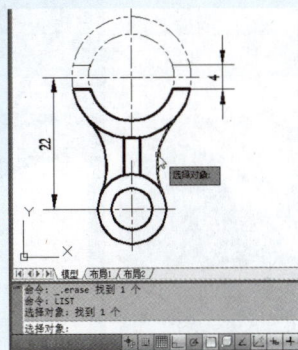

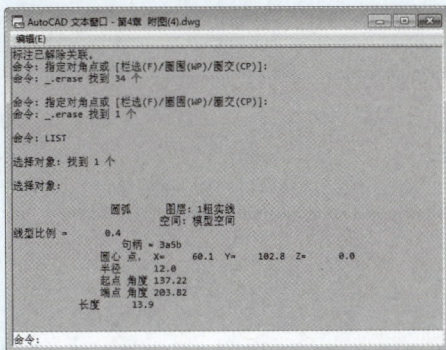

Q04： 在AutoCAD中填充图案后看不到效果怎么办？

A04： 不是看不到，是填充图案比例没调整好。通常没有显示填充的图案是因为图案比例设置的太大，如下左图所示。此时，用户只需在"图案填充创建"面板中的"填充图案比例"参数框中输入正确的比例值即可，如下右图所示。

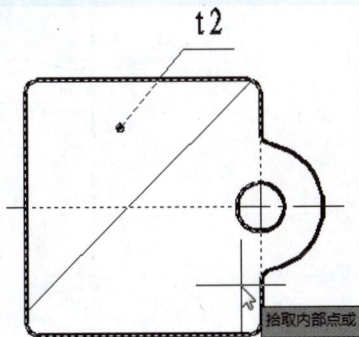

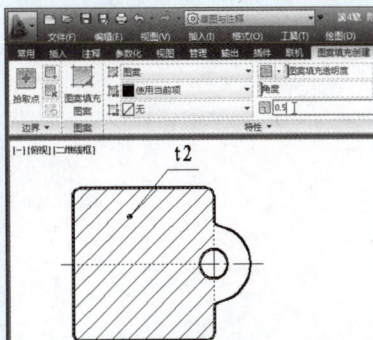

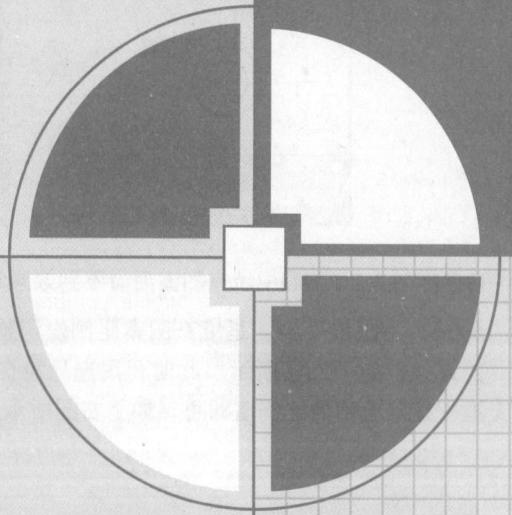

CHAPTER

06

图块与外部参照

创建图块是绘制相同结构图形的有效方法。如果图形中有大量相同的内容，或者所绘制的图形与已有的图形文件相似，则可以将重复绘制的图形创建成块然后插入到图形中。用户还可以把已有的图形文件以参照的形式插入到当前图形中（即外部参照），并且外部参照的图形会随着原图形的修改而更新。

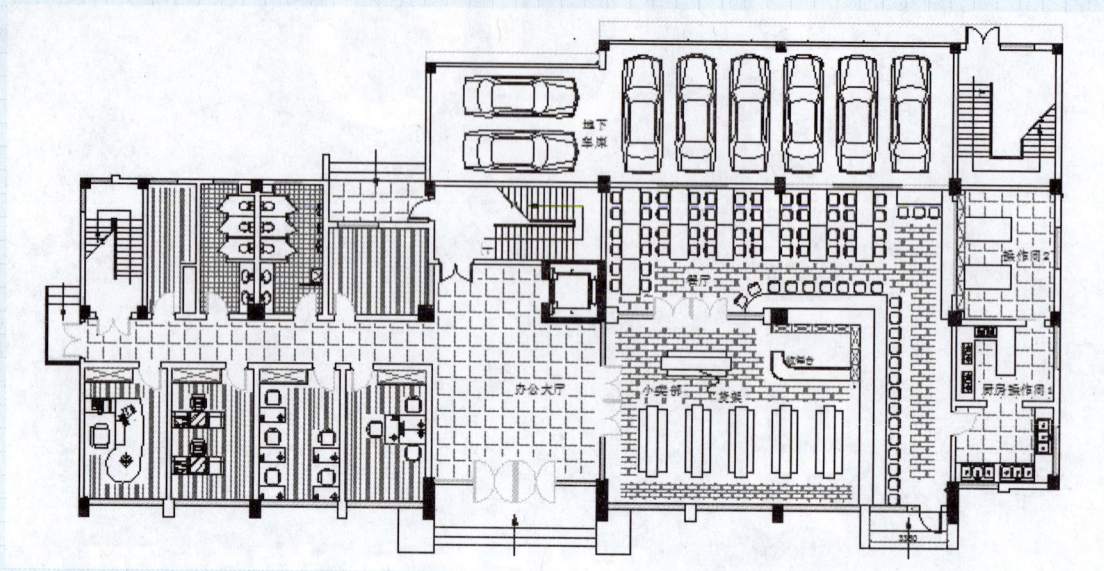

01 办公楼层平面图

通常一些复杂的平面图,都需要运用"块"命令来进行绘制,这样能提高绘图效率。

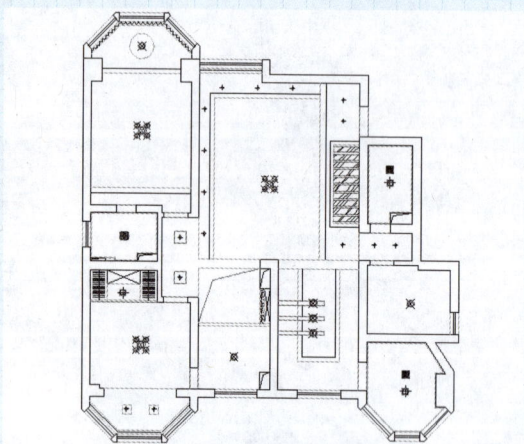

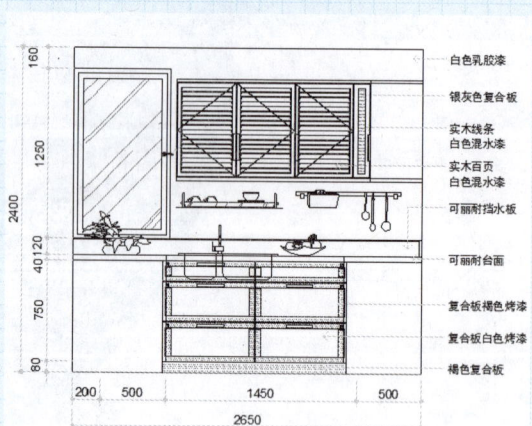

02 室内顶棚布置图

在绘制室内顶棚图时,通常在绘制完室内吊顶造型后,就可运用"块"命令,将灯具图块调入其中。

03 厨房立面图

在绘制完厨柜、吊柜立图形后,可适当添加一些厨房用品图块,使整个画面较为美观。

04 学校大门立面图

利用一些植物立面图块来装饰建筑立面图,可使整个图纸看起来较为生动。

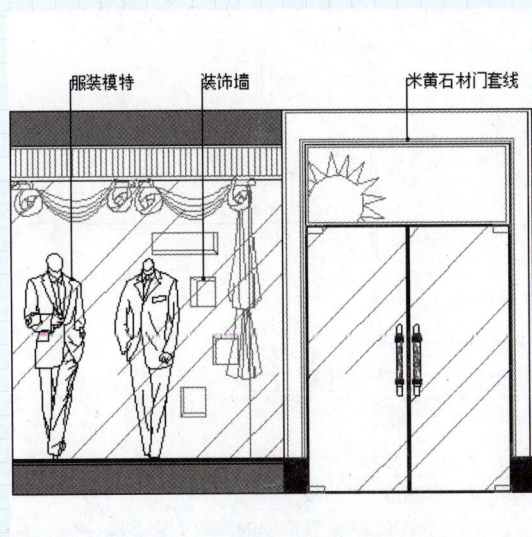

服装模特　　装饰墙　　　　　米黄石材门套线

05 专卖店外立面图

一些复杂的立面图其实都是由一些简单的图块组织而成的。

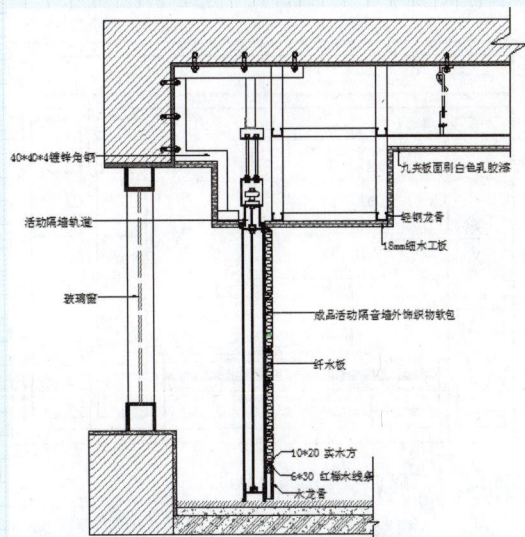

40*40*4镀锌角钢
活动隔墙轨道
玻璃窗
九夹板面刷白色乳胶漆
轻钢龙骨
18mm细木工板
成品活动隔音墙外饰织物软包
纤水板
10*20实木方
6*30 红榉木线条
木龙骨

06 隔断墙立面图

在绘制结构图时,可运用"块"命令,将一些五金图块调入图形中。

07 观音庙立面图

有时在绘制一些较为复杂的图形时，可将其创建成块，然后使用复制命令，再完成整个图纸的绘制。

08 电视背景墙

家装电视背景墙中的装饰，均可调入花卉、书等图块。

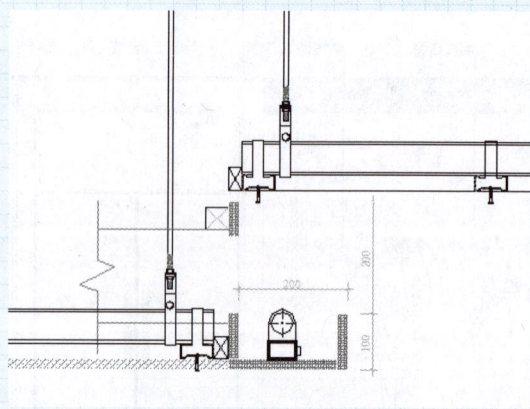

09 顶棚详图

在绘制龙骨吊架时，可以先绘制一个，然后创建成块，再进行复制。

Lesson 01 块

在制图过程中，"块"命令的使用率相当高。图块是一个或多个对象组成的对象集合，常用于绘制复杂、重复的图形。创建块的目的是为了减少大量重复的操作步骤，从而提高设计和绘图的效率。

在"插入"选项卡的"块定义"面板中单击"创建块"按钮，打开"块定义"对话框。在该对话框中，用户可根据选项设置图块，如下图所示。

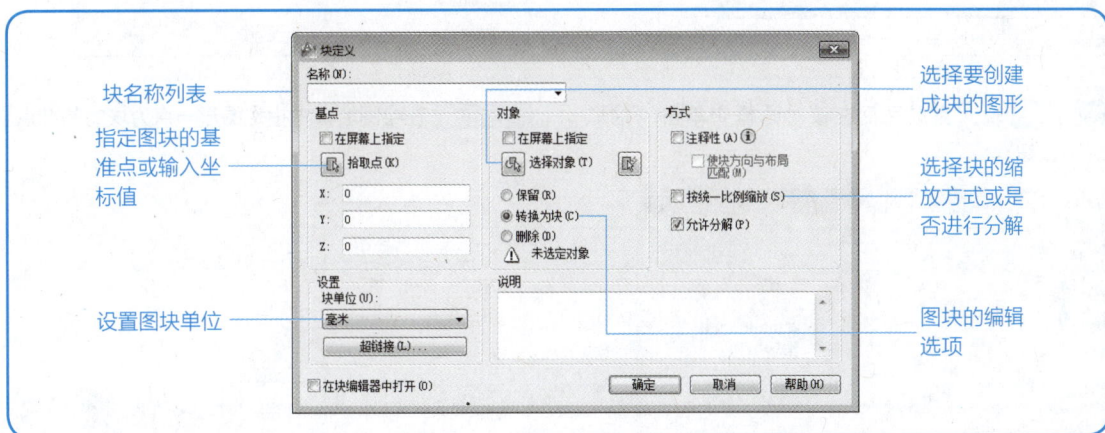

01 创建块

创建块是将已有的图形定义成块的过程。用户可以创建自己的块，也可以使用设计中心和工具选项板提供的块。

STEP 01 在"插入"选项卡中的"块定义"面板中单击"创建块"命令。

STEP 02 在打开的"块定义"对话框中，单击"选择对象"按钮。

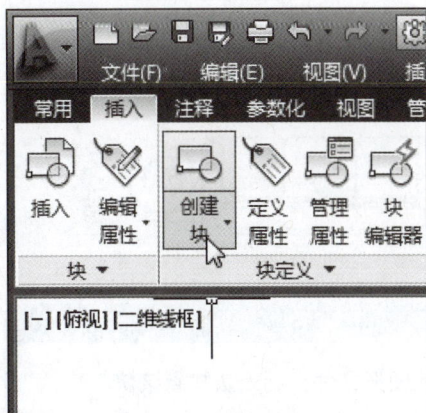

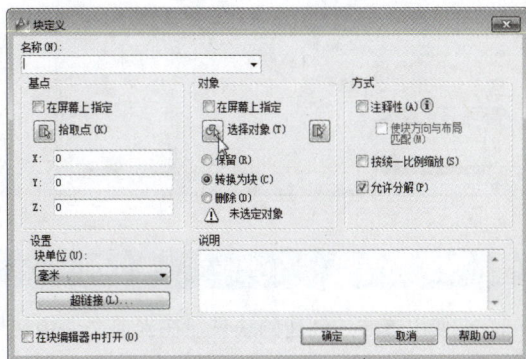

STEP 03 在绘图窗口中，框选要创建的图块对象。

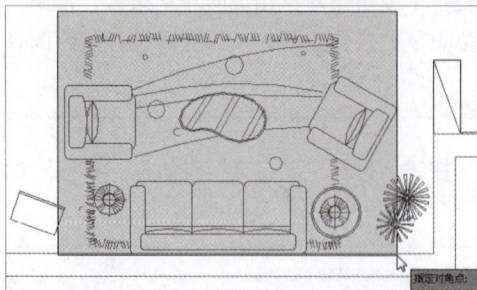

STEP 04 按Enter键确认后返回"块定义"对话框，输入块名称。

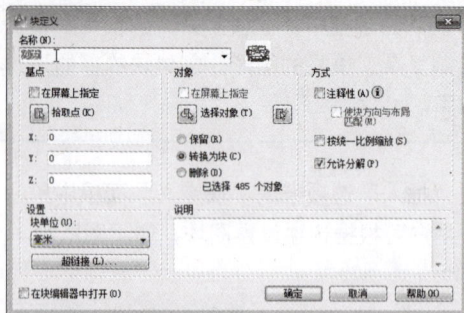

STEP 05 输入完成后，在该对话框中单击"拾取点"按钮。

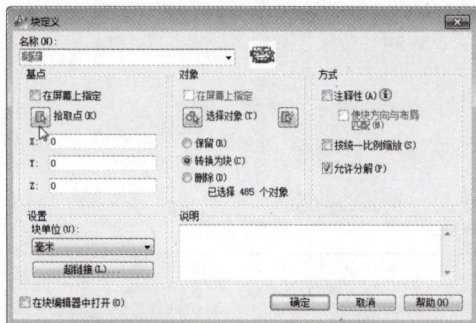

STEP 06 在绘图窗口中指定图形一点为块的基准点。

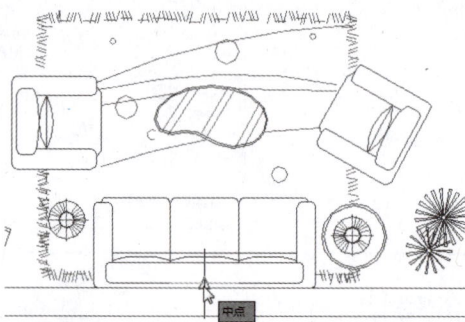

STEP 07 指定好后，系统将自动返回至"块定义"对话框，将"块单位"设置为"毫米"。

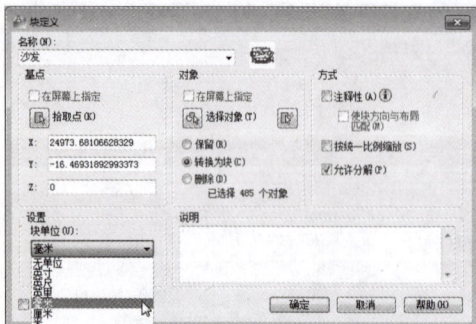

STEP 08 选择好后，单击"确定"命令，即可完成图块的创建。

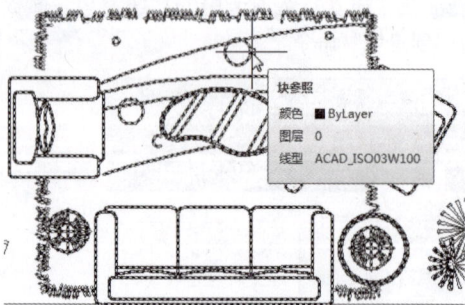

■ **工程师点拨** | "创建块"的使用范围

使用该方法创建的块只能在当前文件中使用，若打开其他图形文件，则无法找到该块。

02 插入块

插入块是指将定义好的内部或外部图块插入到当前图形中。在"插入"对话框中，可指定块的旋转角度和插入比例，还可通过设置不同的X、Y和Z值指定块参照的比例。

STEP 01 执行菜单栏中的"插入 > 块"命令。

STEP 02 在打开的"插入"对话框中，单击"浏览"按钮。

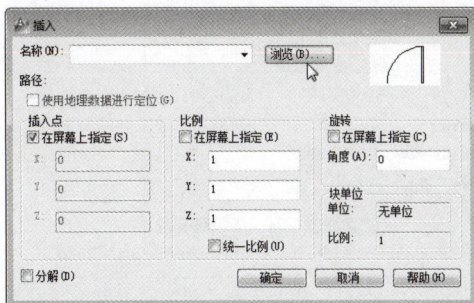

STEP 03 在打开的"选择图形文件"对话框中，选择所需插入的块图形，单击"打开"按钮。

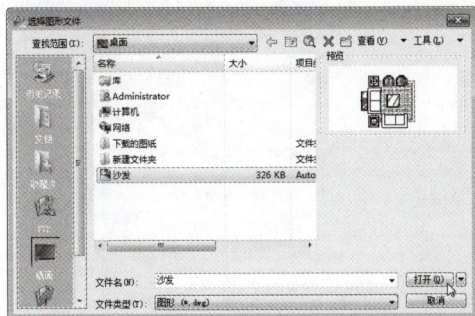

STEP 04 在"插入"对话框中，单击"确定"按钮，即可插入该图块。

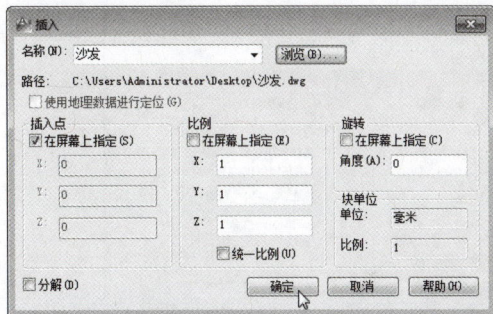

工程师点拨 | 调整图块大小

通常插入图块后，由于插入图块与当前图形的比例不一致，很可能导致图块的太大或太小，此时就需要使用"缩放"命令，将图块缩放至合适位置即可。

03 写块

写块就是将文件中的块作为单独的对象保存为一个新文件，被保存的新文件可以被其他对象使用。在命令窗口中输入命令WBLOCK按Enter键，在打开的"写块"对话框中即可创建。

STEP 01 在命令窗口中输入命令WBLOCK按Enter键，打开"写块"对话框。

STEP 02 在该对话框中，单击"选择对象"按钮，在绘图窗口中选择所需的图形对象。

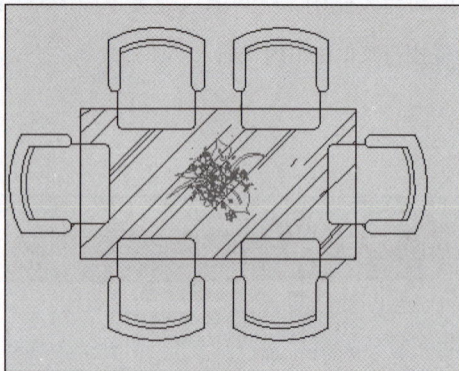

STEP 03 选择完成后按Enter键，返回"写块"对话框。然后设置文件名和路径。

STEP 04 单击"插入单位"下拉按钮，选择"毫米"选项。

STEP 05 设置完成后，单击"拾取点"按钮，在绘图窗口中指定图形一点作为块基准点。

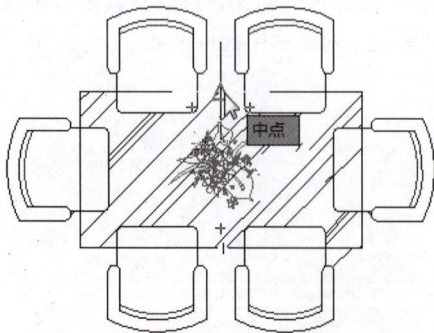

STEP 06 指定好后，系统自动返回"写块"对话框，单击"确定"按钮，即可完成创建。

STEP 07 执行"插入 > 块"命令，打开"插入"对话框，单击"浏览"按钮，在"选择图形文件"对话框中，选择刚创建的块。

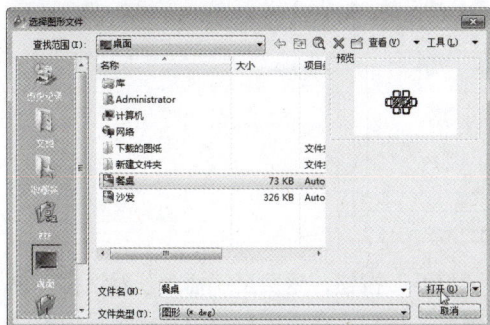

STEP 08 单击"打开"按钮，返回"插入"对话框，单击"确定"按钮，即可将刚创建的块插入至新图形中。

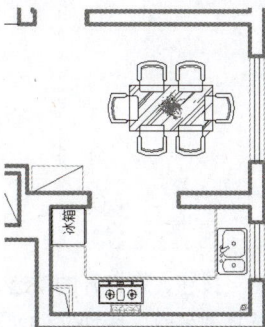

工程师点拨 | 定义块与写块的区别

"定义块"和"写块"都可以将对象转换为块对象，它们区别在于，"定义块"创建的块对象只能在当前文件中使用，而"写块"创建的块对象可以用于其他文件。

相关练习 | 插入灯具图块

下面以室内顶面布置图为例介绍如何运用"插入块"命令将灯具图块插入顶棚图形中。

原始文件：实例文件\第6章\原始文件\室内吊顶图.dwg
最终文件：实例文件\第6章\最终文件\插入灯具图形.dwg

STEP 01 打开原始文件

启动AutoCAD 2012软件，打开原始文件"室内吊顶图"。

STEP 02 打开"插入"对话框

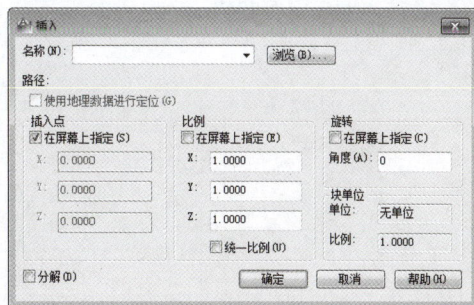

执行菜单栏中的"插入 > 块"命令，打开"插入"对话框。

STEP 03 选择吊灯图块

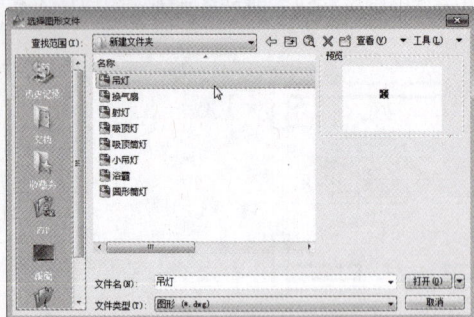

在该对话框中，单击"浏览"按钮，在打开的"选择图形文件"对话框中，选择"吊灯"图块文件。

STEP 04 插入吊灯图块

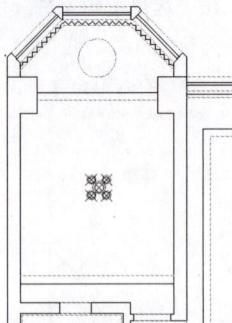

单击"打开"按钮，返回至"插入"对话框，单击"确定"按钮，在绘图窗口中，指定吊顶图块位置，完成插入。

STEP 05 复制吊灯图块

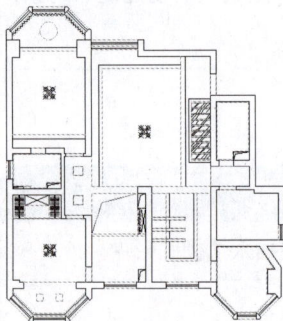

执行"修改 > 复制"命令，将吊灯图块复制到图形其他合适位置中。

STEP 06 选择圆形筒灯

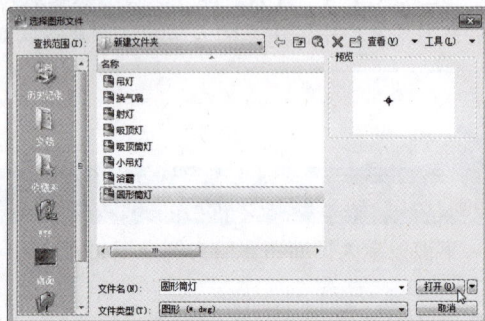

在"插入"对话框中，单击"浏览"按钮，在打开的对话框中选择"圆形筒灯"图块文件。

STEP 07 插入圆形筒灯图块

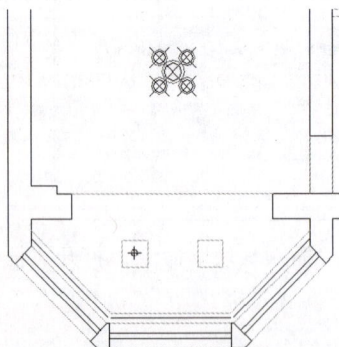

单击"打开"按钮，返回"插入"对话框，单击"确定"按钮，在绘图窗口中指定插入点即可。

STEP 08 复制筒灯图块

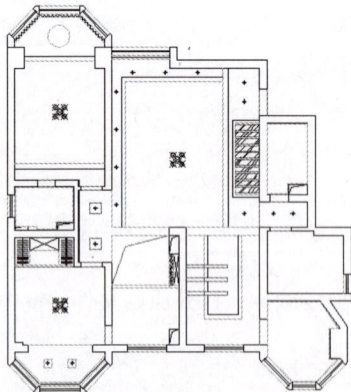

将调入后的筒灯图块，复制粘贴至图形其他合适位置处。

STEP 09 插入小吊灯图块

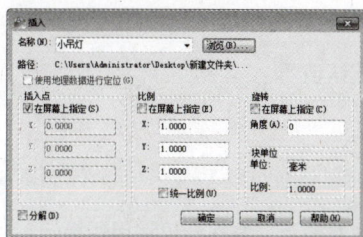

按照以上同样的操作方法，插入小吊灯图块。

STEP 10 复制小吊灯图块

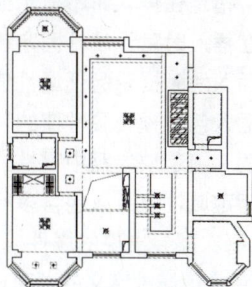

将插入的小吊灯图块复制粘贴至其他合适位置。

STEP 11 插入吸顶灯图块

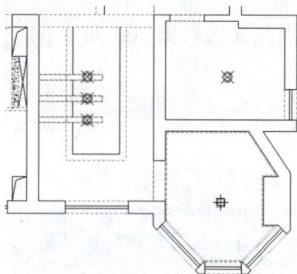

将吸顶灯图块插入并复制粘贴至合适位置。

STEP 12 插入浴霸、换气扇图块

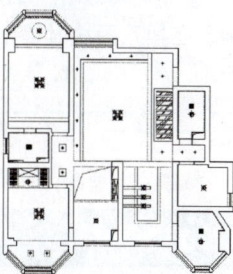

将浴霸、换气扇图块插入并复制至合适位置。

Lesson 02　块的属性

　　块的属性是块的组成部分，是包含在块定义中的文字对象。在定义块之前，要先定义该块的每个属性，然后将属性和图形一起定义成块。属性值是可变的也可是不可变的。

01　定义块属性

　　创建块的属性需要定义属性模式、标记、提示、属性值、插入点和文字设置。在"插入"选项卡中的"块定义"面板中单击"定义属性"命令，打开"属性定义"对话框，如下图所示。

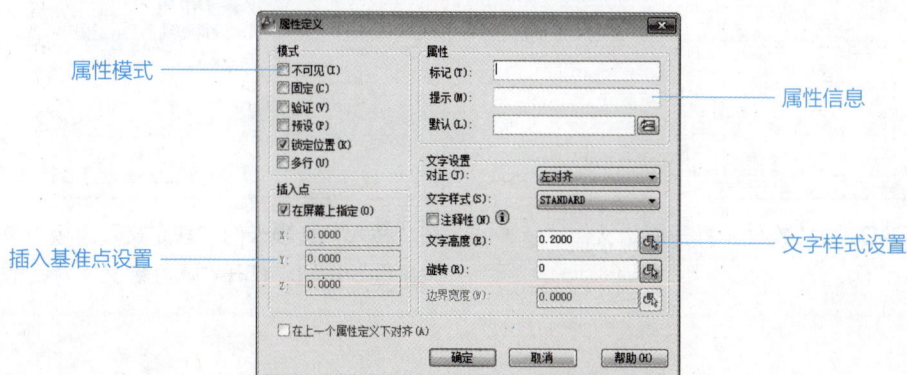

"属性定义"对话框中的各选项说明如下。

- "不可见"复选框：指定在插入时不显示或打印属性值。
- "固定"复选框：在插入时赋予属性固定值。
- "验证"复选框：插入块时提示验证属性值是否正确。
- "预设"复选框：插入包含预设属性值的块时，将属性设置为默认值。
- "锁定位置"复选框：锁定块参照中属性的位置。
- "多行"复选框：指定属性值可以包含多行文字。
- 标记：标识图形中每次都会出现的属性。
- 提示：设置在插入包含该属性定义的块时显示的提示。如果不输入提示，属性标记将用作提示。
- 默认：设置默认值属性。

工程师点拨 | 选择属性的顺序

选择属性的顺序决定了在插入图块时提示属性信息的顺序。如果使用交叉选择方式，提示的顺序将与定义的顺序相反。

相关练习 | 创建装饰墙图块属性

下面以装饰墙立面图为例，介绍创建块属性的操作方法。

原始文件：实例文件\第6章\原始文件\装饰墙立面.dwg
最终文件：实例文件\第6章\最终文件\创建图块属性.dwg

STEP 01 打开原始文件

启动AutoCAD 2012软件，打开原始文件"装饰墙立面.dwg"。

STEP 02 打开"属性定义"对话框

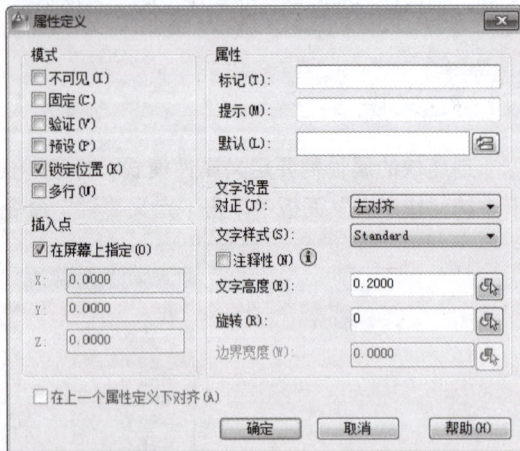

在"插入"选项卡的"块定义"面板中单击"定义属性"按钮，打开"属性定义"对话框。

STEP 03 输入属性标记

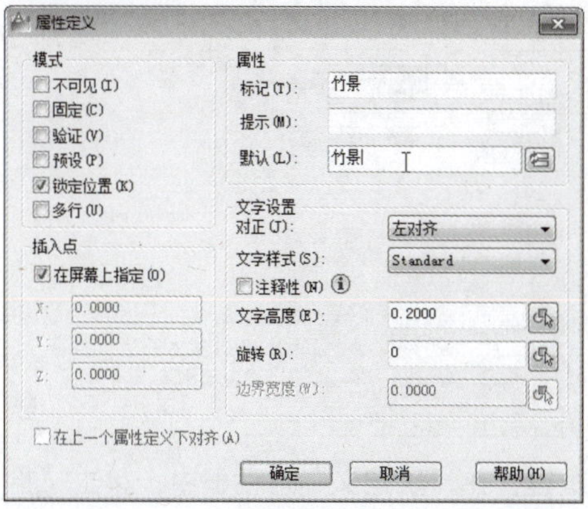

在打开的对话框中，选择“标记”后的文本框，并输入标记内容，单击“确定”按钮。

STEP 04 设置文字高度

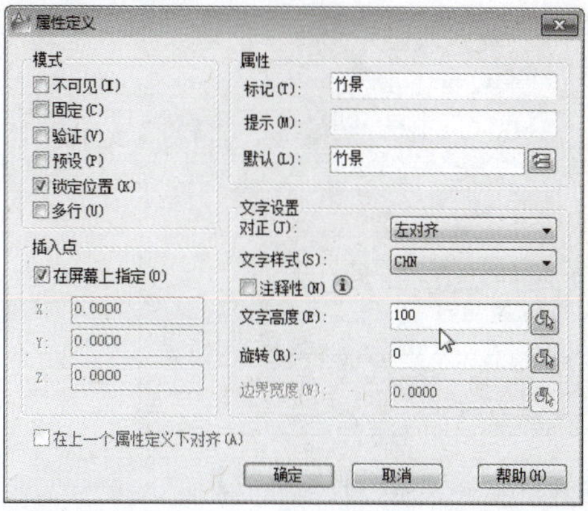

输入完成后，在“文字高度”参数栏中输入文字高度值。

STEP 05 指定文字插入点

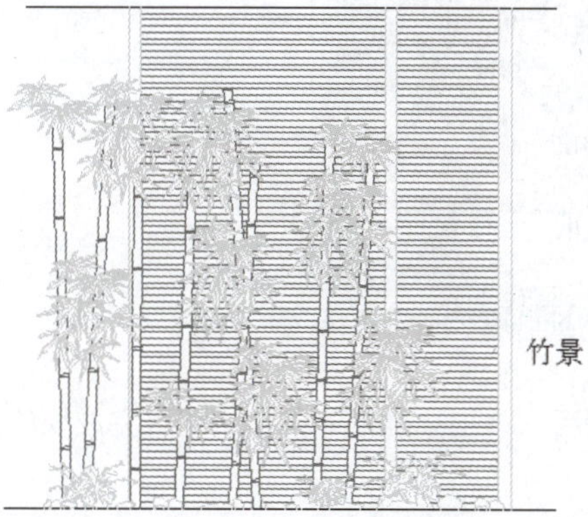

单击“确定”按钮，在绘图窗口中指定文字插入点。

STEP 06 继续输入属性标记

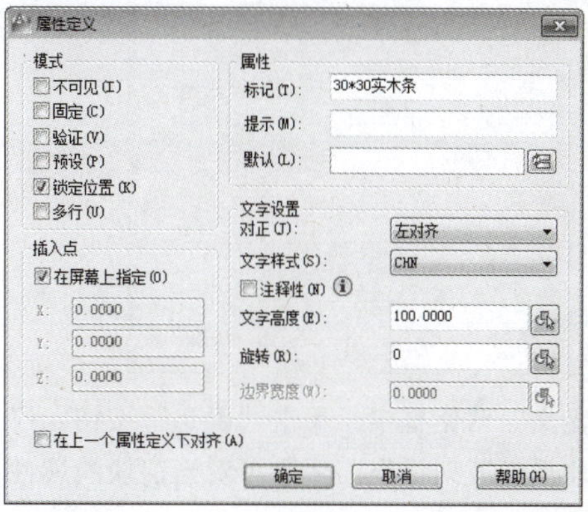

按空格键，在“属性定义”对话框中继续输入标记内容。

STEP 07 指定文字插入点

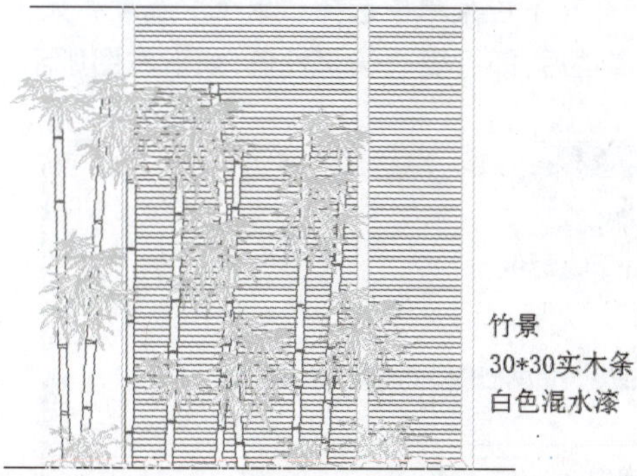

输入完成后，按“确定”按钮，指定文字插入点。按照同样的方法，完成剩余属性标记的输入。

STEP 08 创建块

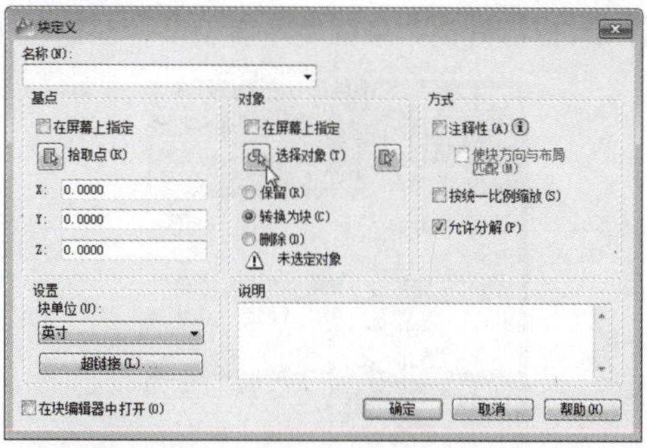

同步骤02，打开“块定义”对话框，单击“选择对象”按钮。

STEP 09 框选图块对象

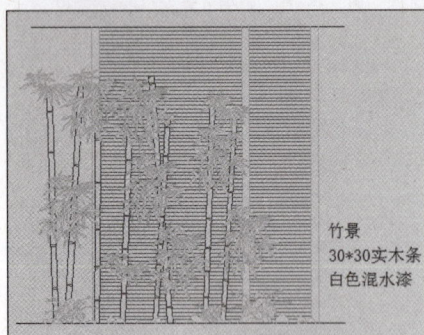

在绘图窗口中，框选所有图形对象。

STEP 10 选择拾取点

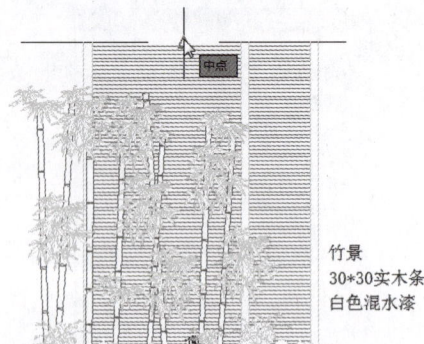

按Enter键，在"块定义"对话框中，单击"拾取点"按钮，指定图形对象的基准点。

STEP 11 编辑属性

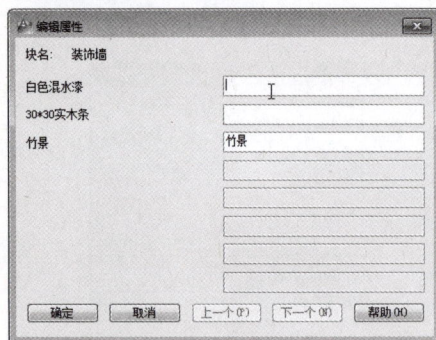

在"块定义"对话框中，单击"确定"按钮，打开"编辑属性"对话框。用户可对当前块的属性进行编辑。

STEP 12 验证块对象

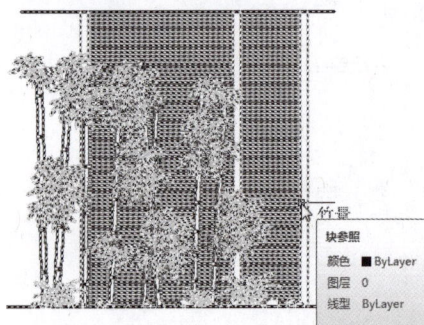

设置完成后，单击"确定"按钮，即可完成块的创建。

02 编辑块属性

　　插入带属性的块后，可以对已经附着到块和插入图形的全部属性的值及其他特性进行编辑。在"插入"选项卡的"块"面板中单击"编辑属性"下拉按钮，在下拉菜单中选择"单个"选项，如下左图所示,在打开的"增强属性编辑器"对话框中,选择一属性后,即可更改该属性值,如下右图所示。

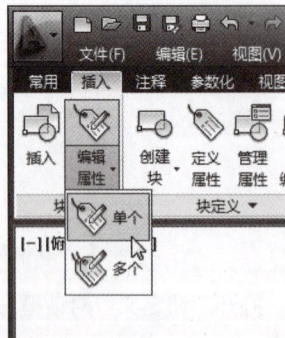

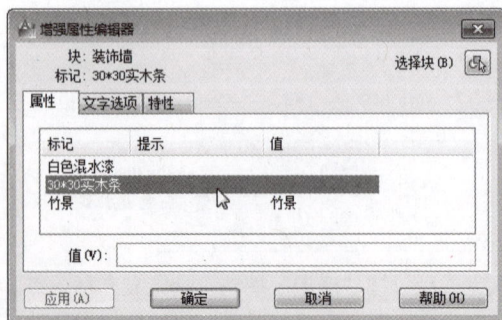

除了可以更改块的属性外，用户还可以更改块的定义。

STEP 01 单击"插入"选项卡中"块定义"面板的"块编辑器"按钮，打开"编辑块定义"对话框。

STEP 02 在该对话框中，选择要更改的块图形，单击"确定"按钮，系统打开"块编写选项板"。

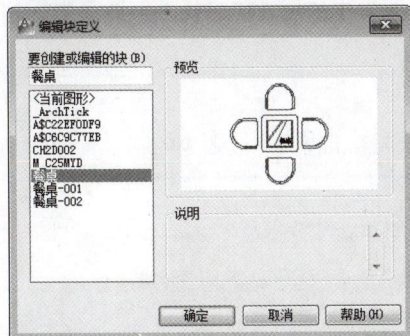

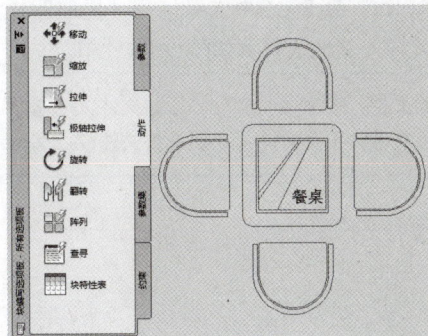

STEP 03 双击要修改的图块属性，例如文字、图形颜色等。这里选择文字，在打开的文字编辑器中，输入所需的文字。

STEP 04 单击功能面板中的"关闭块编辑器"按钮，在对话框中选择"将更改保存到**"，即可完成操作。

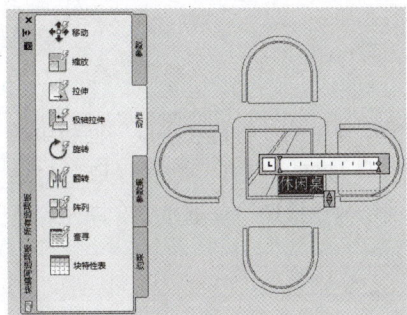

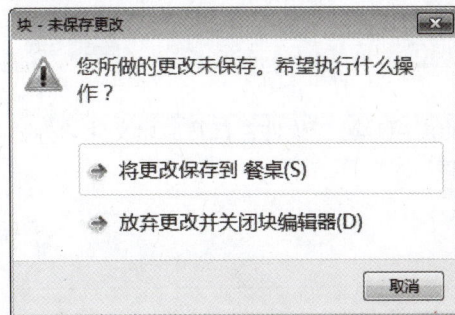

03 提取块属性

向块中添加了属性后，则可以在一个或多个图形中查询此块的属性信息，并将其保存到当前文件或外部文件中。通过数据提取可以直接生成数据图表或明细清单。在进行属性提取之前需要进行一些相应的设置。在命令窗口中输入命令ATTEXT，按Enter键，即可打开"属性提取"对话框，如下图所示。

生成一个文件，每个记录中的字段用逗号分隔，字符字段用"单引号"

文件中包含的记录与图形中的块参数一一对应，每个记录的字段宽度固定，不需要字段分隔符号或者字符串分隔符

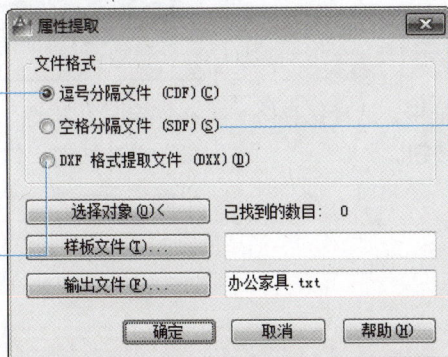

生成图形文件格式，其中包括块参照、属性和序列结束对象

相关练习 | 提取图块属性

在AutoCAD 2012中，可使用"提取图块属性"命令，将图块中的属性信息插入至图形中，也可将其导入其他软件例如Excel软件中。

原始文件：实例文件\第6章\原始文件\办公室平面图.dwg
最终文件：实例文件\第6章\最终文件\办公室平面图\办公室平面图.xls、图块数据提取.dxe

STEP 01 打开原始文件

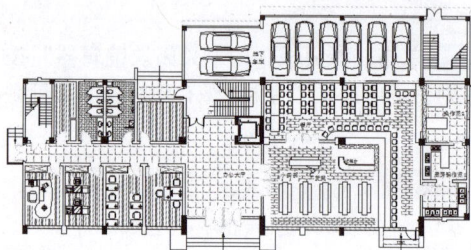

启动AutoCAD 2012软件，打开原始文件"办公室平面图"。

STEP 02 创建新数据提取

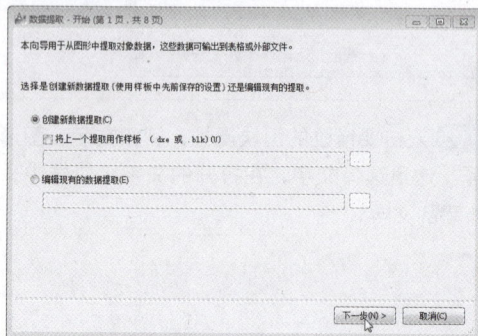

在"插入"选项卡中的"链接和提取"面板中单击"提取数据"按钮，打开"数据提取"对话框，选择"创新数据提取"单选按钮，单击"下一步"按钮。

STEP 03 保存数据

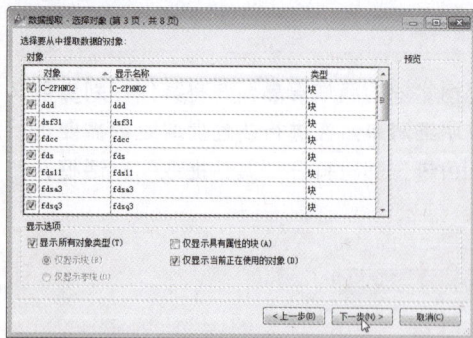

在"将数据提取另存为"对话框中，选择保存路径及保存名称，单击"保存"按钮。

STEP 04 定义数据源

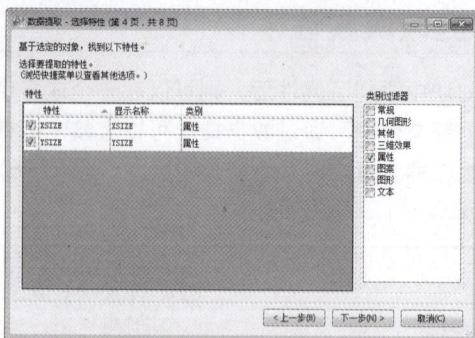

在"定义数据源"对话框中，单击"图形/图纸集"单选按钮，勾选"包括当前图形"复选框，单击"下一步"按钮。

STEP 05 选择对象

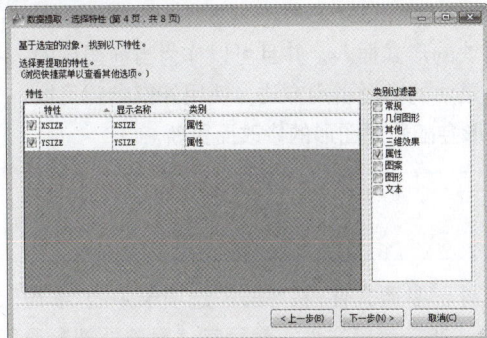

稍等片刻后在"选择对象"对话框中勾选全部对象，单击"下一步"按钮。

STEP 06 选择特性

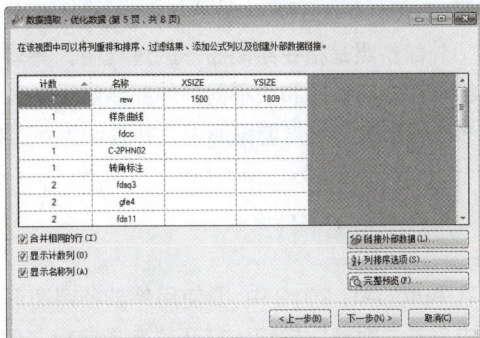

在打开的"选择特性"对话框中，勾选右侧"属性"复选框，单击"下一步"按钮。

STEP 07 优化数据

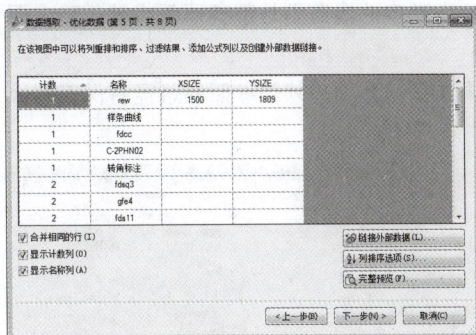

在打开的"优化数据"对话框中，单击"下一步"按钮，开始进行数据提取。

STEP 08 选择输出

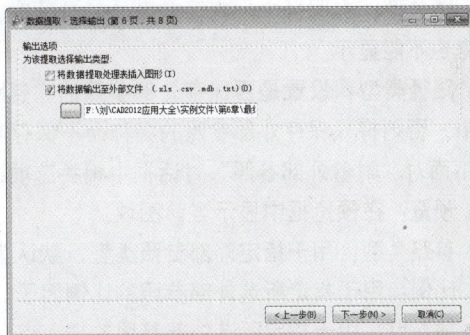

勾选"将数据输出至外部文件"复选框，选择保存的路径，单击"下一步"按钮。

STEP 09 完成提取

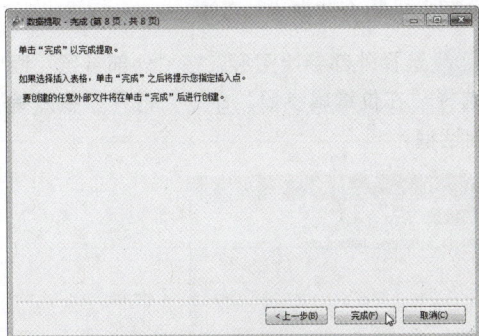

在打开的"完成"对话框中单击"完成"按钮。

STEP 10 打开提取文件

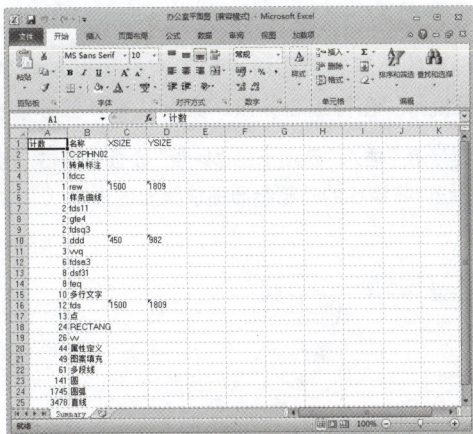

启动Excel软件，打开所提取的块属性文件，即可看到所提取的数据信息。

Lesson 03　外部参照

外部参照是指在绘制图形的过程中，将其他图形以块的形式插入，并且可以作为当前图形的一部分。外部参照和块不同，外部参照提供了一种更为灵活的图形引用方法。使用外部参照可以将多个图形链接到当前图形中，并且作为外部参照的图形会随着原图形的修改而更新。

01　外部参照附着

在 AutoCAD 2012 中，要使用外部参照图形先要附着外部参照文件，在"插入"选项卡中的"参照"面板中单击"附着"按钮，打开"选择参照文件"对话框，选择参照文件，然后在"附着外部参照"对话框中，将图形文件以外部参照的形式插入到当前的图形中，如下右图所示。

外部参照类型分为三种，分别为"附着型"、"覆盖型"以及"路径类型"。

● 附着型：在图形中附着附加型的外部参照时，如果其中嵌套有其他外部参照，则将嵌套的外部参照包含在内。

● 覆盖型：在图形中附着覆盖型外部参照时，任何嵌套在其中的覆盖型外部参照都将被忽略，而且本身也不能显示。

● 路径类型：设置是否保存外部参照的完整路径。如果选择该选项，外部参照的路径将保存到数据库中，否则将只保存外部参照的名称而不保存其路径。

下面对"附着外部参照"对话框中相关选项进行说明。

● 预览：在预览框中显示当前图块。

● 参照类型：用于指定外部参照类型，默认为"附着型"。

● 比例：用于指定所选外部参照的比例因子。

● 插入点：用于指定所选外部参照的插入点。

● 路径类型：用于指定外部参照的路径类型。

● 旋转：为外部参照引用指定旋转角度。

● 块单位：显示图块的尺寸单位。

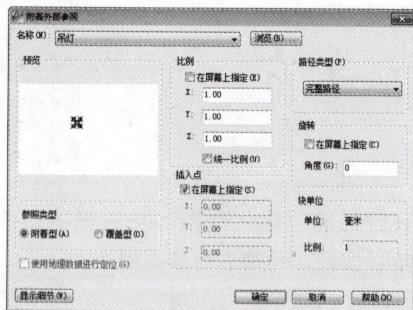

02　编辑外部参照

创建的外部参照图块在绘图窗口中以灰色显示，并且为一整块图形。若需对该参照图形进行编辑，可执行"在位编辑参照"命令。当外部参照更改后，参照文件也会随着发生改变。

STEP 01 在"插入"选项卡的"参照"面板中单击"附着"按钮，将添加的外部参照图块插入图形中。

STEP 02 选择外部参照图形，在"外部参照"面板中选择"在位编辑参照"命令，打开"参照编辑"对话框。

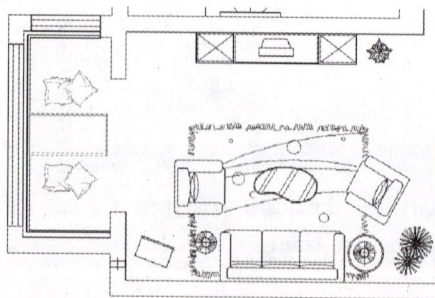

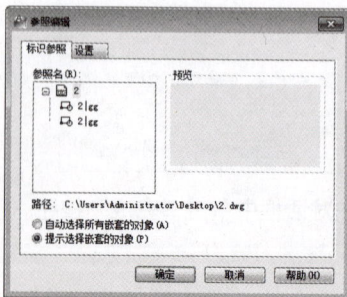

STEP 03 在"参照名"列表中，选择相对应的参照图形，单击"确定"按钮，在绘图窗口中框选所需编辑的图形范围。

STEP 04 在框选的范围内，即可对其修改编辑，完成后在"编辑参照"面板中单击"保存修改"按钮，即可将其保存。

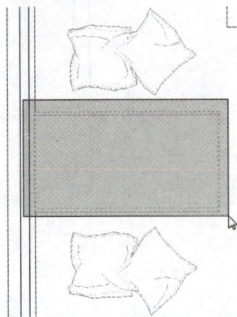

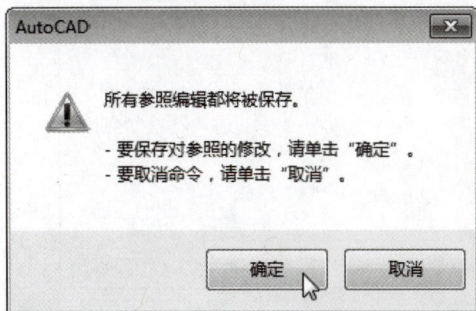

工程师点拨 | 不能编辑打开的外部参照

　　在编辑外部参照的时候，外部参照文件必须处于关闭状态，如果外部参照处于打开状态，程序会提示图形已存在文件锁。保存编辑外部照后的文件，外部参照也会随着一起更新。

相关练习 | 编辑外部参照图块

下面以修改沙发外部图块为例介绍编辑外部参照图块的操作方法。

原始文件：实例文件\第6章\原始文件\客厅平面.dwg
最终文件：实例文件\第6章\最终文件\办公室平面\编辑外部参照图块.dwg

STEP 01 打开原始文件

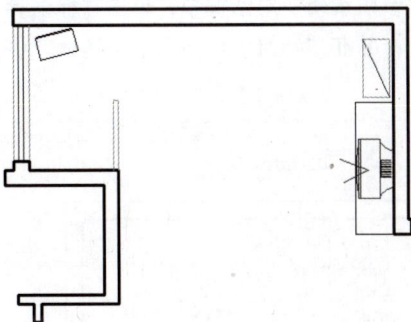

启动AutoCAD 2012，打开原始文件"客厅平面"。

STEP 02 选择参照文件

在"插入"选项卡的"参照"面板中单击"附着"按钮，打开"选择参照文件"对话框，选择路径为实例文件\第6章\素材\沙发的素材文件，单击"打开"按钮。

STEP 03 附着外部参照

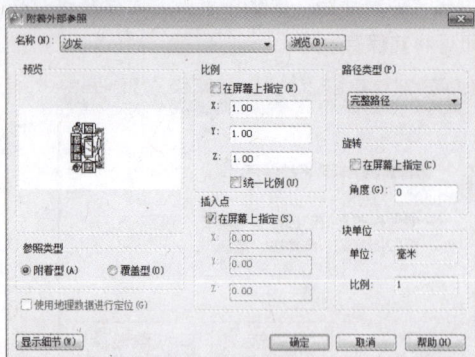

在"附着外部参照"对话框中单击"确定"按钮。

STEP 04 插入沙发图块

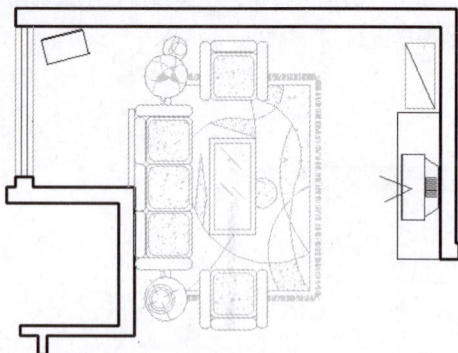

在绘图窗口中,指定沙发插入点,然后按Z+空格+A+空格,将视图全屏显示,并调整沙发图形的位置。

STEP 05 在位编辑参照

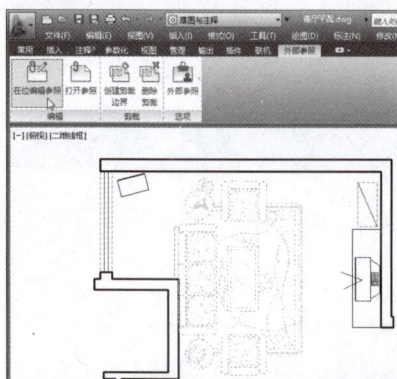

选择沙发图块,在打开的"外部参照"选项卡中单击"编辑"面板中的"在位编辑参照"按钮。

STEP 06 参照编辑

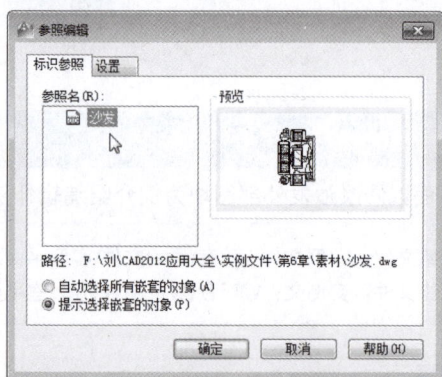

在打开的"参照编辑"对话框中,单击"标识参照"选项卡,并在"参照名"列表中,选择"沙发"图形。

STEP 07 框选嵌套图形对象

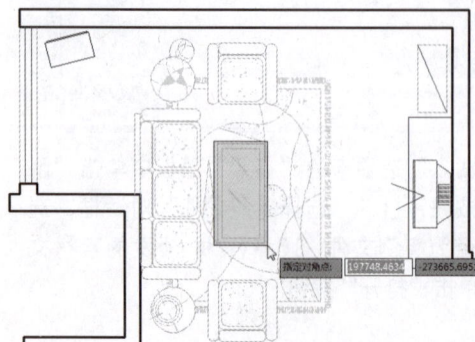

单击"确定"按钮,在绘图窗口中框选沙发所需修改的部分。

STEP 08 修改框选图形

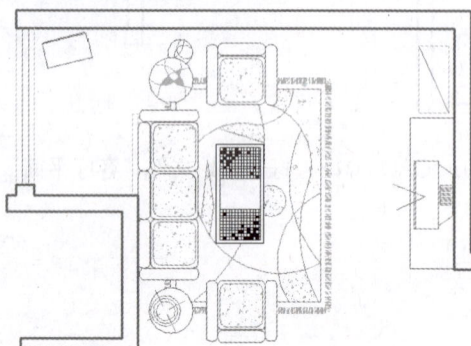

按空格键,即可对当前所选择的图形进行修改编辑了。

STEP 09 保存修改图形

修改完成后，在"编辑参照"面板中单击"保存修改"按钮，在打开的系统提示框中，单击"确定"按钮，完成保存。

STEP 10 完成操作

退出参照的编辑状态，可以看到所有参照也随之更新了。

03 参照管理器

用户使用参照管理器可以查看附着到DWG文件的文件参照，也可以编辑附件的路径。参照管理器是一种外部应用程序，使用户可以检查图形文件可能附着的任何文件。参照管理器报告的特性包括：文件类型、状态、文件名、参照名、保存路径、找到路径、宿主版本等信息。

STEP 01 在系统菜单中执行"开始 > 所有程序 > Autodesk > AutoCAD 2012-Simplifide chinese > 参照管理器"命令，打开"参照管理器"对话框。

STEP 02 在该对话框中，单击"添加图形"按钮，并在"添加图形"对话框中，选择所要添加的图形文件。

STEP 03 单击"打开"按钮，在"参照管理器-添加外部参照"提示对话框中，选择"自动添加所有外部参照，而不管嵌套级别"选项。

STEP 04 稍等片刻，系统将会自动显示出该图形所有参照图块来。

Lesson 04　动态图块

　　动态图块是带有一个或多个动作的图块，选择动态图块可以利用定义的移动、缩放、拉伸、旋转、翻转、陈列和查询等动作很方便地改变块中元素的位置、尺寸和属性，并保持块的完整性不变，动态块可以反映出图块在不同方位的效果。

01　创建动态块

　　在创建动态块时可选择现有的块为动态块，也可以新建动态块。

　　动态块具有灵活性和智能性的特点。用户在操作时可以轻松地更改图形中的动态块参照，可以通过自定义夹点或自定义特性来操作几何图形。这使得用户可以根据需要调整块参照，而不用搜索另一个块以插入或重定义现有的块。

　　（1）规划动态块的内容。在创建动态块之前首先需要了解其外观以及在图形中的使用方式，确定当操作动态块参照时块中的哪些对象会更改或移动。另外，还要确定这些对象将如何更改。

　　（2）绘制几何图形。创建动态块的几何图形可以自己绘制，也可以使用图形中的几何图形或图块。

　　（3）了解元素如何共同作用。在向块定义中添加参数和动作之前，应该了解它们之间以及它们与块中的几何图形的相关性。在添加动作时，需要将动作与参数以及几何图形的选择集相关联。

　　（4）添加动态块的参数。按命令提示向动态块中添加适当的参数。

　　（5）向块中添加动作。向动态块中添加适当的动作，按照命令提示进行操作，确保将动作与正确的参数和几何图形相关联。

　　（6）定义动态块参照方式。可以指定在图形中操作动态块参照的方式，也可以通过自定义夹点和特性来操作动态块参照。

　　（7）保存并在图中进行测试。保存动态块然后将动态块参照插入到一个图形中，并测试该块的功能。

02　使用参数

　　向动态块定义添加参数可定义块的自定义特性，指定几何图形在块中的位置、距离和角度。在"插入"选项卡的"块定义"面板中单击"块编辑器"按钮，打开"编辑块定义"对话框，在该对话框中选择一个要定义的块后，单击"确定"按钮，即可打开"块编辑器"选项卡，如下图所示。

　　在打开的块编写选项板，"参数"选项卡包括了10种参数类型，如下右图所示。具体的参数类型及说明如下。

- 点：在图形中定义一个 X 和 Y 位置。在块编辑器中，外观类似于坐标标注。
- 线性：线性参数显示两个目标点之间的距离，约束夹点沿预置角度进行移动。
- 极轴：极轴参数显示两个目标点之间的距离和角度，可以使用夹点和"特性"选项板来共同更改距离值和角度值。

- XY ：XY 参数显示距参数基准点的 X 距离和 Y 距离。
- 旋转 ：用于定义角度。在块编辑器中，旋转参数显示为一个圆。
- 对齐 ：用于定义 X 位置、Y 位置和角度，对齐参数总是应用于整个块，并且无需与任何动作相关联。
- 翻转 ：用于翻转对象。在块编辑器中，翻转参数显示为投影线，可以围绕这条投影线翻转对象。
- 可见性 ：允许用户创建可见性状态并控制对象在块中的可见性，可见性参数总是应用于整个块，并且无需与任何动作相关联，在图形中单击夹点可以显示块参照中所有可见性状态的列表。
- 查寻 ：用于定义自定义特性，用户可以指定或设置该特性，以便从定义的列表或表格中计算出某个值。
- 基点 ：在动态块参照中相对于该块中的几何图形定义一个基准点。

向块中添加参数后，夹点将被添加到参数的相关位置处，可以使用关键点操作动态块。向块中添加不同的参数将显示不同的夹点，动作和夹点之间的关系如表6-1所示。

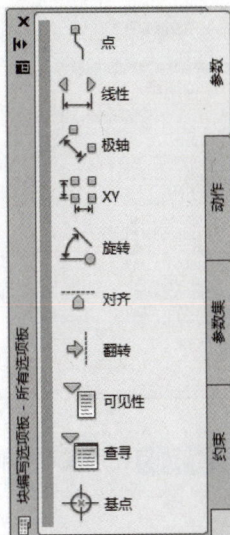

表6-1 参数、动作和夹点之间的关系

参数类型	夹点类型	支持的动作
点		移动、拉伸
线性		移动、缩放、拉伸、阵列
极轴		移动、缩放、拉伸、阵列、极轴拉伸
XY		移动、缩放、拉伸、阵列
旋转		旋转
对齐		无
翻转		翻转
可见性		无
查询		查询
基点		无

下面举例来对其操作进行介绍。

STEP 01 在"插入"选项卡的"块定义"面板中单击"块编辑器"按钮，打开"编辑块定义"对话框。

STEP 02 在该对话框中，选择要编辑的块，单击"确定"按钮，切换至"块编辑器"选项卡。

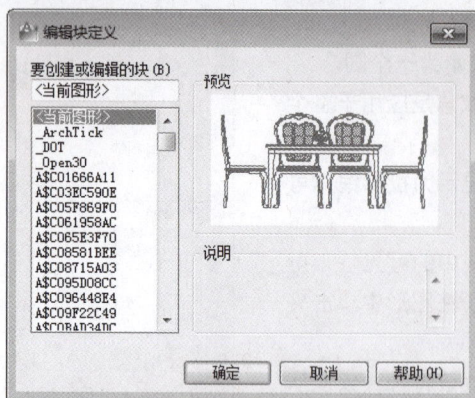

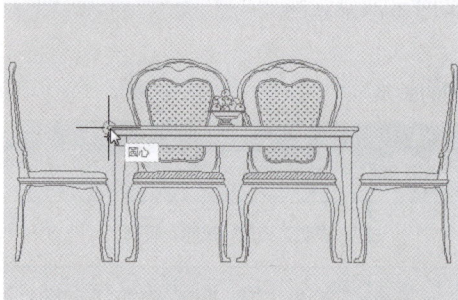

STEP 03 在块编写选项板中，单击"线性"命令，捕捉第一测量点。

STEP 04 然后在绘图窗口中捕捉第二测量点。

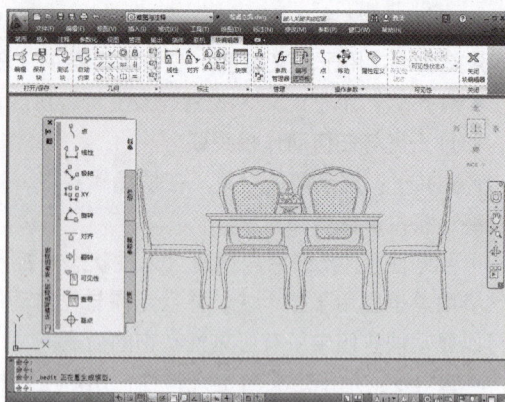

STEP 05 捕捉完成后，移动光标至合适位置。

STEP 06 在"打开/保存"面板中单击"保存块"按钮，将图块保存。

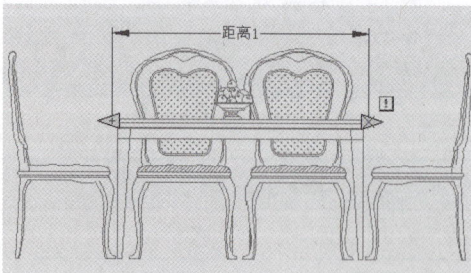

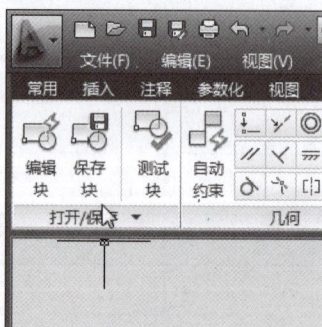

03 使用动作

　　动作主要用于定义在图形中操作动态块参照的自定义特性时，该块参照的几何图形将如何移动或修改。动态块通常至少包含一个动作。在块编写选项板中的"动作"选项卡中列举了可以向块中添加的动作类型，如下右图所示。下面将分别对动作类型进行说明。

- 移动：与点参数、线性参数、极轴参数或XY参数关联时，将该动作添加到动态块定义中。
- 缩放：缩放动作与线性参数、极轴参数或XY参数关联时，将该动作添加到动态块定义中。
- 拉伸：将拉伸动作与点参数、线性参数、极轴参数或XY参数关联时，将该动作添加到动态块定义中，拉伸动作将使对象在指定的位置处移动和拉伸指定的距离。

● 极轴拉伸：极轴拉伸动作与极轴参数关联时，将该动作添加到动态块定义中。当通过夹点或"特性"选项板更改关联的极轴参数上的关键点时，极轴拉伸动作将使对象旋转、移动和拉伸指定的角度和距离。

● 旋转：当旋转动作与旋转参数关联时，将该动作添加到动态块定义中。旋转动作类似于ROTATE命令。

● 翻转：当翻转动作与翻转参数关联时，将该动作添加到动态块定义中。使用翻转动作可以围绕指定的轴（称为投影线）翻转动态块参照。

● 阵列：阵列动作与线性参数、极轴参数或XY参数关联时将该动作添加到动态块定义中。通过夹点或"特性"选项板编辑关联的参数时，阵列动作将复制关联的对象并按矩形的方式进行阵列。

● 查询：将查寻动作添加到动态块定义中并将其与查寻参数相关联，它将创建一个查寻表，可以使用查寻表指定动态块的自定义特性和值。

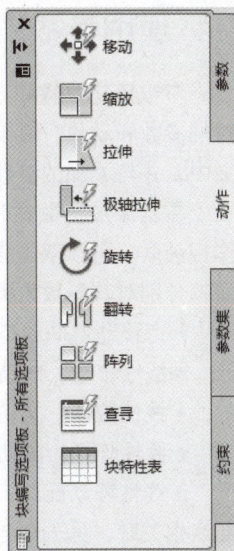

STEP 01 在块编写选项板中，切换至"动作"选项卡，选择"翻转"命令。

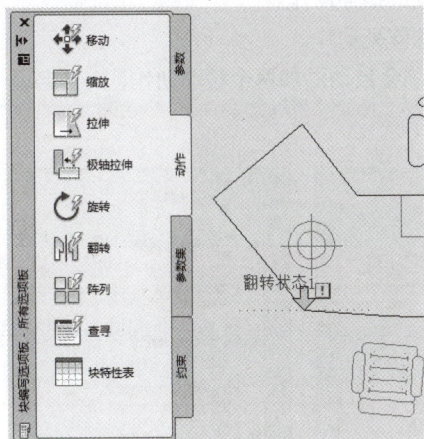

STEP 02 在绘图窗口中选择翻转参数，按Enter键。

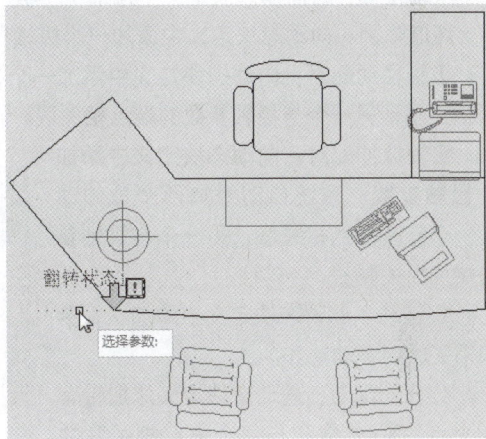

STEP 03 在绘图窗口中选择要翻转的图形对象。

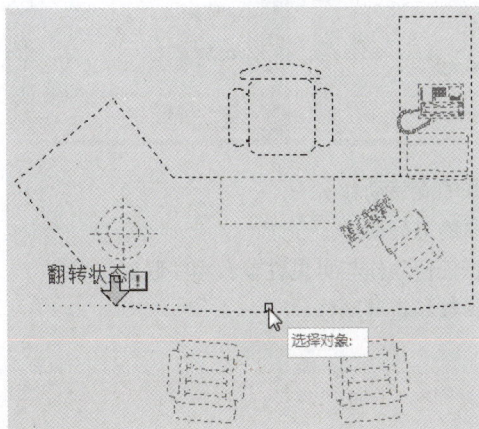

STEP 04 选择好后按Enter键，此时在图形下方将显示翻转动作标识。

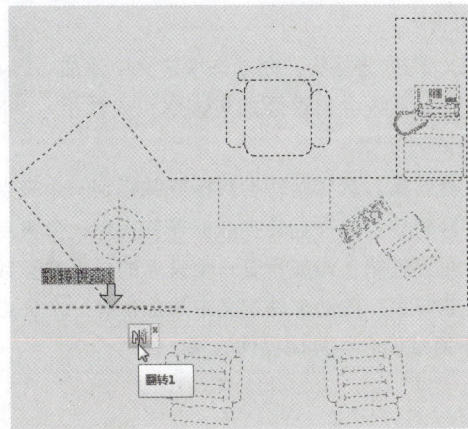

04 使用参数集

　　参数集是参数和动作的组合，在块编写选项板中的"参数集"选项卡中可以向动态块定义添加成对的参数和动作，其操作方法与添加参数和动作的方法相同。参数集中包含的动作将自动添加到块定义中，并与添加的参数相关联。

　　首次添加参数集时，每个动作旁边都会显示一个黄色警告图标，表示用户需要将选择集与各个动作相关联。可以双击该黄色警示图标，然后按照命令提示将动作与选择集相关联，如下右图所示。下面将分别对其参数集类型进行说明。

- 点移动：向动态块定义中添加一个点参数和相关联的移动动作。
- 线性移动：向动态块定义中添加一个线性参数和相关联的移动动作。
- 线性拉伸：向动态块定义中添加一个线性参数和关联的拉伸动作。
- 线性阵列：向动态块定义中添加一个线性参数和相关联的阵列动作。
- 线性移动配对：向动态块定义中添加一个线性参数，系统会自动添加两个移动动作，一个与基准点相关联，另一个与线性参数的端点相关联。
- 线性拉伸配对：向动态块定义添加带有两个夹点的线性参数和与每个夹点相关联的拉伸动作。
- 极轴移动：向动态块定义中添加一个极轴参数和相关联的移动动作。
- 极轴拉伸：将向动态块定义中添加一个极轴参数和相关联的拉伸动作。
- 环形阵列：向动态块定义中添加一个极轴参数和相关联的阵列动作。
- 极轴移动配对：向动态块定义中添加一个极轴参数，系统会自动添加两个移动动作，一个与基准点相关联，另一个与极轴参数的端点相关联。
- 极轴拉伸配对：向动态块定义中添加一个极轴参数，系统自动添加两个拉伸动作，一个与基准点相关联，另一个与极轴参数的端点相关联。

- XY移动：向动态块定义中添加 XY 参数和相关联的移动动作。
- XY移动配对：向动态块定义添加带有两个夹点的XY参数和与每个夹点相关联的移动动作。
- XY移动方格集：向动态块定义添加带有四个夹点的XY参数和与每个夹点相关联的拉伸动作。
- XY阵列方格集：向动态块定义中添加 XY 参数，系统会自动添加与该 XY 参数相关联的阵列动作。

- 旋转集：选择旋转参数标签并指定一个夹点和相关联的旋转动作。
- 翻转集：选择翻转参数标签并指定一个夹点和相关联的翻转动作。
- 可见性集：添加带有一个夹点的可见性参数，无需将任何动作与可见性参数相关联。
- 查寻集：向动态块定义中添加带有一个夹点的查寻参数和查寻动作。

下面举例介绍具体操作方法。

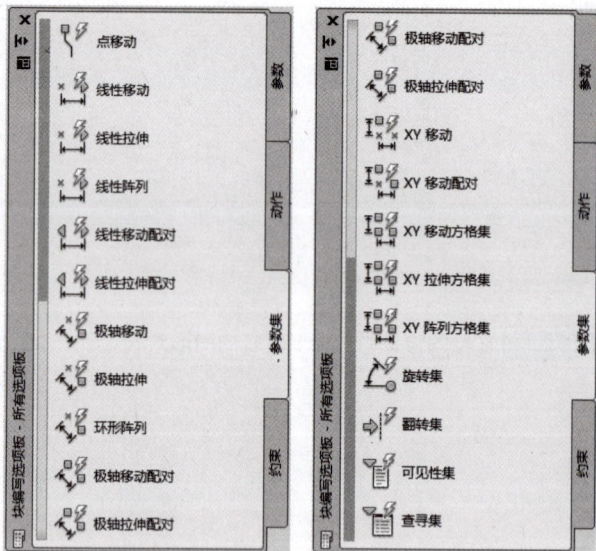

STEP 01 在块编写选项板中，单击"参数集"标签，选择"可见性集"命令。

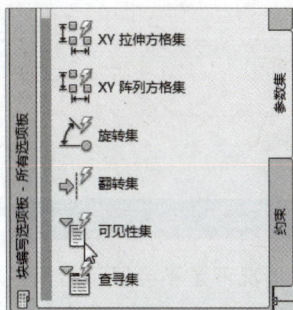

STEP 02 根据命令窗口中的提示，在绘图窗口中指定参数位置点。

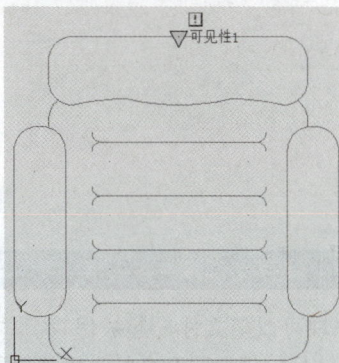

STEP 03 双击参考点的"可见性集"图标。

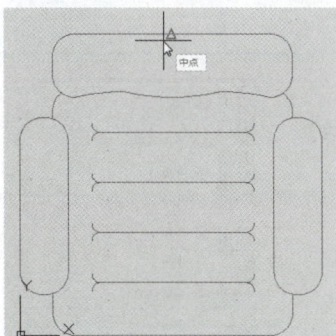

STEP 04 在打开的"可见性集"对话框中，单击"新建"按钮。

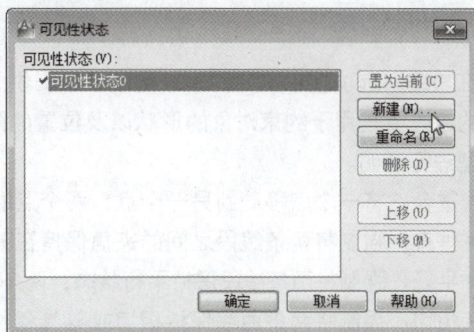

STEP 05 在打开的"新建可见性状态"对话框中，单击"在新状态中隐藏所有现有对象"单选按钮，单击"确定"按钮。

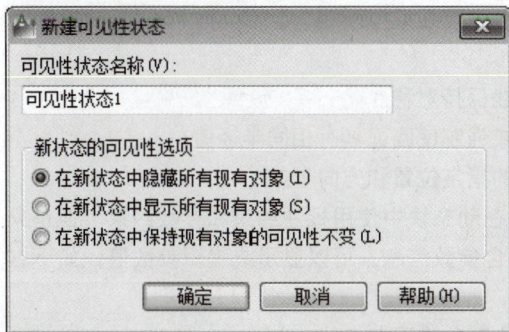

STEP 06 选择一个可见性状态，在"可见性状态"对话框中，单击"确定"按钮。

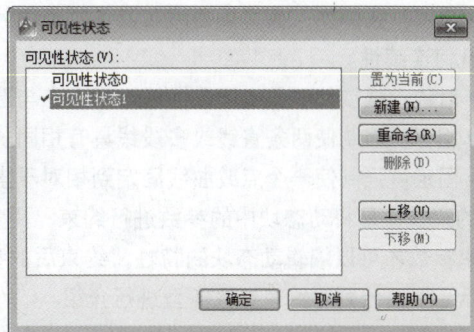

STEP 07 此时动态块已被隐藏，在"打开/保存"面板中单击"保存块"按钮，将当前参数集保存。

STEP 08 退出"块编辑器"，选择块对象，并单击可见性夹点，在下拉菜单中，用户即可选择可见性状态选项。

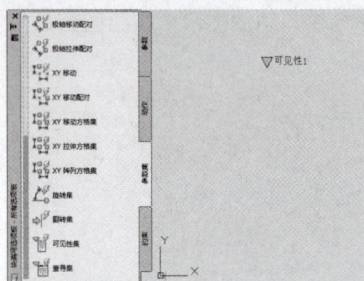

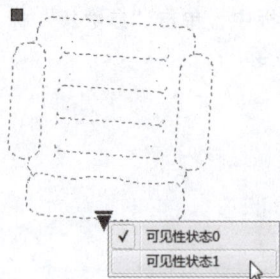

工程师点拨 | 保存动态块

　　创建的动态块可以随文件一起被保存。"块编辑器"选项卡在常规情况下是不会显示出来的，只有在执行"块编辑器"命令的时候才会被激活。在"块编辑器"选项卡下的"打开/保存"面板中单击"保存块"按钮，程序将弹出提示警告提醒用户是否要保存所做的更改。

05 使用约束

　　在块编写选项板中的"约束"选项卡中提供了几何约束和参数约束。几何约束主要是用于约束对象的形状以及位置的限制。下面将分别对其约束类型进行说明。

- 重合：将一个点移动到另一个点，两个点的位置是一样的。
- 垂直：强制将两条线段之间的夹角保持在90°。
- 平行：强制将两条线段保持平行状态，两条线段无交点或延伸交点。
- 相切：强制将两条曲线保持相切或与其延长线保持相切。
- 水平：强制使一条直线或一对点与当前UCS的X轴保持平行。
- 竖直：强制使一条直线或一对点与当前UCS的Y轴保持平行。
- 共线：强制使两条直线位于同一条无限长的直线上。
- 同心：约束选定中心的圆弧或圆，使其保持同一中心点。
- 平滑：强制使一条样条曲线与其他样条曲线、直线、圆弧或多段线保持几何连续性。

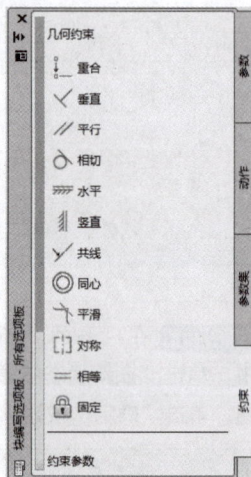

- 对称：强制使对象上两条曲线或两个点与选定直线保持对称。
- 相等：强制使两条直线或多段线具有相同长度，或强制使圆弧具有相同半径值。
- 固定：强制使一个点或曲线固定到相对于坐标系的指定位置和方向上。

　　约束参数是将动态块中的参数进行约束，用户可以在动态块中使用标注约束和参数约束，但是只有约束参数才可以编辑动态块的特性。约束后的参数包含参数信息，可以显示或编辑参数值，如下右图所示。下面分别对约束参数类型进行介绍。

- 对齐：用于控制一个对象上的两点、一个点与一个对象或两条直线段之间的距离。
- 水平：用于控制一个对象上的两点或两个对象之间的X方向距离。
- 竖直：用于控制一个对象上的两点或两个对象之间的Y方向距离。
- 角度：主要用于控制两条直线或多段线之间的圆弧夹角的角度值。
- 半径：主要用于控制圆、圆弧的半径值。
- 直径：主要用于控制圆、圆弧的直径值。

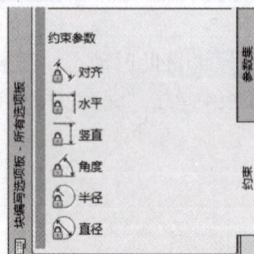

相关练习 | 创建动态图块

下面将以机械零件图为例介绍创建动态图块的操作步骤。

原始文件：实例文件\第6章\原始文件\机械零件图.dwg
最终文件：实例文件\第6章\最终文件\办公室平面\创建动态图块.dwg

STEP 01 打开原始文件

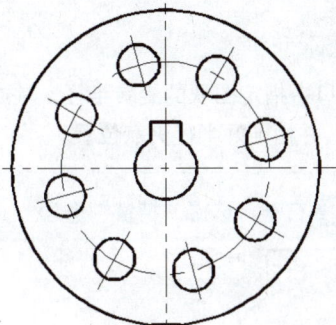

启动AutoCAD 2012软件，打开原始文件"机械零件图.dwg"。

STEP 02 打开"编辑块定义"对话框

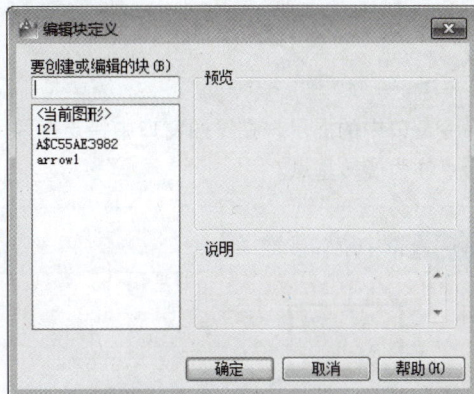

在"插入"选项卡的"块定义"面板中单击"块编辑器"按钮，打开"编辑块定义"对话框。

STEP 03 选择编辑的图块

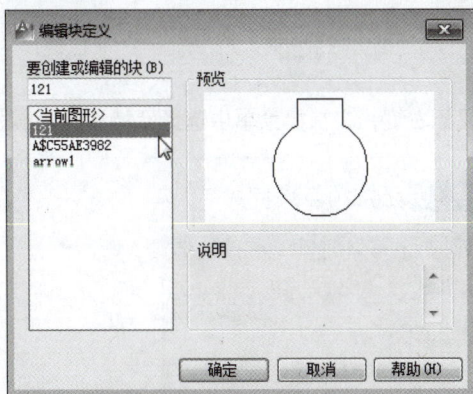

在打开的"编辑块定义"对话框中，选择所需编辑的图块，单击"确定"按钮。

STEP 04 选择"旋转"命令

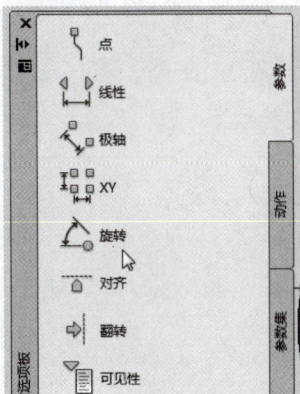

在打开的块编写选项板中，选择"参数"选项卡，选择"旋转"命令。

STEP 05 指定旋转基点

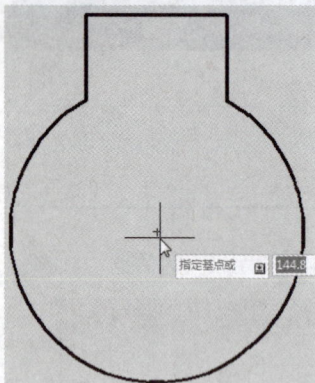

根据命令窗口中的提示，在绘图窗口中指定图块
的圆心点作为旋转基点。

STEP 06 指定旋转半径

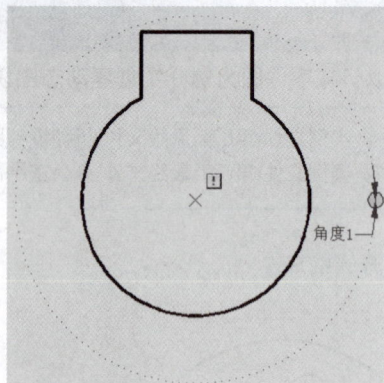

在绘图窗口中指定图块的旋转半径，其旋转角度
为360°，并指定好半径夹点位置。

STEP 07 选中旋转参数

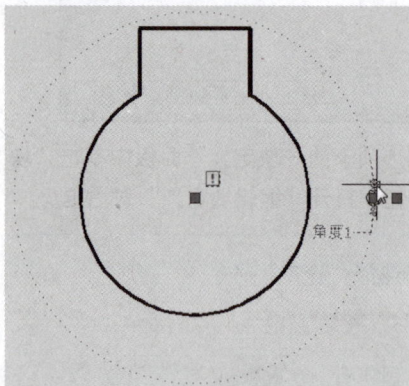

在绘图窗口中选择旋转参数。

STEP 08 右键，选择"特性"选项

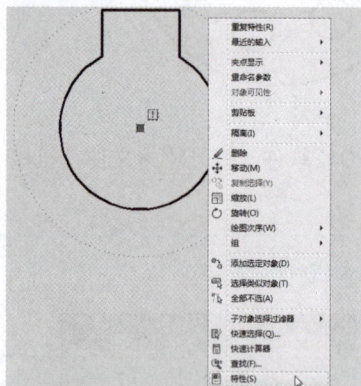

单击鼠标右键，在快捷菜单中选择"特性"选项。

STEP 09 修改角度类型

在"特性"选项板中，选择"值集"选项下的"角
度类型"下拉按钮，选择"列表"选项。

STEP 10 添加角度列表

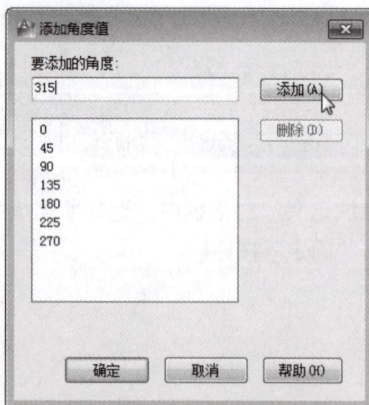

在"添加角度值"对话框中输入添加的角度
值，单击"添加"按钮添加到下方列表中。

STEP 11 选择"旋转"动作

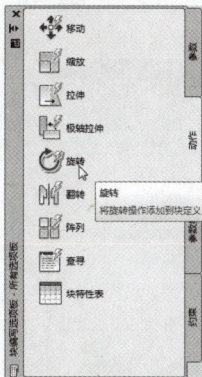

单击"确定"按钮完成添加，其后在块编写选项卡中，选择"动作"选项卡，并选择"旋转"命令。

STEP 12 选择旋转参数

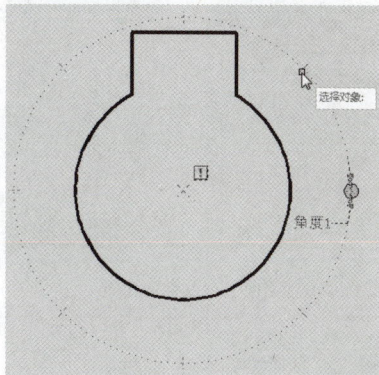

在绘图窗口中，选择图块的旋转参数，此时参数以虚线显示。

STEP 13 框选图块

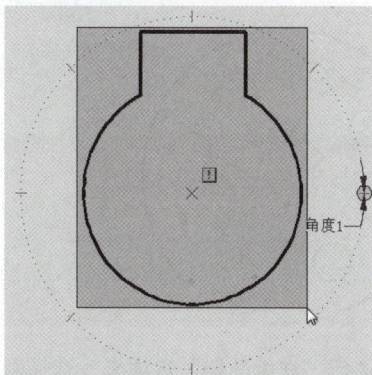

选择完成后，按Enter键，并根据命令窗口的提示，框选图块为对象。

STEP 14 选择"查寻"命令

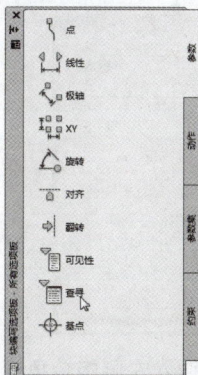

在块编写选项板中，单击"参数"选项卡中的"查寻"命令。

STEP 15 选择查寻参数

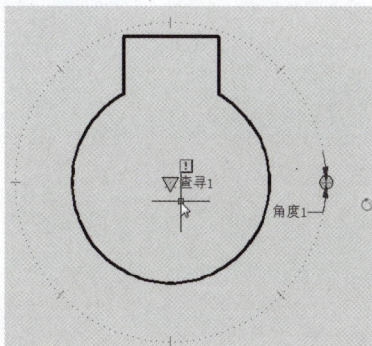

在绘图窗口中指定图块中的一点为查寻基准点。

STEP 16 选择查寻动作

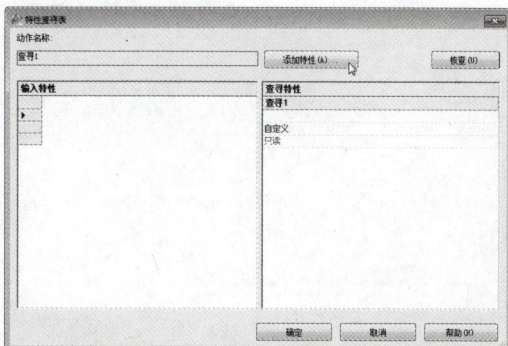

在"动作"选项卡中单击"查寻"按钮，选择查寻参数符号，在"特性查寻表"对话框中，单击"添加特性"按钮。

添加参数特性

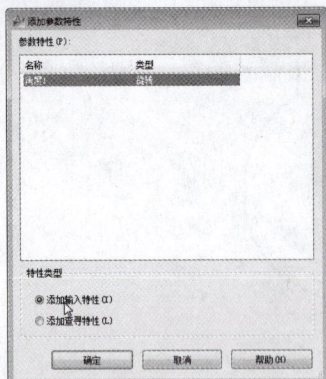

在"添加参数特性"对话框中,单击"添加输入特性"单选按钮,并单击"确定"按钮。

输入特性

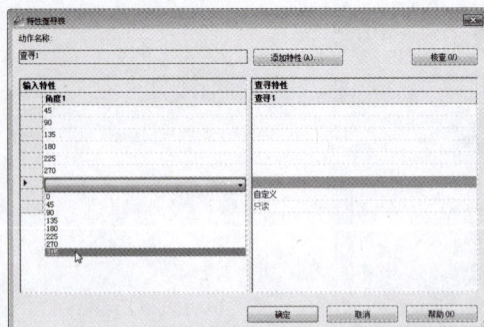

激活"输入特性"文本框,在下拉列表中,将所有添加的角度值添加至此。

输入查寻特性

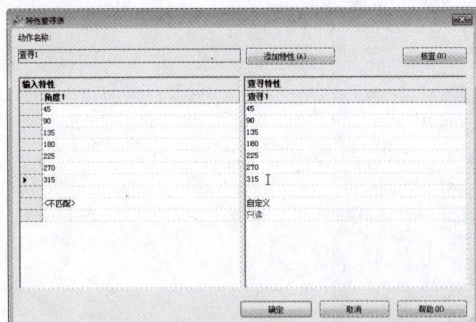

在"查寻特性"文本框中依次输入左侧旋转角度值,单击"确定"按钮。

保存图块,完成创建

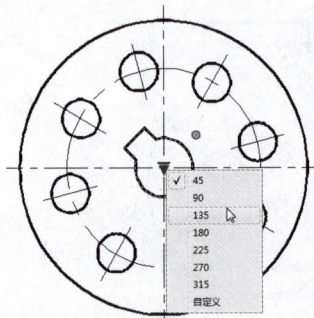

保存动态块,关闭"块编辑器"选项卡,选择刚创建的动态块,单击"查寻"夹点,在下拉列表中,选择角度值,即可自动旋转。

Q&A 工程技术问答

图块和外部参照的使用，是本章学习的重点。在运用过程中，会遇到一些相应的问题，如图块的修改、外部参照的删除以及设计中心的使用，都是要解决的问题。

Q01： 如何修改图块？

A01： 不少用户通常都是先将图块进行分解，然后将图块进行编辑修改，最后再使用"创建块"命令，将修改好的图块创建成新块。这是一种方法，但是较为繁琐，若利用"编辑外部参照图块"的方法更为简便。具体操作方法如下。

STEP 01 打开所需修改的图块，在命令窗口中输入命令REFEDIT，按Enter键确定，在绘图窗口中选择图块。

STEP 02 在打开的"参照编辑"对话框中，选择当前图块，单击"确定"按钮。

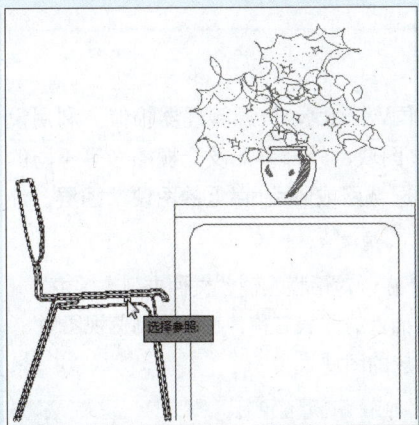

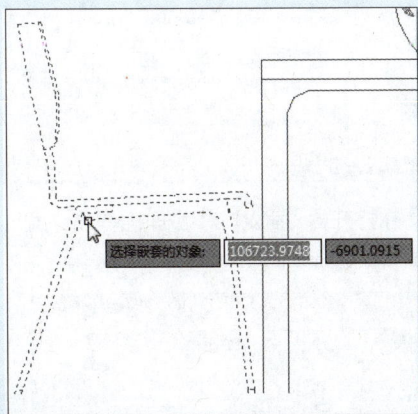

STEP 03 根据命令窗口的提示，选择图 块中需修改的线段，按Enter键，即可对其更改。

STEP 04 修改完成后，在"编辑参照"面板中单击"保存修改"按钮，在打开的提示窗口中，单击"确定"按钮，即可完成修改操作。

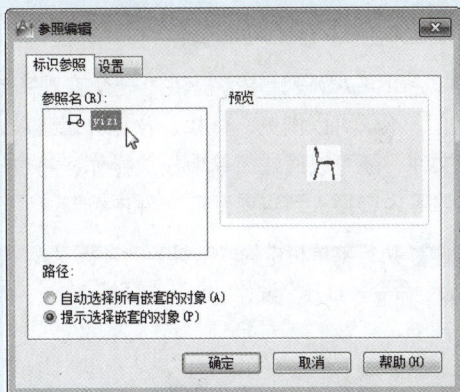

Q02： 如何删除外部参照？

A02： 要从图形中完全删除外部参照，就需要拆散它们。使用"拆离"命令，即可删除外部参照和所有关联信息，其操作步骤如下。

STEP 01 单击"插入 > 外部参照"命令,打开"外部参照"选项板。

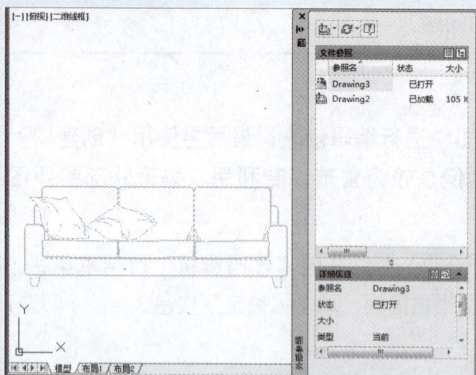

STEP 02 右击所需删除的文件参照,在打开的快捷菜单中,选择"拆离"选项即可。

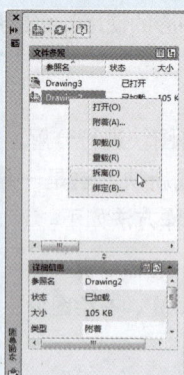

Q03: 如何使用AutoCAD设计中心?

A03: AutoCAD设计中心提供了一个直观高效的工具,它同Windows资源管理器相似。利用设计中心,不仅可以浏览、查找、预览和管理AutoCAD图形、图块、外部参照及光栅图形等不同的资源文件,还可以通过简单地拖放操作,将位于本计算机、局域网或Internet上的图块、图层、外部参照等内容插入到当前图形文件中。

STEP 01 执行菜单栏中的"工具 > 选项板 > 设计中心"命令,打开"设计中心"选项板。

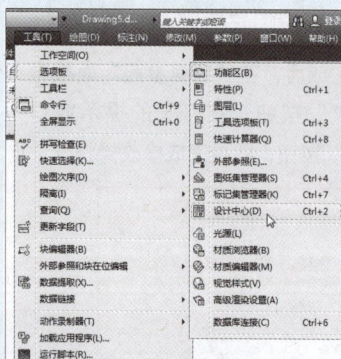

STEP 02 在该对话框左侧"文件夹列表"中,选择所需插入的图块名称,在右侧浏览视图中会显示相应的图块。

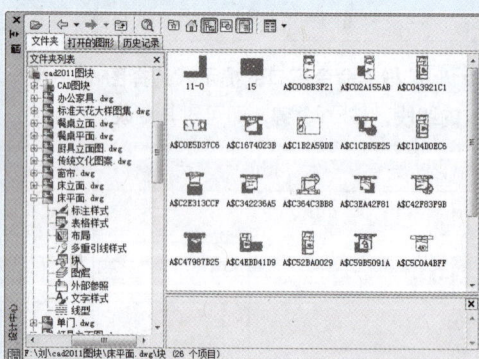

STEP 03 在图块视图中,选择所需的图块对象,单击鼠标右键,选择"插入块"选项。

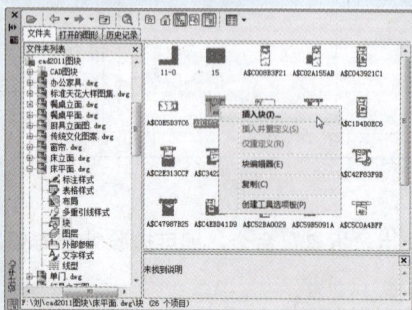

STEP 04 在打开的"插入"对话框中,单击"确定"按钮,即可完成插入操作。

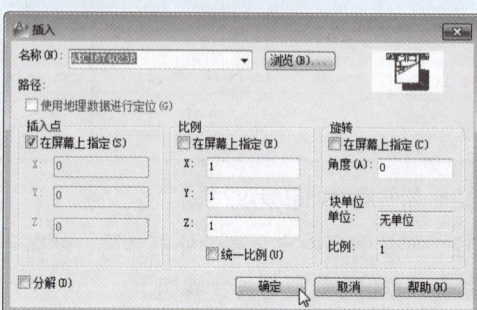

AutoCAD 2012
文字标注与尺寸标注

图形绘制完成后通常会添加文字到图形中,用于表达各种信息,而尺寸标注则是向图形中添加的测量注释,它们是一张完整的设计图纸中不可缺少的重要组成部分。而在对图像进行标注前,需要进行标注样式的设置。

客厅平面布置图 1：100

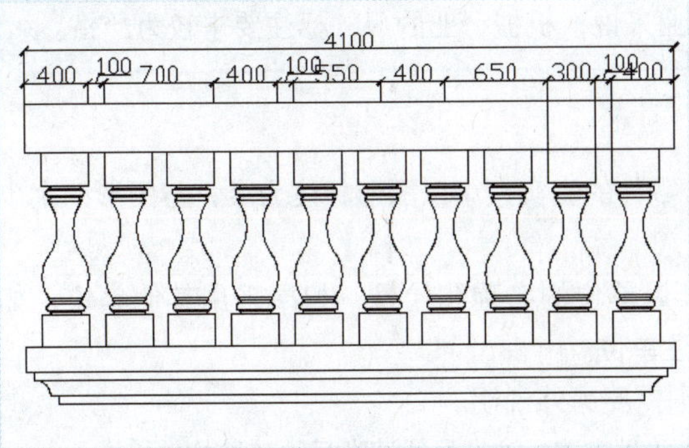

05 扶手尺寸标注

扶手的尺寸标注应用了"连续标注"和"基线标注"命令。

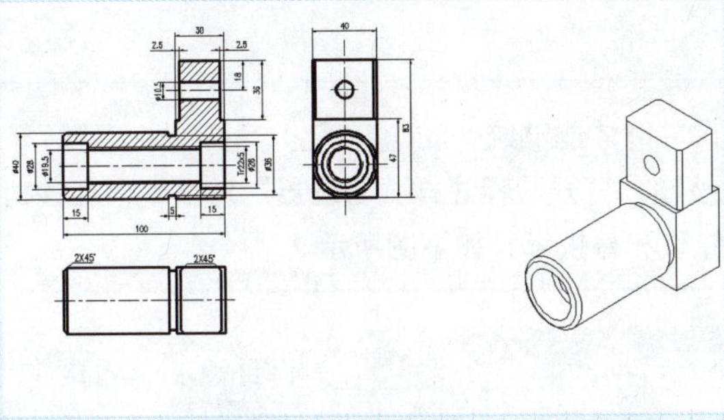

06 机械零件尺寸标注

此零件的俯视面、正立面、左立面进行了详细的尺寸标注。

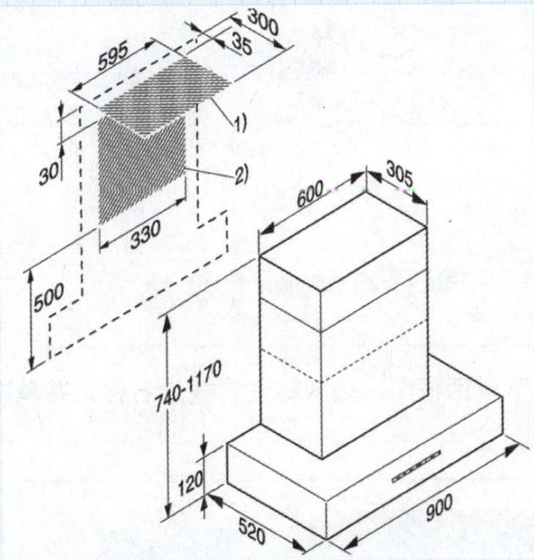

07 三维尺寸标注

立体图形也可以运用尺寸标注,但要避免凌乱。

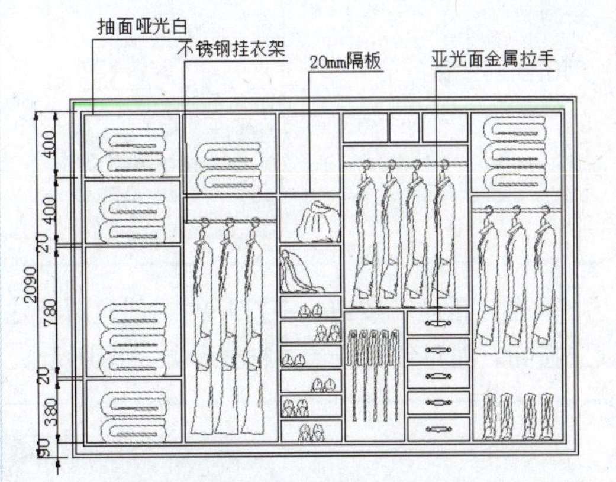

08 衣柜尺寸标注

衣柜立面图中既有尺寸标注,也有文字注释。

Lesson 01　基本尺寸标注

在AutoCAD 2012中为图形标注尺寸是不可缺少的部分，尺寸标注能够直观地反映出图形尺寸。每个行业的标注标准不太相同，相对于其他行业来说，机械行业的尺寸标注要求较为严格。

下面以机械制图为例介绍其标注原则。

- 图形按照1:1的比例，与零件的真实大小一样。零件的真实大小以图形标注为准，与图形的大小和绘图的精确度无关。
- 图形应以mm（毫米）为单位，不需要标注计量单位的名称和代号，如果采用其他单位，如60°（度）、cm（厘米）、m（米），则需要注明标注单位。
- 图形中标注的尺寸为零件的最终完成尺寸，否则需要另外说明。
- 零件的每一个尺寸只需标注一次，不能重复标注，并且应该标注在最能清晰反映该结构的地方。
- 尺寸标注应该包含尺寸线、箭头、尺寸界线和尺寸文字。

01　尺寸标注样式

在标注之前，需要先设置标注样式，这样在标注尺寸时才能够统一。

单击"注释"选项卡的"标注"面板的右侧扩展按钮，打开"标注样式管理器"对话框，在该对话框中，可以新建、删除现有的样式列表或将其进行修改和替换等，如下图所示。

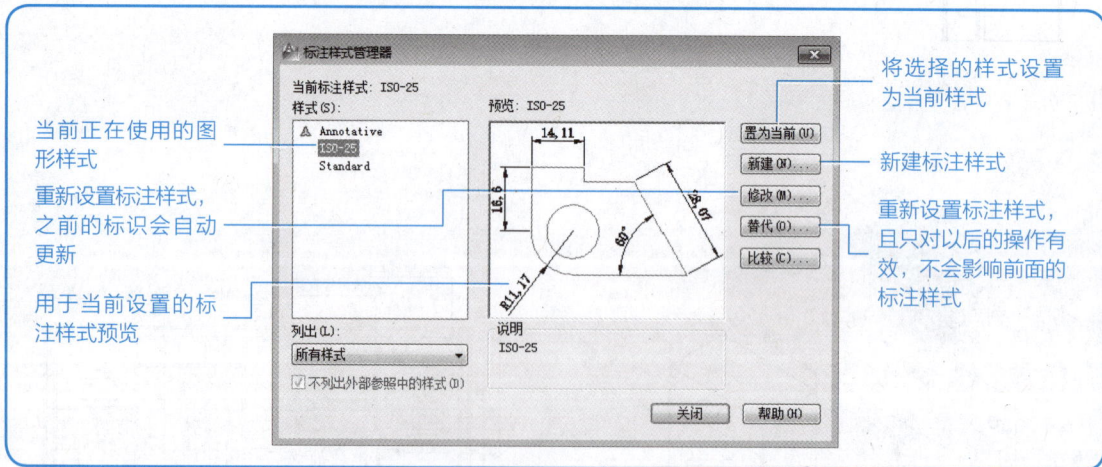

当前正在使用的图形样式

重新设置标注样式，之前的标识会自动更新

用于当前设置的标注样式预览

将选择的样式设置为当前样式

新建标注样式

重新设置标注样式，且只对以后的操作有效，不会影响前面的标注样式

单击"新建"按钮，在打开的"创建新标注样式"对话框中，输入标注样式的名称，并单击"继续"按钮，即可创建新标注样式，如下图所示。

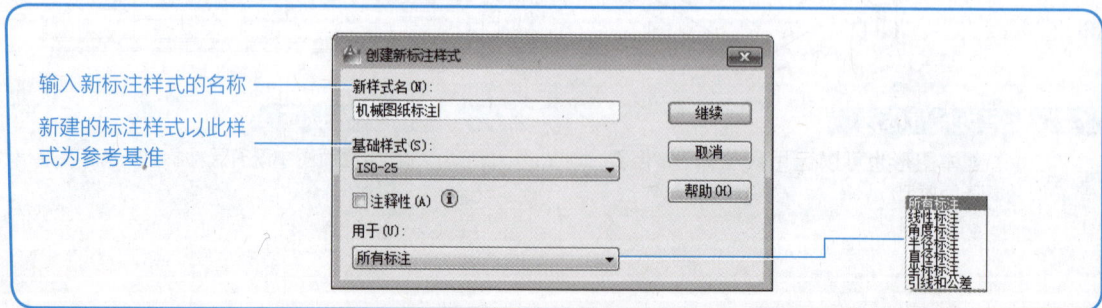

输入新标注样式的名称

新建的标注样式以此样式为参考基准

在弹出的"新建标注样式：机械图纸标注"对话框中，用户可设置标注样式中的文字、线型、线宽以及箭头和符号等相关信息，如下图所示。

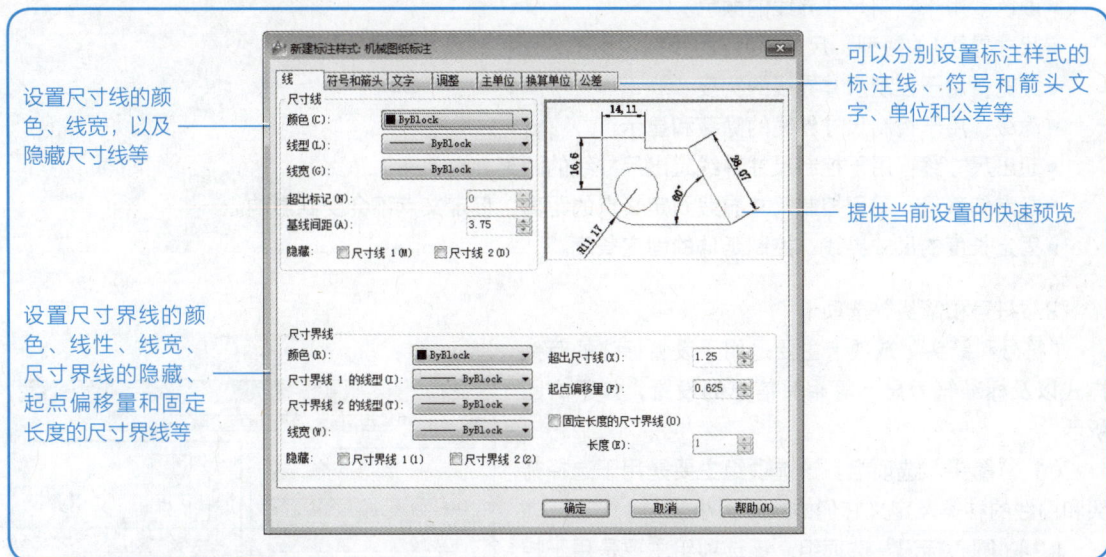

设置尺寸线的颜色、线宽，以及隐藏尺寸线等

可以分别设置标注样式的标注线、符号和箭头文字、单位和公差等

提供当前设置的快速预览

设置尺寸界线的颜色、线性、线宽、尺寸界线的隐藏、起点偏移量和固定长度的尺寸界线等

该对话框包含7个选项卡，每个选项卡都包含对应的相关参数。下面对其进行简单的介绍。

1."线"选项卡

"线"选项卡主要是用来设置尺寸线的颜色、线型、线宽、基线距离，以及延伸线的线型、线宽等信息，如下右图所示。

（1）"尺寸线"选项组。可以设置尺寸线的颜色、线型、线宽、超出标记、基线间距、控制是否隐藏尺寸线等，其各项参数的含义如下。

● 颜色：用于显示线型的颜色。

● 线型：用于控制尺寸线的线型。

● 线宽：用于控制尺寸线的宽度。

● 超出标记：用于控制在使用倾斜、建筑标记、积分箭头或无箭头状态下尺寸线延长到尺寸界线外面的长度。

● 基线距离：控制使用基线尺寸标注时，两条尺寸线之间的距离。

● 隐藏：用于控制尺寸线两个组成部分的可见性。即尺寸线被标注文字分成两部分，而标注文字不在尺寸线内，如下图所示。

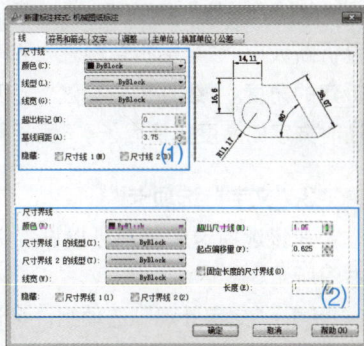

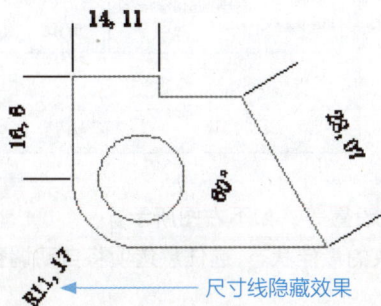

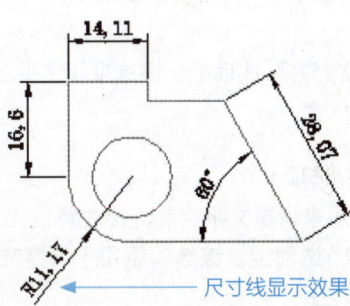

尺寸线隐藏效果

尺寸线显示效果

（2）"尺寸界线"选项组。用于设置尺寸界线的颜色、线型、线宽、超出尺寸线、起点偏移量、固定长度的尺寸界线，以及尺寸界线是否隐藏等，其各项参数的含义如下。

- 颜色：用于控制尺寸界线的颜色。
- 尺寸界线1的线型、尺寸界线2的线型：用于分别控制尺寸界线的线型。
- 线宽：用于控制尺寸界线的宽度。
- 隐藏：用于控制尺寸界线的隐藏和显示。
- 超出尺寸线：用于控制尺寸界线超出尺寸线的距离。
- 起点偏移量：用于控制尺寸界线到定义点的距离，但定义点不会受到影响。
- 固定长度的尺寸界线：控制延伸的固定长度。

2．"符号和箭头"选项卡

"符号和箭头"选项卡主要是用于设置标注的箭头样式以及标准符号显示等相关信息的设置，如下右图所示。

（1）"箭头"选项组。该选项组主要是用于选择箭头和引线的种类及定义它们的尺寸大小。

（2）"圆心标记"选项组。该选项组主要是用于控制圆心标记的类型和大小。

选择类型为"标记"时（系统默认），只在圆心位置以短十字线标注圆心。选择类型为直线时，表示标注圆心时标注线将延伸到圆外。选择类型为"无"时，将关闭中心标记。

（3）"其他"选项组。"折断标注"选项组可以设置折断大小。"半径折弯标注"选项组主要是用于控制折弯的角度。"线性折弯标注"选项组用于控制折弯标注时文字的高度比例因子。"弧长符号"选项组用于控制标注弧长时文字的位置。

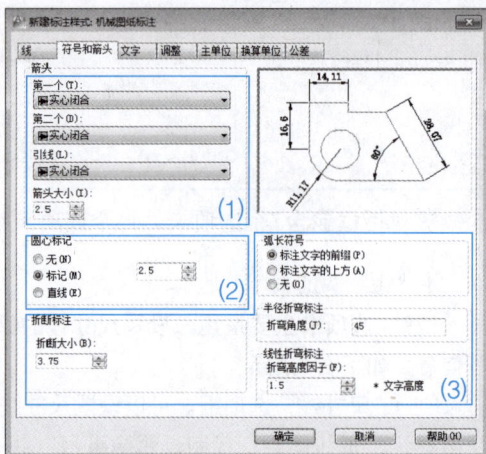

3．"文字"选项卡

在该选项卡中用户可以设置标注文字的样式，如右图所示。

（1）"文字外观"选项组。该选项组用于设置文字的文字样式、文字颜色、填充颜色、文字高度以及绘制文字边框等。

（2）"文字位置"选项组。该选项组主要是用于从各个方位来控制文字的位置，以及从尺寸线偏移的距离。

（3）"文字对齐"选项组。该选项组主要是用于控制文字对齐的样式。

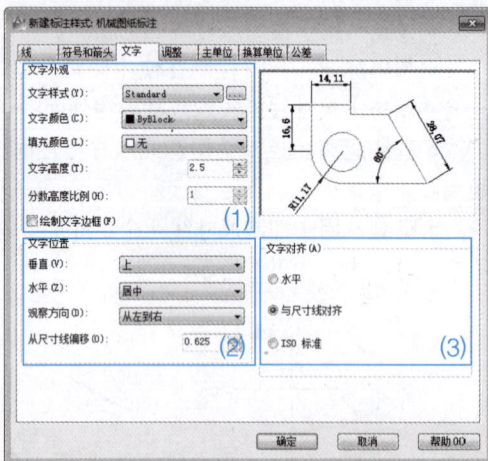

4．"调整"选项卡

该选项卡用来调整文字位置、标注特性比例和优化设置等，如下右图所示。

（1）"调整"选项组。该选项组用于调整文字和箭头的最佳状态，选任意选项将自动调整标注样式。

（2）"文字位置"选项组。该选项组用来设置文字的放置位置。

（3）"标注特性比例"选项组。该选项组用于设置全局比例显示效果。

（4）"优化"选项组。该选项组主要用于标注时的优化设置。

其中勾选"手动放置文字"复选框，文字标注样式随光标移动，指定一个点可以放置文字的位置。勾选"在尺寸界线之间绘制尺寸线"复选框用于控制点与尺寸线之间是否显示延伸线，如下图所示。

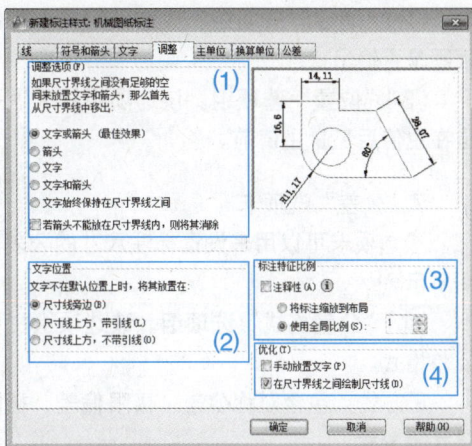

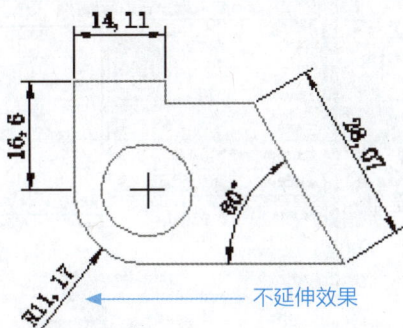
不延伸效果

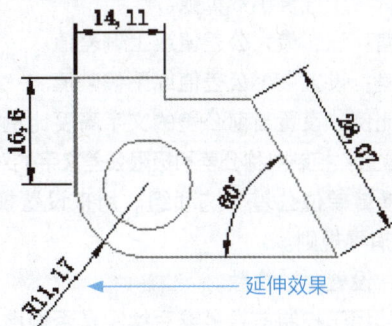
延伸效果

5."主单位"选项卡

"主单位"选项卡主要是用于设置单位长度、角度和比例的大小，如下右图所示。

（1）"线性标注"选项组。该选项组主要用于设置单位格式和单位的精确度，对于精密部件一般都要求精确到0.01。

（2）"测量单位比例"选项组。该选项组用于测量对象时显示的全局比例。

（3）"消零"选项组。该选项组是用于将整数对象中的零消除。

（4）"角度标注"选项组。该选项组用于设置标注对象的角度。

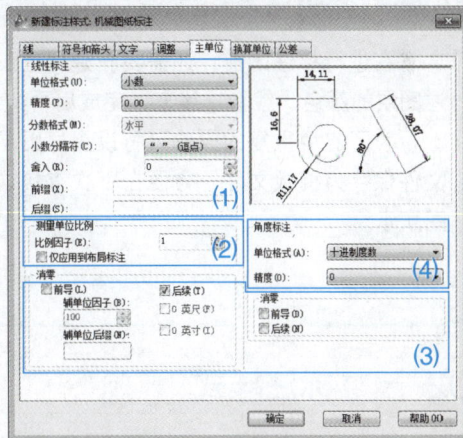

6."换算单位"选项卡

该选项卡主要是用于设置换算单位，勾选"显示换算单位"复选框后将激活换算单位选项组。在"消零"选项组中用户可以设置消零的位置，如下右图所示。

（1）"换算单位"选项组。单位格式：包含科学、小数、工程、建筑堆叠、分数堆叠、建筑、分数、Windows 桌面等格式。

- 精度：设置单位格式所对应的单位精度。
- 换算单位倍数：用来设置换算单位时当前值与换算单位的倍数。

（2）"消零"选项组。该选项组用于控制前导零或后续零是否输出。

（3）"位置"选项组。该选项组用来调整标注的位置是在主值后还是主值前。

7."公差"选项卡

该选项卡可以用来设置标注尺寸的公差范围，如下右图所示。

（1）"公差格式"选项组。该选项组主要是用于控制公差格式。

● 方式：包含对称公差、极限偏差、极限尺寸和基本尺寸等方式。

● 精度：用于设置小数位数。

● 上偏差：设置最大公差值或上偏差值。

● 下偏差：设置最小公差值或下偏差值。

● 高度比例：设置当前公差的文字高度比例。

● 垂直位置：控制对称公差和极限公差文字的对齐方式。

（2）"换算单位公差"选项组。用来设置换算公差单位的精度和消零规则。

● 精度：设置小数位数。

● 消零：用于控制前导零或后续零是否输出。

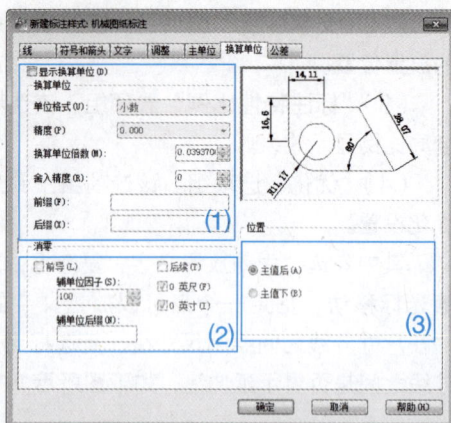

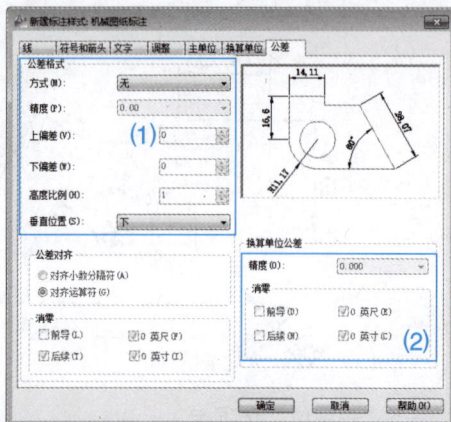

工程师点拨 | 将图层保存为模板

在进行标注之前，还需要新建标注图层，然后再设置标注图层的颜色、线型、线宽，完成后再继续设置标注样式。

为了避免重复的操作可将设置好图层和标注样式的图形文件保存为模板文件，方便在下次直接调用模板文件，如右图所示。

---

02 尺寸标注样式

线性标注主要用于标注水平方向和垂直方向的尺寸。在菜单栏中执行"标注 > 线性"命令，然后在绘图窗口中分别指定要进行标注的第一个或第二个点，如下左图所示。再指定一个点为放置位置，即可创建出线性标注，如下右图所示。

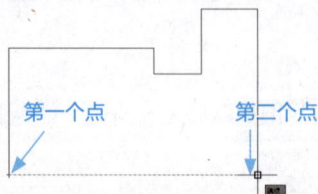

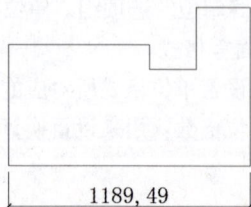

第一个点　　　　第二个点

1189.49

在进行线性标注时，在命令窗口中通过输入不同的命令设置不同的标注样式，下面就来进行简单介绍。

1. 角度标注

使用"线性"命令，在绘图窗口中分别选择标注的起点和终点，在命令窗口中输入命令A，然后指定一个角度即可进行角度标注，如下右图所示。

```
命令：_dimlinear
指定第一个尺寸界线原点或<选择对象>：
指定第二条尺寸界线原点：
指定尺寸线位置或[多行文字(M)/文字(T)/角度
(A)/水平(H)/垂直(V)/旋转(R)]：//输入a
指定标注文字的角度：//输入30
标注文字 = 1189,49
```

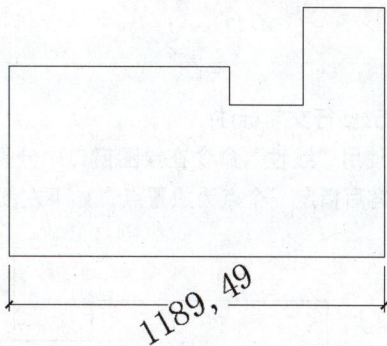

2. 文字标注

使用"线性"命令在绘图窗口中分别选择标注的起点和终点，在命令窗口中输入命令T，输入文字内容后指定一个点为放置点即可完成，如下右图所示。

```
命令：_dimlinear
指定第一个尺寸界线原点或<选择对象>：
指定第二条尺寸界线原点：
指定尺寸线位置或[多行文字(M)/文字(T)/角度
(A)/水平(H)/垂直(V)/旋转(R)]：//输入t
输入标注文字 <1189,49>：//输入AutoCAD 2012
```

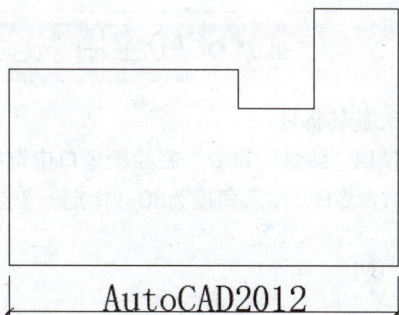

3. 垂直标注

使用"线性"命令，在绘图窗口中选择两条不在同一平面上的两个点，作为标注的起点和终点，如下左图所示，然后在命令窗口中输入命令V，即可进行垂直标注，如下右图所示。

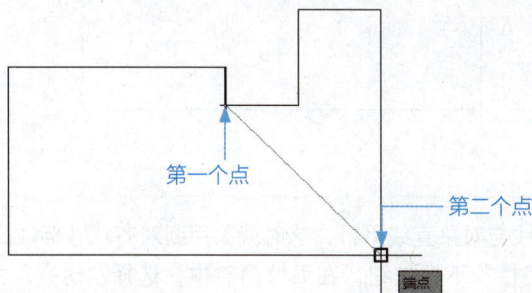

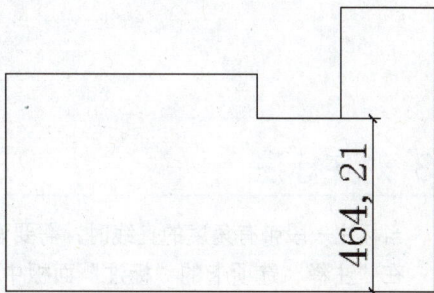

4. 水平标注

使用"线性"命令，在绘图窗口中选择两条不在同一平面上的两个点为标注的起点和终点，然后在命令窗口中输入命令H，即可进行水平标注，如下右图所示。

命令：_dimlinear
指定第一个尺寸界线原点或<选择对象>：
指定第二条尺寸界线原点：
指定尺寸线位置或[多行文字(M)/文字(T)/角度
(A)/水平(H)/垂直(V)/旋转(R)]：//输入h
指定尺寸线位置或 [多行文字(M)/文字(T)/角度
(A)]：
标注文字 = 692,32

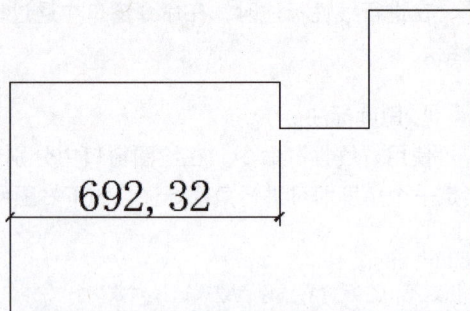

692,32

5. 多行文字标注

使用"线性"命令在绘图窗口中分别选择标注的起点和终点，在命令窗口中输入命令M，输入文字内容后指定一个点为放置点，如下左图所示，即可创建出文字标注效果，如下右图所示。

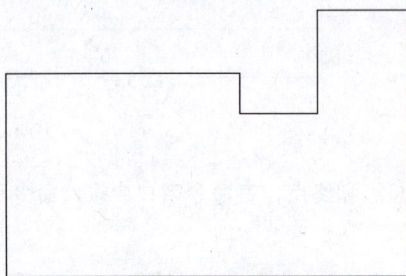

AutoCAD应用大全　　**AutoCAD应用大全**

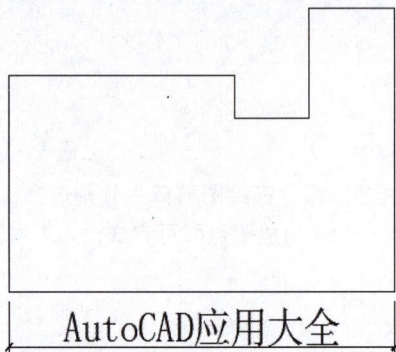

6. 旋转标注

使用"线性"命令，在绘图窗口中选择两个不在同一平面上的点为起点和终点，然后在命令窗口中输入命令R，输入角度为30，指定一个放置点即可创建旋转标注，如下右图所示。

命令：_dimlinear
指定第一个尺寸界线原点或<选择对象>：
指定第二条尺寸界线原点：
指定尺寸线位置或[多行文字(M)/文字(T)/角度
(A)/水平(H)/垂直(V)/旋转(R)]：//输入r
指定尺寸线的角度 <0>：//输入30

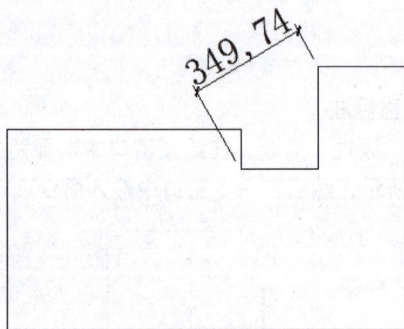

349,74

03 对齐标注

当标注一段带有角度的直线时，需要设置尺寸线与对象直线平行，这时就要用到对齐尺寸标注。

在"注释"选项卡的"标注"面板中单击"线性"下拉按钮，在下拉列表中，选择"对齐"命令，然后在绘图窗口中，分别指定要标注的第一个点和第二个点，如下左图所示，并指定好标注尺寸位置，即可完成对齐标注，如下右图所示。

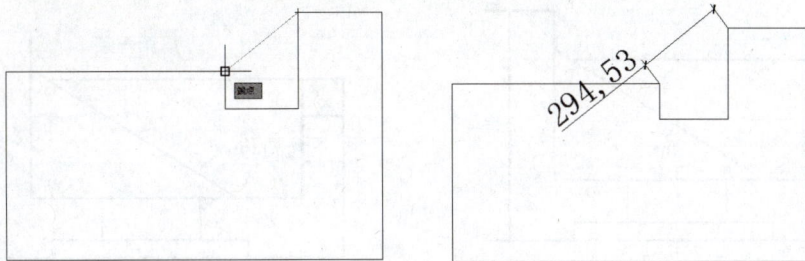

294.53

04 基线标注

　　基线标注又称为平行尺寸标注，用于多个尺寸标注使用同一条尺寸线作为尺寸界线的情况。基线标注创建一系列由相同的标注原点测量出来的标注，在标注时，AutoCAD 2012将自动在最初的尺寸线或圆弧尺寸线的上方绘制尺寸线或圆弧尺寸线。

　　在"注释"选项卡的"标注"面板中单击"基线"按钮，在绘图窗口中选择基准标注，如下左图所示。然后依次指定其他延伸线的原点，即可创建出基线标注，如下右图所示。

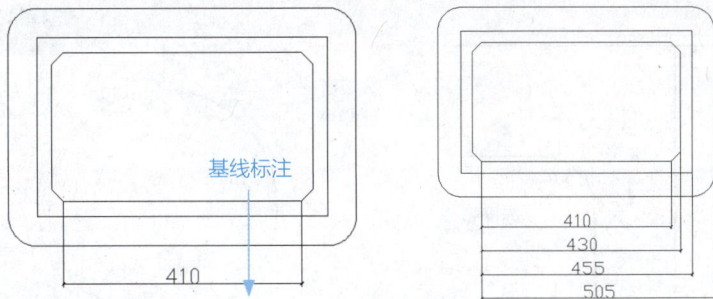

基线标注

410

410
430
455
505

05 连续标注

　　连续标注用于绘制一连串尺寸，每一个尺寸的第二个尺寸界线的原点是下一个尺寸的第一个尺寸界线的原点，在使用"连续标注"之前要标注的对象必须有一个尺寸标注。

　　在"标注"面板上单击"连续"按钮，在绘图窗口中依次指定要进行标注的点，即可进行连续标注，如右图所示。

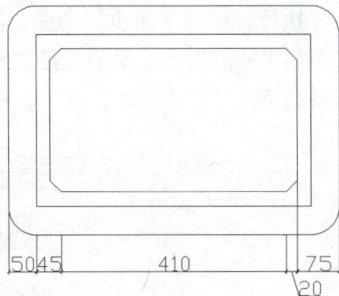

50 45　　　　410　　　　75
20

06 角度标注

　　在设计过程中，使用"角度"命令可以准确测量出两条线段之间的夹角。角度标注有四种对象可以选择，分别为圆弧、圆、直线和点。

1.直线对象的标注

　　执行"标注 > 角度"命令，在绘图窗口中，分别选择两条测量线段，用这两条直线作为角的两条边。根据命令窗口的提示，指定好尺寸标注位置，即可完成角度标注，如下左图所示。其实选择尺寸标注的位置也很重要，当尺寸标注放置当前测量角度之外，此时所测量的角度则是当前角度的补角，如下右图所示。

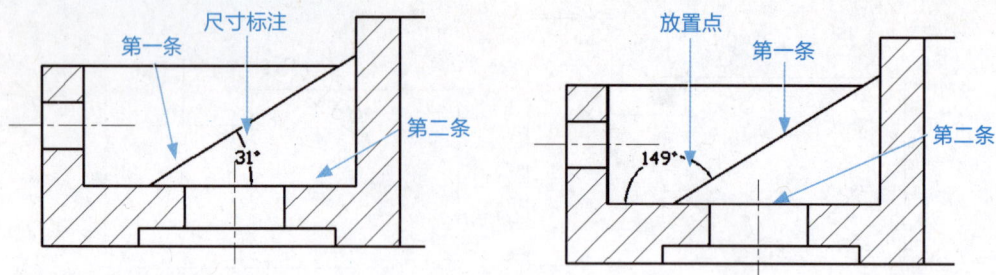

2. 圆弧对象的标注

若要对圆弧进行标注，执行"标注 > 角度"命令，选择所需标注的圆弧线段，此时系统将自动捕捉圆心，并以圆弧的两个端点作为两条尺寸界线进行角度标注，如下左图所示。

3. 圆形对象的标注

如果要对圆形进行标注，执行"标注 > 角度"命令，选择圆形，此时系统自动捕捉圆心点，并要求指定角度边界线的第一测量点，然后指定第二测量点，并指定好尺寸标注位置，即可完成角度标注，如下右图所示。

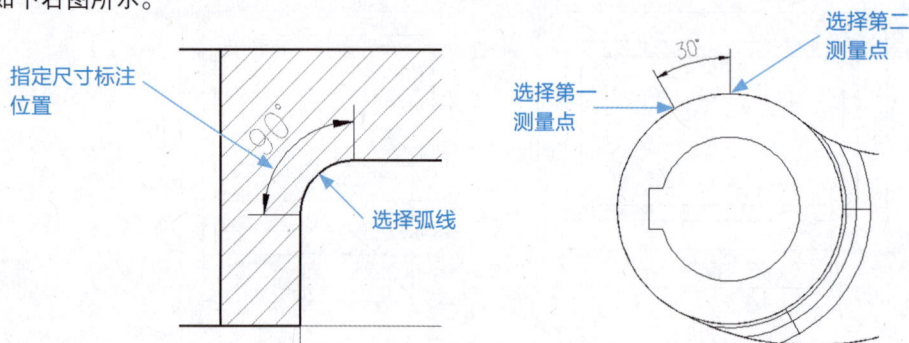

4. 通过三个点来标注

执行"标注 > 角度"命令，不选择任何对象，按下Enter键，系统将提示指定一个点作为角的顶点，如下左图所示。然后在绘图窗口中分别指定第一个端点和第二个端点，再选择一个点为角度的放置点即可进行三点标注，如下右图所示。

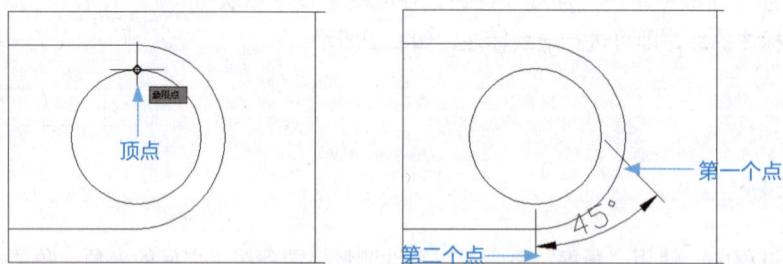

07 半径、直径、圆心标注

半径标注主要是用于标注图形中的圆弧半径，当圆弧角度小于180°时可用采用半径标注，大于180°将采用直径标注。

执行"标注 > 半径"命令，在绘图窗口中选择所需标注的圆或圆弧，并指定好标注尺寸的位置即可完成半径标注，如下左图所示。

　　直径标注的操作方法与圆弧半径的操作方法相同，执行"标注 > 直径"命令，在绘图窗口中选择要进行标注的圆，并指定尺寸标注位置，即可创建出直径标注，如下右图所示。

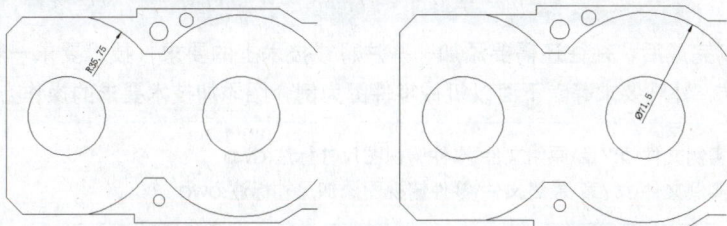

　　圆心标注主要是用于标注圆弧或圆的圆心。该命令使用户把十字标志放在圆弧和圆的圆心。执行"标注 > 圆心"命令，然后在绘图窗口中选择圆弧或圆形，如下左图所示，此时在圆心位置将自动显示圆心点，如下右图所示。

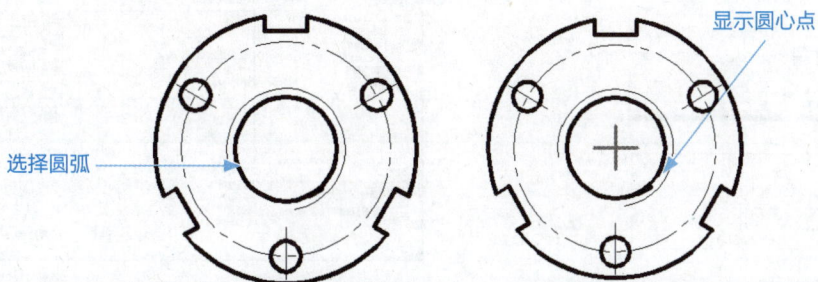

选择圆弧

显示圆心点

工程师点拨 | 更改圆心标记

　　在使用"圆心"标记命令时，十字标记的尺寸可以在"修改标注样式"对话框中进行更改，用户可以设置圆心标记为无、标记或直线，还可以设置圆心标记的线段长度和直线长度，如右图所示。

圆心标记
- ○ 无 (N)
- ● 标记 (M)　　2.5
- ○ 直线 (E)

---

08 快速标注

　　快速标注可快速地创建一系列标注，它特别适合于创建系列基线或连续标注，或为一系列圆弧创建标注。执行"标注 > 快速标注"命令，选择要进行标注的图形，然后选择一条要进行标注的线段，单击鼠标右键，在出现的快速标注选项中，各选项的含义如下。

- 连续：创建一系列连续标注。
- 并列：创建一系列并列标注。
- 基线：创建一系列基线标注。
- 坐标：创建一系列坐标标注。
- 半径：创建一系列半径标注。
- 直径：创建一系列直径标注。
- 基准点：为基线和坐标标注设置新的基准点，这时系统要求用户选择新的基准点。
- 编辑：AutoCAD 2012将提示用户从现有标注中添加或删除标注点。

　　在命令窗口中选择一种标注方式后，单击鼠标右键，在绘图窗口中指定一个点为标注的基准点，程序自动将选择的对象进行标注。

相关练习 | 为机械零件图添加尺寸标注

当图形绘制完成后，往往还需要添加一些注释或技术上的要求，技术要求一般包括加工精确度、参考的标准、外观要求等。下面以机械零件图为例介绍添加技术要求的操作方法。

原始文件：实例文件\第7章\原始文件\零件俯视图尺寸标注.dwg
最终文件：实例文件\第7章\最终文件\零件俯视图添加尺寸标注.dwg

STEP 01 打开原始文件

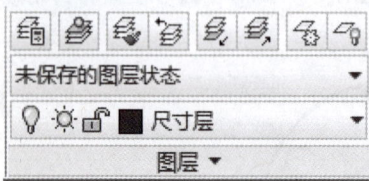

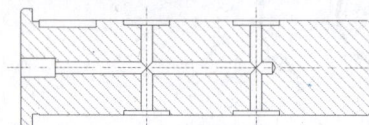

打开原始文件"零件俯视图尺寸标注.dwg"，新建"尺寸层"图层，新建"尺寸标注"样式并设置其属性，在"常用"选项卡下的"图层"面板中选择尺寸层"，将尺寸层设为当前层。

STEP 02 选择标注样式

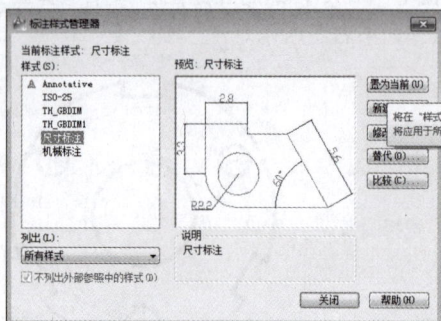

执行"标注 > 标注样式"命令，在"标注样式管理器"对话框中选择"尺寸标注"选项，单击"置为当前"按钮。

STEP 03 线性标注

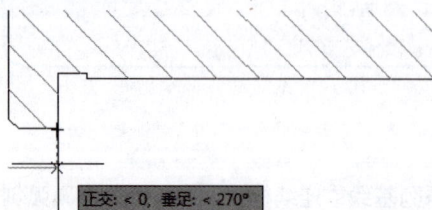

正交: < 0, 垂足: < 270°

执行"标注 > 线性"命令，在绘图窗口中，分别选择线性标注的起点和终点。

STEP 04 标注效果

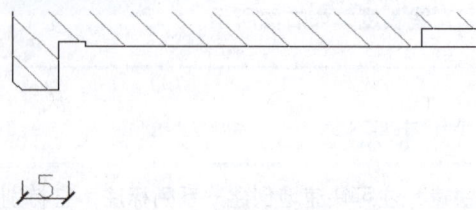

指定一点为尺寸标注的位置，完成尺寸标注。

STEP 05 使用连续标注

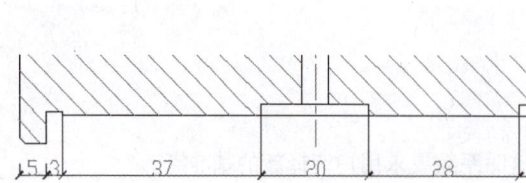

执行"标注 > 连续"命令，在绘图窗口中依次指定要标注的点，进行连续标注操作。

STEP 06 使用基线标注

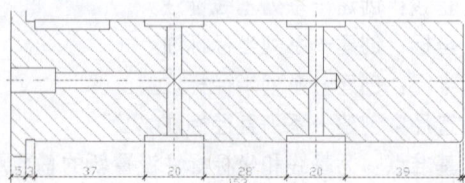

执行"标注 > 基线"命令，在绘图窗口中选择基准标注，然后选择第二点，完成基线标注。

STEP 07 继续其他标注

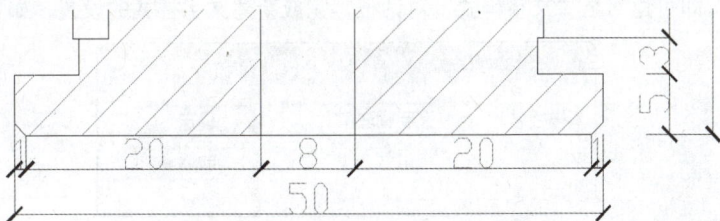

继续使用"线性"、"连续"、"基线"命令，完成其他标注。

🔧 **工程师点拨**｜捕捉点的设置

在进行线性标注，特别是对于精确度比较高的情况时，在选择标注对象的两个点时，可以在按住Ctrl键的同时，单击鼠标右键，在快捷菜单中选择一种精确约束方式来约束点，然后在绘图窗口中选择点来限制对象的选择。用户也可以滚动鼠标中键来调节图形的大小，以便于选择对象捕捉点。

Lesson 02 文字注释标注

在绘制图形时经常使用到文字标注，添加文字标注的目的是为了表达各种信息，如使用材料列表或添加技术要求等。

01 文字标注样式

与尺寸标注一样，在进行文字标注之前同样需要设置文字的样式。文字样式包括字体的选择、字体大小、字体效果、宽度因子、倾斜角度等。

在"注释"选项卡的"文字"面板中单击其右下角的扩展按钮，打开"文字样式"对话框，在该对话框中，用户可以设置标注文字的字体、高度、倾斜角度等参数，如下图所示。

当前文字样式是当前正在使用的文字样式，是不能删除或重命名的。选中一种文字样式，单击鼠标右键，在弹出的快捷菜单中可以执行相应的操作，灰色显示的选项不能进行操作

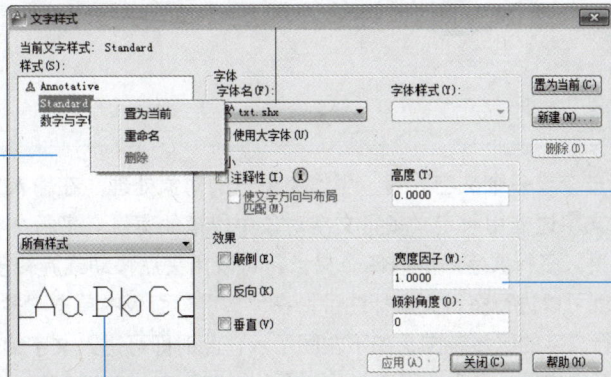

文字标注的字体取决于系统的字体库，将选择的样式应用于当前操作

文字高度可以控制文字的大小，高度越大文字越大

宽度因子是宽度方向上的比例值，倾斜角度可以将文字样式按照指定的角度旋转

文字样式预览用于显示当前设置的最终结果。

在"文字样式"对话框中单击"新建"按钮，在"新建文字样式"对话框中输入新样式名后，单击"确定"按钮，即可返回至"文字样式"对话框，完成新建文字样式的设置，如下图所示。

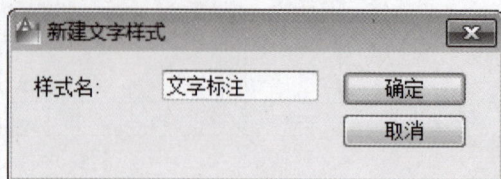

选择新建的文字样式后，单击鼠标右键，在快捷菜单中，可以对当前选择的文字样式进行删除、重命名和置为当前等操作。

02 单行文字标注

单行文字标注可创建一行或多行文字注释，按Enter键后即可换行输入。但每行文字都是独立的对象。创建好文字样式后即可进行文字标注。

在"注释"选项卡中的"文字"面板中单击"单行文字"按钮，根据命令行的提示，在绘图窗口中指定文字的起点，并输入文字的旋转角度，然后在绘图窗口中输入文字内容，按Enter键，即可转入下一行文字输入，按Esc键则退出文字标注，如下图所示。

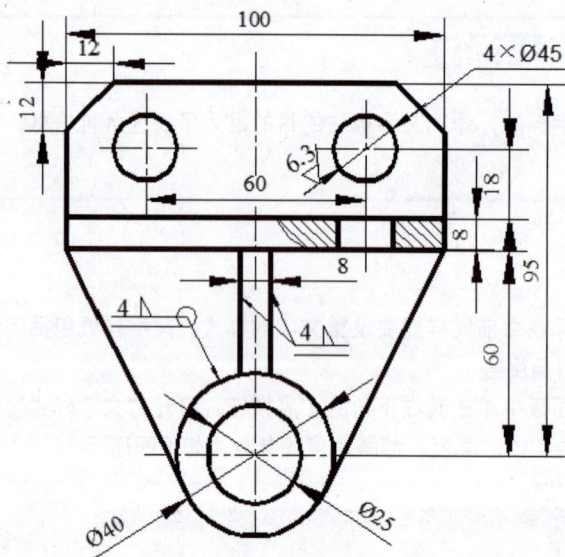

03 多行文字标注

多行文字标注包含一个或多个文字段落，可作为单一的对象处理。在输入文字标注之前需要先指定文字边框的对角点，文字边框用于定义多行文字对象中段落的宽度。多行文字对象的长度取决于文字量，而不是边框的长度。多行文字一般有四个夹点，可以用夹点移动或旋转多行文字对象。

设置完文字样式后就可以进行多行文字标注了，在"文字"面板中单击"多行文字"按钮，然后在绘图窗口中，框选出多行文字的区域范围，如下左图所示，此时即可进入文字编辑文本框，在该文本框中，输入相关文字，输入完成后，单击绘图窗口的空白处，即可完成多行文字操作，如下右图所示。

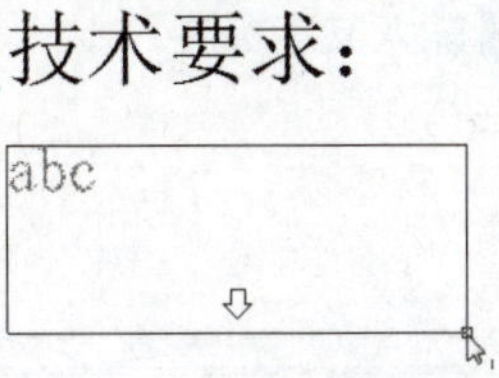

技术要求：

abc

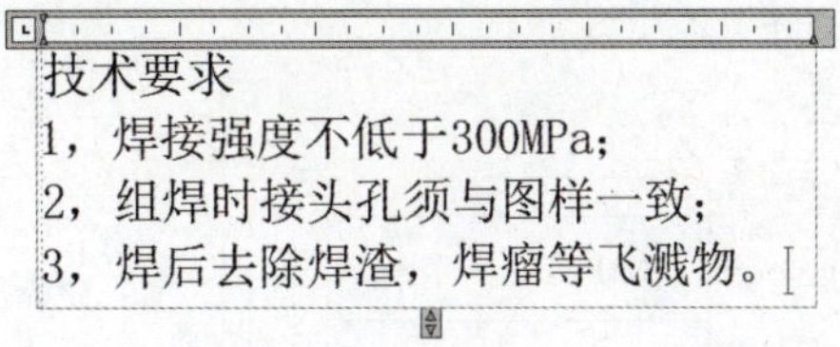

技术要求
1，焊接强度不低于300MPa；
2，组焊时接头孔须与图样一致；
3，焊后去除焊渣，焊瘤等飞溅物。

输入文字后，用户可对当前文字进行修改编辑。选择要修改的文字，在"文字编辑器"选项卡中，根据需要选择相关命令进行操作即可。

"文字编辑器"选项卡由"样式"、"格式"、"段落"、"插入"、"拼写检查"、"工具"、"选项"及"关闭"面板组成，如下图所示。

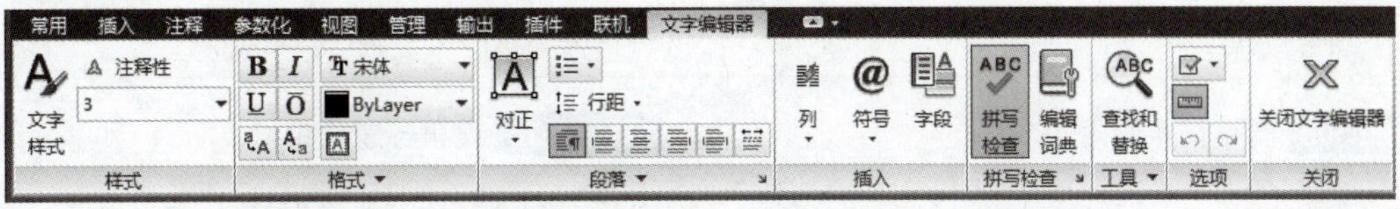

在"格式"面板中，单击"背景遮罩"按钮，在"背景遮罩"对话框中，勾选"使用背景遮罩"复选框，输入"边界偏移因子"后，设置一种填充颜色，单击"确定"按钮，如下左图所示。在绘图窗口中可以发现文本框的背景颜色已经被更改，如下右图所示。

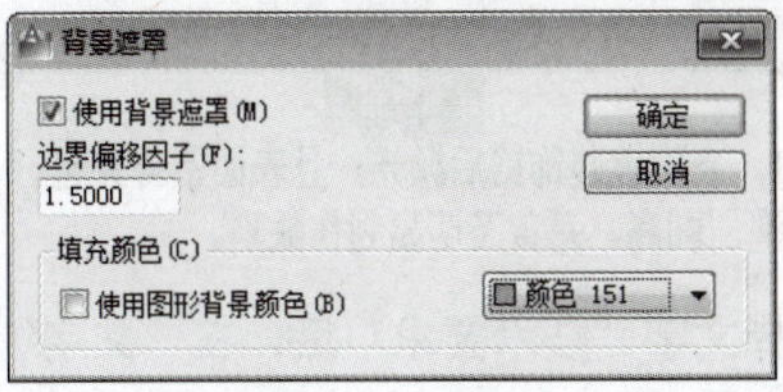

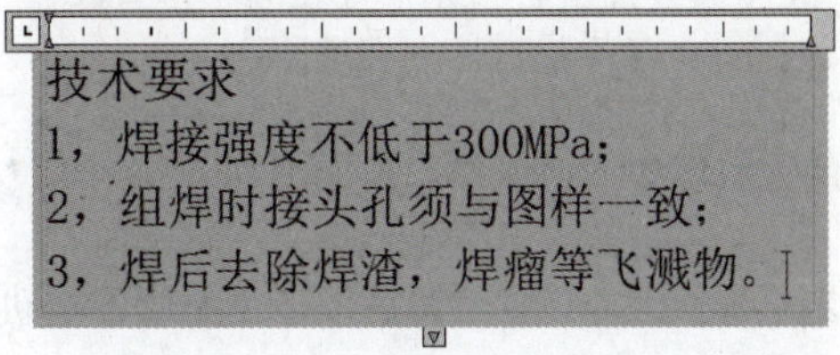

技术要求
1，焊接强度不低于300MPa；
2，组焊时接头孔须与图样一致；
3，焊后去除焊渣，焊瘤等飞溅物。

相关练习 | 为机械零件图添加技术要求

当图形绘制完成后往往还需要添加一些注释或技术上的要求等，特别是机械类的图纸，为了在加工过程中便于工程师操作，都需要添加技术要求，技术要求一般包括加工精确度、参考的标准、外观要求等。下面以机械零件图为例介绍添加技术要求的操作方法。

原始文件：实例文件\第7章\原始文件\机械零件添加技术要求.dwg
最终文件：实例文件\第7章\最终文件\机械零件添加技术要求.dwg

STEP 01 打开原始文件

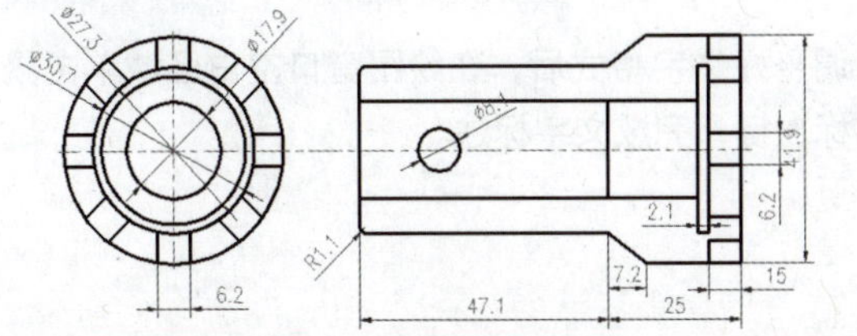

打开"机械零件添加技术要求.dwg"文件，导入到绘图窗口中。

STEP 02 选择标注图层

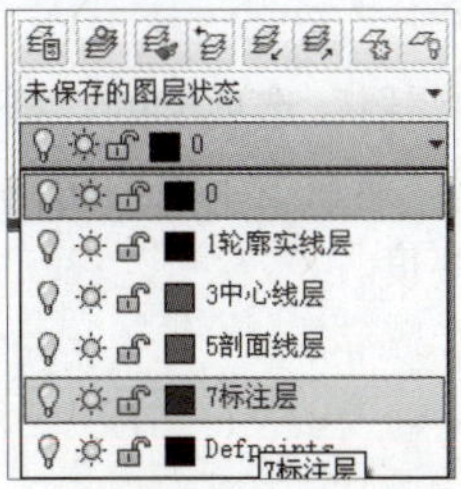

将"标注"图层设置为当前层。

STEP 03 创建文本框

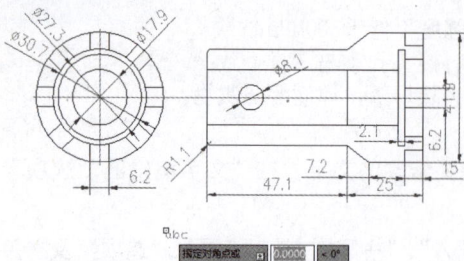

在绘图窗口中指定多行文字的位置，创建文字编辑文本框。

STEP 04 输入文字标注

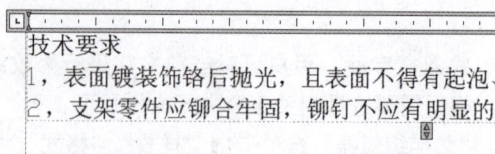

在文本框中输入技术要求后，按Enter键，即可进行下一行文字的输入。

STEP 05 调整文字段落

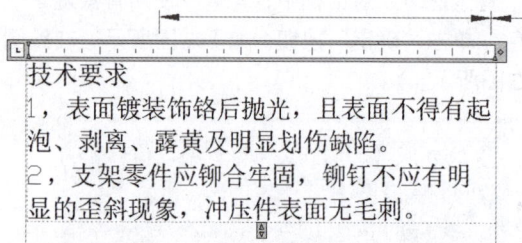

在文本框标尺上，按住"前后"按钮不放，拖动标尺来调节文字段落。

STEP 06 设置标题居中

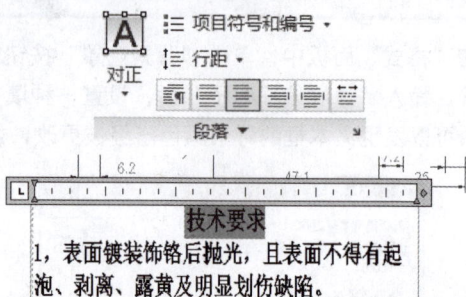

选择文字"技术要求"后，在"文字编辑器"选项卡中单击"段落"面板中的"居中"按钮，即可将文字居中显示。

STEP 07 设置文字大小

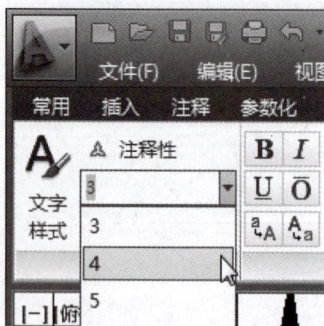

选择文字内容，在"文字编辑器"选项卡的"样式"面板中单击"文字高度"参数框下拉按钮，输入高度值，即可设置文字高度。

STEP 08 完成文字标注

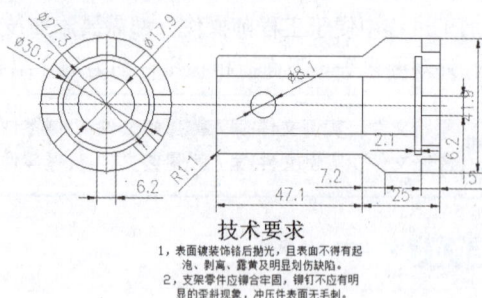

调整好文字格式后，在绘图窗口空白区域单击鼠标左键，完成文字标注。

Lesson 03　编辑尺寸标注

在AutoCAD 2012中，可对创建好的尺寸标注进行修改编辑。尺寸编辑包括编辑尺寸样式、修改尺寸标注文本、调整标注文字位置、分解尺寸对象等。

01　编辑尺寸样式

标注完成后，如要对尺寸进行编辑，可以更改尺寸标注样式。更改尺寸标注样式后要将已经标注的对象按照更改后的样式进行标注，此时就需要使用"特性匹配"命令来更新对象。

STEP 01 打开"标注样式管理器"对话框，选择要更改的标注样式，单击"修改"按钮，将尺寸线、延长线以及文字颜色进行更改。

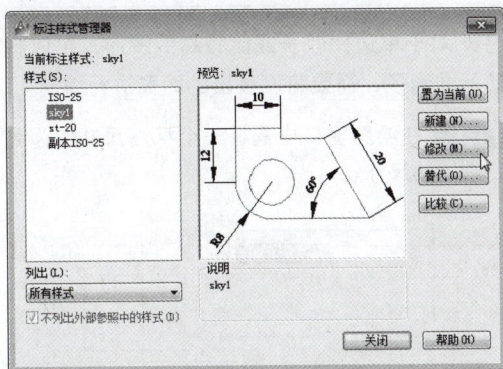

STEP 02 执行"标注>线性"命令，在绘图窗口中标注一组尺寸。

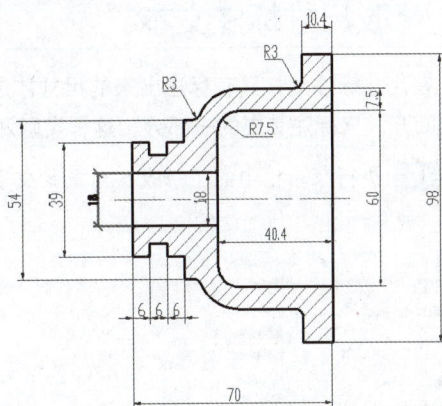

STEP 03 在"常用"选项卡的"剪贴板"面板中单击"特性匹配"按钮，在绘图窗口中选择源对象。

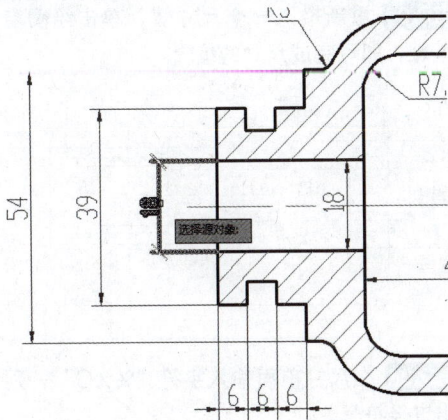

STEP 04 然后在绘图窗口中选择目标对象。

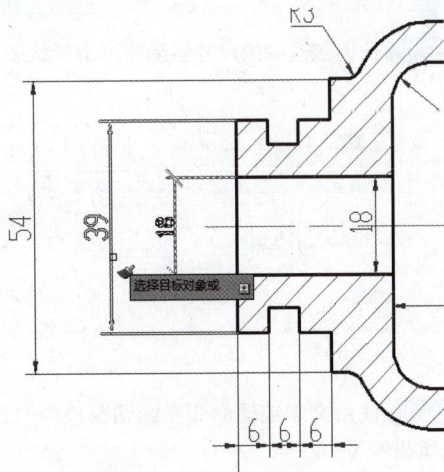

STEP 05 系统自动将目标对象上的尺寸更新为修改后的对象。

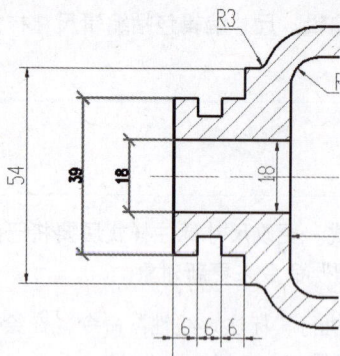

STEP 06 选择其他要进行标注样式更改的标注，即可完成尺寸线的更新。

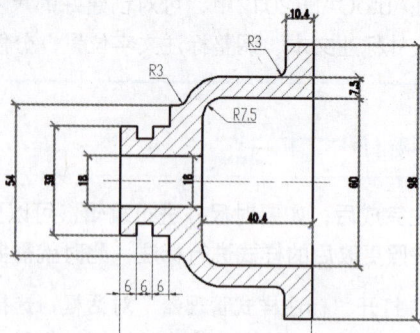

02 修改尺寸标注文本

在尺寸标注中，只有标注出来的尺寸才是准确的尺寸。对于单边比较长或比较高的图形，可以将中间断开，只标注其中的一部分，这样实际测量的距离就不准确了，需要将测量出的距离进行编辑。

STEP 01 执行菜单栏中的"修改 > 对象 > 文字 > 编辑"命令。

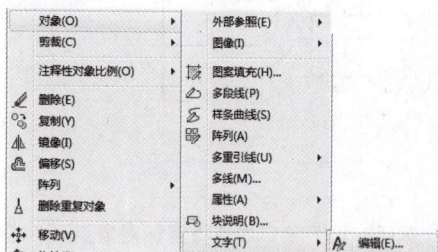

STEP 02 在绘图窗口中选择一个标注尺寸作为要进行编辑的尺寸。

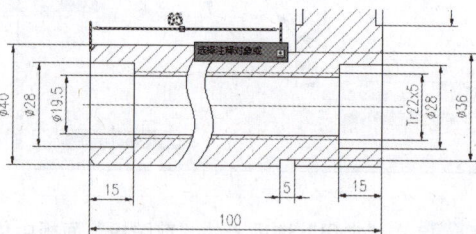

STEP 03 此时被选中的尺寸显示为可编辑状态。

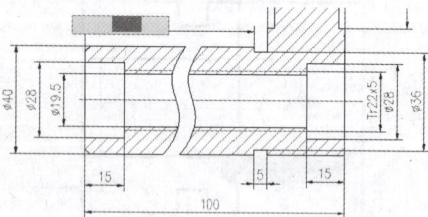

STEP 04 重新输入一个尺寸值，单击绘图窗口空白区域，即可完成尺寸的编辑。

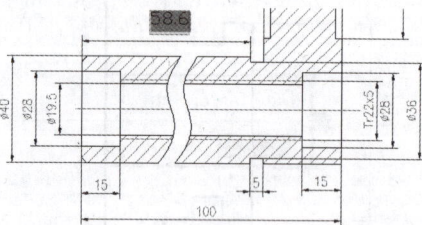

STEP 05 使用文字编辑命令在绘图窗口中选择要进行编辑的尺寸。

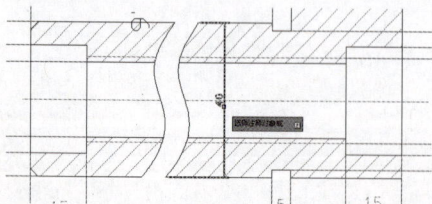

STEP 06 在尺寸前面输入字符"%%C"，则会显示出直径符号。

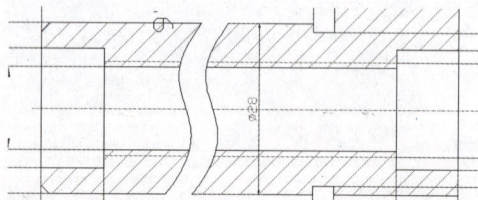

使用文字编辑命令不仅可以对标注的尺寸进行编辑，还可以对文字标注进行编辑。使用文字编辑命令，在绘图窗口中选择要进行编辑的文字，如下左图所示。重新输入文字信息后即可对文字进行编辑，如下右图所示。

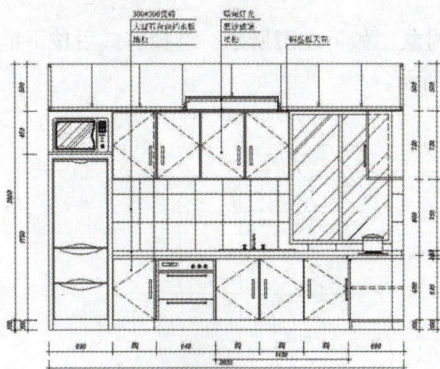

橱柜

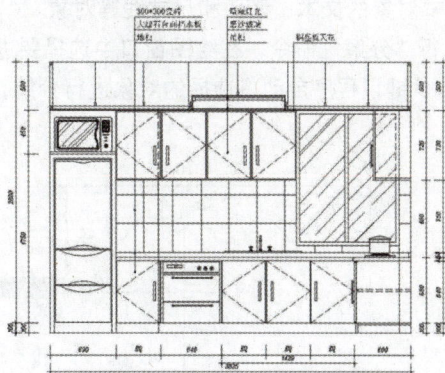

橱柜立面图

03 调整文字标注位置

调整文字标注位置就是将已经标注的文字位置进行调整，可以将标注文字调整到左边、中间、右边，还可以重新定义一个新的位置。

在菜单栏中执行"标注 > 对齐文字"命令，在打开的级联菜单中，包含了5种文字位置的样式，如下图所示。

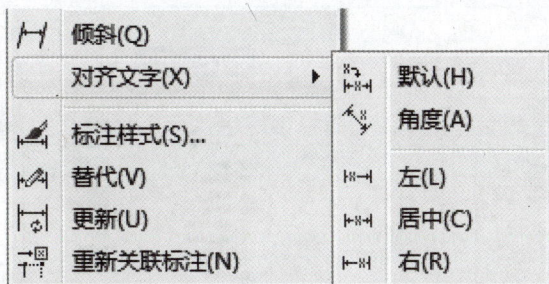

- 默认：将文字标注移动到原来的位置。
- 角度：改变文字标注的旋转角度。
- 左：将文字标注移动到左边的尺寸界线处，该方式适用于线性、半径和直径标注，效果如下左图所示。
- 居中：将文字标注移动到尺寸界线的中心处，如下中图所示。
- 右：将文字标注移动到右边的尺寸界线处，如下右图所示。

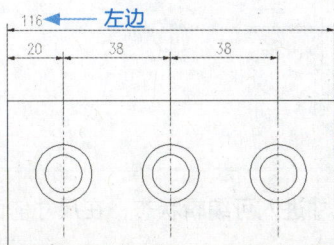

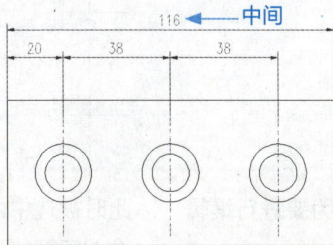

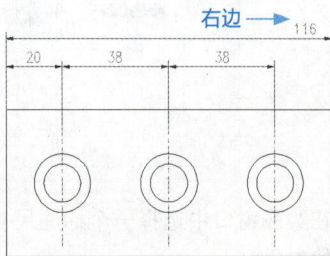

04 分解尺寸对象

　　分解标注尺寸可以将对象分解成为文本、箭头和尺寸线等多个对象，分解尺寸后，用户可以单独选择尺寸对象的文本、箭头和尺寸线等对象。

　　执行"分解"命令，在绘图窗口中选择要进行分解的对象，如下左图所示，选择完成后按下键盘上的Enter键，程序自动将选择的对象进行分解，如下右图所示。

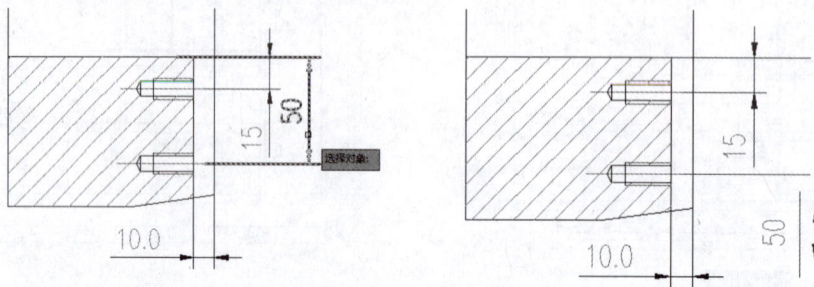

相关练习 | 编辑零件图尺寸标注

　　尺寸标注有时并不能表达出零件图的所有意图，这时就需要对零件图的尺寸进行编辑，通过添加字符符号表达出零件图所表达的意思。下面通过实例介绍编辑零件图尺寸标注的操作方法。

原始文件：实例文件\第7章\原始文件\剖面图尺寸标注.dwg
最终文件：实例文件\第7章\最终文件\剖面图尺寸标注.dwg

STEP 01 打开文件

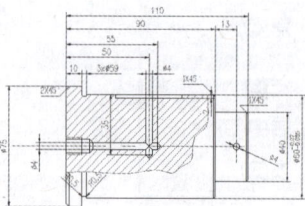

打开原始文件"剖面图尺寸标注.dwg"文件，导入到绘图窗口中。

STEP 02 执行文字编辑命令

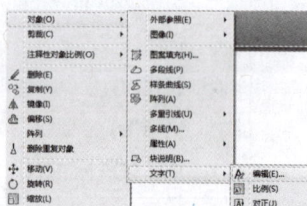

执行"修改 > 对象 > 文字 > 编辑"命令，进入文字编辑状态。

STEP 03 选择要编辑的尺寸

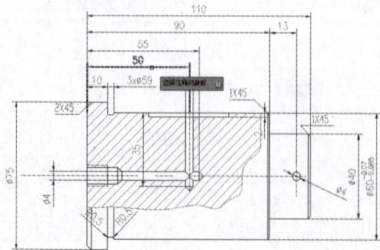

在绘图窗口中选择一个标注尺寸作为要进行编辑的对象。

STEP 04 输入编辑内容

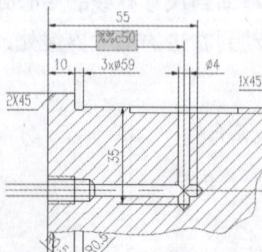

此时被选中的尺寸进入可编辑状态，在尺寸前面输入字符"%%C"。

STEP 05 字符转换为符号

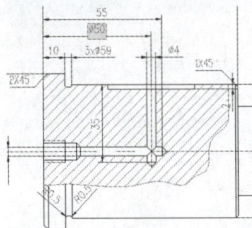

输入完成后，被输入的字符即可转换为直径符号"Φ"。

STEP 06 完成编辑

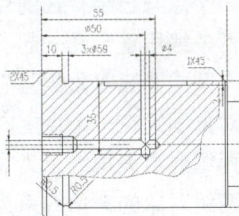

单击绘图窗口空白处，完成编辑尺寸操作。

STEP 07 继续添加直径字符

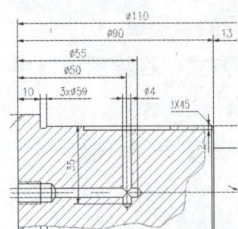

同样使用文字编辑命令，选择要修改的尺寸。

STEP 08 完成剩余直径符号的添加

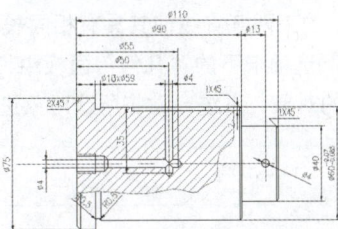

按照同样的操作，完成剩余直径字符的添加。

Lesson 04 参数化设计

参数化设计有约束的概念。约束是指将选择的对象进行尺寸和位置的限制。参数化设计包括两方面的内容，几何约束和标注约束。

01 几何约束

几何约束用于限制二维图形或对象上的点位置，进行几何约束后的对象具有关联性，在没有溢出约束前是不能进行位置的移动的。

在"参数化"选项卡下的"几何"面板中列出了所有几何约束的命令，如下图所示。

自动约束：根据所选对象的类型，程序自动将所选对象进行约束

显示控制：用于控制约束对象的单个显示、全部显示和全部隐藏

几何约束类型：将所选对象进行水平、垂直、角度、固定、对称、同心、重合、共线、相等等约束操作

- 自动约束：程序根据选择对象自动判断出约束的方式。
- 重合约束：将对象的一个点与已经存在的点重合。
- 共线约束：用于约束两条线段重合在一起。
- 同心约束：用于将两个圆或圆弧对象的圆心点重合在一起。
- 固定约束：将选择的对象固定在一个点上，不能进行移动。
- 平行约束：将选择的两组对象夹角约束为180°。
- 垂直约束：将选择的两组对象的夹角约束为90°。
- 水平约束：将选择的对象约束为与水平方向平行。
- 竖直约束：将选择的对象约束为与水平方向垂直。
- 相切约束：约束两条曲线使其彼此相切或延长线相切。
- 平滑约束：约束一条样条曲线，使其与其他样条曲线、直线之间保持平滑度。
- 对称约束：将选择的对象按照指定的直线或轴线为对称轴彼此对称。
- 相等约束：约束两条直线使其具有相同长度，或约束圆弧或圆使其具有相同的半径值。

在"参数化"选项卡下的"几何"面板中，单击约束按钮按照需要选择约束方式，在绘图窗口中选择要进行约束的对象，系统自动将所选对象进行约束并显示出约束的符号，如下图所示。

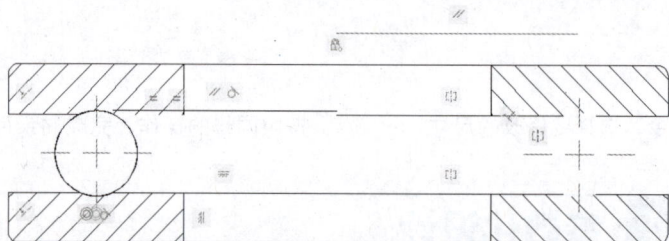

02 标注约束

标注约束主要用于将所选对象约束，通过约束尺寸可以达到移动线段位置的目的。标注约束的操作方法与尺寸标注大致相同，需要指定对象上的两个点，然后输入约束尺寸，程序即可将所选线段进行约束。

1. 线性约束

线性约束可以将对象沿水平方向或竖直方向进行约束，如果所选对象的两个参考点是在同一直线上，那么只能沿水平或竖直方向进行移动，只有所选对象的两个点不在同一直线上，尺寸线的方向才能沿水平和竖直方向移动，如下图所示。

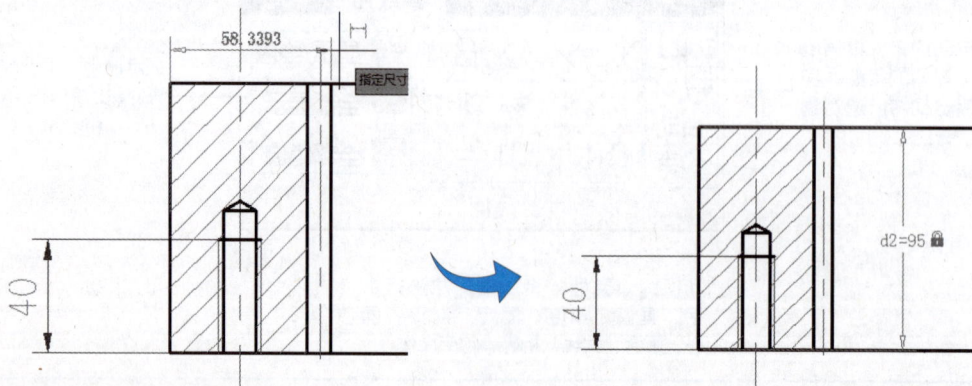

　　在选择约束对象的两个点后指定一个方向为尺寸线的放置方向，此时尺寸为可编辑状态，并测量出当前的值，如下左图所示。重新输入尺寸值后，按Enter键，程序自动将选择的对象进行锁定，并将对象进行移动，如下右图所示。

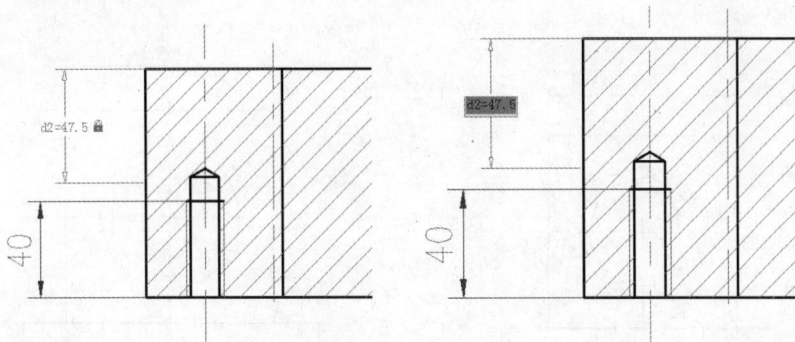

2. 水平约束
水平约束可以将所选对象的尺寸线沿水平方向进行移动，但不能沿竖直方向进行移动。

3. 竖直约束
竖直约束正好相反，只能将约束对象的尺寸线沿竖直方向移动，而不能沿水平方向移动。

4. 对齐约束
对齐约束主要是用于将不在同一直线上的两个点对象进行约束，如下左图和下右图所示。

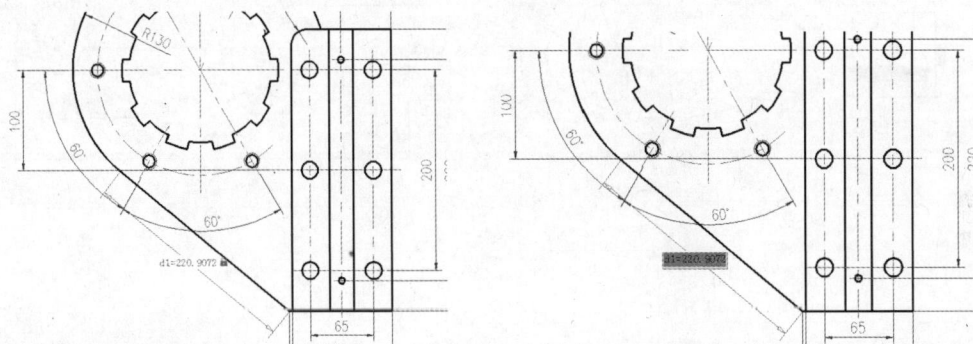

5. 直径、半径约束
　　直径约束用于将圆的直径进行约束，如下左图所示。半径约束则是将圆或圆弧的半径值进行约束，如下右图所示。

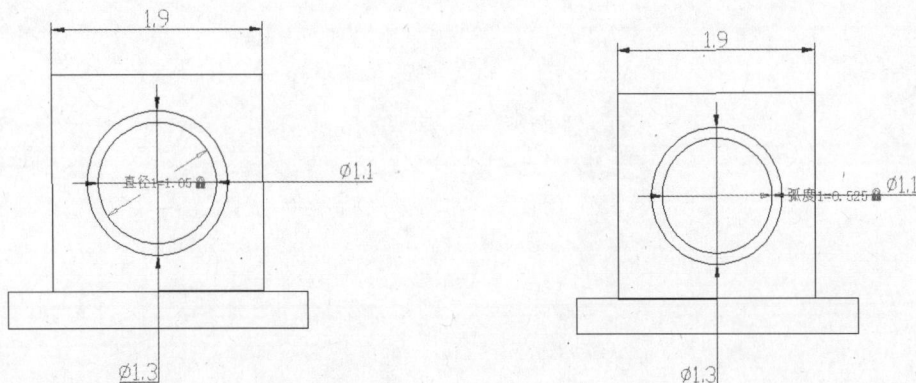

6. 角度约束

　　角度约束用于将两条直线之间的角度进行约束,在"参数化"选项卡下的"标注"面板中单击"角度"按钮,然后在绘图窗口中分别选择两条直线,程序自动将两条直线之间的角度进行约束,如下左图和下右图所示。

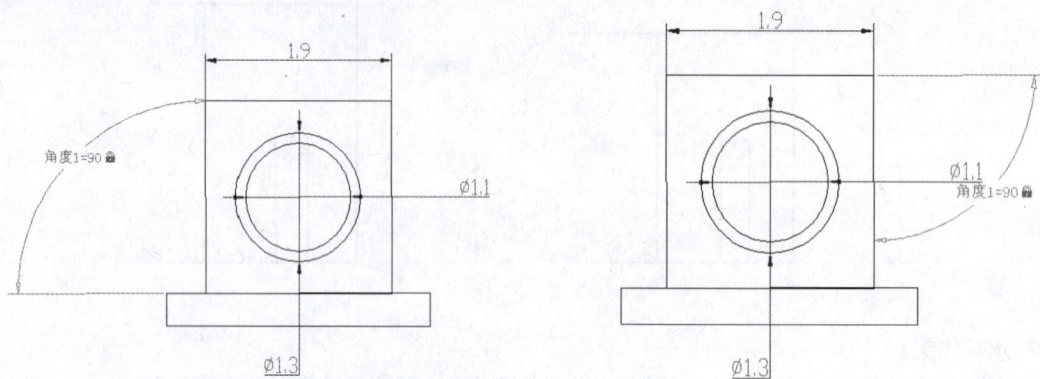

7. 转换

　　可以将已经标注的尺寸转换为标注约束。在"参数化"选项卡下的"标注"面板中单击"转换"按钮,然后在绘图窗口中选择一个要进行转换的尺寸,此时该尺寸为可编辑状态,如下左图所示。输入新尺寸后,按Enter键,即可完成标注尺寸的约束,如下右图所示。

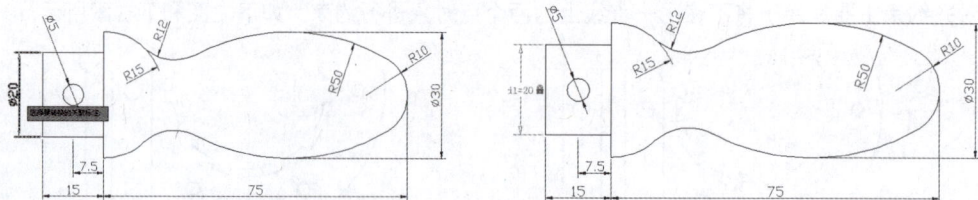

工程技术问答

对于文字标注与尺寸标注的学习，会遇到一些问题，如复制图形后尺寸标注的改变和文字方向的问题，下面将介绍其解决方法。

Q01: 在AutoCAD绘图时会把一张图纸中的图复制到另一张图纸中去，但有时复制过去后却发现原来的尺寸界线错位了，有时标注的尺寸值也发生了改变，这是为什么呢?

A01: 通常是因为这两张图纸的标注样式名称相同，但设置的参数却不同。只要设置成相同的样式参数就可以了。

STEP 01 打开"标注样式管理器"对话框，选择标注样式，单击"替代"按钮将标注样式进行设置，重新标注，以防对其他图形的标注造成影。

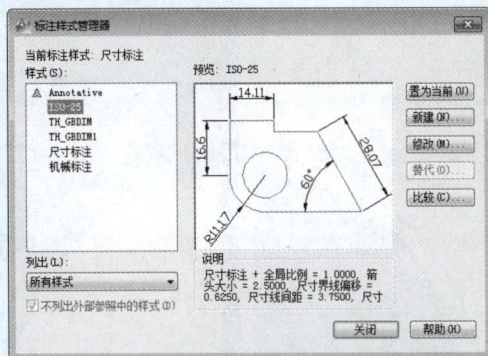

STEP 02 对于复制后尺寸发生变化的问题，可以在"主单位"选项卡中，通过设置比例因子来解决。根据尺寸的变化比例来调整测量单位比例。

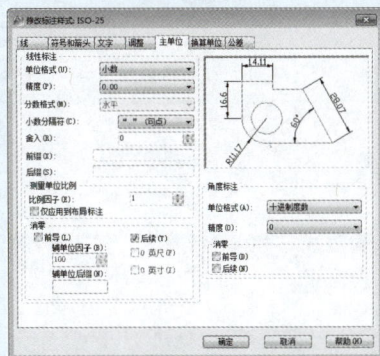

Q02: 在AutoCAD中画图，为什么文字输出来总是倒的?

A02: 在字体设置时不要选前面带@的字体，还有在输入字体角度时输入0就可以了。

STEP 01 打开"文字样式"下拉列表，在选择字体名时注意是否带"@"。

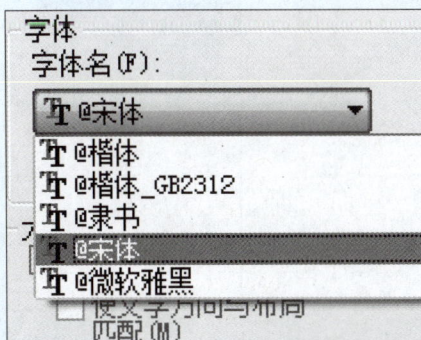

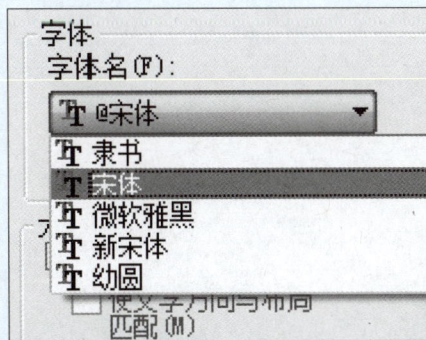

STEP 02 在命令窗口中，输入文字的旋转角度为0。但很多人在输入角度时习惯性只按下两次Enter键。

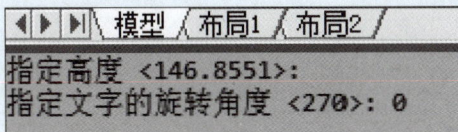

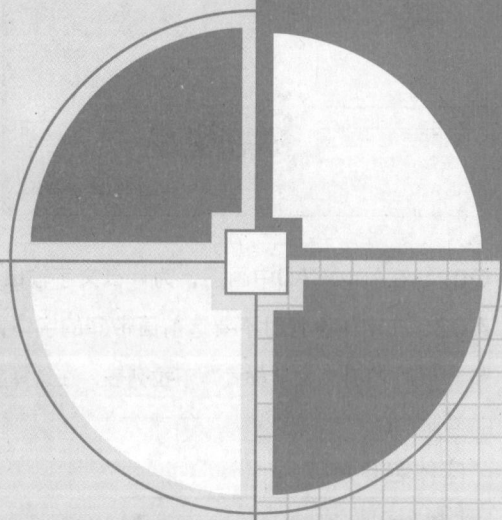

轴测图的绘制

一张完整的图纸中应该包括俯视图、侧视图、局部放大图和轴测图。添加轴测图的目的是为了更加直观地表达零件的结构。轴测图的尺寸标注也要具有一定的角度，视觉上才有三维立体感。

01 园林轴测图

轴测图在园林设计中同样适用,使用轴测图可以使树木和建筑设施更有立体感。

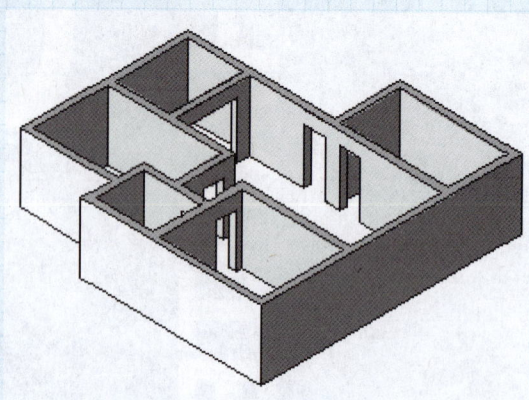

02 三室一厅轴测图

使用等轴测功能,同样也能绘制出三维效果。但该三维效果较为平面,转换成三维视图后无法显示出立体效果。

03 轴测图中的圆与圆弧

在轴测图中绘制整圆时,可以使用"椭圆"命令来绘制,绘制半圆时则可以使用"圆弧"命令来绘制。

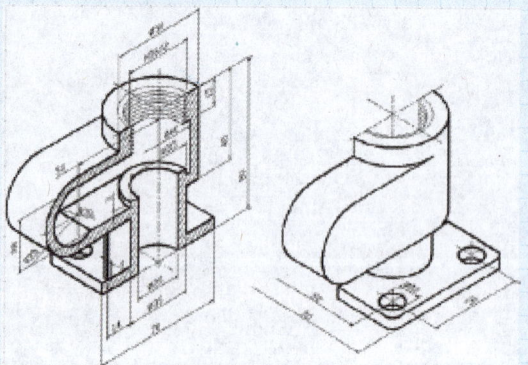

04 机械零件等轴测图

通常等轴测图在机械行业中较为常用。它能够很好地表达出该零件的组织结构。

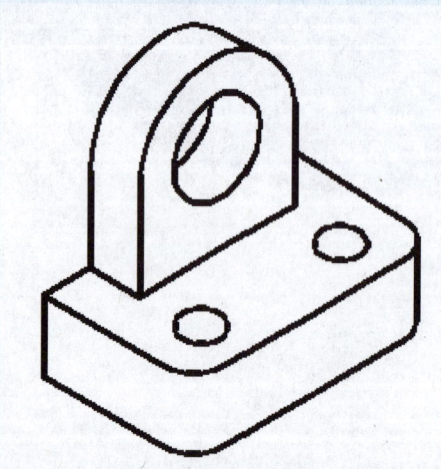

05 标注等轴测图

在对轴测图进行标注时，需注意其标注方向应与轴测视图方向相对应，使其标注也具有三维效果。

06 千斤顶结构图

通过给出千斤顶的俯视图、剖切图、轴测图，可以清楚地表现出千斤顶模型各个部件的结构。

07 支管零件剖面轴测图

剖面轴测图主要能够让人很直观地观察零件内部结构的变化。

08 机械轴测图

通常在绘制轴测图时，只有"直线"和"椭圆"命令可以使用，其他绘图工具均不起作用。

Lesson 01 　轴测图概述

轴测图是一种单面投影图，在一个投影面上能同时反映出对象三个坐标面的形状，并接近于人们的视觉习惯，形象、逼真，富有立体感。虽然轴测图看起来近似于三维图形，但轴测图属于二维图形。

01　轴测图的分类

轴测图分为正等轴测图和斜等轴测图两大类，正等轴测图采用正面投影的方式来绘制，而斜等轴测图则采用斜投影的方式来绘制。

将对象放置成其三条坐标轴与轴测投影面具有相同夹角（约35°16′）的位置，然后向轴测投影面做正投影。用这种方法做出的轴测图称为正等轴测图，如下右图所示。

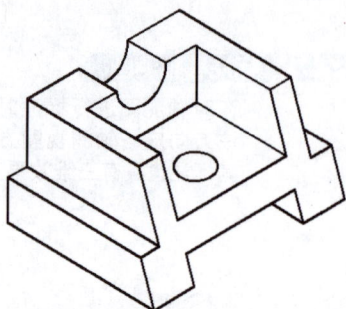

正等测的轴间角：∠X1O1Y1＝∠X1O1Z1＝∠Y1O1Z1＝120°。

轴向变化率：p＝q＝r＝0.82。

简化轴向变化率：为了画图方便，常取po＝qo＝ro＝1。

正轴测图按三个轴向伸缩系数是否相等分为以下三种类型。

- 正等测图：三个轴向伸缩系数都相等。
- 正二测图：只有两个轴向伸缩系数相等。
- 正三测图：三个轴向伸缩系数各不相等。

斜轴测图是不改变对象与投影面的相对位置（对象正放）而做出对象的投影。

当p＝q＝r时，称为正（或斜）等测图；当p＝q≠r或p≠q＝r或p＝r≠q时，称为正（或斜）二测图；当p≠q≠r时，称为正（或斜）三测图。

02　轴测图的设置

在绘制轴测图之前，需要设置捕捉模式为等轴测捕捉。用户可在键盘上按快捷键F5，即可将左视、右视以及俯视图进行切换。

- 正左视：由一对90°和150°的轴定义。
- 俯视：由一对30°和150°的轴定义。
- 右视：由一对90°和30°的轴定义。

在状态栏中右击"栅格"按钮，在打开的快捷菜单中，选择"设置"选项，在打开的"草图设置"对话框中，单击"捕捉和栅格"选项卡，并单击"捕捉类型"选项组下的"等轴测捕捉"单选按钮，如右图所示，然后单击"确定"按钮，即可启动轴测图功能。

03　轴测图的切换

实体的轴测投影只有三个可见平面，根据其位置不同，分别为左视图、右视图和俯视图，如下图所示。

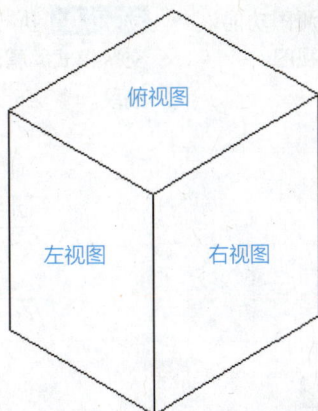

在键盘上按下F5键可以切换到俯视图、右视图、左视图，当在切换视图时，光标的显示状态是不一样的，其中下左图为俯视图，下中图为右视图，下左图为左视图。

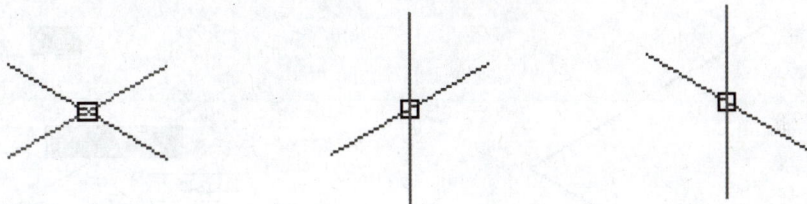

Lesson 02 绘制轴测图

　　绘制轴测图使用的命令与绘制二维图形使用的命令是一样的，使用的编辑命令也是相同的。在绘制轴测图的时候可以先将一个平面上的线段绘制完，然后再绘制另一个平面上的线段，下面以绘制二室一厅户型图为例，介绍轴测图的绘制方法。

STEP 01 右击"栅格显示"按钮，在打开的快捷菜单中，选择"设置"选项。

STEP 02 在"草图设置"对话框的"捕捉和栅格"选项卡中，单击"等轴测捕捉"按钮。

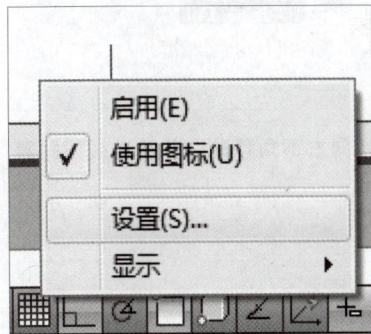

STEP 03 单击"确定"按钮，启动轴测图功能，按下键盘上的F5键，将当前视图设为俯视图。

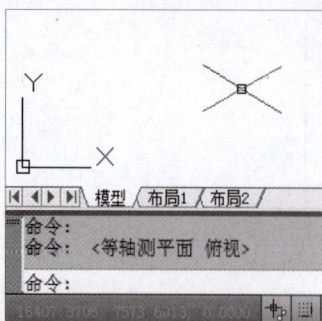

STEP 04 执行"绘制 > 直线"命令，启动"正交"模式，指定线段起点，绘制一条长2630mm的线段。

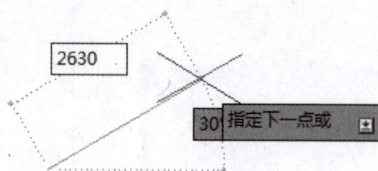

STEP 05 将光标向左移动，并输入线段距离值为630mm和2420mm。

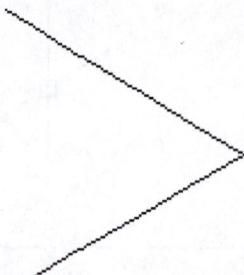

STEP 06 沿着该方向再绘制一条1840mm的线段。

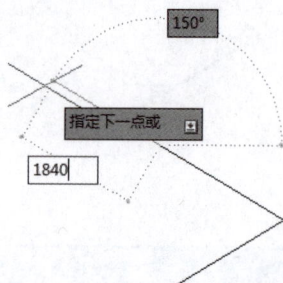

STEP 07 将光标向左下角移动，并输入线段距离为12160mm。

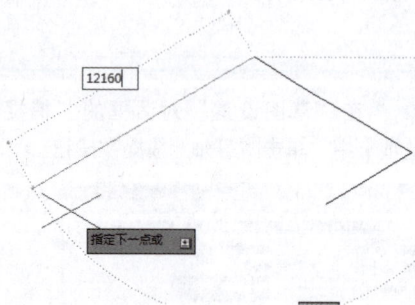

STEP 08 将光标向右下角移动，并输入线段距离为2860mm。

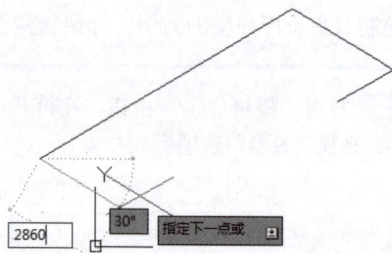

STEP 09 将光标向左下角移动，并输入线段距离为1680mm。

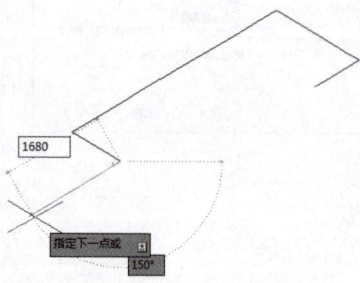

STEP 10 将光标向右下角移动，并输入线段距离为3100mm。

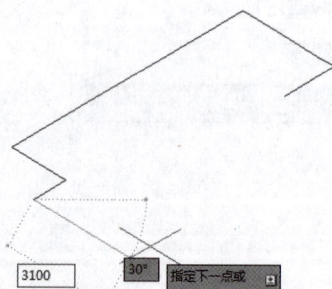

STEP 11 将光标向右上角移动，并输入直线距离为9840mm。

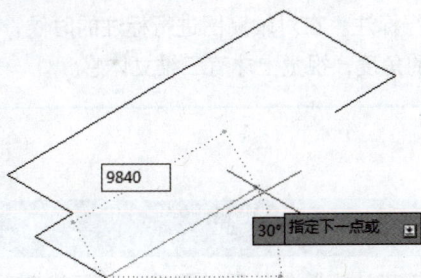

STEP 12 将光标向左上角移动，并输入线段距离为1330mm。

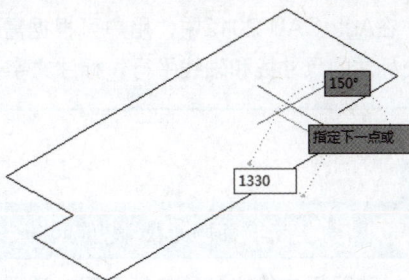

STEP 13 执行"修改 > 偏移"命令，将绘制好的线段向外偏移240mm。

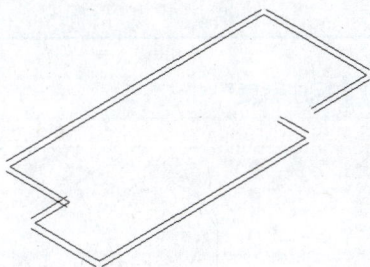

STEP 14 单击"修改 > 修剪"命令，将偏移后的线段进行修剪。

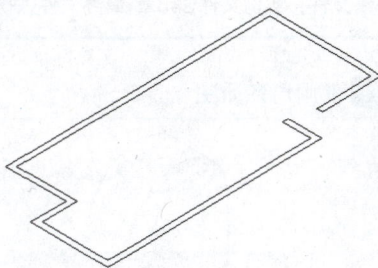

STEP 15 按下 F5 键，将视图设为右视图，并执行"绘图 > 直线"命令，绘制高度 2800mm 的墙体。

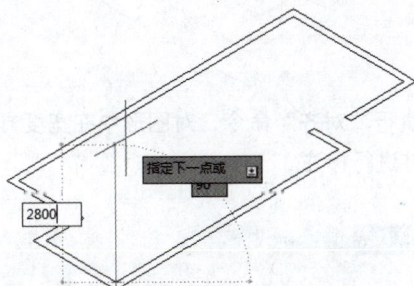

STEP 16 执行"修改 > 复制"命令，将刚绘制的直线复制移动至剩余角点位置。

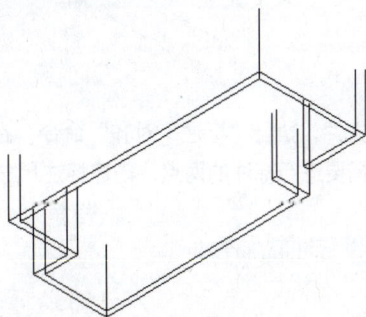

STEP 17 再次执行"修改 > 复制"命令，将刚绘制的俯视线段复制移动到图形合适位置。

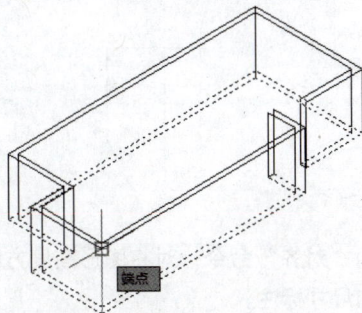

STEP 18 执行"修改 > 修剪"命令，将整个图形进行修剪，完成操作。

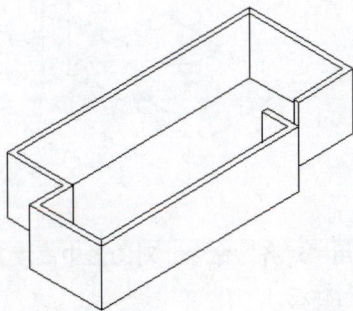

Lesson 03 　轴测图的尺寸标注

在AutoCAD 2012中，用户可根据需要对轴测图进行标注。在对轴测图进行标注的时候，需要使标注的尺寸线和轴线平行，标注文字也要具有一定的角度，视觉上才有三维立体感。

相关练习 | 轴测图尺寸标注与编辑

轴测图标注的方向要与轴测图一致，标注要能够准确表达出零件的尺寸要求，下面就来介绍轴测图的标注以及尺寸编辑方法。

原始文件：实例文件\第8章\原始文件\轴测图尺寸标注.dwg
最终文件：实例文件\第8章\最终文件\轴测图尺寸标注.dwg

STEP 01 使用对齐标注

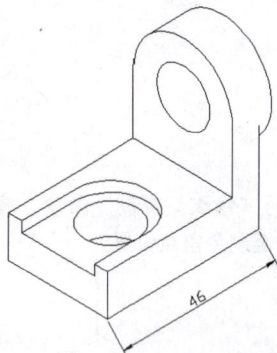

打开原始文件，执行"标注 > 对齐"命令，在绘图窗口中选择要进行标注的两点，创建标注尺寸。

STEP 02 标注宽度尺寸

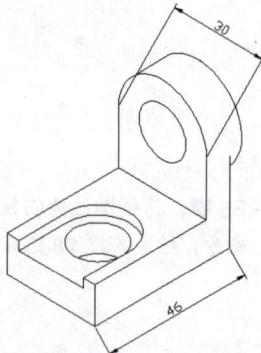

再次执行"对齐"命令，对图形中在宽度方向上的尺寸进行标注。

STEP 03 标注高度尺寸

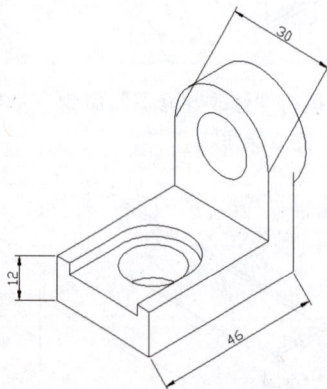

继续使用"对齐"命令，对图形中高度方向上的尺寸进行标注。

STEP 04 继续标注高度尺寸

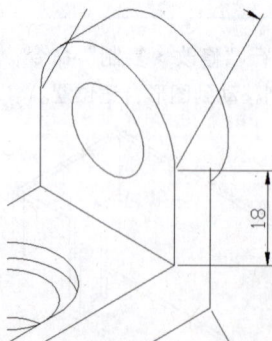

再次使用"对齐"命令，对将图形高度方向上的线段添加尺寸标注。

STEP 05 标注圆尺寸

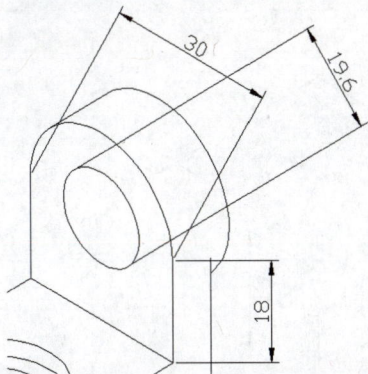

同样执行"对齐"命令，通过捕捉圆上的象限点来标注圆的直径尺寸。

STEP 06 标注另一圆尺寸

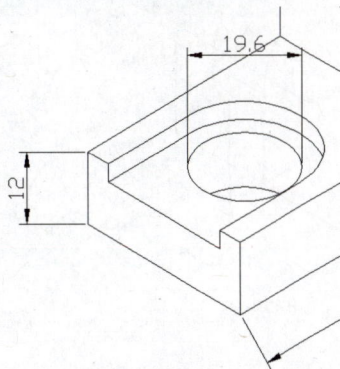

重复上步的操作，使用"对齐"命令继续标注圆的直径尺寸。

STEP 07 选择要修改的尺寸

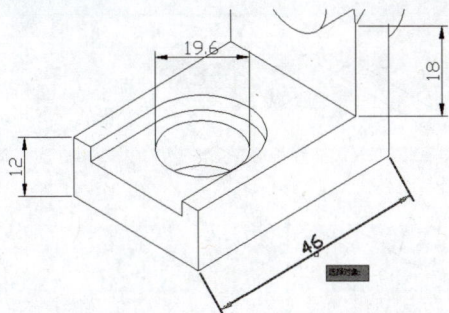

执行"标注>倾斜"命令，在绘图窗口中选择要进行倾斜标注的尺寸。

STEP 08 输入倾斜角度

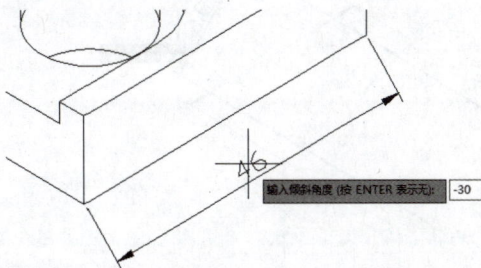

选择完成后，单击鼠标右键，此时程序将提示输入倾斜角度，在光标浮动框中输入倾斜角度为－30。

STEP 09 倾斜标注效果

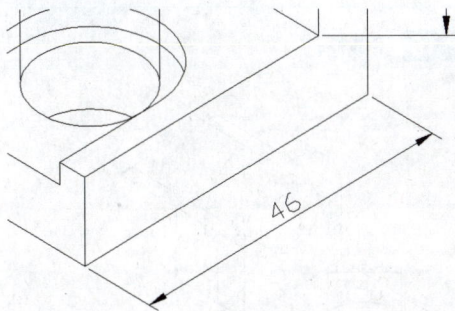

输入完成后，按下键盘上的Enter键，程序自动将选择的标注尺寸按照指定的角度重新进行排列。

STEP 10 继续选择要修改的尺寸

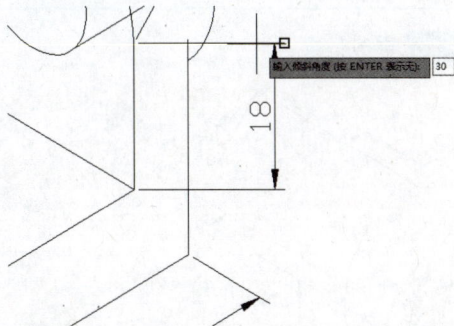

继续使用"倾斜"命令，在绘图窗口中选择要进行倾斜标注的尺寸，单击鼠标右键，然后根据提示在光标浮动框中输入倾斜角度为30。

STEP 11 倾斜标注效果

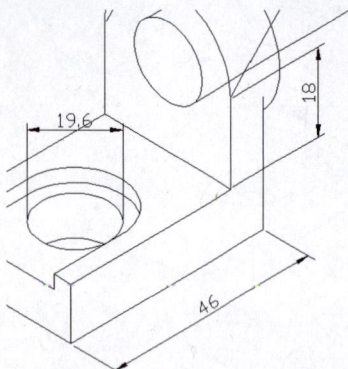

输入完成后，按下Enter键，显示标注效果。

STEP 12 使用倾斜标注

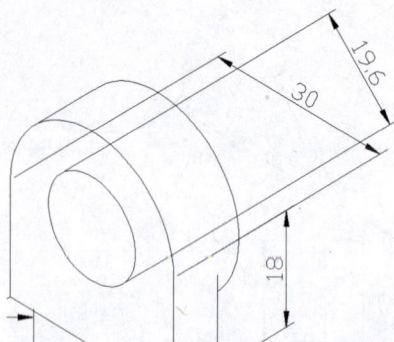

使用"倾斜"命令按照以上操作方法，将尺寸值为30的对象进行倾斜标注，指定倾斜角度为30。

STEP 13 执行文字编辑命令

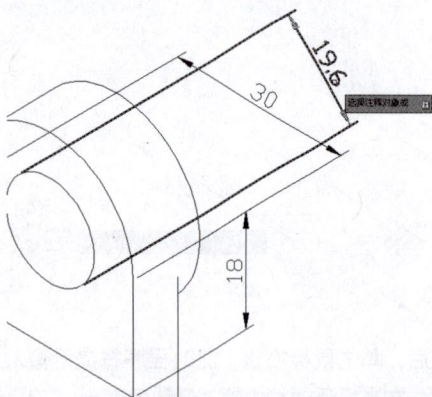

双击尺寸值为19.6的标注，在绘图窗口中选择要进行修改的尺寸。

STEP 14 输入文字符号

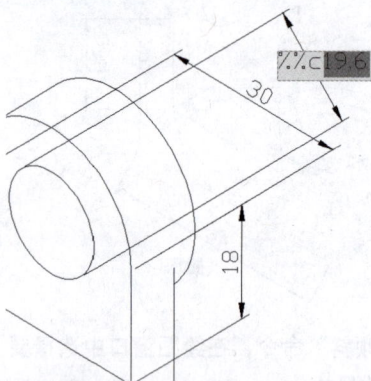

在编辑状态下，在尺寸前输入字符"%%C"。

STEP 15 更改效果

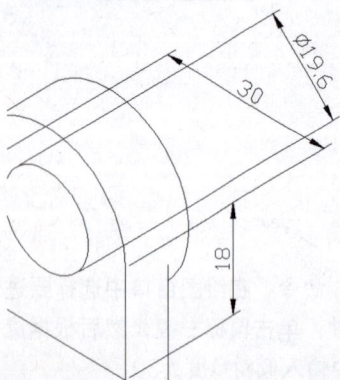

输入完成后，在空白区域单击鼠标左键，退出编辑状态，程序自动在尺寸值前面添加直径符号。

STEP 16 完成修改

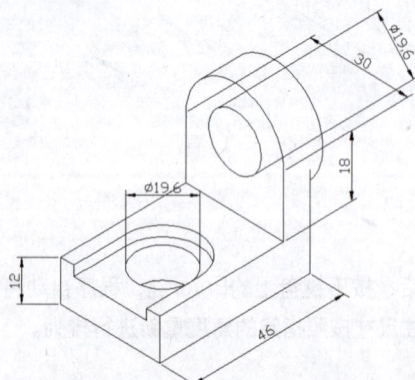

使用同样的方法继续为另一个圆添加直径符号。

Lesson 04　创建表格与标题栏

　　通常完整的图纸是由制图内容和图纸说明两大项组成的。也就是说光有施工图没有图纸说明是一张不符合标准的图纸。在图纸的标题栏中应该包括图纸名称、图纸编号、设计单位、规格、材料、审核、比例、数量、设计者、工艺等相关人员签名，如下图所示。

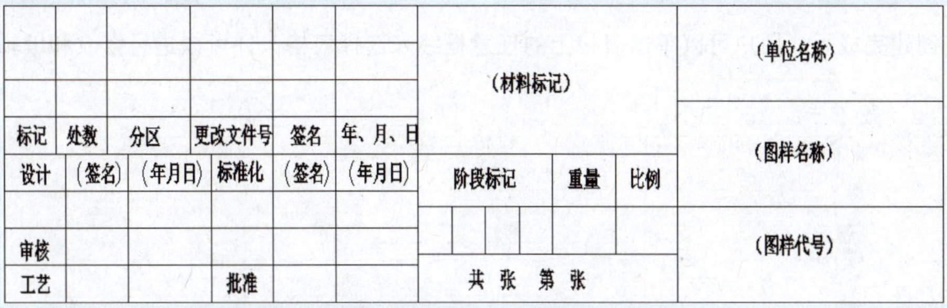

									(单位名称)
						(材料标记)			
标记	处数	分区	更改文件号	签名	年、月、日				(图样名称)
设计	(签名)	(年月日)	标准化	(签名)	(年月日)	阶段标记	重量	比例	
审核									(图样代号)
工艺			批准			共　张　第　张			

01 创建表格

　　AutoCAD 2012可使用"表格"命令来创建绘制简单的表格。表格是在行和列中包含数据的对象，可从空表格或表格样式创建表格对象，也可以将表格链接至Microsoft Excel电子表格中的数据。

　　在"注释"选项卡的"表格"面板中单击"表格"按钮，即可打开"插入表格"对话框，如下图所示。

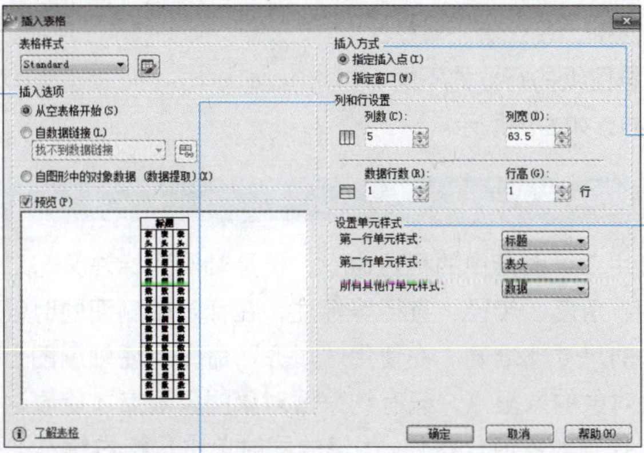

"从空表格开始"是新建一组表格，"自数据链接"选项是从Excel表格中获取表格信息，"自图形中的对象数据"选项是从图形文件中提取数据

"指定插入点"是在窗口中指定一个点为表格的插入基准点，"指定窗口"是在绘图窗口中框选一个窗口区域来创建表格，程序自动将框选区域平分

"列数"是表格竖直方向的单元数量，"列宽"是表格最左边到最右边之间的距离，"数据行数"则是表格水平方向的单元数量，"行高"是表格最上角到最下角之间的距离

设置单元样式可以设置表格第一行单元样式、第二行单元样式和其他单元样式

　　在"插入表格"对话框中设置表格样式为默认样式，选择"从空表格开始"单选按钮，再选择"指定插入点"单选按钮，设置好行数和列数后，单击"确定"按钮即可创建表格。在绘图窗口中选择一个点为表格的插入点，分别输入表格的信息。输入完成后按下 Esc 键退出表格编辑状态，如下图所示。

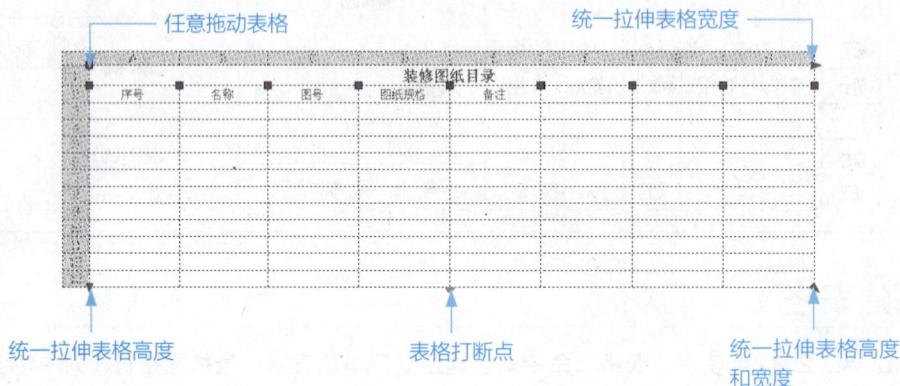

表格创建完成后，用户可以单击表格上的任意框线来选择表格，并可以进行修改和编辑，如下图所示。

任意拖动表格　　　　　　　　　　统一拉伸表格宽度

统一拉伸表格高度　　　表格打断点　　　统一拉伸表格高度和宽度

02 创建标题栏

表格创建完成后就可以创建标题栏了。标题栏主要包括图纸名称、图纸编号、设计单位、规格、材料、数量、比例、设计者、审核、工艺等相关人员签名，根据图纸的行业的不同，其表格内容也会有一些差异，如右图所示。

平面布置图	图号		备注
	日期		
校对	审核		
签字	比例		
批准	设计单位		

工程师点拨 | 轴测图的标注类型

轴测图的标注可使用二维图形中的标注命令，但是轴测图标注又与二维图形标注不同。二维图形可使用对齐、线性、角度、半径、直径等标注，在标注轴测图的时候只能使用"对齐"命令来标注，这样标注出来的尺寸才准确。在使用"对齐"命令标注轴测图上的圆对象时，一定要通过自动约束功能来捕捉对象的象限点，只有约束圆对象的象限点才能表达出它的真实半径。象限点的约束方法为，在选择圆对象时，按住Ctrl键的同时单击鼠标右键，在弹出的快捷菜单中选择约束类型。

相关练习 | 为平面布置图添加表格

利用表格功能可以为图形添加表格和标题栏，用户可以很方便地绘制并编辑表格和标题栏，下面就举例讲解为图像添加表格和标题栏。

原始文件：实例文件\第8章\原始文件\平面布置图添加表格.dwg
最终文件：实例文件\第8章\最终文件\平面布置图添加表格.dwg

STEP 01 绘制表格

在"注释"选项卡的"表格"面板中单击"表格"按钮，在打开的"插入表格"对话框中进行参数设置，设置完成按"确定"按钮。

STEP 02 制定插入点

在绘图窗口中，指定恰当的位置作为插入表格的基准点。

STEP 03 输入文字

装修图纸目录						
序号	名称	规格				
CW-1	图纸目录	A4				
CW-2	原始结构图	A4				
CW-3	改后结构图	A4				
JS-1	总平面图	A4				
JS-2	顶棚图	A4				
JS-4	电路图	A4				
					图号	
					日期	
			校对		审核	
			签字		比例	

在表格中输入文字信息，输入完成后，单击绘图窗口的空白区域。

STEP 04 选择单元格区域

				图号	
				日期	
		校对		审核	
		签字		比例	

在绘图窗口中，框选所要编辑的单元格区域。

STEP 05 合并命令

在"合并"面板中单击"合并单元"按钮，在下拉菜单中选择"合并全部"选项。

STEP 06 合并单元格

				图号	
				日期	
		校对		审核	
		签字		比例	

选择完成后，被选中的单元格将自动合并成一个大单元格。

STEP 07 继续输入文字

平面布置图	图号
	日期
校对	审核
签字	比例
批准	设计单位

再次输入相应文字，完善表格。

STEP 08 完成效果

添加表格与标题栏的最终效果。

Q—A 工程技术问答

如何运用轴测功能绘制圆、将Excel表格导入AutoCAD中和表格自动填充数据，是本章所要解决的问题，将会为用户详细讲解。

Q01: 如何使用等轴测功能来绘制圆?

A01: 在等轴测图中，若想绘制圆，可使用"椭圆"命令，其具体操作方法如下。

STEP 01 在命令窗口中输入命令ELLIPSE，按Enter键，选择"等轴测圆（I）"选项。

STEP 02 选择好后，按Enter键，在绘图窗口中指定圆心位置。

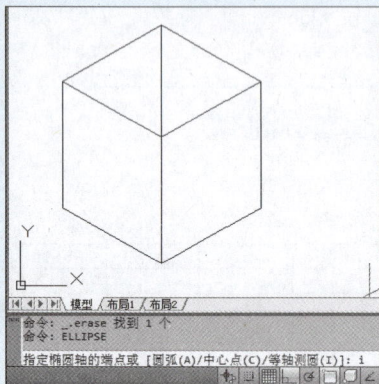

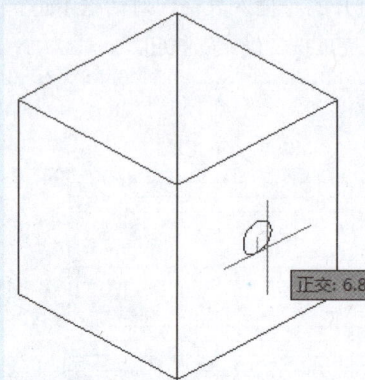

STEP 03 在命令窗口中，输入等轴测圆的半径或直径值，这里输入半径为30mm。

STEP 04 按Enter键后，即可完成等轴测圆的绘制。

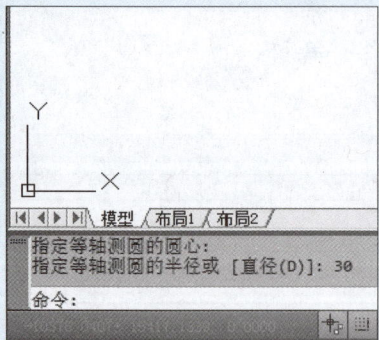

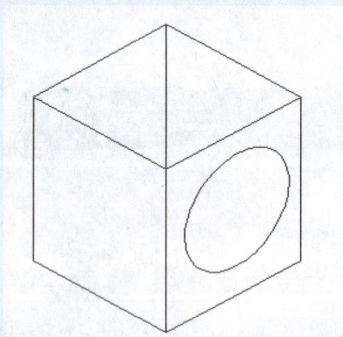

Q02: 如何将Excel表格导入AutoCAD中?

A02: 在制图过程中，尽管AutoCAD支持"对象链接与嵌入"功能，可一旦将Word或Excel表格插入至AutoCAD中，若要修改起来还是很不方便的，一点小小的修改就需进入Word或Excel中进行操作。其实不需要这么麻烦，用户使用以下方法即可轻松完成。

STEP 01 打开Excel软件，框选出所需导入的表格数据，单击右键，选择"复制"选项。

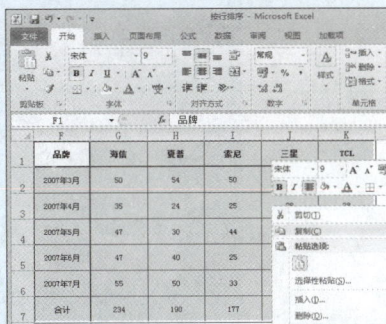

STEP 02 打开 AutoCAD 软件，执行菜单栏中的"编辑 > 选择性粘贴"命令。

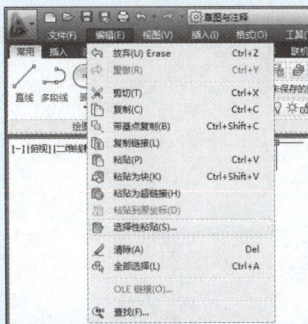

STEP 03 在打开的"选择性粘贴"对话框中，单击"粘贴"单选按钮，并选择"AutoCAD 图元"选项，单击"确定"按钮。

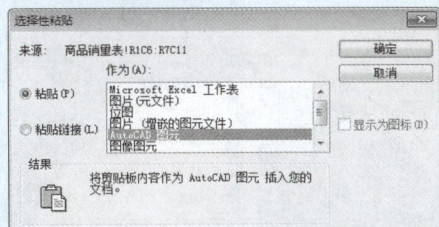

STEP 04 在绘图窗口中，指定表格的插入点，即可将Excel表格插入其中。

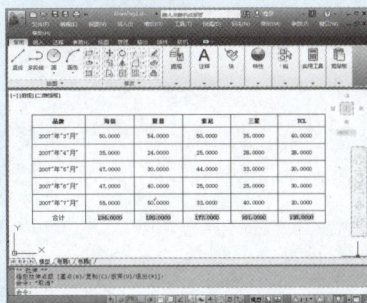

Q03: 在AutoCAD表格中，能否自动填充表格数据呢？

A03: 可以。用户只需通过"自动插入表格数据"功能即可实现该目的。

STEP 01 在AutoCAD绘图窗口中，选择要自动填充的数据，并单击该单元格右下角"自动填充手柄"符号。

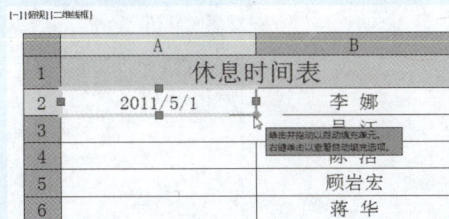

STEP 02 选中后，按住鼠标左键，拖动该手柄至所需填充的单元格，释放鼠标，即可完成数据填充。

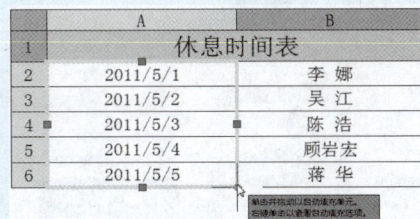

> **工程师点拨** | 自动填充数据只能在插入的表格中进行
>
> 在AutoCAD表格中，若想使用"自动填充数据"功能，必须是使用"插入"命令插入的表格才能使用，如果是使用"直线"或其他命令自行创建的表格，则不可使用。

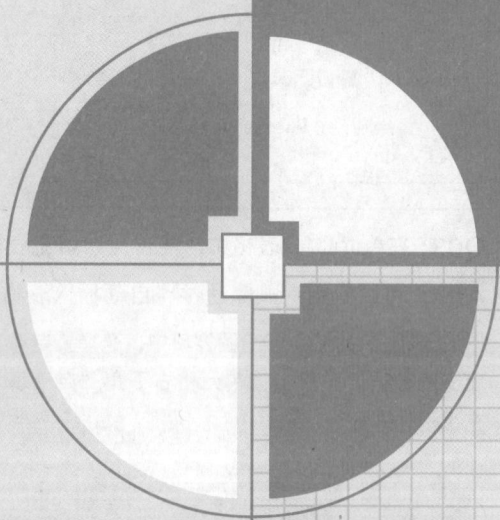

PART 03 三维绘图篇

CHAPTER

09

三维建模空间

使用AutoCAD 2012创建三维模型时需要在三维建模空间中进行，与传统的二维草图环境相比，三维建模空间可以看到坐标系的Z轴。另外，利用导航工具用户还可以自由旋转三维模型，本章将介绍三维建模的基本操作。

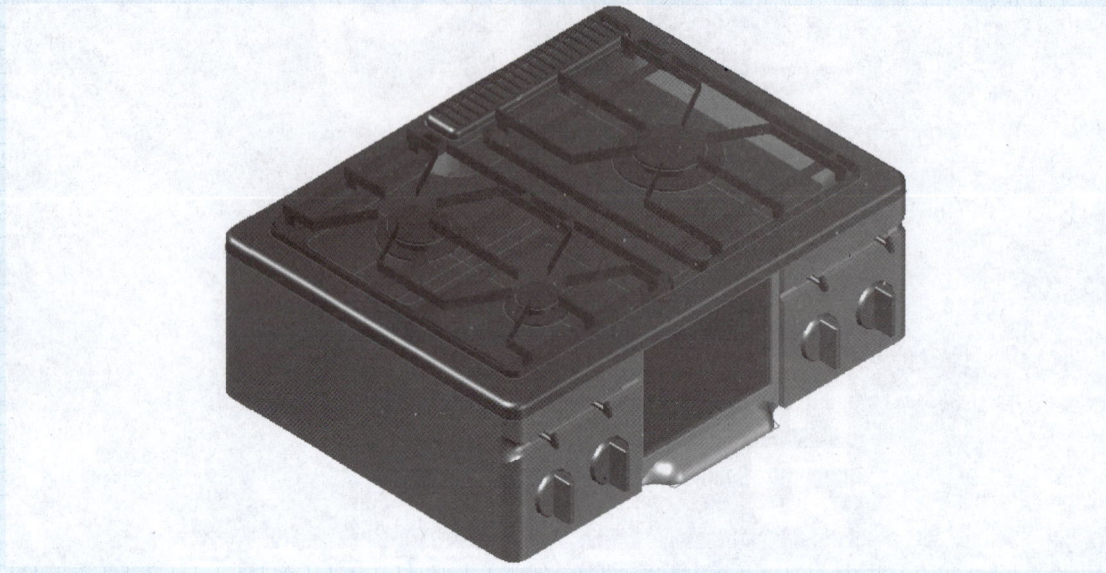

01 煤气灶样式

此模型在建立的时候大量运用到了长方体和圆柱体建模命令,可以结合USC命令在不同方向上建模。

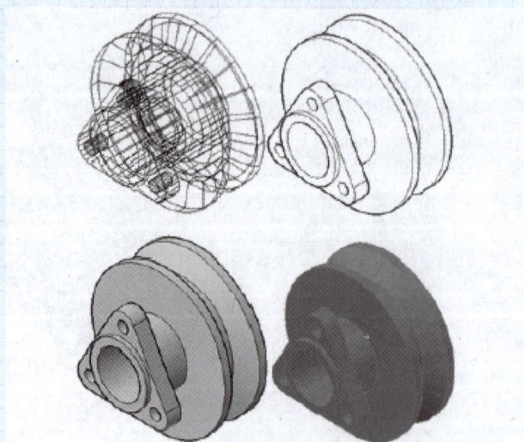

02 视觉样式

在AutoCAD三维建模空间中,系统提供了10种视觉样式,用户可以通过"视觉样式管理器"来管理视图的样式。

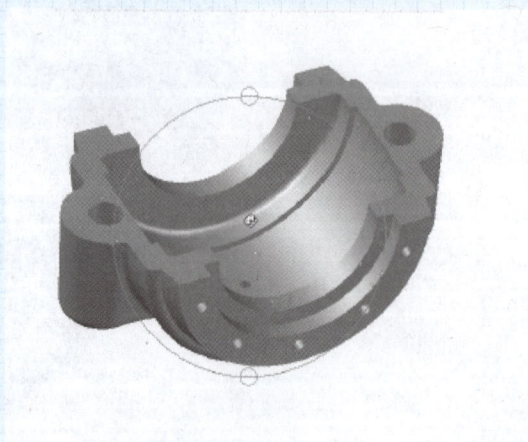

03 自由动态观察

用户可以通过自由动态观察对三维模型进行旋转,从不同角度查看对象的效果,不受观察角度的限制。

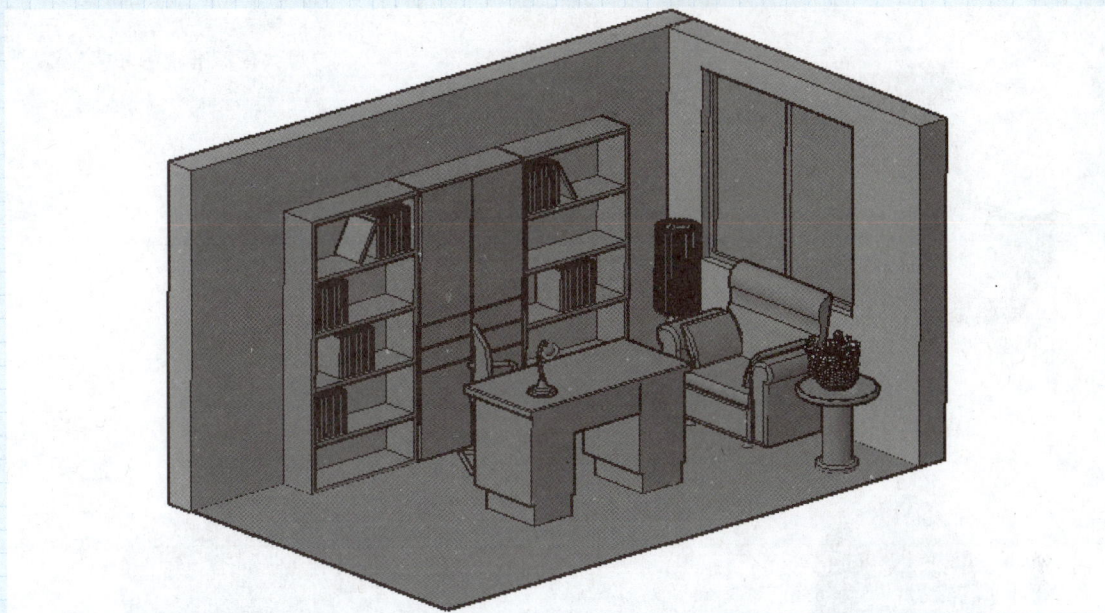

04 书房模型

在建模的时候, 将书房内各种需要的饰品一并建好导入到模型中, 使整个空间看起来内容丰富。

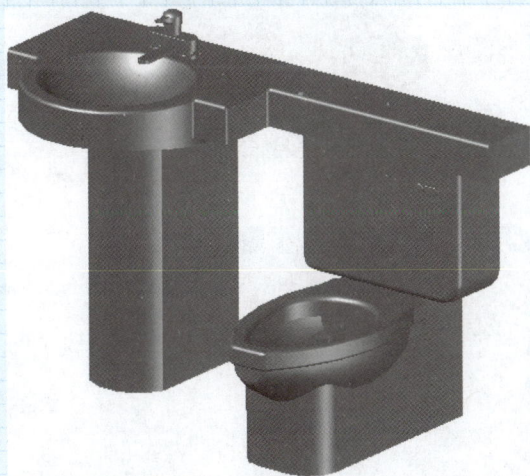

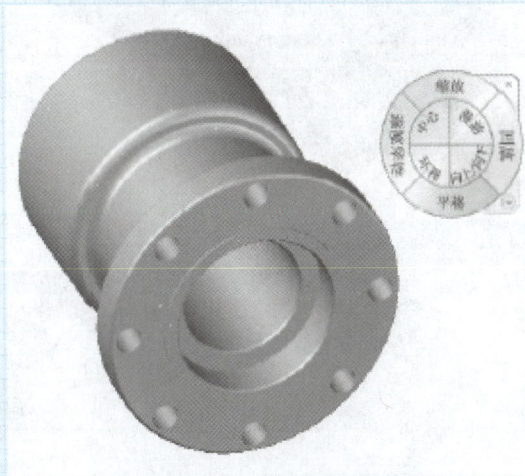

05 连续动态观察

指定一个方向为旋转方向, 程序自动在自由状态下进行旋转。

06 SteeringWheels导航器

SteeringWheels控制器将多个常用导航工具结合到一个单一界面上, 方便用户操作。

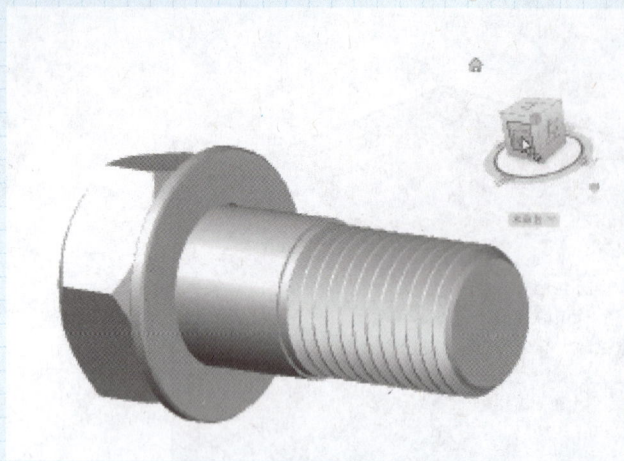

07 ViewCube导航器

ViewCube是启用三维图形系统时显示的三维导航工具，用户可以在标准视图和等轴测视图间切换。

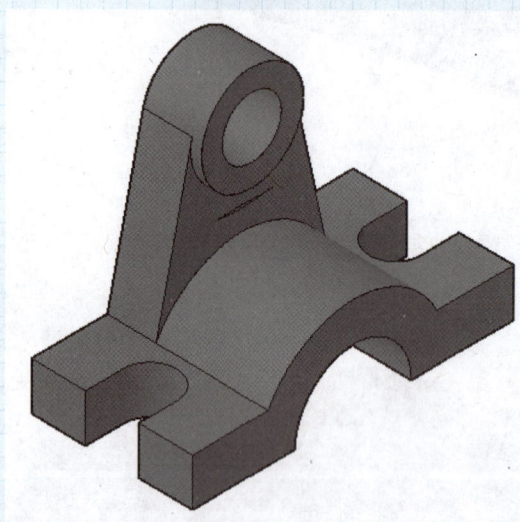

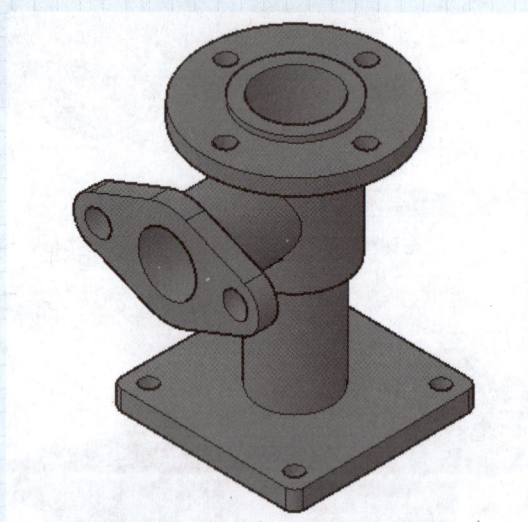

08 弹簧零件图

绘制弹簧零件图时，可使用"多线"命令进行绘制，然后使用"分解"和"修剪"命令将其修剪。

09 机械零件三视图

在设计机械零件时，通常需绘制零件的平面、正立面、侧立面以及三维图来表现该零件结构。

Lesson 01　工作空间的切换

工作空间是指当前使用的各种面板、选项板和功能区的集合。在AutoCAD 2012中，用户可以创建自己的工作空间，还可以修改默认的工作空间。

01　二维草图与注释工作空间

二维草图与注释工作空间是AutoCAD 2012默认的工作空间，也是最常用的工作空间。当切换到二维草图与注释工作空间后，将显示二维绘图特有的工具，如下图所示。

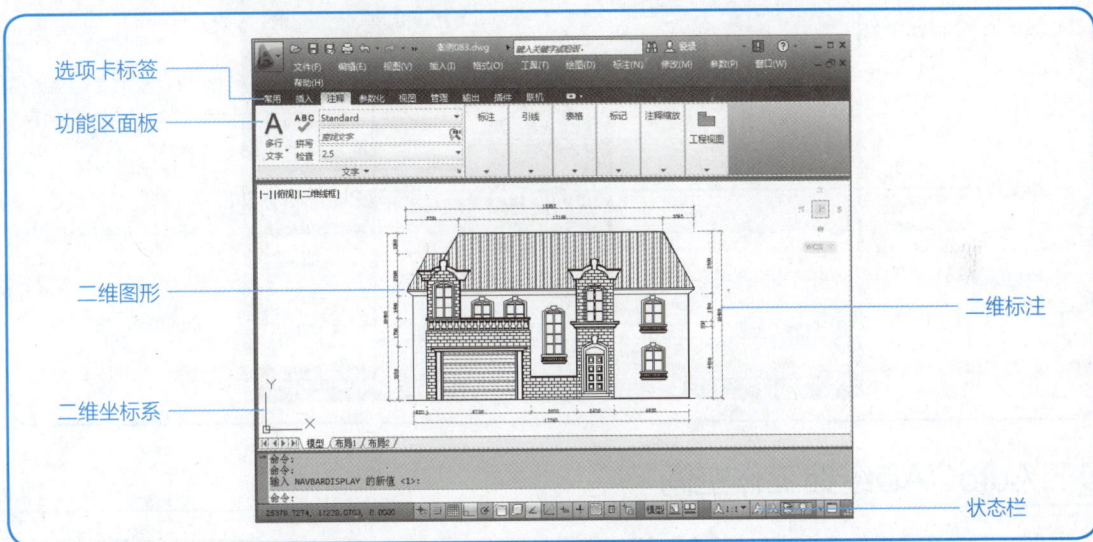

02　三维基础工作空间

三维基础工作空间是用于绘制三维模型的工作空间，与二维工作空间相比更具有立体感。三维建模工作空间的功能面板包括创建、编辑、绘图、修改选择等。

在状态栏中单击"切换工作空间"下拉按钮，在弹出的下拉列表框中选择"三维基础"命令，程序自动切换到三维基础工作空间。

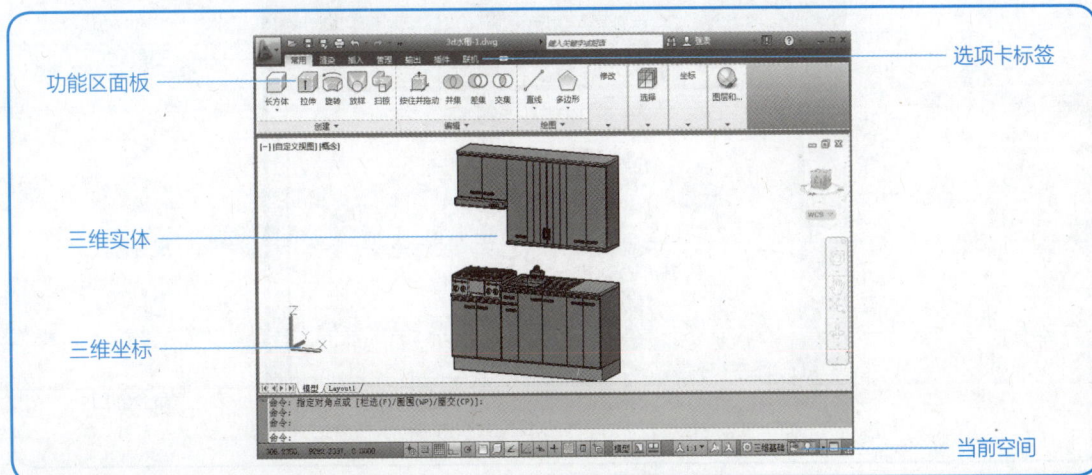

03 三维建模工作空间

三维建模工作空间是用于绘制三维模型的工作空间，与二维工作空间相比更具有立体感。三维建模工作空间的功能面板包括建模、网格、实体编辑、绘图、修改和视口等。

在状态栏中单击"切换工作空间"按钮，在弹出的列表框中选择"三维建模"命令，程序自动切换到三维建模工作空间。仔细观察三维建模工作空间可以发现，该工作空间中坐标系是三维坐标系，绘制的模型也是三维实体，并且新增加了三维导航器ViewCube，如下图所示。

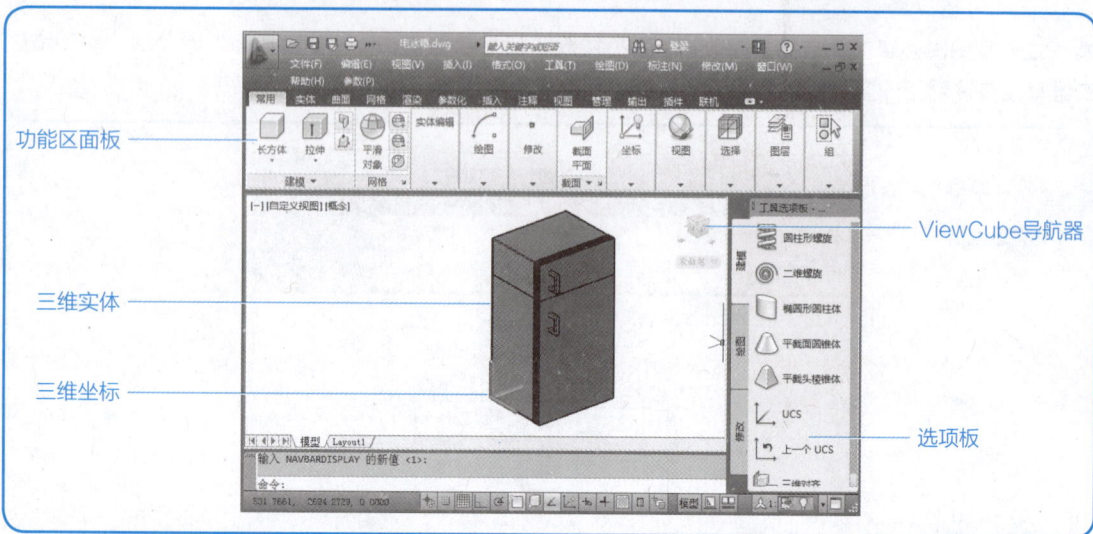

功能区面板 三维实体 三维坐标 ViewCube导航器 选项板

04 AutoCAD经典工作空间

AutoCAD经典工作空间是AutoCAD 2012继承早期版本界面风格的工作空间，让习惯于早期版本的用户也能熟练进行操作。

AutoCAD经典工作空间最大的特点就是工作空间变化灵活，工具栏不是固定的，用户可以根据操作习惯来调整工具栏的位置，除了绘图窗口下面，其他三个方向都可以放置工具栏，拖动工具栏到绘图窗口的边缘，程序自动会将工具栏吸附到窗口边界上。工具栏上只有图标，显得简洁明了，而且不会占用大量绘图窗口，使绘图窗口显得比较宽敞，如下图所示。

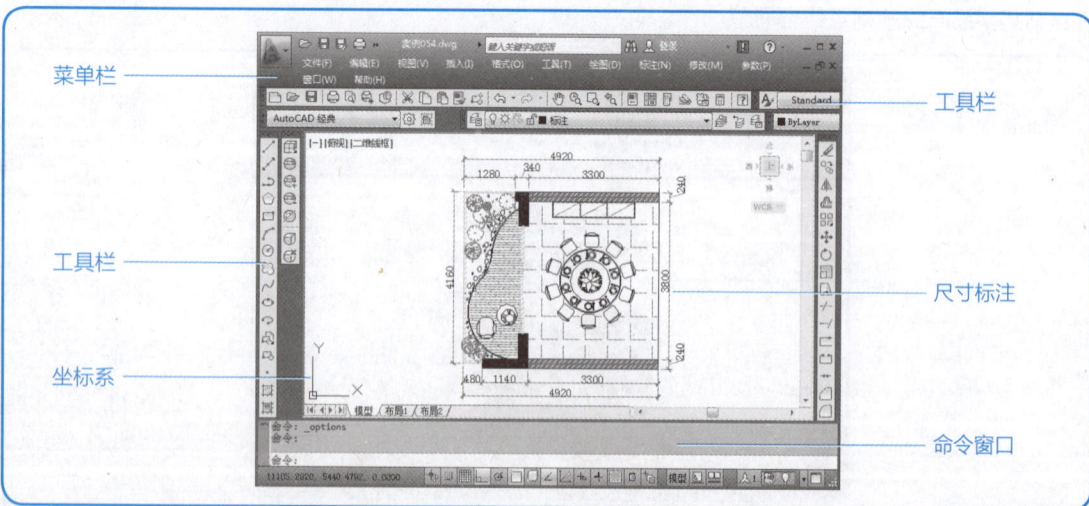

菜单栏 工具栏 工具栏 坐标系 尺寸标注 命令窗口

05 初始设置工作空间

在初始设置工作空间中，用户可以根据设计的需求来定义工具栏的显示或隐藏，进入初始设置工作空间后在面板区域单击鼠标右键，在弹出的快捷菜单中用户可以设置工作空间中的选项卡、面板、选项板等，如下图所示。

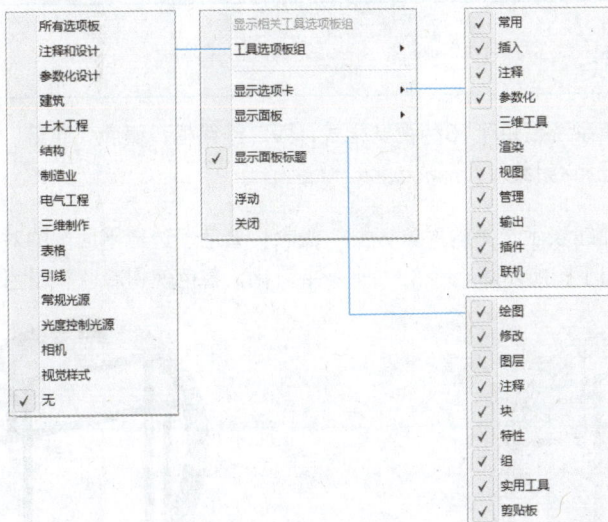

初始设置工作空间可以将面板重新定义，将不常用或很少用到的面板或选项卡隐藏，或者将面板最小化为选项卡，使绘图窗口更加宽敞，如下图所示。

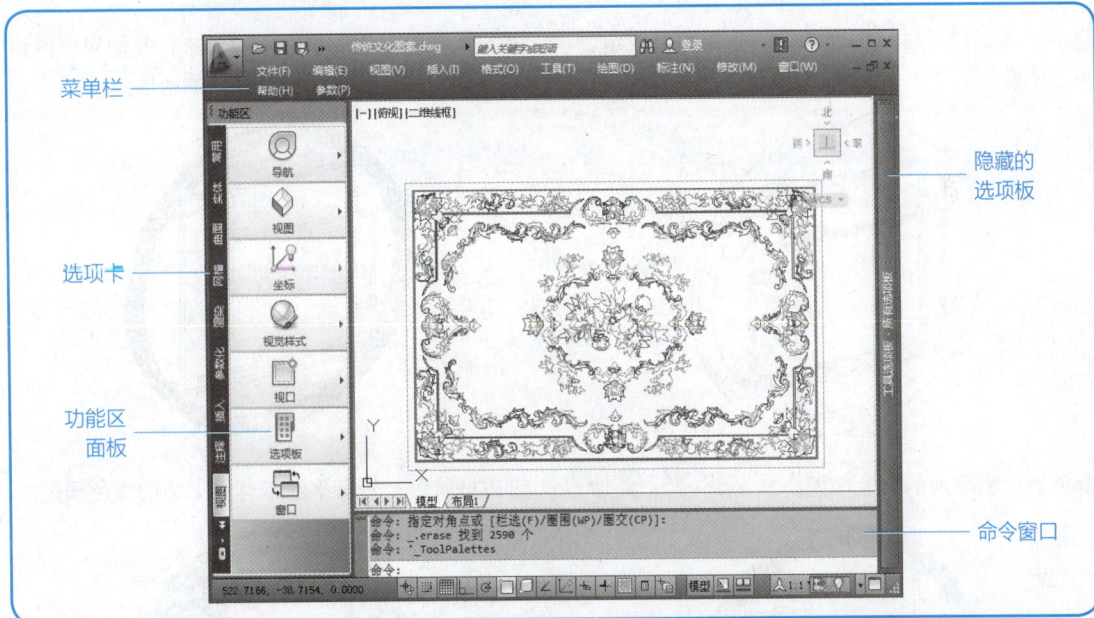

> **工程师点拨 | 工作空间的记忆性**
>
> 工作空间是具有记忆性的，下次新建或打开一个图形时，程序会以当前或最后一次打开文件的工作空间为参照来设置要打开文件的工作空间。

Lesson 02　视觉样式

通过选择不同的视觉样式可以直观地从各个视角来观察模型的显示效果，从而帮助设计师来修正模型。系统默认的视觉样式有10种，用户也可以自定义视觉样式。

01　视觉样式的种类

在AutoCAD 2012中，系统提供了10种视觉样式，即二维线框、概念、隐藏、真实、着色、带边框着色、灰度、勾画，线框和X射线。

二维线框：显示用直线和曲线表示边界的对象，光栅和OLE对象均可见，如下图所示。

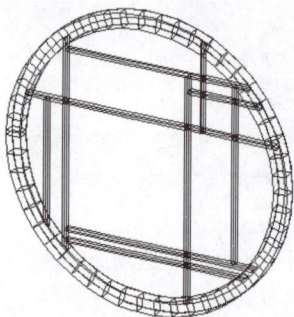

概念：着色多边形平面间的对象，并使对象的边平滑化。着色使用冷色和暖色之间的过渡。

隐藏：显示用三维线框表示的对象并隐藏表示后向面的直线。

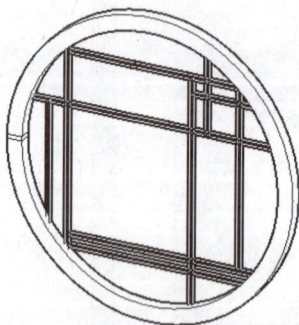

真实：着色多边形平面间的对象，并使对象的边平滑化。将显示已附着到对象的材质。

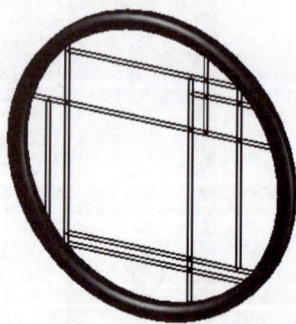

着色：产生平滑的着色模型。

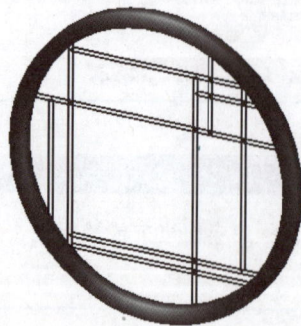

带边框着色：带有平滑带有可见边的着色模型。

灰度：使用单色面颜色模式产生灰色效果。

勾画：使用外伸和抖动产生手绘效果。

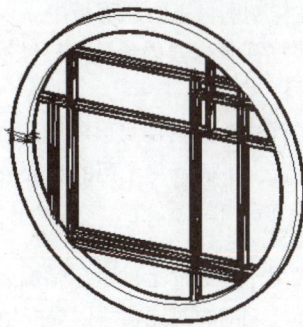

线框：显示用直线和曲线表示边界的对象。显示着色三维 UCS 图标。

X射线：更改面的不透明度使整个场景变成部分透明。

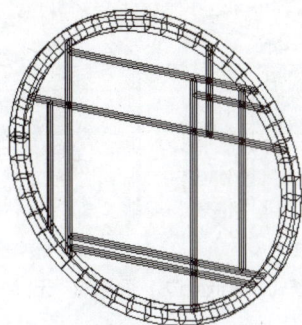

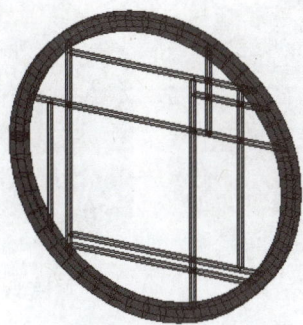

工程师点拨│视觉样式与灯光的关联

　　视觉样式只是在视觉上产生了变化，实际上模型并没有改变。在"概念"视觉模式下移动模型对象可以发现，跟随视点的两个平行光源将会照亮面。这两盏默认光源可以照亮模型中的所有面，以便从视觉上辨别这些面。

02 视觉样式管理器

　　除了使用系统提供的10种视觉样式外，用户还可以通过更改面设置和边设置，并使用阴影和背景来创建自己的视觉样式。这些都可以在视觉样式管理器中进行设置，如下图所示。

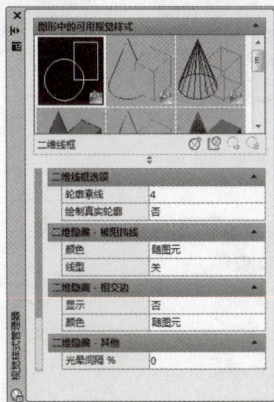

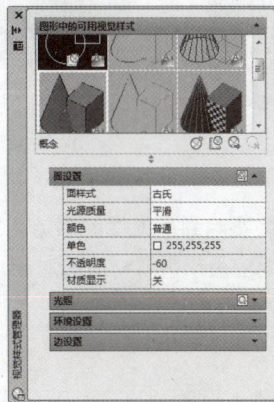

视觉样式管理器将显示图形中可用的视觉样式的样例图像。选定的视觉样式用黄色边框表示，其设置显示在样例图像下方的面板中。

二维线框视觉样式的参数与三维视觉样式的参数设置有着明显的区别，而自定义的视觉样式只能是三维视觉样式。

在视觉样式管理器中可以看到三维视觉样式主要包括四类参数设置，即面设置、环境设置、光照设置和边设置，下面就将常用的参数进行讲解。

1. 面样式

面样式用于定义面上的着色情况，真实面样式用于生成真实的效果。古氏面样式通过缓和加亮区域与阴影区域之间的对比，可以更好地显示细节，加亮区域使用暖色调，而阴影区域则使用冷色调。

将面样式设置为"无"时，不进行着色。如果在"边设置"下将"边模式"设置为"镶嵌面边"或"素线"，则将仅显示边，如下图所示。

   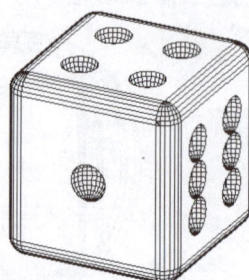

面样式：真实　　　　面样式：古氏　　　面样式：无; 边模式：镶嵌面边　　面样式：无; 边模式：素线

2. 光源质量

镶嵌面边光源会为每个面计算一种颜色，对象将显示得更加平滑。平滑光源通过将多边形各面顶点之间的颜色计算为渐变色，可以使多边形各面之间的边变得平滑，从而使对象具有平滑的外观，如下图所示。

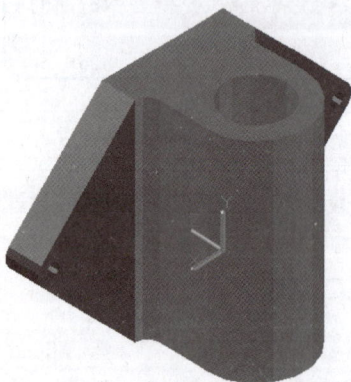 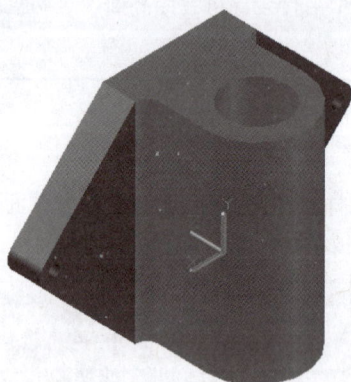 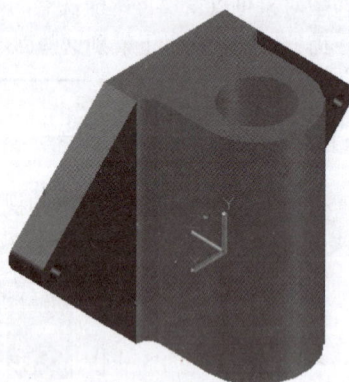

镶嵌面边　　　　　　　　　平滑　　　　　　　　　最平滑

3. 亮显强度

对象上的亮显强度会影响到反光度的感觉。更小、更强烈的亮显会使对象看上去更亮。在视觉样式中设置的亮显强度不能应用于附着材质的对象，如下图所示。

亮显为20　　　　　　　　　　　　　亮显为80

4. 不透明度

不透明度特性用于控制对象显示得透明程度，如下图所示。

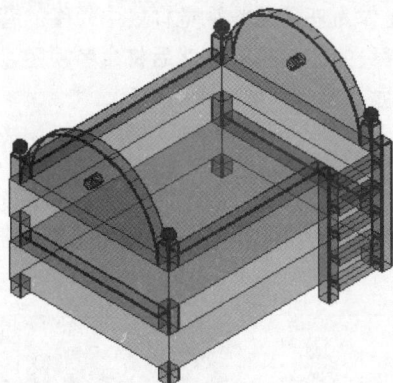

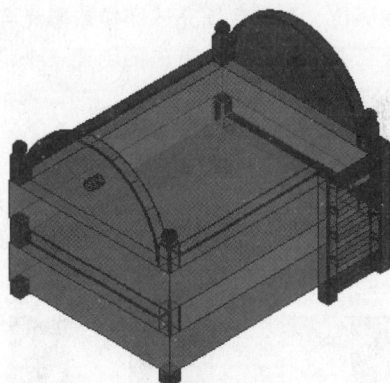

不透明度为20　　　　　　　　　　　不透明度为70

5. 面颜色模式

面颜色模式是用于显示面的颜色，单色将以同样的颜色和着色显示所有的面。染色使用相同的颜色通过更改颜色的色调值和饱和度值来着色所有的面。降饱和度模式可以缓和颜色的显示，如下图所示。

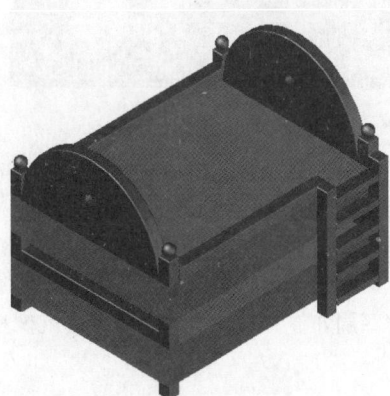

面颜色设置：普通　　　　　　　　面颜色设置：单色 黑色

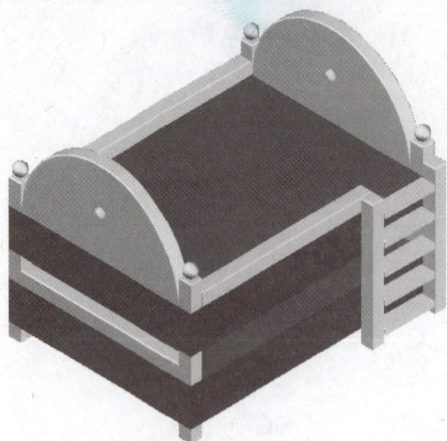

面颜色设置：明 青色

面颜色设置：降饱和度

6. 环境设置

可以使用颜色、渐变色填充、图像或阳光与天光作为任何三维视觉样式中视图的背景，即使其不是着色对象。要使用背景，首先要创建一个带有背景的命名视图，然后将命名视图设置为当前视图。当前视觉样式中的"背景"设置为"开"时，将显示背景，如下左图所示。

7. 阴影显示

视图中的着色对象可以显示阴影。地面阴影是对象投射到地面上的阴影，全阴影是对象投射到其他对象上的阴影。视图中的光源必须来自用户创建的光源，或者来自阳光，阴影重叠的地方，显示较深的颜色，如下右图所示。

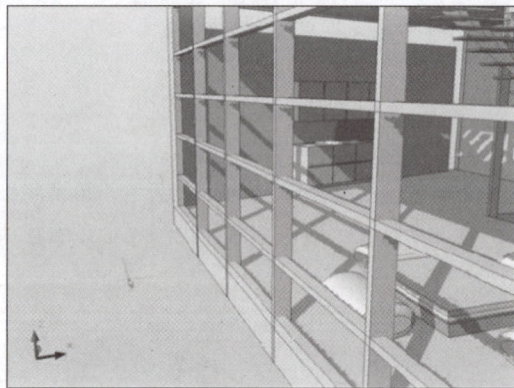

8. 边设置

不同类型的边可以使用不同的颜色和线型来显示。用户还可以添加特效效果，例如对边缘的抖动和外伸。

在着色模型或线框模型中，将边模式设置为"素线"，边修改器将被激活，分别设置外伸的长度和抖动的程度后单击"外伸边"和"抖动边"按钮，如下左图所示，将显示出相应的效果。外伸边是将模型的边沿四周外伸并进行抖动，看上去就像是用铅笔绘制的草图，如下中图和下右图所示。

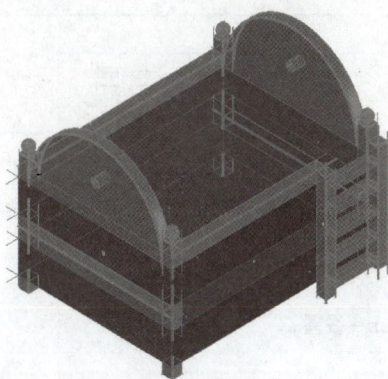

边设置	
显示	素线
行数	4
颜色	白
总在最前	否
被阻挡边	
显示	否
颜色	白
线型	实线
相交边	
显示	否
颜色	白
线型	实线
轮廓边	
显示	是
宽度	6
边修改器	
线延伸	6
抖动	中

外伸边：20

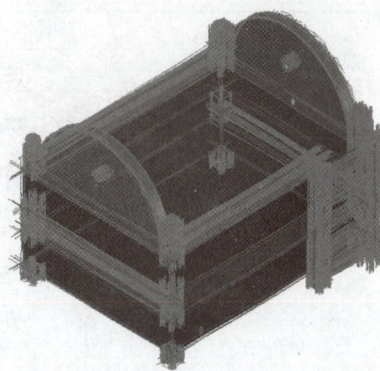

抖动边：高

Lesson 03　导航工具的使用

　　导航工具可以用于更改模型的方向和视图，通过放大或缩小对象，可以调整模型的显示细节，创建用于定义模型中某个区域的视图，还可以使用预设视图恢复已知视点和方向。新增的三维导航工具包括ViewCube、SteeringWheels和ShowMotion。ViewCube提供了模型当前方向的直观反映，可以使用ViewCube调整模型的视点。SteeringWheels是追踪菜单，使用户可以通过单一工具来访问不同的二维和三维导航工具。ShowMotion提供可用于创建和播放电影式相机动画的屏幕显示。

01　ViewCube导航器

　　ViewCube是启用三维图形系统时显示得三维导航工具。通过ViewCube用户可以在标准视图和等轴测视图间切换。

　　ViewCube显示后将以不活动状态显示在视图中的一角。ViewCube处于不活动状态时将半透明显示，指南针显示在ViewCube工具的下方并指向模型的北向。将光标悬停在ViewCube上方时，VlewCube将变为活动状态，如下左图所示。用户可以切换到可用预设视图之一，滚动当前视图或更改为模型的主视图，如下右图所示。

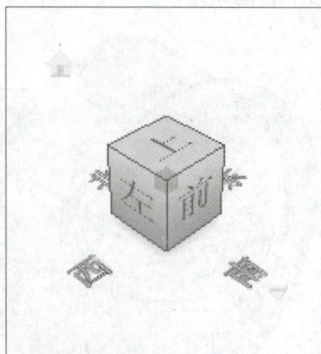
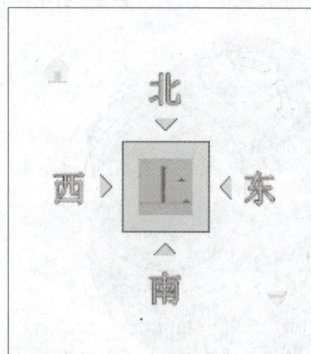

　　在ViewCube上任意位置单击鼠标右键，将弹出ViewCube快捷菜单，如下图所示。该菜单提供了多个选项用于定义ViewCube的方向、切换平行模式和透视模式、为模型定义主视图以及控制ViewCube的外观大小等。

恢复随模型一起保存
的主视图

将当前模式切换至正
交透视投影

启用联机帮助系统并
显示有关ViewCube
的主题

主视图	主视图
✓ 平行	
透视	
使用正交面的透视	
将当前视图设定为主视图	
ViewCube 设置…	
帮助	

将当前模式切换至平行
投影

将当前模式切换至透视
投影

根据当前视图定义模型
的主视图，将相机方向
设置为与选定视图的视
野角度相匹配

显示对话框，用户可以
在其中调整ViewCube
的外观和行为

用户可以通过单击ViewCube上的预定义区域或拖动ViewCube来更改模型的当前视图。

ViewCube提供了26个已定义区域，可以通过单击这些区域来更改模型的当前视图。这26个已
定义区域按类别分为三组，即角、边和面。在这26个区域中有6个代表模型的标准正交视图，即上、
下、前、后、左、右。通过单击ViewCube上的一个面设置正交视图，如下左图和下右图所示。

ViewCube支持两种不同的视图投影，即透视模式和平行模式。透视投影视图基于相机与目标点
之间的距离进行计算。相机与目标点之间的距离越短，透视效果就越明显，如下左图所示。平行投影
视图用来显示所投影的模型中平行于屏幕的所有点，如下右图所示。

透视模式 平行模式

02 SteeringWheels导航器

SteeringWheels（也称为控制盘）将多个常用导航工具结合到一个单一界面上，方便用户操作。

SteeringWheels划分为不同部分的追踪菜单，控制盘上的每个按钮代表一种导航工具。可以以不同的方式平移、缩放或操作模型的当前视图，如右图所示。

在控制盘菜单中，用户可以在不同控制盘之间切换，也可以更改当前控制盘上一些导航工具的行为，如下右图所示。

- 查看对象控制盘(小)：显示查看对象控制盘的小版本。
- 巡视建筑控制盘(小)：显示巡视建筑控制盘的小版本。
- 全导航控制盘(小)：显示全导航控制盘的小版本。
- 全导航控制盘：显示全导航控制盘的大版本。
- 基本控制盘：显示查看对象控制盘或巡视建筑控制盘的大版本。
- 转至主视图：恢复随模型一起保存的主视图。
- 布满窗口：调整当前视图大小并将其居中，以显示所有对象。
- 恢复原始中心：将视图的中心点恢复至模型的范围。
- 使相机水平：旋转当前视图，使其与 XY 地平面相对。
- 提高漫游速度：将用于"漫游"工具的漫游速度提高一倍。
- 降低漫游速度：将用于"漫游"工具的漫游速度降低一半。
- 帮助：启动联机帮助系统并显示有关控制盘的主题。
- SteeringWheel 设置：显示可调整控制盘首选项的对话框。

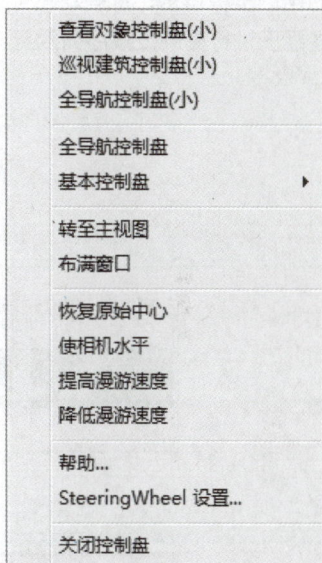

用户可以从不同的控制盘中选择，每个控制盘都有自己的绘图主题。某些控制盘专用于二维导航，有些则适合三维导航。

控制盘有大版本和小版本之分，大控制盘每个按钮上都有标签，小控制盘与光标大小大致相同，控制盘按钮上不显示标签，二维导航控制盘仅有大版本。

1. 查看对象控制盘

查看对象控制盘用于三维导航，该控制盘包括动态观察三维导航工具。使用查看对象控制盘可以从外部观察三维对象，如右图所示，分别为大控制盘和小控制盘。

- 中心(仅大控制盘显示)：在模型上指定一个点以调整当前视图的中心，或更改用于某些导航工具的目标点。
- 缩放：调整当前视图的比例。
- 回放：恢复上一视图，用户可以在先前视图中向后或向前查看。
- 动态观察：绕固定的轴心点旋转当前视图。
- 平移(仅小控制盘显示)：通过平移重新放置当前视图。

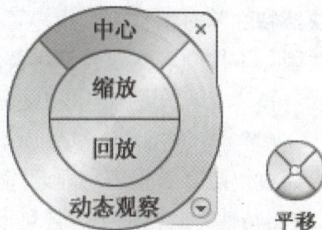

2. 巡视建筑控制盘

巡视建筑控制盘用于三维导航，使用巡视建筑控制盘可以在模型内部导航，如右图所示。

- 向前(仅大控制盘显示)：调整视图的当前点与所定义的模型

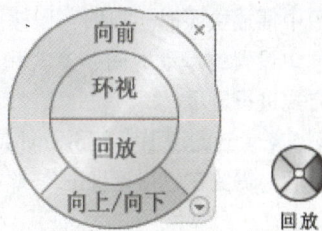

轴心点之间的距离。

- 环视：回旋当前视图。
- 回放：恢复上一视图，用户可以在先前视图中向后或向前查看。
- 向上/向下：沿屏幕的Y轴滑动模型的当前视图。
- 漫游(仅小控制盘显示)：模拟在模型中的漫游。

03 ShowMotion导航器

在菜单栏中执行"视图>ShowMotion"命令，ShowMotion提供可用于创建和播放电影式相机动画的屏幕显示，这些动画可用于演示或在设计中导航。用户可以录制多种类型的视图，随后可对这些视图进行更改或按序列放置，并且每种类型都是惟一的，如下图所示。

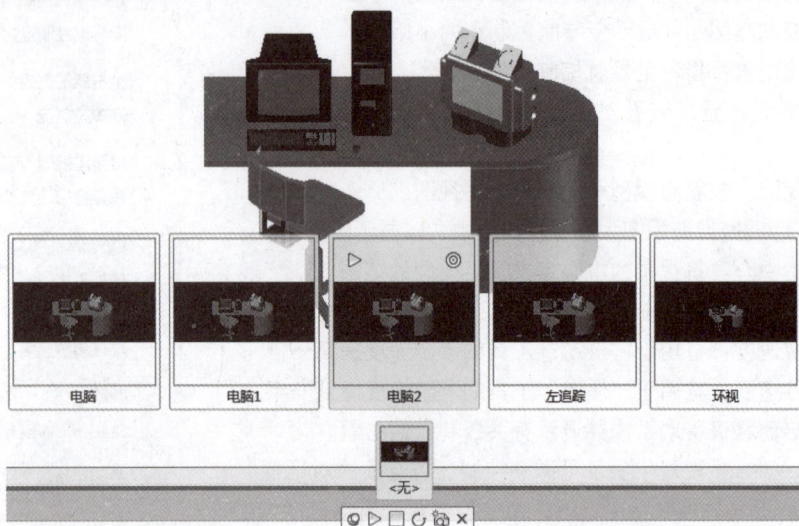

使用ShowMotion可以向捕捉到的相机位置添加移动和转场，这与在电视广告中所见到的相类似，这些动画视图称为快照。

在绘图窗口中选择一个快照，然后单击鼠标右键，在弹出的快捷菜单中执行"特性"命令，在弹出的"新建视图/快照特性"对话框中，用户可以设置视图的类型。在"视图类型"下拉列表中包含三种类型，分别为"静止"、"电影式"和"录制的漫游"，如右图所示。

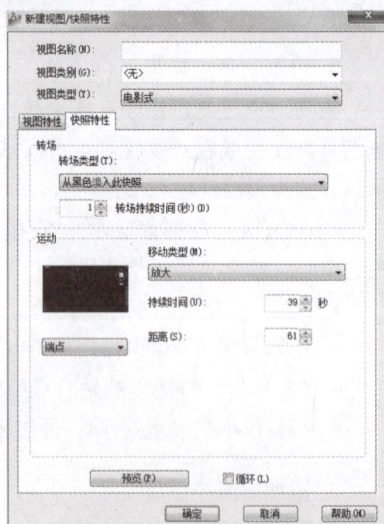

- 静止：将ShowMotion设置为"静止"类型，在视图中播放快照时，视图将显示静止的快照画面，在"新建视图/快照特性"对话框中，还可以设置画面停留的时间。

- 电影式：将ShowMotion设置为"电影式"类型，在视图中播放快照时，视图可以按照"新建视图/快照特性"对话框中设置的运动时间、方式和距离，以模拟电影镜头运动的方式进行显示。

- 录制的漫游：将ShowMotion设置为"录制的漫游"类型后，需要在"新建视图/快照特性"对话框中单击"开始记录"按钮，返回到视图中进行漫游路径的记录。

04 动态观察

在三维空间中要观察对象除了使用ViewCube来旋转模型外，还可以使用动态观察来调整三维模型的位置和方位。动态观察包含三种样式的观察方式。

1. 受约束的动态观察

相机位置（或视点）移动时，视图的目标将保持静止。目标点是视口的中心，而不是正在查看的对象的中心。在菜单栏中执行"视图 > 动态观察 > 受约束的动态观察"命令，可以在当前视口中激活三维动态观察视图。

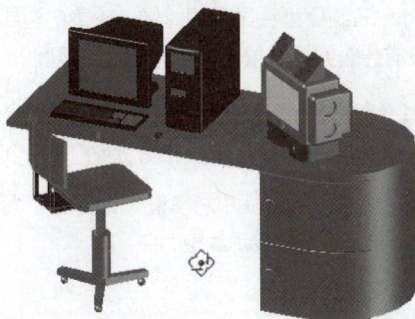

2. 自由动态观察

在菜单中执行"视图 > 动态观察 > 自由动态观察"命令，将会出现一个圆形的空间，用户可以在该圆形空间范围内自由旋转或移动模型，如右图所示。

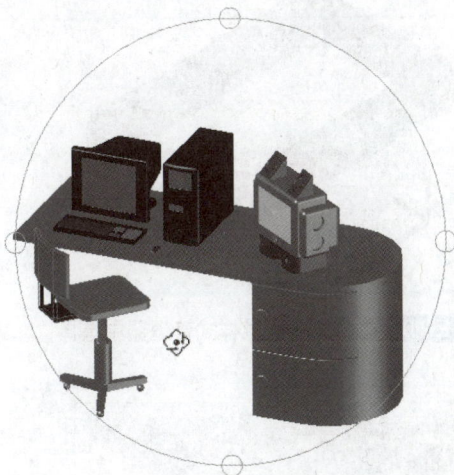

3. 连续动态观察

在菜单中选择"视图 > 动态观察 > 连续动态观察"命令，可以连续查看模型运动状态下的情况。使用该命令，指定一个方向为旋转方向，程序自动在自由状态下进行旋转，如右图所示。

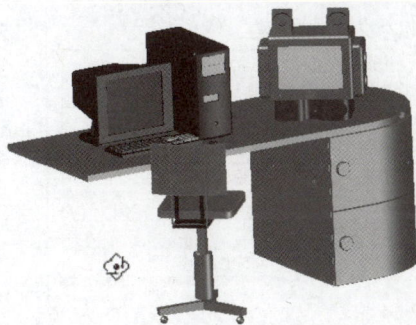

Q A 工程技术问答

在创建模型之前，要对三维模型工作空间等内容有一定的了解，创建完成后，若想得到没有轮廓边缘线的模型，只需简单的操作即可解决。

Q01： 三维模型在显示的时候，轮廓的边缘有线型显示，在进行渲染的时候严重影响了模型的美观，有没有什么方法可以不显示轮廓边缘线呢？

A01： 程序默认的三维视觉样式是带有线型显示的，看起来像是轮廓线，如果为了渲染效果美观可以将其关闭，其具体操作方法如下。

STEP 01 在视觉样式中将模型样式设置为"真实"，模型边缘将显示线型。

STEP 02 在绘图区左上方单击"视觉样式控件"，在弹出的下拉菜单中选择"视觉样式管理器"。

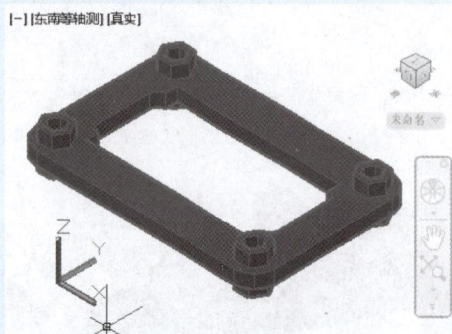

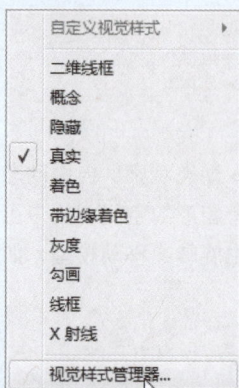

STEP 03 在弹出的视觉样式管理器中选择"真实"。

STEP 04 在"轮廓边"卷展栏中设置"显示"模式为"否"，三维模型将隐藏线轮廓。

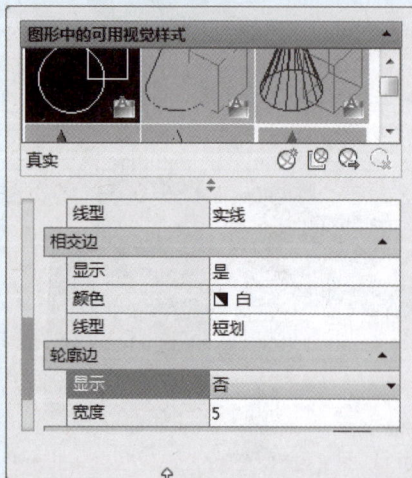

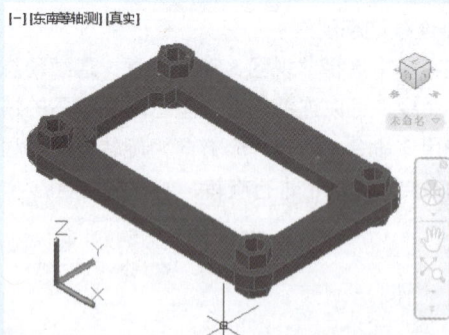

CHAPTER

10

三维实体建模

AutoCAD 2012三维建模可使用户利用实体、曲面和网格对象创建复杂图形，以便帮助用户更直观了解并测试设计效果。实体、曲面和网格对象提供不同的功能，这些功能综合使用时可提供强大的三维建模工具套件。

01 机械零部件图

该图纸主要是以"多段体"、"布尔运算"和"圆角"命令来完成的。

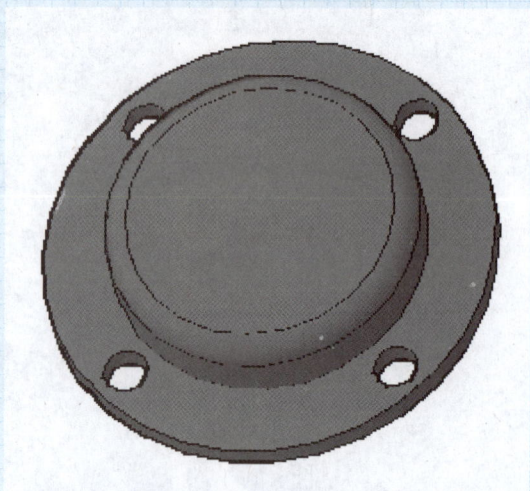

02 端盖实体模型

运用"抽壳"、"并集"、"三维环形阵列"等命令绘制出端盖模型。

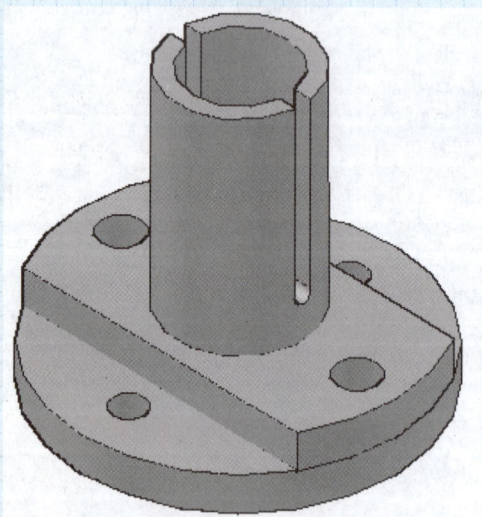

03 传动轴套实体模型

绘制该模型主要运用了"并集"、"差集"以及"三维镜像"等命令绘制出来。

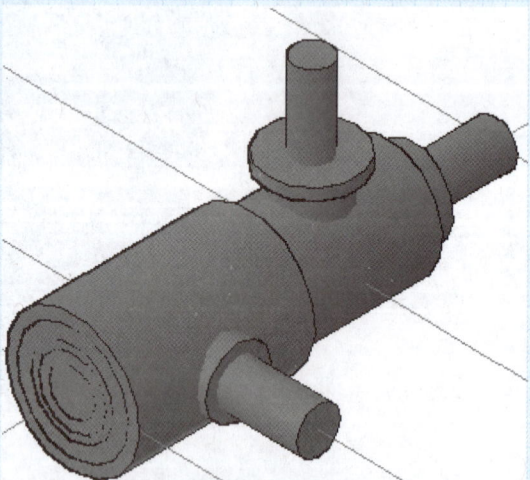

04 泵体三维模型

该模型主要通过运用"圆柱体"、"更改用户坐标"和"拉伸"等命令绘制。

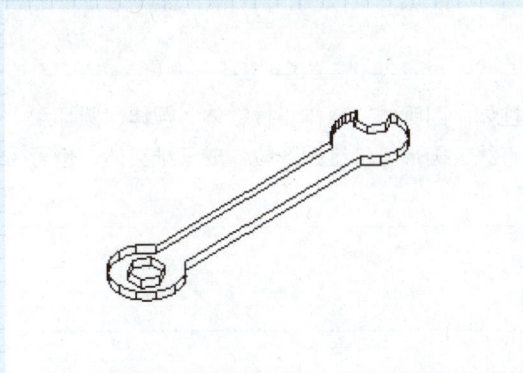

05 机械扳手图

该图纸为我们常见的机械扳手,可以通过"挤压"命令来完成。

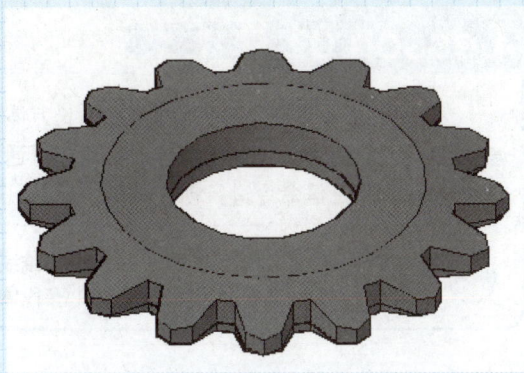

06 牙轮三维模型

该三维模型利用了"三维环形阵列"、"并集"、"差集"、"倒角"等命令绘制完成的。

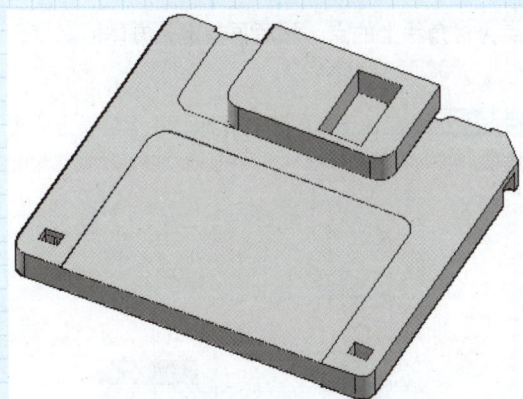

07 软盘三维模型

主要运用了"圆角"、"矩形"、"差集"等命令完成模型的绘制。

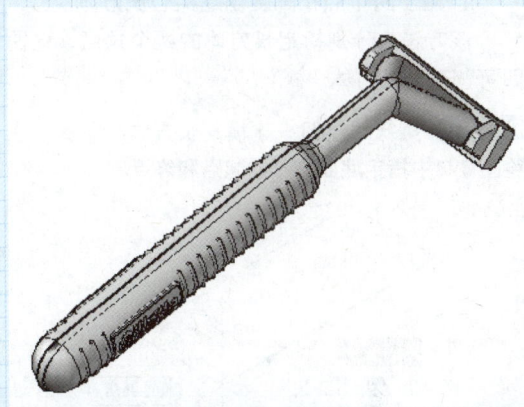

08 刮胡刀三维模型

该模型主要运用了"扫掠"、"圆角"、"球体"、"并集"、"差集"等命令绘制的。

09 太阳伞实体模型

该模型运用了"三维环形阵列"、"扫掠"、"圆柱体"等命令来绘制的。

Lesson 01　基本体

在AutoCAD 2012中，基本体包括长方体、圆柱体、圆锥体、球体、棱锥体、楔体、圆环和多段体等三维实体。创建基本体时，用户可通过将直线、圆形等二维图形拉伸成三维实体，也可直接使用相关三维命令进行创建。

原始文件：实例文件\第10章\原始文件\二维线.dwg
最终文件：实例文件\第10章\最终文件\多段体.dwg

01　长方体

绘制长方体需先设置好长方体底面的长度和宽度，该底面与当前UCS坐标的XY平面平行，然后输入长方体的高度值即可，其高度可以是正值也可以是负值。为了便于观察，用户可以在绘制长方体之前调整坐标系的位置。下面将介绍三种常用的创建长方体的方法。

1. 基于两个点和高度创建实心长方体

该方法为分别指定长方体的两个角点，这两个角点为对角线上的点，然后再指定长方体的高度，即可创建出长方体。

STEP 01 执行"绘图 > 建模 > 长方体"命令，在绘图窗口中指定底面方形的起点和终点。

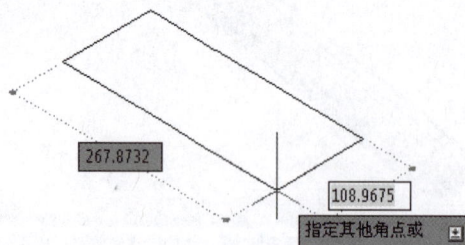

STEP 02 向Z轴正方向移动光标，并指定长方体高度值。

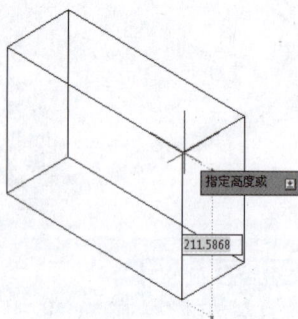

STEP 03 输入完毕后，按Enter键，即可完成长方体的绘制。

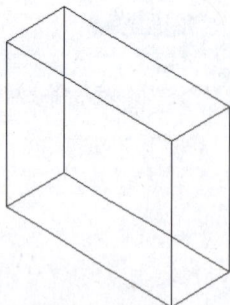

STEP 04 执行"视图 > 视觉样式 > 概念"命令，更改对象的显示模式，查看其效果。

2. 创建立方体

立方体是特殊的长方体，它的长度、宽度和高度值是一样的。在绘制立方体时，应确保其长度、宽度和高度的一致性。

STEP 01 执行"绘图>建模>长方体"命令，根据命令窗口的提示，指定长方体底面起点。

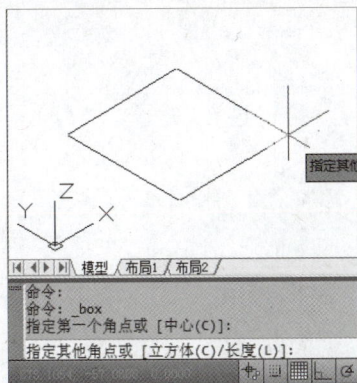

STEP 02 根据命令窗口的提示，输入命令C并按Enter键，选择"立方体"选项。

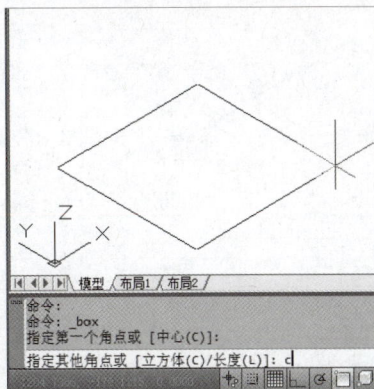

STEP 03 根据提示在命令窗口中指定长度值，这里输入300。

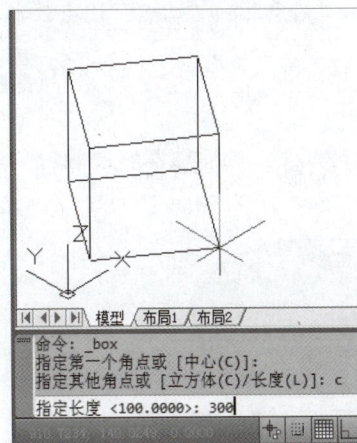

STEP 04 指定完成后，按Enter键，即可完成立方体的绘制。

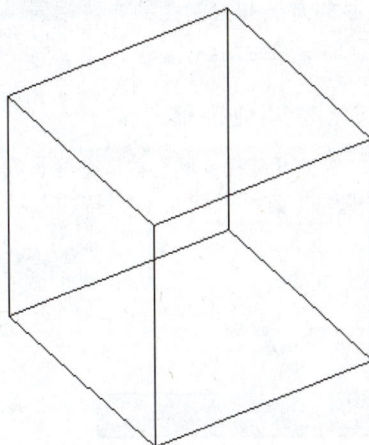

3. 输入底面长度值创建长方体

该方法是通过输入长方体底面长度和宽度值，然后输入长方体的高度值来定义长方体的。

STEP 01 执行"常用>建模>长方体"命令，在绘图窗口中指定底面方形的起点。

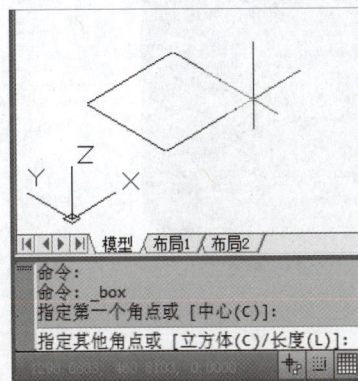

STEP 02 在命令窗口中，输入命令L，选择"长度"选项，按Enter键。

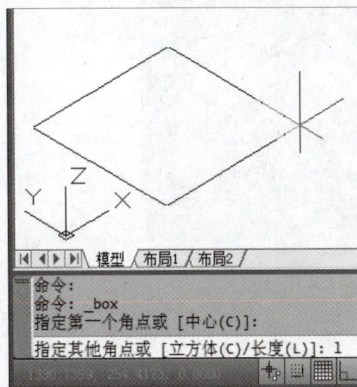

STEP 03 移动光标，并在命令窗口中指定底面方形的长度值和宽度值。

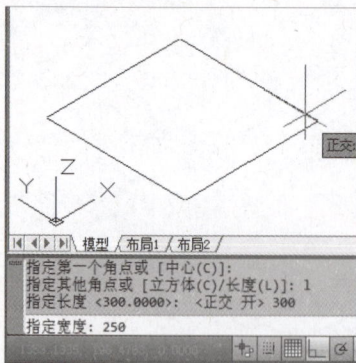

STEP 04 指定完成后，按Enter键，输入长方体高度值后，再按Enter键确定，即可完成绘制。

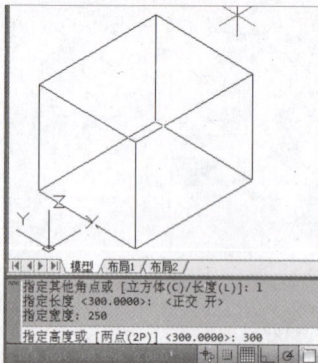

02 圆柱体

圆柱体的绘制方法与绘制长方体相似，同样都需先确定底面面积，然后再指定圆柱体的高度。绘制圆柱体底面的方法和绘制圆的方法相同，可以使用"三点"、"两点"、"切点、切点、半径"和"椭圆"命令来绘制。

1. 以圆底面创建实体圆柱体

STEP 01 执行"绘图 > 建模 > 圆柱体"命令，在绘图窗口中指定圆柱底面中心点。

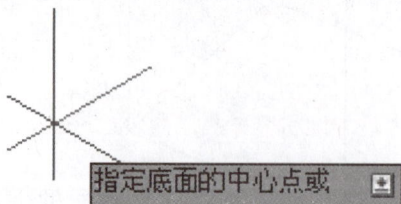

STEP 02 移动光标，输入底面半径值。

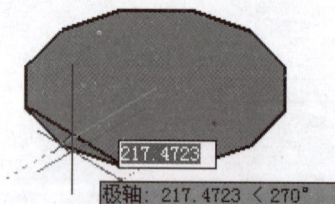

STEP 03 输入完成后，将光标向Z轴正方向移动，并输入圆柱体高度值。

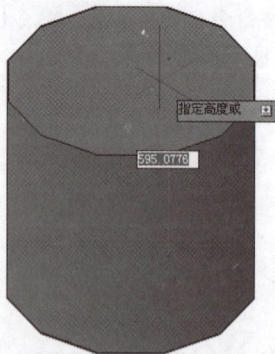

STEP 04 输入完成后，按Enter键，完成圆柱体模型的绘制。

2. 以椭圆底面创建实体圆柱体

STEP 01 执行"绘图>建模>圆柱体"命令，输入
参数E，按Enter键确定。

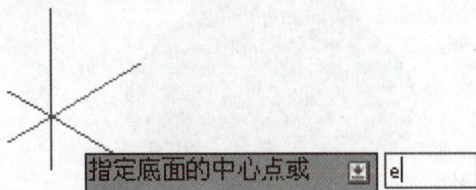

指定底面的中心点或　　　🔽　e

STEP 02 在绘图窗口中指定椭圆中心点。

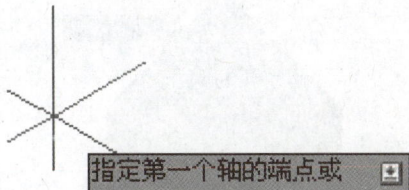

指定第一个轴的端点或　　🔽

STEP 03 移动光标并指定轴的第一个端点。

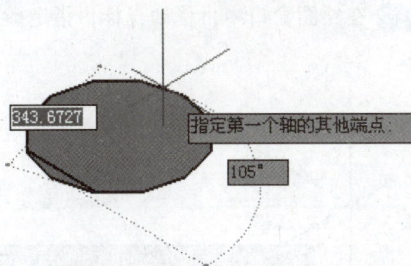

343.6727

指定第一个轴的其他端点：

105°

STEP 04 移动光标并指定轴的第二个端点。

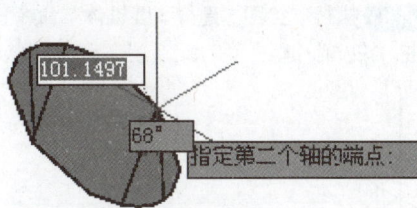

101.1497

68°

指定第二个轴的端点：

STEP 05 指定完成后，移动光标并指定椭圆柱体的
高度值。

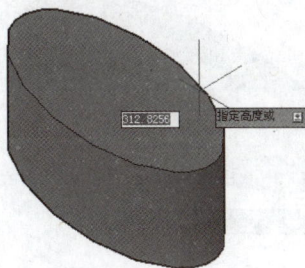

312.8256

指定高度或

STEP 06 指定完成后，按Enter键，即可完成椭圆
柱体的绘制。

03 圆锥体

默认情况下，圆锥体的底面位于当前 UCS 的 XY 平面上。圆锥体的高度与 Z轴平行。

1. 以圆作底面创建圆锥体

STEP 01 执行"绘图>建模>圆锥体"命令，在绘
图窗口中指定圆锥体底面中心点。

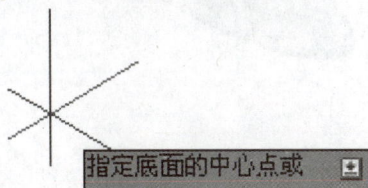

指定底面的中心点或　　　🔽

STEP 02 移动光标，并输入圆锥体底面半径。

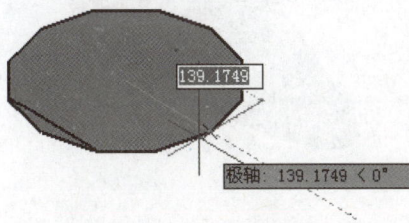

139.1749

极轴：139.1749 < 0°

STEP 03 输入好后，移动光标，输入圆锥体高度值。

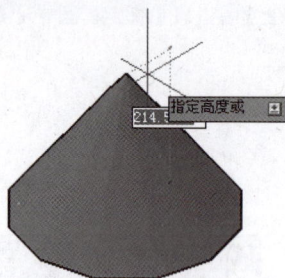

STEP 04 按Enter键，完成圆锥体模型的绘制。

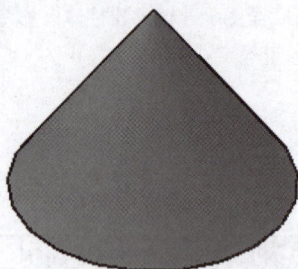

指定高度或
214.

2. 以椭圆作底面创建圆锥体

STEP 01 执行"绘图 > 建模 > 圆锥体"命令，输入参数E，按Enter键。

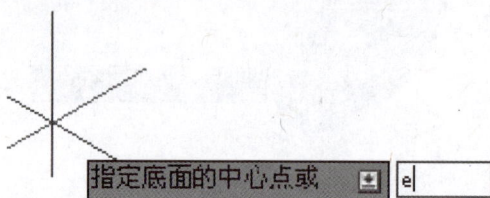

指定底面的中心点或   e

STEP 02 在绘图窗口中，移动光标，指定椭圆中心点。

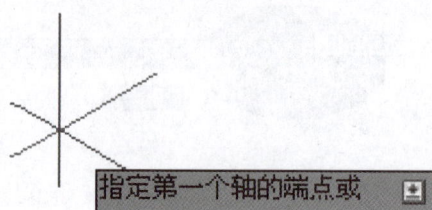

指定第一个轴的端点或

STEP 03 指定椭圆轴第一个轴端点。

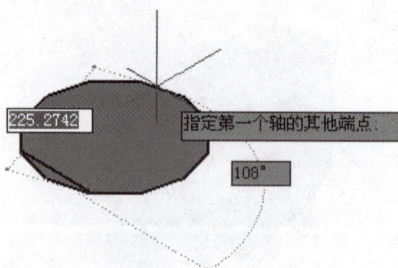

225.2742
指定第一个轴的其他端点:
108°

STEP 04 指定椭圆轴第二个轴的端点。

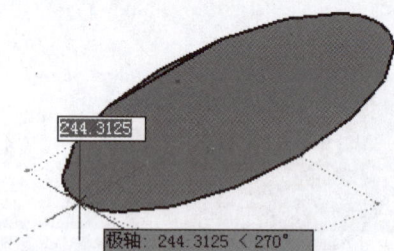

244.3125
极轴: 244.3125 < 270°

STEP 05 指定圆锥体高度值。

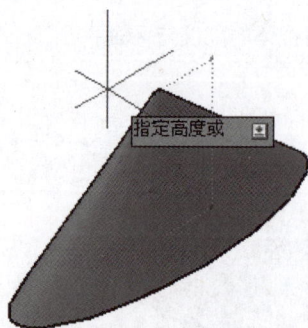

指定高度或

STEP 06 按Enter键，完成圆锥体的绘制。

04 球体

在AutoCAD 2012中，默认的球体创建方法为指定球体的中心点和半径来创建，另外系统还提供了由三个点定义的球体创建方法，下面将介绍这两种方法的详细步骤。

1. 指定中心点和半径创建球体

STEP 01 执行"绘图 >建模 >球体"命令，在绘图窗口中单击一点，指定球体的中心点。

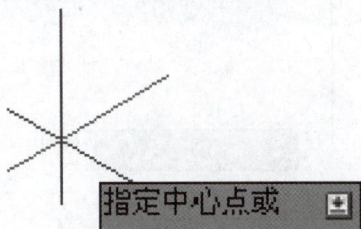

STEP 02 移动光标并指定球体半径值。

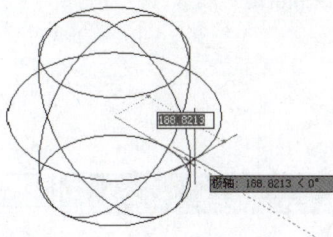

STEP 03 输入完成后，按Enter键，完成绘制。

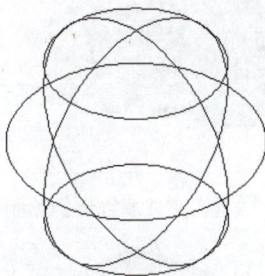

STEP 04 执行"视图 > 视觉样式 > 概念"命令，以更改对象的显示模式。

2. 创建由三个点定义的实体球体

STEP 01 执行"绘图 >建模 >球体"命令，输入参数3P，按Enter键。

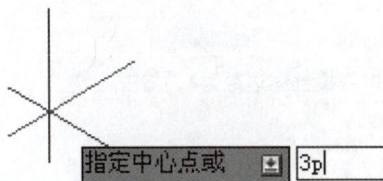

STEP 02 在绘图窗口中，指定球体第一点。

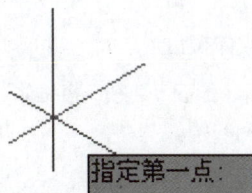

STEP 03 指定球体第二点。

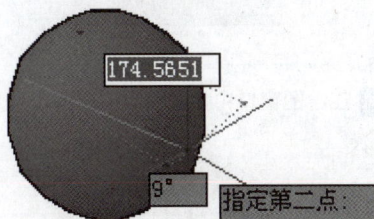

STEP 04 指定球体第三点后，完成绘制。

05 棱锥体

棱锥体是由多个倾斜至一点的面组成，棱锥体可由3至32个侧面组成。创建棱锥体需先指定棱锥体底面中心点，然后再指定一个高度即可。

1. 创建实体棱锥体

STEP 01 执行"绘图＞建模＞棱锥体"命令，输入参数S后，按Enter键。

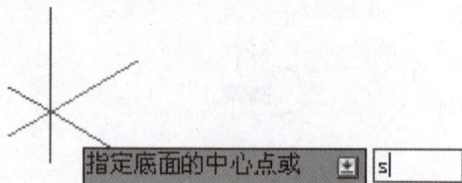

指定底面的中心点或 ⊡ s

STEP 02 输入棱锥体边数为5，按Enter键。

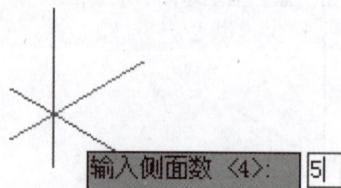

输入侧面数 ⟨4⟩: 5

STEP 03 在绘图窗口中指定棱锥体底面中心点。

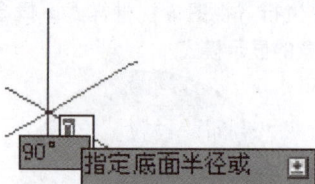

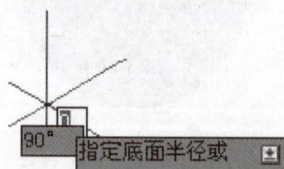

90° 指定底面半径或 ⊡

STEP 04 指定底面半径。

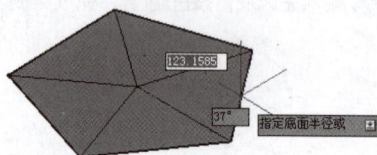

123.1585
37° 指定底面半径或 ⊡

STEP 05 指定棱锥体高度值。

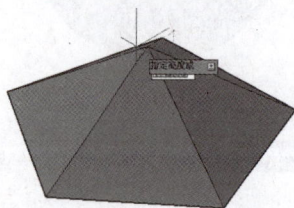

指定高度或

STEP 06 按Enter键，完成凌锥体的绘制。

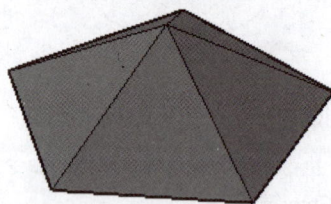

2. 创建实体棱台

STEP 01 执行"绘图＞建模＞棱锥体"命令，输入参数S后，按Enter键。

指定底面的中心点或 ⊡ s

STEP 02 输入棱锥体边数为4，按Enter键。

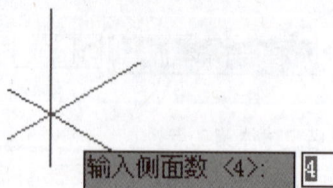

输入侧面数 ⟨4⟩: 4

STEP 03 在绘图窗口中指定棱锥体底面中心点。

90° 指定底面半径或 ⊡

STEP 04 在绘图窗口中指定棱锥体底面半径值。

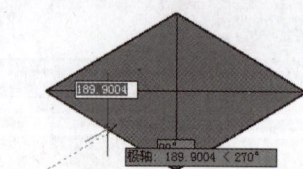

189.9004
极轴: 189.9004 < 270°

STEP 05 输入顶面半径参数T，按Enter键。

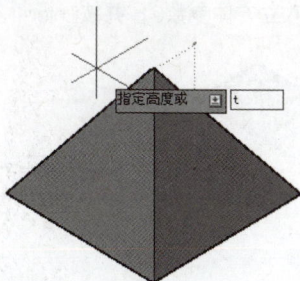

STEP 06 指定棱台顶部平面的半径。

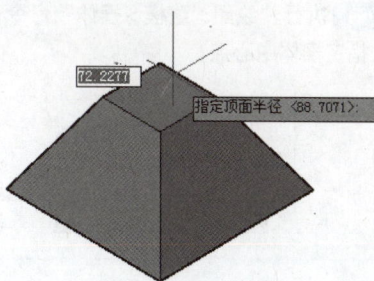

STEP 07 指定棱台高度值。

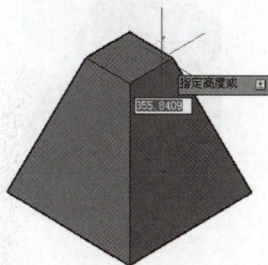

STEP 08 按Enter键，完成棱台实体的绘制。

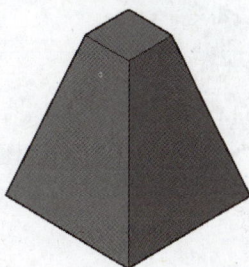

06 楔体

　　楔体的创建方法与长方体的创建方法类似，先指定楔体底面上的两个对角点，然后再指定楔体的高度即可。下面介绍楔体的创建方法。

1. 基于两个点和高度创建实体楔体

STEP 01 执行"绘图 > 建模 > 楔体"命令，在绘图窗口中确定楔体第一个角点。

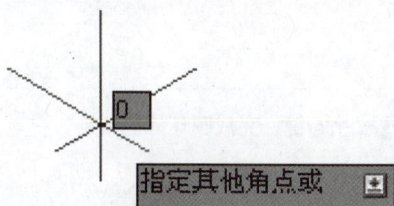

STEP 02 移动光标，指定楔体其他角点。

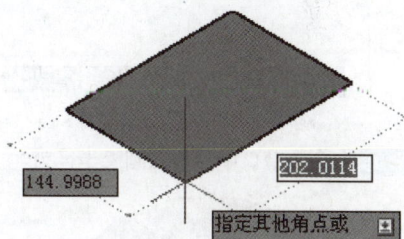

STEP 03 指定楔体高度值。

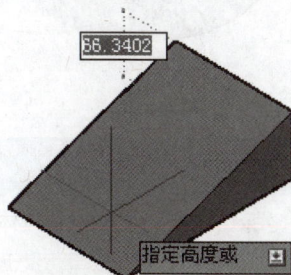

STEP 04 按Enter键，完成锲体实体的绘制。

2. 创建长度、宽度和高度均相等的实体楔体

STEP 01 执行"绘图 > 建模 > 楔体"命令，输入参数C，指定楔体中心点。

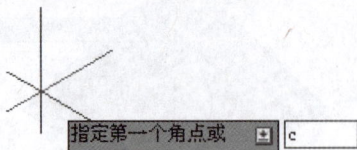

指定第一个角点或　c

STEP 02 输入立方体参数C，并按Enter键。

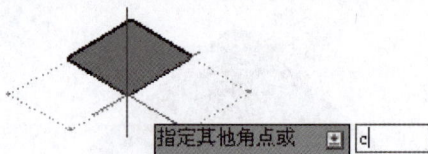

指定其他角点或　c

STEP 03 指定楔体长度值。

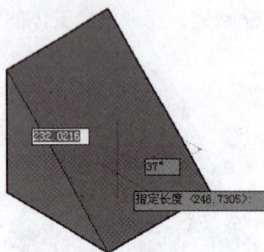

332.0218

37°

指定长度 <246.7305>:

STEP 04 按Enter键，完成楔体绘制。

07　圆环

　　圆环体由两个半径值定义，一个是圆管的半径，另一个是从圆环体中心到圆管中心的距离。默认情况下，圆环体将与当前 UCS 的 XY 平面平行，且被该平面平分。圆环体可以自交。自交的圆环体没有中心孔，因为圆管半径大于圆环体半径。

STEP 01 执行"绘图 > 建模 > 圆环体"命令，在绘图窗口中指定圆环中心点。

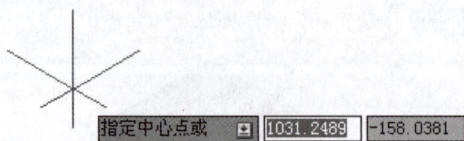

指定中心点或　1031.2489　-158.0381

STEP 02 根据提示，输入圆环体半径为120。

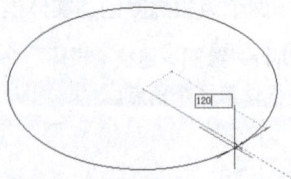

120

STEP 03 在命令窗口中，输入圆管半径为20。

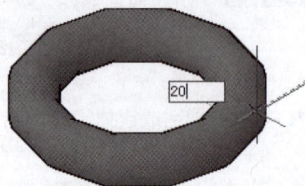

20

STEP 04 按Enter键，完成圆环体的绘制。

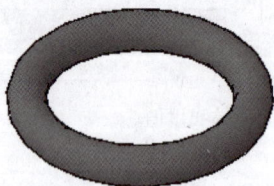

相关练习 | 绘制泵体模型

　　在绘制泵体模式时，主要运用到"圆柱体"和"更改用户坐标"命令。下面介绍具体操作。

原始文件：无

最终文件：实例文件\第10章\最终文件\绘制泵体模型.dwg

STEP 01 绘制辅助线段

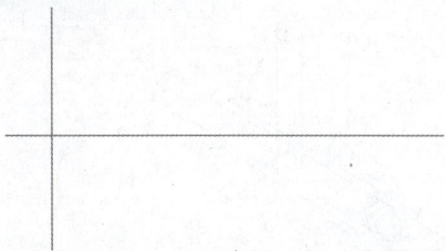

将当前视图设为俯视图。执行"绘图 > 直线"命令，绘制两条相互垂直的线段。

STEP 02 偏移辅助线

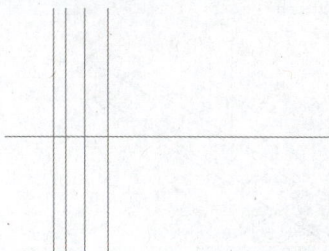

执行"修改 > 偏移"命令，将垂直线向右偏移25mm、65mm和115mm。

STEP 03 绘制圆柱体

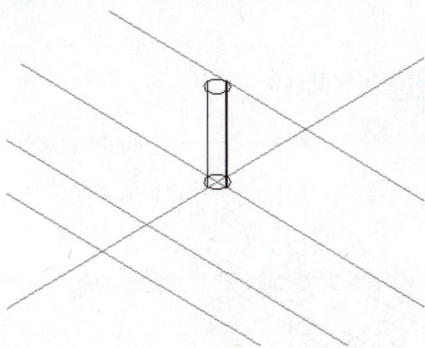

将当前视图设置为西南视图，执行"绘图 > 建模 > 圆柱体"命令，以第三条线段上的交点为底面圆心，绘制半径为5mm、高45mm的圆柱体。

STEP 04 设置用户坐标

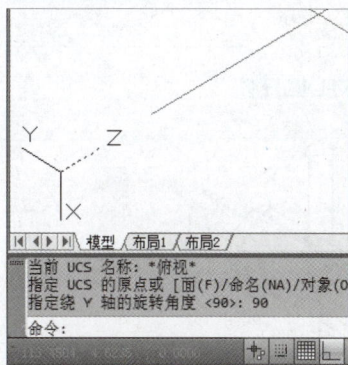

在窗口命令中输入UCS，根据命令窗口的提示，输入命令Y，按Enter键，并输入旋转角度90°，将坐标以Y轴旋转90°。

STEP 05 绘制同心圆柱体

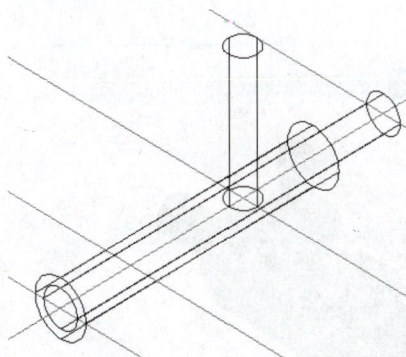

执行"绘图 > 建模 > 圆柱体"命令，以左侧第一交点为底面圆心，绘制半径为9mm、高90mm及底面半径为6mm、高为115mm的同心圆柱。

STEP 06 设置坐标

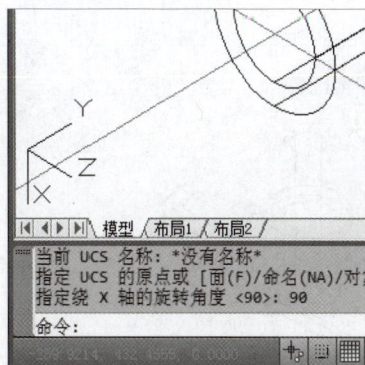

同样在命令窗口中，输入UCS后按Enter键，输入X，按Enter键，输入旋转角度为90°，旋转用户坐标。

STEP 07 绘制圆柱体

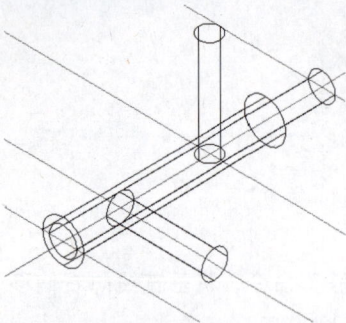

执行"绘图 > 建模 > 圆柱体"命令，以左侧第二点交点为底面圆心，绘制半径为6mm、高为42mm的圆柱体。

STEP 08 绘制圆柱体

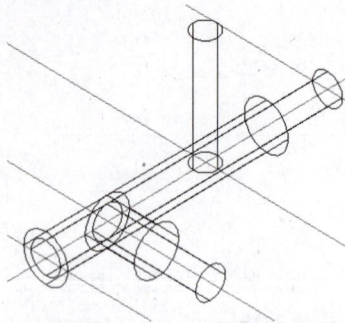

同样以第二个交点为底面圆心，绘制半径为9mm、高为20mm的圆柱体。

STEP 09 绘制同心圆柱体

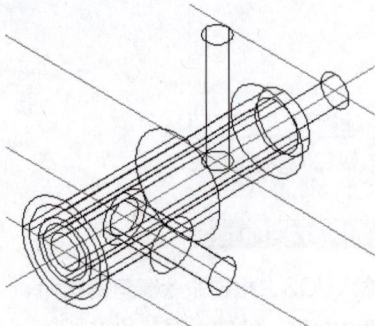

将坐标以X轴反方向旋转90°，执行"圆柱体"命令，绘制半径为18mm、高48mm，半径为15mm、高86mm以及半径为11mm、高93mm的三个圆柱体。

STEP 10 绘制圆柱体

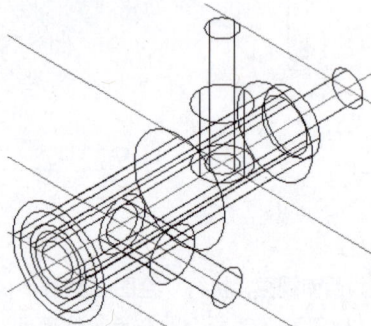

将用户坐标恢复成默认坐标，以左侧第三个交点为圆心，绘制底面半径为9mm、高为20mm的圆柱体。

STEP 11 绘制圆柱体

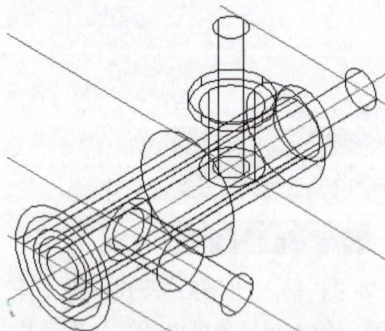

执行"圆柱体"命令，以刚绘制的圆柱体顶面圆心为圆心，绘制底面半径为12mm、高为3mm的圆柱体。

STEP 12 设置视图样式

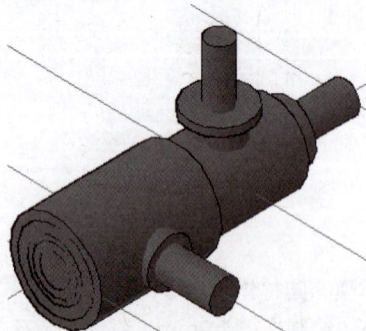

执行"视图 > 视图样式 > 概念"命令，将当前视图样式设为"概念"样式，完成绘制。

08 多段体

　　绘制多段体与绘制多段线的方法相同。默认情况下，多段体始终带有一个矩形轮廓。可以指定轮廓的高度和宽度。

　　使用直线段和曲线段能够以绘制多段线的相同方式绘制多段体。多段体与拉伸多段线的不同之处在于，拉伸多段线时会丢失所有宽度特性，而多段体会保留其直线段的宽度。下面就来介绍几种多段体的创建方法。

1. 通过命令创建多段体

　　该方法是直接通过AutoCAD 2012中的自带命令创建。

STEP 01 执行"绘图 > 建模 > 多段体"命令，在绘图窗口中指定多段体第一点。

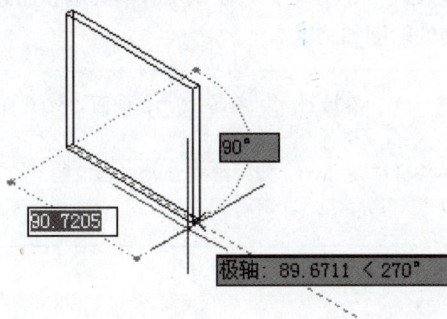

STEP 02 根据需要，移动光标，绘制多段体第二个角点。

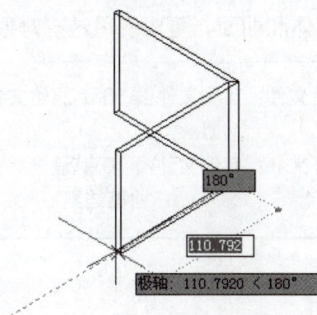

STEP 03 按照同样操作，指定多段体第三个角点。

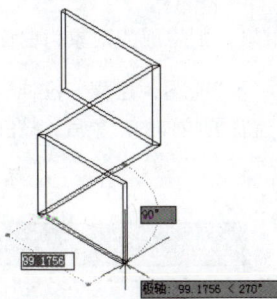

STEP 04 按Enter键，完成多段体的绘制。

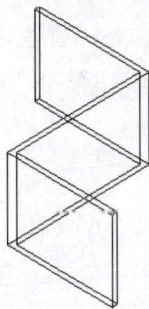

2. 从现有对象创建多段体

　　该方法是通过二维对象创建三维多段体对象。

STEP 01 启动AutoCAD 2012，打开"二维线.dwg"原始文件。

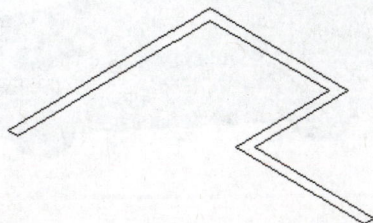

STEP 02 执行"绘图 > 建模 > 多段体"命令，输入参数O，按Enter键。

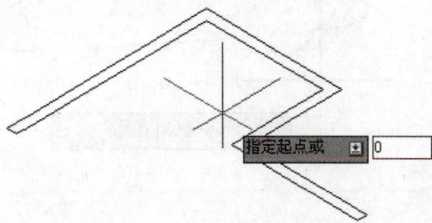

STEP 03 在绘图窗口中，选择二维线。

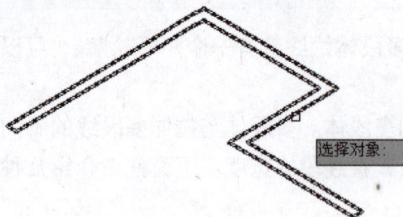

STEP 04 选择完成后，即可生成多段体。

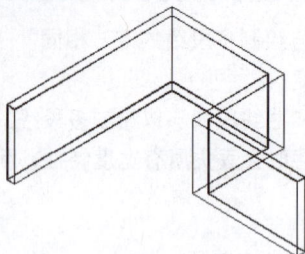

选择对象

Lesson 02 通过二维图形生成三维实体

在三维建模中将二维图形转换生成三维图形是经常使用到的方法，可以从现有的直线和曲线中创建实体和曲面，可以使用这些对象定义实体或曲面的轮廓和路径。

原始文件：实例文件\第10章\原始文件\拉伸.dwg、放样.dwg、旋转.dwg、扫掠.dwg、曲面.dwg、拖动.dwg

最终文件：实例文件\第10章\最终文件\拉伸结果.dwg、放样结果.dwg、旋转结果.dwg、扫掠结果.dwg、曲面结果.dwg、拖动结果.dwg

01 拉伸

可以通过拉伸选定的对象创建实体和曲面。使用EXTRUDE命令从对象的公共轮廓中创建实体或曲面。

如果拉伸闭合对象，则生成的对象为实体。如果拉伸开放对象，则生成的对象为曲面。

STEP 01 启动AutoCAD 2012，打开"拉伸.dwg"原始文件。

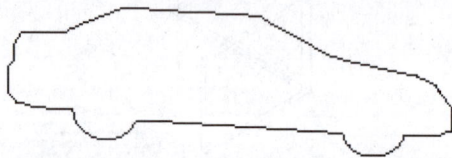

STEP 02 执行"绘图 > 建模 > 拉伸"命令，在绘图窗口中，选择要拉伸的对象后，按Enter键。

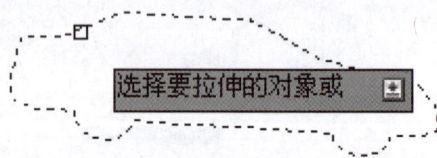

选择要拉伸的对象或

STEP 03 根据需要，移动光标至合适位置，并输入拉伸的高度。

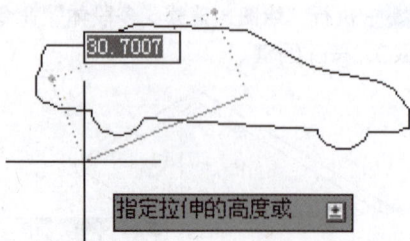

30.7007

指定拉伸的高度或

STEP 04 执行"视图 > 视觉样式 > 概念"命令，更改对象的显示模式。

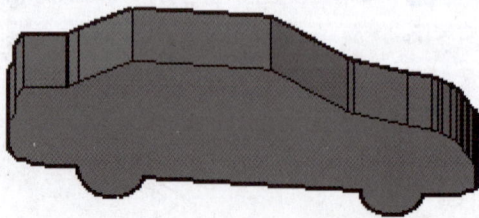

02 放样

　　放样是通过包含两条或两条以上的横截面曲线来生成实体，可以通过沿开放或闭合的二维或三维路径扫掠开放或闭合的平面曲线（轮廓）来创建新实体或曲面。

STEP 01 启动AutoCAD 2012，打开"放样.dwg"原始文件。

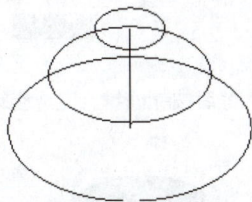

STEP 02 执行"绘图 > 建模 > 放样"命令，选择三个横截面，并按Enter键确定。

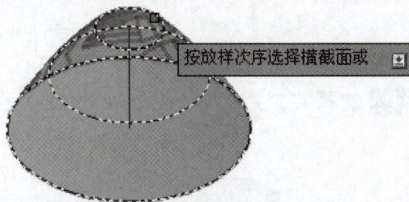

按放样次序选择横截面或

STEP 03 输入路径参数P，按Enter键确定后，选择路径轮廓。

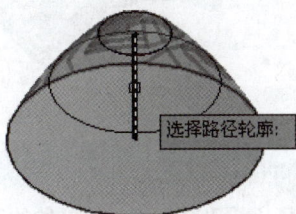

选择路径轮廓:

STEP 04 选择完成后即可生成所需的实体模型。

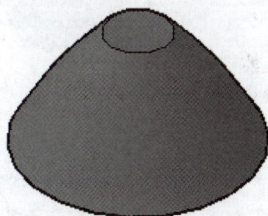

03 旋转

　　旋转是通过绕轴扫掠对象来创建三维实体或曲面。如果旋转的对象是闭合曲线，将创建三维实体；如果旋转的对象是开放曲线，将创建曲面，用户也可以设置旋转的角度。

STEP 01 启动AutoCAD 2012，打开"旋转.dwg"原始文件。

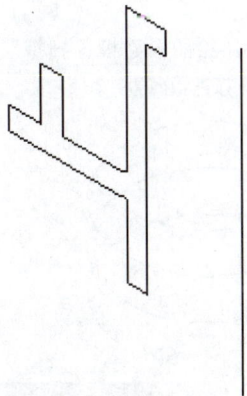

STEP 02 执行"绘图 > 建模 > 旋转"命令，选择要旋转的对象，并按Enter键确定。

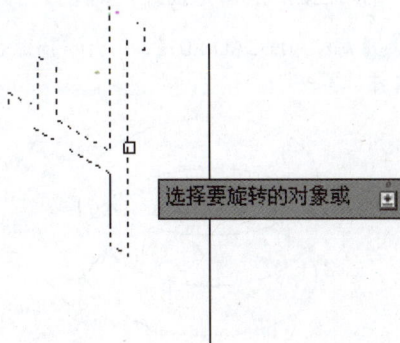

选择要旋转的对象或

STEP 03 在绘图窗口中捕捉旋转轴的起点。

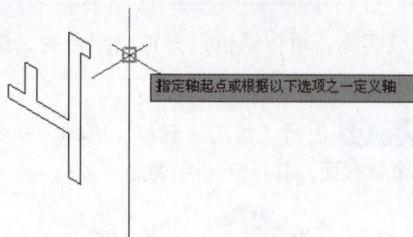

指定轴起点或根据以下选项之一定义轴

STEP 04 同时捕捉旋转轴的终点。

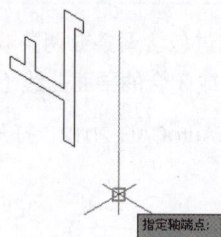

指定轴端点：

STEP 05 选择完成后，在命令窗口中输入旋转角度值。

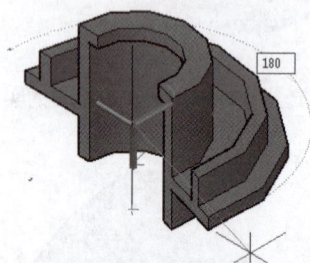

180

STEP 06 输入好后按Enter键，完成旋转拉伸操作。

工程师点拨 | 旋转角度的设置

　　通常在设置旋转角度时，其系统默认为360°，当旋转角度小于360°时，其拉伸的实体为实体的剖面。

04 扫掠

　　"扫掠"命令用于沿指定路径以指定轮廓的形状绘制实体或曲面。使用"扫掠"命令可以扫掠多个对象，但是这些对象必须位于同一平面上。如果沿一条路径扫掠闭合的曲线，则生成实体；反之如果扫掠的路径曲线为开放曲线，则生成曲面。

STEP 01 启动AutoCAD 2012，打开"扫掠.dwg"原始文件。

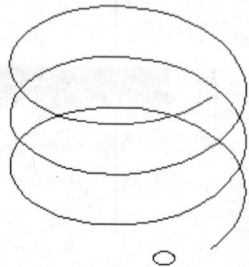

STEP 02 执行"绘图 > 建模 > 扫掠"命令，选择要扫掠的对象，按Enter键。

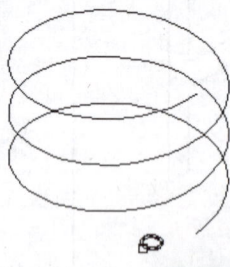

选择要扫掠的对象或

STEP 03 根据命令窗口的提示，选择扫掠路径的线段。

选择扫掠路径或

STEP 04 按Enter键，即可完成扫琼操作。

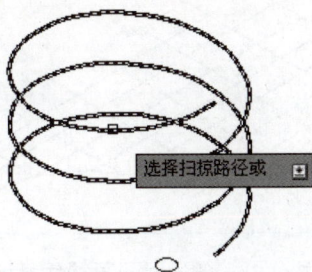

工程师点拨 │ 扫掠对象设置

　　在进行扫掠时，有时操作后生成实体，而有生成的是片体。其主要还是看扫掠的对象是否是闭合图形，如果其扫掠对象是圆形、长方形及面域等，其结果为实体；如果扫掠对象为开放的曲线或单独的曲线，其结果为片面，如下图所示。

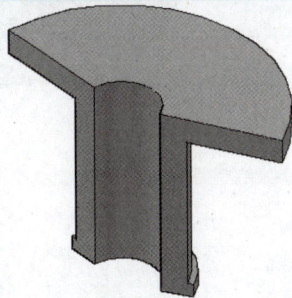

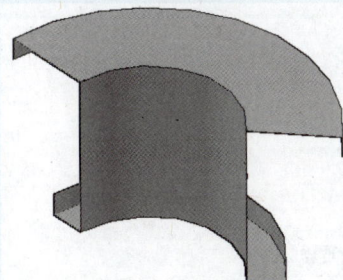

---

05 平面曲面

　　平面曲面是通过指定矩形表面的对角点来创建。指定曲面的对角点后，将创建一个平行于工作平面的曲面。也可以通过选择构成封闭区域的一个闭合对象或多个对象来创建平面曲面，有效对象包括直线、圆、圆弧、椭圆、椭圆弧、二维多段线、平面三维多段线和平面样条曲线。

STEP 01 启动AutoCAD 2012，打开"曲面.dwg"原始文件。

STEP 02 执行"绘图＞建模＞曲面＞平面"命令，输入对象参数O，按Enter键。

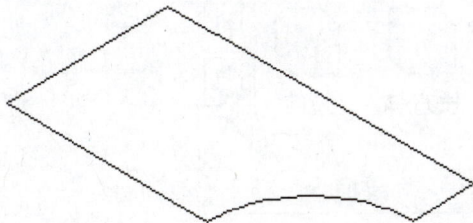

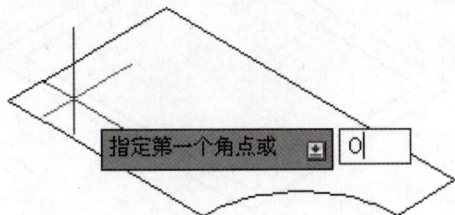

指定第一个角点或　　O

STEP 03 在绘图窗口中，选择所需图形对象。

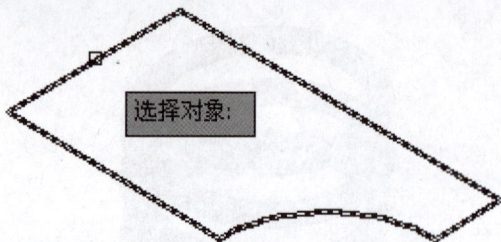

STEP 04 按Enter键，完成绘制。

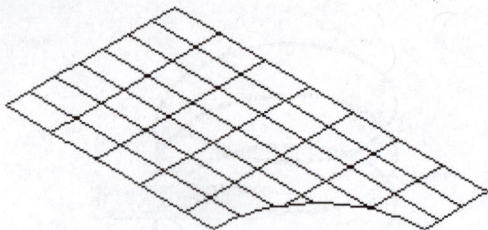

STEP 05 单击绘图窗口左上角的"二维线框"，选择"概念"选项。

[二维线框]

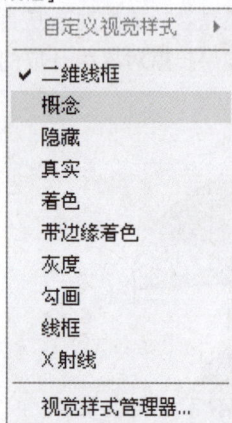

STEP 06 按住Shift键同时，再按住鼠标中键执行动态观察，并检验平面曲面。

06 按住拖动

通过在绘图窗口中单击选中有限区域，然后利用该命令并输入拉伸值或拖动边界区域可以将选择的边界区域进行拉伸。

STEP 01 启动AutoCAD 2012，打开"拖动.dwg"原始文件。

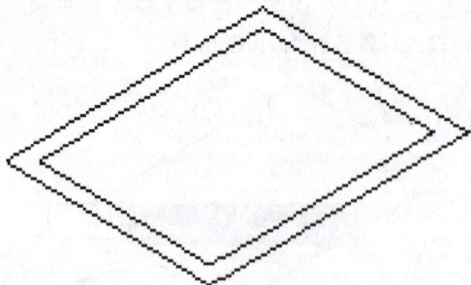

STEP 02 在"常用"选项卡的"建模"面板中单击"按住并拖动"命令。

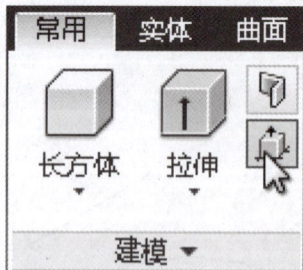

STEP 03 在绘图窗口中，选择所需的区域。

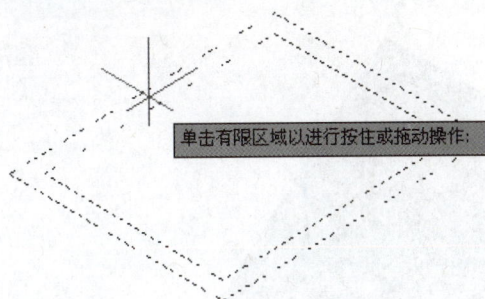

单击有限区域以进行按住或拖动操作:

STEP 04 在命令窗口中，输入拖动距离为300。

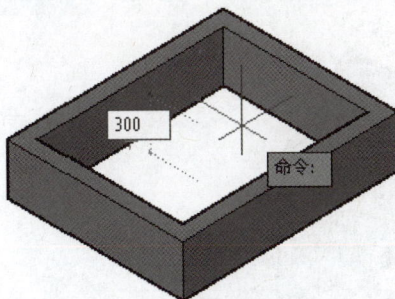

300

命令:

STEP 05 输入完成后，按Enter键。

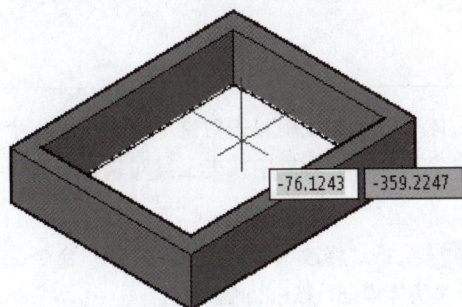

-76.1243 -359.2247

STEP 06 完成后，按Esc键，退出操作。

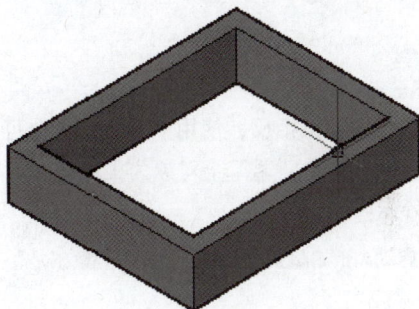

Lesson 03 布尔运算

利用布尔运算可以合并、减去或找出两个或两个以上三维实体、曲面或面域的相交部分来创建复合三维对象。

原始文件：实例文件\第10章\原始文件\并集.dwg、差集.dwg、交集.dwg
最终文件：实例文件\第10章\最终文件\并集结果.dwg、差集结果.dwg、交集结果.dwg

01 并集

使用并集命令可以将两个或多个三维实体或二维面域合并成组合实体或面域，复杂的模型都是由简单的对象通过并集组合成的。

STEP 01 启动AutoCAD 2012，打开"并集.dwg"原始文件。

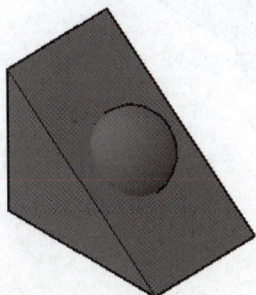

STEP 02 执行"修改 > 实体编辑 > 并集"命令，选择第一个对象。

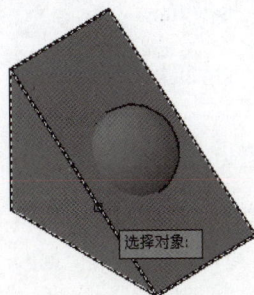

选择对象:

STEP 03 根据命令窗口的提示,在绘图窗口中选择第二个对象。

STEP 04 选择完成后,按Enter键,完成绘制。

选择对象:

02 差集

差集正好与并集相反,使用"差集"命令可以从三维实体或二维面域中减去对象。选择的第一个实体对象为目标对象,第二个对象为工具对象,执行差集命令将从目标对象中减去工具对象,在选择对象时要分先后顺序。

STEP 01 启动AutoCAD 2012,打开"差集.dwg"原始文件。

STEP 02 执行"修改 > 实体编辑 > 差集"命令,选择扳手实体模型,按Enter键确定。

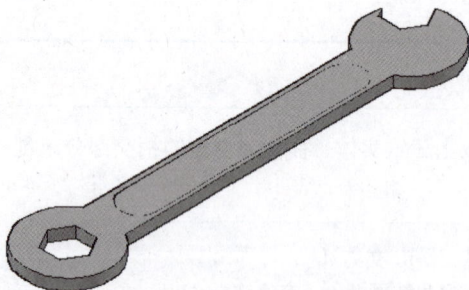

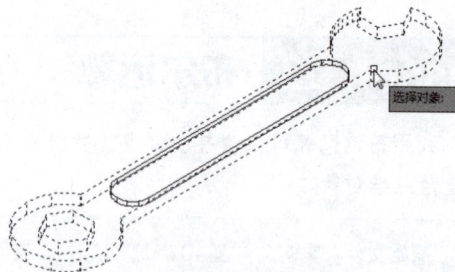

选择对象:

STEP 03 然后选择扳手模型上所需减去的凹槽实体模型。

STEP 04 按Enter键,即可将凹槽从手柄模型中减去,完成差集操作。

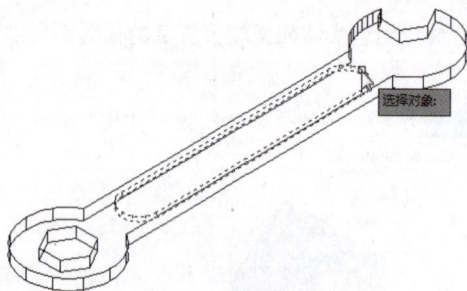

选择对象:

03 交集

　　交集是从两个或两个以上重叠实体或面域的公共部分创建复合实体或二维面域，并保留两组实体对象的相交部分。

STEP 01 启动AutoCAD 2012，打开"交集.dwg"原始文件。

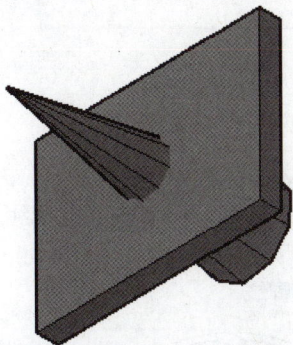

STEP 02 执行"修改 > 实体编辑 > 交集"命令，选择第一个对象。

选择对象：

STEP 03 在绘图窗口中，选择第二个对象。

选择对象：

STEP 04 选择完成后，按Enter键，结束操作。

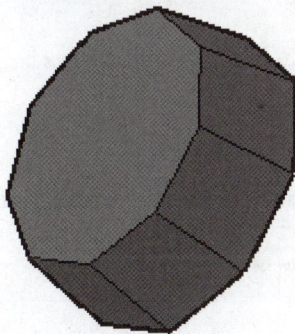

> **工程师点拨｜捕捉点的设置**
>
> 　　在移动实体对象时，需要指定基准点。对于圆形一般采用圆心作为基准点。为了便于观察，用户可以将"视觉样式"调整为"线框"显示，然后按住Ctrl键的同时单击鼠标右键，在快捷菜单中选择限制类型，这样在绘图窗口中选择对象时就可准确捕捉对象点。

> **相关练习｜绘制牙轮实体模型**
>
> 　　在绘制轴盖实体模型时，主要运用到"构造线"、"圆柱体"、"拉伸"及"差集"等操作命令。其具体操作步骤如下。

> 　　原始文件：无
> 　　最终文件：实例文件\第10章\最终文件\牙轮实体模型.dwg

STEP 01 绘制同心圆

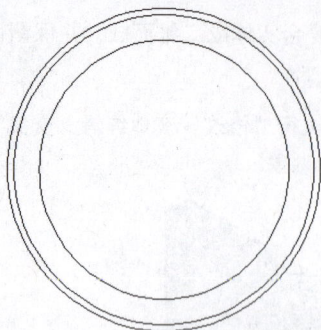

将视图设为俯视图,执行"绘制>圆"命令,绘制
半径分别为150mm、144mm、120mm的同心圆。

STEP 02 设置极轴角度

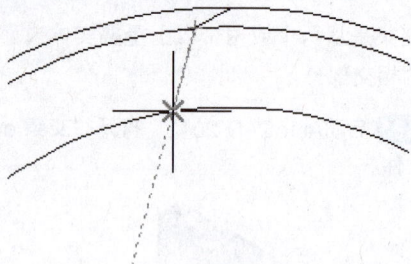

执行"极轴"命令,并将其增量角设为15°,执
行"绘制>直线"命令,绘制牙轮牙齿轮廓线。

STEP 03 镜像轮廓线

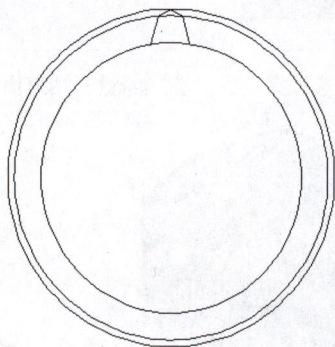

执行"修改>镜像"命令,将轮廓线进行镜像。

STEP 04 阵列轮廓线

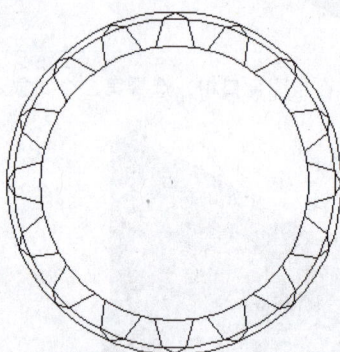

执行"修改>阵列>环形阵列"命令,将绘制的
牙齿轮廓线进行环形阵列,阵列数设置为16。

STEP 05 修剪图形

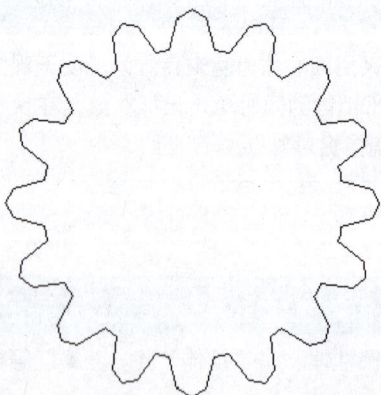

执行"修改>删除"命令,将阵列后的图形进行
修改。

STEP 06 编辑多段线

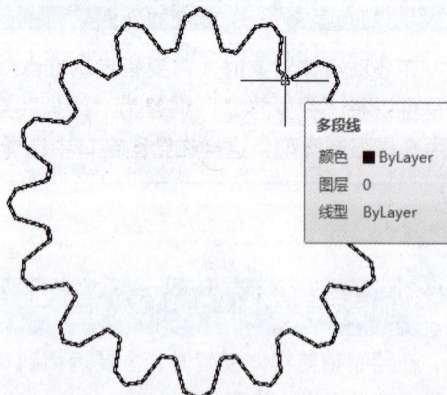

执行"修改>对象>多段线"命令,将修剪后的
轮廓编辑成一条闭合的多段线。

STEP 07 设为西南视图

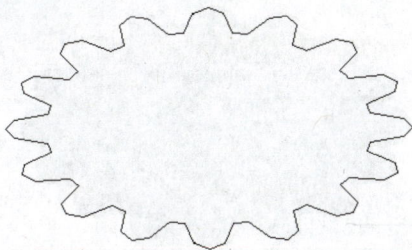

执行"视图 > 三维视图 > 西南等轴测"命令，将当前视图设置为西南视图。

STEP 08 拉伸轮廓

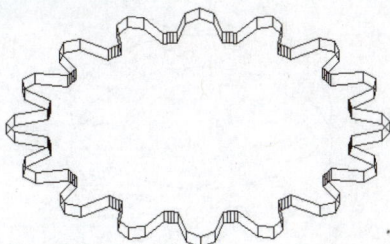

执行"绘图 > 建模 > 拉伸"命令，将牙轮图形拉伸成三维实体，拉伸高度为10。

STEP 09 绘制圆锥体

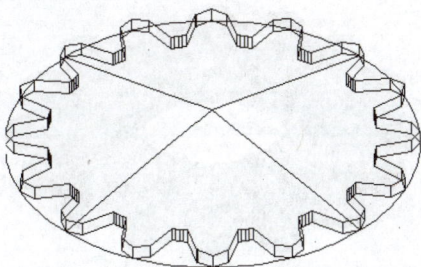

将拉伸后的实体进行复制，然后执行"绘图 > 建模 > 圆锥体"命令，以实体底面圆心为圆心，创建半径为150mm、高为30mm的圆锥体。

STEP 10 交集操作

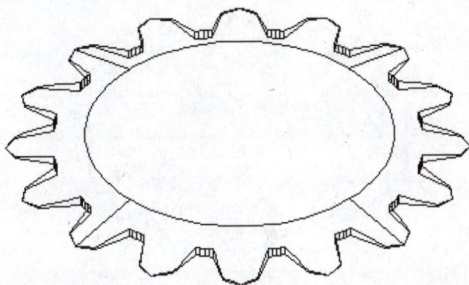

执行"修改 > 实体编辑 > 交集"命令，将圆锥体与拉伸的实体进行交集操作。

STEP 11 修剪图形

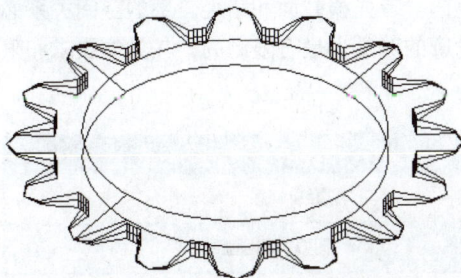

将视图设为左视图，执行"修改 > 镜像"命令，将刚进行交集操作的牙轮进行镜像，其后将视图设为西南视图。

STEP 12 编辑多段线

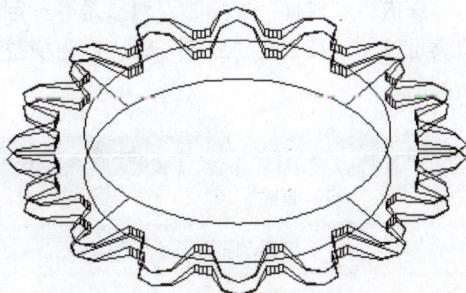

执行"修改 > 移动"命令，将上侧牙轮实体模型向z轴正方向移动10mm。

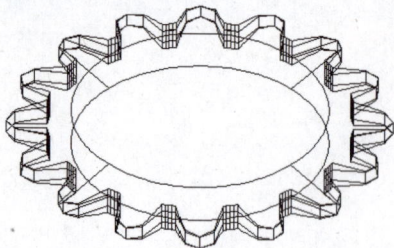

STEP 13 移动原牙轮模型

同样执行"移动"命令，将另一个未进行操作的牙轮模型移动至两个牙轮模型中间合适的位置上。

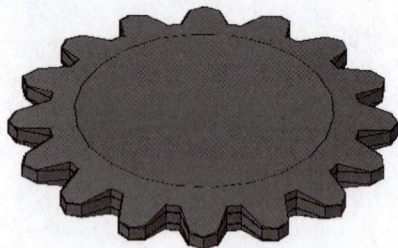

STEP 14 设置概念视图

执行"视图 > 视觉样式 > 概念"命令，将当前视图样式设置为"概念"视图，查看效果。

STEP 15 并集操作

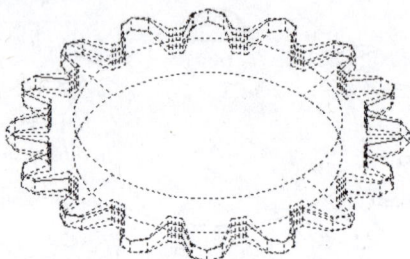

执行"修改 > 实体编辑 > 并集"操作，将三个实体模型进行并集。

STEP 16 绘制牙轮圆孔

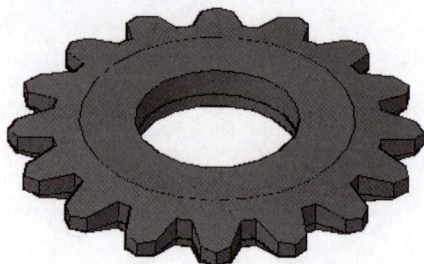

执行"绘图 > 建模 > 圆柱体"命令，绘制半径为60mm、高为40mm的圆柱体，然后执行"差集"命令，将圆柱体从牙轮实体中减去。

工程师点拨 | 放样对象要求

在执行"放样"操作时，对象是有一定的条件限制的。首先横截面和路径轮廓的空间关系必须满足条件，其次在"放样"时，作为横截面和路径轮廓的对象也是有限制的，其具体要求和限制如下。

可以作为横截面使用的对象	可以作为放样路径使用的对象
直线	直线
圆弧、椭圆弧	圆弧、椭圆弧
二维多段线	样条曲线
二维样条曲线	螺旋
圆、椭圆	圆、椭圆
点（仅第一个和最后一个横截面）	二维多段线
	三维多段线

Q A 工程技术问答

创建三维模型是AutoCAD软件的另一大特点，对于运用多段体命令将线创建成墙体、快速改变模型的颜色等属性设置的问题，下面将介绍其操作方法。

Q01: 在AutoCAD 2012中，如何用线快速制作厚度为120mm、高度为2800mm的墙体？

A01: 主要是通过"多段体"命令来实现，其中用到多段体的高度、宽度和对象参数，其具体操作如下。

STEP 01 打开AutoCAD 2012，更改"视图控件"和"视觉样式控件"。

[−] [东南等轴测] [二维线框]

STEP 03 在三维建模工作空间中，在"常用"选项卡的"建模"面板中单击"多段体"按钮。

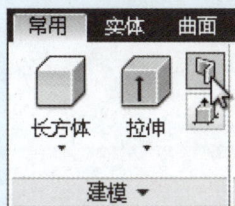

STEP 05 输入高度参数H，按Enter键确定后，输入指定高度为2800并按Enter键确定。

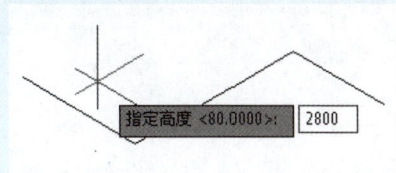

STEP 07 在绘图窗口单击多段线后完成绘制。

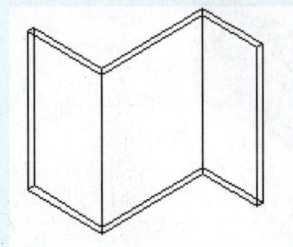

STEP 02 在绘图窗口绘制多段线，尺寸分别为1500mm、2100mm和1200mm。

STEP 04 输入宽度参数W，按Enter键确定后输入宽度为120，并再按Enter键确定。

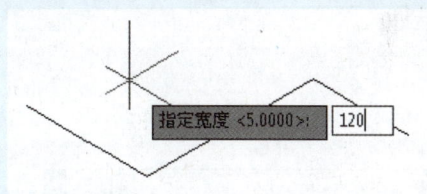

STEP 06 输入对象参数O，并按Enter键确定。

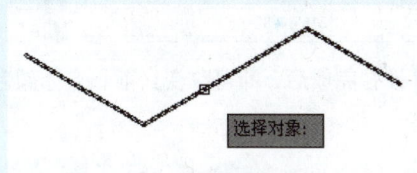

STEP 08 在绘图窗口左上角更改视觉样式为"概念"。

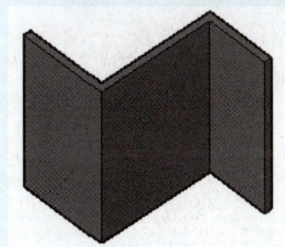

Q02： 在AutoCAD 2012中，如何快速改变对象的颜色及其他属性?

A02： 在AutoCAD 2012中，系统提供了许多小技巧可以快速改变对象颜色，或者改变对象的属性，其中之一就是通过双击对象快速改变其属性，具体操作如下。

STEP 01 打开AutoCAD 2012，更改"视图控件"和"视觉样式控件"。

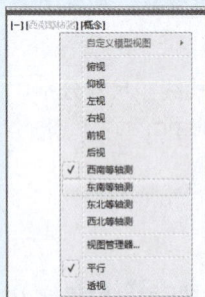

STEP 02 执行"绘图 > 建模 > 长方体"命令，在绘图窗口绘制长方体。

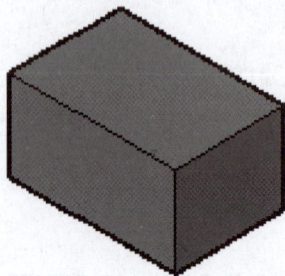

STEP 03 在绘图窗口双击对象，可调出"选项"对话框。

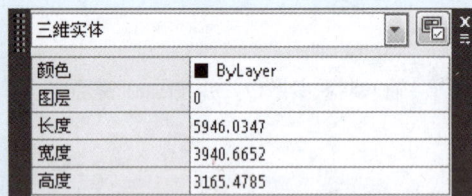

STEP 04 单击"颜色"参数栏后面的下拉按钮，然后选择红色。

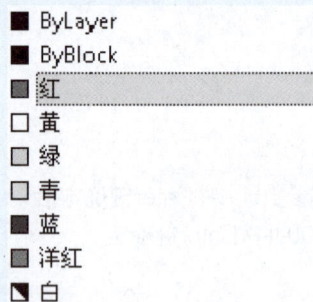

三维实体	
颜色	ByLayer
图层	0
长度	5946.0347
宽度	3940.6652
高度	3165.4785

ByLayer
ByBlock
红
黄
绿
青
蓝
洋红
白

STEP 05 设置完成后，即可改变当前长方体颜色属性。

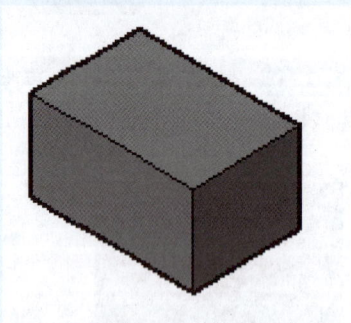

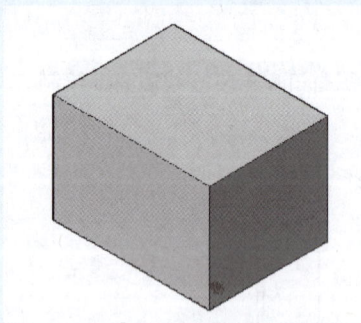

CHAPTER 11

高级三维建模

AutoCAD 2012典型的建模工作流程是使用网格、实体和程序曲面创建基本模型，然后将它们转换为NURBS曲面。这样，用户不仅可以使用实体和网格提供的独特工具和图元，还可使用曲面提供的造型功能——关联建模和NURBS建模。

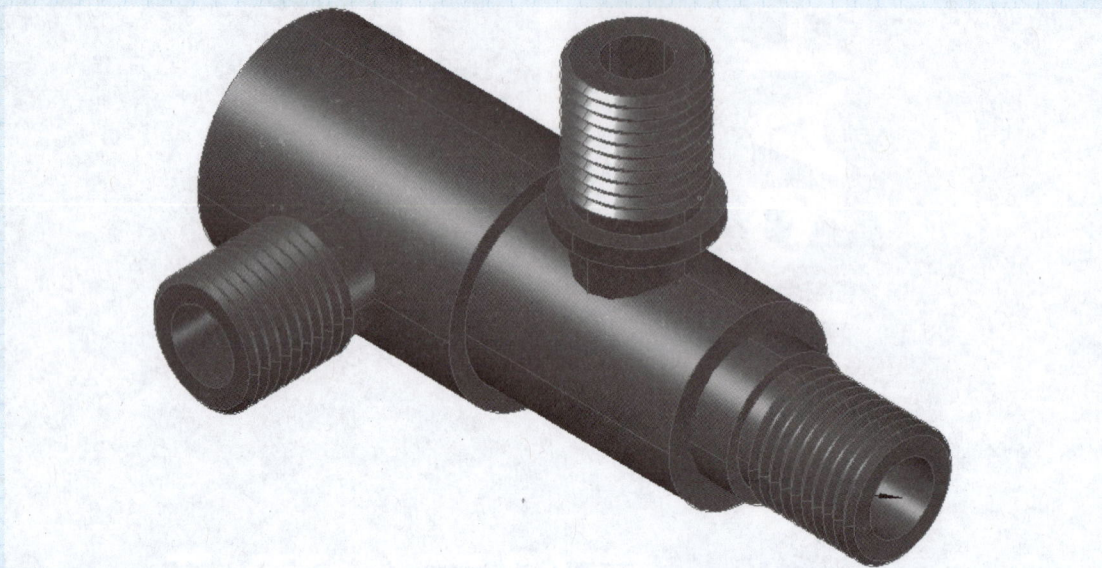

01 泵体模型绘制

通过"三维旋转"、"三维镜像"、"差集"和"渲染贴图"等命令进行绘制,可使模型看起来更加真实。

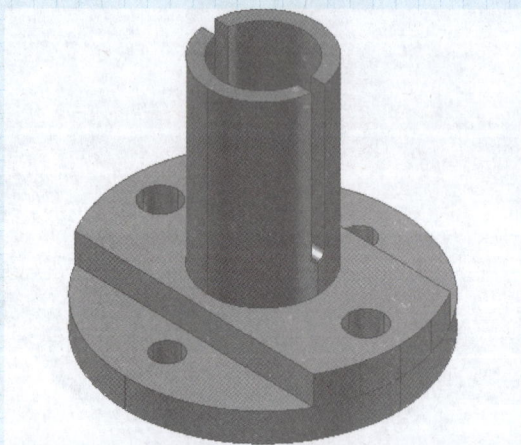

02 传动轴套

此模型通过"圆"、"偏移"、"阵列"和"差集"等命令绘制完成。

03 回转体面模型

此模型主要运用了"旋转网格"、"多段线"以及"圆角"命令。

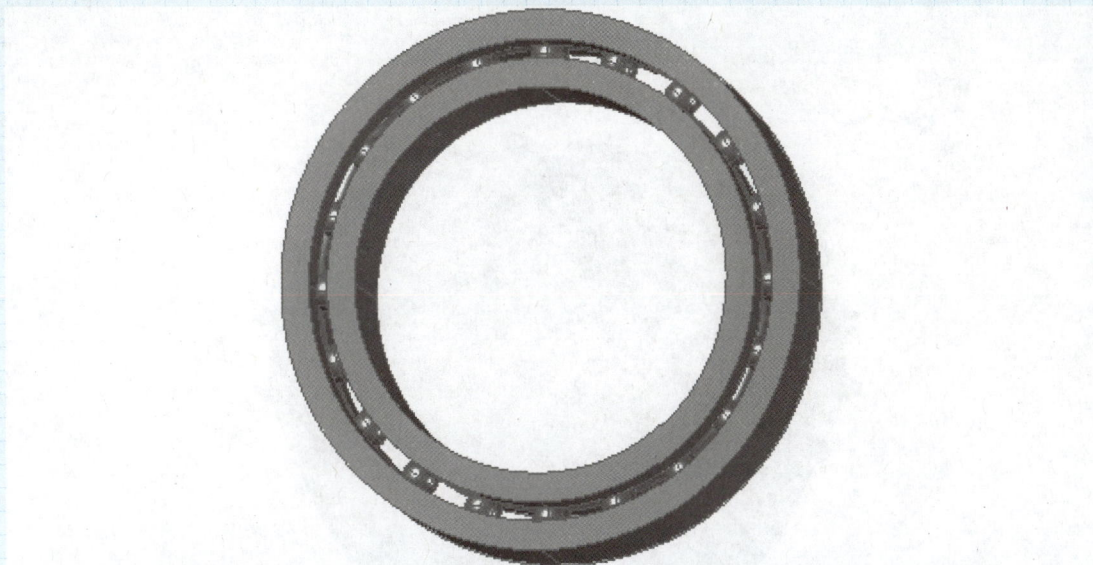

04 球轴承

创建轴承横截面的二维图形, 然后进行旋转生成三维图形。

05 皮带轴

通过"圆"、"环形阵列"等命令绘制二维图形, 再通过拉伸便可得出此模型。

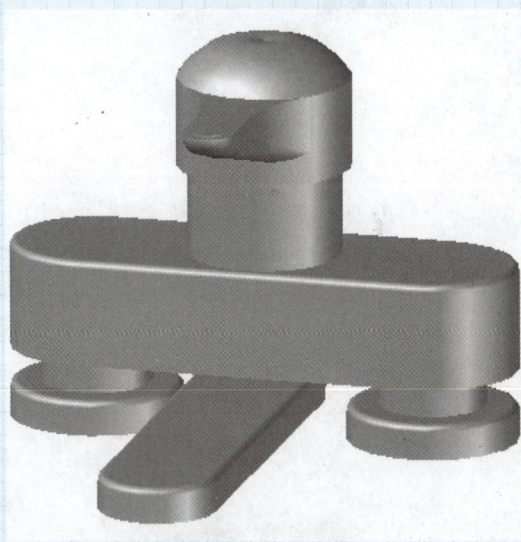

06 水龙头模型

通过绘制的二维图形进行拉伸后生成三维实体模型。

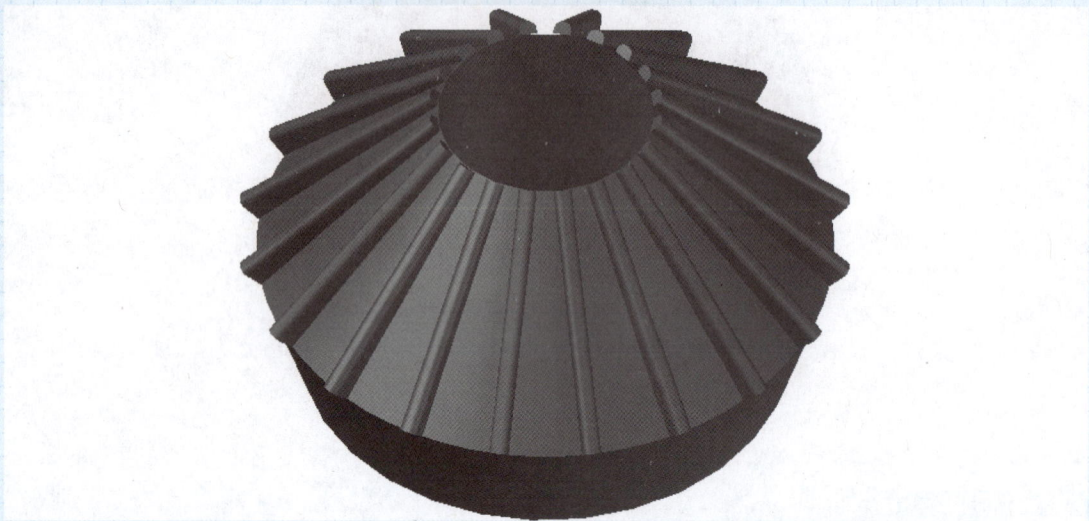

07 锥齿轮模型

通过"圆锥体"、"切剖"、"拉伸"、"三维旋转"等命令创建此模型，绘制成想要的三维模型的效果。

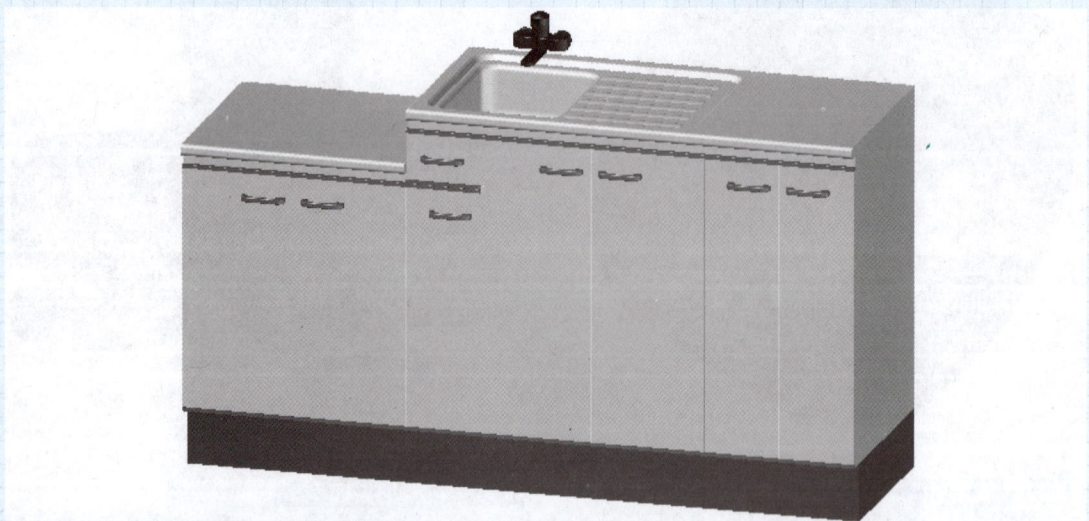

08 橱柜模型

通过对二维图形的拉伸和绘制长方体等操作将基本模型创建出来，通过材质的添加使模型具有真实的效果。

Lesson 01 | 网格图元

网格图元通过使用多边形来定义三维图形的顶点、边和面。 网格图元的创建方法与三维实体的创建方法大致相同，区别在于网格图元没有质量特性。

01 网格长方体

网格长方体主要用于创建长方体或正方体的表面。默认情况下，长方体表面的底面总是与当前用户坐标系的XY平面平行。

1. 基于两个点和高度创建网格长方体

STEP 01 执行"绘图 > 建模 > 网格 > 图元 > 长方体"命令，在绘图窗口中单击指定第一个角点。

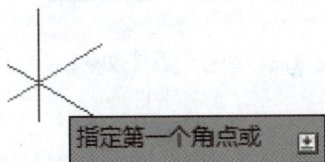

STEP 02 在绘图窗口中，拖动鼠标并指定长方体的对角点。

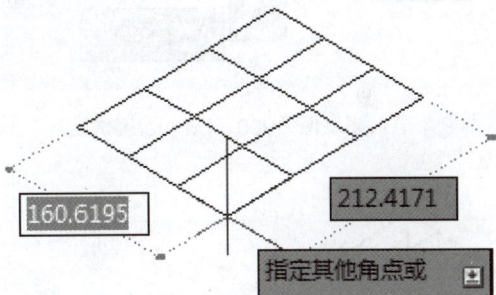

指定第一个角点或

160.6195

212.4171

指定其他角点或

STEP 03 在绘图窗口中，拖动鼠标以指定长方体高度。

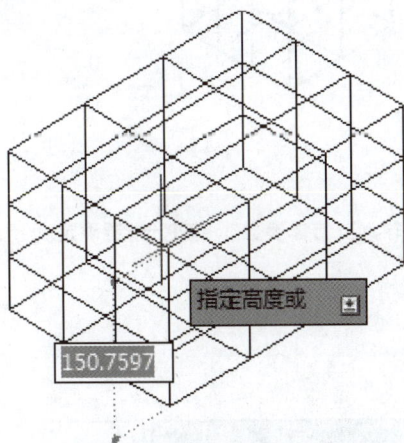

STEP 04 指定完成后即可完成网格长方体的绘制。

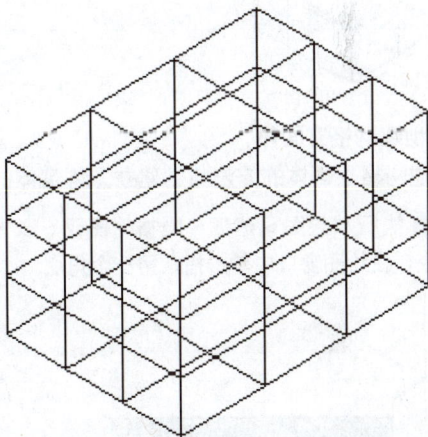

指定高度或

150.7597

> ▣ **工程师点拨** | 网格模型与实体模型的区别
>
> 三维建模分两种：实体建模与网格建模，其最大区别在于创建的实体模型可进行布尔运算，而网格模型则不能；网格模型可通过夹点对其轮廓进行编辑，例如拉伸夹点等，而实体模型则不能。

2. 基于长度、宽度和高度创建网格长方体

STEP 01 执行"绘图 > 建模 > 网格 > 图元 > 长方体"命令，在绘图窗口中单击指定第一个角点。

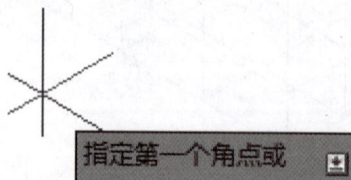

STEP 02 输入长度参数L，按Enter键确定。

指定第一个角点或

指定其他角点或　L

STEP 03 输入长度值为900，按Enter键确定。

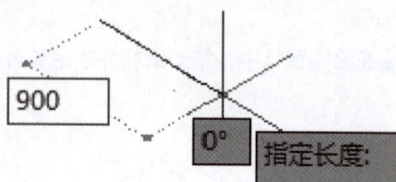

STEP 04 输入宽度值为600，按Enter键确定。

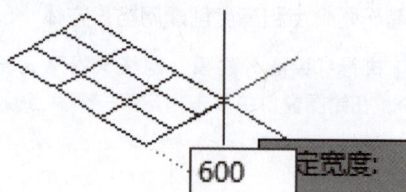

900

0° 指定长度:

600 定宽度:

STEP 05 输入高度值为900，按Enter键确定。

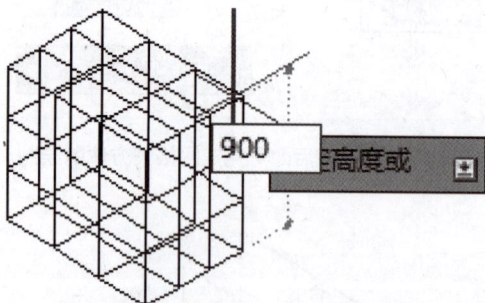

STEP 06 设置完成后，即可查看其效果。

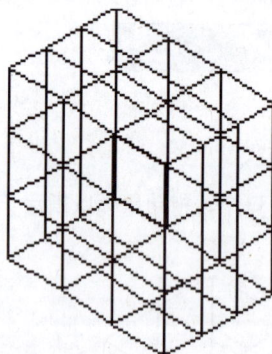

900

高度或

3. 创建网格立面体

创建网格立面体的方法与创建立方体实体的操作方法相同。

STEP 01 执行"绘图 > 建模 > 网格 > 图元 > 长方体"命令，在绘图窗口中单击指定第一个角点。

STEP 02 输入立方体参数C，按Enter键确定。

指定第一个角点或

指定其他角点或　C

STEP 03 输入立方体长度值为900，并按Enter键确定。

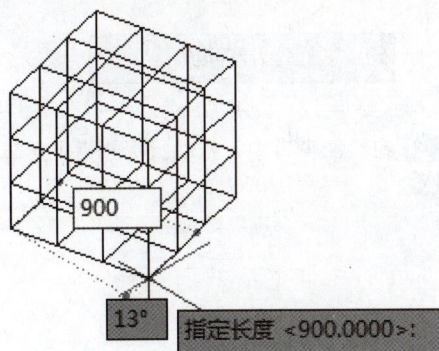

STEP 04 设置完成后，可观察其效果。

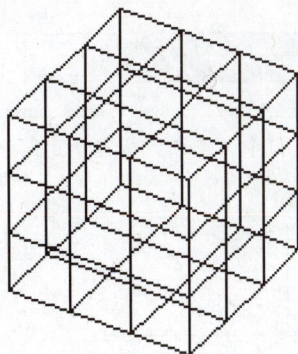

900

13°　指定长度 <900.0000>:

02 网格圆锥体

该命令可用于创建底面为圆形或椭圆形的尖头网格圆锥体或网格圆台。默认情况下，网格圆锥体的底面位于当前 UCS 的 XY 平面上，圆锥体的高度与 Z 轴平行。

1. 以圆底面创建网格圆锥体

STEP 01 执行"绘图 > 建模 > 网格 > 图元 > 圆锥体"命令，在绘图窗口中指定底面中心点。

指定底面的中心点或

STEP 02 在绘图窗口中拖动鼠标并指定底面半径。

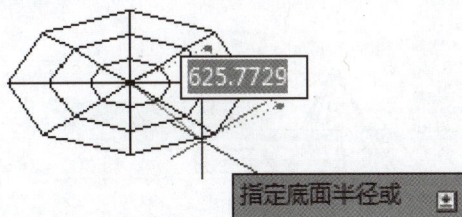

625.7729

指定底面半径或

STEP 03 在绘图窗口中，拖动鼠标并指定圆锥体高度。

1093.17 指定高度或

STEP 04 指定完成后即可完成网格长方体的绘制。

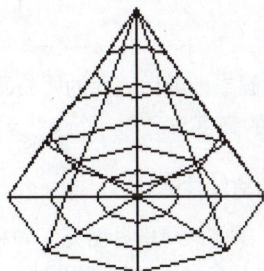

2. 以椭圆底面创建网格圆锥体

STEP 01 执行"绘图 > 建模 > 网格 > 图元 > 圆锥体"命令，输入椭圆参数E，按Enter键确定。

STEP 02 然后在绘图窗口中指定第一个轴的端点。

指定底面的中心点或 ⊡ E

指定第一个轴的端点或 ⊡

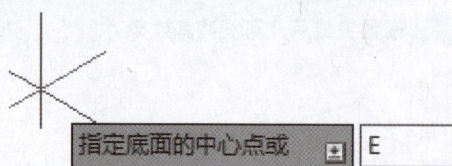

STEP 03 在绘图窗口中，拖动鼠标并指定第一个轴的另一个端点。

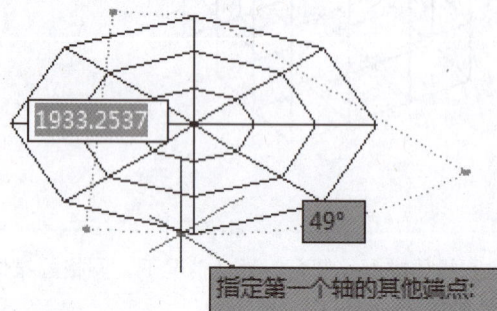

STEP 04 在绘图窗口中，拖动鼠标并指定第二个轴的端点。

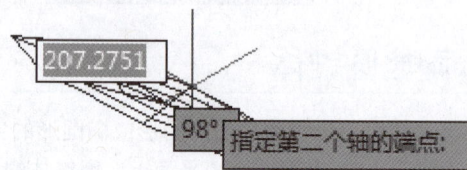

1933.2537

49°

指定第一个轴的其他端点:

207.2751

98° 指定第二个轴的端点:

STEP 05 在绘图窗口中，拖动鼠标并指定圆锥体高度。

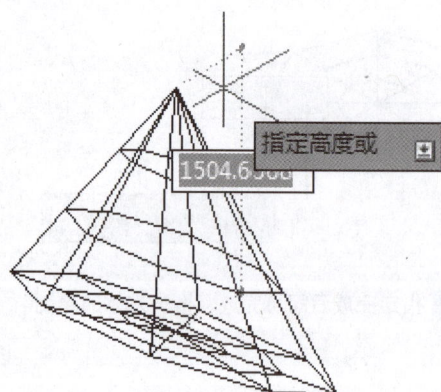

STEP 06 设置完成后，可查看其效果。

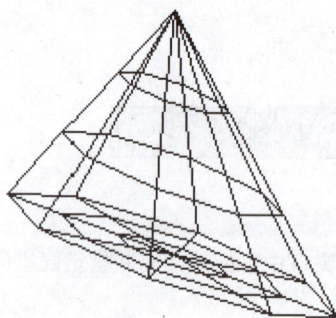

指定高度或 ⊡

1504.6

03 网格圆柱体

该命令可以创建以圆或椭圆为底面的网格圆柱体。默认情况下，网格圆柱体的底面位于当前 UCS 的 XY 平面上。圆柱体的高度与 Z 轴平行。

1. 以圆底面创建网格圆柱体

STEP 01 执行"绘图 > 建模 > 网格 > 图元 > 圆柱体"命令，在绘图窗口中指定底面中心点。

STEP 02 在绘图窗口中拖动鼠标并指定底面半径。

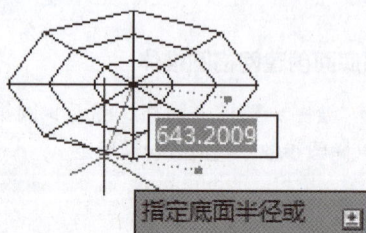

指定底面的中心点或 ⊡

643.2009

指定底面半径或 ⊡

STEP 03 在绘图窗口中，拖动鼠标并指定圆柱体高度。

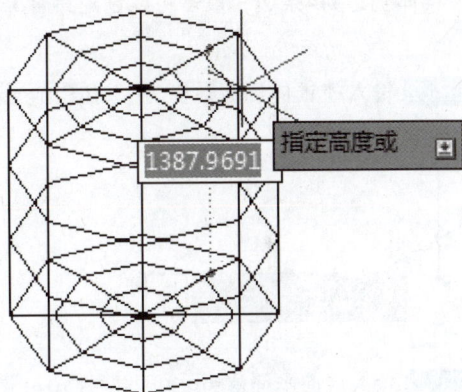

STEP 04 设置完成后，即可查看其效果。

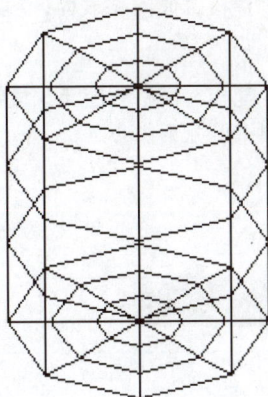

指定高度或

1387.9691

2. 以椭圆底面创建网格圆柱体

STEP 01 执行"绘图 > 建模 > 网格 > 图元 > 圆柱体"命令，输入椭圆参数E，按Enter键。

指定底面的中心点或   E

STEP 02 在绘图窗口中，指定第一个轴端点。

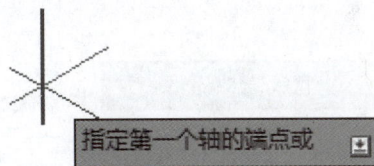

指定第一个轴的端点或

STEP 03 在绘图窗口中，拖动鼠标并指定第一个轴的另一个端点。

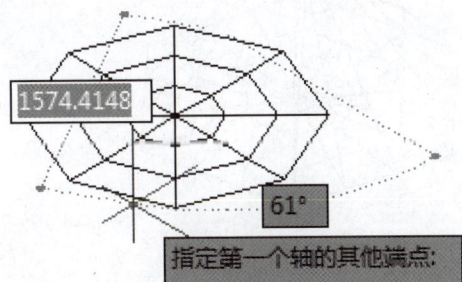

1574.4148

61°

指定第一个轴的其他端点:

STEP 04 在绘图窗口中，拖动鼠标并指定第二个轴的端点。

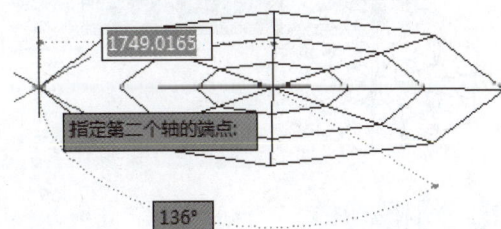

1749.0165

指定第二个轴的端点:

136°

STEP 05 拖动鼠标并指定高度值。

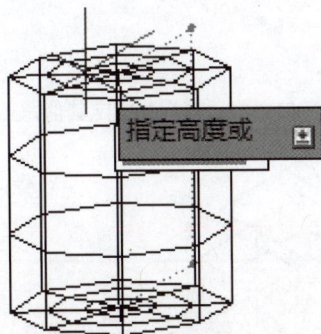

指定高度或

STEP 06 设置完成后，即可查看其效果。

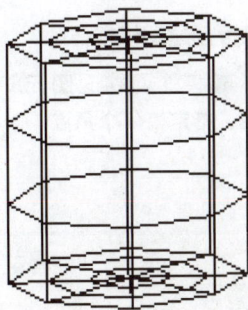

04 网格棱锥体

　　网格棱锥体用于创建棱锥体网格表面，程序默认的棱锥体侧边为4条边，最多可以创建具有32个侧面的网格棱锥体。

STEP 01 执行"绘图 > 建模 > 网格 > 图元 > 棱锥体"命令，在绘图窗口中指定底面中心点。

STEP 02 输入棱锥体侧面数值为6，按Enter键确认。

指定底面的中心点或　　　S

输入侧面数 <4>:　　6

STEP 03 指定底面的中心点。

STEP 04 输入底面半径值为900，并按Enter键确定。

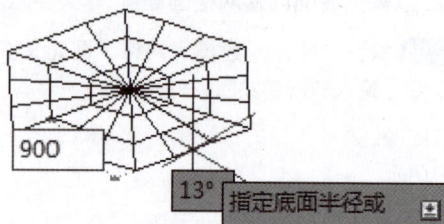

指定底面的中心点或

900

13°　指定底面半径或

STEP 05 输入高度值为1200，并按Enter键。

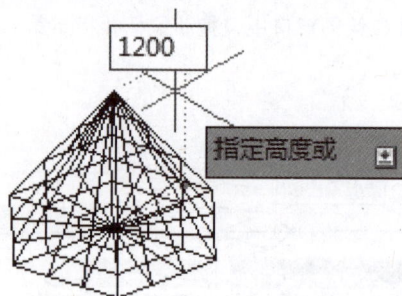

1200

指定高度或

STEP 06 设置完成后，即可查看其效果。

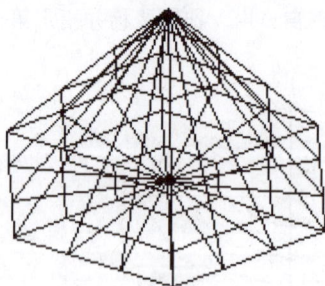

05 网格楔体

　　该命令可以创建面为矩形或正方形的网格楔体。默认情况下，将楔体的底面绘制为与当前 UCS 的 XY 平面平行，斜面正对第一个角点。楔体的高度与 Z 轴平行。

1. 基于两个点和高度创建网格楔体

STEP 01 执行"绘图 > 建模 > 网格 > 图元 > 楔体"命令，在绘图窗口中，指定第一个角点。

STEP 02 在绘图窗口中拖动鼠标并指定其他角点。

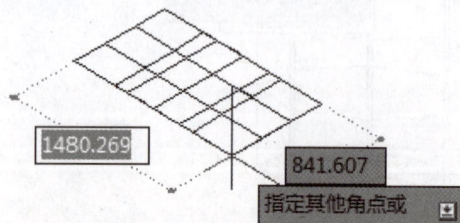

指定第一个角点或

1480.269

841.607

指定其他角点或

STEP 03 在绘图窗口中拖动鼠标并指定楔体高度。

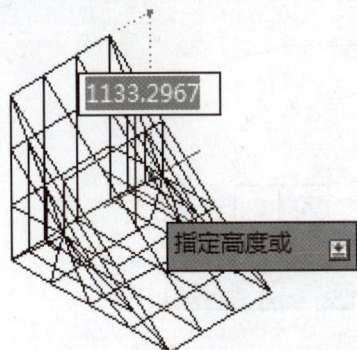

STEP 04 设置完成后，即可观察其效果。

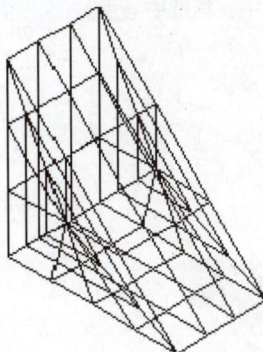

2. 基于长度、宽度和高度创建网格楔体

STEP 01 执行"绘图 > 建模 > 网格 > 图元 > 楔体"命令，在绘图窗口中，指定第一个角点。

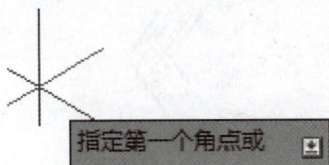

STEP 02 输入长度参数L，按Enter键。

STEP 03 输入长度值为800，按Enter键。

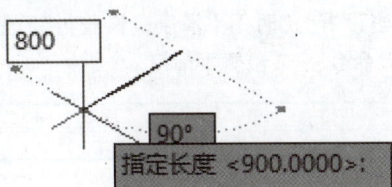

STEP 04 输入宽度值为600，按Enter键。

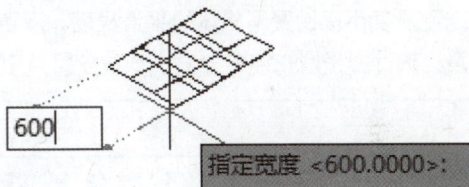

STEP 05 输入高度值为800，按Enter键。

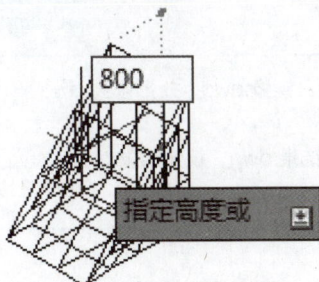

STEP 06 设置完成后，即可查看其效果。

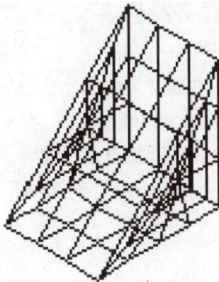

06 网格圆环体

　　该命令可以创建类似于轮胎内胎的环形实体。网格圆环体具有两个半径值，一个值定义圆管，另一个值定义路径，该路径相当于从圆环体的圆心到圆管的圆心之间的距离。默认情况下，绘制的圆环体与当前 UCS 的 XY 平面平行，且被该平面平分。

STEP 01 执行"绘图>建模>网格>图元>圆环体"命令，在绘图窗口中，指定中心点。

STEP 02 输入圆环体半径值为900，按Enter键确定。

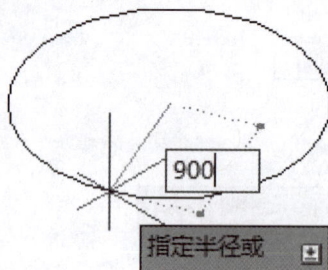

900

指定中心点或

指定半径或

STEP 03 输入圆管半径值为120，按Enter键确定。

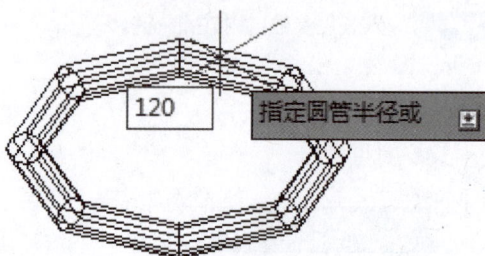

STEP 04 设置完成后，即可观察其效果。

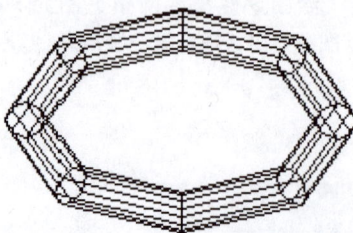

120 指定圆管半径或

工程师点拨 | 设置平滑度

平滑度用于设置网格体的平滑程度，取值范围为0~4，当设置为0时无平滑度，设置为4时最平滑。执行网格圆柱体命令后，在命令窗口中根据提示，输入命令SE来设置平滑度。

Lesson 02　三维对象编辑

创建的三维对象有时达不到设计的要求，这时就需要将三维对象进行编辑，如对其进行移动、旋转、复制、镜像等操作。

原始文件：实例文件\第11章\原始文件\三维移动.dwg、直角底座.dwg、镜像.dwg、矩形阵列.dwg、剖切.dwg、加厚.dwg、抽壳.dwg
最终文件：实例文件\第11章\最终文件\三维移动结果.dwg、三维旋转结果.dwg、镜像结果.dwg、矩形阵列结果.dwg、剖切结果.dwg、抽壳结果.dwg

01　移动与旋转

三维移动是将选择的三维实体对象从一个点移动到另一个点，该方式是在XY平面上进行移动。

STEP 01 启动AutoCAD 2012，打开"三维移动"图形文件。

STEP 02 执行菜单栏中的"修改>三维操作>三维移动"命令。

✛ 移动(V)	⊕ 三维移动(M)
○ 旋转(R)	⊕ 三维旋转(R)
▢ 缩放(L)	▱ 对齐(L)
▯ 拉伸(H)	三维对齐(A)
✎ 拉长(G)	% 三维镜像(D)
-/- 修剪(T)	三维阵列(3)
--/ 延伸(D)	
▢ 打断(K)	干涉检查(I)
++ 合并(J)	✂ 剖切(S)
◿ 倒角(C)	加厚(T)
◿ 圆角(F)	
∿ 光顺曲线	转换为实体(O)
	转换为曲面(U)
三维操作(3) ▶	提取边(E)
实体编辑(N) ▶	
曲面编辑(F) ▶	
网格编辑(M) ▶	

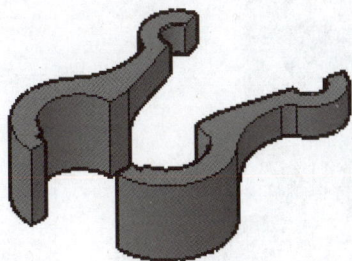

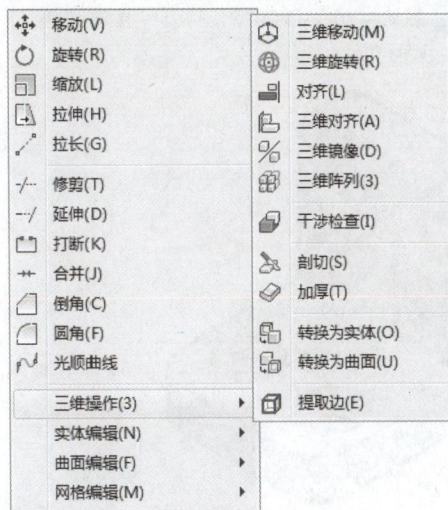

STEP 03 在绘图窗口中，选择要移动的对象，按Enter键确定。

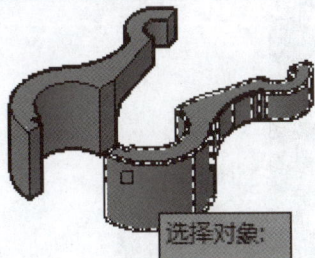

选择对象:

STEP 04 在绘图窗口中指定基点。

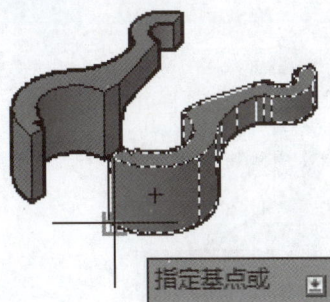

指定基点或 ⬇

STEP 05 在绘图窗口中指定第二个点。

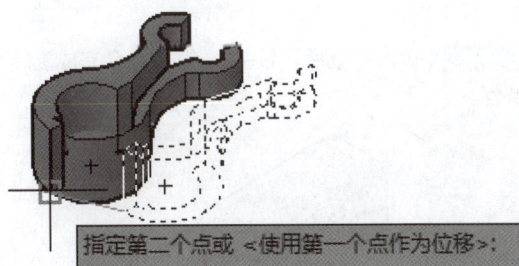

指定第二个点或 <使用第一个点作为位移>:

STEP 06 设置完成后，即可观察其效果。

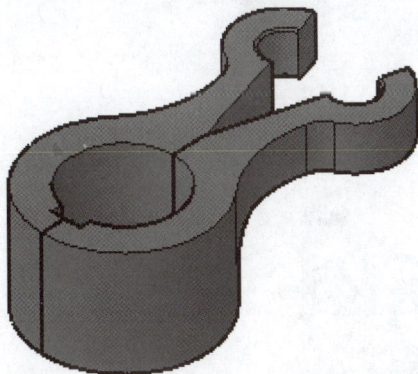

　　"三维旋转"命令可以将选择的对象绕三维空间定义的任何轴（X轴、Y轴、Z轴）按照指定的角度进行旋转，在旋转三维对象之前需要定义一个点为三维对象的基准点。

STEP 01 启动AutoCAD 2012，打开"直角底座.dwg"图形文件。

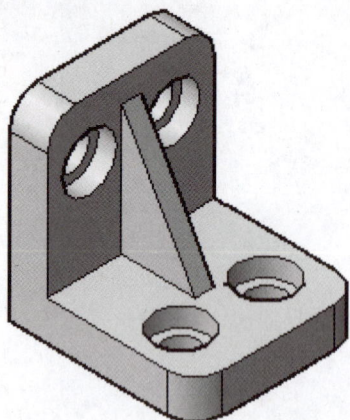

STEP 02 执行"修改 > 三维操作 > 三维旋转"命令，在绘图窗口中选择对象，按Enter键。

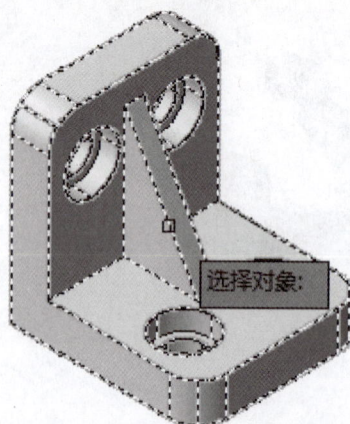

选择对象：

STEP 03 在绘图窗口中，指定旋转基点。

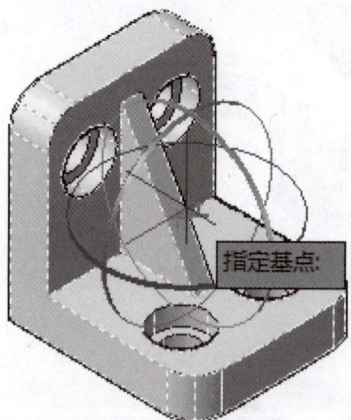

指定基点：

STEP 04 在绘图窗口中，指定拾取轴为Z轴。

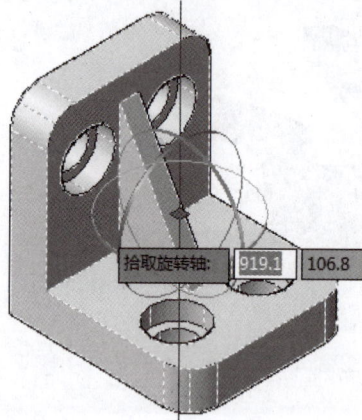

拾取旋转轴： 919.1 106.8

STEP 05 输入旋转角度值为 – 90。

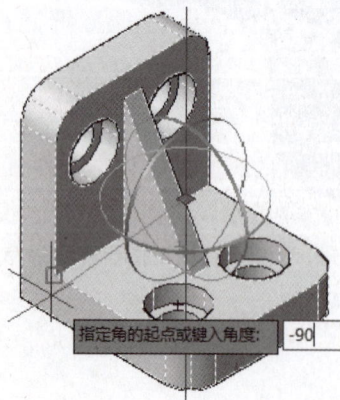

指定角的起点或键入角度： -90

STEP 06 输入完成后，按Enter键，即可完成旋转操作。

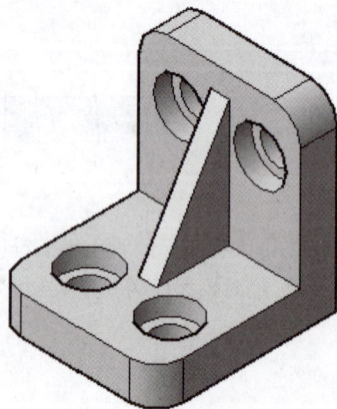

02 镜像与阵列

三维镜像是将选择的三维对象沿指定的面进行镜像。镜像平面可以是已经创建的面,如实体的面和坐标轴上的面,也可以通过三点创建一个镜像平面。

STEP 01 启动AutoCAD 2012,打开"镜像.dwg"图形文件。

STEP 02 执行"修改 > 三维操作 > 三维镜像"命令,选择对象。

STEP 03 在绘图窗口中,选择镜像平面的第一点。

指定镜像平面 (三点) 的第一个点或

STEP 04 在绘图窗口中,选择镜像平面的第二点。

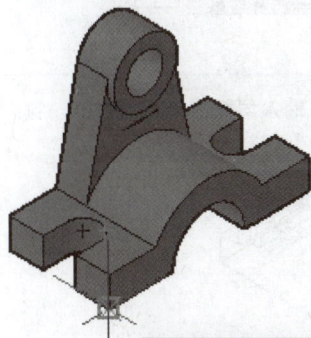

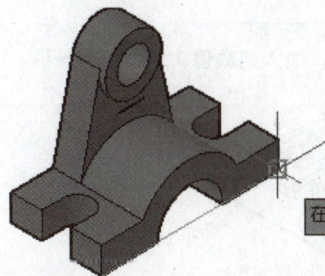

在镜像平面上指定第二点:

STEP 05 在绘图窗口中,选择镜像平面的第三点,并选择保留源对象。

在镜像平面上指定第三点:

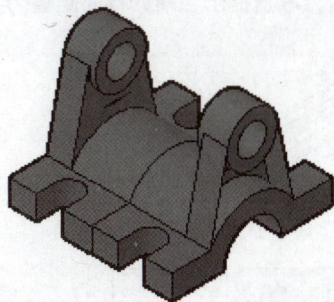

STEP 06 按Enter键,即可完成三维镜像操作。

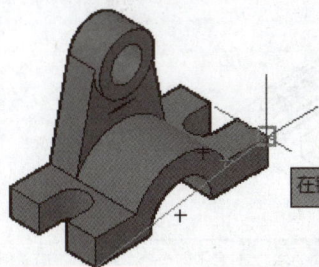

　　三维阵列可以将三维实体对象按矩形阵列或环形阵列的方式来创建多个副本。环形阵列是将选择的对象绕一个点进行旋转生成多个实体对象。

STEP 01 启动AutoCAD 2012，打开"矩形阵列"图形文件。

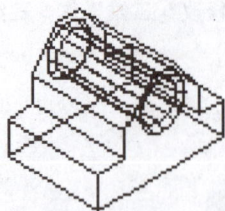

STEP 02 执行"修改 > 三维操作 > 三维阵列"命令，选择对象，按Enter键。

STEP 03 根据命令提示，选择阵列类型，这里选择"矩形"。

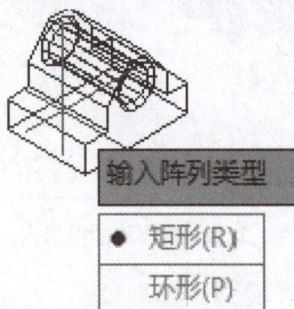

STEP 04 选择完成后，按Enter键，并输入行数值为2，按Enter键。

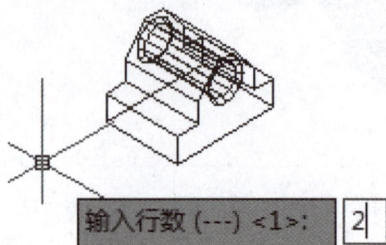

STEP 05 根据提示，输入列数值为2，按Enter键。

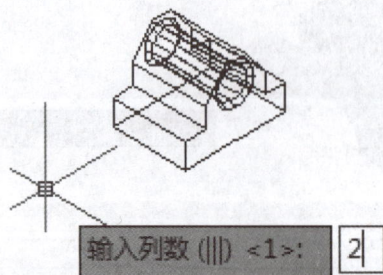

STEP 06 继续操作，输入层数值为2，按Enter键。

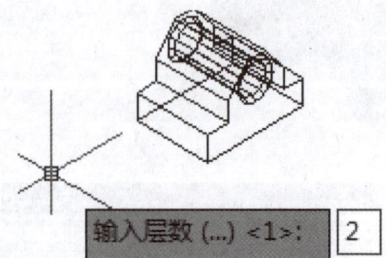

STEP 07 设置好后，根据提示，输入行间距值为80，按Enter键。

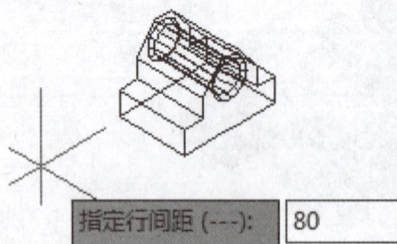

STEP 08 输入列间距值为80，按Enter键。

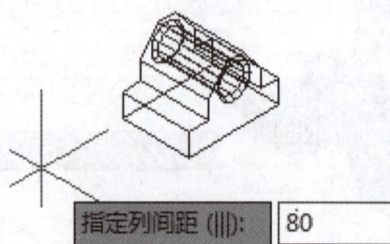

STEP 09 输入层间距值为80，按Enter键。

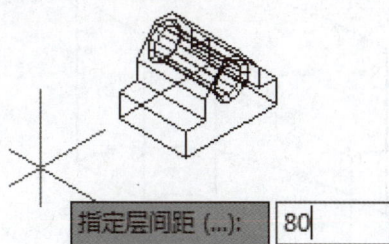

指定层间距 (...):   80|

STEP 10 即可完成三维矩形阵列操作。

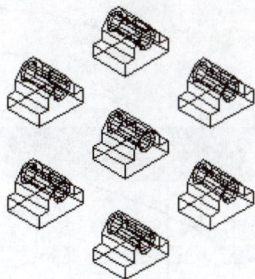

03 三维对齐

　　三维对齐是指在三维空间中将两个对象与其他对象对齐，可以为源对象指定一个、两个或三个点，然后为目标对象指定一个、两个或三个点，其中源对象的目标点要与目标对象的点相对应。

04 三维剖切

　　该命令通过剖切现有实体来创建新实体，可以通过多种方式定义剪切平面，包括指定点或者选择某个曲面或平面对象。

　　使用"剖切"命令剖切实体时，可以保留剖切实体的一半或全部。剖切实体保留原实体的图层和颜色特性。

STEP 01 启动AutoCAD 2012，打开"剖切.dwg"图形文件。

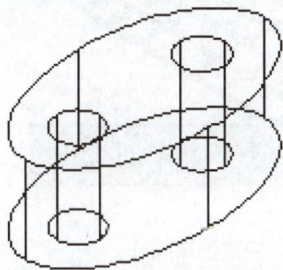

STEP 02 执行"修改 > 三维操作 > 剖切"命令，在绘图窗口中选择需剖切的对象。

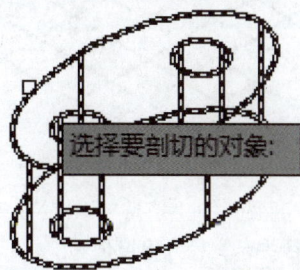

选择要剖切的对象:

STEP 03 在绘图窗口中，指定切面起点。

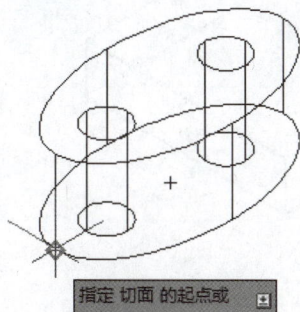

指定 切面 的起点或

STEP 04 在绘图窗口中，指定切面第二点。

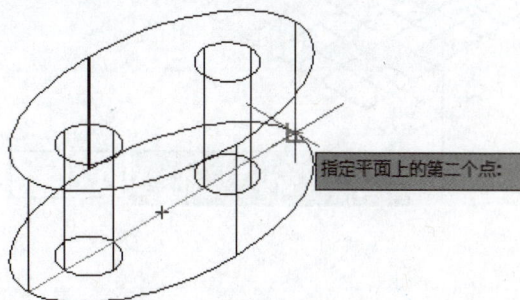

指定平面上的第二个点:

STEP 05 在绘图窗口中，选择要保留的侧面。

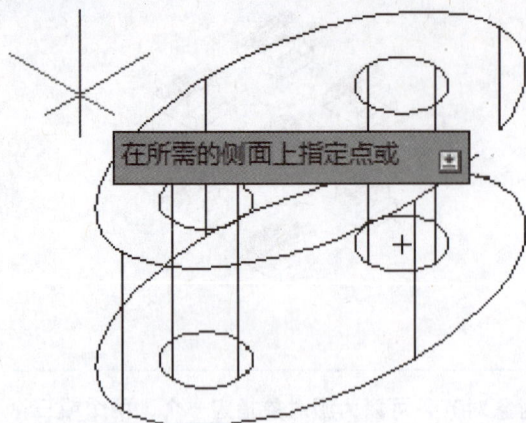

STEP 06 选择完成后，即可完成剖面操作。

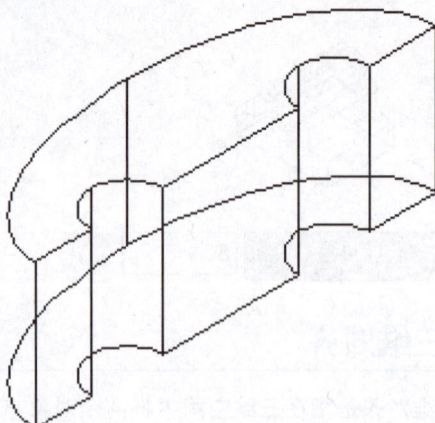

在所需的侧面上指定点或

05 加厚

该命令是为曲面片体对象指定一定的高度来生成实体。输入厚度时，输入值可以为正值，也可以为负值，正值与负值的区别是方向是相反的。该命令只对曲面片体有效，平面片体和面域对象不能加厚。

STEP 01 启动AutoCAD 2012，打开"加厚.dwg"图形文件。

STEP 02 执行"修改 > 三维操作 > 加厚"命令，在绘图窗口中选择对象，按Enter键。

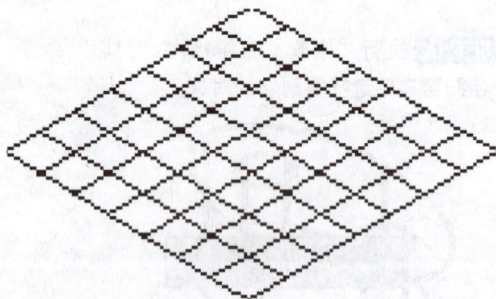

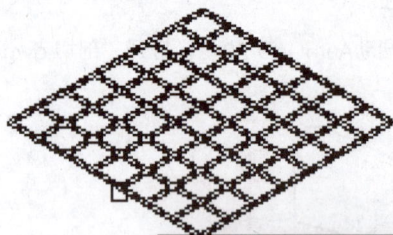

选择要加厚的曲面:

STEP 03 根据命令提示，输入厚度值为500。

STEP 04 按Enter键，完成加厚操作。

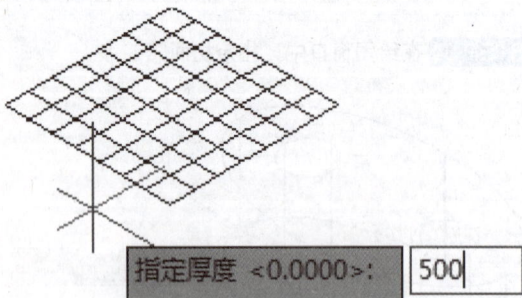

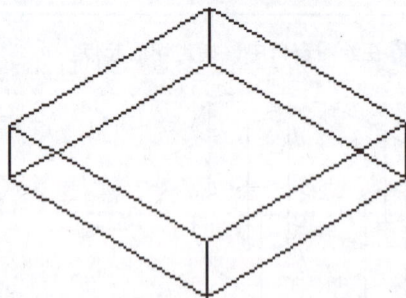

指定厚度 <0.0000>: 500

06 抽壳

　　使用该命令可以将三维实体转换为中空薄壁或壳体。将实体对象转换为壳体时，可以通过将现有面朝其原始位置的内部或外部偏移来创建新面。

STEP 01 启动AutoCAD 2012，打开"抽壳.dwg"图形文件。

STEP 02 执行"修改 > 实体编辑 > 抽壳"命令，并在绘图窗口中选择对象。

选择三维实体：

STEP 03 在绘图窗口中，选择不需抽壳的面，按Enter键。

删除面或

STEP 04 根据命令提示，输入抽壳偏移距离为10。

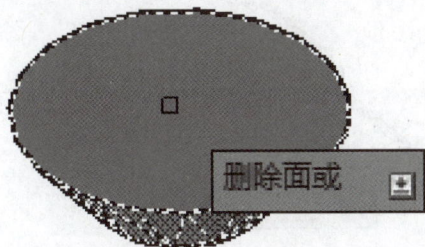

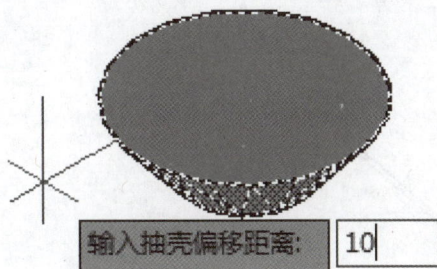

输入抽壳偏移距离： 10

STEP 05 按Esc键，退出编辑选项。

输入体编辑选项

压印(I)
分割实体(P)
抽壳(S)
清除(L)
检查(C)
放弃(U)
● 退出(X)

STEP 06 选择完成后，即可完成抽壳操作。

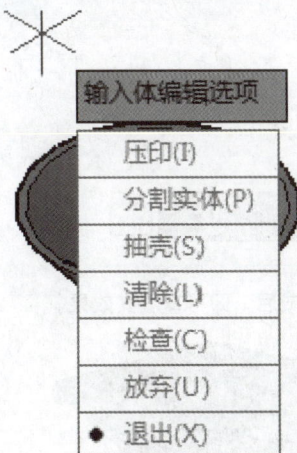

Lesson 03 网格曲面

　　AutoCAD 2012的网格形式包括网格平面和网格曲面，通过填充其他对象（例如直线和圆弧）之间的空隙来创建网格形式。使用旋转网格、直纹网格、平移网格和边界网格可以创建复制的网格曲面。

> 原始文件：实例文件\第11章\原始文件\旋转.dwg、平移.dwg、直纹.dwg、边界.dwg
> 最终文件：实例文件\第11章\最终文件\旋转结果.dwg、平移结果.dwg、直纹结果.dwg、边界结果.dwg

01 旋转网格

　　该命令可通过绕指定轴旋转轮廓来创建与旋转曲面近似的网格。轮廓可以为直线、圆、圆弧、椭圆、椭圆弧、多段线、样条曲线、闭合多段线、多边形、闭合样条曲线和圆环。

STEP 01 启动AutoCAD 2012，打开"旋转.dwg"图形文件。

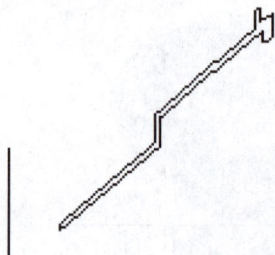

STEP 02 执行"绘图 > 建模 > 网格 > 旋转网格"命令，并在绘图窗口中选择第一条曲线。

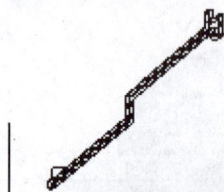

选择要旋转的对象：

STEP 03 在绘图窗口中选择定义旋转轴的对象。

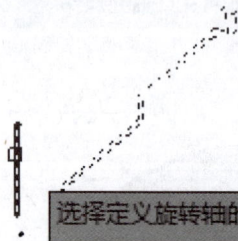

选择定义旋转轴的对象：

STEP 04 输入起点角度为0，并按Enter键。

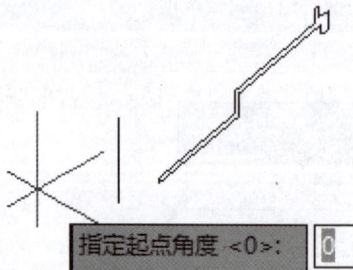

指定起点角度 <0>： 0

STEP 05 输入包含角度为270，按Enter键。

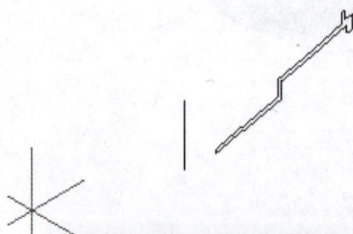

指定包含角 (+=逆时针，-=顺时针) <360>： 270

STEP 06 设置完成后，即可查看其效果。

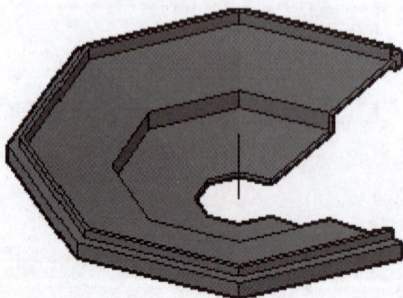

02 平移网格

　　该命令可以创建网格，该网格表示由路径曲线和方向矢量定义的常规展平曲面。路径曲线可以是直线、圆弧、圆、椭圆、椭圆弧、二维多段线、三维多段线或样条曲线。方向矢量可以是直线，也可以是开放的二维或三维多段线。

STEP 01 启动AutoCAD 2012，打开"平移.dwg"图形文件。

STEP 02 执行"绘图 > 建模 > 网格 > 平移网格"命令，在绘图窗口中，选择第一条曲线。

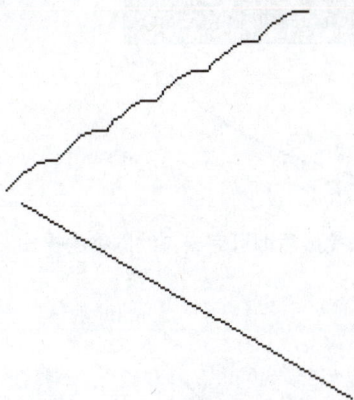

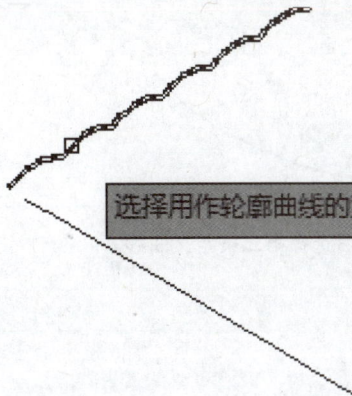

选择用作轮廓曲线的对象：

STEP 03 在绘图窗口中选择用作方向矢量的对象。

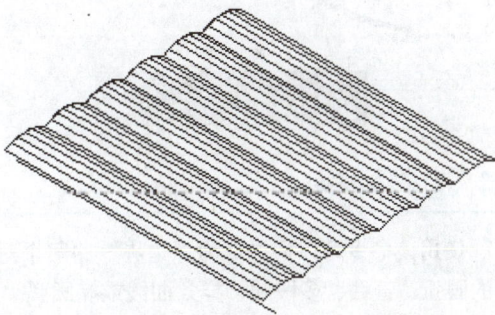

STEP 04 选择完成后，即可完成操作。

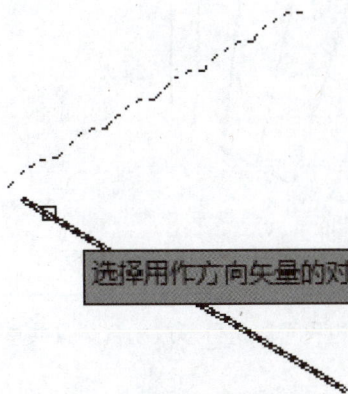

选择用作方向矢量的对象：

03 直纹网格

　　该命令可以在两条直线或曲线之间创建网格。可以使用两种不同的对象定义直纹网格的边界。对象可以为直线、点、圆弧、圆、椭圆、椭圆弧、二维多段线、三维多段线或样条曲线。

　　用作直纹网格"轨迹"的两个对象必须全部开放或全部闭合。点对象可以与开放或闭合对象成对使用。

STEP 01 启动AutoCAD 2012，打开"直纹.dwg"图形文件。

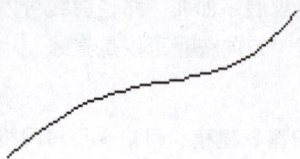

STEP 02 执行"绘图 > 建模 > 网格 > 直纹网格"命令，在绘图窗口中选择第一条曲线。

选择第一条定义曲线:

STEP 03 然后选择第二条定义曲线。

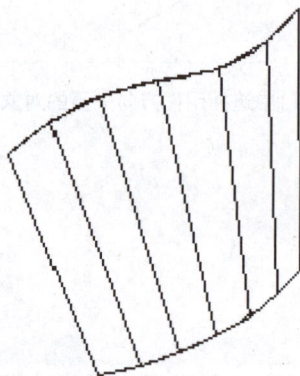

STEP 04 选择完成后即可完成直纹网格的操作。

选择第二条定义曲线:

04 边界网格

使用该命令可以通过成为"边界"的四个对象创建曲面网格。边界可以是可形成闭合环且共享端点的圆弧、直线、多段线、样条曲线或椭圆弧。

STEP 01 启动AutoCAD 2012，打开"边界.dwg"图形文件。

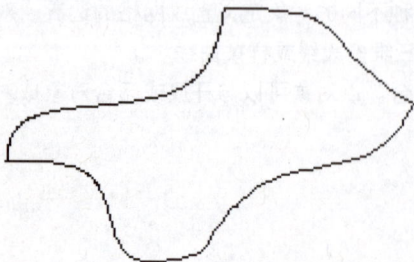

STEP 02 执行"绘图 > 建模 > 网格 > 边界网格"命令，在绘图窗口中选择对象。

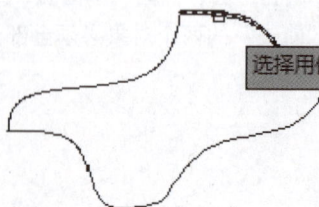

选择用作曲面边界的对象 1:

STEP 03 选择第二个边界对象。

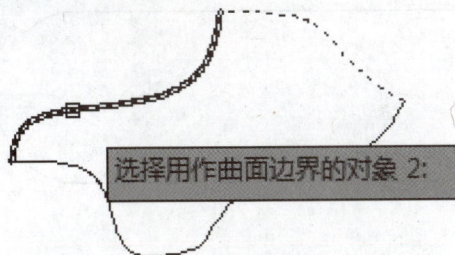

选择用作曲面边界的对象 2：

STEP 04 选择第三个边界对象。

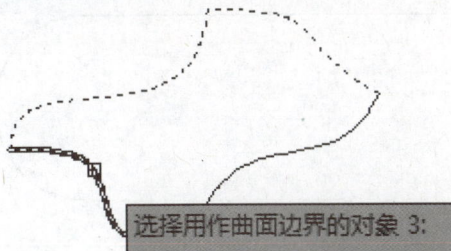

选择用作曲面边界的对象 3：

STEP 05 选择第四个边界对象。

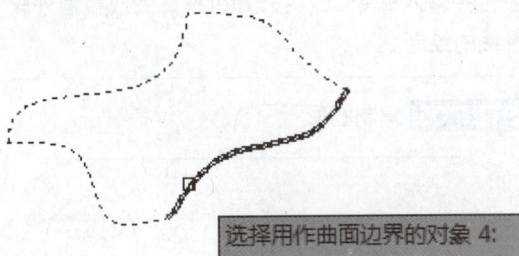

选择用作曲面边界的对象 4：

STEP 06 选择完成后，即可完成边界网格。

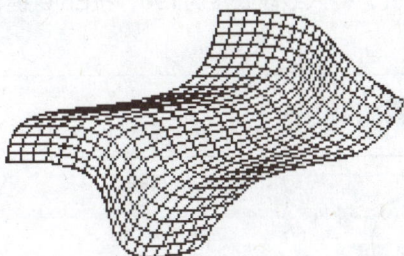

相关练习 │ 绘制直纹体面模型

在AutoCAD三维建模空间中，除了可创建各种实体网格如长方体、圆锥体、锲体、圆环体之外，还可运用网格命令来创建模型。

原始文件：无
最终文件：实例文件\第11章\最终文件\直纹体面模型.dwg

STEP 01 绘制模型外轮廓线

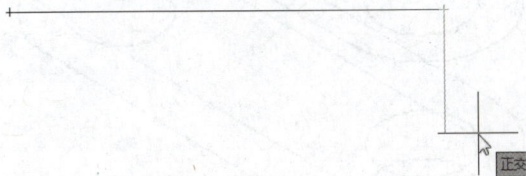

正交

将视图设为俯视图，执行"绘图 > 多段线"命令，在命令窗口中输入190，按Enter键，绘制多段线。

STEP 02 切换圆弧模式

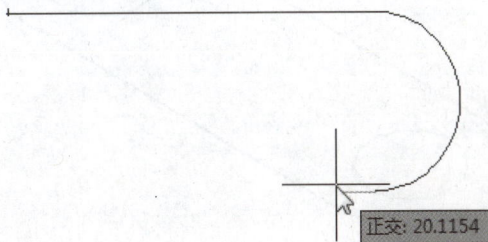

正交: 20.1154

在命令窗口中，输入命令A后按Enter键，切换成圆弧模式，并向下移动光标，输入90，按Enter键，绘制圆弧。

STEP 03 切换至线段模式

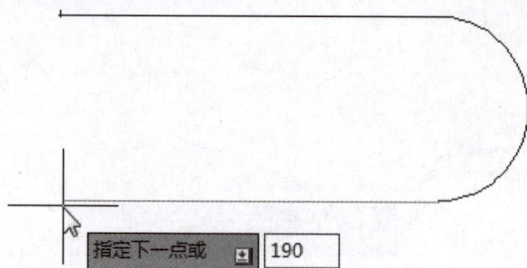

指定下一点或 ⊞ 190

在命令窗口中输入命令L，按Enter键，即可切换成线段模式，输入线段长度为190，按Enter键，绘制直线。

STEP 04 绘制弧线

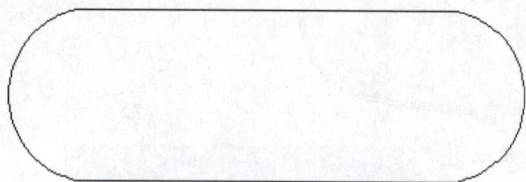

在命令窗口中输入命令A并按Enter键，切换成圆弧，并输入命令CL，按Enter键，完成模型外轮廓线的绘制。

STEP 05 绘制圆形

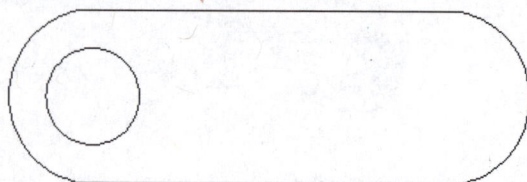

执行"绘图 > 圆 > 圆心、半径"命令，捕捉圆弧中心点为圆心，绘制一个直径为50mm的圆形。

STEP 06 复制圆形

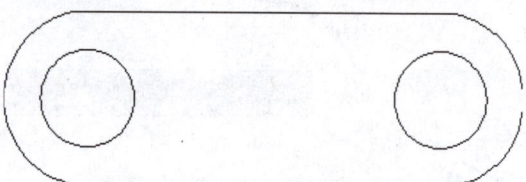

执行"修改 > 复制"命令，将刚绘制好的圆形进行复制。

STEP 07 设置视图

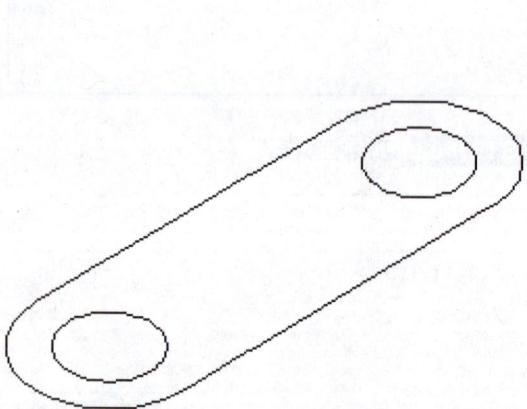

执行"视图 > 三维视图 > 西南等轴测"命令，将当前视图设置为西南视图。

STEP 08 复制图形

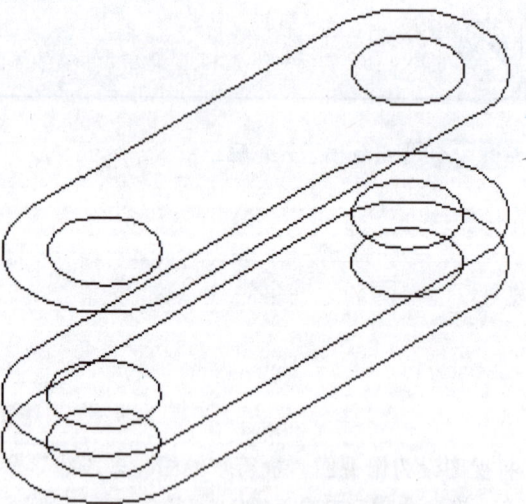

执行"修改 > 复制"命令，将绘制好的图形向Z轴方向分别复制移动25mm和100mm。

STEP 09 执行"直纹网格"命令

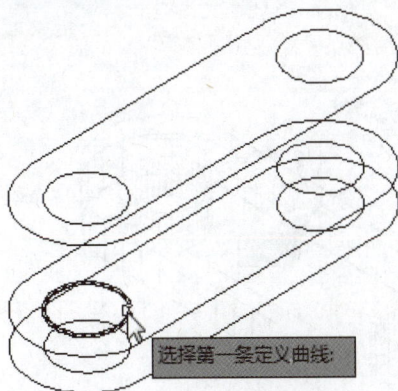

选择第一条定义曲线

执行"绘图 > 建模 > 网格 > 直纹网格"命令，根据命令提示，选择中间图形的圆孔。

STEP 10 创建圆孔模型

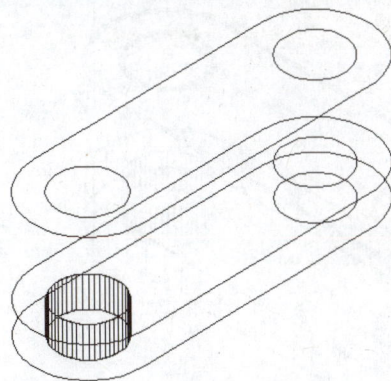

选择好后，根据提示再选择最下方相应的圆孔，按Enter键，即可创建圆孔模型。

STEP 11 创建另一圆孔模型

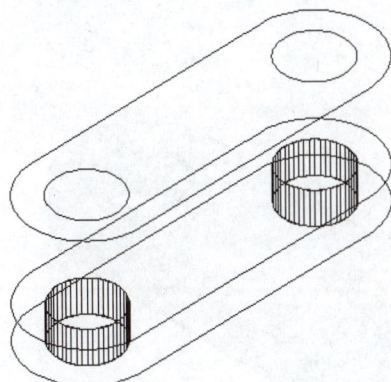

按照以上操作步骤，创建出另一圆孔模型。

STEP 12 创建外轮廓模型

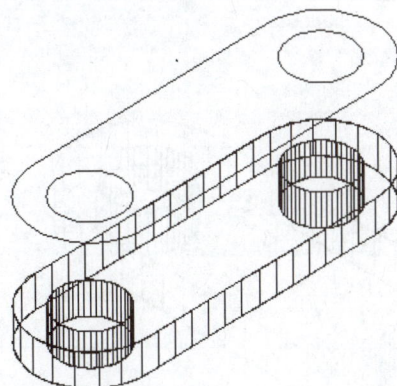

执行"绘图 > 建模 > 网格 > 直纹网格"命令，创建出外轮廓模型。

STEP 13 创建面域

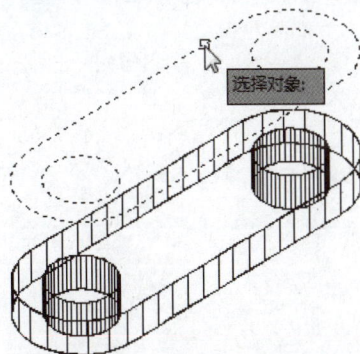

选择对象

执行"绘图 > 面域"命令，将最上方的二维图形创建成面域。

STEP 14 选择差集命令

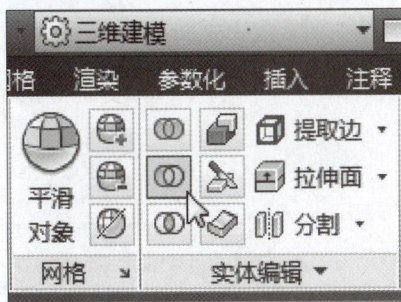

三维建模

平滑对象

网格

渲染　参数化　插入　注释

提取边
拉伸面
分割

实体编辑

选择"常用"选项卡下"实体编辑"功能面板中的"差集"命令。

STEP 15 修剪面域

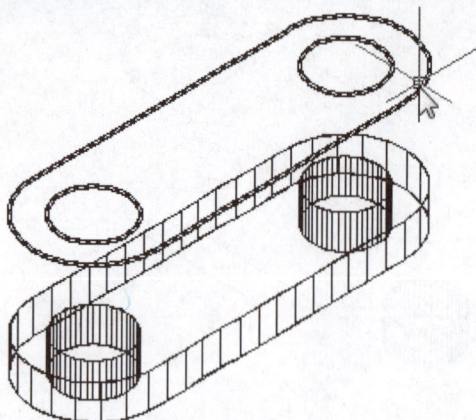

执行"修改 > 实体编辑 > 差集"命令，将最上方的两个圆孔图形从外轮廓图形中减去。

STEP 16 移动差集图形

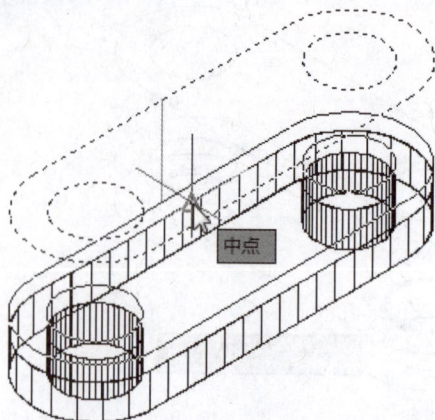

中点

选择刚修剪的面域图形，执行"修改 > 移动"命令，将该面域移动至三维实体顶面合适位置。

STEP 17 移动效果

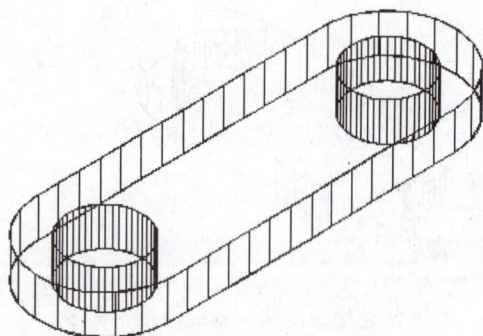

至此，纹体面网格模型创建完成。

STEP 18 切换视图样式

完成后，执行"视图 > 视觉样式 > 灰度"命令，即可查看其效果。

Q&A 工程技术问答

对三维模型的编辑等内容是本章的学习的重点。在学习过程中，会遇到如三维镜像与镜像的区别、如何创建平滑网格圆柱体以及使旋转网格更平滑的问题，下面将为您讲解。

Q01: 在AutoCAD 2012中，三维镜像与镜像有什么区别？

A01: 二维镜像是在一个平面内完成的，其镜像介质是一条线，而三维镜像是在一个立体空间内完成的，其镜像介质是一个面，所以在进行三维镜像时，必须指定面上的三个点，并且这三个点不能处于同一直线上。

Q02: 在AutoCAD 2012中，如何制作平滑网格圆柱体？

A02: 制作平滑网格圆柱体的方法是通过命令MESH来实现的。在命令窗口中输入命令后，根据提示输入平滑度参数。其取值范围为0～4，当值为0时无平滑度，当值为4时最平滑，具体操作步骤如下。

STEP 01 输入命令MESH，并按Enter键确定。

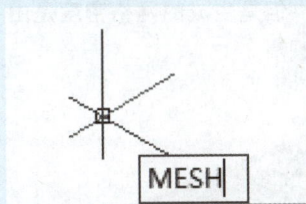

STEP 02 输入设置参数SE，并按Enter键确定。

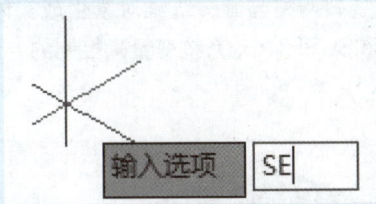

STEP 03 输入平滑度值为4，并按Enter键确定。

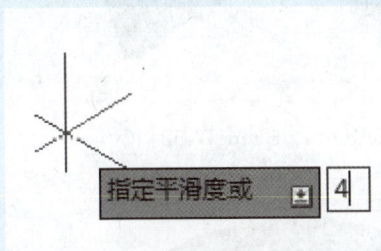

STEP 04 输入圆柱体参数CY，并按Enter键确定。

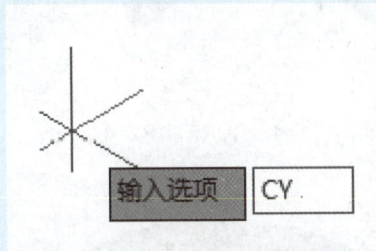

STEP 05 在绘图窗口单击指定底面中心点。

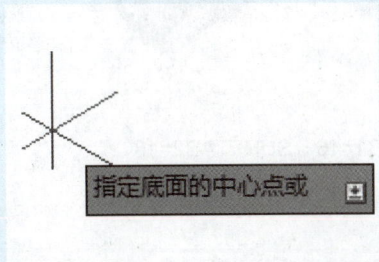

STEP 06 在绘图窗口拖动鼠标并单击指定底面半径。

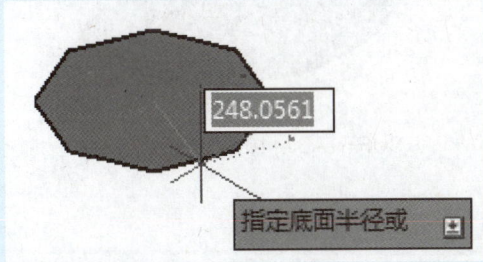

STEP 07 在绘图窗口中拖动鼠标并单击指定圆柱体高度。

STEP 08 绘制结果如下图所示。

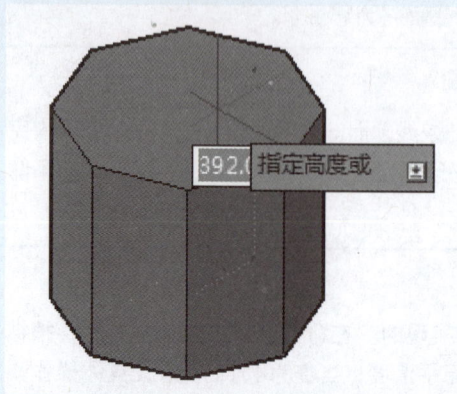

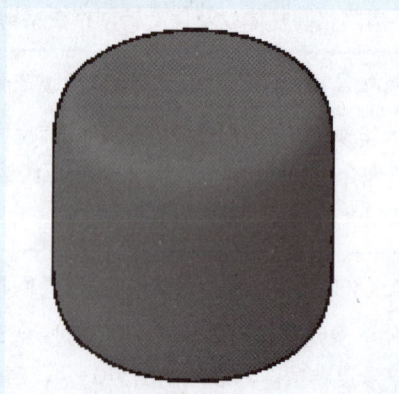

Q03： 在AutoCAD 2012中，如何使旋转网格更平滑？

A03： 制作旋转网格与旋转二维对象生成实体的操作方法大致相同，但是生成的网格密度是由SURFTAB1和SURFTAB2系统变量来控制的，值越大创建的网格就越圆滑。

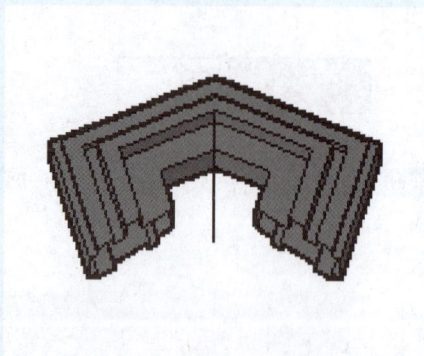

SURFTAB1=4   SURFTAB2=4

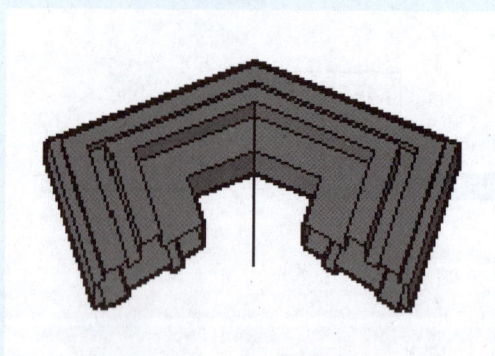

SURFTAB1=4   SURFTAB2=16

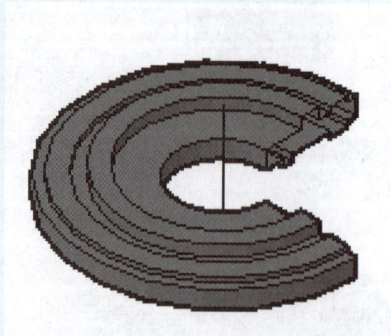

SURFTAB1=16   SURFTAB2=4

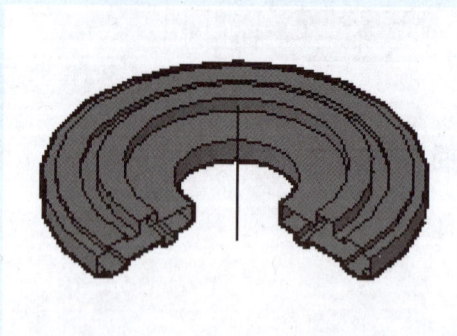

SURFTAB1=16   SURFTAB2=16

CHAPTER 12

三维渲染

在AutoCAD 2012中，用户为三维模型添加材质后，向场景中添加灯光效果可以增强场景模型的真实效果。与线框图形或着色图像相比，渲染图像使人更容易想象3D对象的形状与大小。渲染的对象也更利于设计者表达设计思想。

01 阳光模拟效果

通过设置阳光的强度和照射角度,可以模拟真实的天光效果,使房间看起来温暖舒适。

02 客厅模型

此空间模型在简单地添加了材质后,注重了晚间灯光的效果,电视背景墙的亮度和地板的反射形成了对比。

03 书房模型

书柜、书桌和沙发赋予相应的材质后,再通过灯光的渲染效果,使场景具有真实感,增强视觉效果。

04 广场模型渲染

为广场添加完材质后,再为广场添加天光模拟效果进行渲染,使广场具有强烈的真实效果。

05 餐厅模型

添加材质时,要赋予模型意义,不能随意添加材质,要使模型形象美观。

06 吧台渲染

从渲染图中可以看出吧台质地类似大理石,墙壁都贴有凹凸感的花纹壁纸。

Lesson 01　材质渲染

在 AutoCAD 2012 中，可以将材质附着到单个的面和对象上，或者附着到图层的对象上。在"材质"窗口中创建或修改材质时，可以将样例直接拖动到图形中的对象上，也可以将其拖动到活动的工具选项板上以创建材质工具。

原始文件：实例文件\第12章\原始文件\创建新材质.dwg
最终文件：实例文件\第12章\最终文件\创建新材质.dwg

01　材质浏览器

使用"材质浏览器"可导航和管理用户的材质，可以组织、分类、搜索和选择要在图形中使用的材质。执行"视图>渲染>材质浏览器"命令，程序将弹出"材质浏览器"选项板，如下图所示。

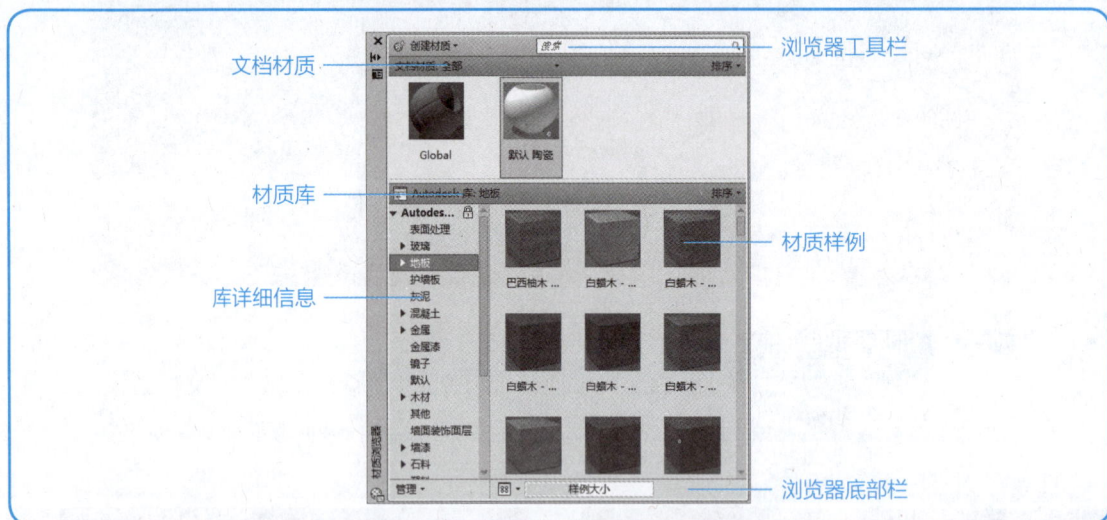

- 浏览器工具栏：包含"创建材质"下拉菜单（它允许您创建常规材质或从样板列表创建）和搜索框。
- 文档材质：显示一组保存在当前图形中的材质的显示选项。可以按名称、类型和颜色对文档材质排序。
- 材质库：显示Autodesk库，它包含预定义的Autodesk材质和其他包含用户定义的材质库。它还包含一个按钮，用于控制库和库类别的显示，可以按名称、类别、类型和颜色对库中的材质进行排序。
- 库详细信息：显示选定类别中材质的预览。
- 浏览器底部栏：包含"管理"菜单，用于添加、删除和编辑库和库类别。此菜单还包含一个扩展按钮，用于控制库详细信息的显示选项。

02　材质编辑器

在材质编辑器中可以创建新材质，设置材质的颜色、反射率、透明度、凹凸等属性。在菜单栏中执行"视图>渲染>材质编辑器"命令，或者在"材质浏览器"选项板中单击"创建材质"选项，程序将弹出"材质游览器"选项板，如下图所示。

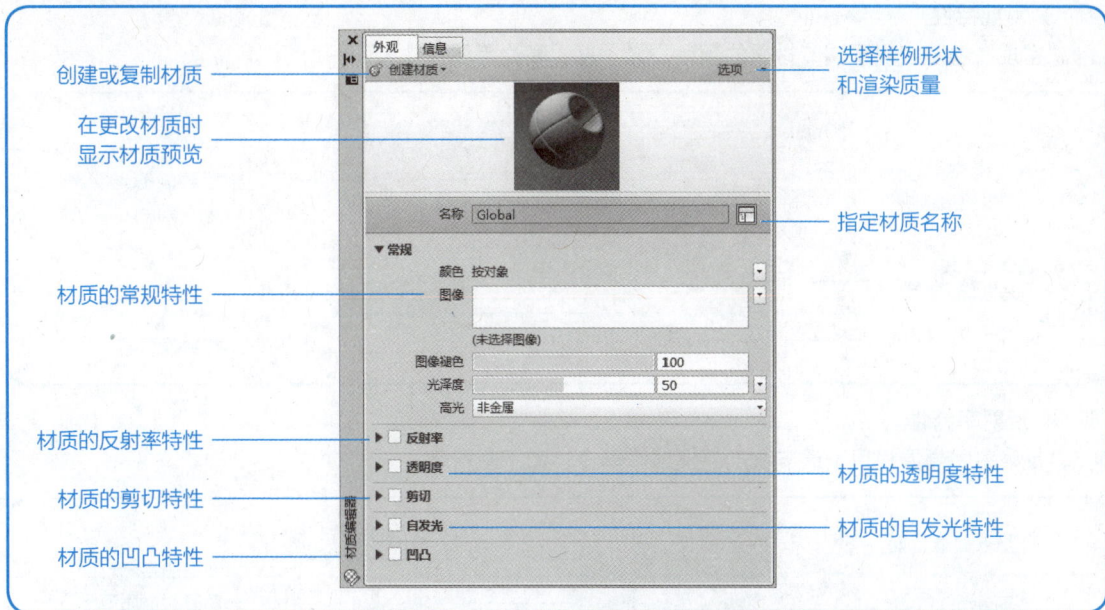

- 创建或复制材质
- 在更改材质时显示材质预览
- 选择样例形状和渲染质量
- 指定材质名称
- 材质的常规特性
- 材质的反射率特性
- 材质的透明度特性
- 材质的剪切特性
- 材质的自发光特性
- 材质的凹凸特性

1. 创建材质

"创建材质"下拉菜单用于显示材质的复制，以及新建材质的类型和新建常规材质，如下图所示。

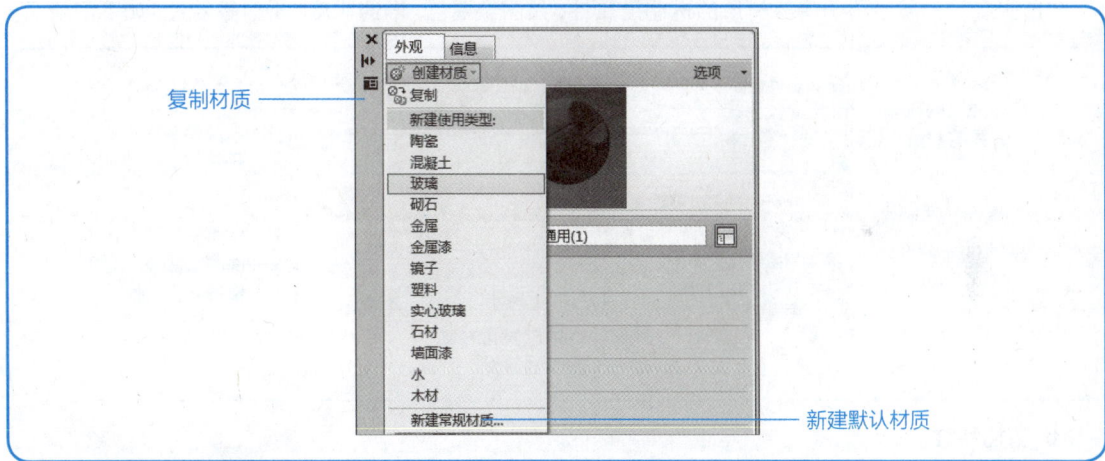

- 复制材质
- 新建默认材质

2. 选项设置

"选项"下拉菜单用于选择样例形状和渲染质量，如下图所示。

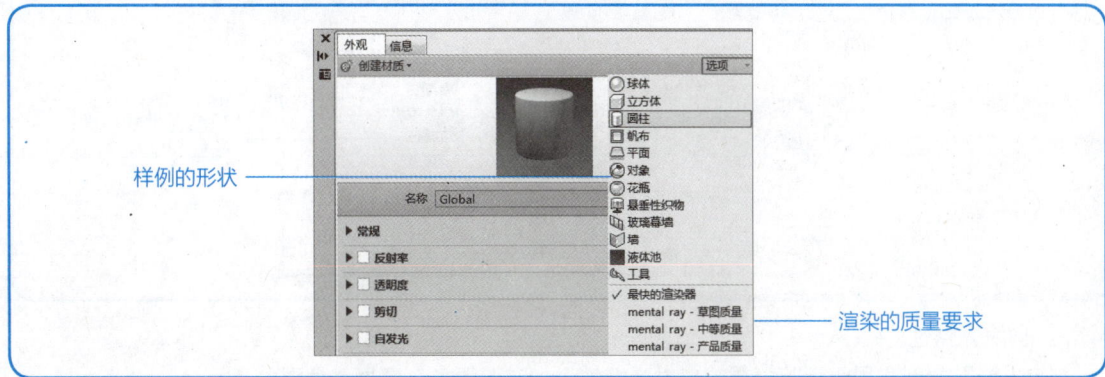

- 样例的形状
- 渲染的质量要求

3. 常规特性

"常规"卷展栏用于调节材质的颜色、光泽度、高光等属性，如下图所示。

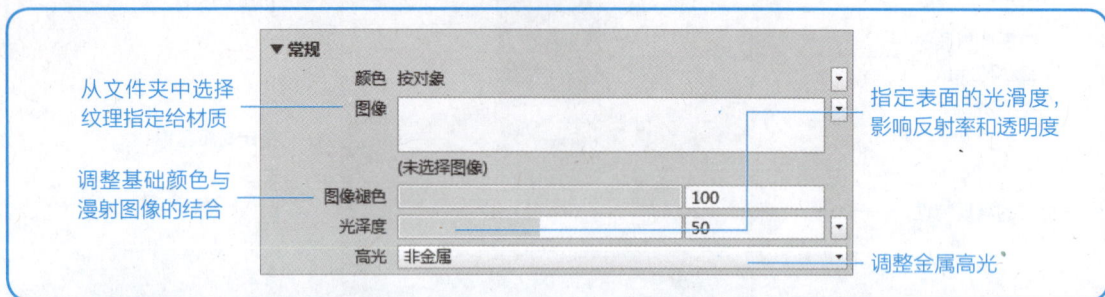

- 从文件夹中选择纹理指定给材质
- 调整基础颜色与漫射图像的结合
- 指定表面的光滑度，影响反射率和透明度
- 调整金属高光

4. 反射率特性

"反射率"卷展栏用于调节材质的反射率属性，如下图所示。

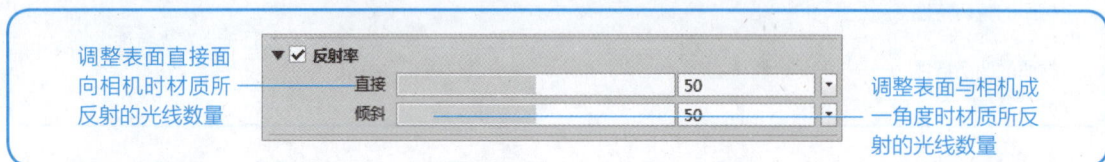

- 调整表面直接面向相机时材质所反射的光线数量
- 调整表面与相机成一角度时材质所反射的光线数量

5. 透明度特性

"透明度"卷展栏用于调节材质的透明度属性，如图像褪色、半透明度、折射等特性，如下图所示。

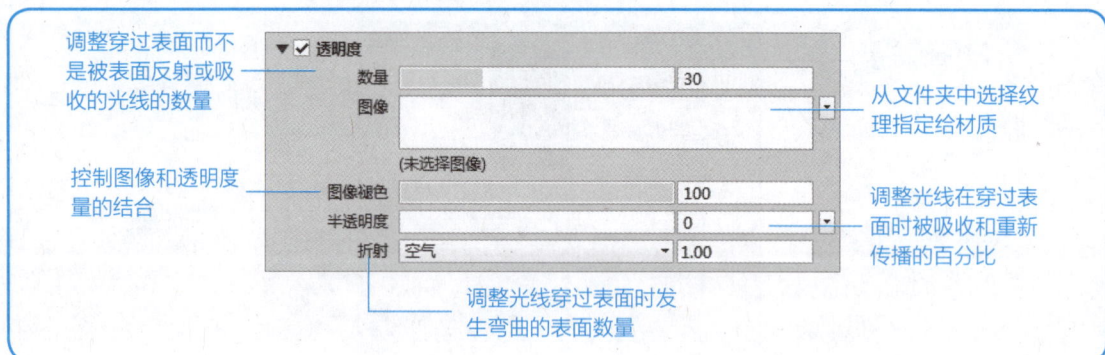

- 调整穿过表面而不是被表面反射或吸收的光线的数量
- 控制图像和透明度量的结合
- 从文件夹中选择纹理指定给材质
- 调整光线在穿过表面时被吸收和重新传播的百分比
- 调整光线穿过表面时发生弯曲的表面数量

6. 剪切特性

"剪切"卷展栏用于调节材质的剪切特性，和其他特性一样，也包含了贴图类型，如下图所示。

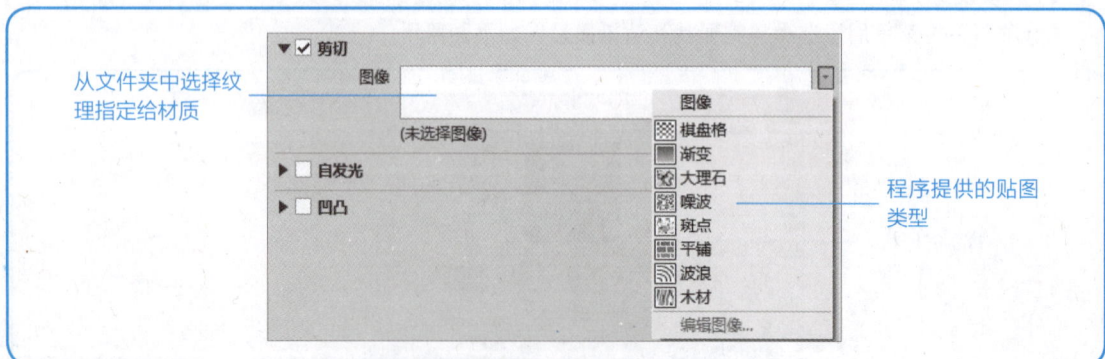

- 从文件夹中选择纹理指定给材质
- 程序提供的贴图类型

7. 自发光特性

"自发光"卷展栏用于调节材质的自发光特性，如过滤颜色、亮度、色温。

调整通过透明或半透明
材质传播的光线颜色

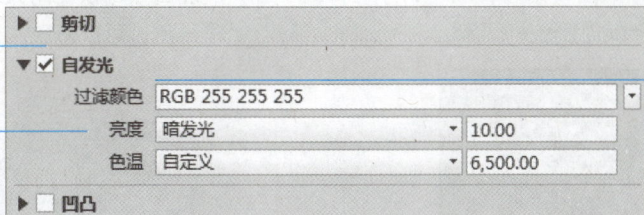

▶ ☐ 剪切
▼ ☑ 自发光
　　过滤颜色　RGB 255 255 255
　　亮度　　　暗发光　　　　　10.00
　　色温　　　自定义　　　　　6,500.00
▶ ☐ 凹凸

调整该表面发
出的光线亮度

调整该材质发出的光线
色温

8. 凹凸特性

"凹凸"卷展栏用于调节材质的凹凸特性，如下图所示。

从文件夹中选择纹理
指定给材质

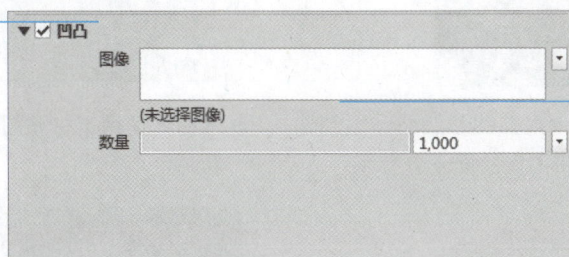

▼ ☑ 凹凸
　　图像
　　　　（未选择图像）
　　数量　　　　　　　　　1,000

调整以指定凹凸填
充图案的相对高度

03　常见贴图材质

　　AutoCAD 2012贴图类型可以分为纹理贴图和程序贴图两种类型，在贴图通道中可以根据需要选择。

　　纹理贴图对于创建多种材质十分有用，可以使用BMP、RLE、DIB、GIF、JFIF、JPG、PCX、PNG、TGA、TIFF等文件类型来创建纹理贴图，如右图所示。

　　与位图图像不同的是，程序贴图由数学算法生成。因此，用于程序贴图的控件类型会根据程序的功能而变化。程序贴图可以以二维或三维的方式生成，也可以在其他程序贴图中镶嵌纹理贴图。

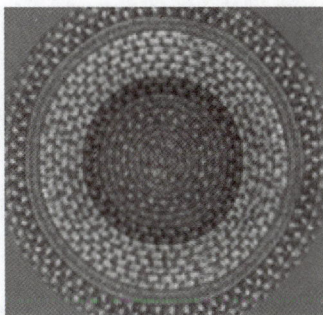

● 方格：将双色方格形图案应用到材质。默认的方格贴图是黑白方块的图案。组成方格可以是颜色，也可以是贴图。

● 渐变色：使用渐变程序贴图可以创建高度自定义的渐变。渐变使用多种颜色创建从一种到另一种的着色或延伸。

● 噪波：噪波程序贴图使用两种颜色，子程序贴
图或两者的组合以创建随机图案。

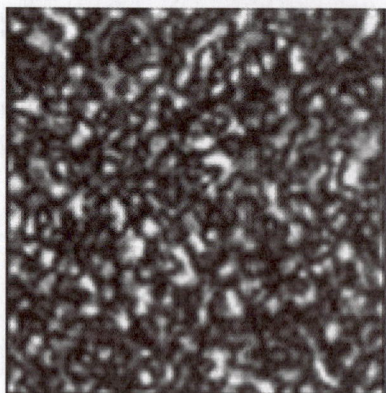

● 斑点：斑点贴图对于漫射贴图和凹凸贴图创建
类似于花岗岩和其他带图案曲面十分有用。

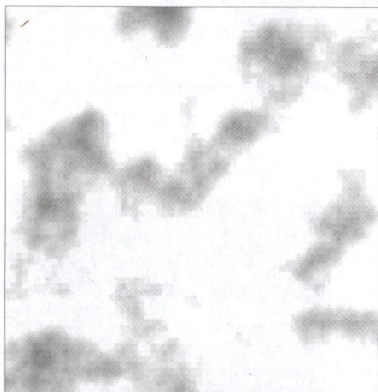

● 波：创建水状或波状效果。

● 大理石：可以使用大理石贴图来指定石质和纹
理颜色，可以修改纹理间距和纹理宽度。

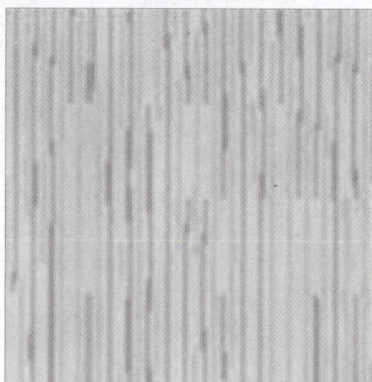

● 木材：使用木材贴图创建木材的真实颜色和颗
粒特性。

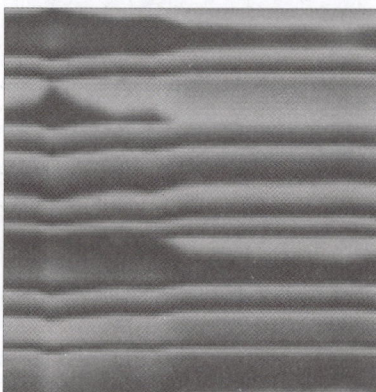

● 瓷砖：应用于砖块、颜色的堆叠平铺或材质贴
图的堆叠平铺。

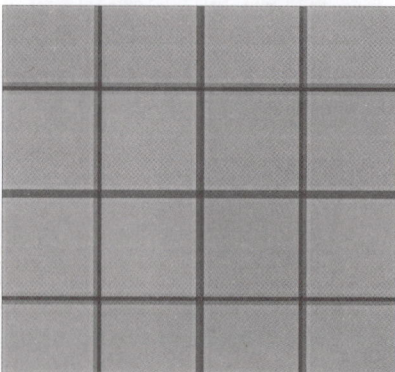

04 创建新材质

除了使用程序提供的材质外，用户还可以新建材质，创建的新材质可以和文件一起被保存，下面就来介绍创建新材质的操作方法。

STEP 01 打开文件，在菜单栏中执行"视图>渲染>材质编辑器"命令，弹出选项板，单击"创建材质"下拉按钮，在下拉菜单中选择"塑料"选项。

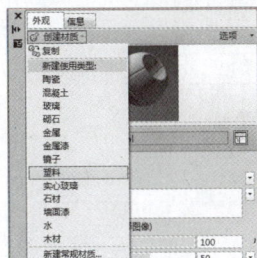

STEP 02 修改材质的名称为"塑料转盘"，然后在"塑料"卷展栏中调节材质的类型、颜色、饰面相关属性。

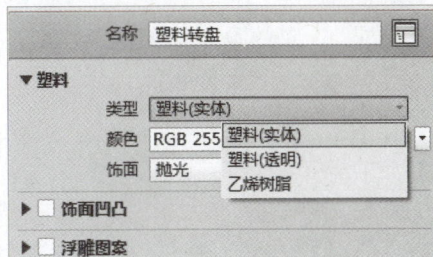

STEP 03 在"浮雕图案"卷展栏中为材质添加图案，单击下拉按钮，选择系统自带贴图，再调节图案数量。

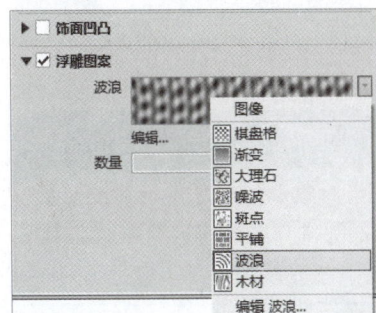

STEP 04 在名称后单击"材质浏览器"按钮，程序自动弹出"材质浏览器"对话框，在"材质预览"面板中显示设置的材质。

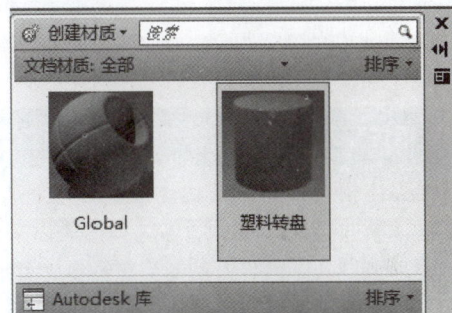

STEP 05 选择要添加的材质预览图形，将其拖拽到要添加的模型上，执行"视图>视觉样式>真实"命令。

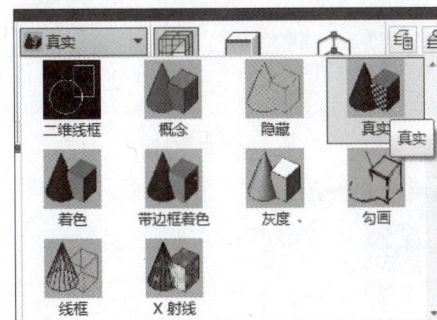

STEP 06 程序自动将选择的材质应用到三维模型上，并显示真实的效果。

⑨ 工程师点拨 | 材质颜色贴图

选用系统自带的材质贴图时，程序会自动弹出相应贴图的"纹理编辑器"选项板，在选项板下，用户可自行设置贴图的相关属性，如下图所示。

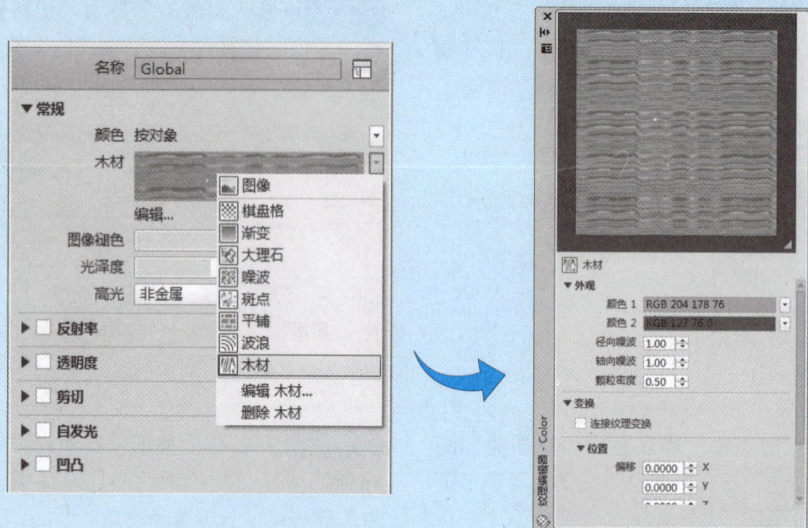

相关练习 | 为沙发添加材质

三维实体模型创建完成后，为了达到更加真实的效果，需要为对象添加材质进行渲染。要根据三维对象的特性选择材质，这样渲染出来的效果才更真实。本例将介绍如何运用AutoCAD 2012"材质浏览器"自带的贴图为三维实体添加材质。

原始文件：实例文件\第12章\原始文件\为沙发添加材质.dwg
最终文件：实例文件\第12章\最终文件\为沙发添加材质.dwg

STEP 01 打开路径为实例文件\第12章\原始文件\为沙发添加材质.dwg文件。

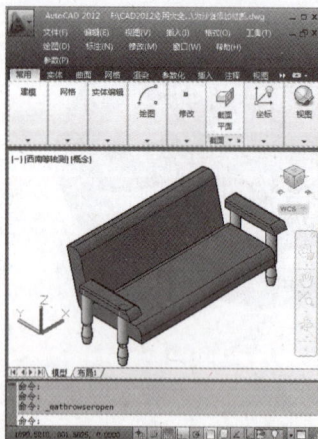

STEP 02 在菜单栏中执行"视图>渲染>材质浏览器"命令，弹出选项板。

STEP 03 在材质库中为沙发腿选择材质贴图。

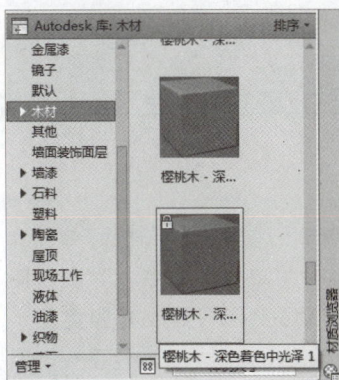

STEP 04 单击选中的材质贴图，将出现在"材质预览"面板中。

STEP 05 将材质拖拽到沙发腿模型上，并执行"视图>视觉样式>真实"命令。

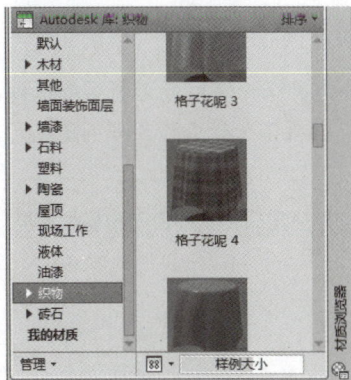

STEP 06 程序将自动对三维实体添加材质。

STEP 07 继续在材质库中，为沙发选择相应的材质贴图。

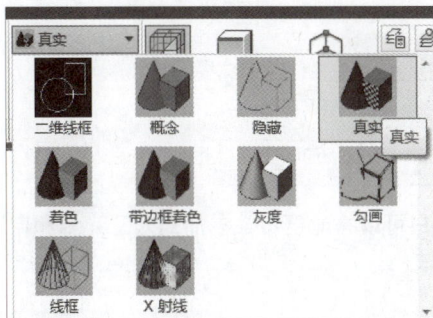

STEP 08 单击选中的材质贴图，将材质拖拽到沙发模型上，至此本例制作完成。

Lesson 02 灯光渲染

默认情况下，场景中是没有光源的，用户可以通过在场景中添加灯光以创建真实的立体场景效果，并对场景渲染。

01 标准光源和光度控制光源

AutoCAD 提供了三种光源单位：标准（常规）、国际（SI）和美制。美制单位与国际单位的不同在于美制的照度值使用呎烛光而非勒克斯。在菜单栏中执行"格式 > 单位"命令，弹出"图形单位"对话框，如下左图所示。用户也可以使用系统变量LIGHTINGUNITS更改光源类型。LIGHTINGUNITS系统变量设定为0表示标准（常规）光源；设定为1表示使用美制单位的光度控制光源；设定为2表示使用国际SI单位的光度控制光源。

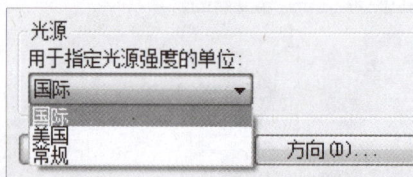

光度控制光源是真实准确的光源，按距离的平方衰减。用户可以将光度特性添加到人工光源和自然光源中，自然光源为阳光与天光，它由视口背景类型交互表示。

02 AutoCAD中的灯光

AutoCAD 2012中的灯光大致分为四种类型，分别为点光源、聚光灯、平行光和光域网，下面分别进行介绍。

1. 点光源

点光源是从其所在的位置向四周发射光线。点光源不以一个对象为目标，使用点光源可以达到基本的照明效果，用户可以通过输入命令POINTLIGHT或者从"光源"面板中选择点光源来创建点光源。下面介绍创建点光源的方法。

STEP 01 在菜单栏中执行"视图 > 渲染 > 光源 > 新建点光源"命令，在绘图窗口中指定光源的位置。

STEP 02 点光源创建完成后，程序自动将模型照亮。

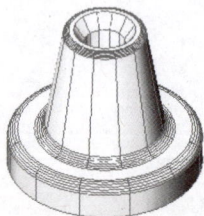

STEP 03 在菜单栏中执行"视图>渲染>光源>光源列表"命令，在弹出的选项板中列举出了窗口中当前已有光源。

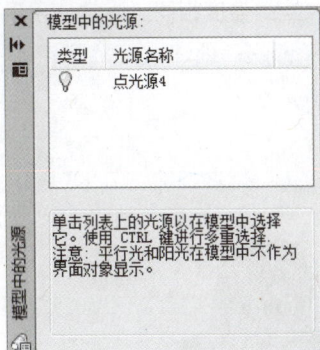

STEP 04 在"模型中的光源"列表框中双击创建的点光源，在弹出的"特性"选项板的"常规"卷展栏中，用户可以设置光源的参数。

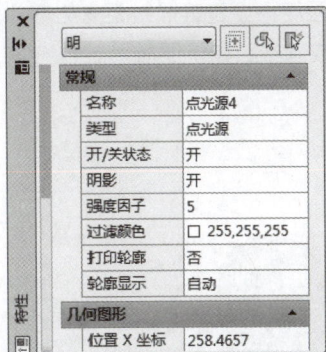

类型	光源名称
💡	点光源4

单击列表上的光源以在模型中选择它。使用 CTRL 键进行多重选择。
注意：平行光和阳光在模型中不作为界面对象显示。

模型中的光源

常规	
名称	点光源4
类型	点光源
开/关状态	开
阴影	开
强度因子	5
过滤颜色	□ 255,255,255
打印轮廓	否
轮廓显示	自动

几何图形	
位置 X 坐标	258.4657

2. 聚光灯

聚光灯（例如闪光灯、剧场中的跟踪聚光灯或前灯）分布投射一个聚焦光束，发射定向锥形光，可以控制光源的方向和圆锥体的尺寸。像点光源一样，聚光灯也可以手动设定为强度随距离衰减。但是，聚光灯的强度始终还是根据相对于聚光灯的目标矢量的角度衰减，此衰减由聚光灯的聚光角角度和照射角角度控制。聚光灯可用于亮显模型中的特定特征和区域。下面就来介绍聚光灯的创建方法。

STEP 01 在菜单栏中执行"视图>渲染>光源>新建聚光灯"命令，在绘图窗口中指定一个点为光源的放置点，如下图所示。

STEP 02 随后在绘图窗口中指定一个点为照射目标点。

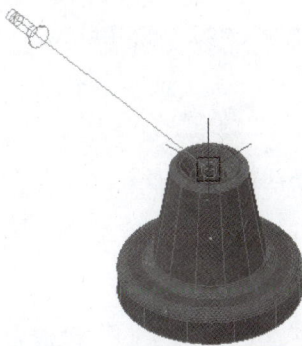

STEP 03 在菜单栏中执行"视图>渲染>光源>光源列表"命令，双击聚光灯光源，在弹出的"特性"选项板中，用户更改聚光灯的参数。

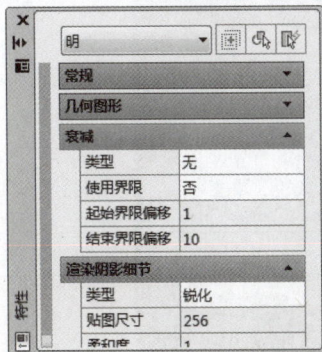

STEP 04 用户还可以通过拖动聚光灯的控制点来调节光源的照射范围。

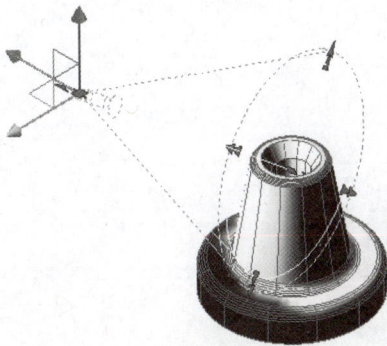

明	
常规	
几何图形	
衰减	
类型	无
使用界限	否
起始界限偏移	1
结束界限偏移	10

渲染阴影细节	
类型	锐化
贴图尺寸	256
柔和度	1

特性

3. 平行光

平行光仅向一个方向发射统一的平行光线。可以在视口的任意位置指定开始点和结束点，以定义光线的方向。在图形中，不会用轮廓表示平行光，因为它们没有离散的位置，也不会影响到整个场景。平行光的照射强度不会随着照射距离的增加而衰减，而是始终与光源处的强度相同。通常使用平行光统一照亮对象或背景，如下图所示。

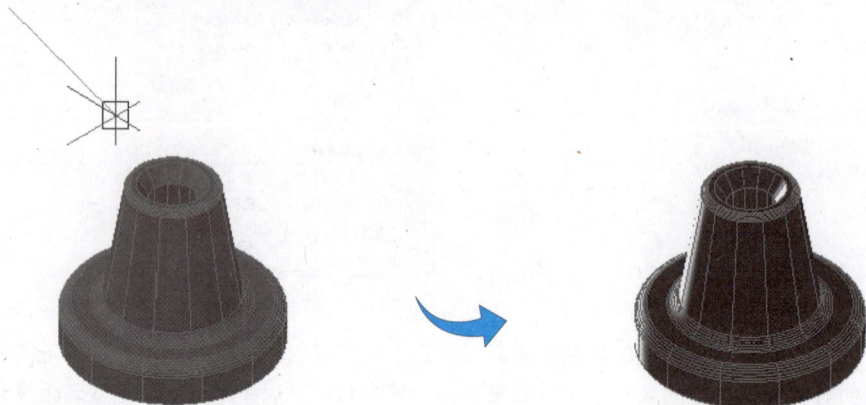

4. 光域网

光域网是灯光分布的三维表示。它将测角图扩展到三维，以便同时检查照度对垂直角度和水平角度的依赖性。光域网的中心表示光源对象的中心。仅在渲染图像中使用光域分布，光域灯光与视口中的点光源类似。

STEP 01 在命令窗口中输入参数，如下图所示。

```
命令: LIGHTINGUNITS
输入 LIGHTINGUNITS 的新值<0>:2
```

STEP 02 弹出"光源 – 视口光源模式"对话框，单击"使默认光源保持打开状态"按钮。

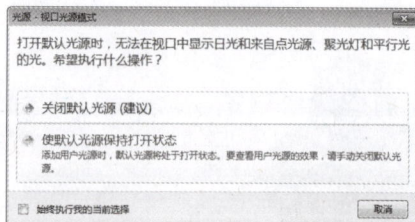

STEP 03 在绘图窗口中指定光域网的源位置，并指定目标位置。

STEP 04 设置完相关参数之后，执行"视图>渲染>渲染"命令。

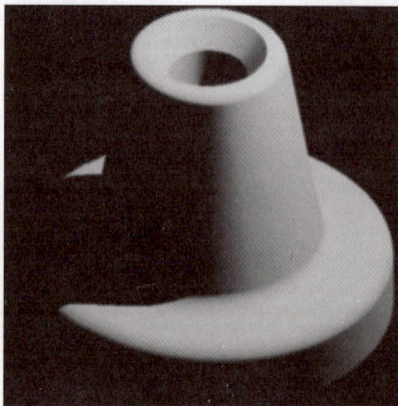

03 阳光与天光模拟

　　阳光是一种类似于平行光的特殊光源，用户为模型指定的地理位置、日期和当日的时间定义了阳光的角度。在光度控制工作流程中，可以启用天空照明，天空照明可以添加由于阳光与大气之间的相互作用而产生的柔和、微薄的光源效果。

　　在AutoCAD 2012中的阳光是模拟太阳光源效果的光源，可以用于显示结构投射的阴影并影响周围区域。阳光与天光是AutoCAD 2012中自然照明的主要来源。但是，阳光的光线是平行的，且为淡黄色，而大气投射的光线来自所有方向且颜色为明显的蓝色，如下图所示。

无照射状态　　　　　　　　　　　　　　　阳光照射效果

　　用户可以为模型指定地理位置、日期和当日时间，控制阳光的角度。阳光的这些特性可以在"地理位置"对话框中更改，下面就来介绍更改阳光特性的操作方法。

STEP 01 执行"视图>渲染>光源>阳光特性"命令，弹出"阳光特性"选项板，在"地理位置"卷展栏中单击"启动地理位置"按钮。

STEP 02 弹出"地理位置－定义地理位置"对话框，在该对话框中单击"输入位置值"按钮，进入地理位置设置。

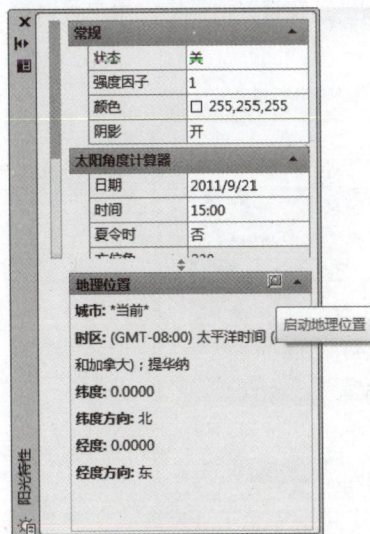

STEP 03 在弹出的"地理位置"对话框中，单击"使用地图"按钮。

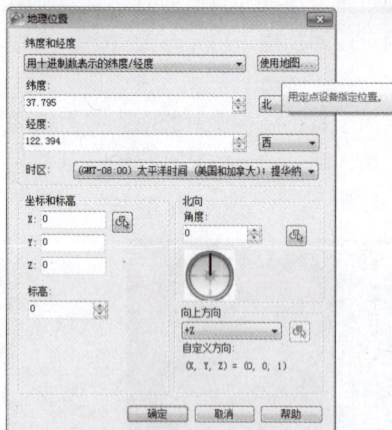

STEP 04 在弹出的"位置选择器"对话框中设置位置和时区，设置完成后单击"确定"按钮。

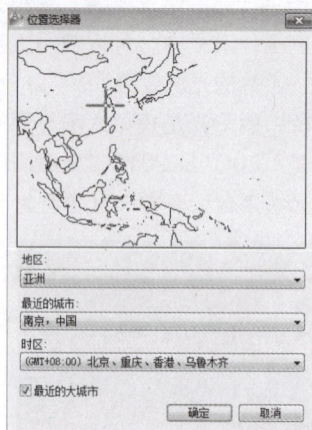

STEP 05 在"地理位置"对话框中设置完其他参数后，单击"确定"按钮，程序将提示时区已经自动更新，是否希望接受更新的时区，此时单击"接受更新的时区"按钮即可。

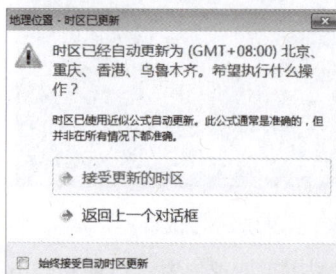

设置天光背景的选项仅在光源单位为光度单位时可用，即变量值LIGHTINGUNITS为1或2时可用。如果用户选择了天光背景且将光源单位更改为标准光源，即系统变量LIGHTINGUNITS变量值为0，天空背景将被禁用。

"阳光与天光"背景可以在视图中交互调整，在"阳光特性"选项板的"天光特性"卷展栏中单击"天光特性"按钮，如下左图所示，将弹出"调整阳光与天光背景"对话框。在该对话框中，用户可以更改阳光与天光特性并预览对背景所做的更改，如下右图所示。

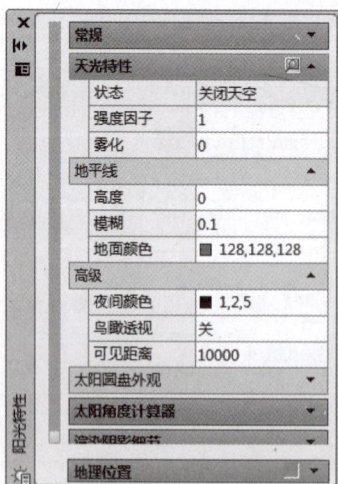

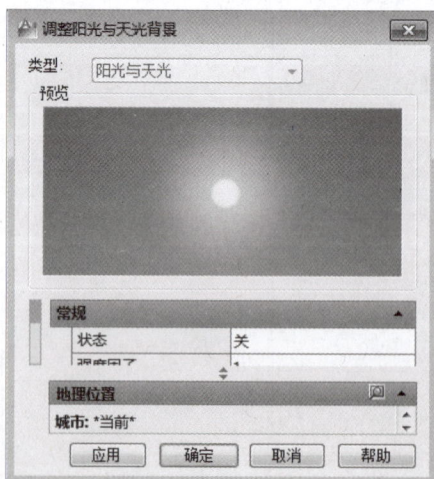

用户可以在"阳光特性"选项板的"天光特性"卷展栏中通过设置天光的状态和强度因子来调整天光的效果，如下面四幅图所示。

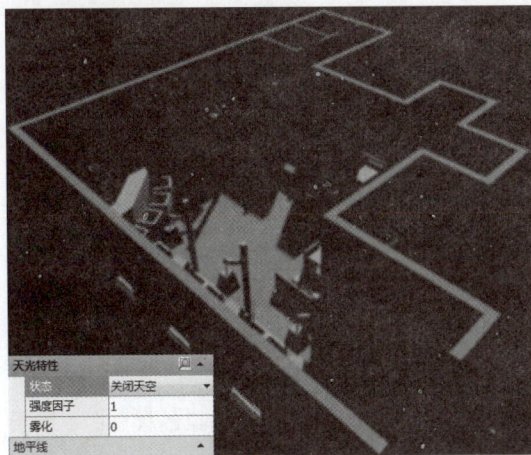

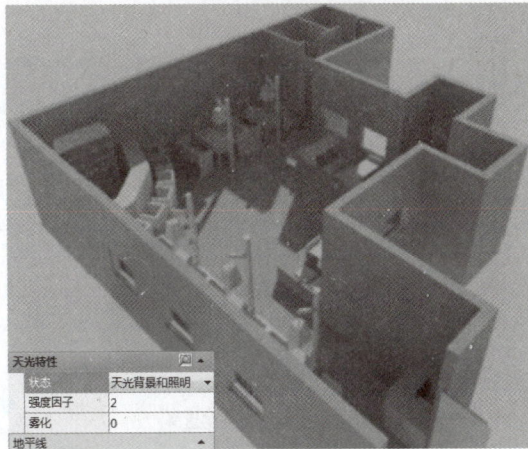

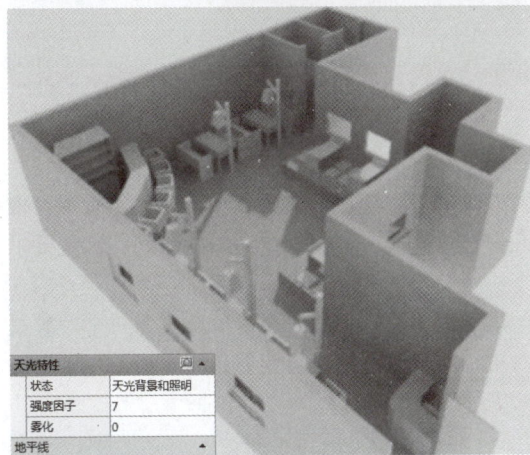

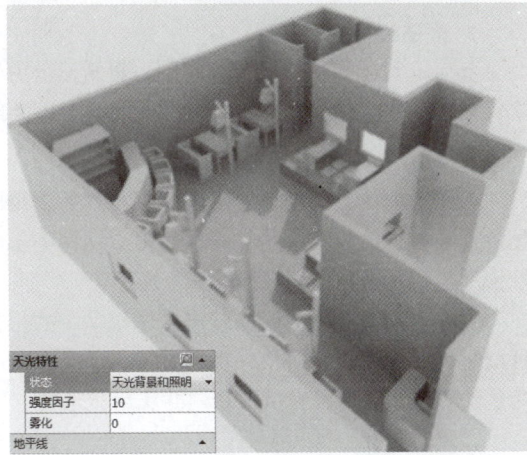

Lesson 03　图形渲染

在AutoCAD 2012中，渲染基于三维场景来创建二维图像。它使用已设置的光源、已应用的材质和环境设置（例如背景和雾化），为场景的几何图形着色。利用AutoCAD 2012中的渲染器可以生成真实准确的模拟光照效果，包括光线跟踪反射、折射和全局照明。渲染的最终目的是通过多次渲染测试，创建出一个完美表达设计者意图的真实照片级演示图像。

原始文件：实例文件\第12章\原始文件\渲染输出.dwg
最终文件：实例文件\第12章\最终文件\渲染输出.dwg，渲染输出.jpeg

01　渲染概述

渲染是通过渲染器进行的。在渲染器中可以根据要处理的渲染任务进行参数设置，尤其是在渲染较高质量的图像时非常有用。此外还可以在"高级渲染设置"选项板的"渲染预设"列表中选择"管理渲染预设"选项，如下左图所示，打开"渲染预设管理器"对话框，在该对话框中可以创建自定义预设，如下右图所示。

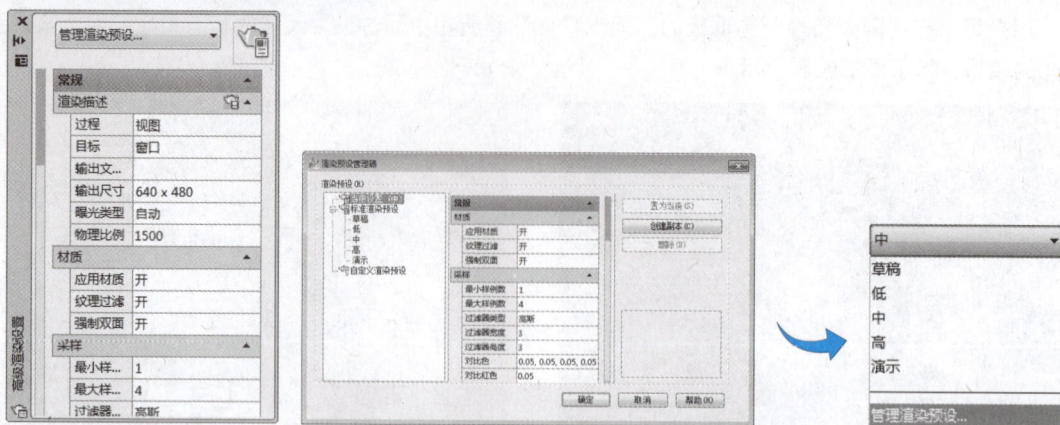

在渲染之前需要做一些准备工作，包括两个方面：一是准备要渲染的模型，二是设置渲染器。

模型的建立方式对于优化渲染性能和图像质量来说非常重要，在准备要进行渲染的模型时，需要注意以下几点。

1. 面法线和隐藏曲面

为了尽量缩短渲染模型的时间，最常用的方法是删除隐藏曲面或隐藏于相机之外的对象。此外，确保所有面法线朝向同一方向也可以加速渲染过程。

2. 最小化交叉的面和共同的面

某些类型的几何图形会出现一些特殊的渲染问题，对象的复杂程度与其顶点和面的数量有关。模型的面越多，渲染花费的时间也越多。保持图形中的几何结构简单，可以减少渲染的时间，这就要求能够尽量使用最少的面来描述一个曲面。

两个对象互相横穿时，就产生了模型中的相交面。对于概念设计，将一个对象穿过另一个对象放置就是一种快速显示对象外观的方法。但是，在两个对象相交处创建的边可能显示为波形。左侧图像中的边显示为波形，当执行布尔并集后显示要更清晰一些，如下图所示。

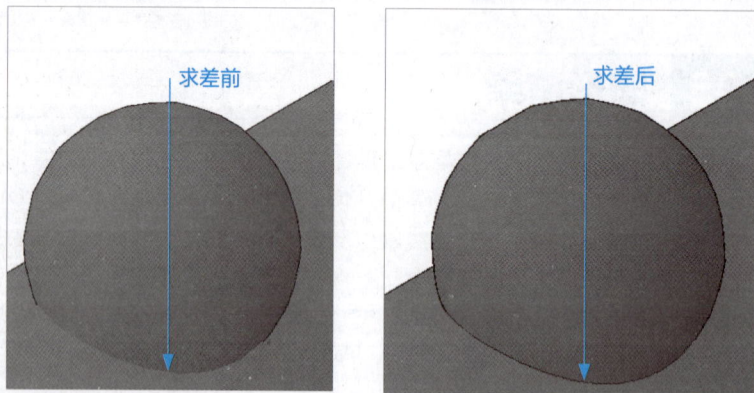

求差前

求差后

3. 平衡平滑几何图形的网格密度

渲染模型时，网格的密度将影响到曲面的平滑度。网格部件由顶点、面、多边形和边组成。在图形中，除将多面网格中的面看作邻接三角形以外，其他所有面都有三个顶点。为了便于渲染，将每个四边形的面都看成是一对共享一条边的三角形的面，渲染器将自动对对象进行平滑操作。在渲染过程中将出现两种类型的平滑操作：一种平滑操作是跨曲面内插面法线，另一种平滑操作考虑了组成几何图形的面的数量。面计数越大，曲面就越平滑，但是处理时间就越长。

02 渲染基础设置

在菜单栏中执行"视图>渲染>高级渲染设置"命令，弹出"高级渲染设置"选项板。在该选项板上方的下拉列表中可以设置包括草稿、低、中、高、演示和管理渲染预设等选项，选择"管理渲染预设"选项，在弹出的"渲染预设管理器"对话框中可进行渲染预设。此外，用户还可以设置过程、输出尺寸和曝光类型等参数，如下图所示。

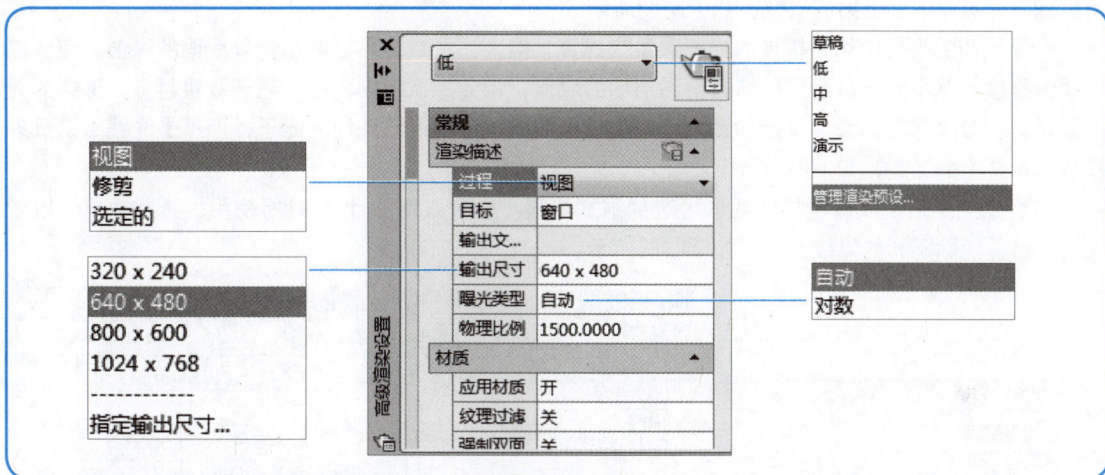

当用户指定一组渲染设置能够实现想要的渲染效果时，可以将其保存为自定义预设，以便下次能够快速地重复使用这些设置。使用标准预设作为基础，用户可以尝试各种设置并查看渲染图形的外观，如果得到满意的效果，即可创建为自定义预设。

在"高级渲染设置"选项板中包括"常规"、"光线跟踪"、"间接发光"、"诊断"、"处理"等卷展栏，可以设置影响模型的渲染方式、材质和阴影效果，如下图所示。

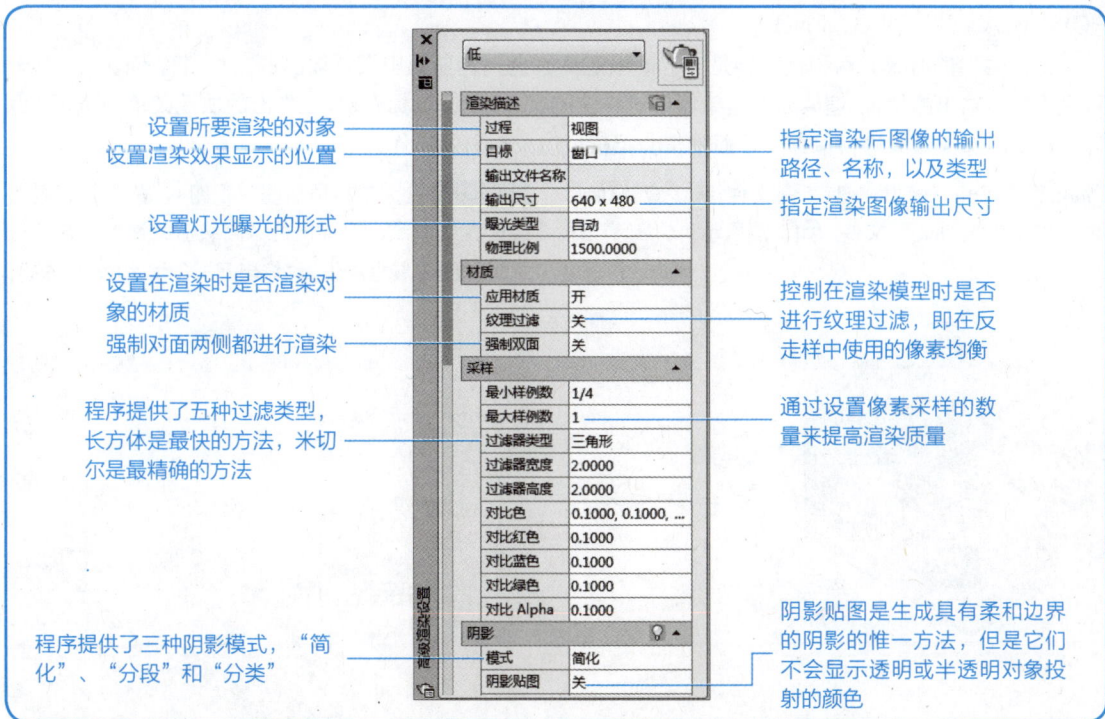

03 高级渲染设置

设置完基本渲染参数后，如果用户需要渲染非常详细并具有照片级真实感的图像，则需要继续设置高级渲染参数。高级渲染设置包括光线跟踪反射和折射、间接发光以及最终采集等。

光线跟踪追踪从光源采样得到的光线路径，通过这种方式生成的反射和折射非常精确。

为了减少生成反射和折射所需的时间，光线受跟踪深度的限制。跟踪深度限制光线可以被反射或折射或同时被反射和折射的次数，如下左图所示。

全局照明的强度由用户指定的光子数量来计算。增大光子数量可以减小全局照明的噪值，但会增强模糊程度；减小光子数量可以增大全局照明的噪值，但会降低模糊程度。光子数量越多，渲染的时间就越长。最大深度、最大反射和最大折射的值参照的是全局照明使用的光子，而不是光线跟踪反射和折射中使用的光线，如下中图所示。

最终聚集是用于改善全局照明的可选的附加步骤。它可以增加计算G1所使用的光线数量，以使光线平滑并消除不利的光线假象，如下右图所示。

光线跟踪	
最大深度	3
最大反射	3
最大折射	3

间接发光	
全局照明	
光子/样例	500
使用半径	关
半径	1.0000
最大深度	5
最大反射	5
最大折射	5

最终聚集	
模式	自动
光线	100
半径模式	关
最大半径	1.0000
使用最小值	关
最小半径	0.1000

04 渲染输出

设置完模型材质和场景灯光之后就可以渲染了。在渲染之前，首先应该设置好输出的尺寸和位置。在AutoCAD中设置的输出尺寸越大，渲染时间越长，渲染质量就越高。输出的格式支持BMP、PCX、TGA、TIF、JPG、PNG。

渲染输出的方式有两种，一种是在"高级渲染设置"选项板中设置输出的文件名称和路径；另一种是不指定输出的位置,渲染后在渲染器中选中渲染文件,单击鼠标右键,在弹出的快捷菜单中执行"保存"命令将渲染效果进行保存。下面就来介绍模型渲染输出的操作方法。

STEP 01 打开"随书光盘\实例文件\第12章\原始文件\渲染输出.dwg"文件，如下图所示。

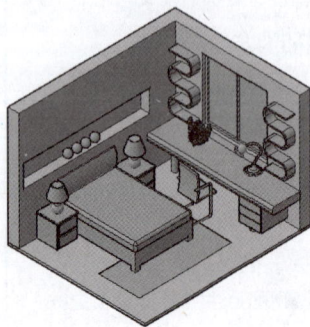

STEP 02 在菜单栏中执行"视图 > 渲染 > 高级渲染设置"命令，在弹出的"高级渲染设置"选项板的"常规"卷展栏中设置"输出尺寸"为"1024×768"，如下图所示。

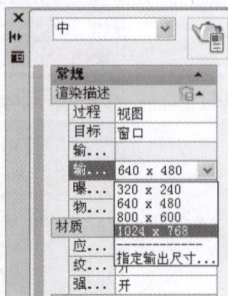

STEP 03 在"采样"卷展栏下设置"最大样例数"为16，"过滤器类型"为"米切尔"。

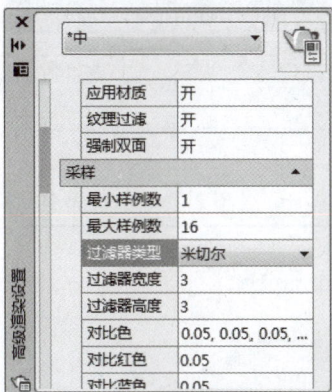

STEP 04 在"常规"卷展栏中单击"渲染描述"后的"确定是否写入文件"按钮。

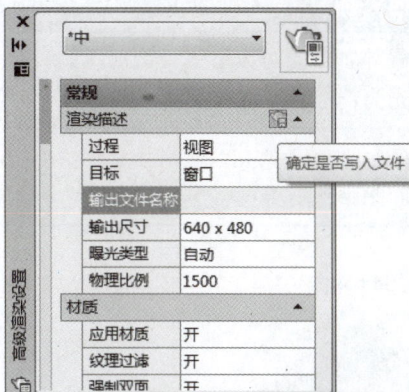

STEP 05 此时"输出文件名称"选项被激活，单击"浏览"按钮输出文件。

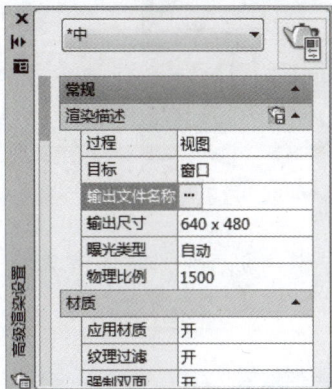

STEP 06 在弹出的"渲染输出文件"对话框中，设置文件的保存路径和文件类型后，单击"保存"按钮。

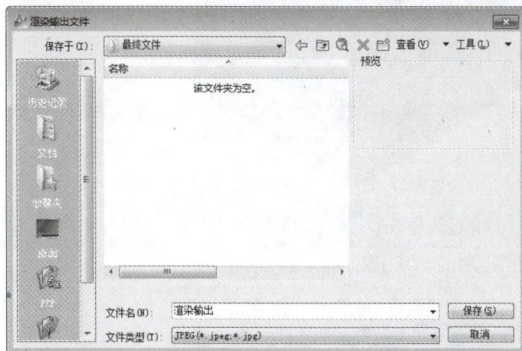

STEP 07 在弹出的"JPEG 图像选项"对话框中通过拖动滑块调节图像的质量和文件大小，然后单击"确定"按钮。

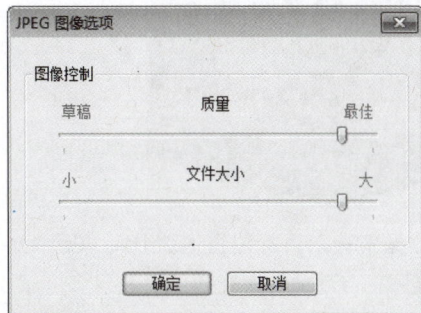

STEP 08 在"高级渲染设置"选项板中单击"渲染"按钮，程序自动将模型进行渲染并输出图像到指定的位置。

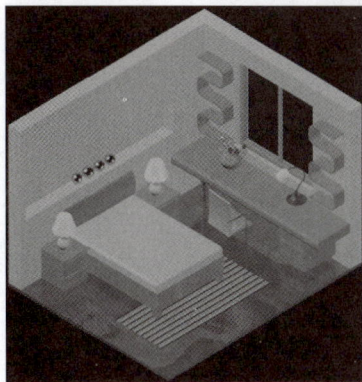

相关练习 | 为洗手间添加灯光

为场景添加灯光可以增强模型对象的真实性，表达出设计者真实的设计意图。下面就以为房间添加灯光为例，讲解灯光的设置方法以及在场景中布置灯光的技巧。

原始文件：实例文件\第12章\原始文件\为洗手间添加灯光.dwg
最终文件：实例文件\第12章\最终文件\为洗手间添加灯光.dwg

STEP 01 打开文件

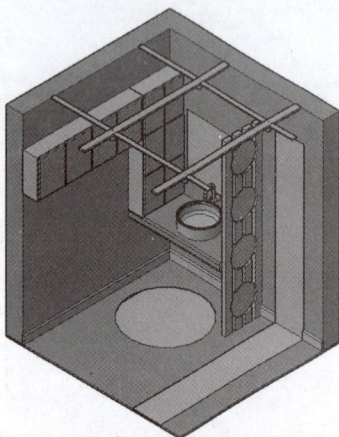

打开路径为实例文件\第12章\原始文件\为房间添加灯光.dwg的文件。

STEP 02 调整模型的位置

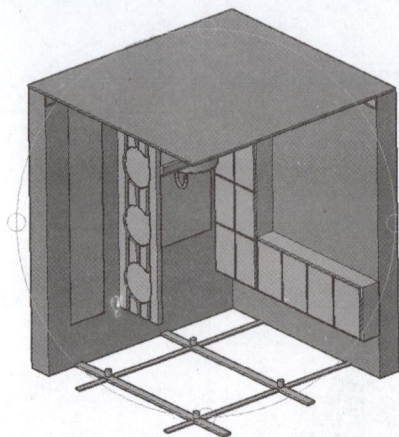

在菜单栏中执行"视图>动态观察>自由动态观察"命令，调整模型的位置。

STEP 03 指定聚光灯的源位置

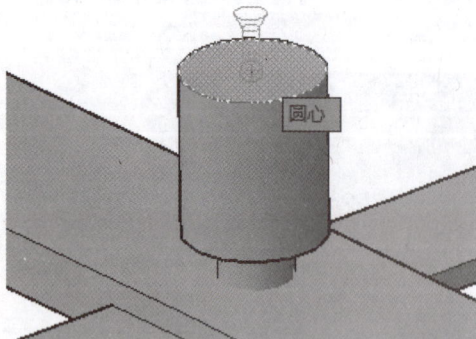

执行"视图>渲染>光源>新建聚光灯"命令，在绘图窗口中指定一个点为聚光灯的源位置。

STEP 04 聚光灯照射效果

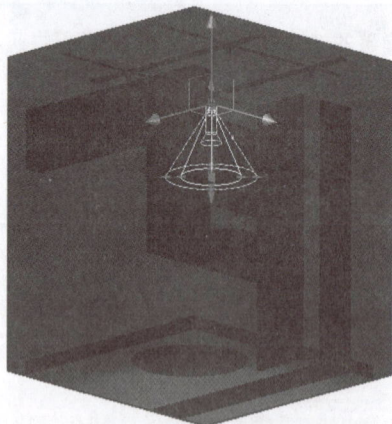

在动态参数框中输入目标位置值为10，按Enter键确定，程序将自动显示出光源照射效果。

STEP 05 更改衰减角度

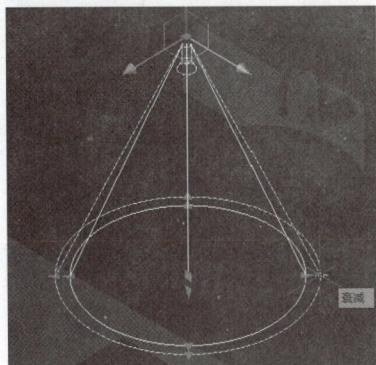

在绘图窗口中发现创建的灯光照射效果不明显，光线较暗，选择创建的聚光灯，单击衰减控制点进行拉伸以更改衰减角度。

STEP 06 更改后的聚光灯照射效果

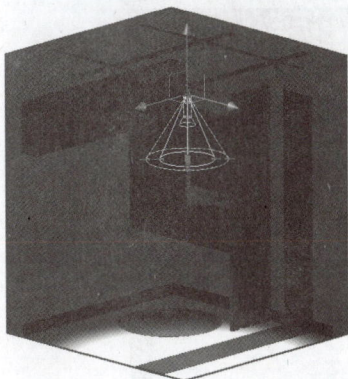

拉伸完成后按下Enter键确定，可以看到更改衰减角度后的聚光灯照射效果更加明显。

STEP 07 复制聚光灯

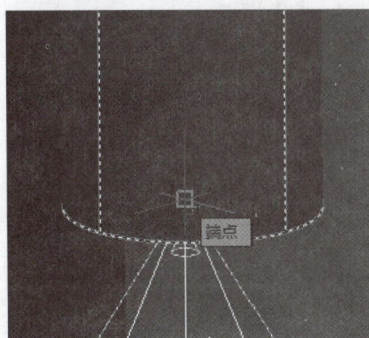

执行"修改＞复制"命令，在绘图窗口中选择要复制的对象，指定基准点。

STEP 08 指定复制对象目标点

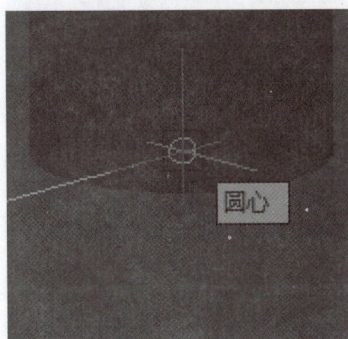

在绘图窗口中指定要复制对象的目标点，程序自动将选择的对象复制到目标点上。

STEP 09 指定复制对象的第二、三个目标点

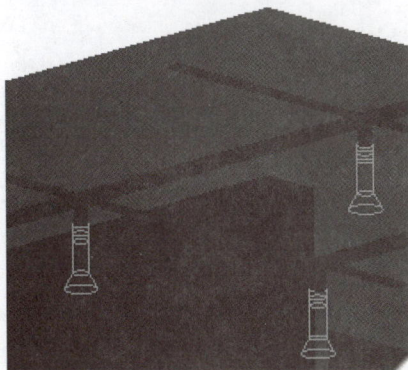

选择要复制对象的第二、三个目标点，程序自动将选择的对象复制到目标点上。

STEP 10 复制灯光效果

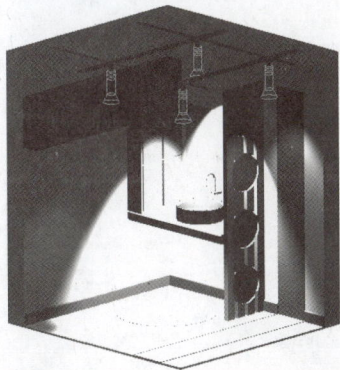

复制后的对象具有源对象的特性，所以模型对象中的灯光效果更加明亮。

STEP 11 编辑第一个聚光灯

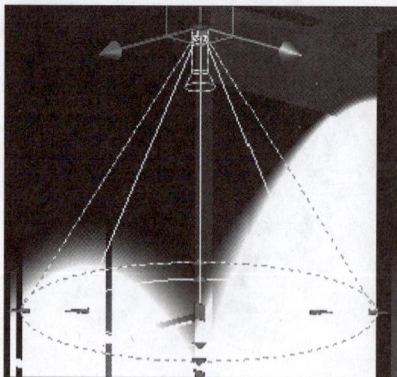

在绘图窗口中双击第一个要编辑的聚光灯进行参数设置。

STEP 12 聚光灯参数

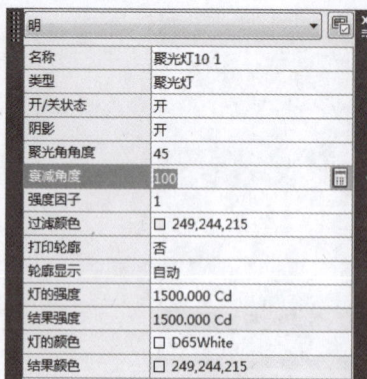

明	
名称	聚光灯10 1
类型	聚光灯
开/关状态	开
阴影	开
聚光角角度	45
衰减角度	100
强度因子	1
过滤颜色	□ 249,244,215
打印轮廓	否
轮廓显示	自动
灯的强度	1500.000 Cd
结果强度	1500.000 Cd
灯的颜色	□ D65White
结果颜色	□ 249,244,215

在弹出的"特性"选项板中设置聚光灯的"聚光角角度"为45，"衰减角度"为100。

STEP 13 编辑设置聚光灯参数

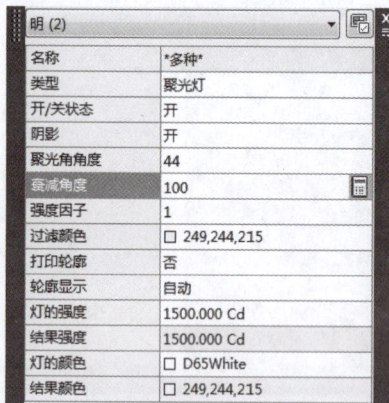

明 (2)	
名称	*多种*
类型	聚光灯
开/关状态	开
阴影	开
聚光角角度	44
衰减角度	100
强度因子	1
过滤颜色	□ 249,244,215
打印轮廓	否
轮廓显示	自动
灯的强度	1500.000 Cd
结果强度	1500.000 Cd
灯的颜色	□ D65White
结果颜色	□ 249,244,215

在绘图窗口中双击其他三个要编辑的聚光灯进行参数设置，设置"聚光角角度"为44，"衰减角度"为100。

STEP 14 灯光下的阴影效果

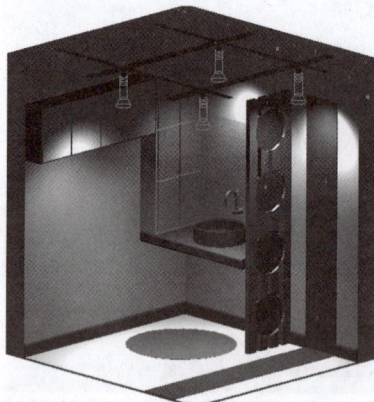

在三维建模空间中的"渲染"选项卡下的"光源"面板中单击"无阴影"下拉按钮，在下拉菜单中选择"全阴影"，程序将自动显示出灯光照射下的阴影。

Q→A　工程技术问答

在学习三维渲染操作时，难免会有这样或那样的问题，当用户遇到了这些问题，该如何解决呢？下面将罗列几个常见问题及答案，供用户参考。

Q01： 我把渲染过的图片输出为位图，却是一张没有背景的图片，这是怎么回事啊？

A01： 执行"工具>显示图像>保存"命令，在弹出的"渲染输出文件"对话框中选择保存的图片类型就可以了，如下图所示。

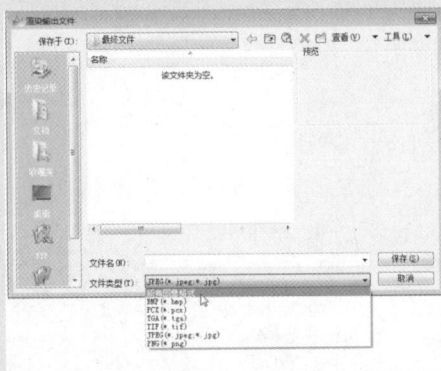

Q02： 怎样控制光源的曝光度？

A02： 在AutoCAD 2012中用户可以通过设置LIGHTINGUNITS的变量值来控制对象的曝光度，LIGHTINGUNITS变量的取值范围为0～2，变量值0为天空背景将被禁用，如下左图所示，变量值1为国际标准单位，如下右图所示，变量值2为美制单位。

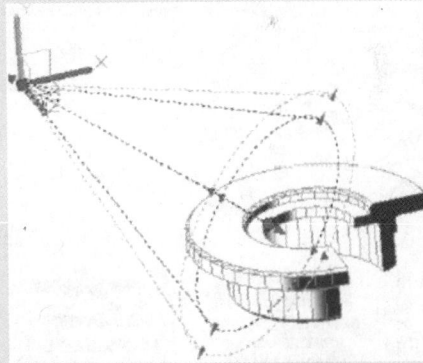

Q03： 用AutoCAD进行三维模型渲染后，为什么渲染后的效果保存不上？再次执行该命令，渲染效果就没有了。这个正常吗？打印时是否能打印出渲染效果？

A03： AutoCAD 2012中的渲染效果会在你执行任何命令时消失。但不是真正意义上的消失。当你再次执行渲染命令时又会出现先前设置好的渲染效果。不可以在渲染状态下进行图形修改，只能在非渲染状态下才可以修改图形。如果直接打印的话，打印出的是渲染之前的效果，渲染效果只有通过渲染输出才能打印。

PART 04

系统设置篇

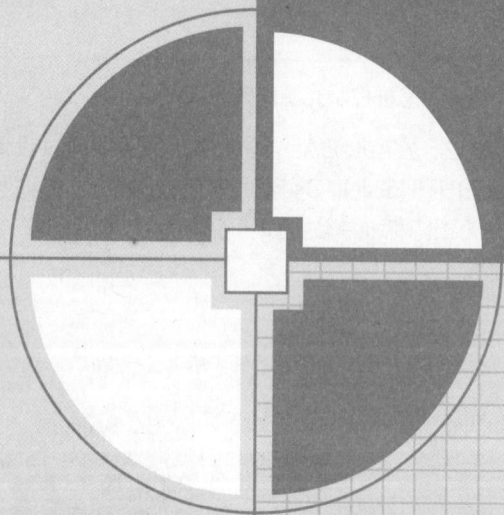

AutoCAD 设计中心和系统设置

通过AutoCAD设计中心,用户可以访问图形、块、图案填充及其他图形内容,可以将原图形中的任何内容拖动到当前图形中使用。可以在图形之间复制、粘贴对象属性,避免重复操作。使用设计中心可以将三维子装备配件插入到当前对象中。

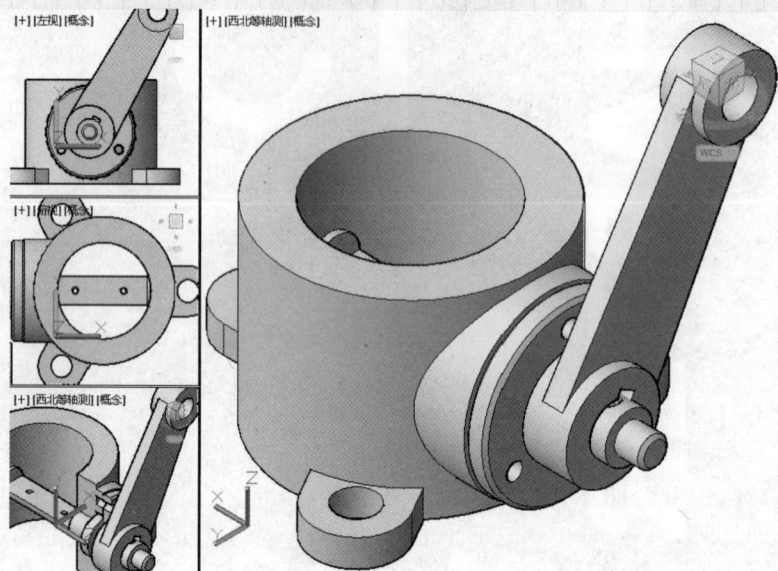

01 机械模型

此机械模型图不同于其他图样，为了方便观察，还展示了左视图、俯视图、西北等轴测图。

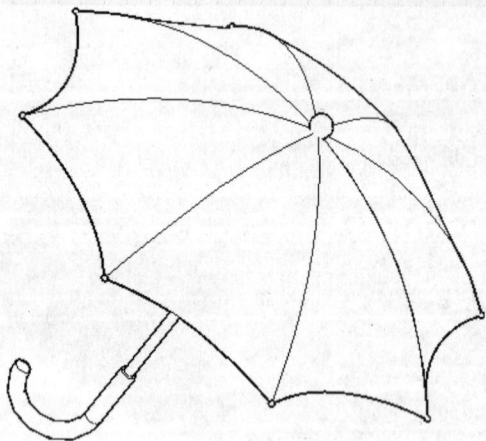

02 雨伞模型

多个模型的组合，可以分别创建子部件，然后再装配。

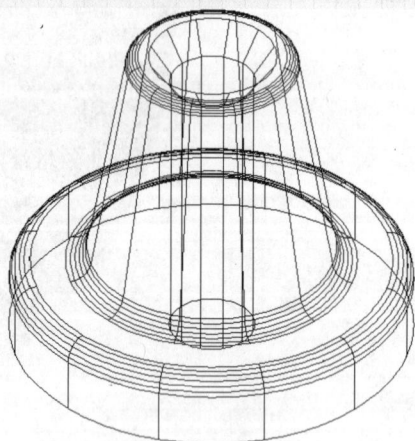

03 底座表面模型

利用AutoCAD设计中心，可以调用任何图形文件中的图形、模型等。

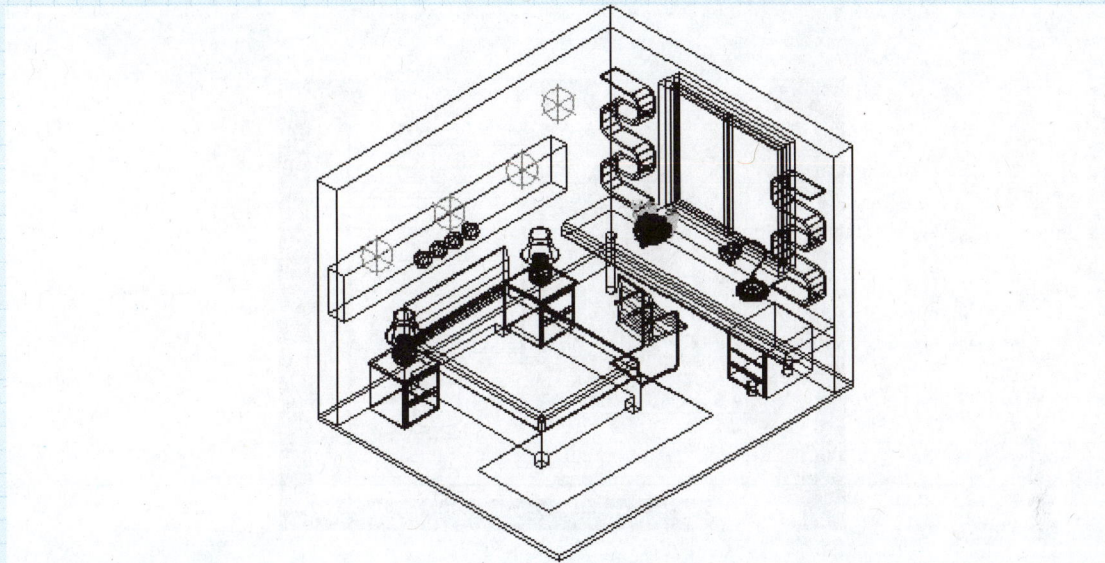

04 卧室模型

简单的多个模型组合, 然后通过AutoCAD设计中心进行调用。

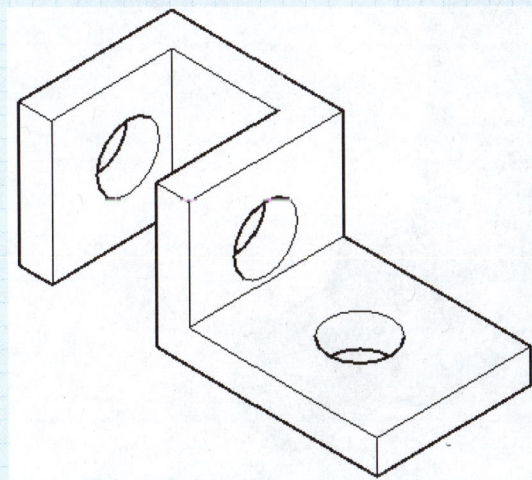

05 叉拨架模型

可以将图形进行三维建模, 然后通过
AutoCAD设计中心进行加载。

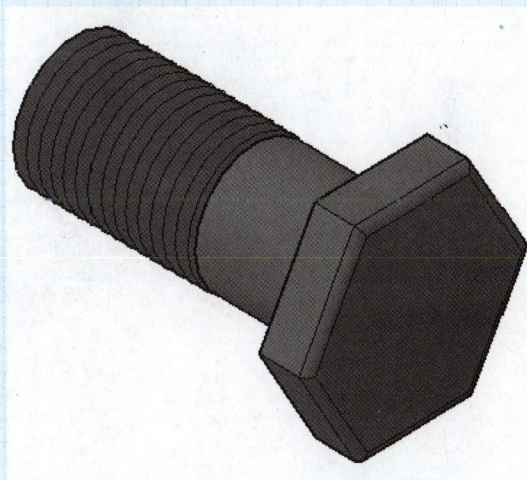

06 螺栓模型

AutoCAD设计中心不仅可以装配二维
图形, 也可以进行三维模型的设置。

07 书房平面图

图案的复制、填充等设置都可以通过AutoCAD设计中心进行操作。

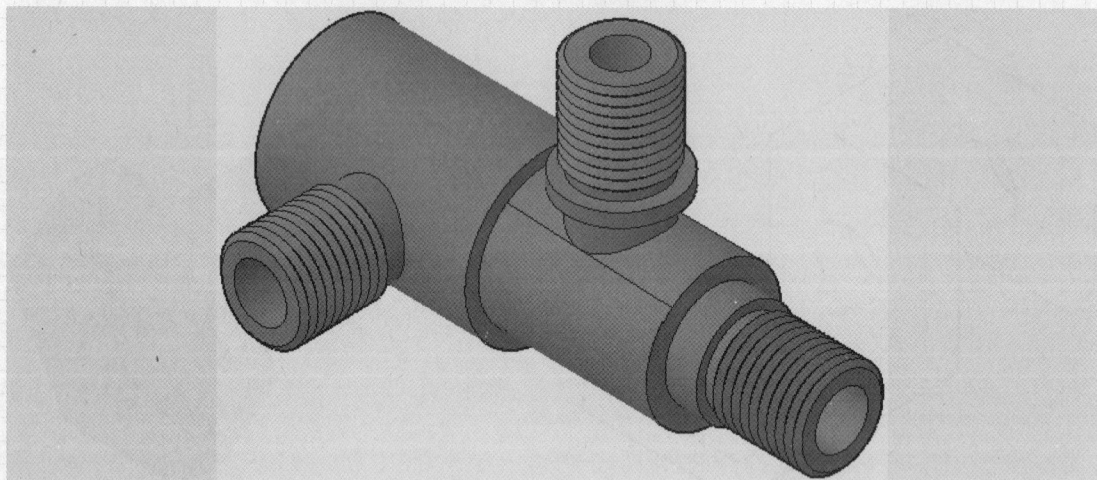

08 泵体模型

此模型的背景颜色不同于其他模型, 在"选项"对话框的"显示"选项卡里可修改背景颜色。

Lesson 01 AutoCAD设计中心概述

通过AutoCAD 2012的设计中心，用户可以组织对块、外部参照和其他图形内容的访问，可以将图形、块和任何填充图形拖动到工具板上。源图形可以是在本地磁盘上，也可以存于网络中。另外，如果打开了多个图形，可以通过设计中心在图形之间复制和粘贴其他内容，如图层的定义、布局和文字样式来简化绘图过程。

01 AutoCAD设计中心选项板

设计中心的基本功能包括以下几个方面。

- 浏览用户计算机、网络驱动器和Web网页上的图形内容，例如图形和符号。
- 在定义表中查看图形文件中命名对象（例如块和图层）的定义，然后将定义插入、附着、复制和粘贴到当前图形中。
- 更新或重定义块定义。
- 创建指向常用图形、文件夹和Internet网址的快捷方式。
- 在新窗口中打开图形文件。
- 将图形、块和图案填充工具拖动到工具选项板以便访问。

进入AutoCAD 2012设计中心有以下几种方式。

- 在菜单栏中执行"工具>选项板>设计中心"菜单命令。
- 在命令窗口中输入命令ADCENTER。
- 在"视图"选项卡下的"选项板"面板中单击"设计中心"按钮。
- 按快捷键Ctrl+2。

"设计中心"选项板主要由工具栏、选项卡、内容窗口、树状视图窗口、预览窗口和说明窗口6个部分组成，如下图所示。

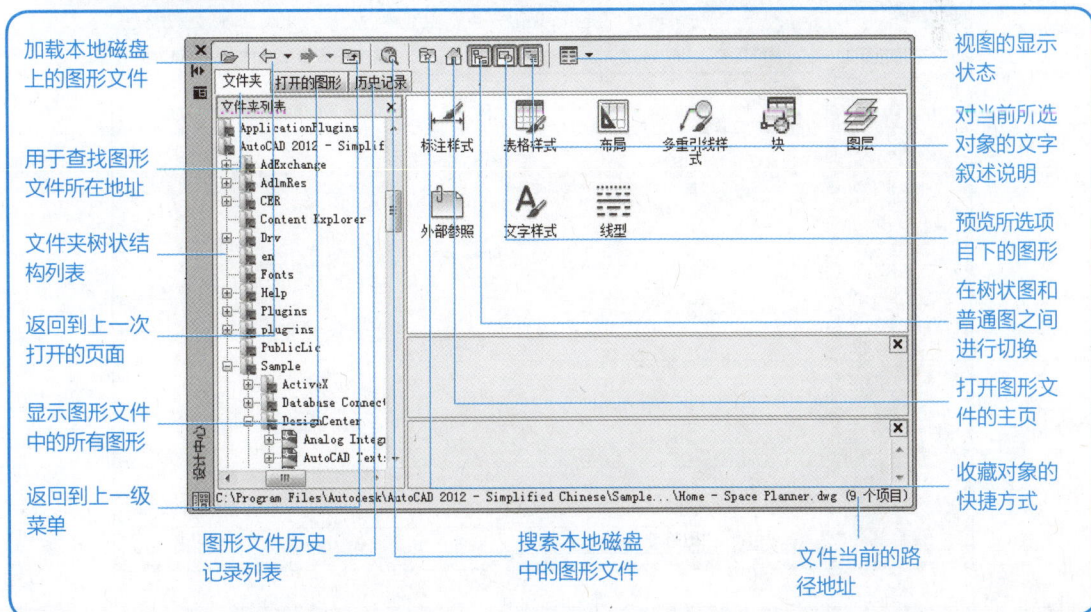

1. 工具栏

工具栏用于控制树状图和内容区中信息的游览和显示。它主要由11个按钮组成，当设计中心的选项卡不同时略有不同，下面对其进行简要介绍。

- 加载：单击"加载"按钮将弹出"加载"对话框，选择预加载的文件，如下图所示。
- 上一页：单击"上一页"按钮可以返回到前一步操作。如果没有上一步操作，则该按钮呈未激活的灰色状态，表示该按钮无效。
- 下一页：单击"下一页"按钮可以返回到设计中心中的下一步操作。如果没有下一步操作，则该按钮呈未激活的灰色状态，表示该按钮无效。
- 上一级：单击该按钮将会在内容窗口或树状视图中显示上一级内容、内容类型、内容源、文件夹、驱动器等内容。
- 搜索：单击该按钮会提供类似于Windows的查找功能，使用该功能可以查找内容源、内容类型及内容等。
- 收藏夹：单击该按钮，用户可以找到常用文件的快捷方式图标。

在文件名或文件夹名上右击，在弹出的快捷菜单中选择"添加到收藏夹"命令，可将图形、图形文件或文件夹加入到收藏夹中。选择"组织收藏夹"命令将显示AutoCAD 2012管理窗口，以便观察和组织收藏夹的有关项目。

- 主页：单击"主页"按钮将使设计中心返回到默认文件夹。安装时设计中心的默认文件夹被设置为"…\Sample\DesignCenter"。用户可以在树状结构中选择一个对象，右击该对象后在弹出的快捷菜单中选择"设置为主页"命令，即可更改默认文件夹。
- 树状图切换：单击"树状图切换"按钮，可以显示或者隐藏树状图。如果绘图区域需要更多的空间，用户可以隐藏树状图。树状图隐藏后可以使用内容区域浏览器加载图形文件。在树状图中使用"历史记录"选项卡时，"树状图切换"按钮不可用。
- 预览：用于切换预览窗格的打开或关闭。如果选定项目没有保存的预览图像，则预览区域为空。
- 视图：确定控制板所显示内容的不同格式，用户可以从视图列表中选择一种视图。

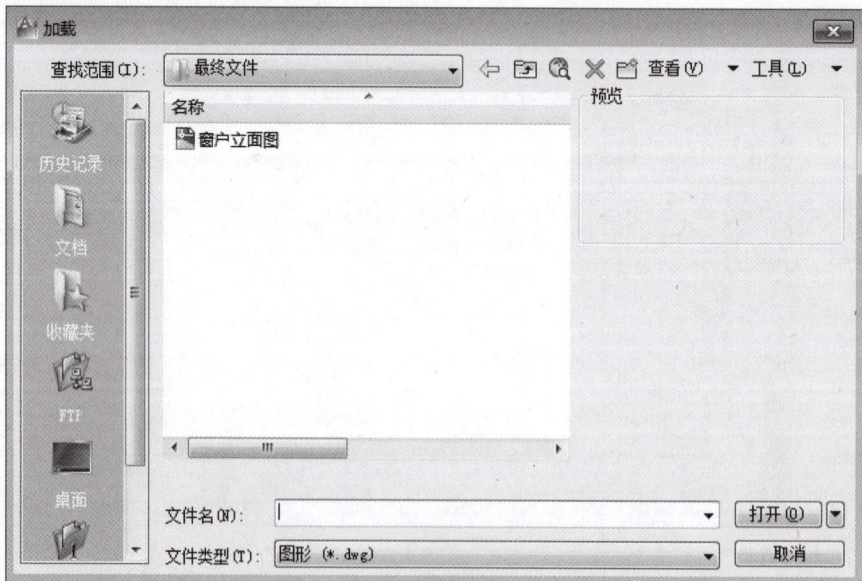

2. 选项卡

"设计中心"选项板根据不同用途，分为 4 个选项卡，每个选项卡有不同的用途。

"文件夹"选项卡：显示导航图标的层次结构。选择层次结构中的某一对象，在内容窗口、预览窗口和说明窗口中将会显示该对象的内容信息。利用该选项卡还可以向当前文档中插入各种内容，如下图所示。

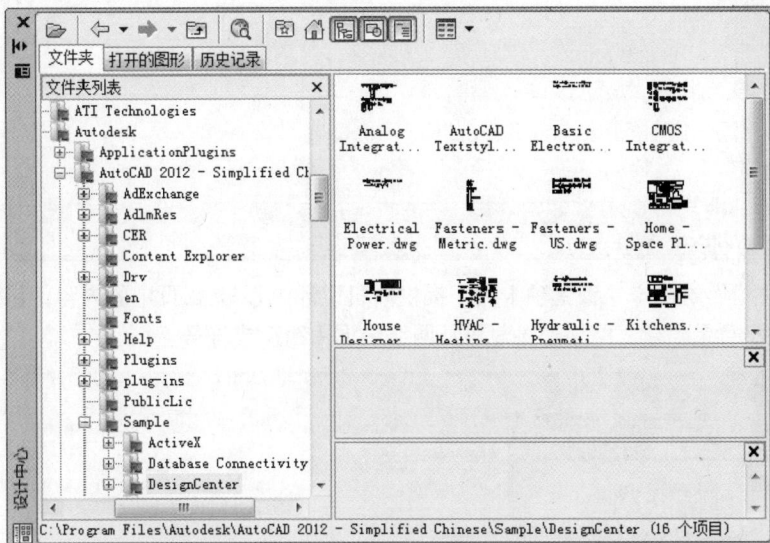

"打开的图形"选项卡：该选项卡用于在设计中心中显示在当前 AutoCAD 环境中打开的所有图形，其中包括最小化图形。在下拉列表中单击某一内容的图标，就可以看到该图形的相关设置。

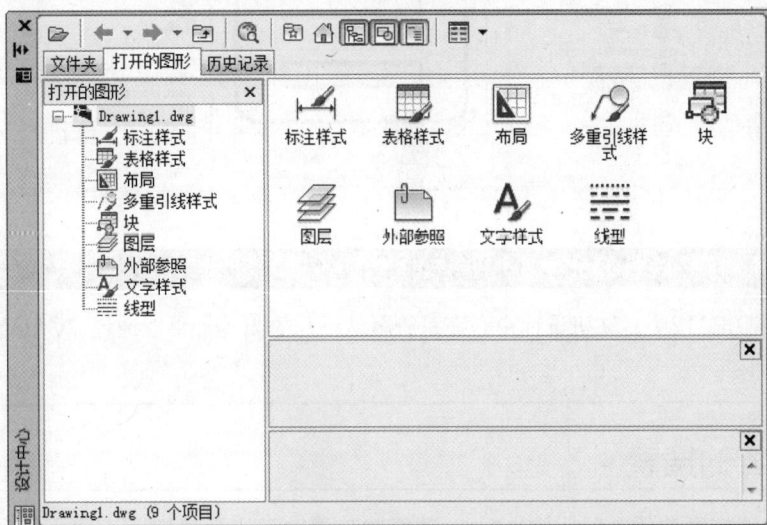

"历史记录"选项卡：该选项卡用于显示用户最近浏览的 AutoCAD 图形。显示历史记录后在文件上右击，在弹出的快捷菜单中选择"浏览"命令可以显示该文件的信息。

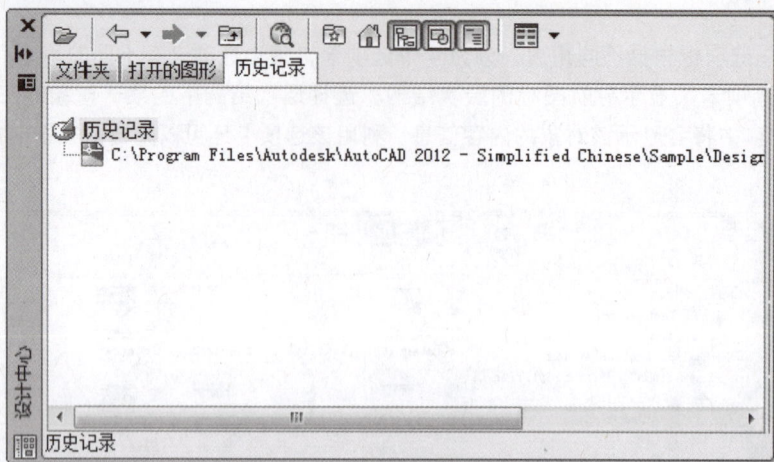

"联机设计中心"选项卡：该选项卡用于提供联机设计中心 web 页中的内容，包括快、符号库、制造商目录和联机目录。建立网络连接时可从网络中调用图形或符号。

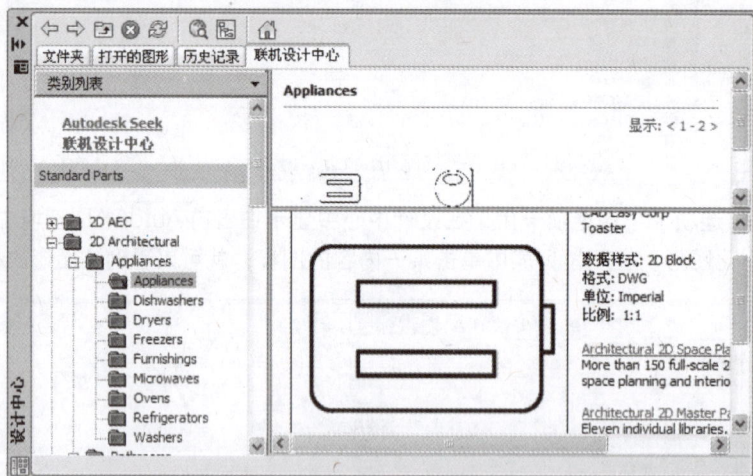

工程师点拨 | 打开联机设计中心

在AutoCAD 2012中，联机设计中心在系统默认下是关闭的，可以通过"CAD管理员控制实用程序"来打开。

02 图形内容的搜索

设计中心中的搜索功能类似于Windows的查找功能，在"设计中心"选项板的工具栏中单击"搜索"按钮，程序将自动弹出"搜索"对话框，在该对话框中单击"搜索"下拉按钮，然后弹出搜索类型列表，如右图所示。

在"搜索"对话框中用户还可以指定搜索路径，以减少搜索需要的时间，如下图所示。

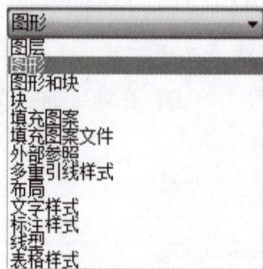

用于指定搜索的路径名，如果需要输入多个路径，则用分号将多个路径分开

指定特性字段

指定字段中的字符串，可以使用通配符进行扩展搜索

按照指定条件搜索

系统停止搜索并在"搜索结果"面板中显示已搜索结果

清除当前的搜索结果并重新指定条件

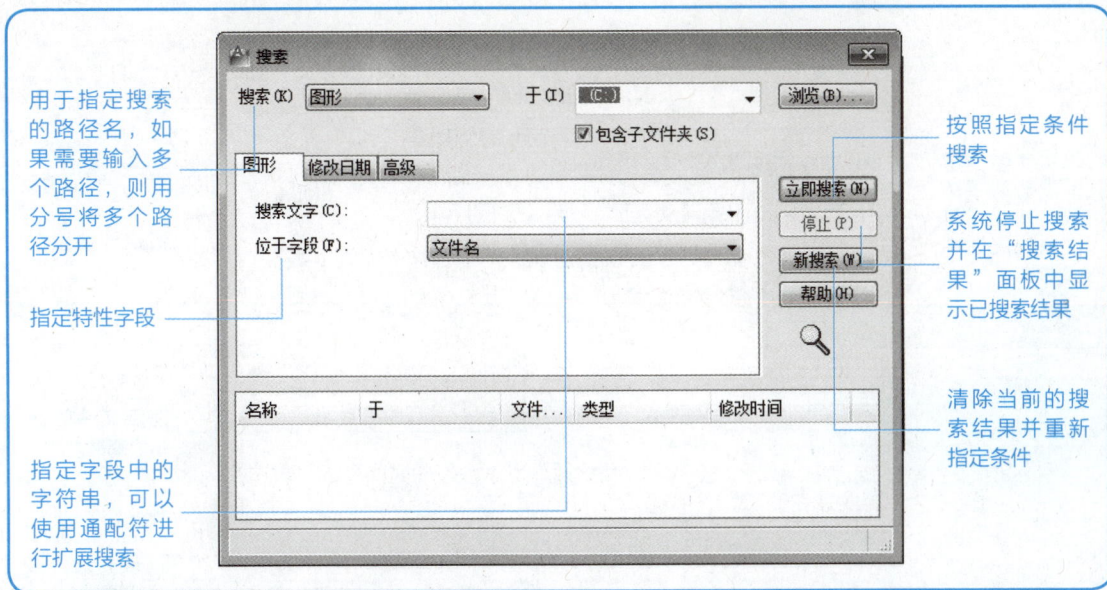

"修改日期"选项卡主要用于定义查找在一段特定时间内创建或修改的内容，其中各选项的含义如下图所示。

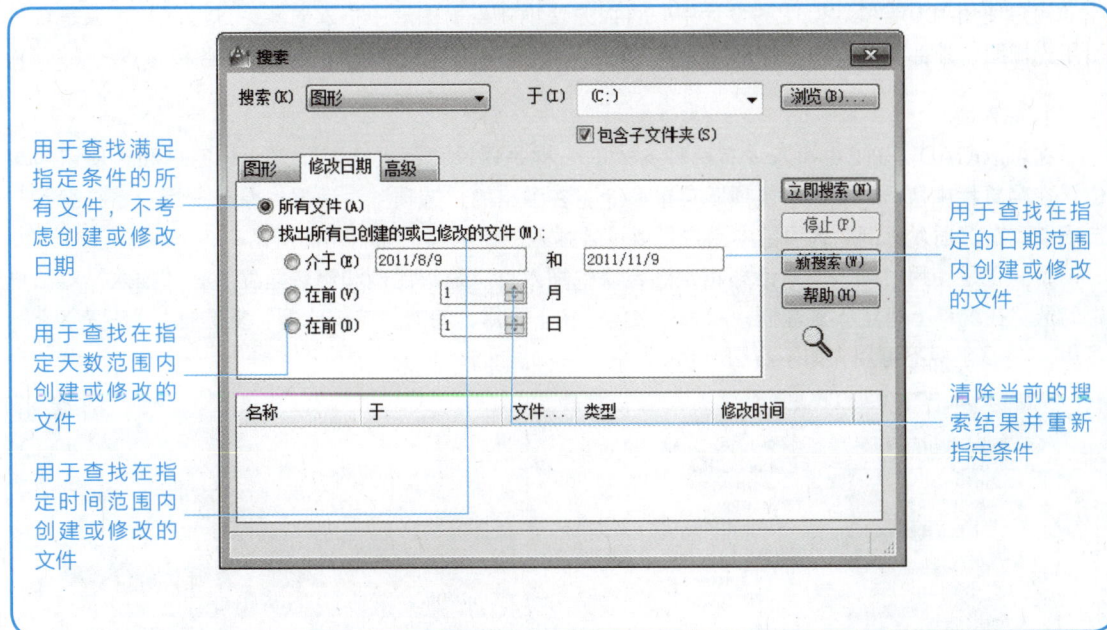

用于查找满足指定条件的所有文件，不考虑创建或修改日期

用于查找在指定天数范围内创建或修改的文件

用于查找在指定时间范围内创建或修改的文件

用于查找在指定的日期范围内创建或修改的文件

清除当前的搜索结果并重新指定条件

"高级"选项卡用于查找图形中的内容，如下图所示。

指定在图形中搜索的文字类型，如搜索包含在块属性中的文字

指定要搜索的文字

指定文件的最小值或最大值

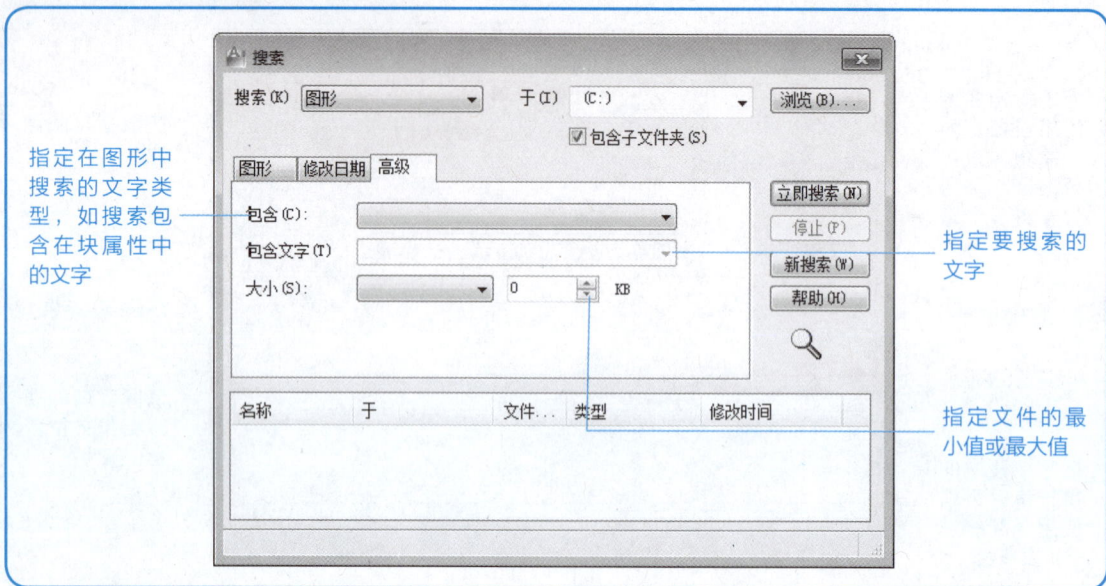

03 在文档中插入内容

用户使用AutoCAD 2012的设计中心可以方便地在当前图形中插入对象，这些对象可以是块、引用光栅图、外部参照，并在图形之间复制图层、线型、文字样式和标注样式等各种内容。

1.插入块

在AutoCAD 2012中插入块有两种方式，一种是通过"插入比例"来比较图形和块使用的单位，在菜单栏中执行"工具>选项"菜单命令。在弹出的"选项"对话框中单击"用户系统配置"选项卡，在"插入比例"选项组中用户可以设置插入的比例值，如下左图所示。

另一种是使用"插入"对话框指定选定块的插入点、缩放比例和旋转角度。在"插入"对话框中勾选"在屏幕上指定"复选框，X、Y、Z坐标将不可用，勾选"统一比例"复选框，则只有X坐标可用，Y、Z坐标不可用，如下右图所示。

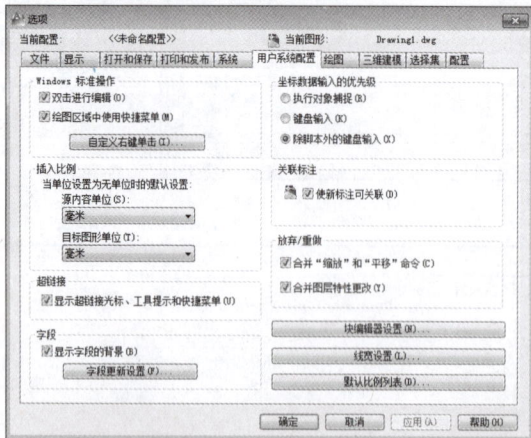

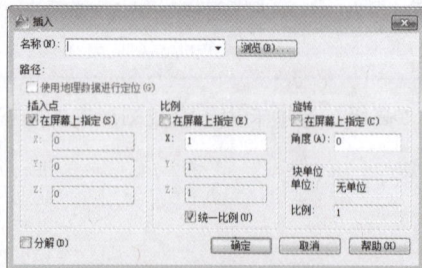

2.引用光栅图像

用户还可以将数码照片或其他抓取的对象插入到绘图窗口中，单击鼠标右键，选择"粘贴"命令，根据程序提示指定一个点作为插入对象的基准点，程序会自动将图片对象插入到绘图窗口中。

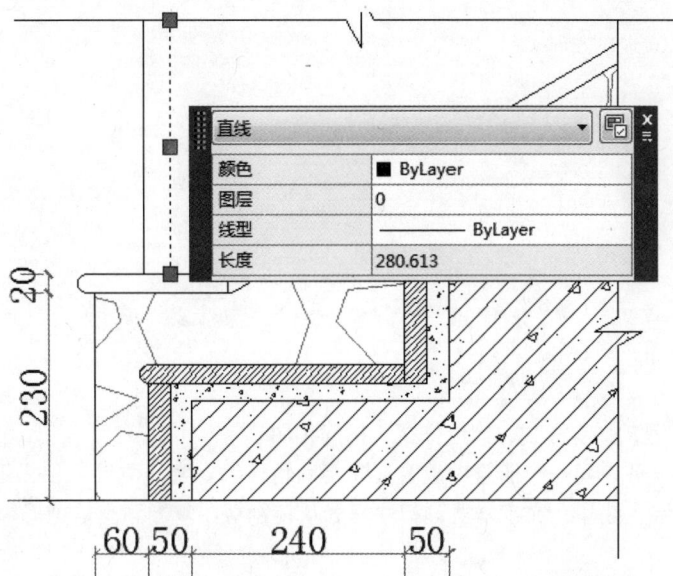

直线	
颜色	■ ByLayer
图层	0
线型	—— ByLayer
长度	280.613

20

230

60 50   240   50

3. 引用外部参照

在AutoCAD 2012中，用户还可以将数码照片或其他抓取的对象插入到绘图窗口中，单击鼠标右键粘贴命令，程序会提示指定一个点为插入对象的基准点，指定一个点后，程序会自动将图片对象插入到绘图窗口中。

利用AutoCAD 2012的设计中心还可以引用外部参照功能。在控制板或"查找"对话框中将需要附加或覆盖的外部参照拖动到绘图区，单击鼠标右键，在弹出的快捷菜单中选择"附着为外部参照"命令，如下图所示。

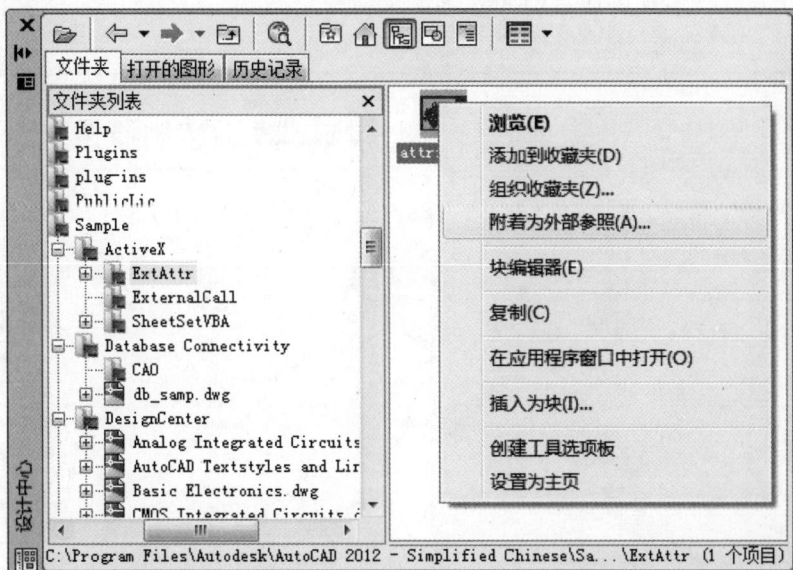

在弹出的"附着外部参照"对话框中选择"参照类型"为"附着型"，分别在"比例"和"插入点"选项组中勾选"在屏幕上指定"复选框，然后单击"确定"按钮，如下左图所示。在绘图窗口中指定插入点和插入比例，程序自动加载外部参照到绘图窗口中，可以看到外部参照颜色要比图形对象颜色浅一些，如下右图所示。

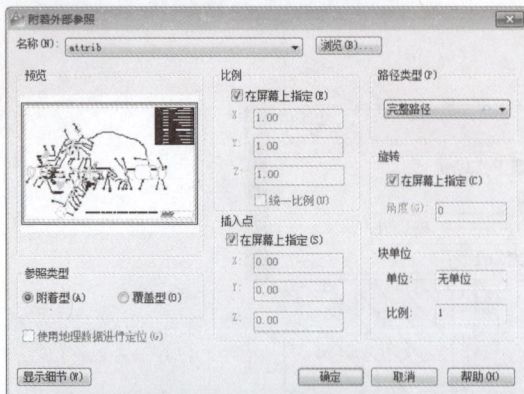

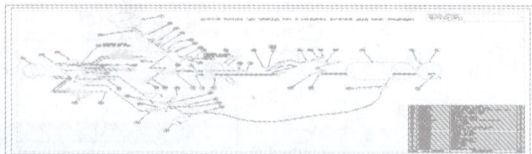

4. 复制图层、线型、文字样式、标注样式、布局和块等

在绘图过程中，一般在同一个图层中放置具有相同特性的对象。使用AutoCAD 2012设计中心可以将图形文件中的图层、线型、文字样式、标注样式从控制板中复制到当前图形中，这样它们就成为当前图形的一部分。

相关练习 | 通过外部参照创建平面布置图

在创建复杂模型时，可以先分别创建单个图形文件，图形文件可以是二维图形，也可以是三维图形。通过AutoCAD设计中心将图形文件作为外部参照添加到绘图窗口中，或者在菜单栏中执行"插入>DWG参照"命令也可以加载外部参照。本例就讲解如何将外部参照加载到图形中。

原始文件：实例文件\第13章\原始文件\平面布置图.dwg、床.dwg
最终文件：实例文件\第13章\最终文件\平面布置图.dwg

STEP 01 进入到设计中心

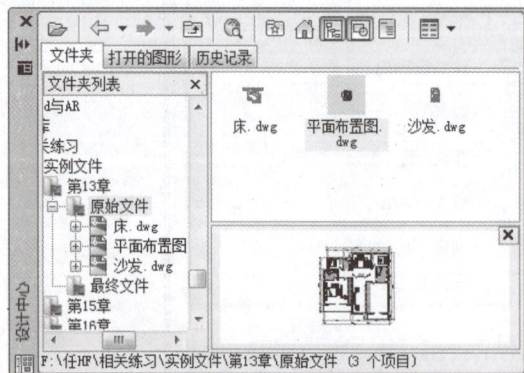

打开相关文件，进入设计中心。单击想要选择的文件，程序将显示该文件的预览图形。

STEP 02 附着为外部参照

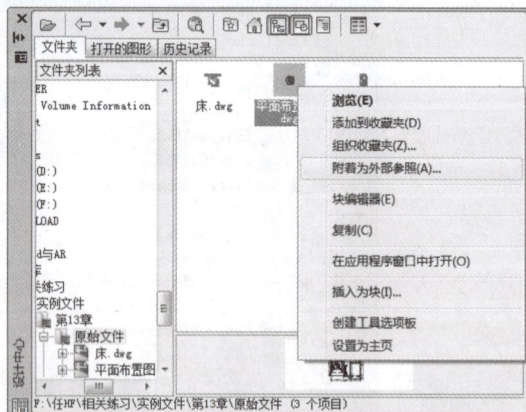

选择该图形文件后，单击鼠标右键，在弹出的快捷菜单中选择"附着为外部参照"命令。

STEP 03 确定外部参照

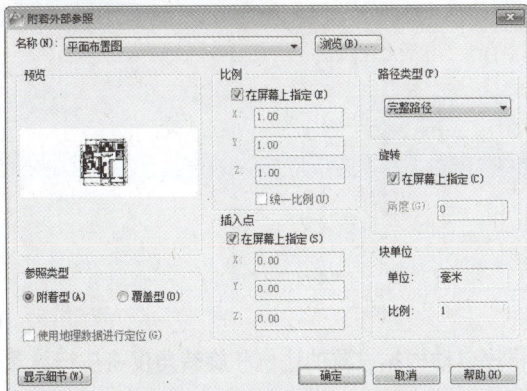

在弹出的"附着外部参照"对话框中设置"参照类型"为"附着型",单击"确定"按钮。

STEP 04 指定外部参照放置点

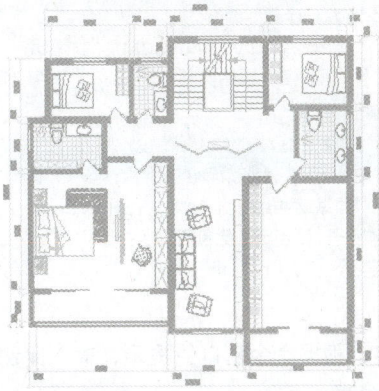

在绘图窗口中指定一个点为外部参照的放置点。

STEP 05 输入比例和角度

```
命令: acdcdwgasxref
附着外部参照 "平面布置图": F:\AutoCAD2012
应用大全\ 实例文件\ 第13章\ 原始文件\ 平面布置
图.dwg
"平面布置图"已加载。
指定插入点或 [ 比例(S)/X/Y/Z/旋转(R)/预览比例(
PS)/PX/PY/PZ/预览旋转(PR)]: 输入 X 比
例因子, 指定对角点或 角点(C)/XYZ(XYZ)] <1>: 1
```

根据命令提示,在命令窗口中输入比例因子和旋转的角度。

STEP 06 附着为外部参照

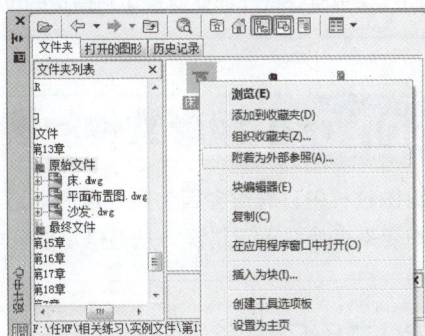

选择"床"文件,单击鼠标右键,在弹出的快捷菜单中选择"附着为外部参照"命令。

STEP 07 确认附着外部参照

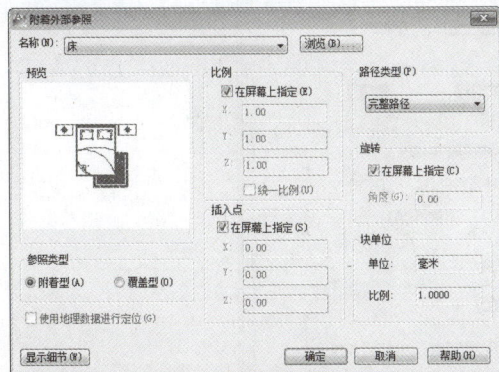

在弹出的"附着外部参照"对话框中单击"确定"按钮,继续操作。

STEP 08 附着外部参照的放置点

在绘图窗口中,捕获电器盖的圆心点为放置的基准点。

STEP 09 设置比例和旋转角度

```
命令: acdcdwgasxref
附着外部参照 "床": F:\ \AutoCAD2012应用
大全\实例文件\第13章\原始文件\床.dwg
"床"已加载。
指定插入点或 [比例(S)/X/Y/Z/旋转(R)/预览比例(
PS)/PX/PY/PZ/预览旋转(PR)]: 输入 X 比
例因子,指定对角点或 角点(C)/XYZ(XYZ)] <1>: 1
输入 Y 比例因子<使用 X 比例因子>: 1
指定旋转角度<0>: 270
```

STEP 10 完成效果

在命令窗口中,根据命令窗口的提示,输入比例因子和旋转的角度。

程序自动根据设置的比例和旋转角度将按钮放置到指定的位置上,操作完成。

> **工程师点拨** | 移动附着的外部参照
>
> 　　如果附着的外部参照基准点不是在圆心位置,可以先随意指定一个点将其加载进来,然后执行"修改 > 移动"菜单命令将外部参照移动到指定的位置。

Lesson 02　图形文件的核查与修复

　　在绘图过程中,有时会因为意外原因而造成图形文件的损坏,这时可以通过使用图形的核查和修复功能来查找并更正错误,从而修复部分或全部数据。

01　保存与组织图形

　　绘制图形时,可以指定要使用的单位类型和其他设置,也可以选择如何保存工作。

　　在"设计中心"选项板中,选择一个图形对象后单击鼠标右键,在弹出的快捷菜单中选择"添加到收藏夹"命令,被选择的内容将自动被添加到收藏夹中,以便于使用,如下图所示。

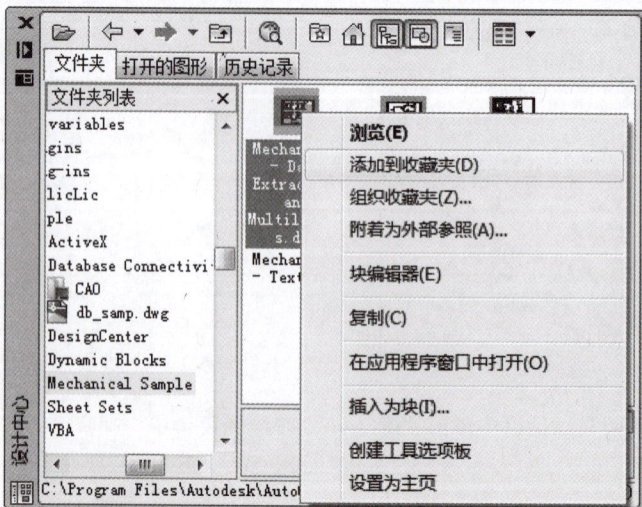

要查看收藏夹中的内容，可以在"设计中心"选项板中单击"收藏夹"按钮，程序将显示出收藏的图形快捷方式，双击图形的快捷方式，可以返回到源对象在设计中心树状图中的位置，如下图所示。

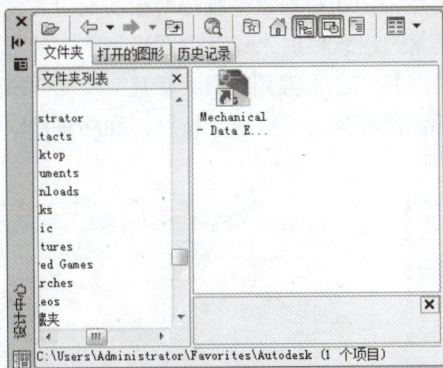

在设计中心中选择图形文件，然后单击鼠标右键，在弹出的快捷菜单中选择"组织收藏夹"命令，程序将弹出Windows窗口显示AutoCAD收藏夹中的项目，可以对AutoCAD收藏夹中的项目进行添加或删除，如下图所示。

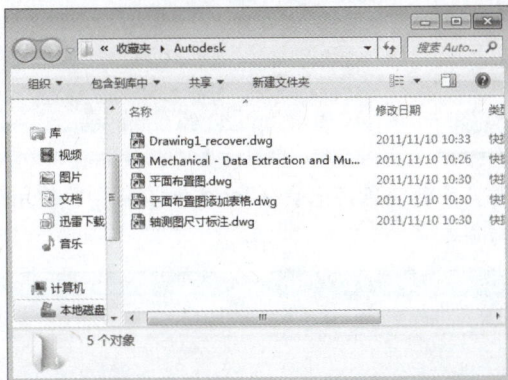

02 图形的核查

需要核查图形时，可以单击"应用程序菜单"按钮，在弹出的下拉菜单中选择"图形实用工具>核查"命令。程序将提示是否更正检测到的任何错误，输入Y选择"是"，程序自动对图形进行检查并提示检查结果。或者按快捷键F2，程序将显示"AutoCAD文本窗口"，如下图所示。

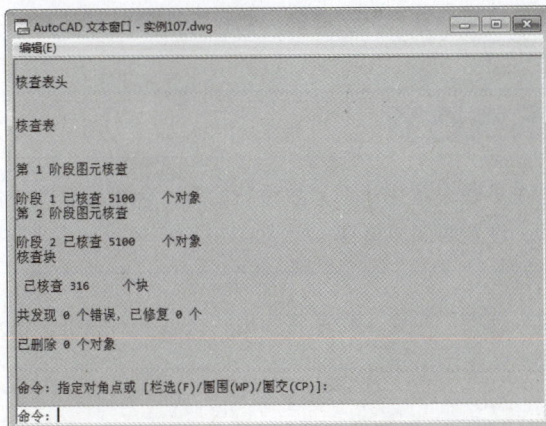

03 图形的修复

因意外造成程序非正常关闭后，再次打开软件程序时绘图窗口左侧会出现"图形修复管理器"选项板，该选项板中将列举因非正常退出软件时未保存的图形列表，如下左图所示。单击"应用程序菜单"按钮，在弹出的下拉菜单中选择"图形实用工具>修复>修复"命令，在弹出的"选择文件"对话框中选择需要进行修复的文件，然后单击"打开"按钮，程序将自动检查图形中的错误，并对图形对象进行修复，如下右图所示。

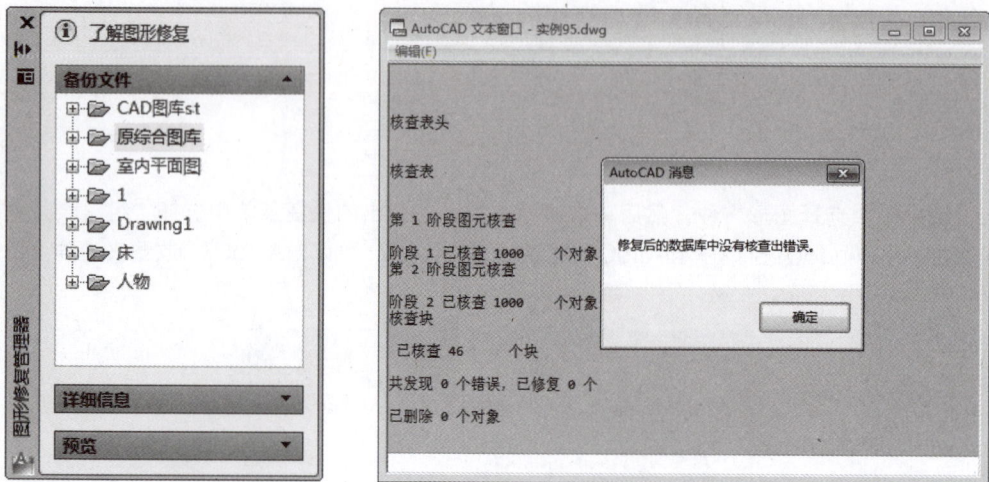

在检查过程中出现错误时，诊断信息将记录在acad.err文件中，使用记事本打开该文件可以查看出现的问题，如下图所示。

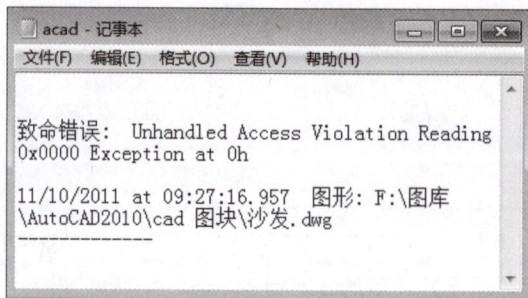

如果在图形文件中检测到损坏的数据，或者用户在程序发生故障后要求保存图形，那么该图形文件将标记为"已损坏"。如果只是轻微损坏，有时只需打开图形便可修复。

Lesson 03 系统选项

AutoCAD 2012的系统参数设置用于对系统进行配置，包括设置文件路径、改变绘图背景颜色、设置自动保存的时间、设置绘图单位等。

在菜单栏中执行"工具>选项"命令，程序将弹出"选项"对话框，该对话框有10个选项卡，分别用来设置不同的配置参数，如下图所示。

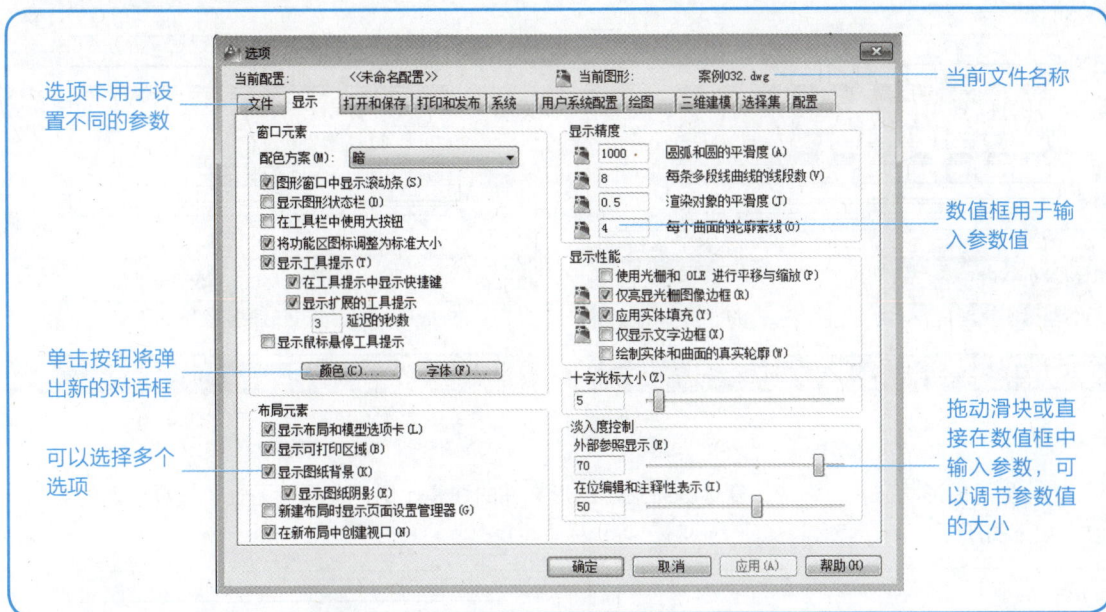

选项卡用于设置不同的参数

当前文件名称

数值框用于输入参数值

单击按钮将弹出新的对话框

可以选择多个选项

拖动滑块或直接在数值框中输入参数，可以调节参数值的大小

01 显示设置

在"选项"对话框中的"显示"选项卡中，我们可以修改绘图区的屏幕背景颜色、十字光标的显示大小和颜色、图形的显示精度和显示性能等。

1. 窗口元素

"窗口元素"选项组主要用于设置窗口的颜色、排列方式等相关内容。

● 配色方案：单击"配色方案"下拉按钮，出现"明"和"暗"两个选项，主要表现在窗口面板区域的显示效果。左下图为明亮的窗口元素，右下图为阴暗的窗口元素。

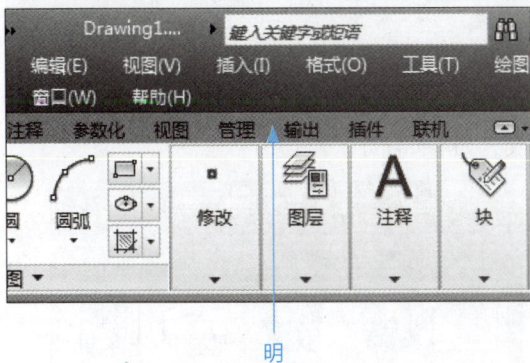

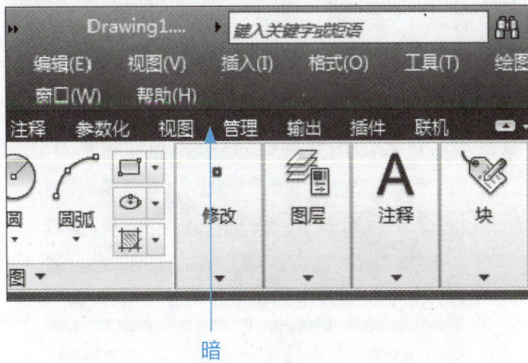

明

暗

● 图形窗口中显示滚动条：勾选该复选框，将在窗口右下角显示窗口的滚动条，大型图形文件比较适合使用该种方式，如下图所示。

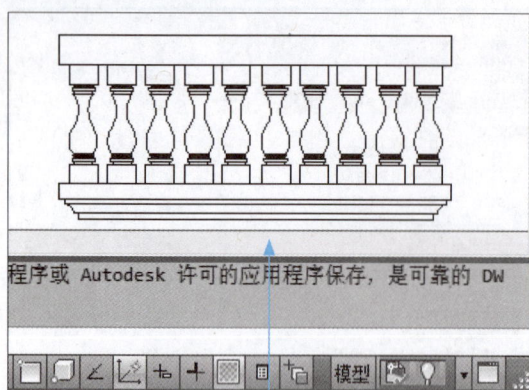

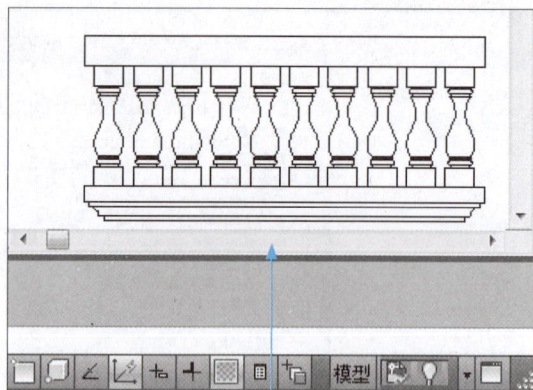

无滚动条   有滚动条

● 显示图形状态栏：勾选该复选框将显示图形文件的注释比例、注释可见性、注释比例的更改，如下图所示。

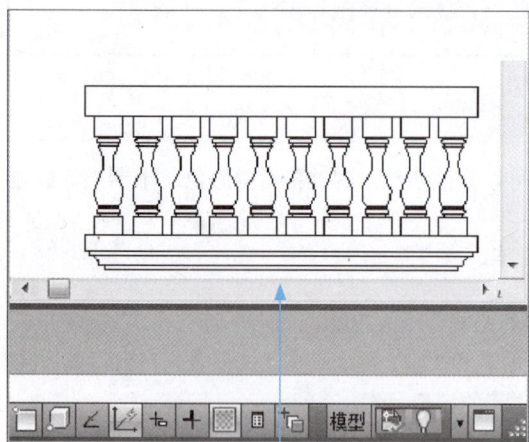

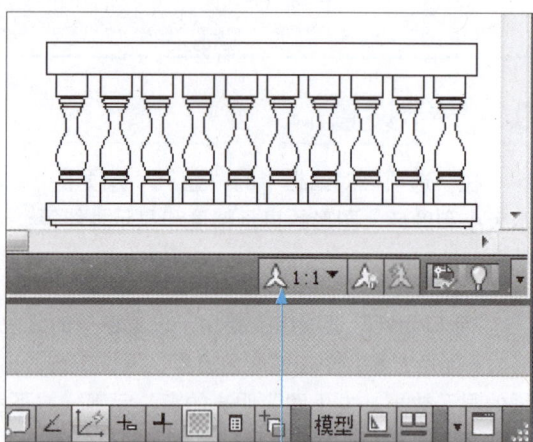

无状态栏显示   显示图形状态栏

● 在工具栏中使用大按钮：该复选框在AutoCAD经典视图中有效，在默认情况下按钮为16×16像素显示，勾选该复选框将以32×32像素方式显示按钮，如下图所示。

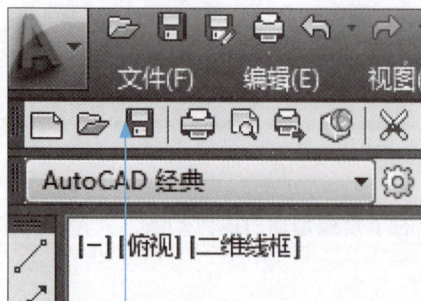

小按钮   大按钮

● 将功能区图标调整为标准大小：当它们不符合标准的图标大小时，将功能区小图标缩放为16×16像素，或将功能区大图标缩放为32×32像素。

● 显示工具提示：勾选该复选框后将光标移动到功能区、菜单栏、功能面板时将出现提示信息。"在工具提示中显示快捷键"和"显示扩展的工具提示"复选框将在提示信息中显示相关的内容，如下图所示。

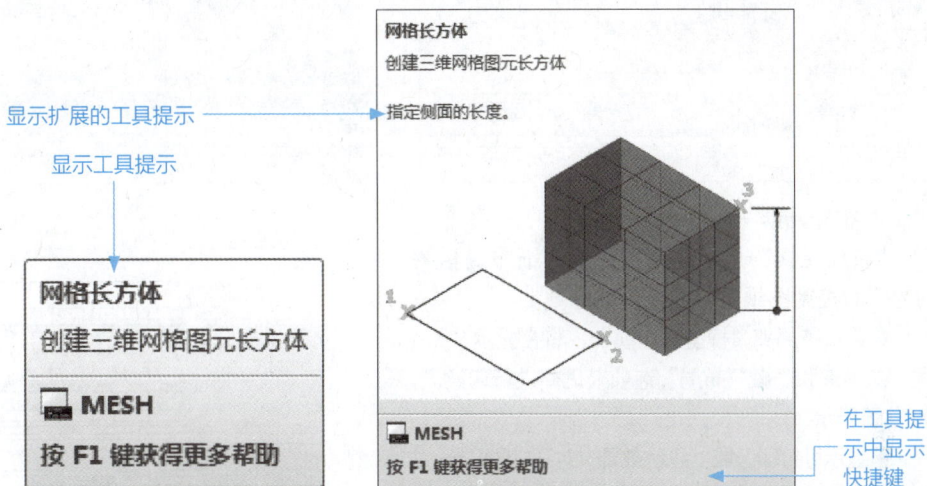

● 显示鼠标悬停工具提示：勾选该复选框后将光标放到图形对象上将会出现提示信息，如右图所示。

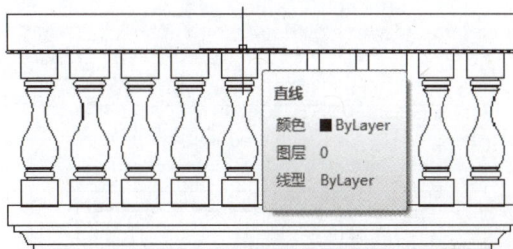

● 颜色：用于调节窗口的背景颜色。单击"颜色"按钮，将弹出"图形窗口颜色"对话框，在该对话框中用户可以设置空间的颜色、图纸/布局的背景颜色、命令窗口、光标、栅格的颜色等，如下左图所示。颜色设置完成后单击"应用并完成"按钮，再在"选项"对话框中单击"确定"按钮，程序自动对颜色进行更新显示，如下右图所示。

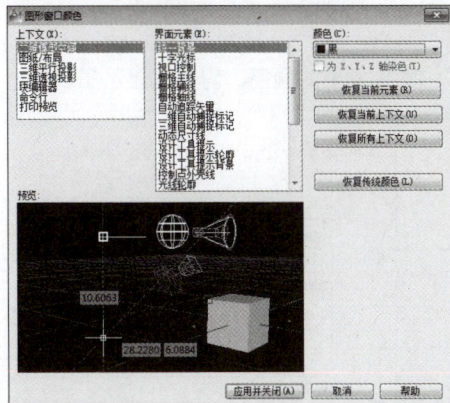

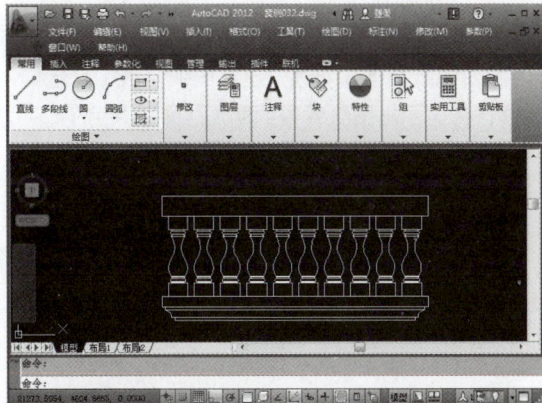

● 字体：单击"字体"按钮，将弹出"命令行窗口字体"对话框，如下左图所示，在对话框中用户可以设置命令窗口字体类型、字形以及字号大小等项目，如下右图所示。

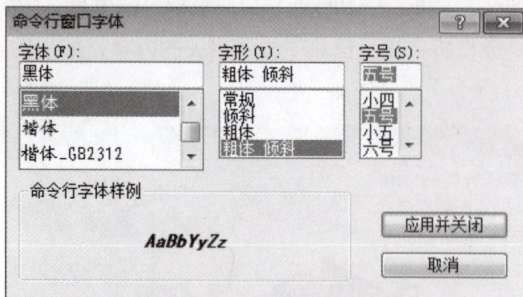

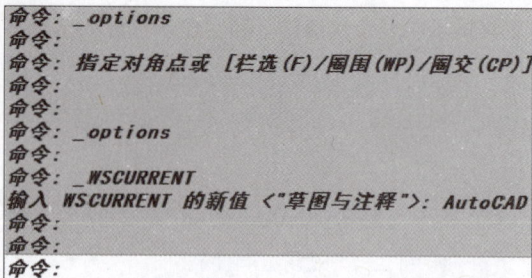

2. 布局元素

"布局元素"选项组用于设置图纸布局相关的内容和控制图纸布局的显示或隐藏。

● 显示布局和"模型"选项卡：将在显示"布局"选项卡和隐藏"布局"选项卡之间进行切换，如右图所示。

● 显示可打印区域：显示布局中的可打印区域，可打印区域是指虚线以内的区域，如下图所示。

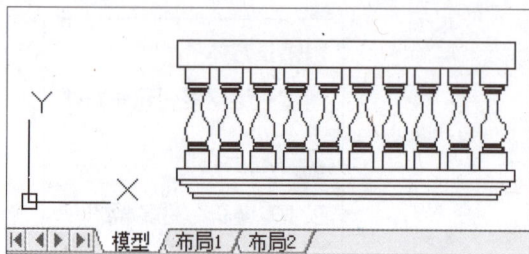

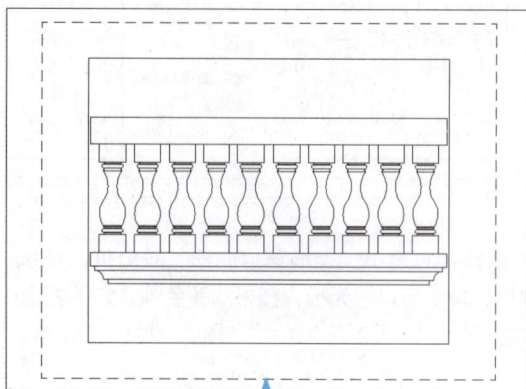
打印区域

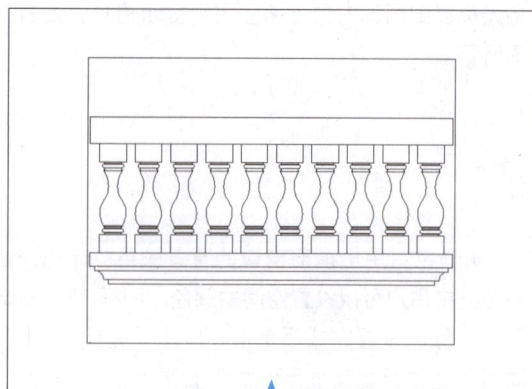
无打印区域

● 显示图纸背景：勾选"显示图纸背景"复选框，将显示图纸背景的颜色，勾选"显示图纸阴影"复选框，将显示出图纸背景的阴影，如右图所示。

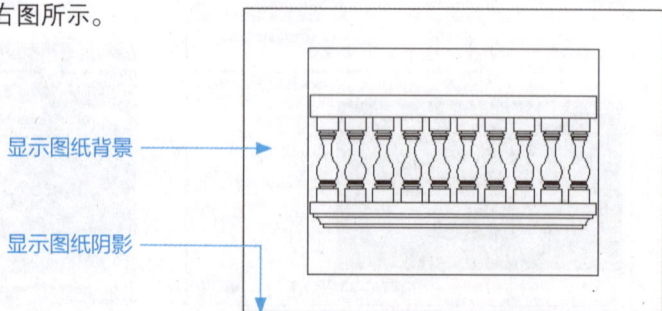

显示图纸背景

显示图纸阴影

● 新建布局时显示页面设置管理器：勾选该复选框，每一次新建布局时都会弹出"页面设置管理器"对话框。可以使用此对话框设置和打印设置相关的选项，如下图所示。

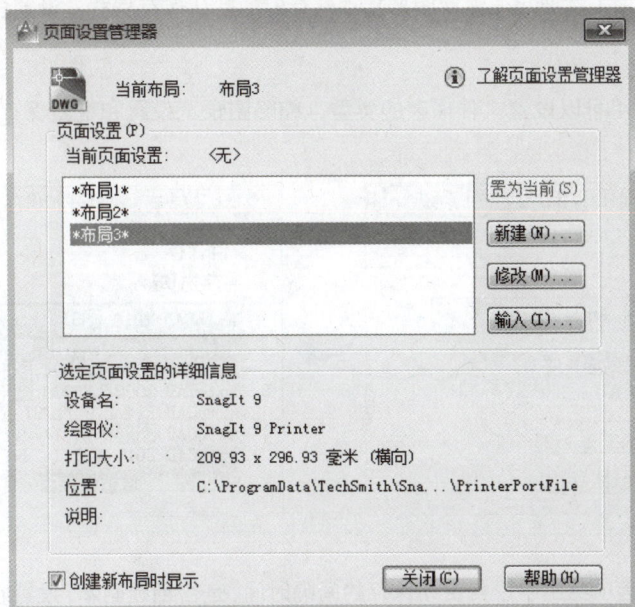

● 在新布局中创建视口：勾选该复选框将以当前视口为准创建布局，取消勾选则创建的布局无视口。

3. 显示精度
该选项组用于设置圆弧或圆的平滑度、每条多段线的段数等项目。

4. 显示性能
该选项组用于显示光栅图像的边框、实体的填充、仅显示文字边框、绘制实体和曲面的真实轮廓等参数的设置。

5. 十字光标大小
"十字光标大小"选项用于调整光标的十字线大小，默认值为5，如下左图所示。十字光标的值越大，光标两边的延长线就越长，如果十字光标值为20，则十字光标的延长线将比参照图要大，如下右图所示。

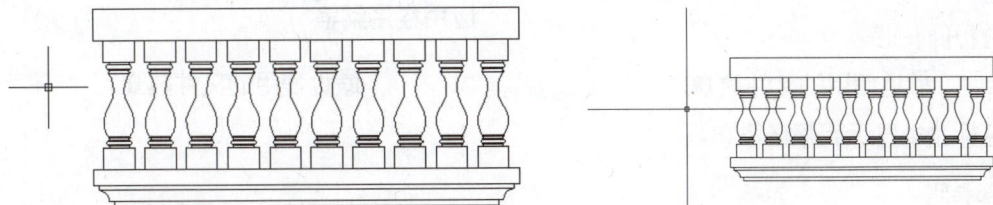

6. 淡入度控制
"淡入度控制"选项组主要用于控制图形的显示效果，淡入度为负数值时，显示效果越清晰，反之，淡入度为正数值时，显示效果就越淡。

02 打开和保存设置

"打开和保存"选项卡主要用于设置图形文件保存时的默认保存格式，设置自动保存的时间等。

1. 文件保存

"文件保存"选项组可以设置文件保存的类型、缩略图预览设置和增量保存百分比设置等，如下图所示。

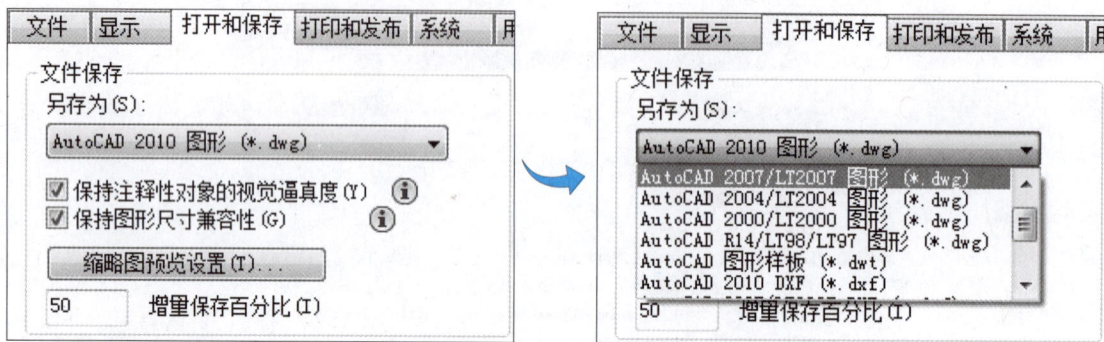

2. 文件安全措施

"文件安全措施"选项组用于设置自动保存的间隔时间，是否创建副本，设置临时文件的扩展名等，如下图所示。

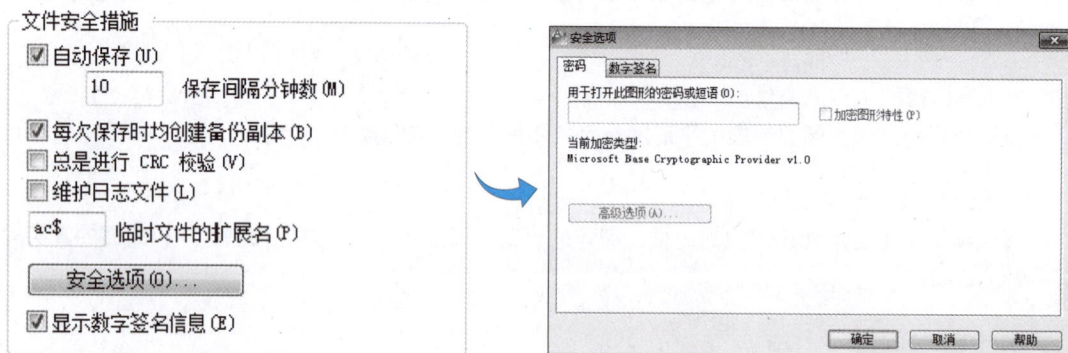

3. 文件打开与应用程序菜单

"文件打开"选项组可以设置在窗口中打开的文件数量等，"应用程序菜单"选项组可以设置最近打开的文件数量，如下图所示。

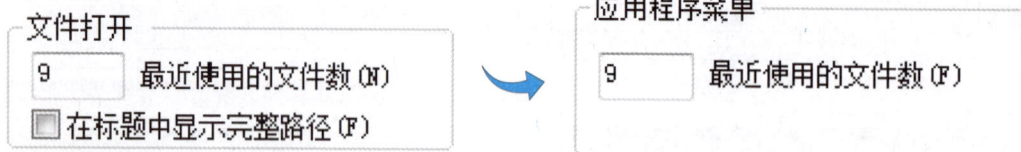

4. 外部参照

"外部参照"选项组可以设置调用外部参照时的状况，可以设置启用、禁用或使用副本，如下左图所示。

5. ObjectARX应用程序

该选项组可以设置加载ObjectARX应用程序和自定义对象的代理图层，如下右图所示。

外部参照
按需加载外部参照文件(X):
使用副本
☑ 保留外部参照图层的修改(C)
☑ 允许其他用户参照编辑当前图形(R)

ObjectARX 应用程序
按需加载 ObjectARX 应用程序(D):
对象检测和命令调用
自定义对象的代理图像(J):
显示代理图形
☑ 显示"代理信息"对话框(W)

03 打印和发布设置

"打印和发布"选项卡用于设置打印机类型、打印文件默认位置、打印和发布日志文件、打印样式和打印戳记设计等。

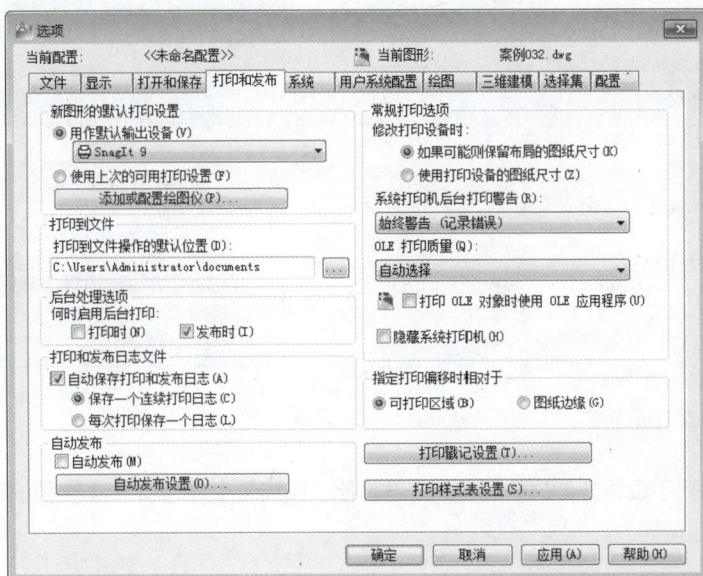

1. 新图形的默认打印设置
设置默认输出设备名称和是否使用上一可用打印设置。

2. 打印到文件
用于设置打印到文件操作的默认位置。

3. 后台处理选项
用于设置何时启用后台打印。

4. 打印和发布日志文件
设置打印和发布日志的方式以及保存打印日志的方式。

5. 自动发布
设置是否采用自动发布。单击"自动发布设置"按钮，弹出对话框，在该对话框中用户可以设置自动发布选项、常规DWF/PDF选项和DWF数据选项等，如右图所示。

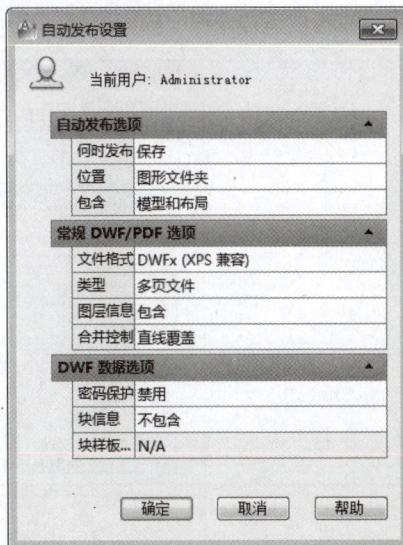

6. 常规打印选项

可以设置更改打印设备时是否警告，设置OLE打印质量以及是否隐藏系统打印机。

7. 指定打印偏移时相对于

用于设置打印偏移时相对于的对象为可打印区域还是图纸边缘。单击"打印戳记设置"按钮，将弹出"打印戳记"对话框，在该对话框中，用户可以设置打印戳记的具体参数，如下左图所示。单击"打印样式表设置"按钮，将弹出"打印样式表设置"对话框，在该对话框中用户可以进一步设置打印样式，如下右图所示。

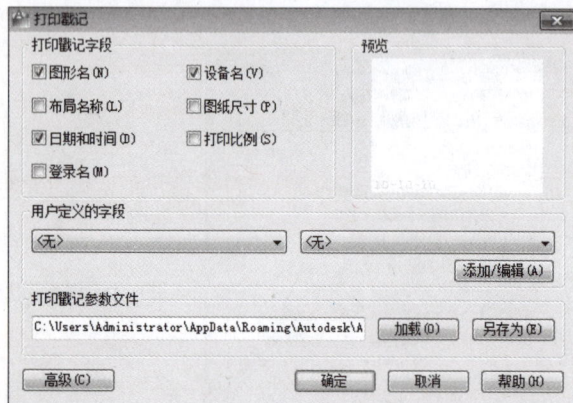

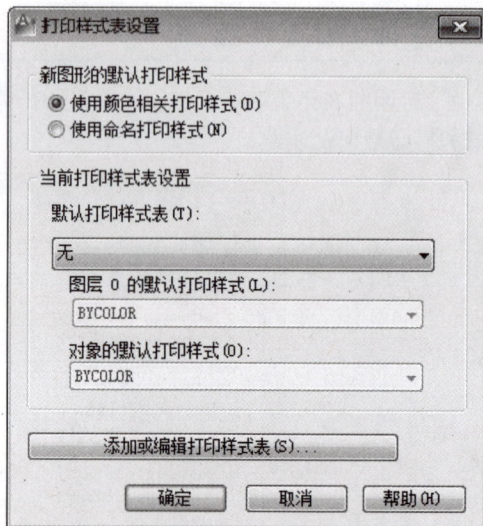

04 系统与用户配置

"系统"选项卡用于设置硬件的性能，如三维性能、布局重生成选项、信息中心等相关参数设置。

1. 三维性能

在"选项"对话框的"系统"选项卡下单击"性能设置"按钮，弹出对话框。在该对话框中用户可以设置自适应降级、降级次序、硬件和性能调节等项目，如下图所示。

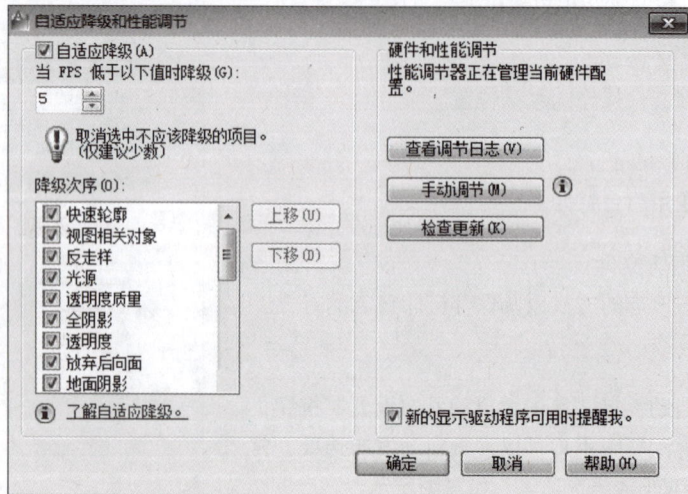

2. 当前定点设备

"当前定点设备"选项组可以设置定点设备的类型，接受某些设备的输入。

3. 布局重生成选项

提供了"切换布局时重生成"、"缓存模型选项卡和上一个布局"和"缓存模型选项卡和所有布局"三种布局重生成样式。

4. 数据库连接选项

该选项组用于设置在图形文件中保存链接索引和以只读模式打开表格。

5. 常规选项

该选项组用于设置消息的显示与隐藏及显示"OLE文字大小"对话框等项目。

6. Windows标准操作

在"用户系统配置"选项卡下的"Windows 标准操作"选项组中可以设置"双击进行编辑"、"在绘图区域使用快捷菜单"等选项方面的操作。

7. 插入比例

该选项组用于设置当插入无单位时的单位设置。

8. 超链接

当定点设备移动到包含有超链接对象时，显示超链接光标和工具提示。

9. 字段

控制字段显示时是否带有灰色背景和自动更新字段等。

10. 坐标数据输入的优先级

用于设置在输入参数和命令时是采用何种方式来进行。

11. 关联标注

勾选"使新标注可关联"复选框，对关联标注更改后，关联标注会自动调整位置、方向和测量值。

12. 放弃/重做

该选项组用于设置合并图层属性、线宽和编辑比例。

05 绘图与建模设置

在"绘图"选项卡中，可以设置一些自动捕捉设置、追踪和靶框大小等参数的设置。

1. 自动捕捉设置

"自动捕捉设置"选项组用于设置在绘制图形时捕捉点的样式。

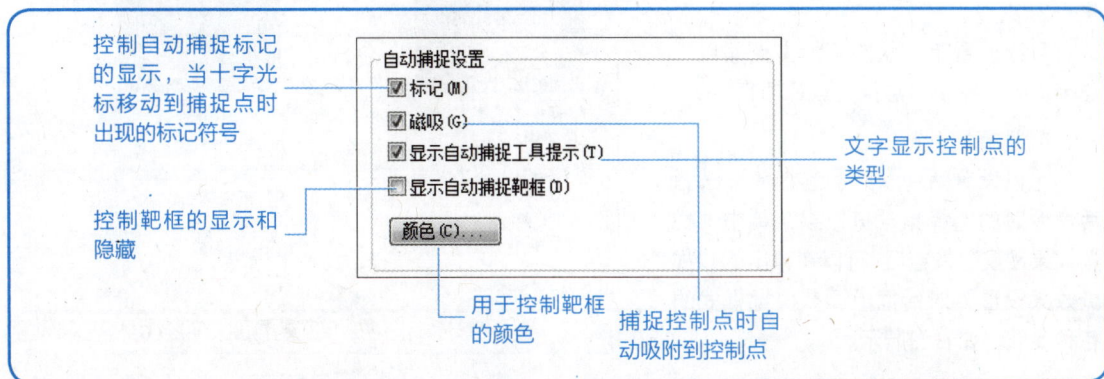

控制自动捕捉标记的显示，当十字光标移动到捕捉点时出现的标记符号

控制靶框的显示和隐藏

自动捕捉设置
- ☑ 标记 (M)
- ☑ 磁吸 (G)
- ☑ 显示自动捕捉工具提示 (T)
- ☐ 显示自动捕捉靶框 (D)
- 颜色 (C)...

文字显示控制点的类型

用于控制靶框的颜色

捕捉控制点时自动吸附到控制点

2. 自动捕捉标记大小
通过滑块来调节自动捕捉标记的大小。

3. 靶框大小
通过滑块来调节靶框的大小。

4. 对象捕捉选项
在该选项组下可以设置忽略图案填充对象、使用当前标高替换Z值等项目。

5. 对齐点获取
该选项可以选择自动获取或按下Shift键获取。

6. AutoTrack设置
可以设置选项为"显示极轴追踪矢量"、"显示全屏追踪矢量"和"显示自动追踪工具提示"。

7. 三维十字光标
"三维建模"选项卡下的"三维十字光标"选项组可以设置十字光标是否显示 Z 轴，是否显示轴标签以及十字光标标签的显示样式等，如右图所示。

8. 在视图中显示工具
用于显示ViewCube或UCS图标。

9. 三维对象
该选项组用于设置创建三维对象时的视觉样式、曲面或网格上的索线数、设置网格图元、设置网格镶嵌选项等。

10. 三维导航
主要用于进行三维导航工具的参数设置。

06 选择集设置

在"选择集"选项卡中，用户可以设置拾取点、夹点、选择集的相关参数。

1. 拾取框大小
用户可以通过滑块来调节拾取框的大小。

2. 夹点大小
通过滑块来调节夹点的大小。

3. 夹点
可以设置不同状态下的夹点颜色、启用夹点、在块中启用夹点等项目。

4. 选择集预览
可以设置活动状态的选择集、未激活命令时的选择集预览效果，单击"视觉效果设置"按钮后，可以在弹出的"视觉效果设置"对话框中调节视觉样式的各种参数，如右图所示。

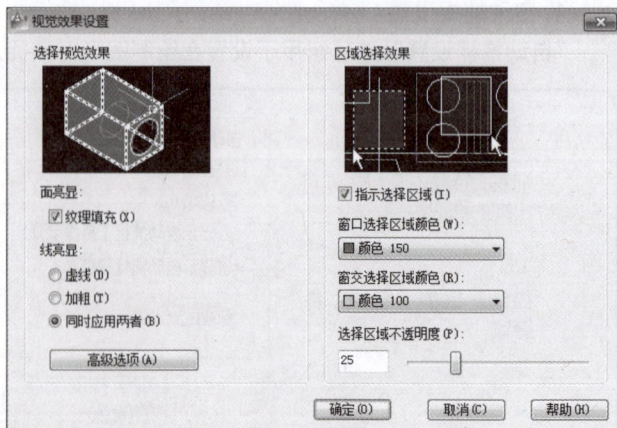

Q&A 工程技术问答

对于如何确定鼠标右键的功能、经典工作空间中工具栏的缩小等问题，都可以在"选项"对话框中进行解决。

Q01： 执行一个命令后，单击鼠标右键，弹出快捷菜单，不能重复执行命令，如何调节？

A01： 单击鼠标右键，出现快捷菜单，选择"选项"命令，弹出"选项"对话框。在"用户系统设置"选项卡下的"Windows标准操作"选项组中勾选"绘图区域中使用快捷键"复选框，如下左图所示。再单击"自定义右键单击"按钮进行操作，如下右图所示。

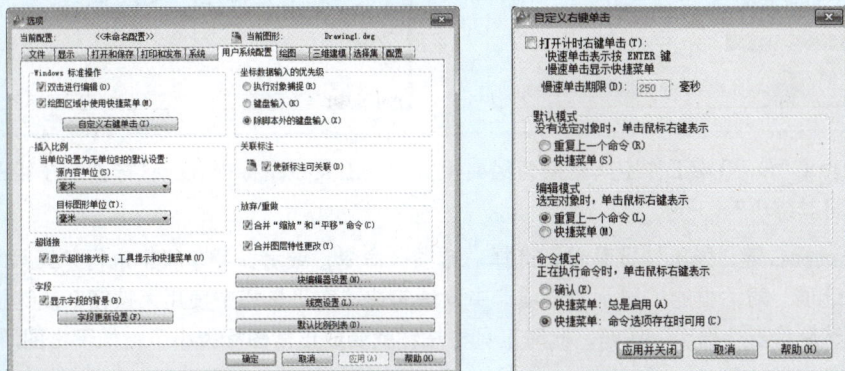

Q02： 设置系统参数后保存文件，保存后的文件会继承系统参数的属性吗？

A02： 新建的文件进行系统设置后，系统设置参数会随文件一起被保存。如更改窗口的背景颜色，保存后的图形文件在第二次打开时将会是保存时的背景颜色。用户可以将设置好系统参数的图形文件另存为模板文件，这样下次打开时新文件就会继承全部属性。

STEP 01 单击鼠标右键出现快捷键，选择"选项"命令，在"选项"对话框的"显示"选项卡中单击"颜色"按钮，如下图所示。

STEP 02 弹出"图形窗口颜色"对话框，在"界面元素"列表中选择"统一背景"，然后选择一种颜色，如下图所示。

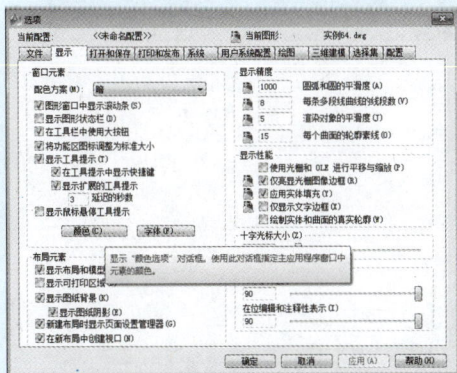

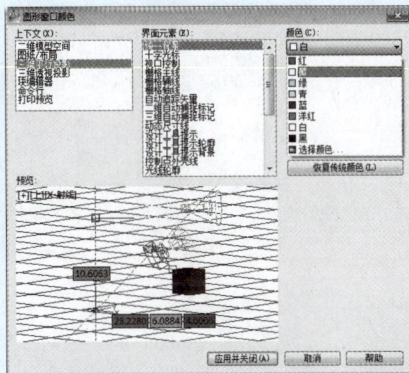

STEP 03 此时在"图形窗口颜色"对话框的"预览"中可以看到绘图窗口的颜色效果，单击"应用并关闭"按钮。如下图所示

STEP 04 在"选项"对话框中单击"确定"按钮。此时可以看到绘图窗口的背景颜色已经改变，如下图所示。

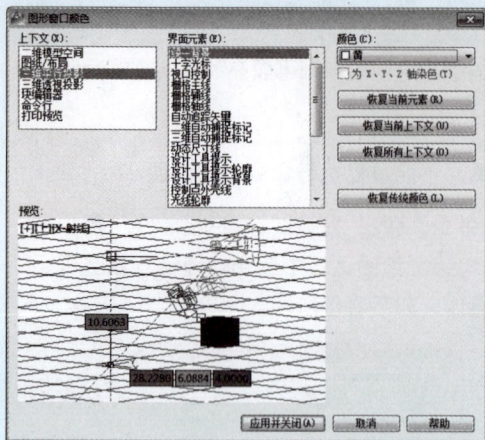

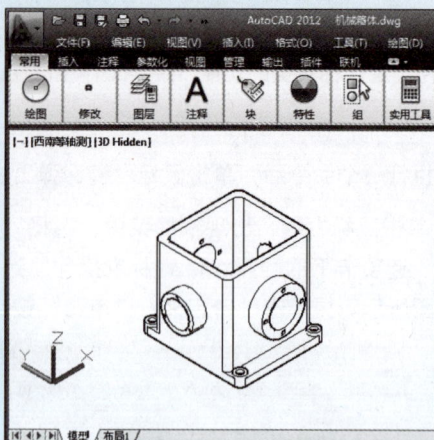

Q03: 将AutoCAD 2012工作空间转换为经典模式后，工具栏图标很大，这样占用了绘图空间，有没有办法将其缩小？

A03: 单击鼠标右键，弹出快捷菜单，选择"选项"命令，或者在菜单栏中执行"工具>选项"命令，在"选项"对话框的"显示"选项卡中取消勾选"在工具栏中使用大按钮"复选框，如下左图所示，然后单击"确定"按钮，此时工具栏按钮就变成正常图标大小了，如下右图所示。

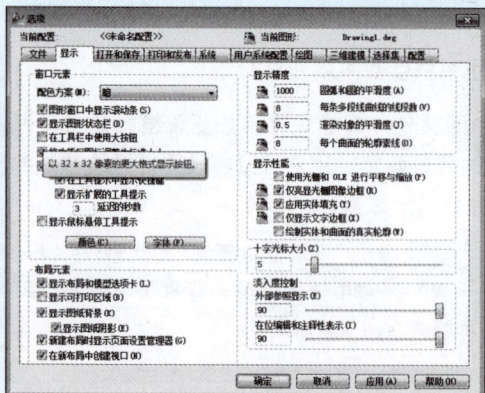

CHAPTER

14

图形的输出与发布

图形输出是将绘制的图形输出到图纸上，图形输出后，才能够应用于实际工作中。图形输出一般采用打印机或绘制仪等设备，图纸在打印之前需要进行相关设置，如打印机设置、页面设置以及相关的参数设置。

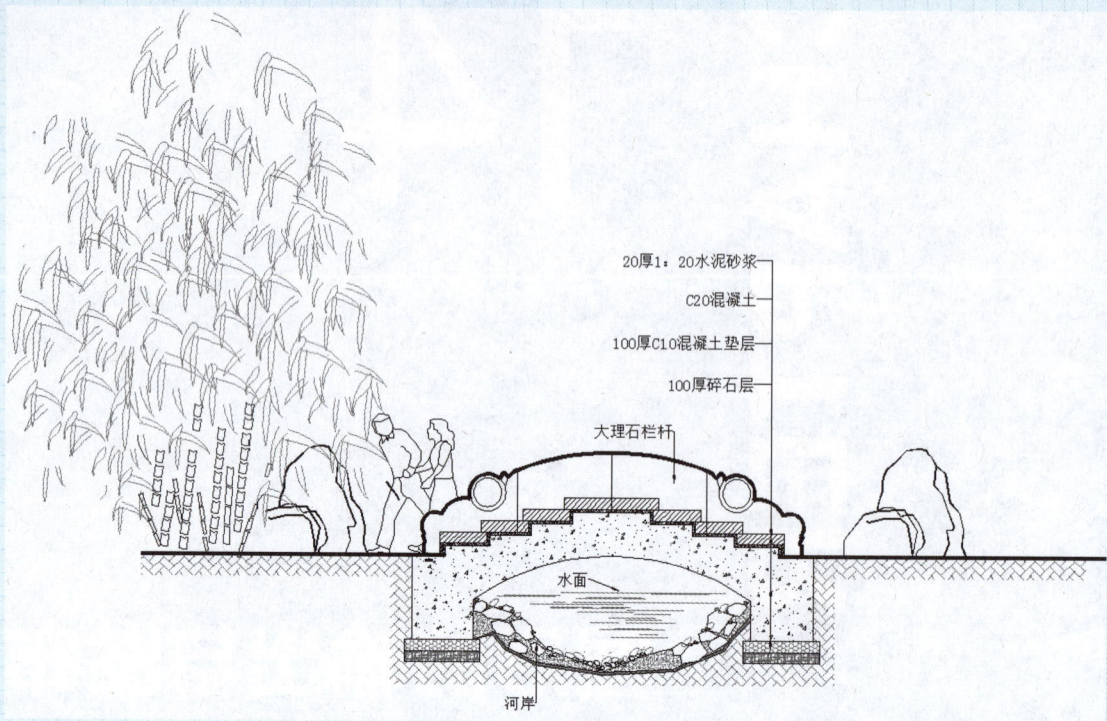

20厚1：20水泥砂浆

C20混凝土

100厚C10混凝土垫层

100厚碎石层

大理石栏杆

水面

河岸

01 桥立面图

打印图形之前，必须指定图形打印区域，才能使画面完整美观，达到最终效果。

5mm车边防水清镜

蓝钻花岗岩

蓝钻花岗岩 抛光处理

220

40*40 角钢支架

120*240 釉面墙砖

水泥砂浆结合层

560

水泥砂浆结合层

防滑通体砖

02 顶棚图

特定视图的最终布局和此模型的注释是在图纸空间的二维空间中创建的。

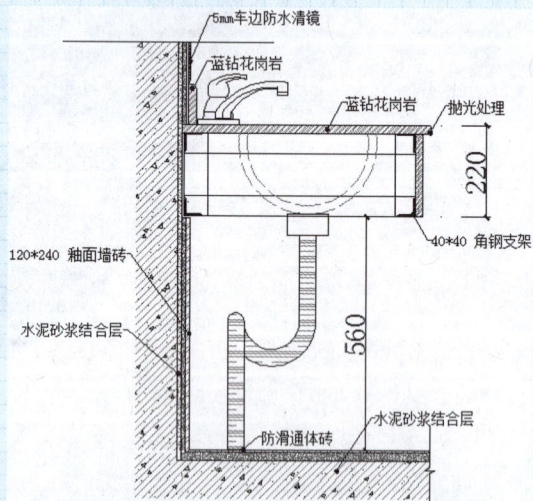

03 洗漱台剖面图

从现有的图形样板文件或图形文件中导入"布局"选项卡。

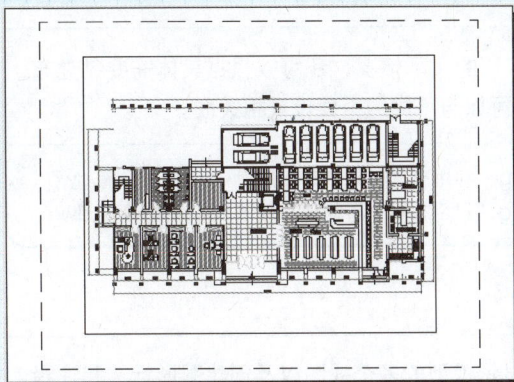

04 商业空间平面图

此平面图为在"模型"选项卡的布局中打开的样式。整张图在布局中居中显示，也可设置范围。

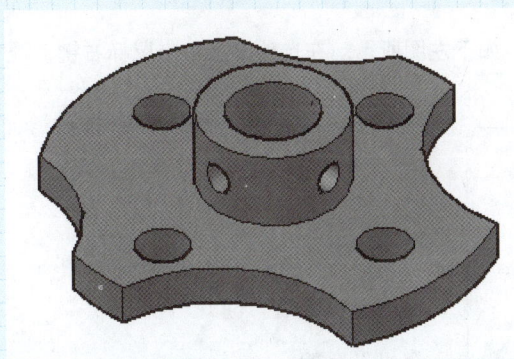

05 轴盖模型

创建图纸布局可以通过"模型"选项卡进行。

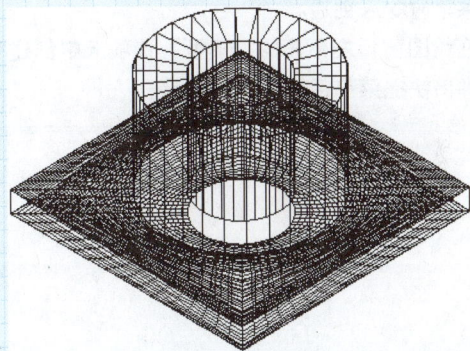

06 底座模型

使用图纸管理器，方便用户发布整个图纸集。

07 阳伞模型

在发布图纸中设置颜色选项，可以得到彩图。

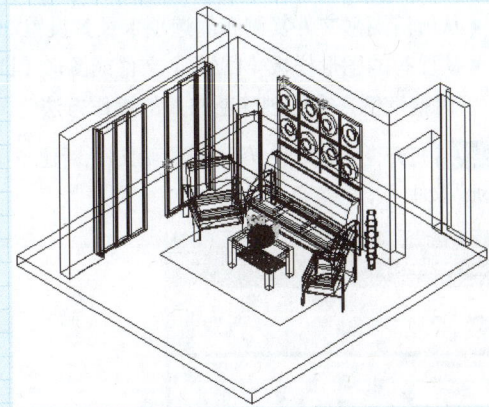

08 客厅模型

使用DWF发布，用户可以发布三维模型的文件。

Lesson 01 图纸布局

布局代表打印的页面，可以在布局中查看到打印的实际情况，还可以根据具体需要创建布局。每个布局都保存在各自的"布局"选项卡中，可以与不同的页面设置相关联。

原始文件：实例文件\第14章\原始文件\新建布局.dwg、利用布局向导创建布局.dwg、页面设置.dwg
最终文件：实例文件\第14章\最终文件\新建布局.dwg、利用布局向导创建布局.dwg、页面设置.dwg

01 新建布局

在图纸布局中可以指定图纸大小、添加标题栏、显示模型的多个视图以及创建图形标注和注释。可以利用绘图窗口左下角的布局选项卡来创建布局，也可以在菜单栏中执行"插入>布局>新建布局"菜单命令来创建。

在绘图窗口左下角的"模型"选项卡中创建布局，如下左图所示。在选项卡上单击鼠标右键，程序将弹出快捷菜单，如下右图所示。

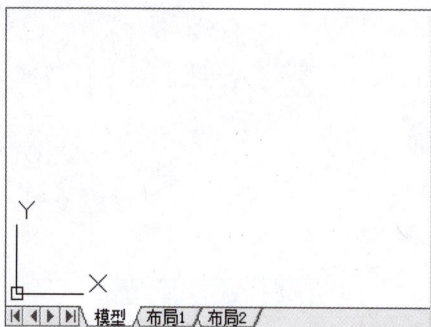

使用以下方法都可以创建新的布局选项卡。
- 添加新布局选项卡，然后在"页面设置管理器"中进行各个设置。
- 使用"创建布局向导"来创建布局选项卡并进行设置。
- 从当前图形文件复制布局选项卡及其设置。
- 从现有的图形样板（DWT）文件或图形（DWG）文件导入布局选项卡。

下面就举例来介绍创建新布局的操作方法。

STEP 01 打开"实例文件\第14章\原始文件\新建布局.dwg"文件。

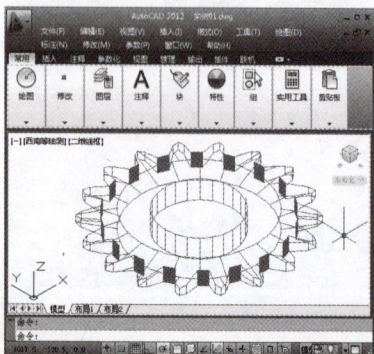

STEP 02 在绘图窗口左下方的"模型"选项卡中，包含一个模型选项和两个布局选项。

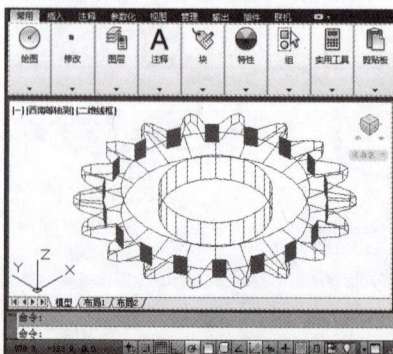

STEP 03 在"模型"选项卡上单击鼠标右键，弹出快捷菜单，选择"新建布局"选项。

STEP 04 在布局选项卡上新建"布局3"。

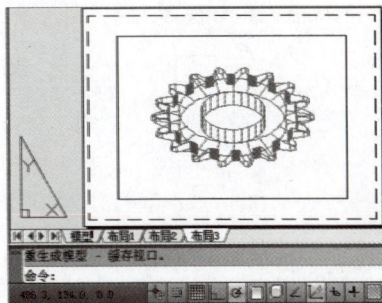

STEP 05 在新建的"布局3"标签上单击鼠标右键，选择"重命名"选项，重新命名。

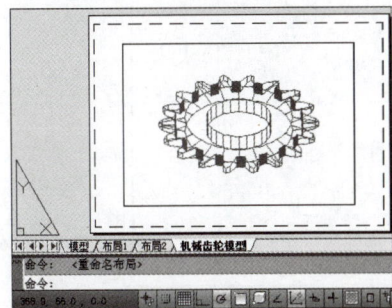

STEP 06 即可以看到新建的布局选项卡。

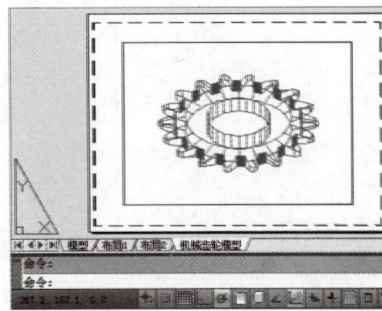

STEP 07 选择"布局2"标签，然后单击鼠标右键，在快捷菜单中选择"删除"命令。

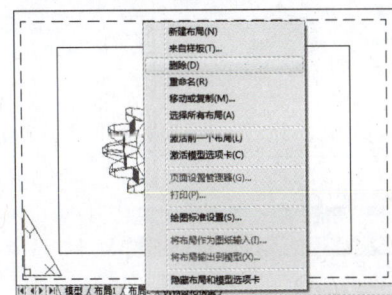

STEP 08 弹出对话框提示将删除布局，单击"确定"按钮。

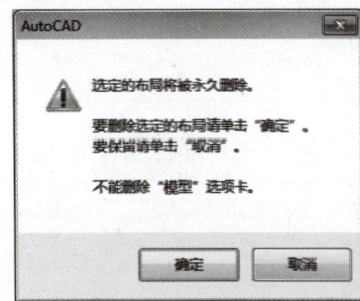

STEP 09 再将"布局1"选项卡删除，完成后布局选项卡只剩下"模型"选项卡和最初新建的"布局"选项卡。

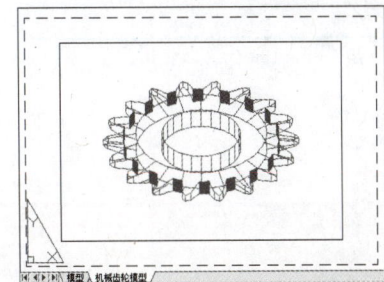

STEP 10 再次在"模型"选项卡上，单击鼠标右键，弹出快捷菜单，选择"来自样板"命令。

STEP 11 在弹出的"从文件选择样板"对话框中选择Tutorial-mMfg.dwt文件，单击"打开"按钮。

STEP 12 在弹出的"插入布局"对话框中单击"确定"按钮。

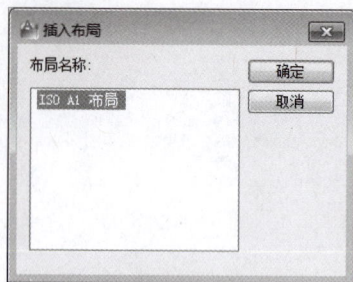

STEP 13 在布局选项卡中双击新建的布局名称，此时该名称变为可编辑状态。

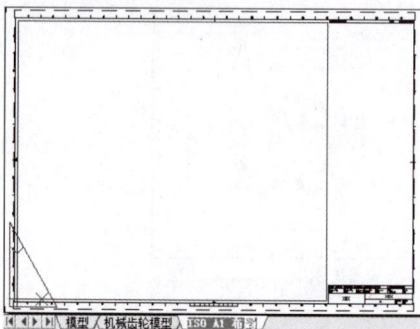

STEP 14 完成新布局名称的更改。

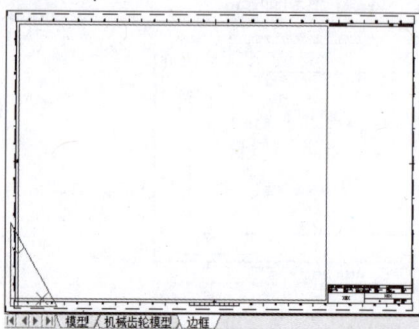

STEP 15 编辑后的布局选项卡如右图所示。

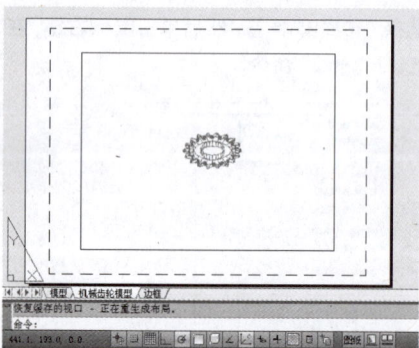

工程师点拨｜布局不应太多

可以在图形中创建多个布局，每个布局都可以包含不同的打印设置和图纸尺寸。但是为了避免在转换和发布图形时出现混淆，通常建议每个图形只创建一到两个布局。

02 布局向导的使用

在菜单栏中执行"插入>布局>创建布局向导"命令，也可以执行"工具>向导>创建布局"命令来调用该命令。使用"创建布局向导"创建新布局，布局向导会提示相关信息，其中包括新布局的名称、与布局相关联的打印机、图纸尺寸、标题栏、视口设置信息、布局中视口配置的位置等。

下面就以零件图为例来讲解通过使用布局向导创建布局的操作步骤。

STEP 01 打开"利用布局创建布局.dwg"文件，在菜单栏中执行"插入>布局>创建布局向导"命令。

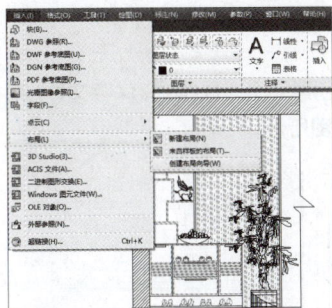

STEP 02 在弹出的"创建布局–开始"对话框中设置新布局名称为"玄关立面图"，然后单击"下一步"按钮。

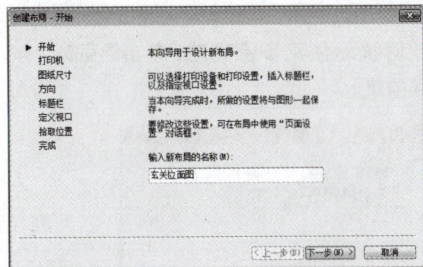

STEP 03 在弹出的"创建布局–打印机"对话框中选择打印机的类型，单击"下一步"按钮。

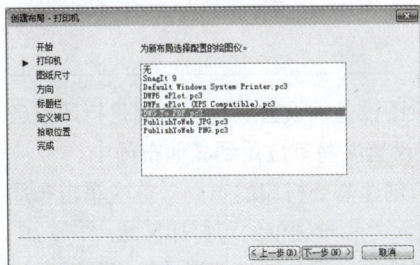

STEP 04 在弹出的"创建布局–图纸尺寸"对话框中选择图纸的尺寸为A4纸张，然后单击"下一步"按钮。

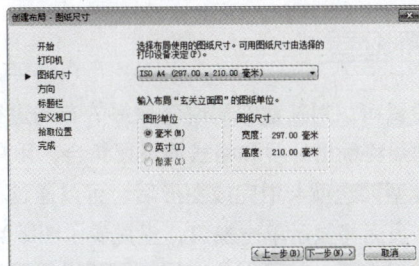

STEP 05 在"创建布局–方向"对话框中单击"纵向"单选按钮，然后单击"下一步"按钮。

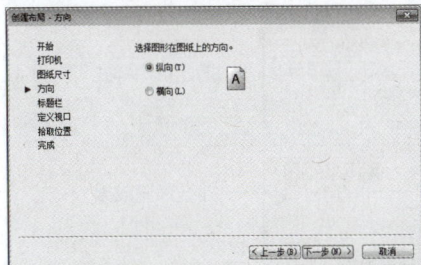

STEP 06 在弹出的"创建布局–标题栏"对话框中选择标题栏，然后单击"下一步"按钮。

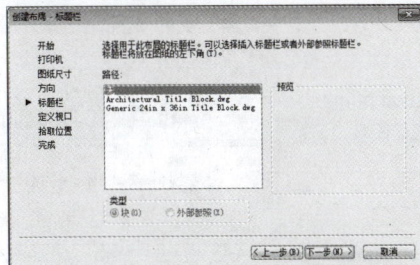

STEP 07 接下来定义视口,选择"单个"单选按钮,并设置视口比例和行、列间距,单击"下一步"按钮。

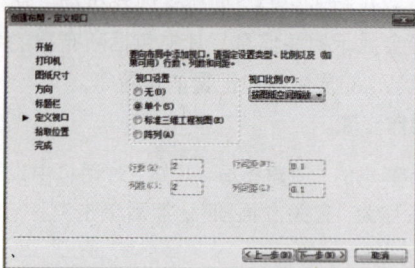

STEP 08 接下来指定位置,单击"选择位置"按钮可以在视口中框选位置,单击"下一步"按钮。

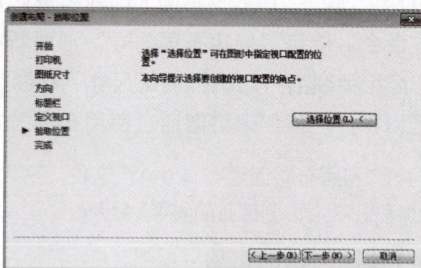

STEP 09 此时提示创建步骤完成,单击"完成"按钮,结束布局创建。

STEP 10 程序自动创建一个布局样式,保存文件,完成后的布局样式如下图所示。

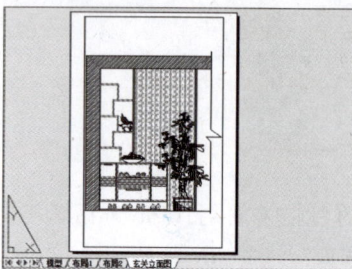

03 页面设置

　　页面设置可以对新建布局或已建好的布局进行图纸大小和绘图设备的设置。页面设置是打印设备和其他影响最终输出外观和格式的设置集合,用户可以修改这些设置并将其应用到其他布局中。

　　在"模型"选项卡中完成图形后,可以通过单击布局选项卡创建需要打印的布局。首次单击布局选项卡时,页面将显示单一视口,虚线表示图纸当前配置的图纸尺寸和绘图仪的可打印区域。

　　设置布局之后,就可以为布局的页面进行各种设置,其中包括打印设备和其他影响输出外观和格式的设置。进行的各种设置和布局将一起储存在图形文件中,用户可以随时修改页面设置中的参数,"页面设置"对话框如下图所示。

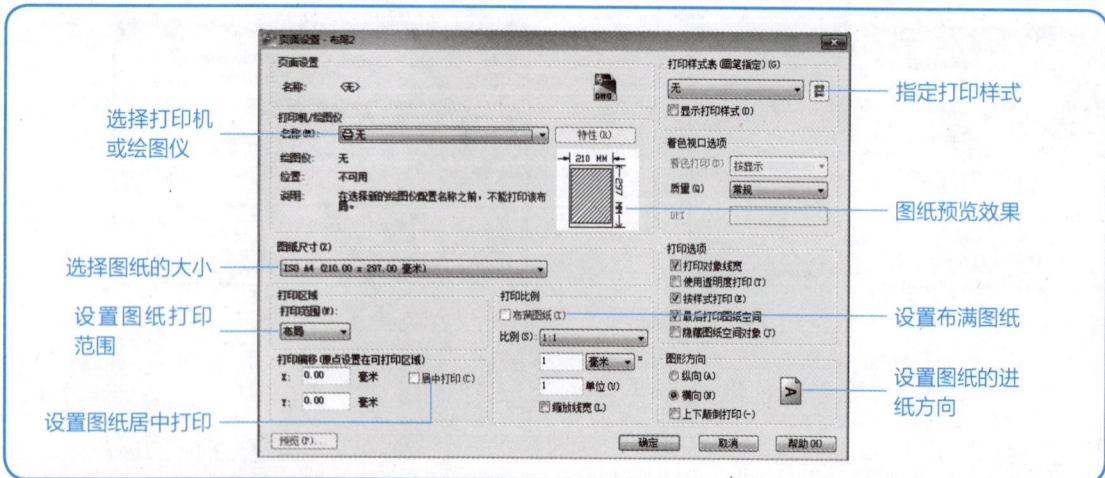

下面讲解页面设置管理器的使用方法，具体操作步骤下。

STEP 01 打开"页面设置.dwg"文件。

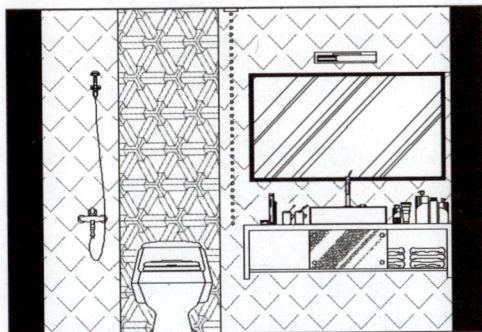

STEP 02 在布局选项卡中选择"布局1"，显示布局1的布局样式。

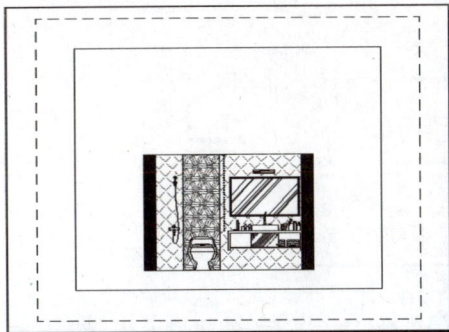

STEP 03 在菜单栏中执行"文件>页面设置管理器"命令。

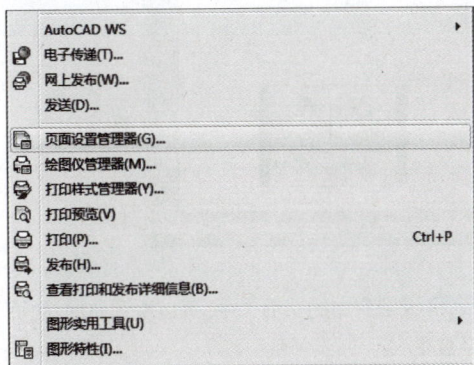

STEP 04 在弹出的对话框中选择"布局1"，然后单击"修改"按钮。

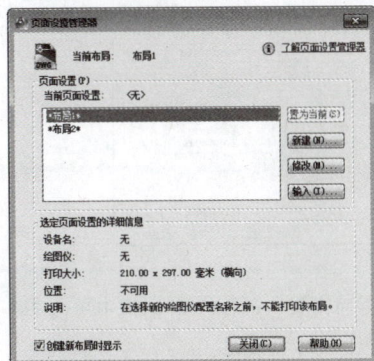

STEP 05 弹出"页面设置－布局1"对话框，在"打印机/绘图仪"中选择打印机的名称。

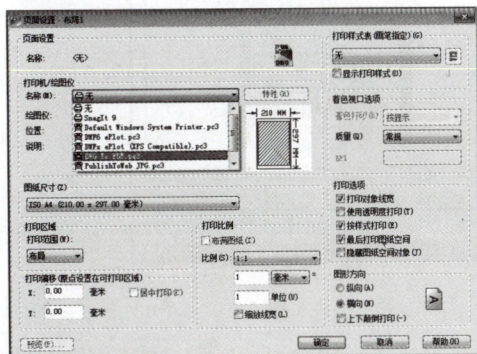

STEP 06 在"打印区域"选择组中设置"打印范围"为"范围"。

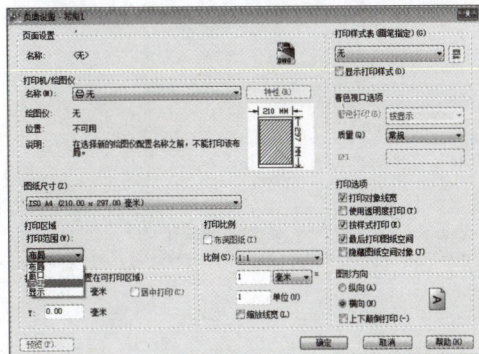

STEP 07 在"打印偏移"选项组中勾选"居中打印"复选框。

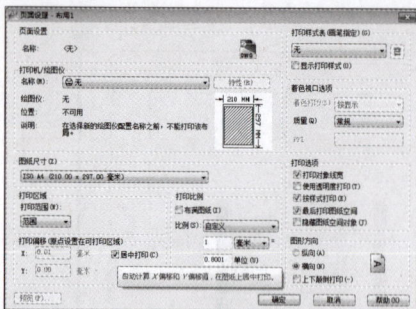

STEP 08 在"打印选项"选项组中勾选"打印对象线宽"复选框。

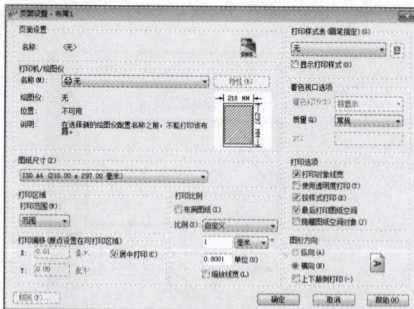

STEP 09 参数设置完成后,在"页面设置-布局1"对话框中单击"预览"按钮。

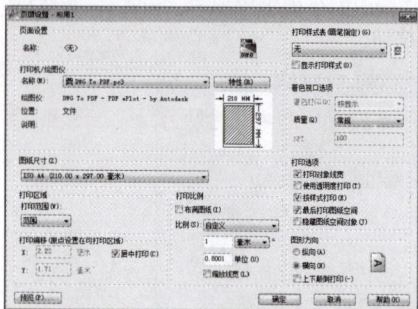

STEP 10 程序自动生成页面设置布局样式,单击"关闭预览窗口"按钮,退出预览效果。

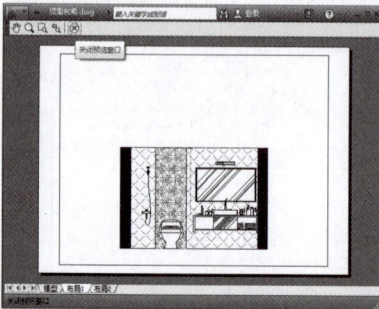

STEP 11 在"页面设置-布局1"对话框中单击"确定"按钮,然后单击"关闭"按钮。

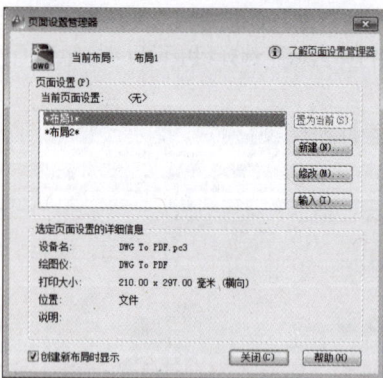

STEP 12 返回到布局选项卡中,可以看到布局1的页面已经被更改。

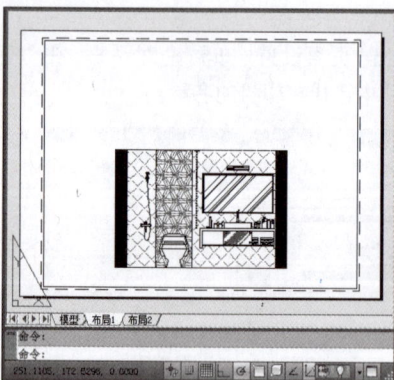

Lesson 02　打印图纸

　　打印是指将图形通过打印机或绘图仪输出到图纸上。在打印图形之前，需要设置打印或绘图仪的指定端口信息、光栅图形和矢量图形的质量、图纸尺寸以及取决于绘图仪类型的自定义特性。

01　指定打印区域

　　打印图形之前，要指定图形的打印范围。设置打印范围，可以在页面设置管理器"打印区域"选项组中设置"打印范围"为"窗口"，如下左图所示。在绘图窗口中框选打印区域的两个角点，如下右图所示。

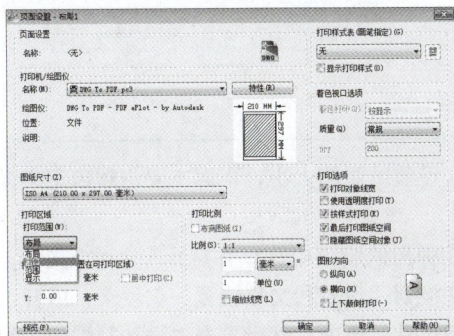

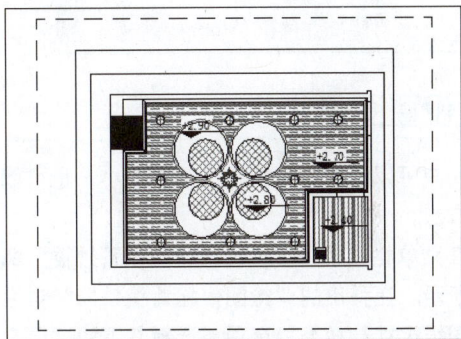

　　设置完成后在页面设置管理器中单击"确定"按钮，程序自动显示出打印的布局效果，如右图所示。

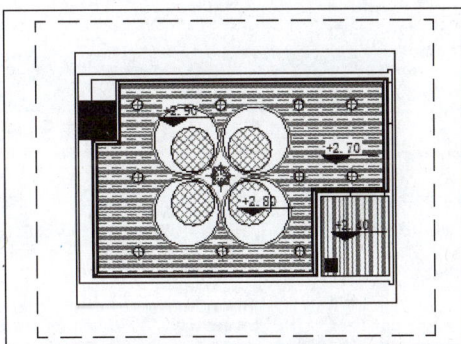

　　此外，用户还可以设置打印戳记，单击鼠标右键，在快捷菜单中选择"选项"命令。在"选项"对话框的"打印和发布"选项卡中单击"打印戳记设置"按钮，如下左图所示。在弹出的"打印戳记"对话框中可以设置打印戳记的相关选项，单击"加载"按钮可以加载打印戳记参数文件，如下右图所示。

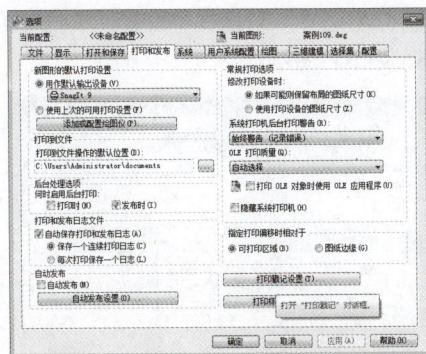

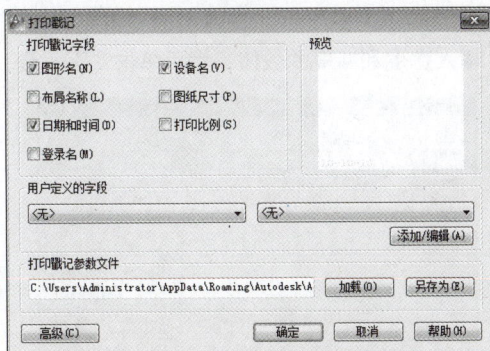

弹出"打印戳记参数文件名"对话框，选择并打开需要加载使用的文件，如下左图所示。

在"打印戳记"对话框中单击"高级"按钮将弹出"高级选项"对话框，在该对话框中用户可以设置打印戳记的高级参数相关选项，如下右图所示。

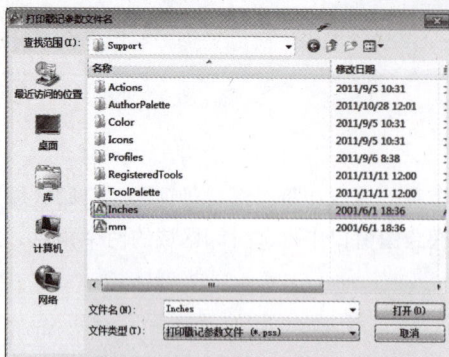

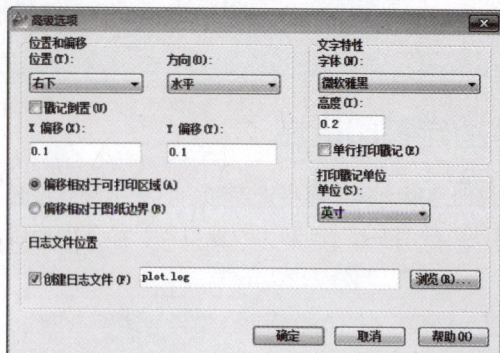

02 设置图纸大小

用户可以设置常用的标准纸张大小，也可以自定义设置纸张的大小，下面主要讲解自定义纸张大小的方法。

在菜单栏中执行"文件>绘图仪管理器"命令，在弹出的窗口中选择并打开一个pc3文件，如下左图所示。在弹出的"绘图仪配置编辑器"对话框中切换到"设备和文档设置"选项卡，展开"用户定义图纸尺寸与校准"选项，选择其下的"自定义图纸尺寸"选项，然后单击"添加"按钮，如下右图所示。

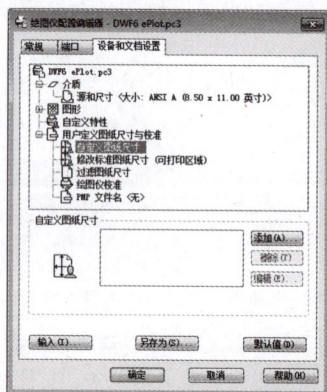

在弹出的"自定义图纸尺寸 - 开始"对话框中选择"创建新图纸"单选按钮，然后单击"下一步"按钮，如下左图所示。在弹出的"自定义图纸尺寸 - 介质边界"对话框中设置"单位"为"毫米"，输入宽度和高度的数值，然后单击"下一步"按钮，如下右图所示。

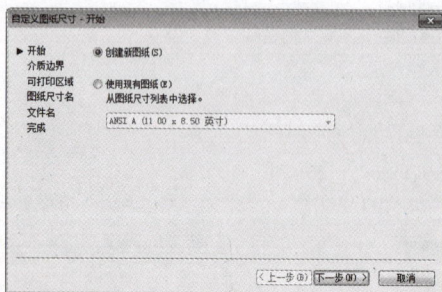

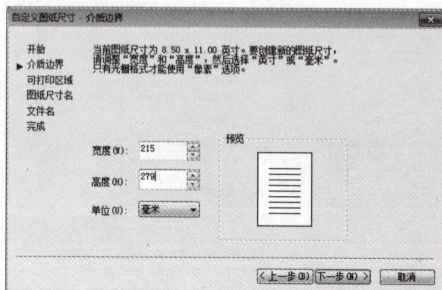

在"自定义图纸尺寸－可打印区域"对话框中输入图纸边界值后单击"下一步"按钮，如下左图所示。在弹出的"自定义图纸尺寸－图纸尺寸名"对话框中输入图纸尺寸名称，然后单击"下一步"按钮，如下右图所示。

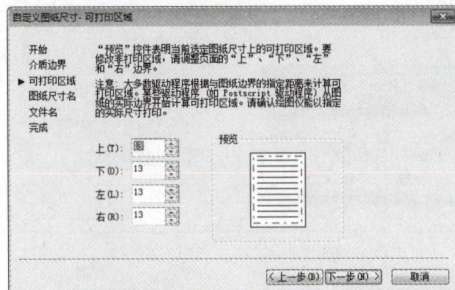

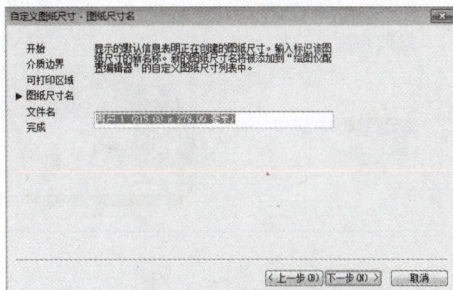

在"自定义图纸尺寸－文件名"对话框中输入文件名后，单击"下一步"按钮继续操作，如下左图所示。在弹出的"自定义图纸尺寸－完成"对话框中单击"完成"按钮，结束操作，如下右图所示。

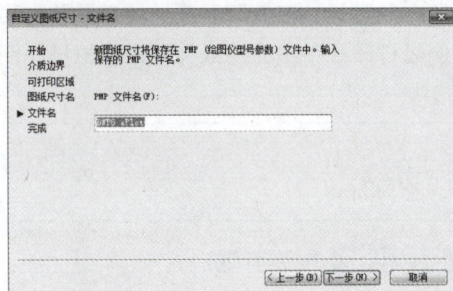

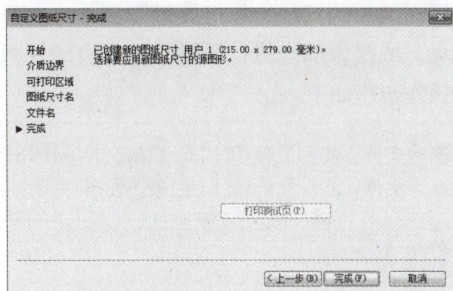

03 打印预览

将图形发送到打印机或绘图仪之前，最好先预览打印效果，确认对设置是否满意，以免浪费材料。用户可以在快速访问工具栏中单击"打印预览"按钮，或者在菜单栏中执行"文件>打印预览"命令，程序将自动生成打印预览效果。

预览图形时将隐藏活动工具栏和工具选项板，并显示临时的"预览"工具栏，其中包括返回、平移、缩放等工具按钮。"打印"和"页面设置"对话框中的缩略预览图还会在页面上显示可打印区域和图形的位置。

如果需要进行打印预览，可以在"页面设置"对话框左下角区域单击"预览"按钮，如下左图所示，即可打开打印预览窗口，如下右图所示。

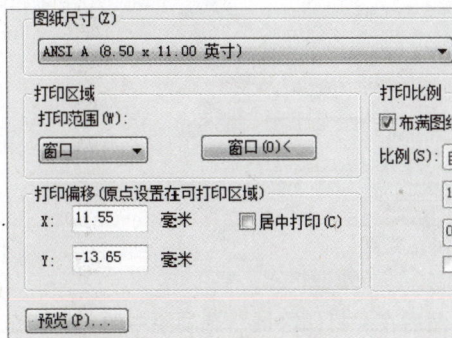

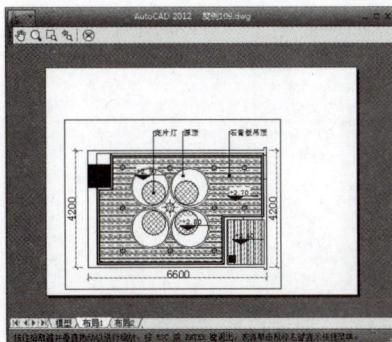

在打印预览状态下光标为实时缩放光标，滚动鼠标中键可以缩放预览图形。在打印预览窗口的左上方也可以通过单击相应的按钮来进行缩放，如下图所示。

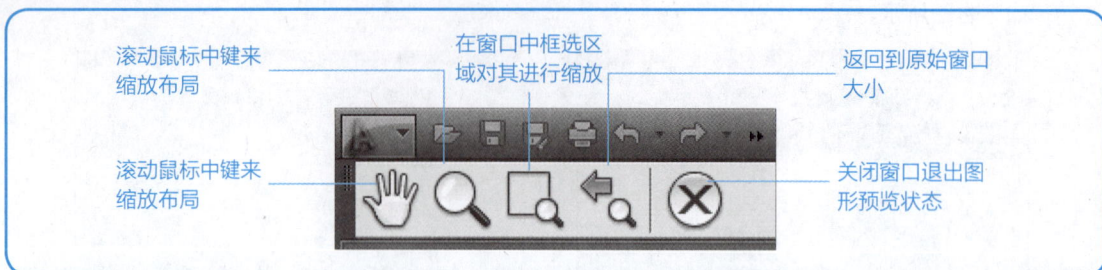

滚动鼠标中键来缩放布局

在窗口中框选区域对其进行缩放

返回到原始窗口大小

滚动鼠标中键来缩放布局

关闭窗口退出图形预览状态

相关练习 | 打印阀盖零件图纸

　　图形文件的打印可以打印模型文件，也可以打印布局图纸。在打印图纸之前都需要先预览打印效果，或是添加虚拟打印机来查看打印效果。本例以打印扶手剖面图纸为例来虚拟打印图纸，具体操作步骤如下。

原始文件：实例文件\第14章\原始文件\打印剖面图纸.dwg
最终文件：实例文件\第14章\最终文件\打印剖面图纸 – 布局2.pdf

STEP 01 打开图纸

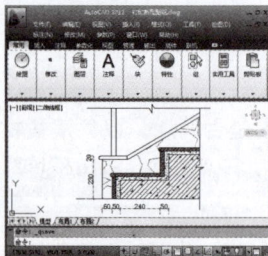

打开"打印剖面图纸.dwg"文件，切换到"布局2"显示状态下。

STEP 02 选择打印机

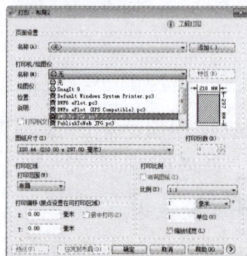

在菜单栏中执行"文件 > 打印"命令，在弹出的"打印 – 布局2"对话框中选择打印机类型。

STEP 03 选择图纸尺寸

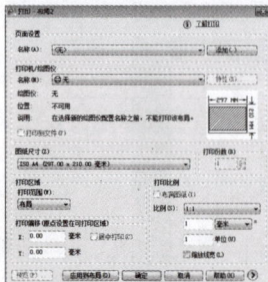

在"打印 – 布局2"对话框的"图纸尺寸"选项组中设置图纸的尺寸为"ISO A4（297.00×210.00毫米）"。

STEP 04 打印范围

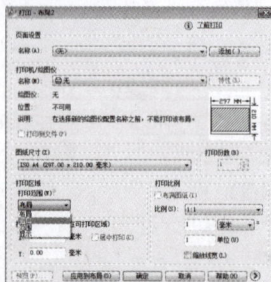

然后在"打印区域"选项组中的"打印范围"下拉列表中，选择"窗口"。

STEP 05 打印区域

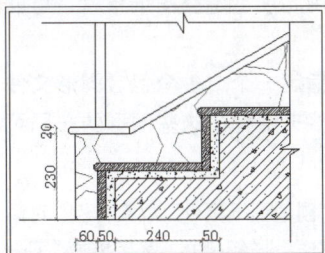

在布局窗口中框选需要打印的区域，可以从左向右框选，也可以从右向左框选。

STEP 06 打印比例

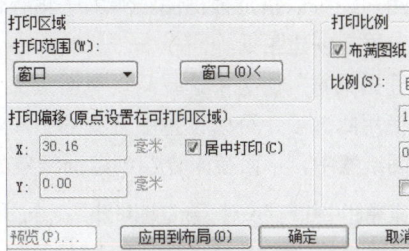

在"打印偏移"选项组中勾选"居中打印"复选框，在"打印比例"选项组中勾选"布满图纸"复选框。

STEP 07 打印预览

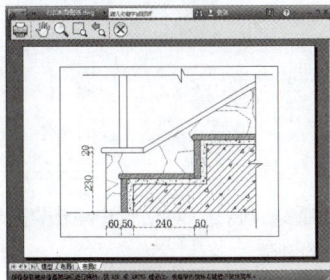

在"打印－布局2"对话框中单击"预览"按钮，查看打印效果，预览完成后单击"关闭预览"按钮，退出预览。

STEP 08 打印范围

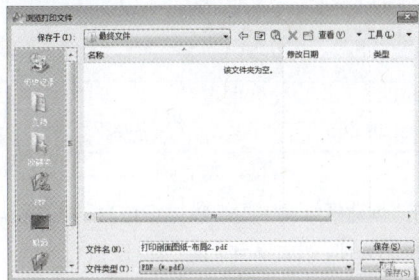

然后单击"打印－布局2"对话框中的"确定"按钮，此时将弹出"浏览打印文件"对话框，指定文件的名称和路径后单击"保存"按钮。

Lesson 03　输出与发布

发布是AutoCAD 2012提供的一种创建图纸图形集或电子图形集的简单方法。电子图形集是打印的图形集的数字形式，可以通过将图形发布为DWF或DWFx文件来创建电子图形集。

原始文件：实例文件\第14章\原始文件\三维DWF发布.dwg、Web网上发布.dwg
最终文件：实例文件\第14章\最终文件\三维DWF发布.dsd、Web网上发布

01 创建图纸集

通过图纸管理器可以发布整个图纸集、图纸集子集或单张图纸。通过将图纸集发布为单个多页DWF或DWFx文件可以创建电子图形集，将图纸集发布到页面设置中指定的绘图仪可以创建图纸图形集。

创建图纸集需要使用"创建图纸集"向导，在向导中，既可以基于现有图形从头开始创建图纸集，也可以使用图纸集样例作为样板进行创建。

创建图纸集有从图纸集样例创建图纸集和从现有图形创建图纸集两种途径。

在"创建图纸集"向导中选择从图纸集样例创建图纸集时，该样例将提供新图纸集的组织结构和默认设置。用户还可以指定根据图纸集的子集存储路径创建文件夹。使用此项创建空图纸集后，可以单独地输入布局或创建图纸。

在"创建图纸集"向导中选择从现有图形文件创建图纸集时，需要指定一个或多个包含图形文件的文件夹。使用此选项，可以设置图纸集的子集组织复制图形文件的文件夹结构，这些图形的布局可自动输入到图纸集中，下面就来介绍创建图纸集的操作步骤。

STEP 01 在菜单栏中执行"文件>新建图纸集"命令，在弹出的"创建图纸集–开始"对话框中选择"样例图纸集"，然后单击"下一步"按钮。

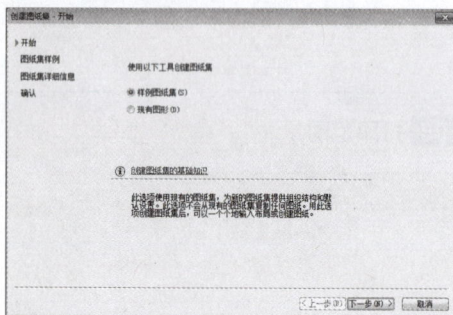

STEP 02 在弹出的"创建图纸集–图纸集样例"对话框中选择一个图纸集作为样例模板，然后单击"下一步"按钮。

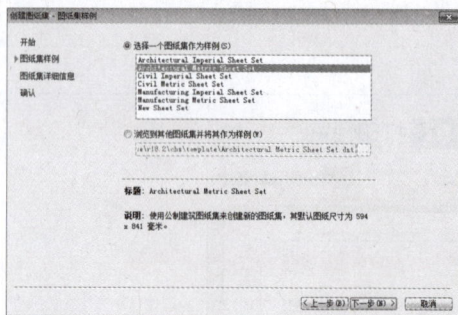

STEP 03 在"创建图纸集–图纸集详细信息"对话框中输入图纸集的名称，然后单击"下一步"按钮。

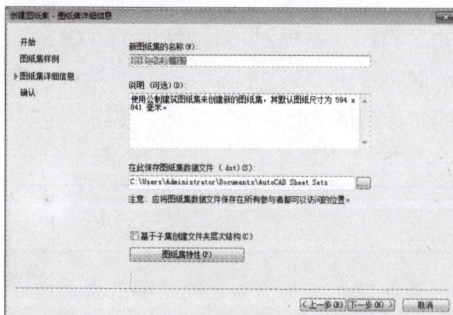

STEP 04 在"创建图纸集–确认"对话框中单击"完成"按钮，结束图纸集的创建。

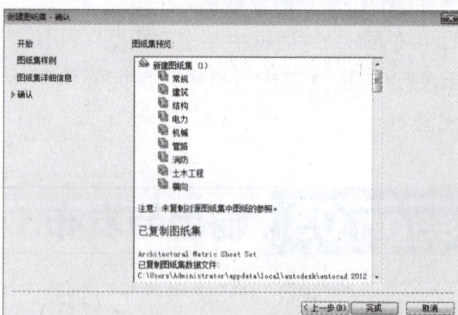

STEP 05 在图纸集管理器中可以看到新建的图纸集列表。

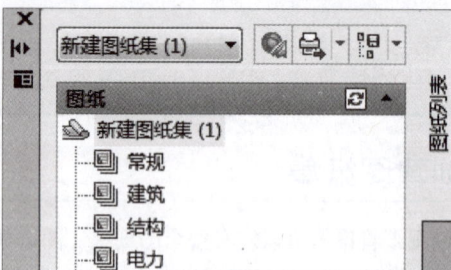

工程师点拨│自定义特性

　　在创建图纸集的过程中，还可以在"创建图纸集 – 图纸集详细信息"对话框中单击"图纸集特性"按钮，在打开的"图纸集特性"对话框中显示了当前图纸集的信息，如下左图所示。在"图纸集特性"对话框中单击"编辑自定义特性"按钮，在弹出的"自定义特性"对话框中列出了与当前图纸集关联的自定义特性，选中并单击"添加"按钮将添加自定义特性，如下图所示。

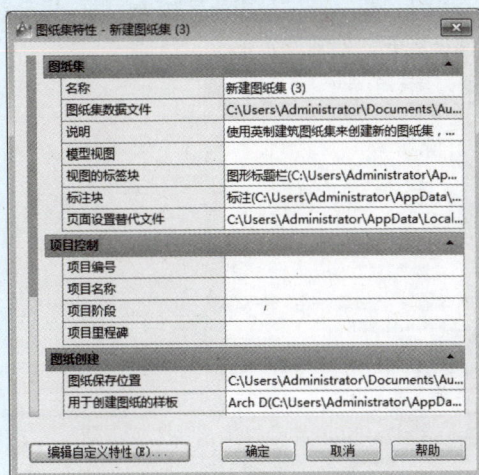

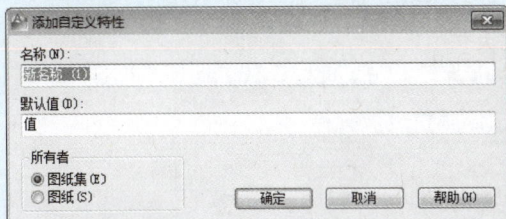

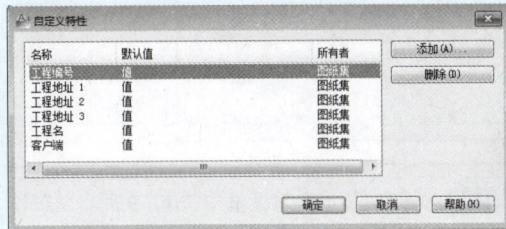

　　创建好图纸集以后就可以进行图纸集的发布了，通过图纸集管理器可以轻松地发布整个图纸集、图纸集子集或单张图纸。在图纸集管理器中发布图纸集比使用"发布"对话框更快速。

　　在图纸管理器中单击"打开"下拉按钮，在弹出的下拉列表中选择"打开"选项，如下左图所示。选择需要发布的图纸集，然后在"图纸集管理器"选项板中选中需要进行发布的图纸集，单击鼠标右键，在弹出的快捷菜单中选择"发布>发布为DWF"选项，即可将图纸集进行发布，如下右图所示。

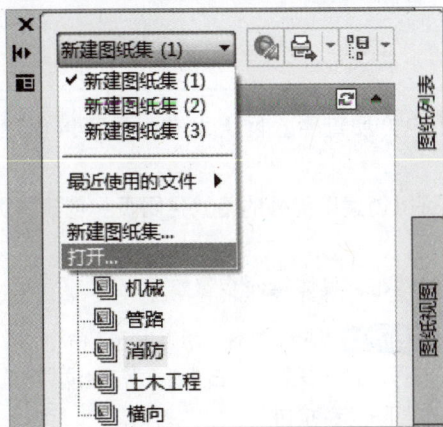

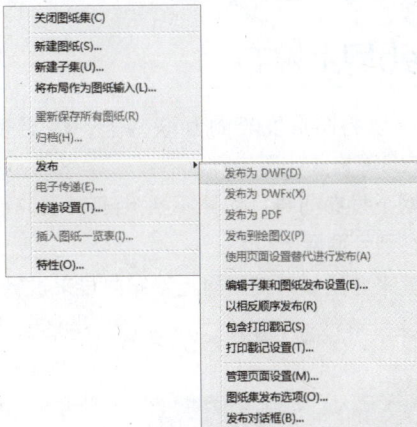

02 三维DWF发布

使用三维DWF发布，用户可以创建和发布三维模型的DWF文件，并且可以使用Autodesk DWFViewer查看这些文件，下面将举例介绍三维DWF发布的操作步骤。

STEP 01 打开"三维DWF发布.dwg"文件，执行"文件>发布"命令，弹出"发布"对话框，程序自动检测当前图形文件中的错误，单击"显示细节"按钮将会出现更多细节内容。

STEP 02 单击"发布"按钮，将弹出"发布-保存图纸列表"对话框，提示是否保存图纸列表，单击"是"按钮保存图纸列表。弹出"列表另存为"对话框，指定名称和路径后单击"保存"按钮。

STEP 03 如果在"发布"对话框中勾选"在后台发布"复选框，程序将自动在后台发布。发布完成后，在软件界面右下方提示发布完成，单击消息提示框，将弹出"打印和发布详细信息"对话框。

03 Web网上发布

用户可以将图形发布到互联网上，供更多的用户方便查看。网上发布向导可以创建DWF、JPEG、PNG等格式的图像样式。

使用网上发布向导，如果不熟悉HTML编码，也可以创建出优秀的格式化网页。创建网页之后可以将其发布到互联网上。

下面就来介绍如何使用网上发布向导来进行图形的发布，具体操作步骤如下。

STEP 01 打开"Web网上发布.dwg"文件。

STEP 02 执行"文件>网上发布"命令，在"网上发布-开始"对话框中单击"创建新Web页"单选按钮，单击"下一步"按钮。

STEP 03 在弹出的"网上发布–创建Web页"对话框中输入Web页的名称,然后单击"下一步"按钮。

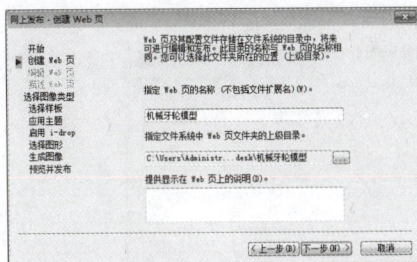

STEP 04 在弹出的"网上发布–选择图像类型"对话框中设置类型为"JPEG","图像大小"为"大",然后单击"下一步"按钮。

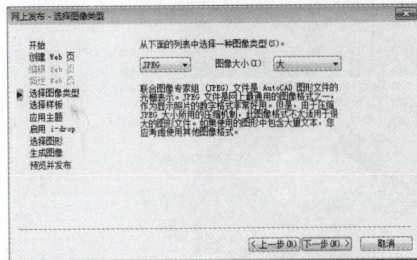

STEP 05 在弹出的"网上发布–选择样板"对话框中选择一个样板,然后单击"下一步"按钮。

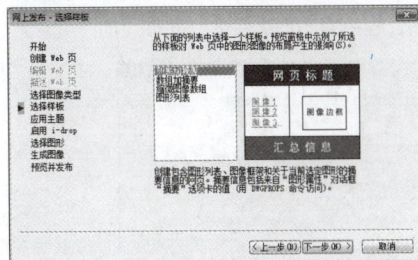

STEP 06 在"网上发布–应用主题"对话框中选择一个主题模式,然后单击"下一步"按钮。

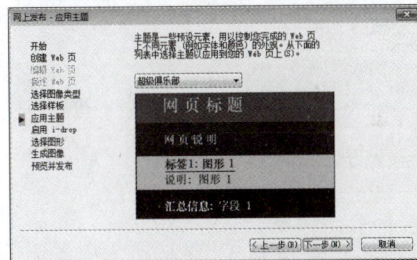

STEP 07 在"网上发布–启用 i – drop"对话框中勾选"启用 i – drop"复选框,然后单击"下一步"按钮。

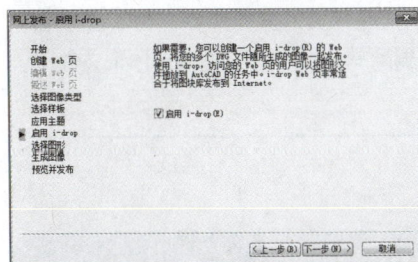

STEP 08 在"网上发布–选择图形"对话框中单击"添加"按钮,程序自动将模型进行添加到"图像列表"中,然后单击"下一步"按钮。

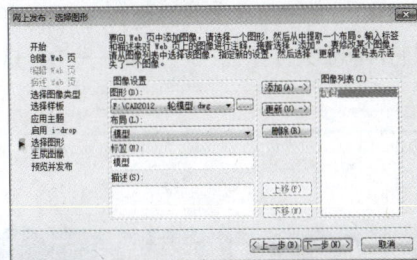

STEP 09 在弹出的对话框中勾选"重新生成已修改图形的图像"按钮,单击"下一步"按钮。

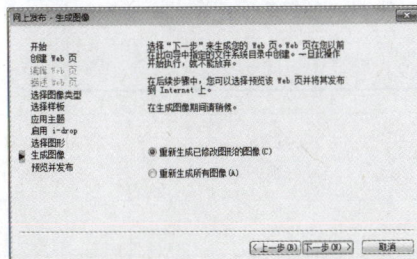

STEP 10 在"网上发布–预览并发布"对话框中单击"预览"按钮。

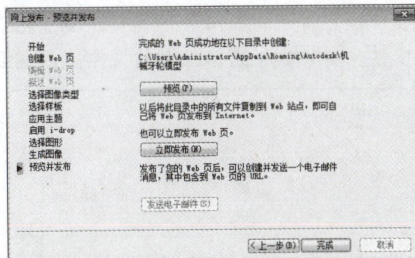

STEP 11 程序自动弹出HTML网页，显示发布的效果。

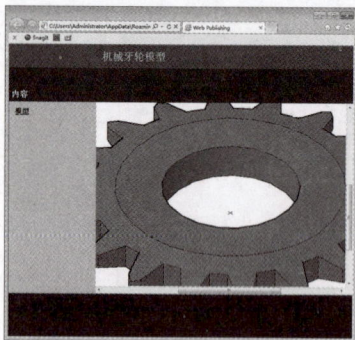

STEP 12 在"网上发布－预览并发布"对话框中单击"立即发布"按钮，程序将弹出"发布 Web"对话框提示用户指定发布文件的位置，单击"保存"按钮保存发布。

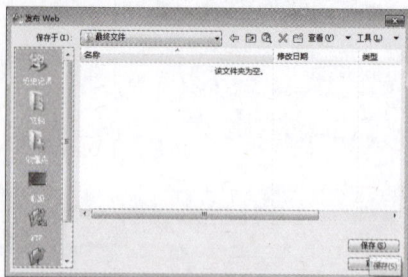

STEP 13 保存完之后，程序立即弹出"AutoCAD"对话框，提示"发布成功完成"。

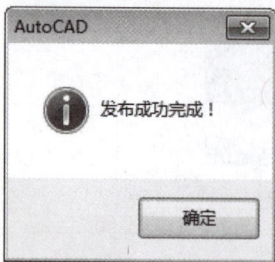

STEP 14 在"网上发布－预览并发布"对话框中选择"完成"按钮，程序将图形文件进行发布。

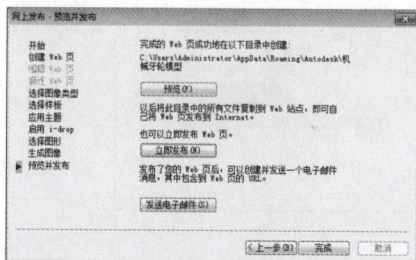

工程师点拨 | 将HTML文件放置到文件夹中

在进行Web发布图形文件时会创建一个HTML文件和若干构成网页的其他文件，为了便于管理，可以将HTML文件保存在一个文件夹中，这样可以避免因删除其他文件而误造成HTML文件不能打开。

相关练习 | 鸟笼图纸的发布

在AutoCAD 2012中可以打印二维图形和三维图形，如果用户没有安装打印机或绘图仪，可以添加虚拟打印机，将图纸发表为PDF格式或JPG格式，下面就来介绍具体的操作方法。

原始文件：实例文件\第14章\原始文件\鸟笼图纸的发布.dwg
最终文件：实例文件\第14章\最终文件\鸟笼图纸的发布.pdf

STEP 01 打开图纸

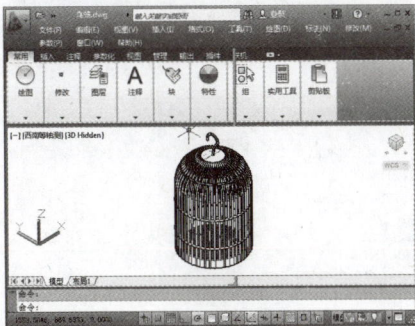

打开"鸟笼图纸的发布.dwg"文件，在布局选项卡中可以看到图形文件为一个"模型"选项卡和"布局1"选项。

STEP 02 修改模型

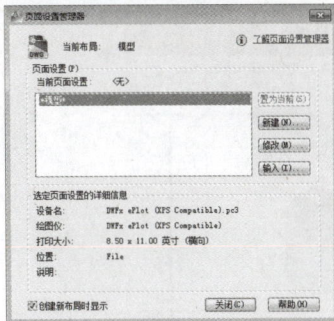

在菜单栏中执行"文件 > 页面设置管理器"命令，在弹出的"页面设置管理器"对话框中单击"修改"按钮。

STEP 03 选择虚拟打印机

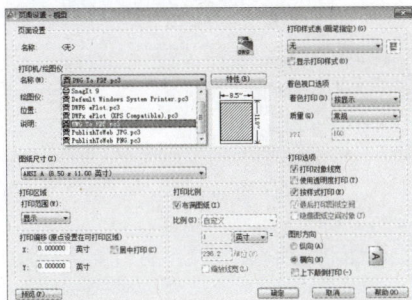

在弹出的"页面设置 – 模型"对话框中设置打印机的类型为虚拟打印机。

STEP 04 打印范围

在"打印区域"选项组中设置"打印范围"为"窗口"。

STEP 05 框选打印区域

此时在布局窗口中框选需要打印的区域，可以从左向右框选，也可以从右向左框选。

STEP 06 居中打印

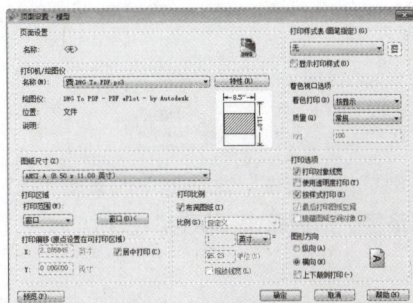

回到对话框中，勾选"布满图纸"和"居中打印"复选框，单击"确定"按钮，在"页面设置管理器"对话框中单击"关闭"按钮。

STEP 07 页面设置STEP

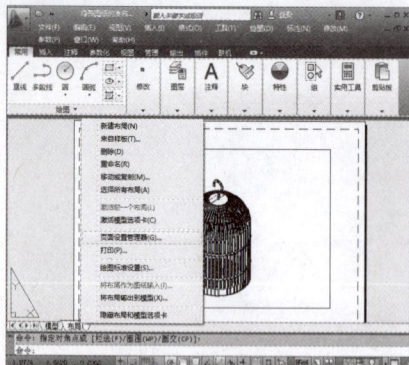

选择"布局1",单击鼠标右键,在快捷菜单中选择"页面设置管理器"命令。

STEP 08 修改页面设置

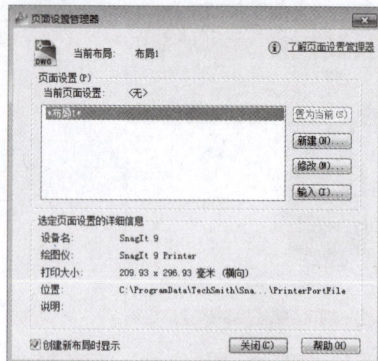

在弹出的"页面设置管理器"对话框中单击"修改"按钮。

STEP 09 选择虚拟打印机

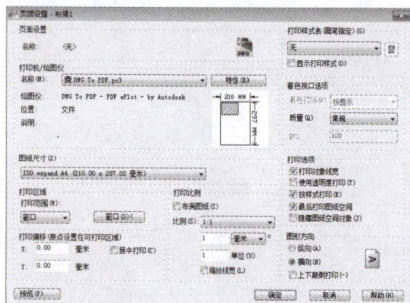

使用与前面相同的操作方法设置页面相关参数。

STEP 10 打印范围

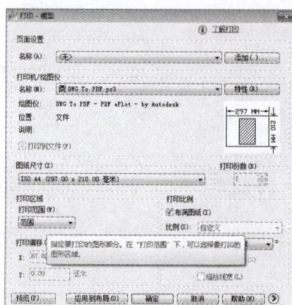

执行"文件>打印"命令,在弹出的"打印"对话框中设置打印参数,然后单击"确定"按钮。

STEP 11 保存打印文件

在弹出的"浏览打印文件"对话框中设置输出文件的名称和路径,然后单击"保存"按钮。

STEP 12 完成打印

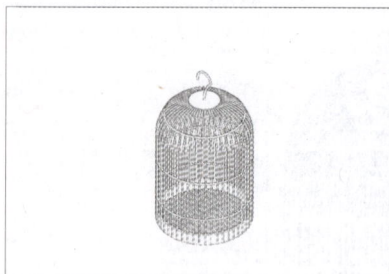

程序自动对框选的部分进行打印,并输入到指定的路径中。

Q&A 工程技术问答

在图纸的输出与打印内容的操作上，同样会遇到一些问题，如图框比例的确定、打印图纸线条颜色的显示以及绘图比例的确定的问题，这里将会为用户解答。

Q01： 在AutoCAD 2012中，不管零件大小都按实际尺寸绘出，有些零件是可以直接放到A4图框里，但大部分放不下，因此需要放大或缩小图框直到把零件图放下为止，在图框中有一项是比例，请问这里标注的是什么比例呢？

A01： 图纸不仅表达设计者的意图，同时也表达了实际的零件尺寸，所以在图纸上量出来的尺寸必须要与实际的尺寸吻合。绘图时按1：1绘制，图绘制完成后放到图框的时候，需要将图框放大或者缩小一定的比例。打印的时候按图纸空间缩放，把图框放大或缩小的比例就是在比例栏里应该填写的比例。如比例栏里标明1：2，即在图纸上量出来的是1mm，而对应的实际尺寸是2mm。

Q02： 在打印图纸时，为什么打印出来的线条全是灰色？

A02： AutoCAD 2012默认的打印颜色是灰色，但是用户可以通过设置打印样式来进行修改。在"页面设置 – 模型"对话框中的"打印样式表"下拉列表中，设置打印样式为"monochrome.ctb"，然后单击"打印样式表"旁的"编辑按钮"，在弹出的"打印样式表编辑器"对话框中框选所有颜色，将其设置为需要打印的颜色，这样设置后就可以打印出其他颜色了。

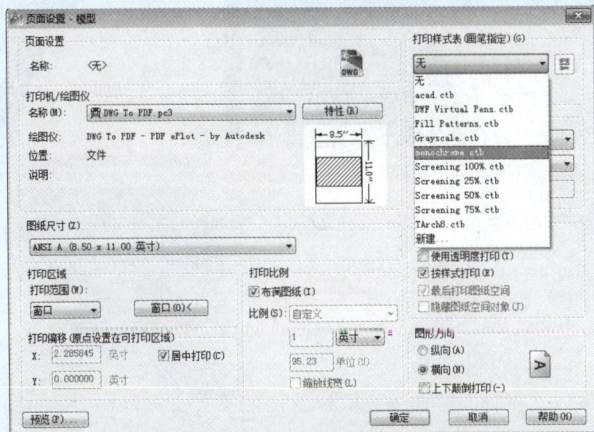

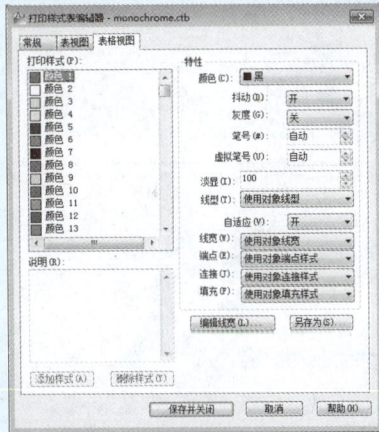

Q03： 利用AutoCAD绘图时是按照1：1的比例还是由出图的纸张大小决定的？

A03： 在AutoCAD里，图形是按"绘图单位"来画的，一个绘图单位就是在图上画1的长度。一般在出图时有一个打印尺寸和绘图单位的比值关系，打印尺寸按毫米计，如果打印时按1：1来出图，则一个绘图单位将打印出一毫米，在规划图中，如果使用1：1000的比例，则可以在绘图时用1表示1米，打印时用1：1出图就行了。实际上，为了数据便于操作，往往用1个绘图单位来表示你使用的主单位，比如，规划图主单位为米，机械、建筑和结构主单位为毫米，仅仅在打印时需要注意。

因此，绘图时先确定你的主单位，一般按1：1的比例，出图时再换算一下。按纸张大小出图仅仅用于草图，比如现在大部分办公室的打印机都是设置成A3的，可以先把图形出在满纸上，当然比例不对，仅仅是为了看一下。

PART 05

二次开发篇

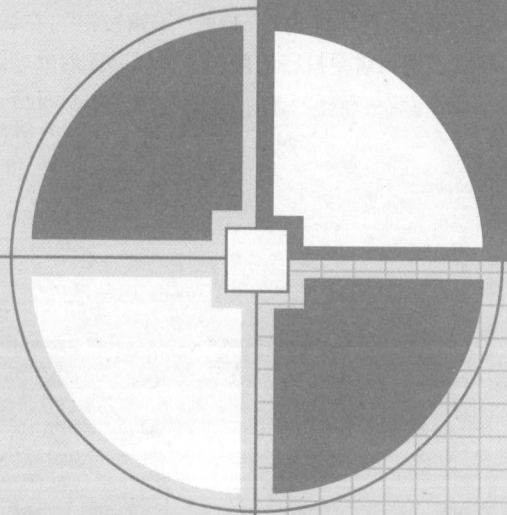

CHAPTER

15

AutoLISP
语言简介

AutoCAD是一款向量式的计算机辅助制图软件,被广泛应用于多种领域和行业,用户可以根据自身的专业需求进行定制。Visual LISP编辑器可以进行AutoLISP应用程序的扩展设计,因此可以设计出符合行业需求的扩展程序,从而满足不同行业用户的需求。

Lesson 01　AutoLISP概述

AutoLISP是由Autodesk公司开发的一种LISP程序语言，LISP是List Processor的缩写。是一种人工智能领域中被广泛采用的程序设计语言，是一种计算机表处理语言。利用AutoLISP编程，可以为工程师节省很多时间。AutoLISP作为嵌入在AutoCAD内部的具有智能特点的编程语言，是开发应用AutoCAD不可缺少的工具。

01　AutoLISP语言的发展

Autodesk公司的主要创始人John Walker早在20世纪80年代中期就认识到LISP语言与AutoCAD的协同工作具有潜在的可能性，它既能提供非常简单的宏操作，又能为类似的操作提供高级编程语言中的广泛资源。AutoLISP解释程序位于AutoCAD软件包中，但AutoCAD R2.17及更低版本的软件包中并不包含AutoLISP解释程序，这样，只有通过AutoCAD R2.18及更高版本才可以使用AutoLISP语言。

AutoLISP采用了和CommonLISP最相近的语法和习惯约定，除了具有CommonLISP的特性外，还具有AutoCAD的许多功能。它可以把AutoLISP程序和AutoCAD的绘图命令结合起来，使设计和绘图完全融为一体，还可以实现对AutoCAD当前数据库的直接访问、修改。AutoLISP方便了对屏幕图形的实时修改、参数化设计和交互设计，为在绘图领域应用人工智能提供了方便。

迄今为止，大部分参数化程序都是针对二维平面图编制的，实际上可以通过AutoLISP语言实现立体图的参数化绘制。AutoLISP语言嵌入AutoCAD之后，AutoCAD就不再只是交互式的图形绘制软件，而成为真正的计算机辅助设计软件。

02　AutoLISP语言的特点

- AutoLISP语言扩充了许多适用于AutoCAD应用的特殊功能，是嵌入在AutoCAD内部并以解释方式运行的编程语言。
- AutoLISP语言是函数型语言，执行AutoLISP程序实际上就是执行一些函数，再调用另一些函数。函数和数据的形式一致，都是符号表达式。
- AutoLISP语言把数据和程序统一表达为表结构，就可以把程序当作数据来处理，也可以把数据当作程序来执行。
- AutoLISP程序运行过程就是对函数求值的过程，是在对函数求值的过程中实现函数的功能。
- AutoLISP语言的功能函数强大，拥有控制配合AutoCAD的特殊函数。而且AutoLISP可直接执行AutoCAD的所有指令，并使用AutoCAD的所有系统变量。
- AutoLISP语言是一种解释型语言，程序不需要再进行编译，可以直接在AutoCAD中得到相应的成果。
- AutoLISP语言可使用递归方式来定义。

03　AutoLISP帮助说明

在AutoCAD 2012的菜单栏中执行"帮助>帮助"命令，或按下F1键，程序将自动弹出Autodesk Exchang窗口，如下图所示。

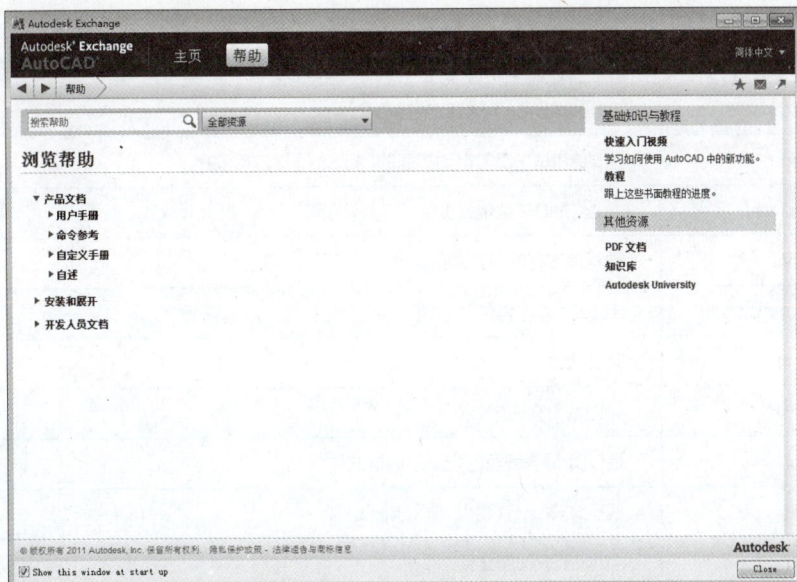

在自定义手册中有AutoLISP的几个相关介绍：

- 《AutoLISP 和 VisualLISP》：详细介绍了 AutoLISP 和 VisualLISP 的概况，使用 AutoLISP 应用程序，自动加载和运行 AutoLISP 程序。

- 《在宏中使用 AutoLISP》：介绍了调用宏、预设值、调整节点的大小、提示用户输入功能。

- 《加载 AutoLISP》：讲解了步骤和命令。

- 《使用 AutoLISP 变量》：介绍了 AutoLISP 的相关主题。

- 《DXF 参考手册》：提供关于 DXF 文件格式的全面参考。

04 AutoLISP文件格式

在使用AutoLISP进行程序设计时，应该考虑所使用的文件类型。AutoLISP支持的文件类型可以使用ASCⅡ码的文本文件，用任何文本编辑器都可以创建和扩充这些文件。文件名为acad或acadiso的文件是AutoCAD 2012系统定义的文件。在对这些文件进行修改和扩充时必须进行备份。AutoCAD 2012支持的文件和文件类型如表15-1所示。

表15-1 AutoCAD 2012支持的文件和文件格式

文件	说明
acad.lin	标准的AutoCAD线型文件
acadiso.lin	标准的AutoCAD ISO线型文件
acad.mnl	标准AutoCAD菜单调用的AutoLISP程序文件
acad.mnu	标准AutoCAD菜单的模板源文件
acad.mns	标准AutoCAD菜单的源文件
acad.pat	标准AutoCAD的填充图案文件
acadiso.pat	标准AutoCAD ISO的填充图案文件
acad.pgp	AutoCAD程序的参数文件

（续表）

文件	说明
acad.psf	AutoCAD postScript支持的文件
acad.rx	启动AutoCAD时自动加载的ObjectARX应用程序
acad.unt	AutoCAD单位定义文件
asi.ini	数据库连接的转换映射文件
fontmap.ps	AutoCAD字体位图文件
*.ahp	帮助文件
*.hdx	帮助索引文件
*.dcl	用DCL语言编写的定义对话框文件
*.lin	线型文件
*.isp	AutoLISP程序文件
*.mln	多线库文件
*.mnl	同名菜单文件调用的AutoLISP程序文件
*.mns	AutoCAD生成的菜单源文件，用户可以对其进行修改或扩充
*.mnu	菜单源文件，包含定义AutoCAD菜单的命令字符串和宏语法
*.pat	定义的填充图案文件
*.scr	脚本文件
*.shp	定义形/字体的源文件

05 关于Visual LISP

　　Visual LISP是 AutoCAD自带的一个集成的可视化AutoLISP开发环境，它是为加速AutoLISP程序开发而设计的软件开发工具，是一个完整的集成开发环境。包含编译器、调试器和其他提高生产效率的开发工具。从AutoCAD 2000开始，有了集成的开发环境：Visual LISP。作为开发工具，Visual LISP添加了更多的功能，并对语言进行了扩展，以与使用 ActiveX 的对象进行交互。Visual LISP 也允许AutoLISP通过对象反应器对事件进行响应。Visual LISP具有自己的窗口和菜单，但它并不能独立于AutoCAD运行。Visual LISP操作界面简易明了，用户可以在较短时间内掌握。在菜单栏中执行"工具>AutoLISP>AutoLISP编辑器"命令，弹出的窗口如下图所示。

　　Visual LISP不仅继承了AutoLISP程序设计的特点，还允许用AutoLISP程序维护AutoCAD的资源。Visual LISP 提供了从一个名称空间向另一个名称空间中加载符号和变量的机制。在Visual LISP集成环境下可以便捷、高效地开发AutoLISP程序，可以经过编译得到运行效率高、代码紧凑、源代码受到保护的应用程序。

　　Visual LISP对AutoLISP语言的功能进行了扩展，可以通过Microsoft ActiveX Automation接口与AutoCAD对象进行交互，可以通过反应器函数扩展AutoLISP响应事件的能力。

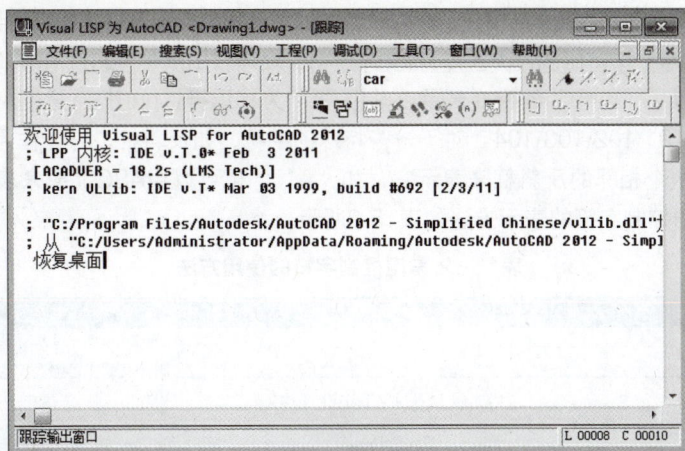

Lesson 02　数据类型与表达式

AutoLISP类型很多，包括整型（INT）、实型（REAL）、字符串（STR）、表（LIST）、文件描述符（FILE）、AutoCAD的图元名（ENAME）、AutoCAD的选择集（PICKSET）、符号（SYM）等。表达式是AutoLISP处理的对象。

01　AutoLISP的数据类型

AutoLISP的数据类型分为实型、整型、字符串、表、文件描述符、图元名和选择集等，下面分别介绍AutoLISP的数据类型。

1. 整型（INT）

整型就是整数。整数由0、1、2~9、+、-等字符组成，正号"+"可以省略，且不包含小数点。AutoLISP的整数是32位带符号的数，取值范围从-2147483648~+2147483647。但是函数getint只接受16位的数，即+32767到-32678。如果输入的数超出允许的最大整数，AutoLISP会自动将整数转换为实数。然而，对两个有效整数进行算术运算时，若结果超出上述范围，那么所得结果将无效。

2. 实型（REAL）

实型数据是指带小数点的数，又称为浮点数。在-1和1之间的实数必须以零开始。实数是以双精度浮点格式存储的，可以提供至少14位精度。小数点之前的0不能省略，如"-0.2"不能写成"-.2"。实型数的范围比整型数大得多，不容易超界，故用户可以尽量采用实型数。

实型数也可以采用科学计数法表示，科学计数法格式中包括可选的e或E及其后跟数字的指数。例如0.123×10^{12}可以表示为0.123e12，但必须注意字母e或E之前必须有数字，且指数必须为整数，如e7、0.36e1.4等都是不合法的指数形式。

3. 字符串（STR）

字符串又称字符常数，是由包括在对双引号中的一组字符组成。双引号为字符串的界定符，字符串中的大小写字母被认为是不同的字符，空格也是有意义的字符。字符串还可以包含ASCⅡ表中的任何符号。

字符串中的字符个数（不包括双引号）称为字符串的长度。如果在字符串的双引号之间无任何字符，称其为空串，长度为零。字符串的最大长度为100个字符，如字符串的长度超过上限则后面的字符无效。

任何字符都可以用"\nnn"的格式表示，其中"\"为标识符，nnn是八进制ASCⅡ码，如字符串ABC也可以表示为\101\102\103\104。对于一些特殊的字符，如反斜杠，它还作为字符串中的前导转义符，所以必须用两个相邻的反斜杠来表示它，如"\\"，也可以用ASCⅡ码来表示，反斜杠可表示为"\114"。常用的控制字符的表示方法如表15-2所示。

表15-2 常用控制字符的使用方法

代码	意义	ASCⅡ码表示
\\	\键	\114
\t	Tab键	\011
\"	"键	\042
\e	Esc键	\033
\n	换行	\012
\r	Enter键	\013

工程师点拨 | 控制字符字母为小写

在控制字符的表示中字母必须为小写，否则无意义。

4. 表（LIST）

AutoLISP的表指包含在一对相匹配的左、右圆括号之间的相关数据的集合。表中的元素可以是内部函数或用户自定义函数，也可以是上述三种数据类型，甚至可以是表自身。

表中的每一项称为表的元素，这些元素可以是整数型、实行数、字符串，也可以是另一个表，元素与元素之间要用空格隔开。

表中元素的个数称为表的长度，如（+147）表示4个元素，即+、1、4、7，所以此表的长度为4。表是可以任意嵌套的，如（5（1 3.8）1 ），此表中有3个元素，5、（1 3.8）、1，表（1，3.8）表示嵌套的表。

表有两种类型：引用表，用于数据处理；标准表，用于函数调用。

● 引用表：这种表的第一个元素不是函数，经常用于数据处理。引用表的一个重要应用是表示图中点的坐标。当表示点的坐标时，其基本的信息X、Y坐标值可以放在表（X、Y）中，一个二维点可以使用一个表数据来表示。引用表相当于为特定数据定义一种存储格式，起到数据存储的作用。

● 标准表：这种表相当于一个求值表达式，是AutoLISP程序的基本结构形式。标准表用于函数的调用，其中第一个元素必须是系统内部函数或用户定义的函数，其他元素为该函数的参数。如（setqx15）是一个表，第一个元素setq为系统内部定义的附值函数，第二个元素x为一个变量，第三个元素为一个整数，后两个元素均为setq的参数。表的第一个元素的值必须是一个合法存在的AutoLISP的函数定义。

5. 文件描述符（FILE）

文件描述符是指向AutoLISP所打开文件的一个标识符，它是一个字母数字代码，类似于文件指针。当AutoLISP函数需要向文件中写入数据或读取数据时，首先通过该文件描述符去识别该文件并建立联系，然后再进行相应的读写操作。文件描述符是AutoLISP的一种特殊数据类型。

6. 图元名（ENAME）

图元名是AutoCAD为图形对象指定的十六进制数字标识。确切地说，图元名就是指向AutoCAD系统内部图形文件的指针，通过它可以找到该实体的数据库记录和图形实体，并对其进行处理。

7. 选择集（PICKSET）

选择集是一个或多个图形对象实体的集合。类似AutoCAD中的对象选择过程。可以通过AutoLISP程序构造选择集，也可以交互性地向选择集添加或移去图形对象。

8. 符号（SYM）

AutoLISP用符号存储数据，符号又称为变量。符号名与大小写没关系，符号名的第一个字符一般采用字母或下划线。

02 表达式的构成及求值规则

AutoLISP程序由一系列符号表达式组成，表达式是由原子或表构成的，原子可以细分为数原子、串原子和符合原子。表达式格式如下。

```
（函数名［参数］…）
```

每个表达式以左括号"（"开始，并由函数名及参数组成，第一个元素必须是函数名。参数的数量可以是0个也可以任意个，参数也可以是表达式。表达式以右括号"）"结束，每一个表达式的返回值都能被外层表达式所用，最后计算的值被返回到调用的表达式中。

表达式的求值规则如下。

- 整型数、实型数和字符串用其本身的值作为求值结果。
- 符号用其当前的约束值为求值的结果。
- 表根据其第一个元素来进行求值。

如表达式（（5 3）（*79）−8）可以先求出（5 3）和（*79），然后转换为（863 −8），继续计算表达式，返回表达式的最终结果为63。

如果第一个元素是一个表，该表不是调用而是定义函数，若语法正确，第一步就要定义这个函数，然后对表达式求解。如果表中第一个元素既不是函数名也不是定义的函数，则程序就会停止求值，AutoCAD命令提示行显示出错信息，如下左图所示。如果输入的函数名称没有定义，程序也会提示出错，如下右图所示。

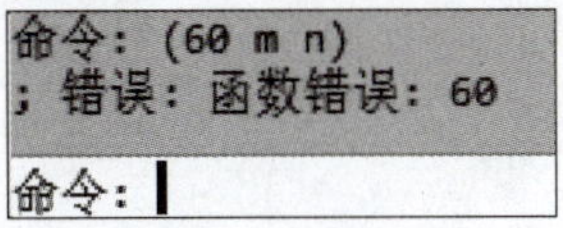

```
命令: (60 m n)
; 错误: 函数错误: 60

命令:
```

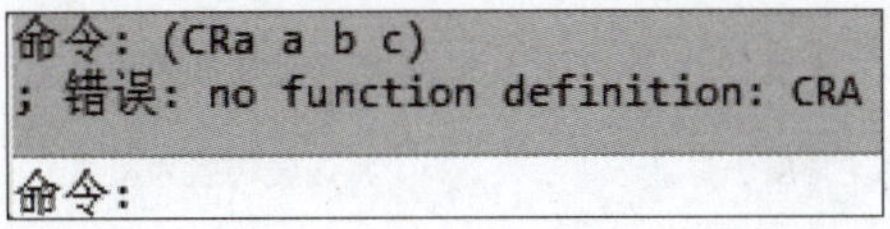

```
命令: (CRa a b c)
; 错误: no function definition: CRA

命令:
```

03 表达式的求值过程

在AutoLISP语言中运算的先后顺序通过表的层次来实现，没有是否优先关系。先求最里面的层，把求值的结果返回给外层的表，依次由内向外求值，直到求值完成。例如表达式（setq a（−（*（−m −p）a）b）的求值顺序为先把−m和−p相加，然后将结果与a相乘，再将上述的乘积结果与−b相减，将差值结果赋予给a，最后返回a的值。

在AutoCAD 2012命令窗口中，根据提示输入下一表达式，按下Enter键，程序将自动计算该表达式并返回计算结果，AutoCAD最多能显示6位小数，如下图所示。

```
命令: (sin 40)          命令: (cos 10)
0.745113                -0.839072

命令:                   命令:
```

AutoLISP中的函数会赋予表达式非常有意义的使用价值，用户可以使用AutoLISP函数及部分函数功能，下面进行介绍。

1. 标准数学函数

标准数学函数是在数学中使用到的函数，包括计算弧度的正弦值、余弦值，计算平方值、绝对值等。常用的标准数学函数如表15-3所示。

表15-3 标准数学函数

函数	功能解释
sin（弧度）	计算某弧度的正弦值
cos（弧度）	计算某弧度的余弦值
tan（弧度）	计算某弧度的正切值
asin（实数）	计算某实数的反正弦值，实数范围必须在−1～1之间
acos（实数）	计算某实数的反余弦值，实数范围必须在−1～1之间
atan（实数）	计算某实数的反正切值
sqr（实数）	计算平方值
sqrt（实数）	计算平方根值，实数范围必须大于或等于0
abs（实数）	计算某实数的绝对值
ln（实数）	计算自然对数
log（实数）	计算底数为10的对数
exp（实数）	计算指数
exp10（实数）	计算底数为10的指数
round（实数）	将实数取整至最接近的整数
trunc（实数）	取实数的整数部分
d2r（角度）	将角度转换为弧度
r2d（角度）	将弧度转换为角度

2. 矢量计算函数

AutoLISP提供的矢量计算功能很强大，可以为用户使用的矢量计算函数如表15-4所示。

表15-4 矢量计算函数

函数	功能解释
vec（p1，p2）	确定从点p1到点p2的矢量
vcl（p1，p2）	确定从点p1到点p2的单位矢量
1*vecl（p1，p2）	确定从点p1指向点p2的长度

（续表）

函数	功能解释
a+v	由点a通过矢量v计算出点b
abs（v）	计算矢量长度（v）
absA（p1，p2，p3）	计算p1、p2、p3点定义的矢量长度
nor	计算用户所选择的圆弧或者多段线圆弧的单位的正交矢量
nor（v）	计算矢量v投影在当前UCS坐标系XY平面上分量的二维单位正交矢量
nor（p1，p2）	计算由点p1和点p2所定义直线的二维单位正交矢量
nor（p1，p2，p3）	计算由点p1、点p2和点p3所定义平面的三维单位正交矢量

3.辅助计算函数

辅助计算函数为用户使用图形光标，在当前图形中为计算点的距离、角度与旋转值等操作提供支持，辅助计算函数如表15-5所示。

表15-5 辅助计算函数

函数	功能解释
w2u（p1）	转换WCS中的点p1至当前UCS中
u2w（p1）	转换当前UCS中的点p1至WCS中
cur	使用图形光标给定一个坐标点
xyof（p1）	p1点的x与y轴方向分量，z轴方向的分量为0
xzof（p1）	p1点的x与z轴方向分量，y轴方向的分量为0
yzof（p1）	p1点的y与z轴方向分量，x轴方向的分量为0
xof（p1）	p1点的x轴方向分量，y与z轴方向分量为0
yof（p1）	p1点的y轴方向分量，x与z轴方向分量为0
zof（p1）	p1点的z轴方向分量，x与y轴方向分量为0
rxo（p1）	p1点的x轴方向分量
ryo（p1）	p1点的y轴方向分量
rzo（p1）	p1点的z轴方向分量
rot（p、origin、ang）	使点p绕坐标原点（origin）旋转一个角度（ang）
rot（p、p1、p2、ang）	使点p绕点p1与p2所确定的轴线旋转一个角度（ang）
pld（p1、p2、dist）	通过点p1与p2参考距离dist计算直线上的点
dist（p1、p2）	计算点p1与点p2之间的距离
dpl（p、p1、p2）	计算点p至由点p1与点p2所定义直线的距离
dpp（p、p1、p2、p3）	计算点p至由点p1、p2与p3所定义平面的距离
rad	计算用户所指定的一个圆或圆弧的半径
ang（v）	计算x轴与矢量v在当前UCS坐标系xy平面上投影分量的夹角

（续表）

函数	功能解释
ang（p1、p2）	计算x轴与由点（p1、p2）所定义的直线在当前UCS坐标系xy平面上的投影线夹角
plt（p1、p2，r）	通过p1与p2点参考位置r计算直线上的点
cvunit（N，cm，chin）	把数值N由公制单位转换为英制单位

相关练习 | 使用alert函数制作警告框

　　使用alert函数可以制作一个警告框，警告框中将显示出错或警告的信息。警告框中所示的字符串行数及每行长度依赖于AutoCAD使用的平台、窗口及设备，任何超出范围的字符串都将被自动切断，下面就来介绍使用alert函数制作警告框的方法。

STEP 01 输入命令

```
命令：*取消*
命令：*取消*
命令：（alert"AutoCAD2012提示"）
```

在命令窗口中输入命令：(alert "AutoCAD2012提示")

STEP 02 显示提示

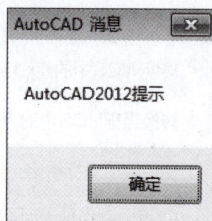

输入完成后按回车键，程序自动弹出"AutoCAD消息"对话框。

STEP 03 编辑相关信息

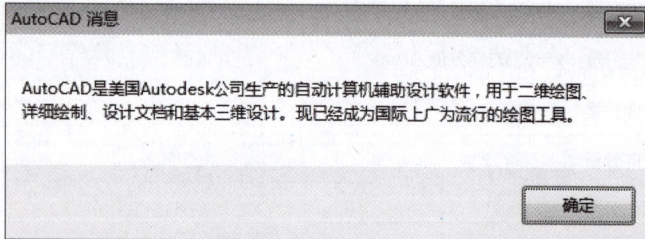

　　在命令窗口中输入：（alert"AutoCAD是美国Autodesk公司生产的自动计算机辅助设计软件，用于二维绘图、详细绘制、设计文档和基本三维设计。现已经成为国际上广为流行的绘图工具。"），输入完成后在键盘按下Enter键，程序将自动弹出"AutoCAD消息"对话框。

Lesson 03 变量

AutoLISP程序中使用变量来存储数据，这一点与其他编程语言是一样的，AutoLISP所使用的变量与AutoCAD的系统变量一样。

01 变量命名与数据类型

AutoLISP变量名称可以由任何可写字符以任意顺序组成，如字面、数字、符号等，但是不能全部由数字组成，而且不能包含某些字符，如双引号""、括号（ ）、分号；、单引号' '、小数点.等。变量名称中不能包含空格，因为空格意为结束一个符号或分隔多个符号。AutoLISP的变量名称没有大小写字母之分，用户可以任意使用大写字母或小写字母来编写程序。

数据类型是变量的重要特征，但是AutoLISP语言不同于其他计算机语言，不用对变量做事先的类型说明，变量的数据类型就是变量被赋予的值的类型。AutoLISP变量属于符号，是指存储静态数据符号。使用setq函数对变量赋值，如（setqa73），该表达式执行之后的结果是"a=73"，变量a是整型变量，这是因为73为整型的。如果将"73"改成"2.9"，由于2.9是实型的，所以变量a是实型变量。（setq z "abc"），该表达式执行之后z是字符串类型的变量。在程序运行的过程中，同一变量在不同的时刻可以被赋予不同类型的值。

02 变量赋值与预定义

AutoLISP系统提供了下列函数来为变量赋值。

1. setq函数

使用setq函数为变量赋值的格式如下。

```
（setq变量1值1［变量2值2……］）
```

在AutoCAD 2012命令窗口中输入表达式（setq a 1 b "xy"），输入完成后按下Enter键确定，该表达式为a、b赋值，并返回b的结果xy。该表达式等价于（setq a 1）、（setq b "xy"）这两个表达式，如下左图所示。上述表达式的返回值也可赋给外层表达式变量，如下右图所示。

```
命令: (setq a 1 b "xy")
"xy"

命令:
```
```
命令: (setq s(setq a 1 b "xy"))
"xy"

命令:
```

2. set函数

使用set函数为变量赋值的格式如下。

```
（set 变量1值1）
```

set函数返回值为变量的值，set函数与setq函数的作用相似，但不同的是set把各个参数均当成表达式来看待，对各个参数分别进行求值运算后再进行赋值运算。而setq仅对参数中的"值"进行表达式求值操作，将参数"变量"当作符号来赋值，如下左图所示。在上述表达式中对符号"xy"进行赋值，返回值为12。在使用set函数进行赋值时，不能省略上述表达式中的"'"，否则会出错。这是因为如果把上述表达式改为"set xy 12"时，set函数会对xy求值，而xy是未定义的符号，如下右图所示。

```
命令: (set 'xy 12)
12

命令:
```
```
命令: (set xy 12)
; 错误: 参数类型错误: symbolp 12

命令:
```

3. quote函数

使用quote函数的格式如下。

```
命令: (quote (abc 12) )
(ABC 12)

命令:
```

（quote 表达式）

quote函数是为了禁止对表达式求值，而将表达式本身作为返回值返回。当程序需要应用表达式本身而非表达式的求值结果时，就需要使用quote函数。"'"是quote函数的简记符，因此上述调用格式等效于'表达式，如上右图所示。

4. 变量的预定义

AutoLISP对变量nil、T、PAUSE、P1进行了预定义，方便用户在编写程序时直接调用。

- nil

如果变量没有被赋值，其值为nil。nil和空格是不同的，nil和0的意思也不同，0是一个数字，nil表示尚无定义，而空格被认为是字符串中的一个字符。

值为nil的变量属于无定义的变量，每一个变量都占用一小部分内存，如果将nil赋给某一个有定义的变量，其结果是取消该变量的定义并解释其所占用的内存空间。另外nil作为逻辑变量的值，表示不成立，相当于其他程序设计语言中的false。

- T

T是常量，当T作为逻辑变量的值时表示成立，类似于其他程序设计语言当中的true。

- PAUSE

PAUSE与command函数要配合使用，定义由一个反斜杠字符"\"构成的字符串，常常被用作暂停、等候用户的输入。

- P1

P1定义为常量π。

在一般情况下，程序设计语言是不允许把内部函数名或流程控制的关键字作为变量名使用的，而在AutoLISP中却没有这样的限制。因此为了避免后面的定义取代先前的定义而引起程序的混乱，在AutoLISP中定义的符号名称不要与系统定义的函数名和预定义的变量名相同。例如cos是余弦，但在执行表达式（setqcos 0.8）之后，cos不再是余弦函数，而是一个值为0.5的实型变量。

03 数据存储结构

介绍AutoLISP在内存中创建和存储符号、表、字符串以及编写AutoLISP代码的优化符号和表在内存中的存储方法。

1. 节点

计算机的内存由许多编了码的内存单元组成，一个特定内存单元的编号称为内存地址。内存单元的内容可以是数字、内存单元的编号，即另一内存单元的地址。

如果一个内存单元分为左、右两部分，分别存储另外两个内存单元的地址，那么这一内存单元就具有左、右两个指针，这类内存单元称为节点，结构示意图如下图所示。

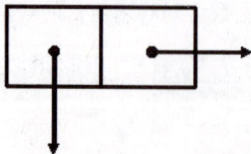

节点是一种能够表达所有AutoLISP数据类型的存储结构，每个节点的长度是12B，分为左、右两部分，每个节点都有其自身的地址。AutoLISP通过这些节点构成链表，以链表方式存储各种数据。

2. 符号

当原子表中被创建并加入一个符号时，一个内存地址就包含在符号表中的那个符号里，这个地址指向包含符号的节点。如果该符号被赋值，则包含符号的节点存储一个内存地址，这个地址指向符号值的节点。

创建一个符号至少需要三个节点，如表达式（setqxyz 123），表达式创建了符号xyz，并将值123赋给了该符号。存储这个符号就需要三个节点，一个用于将符号置于符号名表中，一个用于存储符号名xyz，最后一个用于存储该符号的值123，结构示意图如下左图所示。

创建的符号长度超过6B，就需要另外增加一个存放符号名的空间，如表达式（setqAutoLISP 123），需要一个内存空间来存放AutoLISP的变量名，这样就多占用了内存空间，降低了程序运行的速度，如下右图所示。

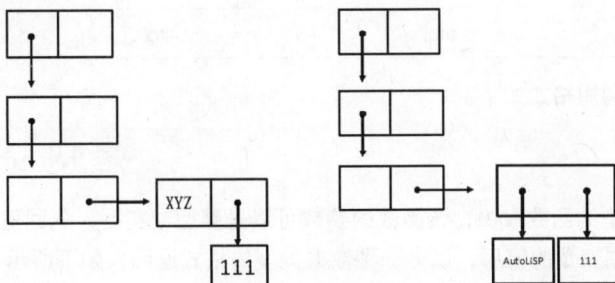

3. 表

表由一组节点存储，这些节点由右指针连接成一体，每个右指针各自指向下一个元素的地址，左指针指向表自身的各元素，最后一个节点的右指针为空，各表达式的存储结构图如下图所示。

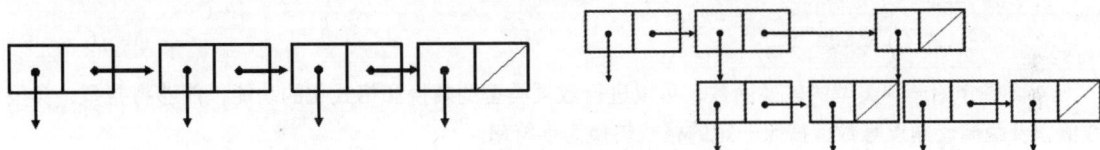

表（x y z w）的存储结构表（x（y z）（w v））的存储结构

从存储结构可以清楚地看出，表的层次关系以及各层上的元素。

4. 字符串

字符串在内存中是以连续的空间存储的。

5. 点对

点对是一种特殊的表，若表有两个元素，且每个元素都是基本符号，那么这样的表就可以用点对来表示。点对的形式为（原子.原子），如（X.9）、（15."LISP"）都是点对。

点对存放在节点中，指向第一个元素是节点的左指针，指向第二个元素是右指针。只有两个元素的表的存储结构如下左图所示，点对的存储结构如下右图所示。使用点对会简化某些函数对表的运算，点对具有节省存储空间的优点，因此AutoLISP程序中常用点对这种数据结构。

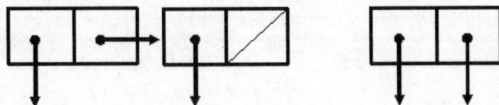

04 数据类型的转换

在程序运行的过程中是可以改变变量的数据类型，但是会造成变量存储原有信息的丢失。为了在AutoLISP中更好地进行数据交换，避免上述情况的发生，用户可以运用整型、实型和字符串这三种最常用的数据类型。

AutoLISP提供了类型转换函数来实现这3种数据类型之间的转换，类型转换函数的参数是一种数据类型的值，而返回值则是另一种数据类型的值。整型、实型和字符串这三种数据类型之间进行转换的类型函数如表15-6所示。

表15-6 类型转换函数

	整型	实型	字符串
整型		float	Ltoa
实型	Fix		angtos
字符串	atoi	Atof	

类型转换函数的调用格式如下。

```
（函数名参数）
```

将整型转换为实型的函数float，该函数的参数可以是整型或实型，返回值则为实型。这种数据类型转换函数是在读入原变量的值后，以另一种数据类型的格式返回，如下所示。

```
（float 5）；返回值5.0
（itoa -6）；返回值"-6"
（fix 5.2）；返回值5
（angtos2.5）；返回值"143"
（atoi "356"）；返回值356
（atof "-1.3"）；返回值-1.3
```

下面将介绍一种类型的转换函数，可以进行数据类型的转换和格式化的功能，能够将整型、实型数值以及距离、角度等数值按照一定的格式转换为字符串。

1. 整型或实型格式化函数（rots）

该函数能够把整型或实型数值按照指定的模式和精度转换为字符串，其调用格式如下。

```
（rtos No[mode[precision] ] ）
```

其中参数No可以为整型或实型常数、变量或表达式的形式，其中参数mode为线性单位的格式编码，和AutoCAD的线性单位格式相对应。若调用该函数时没有指定参数mode，将采用系统变量指定的当前线性单位格式。格式编码与线性单位格式的对应如表15-7所示。

表15-7 格式编码与线性单位格式的对应

rtos格式编码	线性单位格式	实例
1	科学	1.56E+08
2	小数	3.14
3	工程	（英尺＋十进制英寸）7′ 24″

（续表）

rtos格式编码	线性单位格式	实例
4	建筑	（英尺＋分数英寸）8′ 5 1/2″
5	分数	25 1/2″

　　参数precision用于指定数值的显示精度，对于前三种格式编码，该参数用于指定小数点后的小数位数。对于后两种格式编码，该参数用于设定最小分数的分母。调用函数时如果没有指定该参数值，则采用系统变量luprec设定的精度值。

```
（rtos12.112 5）; 返回值"2.02500E+01"
（rtos 20.25 3 3）; 返回值"1'-8.25\""
（rtos12.1123）; 返回值"12.11"
```

2. 距离格式化函数（distof）

　　该函数的功能与rtos函数相反，即把表示距离的字符串按照指定的格式转换为实型数值，其函数调用格式如下。

```
（distof string［mode］）
```

　　其中参数string必须是字符串，而且参数mode能把其指定的距离测量格式正确解释，参数mode的用法与rtos函数中参数mode的用法相同。

```
(distof "3'-1.4\"" 3) ; 返回值为37.4
```

3. 单位换算函数（cvunit）

　　该函数把一种单位格式转换成另一种单位格式，其调用格式如下。

```
（cvunit number origin later）
```

　　其中，参数number为要换算的数值、二维表或三维表，但数值类型必须为整型或实型，且不能为空。参数origin为原来使用的单位，later为返回值使用的单位，origin和later必须在ACAD.unt文件中定义。转换的两种单位必须为同一类型，否则函数的返回值为空，如下所示。

```
(cvunit2 "hour" "minute") ; 返回值120
(cvunit2 "feet" "m") ; 返回值0.6096
(cvunit3.7 "feet" "hour") ; 返回值nil
```

4. 角度格式化函数（angtos）

　　该函数把以弧度为单位的角度格式及精度转换为字符串，角度值的范围为［0，2π］，其调用格式为如下。

```
（angtos angle［mode［precision］］）
```

　　其中参数angle可以是整型、实型常数、变量及表达式，参数mode为角度格式编码，与AutoCAD的角度格式相对应。若调用该函数时没有指定参数mode，将采用系统变量aunits指定的当前角度格式。

　　参数precision用于指定转换后小数点之后的小数位数，若调用函数时没有指定该参数的值，则采用系统变量auprec设定的当前精度值，如下所示。

```
(angtos 1.5 0 6) ; 返回值为" 85.943669"
(angtos6 1 8) ; 返回值为" 343d46'28.8375\"
(angtos 1.8 2 4) ; 返回值为" 114.5916g"
```

角度格式编码与角度格式的对应如表15-8所示。

表15-8 角度格式编码与角度格式的对应

angtos格式编码	角度格式	实例
1	十进制	15.0000
2	度分秒	30d35.20
3	百分度	30' −18"
4	弧度	15' −6 1/4"
5	测量单位	21 1/5"

5.角度格式化为弧度函数（angtof）

该函数的功能与angtos函数相反，即把表示角度的字符串按照指定的格式转换为以弧度为单位的实数，其调用格式如下。

```
( angtof string [mode] )
```

其中参数string必须是字符串，而且参数mode指定的距离测量格式能将其正确解释，既与angtos函数返回结果的格式或与AutoCAD允许的从键盘输入的角度格式相同。参数mode的用法与函数angtof中参数mode的用法相同。若调用函数时没有指定参数mode的值，则采用系统变量aunits指定的当前角度格式，如下所示。

```
(angtof "<30") ; 返回值0.523599
(angtof "30d5'2\"") ; 返回值0.525063
```

相关练习 | 使用AutoLISP程序绘制窗户立面图

将常用的操作编写为AutoLISP程序，然后加载该应用程序。在命令窗口中输入编写的命令即可调用AutoLISP程序进行工作。

原始文件：实例文件\第15章\原始文件\windows.lsp
最终文件：实例文件\第15章\最终文件\窗户立面图

STEP 01 加载应用程序

在"管理"选项卡中的"应用程序"面板中单击"加载应用程序"命令。

STEP 02 选择AutoLISP程序

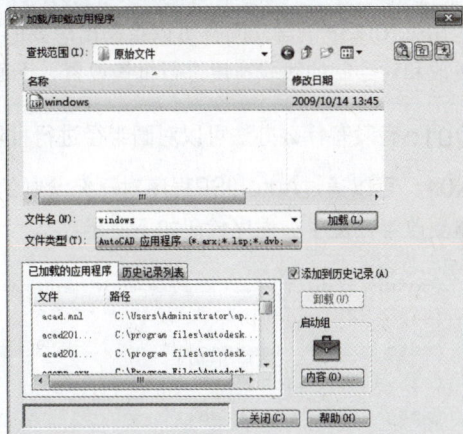

在"加载/卸载应用程序"对话框中选择相关文件作为要加载的AutoLISP文件。

STEP 03 加载应用程序并退出加载

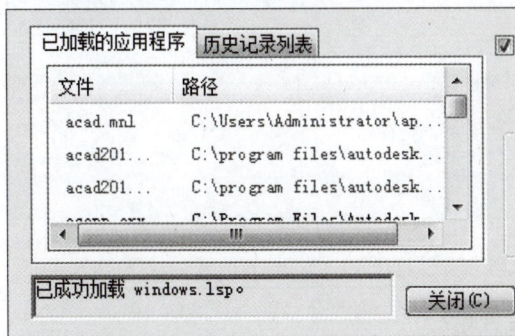

选择要加载的程序后在"加载/卸载应用程序"对话框中单击"加载"按钮，程序提示应用程序加载成功，单击"关闭"按钮退出。

STEP 04 执行应用程序

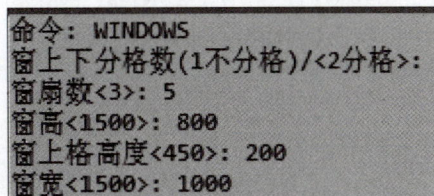

```
命令: WINDOWS
窗上下分格数(1不分格)/<2分格>:
窗扇数<3>: 5
窗高<1500>: 800
窗上格高度<450>: 200
窗宽<1500>: 1000
```

在命令窗口中执行命令Windows，然后按下Enter键确定，根据程序提示输入各项参数。

STEP 05 指定窗户左下角点

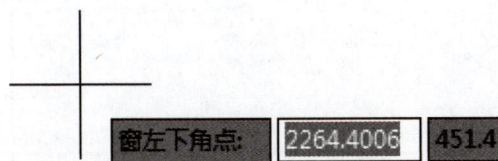

窗左下角点: 2264.4006 451.4

在绘图窗口中指定一个点为窗户左下角的放置点。

STEP 06 完成窗户效果

程序自动根据输入的参数创建出窗户的立面图。

运用AutoLISP语言，同样可以绘制出想要的图形对象。比如利用AutoLISP程序对圆半径进行批量更改和对绘制的线段宽度进行批量设置，下面将为用户介绍相应的AutoLISP语言程序。

Q01: 有没有什么办法可以对圆半径进行批量更改值的操作呢?

A01: 可以通过AutoLISP程序对已经绘制的圆重新定义半径值，可以一次选择多个圆就可以批量更改半径值了。程序代码如下所示。

```
(defunC:chcir(/sstxsizeindexent ty oldsize newsize ent1)
(setq ss (ssget))
(setq txsize (getreal "\n输入新的圆半径:"))
(setvar "cmdecho" 0)
(setq n (sslength ss))
(setq index 0)
(repeat n
(setq ent(entget(ssname ss index)))
(setq index (+ 1 index))
(setq ty (assoc 0 ent))
(if (OR
(= "CIRCLE" (cdr ty))
(= "ARC" (cdr ty)))
(progn
(setq oldsize (assoc 40 ent))
( setqnewsize(cons(caroldsize) txsize))
(setqent1(substnewsiz eoldsize ent))
(entmod ent1))))
(setvar "cmdecho" 1))
```

Q02: 有没有办法对已经绘制的线段批量进行线宽设置呢?

A02: 通过设计一个AutoLISP程序可以对选择的线段进行线宽的更改。根据提示输入比例、线宽值，选择需要修改的线段，即可批量修改线宽，AutoLISP程序代码如下。

```
(defun *error* (st)
(if (and (/= st "Function cancelled")
(/= st "quit / exit abort"))
(princ (strcat "Error: " st)))
(setq *error* old_err)
(princ))
(defun in()
(if (= s nil) (setq s 1))
(setq scale (getreal(strcat"\n
输入比例<" (rtos s 2 0) ">:")))
(if (= scale nil) (setq scale s))
(setq s scale)
(if (= w nil) (setq w 0.45))
(setqwidth(getreal(strcat"\n
指定宽度<" (rtos w 2 2) ">:")))
```

```
(if (= width nil) (setq width w))
(setq w width)
(setq width (* width scale)))
(defun pross()
(setq len (sslength ss))
(setq n 1)
(while (<= n len)
(setq en1(ssname ss(1- n)))
(setq b (entget en1))
(setq a (cdr (assoc 0 b)))
(cond((or(="LINE"a)
(= "ARC" a))
(progn
(command "pedit"
en1 "Y" "w" width "x")))
((= "POLYLINE" a)
(command "pedit" en1
"w" width "x"))
((= "CIRCLE" a)
(progn
(setqpt(cdr(assoc 10 b))
(setqrad(cdr(assoc 40 b)))
(setqr1(-(*rad 2) width ))
(setqr2(+(*rad 2) width ))
(command "donut"r1 r2 pt "")
(entdel en1)))
(T T))
(setq n (1+ n))))
(defun C:pex(/old_err scale ss en1 alen n bcmd_old width radpt r1 r2 k en la)
(setq old_err *error*)
(setq cmd_old (getvar "cmdecho"))
(setvar "cmdecho" 0)
(in)
(initget "L S")
(setq k (getkword "\n按Enter键继续: "))
(if (= k "L")
(progn
(setq en (car (entsel "\n选择线段 : ")))
(if (/= en nil)
(progn
(setq la (assoc 8 (entget en)))
(setq ss (ssget "X" (list la)))
(pross)))))
(if (or (= k "S")
(= k nil))
(progn
(setq ss (ssadd))
(setq ss (ssget))
(if (/= ss nil) (pross))))
(setvar "cmdecho" cmd_old)
(princ))
```

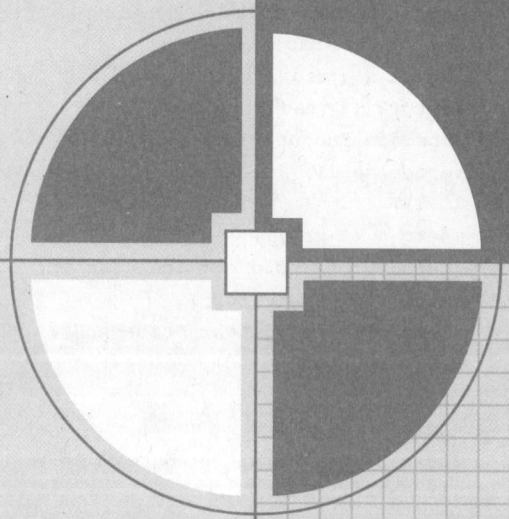

CHAPTER 16

Visual LISP
程序应用

Visual LISP提供了文本编辑器、格式编辑器、语法
检查器、源代码调试器、检验和监视工具、工程管理
系统、文件编辑器和智能化控制台。本章将对Visual
LISP的集成开发环境进行详细介绍。

Lesson 01 Visual LISP工作界面

Visual LISP是 AutoCAD自带的一个集成的可视化AutoLISP开发环境，Visual LISP提供了一个完整的集成开发环境（IDE），包括编译器、调试器和其他工具，可以显著提高编写LISP程序的效率，并实时调试AutoLISP命令。Visual LISP具有自己的窗口和菜单。

01 启动Visual LISP集成开发环境

Visual LISP集成开发环境具有自己的窗口和菜单，但它并不能独立于AutoCAD运行。所以启动Visual LISP之前须先启动AutoCAD 2012，然后通过以下任意一种方法进入到Visual LISP集成开发环境中。

● 在AutoCAD 2012的"管理"选项卡的"应用程序"面板中，单击"Visual LISP编辑器"按钮，如下图所示。

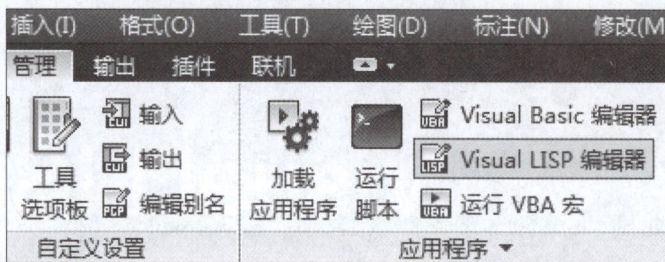

● 在AutoCAD 2012的命令窗口中输入命令VLISP或VLIDE，然后按下Enter键，程序将启动Visual LISP程序，如下图所示。

用于显示Visual LISP编辑器当前的标题

工具栏中的按钮与菜单栏中的命令是相互对应的

通过菜单栏完成操作

通过文本编辑窗口完成程序编写

状态栏用于显示光标当前所在的窗口位置，根据窗口的切换自动显示光标位置

控制台窗口可以执行编写的Visual LISP程序，执行的命令需在括号内

02 菜单栏

Visual LISP的菜单栏共有9个菜单，分别为"文件"、"编辑"、"搜索"、"视图"、"工程"、"调试"、"工具"、"窗口"和"帮助"，下面分别对其进行介绍。

- "文件"菜单

"文件"菜单主要用于创建新的或修改已有的文件编辑或打印程序文件等。

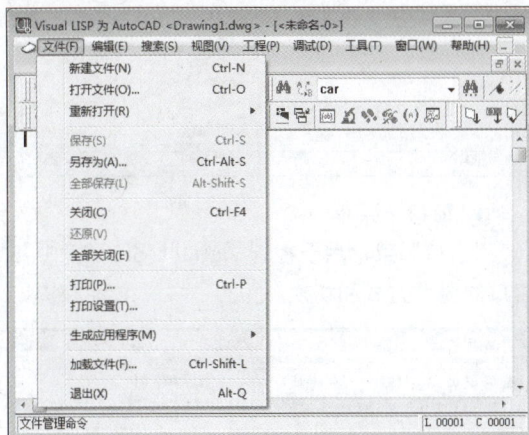

- "编辑"菜单

"编辑"菜单主要用于复制粘贴文本，匹配表达式中的括号或复制控制台之前的输入等。

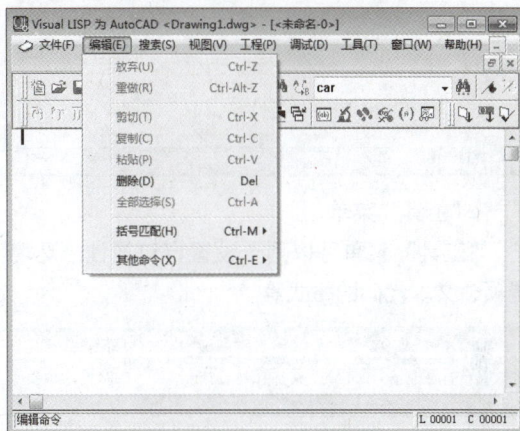

- "搜索"菜单

"搜索"菜单用于查找和替换文本字符串，设置书签，或利用书签导航等。

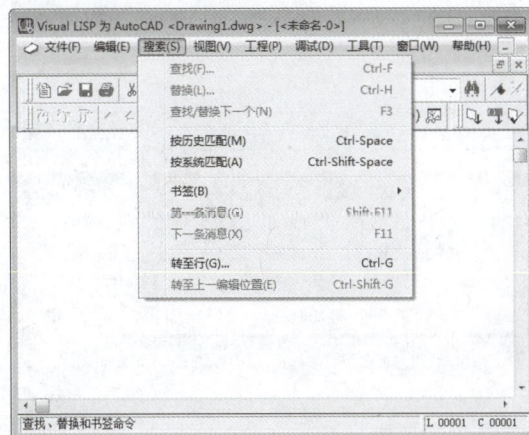

- "视图"菜单

"视图"菜单包含了"检验"、"跟踪堆栈"、"错误跟踪"、"符号服务"、"自动匹配窗口"等选项。

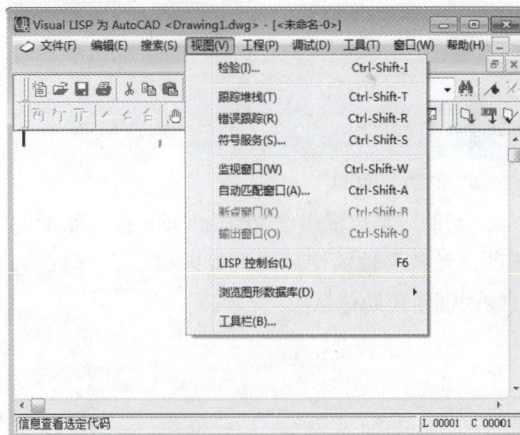

- "工程"菜单

"工程"菜单主要用于工程的编译、加载程序等。

- "调试"菜单

"调试"菜单用于设置或删除断点，查看表达式的运行结果。

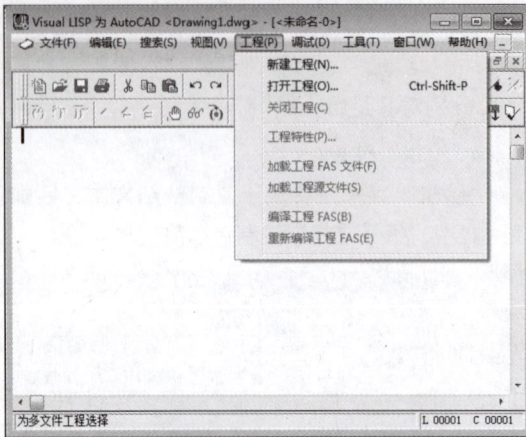

● "工具"菜单

"工具"菜单可以用于设置窗口属性、环境选项、文本代码的格式等。

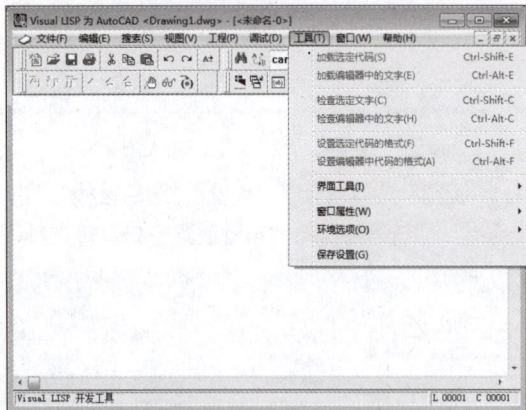

● "窗口"菜单

"窗口"菜单用于控制 Visual LISP 环境中各窗口的显示方式和切换。

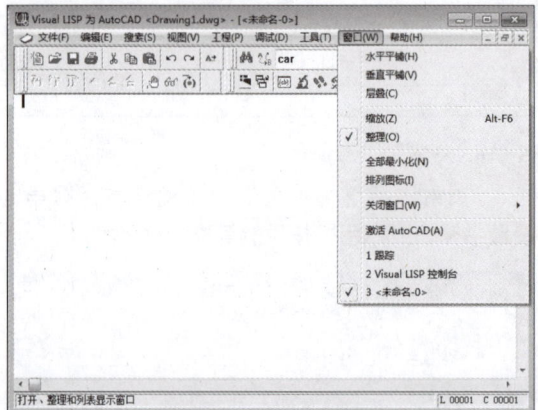

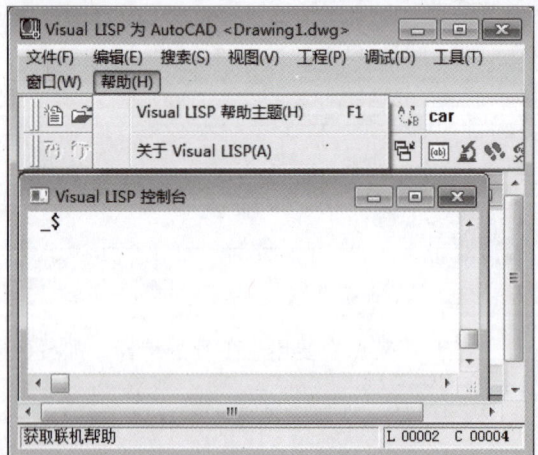

● "帮助"菜单

"帮助"菜单提供了 Visual LISP 在线帮助的选项以及各函数的使用方法等,按下 F1 键也可以随时调用帮助信息。

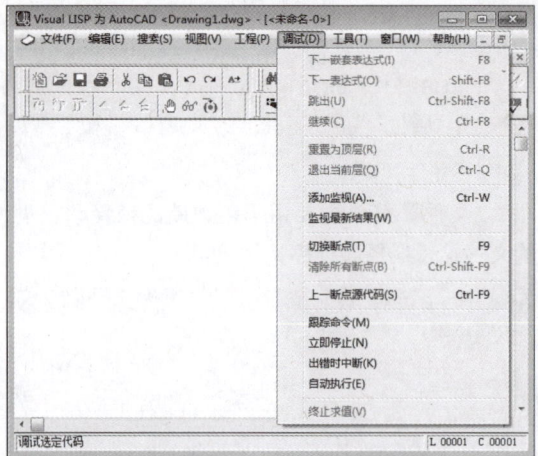

03 工具栏

Visual LISP集成开发环境中共有5个工具栏，是对常用Visual LISP命令的快速调用。分别为"标准"、"搜索"、"视图"、"调试"和"工具"工具栏，工具栏中的按钮与菜单栏命令作用一致，下面就来介绍这些工具栏。

● "标准"工具栏

"标准"工具栏主要用于文件管理、文字的剪切与复制等操作，如下图所示。

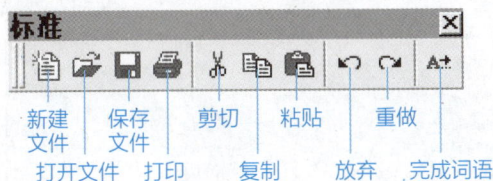

新建文件　保存文件　剪切　粘贴　重做
打开文件　打印　复制　放弃　完成词语

● "搜索"工具栏

"搜索"工具栏主要用于查找和替代文本、设置书签等，如下图所示。

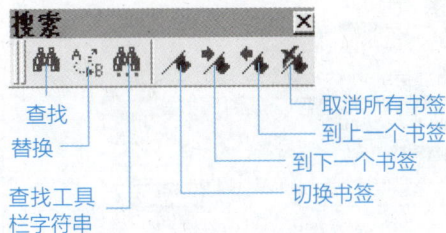

查找　替换　查找工具栏字符串
取消所有书签　到上一个书签　到下一个书签　切换书签

● "工具"工具栏

"工具"工具栏主要用于加载、检查、设置相关代码等，功能与"搜索"菜单相同。

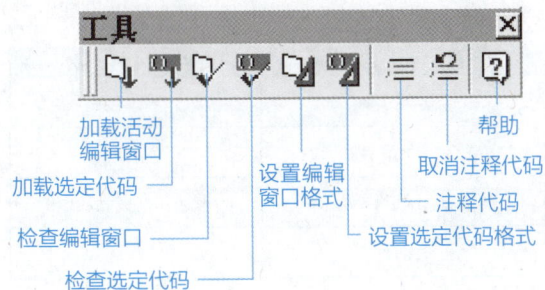

加载活动编辑窗口　加载选定代码　检查编辑窗口　检查选定代码　设置编辑窗口格式　设置选定代码格式　注释代码　取消注释代码　帮助

● "视图"工具栏

"视图"工具栏可以进行激活 AutoCAD 2012 或者 Visual LISP 窗口、打开监视窗口、打开检验器窗口等操作。

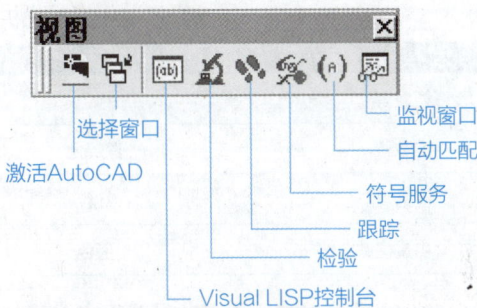

选择窗口　激活AutoCAD　Visual LISP控制台　检验　跟踪　符号服务　自动匹配　监视窗口

● "调试"工具栏

"调试"工具栏与"调试"菜单栏中的功能相类似，用于调试在运行程序时的操作，如右图所示。

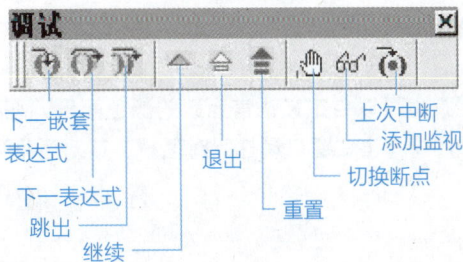

下一嵌套表达式　下一表达式　跳出　继续　退出　重置　切换断点　添加监视　上次中断

04 文本编辑器

AutoLISP中的文本编辑器用于编写和调试AutoLISP程序，它不仅是书写工具，还是Visual LISP基础开发环境的中心部分。Visual LISP文本编辑器的主要功能如下。

1. 文本格式化

文本编辑器可以设置AutoLISP代码格式，使代码更易于阅读。用户可以从多种不同的格式样式中挑选喜欢的颜色。

在 Visual LISP 菜单栏中执行"工具 > 环境选项 >Visual LISP 格式选项"命令，Visual LISP 将

弹出"格式选项"对话框，如下左图所示。通过该对话框可以设置程序源代码的格式，单击"其他选项"按钮可以设置其他参数，如下右图所示。参数设置完成后单击"确定"按钮，然后在 Visual LISP 菜单栏中执行"工具 > 保存设置"命令，就可以按此样式设置程序代码的格式。

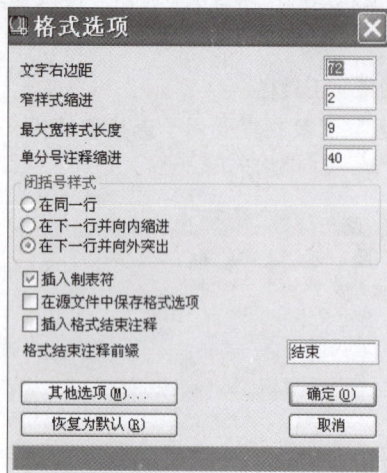

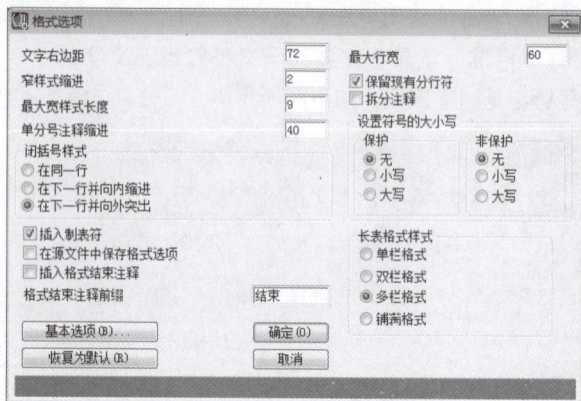

2.彩色代码显示

Visual LISP的文本编辑器可以识别AutoLISP程序代码中的不同部分，并把它们用不同的颜色表示出来，方便用户查找，还能找到符号拼写上的错误。程序代码的相关颜色显示如下表16-1所示。

表16-1 代码显示对应的颜色

Visual LISP程序元素	对应颜色	Visual LISP程序元素	对应颜色
整数型	绿色	字符串	紫色
实数型	深绿色	保留字	湖绿色
圆括号	红色	注释	紫色（背景为灰色）
内置函数	蓝色	其他	黑色

Visual LISP可以按照语言的种类确定代码的颜色。执行"工具>窗口属性>按语法着色"命令，程序将弹出"颜色样式"对话框，在"着色窗口"里可以设置按语言的种类确定代码的颜色，如下左图所示。

用户也可以自定义语言元素的颜色配置，在菜单栏中执行"工具>窗口属性>配置当前窗口"命令，程序将弹出"窗口属性"对话框，该对话框可以自定义语言元素的颜色设置，如下右图所示。

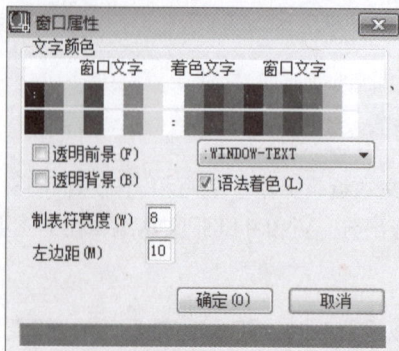

3. 执行表达式

不必离开文本编辑器就可以运行一个表达式或几行程序代码，并得到运算的结果。

4. 其他特点

AutoLISP代码中包含许多括号，在文本编辑器中，执行"编辑>括号匹配"命令，可以使得用户查找彼此对应的括号对，检查括号匹配错误。

文本编辑器可以对代码求值并亮显语法错误。用单个命令就可以在多文件里查找词或表达式。

05 控制台

在控制台窗口可以输入和运行AutoLISP命令，并观察结果，这一点和AutoCAD 2012命令窗口相似。用户可以直接在控制台窗口中输入Visual LISP命令。

Visual LISP的系统控制台和AutoCAD的命令提示行窗口在很多方面非常相似，但是Visual LISP使用自己的命令解释器来运行命令，而且操作步骤会有一些不同。例如在Visual LISP中显示一个变量的值，只需要在控制台窗口的提示符下输入此变量的名称并按下Enter键即可，如下左图所示。而在AutoCAD 2012命令窗口中，还需要在变量名前面输入一个感叹号"！"，如下右图所示。

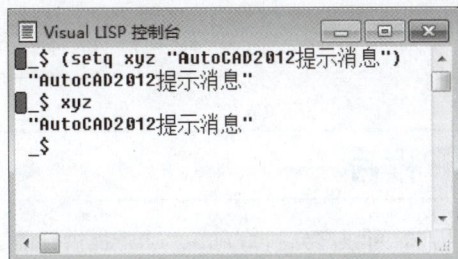

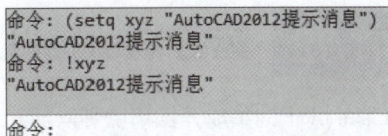

Visual LISP的系统控制台具有下列一些典型的功能。

● 控制台会显示一些AutoLISP运行的诊断信息以及AutoLISP函数的结果。

● 可以在新的一行输入上一行没有完成的AutoLISP表达式，这样就可以输入较长的表达式，只需要在每行后按Ctrl+Enter键即可。可以在控制台输入多个表达式，最后按下Enter键。可对多个表达式求值。如下左图所示。

● 可以在控制台和文本编辑器之间复制和粘贴文本，能够使用大部分的文本编辑命令。

● 在控制台中按下 Tab 键返回之前输入的命令，例如，输入"(s"并按 Tab 键，就可以回到最近输入的那个以"(s"开头的命令。还可以多次按 Tab 键，返回到更早输入的命令，按下快捷键 Shift+Tab 可以反向回溯命令。

● 按下Esc键清除在控制台提示下刚输入的内容。

● 在控制台窗口的任何位置处单击鼠标右键或者按下快捷键Shift+F10可以显示控制台窗口的快捷菜单。可以进行文本的复制和粘贴，查找文本和调试Visual LISP的操作，如上右图所示。

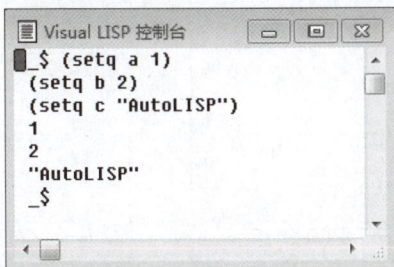

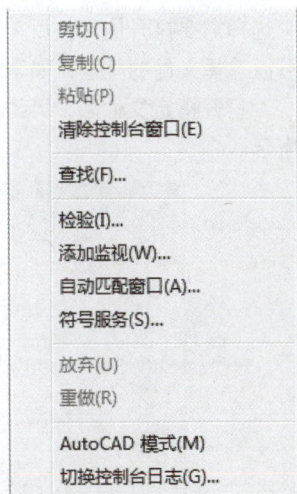

06 跟踪窗口和状态栏

在启动Visual LISP时，跟踪窗口会显示出Visual LISP当前的版本信息和其他相关信息，如下图所示。

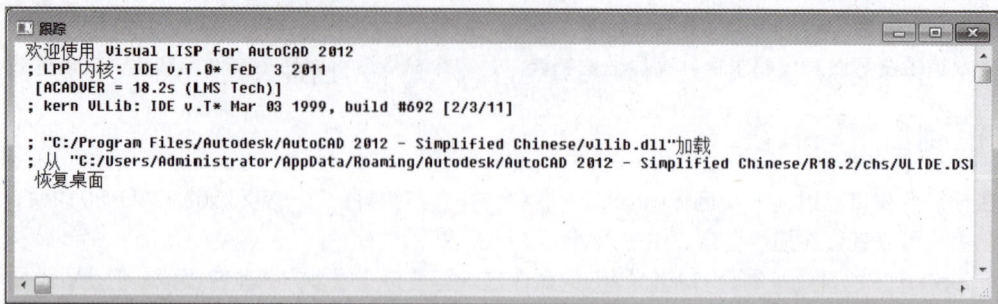

状态栏位于屏幕的底部，用于显示当前Visual LISP的状态信息，光标位于不同窗口时，在状态栏显示的信息也各不相同，如右图所示。

Lesson 02 运行Visual LISP程序

使用Visual LISP的集成开发环境可以加载运行程序，可以充分利用Visual LISP提供的语法分析及运行调试功能，使用户开发程序更加方便。

01 打开Visual LISP程序

在Visual LISP编辑器中可以打开LISP源文件、DCL源文件以及C/C++源文件等，在Visual LISP菜单栏中执行"文件>打开文件"菜单命令，程序将弹出"打开文件编辑/查看"对话框，在该对话框中选择需要打开的文件后单击"打开"按钮，即可打开Visual LISP文件，在"文件类型"下拉列表中可以选择文件的类型，如下左图所示。

打开指定文件后，Visual LISP将生成一个新的编辑窗口供用户阅读、编辑和修改代码。如下右图所示。

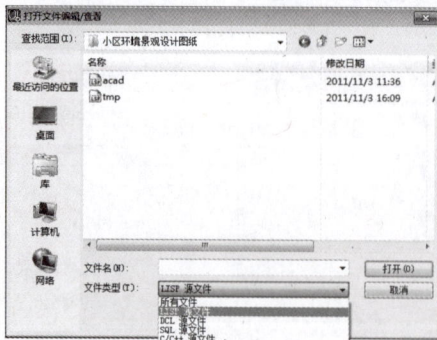
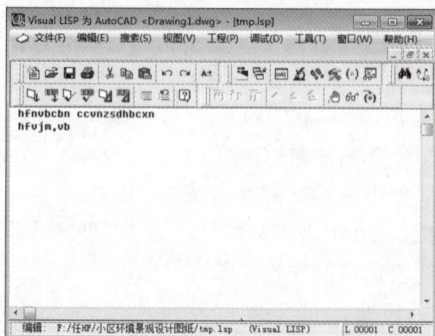

02 检查语法

在编写Visual LISP程序时，对于出现的错误语法可以使用Visual LISP提供的语法检查功能对代码进行语法检查，使用这项特性，用户可以很快地找到程序中的一些语法错误。

1. 括号匹配

Visual LISP的主要语法分界符是括号，在Visual LISP中使用的括号比其他大多数计算机语言更频繁，最常见的语法检查是检查程序中左括号和右括号是否匹配。Visual LISP提供了一些工具能够帮助查找不匹配的括号，并在其认为应该有括号的地方插入括号。

在菜单栏中执行"编辑>括号匹配"命令，在级联菜单中选择相应命令，可以执行相关的语法检查。

- 向前匹配：如果当前光标刚好在一个左括号处，此命令将光标移动到与之配对的右括号处；如果当前光标刚好在一个右括号处，此命令将光标移动到下一层次的右括号处；如果光标位置是在表达式中间，此命令将光标移动到右括号处。

- 向后匹配：如果当前光标刚好在一个左括号处，此命令将光标移动到上一层次的左括号处；如果当前光标刚好在一个右括号处，此命令将光标移动到与之配对的左括号处；如果光标位置是在表达式中间，此命令将光标移动到左括号处。

- 向前选择：该功能与向前匹配的命令相同，此时将同时选中插入点和结束点之间的文本。当光标在左括号处，双击就可以选中相匹配的闭括号之间的文本，但不移动光标。

- 向后选择：该功能与向后匹配的命令相同，此时将同时选中插入点和结束点之间的文本。当光标在右括号处，双击就可以选中相匹配封闭括号之间的文本，但不移动光标。

2. 检查语法错误

程序错误一般分为语法错误和逻辑错误。其中语法错误会造成程序编译不通过或者不能执行，而逻辑错误不一定使程序中断，但会使运行结果出错。这类错误在程序运行前不易觉察，只是在运行后才会被发现，主要检查的语法错误有以下几种。

- 给函数提供的参数数目不正确。
- 传递给函数无效变量名。
- 在特定函数调用中使用不正确的语法。
- 函数的参数类型不正确。

在Visual LISP菜单栏中执行"工具>检查编辑器中的文字"命令，Visual LISP将检查整个文件。如果执行"工具>检查选中文字"命令，Visual LISP将检查选定的文本。如果Visual LISP编辑器检测出错误，将在"编译输出"窗口中显示相关信息，如右图所示。

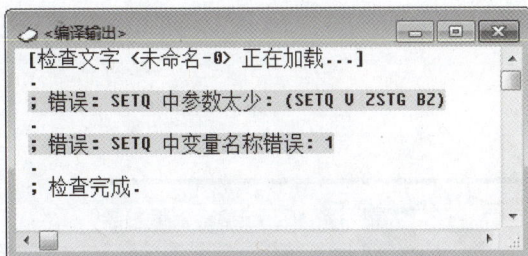

工程师点拨 | 查找出错信息

在"编译输入"窗口中双击出错信息，Visual LISP将会激活文本编辑窗口，将光标置于出错程序的开始位置，并自动选定相关表达式，如右图所示。

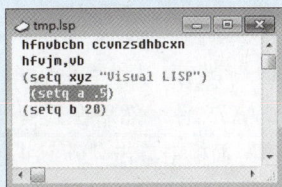

03 加载与退出Visual LISP程序

在Visual LISP的菜单栏中执行"工具>加载编辑器中的文字"命令，加载之后在Visual LISP控制台窗口中将会显示相应的信息，如下左图所示。

加载完程序之后，在控制台的提示符下输入所加载的函数名来运行该程序（函数名在括号内）。当程序运行要求用户输入相关数据时，Visual LISP会将控制权交给AutoCAD 2012，并提示输入相关参数。程序运行结束后，控制权将交还给Visual LISP。

需要退出Visual LISP程序时，在菜单栏中执行"文件>退出"命令，或者单击Visual LISP右上角的"关闭"按钮结束Visual LISP程序。如果修改了Visual LISP文本编辑器中的代码而没有保存这些代码，在退出Visual LISP程序时，程序将提示是否需要保存这些修改，用户选择相应的选项即可，如下右图所示。

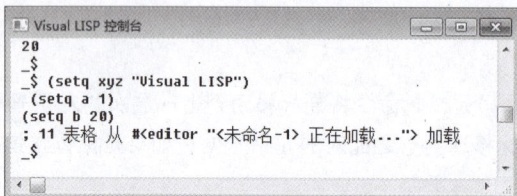

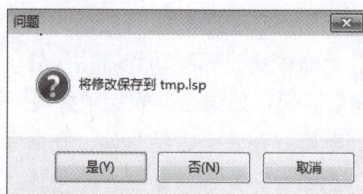

相关练习 | 使用Visual LISP程序创建表格

接下来举例讲解如何通过Visual LISP程序加载程序的函数名而运行该程序。在本例中将使用Visual LISP程序根据输入的参数自动生成表格，下面介绍具体的操作方法。

原始文件：实例文件\第16章\原始文件\bg.LSP
最终文件：实例文件\第16章\最终文件\利用Visual LISP程序创建表格.dwg

STEP 01 新建文件

新建一个名为"利用Visual LISP程序创建表格"的DWG文件，然后在"管理"选项卡的"应用程序"面板中单击"Visual LISP编辑器"按钮，进入Visual LISP编辑器。

STEP 02 打开Visual LISP文件

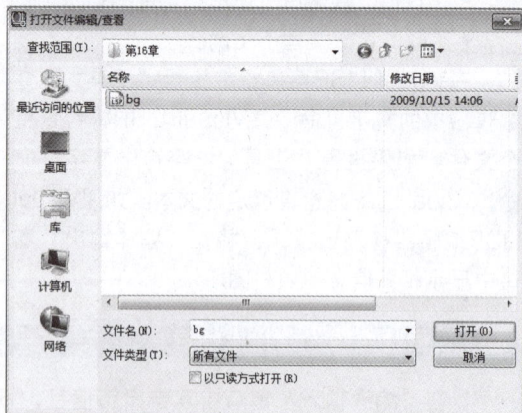

执行"文件 > 打开文件"菜单命令,在弹出的"打开文件编辑/查看"对话框中选择相关文件，然后单击"打开"按钮。

STEP 03 加载选定代码

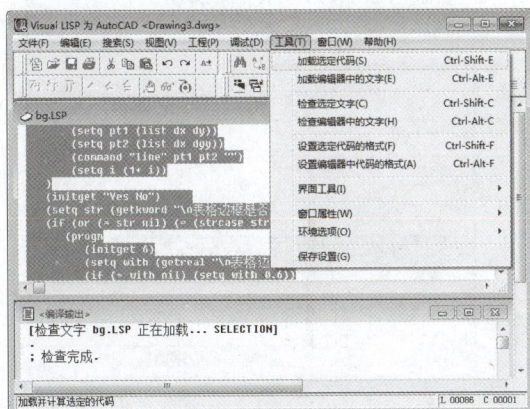

检查代码和语法是否有错误，然后将所有代码全部选中，在Visual LISP编辑器菜单中执行"工具>加载选定代码"命令。

STEP 04 运行程序

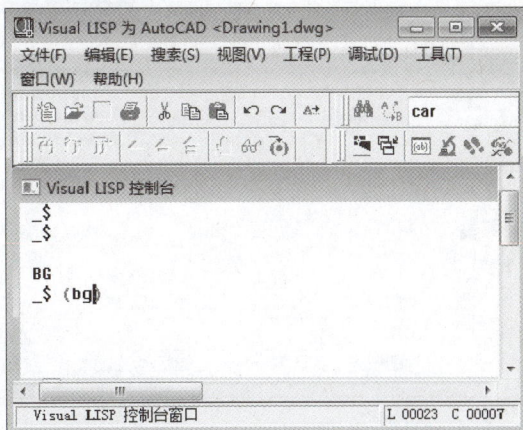

然后在控制台窗口的提示符下输入命令，将命令放在括号内，然后按下Enter键运行程序。

STEP 05 05输入表格参数

程序自动返回到AutoCAD窗口中，根据提示输入表格的参数。

STEP 06 生成表格

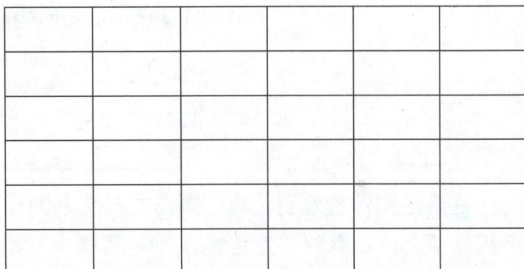

参数设置完成后，在窗口中指定一个点为表格的插入点，程序根据输入的参数创建表格。

Lesson 03　Visual LISP工程

　　Visual LISP通过提供工程可以对源程序进行编译和输出，在使用工程之前应当保证所有程序都经过调试并正确。在编写程序时需要按照一定的规范来编写，这样使用Visual LISP来管理这些程序文件时就会有章可循。

01　新建工程

　　在Visual LISP菜单栏中执行"工程>新建工程"命令，程序将弹出"新建工程"对话框，如下左图所示。在该对话框中指定保存文件的路径和名称后单击"保存"按钮，程序会弹出"工程特性"对话框，如下右图所示。

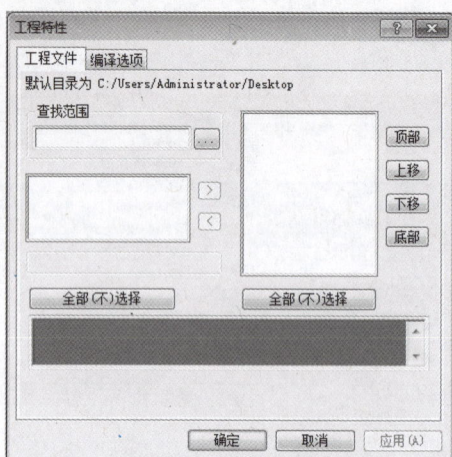

02 "工程特性"对话框

在"工程特性"对话框中有两个选项卡，分别是"工程文件"和"编译选项"选项卡。在"工程文件"选项卡中可以指定工程中包含的源程序文件，在"查找范围"文本框中可以指定AutoLISP源程序的路径，或者单击"浏览"按钮选择路径的文件夹，如下图所示。

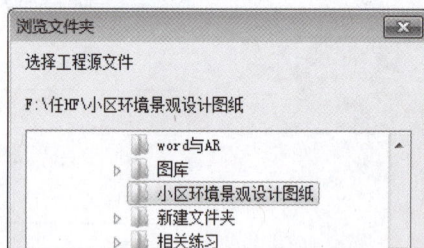

在确定文件夹之后，在"浏览文件夹"对话框中单击"确定"按钮返回到"工程特性"对话框，将程序源文件加载到"工程特性"对话框中，如下左图所示。在"工程特性"对话框的源程序列表框中选中需要加载的文件，然后单击 ⊡ 按钮将选中的文件加入到右侧的列表框中，如下右图所示。

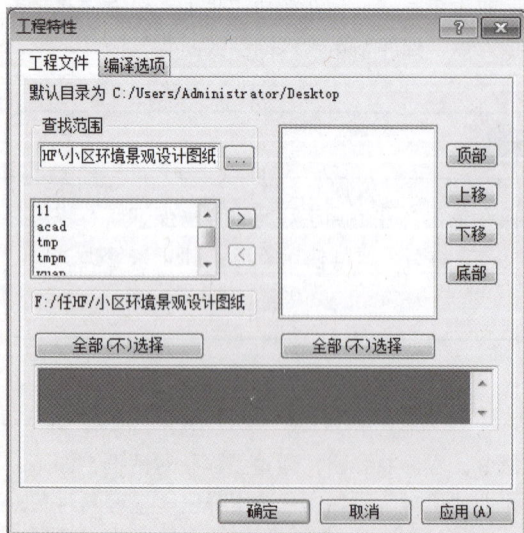

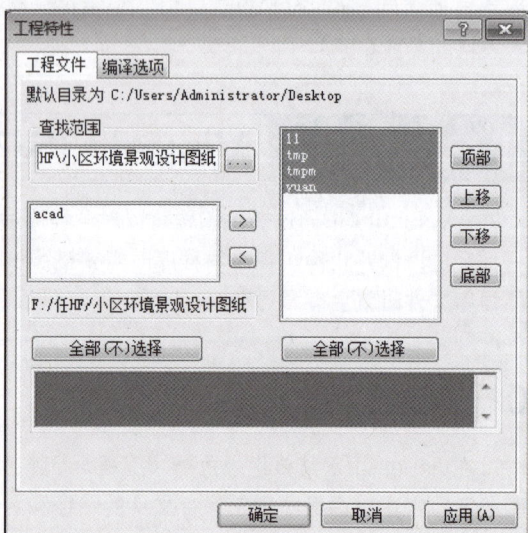

在右侧列表框中选中一个文件名后，单击鼠标右键，弹出快捷菜单，如下图所示。

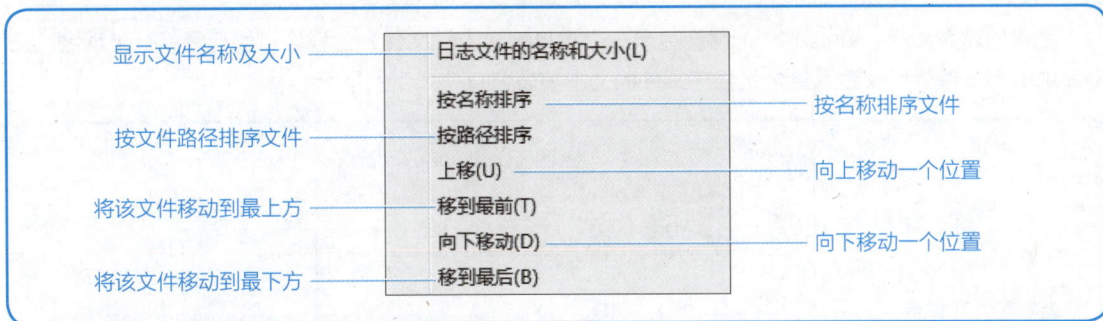

显示文件名称及大小 —————— 日志文件的名称和大小(L)

按名称排序文件 —————— 按名称排序

按文件路径排序文件 —————— 按路径排序

向上移动一个位置 —————— 上移(U)

将该文件移动到最上方 —————— 移到最前(T)

向下移动一个位置 —————— 向下移动(D)

将该文件移动到最下方 —————— 移到最后(B)

从快捷菜单中选择"日志文件的名称和大小"命令，在"工程特性"对话框的底部将显示该文件的路径名和文件，如下图所示。

```
bg       size=2374
```

在一个工程文件中可以加入不同路径下的Visual LISP源程序，但是不能有相同的程序、文件名，否则Visual LISP工程管理将不能正确处理。

然后打开"工程特性"对话框中的"编译选项"选项卡进行相关确定，如下图所示。

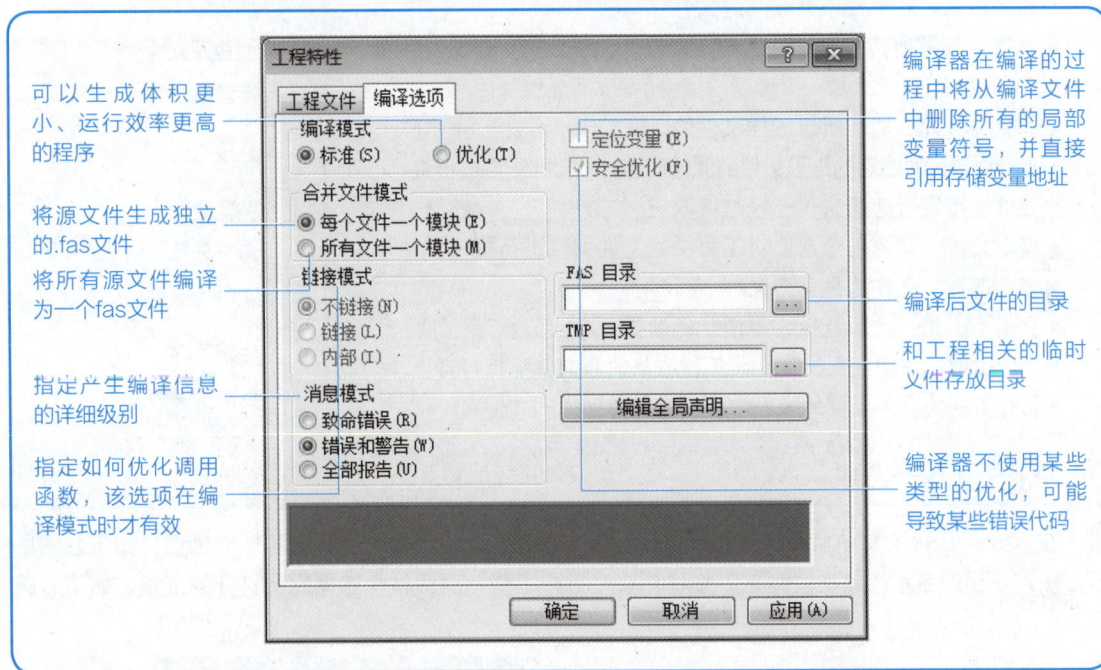

可以生成体积更小、运行效率更高的程序

编译器在编译的过程中将从编译文件中删除所有的局部变量符号，并直接引用存储变量地址

工程特性

工程文件 编译选项

编译模式
● 标准(S)   ○ 优化(T)

□ 定位变量(E)
☑ 安全优化(F)

合并文件模式
● 每个文件一个模块(E)
○ 所有文件一个模块(M)

将源文件生成独立的.fas文件

将所有源文件编译为一个fas文件

链接模式
● 不链接(N)
○ 链接(L)
○ 内部(I)

FAS 目录

TMP 目录

编译后文件的目录

和工程相关的临时文件存放目录

指定产生编译信息的详细级别

消息模式
○ 致命错误(R)
● 错误和警告(W)
○ 全部报告(U)

编辑全局声明...

指定如何优化调用函数，该选项在编译模式时才有效

编译器不使用某些类型的优化，可能导致某些错误代码

确定   取消   应用(A)

03 工程窗口

工程创建完成后，Visual LISP将会显示一个窗口列出工程文件，工程窗口的标题就是工程名，双击其中一个文件就可以激活包含此程序文件的文本编辑窗口，如下图所示。

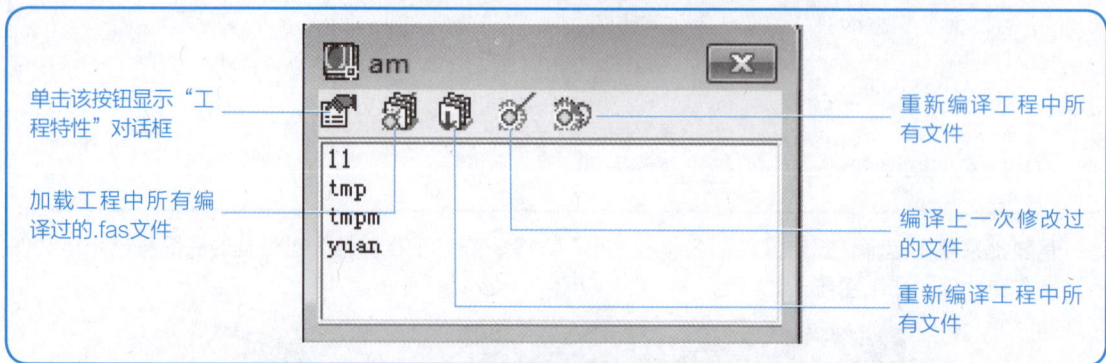

在工程窗口中单击某个源文件名，然后单击鼠标右键，程序弹出快捷菜单，如右图所示。

- 编辑：编辑所选工程的源代码。
- 添加文件：供用户添加文件到工程中。
- 删除文件：从工程中删除所选文件。
- 加载：加载所选工程文件的FAS文件，如果没有FAS文件则加载AutoLISP源文件。
- 加载源文件：加载所选工程文件的LSP文件。
- 检查语法：对选定的工程文件的源代码进行AutoLISP语法检查。
- 处理：指定所选源文件已经被修改过。
- 整理文件：按照某个选项对工程中的文件列表进行排序。
- 多个选择：允许选择多个文件。
- 全［不］选：全部选择或取消全部选择。
- 关闭工程：关闭该工程文件，工程成员的源文件保持打开。
- 另存工程为：为工程另起一个名字或保存到另一文件夹。

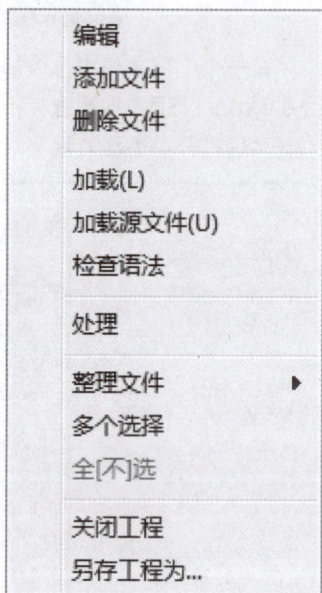

04 打开工程文件

在Visual LISP菜单中执行"工程>打开工程"命令，弹出"输入工程名称"对话框，如下左图所示，输入工程的名称或单击"浏览"按钮，在"打开工程"对话框中选择需要打开的工程，如下右图所示。

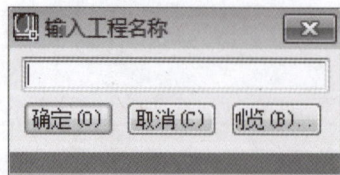

选择完成后，在"打开工程"对话框中单击"打开"按钮，程序自动打开一个工程文件，如下左图所示。如果用户打开一个和当前工程同名的工程，系统会询问是否需要重新定义工程目录，如下右图所示。

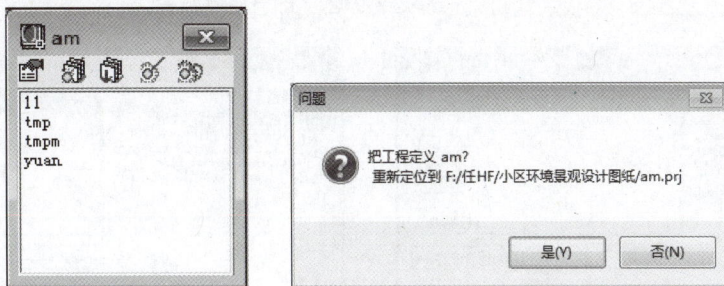

05 查找工程中的源文件

Visual LISP的查找功能可以在工程的所有文件夹中查找某个文件的字符串。在Visual LISP菜单栏中执行"搜索>查找"菜单命令，在弹出的"查找"对话框中选择"工程"单选按钮，输入查找的内容后单击"查找"按钮，如下图所示。系统将会把查找结果显示在"查找输出"的窗口中。

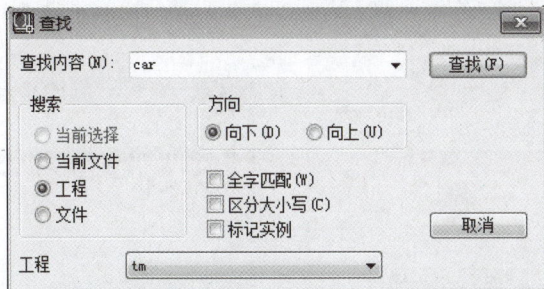

06 Visual LISP程序中包含的工程

对应用程序进行修改后，需要重新编译应用程序的可执行文件，以便应用程序的可执行文件包含所有源文件的最新版本。如果需要使用应用程序与AutoLISP源文件保持同步更新，可以将应用程序中的源文件编译到一个工程中。下面就来介绍将Visual LISP应用程序包含工程的操作步骤。

STEP 01 在Visual LISP菜单栏中执行"文件>生成应用程序>新建应用程序向导"，在"向导模式"对话框中单击"简单"单选按钮，然后单击"下一步"按钮。

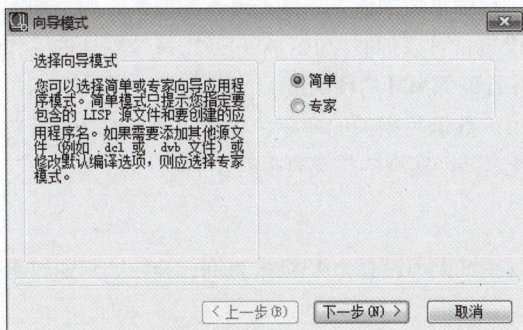

STEP 02 在系统弹出的"应用程序目录"对话框中分别设置应用程序的位置和应用程序的名称选项，然后单击"下一步"按钮。

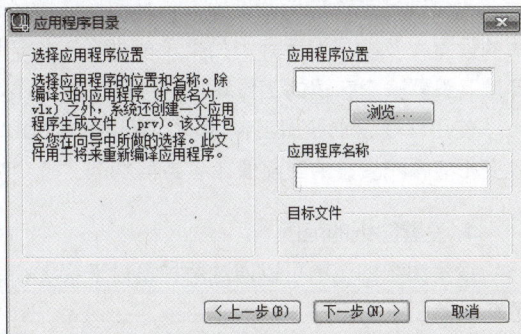

STEP 03 在"参照名"列表中，选择相对应的参照图形，单击"确定"按钮，在绘图窗口中，框选所需编辑的图形范围。

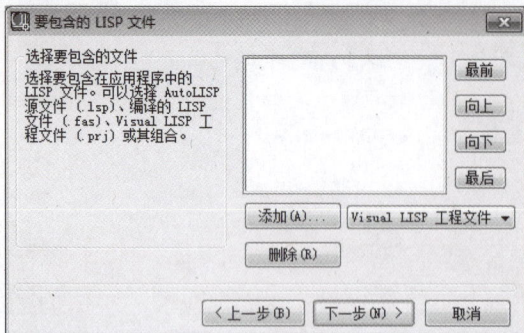

STEP 04 在框选的范围内，即可对其进行修改编辑，完成后，执行"编辑参照＞保存修改"命令，即可将其保存。

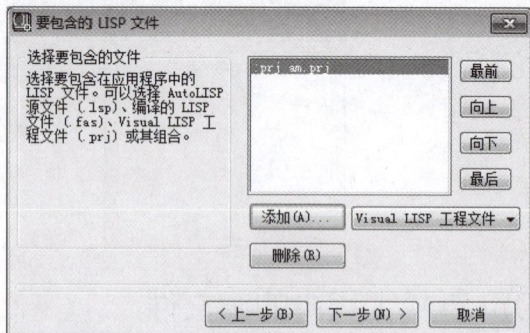

STEP 05 在"查看选择/编译应用程序"对话框中勾选"编译应用程序"复选框，单击"完成"按钮。

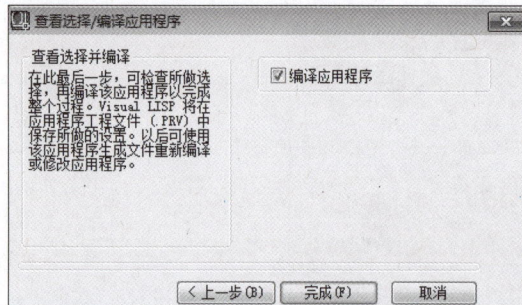

STEP 06 系统自动弹出"＜编译输出＞"窗口。

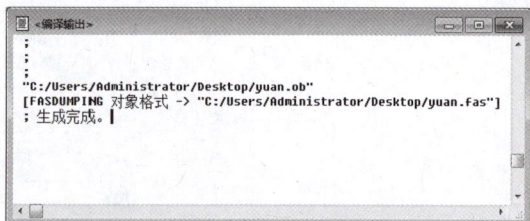

Lesson 04　AutoCAD中的程序应用

　　AutoCAD 2012中的程序也可以通过AutoLISP编写程序来实现，实际上AutoCAD 2012是无数个程序的集合，涉及到大量函数的运用，通过二次开发平台，用户可以自定义适合行业发展的二次开发应用程序。

01　工作环境的设置

　　先要进行工作环境的设置，包括图纸范围的设置、绘图单位的设置、线型线宽的设置、颜色和字体的设置以及图层设置等。如果不能进行工作环境的设置，可以加载AutoCAD 2012系统默认的工作环境。设置一个合适的工作环境，可以提高工作效率并且确保尺寸的精确度。

　　使用程序设置绘图工作环境，可以通过command函数运用相关的命令，也可以通过setvar函数改变相应系统变量的当前值或者当前状态。各个功能通过路径实现的种类有多有少。

1. 设置图纸的范围

　　设置图纸的范围可以通过两种途径来实现，下面以图纸大小设置为A3纸张为例，介绍如何通过函数来设置图纸的范围。

● 通过command函数设置图纸范围。

以A3纸张为例，宽度为210mm，高度为297mm，图纸为纵向排列。采用下面任何一种表达式都可以设置图纸的范围。

```
(command "limits" "0,0" "297,210")
(command "limits" '(0 0)' (297 210))
(command "limits" (list 0 0) (list 297 210))
```

● 通过setvar函数设置图纸范围。

先分别设置图纸的左下角点和右上角点，分别对应系统变量limmin和limmax。采用下面任何一种表达式都可以设置图纸的左下角点。

```
(setvar "limmin" '(0 0))
(setvar "limmin" (list 0 0))
(setvar "limmin" "0,0")
```

同样采用下面任何一种表达式都可以设置图纸的右上角点。

```
(setvar "limmax" '(297 210))
(setvar "limmax" (list 297 210))
(setvar "limmax" "297,210")
```

2. 设置绘图的长度和角度单位

设置绘图单位也可以通过command函数和setvar函数来实现。下面设置长度单位为十进制的三位小数（0.001），角度单位为十进制两位小数（0.01°），X轴的正方向为0°，逆时针方向为正，通过函数设置绘图单位。

● 通过command函数设置长度和角度单位。

```
(command "units" 2 3 1 2 0 "N")
```

其中units为AutoCAD 2012设置绘图单位的命令。

2：长度单位为十进制

3：三位小数

1：角度单位为十进制

2：两位小数

0：X轴正方向为0°

N：逆时针方向为正方向

● 通过setvar函数设置绘图单位的长度和角度。

```
(setvar "lunits"2) ; 长度单位为十进制
(setvar "luprec"3) ; 长度单位为三位小数
(setvar "aunits"1) ; 角度单位为十进制
(setvar "auprec"2) ; 角度单位为两位小数
(setvar "angbase"0.0) ; x轴正方向为0°
(setvar "angdir"0) ; 逆时针方向为正方向
```

3. 设置目标捕捉的类型

在交互操作时目标捕捉类型的选项是字符串，它以编码的形式记录在系统变量osmode内。代码的含义如下。

0：NoNe（不捕捉任何类型的对象）

1：ENDpoint（线段和圆弧的端点）

2：MIDpoint（线段和圆弧的中点）

4：CENter（圆和圆弧的中心点）

8：NODE（结点，用point命令生成的点）

16：QUAdrant（圆和圆弧的象限点）

32：INTersection（线段和圆弧的交点）

64：INSertion（图块或字符串的插入点）

128：PERpendicular（垂足）

256：TANgent（切点）

512：NEArest（对象上的距光标最近的点）

1024：QUIck（快速捕捉）

2048：APParent Intersection（在观察方向上相交，实际不一定相交的点）

4096：EXTension（延长线上的点）

8192：PARallel（与所选对象平行的点）

- 通过command函数设置目标捕捉的类型。

```
(command "osnap" "endpoint,midpoint,center) ；捕捉端点、中点和中心
(command "osnap" "none") ；不捕捉任何类型
```

- 通过setvar函数设置目标捕捉的类型。

```
(setvar "osmode"7) ；7是捕捉端点、中点和中心点的代码之和
(setvar "osmade"0) ；不捕捉任何类型
```

02 图层线型线宽的设置

通过command函数和setvar函数可以完成在AutoCAD 2012中才能完成的操作，实际上其中的大部分操作都可以通过函数调用AutoCAD 2012中相应的命令来完成。

1. 创建一个当前图层

- 通过command函数创建一个当前图层。

创建一个图层名为cnz的图层，并设置图层颜色为红色，线型为center，线宽为0.75，则表达式如下。

```
(command"layer" "make" "cnz" "color"1"cnz" "ltype" "center" "cnz"
"lweight"0.75"cnz""")
```

上面表达式中引号内的选项make、color、ltype、lweight等可以简写成M、C、L、LW，因此上面的表达式又可以变换为：

```
(command"layer" "M" "cnz" "C" 1 "cnz" "L" "center" "cnz" "LW"0.75"cnz""")
```

因为当前图层名是color、ltype等默认选项卡的图层名，所以上面的表达式还可以变换为：

```
(command "layer" "M" "cnz" "C" 1 "L" "center" "LW"0.75 "cnz""")
```

如果当前图层的颜色、线型、线宽都使用默认值，则表达式可以改为：

```
(command "layer" "M" "cnz""")  ; cnz为图层名称
```

对于已经存在的图层可以将其设置为当前图层，通过下列的表达式就可以实现。

```
(command "layer" "M" "cnz""")
(command "layer" "S" "cnz""")
```

其中cnz为需要设置为当前的图层。

● 通过setvar函数创建一个当前图层。

采用setvar函数可以改变系统变量clayer的值，只能够将已经存在的图层改为当前图层，表达式如下。

```
(setvar "clayer" "cnz")
```

2. 设置图形对象的颜色
● 通过command函数设置图形对象的颜色。

采用下面任何一种表达式都可以实现对图形对象的颜色设置。

```
(command "color" 3)
(command "color" "green")  ; 设置新对象颜色为绿色
```

● 通过setvar函数设置图形对象的颜色。

采用下面任何一种表达式都可以实现对图形对象的颜色设置。

```
(setvar "cecolor" 2)
(setvar "cecolor" "yellow")  ; 设置新对象颜色为黄色
```

3. 设置图形对象的线型
● 通过command函数设置图形对象的线型。

```
(command "ltype" "s" "center")  ; 设置新对象的线型为中心线
```

● 通过setvar函数设置图形对象的线型。

```
(setvar "celtype" "deshed")  ; 设置新对象的线型为虚线
```

4. 设置线型比例因子的大小
与实线不同的是，每一种线型都是由长度不同的短划线、空白点或段组成的。在不同的比例下显示，这些短划线和空白段的视觉效果会不同。改变线型比例因子的大小并不会改变整个线段的长度，而只改变短划线和空白段的大小。

● 通过command函数设置线型的比例因子。

```
(command "ltscale"0.35)  ; 比例因子为0.35
```

● 通过setvar函数设置线型的比例因子。

```
(setvar "ltscale"1.3)  ; 比例因子为1.3
```

5. 设置图形对象的线宽
● 通过command函数设置图形对象的线宽。

```
(command "lweight"0.5) ; 设置线宽为0.5
```

- 通过setvar函数设置图形对象的线宽。

```
(setvar "celweight"50) ; 设置线宽为0.5
```

因为系统变量celweight用于记录新图形对象的线宽，其值为整型，且以1%为单位。

03 字体样式

新建图形时只有一种字体样式standard，是以系统提供的txt.shx为原型定义的。若想换成其他字体样式，就必须自定义，通过command函数可以调用style命令定义字体样式的表达式。

1. 以AutoCAD 2012提供的形文件为原型定义字体样式

```
(command "style" "ziyang" "complex" "1.0" "0.0" "N" "N" "N")
```

其中每一项的相关含义如下：
- style：定义字体样式的命令。
- ziyang：字体样式的名称。
- complex：AutoCAD 2012提供的形文件名，文件全名为complex.shx。
- 0.0：字的固定高度，若该值为0，表示没有固定的字高。
- 1.0：宽度因子，当其值为1.0时，宽度与高度的比为3:2。
- 0.0：字的倾斜角度。
- 第一个N：不反写（back.wards），若为Y，则为左右颠倒的反写形式。
- 第二个N：不倒写（upside-down），若为Y，则为上下颠倒的倒写形式。
- 第三个N：不垂直书写。

由于字体的原型文件名之后的选项都是默认值，因此上面的表达式可以变换为：

```
(command "style" "ziyang" "complex" "" "" "" "" "" "")
```

2. 以Windows提供的字体文件stfangso.ttf为hanzi1的字样

```
(command "style" "hanzi1" "stfangso.ttf" "" "" "" "" "")
```

该表达式没有对应是否垂直书写的选项，可以用字体名代替字体文件名，因此上述表达式可以表示如下。

```
(command "style" "hanzi1" "华文楷体" "" "" "" "" "")
```

3. 以一个大字体形文件为原型定义汉字字样

以 Windows 提供的字体文件为原型定义的字体样式，可以很好地解决有关汉字书写的问题。但是在 AutoCAD 2012 中常见的字符如"±"、"。"等,不能使用 AutoCAD 2012 规定的"%%p"、"%%d"来转换输入，使用大字体文件为原型定义的汉字，可以很好地解决此问题。

普通形文件定义的字符数量不超过256。大字体形文件用两个字节存放形编号，因此可以定义65000多个字符。大字体形文件用于定义汉字，表达式如下。

```
(command "style" "hanzi3" "gbcbig" "" "" "" "" "")
```

gbcbig定义了汉字的大字体，文件全名为gbcbig.shx。

4. 普通形文件与大字体形文件组合，定义汉字字样

西文字符采用普通的形文件为原型，汉字部分用大字体形文件为原型，从两种形文件中各选一个满意的形文件定义字样，表达式如下。

```
(command "style" "hanzi4" "complex,gbcbig" "" "" "" "" "")
```

相关练习 | 通过Visual LISP程序更改文字高度

在AutoCAD 2012图形文件中进行文字标注或添加注释，更改文字的高度需要通过编辑命令来编辑文本。本例在Visual LISP编辑器中编写Visual LISP程序，通过编写的程序可以对绘图窗口中的图形文字进行修改，下面就来介绍具体的操作方法。

原始文件：实例文件\第16章\原始文件\应用Visual LISP程序更改文字高度.dwg
最终文件：实例文件\第16章\最终文件\应用Visual LISP程序更改文字高度.dwg

STEP 01 打开图形文件

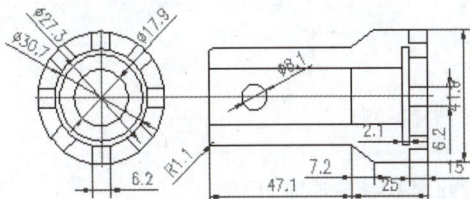

打开光盘中的"用Visual LISP程序更改文字高度.dwg"文件

STEP 02 进入Visual LISP编辑器

在"管理"选项卡的"应用程序"面板中单击"Visual LISP 编辑器"按钮，进入 Visual LISP编辑器中。

STEP 03 编写Visual LISP程序

```
(defunwzgd(/ test sslen n en1 a oldr
newrentnn)
(setvar "CMDECHO" 0)
(setq test T nn 0)
(while test
(setqss (ssadd))
(setqss (ssget))
(if (= nil ss)
```

```
(setq test nil)
(progn
(setqlen (sslengthss))
(setq n 1 s 1)
(while (<= n len)
(setq en1 (ssnamess (1- n)))
(setq a (entget en1))
(if (= "TEXT" (cdr (assoc 0 a)))
(progn
(if (= s 1)
(progn
(setqoldr (cdr (assoc 40 a)))
( setqnewr (getreal (strcat"\nNew high <" (rtosoldr 2 1) ">:")))
( if (= newr nil ) (setqnewroldr))
(setq s nil))
)
(setqent (subst (cons 40 newr)
(assoc 40 a) a))
(entmodent)
(setqnn (1+ nn))
)
)
(setq n (1+ n)))
)
)
)
(princ (strcat (itoann) " changed !"))
(princ)
)
```

在"未命名"文本编辑器中编写Visual LISP程序，注意括号的对应。

STEP 04 检查代码

在Visual LISP编辑器中选中全部代码，执行"工具>检查选定文字"菜单命令。

STEP 05 编译输出

程序自动检查代码和语法的正确性，并在"编译输出"窗口中显示检查的结果。

STEP 06 保存代码

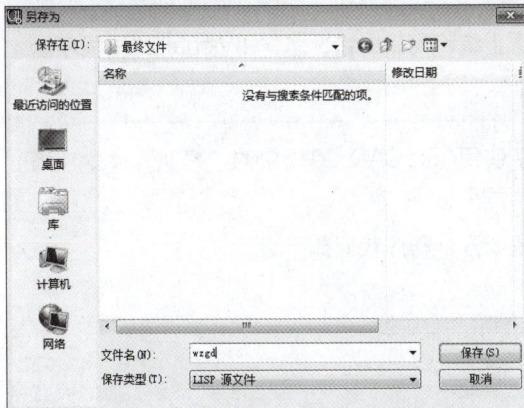

然后保存文件，在"另存为"对话框中指定保存的路径和文件名称，然后单击"保存"按钮。

STEP 07 加载选定的代码

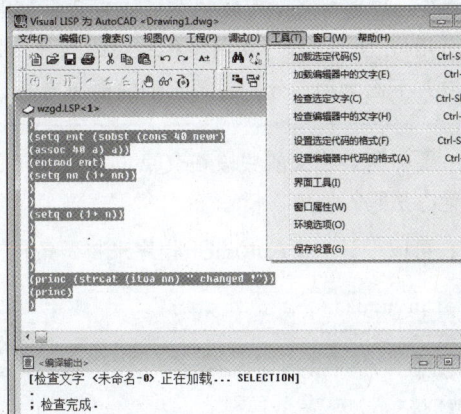

在Visual LISP菜单栏中执行"工具>加载选定代码"菜单命令。

STEP 08 运行程序

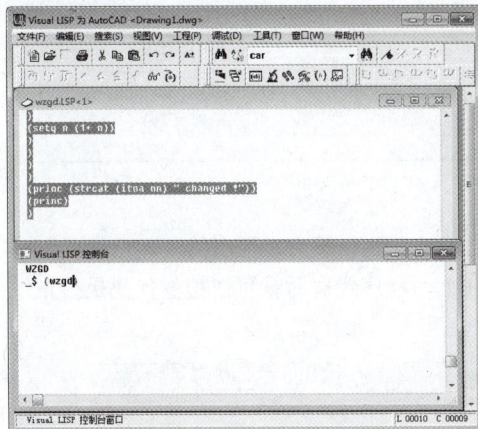

程序自动加载选定的代码，在"Visual LISP控制台"窗口中输入"（WZGD）"，完成后按下Enter键确定。

STEP 09 选择编辑对象

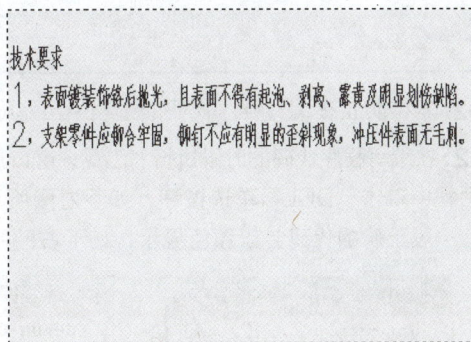

程序自动返回到AutoCAD 2012绘图窗口中，在绘图窗口中从右向左框选需要编辑的文字。

STEP 10 输入文字高度

```
选择对象：制定对角点：找到3个
选择对象：
New high<5.7>: 8
```

选择完编辑的文字对象后，按下Enter键确定，根据提示输入文字的高度。

STEP 11 调整文字高度

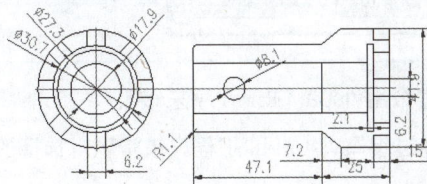

输入完成后按下Enter键，程序自动对所选的文字进行高度调整。

Q A　工程技术问答

如何运用AutoLISP程序将两条相交线段断开、如何防止编写代码出错、怎样用Visual LISP程序修改尺寸？下面为用户分别讲解它们的解决方法。

Q01: 要将两条相交的线段在交点位置处断开，除了使用AutoCAD 2012中的"打断"命令外还有其他办法吗？

A01: 可以设计一个AutoLISP程序来将两条相交线段断开，程序代码如下。

```
(defun c:dk(/ os pt1 pt2)
(setvar "CMDECHO" 0)
(setqos (getvar "osmode"))
(setvar "osmode" 512)
(setq pt1 (getpoint "\选择目标直线 :
"))
(setvar "osmode" 33)
(setqpt2(getpoint"\选择断开点 :
"))
(setvar "osmode" 0)
(command "break" pt1 "f" pt2 "@")
(setvar "osmode" os)
(princ)
)
```

Q02: 怎样防止在编写程序代码的过程中出错呢？

A02: 在编写程序代码的时候执行"工具>窗口属性>按语法着色"，然后在弹出的"颜色样式"对话框中单击"DCL"单选按钮，如下左图所示，这样在编写程序代码时就可以检查代码是否正确，一般正确的代码会以颜色显示，如下右图所示。

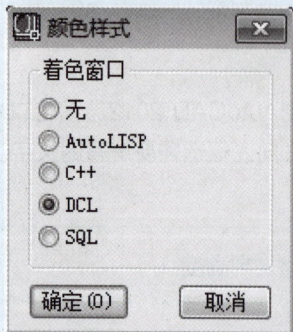

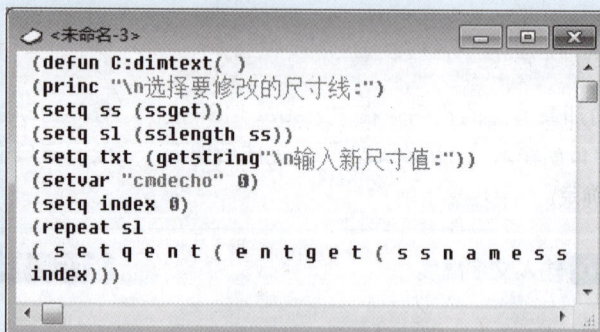

Q03: 怎么用Visual LISP程序来修改尺寸？

A03: 通过编写Visual LISP程序来实现对选择的尺寸的编辑，程序代码如下。

```
(defun C:dimtext( )
(princ "\n选择要修改的尺寸线:")
(setqss (ssget))
(setqsl (sslengthss))
(setq txt (getstring"\n输入新尺寸值:"))
(setvar "cmdecho" 0)
(setq index 0)

(repeat sl
(setqent (entget (ssnamess
index)))
(setq index (+ 1 index))
(setqty (cdr (assoc 0 ent)))
(if (= "DIMENSION" ty)
(progn
(setqoldtxt (assoc 1 ent))
(setqnewtxt (cons (car
oldtxt) txt))
(setq ent1 (substnewtxt
oldtxtent))
(entmod ent1)
)
)
)
(setvar "cmdecho" 1)
)
```

执行上述代码后选择需要编辑的尺寸，定义一个新值即可对标注的尺寸进行更改。

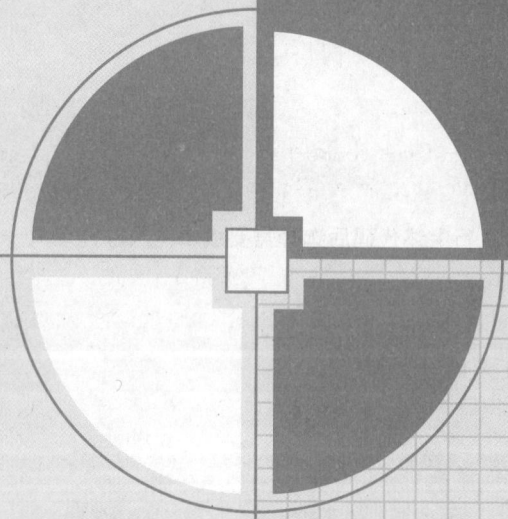

CHAPTER

17

AutoLISP 函数

AutoLISP提供了大量功能全面的函数供用户编辑使用，AutoLISP程序实际上是对函数的调用。函数是AutoLISP语言处理数据的基本工具，合理运用函数可以编写出非常实用的AutoLISP程序。

Lesson 01　函数概述

在AutoLISP里，一般程序设计语言里的子程序、过程、运算符、程序流程控制的关键字都被称为函数。AutoLISP函数分为内部函数和外部函数。AutoLISP自身所带的或使用AutoLISP定义的函数为内部函数，使用ADS、ADSRX或ARX定义的函数为外部函数。

01　函数的定义

函数的定义使用defun函数来实现，其格式如下。

```
(defun 函数名 (变元……/局部变量……) 表达式……)
```

其中各参数的意义如下。
- 函数名：它是代表一个函数的符号，不能与已有的AutoLISP函数同名，否则，新定义函数的功能将取代已有函数的功能。
- 变元：即该函数的参数，变元的数量根据实际需要而定，可以为空，但是不能省略括号"（ ）"。
- 局部变量：局部变量是指局限于该函数内部所使用的变量，它只在该函数调用期间得到定义。在定义函数时除了使用到函数的参数之外，还会用到一些其他变量。在该区域列举这些变量的名字，它们就成为局部变量。函数调用结束，局部变量的值均为nil，同时释放其所占用的存储空间。进行局部变量声明，不仅可以节省存储空间，也可以避免函数之间的相互干扰。局部变量与变元之间要用斜杠隔开。
- 表达式：表达式用于描述该函数的运算，数量不限。
- 函数的返回值：最后一个表达式的返回值即为该函数的返回值。如定义一个计算立方体体积的函数，程序代码如下。

```
(defun volume (a b c/v)
(setq v (*a b c))
)
```

该函数的函数名是volume，三个变元分别为：a（长度）、b（高度）、c（宽度），局部变量为v，它返回表达式（setq v (*a b c)）的值。

02　调用函数

AutoLISP以表的形式调用函数，其格式如下。

```
(函数名 [ 变元] ……)
```

表的第一个元素是函数名，其余是该函数所要求的变元。变元的数量可以是0，也可以是任意多个，这取决于具体函数，变元还可以是一个表达式。

每调用一个函数，都会得到函数的返回值。有些函数返回逻辑值常数T或nil。调用自定义的函数与调用系统提供的函数的格式相同。

03 AutoCAD命令的定义

定义AutoCAD命令也可以使用defun函数，其调用格式如下。

```
(defun C: AutoCAD命令名 (/局部变量……) 表达式……)
```

使用defun函数定义AutoCAD命令与定义函数的调用格式基本相同，但是有两点不同。
- 在定义AutoCAD命令之前要加"C："。
- 变元表内没有变元，但是可以有局部变量说明。

工程师点拨 | 不能与现有的AutoCAD命令同名

在使用defun函数定义AutoCAD命令时，所定义的命令不应与现有的AutoCAD命令同名。

下面介绍如何将对象沿Y方向进行复制，在AutoCAD中加载以下程序，在命令窗口中输入命令cy，然后按下Enter键，即可调用自定义的命令。程序代码如下。

```
(defun c:cy ()
(setq ss (ssget))
(setq p1 (getpoint "\n基点: "))
(setq p2 (getpoint "\n第二点: "))
(setq p3 (list (car p1) (cadr p2) (caddr p1)))
(command "copy" ss "" p1 p3)
(princ)
)
```

04 AutoCAD命令的使用

在AutoLISP中可以通过使用command函数调用AutoCAD命令，其调用格式如下。

```
(command "AutoCAD命令" "命令所需的数据"……)
```

如绘制一个圆心点为（14，60）、半径为46的圆，可以通过以下两个语句实现。

```
(command "circle"' (14,60)46)
(command "circle" "14,60"46)
```

相关练习 | 自动标注零件序号的Visual LISP程序

在绘制剖面图的时候需要标注相关序号，然后插入表格，列出零件的名称、数材料等相关信息。使用Visual LISP编辑器编写程序，可以自定义起始的序号并自动将零件进行编号，以下介绍详细操作步骤。

原始文件：实例文件\第17章\原始文件\用Visual LISP自动标注平面图序号.dwg
最终文件：实例文件\第17章\最终文件\用Visual LISP自动标注平面图序号.dwg

STEP 01 打开文件

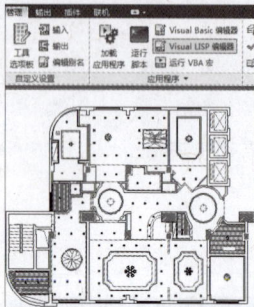

打开相应文件后，在AutoCAD 2012的"管理"选项卡的"应用程序"面板中单击"Visual LISP编辑器"按钮。

STEP 02 新建文件窗口

在Visual LISP编辑器中执行"文件 > 新建文件"菜单命令。在该窗口中编写Visual LISP程序。

STEP 03 选择图纸尺寸

```
(if (/= (getvar "TEXTSIZE") rad)
(setvar "TEXTSIZE" rad)
)
(setvar "osmode" 0)
(command "text"
"j"
"mc"
p0
""
""
(rtos string)
)
(command "circle" p0 rad)
(setq string (1+ string))
)
)
(setvar "cmdecho" 1)
)
```

```
(defun c:zdbz ()
(setvar "cmdecho" 0)
(setq string (getint "\n 请输入一个基数,
如 1、2 或 3:"))
(if (= string nil)
(setq string 1)
)
(if (setq ent (car (entsel "\n 请选择一个圆或
直接回车后再输入数值:")))
(progn
(setq dxf (entget ent))
(setq rad (cdr (assoc 40 dxf)))
)
(setq rad (getreal " \n 请输入圆圈半径:"))
(while (setq p0 (getpoint "\n 请选择一个基准
点:"))
(progn
```

在新建的文本编辑窗口中编写Visual LISP自动标注序号程序，在编写过程中要注意区分大小写。

STEP 04 保存文件

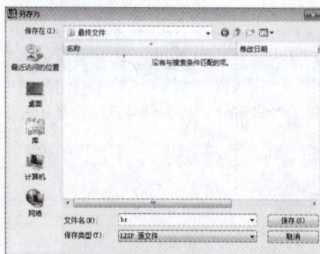

在菜单栏中执行"文件 < 另存为"命令,在弹出的"另存为"对话框中指定文件名和路径,单击"保存"按钮。

STEP 05 选择加载文件

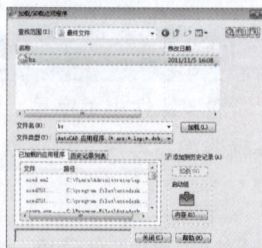

返回到AutoCAD窗口，在菜单栏中执行"工具 > AutoLISP > 加载应用程序"命令。在弹出的对话框中选择刚才保存的文件，进行加载。

STEP 06 完成加载

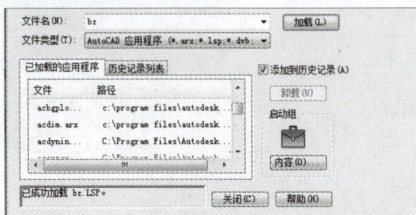

在"加载/卸载应用程序"对话框底部，将显示当前程序已成功加载，然后单击"关闭"按钮。

STEP 07 输入命令

> 命令: zdbz
> 请输入一个基数,如1、2或3:1
> 请选择一个圆或直接回车后再输入数值:
> 请输入圆圈半径:10
> 请选择一个基准点:

在AutoCAD命令窗口中输入命令zdbz，按下Enter键确定。根据程序提示分别输入基数1，按下两次Enter键，再指定圆半径为10，然后再按下Enter键。

STEP 08 生成自动标注

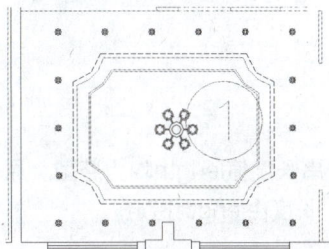

指定一个基准点为标注的参考点，程序在指定位置处创建出第一个标注符号。

STEP 09 最终效果

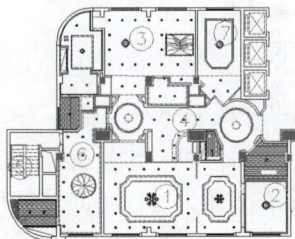

依次在绘图窗口中指定需要标注的对象，程序自动进行顺序标注。

Lesson 02 常用函数

　　AutoLISP程序实际上是对函数的调用，它为用户提供了大量功能全面的函数。函数是AutoLISP语言处理数据的基本工具，常用的函数包括字符串处理函数、数值函数、表处理函数、符号操作函数、函数处理函数、条件及循环函数和错误处理函数等，下面分别介绍各个函数的功能以及使用方法。

01 字符串处理函数

　　字符串数据是AutoLISP最常用的一种数据类型。如果没有字符型数据，几乎无法进行AutoLISP程序设计。

1. 字符串长度函数（strlen）
函数的调用格式如下。

```
(strlen [string1][string2]……)
```

　　该函数用于求字符串中字符的个数，返回值为整数型。调用strlen函数时，若提供了多个参数string，则返回所有字符串字符个数之和的整型数。若省略了参数或提供了一个空字符串，则函数strlen返回零。

```
(strlen) ; 返回值: 0
(strlen "") ; 返回值: 0
(strlen " ") ; 返回值: 1
(strlen "student") ; 返回值: 7
(strlen "teacher" "student") ; 返回值: 14
```

2. 字符串连接函数（strcat）

函数调用格式如下。

```
(strcat [ string1][ string2] ……)
```

此函数用于将各个字符串按顺序连接在一起，组成一个新的字符串。其中每个变元必须是字符常量、字符变量或字符表达式，其他类型的变元都是不正确的。

```
(strcat) ; 返回值: ""
(strcat "Auto" "2012") ; 返回值: "Auto2012"
```

3. 字符串截取子串函数（substr）

函数调用格式如下。

```
(substr string string[ lenght])
```

此函数用于截取字符串中的子串并返回。起始值start与返回的字符串长度值length均为整型。原字符串中的第一个字符的位置为1，截取的子字符串的起点由start指定，长度由length指定。

```
(substr "AutoCAD"3 2) ; 返回值: "to"
(substr "AutoCAD"8) ; 返回值: ""
```

4. 字母大小写转换函数（strcase）

函数调用格式如下。

```
(strcase string[mode])
```

此函数用于将字符串string中的所有字母转换成大写或小写字母，返回值为字符串。如果mode的值为nil，则将小写字母转换成大写字母。如果mode的值为t，则将大写字母转换成小写字母。

```
(strcase "AutoLISP"t) ; 返回值: "autolisp"
(strcase "AutoLISP") ; 返回值: "AUTOLISP"
```

5. 字符串转换为原子或表函数（read）

函数调用格式如下。

```
(read string)
```

该函数用于将字符串string中的第一个表或第一个原子转换成相应的数据返回。如果字符串中包含由空格、换行符或括号等分隔符隔开的多个词，则该函数仅返回其中的第一个词。如果字符串为空，则返回nil。

```
(read "Auto CAD") ；返回值："Auto"
(read " (a b c)") ；返回值："a b c"
```

6. ASCⅡ函数（ASCⅡ）

函数调用格式如下。

```
(ASCⅡstring)
```

该函数用于返回字符串string中第一个字符的ASCⅡ码，返回值为整型。

```
(ASCⅡ "Auto CAD") ；返回值：65
(ASCⅡ "B") ；返回值：66
(ASCⅡ "H") ；返回值：72
```

7. Chr函数（Chr）

函数调用格式如下。

```
(Chr number)
```

该函数用于将代表ASCⅡ值的整数转换成相应的ASCⅡ字符，它的功能与ASCⅡ函数正好相反。需要注意的是，number的范围必须在1～255之间。

```
(Chr 80) ；返回值："p"
(Chr 100) ；返回值："d"
(Chr 123) ；返回值："{ "
```

02 符号操作函数

在AutoLISP中，程序提供了一类用于测试符号的函数，下面介绍一些常用的符号操作函数。

1. type函数

函数调用格式如下。

```
(type[ item] )
```

该函数用于测试item的数据类型并返回相应的类型值，type函数的返回值与数据类型的对应关系如表17-1所示。

表17-1 type返回值与数据类型的对应关系

type返回值	数据类型	type返回值	数据类型
ENAME	图元名	PICKSET	选择集
EXSUBR	外部的ARX应用功能	REAL	实型数
FILE	文件描述符	STR	字符串
INT	整型数	SUBR	内部函数
LIST	表	SYM	符号
PAGETB	函数分页表	VARIANT	变体

2. atom函数

函数调用格式如下。

```
(atom[ item] )
```

该函数用于验证一个项目item是不是元素。如果是元素则返回t，不是则返回nil。在atom函数中，任何非表的参数均被认为是元素。

```
(atom ' (Str)) ; 返回值: nil
(atom s) ; 返回值: t
(atom 's) ; 返回值: t
```

3. atoms-family函数

函数调用格式如下。

```
(atoms-family format[ symlist] )
```

该函数用于返回当前定义的符号列表。参数format可取0或1，当format取0时，该函数返回符号表。当format取1时，该函数以字符串表的形式返回符号名。如果提供了参数symlist，atoms-family函数就会在系统中对指定的符号名表进行搜索。参数symlist是指定符号名的一个字符串表。atoms-family函数返回由参数format指定的类型的一个表，则返回的表中包含了已经定义的那些符号名。

```
(setq x 5 y 6） ; 定义符号x和y
(atoms-family 0' ("s" "x" "y") ; 返回值: (nil x y)
(atoms-family 1' ("s" "x" "y") ; 返回值: (nil "x" "y")
```

4. boundp函数

函数调用格式如下。

```
(boundp[ sym] )
```

该函数用于验证sym是否已经被赋值，如果参数sym已经被赋值，该函数则返回t，否则返回nil。

```
(setq x 5) ; 定义符号x
(boundp 'x) ; 返回值: t
(boundp 'y) ; 返回值: nil
```

5. numberp函数

函数调用表达式如下。

```
(numberp[ item] )
```

该函数用于检测参数item是否为数值类型（整型或实型），如果是则返回t，否则返回nil。

```
(setq x' (14) y9) ; 定义符号x和y
(numberp x) ; 返回值: nil
(numberp y) ; 返回值: t
```

6. null函数

函数调用格式如下。

```
(null[ item])
```

该函数用于检测参数item是否为空值nil。若参数item的值为nil，返回值是t，否则返回nil。

```
(setq x 5 y nil) ; 定义符号x和y
(null x) ; 返回值: nil
(null y) ; 返回值: t
```

7. read函数

函数调用格式如下。

```
(read[ string])
```

该函数用于返回字符串string中的第一个表或第一个元素。参数string可以是由一个表构成的字符串，也可以是由一个原子构成的字符串，该函数会返回字符串string转换成表或原子后的结果。

```
(read "AutoCAD") ; 返回值: AutoCAD
(read "Auto CAD") ; 返回值: Auto
```

03 数值函数

数值函数是AutoLISP最基本的函数之一，数值函数用于处理整型和实型两种数之间的运算，数值函数总是返回数的数据类型值，返回值的数据类型取决于参数表中参数的数据类型。数值函数运行应该遵循以下三点。

- 当参数表中的所有参数都为整型数时，对参数表中的参数做整数运算，返回整数值。

```
(+ 10 5) ; 返回值: 15
```

- 当参数表中有一个实型数时，则对参数表中的参数进行浮点数学运算，返回实型数。

```
(+ 15.5 3) ; 返回值: 18.5
```

- 当参数表中的参数多于两个，则从左至右、遵循前两条规则，用每两个参数进行数值运算，再将运算结果与下一个参数进行运算。

1. 累加函数

此函数的运算符号为"+"，函数的调用格式如下。

```
(+ [ num1][ num2][ num3] ……)
```

该函数计算加号右侧所有数值的和（num1+num2+num3+……），参数可以是整型的，和则为整型数。参数可以是实型的，和则为实型数。如果参数中有整型数也有实型数，则和为实型数。如果不提供参数，则返回值为0。

```
(+ 2) ; 返回值: 2
(+ 2 5) ; 返回值: 7
(+ 2 5 8) ; 返回值: 15
```

```
(+ 2 5.6 2.4) ; 返回值: 10.0
(+ 3.2 4.3 7.1) ; 返回值: 14.6
```

2. 减函数
减函数的运算符号为"–"，函数调用格式如下。

```
(— [ num1] [ num2] [ num3] )
```

减函数将第一个数减去其后面所有数（num1 – num2 – num3 – ……），并返回最后的结果，如果不提供参数，则返回为0。

```
(— 5) ; 返回值: —5
(—18 7) ; 返回值: 11
(—10.55 2.38) ; 返回值: 8.17
(—45.5 12.62 3.81) ; 返回值: 29.07
```

3. 乘函数
乘函数的运算符号为"*"，函数表达式如下。

```
(* [ num1] [ num2] [ num3] )
```

乘函数用于求所有在乘号后的数的乘积（num1 × num2 × num3 × ……），并返回最后的结果。如果参数都是整型数，则积为整型数，如果其中有一个是实型数，则积为实型数。

```
(*5) ; 返回值: 5
(* 2 5) ; 返回值: 10
(* -3 5 8) ; 返回值—120
(* 2.7 3.4 6.1 12.2) ; 返回值: 683.1756
```

4. 除函数
除函数的运算符号为"/"，函数调用格式如下。

```
( / [ num1] [ num2] [ num3] …… )
```

除函数首先返回[num1]除以[num2]的结果，再除以[num3]，依次进行除法运算，等效于num1 ÷ (num2 × num3 × ……)。如果只提供一个参数，则函数返回该数值除以1的结果。如果不提供参数，则返回为零。

```
(/ 8) ; 返回值: 8
(/ 9 2) ; 返回值: 4
(/ 9 2.0) ; 返回值: 4.5
(/ 42 2.0 3.0) ; 返回值: 7.0
```

5. 加1函数
加1函数参数中有一个"1+"，"1+"中间无空格，必须连写，函数调用格式如下。

```
(1+number)
```

该函数用于对运算的变量加1，返回值为number+1。

```
(1+ 5) ;返回值: 6
(1+ 12) ;返回值: 13
```

6. 减1函数

减1函数正好与加1函数相反，减1函数参数中有一个"1-"，"1-"中间无空格，必须连写，函数调用格式如下。

```
(1-number)
```

该函数用于对运算变量减1，返回值为number-1。

```
(1- 2) ;返回值: 1
(1- 7.7) ;返回值: 6.7
```

7. 绝对值函数

函数调用格式如下。

```
(abs number)
```

该函数用于返回number的绝对值，number可以是整型或实型，返回值类型取决于参数的类型。

```
(abs 8) ;返回值: 8
(abs -5) ;返回值: 5
(abs -12.0) ;返回值: 12.0
```

8. 正弦函数

函数调用格式如下。

```
(sin angle)
```

此函数用于计算以弧度表示的角度的正弦值。

```
(sin 0) ;返回值: 0.0
(sin 1) ;返回值: 0.041471
(sin 2) ;返回值: 0.909297
```

9. 余弦函数

函数调用格式如下。

```
(cos angle)
```

该函数用于计算以弧度表示的角度的余弦值。

```
(cos 0) ;返回值: 1.0
(cos 1) ;返回值: 0.540302
(cos 2) ;返回值: -0.416147
```

10. 余数函数
函数调用格式如下。

```
(rem [ num1][ num2][ num3]……)
```

该函数用于返回num1除以num2的余数，若参数多于两个，先取num1除以num2的余数，再用此余数除以num3，并返回余数，依次循环下去直到除完所有的参数。返回值类型取决于参数类型。

```
(rem 50 9) ; 返回值: 5
(rem 50.0 9) ; 返回值: 5.0
(rem 50 9 4) ; 返回值: 1
```

11. 最大值函数
函数调用格式如下。

```
(max [ num1][ num2][ num3]……)
```

该函数用于返回[num1]、[num2]、[num3]……中的最大值。

```
(max 11 70 6) ; 返回值: 70
(max 23 234 243 120) ; 返回值: 243
```

12. 最小值函数
函数调用格式如下。

```
(min [ num1][ num2][ num3]……)
```

该函数与最大值函数相反，用于返回[num1]、[num2]、[num3]……中的最小值。

```
(min 7.7 6.1 7.5) ; 返回值: 6.1
(min 43.79 7 48) ; 返回值: 7
```

13. 指数函数
函数调用格式如下。

```
(exp number)
```

指数函数用于返回以e为底的number次幂的值，返回值为实型。

```
(exp 0) ; 返回值: 1.0
(exp 1) ; 返回值: 2.71828
(exp －2.0) ; 返回值: 0.135335
```

14. 自然对数函数
函数调用格式如下。

```
(log number)
```

该函数是指数函数的反函数，用于返回值为number的自然对数，其返回值类型总是实型。使用过程中需要注意number的取值范围是（0，＋∞）。

```
(log 0.5) ; 返回值: −0.693147
(log 1) ; 返回值: 0.0
(log 2.0) ; 返回值: 0.693147
```

15. 幂函数
函数调用格式如下。

```
(exp base power)
```

该函数用于返回base的power次方，若base和power都是整型数，则结果为整型数，否则就是实型数。

```
(expt 5 3) ; 返回值: 125
(expt 5 3.0) ; 返回值: 125.0
(expt 4 −3) ; 返回值: 0
(expt 4.0 −3) ; 返回值: 0.015625
```

16. 平方函数
函数调用表达式如下。

```
(sqrt number)
```

该函数用于返回number的平方根，其返回值类型总是实型。使用过程中需要注意number的取值范围是（0，+∞）。

```
(sqrt 25) ; 返回值: 5.0
(sqrt 49.0) ; 返回值: 7.0
```

17. 最大公约函数
函数调用表达式如下。

```
(gcd [ num1][ num2])
```

该函数用于返回num1、num2的最大公约数，其中num1和num2都必须是正整数。

```
(gcd 35 15) ; 返回值: 5
(gcd 9 6) ; 返回值: 3
```

04 表处理函数

表是指放在一对圆括号中的元素的有序集合，它提供了一种有效保存大量相关数据的方法。表中的元素可以是任何类型的常量、变量、符号或表达式。表中的元素还可以是表，其嵌套深度没有限制。

1. 表构造函数（list）
函数调用格式如下。

```
(list [ 表达式1][ 表达式2]……)
```

该函数可以将任意的多个表达式组成一个表。

```
(list 'x 'y 'z) ; 返回值: (x y z)
(list 'xy 'yz) ; 返回值: (xy yz)
(list 60.5 123) ; 返回值: (60.5 123)
```

2. 表长度函数（length）

函数调用格式如下。

```
(length [ list])
```

该函数用于返回表中的元素数目，返回值为整型，并且该函数只返回表[list]中顶层元素的个数。

```
(length '(x y z)) ; 返回值: 3
(length '(a (b c))) ; 返回值: 2
```

3. reverse函数

函数调用格式如下。

```
(reverse [ list])
```

该函数将表的元素顺序颠倒后返回。

```
(reverse '(a b c)) ; 返回值: (c b a)
(reverse '(c (a)) ; 返回值: ((a)c)
```

4. member函数

函数调用表达式如下。

```
(member [ expr][ list])
```

该函数用于在一个表内搜索一个表达式，并返回表的其余部分，其余部分的起点从表达式expr的第一次出现处开始。变量expr的类型没有限制，变量list必须是表。如果在表list中不出现表达式expr，则返回nil。

```
(member 'x' (x y z)) ; 返回值: (y z)
(member 'a' (x y z)) ; 返回值: nil
```

5. last函数

函数调用格式如下。

```
(last [ list])
```

该函数用于返回表中的最后那个元素，可以是原子或表。

```
(last 'm n z y)) ; 返回值: y
(last '(c h d (d l p))) ; 返回值: (d l p)
```

6. car函数和cdr函数

函数调用格式如下。

```
(car[ list])或者是(cdr[ list])
```

　　car函数和cdr函数主要用于提取表中的元素，这两个函数的操作对象都是一个表，表中的对象可以是任意类型。car函数取一个表中的第一个元素并返回，cdr函数从一个表中排除第一个元素，将所有剩余的元素作为一个表返回。

```
(car ' (a b c)) ; 返回值: a
(car ' ((a b) c)) ; 返回值: (a b)
(cdr ' (a (b c)) ; 返回值: (b c)
(cdr ' ((a b) c)) ; 返回值: (c)
```

　　AutoLISP支持car和cdr函数的组合应用，相当于car和cdr函数的嵌套。car和cdr组合应用有相应的缩写形式，如表17-2所示。

表17-2 car和cdr函数的组合应用

缩写形式	等效格式	缩写形式	等效格式
caar	(car (car [list]))	cdar	(cdr (car [list]))
cadr	(car (cdr [list]))	cddr	(cdr (cdr [list]))

　　例如：

```
(caar ' ((a b) c)) ; 返回值: a
(cadr ' ((a b) c)) ; 返回值: c
(cdar ' ((a b) c)) ; 返回值: (b)
(cddr ' ((a b) c)) ; 返回值: nil
```

7. nth函数
　　函数调用格式如下。

```
(nth n [list])
```

　　该函数用于返回表中的第n个元素，参数n是表中要返回元素的序号（表中的元素编号从0开始），如果n大于表中最后那个元素的序号，则返回nil。

```
(nth 0' (a b c d e f)) , 返回值. A
(nth 2' (a b c d e f)) ; 返回值: C
(nth 5' (a b c d e f)) ; 返回值: F
(nth 6' (a b c d e f)) ; 返回值: nil
```

8. listp函数
　　函数调用格式如下。

```
(listp[ item])
```

　　该函数用于检查某项是否是表，如果item是一个表，则返回t，否则返回nil。除了特殊情况，由于nil既可以表示一个原子，也可以表示一个表，所以当listp函数使用nil作为参数时，它返回t。

```
(listp ' (a b c)) ; 返回值: t
(listp abc) ; 返回值: nil
(listp nil) ; 返回值: t
```

9. cons函数
函数调用格式如下。

```
(cons element [ list])
```

该函数用于把第一个参数element加到第二个参数表list的开始，组成一个新表并返回，参数element可以是一个原子或一个表。cons函数也可以接受原子形式的参数以构造点对结构。

```
(cons 's' (a b c)) ; 返回值: (s a b c)
(cons '(s)' (a b c)) ; 返回值: ((s)a b c)
(cons 'x 5) ; 返回值: (x.5)
```

05 应用程序管理函数

AutoCAD允许用户将自定义的程序代码保存为程序文件，并提供加载功能，AutoLISP也提供了相应的函数来管理这些程序文件。

1. ads函数
函数调用格式如下。

```
(ads)
```

该函数用于返回当前已加载的ADS应用程序名列表，每一个加载的ADS应用程序和它的路径都使用双引号引起来作为表中的一项。

2. arx函数
函数调用格式如下。

```
(arx)
```

arx函数的用法类似于ads函数，该函数用于返回当前已加载的ARX应用程序名列表，每一个加载的ARX应用程序和它的路径都使用双引号引起来作为表中的一项。

3. autoxload与autoarxload函数
函数调用格式如下。

```
(autoxload [ filename][ cmdlist] )或者(autoarxload [ filename][ cmdlist] )
```

这两个函数的调用格式和功能大致相同，只是autoxload函数定义可自动加载某相关ADS应用程序的命令名，而autoarxload函数是定义可自动加载某相关ARX应用程序的命令名，并且两个函数中参数cmdlist所含的命令必须在filename参数所指定的文件中定义。

4. xload函数
函数调用格式如下。

```
(xload [ application][ onfailure])
```

该函数用于加载一个ADS应用程序，其中参数application既可以是一个包含了可执行文件名的变量，也可以是一个带有双引号的字符串。在加载文件时，函数会检查该ADS应用程序的有效性，并且会对ADS程序的版本、ADS本身及正在运行的AutoLISP版本进行兼容性检查。如果xload函数操作失败，它通常会引发一个AutoLISP错误。但如果提供了onfailure参数，则在操作失败时xload函数会返回该参数的值，而不会发出一条出错的信息。当成功加载指定的应用程序时，xload函数返回应用程序名。

如果试图加载一个已经加载的应用程序，xload函数会发出如下信息。

```
已加载应用程序"cpplication"
```

因此，在调用xload函数之前，可以调用ads函数来检查当前已加载的ADS应用程序。

5. arxload函数
函数调用格式如下。

```
(arxload [ application][ onfailure])
```

该函数的用法与xload函数相同，只是加载对象为ARX应用程序。

6. xunload函数
函数调用格式如下。

```
(xunload [ application][ onfailure])
```

该函数用于卸载一个ADS应用程序。如果指定的应用程序被成功卸载，就会返回这个应用程序名，否则就会发出一条错误信息。其中，参数application既可以是一个包含了可执行文件名的变量，也可以是一个带有双引号的应用程序名。如果在调用xload函数时在应用程序名前指定了路径，在调用xunload函数时就可以省去这个路径。如果xunload函数操作失败，它通常会引发一个AutoLISP错误。但如果提供了onfailure参数，则在操作失败时xunload函数会返回该参数的值，而不会发出一条出错信息。

7. arxunload函数
函数调用格式如下。

```
(arxunload [ application][ onfailure])
```

该函数的用法与xunload函数相同，只是卸载对象为ARX应用程序。

06 函数处理函数

函数处理函数用于调用AutoLISP程序中的函数或调试AutoLISP程序，下面分别进行介绍。

1. apply函数
函数调用格式如下。

```
(apply [ function][ list])
```

该函数用于将参数list传给指定的函数function，指定的function函数可以是内建式(subr)和用户定义(使用defun或lambda)的函数。

```
(apply '*' (1 2 3 4)) ; 返回值: 24
(apply 'strcat' ("C" "A" "D")) ; 返回值: "CAD"
```

2. defun函数

函数调用格式如下。

```
(defun [ sym] [ argument] [ expr] ……)
```

defun是AutoLISP的一个特殊函数，它不对任何参数求值，而只是查看变元并建立一个函数定义，在后面的应用中可以调用这一函数。在AutoLISP中，定义的函数形式可以是有名或无名，但是主要定义有名函数。defun函数就是提供给用户的用于定义一个有名函数的特殊函数。

参数sym是defun函数所定义的函数名，它必须是符号原子。参数argument是一个函数的参数表，它可以有如下格式。

```
(形参1  形参2……)
(/局部变量1  局部变量2……)
(形参1  形参2……/局部变量1局部变量2……)
() 是空表，表示没有参数
```

需要注意的是，形式参数"形参1 形参2……"在函数调用时必须用实际参数替换。

参数expr可以是任意的AutoLISP表达式，甚至可以调用自身所定义的函数，即函数的递归定义。

AutoLISP还允许通过输入定义的函数名对一个或多个变量进行操作，或者是通过自定义功能给在AutoLISP之外运行的整个程序赋予一个名称。

在AutoCAD中运行自定义函数时，可以在命令行中输入自定义的函数名，也可以包含在一对括号中用于菜单的宏命令中。自定义函数的最大优点是可以只输入一个函数名而执行一段程序。

用户定义函数的调用使函数名作为被求值表的第一个元素，这与系统内部提供的函数调用形式一样，实际参数作为表的其他元素，且实际参数必须和形式参数的位置、数目和顺序严格对应。

函数调用可以放在程序的任何地方，当然要保证函数返回值的类型应该与调用函数所要求的数据类型相符。AutoLISP系统内部函数调用可以放的位置，用户自定义的函数也可以放。

3. lambda函数

函数调用格式如下。

```
( lambda [ argument] [ expr] …… )
```

该函数用于定义一个无名的函数。当用户经常使用某一表达式，而又觉得把它定义为一个新函数需要太多操作时，可以使用lambda函数。lambda将定义的函数放在需要使用它的位置，并返回最后一个表达式的值，它常与apply或mapcar函数连用，以便对表中的元素执行操作。

```
(apply ' (lambda (x y z) (*x (+ y z)))
' (6 25 10) ; 返回值: 210
```

4. trace函数

函数调用格式如下。

```
(trace [ function] ……)
```

该函数用于调试AutoLISP程序，trace函数为指定的一个或多个函数设置跟踪标志。trace函数每次对指定的函数进行求值时，会显示一条跟踪信息表示流程进入该函数，同时还会打印出该函数的执行结果。trace函数的返回值为传给它的最后一个函数名。

```
(trace f1) ; 返回值: f1
(trace f1 f2) ; 返回值: f2
```

5. untrace函数
函数调用格式如下。

```
(untrace [ function]
```

该函数的功能与trace函数恰好相反，它用于清除指定函数的跟踪标志，返回值为传给它的最后一个函数的名称。

```
(untrace f1) ; 返回值: f1
(untrace f2) ; 返回值: f2
```

6. eval函数
函数调用格式如下。

```
(eval [ expr])
```

该函数用于返回AutoLISP表达式的求值结果，其中的表达式可以是任意的LISP表达式。该函数首先对变元expr进行求值，将求值结果传递给eval，eval再对该结果进行求值。

```
(setq x 5 y 'x)
(eval 15.0) ; 返回值: 15.0
(eval x) ; 返回值: 5
(eval y) ; 返回值: 5
(eval (setq a 111)) ; 返回值: 111
```

07 条件和循环函数

条件函数用于测试其表达式的值，然后根据结果执行相应的操作，循环函数则是将表达式重复进行运算。

1. if函数
函数调用格式如下。

```
(if [ test][ then][ else])
```

if函数根据对条件的判断，对不同的表达式进行求值。如果[test]的求值结果为非空，则对[then]进行求值，否则对[else]进行求值。if函数返回所选择的表达式的值，如果没有[else]表达式且[test]是nil，则if函数返回nil。

2. cond函数
函数调用格式如下。

```
(cond ([ test][ result]……)……)
```

该函数是AutoLISP语言的一个主要条件函数。该函数从第一个子表起，计算每一个子表的测试表达式，直至有一个子表的测试表达式成立为止，然后计算该子表的结果表达式，最后返回这个结果表达式的值。

```
(setq n (cond ((<=i 1)1)
((<=i 2)4)
((<=i 3)10)
((<=i 4)24)
((<=i 5)30)
(t 100)
)
)
```

上述程序代码的作用是，当i小于或等于1时，n=1；当i小于或等于2时，n=4；当i小于或等于3时，n=10；当i小于或等于4时，n=24；当i小于或等于5时，n=30；在其他情况下n=100。

3. repeat函数

函数调用格式如下。

```
(repeat [ int][ expr] ……)
```

该函数用于对每一个表达式进行指定次数的求值计算，并返回最后一个表达式的值，变元int必须是一个正数。

```
(setq x 25 y 100)
(repeat 5
(setq x (* x 2))
(setq y (* y 4))
)
```

上述程序代码的执行结果为x=50，y=400，返回值为400。

4. while函数

函数调用格式如下。

```
(while [ test][ expr] ……)
```

该函数用于对一个测试表达式进行求值，如果是非nil，则执行各表达式，重复这个计算过程，直至测试结果为nil，返回最后计算的那个表达式的值。

```
(setq x 20 y 100)
(while (<=x 30)
(setq y (* y 4))
(setq x (* x 2))
)
```

上述程序代码的执行结果为x=50，y=400，返回值为50。

08 错误处理函数

AutoLISP的错误处理函数具有一定的错误处理能力，但是其自身函数的错误处理功能不可能处理所有可能出现的错误，这就需要用户根据具体情况采用错误处理函数进行专门处理。

1. error函数

函数调用格式如下。

```
(*error* 错误处理函数名）
```

该函数用于用户指定自定义的错误处理函数。通过这个用户自定义的错误处理函数，可以在程序出错的情况下为用户返回相应的信息。

AutoLISP语言本身带有特定的错误处理函数，当AutoCAD在计算表达式时遇到错误，将返回下列一条信息。

```
error. 出错信息
```

"出错信息"中记录了发生错误的程序代码及相关信息，并且将错误代码保存在AutoCAD的系统变量ERRNO中，可以使用gervar函数检索。

为了保持AutoLISP系统自身的出错程序有效，用户在自定义*error*函数之前，应该保存当前的*error*内容，这样，可以在退出时恢复原先的错误处理程序。

2. alert函数

函数调用格式如下。

```
(alert[ string] )
```

该函数用于在屏幕上显示一个警告框，警告框中显示的是一个出错或警告信息。alert函数的变元[string]提供了出错或警告信息。警告框中所能显示的字符串行数及每行的长度依赖于AutoCAD使用的平台、窗口及设备，任何超出范围的字符串都将被自动切断。

```
(alert "AutoCAD2012提示")
```

在AutoCAD的命令窗口中执行上述命令，按下Enter键确定，将弹出警告框，如右图所示。

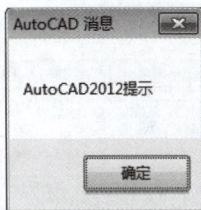

3. exit函数

函数调用格式如下。

```
(exit)
```

该函数用于强制退出当前应用程序，当调用exit函数时，会返回错误信息"exit abort"。

4. quit函数

函数调用格式如下。

```
(quit)
```

该函数用于强制退出当前应用程序，当调用quit函数时，会返回错误信息"quit abort"。

相关练习 | 计算多边形面积的AutoLISP程序

在AutoCAD 2012中使用"多边形"命令绘制的封闭图形对象,由于形状不规则不易计算其面积的大小,本例将通过编写一个Visual LISP程序来计算出多边形的面积,并可以将计算出来的面积在图形中标注出来,详细的操作步骤如下。

原始文件:实例文件\第17章\原始文件\用AutoLISP程序计算多边形面积.dwg
最终文件:实例文件\第17章\最终文件\用AutoLISP程序计算多边形面积dwg

STEP 01 编写程序代码

```
(defun c:ea(/ oldos pt sta qarea)
(setq olderr *error*)
(setq *error* myerr)
(setvar "cmdecho" 0)
(setq oldos (getvar "osmode"))
(setvar "osmode" 0)
(setq sta (car (entsel)))
(command "area" "e" sta)
```

```
(setq qarea (rtos (getvar "area") 2
2))
(setq pt (getpoint"\n指定一个放置点:"))
(command "text" pt "" "" qarea)
(setvar "osmode" oldos)
(setvar "cmdecho" 1)
(setq *error* olderr)
(princ)
)
```

打开"用AutoLISP程序计算多边形面积.dwg"文件,在"管理"选项卡的"应用程序"面板中单击"Visual LISP 编辑器"按钮,进入 Visual LISP 编辑器,新建一个编辑窗口,编写程序代码。

STEP 02 检查程序代码

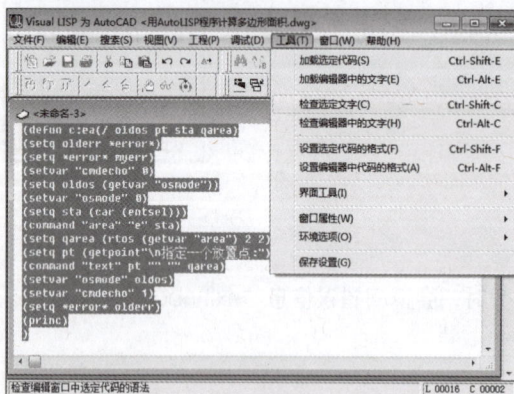

选中编辑的文字,然后执行"工具 > 检查选定文字"命令。

STEP 03 编译输出

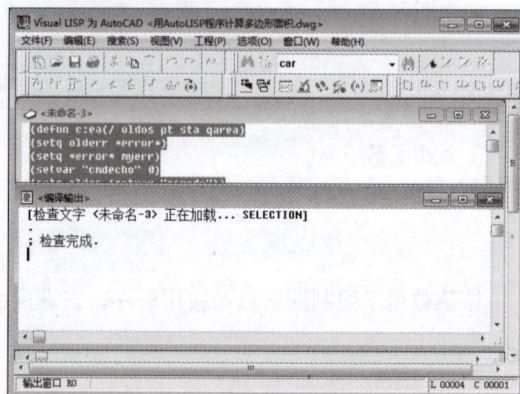

在弹出的"编译输出"窗口中程序将显示检查的结果。

STEP 04 保存程序代码

在菜单栏中执行"文件 > 另存为"菜单命令，在弹出来的"另存为"对话框中指定文件保存的路径和文件名称，然后单击"保存"按钮。

STEP 05 加载程序代码

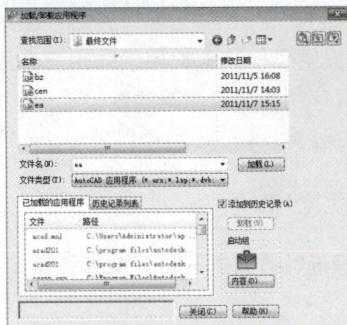

退出Visual LISP编辑器，执行"工具 > AutoLISP > 加载应用程序"菜单命令，选择先前保存的文件为要加载的文件，单击"加载"按钮。

STEP 06 完成加载

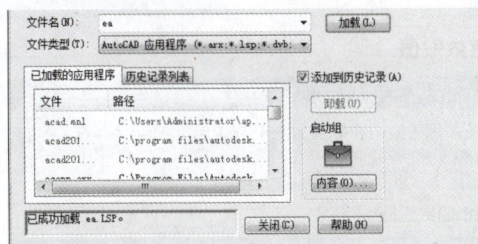

程序加载后，在对话框底部将显示当前程序已成功加载，然后单击"关闭"按钮。

STEP 07 执行命令

```
已成功加载ea.lsp。
命令：
命令：
命令：
```

在命令窗口中输入自定义命令ea，然后按下Enter键确定。

STEP 08 选择对象

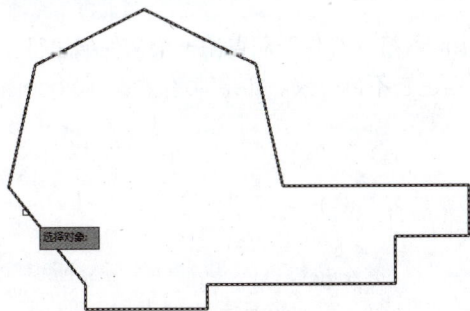

程序提示选择需要计算面积的多边形，在绘图窗口中选择多边形后，按下Enter键确定。

STEP 09 计算结果

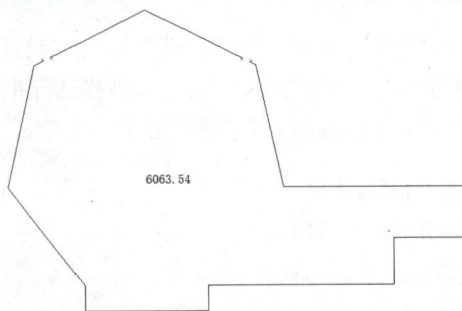

6063.54

程序提示指定一个点为计算面积的放置点，在绘图窗口中指定一个点后，程序自动将计算出的面积标注在指定点的位置上。

Lesson 03　实用工具函数

AutoLISP提供了一些函数用于同用户交互、获取用户输入的参数或命令，实现AutoCAD的通信，以便在程序中实现绘图等功能。

01　文件处理函数

通过文件处理函数可以进行打开文件、关闭文件、读取数据、搜索文件、写文件等操作，下面分别进行介绍。

1. open函数

函数调用格式如下。

```
(open [ filename][ mode] )
```

该函数用于打开一个文件，供其他AutoLISP I/O函数访问。参数filename是一个字符串，它指定要打开的文件名和扩展名。参数mode是一个读/写标志，mode的参数取值如表17-3所示。

表17-3 参数mode的有效取值

参数mode的取值	说明
"a"	打开文件用于追加数据操作，若filename不存在，则建立一个新文件打开它。若filename存在，则打开文件并把文件指针移到现有数据的尾部
"r"	打开文件用于读操作，若filename不存在，open函数返回nil
"w"	打开文件用于写操作，若filename不存在，则新建并打开文件，若filename存在，则覆盖已有数据

2. close函数

函数调用格式如下。

```
(close [ file] )
```

该函数用于关闭一个已打开的文件。参数file是由open函数打开文件时获得的一个文件描述符。文件使用close函数关闭之后，该文件描述符并没有改变，但是它不再有效。如果file有效，则close函数返回nil，否则返回一个错误信息。

3. findfile函数

函数调用格式如下。

```
(findfile [ filename] )
```

该函数在AutoCAD的库路径范围中搜索指定的文件。findfile函数对需要搜索的文件类型或filename的扩展名不做假定。如果在参数filename中提供了一个驱动器/目录前缀，则findname函数仅在指定的目录中搜索文件。

```
(findfile "433.dwg")
```

如果当前目录下面存在433.dwg文件，则返回路径，如果不存在该文件则返回nil。

```
"D:\\My Documents\\4331.dwg" ; 返回的路径
```

4. read-line函数

函数调用格式如下。

```
( read-line [ file-desc] )
```

该函数从键盘输入缓冲区或已打开的文件中读取一个字符串并返回该字符串。

如果read-line函数遇到了文件结束标记，就返回nil，否则就返回它所读取的那个字符串。假如f是一个已经打开的文件的有效指针，则（read-line f）将返回文件中的下一个输入行，而如果已经到达文件结束处，则返回nil。

5. read-char函数

函数调用格式如下。

```
(read-char)
```

此时将等待用户输入，如果用户输入ABC后按下Enter键，则read-char函数返回65（A的十进制ASCⅡ码），随后再执行3次read-char函数调用，将分别返回66、67和10（换行）。如果再调用readchar函数，将再次等待用户输入。

能够运行AutoCAD软件的各种操作系统平台，对文本文件都采用了不同的行结束符。例如，在Windows系统上使用两个字符（Enter换行[CR]/LF，ASCⅡ码为13和10）作为结束字符序列。

6. write-line函数

函数调用格式如下。

```
(write-line [ string][ file-desc] )
```

该函数将一个字符写到屏幕或一个已经打开的文件中，其中write-line函数的返回值为一个字符串，将字符串写入文件中时会省略双引号。

假如f是一个已打开文件的有效指针，则表达式（write-line "study" f）将向文件中写入study字符串，并返回"study"。

7. write-char函数

函数调用格式如下。

```
(write-char [ num][ file-desc] )
```

该函数将一个字符写到屏幕或一个已打开的文件中。其中参数num是需要输出字符的十进制ASCⅡ代码，并且write-char函数将此值作为返回值。

```
(write-char 65) ; 返回值: 65
```

此表达式在屏幕上显示字符A，如果需要向文件中写入该字符，则应该使用file-desc指定一个已打开的文件的文件描述符。

```
(write-char 65 f) ; 返回值: 65
```

02 用户输入函数

　　AutoLISP提供了用户输入函数，用于用户与AutoCAD的交互，下面将对用户输入函数进行具体的介绍。

1. getpoint函数
函数调用格式如下。

```
(getpoint [ point][ prompt])
```

　　该函数让用户输入一个点并返回该点的坐标值，用户既可以通过拾取点来指定一点，也可以通过输入当前单位格式表示的坐标来指定点。

```
命令:  (setq p (getpoint))
十字光标任意点 ；返回值: (1750.88 1318.97 0.0)
命令: (setq p (getpoint))
输入: 1，2 ；返回值: (1.0 2.0 0.0)
命令: (setq p (getpoint))
输入: 1，2，3 ；返回值: (1.0 2.0 3.0)
(setq p (getpoint "where?"))
where?5,6 ；返回值: (5.0 6.0 0.0)
(setq p (getpoint "where?"))
where?5,6，7 ；返回值: (5.0 6.0 7.0)
(setq p (getpoint "where?"))
where? 十字光标任意点 ；返回值: (1913.99 1287.18 0.0)
```

2. getint函数
函数调用格式如下。

```
(getint [ string])
```

　　该函数让用户输入一个整型数，然后再将这个整型数返回。参数string是一个任选的字符串，用于提示信息。getint函数只有在与所需类型相同时，才返回一个整型数，否则返回nil。传给getint函数的数值范围是 – 32768 ~ 32767。

```
(setq x (getint))
输入: 8 ；返回值: 8
(setq x (getint "Enter a number: ))
Enter a number: 8 ；返回值: 8
```

3. getreal函数
函数调用格式如下。

```
(getreal [ string])
```

　　该函数与getint函数的功能相似，但返回的是实型数。

```
(setq y (getreal))
输入：8 ；返回值：8.0
(setq y (getreal "Enter a number: "))
Enter a number: 8 ；返回值：8.0
```

4. getstring函数

函数调用格式如下。

```
(getstring [ cr][ msg] )
```

该函数等待用户输入一个字符串并返回该字符串。如果提供了参数cr，并且它的值非nil，输入的字符串可以包括空格且必须以Enter键结束。参数msg是用作提示信息的字符串。

该函数能够接受输入的字符串长度最大为132个字符，如果超出这个范围，则仅返回开头的132个字符。如果输入的字符串中包含右下斜杠"\"，则会将这个右下斜杠转换成两个"\\"，这是因为输入的字符串中可能包括其他函数要使用的文件路径名。

```
(setq a (getstring))
输入：AutoLISP ；返回值："AutoLISP"
(setq a (getstring "Enter a string: "))
Enter a string: AutoLISP ；返回值：AutoLISP
```

5. getangle函数

函数调用格式如下。

```
(getangle [ point][ msg] )
```

该函数等待用户输入一个角度并返回该角度，并以弧度为单位。其中参数point表示角的起点，可以是二维或三维点，但角度的度量都是在当前构造平面上进行的，参数msg表示要在屏幕上显示的信息。

```
(setq a (getangle))
输入：10,20
指定第二点：20,30 ；返回值：0.785398
```

6. getorient函数

函数调用格式如下。

```
(getorient [ point][ msg] )
```

该函数等待用户输入一个角度，然后以弧度形式返回这个角度。这个函数与getangle函数相似，不同之处在于getorient函数返回的角度值不受系统变量ANGBASE和ANGDIR的影响，但是用户输入的角度仍然以当前ANGBASE和ANGDIR的设置为基准。

参数point是以当前UCS表示的一个二维基点，参数msg是用作提示信息的一个字符串。如果指定了参数point，则把它作为两点中的第一点，通过指定另一个点，用户就能为AutoLISP指定出一个角度。

getorient函数输入的角度是以系统变量ANGBASE和ANGDIR的当前值为基准的。一旦该角度值被输入，对它的测量则是相对于零弧度按逆时针方向进行的，而忽略系统变量ANGBASE和ANGDIR

的设置。

当用户需要一个相对角度时，应该使用getangle函数，而当用户需要获得一个绝对角度时，就应该使用getorient函数。

7. getcorner函数
函数调用格式如下。

```
(getcorner [ point][ msg])
```

该函数等待用户输入矩形的第二个角的坐标，并返回该坐标值。getcorner函数要求一个当前UCS表示的基点作为参数，即必须有参数point。当用户在屏幕上移动光标时，AutoCAD会从这个基点开始画出一个矩形以提示用户选择。如果用户提供的point参数是一个三维点，getcorner函数将忽略Z坐标值。

```
(setq s (getcorner '(4.0 6.0) "请输入第二点: "))
请输入第二点: 12,20 ; 返回值: (12.0 20.0 )
```

8. initget函数
函数调用格式如下。

```
(initget[ bit][ string] )
```

该函数为用户输入函数调用来创建关键字，能够接受关键字输入的函数有getangle、getdist、getcorner、getint、getreal、getpoint、getorient、getkword、nentsel、entsel、nentselp。需要注意的是getstring函数是惟一不能接受关键字输入的用户输入函数。

参数bit是一个按位编码的整数，用于控制是否允许某些类型的用户输入，参数string用于定义一个关键字表，在随后调用用户输入函数时，如果用户输入的不是相应类型，该函数将通过检索关键字表来确定用户是否键入了一个关键字。

9. getdist函数
函数调用格式如下。

```
(getdist [ point][ msg])
```

该函数等待用户输入一个距离值，用户可以通过选择两个点来指定距离，如果提供了参数point，则函数将以此为基点，用户只需选择第二个点。参数point是以当前UCS表示的一个二维或三维基点。参数msg是用作提示信息的一个字符串，调用getdist函数时，AutoCAD也会从第一个点到当前光标位置显示一条线，以帮助用户确定距离值。

如果getdist函数所提供的参数point表示的是一个三维点，那么返回的值就是一个三维距离。然而在调用getdist函数之前，提前调用initget函数并将其标志位设置为64，则getdist函数会忽略三维点的Z坐标而返回一个二维距离。

```
(setq s (getdist))
(setq s (getdist '(4.0 6.0)))
```

10. getkword函数
函数调用格式如下。

```
(getkword [ msg])
```

该函数等待用户输入一个关键字并返回该关键字，参数msg是用作提示信息的一个字符串。在调用getkword函数之前，需要由initget函数设置getkword函数可接受的有效关键字。getkword函数以字符串的形式返回与用户的输入匹配的关键字。如果用户输入的不是一个关键字，AutoCAD会要求用户重新输入。如果用户输入为空（即按Enter键），而getkword函数又允许空输入（可以由initget函数设置），则函数返回nil。如果在调用getkword函数之前，没有调用initget函数确立一个或多个关键字，则getkword函数返回nil。

03 显示控制函数

AutoLISP提供了一些控制AutoCAD显示的函数，包括文本、图形窗口等，其中一些函数的调用依赖用户的输入，下面分别进行介绍。

1. prinl函数
函数调用格式如下。

```
(prinl [ expr][ file] )
```

该函数的作用为在命令窗口中打出一个表达式或将该表达式写入一个已打开的文件中。此函数并不要求参数expr是一个字符串。如果函数提供了参数file，并且它是为写而打开的一个文件的文件描述符，expr会被准确地写到文件中，就像它出现在屏幕上一样。prinl函数仅仅打印指定的expr，不包括换行和空格。

如果参数expr是一个包含了控制字符的字符串，prinl函数将按原样显示这些字符，而不用扩展功能，expr的控制代码如表17-4所示。

表17-4 控制代码

代 码	说 明	代 码	说 明
\\	\字符	\t	制表符
\"	"字符	\nnn	八进制代码为nnn的字符
\e	换码字符	\U+XXXX	Unicode序列
\n	换行符	\M+NXXXX	多字节字符列
\r	回车符		

```
(setq x 25 y '(x))
(prinl 'x) ; 打印x，并返回x
(prinl x) ; 打印25，并返回25
(prinl y) ; 打印(x)，并返回(x)
```

prinl函数也可以不带参数调用，这时返回空字符串。如果用户在自定义的函数中使用prinl函数（不带参数）作为最后的表达式，则当函数执行完成时仅会打印一个空行，从而使应用程序退出。

2. princ函数
函数调用格式如下。

```
(princ [expr][file])
```

该函数的作用为在命令窗口中打出一个表达式或将该表达式写入一个已打开的文件中。此函数的功能与prinl函数功能相同，只是本函数将使用expr中控制符的功能而不是照原样打印。

3. print函数

```
(print [ expr][ file])
```

该函数的作用为在命令窗口中打出一个表达式或将该表达式写入一个已打开的文件中。此函数的功能与prinl函数的功能相同，不同之处是该函数在expr之前打印一个换行符，而在expr之后再打印一个空格。

4. prompt函数

函数调用格式如下。

```
(prompt [ msg])
```

该函数在屏幕下方的命令窗口中显示一个字符串。在双屏幕的AutoCAD配置中，prompt函数在两个屏幕上都显示字符串msg，它比princ函数更可取，prompt函数可返回nil。

```
(prompt "AutoCAD")返回值: AutoCADnil
(prompt "AutoCAD.")返回值: AutoCAD.nil
```

5. terpri函数

函数调用格式如下。

```
(terpri)
```

该函数在命令窗口中输入一个空行，terpri函数不能用于文件I/O，该函数的返回值为nil。

04 内存管理函数

AutoLISP中的内存管理函数包括alloc、expand、gc和mem函数，下面就来分别进行讲解。

1. alloc函数

函数调用格式如下。

```
(alloc [ number])
```

该函数可以设置段的大小，参数number表示将设置段的大小（以节点为单位），它可以是除了514之外的任意数值。

用户可以调用alloc函数来手动控制节点空间和字符串空间的分配。通过在文件acad.lsp开始时使用这些表达式，可以预先分配节点空间并保留字符串空间，这样就减少了清理节点表的次数，从而提高了程序的执行效率。

```
(alloc 120)  ; 设置段为120个节点时，每段需要1440个字节的堆空间
(alloc 1024)  ; 设置段为1024个节点时，每段需要12288个字节的堆空间
```

2. expand函数

函数调用格式如下。

```
(expand [ number])
```

该函数通过请求指定的段数来手动分配节点空间，参数number表示要分配的段的数目。expand函数返回可从堆中获得的段的数目，如果堆的剩余空间不足，返回值可能远远小于所请求的数目。

当段的大小为默认值514个节点时，可以调用下列程序请求5个段。

```
(expand 5）;占用5×12×514=30840字节
```

3. gc函数
函数调用格式如下。

```
(gc)
```

该函数用于强制执行无用数据收集，即释放那些不再使用的节点。

4. mem函数
函数调用格式如下。

```
(mem)
```

该函数用于显示AutoLISP内存的当前状态并返回nil。

05 几何函数

AutoLISP提供的几何函数用于确定图形之间的几何关系，还包括角度、距离的计算。

1. angle函数
函数调用格式如下。

```
(angle [ point1][ point2])
```

函数返回由point1和point2两点确定的一条直线与X轴的夹角。返回的角度是从当前的X轴起，以弧度为单位逆时针方向计算。如果point1和point2是三维点，则先将它们投影到当前构造平面上，然后再计算投影线与X轴的夹角。

```
(angle ' (10.0 20.0) '(15.0 25.0)) ; 返回值: 0.785398
(angle ' (20.0 30.0) '(40.0 60.0)) ; 返回值: 0.982794
```

2. distance函数
函数调用格式如下。

```
(distance [ point1][ point2])
```

该函数返回两点之间的三维距离。如果point1和point2中有一个或两个二维点，distance函数就会忽略所提供的任何三维点的Z坐标，而返回将这些点投影到当前构造平面上得到的二维距离。

```
(distance ' (2 3 6) ' (4 6 9)) ; 返回值: 4.69042
(distance ' (2 3.5 6.5) ' (4.2 6 9.8)) ; 返回值: 4.68828
```

3. polar函数
函数调用格式如下。

```
(polar [ point][ angle][ distance])
```

该函数用于求出一点的极坐标。该函数在UCS坐标系下求某点指定角度和指定距离处的三维点，并返回该三维点。其中angle表示以弧度为单位的角度值，它相对于X轴并按逆时针方向计算，point可以是二维点或三维点，但是polar函数总是返回二维点。

```
(polar ' (1 1 3.5) 0.785398 1.414214) ; 返回值: (2.0 2.0 3.5)
```

4. inters函数
函数调用格式如下。

```
(inters [ point1][ point2][ point3][ point4][ onseg] )
```

该函数求两直线的交点坐标，其中point1和point2是第一条直线的两个端点，point3和point4是第二条直线的两个端点。如果onseg的值是nil，则由4个点定义的两条线被认为是无限长的。这样，即使交点不在其中一条线的端点范围内，inters函数也能返回点坐标。变元onseg被省略或者其值非nil时，交点必须同时位于两条直线上，否则inters返回nil。

以下代码为两条相交的线段。

```
(setq x' (2 3) y' (10 10))
(setq m' (7 2) n' (3 11))
(setq x y m n) ; 返回值:（5.28 5.87）
```

以下代码为两条延伸相交的线段。

```
(setq x' (2 3) y' (10 10))
(setq m' (5 2) n' (5 3))
(setq x y m n) ; 返回值: nil
(setq x y m n T) ; 返回值: nil
(setq x y m n nil) ; 返回值: (5.0 5.625)
```

5. osnap函数
函数调用格式如下。

```
(osnap [ point][ string] )
```

该函数将某种对象捕捉模式作用于指定点而获得一个三维点，并返回该三维点。其中参数string是一个字符串，包含了一个或多个有效的对象捕捉模式标志符（mid、cen等），各个标志符之间用逗号隔开。

```
(setq point1 (getpoint))
(setq point2 (osnap point1 "cen"))
(setq point3 (osnap point1 "end,int"))
```

其中由osnap函数返回的点取决于当前三维视图和系统变量的设置。

06 COMMAND函数

command函数调用格式如下。

```
(command [ argument] )
```

command函数是AutoLISP与AutoCAD的接口，它可以向AutoCAD命令窗口直接发送一个AutoCAD命令并能接受对命令的响应。command函数可以将实体数据记录到AutoCAD当前图形数据中，同时也是在AutoLISP程序中调用AutoCAD命令的惟一途径。

在command函数的调用格式中，参数argument表示需要执行的AutoCAD命令名和所需要的响应，可以是字符串、实数、整数或点，但必须要与执行命令所需的参数一致。command函数调用中的空字符串""等效于键盘上的空格键或Enter键。

调用command命令有以下规定。

- AutoCAD的命令、子命令和命令选项使用字符串表示，其中的字符大小写均可。
- 对于常数可以采用AutoLISP表的形式或字符串表示，如（3.0 7.0）也可以写成"3.0,7.0"。
- 如command函数不带任何参数，即调用格式为（command），相当于按一次Esc键取消大多数AutoCAD命令。
- 如果系统变量cmdecho设置为零，则command函数中执行的命令将不在屏幕上显示。
- 在command函数中不能使用getxxx族函数。

```
(command "circle""20,20""40,50")
```

以上命令为调用circle命令绘制一个圆，圆心点的坐标值为(20，20)，半径为经过点(40，50)的圆。

```
(command "thinkness"2)
```

以上命令为调用thinkness命令，将其设置厚度为2。

相关练习 | 设计自动绘制圆的中心线的程序

在使用AutoCAD 2012绘制圆的时候要进行中心线标注，需要执行"标注 > 圆心标注"菜单命令，或者使用"直线"命令绘制两条过圆心点的相互垂直的直线。通过Visual LISP编辑器可以编写程序代码来自动生成带有中心线的圆，具体操作步骤如下。

原始文件：实例文件\第17章\原始文件\用Visual VISP自动绘制圆的中心线的程序.dwg
最终文件：实例文件\第17章\最终文件\用Visual VISP自动绘制圆的中心线的程序.dwg

STEP 01 打开文件

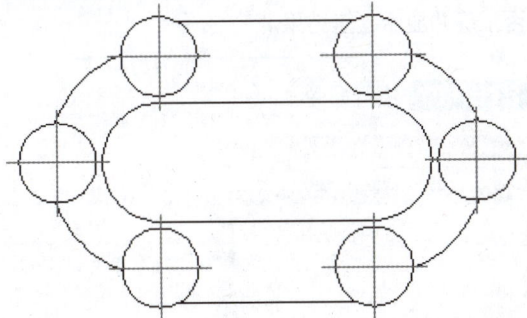

打开随书光盘中的相应文件，图形将在AutoCAD绘图窗口显示出来。

STEP 02 进入Visual LISP编辑器

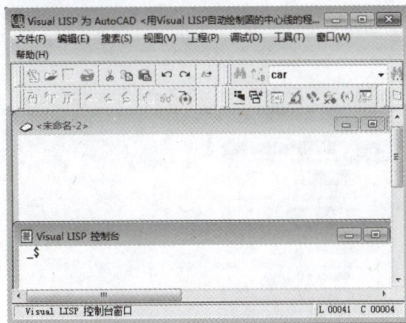

在"管理"选项卡的"应用程序"面板中单击"Visual LISP 编辑器"命令，进入 Visual LISP 编辑器文本窗口中。

STEP 03 编写程序代码

```
(defun c:cen(/ pt0 pt1 pt2 pt3 pt4 )
(graphscr)
(setq oce (getvar "cmdecho"))
(setvar "cmdecho" 0)
(setq tmp h_dia)
(prompt "\n输入圆的直径 <")
(prin1 h_dia)
(setq h_dia (getreal "> :"))
(setq oldlay (getvar "CLAYER"))
(setq oldceltype (getvar "CELTYPE"))
(setq oldcolor (getvar "CECOLOR"))
(setq pt0 (getpoint "\n指定圆心点:"))
(setq pt1 (polar pt0 0 (/ h_dia
1.5)))
(setq pt2 (polar pt0 hpi(/ h_dia
1.5)))
(setq pt3(polar pt0(* hpi 2)(/ h_dia
1.5)))
(setq pt4(polar pt0(* hpi 3)(/ h_dia
1.5)))
```

```
(command "circle" pt0 "d" h_dia)
(command "LINETYPE" "s" "center" "")
(command "color" "1")
(command "line" pt1 pt3 "")
(if (= h_dia nil) (setq h_dia tmp))
(setq oosmode (getvar "osmode"))
(setvar "osmode" 0)
(setq hpi (/ pi 2))
(command "line" pt2 pt4 "")
(command "layer" "s" oldlay "")
(setvar "celtype" oldceltype)
(setvar "cecolor" oldcolor)
(setvar "cmdecho" oce)
(setvar "osmode" oosmode)
(princ)
)
```

在文本编辑窗口中编写程序代码，注意括号的对应。

STEP 04 检查代码

选中全部代码，执行"工具＞检查选定的文字"命令。

STEP 05 编译输出

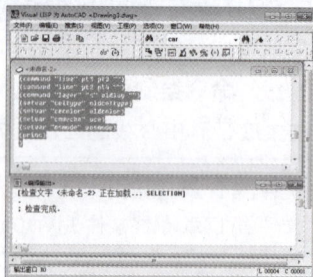

在"编译输出"窗口中，程序会检查选定代码是否正确并显示检查结果。

STEP 06 加载选定代码

在菜单栏中执行"工具＞加载选定代码"命令。

STEP 07 执行命令

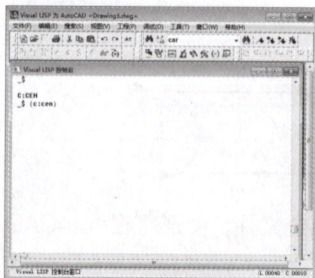

在"Visual LISP控制台"窗口中输入命令，按下Enter键确定。

STEP 08 指定圆心点

程序自动回到AutoCAD绘图窗口中，指定已有的点为圆的圆心点。

STEP 09 输入圆的直径

输入圆的直径为18，按下Enter键，程序自动在指定的圆心点上绘制一个带有中心线的圆。

STEP 10 继续绘制圆

绘制其余的圆，完成最终效果图。

STEP 11 修剪圆

使用"修剪"命令对多余线段进行修剪并删除。

STEP 12 保存文件

执行"文件 > 另存为"命令。

STEP 13 指定文件路径

在"另存为"对话框中指定名称和路径以保存文件。

AutoLISP语言是难以掌握的内容，所以在运用时难免会遇到各种问题，例如如何运用AutoLISP程序绘制截断线、运用command命令绘制圆、利用AutoLISP程序修改块属性等问题，下面将为用户解决。

Q01： 在绘制长度较长的图形时，往往需要将图形从中间截断，然后在编辑尺寸时以真实的尺寸进行标注。通常情况下截断线是使用"多段线"命令来绘制的，还有没有其他方法来绘制多段线呢？

A01： 可以通过AutoLISP程序来执行截断线的绘制，首先指定截断线的比例，然后分别指定截断线的第一个点和第二个点，程序即自动生成一条截断线，如下图所示。

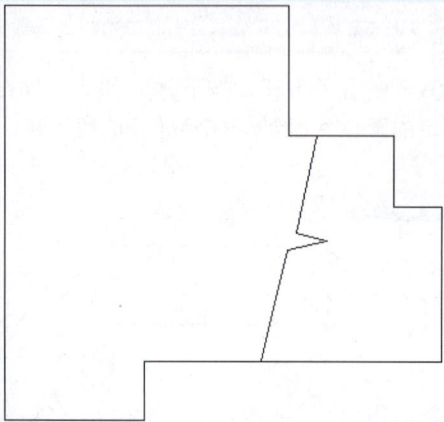

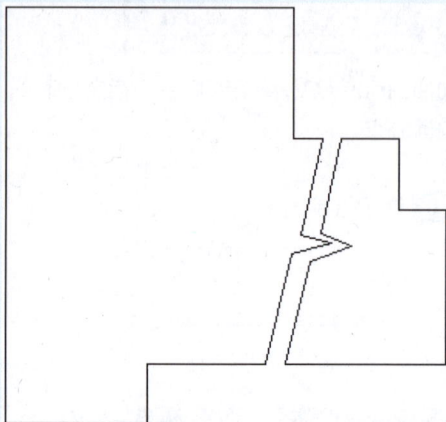

截断线的Visual LISP程序代码如下。

```
defunC: jdx (/laypt1pt2disx1
pt3 pt4 pt5 pt6 scale)
(setvar "CMDECHO" 0)
(setq lay (getvar "clayer"))
(command "color" "bylayer")
( comm and " layer " " m " " jdx " "
c "
"m" "jdx" "")
(setqscale(getre l "\n输入比例<1＞:"))
(if (= scale nil) (setq scale 1))
( setq pt 1 ( get point "\n指定第一个
点:"))
(setq pt2 (getpoint pt1 "\n指定第
一个点:"))
```

```
(setq ang (angle pt1 pt2))
(setq dis (distance pt1 pt2))
(setq x1 (/ (- dis (* 2 scale)) 2))
(setq pt3 (polar pt1 ang x1))
(setq pt4 (polar pt1 ang (+ x1 (*
2 scale))))
(setqpt5(polarpt3(+ang
1.32582) (* 2.0616 scale)))
(setqpt6 (polarpt4(-ang
1.81577) (* 2.0616 scale)))
(comm and "pline"pt1" w " " 0 " " 0 "
pt3 pt5 pt6 pt4 pt2 "")
(command "layer" "s" lay "")
(princ)(princ)
)
```

Q02： 如何通过函数执行AutoCAD 2012中的命令？

A02： AutoLISP中的command命令可以帮助用户直接调用AutoCAD中的命令，通过以下程序可以绘制圆，程序代码如下。

```
(command "circle""0,0""0,50")
```

"circle"是圆命令，数字"0，0"代表圆心点，"50，50"代表圆半径上一点。

Q03: 有没有一种方法可以直接修改块对象中的属性呢?

A03: 可以通过设计一个AutoLISP程序来完成对块中属性的修改，程序代码如下。

```
(defunc:bjsx(/eentennewtoldt
ent1)
(setq e (car (entsel "\nPick a text
or a attrib: ")))
(if (/= e nil)
(progn
(setq ent (entget e))
( cond ( ( and ( = (cdr ( assoc0ent )
)
"INSERT") (=(cdr (assoc 66 ent)) 1))
(progn
(setq en (entget (setq ent (entnext
e)))))
(setq oldt (cdr (assoc 1 en)))
( setqnewt(gets tring T ( strcat
"\nNew text <" oldt ">:")))
(if (=newt"") (setq newt oldt))
(setq ent1 (subst (cons (car (assoc
1 en)) newt) (assoc 1 en) en))
(entmod ent1)
```

```
(entupd ent)
))
((= (cdr (assoc 0 ent)) "TEXT")
(progn
(setq oldt (cdr (assoc 1 ent)))
( setqnewt ( getstrin
g T ( strcat
"\nNew text <" oldt ">:")))
(if (= newt "") (setq newt oldt))
(setq ent1 (subst (cons (car (assoc
1 ent)) newt) (assoc 1 ent) ent))
(entmod ent1)
))
( T (princ " \ nError: Not at extor
notab lock or no at tribinb lock
!"))
)
)
)
(princ)
)
```

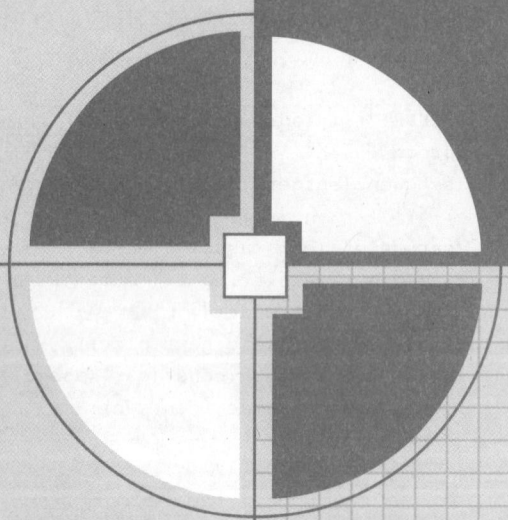

CHAPTER

18

对话框的设计

对话框是一种边界固定的窗口，也是一种最先进、最流行的人机交互界面。运用对话框可以简单且直观地实现程序设计时的数据和信息交互，几乎所有的软件都需要使用对话框界面与用户进行交流。本章将介绍利用Visual LISP进行对话框设计的方法，同时提供样例对话框的AutoLISP和DCL源代码以供学习时参考。

Lesson 01 对话框控件

通过AutoLISP可以设计各种类型的对话框，如带有下拉按钮形式的对话框、带有单选按钮形式的对话框等，下面将分别介绍这些控件。

01 定义基本控件

对话框内的各种元素又被称为控件，各个控件会自动根据定义的顺序由上而下显示，控件的高度和宽度也会自动调整，下面将对其进行详细讲解。

1. 按钮（button）

按钮通常用于切换到另一个对话框、结束对话框暂时关闭窗口、选择图形以及打开说明窗口等。按钮的类型是button，它包含action、alignment、fixed_height、fixed_width、height、is_cancel、isdefault、is_enabled、is_tab_stop、key、label、mnemonic和width等属性。

下面就来介绍按钮的DCL代码。

```
mybutton:dialog{                    height=2;
label="button";                     fixed_height=true;
spacer;                             fixed_width=true;
:button{                            alignment=centered;
key="button";                       }
label="提示";                        ok_cancel;
width=10;                           }
```

执行上面的代码后程序将弹出对话框。fixed_height和fixed_width两个属性值为ture，这样该按钮就被限制了，其大小不会被改变，弹出的对话框如右图所示。

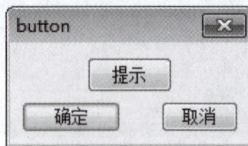

2. 图像按钮（image_button）

图像按钮是将图像显示在按钮上。图像按钮的类型是 image_button，它包含 action、alignment、allow_accept、aspect_ratio、color、fixed_height、fixed_width、height、is_enabled、is_tab_stop、key、mnemonic 和 width 等属性。图像按钮的 DCL 代码如下。

```
myimage_button:dialog{              fixed_height=ture;
label="image";                      fixed_width=ture;
soacer;                             aspect_ratio=1.5;
:image_button{                      color=2;
label="image1";                     }
key="key_image";                    ok_cancel;
width=20;                           }
```

在上述代码中，image_button指出这是一个图像按钮，名称由key属性指定，fixed_height属性指定图像按钮的高度，aspect_ratio属性指定其长宽比，height、width指定图像按钮的高度和宽度。

3. 单选按钮（radio_button）

单选按钮是一个圆形按钮，至少需要两个一组用来切换不同的选项，被选中的圆形按钮会出现实心圆点。同一组中的单选按钮是相互排斥的，只能选择其中的一个选项。

单选按钮的类型是radio_button，它包含action、alignment、fixed_height、fixed_width、height、is_enabled、is_tab_stop、label、mnemonic、value和width等属性。

单选按钮的DCL代码如下：

```
myradio_button:dialog{
label="单选按钮(radio_button)";
spacer;
:row{
:radio_button{
label="a选项";
key="myradio1";
value=a; }
:radio_button{
label="b选项";
```

```
key="myradio2";
}
:radio_button{
label="c选项";
key="myradio3";
}
}
ok_cancel;
}
```

执行上述代码后程序将弹出单选按钮对话框，如右图所示。

label后面指定了对话框的名称和选项的名称，用户可以自定义字符串，将上面的代码进行如下修改。

```
myradio_button:dialog{
label="常用工具栏";
spacer;
:row{
:radio_button{
label="绘图";
key="myradio1";
value=1;
}
:radio_button{
```

```
label="修改";
key="myradio2";
}
:radio_button{
label="图层";
key="myradio3";
}
}
ok_cancel;
}
```

4. 编辑框（edit_box）

编辑框用于显示数据，供用户输入及编辑，包括数字和文字，但通过字符串的形式来存取。编辑框的类型是edit_box，它包含action、alignment、allow_accept、edit_limit、edit_width、fixed_height、fixed_width、height、is_enabled、is_tab_stop、key、label、mnemonic、value、width和password_char等属性。

编辑框的标签在对话框的左侧，其默认宽度为12个字符，当输入的字符超过12个字符时，文本会自动向左滚动。

编辑框的DCL代码如下：

```
myradio_button:dialog{
myedit_box:dialog
{
label="长方体";
:column{
:edit_box
{ key="key-name1";
label="长度: ";
value="20";
```

```
width=10;
fixed_width=ture; }
:edit_box
{ key="key-name2";
label="宽度: ";
value="10";
width=10;
fixed_width=ture; }
:edit_box
```

```
{ key="key-name3";                          }
label="高度: ";                              }
value="";                                   ok_cancel;
width=10;                                    }
fixed_width=ture;
```

执行上述代码后程序将自动生成编辑框，value为文本框中的参数，也可以为空，如右图所示。

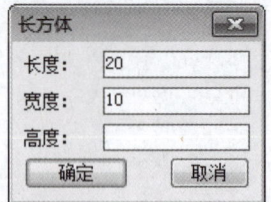

5. 列表框（list_box）

列表框的类型是list_box，它包含action、alignment、allow_accept、fixed_height、fixed_width、height、is_enabled、is_tab_stop、key、label、list、mnemonic、multiple_select、tabs、value和width等属性。用户可以同时查看多个列表选项，但相对会使对话框的尺寸变大。

列表框的DCL代码如下：

```
mydcl : dialog {                            L\nM\nN\nO\nP\nQ\nR\nS\nT\nU\nV\nW\
label = "列表框";                           nX\nY\nZ\n";
list_box { label="英文字母";                 }
key = "tt"; list =                          ok_cancel;
"A\nB\nC\nD\nE\nF\nG\nH\nI\nJ\nK\            }
```

执行上述代码后程序将弹出列表框，在列表框中将显示出列表的内容。如果列表中的选项较多，程序将生成滑块，通过拖动滑块可以查看全部选项，如下图所示。

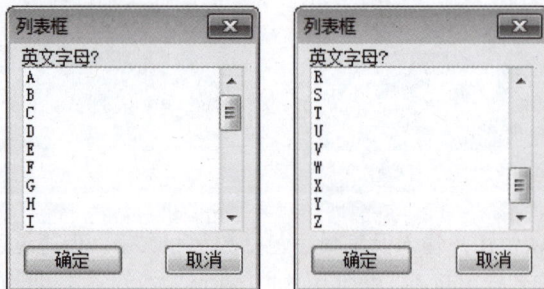

6. 下拉列表框（popup_box）

下拉列表框也称弹出式列表框，通常只显示一行，当用户单击下拉按钮时，会向上或向下弹出其余选项供用户选择。

下拉列表框的类型是popup_box，它包含action、alignment、edit_width、fixed_height、fixed_width、height、is_enabled、is_tab_stop、key、label、list、mnemonic、tabs、value和width等属性。

下拉列表框的DCL代码如下：

```
mypopup_box:dialog                          nJ\nK\
{ label="下拉列表框";                        L\nM\nN\nO\nP\nQ\nR\nS\nT\nU\nV\nW\
spacer;                                     nX\nY\nZ\n";
: popup_list                                }
{ label="英文字母";                          ok_cancel;
key = "tt";                                 }
list = "A\nB\nC\nD\nE\nF\nG\nH\nI\
```

执行上述代码后程序将弹出下拉列表框，单击下拉按钮可以显示全部的选项。在list属性值中添加选项时后面需要添加\n表示并列的选项，如下图所示。

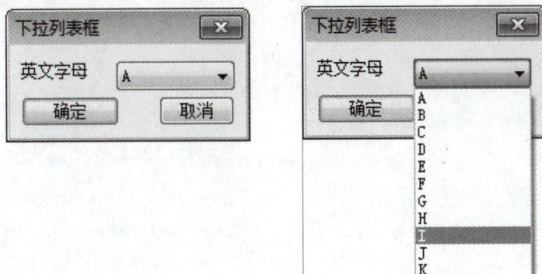

7. 滑动条（slider）

滑动条是一种直观地控制数值的控件。滑动条为用户提供以鼠标拖动滑块来输入数值的方法，需要配合其他组件显示对应的数值。

滑动条的类型是slider，它包含action、alignment、big_increment、fixed_height、fixed_width、height、key、label、layout、max_value、min_value、mnemonic、small_increment、value和width等属性。

其中layout属性指定滑动条以水平或垂直方向布置，max_value和min_value属性指定滑动条两端的极限值，默认值必须在两端极限值指定的范围之内。

滑动条的DCL代码如下：

```
myslider:dialog
{
label="滑动框";
spacer;
:slider
{ key="key_slider";
fixed_width=true;
width=40;

max_value=800;
min_value=0;
value=50;
big_increment=300;
small_increment=30;
}
ok_cancel;
}
```

执行上述代码后程序将弹出滑动条对话框，value属性指定滑块的当前预设位置，如下图所示。

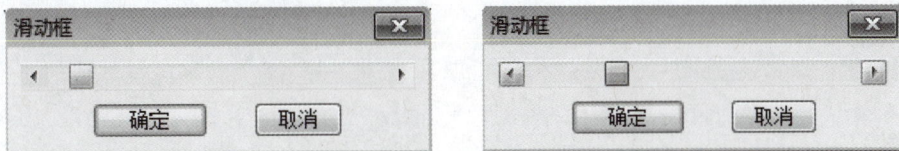

8. 复选框（toggle）

复选框可供同时选择多个选项，其类型为toggle。复选框的图形是一个小方块，选择对象时方块内会出现对勾符号。它是一个开关，用于指定一个项目的启用状态。

复选框包含action、alignment、fixed_height、fixed_width、height、is_enabled、is_tab_stop、key、label、value和width等属性。

复选框与单选按钮的不同之处在于，单选按钮一次只能选择一个选项，而复选框则可以同时选择多个选项。

复选框的DCL代码如下：

```
mytoggle:dialog{                    value=0;
label="复选框";                     }
spacer;                             :toggle
:row{                              {
:toggle{                          key="key_toggle3";
key="key_toggle1";                label="c选项";
label="a选项";                     value=1;
value=0; }                        }
:toggle{                          }
key="key_toggle2";                ok_cancel;
label="b选项";                     }
```

执行上述代码后程序将自动弹出复选框，用户可以通过设置
value属性值来设置选项是否默认被勾选，0为不勾选，1为勾选，
如右图所示。

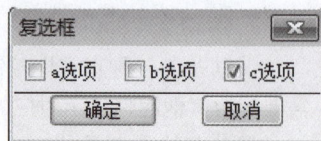

02 组合类控件

组合类控件是按行或列排列的一组组件，用户可以为组合类控件添加边框或标签。组合类控件不
能直接被选中，用户只能单独选中组合类控件中各个可选的活动控件。

1. 列（column）

列是将控件在DCL文件中垂直排列的控件集合，可以包括别的控件组。列包含alignment、
children_alignment、children_fixed_height、children_fixed_width、fixed_height、fixed_width、
height、label和width等属性。

列的DCL代码如下：

```
mycolumn:dialog{                    label="三角形";
label="列(column)";                 value=0;
spacer;                             }
:column{                           :toggle{
:toggle{                           key="key_toggle3";
key="key_toggle1";                 label="菱形";
label="圆形";                      value=1;
value=1;                           }
}                                  }
:toggle{                           ok_cancel;
key="key_toggle2";                 }
```

执行上述代码后将弹出列，并显示选项的类型为复选框，如右图所示。
将上述代码中部分内容更换为单选按钮和复选框，将其同时设计到列
中，程序代码如下：

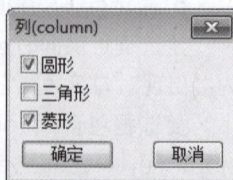

```
mycolumn:dialog{                    :radio_button{
label="列";                        label="圆形";
spacer;                            key="key_radio_button1";
:column{                           value=0;
```

```
}
:radio_button{
label="三角形";
key="key_radio_button2";
value=0;
}
:radio_button{
label="菱形";
key="key_radio_button3";
value=1;
}
:toggle{
key="key_toggle1";
label="圆柱";
value=0;
```

```
}
:toggle{
key="key_toggle2";
label="三菱锥";
value=1;
}
:toggle
{
key="key_toggle3";
label="长方体";
value=0;
}
}
ok_cancel;
}
```

执行上述代码后程序将弹出列对话框，该对话框为单选按钮和复选框的组合形式，如右图所示。

2. 加框列（boxed_column）

加框列是在列的周围加一个方框，这样可以使对话框更美观，加框列是编辑框的延伸应用。

加框列包含下列属性：alignment、children_alignment、children_fixed_height、children_fixed_width、fixed_height、fixed_width、height、label和width。加框列的DCL代码如下：

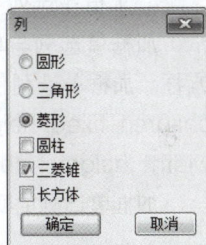

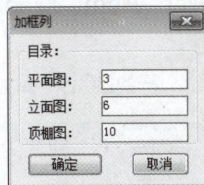

```
myboxed_column:dialog
{ label="加框列";
spacer;
:boxed_column
{ label="目录：";
:edit_box
{ key="key-name1";
label="平面图：";
value="3";
width=25;
}
:edit_box
{ key="key-name2";
```

```
{ key="key-name3";
label="顶棚图：";
value="10";
width=5;
label="立面图：";
value="6";
width=15;
}
:edit_box
}
}
ok_cancel;
}
```

执行上述代码后程序将弹出加框列的效果，value可以控制当前预设值，也可以将其设置为空白，如右图所示。

3. 单选列（radio_column）

单选列包含一定数目的单选按钮，各按钮之间相互排斥，用户只能选择一个选项。单选列与单选按钮在外观上的区别是，单选按钮选项是水平排列的，而单选列选项则是垂直排列的。

单选列包含下列属性：alignment、children_alignment、children_fixed_height、children_fixed_width、fixed_height、fixed_width、height、label和width。

单选列的DCL代码如下：

```
myradio_column:dialog{
label="单选列";
spacer;
: radio_column
{
:radio_button
{ label="A";
key="myradio1";
value=0;
}
:radio_button
```

```
{ label="B";
key="myradio2";
value=0;
}
:radio_button
{ label="C";
key="myradio3";
value=1; }
}
ok_cancel;
}
```

执行上述代码后程序将弹出单选按钮形式的列，如右图所示。

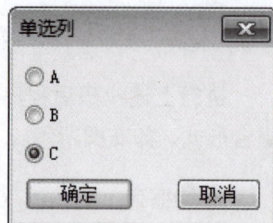

4. 加框单选列（boxed_radio_column）

加框单选列与单选列的功能基本相似，只是在列的周围加了一个方框。加框单选列包含下列属性：alignment、children_alignment、children_fixed_height、children_fixed_width、fixed_height、fixed_width、height、label和width。

加框单选列的DCL代码如下：

```
myboxed_radio_column:dialog{
label="加框单选列";
spacer;
: boxed_radio_column
{ label="boxed_radio_column";
:radio_button
{ label="X";
key="myradio1";
value=1; }
:radio_button
{ label="Y";
```

```
key="myradio2";
value=0;
}
:radio_button
{ label="Z";
key="myradio3";
value=0;
}
}
ok_cancel;
}
```

执行上述代码后程序将弹出加框单选列控件效果，如右图所示。

5. 行（row）

行是将控件在DCL文件中水平排列的控件集合，可包括控件组。行包含alignment、children_alignment、children_fixed_height、children_fixed_width、fixed_height、fixed_width、height、label以及width等属性。

行的DCL代码如下：

```
myrow:dialog{
label="行";
spacer;
:row
{ :toggle
{ key="key_toggle1";
label="物理";
```

```
value=0; }
:toggle
{
key="key_toggle2";
label="化学";
value=0; }
:toggle{
```

```
key="key_toggle3";
label="语文";
value=1;
}
```

```
}
ok_cancel;
}
```

当程序代码中的value值为1时为勾选状态，value值为0时为未勾选状态，执行上述代码后得到的控件效果如右图所示。

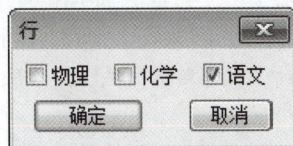

6. 加框行（boxed_row）

加框行与行的功能基本相似，只是在行的周围加了一个方框。加框行包含alignment、children_alignment、children_fixed_height、children_fixed_width、fixed_height、fixed_width、height、label和width等属性。

加框行的DCL代码如下：

```
myboxed_row:dialog{
label="加框行";
spacer;
:boxed_row
{ label="boxed_row";
:toggle
{ key="key_toggle1";
label="美术";
value=1;
}
:toggle{
```

```
key="key_toggle2";
label="音乐";
value=0;
}
:toggle{
key="key_toggle3";
label="体育";
value=0; }
}
ok_cancel;
}
```

执行上述代码后得到的加框行效果如右图所示，同样代码中的value值控制选项是否被勾选。

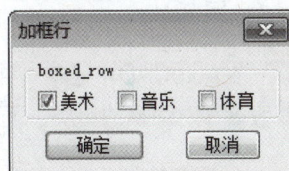

7. 单选行

单选行包含一定数量的单选按钮，各单选按钮之间互相排斥，用户只能选中其中一个单选按钮，所有的单选按钮呈水平排列。

单选行包含alignment、children_alignment、children_fixed_height、children_fixed_width、fixed_height、fixed_width、height、label和width等属性。

单选行的DCL代码如下：

```
myradio_row:dialog{
label="单选行";
spacer;
:radio_row{
:radio_button
{ label="答案1";
key="myradio1";
value=0;
}
:radio_button
{ label="答案2";
```

```
key="myradio2";
value=0;
}
:radio_button
{ label="答案3";
key="myradio3";
value=1;
}
}
ok_cancel;
}
```

执行上述代码后得到的控件效果如右图所示。

8. 加框单选行

加框单选行与单选行的功能基本相似，惟一的区别是在行的周围加了一个方框。加框单选行包含alignment、children_alignment、children_fixed_height、children_fixed_width、height、label和width等属性。

加框单选行的DCL代码如下：

```
myboxed_radio_row:dialog{
label="加框单选行";
spacer;
:boxed_radio_row
{
label="加框单选行";
:radio_button
{ label="答案1";
key="myradio1";
value=0;
}
:radio_button
```

```
{ label="答案2";
key="myradio2";
value=1;
}
:radio_button
{ label="答案3";
key="myradio3";
value=0;
}
}
ok_cancel;
}
```

执行上述代码后得到的加框单选行控件效果如右图所示。

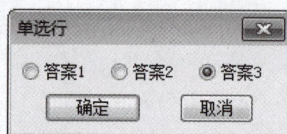

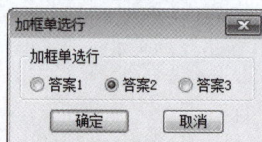

03 其他控件

在AutoCAD中还有一种类型的控件，它既不会触发操作也不会被选中，只是用来显示文字、图形或者调整对话框的布局，下面就来介绍这类控件。

1. 图像控件（image）

图像控件用于在对话框中显示填充的图案或幻灯片等图形。图像控件包含action、alignment、allow、accept、aspect_ratio、fixed-height、fixed-width、height、is-enabled、is-tab-stop、key、mnemonic和width等属性。

图像控件的DCL代码如下：

```
myimage:dialog{
label="图形控件";
spacer;
:image{
label="image1";
key="key_image1";
```

```
width=30;
aspect_ratio=0.8;
color=0;
}
ok_cancel;
}
```

执行上述代码后得到的图像控件效果如右图所示，需要说明的是图像控件需要对话框驱动程序驱动。

2. 文本控件（text）

文本控件通常用于显示标题或信息提示，如一些警告框通常使用文本控件来动态地显示相应的警告信息。文本控件包含alignment、fixed-height、fixed-

width、height、is-bold、key、label、value和width等属性。

文本控件的DCL代码如下：

```
mytext:dialog{
label="文本";
spacer;
:text
{
label="程序提示";
key="key_text1";
width=15;
}
```

```
:text
{
label="2011.11.08";
key="key_text2";
alignment=right;
}
ok_cancel;
}
```

执行上述代码后得到的文本控件效果如右图所示。

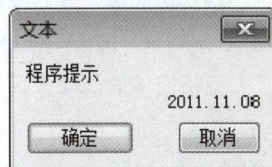

3. 部分文本控件（text_part）

部分文本控件只有label一个属性，单独的部分文本与只含label属性的文本等效。多个部分文本可以组成单行的文本或段落，弥补了文本只能单行显示的不足。

部分文本控件的DCL代码如下：

```
mytext_part:dialog{
label="文本";
spacer;
:text_part{
label="程序提示";
}
```

```
:text_part
{
label="2011.11.08";
}
ok_cancel;
}
```

执行上述代码后得到的部分文本控件效果如右图所示。

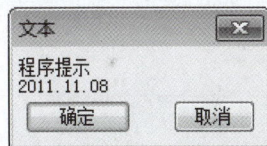

4. 段落控件（paragraph）

段落控件的类型是paragraph，不包含属性。

段落控件的DCL代码如下：

```
myparagraph:dialog{
label="段落";
spacer;
:paragraph
{
:text_part
{
label="程序提示";
```

```
}
:text_part
{
label="2011.11.08";
}
}
ok_cancel;
}
```

执行上述代码后得到的段落控件效果如右图所示。

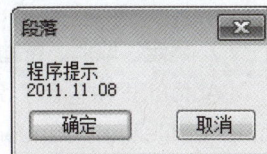

5. 拼接控件（concatenation）

拼接控件的类型是concatenation，不包含属性，其作用是把多个文本组成单行的文本。

拼接控件的DCL代码如下：

```
myconcatenation:dialog{
label="拼接";
spacer;
:concatenation
{
:text_part{
label="程序提示";
}
```

```
:text_part
{
label="2011.11.08";
}
}
ok_cancel;
}
```

执行上述代码后得到的拼接控件效果如右图所示。

6. 空格控件（spacer/spacer_0/spacer_1）

空格控件用于在对话框的控件之间添加空隙，它包含 alignment、fixed_height、fixed_width、height 和 width 等属性。

空格控件的DCL代码如下：

```
myspacer:dialog{
label="空格";
spacer;
:row
{
:button
{
key="key_button1";
label="A1";
value=0;
}
spacer_0;
:button
{
key="key_button2";
label="B1";
value=1;
}
spacer_0;
:button
{
key="key_button3";
label="C2";
value=1;
}
```

```
}
:row
{
:button
{
key="key_button4";
label="D2";
value=0;
}
spacer_1;
:button
{
key="key_button5";
label="E3";
value=1;
}
:button
{
key="key_button6";
label="F3";
value=1;
}
}
ok_cancel;
}
```

执行上述代码后得到的空格控件效果如右图所示。

7. 确定、取消、帮助、信息按钮

AutoLISP中包含了ok_cancel、ok_cancel_help、ok_cancel_help_errtile和ok_cancel_help_info四种确定按钮。它包含action、alignment、fixed_height、fixed_width、height、is_cancel、is_default、is_enabled、is_tab_stop、key、label和width等属性。

确定、取消、帮助、信息按钮的DCL代码如下：

```
myok_cancel:dialog{
label="ok_cancel";
spacer;
ok_cancel;
```

```
ok_cancel_help;
ok_cancel_help_errtile;
ok_cancel_help_info;
}
```

执行上述代码后得到的确定、取消、帮助和信息按钮的效果如右图所示。此处为了对比说明4种控件的区别，在程序中多次加入了4种控件，但是在实际应用中，确定、取消、帮助和信息按钮在一个对话框中只能使用一次。

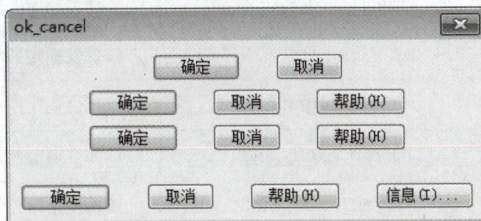

04 控件属性类型

对话框控件属性的类型有整型、实型、字符串型和保留字四种，下面分别对其进行介绍。

1. 整型
整型数用于表示距离，例如控件的宽度和高度，以character_width或character_height为单位。

2. 实型
实型数也用于表示距离，带有小数的实数必须包括前导数字，如0.5不能写成.5。

3. 字符串型
字符串型必须放在引号之中，引号用作字符串的分界符。如果使用引号，则必须在引号前面加一个反斜杠。字符串中还可以使用其他控制字符，如表18-1所示。

表18-1 DCL字符串中允许使用的控制字符

控制字符	说明	控制字符	说明
\\"	嵌套的双引号	\n	换行
\\	反斜杠	\t	水平制表符

4. 保留字
保留字由字母和数字字符组成，必须由字母起，如true和false。保留字区分大小写，如True不同于true。

在实际应用中，应用程序总是将属性作为字符串检索，大部分属性对于所有控件都是有效的，只有少数属性仅适合于某些控件。与保留字和字符串一样，属性名也区分大小写。

05 DCL控件属性

DCL控件的属性很多，主要用于控制属性的类型，DCL控件的属性如表18-2所示。

表18-2 DCL控件属性类型

控件属性	说明
action	该属性适用于所有启用中的组件，需要注意的是不能在action属性中调用AutoLISP的command函数
alignment	该属性为控件组中的子控件指定水平或垂直位置

控件属性	说明
allow_accept	该属性在用户按下Enter键时指定控件是否被激活
aspect_ratio	该属性指定图像宽度除以高度的比率
big_increment	该属性指定滑块增量值
children_alignment	该属性指定控件组中所有子控件的默认对齐方式
children_fixed_height	该属性指定控件中所有子控件的默认高度
children_fixed_width	该属性指定控件中所有子控件的默认宽度
color	该属性指定图像的背景颜色
edit_limit	确定编辑框中允许输入的最多字符数，该值为整数，最大值为256
edit_width	以字符宽度为单位确定编辑框的宽度
fixed_height	该属性指定控件的高度是否可以填满整个可用空间
fixed_width	该属性指定控件的宽度是否可以填满整个可用空间
fixed_width_font	该属性指定列表框是否以固定字符间距的字体显示文字
height	该属性指定控件的高度，其值可以是整型数值和实型数值
initial_focus	该属性确定对话框内初始被聚焦的控件
is_bold	该属性指定是否以粗体字符显示文字
is_cancel	该属性指定当用户按下Esc键时按钮是否被选中
is_default	该属性指定是否将一个按钮作为默认按钮
is_enabled	该属性指定控件在打开对话框时是否可用
is_tab_stop	该属性确定控件是否可以使用Tab键选择聚焦
key	该属性指定应用程序引用特定控件时使用的名称
label	该属性指定控件的标签，其值是一个由双引号所包含的字符串
layout	该属性指定滑块的方向
list	该属性指定列表框或者下拉列表框内的初始内容，行之间使用\n分隔
max_value	该属性指定slider控件返回值的上限，其范围是－32768～32767，默认值为10000
min_value	该属性指定slider控件返回值的下限，默认值为0
mnemonic	该属性指定控制的键盘助记符
multiple_select	该属性指定是否可以在list_box控件中同时进行多项选择
password_char	该属性指定用于屏蔽用户输入的字符，即用该字符替实际输入的字符显示在编辑框内，达到为输入内容保密的目的
small_increment	该属性指定滑块增量控制值
tabs	该属性以字符宽度为单位指定制表位的位置

（续表）

控件属性	说明
tab_truncate	该属性指定当列表框中文字超出关联制表位时是否截断文字
value	该属性指定控件的初始值
width	该属性指定控件的最小宽度

相关练习 | 施工材料对话框的设计

本例将使用AutoLISP编写程序，实现通过一个对话框来表现出家居施工材料的参数的效果，具体操作步骤如下。

原始文件：无
最终文件：实例文件\第18章\最终文件\shigong.LSP

STEP 01 编写程序代码

```
shigong:dialog
{
label="施工材料";
spacer;
:boxed_column
{ label="数量：";
:edit_box
{ key="key-name1";
label="水泥：";
value="2袋";}
:edit_box
{ key="key-name3";
label="墙漆：";
edit_width = 20;
edit_limit = 10;
value="3桶";}
:edit_box
{ key="key-name4";
label="地砖：";
edit_width = 20;
edit_limit = 10;
value="10箱";
}
:edit_box
{ key="key-name5";
label="石膏板：";
edit_width = 20;
edit_limit = 10;
value="20箱";
```

```
edit_width = 20;
edit_limit = 10;
value="4袋";
}
:edit_box
{ key="key-name2";
label="黄沙：";
edit_width = 20;
edit_limit = 10;}
:radio_button
{
label="卧室";
key="biaozhun";
value="0";
}
:radio_button{
label="餐厅";
key="duanchi";
value="0";
}
:radio_button
{
label="客厅";
key="changchi";
value="1";
}
}
ok_cancel;
}
```

在Visual LISP编辑器文本框中编写程序代码，并检查代码的正确性。

按语法着色

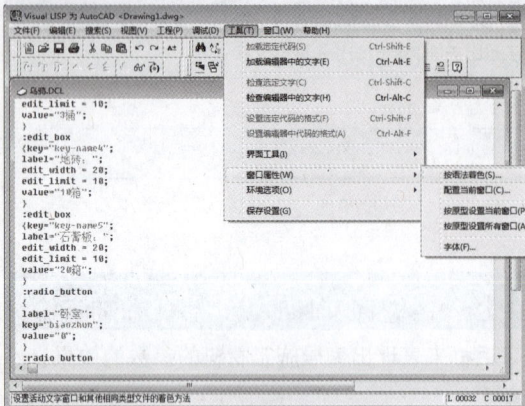

将代码全部选中，在 Visual LISP 菜单栏中执行"工具 > 窗口属性 > 按语法着色"命令。

选择颜色样式

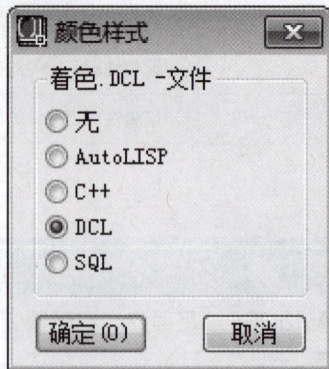

在弹出的"颜色样式"对话框中单击DCL单选按钮，然后单击"确定"按钮。

预览选定的DCL

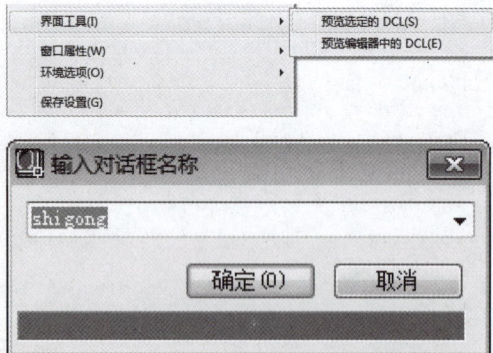

在Visual LISP菜单栏中执行"工具>界面工具>预览选定的DCL"命令。在弹出的"输入对话框名称"对话框中程序自动显示当前加载的名称，单击"确定"按钮。

运行程序

程序将弹出"施工材料"对话框，在该对话框中用户可以设置齿轮的参数并选择齿轮的类型。

Lesson 02　对话框控件语言

　　对话框实际上是由树状控件组成的，对话框控制语言（DCL）就是描述这种树状结构的 ASCⅡ文件。

01 对话框文件

　　对话框文件是使用DCL语言定义对话框的文件，文件的扩展名为.dcl，因此也被称为DCL文件。

1. base.dcl文件和acad.dcl文件

base.dcl文件和acad.dcl文件是非常重要的对话框文件。base.dcl文件为用户预定义了button、list_box等基本控件，row、column等组件和ok_cancel、ok_cancel_help等标准控件。acad.dcl文件包含了所有AutoCAD使用的对话框标准定义。用户不能直接引用acad.dcl文件，可以将acad.dcl文件中的内容复制到自己定义的DCL文件中。

2. DCL文件的引用结构

创建对话框时必须新建一个DCL文件。所有 DCL 文件都可以使用定义的 base.dcl 文件中的控件。在新建文件时若要包含其他 DCL 文件，必须采用下列格式引用：

```
@include "路径\\DCL文件名"
```

需要注意的是，必须指定DCL文件的全名和扩展名。

3. 文件结构

对话框是一个树状结构，对话框就是树根，

行、列控件是树枝，基本控件是树叶，其结构如右图所示。

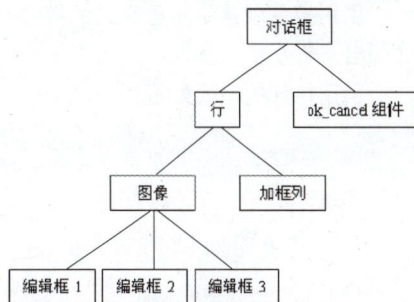

02 DCL语法

DCL语法是用于指定控件、控件属性和属性值的编程语法，可以通过控件定义创建新的控件，如果控件定义出现在对话框定义之外，则是原型控件或组件。通过控件引用，原型控件可以在对话框定义中使用。每个控件的引用都继承原控件的属性，当引用原型控件时可以修改继承属性的值或添加新的属性。

1. 定义控件

定义控件的格式如下：

```
name:item1[ :item2;item3…]
{ attributel=value1;
attribute2=value2;
}
```

其中，name 为新控件名称，每个 item 都是先前定义的控件。新控件 name 继承了所有指定控件（item1，item2，item3…）的属性，如果 attribute 是控件 item 的某一属性，value 即为该属性的值。如果控件 item 不包含 attribute，那么 attribute 是 name 的新属性。如果新定义不包含子定义，则是一个控件原型，引用此控件原型时可以修改或添加其属性。如果它是一个带有子定义的组件，则不能修改其属性。

下面是按钮控件的内部定义：

```
button:tile
{ fixed_height=true;
is_tab_atop=true;
}
```

base.dcl文件定义了一个default_button，代码如下：

```
default_button:button
{
is_default=true;
}
```

default_button继承了button控件的fixed_height和is_tab_stop属性值，同时增加了一个新的属性is_default，并将该属性的值设置为true。

2. 引用控件

引用控件就是引用已定义的控件类型，在引用控件的过程中可以改变或增加控件的属性，但是不必列出不想改变的属性。

引用控件的格式如下：

```
name:
```

或者：

```
: name
{ attribute=value;
}
```

其中name是已经定义的控件的名称，在第一种引用方式中所有在name中定义的属性均被引用。spacer控件仅用于调整对话框定义的布局，没有惟一的属性值，所以只能通过指定名称对其进行引用：

```
space:
```

在base.dcl文件中定义的ok_cancel控件是一个组件，对它的引用只能通过指定名称来实现：

```
ok_cancel;
```

3. 属性和属性值

可以使用下列格式或指定属性并为属性赋值：

```
attbibute=value;
```

其中，attribute是属性名，value是赋予属性的值，等号用于分隔属性和属性值，分号标志着赋值语句结束。

4. 注释

在DCL文件中，前面带有双斜杠的语句就是注释。DCL采用了C及C++语言的注释风格，有两种注释方式。

第一种方式是"/*注释文字*/"格式，它适用于行内和多行的注释内容。第二种是"//注释文字"格式，它适用于单行的注释内容。

03 对话框出错处理

如果DCL代码中包含错误，Visual LISP预览程序将会显示提示信息，提示出错的行和关键字，如下图所示。

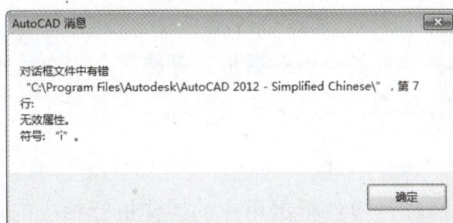

AutoCAD提供了对DCL文件进行语义检查的功能，共分为4个等级，如表18-3所示。

表18-3 语义检查级别

级别	说明
0	不进行语义检查，但当DCL文件已检查过并且在检查过程中没有发现错误时，才使用此级别
1	对错误的语义进行检查，用于查找会导致AutoCAD终止的DCL错误。这是默认的检查级别，错误级别可检查到：使用未定义的控件或循环的原型定义等错误
2	对警告的语义进行检查，用于查找会使对话框产生错误的布局或动作的DCL错误。每次修改DCL文件之后至少应进行一次此级别的语义检查。警告级别的语义检查可以找到：遗漏了必需的属性或使用了不合适的属性值等错误
3	对提示语义进行检查，用于找出冗余的属性定义

为了充分利用语义检查的功能，在开发的过程中应将检查级别设为3，引用下面代码就可以完成检查级别的设置：

```
dcl-settings:default-dcl-settings { audit-level=3;}
```

Lesson 03 对话框驱动程序

对话框文件描述了对话框的结构、外观、所属控件的样式、功能及控件的布局，使用AutoLISP或Visual C++语言可以编写对话框驱动程序。

01 驱动程序的调用

驱动程序的调用有以下6个步骤。

1. 加载对话框文件
AutoLISP程序首先调用load_dialog函数加载指定的对话框文件，加载成功则返回一个大于零的整数。返回的整数是显示和卸载对话框文件的主要参数，并将其赋给一个变量保存，以备程序使用。

2. 显示对话框
调用new_dialog函数将已加载的对话框文件中指定名字的对话框按照指定的位置显示在屏幕上，其默认位置在屏幕的中央。

3. 初始化控件
调用set_tile、mode_tile或action_tile函数对控件进行初始化。

4. 激活对话框

调用start_dialog函数激活已经初始化的对话框，等待用户在对话框上进行操作，直到某一操作直接或间接地调用了done_dialog函数，对话框才会消失。

5. 操作对话框

用户可以在对话框中任意操作，控件根据用户的操作执行相应的动作，也可以通过get_tile、get_attr函数获得控件的属性值或通过set_tile、mode_tile函数设置控件的属性。

6. 卸载对话框文件

如果用户选择了确定、取消、退出或其他具有退出功能的按钮，首先调用done_dialog函数，对话框从屏幕上消失，然后调用unload_dialog函数，卸载对话框文件，释放对话框占用的存储空间。

02 驱动函数

驱动函数是用于加载或卸载对话框、定义控件的动作、处理列表框以及图像驱动处理的函数，下面就来进行讲解。

1. 加载、卸载对话框函数

（1）加载对话框函数 load_dialog

```
(load_dialogdclfile)
```

该函数用于加载DCL文件，一个应用程序通过多次调用本函数而装入多个文件，本函数按照AutoCAD库搜索路径来搜索指定DCL文件。参数dclfile指定需要装入的DCL文件的一个字符串，如未指定扩展名，则程序假定其扩展名为.dcl。函数调用成功则返回一个正数值，否则返回一个负数值。

（2）卸载对话框函数 unload_dialog

```
(unload_dialogdclid)
```

该函数用于卸载一个DCL文件，释放该对话框所占用的存储空间。参数dclid为load_dialog函数的返回值，不论卸载是否成功，返回值均为nil。

2. 初始化对话框函数

（1）new_dialog 函数

```
(new_dialogdlnameindex_value [ action [ screen_pnt]])
```

该函数用于开始并显示新对话框。参数dlname用于指定对话框的一个字符串，参数index_value是用来识别一个对话框的，相当于对话框的句柄，是在调用load_dialog函数时获得的。参数action是一个字符串，它包含了用于表示隐含动作的一个AutoLISP表达式。参数screen_pnt是一个2D点表，它用于指定对话框显示在屏幕上的位置的X、Y坐标。

当用户选中一个激活的控件，该控件没有通过调用action_tile函数分配给它一个动作或回调函数，也没有在DCL文件中为它定义动作，那么由new_dialog函数指定的隐含动作就会被求值。如果new_dialog函数调用成功则返回T，否则返回nil。

（2）start_dialog 函数

```
(start_dialog)
```

该函数用于显示对话框并开始接受用户输入。在调用本函数之前必须调用new_dialog函数首先初始化对话框。对话框一直保持激活状态，直到一个动作表达式或回调函数调用done_dialog函数。调用start_dialog函数时将返回一个传递给done_dialog函数的状态代码。

（3）term_dialog 函数

```
(term_dialog)
```

该函数用于终止当前所有的对话框，就好像用户逐个取消这些对话框。返回值为nil。

（4）done_dialog 函数

```
(done_dialog [ status])
```

该函数意为终止对话框。如果用户指定了任选参数status，该参数是一个正整数，此正整数将由start_dialog函数返回，而代替拾取"确定"按钮返回1或拾取"取消"按钮返回0。该函数返回一个2D点表，该点表示当用户退出对话框时该对话框的位置坐标。

3. 定义控件动作的函数action_tile

```
(action_tile key action_expression)
```

该函数用于指定控件的动作表达式，指定当用户选择对话框中的特定控件时要执行的动作。

参数key和action_expression都是字符串，参数key是触发一个动作的控件名，这个控件名由该控件的key属性指定，它是区分大小的。当该控件被选中时，就会对action_expression进行求值。

4. 控件处理函数

（1）mode_tile 函数
函数调用表达式如下：

```
(mode_tile key mode)
```

该函数用于设置对话框控件的模式，参数key是指定某个控件的关键字符串，区分大小写，mode变量的取值如表18-4所示。

表18-4 mode的取值及含义

mode取值	说明	modc取值	说明
0	可用状态	3	选择编辑框的内容
1	禁用状态	4	将图像类控件的内容反相
2	聚焦于该控件		

（2）get_attr 函数
函数调用格式如下：

```
(get_attr key attribute)
```

该函数用于获取对话框属性的DCL值，参数key是控件的相应属性值，参数attribute表示需要返回的属性名称。这两个参数都是字符串，此函数返回值是属性的初始值。

（3）get_tile 函数
函数调用格式如下：

```
(get_tile key)
```

该函数用于检索对话框控件当前运行时的值，参数key是控件的相应属性值。本函数常用于回调函数中，而不用于构件的初始化。

（4）set_tile 函数

函数调用格式如下：

```
(set_tile key value)
```

该函数用于设置对话框控件的值，参数key用于指定控件的一个字符串，参数value用于指定新值的一个字符串变量名。

5. 列表框处理函数

（1）start_list 函数

函数调用格式如下：

```
(start_list key oper [ index])
```

该函数用于开始处理列表框中或弹出式列表对话框控件中的列表。参数key是一个指定对话框控件的字符串，参数oper是一个整数值，其取值如表18-5所示。

表18-5 oper的取值及含义

oper取值	说明
1	改变所选择的表的内容
2	追加新的表项
3	删除旧表并生成新表（默认值）

参数index确定表项在表中的位置，默认值为0。

（2）add_list 函数

函数调用格式如下：

```
(add_list string)
```

该函数将根据start_list函数中参数oper的值具有不同的功能。

oper＝1：使用string内容替换由index所指定的表项内容，若未指定index值则替换第一个表项的内容。

oper＝2：在表的末端以string的内容作为新增加的表项内容。

oper＝3：打开一个新表，并将string作为第一个表项增加到新表中。

（3）end_list 函数

函数调用格式如下：

```
(end_list)
```

该函数用于结束对当前列表或下拉列表框控件的处理。

6. 图像处理函数

（1）start_image 函数

函数调用格式如下：

```
(start_image key)
```

该函数用于开始在对话框控件中创建一个图像。在调用该函数后可以调用fill_image、slide_image和vector_image函数对图像控件进行各种处理，直到应用程序调用end_image函数才结束对指定图像控件的处理。

（2）end_image 函数

函数调用格式如下：

```
(end_image)
```

该函数用于结束对当前图像控件的处理。

（3）fill_image 函数

函数调用格式如下：

```
(fill_image x1 y1 x2 y2 color)
```

在当前活动的对话框图像控件上以（x1，y1）为起点，以（x2，y2）为终点，以color为颜色绘制一个填充的矩形块。

（4）vector_image 函数

函数调用格式如下：

```
(vector_image x1 y1 x2 y2 color)
```

在当前活动的对话框图像控件上绘制矢量，参数x1、y1、x2、y2是以像素为单位表示的坐标，color是系统的标准颜色。

（5）slide_image 函数

函数调用格式如下：

```
(slide_image x1 y1 x2 y2 sldname)
```

该函数用于在当前打开的图像控件上显示一个幻灯片，可以是独立的幻灯片文件（.sld），也可以是某个幻灯片库中的某一张幻灯片。参数x1、y1、x2、y2的含义同上。幻灯片是在AutoCAD环境下用mslide命令建立的，参数sldname应该包含完整的路径信息。

（6）dimx_tile 和 dimy_tile 函数

函数调用格式如下：

```
(dimx_tile key)和(dimy_tile key)
```

这两个函数用于以对话框为单位获取控件的尺寸。dimx_tile函数返回控件的宽度，而dimy_tile函数返回控件的高度。由这两个函数返回的坐标都是某个控件所允许的最大值。

03 对话框的特殊处理

还有一种特殊形式的对话框，即在一个对话框中单击按钮后会弹出另一个对话框，这种形式称为对话框嵌套，下面就来介绍特殊形式对话框的处理方式。

1. 嵌套对话框

在动作表达式或回调函数中调用new_dialog和start_dialog函数，就可以创建和管理嵌套对话框。在子对话框某控件的回调函数中调用done_dialog函数，子对话框消失，即可返回到父对话框中，如下图所示。

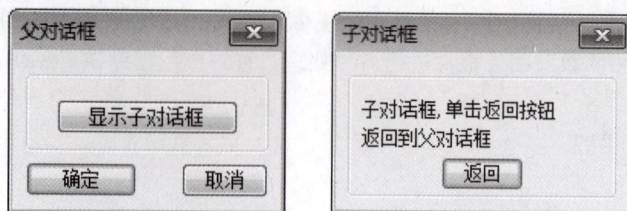

下面分别介绍对话框和驱动程序的设计。

对话框代码如下：

```
son_dialog:dialog
{
label="子对话框";
spacer;
:boxed_column
{
:text
{
label="子对话框,单击返回按钮";
}
:text
{
label="返回到父对话框";
}
:button
{
label="返回";
key="retum";
fixed_width=true;
is_default=true;
alignment=centered;
```

```
}
}
}
father_dialog:dialog
{
label="父对话框";
spacer;
:boxed_column
{
:button
{
label="显示子对话框";
key="button";
fixed_width=true;
alignment=centered;
width=12;
}
spacer;
}
ok_cancel;
}
```

驱动程序代码如下：

```
(defun c:qttest(/reture_value)
(setqreture_value(load_dialog"d:/
DCL/qttest"))
(if(null(new_dialog"father_
dialog"return_value))
(exit)
)
(action_tile"button""(showsonreturn_
value)")
(start_dialog)
```

```
(princ)
)
(defunshowson(rerurn_value)
(if(null(new_dialog"son_dialog"
return_value))
(exit)
)
(start_dialog)
)
```

2. 隐藏对话框

该对话框需要设置一个用于隐藏的对话框按钮。该按钮的动作可以调用done_dialog函数，恢复对话框时应该恢复对话框隐藏之前的数据，而不是初始数据。下面以实例讲解隐藏对话框的应用。

对话框代码如下：

```
hide:dialog
{
label="隐藏对话框";
spacer;
:button
{
label="选择";
key="pick";
fixed_width=true;
alignment=centered;
}
:boxed_column
{
:edit_box
{
```

```
label="X坐标：";
key="X";
fixed_width=true;
width=12;
}
:edit_box
{
label="Y坐标：";
key="Y";
fixed_width=true;
width=12;
}
}
ok_cancel;
}
```

驱动程序代码如下：

```
(defun c:hide(/return_value)
(setq next 2)
(setq x 0)
(setq y 0)
(setqpt'(0 0))
(setqreturn_value(load_dialog"d:/
DCL/hide"))
(while(>=next 2)
(if(null(new_dialog"hide"retern_
value))
(exit)
)
(dispos)
(action_tile "pick""(done_dialog 4)")
(action_tile"accept""(done_dialog 1)")
(action_tile"cancel""(done_dialog 0)")
(setq next (start_dialog))
(cond
```

```
((=next 4)
(setqpt(getpoint "\n 取点"))
)
((=next 0)
(prompt "\n 用户取消对话框")
)
)
)
(unload_dialogreturn_value)
(princ)
)
(defundispos()
(setq x (car pt))
(set y (cadrpt))
(set_tile "X" (tros x 2 2))
(set_tile "Y" (tros y 2 2))
)
```

Q A 工程技术问答

可以运用AutoLISP程序解决，如何快速关闭除选定图层外的图层、怎样测量样条曲线或多段线的长度等问题。

Q01： 有没有一种方法可以快速关闭选定图层外的其他图层呢？

A01： 可以设计一个AutoLISP程序来关闭选定图层外的图层，程序代码如下：

```
(defun c:lg ()
(setqe1(entget(car(entsel"\n选择一
个对象，其余图层将被关闭: "))))
(setq layer1 (assoc 8 e1))
(setqlayername (cdr layer1))
(command"-layer""off""*""y""on"
layername"s"layername"")
(princ)
)
```

Q02： 在绘制的样条曲线中怎样测量多段线的长度呢？

A02： 可以通过编写AutoLISP程序代码来实现测量样条曲线或多段线的长度，程序代码如下：

```
(defun c:cd (/curve tlenss n sumlen)
(vl-load-com)
(setqsumlen 0)
(setqss(ssget'((0."circle,ellipse,
li
ne,*polyline,spline,arc"))))
(setq n 0)
(repeat (sslengthss)
(setqcurve(vlax-ename->vla-object
(ssnamess n)))
(setqtlen (vlax-curve-getdistatparam
curve
(vlax-curve-getendparam curve)
)
)
(setqsumlen (+ sumlentlen))
(setq n (1+ n))
)
(print(strcat"总长度:"(rtos
sumlen25)))
(princ)
)
```

Q03： 怎样通过AutoLISP程序设计家教简历对话框？

A03： 在Visual LISP编辑器文本框中编写相应的程序代码，如下所示。

```
jianli:dialog
{
label="家教简历";
spacer;
:boxed_column
{ label="内容: ";
:edit_box
{ key="key-name1";
label="姓名: ";
edit_width = 20;
edit_limit = 10;
value=张某;
}
:edit_box
{ key="key-name2";
label="性别: ";
edit_width = 20;
edit_limit = 10;
value=男;
}
:edit_box
{ key="key-name3";
label="年龄: ";
edit_width = 20;
edit_limit = 10;
value=30;
}
:edit_box
{ key="key-name4";
label="家庭住址: ";
edit_width = 20;
edit_limit = 10;
value=0;
}
:edit_box
{ key="key-name5";
label="手机号码: ";
edit_width = 20;
edit_limit = 10;
value=0;
}
:radio_button
{
label="语文";
key="biaozhun";
value="1";
}
:radio_button
{
label="数学";
key="duanchi";
value="0";
}
:radio_button
{
label="外语";
key="changchi";
value="0";
}
}
ok_cancel;
}
```

PART 06

综合
案例篇

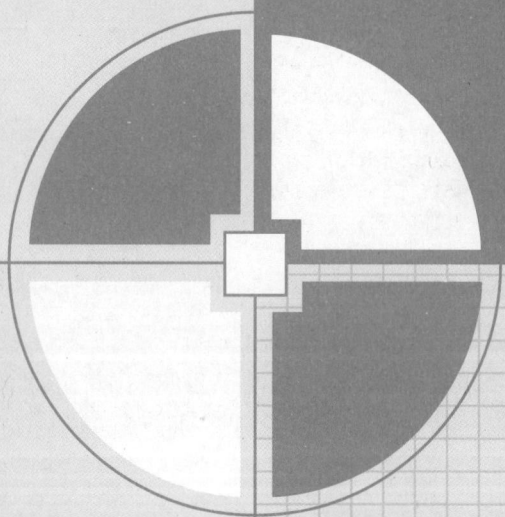

CHAPTER

19

机械零件绘制

机械制图是用图样确切表示机械的结构形状、尺寸大小、工作原理和技术要求的学科。图样由图形、符号、文字和数字等组成，是表达设计意图和制造要求以及交流经验的技术文件。本章将以法兰盘为例，介绍机械制图的绘制方法及技巧。

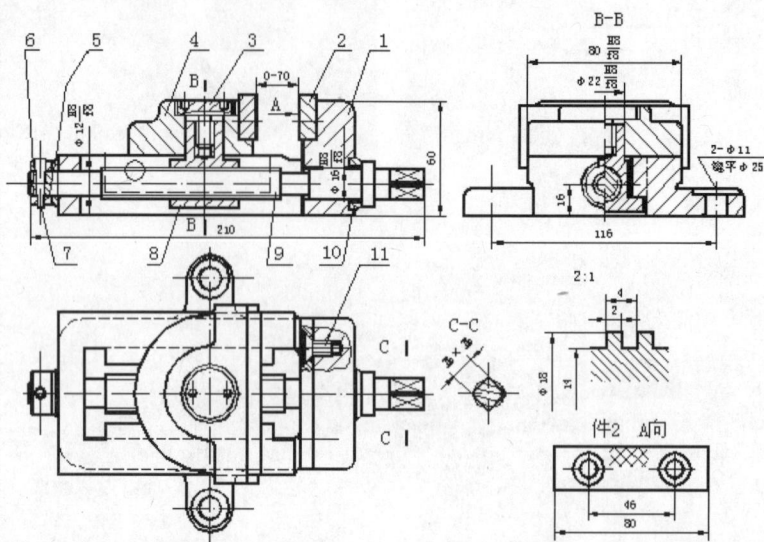

01 圆柱齿轮减速器装配图

在标注装配图零件序号时,需注意一种零件只有一个序号;序号编写时应将标准件与非标准件分成两排进行编号,在标准件的序号前可加B,非标准件的序号前可不加任何字母;序号引线不可相交。

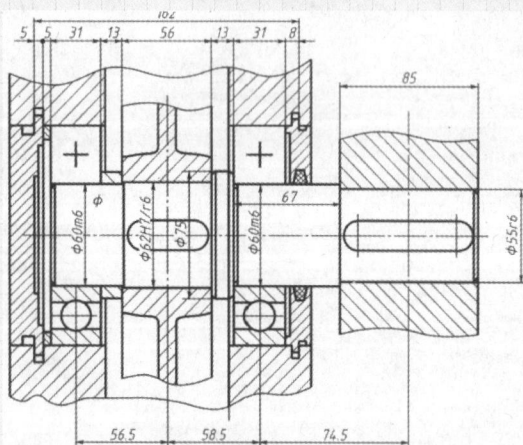

02 阶梯轴零件图

要使零件图标注尺寸合乎设计要求,不能孤立地只从该零件图进行分析,而必须参照装配图,考虑该零件与其他相关零件的装配关系和连接关系。

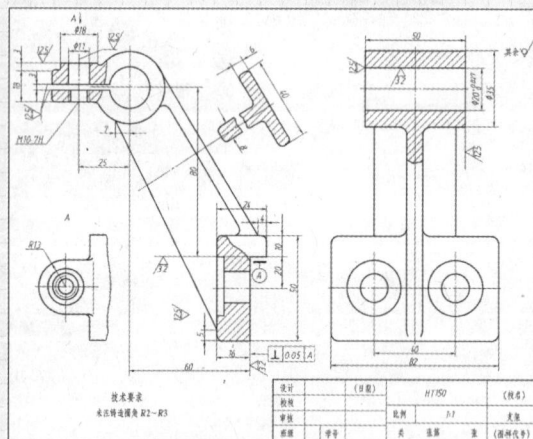

03 支架类零件图

这类零件结构较复杂,需经多种加工,一般需要两个以上基本视图,并用斜视图、局部视图,以及剖视、断面等表达内外形状和细部结构组成。

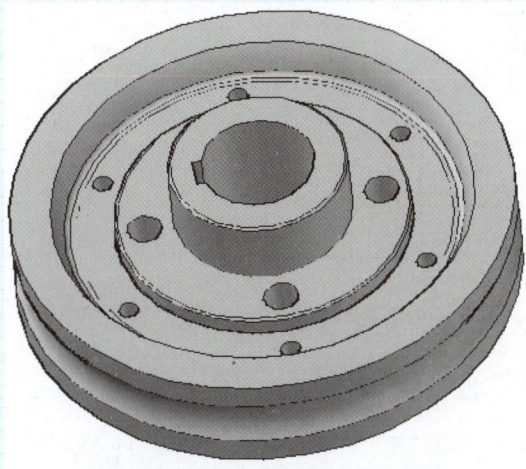

04 传动轴三维图

　　该零件三维图主要运用了拉伸、三维旋转、三维阵列、差集以及并集等三维命令进行绘制。

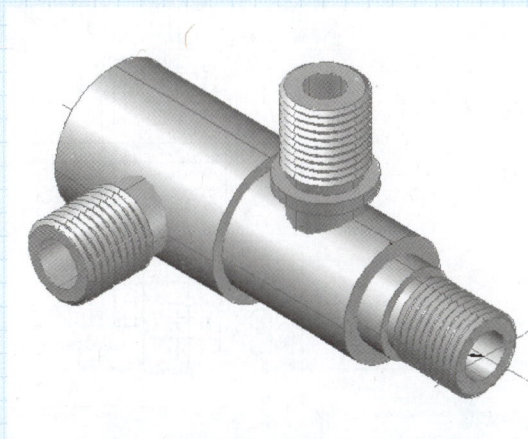

05 机械泵体模型

　　该零件三维图的绘制主要运用了圆柱体、更改用户坐标、扫掠、并集及差集等三维命令。

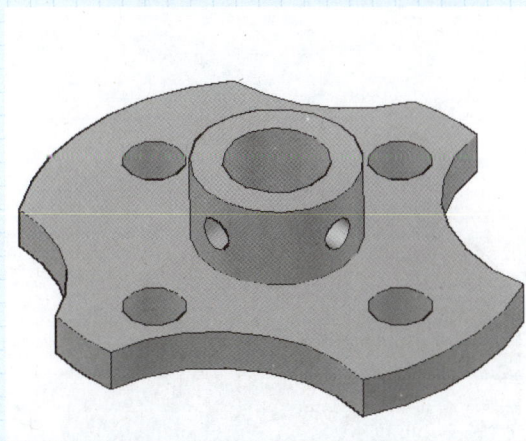

06 轴套类零件三维图

　　轴套类零件通常结构较为简单，其孔端常加工出倒角，但也有比较复杂的轴套类零件。

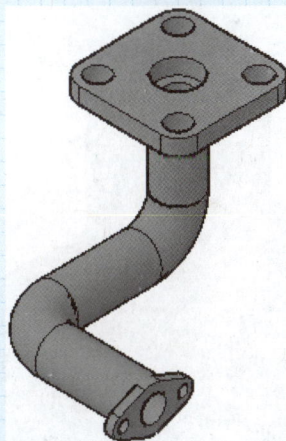

07 机械零件图

　　此机械零件模型可以通过圆柱体、长方体、镜像以及合并等绘图编辑命令创建完成。

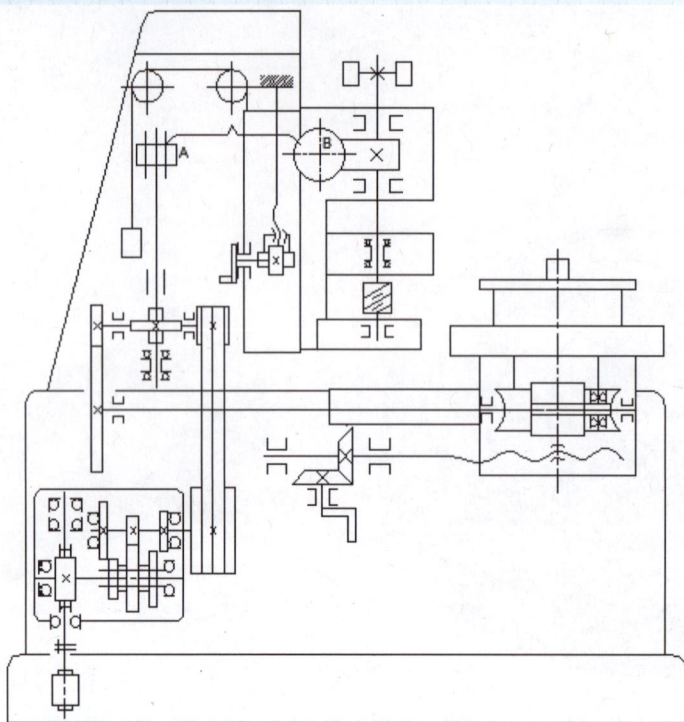

08 **齿轮泵零件图**

在对机械零件进行尺寸标注时,用户需注意标注零件所需的全部尺寸,要做到不遗漏,不重复,尺寸清晰便于阅读。

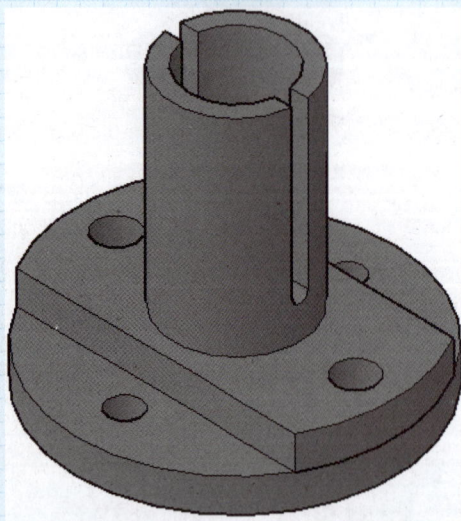

09 **转动轴套**

在创建此模型可通过构造线、圆、偏移、阵列、拉伸以及差集等命令绘制。

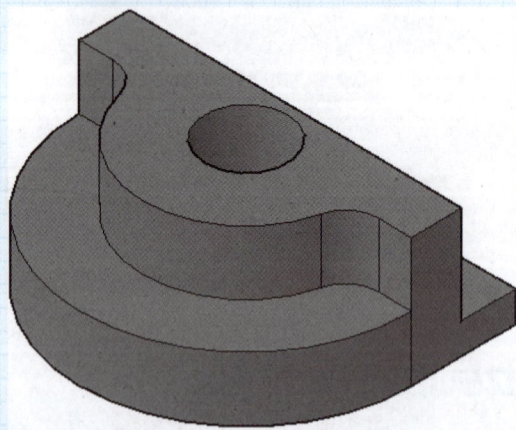

10 **缸体零件**

要创建缸体零件模型,可结合使用矩形、圆、长方体、修剪、拉伸、并集等命令。

Lesson 01 　法兰盘俯视图的绘制

法兰盘简称法兰，通常是在一个类似盘状的金属体的周边开上几个固定用的孔用于连接其他零件，其在机械上的应用很广泛。在绘制法兰盘俯视图时常用的操作命令有："圆"、"环形阵列"、"偏移"及"镜像"等。

原始文件：无

最终文件：实例文件\第19章\最终文件\法兰盘俯视图.dwg

01 法兰盘俯视轮廓图的绘制

法兰盘俯视图的绘制步骤如下。

STEP 01 启动 AutoCAD2012 软件，新建空白文件，在"常用"选项卡的"图层"面板中，单击"图层特性"按钮，然后新建"中心轴"图层。

STEP 02 双击"中心轴"图层，将其设为当前层。执行菜单栏中的"绘图>直线"命令，绘制两条相互垂直的中心轴线段。

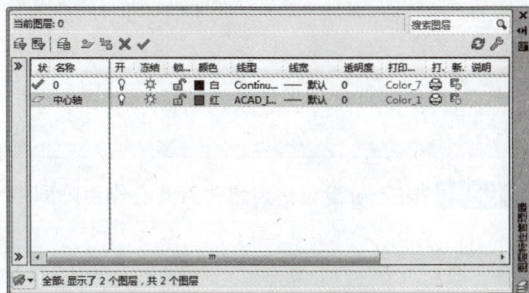

STEP 03 在命令窗口中输入CH命令，按Enter键，在"特性"选项板中，设置好线型比例值。

STEP 04 在"常用"选项卡的"图层"面板中，单击"图层特性"按钮，然后新建"轮廓线"图层，并设置其图层属性。

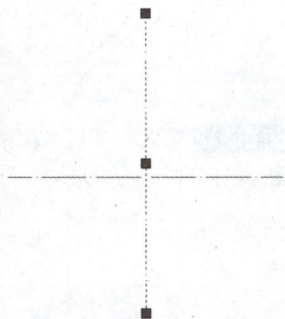

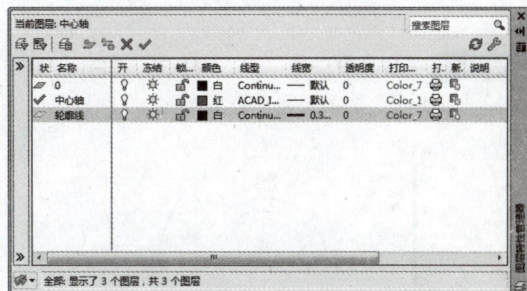

STEP 05 双击"轮廓线"图层，将其设为当前层。执行"绘图>圆>圆心、半径"命令，绘制半径分别为4.5mm、12.5mm、14.5mm、17.9mm、和29.3mm的同心圆。

STEP 06 执行菜单栏中的"修改>偏移"命令，将中心轴线向上偏移24.4mm。

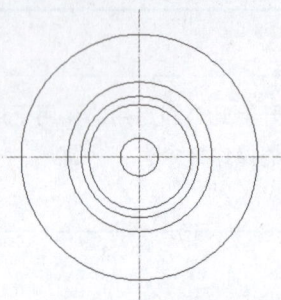

STEP 07 执行菜单栏中的"绘图>圆>圆心、半径"命令，以偏移后的线段与垂直线的交点为圆心，绘制半径为1.8mm的圆。

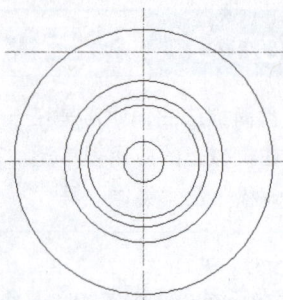

STEP 08 执行菜单栏中的"修改>打断"命令，将中轴线进行打断。

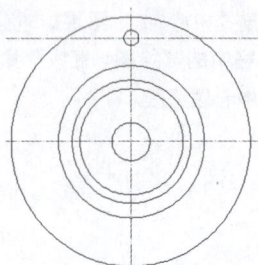

STEP 09 执行菜单栏中的"修改>阵列>环形阵列"命令，根据需要框选所需阵列的轴孔。

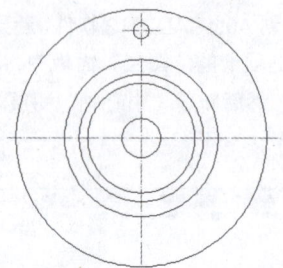

STEP 10 按Enter键，指定法兰盘圆心作为阵列中心点。

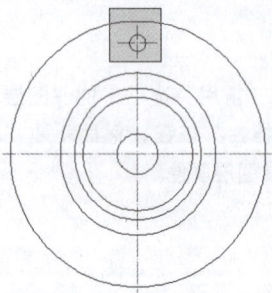

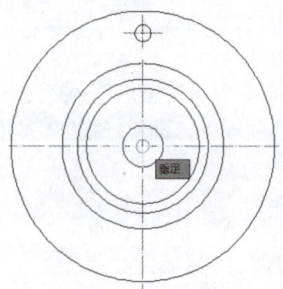

STEP 11 在命令窗口中，输入E命令，按Enter键，选择"表达式"选项，输入阵列数6。

STEP 12 输入完毕后，按两次Enter键，完成轴孔图形的阵列。

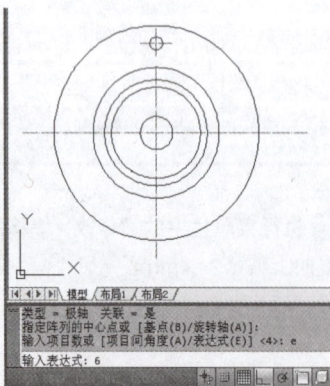

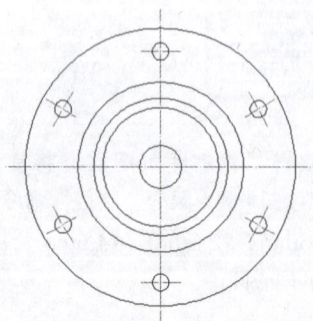

STEP 13 执行菜单栏中的"修改>偏移"命令,将中心线向上偏移8.2mm,并执行"绘图>圆>圆心、半径"命令,绘制半径为1.6mm的小圆。

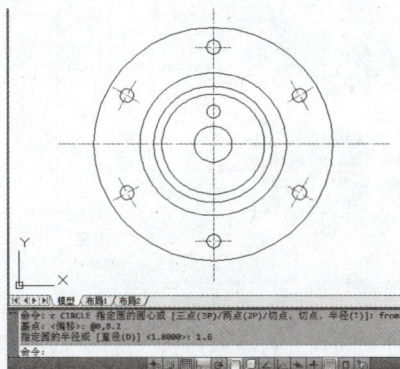

STEP 14 执行菜单栏中的"修改>偏移"命令,将刚绘制的圆向外偏移0.5mm。

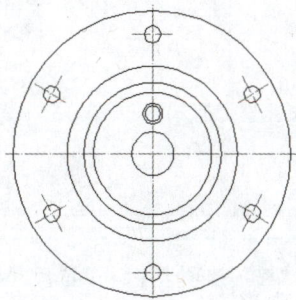

STEP 15 执行"镜像"命令,选中刚绘制的小同心圆,按Enter键,选择水平中心轴的起点和终点。

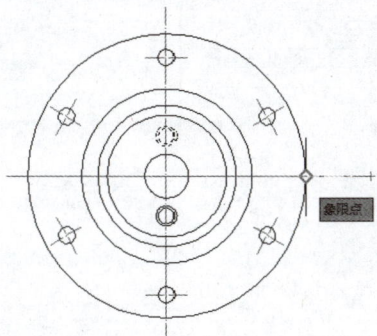

STEP 16 选择完成后,按Enter键,完成对圆形的镜像操作。

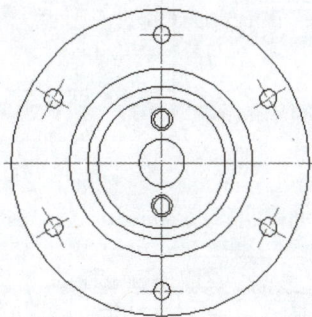

02 添加俯视图尺寸标注

法兰盘俯视轮廓图绘制完毕后,需对其添加尺寸标注,具体操作步骤如下。

STEP 01 在"常用"选项卡的"图层"面板中,单击"图层特性"按钮,然后单击"新建图层"按钮,新建"标注"图层。

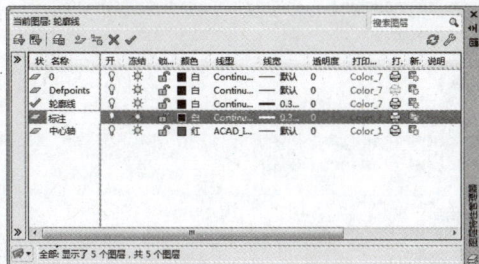

STEP 02 创建好后,设置其图层属性,双击该图层,将其设置为当前层。

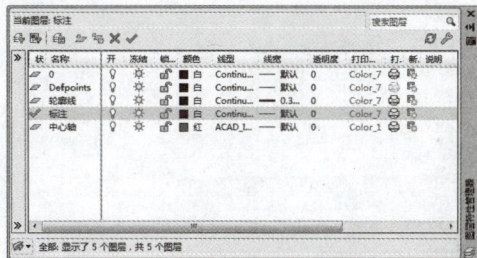

STEP 03 执行菜单栏中的"标注>标注样式"命令,打开"标注样式管理器"对话框。

STEP 04 在该对话框中,单击"修改"按钮,打开"修改标注样式"对话框。

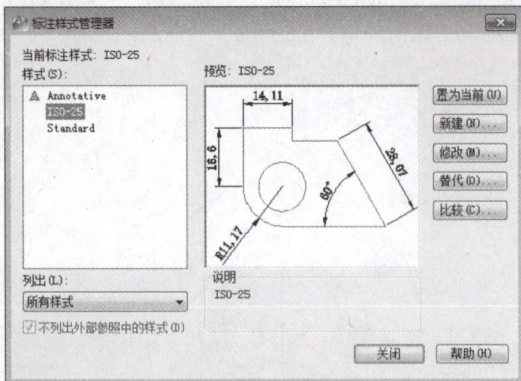

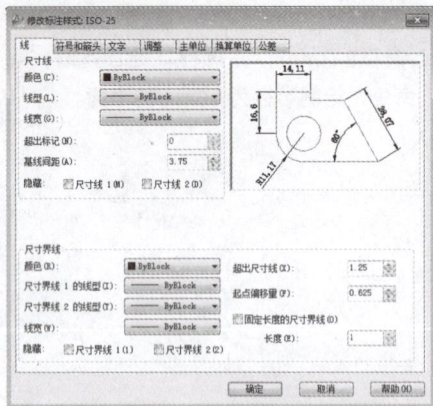

STEP 05 在"线"选项卡中，设置尺寸界线的颜色、超出尺寸线及起点偏移量等。

STEP 06 切换到"符号和箭头"选项卡，设置箭头的大小值，这里保持默认值2.5。

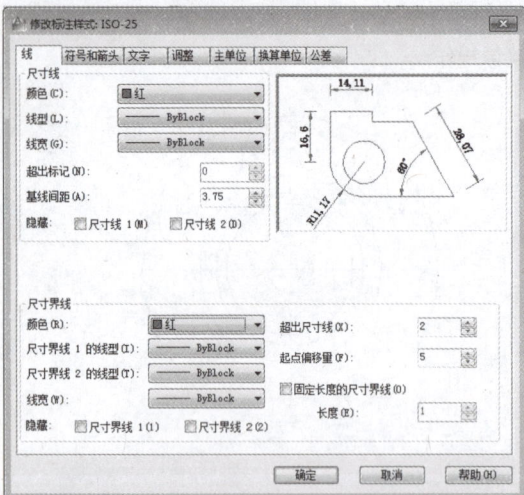

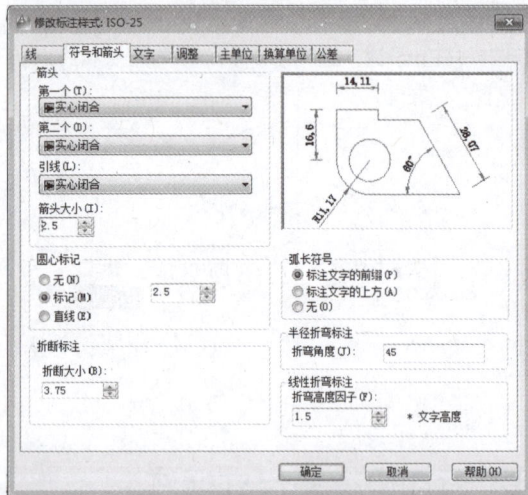

STEP 07 切换到"文字"选项卡，设置文字高度值以及文字的位置，这里选择默认值。

STEP 08 切换到"调整"选项卡，单击"文字或箭头"、"尺寸线上方，带引线"单选按钮。

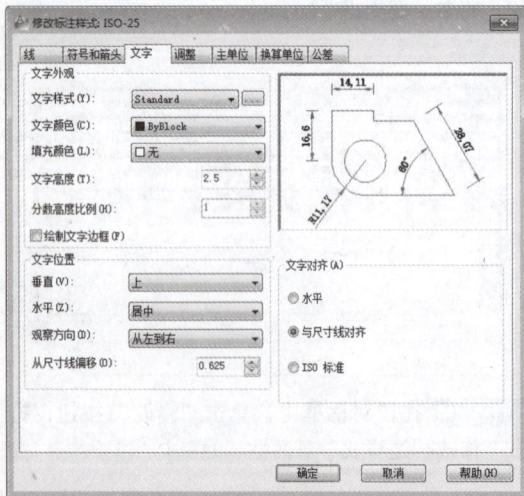

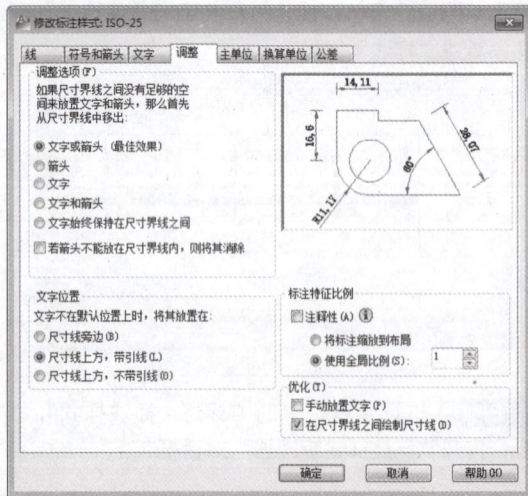

STEP 09 切换到"主单位"选项卡，将"精度"设置为0.0，单击"确定"按钮。

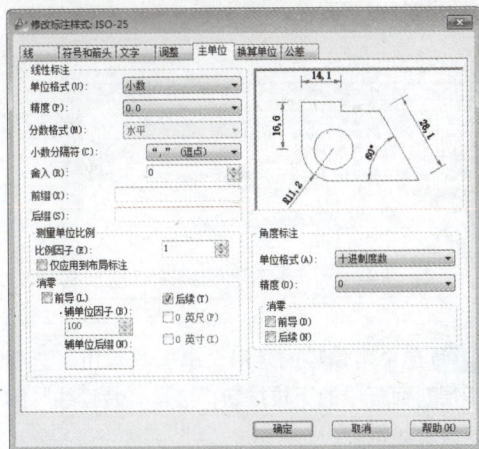

STEP 10 在"标注样式管理器"对话框中，单击"置为当前"按钮，完成尺寸设置。

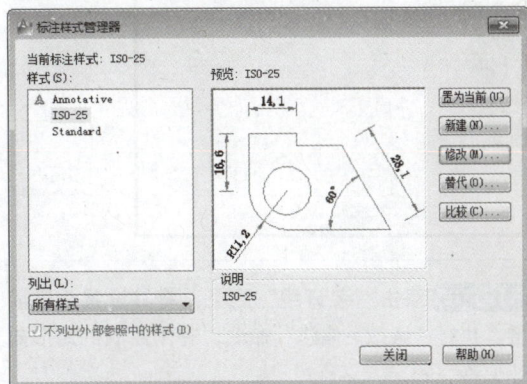

STEP 11 执行菜单栏中的"标注>直径"命令，对法兰盘底座进行标注。

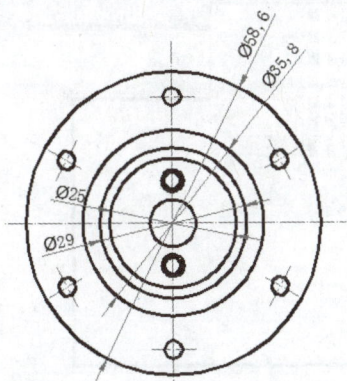

STEP 12 执行菜单栏中的"标注>半径"命令，对法兰盘轴孔图形进行标注。

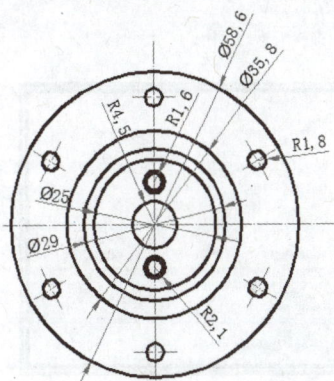

03 创建图纸图框

添加图纸图框可使绘制的图纸具有完整性，而图框的绘制是有相关要求的。图框按大小可分为A0、A1、A2、A3及A4这5种类型。下面以A4图框为例来介绍创建图纸图框的操作步骤。

STEP 01 在"常用"选项卡的"图层"面板中，单击"图层特性"按钮，然后单击"新建图层"按钮，新建"图框"图层。

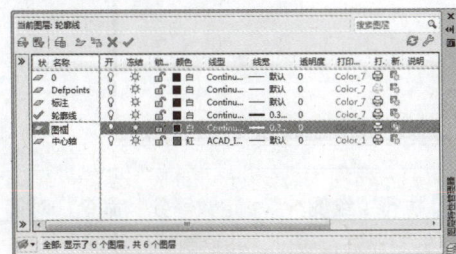

STEP 02 设置"图框"图层属性，将线宽设置为0.5mm，然后双击该图层，将其设置为当前层。

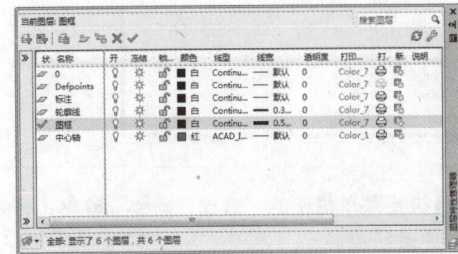

STEP 03 执行菜单栏中的"绘图>矩形"命令，绘制一个长297mm，宽210mm的矩形。

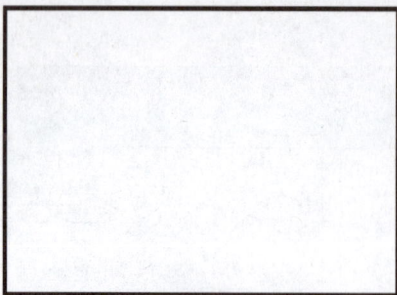

STEP 04 在"常用"选项卡的"图层"面板中，单击"图层特性"按钮，然后新建"装订线"图层，并设置其图层属性。

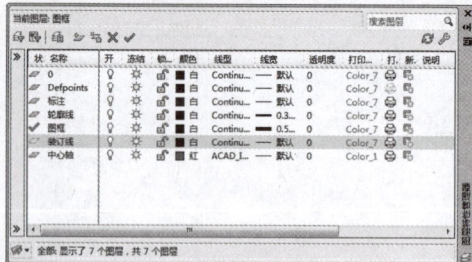

STEP 05 双击"装订线"图层，将其设置为当前层。执行"修改>偏移"命令，将刚绘制的矩形向外偏移5mm。

STEP 06 选中刚偏移的矩形，单击"常用"选项卡"图层"面板中的下拉按钮，选择"装订线"图层，更改其线宽。

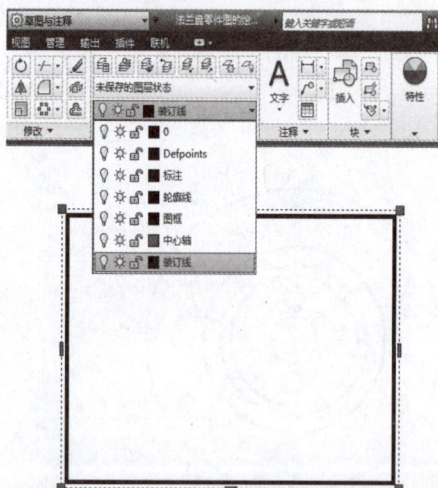

STEP 07 执行菜单栏中的"修改>分解"命令，将偏移后的矩形进行分解。然后执行"修改>偏移"命令，将左侧线段向左偏移20mm。

STEP 08 执行"修改>圆角"命令，对外框线进行修剪，其圆角半径为0，并删除多余线段。

STEP 09 执行菜单栏中的"修改>偏移"命令，将内框线向内进行偏移。

STEP 10 执行"绘图>点>定数等分"命令，对偏移后得到的矩形进行等分，并绘制等分线。

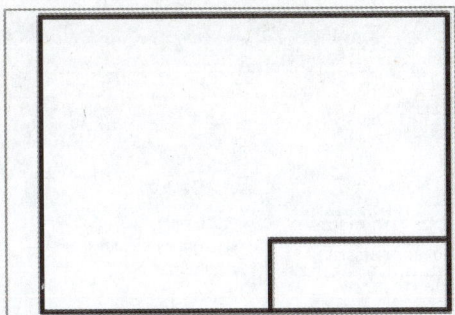

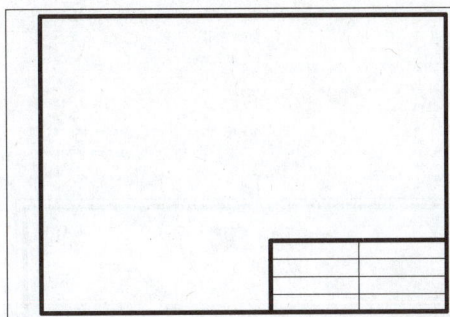

STEP 11 根据需要，执行菜单栏中的"修改>修剪"命令，将表格进行细化。

STEP 12 执行菜单栏中的"绘图>文字>单行文字"命令，在表格的合适范围内输入相关内容。

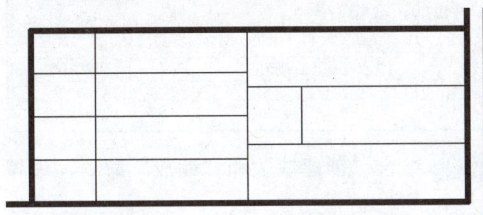

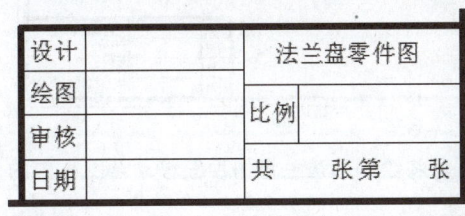

STEP 13 输入完毕后，即可完成对图框的绘制。在"插入"选项卡的"块定义"面板中，单击"写块"按钮，打开"写块"对话框。

STEP 14 在该对话框中，单击"选择对象"按钮，在绘图窗口中框选图框。

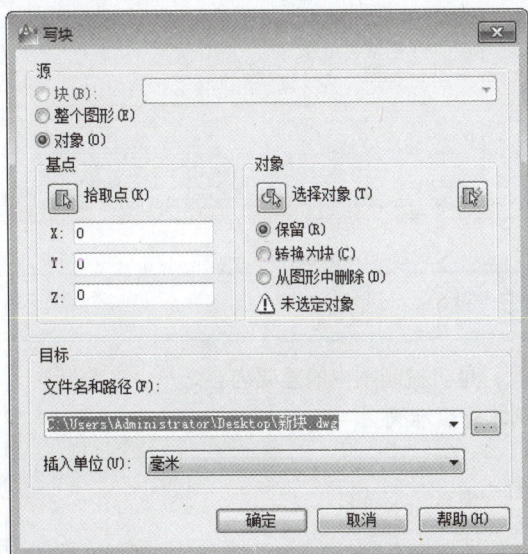

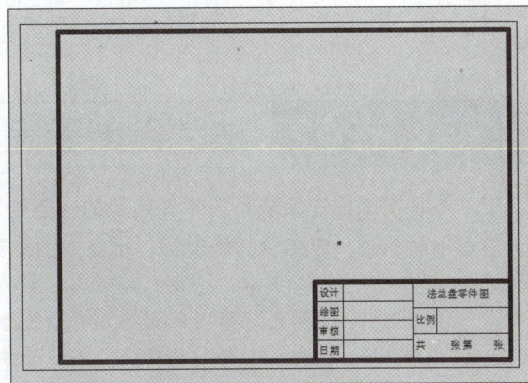

STEP 15 选择完成后，按Enter键，返回"写块"对话框，单击"拾取点"按钮，在绘图窗口中指定图框基点。

STEP 16 在"写块"对话框中，设置好文件名称及路径，单击"确定"按钮，即可将当前图框以图块的方式进行保存。

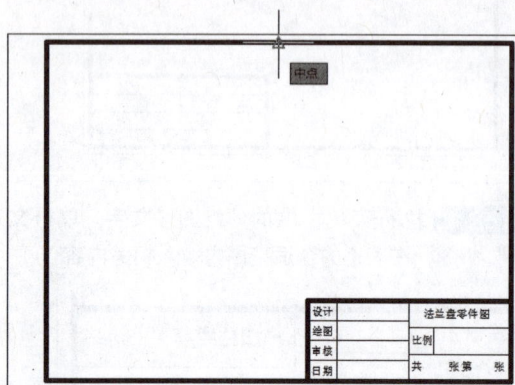

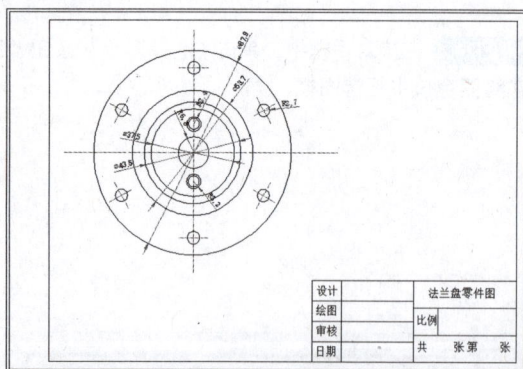

STEP 17 将绘制的法兰盘俯视图移动至图框内的合适位置。

STEP 18 结合"创建块"和"缩放"命令，设置图框大小。

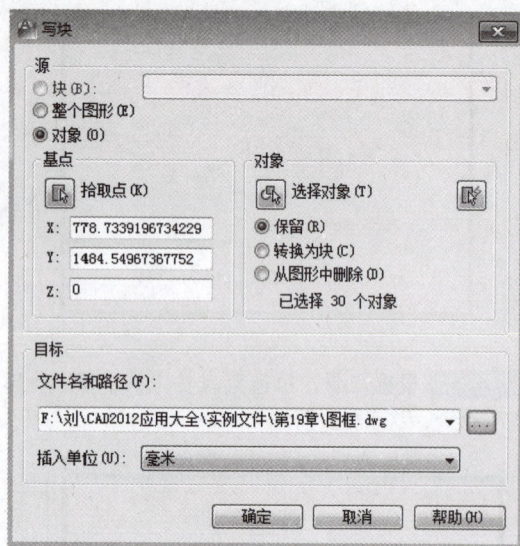

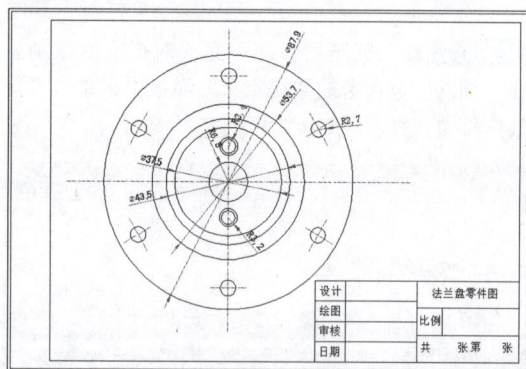

Lesson 02 法兰盘剖面图的绘制

　　零件剖面图主要表示该零件内部的一些构造情况，是机械制图中的重要内容之一。在绘制法兰盘剖面图时，应结合其俯视图、正立面图进行绘制才能更准确。

> 原始文件：实例文件\第19章\最终文件\法兰盘俯视图.dwg
> 最终文件：实例文件\第19章\最终文件\法兰盘剖面图.dwg

01 法兰盘剖面轮廓图的绘制

　　法兰盘剖面图的绘制步骤如下。

STEP 01 执行菜单栏中的"绘图>多段线"命令，在绘图窗口中指定线段起点。

STEP 02 在命令窗口中，输入W命令，按Enter键，并设置起点宽度为0，端点宽度为2mm，绘制箭头。

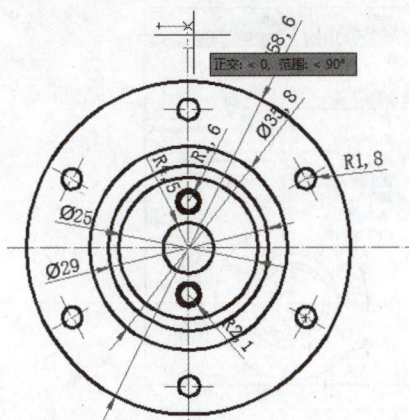

STEP 03 在命令窗口中，再次输入W命令，按Enter键，并将线段起点和端点宽度都设为1mm，移动光标，完成剖面符号的绘制。

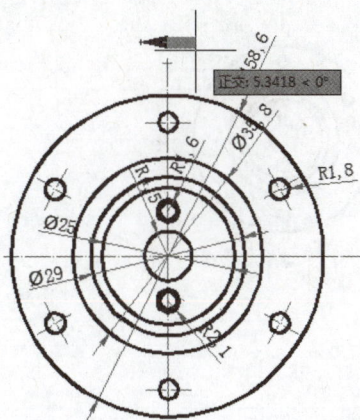

STEP 04 执行菜单栏中的"修改>镜像"命令，将剖面符号以水平中心轴线为镜像中心，进行镜像。

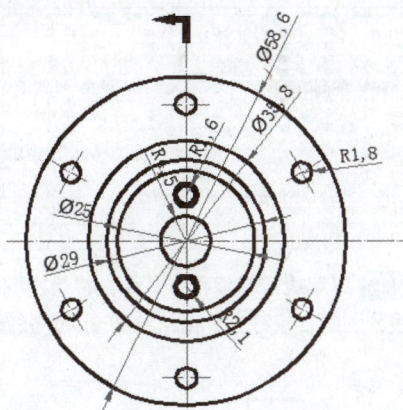

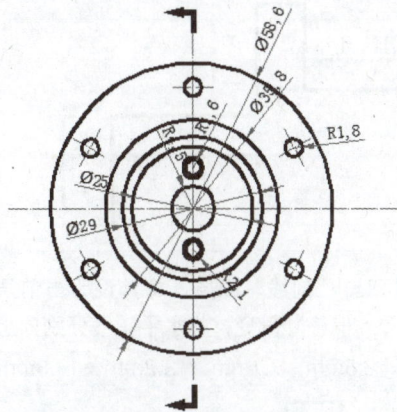

STEP 05 执行菜单栏中的"绘图>文字>单行文字"命令，在剖面符号右侧输入剖面序号。

STEP 06 执行菜单栏中的"编辑>复制"命令，将之前输入的序号复制至另一端合适位置。

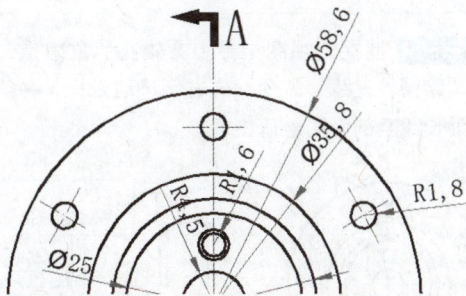

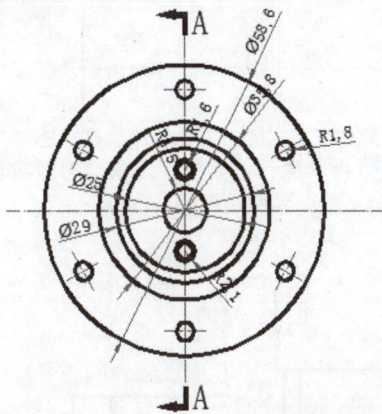

STEP 07 选中水平中轴线，指定右侧夹点，将其向右侧拉伸合适距离。

STEP 08 在"常用"选项卡的"图层"面板中，关闭"标注"图层。

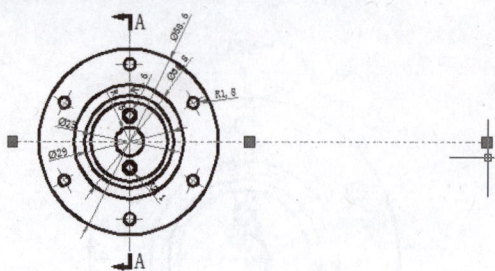

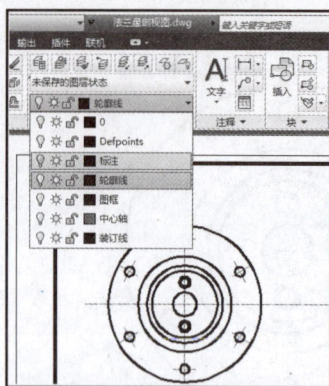

STEP 09 将"轮廓线"图层设置为当前层,执行"绘图 > 直线"命令,绘制法兰盘剖面轮廓线。

STEP 10 在"常用"选项卡的"图层"面板中,单击"图层特性"按钮,然后新建"剖线"图层,并设置其图层属性。

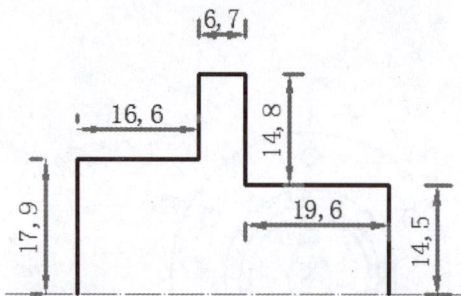

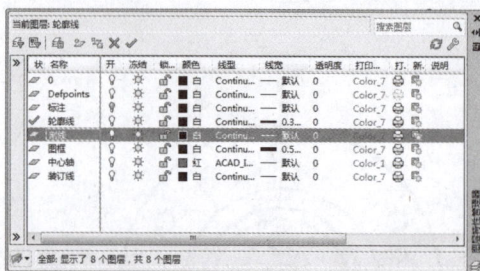

STEP 11 双击"剖线"图层,将其设为当前层。执行"修改>偏移"命令,将水平轴线分别向上偏移4.5mm、6.5mm、7.1mm、13.2mm及14.5mm。

STEP 12 继续执行"偏移"命令,将最左侧的垂直轮廓线分别向右偏移1.6mm、13.5mm和15.6mm。

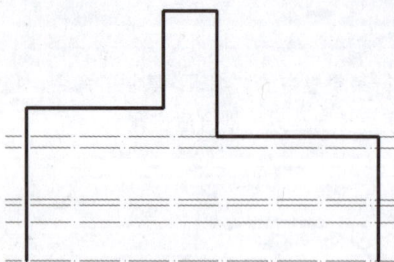

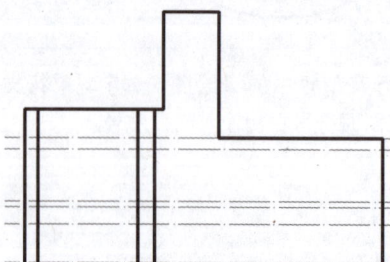

STEP 13 再次执行"偏移"命令,将最右侧的垂直轮廓线分别向左偏移1.2mm和4.9mm。

STEP 14 捕捉俯视图中最上方轴孔的象限点,执行"绘图>直线"命令,向右侧移动光标,并绘制其延长线至剖面图合适位置。

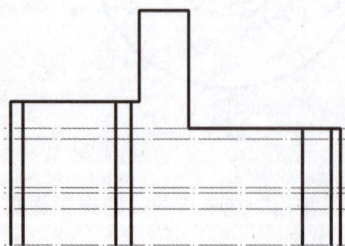

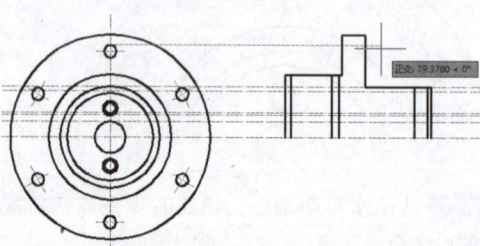

STEP 15 按照同样的方法，完成轴孔剖面图形的绘制。

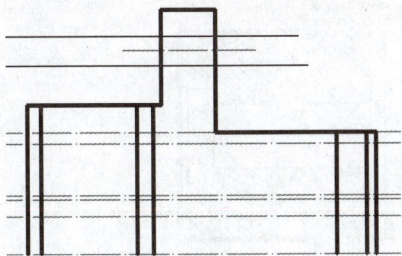

STEP 16 执行菜单栏中的"修改>修剪"命令，对偏移后的图形进行修剪。

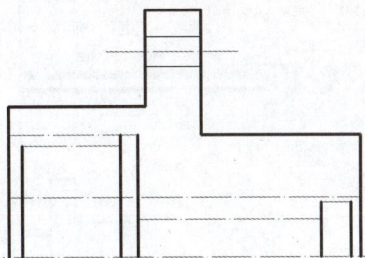

STEP 17 选中轮廓内的所有线段，在"常用"选项卡的"图层"面板中，选中"剖线"图层，将其线段设置在"剖线"图层上。

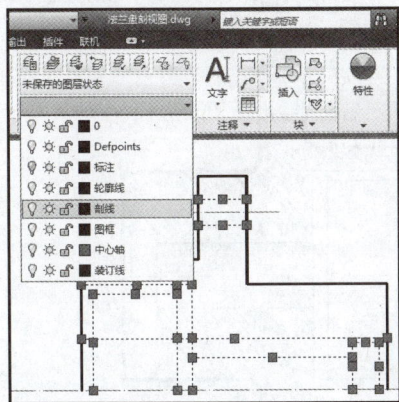

STEP 18 执行"绘图>直线"命令，对刚刚所设置的剖线进行细化操作。

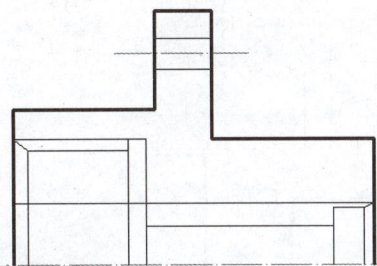

STEP 19 删除多余的线段。执行"修改>镜像"命令，将绘制好的剖面图形以水平中线为镜像线，进行镜像。

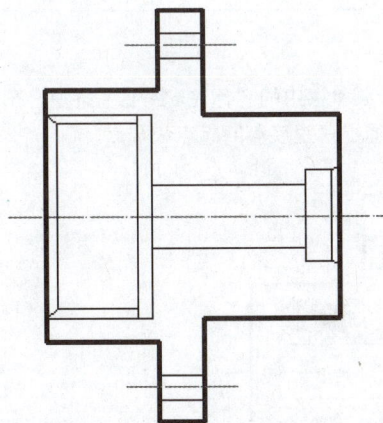

STEP 20 在"常用"选项卡的"图层"面板中，单击"图层特性"按钮，然后新建填充层，并设置其属性。

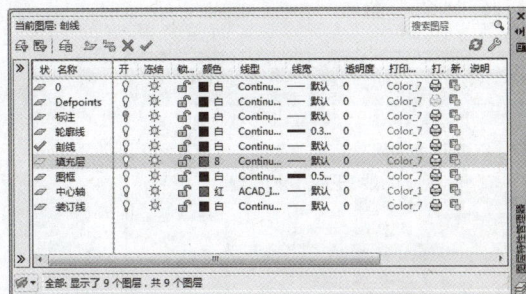

STEP 21 双击填充层，将其设为当前层。执行"绘图 > 图案填充"命令，选择合适的填充图案，并设置其填充比例。

STEP 22 设置好后，选中剖面图中需要填充的区域，按Enter键，即可完成法兰盘剖面图形的绘制。

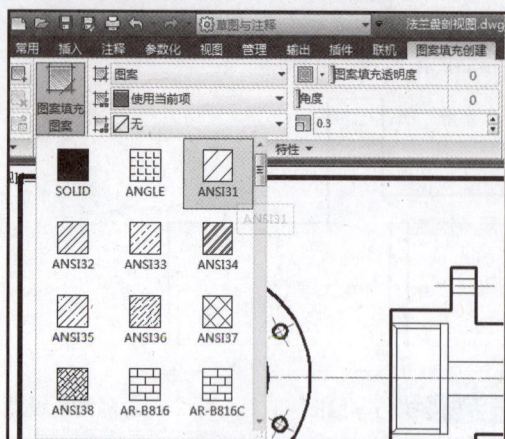

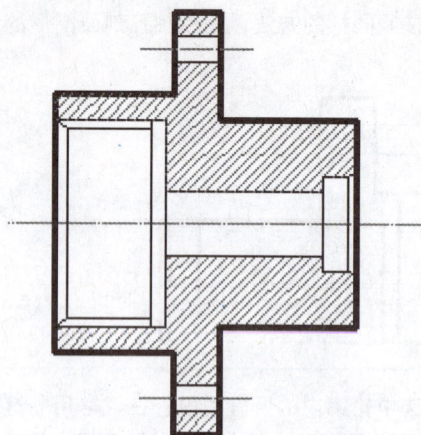

STEP 23 执行菜单栏中的"修改>倒角"命令，将圆角半径设为2mm，并选择两条所需倒角的轮廓线，即可完成倒角操作。

STEP 24 按照同样的方法进行操作，完成图形剩余倒角的绘制。

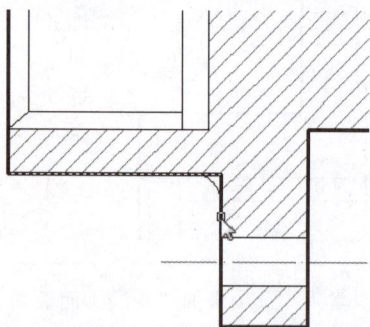

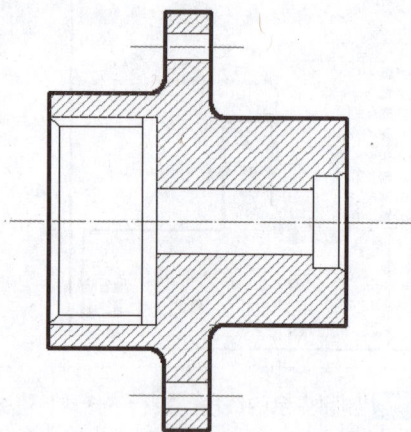

02 添加剖面尺寸标注

剖面轮廓图形绘制完成后，即可为其添加尺寸标注。

STEP 01 在"常用"选项卡的"图层"面板中，打开"标注"图层。

STEP 02 执行菜单栏中的"标注>线性"命令，在绘图窗口中，捕捉法兰底盘的起点和端点。

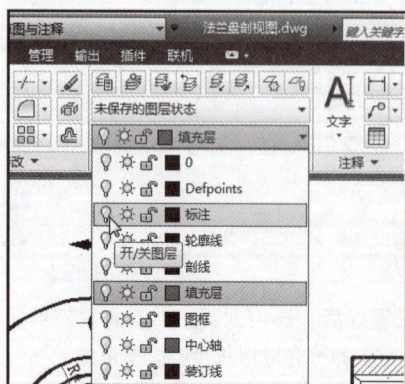

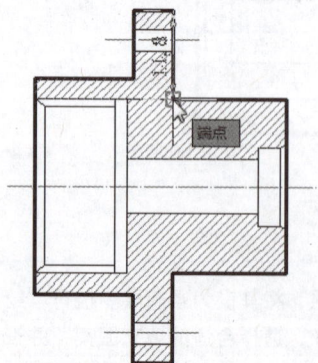

STEP 03 捕捉完成后，向右移动光标至合适位置，即可完成线性标注。

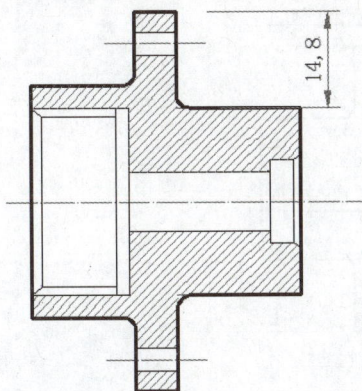

STEP 04 执行菜单栏中的"标注>连续"命令，指定下一测量点，即可完成连续标注。

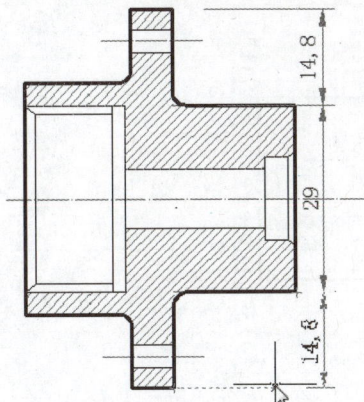

STEP 05 继续执行"线性"和"连续"命令，完成图形中剩余尺寸的标注。

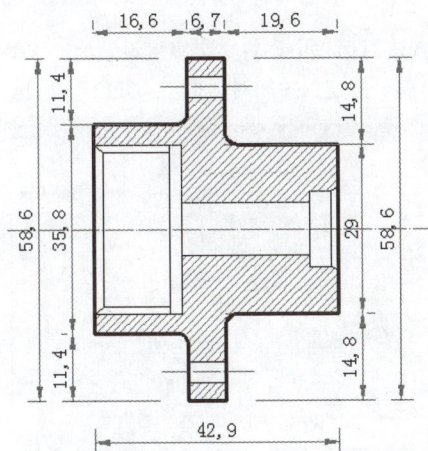

STEP 06 执行菜单栏中的"标注>半径"命令，选择剖面图中需要标注的弧线，并确定尺寸位置，完成半径标注。

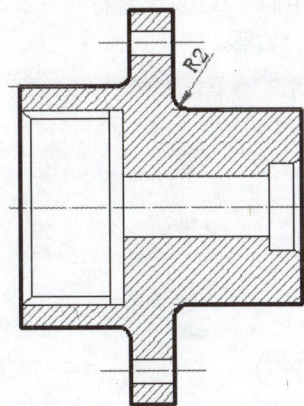

STEP 07 选中右侧尺寸为29mm的尺寸标注，在命令窗口中，输入CH命令，按Enter键，打开"特性"选项板。

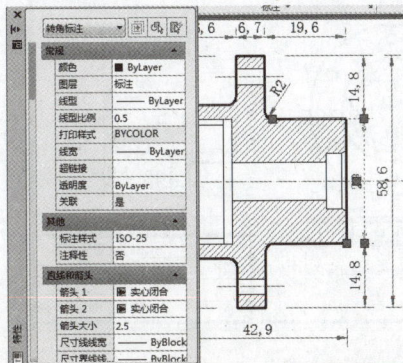

STEP 08 在该选项板中，选择"文字替代"文本框，并输入%%C29%%P0.005，完成公差尺寸标注。

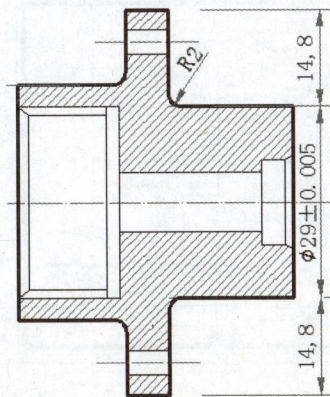

STEP 09 执行"线性"命令，对法兰盘各轴孔进行标注。

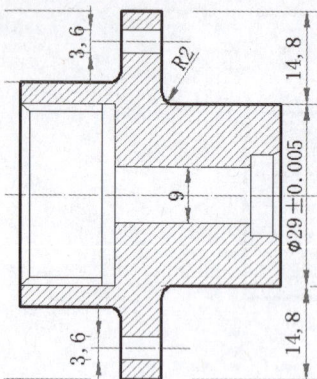

STEP 10 选中其中一轴孔尺寸，在"特性"选项板中的"文字替代"文本框中，输入相关尺寸内容。

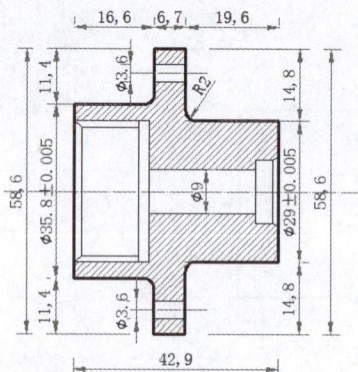

03 添加文字注释

　　一张完整的图纸除了要添加尺寸标注外，还需添加部分文字注释，这样才能更清楚地表达出图纸的绘制意图。

STEP 01 执行菜单栏中的"格式 > 文字样式"命令，打开"文字样式"对话框。

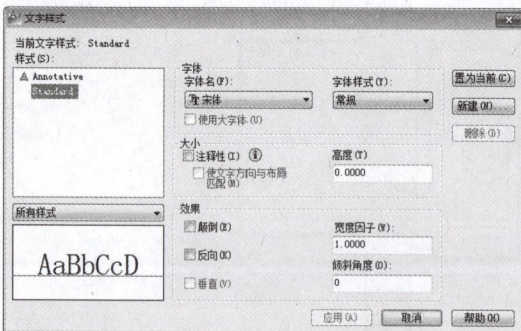

STEP 02 在该对话框中，将文字高度设置为4，单击"置为当前"按钮，关闭对话框。

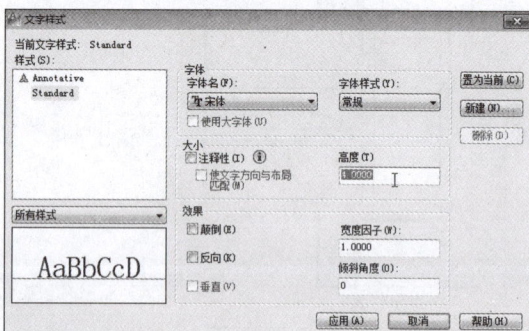

STEP 03 执行菜单栏中的"绘图 > 文字 > 多行文字"命令，在绘图窗口中框选出文字范围。

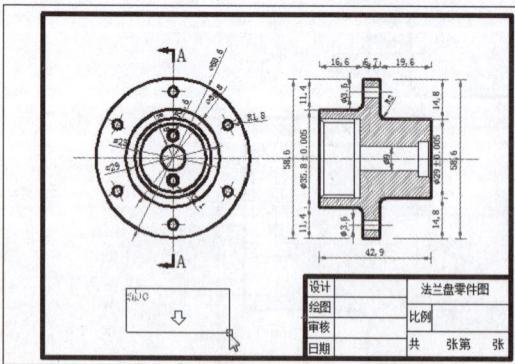

STEP 04 在文字编辑文本框中输入文本内容，按Enter键，可在下一行输入内容。

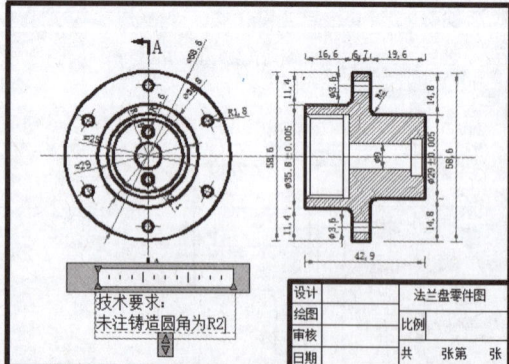

STEP 05 输入完成后，单击绘图窗口中的空白处，即可完成文字注释，执行菜单栏中的"修改>移动"命令，将文字移至合适位置。

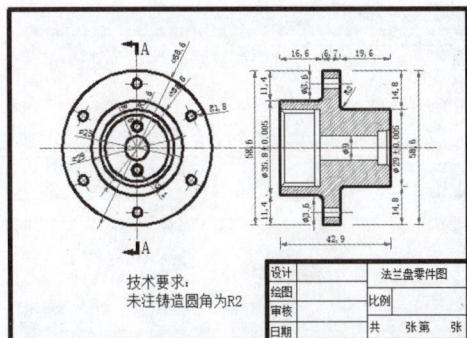

技术要求：
未注铸造圆角为R2

设计		法兰盘零件图
绘图		比例
审核		
日期		共 张第 张

STEP 06 执行"绘图>多段线"命令，并执行"工具>绘图设置"命令，在"草图设置"对话框的"极轴追踪"选项卡中进行设置，将增量角设为60°，绘制出粗糙度符号。

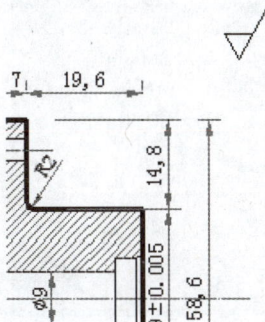

STEP 07 执行菜单栏中的"绘图>块>定义属性"命令，打开"属性定义"对话框。

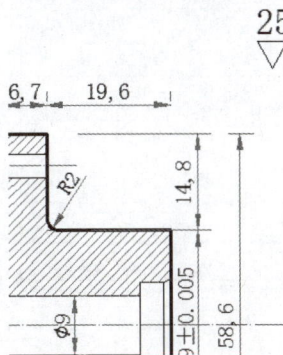

STEP 08 在该对话框中，设置"提示"、"默认"等属性参数。

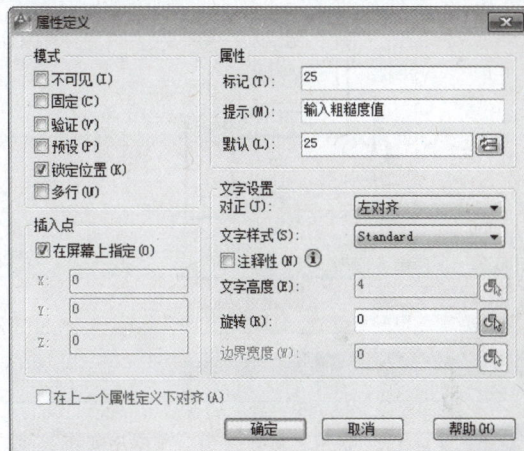

STEP 09 设置完成后，单击"确定"按钮，然后在绘图窗口中，指定合适位置。

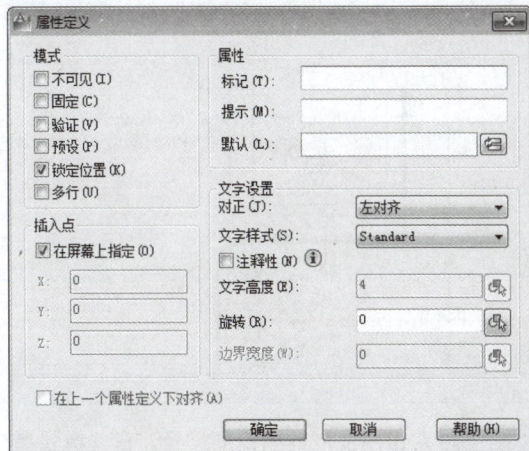

STEP 10 执行菜单栏中的"绘图>块>创建块"命令，打开"块定义"对话框。

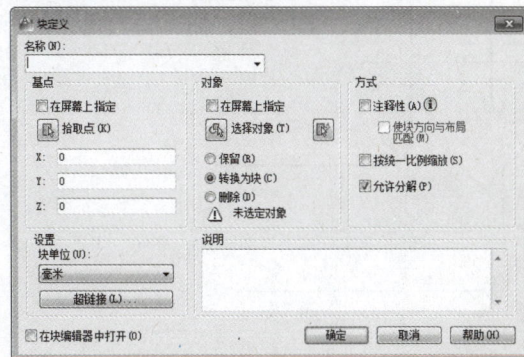

STEP 11 单击"选择对象"按钮，选中粗糙度符号，然后单击"拾取点"按钮，指定图块基点，最后单击"确定"按钮，完成图块的创建。

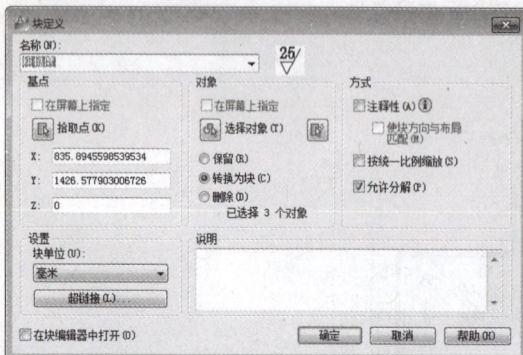

STEP 12 执行菜单栏中的"插入 > 块"命令，打开"插入"对话框。

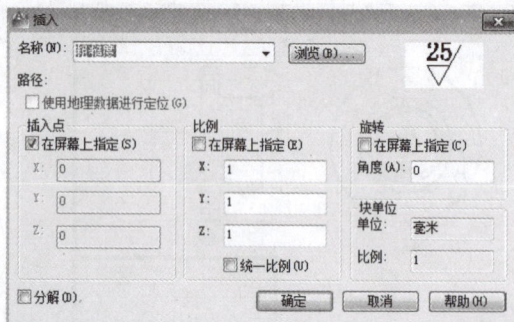

STEP 13 单击"确定"按钮，根据命令窗口中的提示，指定需要标注的位置，然后输入粗糙度的值1.6。

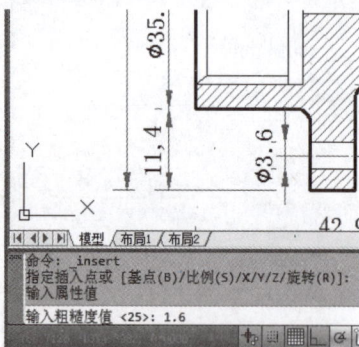

STEP 14 输入完成后，即可完成对粗糙度图块的添加。

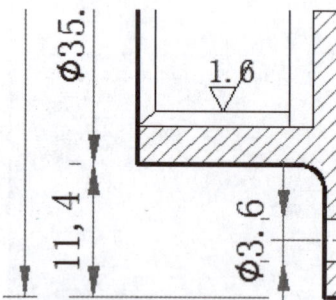

STEP 15 执行"编辑>复制"和"修改>旋转"命令，将刚插入的粗糙度符号放置在图形中的合适位置。

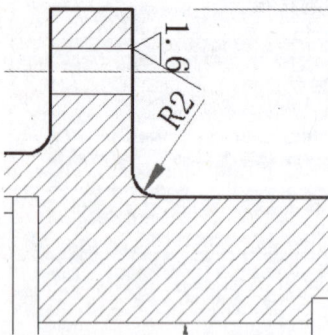

STEP 16 双击刚复制的粗糙度符号，在"增强属性编辑器"对话框中，修改其粗糙值，单击"确定"按钮，完成对粗糙值的修改。

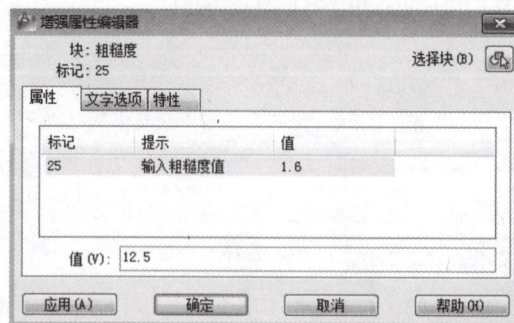

Lesson 03　三维法兰盘模型的绘制

　　机械三维模型可直观地表现出零件的形状和结构。在绘制三维法兰盘模型时，主要运用的操作命令有拉伸、三维阵列、差集、材质贴图及渲染。

原始文件：无
最终文件：实例文件\第19章\最终文件\法兰盘三维图.dwg

01　创建法兰盘模型

　　法兰盘三维模型的创建步骤如下。

STEP 01 新建空白文件，在快速访问工具栏中单击"工作空间"下拉按钮，选择"三维建模"选项，将当前空间设置为三维空间。

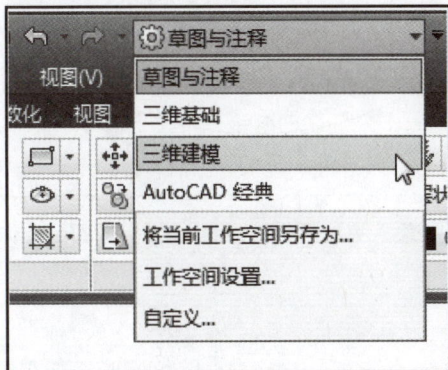

STEP 02 在菜单栏中执行"视图>三维视图>俯视"命令，将当前视图设为俯视图。执行"绘图>圆>圆心、半径"命令，绘制一个半径为29.3mm的圆。

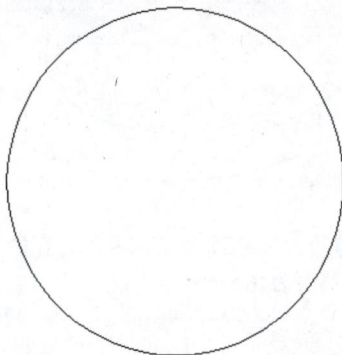

STEP 03 在菜单栏中执行"绘图>圆>圆心、半径"命令，以大圆的圆心为圆心，绘制一个半径为17.9mm的圆。

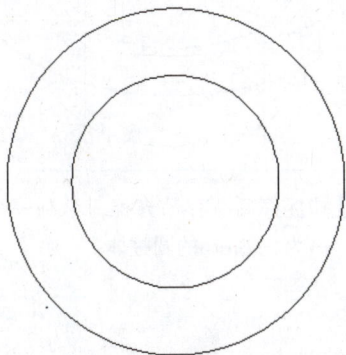

STEP 04 在菜单栏中执行"视图>三维视图>西南等轴测"命令，将当前视图设为西南视图。

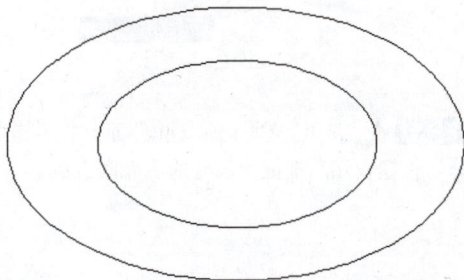

STEP 05 在菜单栏中执行"修改>拉伸"命令，根据命令窗口的提示，选中大圆边界线，按Enter键。

STEP 06 将光标移至Z轴正方向，在命令窗口中输入拉伸高度值6.7mm。

指定拉伸的高度或   6.7

选择要拉伸的对象或

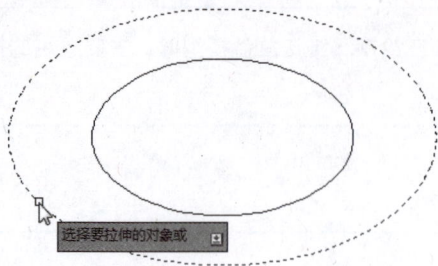

STEP 07 输入完毕后，按Enter键，即可拉伸得到一个圆柱体。

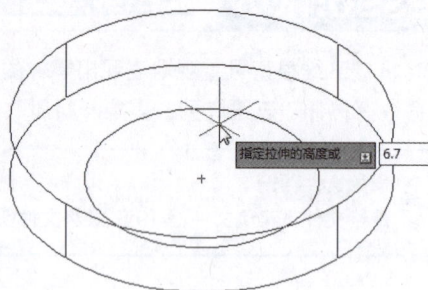

STEP 08 执行菜单栏中的"修改>拉伸"命令，选中小圆边界线，并按Enter键。

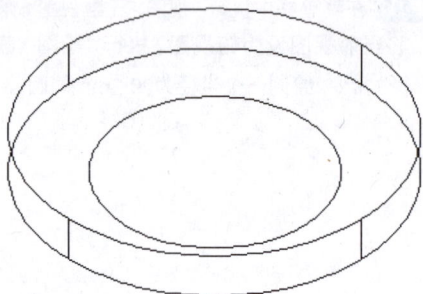

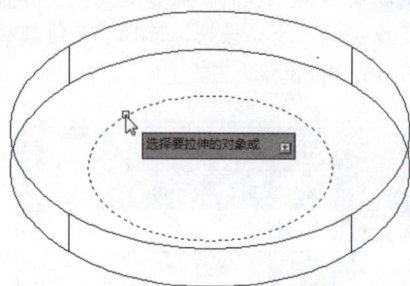

选择要拉伸的对象或

STEP 09 将光标向Z轴反方向移动，在命令窗口中输入拉伸高度为16.6mm。

STEP 10 输入完成后，按Enter键，完成圆形拉伸操作。

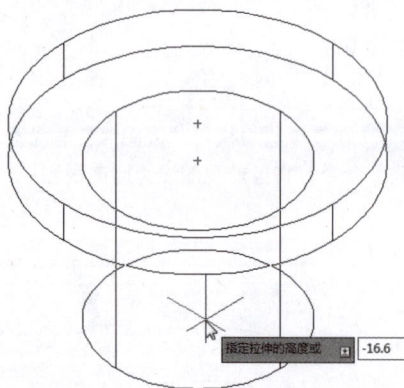

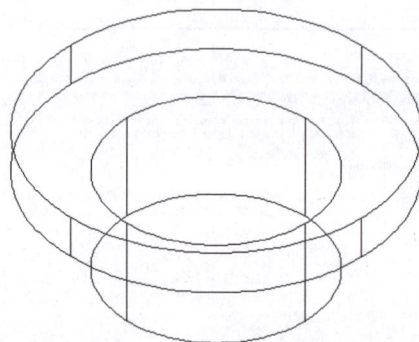

指定拉伸的高度或   -16.6

STEP 11 在"常用"选项卡的"建模"面板中，单击"圆柱体"按钮，然后捕捉大圆柱的底面圆心点。

STEP 12 捕捉好后，移动光标，绘制一个半径为14.5mm，高为16.6mm的圆柱体。

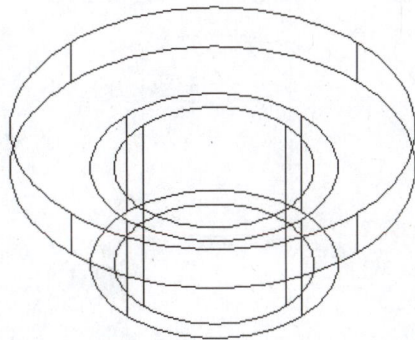

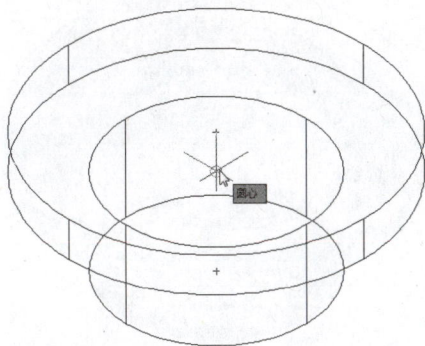

STEP 13 继续单击"圆柱体"按钮，同样捕捉大圆柱的底面圆心，绘制一个半径为14.5mm，高为19.6mm的圆柱体。

STEP 14 执行菜单栏中的"修改>实体编辑>并集"命令，选中大圆柱以及高为16.6mm的圆柱模型。

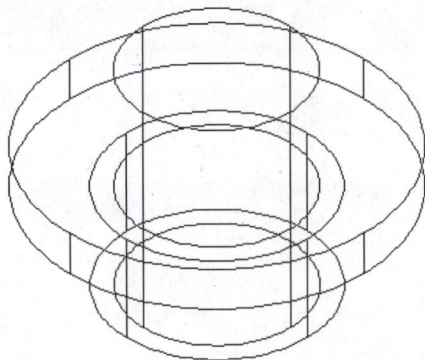

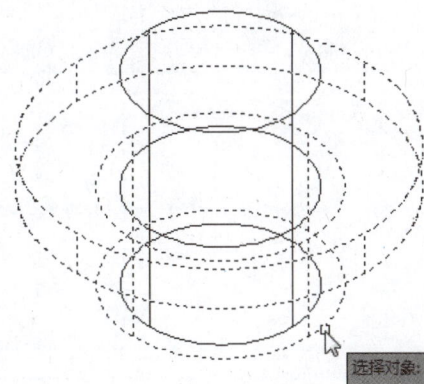

选择对象:

STEP 15 按Enter键，完成并集操作。

STEP 16 执行"修改>实体编辑>差集"命令，根据命令窗口提示，选中刚并集的实体模型。

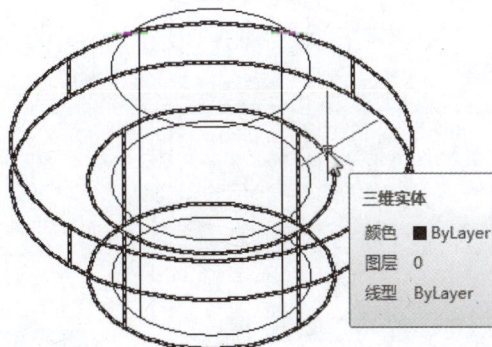

三维实体
颜色　■ ByLayer
图层　0
线型　ByLayer

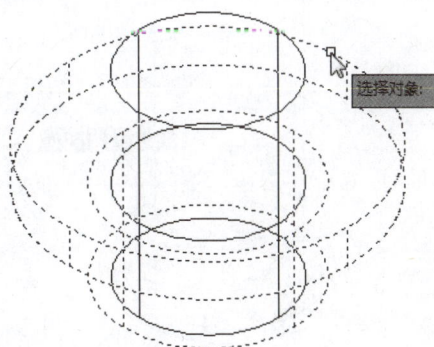

选择对象:

STEP 17 选中后，按Enter键，再选中底面半径为14.5mm，高为16.6mm的圆柱体。

STEP 18 选中后，按Enter键，即可将半径为14.5mm，高为16.6mm的圆柱体从并集后的实体模型中减去。

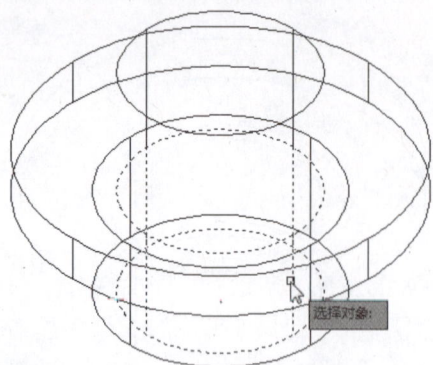

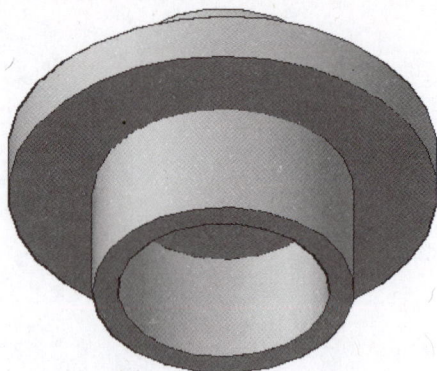

STEP 19 执行菜单栏中的"绘图>圆>圆心、半径"命令，捕捉大圆柱的顶面圆心。

STEP 20 捕捉好后，移动光标，绘制一个半径为12.5mm的圆。

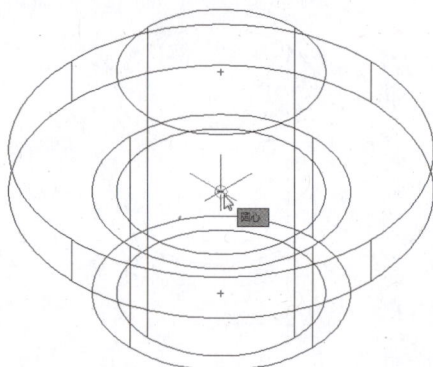

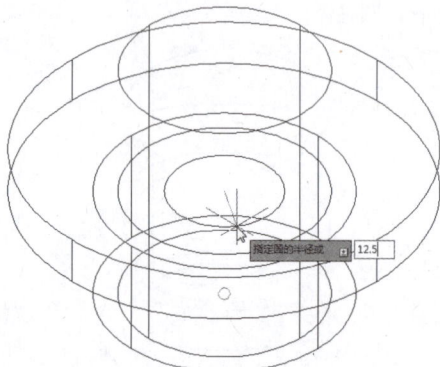

STEP 21 执行菜单栏中的"修改>拉伸"命令，根据命令窗口的提示，选中半径为12.5mm的圆。

STEP 22 按Enter键，将光标向Z轴正方向移动，并设置拉伸距为19.6mm，将其拉伸成圆柱体。

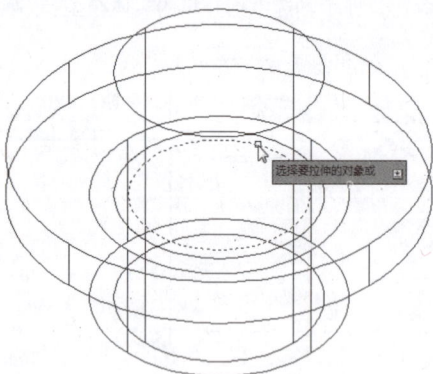

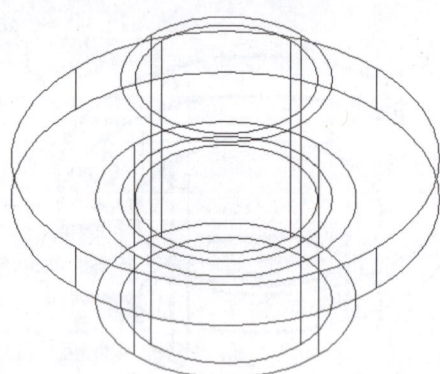

STEP 23 执行"并集"命令，将半径为14.5mm，高为19.6mm的圆柱体与并集实体进行合并。

STEP 24 执行"差集"命令，将半径为12.5mm的圆柱体从并集后的实体中减去。

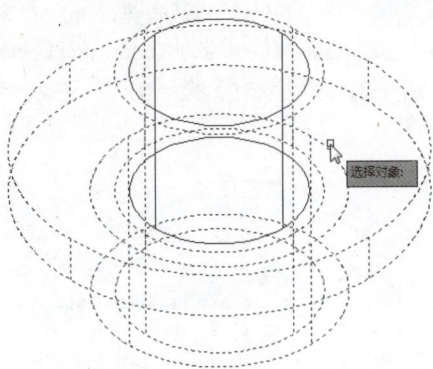

STEP 25 单击"圆柱体"按钮，同样捕捉大圆柱的底面圆心，绘制一个半径为12.5mm，高为2mm的圆柱体。

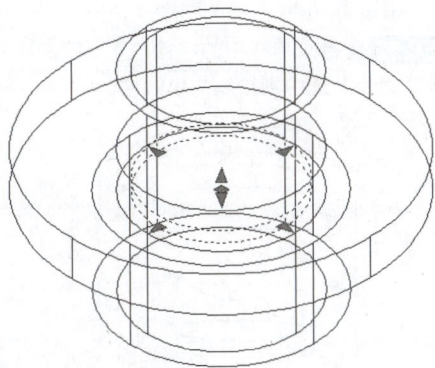

STEP 26 执行菜单栏中的"修改>三维操作>三维移动"命令，选中刚绘制的圆柱体，将光标向Z轴正方向移动，并输入移动距离为15.6mm。

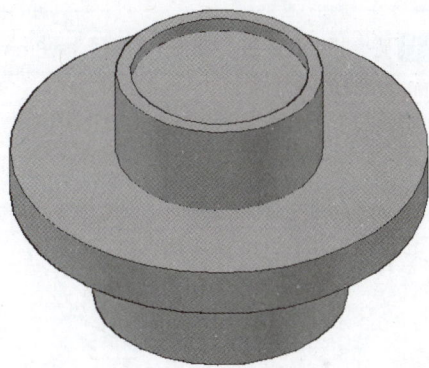

STEP 27 单击"圆柱体"按钮，捕捉半径为12.5mm，高为2mm的圆柱体的底面圆心。

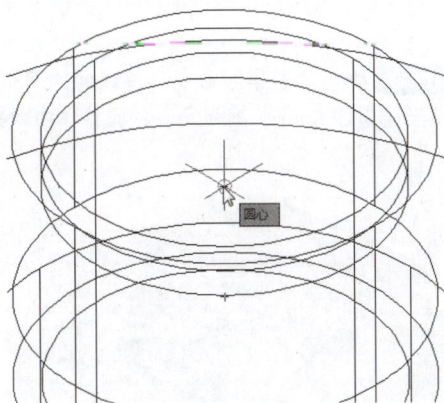

STEP 28 绘制一个底面半径为4.5mm，高为2mm的圆柱体。

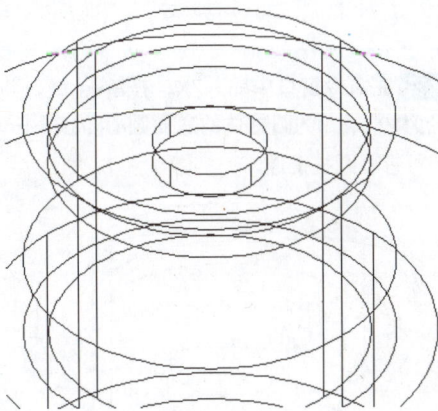

STEP 29 执行"差集"命令，将刚绘制的小圆柱体从半径为12.5mm，高为2mm的圆柱体中减去。

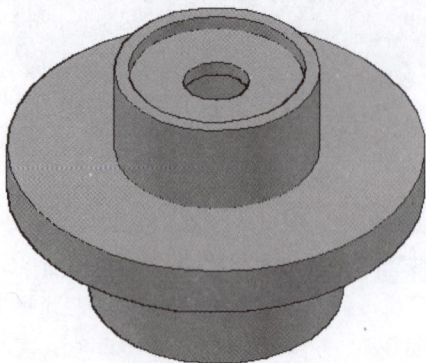

STEP 30 单击"圆柱体"按钮，输入from命令，然后按下Enter键，捕捉半径为12.5mm的圆柱体的圆心，然后输入距离为@0，8.2，0，按下Enter键，指定圆心。

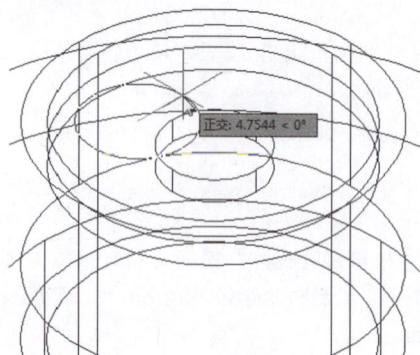

STEP 31 圆心指定完成后，绘制一个半径为1.6mm，高为2mm的圆柱体。

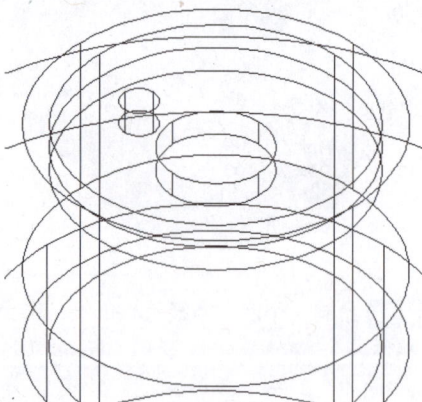

STEP 32 执行菜单栏中的"修改>三维操作>三维镜像"命令，选中刚绘制的小圆柱。

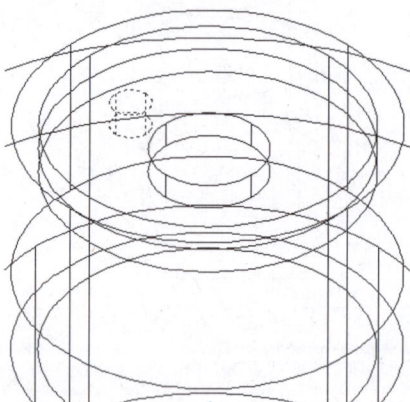

STEP 33 在命令窗口中输入ZX，按Enter键，并捕捉半径为12.5mm的圆柱体的底面圆心，按下Enter键，即可将小圆柱镜像。

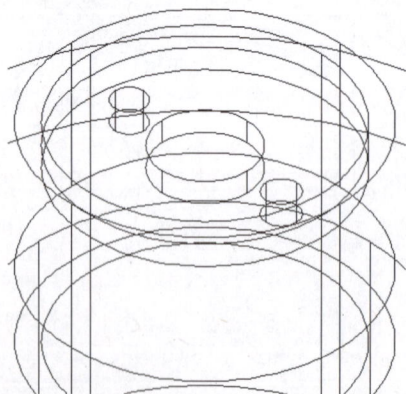

STEP 34 执行"差集"命令，将镜像的两个小圆柱从半径为12.5mm，高为2mm的圆柱体中减去。

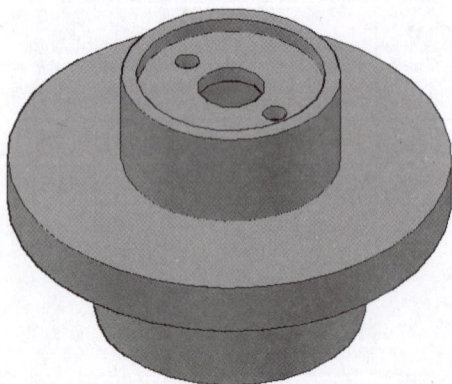

STEP 35 执行"绘图>圆>圆心、半径"命令，在命令窗口中输入from命令，按Enter键，捕捉半径为29.3mm的圆柱体的顶面圆心。

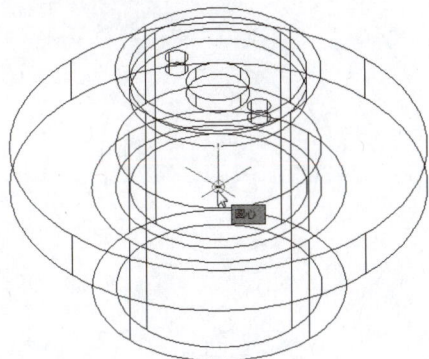

STEP 36 根据提示，在命令窗口中，输入基点偏移距离为@0，24，0，按Enter键，指定需要绘制的圆的圆心位置。

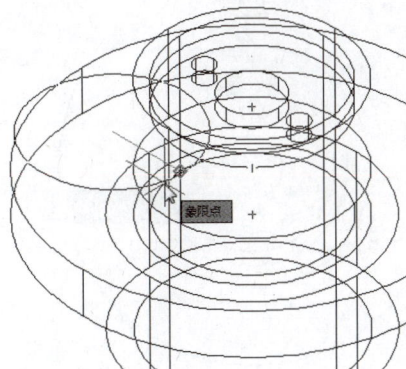

STEP 37 圆心指定完成后，绘制一个半径为1.8mm的圆形。

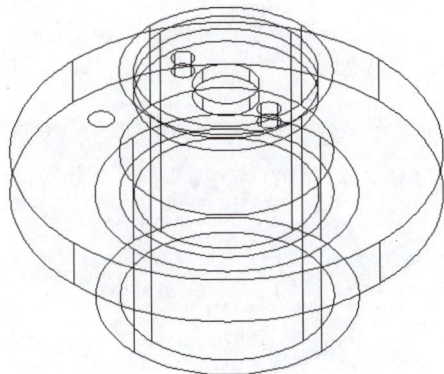

STEP 38 执行"修改>拉伸"命令，将刚绘制的小圆向Z轴正方向拉伸6.7mm。

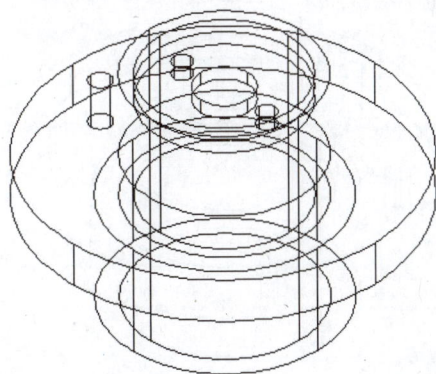

STEP 39 将视图设置为俯视图，执行"修改>阵列>环形阵列"命令，选中刚拉伸的圆柱体。

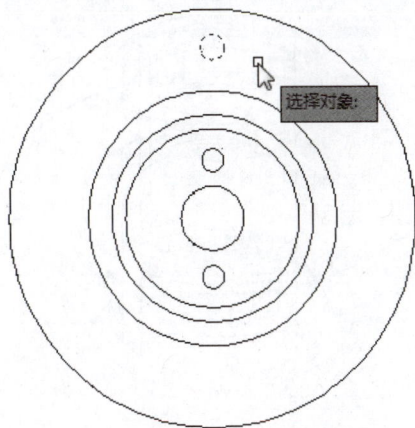

STEP 40 按下Enter键，根据提示，选中阵列中心点。

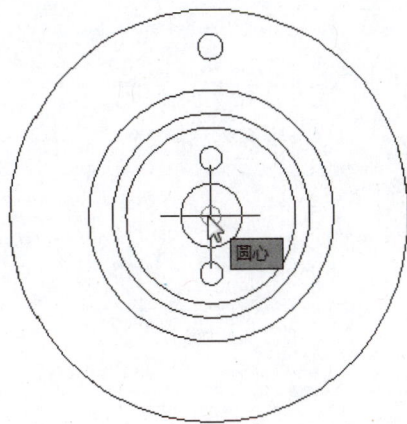

STEP 41 在命令窗口中，输入E命令，然后按Enter键，并输入阵列数目6。

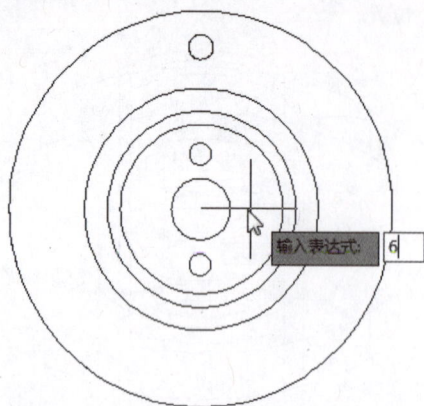

输入表达式: 6

STEP 42 连续按3次Enter键，即可完成环形阵列的操作。

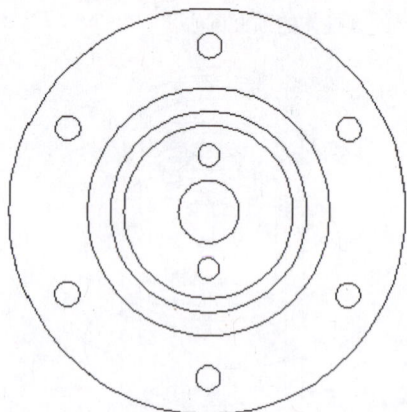

STEP 43 执行菜单栏中的"视图>三维视图>西南等轴测"命令，将当前视图设为西南视图。

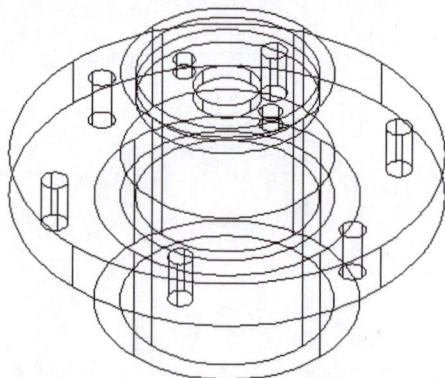

STEP 44 执行"差集"命令，将阵列后的圆柱体从实体模型中减去。

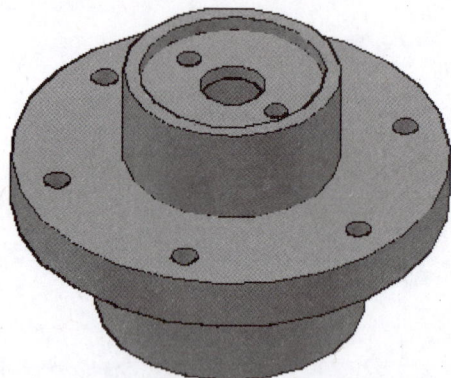

STEP 45 执行"并集"命令，对所有实体模型进行合并。

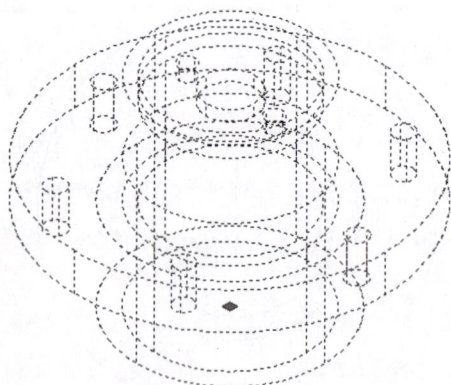

STEP 46 执行"修改>倒角"命令，将圆角半径设置为2mm，选中实体中所需倒角的边界线。

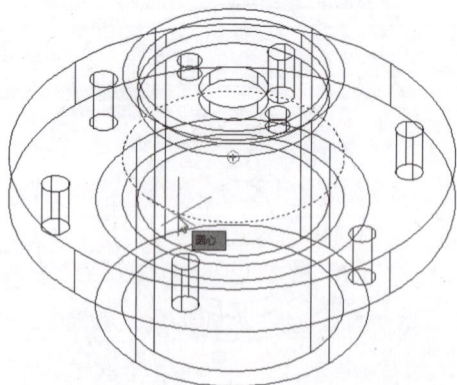

STEP 47 选中完成后，按Enter键，再次选中该边界线并按Enter键，即可完成对实体的倒角操作。

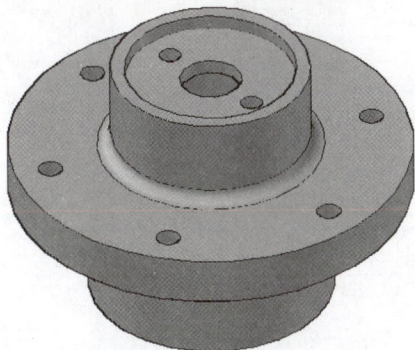

STEP 48 按照同样的方法进行操作，完成实体中剩余倒角的绘制。

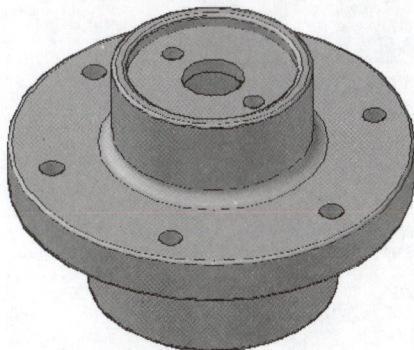

02 赋予法兰盘材质

法兰盘模型创建好后，就可对其添加适当的材质了，具体操作步骤如下。

STEP 01 在"渲染"选项卡的"材质"面板中，单击"材质浏览器"按钮，打开"材质浏览器"选项板。

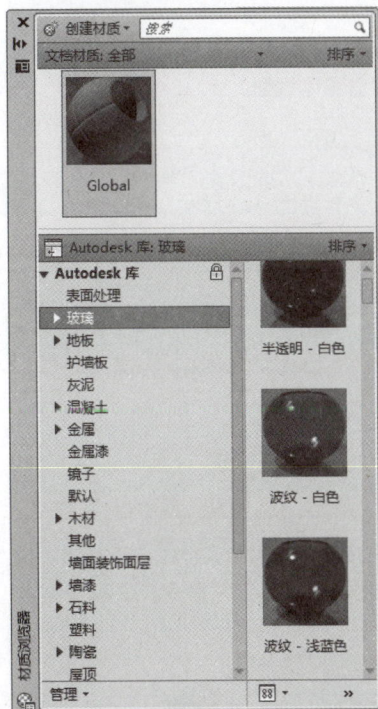

STEP 02 在该选项板的"Autodesk库"列表框中，选择"金属"材质选项。

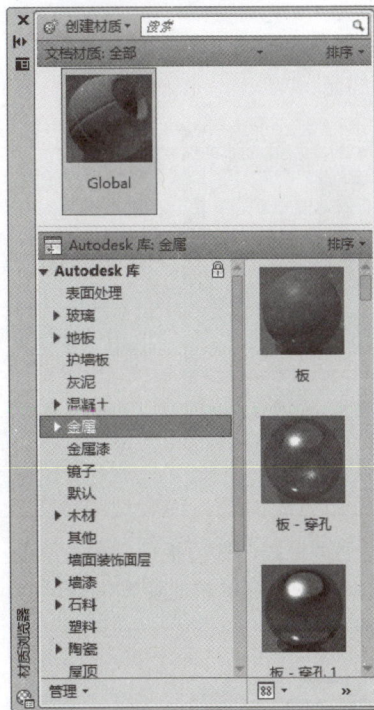

STEP 03 选择完成后，在右侧材质浏览视图中，选择"镀锌"材质视图。

STEP 04 双击该材质视图，打开"材质编辑器"选项板。

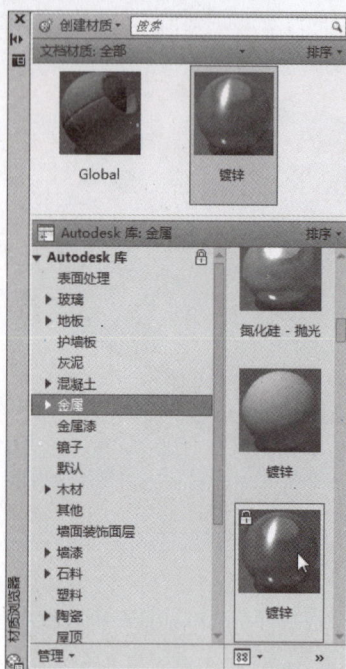

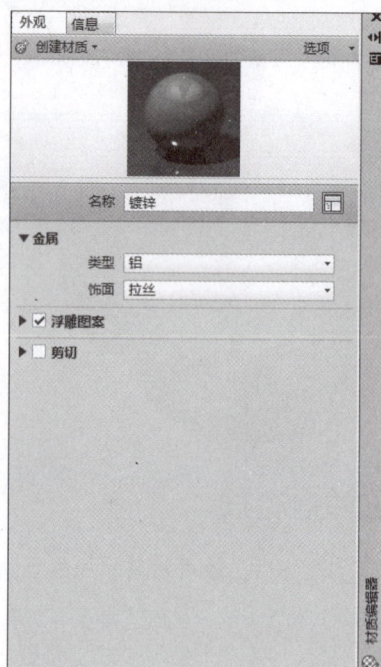

STEP 05 将"类型"设置为"不锈钢",将"饰面"设置为"半抛光"。

STEP 06 关闭"材质编辑器"选项板。在绘图窗口中,选中法兰盘实体模型。

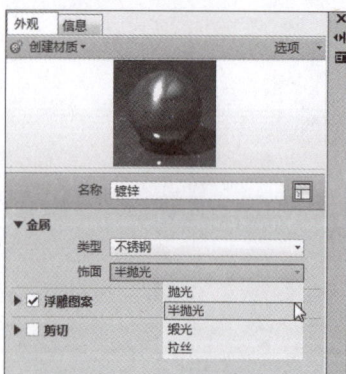

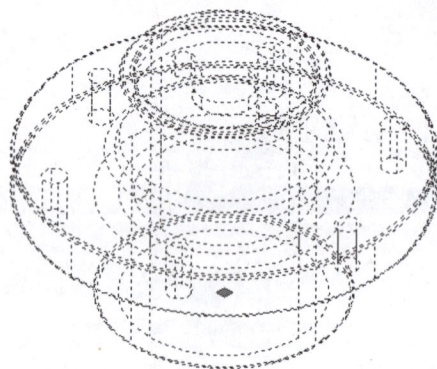

STEP 07 在"材质浏览器"选项板中,右击所设置的"镀锌"材质视图,在弹出的快捷菜单中选择"指定给当前选择"选项。

STEP 08 选择完成后,即可为实体赋予该材质。执行"视图 > 视觉样式 > 真实"命令,即可观察其模型。

03 渲染法兰盘模型

材质赋予完成后，即可创建适当的光源，并将其渲染出图，具体操作步骤如下。

STEP 01 在"渲染"选项卡的"光源"面板中单击"光域网灯光"按钮，打开"光源—视口光源模式"提示框，选择"关闭默认光源"选项。

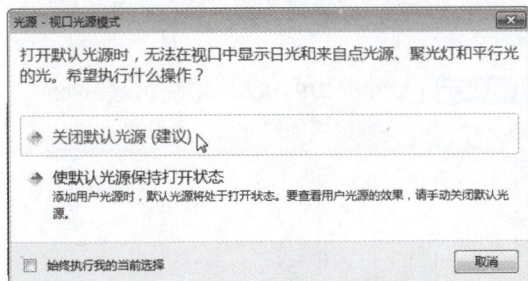

STEP 02 在绘图窗口中，指定光域网灯光位置，并设置合适的"强度因子"。

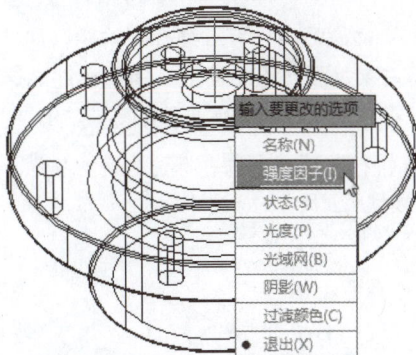

STEP 03 设置好后，连续按下两次Enter键，即可完成灯光设置。将视图来回切换，适当调整灯光的位置。

STEP 04 在"渲染"选项卡的"渲染"面板中，单击"渲染区域"按钮，将法兰盘模型进行渲染出图。

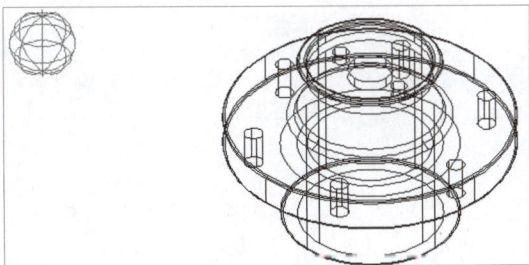

Q A **工程技术问答**

运用AutoCAD软件操作时，一般会遇到各种问题，例如如何为三维图形添加尺寸标注、常用的系统变量有哪些、图层中0图层的使用，以及如何恢复三维坐标等问题，下面将为用户进行解答。

Q01: 在AutoCAD中如何为三维图形添加尺寸标注?

A01: 在AutoCAD中没有三维标注功能，尺寸都是基于二维的图形平面进行标注的。因此，要把三维的标注转换到二维平面上，简化标注。这就需要用到坐标系，只要把坐标系转换到需要标注的平面就可以了，具体操作步骤如下。

STEP 01 执行菜单栏中的"标注 > 线性"命令，完成模型底面尺寸的标注。

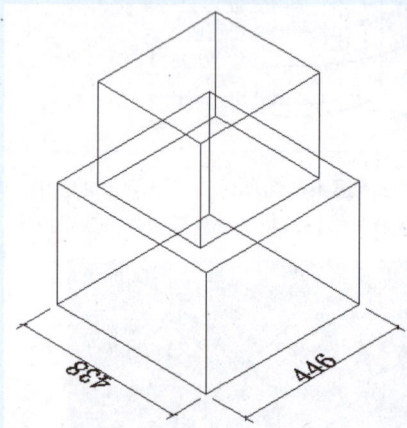

STEP 02 在命令窗口中，输入USC命令，按Enter键，将光标移至底面模型的任意一个顶点上。

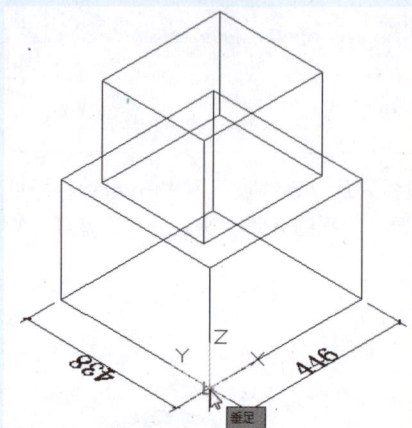

STEP 03 将光标向上移动确定X轴方向，然后，将光标向右侧移动，确定Y轴方向。

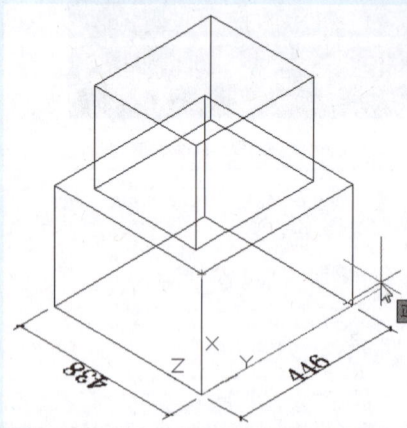

STEP 04 再次执行"线性"命令，捕捉模型垂直的两个测量点，即可完成标注。

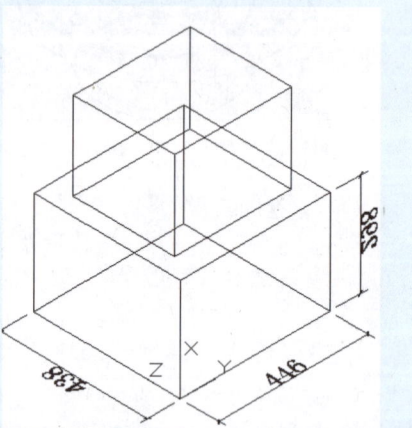

Q02: 在AutoCAD 2012软件中，常用的系统变量有哪些?

A02: 通常情况下，用户无需对系统变量进行设置和修改，但在有特殊要求时，就需要进行相关的操作。用户若能熟练地掌握一些常用系统变量的使用方法和功能，可使工作变得更为顺利，大大提高绘图效率。下面将介绍几种常用的系统变量及功能。

1. pickbox和cursorsize

这两个变量用于控制十字光标和拾取框的尺寸。绘图时可适当修改其大小，以适应视觉要求。其中pickbox的取值范围为0~32767，而cursorsize的取值范围为1~100。

2. aperture

该变量用于控制对象捕捉靶区的大小。在进行对象捕捉时，取值越大，可捕捉对象的范围就越大，当图形线条较密时，取值应适当小一些。其取值范围为1~50。

3. ltscale和celtscale

这两个变量用于控制非连续线型的输出比率，即短线的长度和空格的间距。该变量值越大，其间距越大。其中ltscale对所有的对象有效，而celtscale只对新对象有效。

4. surftab1和surftab2

这两个变量都用于控制三维网格面的经、纬线数量。取值越大，图形的生成线越密，显示则越精确。其取值范围为2~32766。

5. isolines

该变量用于控制三维实体显示的分格线。其取值越大，分格线越多，显示则越精确。其取值范围为0~2047。

6. facetres

该系统变量用于控制三维实体在消隐、渲染时表面的棱面的生成密度。其取值越大，生成的图像越光滑，其取值范围为0.01~10。

Q03： 图层面板中的0图层有什么用？

A03： 0图层是默认层，而白色为0图层的默认颜色。许多用户都喜欢在0图层上直接绘图，其实这是不可取的。通常0图层是不可用来绘图的，它是用来定义图块的。在定义图块时，先将所有图形都设置为0层，然后再进行定义块的操作。这样一来，在插入块时，插入时是哪一个图层，该图块就在哪一个图层上了。

Q04： 在转换视图后，坐标也会随之更改，如何恢复该坐标？

A04： 遇到该情况时，只需更改用户坐标即可。例如从西南等轴测图切换到左视图后，再切回到西南等轴测图，此时三维坐标已经发生了变化。此时，只需在命令行中，输入UCS命令，按两次Enter键，即可恢复原始三维坐标，如下图所示。

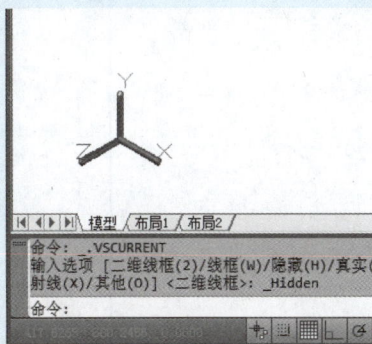

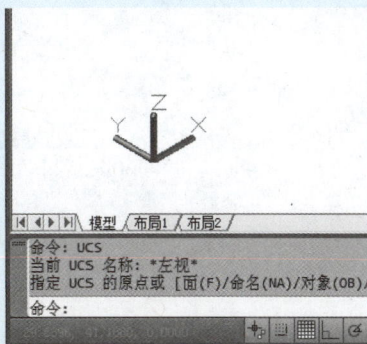

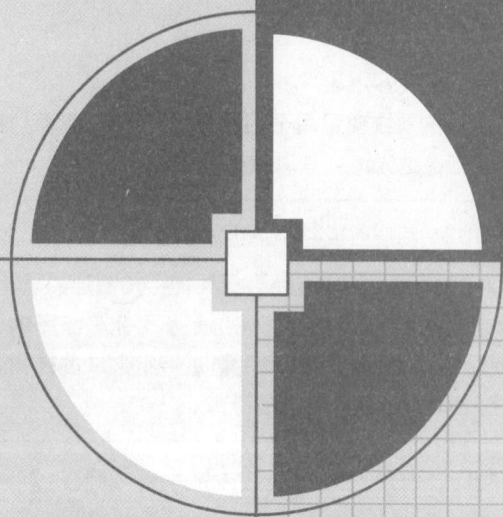

CHAPTER 20

建筑图形设计

建筑制图是为建筑设计服务的，因此，在设计的不同阶段，要绘制不同内容的设计图。一张较为完整的建筑图纸是由平面图、立面图和结构大样图这三大类图纸组成的。本章将以三居室平面图为例，介绍AutoCAD软件在建筑制图中的运用。

01 校园立面图

校园教学楼外观一般都是整齐划一的，所以可以运用"阵列"、"偏移"、"复制"命令来进行操作，这样能提高绘图效率。

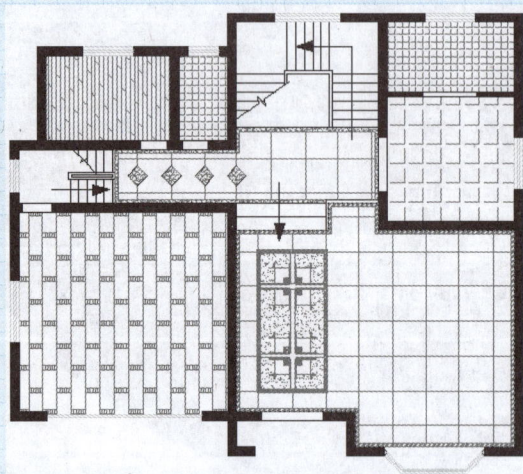

02 地面布置图

对地面使用图案填充工具进行填充，不仅能够美化图案，还可以区分开各个空间。

03 橱柜立面图

在绘制完橱柜、衣柜立面图后，可适当添加一些生活用品图块，使整个画面更为美观。

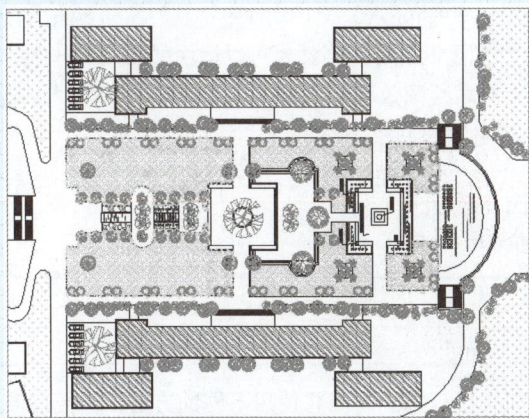

04 校园平面图

在绘制园林或室外的平面图时，会大量用到花卉和树木的平面图案，在布置时要将各个种类用颜色等区分开。

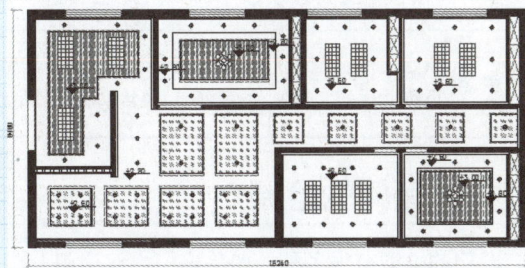

05 商业空间顶棚图

在绘制室内顶棚图时，通常绘制完吊顶造型后，可执行块命令，将灯具图块调入其中。

06 门厅三维模型

在建完模型后，可以进行简单的添加材质和图形渲染操作，使模型更加真实。

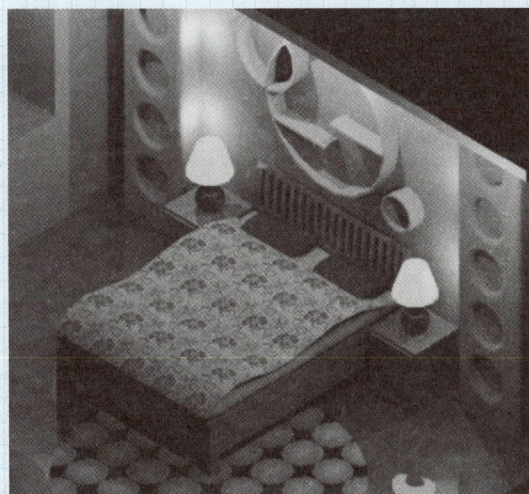

07 卧室三维模型

在模型的建立和材质的添加完成后，为了使图形更加美观逼真，可对其进行模型渲染。

Lesson 01 门窗的设计

通常在绘制完成建筑户型图后，需要绘制门窗图形。在AutoCAD 2012软件中绘制门窗的方法很简单，主要运用到的操作命令有"矩形"、"弧线"、"复制"等。当然也可以运用"插入块"命令，将绘制好的门窗图块插入户型图中，这样能大大提高绘图效率。另外，在菜单栏中执行"工具>选项板>工具选项板"命令打开工具选项板后，也可以绘制相应的门。

原始文件：实例文件\第20章\原始文件\三居室户型图.dwg
最终文件：实例文件\第20章\最终文件\三居室平面布置图.dwg

01 平面门的绘制

门的类型有很多种，如单扇门、双扇门、旋转门和推拉门等。下面将使用不同的方法，介绍门图形的绘制方法。

STEP 01 启动AutoCAD 2012软件，打开原始文件中的"三居室户型图.dwg"。

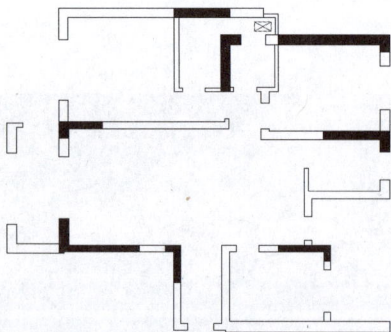

STEP 02 执行菜单栏中的"绘图>矩形"命令，绘制一个长为940mm，宽为40mm的矩形，并将其放置于户型图的门厅位置。

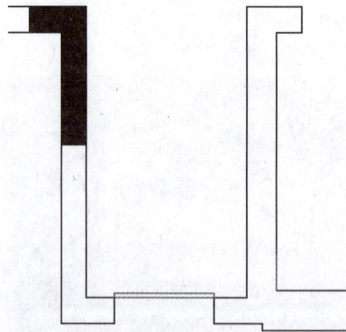

STEP 03 执行菜单栏中的"修改>旋转"命令，将该矩形向Y轴方向旋转30°。

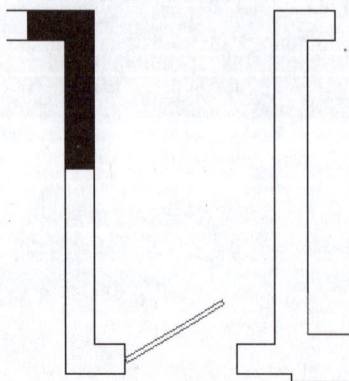

STEP 04 执行菜单栏中的"绘图>圆弧>三点"命令，依次捕捉图中的A、B、C三点，绘制开门弧线。

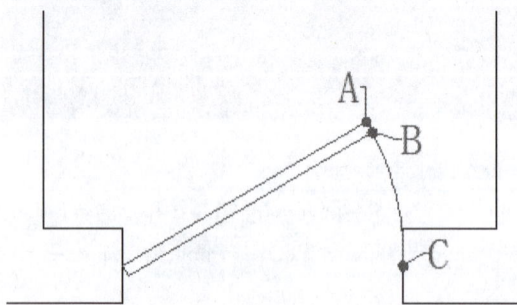

STEP 05 执行菜单栏中的"绘图>矩形"命令，绘制一个长为935mm，宽为40mm的矩形，放置于合适位置。

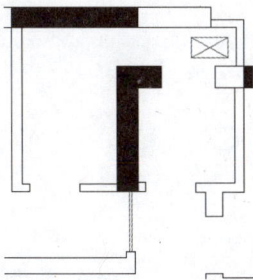

STEP 06 执行菜单栏中的"修改>旋转"命令，将刚绘制的矩形向Y轴方向旋转30°。

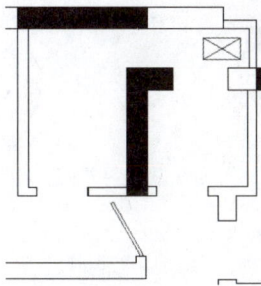

STEP 07 执行菜单栏中的"绘图>圆弧>三点"命令，按照与步骤4同样的方法，绘制门开的方向线。

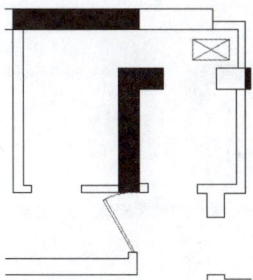

STEP 08 按照上述同样的操作方法，完成卫生间的门的绘制。

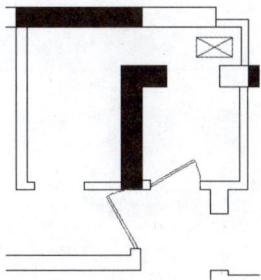

STEP 09 在"插入"选项卡的"块定义"面板中，单击"写块"按钮，打开"写块"对话框。

STEP 10 在该对话框中，单击"选择对象"按钮，框选卫生间门图块。

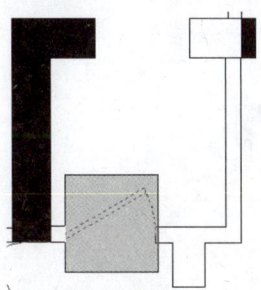

STEP 11 设置好文件名和路径，单击"确定"按钮，保存好图块。然后，执行菜单栏中的"插入>块"命令，打开"插入"对话框。

STEP 12 在该对话框中，单击"浏览"按钮，选择刚绘制的图块，单击"确定"按钮，将其调入主卧卫生间的合适位置。

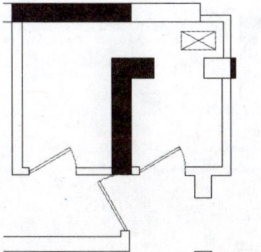

STEP 13 再次执行"矩形"、"旋转"和"圆弧"命令，绘制次卧室房门图形。

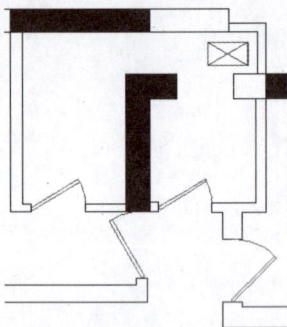

STEP 14 在菜单栏中，执行"工具>选项板>工具选项板"命令，打开"工具选项板"选项板。

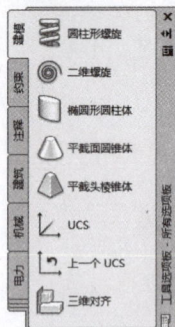

STEP 15 选择"建筑"选项面板中的"公制样例>门-公制"命令。

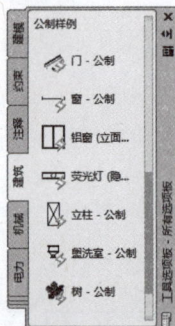

STEP 16 捕捉到墙体的中心点，放置门图块。

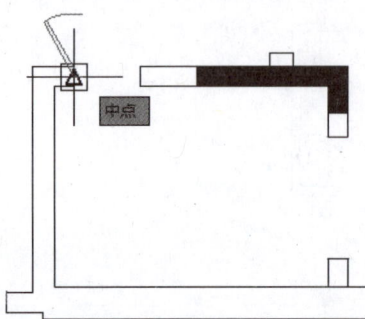

STEP 17 执行"旋转"命令，选中基准点，对门进行适当旋转。

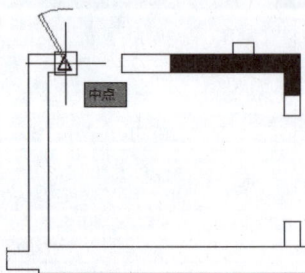

STEP 18 旋转完成后，即可完成次卧室房门图块的绘制。

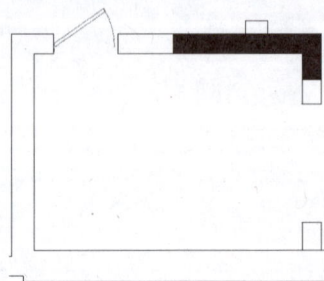

STEP 19 修改门的尺寸。选中要修改的门，单击"设置门的尺寸"箭头。

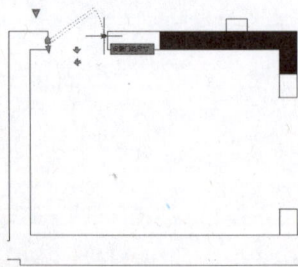

STEP 20 拖动该箭头至另一段墙体中心点的位置，即可完成对门尺寸的修改。

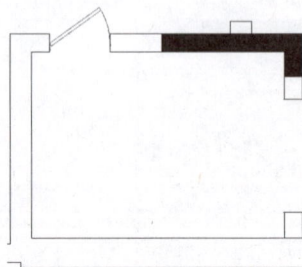

STEP 21 执行菜单栏中的"修改>分解"命令，选中门并将其进行分解。

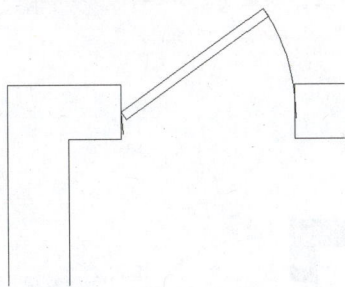

STEP 22 执行"修剪"和"删除"命令，将门多余的部分进行修剪、删除。

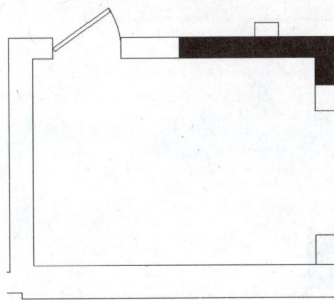

STEP 23 在"常用"选项卡的"剪贴板"面板中，单击"特性匹配"按钮，选择源对象。

STEP 24 选择需要更改的门图块。

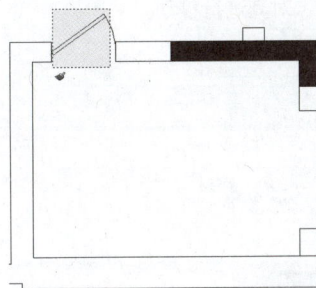

STEP 25 选择完毕后，即可完成对门的颜色的更改。

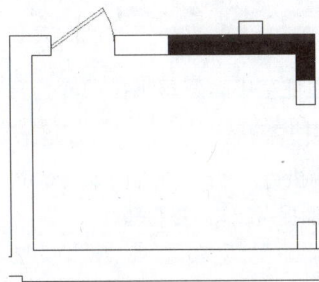

STEP 26 执行"门－公制"命令，将选中的门放置到要安装的相应位置。

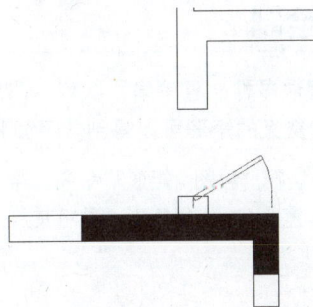

STEP 27 选中门图块图形，然后单击"设置摆动的方向"箭头。

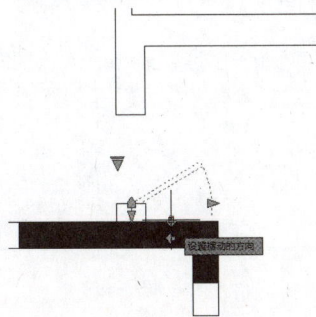

STEP 28 调整门打开的方向，即可对开门方向进行更改。

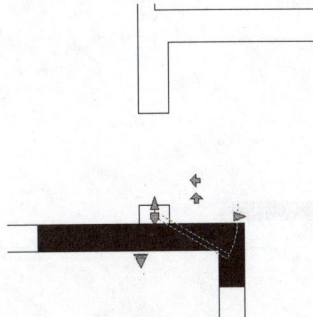

STEP 29 在菜单栏中执行"修改>旋转"命令，选中基准点，对门进行适当调整。

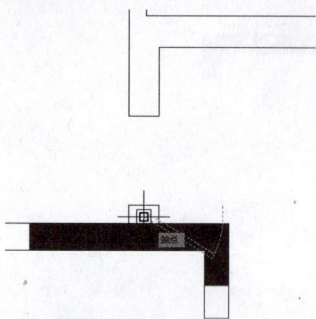

STEP 30 旋转完成后，在菜单栏中执行"修改>移动"命令，对门进行适当移动，使其与墙体贴合。

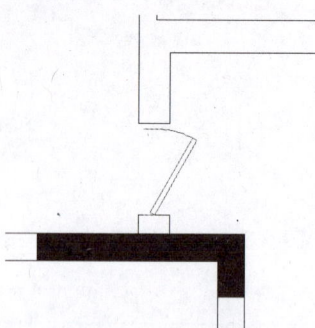

STEP 31 修改门的尺寸。选中要修改的门，单击"设置门的尺寸"箭头，对其进行移动。

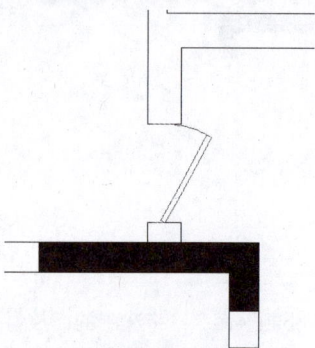

STEP 32 按照同样的操作方法，完成剩余门图形的绘制。

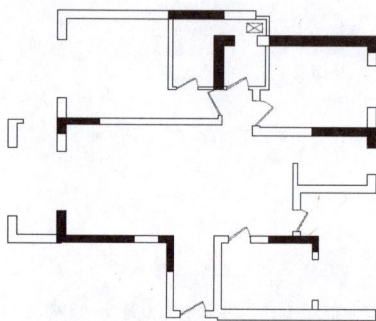

02 推拉门的绘制

　　推拉门的类型有很多种，有单扇、双扇、四扇以及多扇之分。在普通住宅中，双扇推拉门较为常用，使用两个对角点交叉的矩形可以得到。下面将介绍如何绘制双扇推拉门图形。

STEP 01 在菜单栏中执行"绘图>矩形"命令，绘制一个长为1065mm，宽为40mm的矩形，并将其放置在客厅的阳台区域。

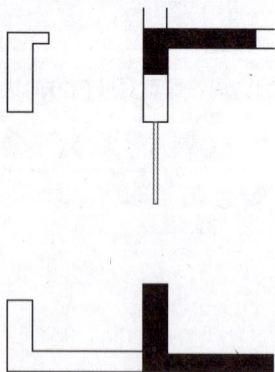

STEP 02 在菜单栏中执行"修改>复制"命令，选中刚绘制的矩形，并捕捉点D作为复制基点。

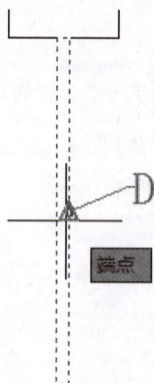

STEP 03 按Enter键，捕捉该矩形的E点。

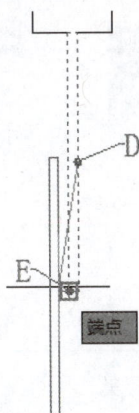

STEP 04 按Enter键，即可完成阳台双扇推拉门图形的绘制。

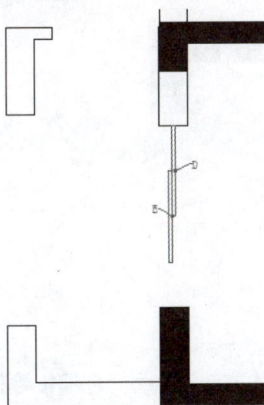

STEP 05 下图为阳台双扇推拉门的完成效果。

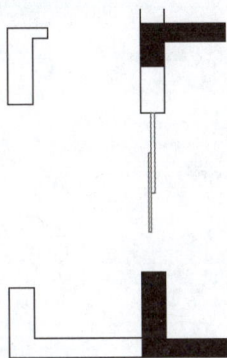

STEP 06 在菜单栏中执行"绘图>直线"命令，捕捉墙体的中点绘制一条直线。

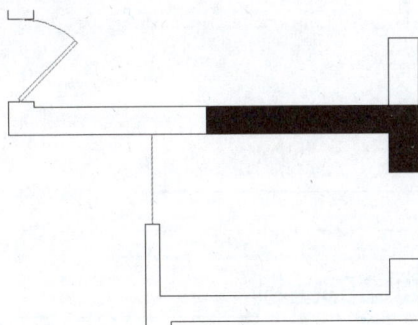

STEP 07 在菜单栏中执行"修改>偏移"命令，输入偏移距离40。在绘图窗口中，选择要偏移的对象。

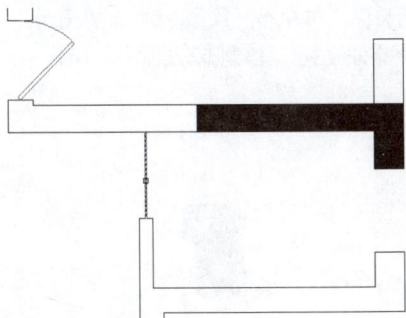

STEP 08 分别将选择的对象向其左右两个方向进行偏移。

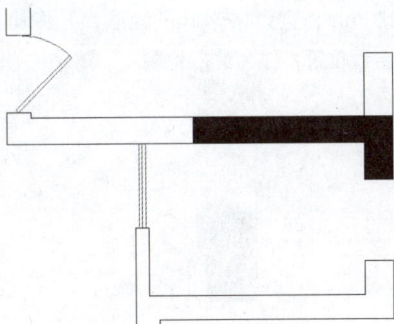

STEP 09 在菜单栏中执行"绘图>直线"命令，为三条直线绘制一条中线。

STEP 10 在菜单栏中执行"修改>修剪"命令，对多余的线进行修剪。

STEP 11 重复前面的操作方法，为另一个墙体绘制推拉门。

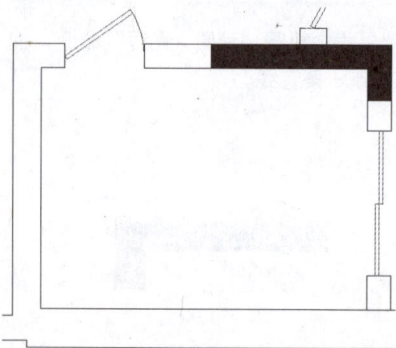

STEP 12 绘制完成后，即可查看效果。

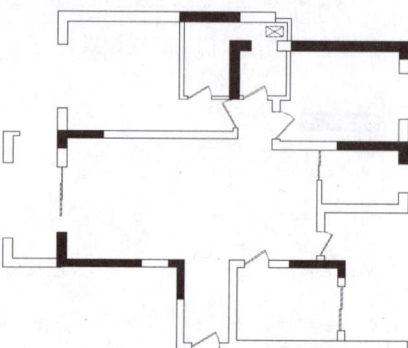

03 平面窗的绘制

绘制平面窗时可以运用简单的操作命令，如"矩形"、"分解"和"定数等分"等命令，也可以执行"多线样式"命令进行绘制。下面将介绍具体的操作步骤。

STEP 01 在菜单栏中执行"绘图>矩形"命令，绘制一个长为1270mm，宽为140mm的矩形，并将其放置于书房的合适位置，作为窗户轮廓。

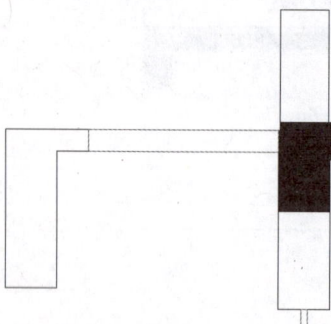

STEP 02 在菜单栏中执行"修改>分解"命令，将窗户图形进行分解，并执行"绘图>点>定数等分"命令，将窗户等分成3份，绘制等分线。

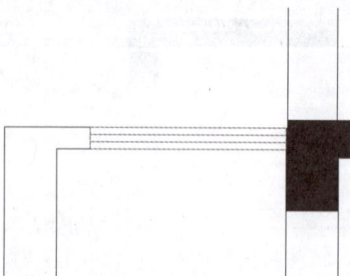

STEP 03 在菜单栏中执行"格式 > 多线样式"命令,弹出"多线样式"对话框,单击"新建"按钮。

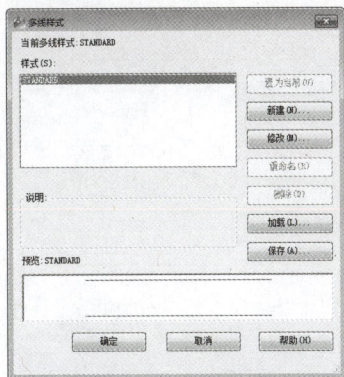

STEP 04 弹出"创建新的多线样式"对话框,在"新样式名"文本框中输入多线名为window,然后单击"继续"按钮。

STEP 05 在"新建多线样式:WINDOW"对话框的"封口"选项组下,勾选"直线"的"起点"与"端点"复选框。

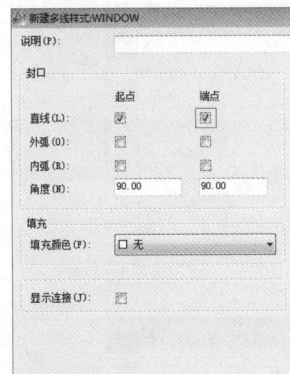

STEP 06 在"图元"选项组下单击"0.5"线段,然后在"偏移"文本框中修改参数值为170。

STEP 07 再单击"-0.5"线段,在"偏移"文本框中修改参数值为50。

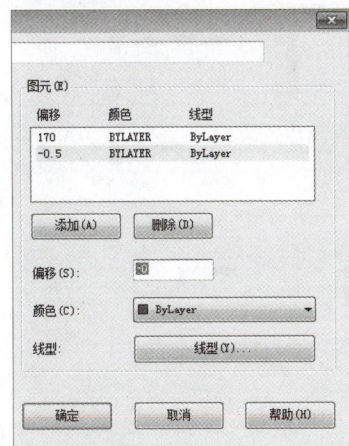

STEP 08 单击"添加"按钮,添加两条线段并分别修改参数值为-50和-170,单击"确定"按钮。

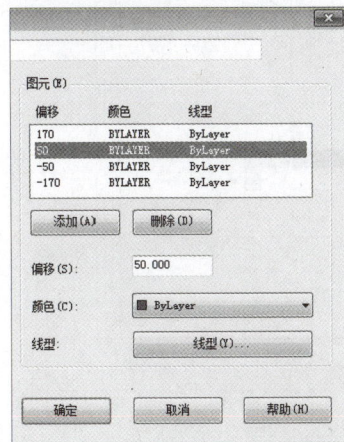

STEP 09 返回"多线样式"对话框,单击"置为当前"按钮,然后单击"确定"按钮。

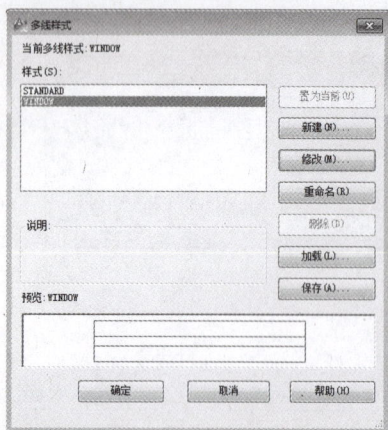

STEP 10 在绘图窗口中,执行"绘图>多线"命令,并按命令窗口提示进行相应操作。

```
命令:_mline
当前设置:对正=无,比例=1.00,样式=WINDOW
指定起点或[对正(J)/比例(S)/样式
(ST)]:j
输入对正类型[上(T)/无(Z)/下(B)]<无>:z
当前设置:对正=无,比例=1.00,样式=WINDOW
指定起点或[对正(J)/比例(S)/样式
(ST)]:s
输入多线比例<1.00>:1
当前设置:对正=无,比例=1.00,样式=WINDOW
指定起点或[对正(J)/比例(S)/样式(ST)]:
st
输入多线样式名或[?]:window
```

STEP 11 选择要绘制窗户的墙体的中心点为基点。

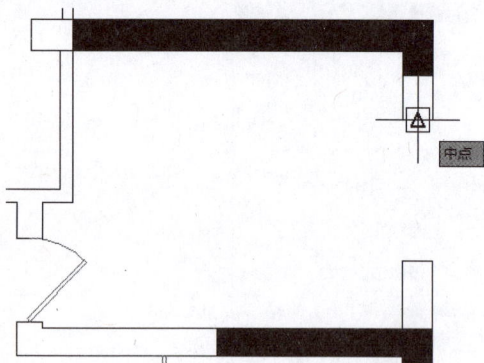

STEP 12 运用"多线"命令绘制窗户图形。

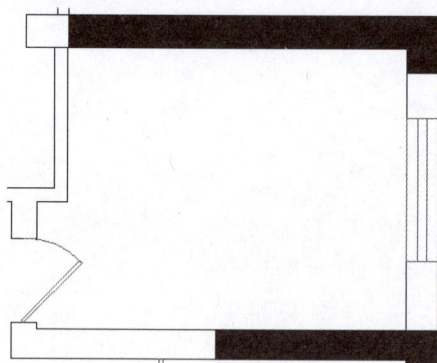

STEP 13 继续运用"多线"命令,重复前面的操作步骤绘制窗户图形。

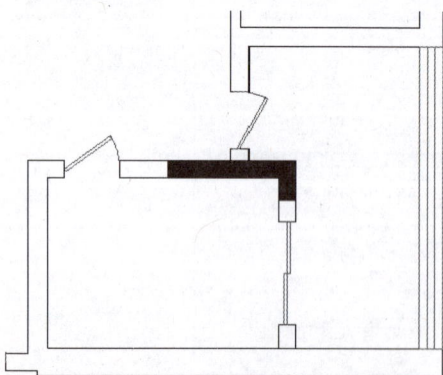

STEP 14 绘制完成后,可查看其整体效果。

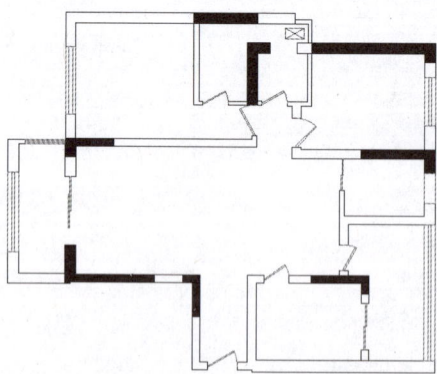

Lesson 02　客厅平面图

> 　　客厅中摆放着组合沙发、茶几、电视、电视柜及音响等家具电器。客厅的布置要合理美观，各个家具的尺寸比例要统一，不能出现尺寸不协调的画面。

01　绘制沙发组合

　　沙发组合在排列摆放时可以进行自由组合，数量的多少根据客厅的面积而定。为了便于管理图像，防止造成混乱，本例中将沙发组合设计成为块对象，通过设计中心加载进来。在设计中心里，系统也自带了一些室内平面图可供参考。

STEP 01 在菜单栏中执行"工具>选项板>设计中心"命令，打开"设计中心"选项板，在"文件夹"选项卡下找到相应图形，右击选择"插入为块"命令。

STEP 02 在"插入"对话框中，设置"角度"为90°，单击"确定"按钮。

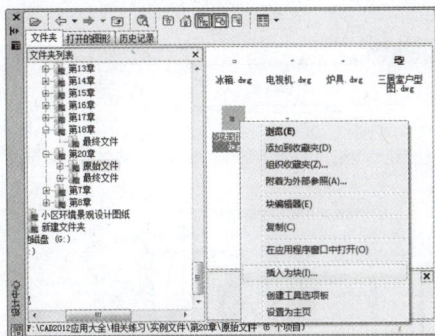

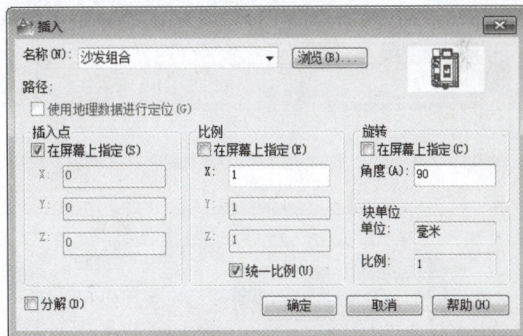

STEP 03 在绘图窗口中指定一个点作为"沙发组合"块的插入点。

STEP 04 按Enter键，即可完成对沙发图块的插入操作。

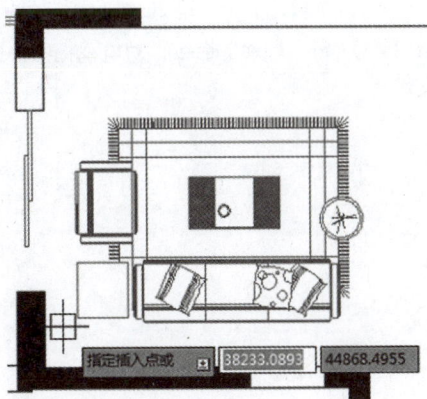

02　绘制电视柜

　　一般情况下，电视柜都是面对沙发靠墙摆放。电视柜的尺寸可根据电视机的尺寸来决定，不能比电视机小，距离地面的高度也不能太高或太矮，否则不适宜观看电视机屏幕。

STEP 01 在菜单栏中执行"绘图>矩形"命令，绘制一个长为3320mm，宽为460mm的矩形。

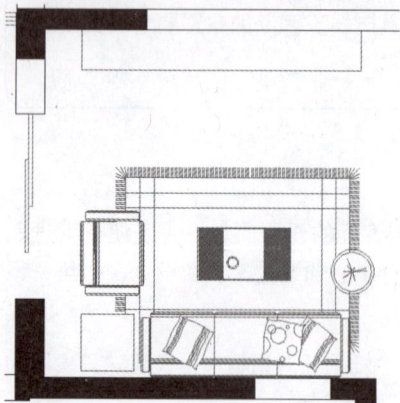

STEP 02 在菜单栏中执行"绘图>圆弧>三点"命令，在绘图窗口中指定三点绘制圆弧。

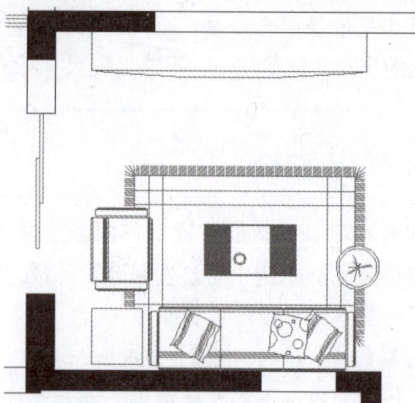

STEP 03 在菜单栏中执行"绘图>直线"命令，在矩形长边的中点处绘制一条直线，终点与弧线相交。

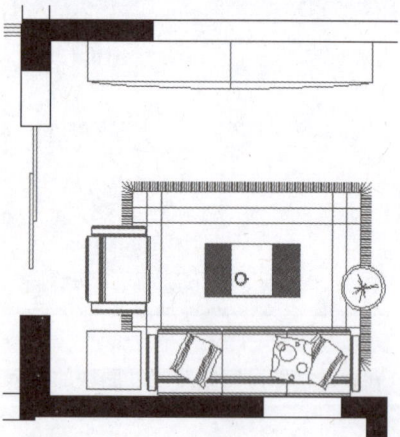

STEP 04 在菜单栏中执行"修改>偏移"命令，输入偏移距离为830，选择直线为偏移对象。

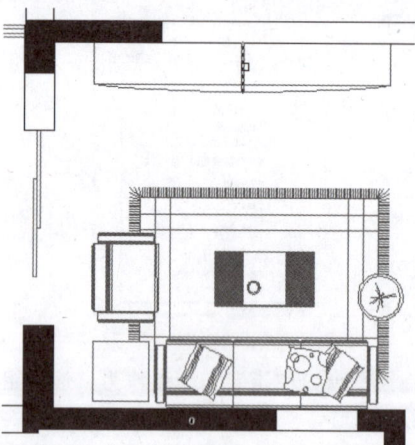

STEP 05 分别将选择的对象向其左右两个方向进行适当偏移。

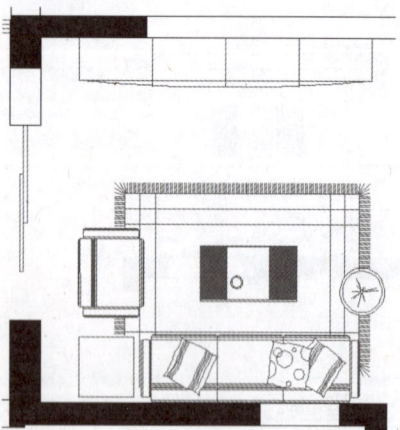

STEP 06 再次执行"偏移"命令，对电视柜图块进行分割操作。

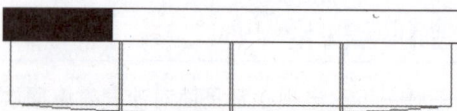

STEP 07 执行"修剪"、"删除"命令，将柜面上多余的线段修剪、删除。

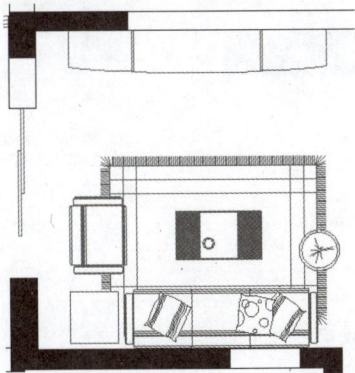

STEP 08 按下快捷键Ctrl+2调出"设计中心"选项板，选择相应图块并右击，选择"复制"命令。

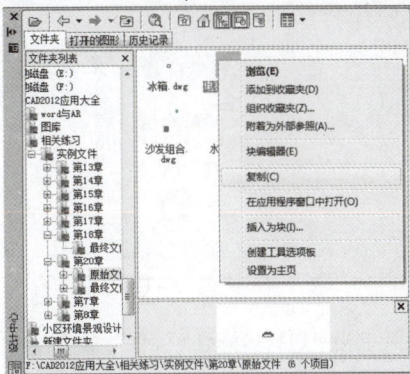

STEP 09 在绘图窗口中指定一个点为基准点，设置比例因子为1、旋转角度为0。

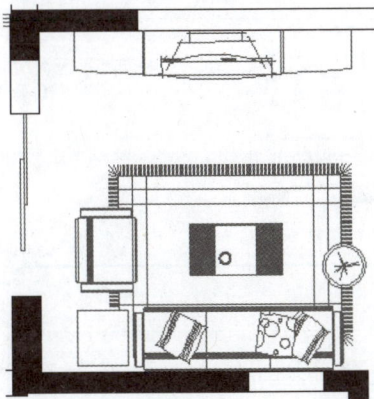

STEP 10 执行"分解"、"修剪"命令，对电视柜多余的线段进行修剪。

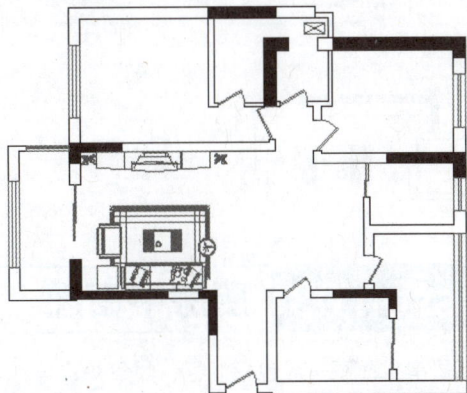

03 绘制花卉

在家中摆放一些花卉，可以起到净化空气和美化环境的效果。下面将介绍利用系统自带的块插入花卉平面图形的操作步骤。

STEP 01 按下快捷键Ctrl+2调出"设计中心"选项板，打开"文件夹"选项卡下的"C盘\Program Files\Autodesk\AutoCAD2012…\Sample\DesignCenter \Home…\块"。

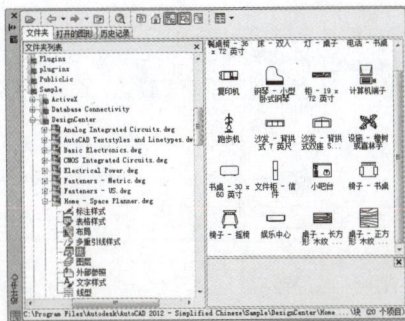

STEP 02 选择"设施−橡树或喜林芋"并右击，在弹出的快捷菜单中选择"插入并重定义"命令。

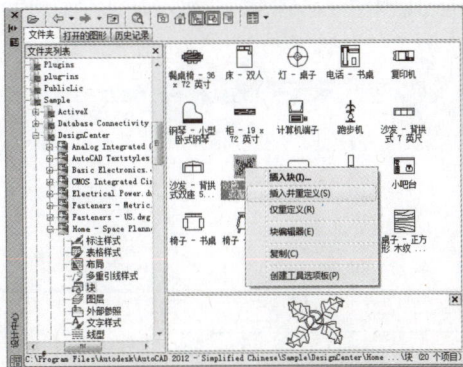

STEP 03 在"插入"对话框中，将其比例设置为0.4。

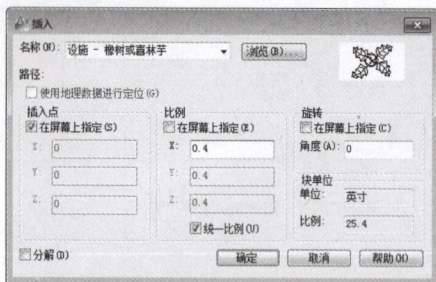

STEP 04 在绘图窗口中指定基准点，插入图块。

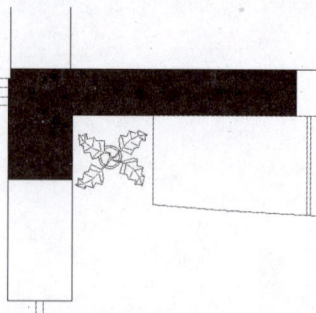

STEP 05 在菜单栏中执行"修改>镜像"命令，将花卉对称摆放。

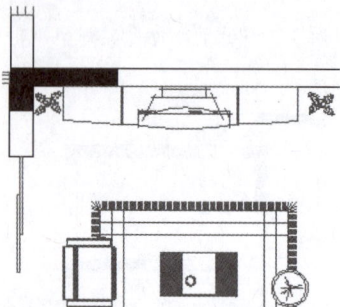

STEP 06 完成镜像后，即可查看其效果。

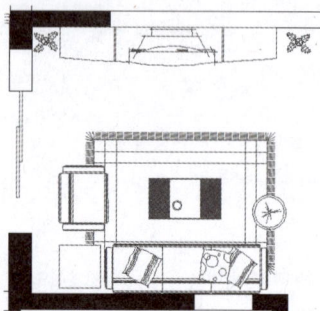

Lesson 03　厨房平面图

厨房平面图一般包括橱柜、燃气炉、电冰箱、水池、微波炉等各部分图形。餐厅可以设计在厨房里面，也可以在外部。下面将介绍厨房平面图的绘制步骤。

01 创建厨房墙体

本例平面图的墙体已分割明确，为了使用户了解如何创建墙体，我们可以删除其中的一部分为大家具体讲解墙体的创建。

STEP 01 在上述文件中继续绘制厨房墙体，删除其中的一部分墙体。

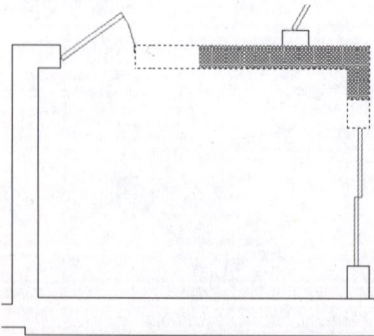

STEP 02 在菜单栏中执行"格式>多线样式"命令，在打开的对话框中，单击"新建"按钮。

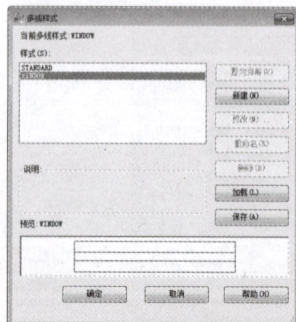

STEP 03 在打开的对话框中，输入"新样式"的名称，单击"继续"按钮。

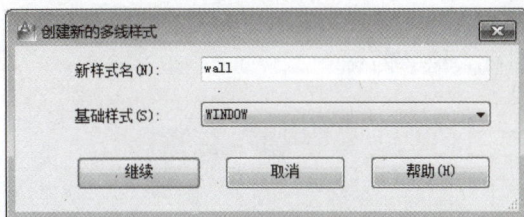

创建新的多线样式

新样式名(N): wall

基础样式(S): WINDOW

继续   取消   帮助(H)

STEP 04 勾选"直线"后的"起点"、"端点"复选框，将填充颜色设置为黑色。

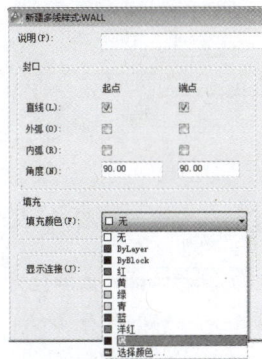

新建多线样式:WALL

说明(P):

封口
　　　　起点　　端点
直线(L): ☑　　　☑
外弧(O): ☐　　　☐
内弧(R): ☐　　　☐
角度(N): 90.00　 90.00

填充
填充颜色(F): □无
　　　　　　　□无
　　　　　　　■ByLayer
　　　　　　　■ByBlock
显示连接(J): ■红
　　　　　　　□黄
　　　　　　　■绿
　　　　　　　■青
　　　　　　　■蓝
　　　　　　　■洋红
　　　　　　　■
　　　　　　　□选择颜色

STEP 05 再更改线的偏移参数与颜色，单击"确定"按钮。

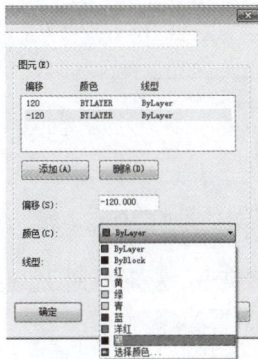

图元(E)
偏移　　颜色　　　线型
120　　 BYLAYER　 ByLayer
-120　　BYLAYER　 ByLayer

添加(A)   删除(D)

偏移(S): -120.000

颜色(C): ■ByLayer
　　　　　■ByLayer
　　　　　■ByBlock
线型(Y): ■红
　　　　　□黄
　　　　　■绿
　　　　　■青
　　　　　■蓝
　　　　　■洋红
　　　　　■
　　　　　□选择颜色

确定

STEP 06 回到"多线样式"对话框，依次单击"置为当前"和"确定"按钮。

多线样式
当前多线样式: WALL
样式(S):
STANDARD
WALL
WINDOW

置为当前(U)
新建(N)...
修改(M)...
重命名(R)
说明:
删除(D)
加载(L)...
保存(A)...

预览: WALL

确定   取消   帮助(H)

STEP 07 执行"绘图>多线"命令，并按命令窗口提示进行相关操作。

```
命令:_mline
当前设置:对正=无,比例=1.00,样式=WALL
指定起点或[ 对正（J）/比例（S）/样式（ST）]:j
输入对正类型[ 上（T）/无（Z）/下（B）]<无>:z
当前设置:对正=无,比例=1.00,样式=WALL
指定起点或[ 对正（J）/比例（S）/样式（ST）]:s
输入多线比例<1.00>:1
当前设置:对正=无,比例=1.00,样式=WALL
指定起点或[ 对正（J）/比例（S）/样式（ST）]:
st
输入多线样式名或[ ?]:wall
```

STEP 08 指定基准点，绘制墙体。

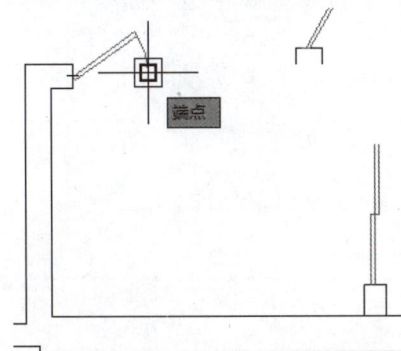

端点

STEP 09 绘制完成后，可查看其效果。

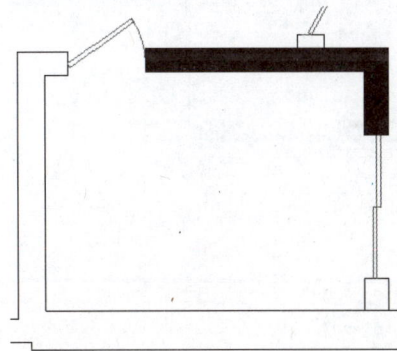

STEP 10 为了使整个画面更美观，继续更改墙体，将墙体适当缩短。

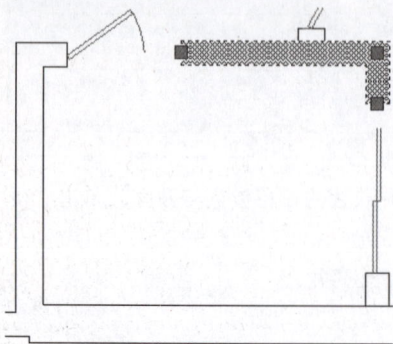

STEP 11 执行"绘图>矩形"或"绘图>直线"命令，将墙体补充完整。

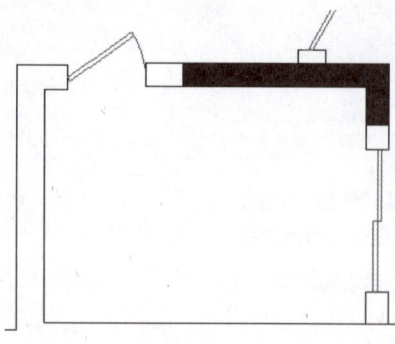

02 绘制厨房用具

下面将具体介绍厨房用具的添加，如电冰箱、水池、炉具等。然后再运用"多段线"命令绘制橱柜。

STEP 01 按下快捷键Ctrl+2调出"设计中心"选项板，选择"炉具"图块并将其插入。

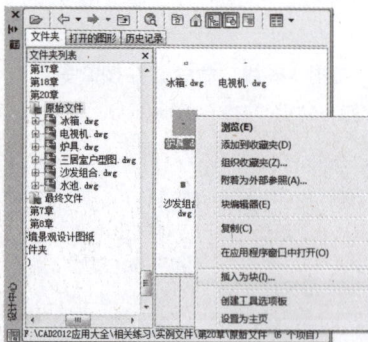

STEP 02 在弹出的"插入"对话框中输入角度数为180，单击"确定"按钮。

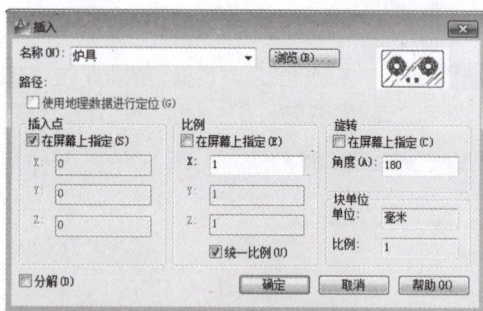

STEP 03 在绘图窗口中指定比例因子为2.3，指定基准点，插入图块。

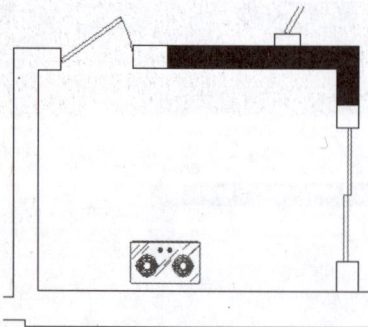

STEP 04 在"设计中心"选项板中选择"水池"图块并右击，选择"插入为块"命令。

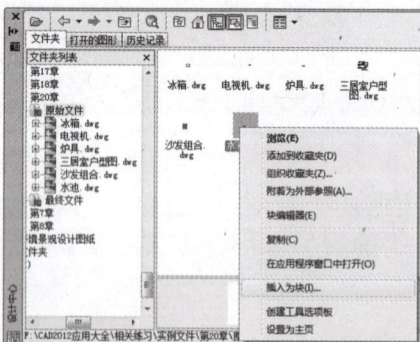

STEP 05 在弹出的"插入"对话框中，输入角度数为90，单击"确定"按钮。

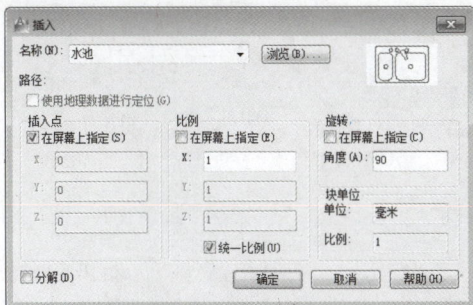

STEP 06 在绘图窗口中指定比例因子为2.3，指定基准点，插入图块。

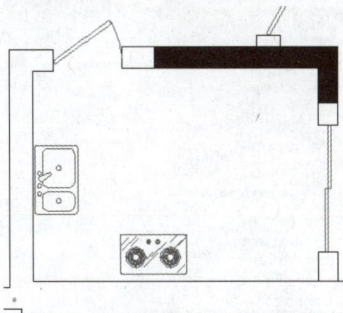

STEP 07 在"设计中心"选项板中选择"冰箱"图块并右击，选择"插入为块"命令。

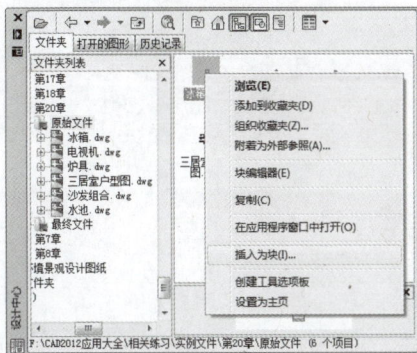

STEP 08 在绘图窗口中指定比例因子为2.2，指定基准点，插入图块。

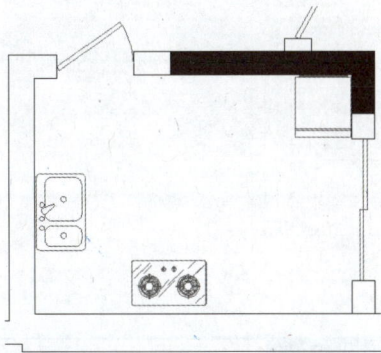

STEP 09 执行"绘图>多段线"命令，在绘图窗口中绘制橱柜，按Enter键完成绘制。

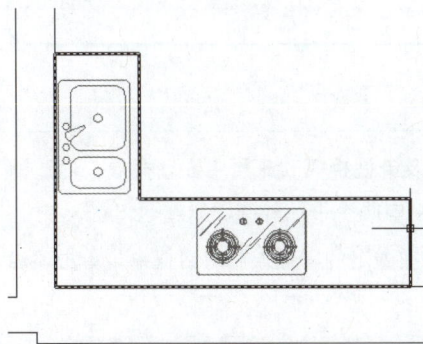

STEP 10 至此，厨房的厨具绘制完成，最终效果如下图所示。

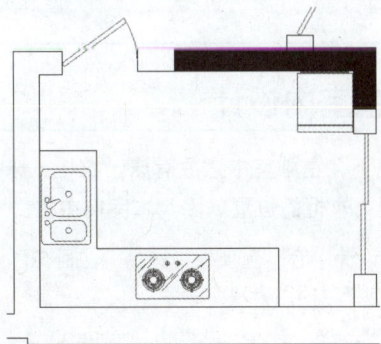

03 餐桌及椅子

　　在餐桌及椅子的绘制过程中，为了减少移动过程中的重复操作，餐桌及椅子已经创建成图块，通过"设计中心"便可以加载应用。下面将介绍餐桌及椅子的绘制步骤。

STEP 01 在"设计中心"选项板中选择"餐桌椅"图块并右击，选择"插入为块"命令。

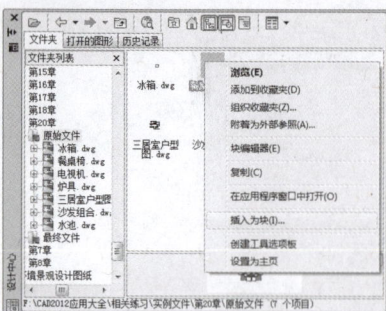

STEP 02 在"插入"对话框中输入角度数为90，单击"确定"按钮。

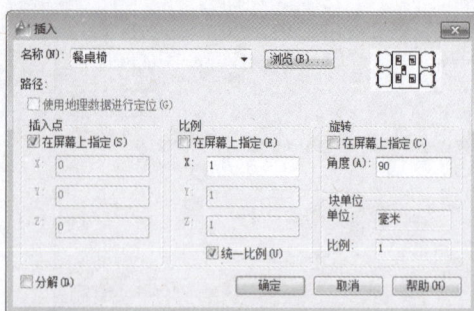

STEP 03 在绘图窗口中指定比例因子为1.3，指定基准点。

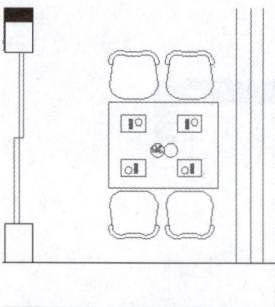

STEP 04 程序会自动将图块插入指定的位置，厨房与餐厅的完整效果图如下。

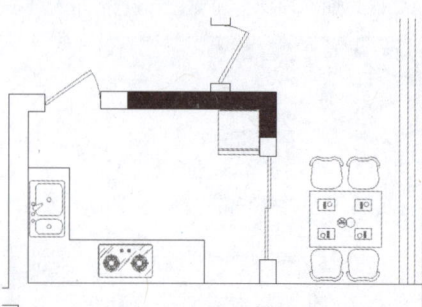

Lesson 04　卧室平面图

　　本例中有两个卧室和一个衣帽间，主卧、客房都需要添加床、床头柜等，客房与衣帽间都需要添加衣柜。

01　主卧室室内设计

　　一般情况下，主卧室中摆放有床、衣柜、床头柜、电视机及电视柜等。床居中靠墙摆放，两边留有摆放床头柜或衣柜的位置。因为本案例中主卧室带有衣帽间，因此不再在卧室中放置衣柜。

STEP 01 在"设计中心"选项板中选择"主卧床"图块并右击，选择"插入为块"命令。

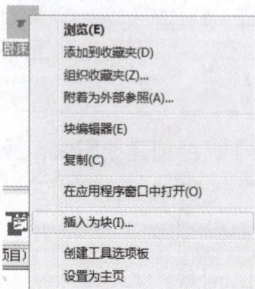

STEP 02 在弹出的"插入"对话框中，单击"确定"按钮。

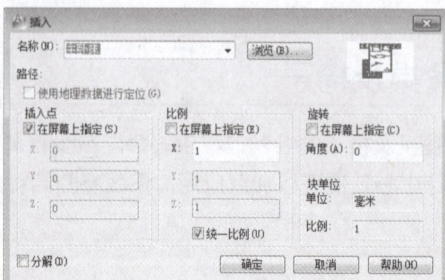

STEP 03 在绘图窗口中使用默认比例因子，指定基准点，插入图块。

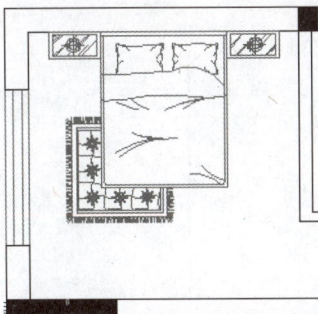

STEP 04 在"设计中心"选项板选择"电视机柜"图块并右击，选择"插入为块"命令。

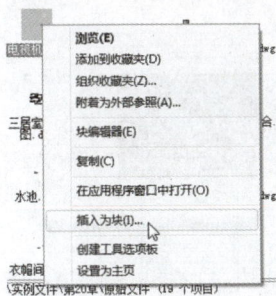

STEP 05 在弹出的"插入"对话框中输入角度数为180，单击"确定"按钮。

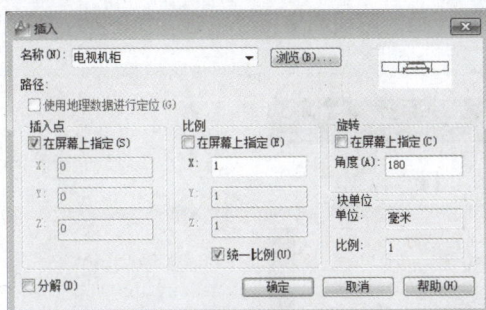

STEP 06 在绘图窗口中指定比例因子为1.1，指定基准点，插入图块。

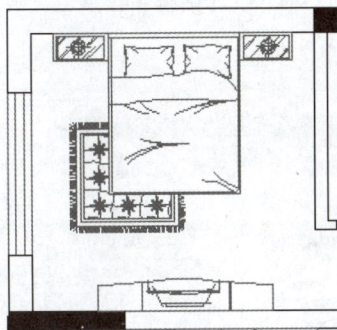

02 衣帽间室内设计

布置衣帽间时需要注意的主要是各个衣柜的摆放，要符合空间尺寸，不能过度拥挤或者松散，下面将介绍衣帽间的布置步骤。

STEP 01 在"设计中心"选项板中选择"衣柜"图块并右击，选择"插入为块"命令。

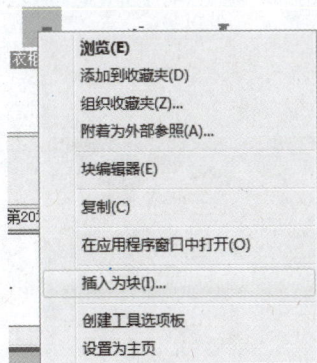

STEP 02 在弹出的"插入"对话框中，单击"确定"按钮。

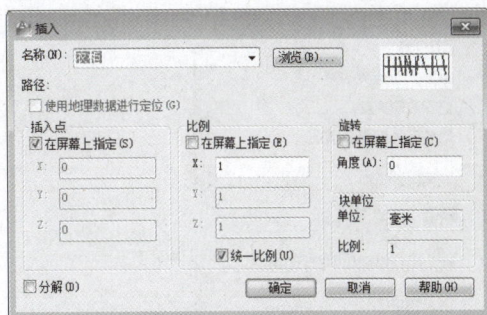

STEP 03 在绘图窗口中使用默认比例因子,指定基准点,插入图块。

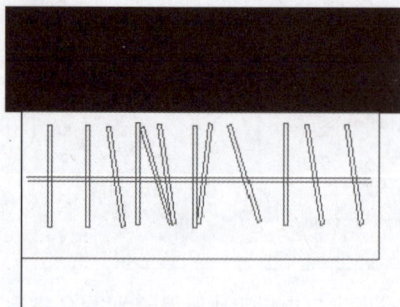

STEP 04 在"设计中心"选项板中,选择"衣橱"图块并右击,选择"插入为块"命令。

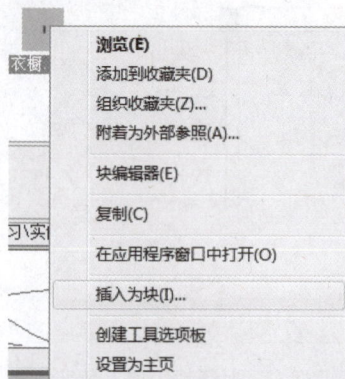

STEP 05 在弹出的"插入"对话框中,单击"确定"按钮。

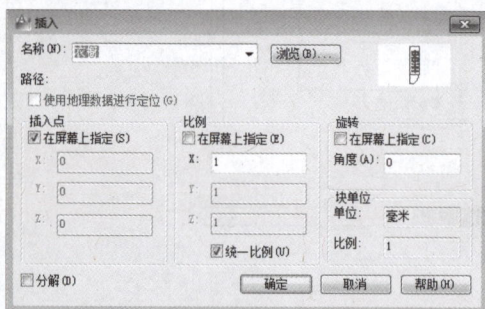

STEP 06 在绘图窗口中使用默认比例因子,指定基准点,插入图块。使用"移动"命令将衣橱适当移动。

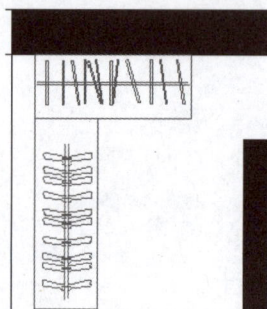

03 次卧室室内设计

次卧室的布置与主卧室大致相同,区别是多了衣柜。下面就来介绍次卧室的布置步骤。

STEP 01 在"设计中心"选项板中,选择"次卧床"图块并右击,选择"插入为块"命令。

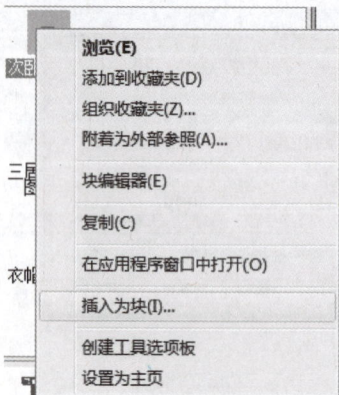

STEP 02 在弹出的"插入"对话框中,单击"确定"按钮。

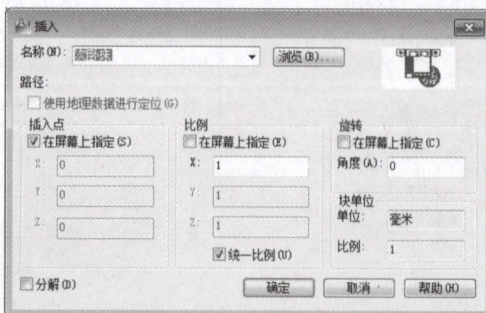

STEP 03 在绘图窗口中使用默认比例因子，指定基准点，插入图块。

STEP 04 按照同样的操作方法将组合柜插入绘图窗口中。

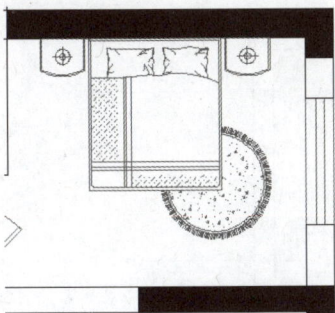

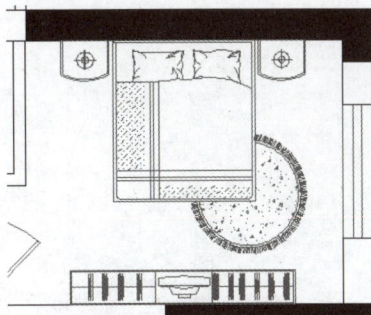

Lesson 05　卫生间平面图

　　本例中的卫生间有两个，一个是主卧卫生间，一个是次卧卫生间。卫生间中一般都具备座便器、洗脸池、浴缸、镜子等卫生间用具。另外，卫生间地面铺设的瓷砖要注意有防滑功能。

01　绘制主卧卫生间

　　因为主卧室的卫生间尺寸比较小，所以只布置了洗脸池和座便器这两种经常使用到的卫具。

STEP 01 在"设计中心"选项板中，选择"洗脸池"图块并右击，选择"插入为块"命令。

STEP 02 在弹出的"插入"对话框中输入角度数为180，单击"确定"按钮。

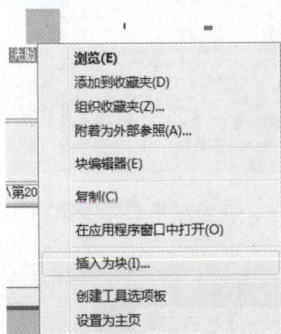

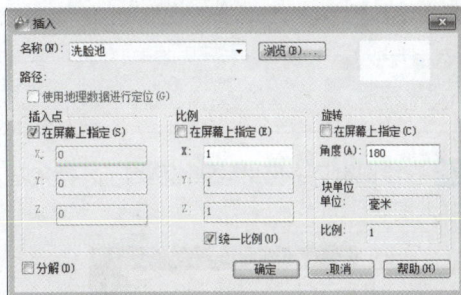

STEP 03 在绘图窗口中设置比例因子为1.8，指定基准点，插入图快。

STEP 04 在"设计中心"选项板中，选择"座便器"图块并右击，选择"插入为块"命令。

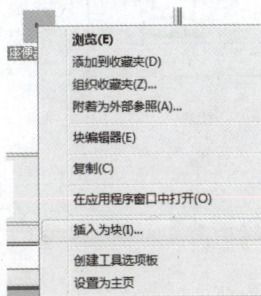

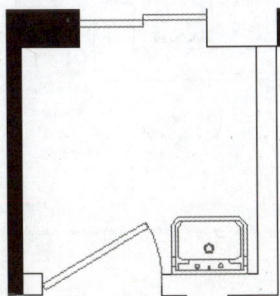

STEP 05 在弹出的"插入"对话框中输入角度数为270,单击"确定"按钮。

STEP 06 在绘图窗口中使用默认比例因子,指定基准点,插入图块。

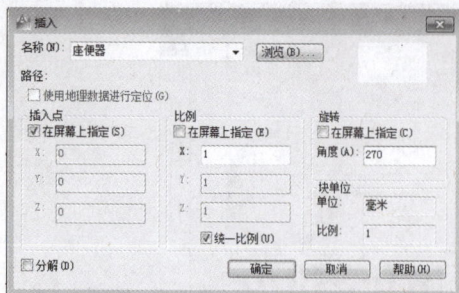

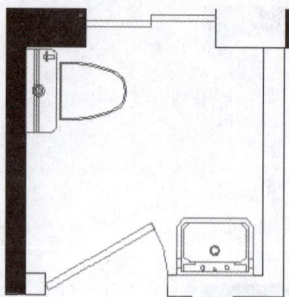

02 绘制次卧卫生间

次卧卫生间的布置方法和主卧卫生间的布置方法相同,通过"设计中心"选项板加载卫生间用具即可。最后还要为卫生间地面填充图案,注意要和室内其他地面图案的填充区分开来。

STEP 01 在"设计中心"选项板中选择"座便器"图块并右击,选择"插入为块"命令。

STEP 02 在弹出的"插入"对话框中,单击"确定"按钮。

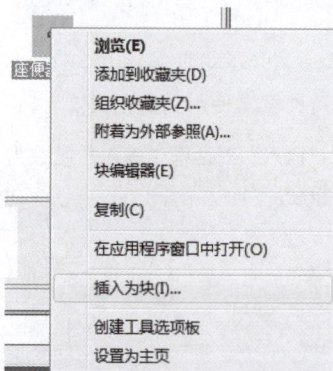

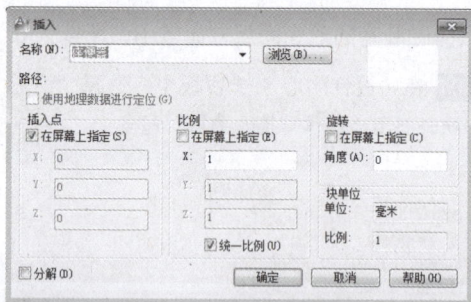

STEP 03 在绘图窗口中使用默认比例因子,指定基准点,插入图块。

STEP 04 按照同样的方法,在绘图窗口中继续插入"淋浴间"图块。

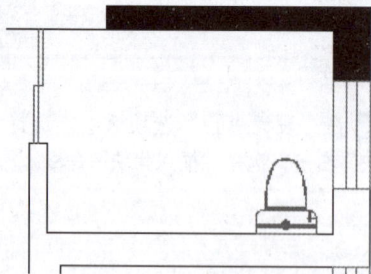

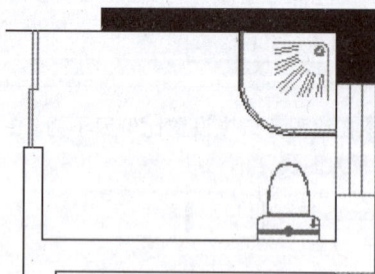

STEP 05 在菜单栏中执行"修改>分解"、"修改>特性匹配"命令，将淋浴间的颜色更改一致。

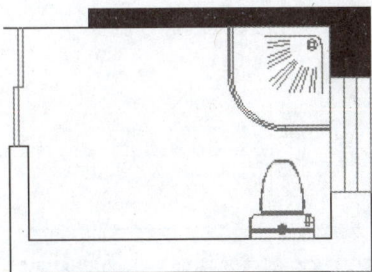

STEP 06 在"设计中心"选项板中，选择"洗脸池"图块并右击，选择"插入为块"命令。

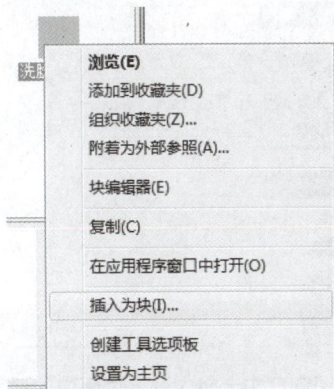

浏览(E)
添加到收藏夹(D)
组织收藏夹(Z)...
附着为外部参照(A)...
块编辑器(E)
复制(C)
在应用程序窗口中打开(O)
插入为块(I)...
创建工具选项板
设置为主页

STEP 07 在弹出的"插入"对话框中输入角度值为180，单击"确定"按钮。

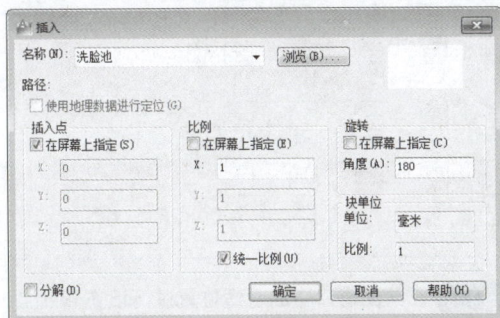

STEP 08 在绘图窗口中设置比例因子为1.8，指定基准点，插入图块。

STEP 09 再为室内空间的相应位置添加一些其他的物件，使空间更美观。

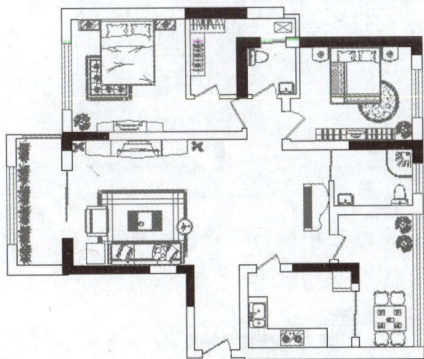

STEP 10 在菜单栏中执行"绘图>图案填充"命令，在"图案填充创建"选项卡下的"图案"面板中，选择一种填充样式。

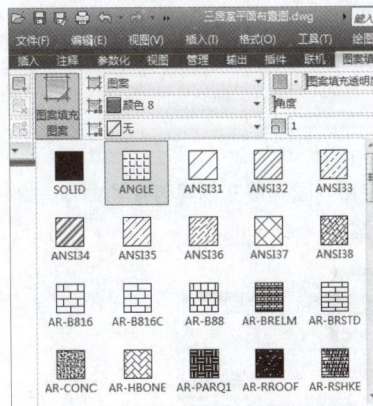

STEP 11 设置好比例后，在"边界"面板中单击"拾取点"按钮。

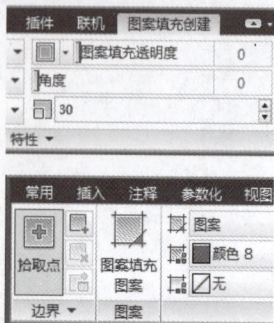

STEP 12 在绘图窗口中选择需要填充的区域，光标所在位置就是需要填充的区域。

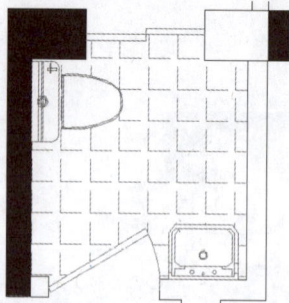

STEP 13 继续在绘图窗口中选择次卧卫生间中的适当区域进行图案填充，按Enter键确定。

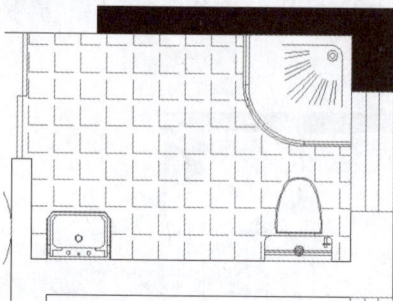

STEP 14 在"图案填充创建"选项卡下的"图案"面板中，选择一种填充样式。

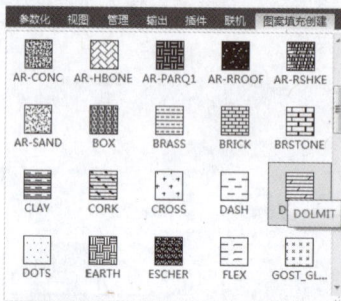

STEP 15 设置好比例后，在"边界"面板中单击"拾取点"按钮。

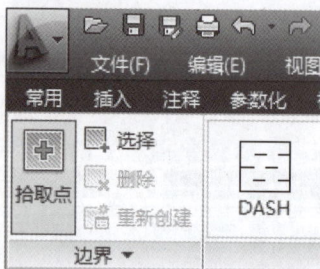

STEP 16 在绘图窗口中的合适位置进行填充。

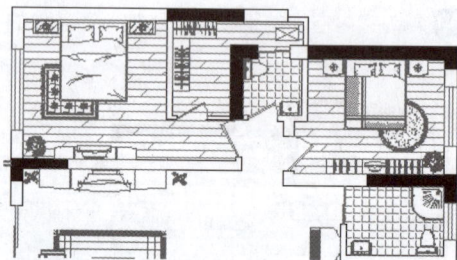

STEP 17 继续使用"图案填充创建"中的命令，为其他空间填充图案。

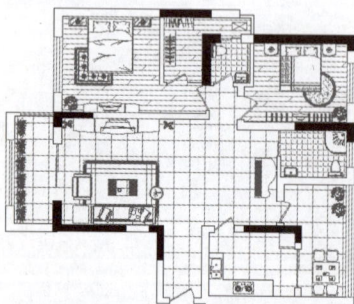

STEP 18 在菜单栏中执行"绘图>文字>多行文字"命令，为每个房间添加文字标注。

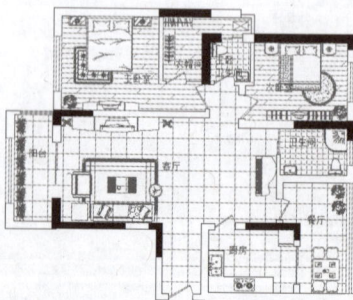

Lesson 06　三维户型图的绘制

为了更好地表现房间的布局，在平面图的基础上可以创建三维模型。创建墙体之后，再添加材质与灯光渲染，达到最终效果。下面将介绍家居平面图的建模步骤。

原始文件：实例文件\第20章\原始文件\三居室平面图.dwg、三维模型渲染.dwg
最终文件：实例文件\第20章\最终文件\三居室三维效果图.dwg、三维模型渲染.dwg

01　绘制墙体

创建三维模型时首先要进行墙体的绘制，同时这也是非常重要的部分。可以运用"多段体"命令，根据命令窗口的提示创建墙体。

STEP 01 在"常用"选项卡的"图层"面板中，关闭填充图案图层和文字图层。

STEP 02 关闭相应的图层后的效果如下图所示。

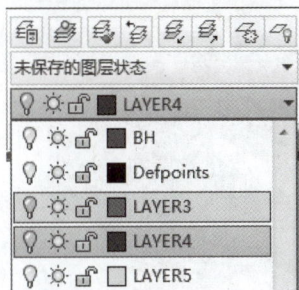

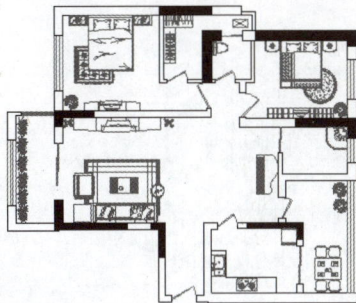

STEP 03 在快速访问工具栏中，单击"工作空间"下拉按钮，选择"三维建模"选项。

STEP 04 在菜单栏中，执行"视图>三维视图>西南等轴测"命令。

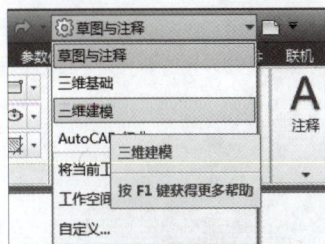

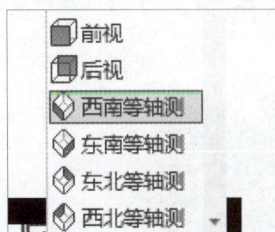

STEP 05 程序将自动在绘图窗口中调整视图。

STEP 06 在"常用"选项卡的"建模"面板中，单击"多段体"按钮。

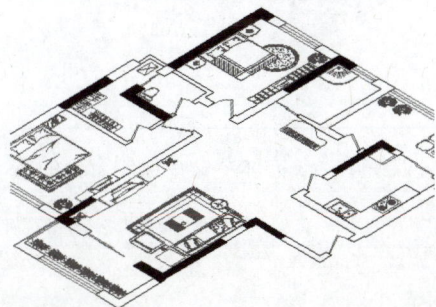

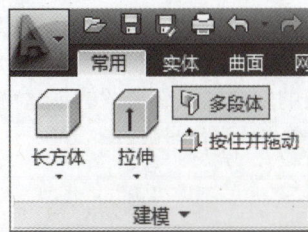

STEP 07 根据命令窗口提示进行相关操作。

STEP 08 输入命令绘制相应的墙体。

```
命令:_Polysolid
指定起点或[ 对象(O)/高度(H)/宽
度(W)/对正(J)]<对象>:h
指定高度:2800
指定起点或[ 对象(O)/高度(H)/宽
度(W)/对正(J)]<对象>:w
指定宽度:320
指定起点或[ 对象(O)/高度(H)/宽
度(W)/对正(J)]<对象>:j
```

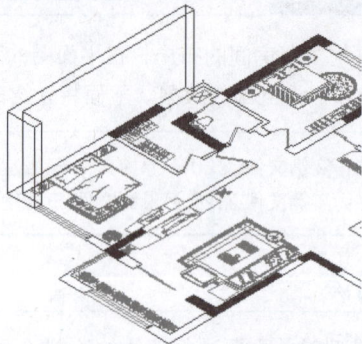

STEP 09 继续执行"多段体"命令,绘制模型中其余的墙体。

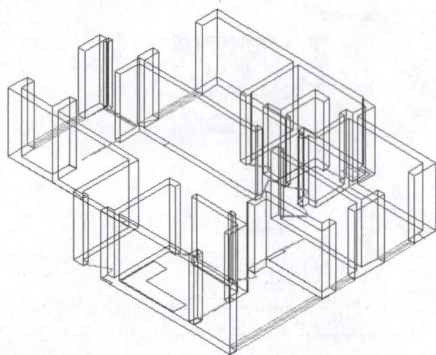

STEP 10 在"视图"选项卡的"视觉样式"面板中,更改视觉样式为"概念"。

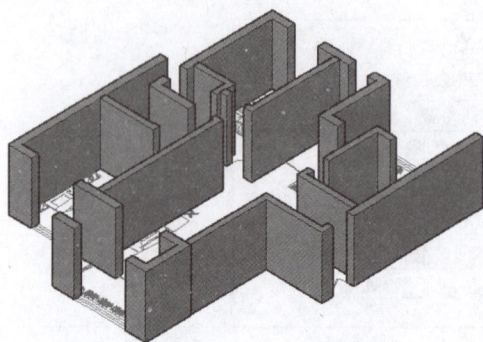

STEP 11 在"常用"选项卡的"实体编辑"面板中,单击"实体、并集"按钮,选中要合并的墙体,按Enter键确定。

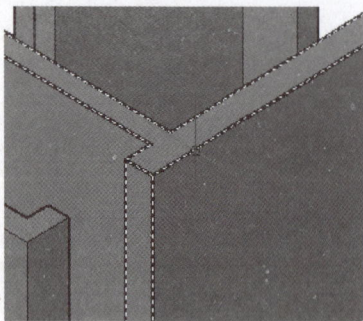

STEP 12 继续执行"并集"命令合并相关的墙体。

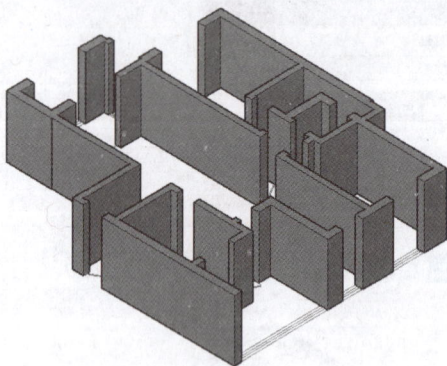

02 绘制窗台

墙体与墙体之间的空白区域是预留的创建窗台的位置。可以使用"长方体"命令绘制窗台的墙体,下面将介绍绘制窗台的具体步骤。

STEP 01 在"常用"选项卡的"建模"面板中，单击"长方体"按钮，指定长方体的第一顶点。

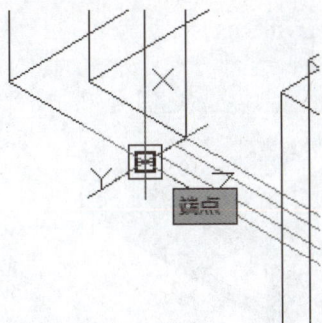

STEP 02 在绘图窗口中确定长方体的第二个顶点。

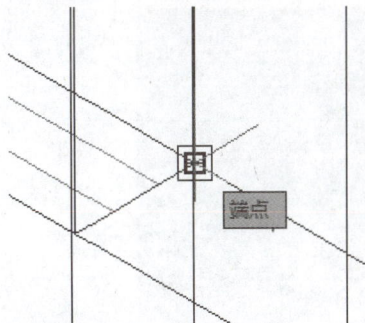

STEP 03 沿Z轴方向移动光标，输入高度为800，按Enter键确定。

STEP 04 继续运用"长方体"命令，绘制其他窗台的底部。

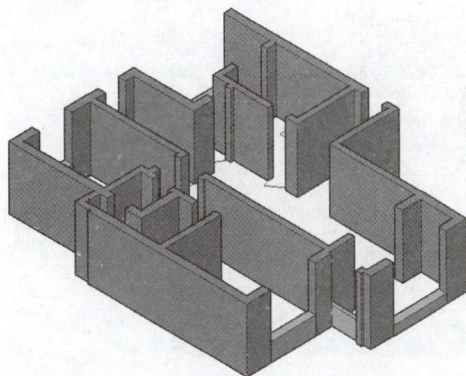

STEP 05 继续运用"长方体"命令，指定长方体的第一顶点。

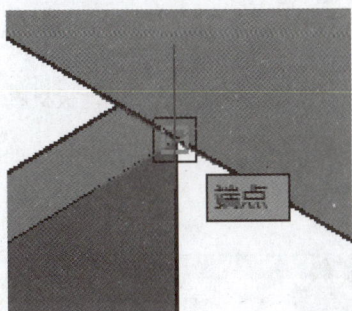

STEP 06 在绘图窗口中确定长方体的第二个顶点。

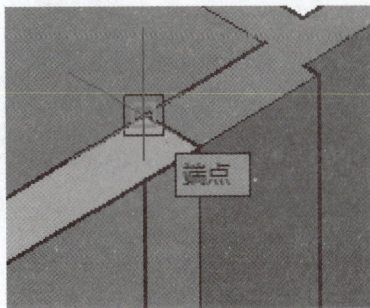

STEP 07 沿Z轴方向移动光标，输入高度为-300，按Enter键确定。

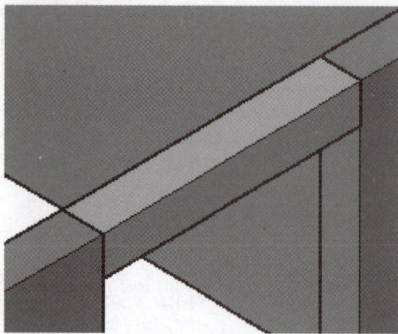

STEP 08 继续运用"长方体"命令，绘制缺少的部分长方体。

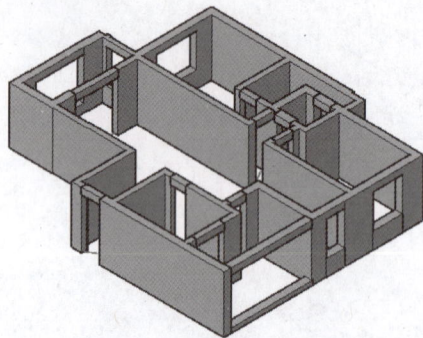

STEP 09 在菜单栏中执行"修改>实体编辑>并集"命令，合并墙体与窗台的部分。

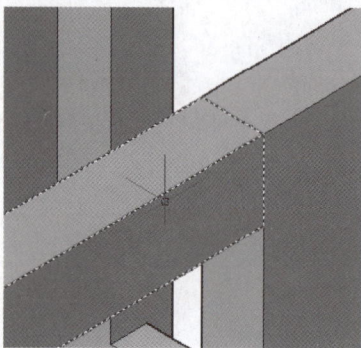

STEP 10 在绘图窗口中继续选择需要合并的墙体与窗台部分，进行合并。

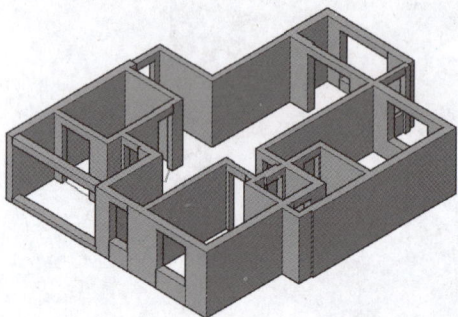

03 三维模型渲染

为了使模型更加真实，可以为模型添加材质或灯光，以达到预期的效果。下面将介绍三维模型渲染的步骤。

STEP 01 打开文件三维模型渲染.dwg，在"渲染"选项卡的"材质"面板中，单击"材质浏览器"按钮，打开"材质浏览器"选项板。

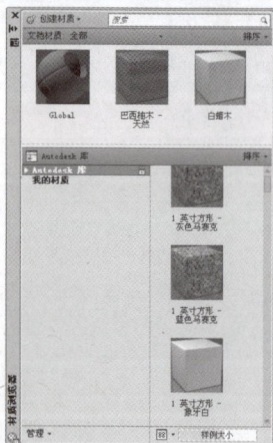

STEP 02 在"Autodesk库"中单击"地板"选项，然后在后侧预览列表框中选择合适的地板材质样式。

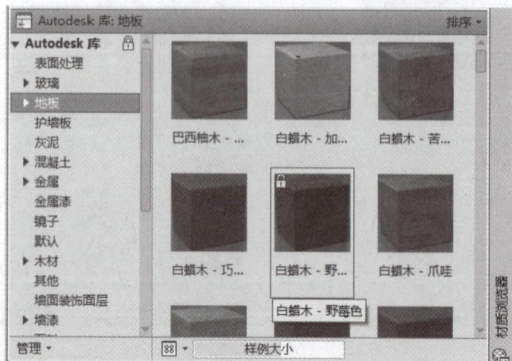

STEP 03 上一步选择的地板材质会自动出现在"文档材质：全部"窗格中。

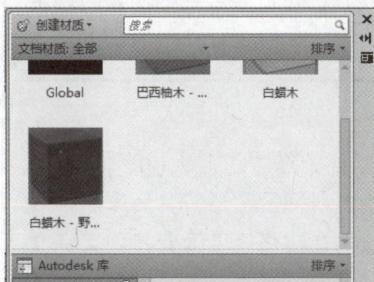

STEP 04 从"文档材质：全部"中拖曳材质样式到绘图窗口中的地板上，再在"渲染"面板中选择"渲染"选项。

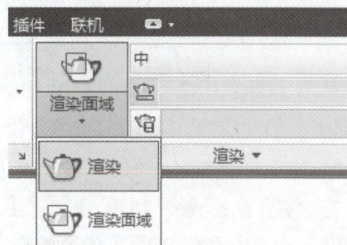

STEP 05 在弹出的渲染窗口中会显示渲染效果。

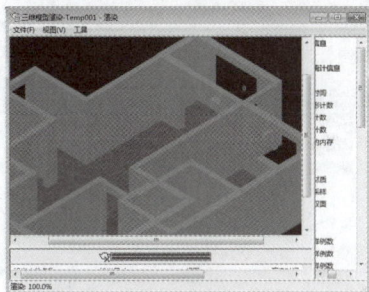

STEP 06 重复上面的操作，为墙体选择适当的材质，进行渲染。

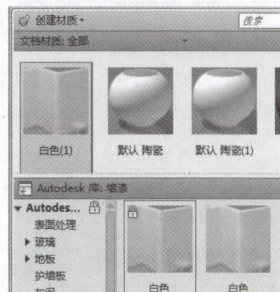

STEP 07 将选择好的墙体材质拖曳到绘图窗口中的墙体上，再进行面域渲染。

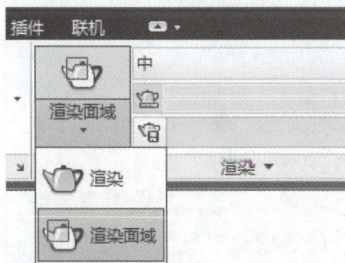

STEP 08 框选需要渲染的部分，程序会自动对目标区域进行渲染。

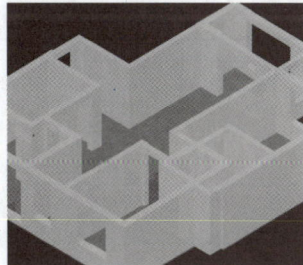

STEP 09 在"视图"选项卡下的"视觉样式"面板中，更改视觉样式为"真实"。

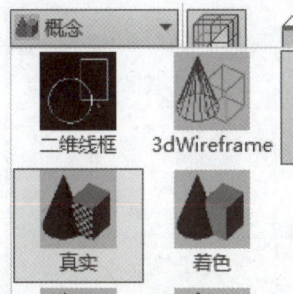

STEP 10 经过上一步操作后，即使不进行渲染，在绘图窗口中也可以看到添加材质后的效果。

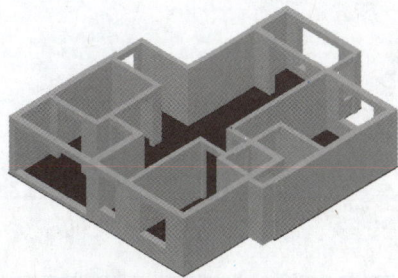

下面将会为用户介绍如何找回丢失的文件、如何修改标注、如何使用CAL命令等一些问题的解决方法。

Q01: 由于电脑死机没能保存文件,怎样找回丢失的文件?

A01: 一般情况下,Windows操作系统会有提供临时文件的备份功能,在"C:\Documents and Settings\Administrator\Local Settings\Temp"文件夹中可以找到所需的图形,其后缀名一般为.bak,将临时文件复制出来,然后将后缀名改为.dwg即可。如果在该路径下没有找到目标文件,可能是因为Windows系统文件是隐藏文件,在"查看"选项卡下选中"显示所有文件和文件夹"单选按钮即可找到目标文件,如下左图所示。

另外,再一次打开AutoCAD时,会弹出"图形修复管理器"选项板,从中也可以找到之前没有保存的文件。如下右图所示。

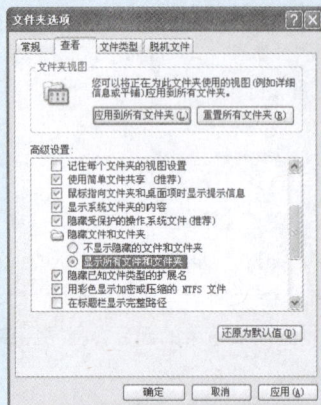

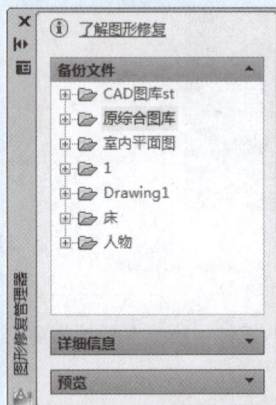

Q02: 修改标注时有哪些简单的方法?

A02: 对已经进行过尺寸标注的图形进行尺寸编辑,通常可以使用3种方法。第一种方法是在命令窗口中输入ED命令,按Enter键,或在菜单栏中执行"修改>对象>文字>编辑"命令,然后选择需要修改的尺寸,输入新值后单击窗口空白处即可,如下左图所示。第二种方法是选中需要编辑的标注尺寸,右击弹出快捷菜单,选择"快捷特性"选项,在打开的选项板中更改其尺寸值。第三种方法是单击需要编辑的标注尺寸,右击弹出快捷菜单,选择"特性"选项,在打开的选项板中更改尺寸值。

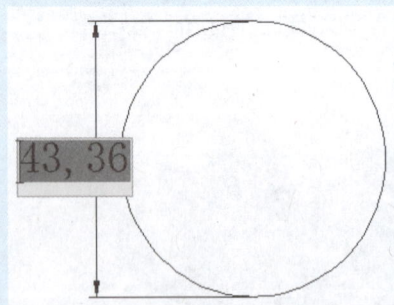

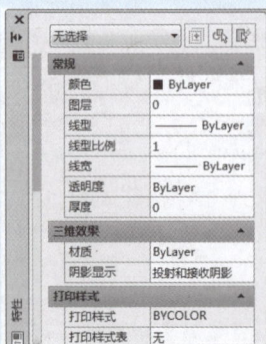

Q03： CAL命令是做什么的，怎样使用CAL命令？

A03： CAL是AutoCAD的一个计算器，可以在需要计算的时候随时使用。调用的方法是需要进行计算的时候输入'CAL'，注意CAL前后要加单引号。

STEP 01 在"常用"选项卡的"绘图"窗口中单击"圆心，半径"按钮，然后在绘图窗口中指定一个点作为圆的圆心。

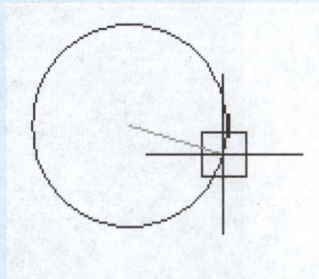

STEP 02 在命令窗口中根据提示依次输入圆的参数，执行计算功能。

命令：-circle指定圆的圆心或[三点(3P)/两点(2P)/切点、切点、半径(T)]：
指定圆的半径或[直径(D)]:d
指定圆的直径:'cal'
需要数值距离或第二点。
指定圆的直径：50

STEP 03 程序会自动根据输入的方程式计算出圆的直径，并创建圆。

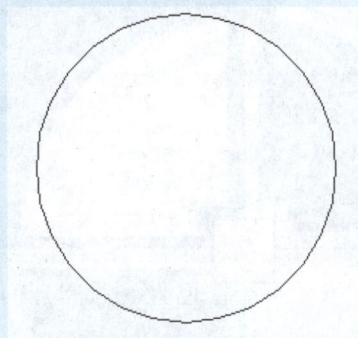

STEP 04 标注圆的直径可以检查直径的尺寸是否为之前求得的值。

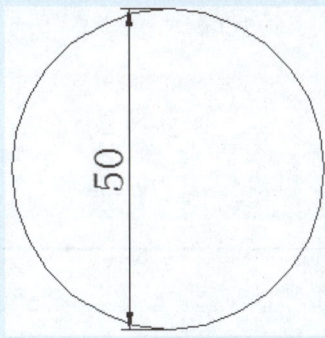

Q04： "特性匹配"命令失效怎么办？

A04： 在使用AutoCAD的过程中，有时其他命令都很正常，但"特性匹配"却不能用了，通过重装软件可能会恢复，但一时又找不到它的安装程序，此时下面介绍的方法就可以派上用场了。
方法1：在命令窗口中，输入menu命令，按Enter键，在弹出的"选择自定义文件"对话框中，选择acad.mnu菜单文件，重新加载。
方法2：在命令窗口中，输入appload命令，按Enter键，在弹出的"加载/卸载应用程序"对话框中，选择并加载AutoCAD目录下的match.arx文件即可。

Q05： 无法打开"多行文字编辑器"怎么办？

A05： 一般来说多行文字命令MTEXT不能用时，可先手动加载一下acmted.arx文件，重新加载后MTEXT命令就能正常使用了。acmted.arx文件位于AutoCAD程序安装目录的根目录下。当再次启动AutoCAD后第一次使用MTEXT命令时，系统会自动调入。所以，当觉得AutoCAD运行速度变慢时，可以用APPLOAD命令先将其从内存中卸载。

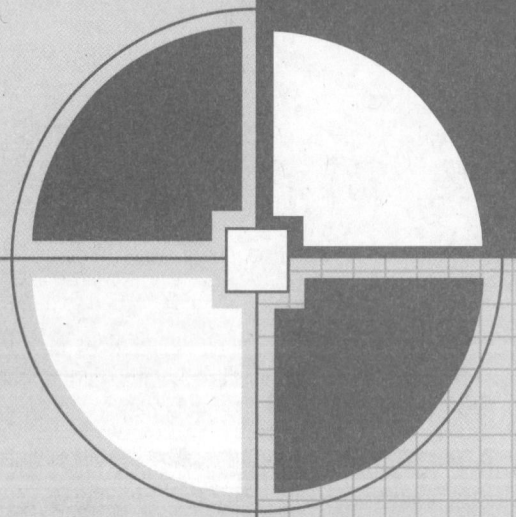

CHAPTER 21

园林图形设计

园林景观设计是在一定的地域范围内，运用相关园林艺术和工程技术手段，通过营造建筑和布置园路等途径创造美的自然环境和生活、游憩境域的过程。通过景观设计，使环境具有欣赏价值和使用功能，并保证生态的可持续性发展。本章将以绘制社区花园为例，介绍AutoCAD软件在园林设计领域中的运用。

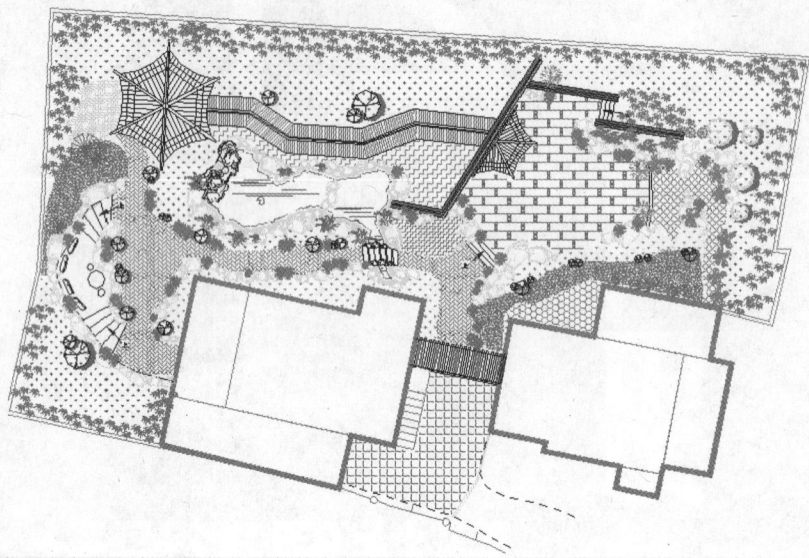

01 社区花园平面图

　　绿地设计的总原则为：因地制宜、因时制宜、民族风格、地方特色、时代要求、节约、就地取材和植物造景。

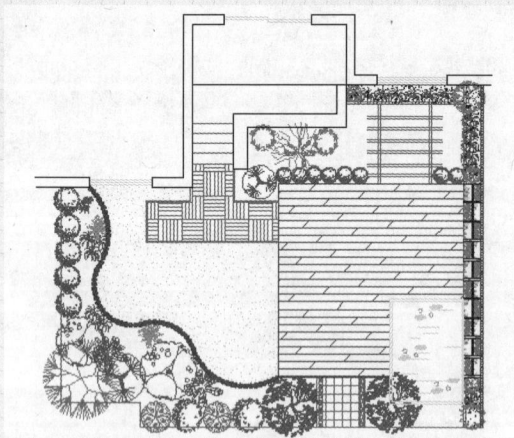

02 楼顶花园平面图

　　绘制该平面图时主要运用了"插入块"、"图案填充"、"样条曲线"以及"偏移"等命令。

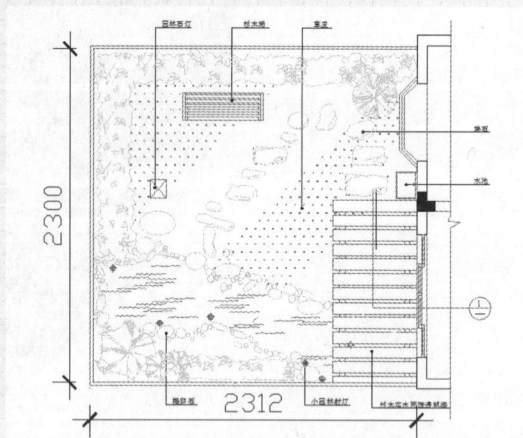

03 亭院布置图

　　在进行园林植被种植设计时，需要遵循3个原则：种植目的需明确；注意选择合适的植物种类，满足植物的生态要求；注意种植密度和种类搭配。

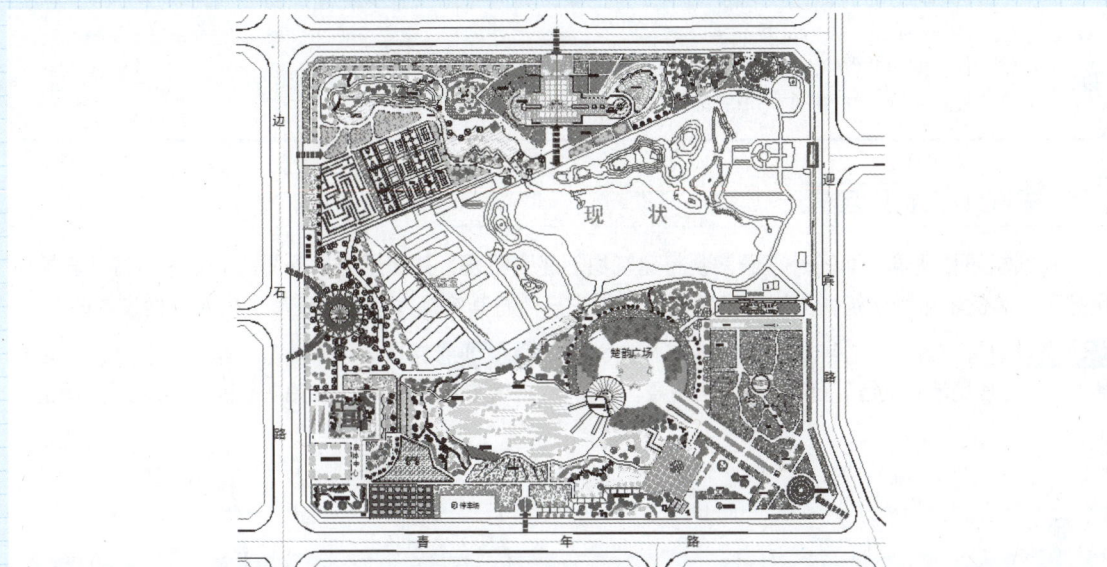

04 城区中心规划平面图

在做地形设计时,需注意以下原则:因地制宜,顺其自然;绿地内地形与城市环境相协调;满足绿地功能活动的要求;满足园林景观要求、工程要求及植物种植要求。

05 南湖小花园平面图

在绘制园林图形时,可使用不同颜色或不同的填充图案来区分各园林图块。

Lesson 01 建筑与道路设计

在设计园林图形时，建筑物及道路作为主体，其他绿化设施围绕建筑物及道路有序分布。

原始文件：实例文件\第21章\原始文件\社区中心平面框架.dwg
最终文件：实例文件\第21章\最终文件\社区中心花园设计图.dwg

01 绘制建筑平面图

在绘制园林建筑平面图时，通常会将建筑物创建为图块，并使用"插入图块"命令，将其直接调用即可。本例中居民建筑物图块已经绘制好，用户只需将其轮廓线增粗，使其区别于其他设施即可。

STEP 01 打开"社区中心平面框架.dwg"原始文件，并将"居民地和垣栅"图层设置为当前层。

STEP 02 在菜单栏中执行"绘图 > 多段线"命令，将线宽设置为300，并沿着居民楼轮廓绘制多段线。

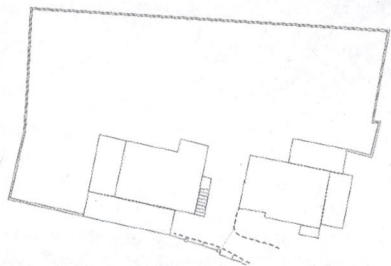

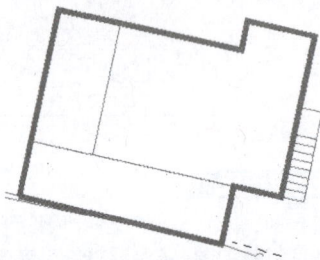

STEP 03 继续执行"多段线"命令，绘制剩余的居民楼轮廓。

STEP 04 打开"图层特性管理器"，新建"建筑物"层，并设置其图层属性，然后将其设为当前层。

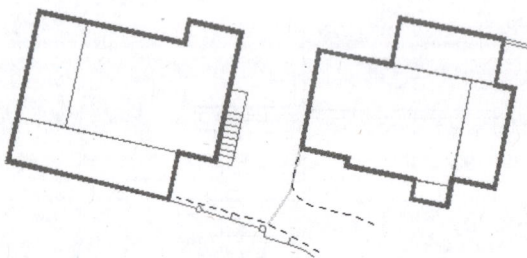

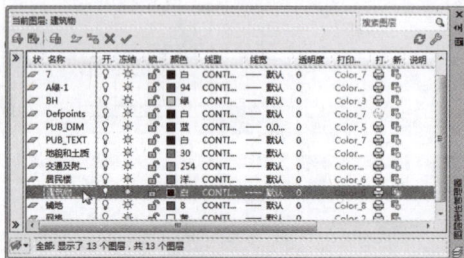

STEP 05 在菜单栏中执行"绘图 > 直线"命令，在两栋居民楼之间绘制一条连接线。

STEP 06 在菜单栏中执行"修改 > 偏移"命令，将该连接线向上偏移1800mm，绘制出过道。

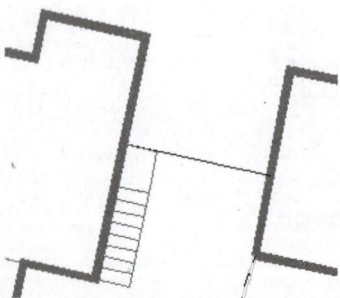

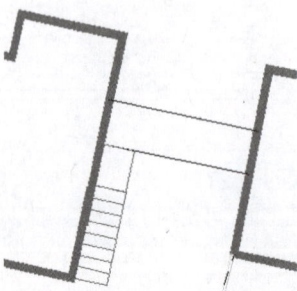

STEP 07 在菜单栏中执行"绘图 > 矩形"命令，绘制一个长为2000mm，宽为150mm的矩形，作为过道的顶棚。

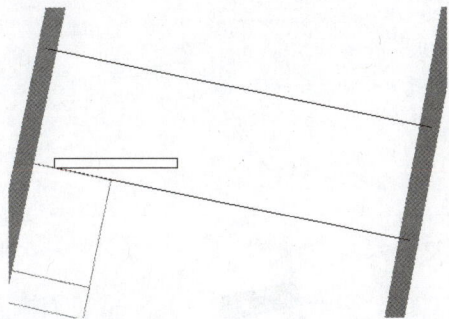

STEP 08 在菜单栏中执行"修改 > 旋转"命令，将刚绘制的矩形进行旋转，旋转角度为102°，放置于过道的合适位置。

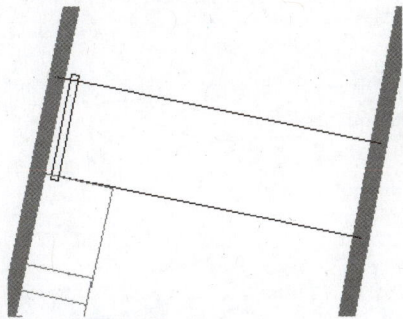

STEP 09 在菜单栏中执行"修改 > 阵列 > 矩形阵列"命令，选中矩形，按Enter键，并输入A命令后，按Enter键，选择角度选项，然后捕捉过道的另一端点。

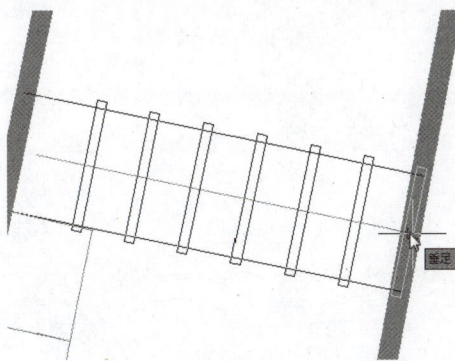

STEP 10 然后，输入C命令，按Enter键，将行数设置为1，列数设置为20，按Enter键，然后再次捕捉过道的另一端点，按Enter键，即可完成阵列。

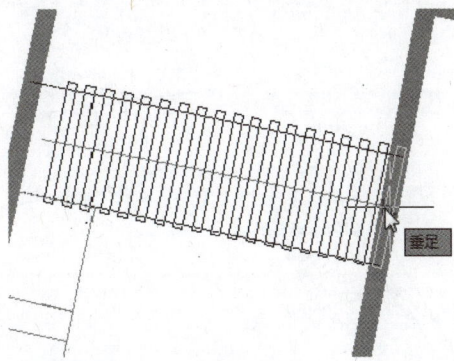

STEP 11 在菜单栏中执行"插入 > 块"命令，打开"插入"对话框，单击"浏览"按钮，选择"凉亭"图块，然后返回至"插入"对话框。

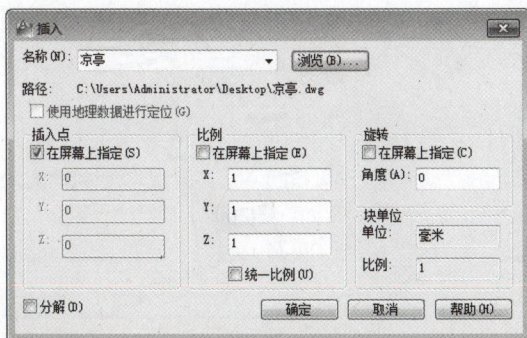

STEP 12 单击"确定"按钮，即可将凉亭平面图块调入至图形中，执行"修改 移动"命令，将其移动至图形中的合适位置。

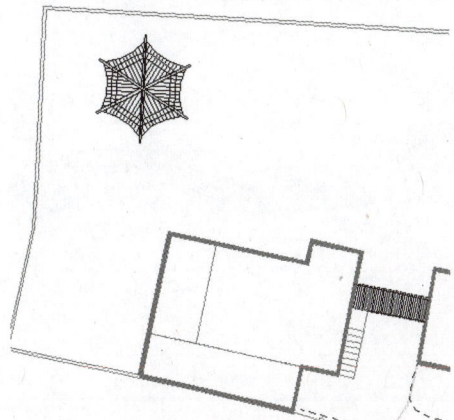

STEP 13 执行"多段线"命令，绘制长廊边界线，并执行"偏移"命令，将该边界线向下进行偏移，偏移距离为2000mm。

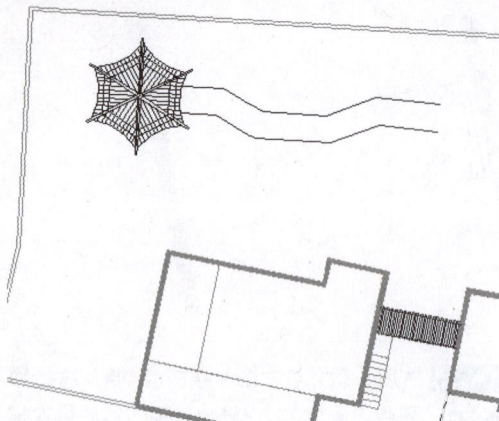

STEP 14 继续执行"多段线"命令，绘制花园围墙边界线，并将其偏移500mm，完成围墙轮廓图。

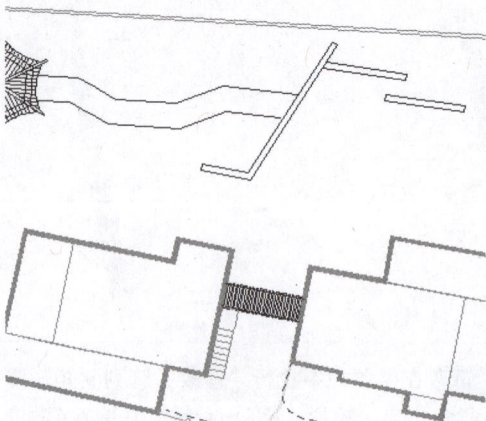

STEP 15 执行"插入"命令，将"半亭"图块调入至围墙内的合适位置。

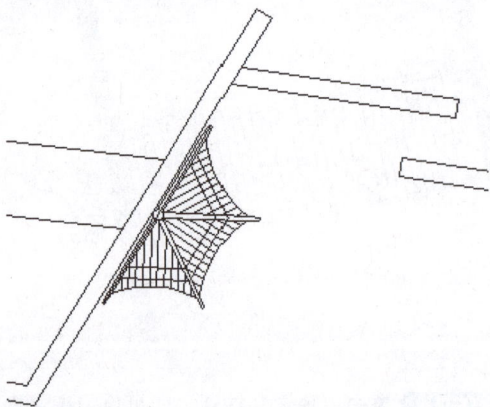

STEP 16 执行"偏移"命令，将长廊边界线向下依次偏移900mm和20mm，作为长廊屋顶脊梁的轮廓。

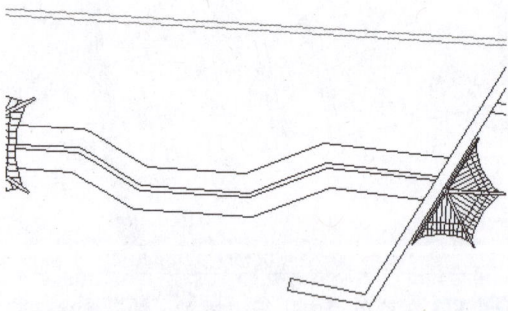

STEP 17 在菜单栏中执行"绘图 > 图案填充"命令，为长廊屋顶填充合适的图案。

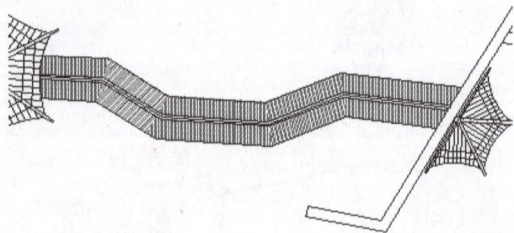

STEP 18 继续执行"图案填充"命令，为围墙图形进行填充，之后即完成对所有建筑物平面图的绘制。

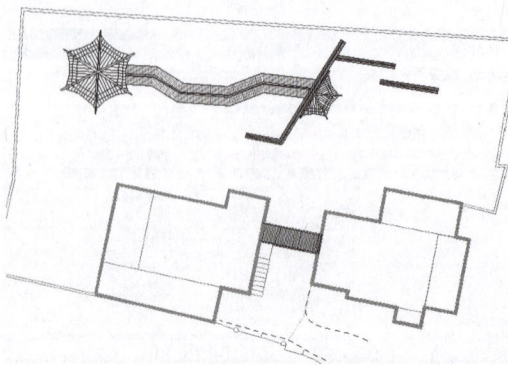

02 绘制社区道路平面图

建筑平面图绘制好以后，下面将运用"样条曲线"命令，绘制花园道路。

STEP 01 将"铺地"层设为当前层，在"常用"选项卡的"绘图"面板中，单击"样条曲线拟合"按钮，捕捉过道中的合适点作为起点。

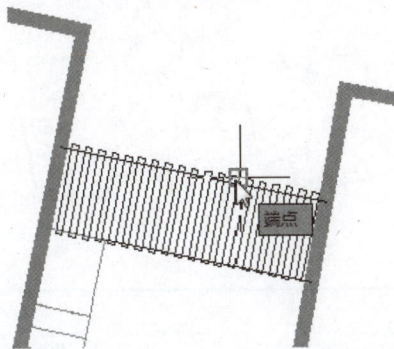

STEP 02 根据命令窗口提示，在绘图窗口中，指定下一点。

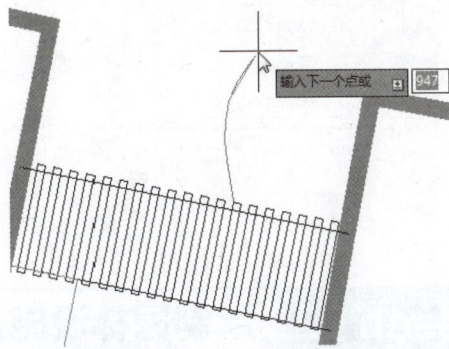

STEP 03 根据命令窗口的提示，继续指定所需绘制的道路点。

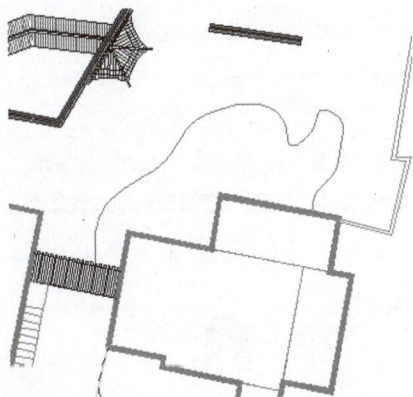

STEP 04 选中刚刚绘制的路线，指定需要修改的夹点，移动该夹点，即可编辑其线段。

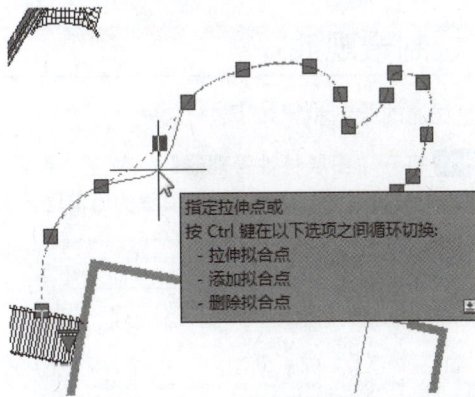

STEP 05 捕捉右侧居民楼中的合适点，单击"样条曲线拟合"按钮，绘制道路另一侧的边线。

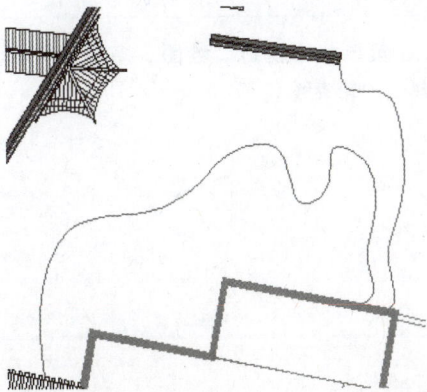

STEP 06 继续单击"样条曲线拟合"按钮，完成另一条道路边界线的绘制。

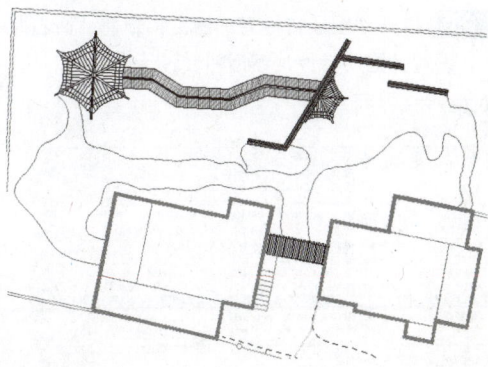

STEP 07 选中其中一条样条曲线，在光标右侧的列表中，选择"添加拟合点"选项，即可添加夹点，完成线条编辑。

STEP 08 按照以上方法继续操作，即可完成花园道路图形的绘制。

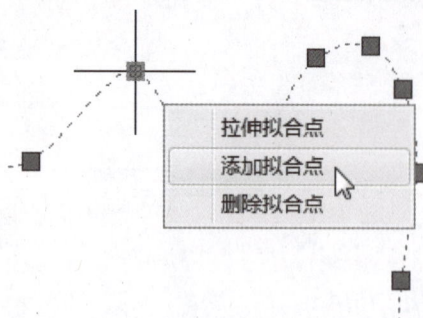

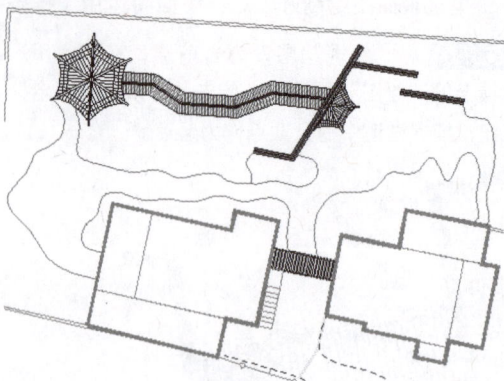

Lesson 02　绘制园林设施及绿化

在进行园林设计时，除了布置建筑物和道路之外，还需对一些公共设施进行布置，例如石桥、石凳、假山、岸石及景观池等。

01　绘制景观池

景观池的绘制步骤如下：

STEP 01 打开"图层特性管理器"，新建"景观池"图层，设置其图层属性，并将其设为当前层。

STEP 02 在"常用"选项卡的"绘图"面板中，单击"样条曲线拟合"按钮，绘制景观池的轮廓线。

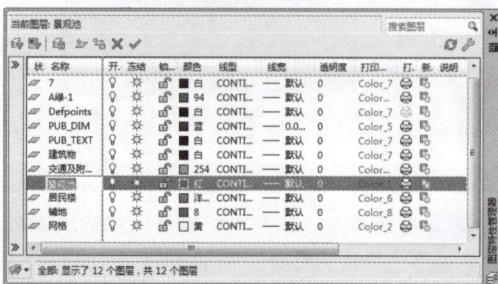

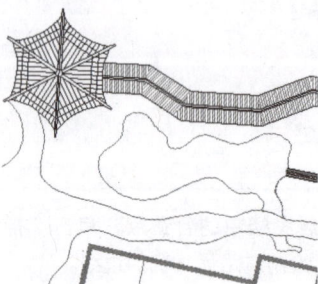

STEP 03 打开"图层特性管理器"，新建"岸石"图层，设置其图层特性，然后将其设为当前层。

STEP 04 在菜单栏中执行"绘图 > 多段线"命令，绘制岸石的轮廓线。

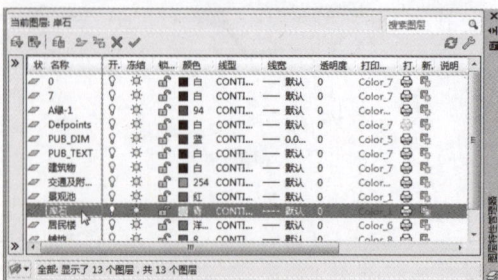

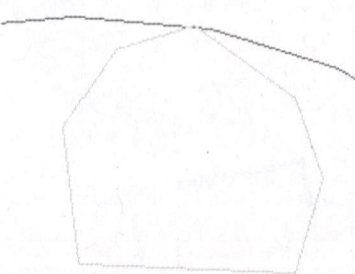

STEP 05 继续执行"多段线"命令，绘制岸石石纹线。

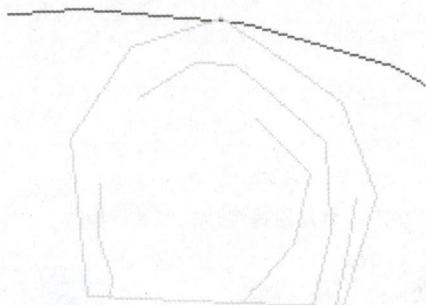

STEP 06 选中岸石轮廓线，右击选择"多段线 > 编辑多段线"，在打开的快捷菜单中，选择"宽度"选项。

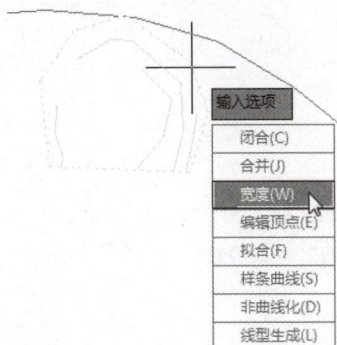

STEP 07 在命令窗口中，输入线段的新宽度值。

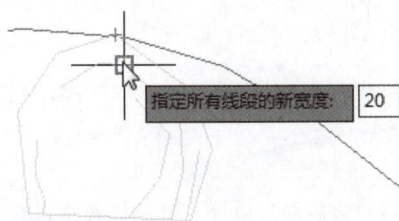

STEP 08 输入后，按Enter键，完成对线段宽度的更改。

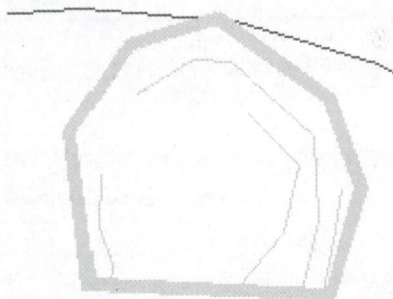

STEP 09 继续执行"多段线"命令，绘制另一岸石轮廓线。

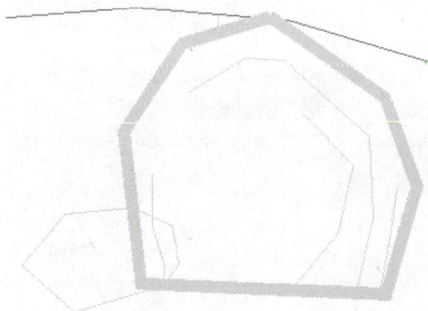

STEP 10 继续执行"多段线"命令，绘制另一岸石纹路。

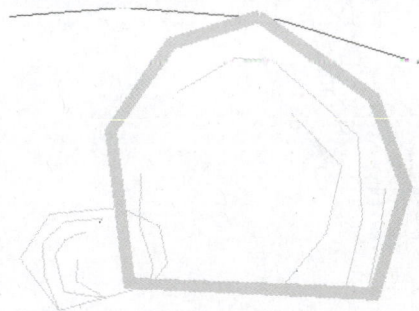

STEP 11 同样执行"编辑多段线"命令，编辑刚绘制的岸石轮廓线。

STEP 12 按照同样的操作方法，绘制几个大小不同的岸石图块。

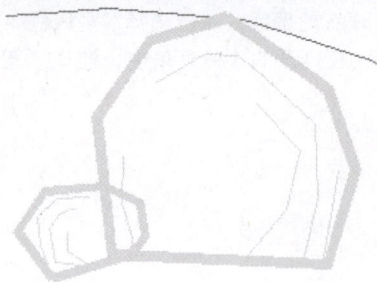

STEP 13 在菜单栏中执行"绘图 > 块 > 创建"命令，将绘制的岸石图形创建成块。

STEP 14 在菜单栏中执行"修改 > 复制"命令，复制岸石图块，并将其沿景观池轮廓进行摆放。

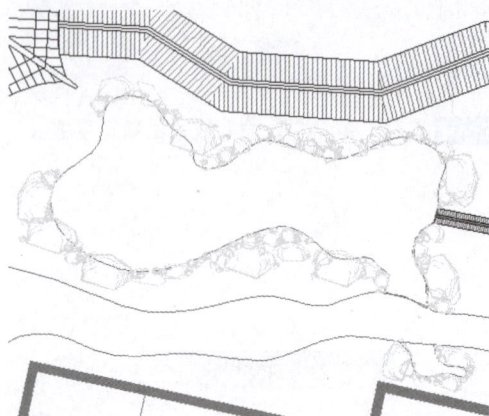

STEP 15 在菜单栏中执行"插入 > 块"命令，将"假山"图块调入景观池合适位置。

STEP 16 执行"多段线"命令，并将其线宽设置为100，沿着池塘轮廓绘制一条多段线。

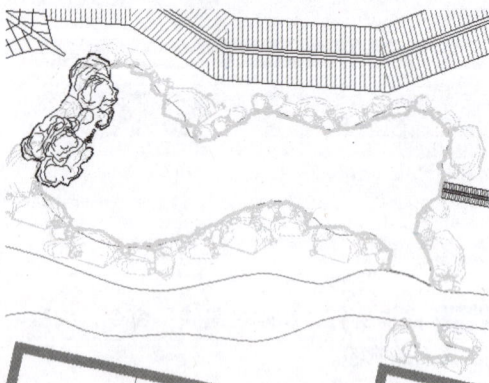

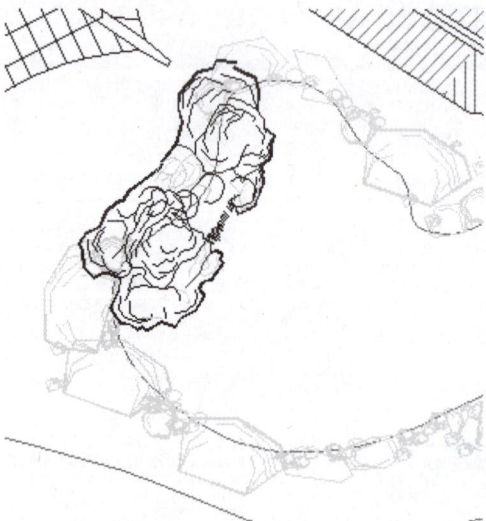

STEP 17 在菜单栏中执行"修改 > 偏移"命令，将刚绘制多段线分别向内偏移140mm和60mm。

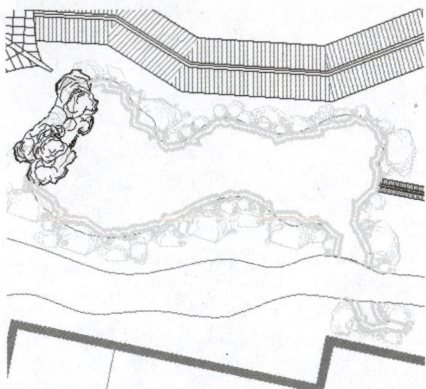

STEP 18 将偏移的线段颜色分别设置为黄色和红色，并将其宽度分别设置为10mm和50mm。

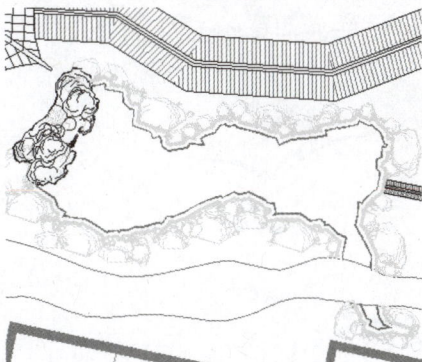

STEP 19 在菜单栏中执行"绘图 > 圆 > 圆心、半径"命令，绘制半径为250mm的圆，放置于景观池中。

STEP 20 在菜单栏中执行"绘图 > 直线"命令，绘制圆形的两条半径。

STEP 21 在菜单栏中执行"修改 > 修剪"命令，对圆形进行修剪，完成水中浮萍图形的绘制。

STEP 22 在菜单栏中执行"修改 > 复制"命令，将浮萍图形复制至水池合适位置。

STEP 23 在菜单栏中执行"绘图 > 多段线"命令,绘制叠水石图形,并执行"编辑 > 复制"命令,将叠水石复制至水池合适位置。

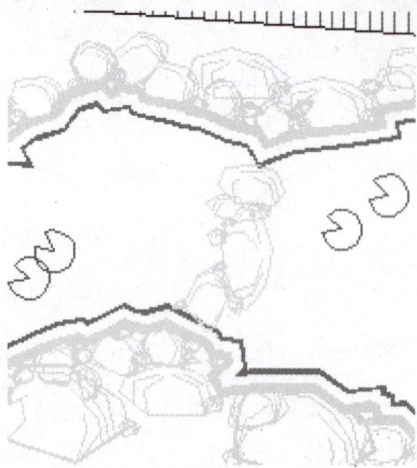

STEP 24 在菜单栏中执行"绘图 > 直线"命令,在景观池中的合适位置,绘制水纹。

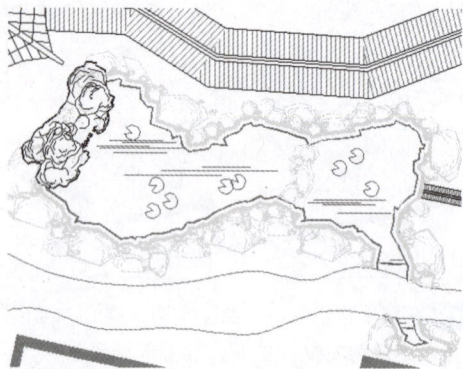

STEP 25 选中其中任意一条水纹线,在"常用"选项卡的"特性"面板中,在"线型"的下拉菜单中,选择"其他"选项。

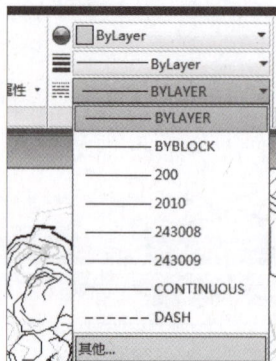

STEP 26 在"线型管理器"对话框中,单击"加载"按钮。

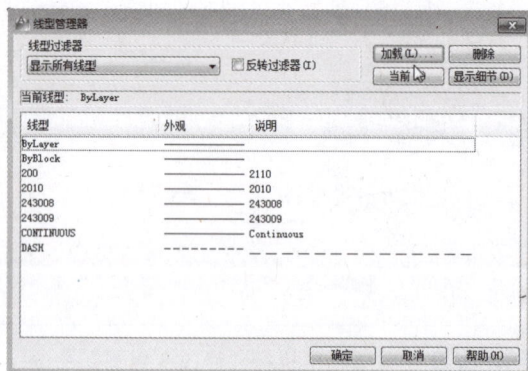

STEP 27 在"加载或重载线型"对话框中,选中折线线型选项,单击"确定"按钮。

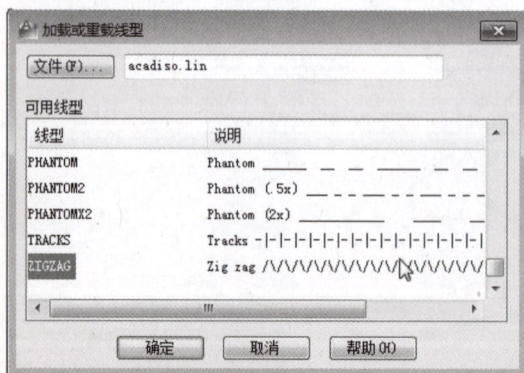

STEP 28 在上一层对话框中,单击"显示细节"按钮,然后,将"全局比例因子"设置为5,单击"确定"按钮。

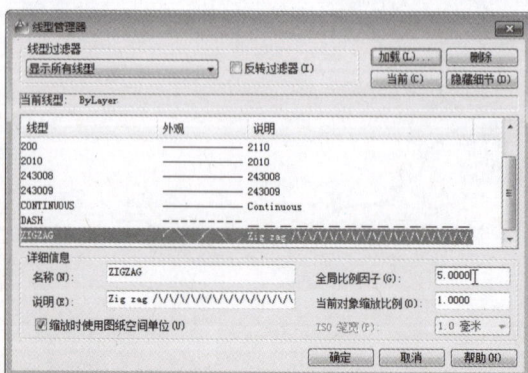

STEP 29 选中水纹线，在"常用"选项卡的"特性"面板中，选择折线线型，即可完成对线型的更改。

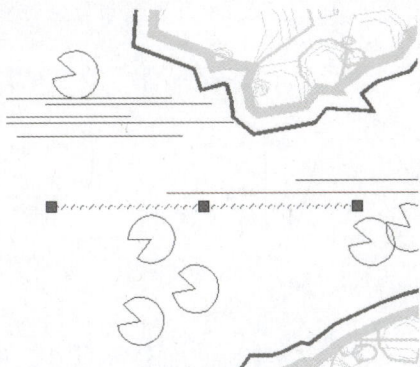

STEP 30 在菜单栏中执行"修改 > 特性匹配"命令，更改其他水纹线，从而完成景观池平面图的绘制。

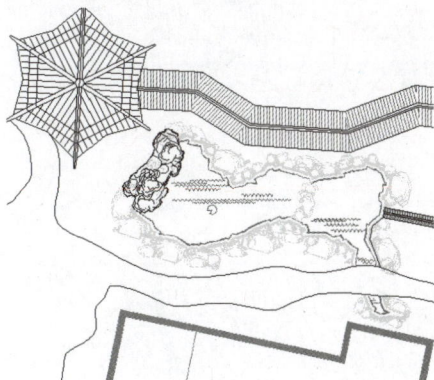

02 绘制石桥和石凳

石桥、石凳以及景观石块的绘制如下。

STEP 01 按照以上绘制岸石的方法，绘制道路两旁的景观石块图形。

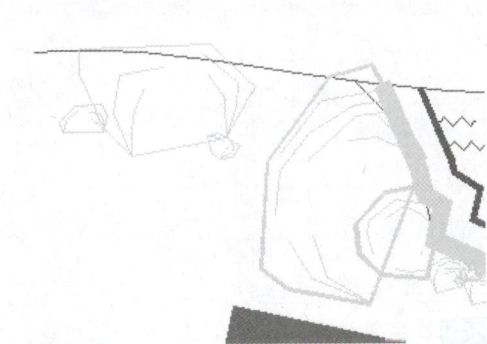

STEP 02 在菜单栏中执行"修改 > 复制"命令，完成道路两侧石块的绘制。

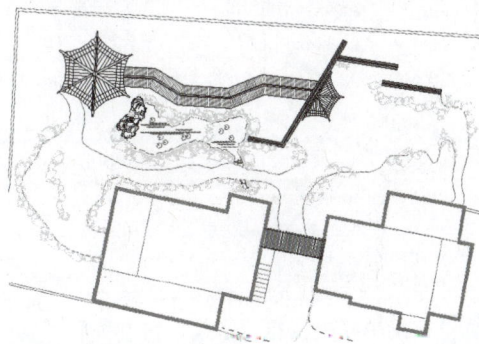

STEP 03 在"常用"选项卡的"图层"面板中，单击"图层特性"按钮，将"道路"图层设置为当前层。

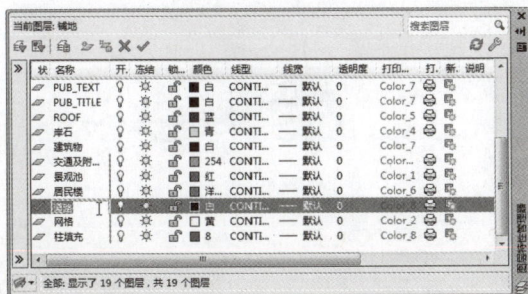

STEP 04 在菜单栏中执行"绘图 > 直线"命令，绘制休闲区台阶线段。

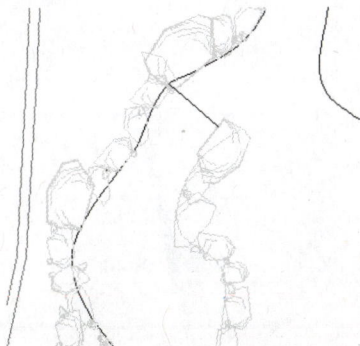

STEP 05 在菜单栏中执行"修改 > 偏移"和"修改 > 旋转"命令，对台阶线段进行偏移。

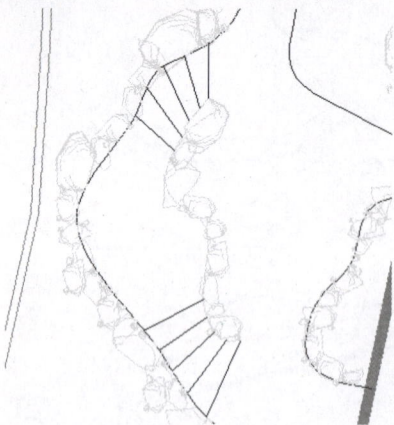

STEP 06 在菜单栏中执行"绘图 > 多段线"命令，将起点宽度设为0，端点宽度设为200，绘制箭头标志。

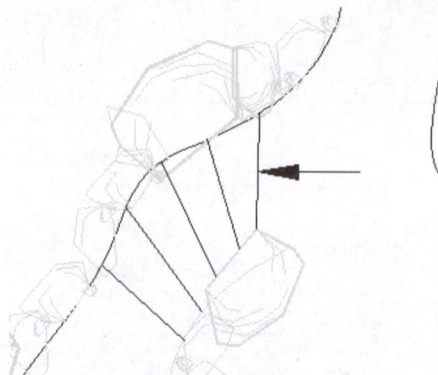

STEP 07 在菜单栏中执行"修改 > 旋转"命令，对箭头进行旋转操作。

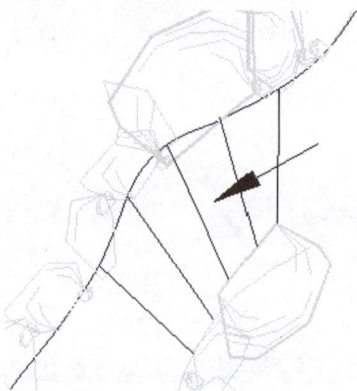

STEP 08 在菜单栏中执行"绘图 > 文字 > 单行文字"命令，将文字高度设为300，并输入文字内容。

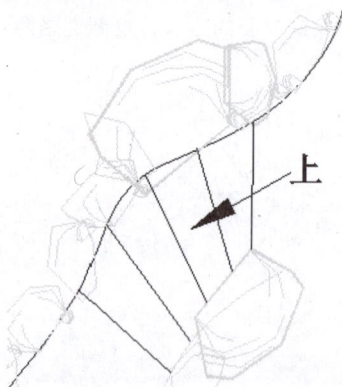

STEP 09 在菜单栏中执行"修改 > 复制"和"修改 > 旋转"命令，完成对另一侧阶梯的标注。

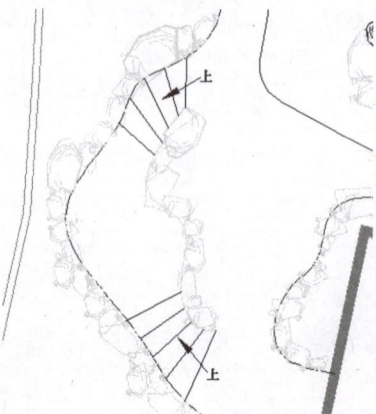

STEP 10 在菜单栏中执行"绘图 > 直线"命令，在围墙一侧绘制台阶线。

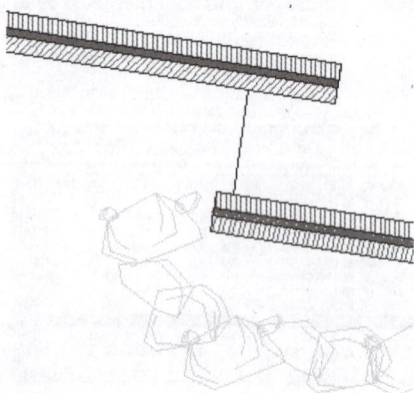

STEP 11 在菜单栏中执行"修改 > 偏移"命令，将该台阶线向右侧依次偏移300mm。

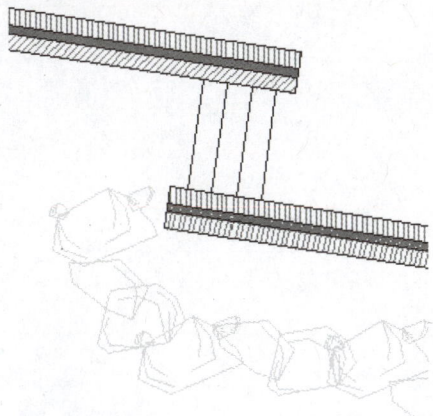

STEP 12 执行"多段线"和"单行文字"命令，对台阶进行标注。

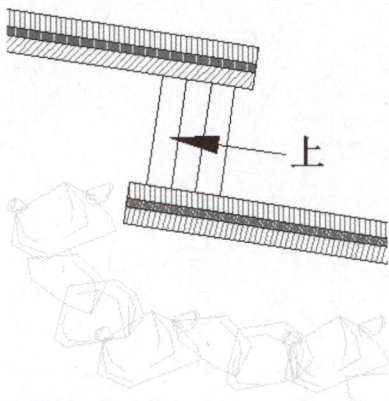

上

STEP 13 继续执行"多段线"命令，绘制出石桥栏杆。

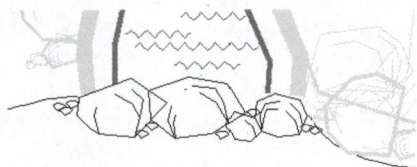

STEP 14 执行"复制"命令，将栏杆、石块复制至桥另一侧。

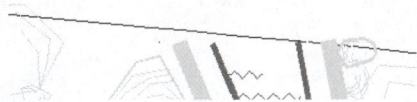

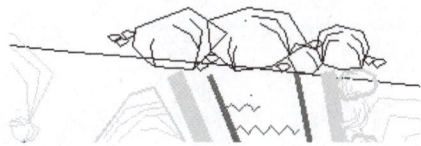

STEP 15 执行"多段线"命令，绘制出石桥的地铺砖轮廓。

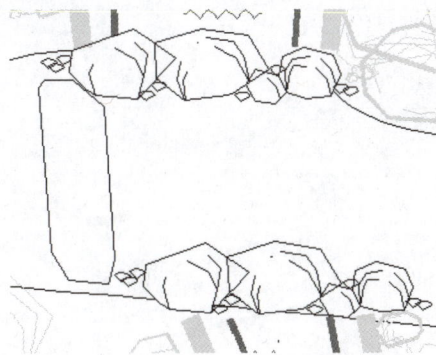

STEP 16 执行"复制"命令，对该地砖图形进行复制操作。

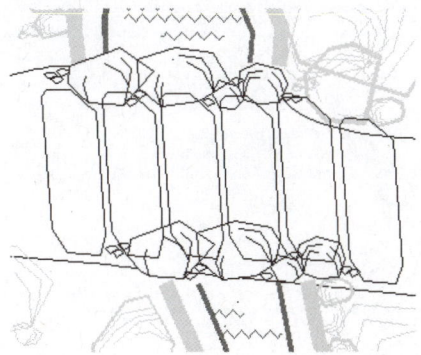

STEP 17 执行"修剪"命令，对图形进行修剪，完成石桥图形的绘制。

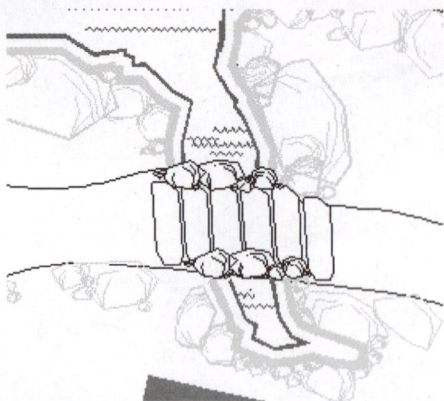

STEP 18 执行"多段线"命令，绘制石凳的轮廓线。

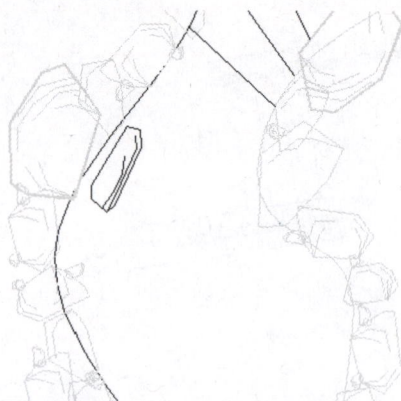

STEP 19 执行"复制"和"旋转"命令，对该石凳进行复制。

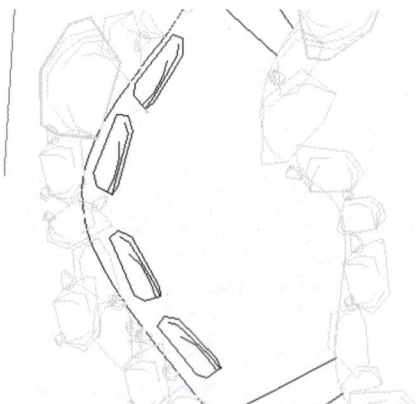

STEP 20 在菜单栏中执行"绘图 > 圆 > 圆心、半径"命令，绘制半径为600mm的圆，并将其作为石桌图块。

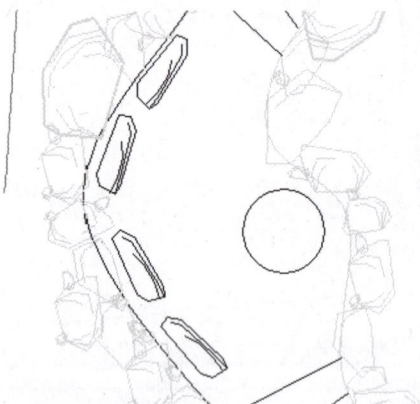

STEP 21 绘制半径为225mm的圆形石凳，执行"修改 > 镜像"命令，对石凳进行镜像。

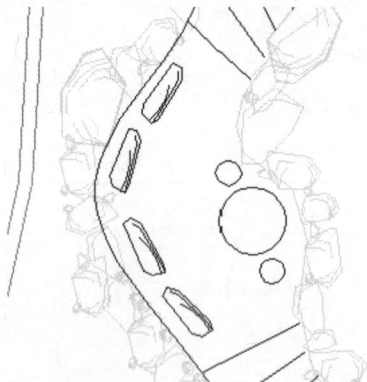

STEP 22 镜像完毕后，即可完成对花园中石桥及石凳图形的绘制。

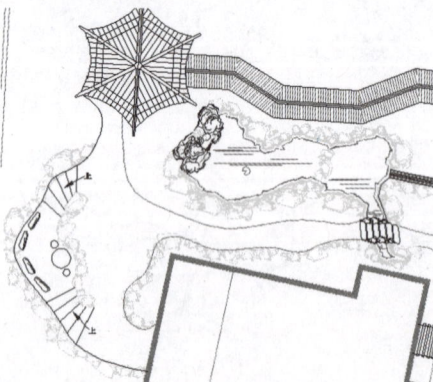

03 绘制灌木及草坪

通常绘制灌木或其他植被时，只需使用"插入块"命令，将所需的植物图块插入图形中的合适位置即可。有时在绘制大面积植物时，可使用"图案填充"命令，将适当图案填充至所需区域即可。

STEP 01 新建"填充"图层，并设置其图层属性，双击该层，将其设为当前层。

STEP 02 在菜单栏中执行"绘图 > 多段线"命令，在绘图窗口中，绘制出道路的填充区域。

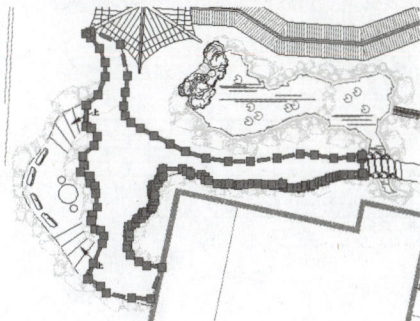

STEP 03 在菜单栏中执行"修改 > 对象 > 图案填充"命令，选择合适的图案，并设置好其比例值，对所绘区域进行填充。

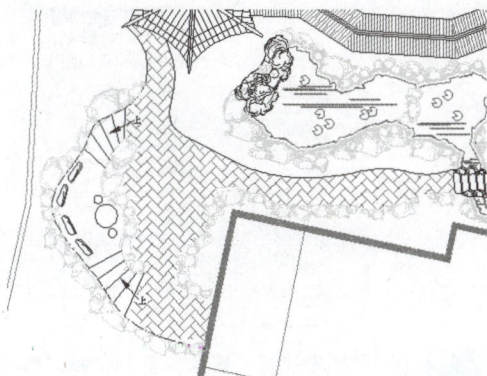

STEP 04 执行"多段线"命令，绘制道路另一侧的填充区域。

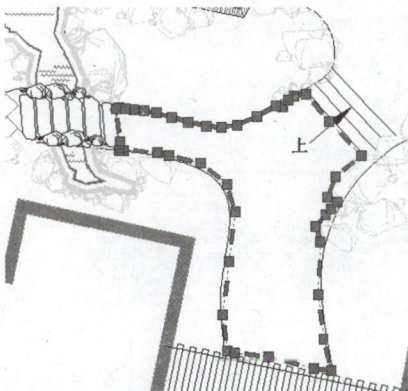

STEP 05 执行"图案填充"命令，对所绘区域进行填充。

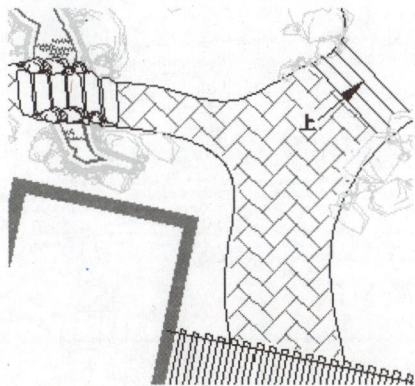

STEP 06 执行"多段线"命令，绘制出凉亭周边区域所需填充的区域。

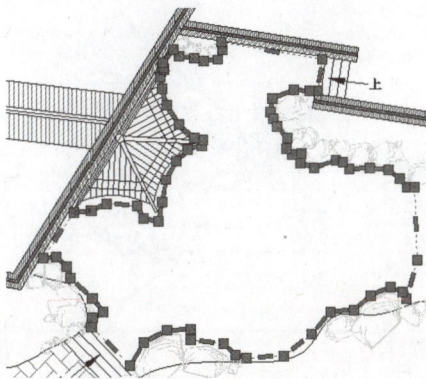

STEP 07 执行"图案填充"命令，将其填充成花岗岩地砖图形。

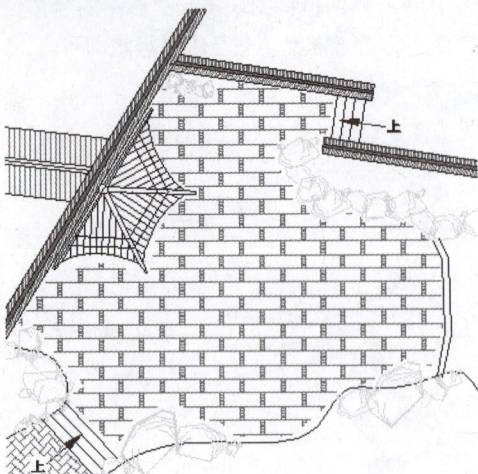

STEP 08 按照同样的操作方法，完成剩余道路地面的填充。

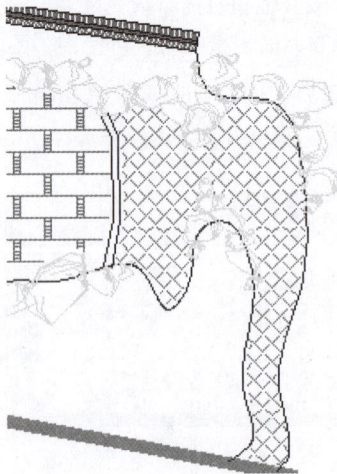

STEP 09 执行"多段线"命令，在景观池下方绘制出草坪的填充区域。

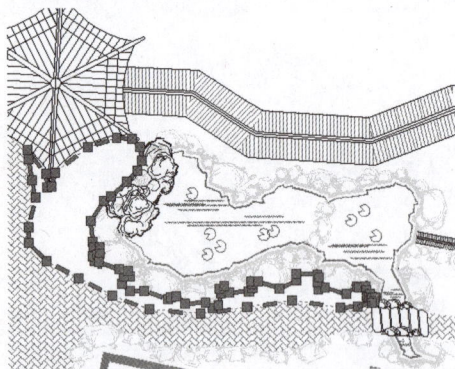

STEP 10 执行"图案填充"命令，选择合适的填充图案，对所绘区域进行填充。

STEP 11 在菜单栏中执行"插入 > 块"命令，将红刺露莞植物图块插入至岸石的合适位置。

STEP 12 在菜单栏中执行"修改 > 复制"和"修改 > 缩放"命令，将该植物图块复制至其他岸石的合适位置。

STEP 13 执行"插入 > 块"命令，将麦冬植物图块插入至道路一旁合适位置。

STEP 14 执行"复制"和"缩放"命令，对麦冬图块进行复制。

STEP 15 执行"图案填充"命令，对其他区域的草坪进行填充。

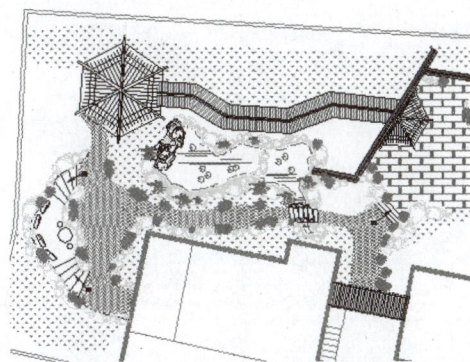

STEP 16 执行"多段线"命令，绘制出山茶图块的填充区域。

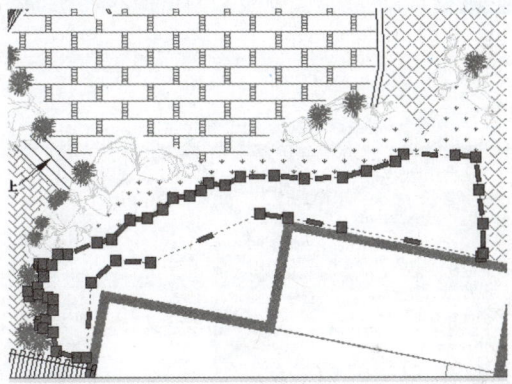

STEP 17 执行"图案填充"命令，对山茶区域进行填充。

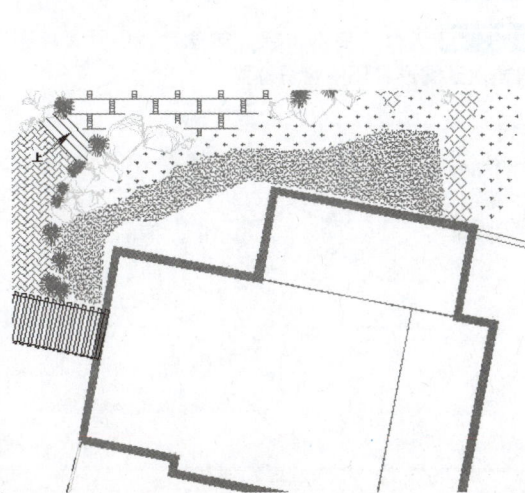

STEP 18 按照同样的操作方法，完成其他山茶区域的绘制。

STEP 19 执行"图案填充"命令,对桃叶珊瑚图块区域进行填充。

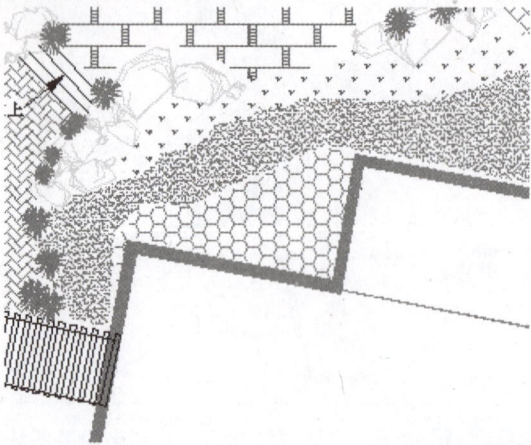

STEP 20 执行"插入>块"命令,将刚竹图块插入至图形中的合适位置。

STEP 21 执行"复制"命令,对刚插入的刚竹图块进行复制。

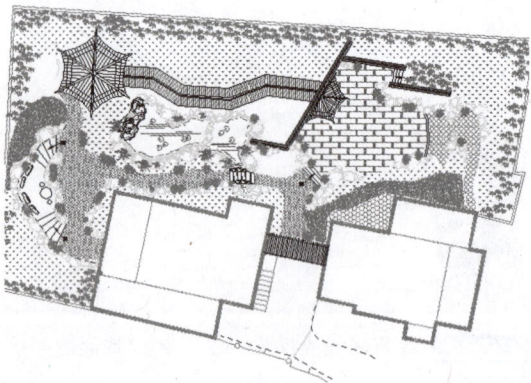

STEP 22 执行"图案填充"命令,对毛娟区域进行填充。

STEP 23 继续执行"图案>填充"命令,对南天竹区域进行填充。

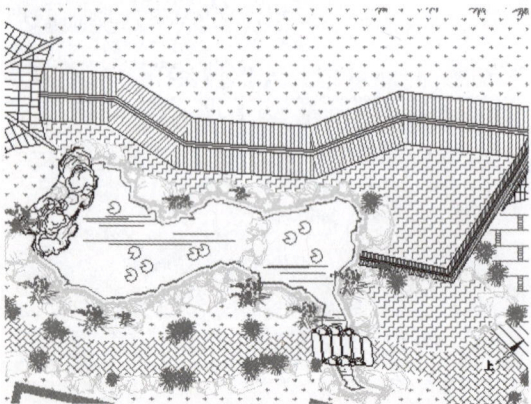

STEP 24 执行"插入>块"命令,将小叶黄球图块插入至图形右侧的合适位置。

STEP 25 执行"插入 > 块"命令，将桂花和芭蕉图块插入至图形的合适位置。

STEP 26 执行"插入 > 块"命令，将慈孝竹图块插入至围墙合适位置。

STEP 27 执行"插入 > 块"命令，将紫薇图块插入至图形右侧的合适位置。

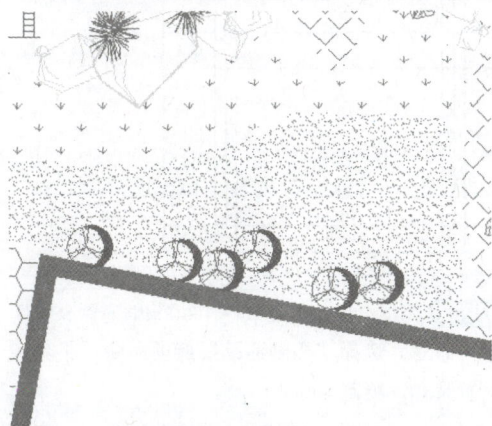

STEP 28 按照同样的操作步骤，完成剩余植被图块的插入。

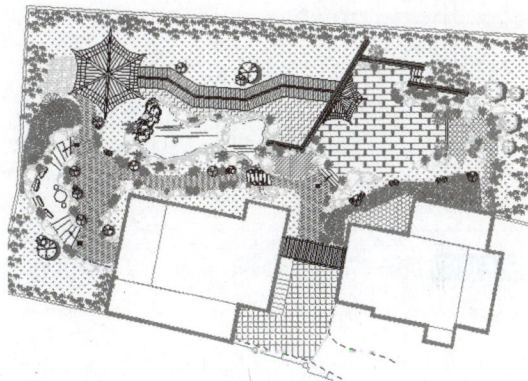

Lesson 03　绘制园林设施立面图

　　通常在平面图纸上，用户只能查看平面布局是否合理，而看不出设计的造型轮廓。所以在一张完整的图纸上，除了需绘制平面图之外，还需根据设计要求，绘制出立面造型及部分大样图。

01　绘制凉亭立面图

　　凉亭立面图的绘制如下。

STEP 01 在菜单栏中执行"绘图 > 直线"命令，绘制地平线，并执行"修改 > 偏移"命令，将地平线依次向上偏移360mm、2200mm、500mm、450mm、1610mm、500mm。

STEP 02 执行"直线"命令，绘制一条垂直于地平线的线段，并将其向右依次偏移900mm、3300mm、900mm。

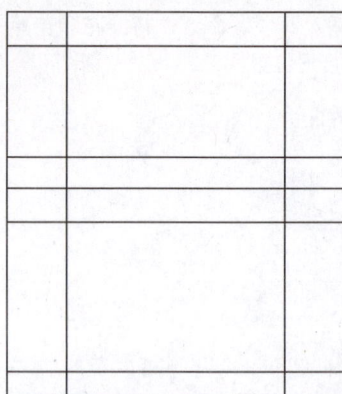

STEP 03 执行"偏移"命令，将垂直偏移后的第2条线段向两侧各偏移150mm。

STEP 04 按照同样的操作方法，将垂直偏移后的第3线段同样向两侧各偏移150mm。

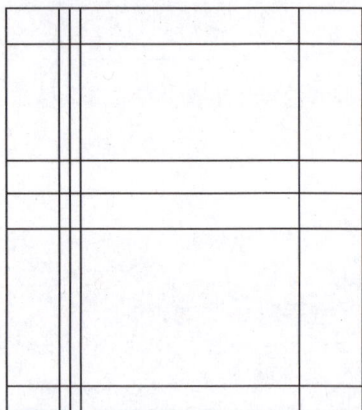

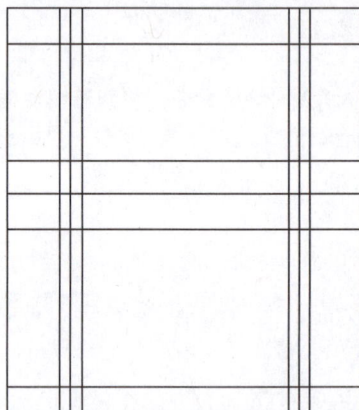

STEP 05 执行"直线"命令，绘制出凉亭的中线。

STEP 06 捕捉A点，在菜单栏中执行"工具 > 绘图设置"命令，选择"极轴追踪"选项命令，将其增量角设为30，绘制斜线。

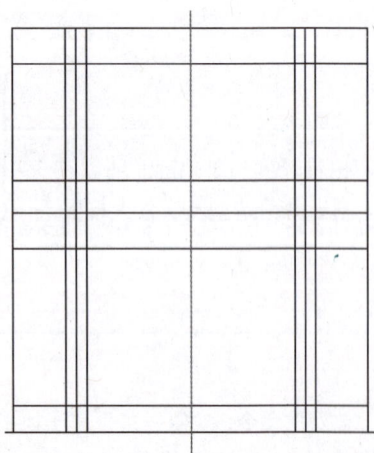

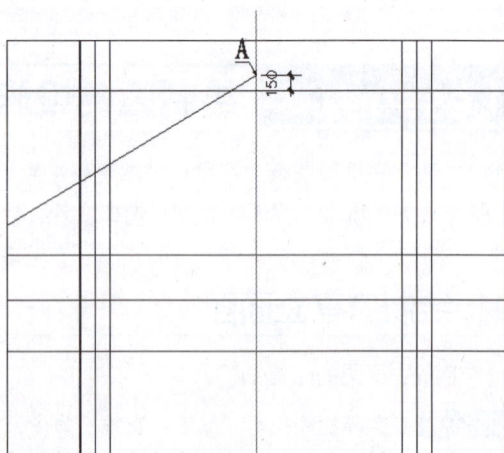

STEP 07 执行"偏移"命令，将斜线向下偏移 150mm。

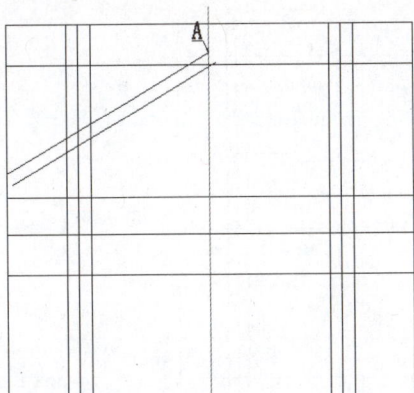

STEP 08 执行"镜像"命令，将两条斜线以凉亭中线为镜像线，进行镜像操作。

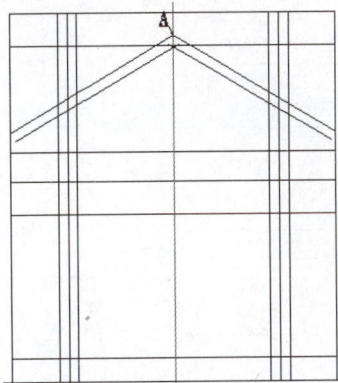

STEP 09 在菜单栏中执行"修改 > 圆角"命令，将两条平行斜线进行圆角，圆角半径设为0。

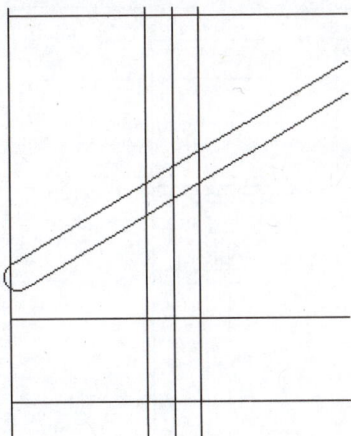

STEP 10 执行"直线"命令，绘制凉亭屋檐的轮廓线。

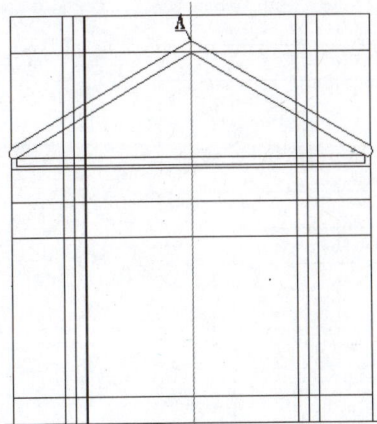

STEP 11 执行"直线"命令，绘制凉亭造型的外轮廓线。

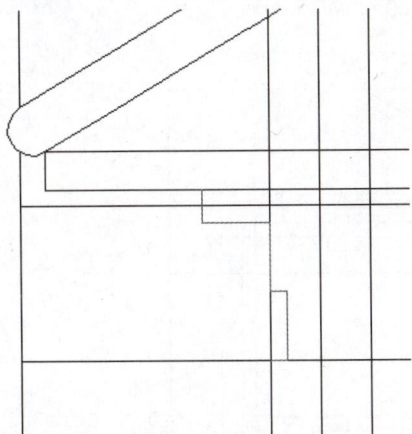

STEP 12 执行"圆角"命令，将刚绘制的轮廓线进行圆角，圆角半径设为200mm。

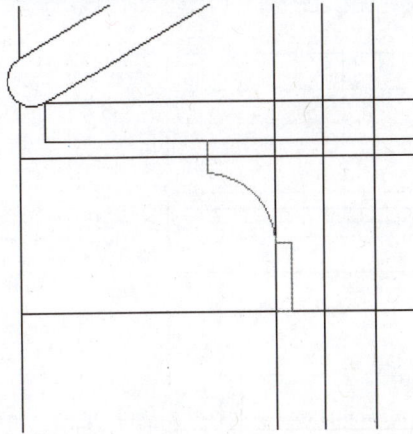

STEP 13 执行"修剪"命令，对梁柱造型进行修剪操作。

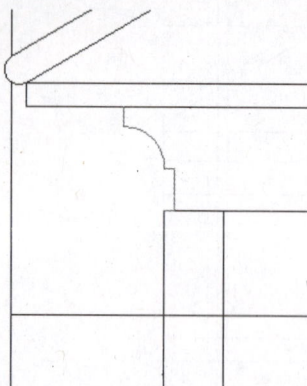

STEP 14 执行"镜像"命令，将绘制好的梁柱轮廓线以中线为镜像线进行镜像操作。

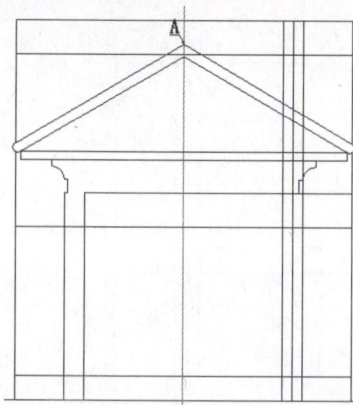

STEP 15 执行"修剪"命令，对镜像后的图像进行修剪。

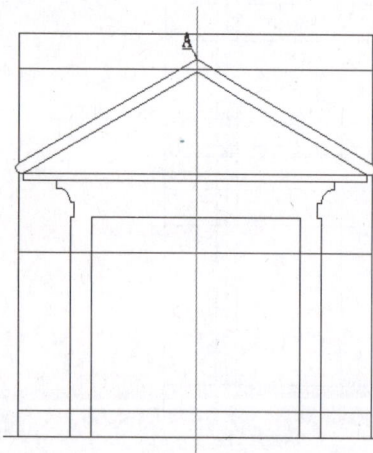

STEP 16 执行"直线"命令，将凉亭梁柱造型绘制完整。

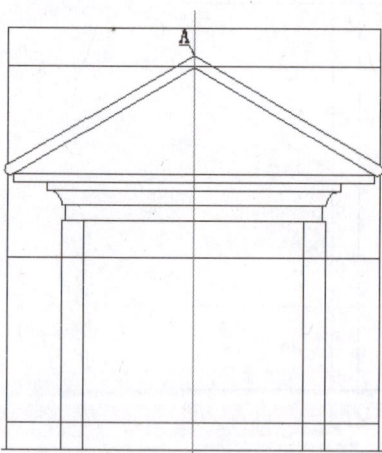

STEP 17 绘制凉亭台阶。执行"偏移"命令，将地平线向上依次偏移120mm，供偏移2次。

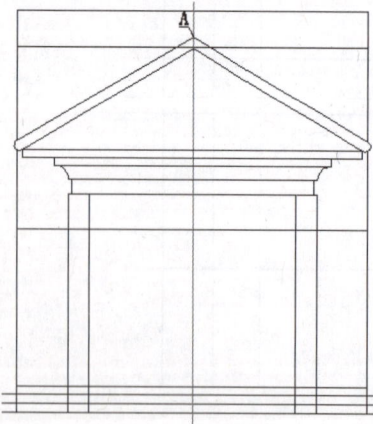

STEP 18 执行"偏移"命令，将凉亭中线向两侧各依次偏移1300mm和350mm。

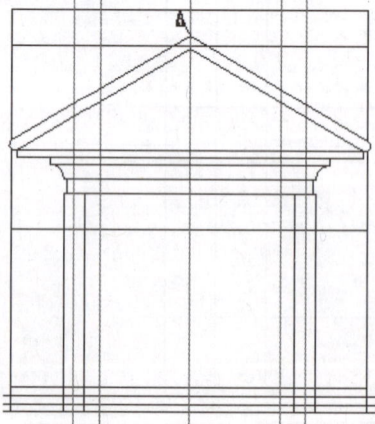

STEP 19 执行"修剪"命令，对偏移后的直线进行修剪。

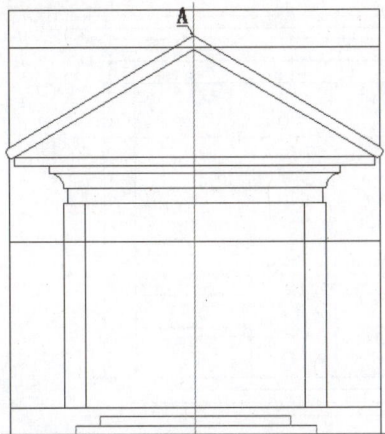

STEP 20 执行"偏移"命令，将凉亭最上层的台阶线向上依次偏移450mm和300mm。

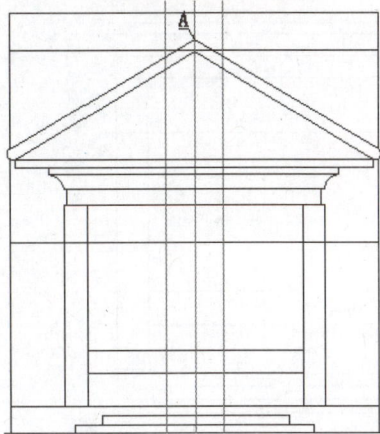

STEP 21 执行"修剪"命令，对偏移后的直线进行修剪。

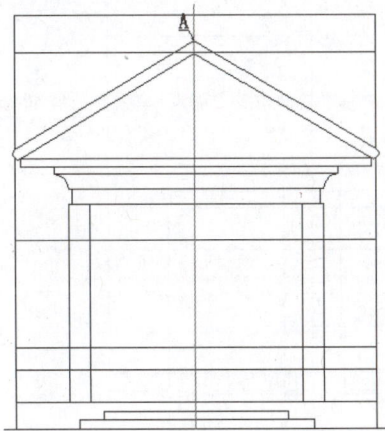

STEP 22 将凉亭中线向两侧各偏移400mm。

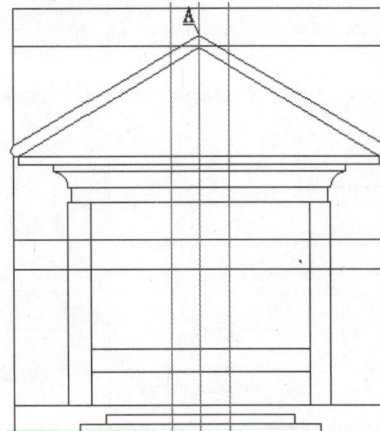

STEP 23 将地平线向上偏移2160mm，绘制凉亭门洞图形。

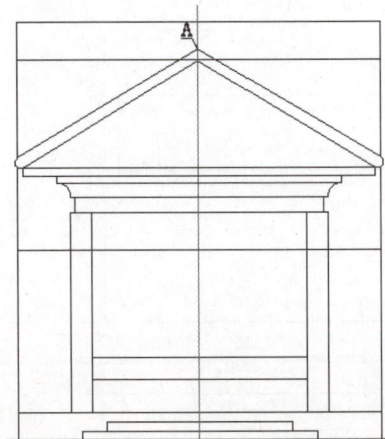

STEP 24 执行"修剪"命令，对偏移后的直线进行修剪。

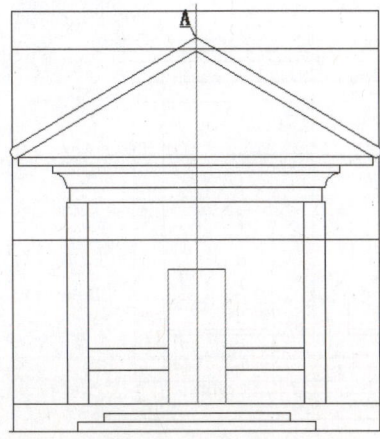

STEP 25 在"常用"选项卡"绘图"面板中，单击"圆弧"按钮，将门洞图形绘制成拱门图形。

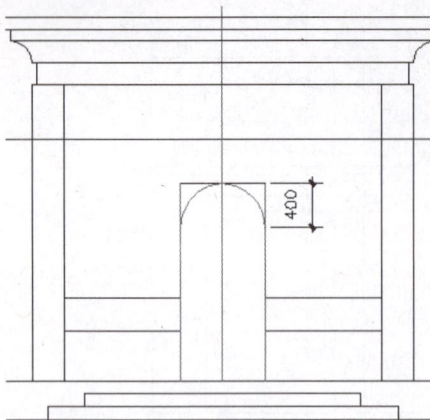

400

STEP 26 执行"修剪"命令，对完成的拱门图形进行修剪。

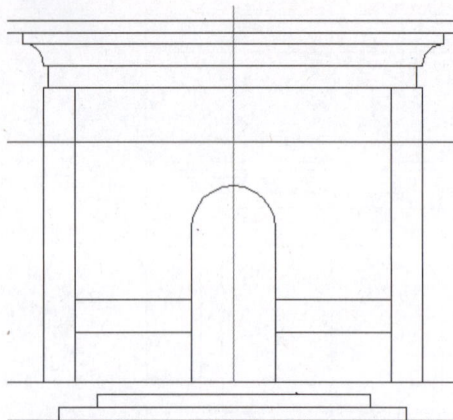

STEP 27 绘制凉亭座椅栏杆。执行"偏移"命令，将地平线向上依次偏移860mm和200mm。

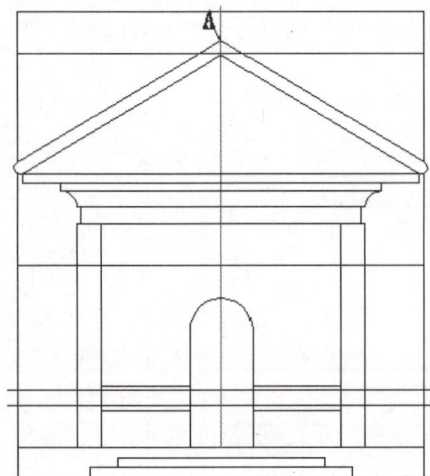

STEP 28 继续执行"偏移"命令，将最左侧的垂直辅助线向右依次偏移2200mm和700mm。

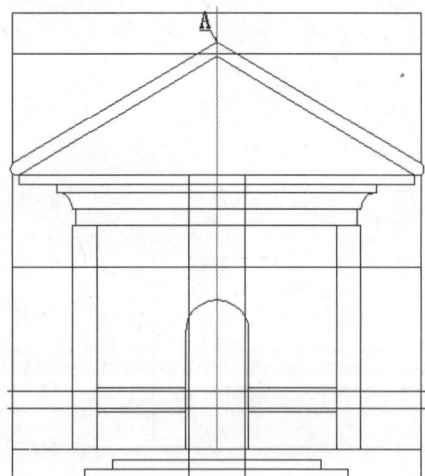

STEP 29 执行"修剪"命令，对偏移后的直线进行修剪。

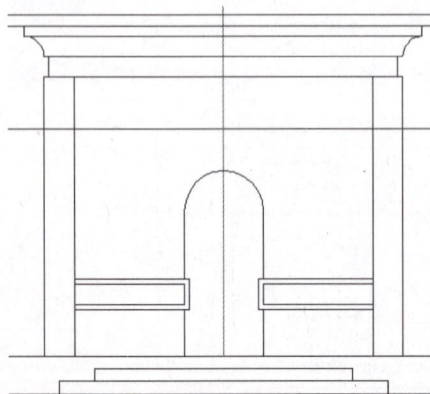

STEP 30 执行"偏移"命令，将座椅扶手外侧轮廓线向内偏移100mm。

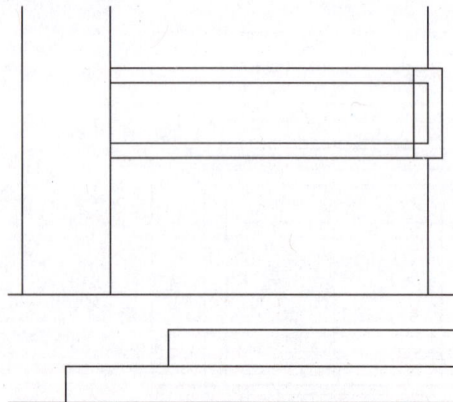

STEP 31 再次执行"偏移"命令，将偏移后的直线向左偏移50mm。

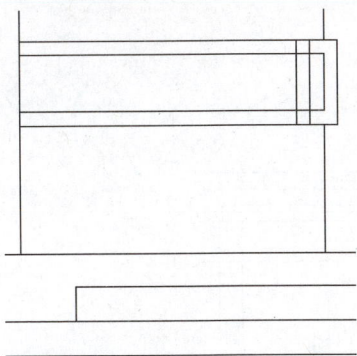

STEP 32 按照同样的偏移顺序，对直线进行偏移操作。

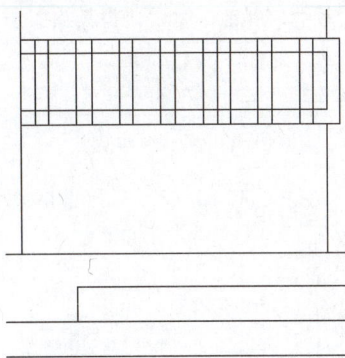

STEP 33 执行"修剪"命令，对偏移后的直线进行修剪，并执行"圆角"命令，对栏杆进行圆角操作。

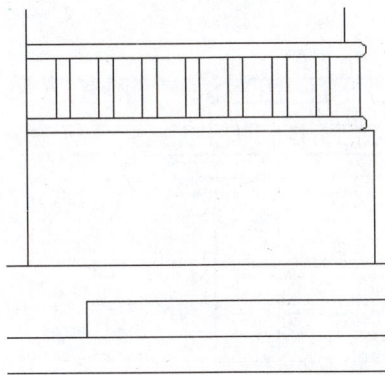

STEP 34 执行"镜像"命令，将栏杆以凉亭中线为镜像中心，进行镜像。

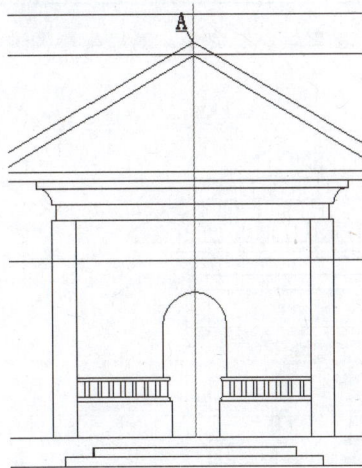

STEP 35 执行"偏移"命令，将凉亭拱门轮廓线向外偏移200mm和50mm。

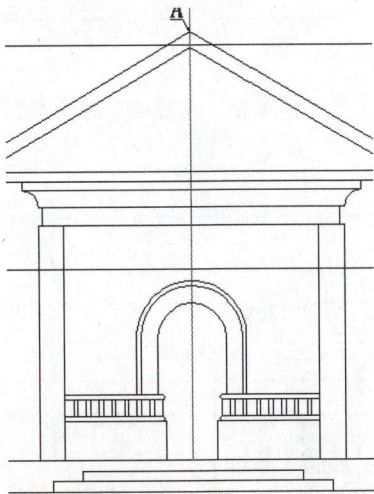

STEP 36 在菜单栏中执行"绘图 > 对象 > 图案填充"命令，对偏移后的图形进行填充。

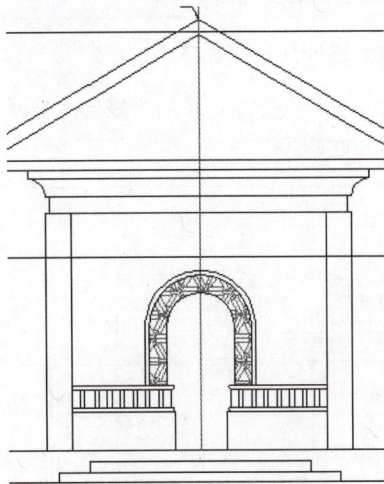

STEP 37 在菜单栏中执行"绘图 > 矩形"命令，绘制一个长为400mm，宽为200mm的矩形，并将其倒圆角，圆角半径为50mm，然后，将其放置于柱子的合适位置。

STEP 38 执行"镜像"命令，将该图形以凉亭中线为镜像线，进行镜像，并对其进行修剪。

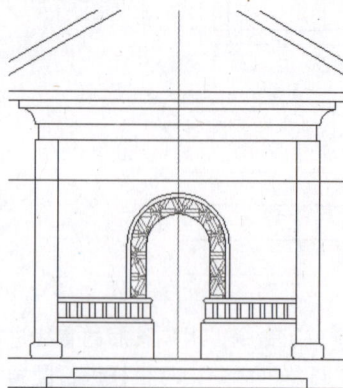

STEP 39 执行"图案填充"命令，对凉亭屋檐进行填充，并删除多余辅助线。

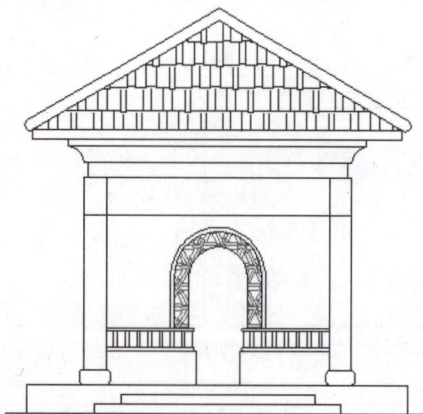

STEP 40 删除后，即可完成凉亭立面图形的绘制。

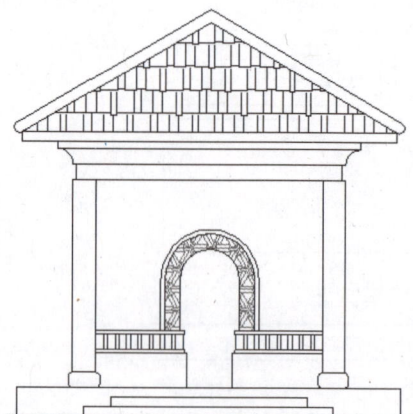

02 绘制围墙立面图

凉亭围墙立面图形绘制如下。

STEP 01 执行"偏移"命令，将地平线向上偏移3000mm、4900mm和7000mm。

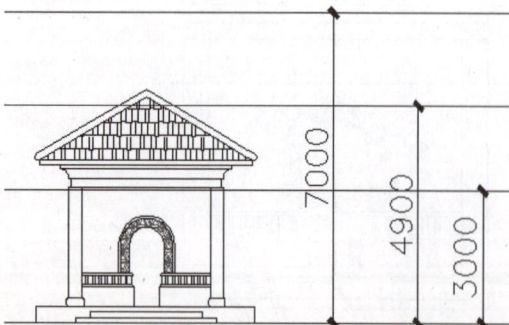

STEP 02 执行"偏移"命令，将凉亭中线向两侧各偏移5750mm。

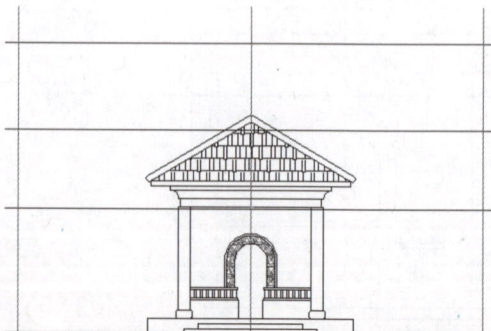

STEP 03 再次执行"偏移"命令，将中线向两侧偏移2480mm。

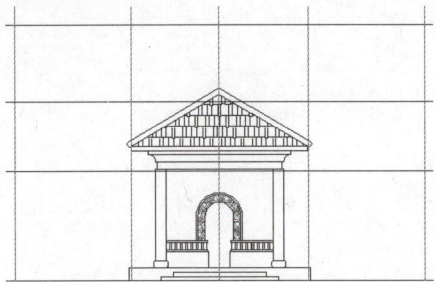

STEP 04 将最上侧偏移直线，依次向下偏移180mm、400mm和25mm。

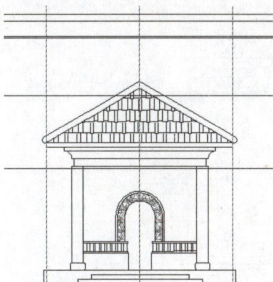

STEP 05 执行"修剪"命令，对偏移后的图形进行修剪。

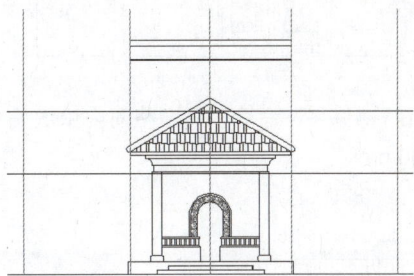

STEP 06 按照同样的距离，对直线再次进行偏移。

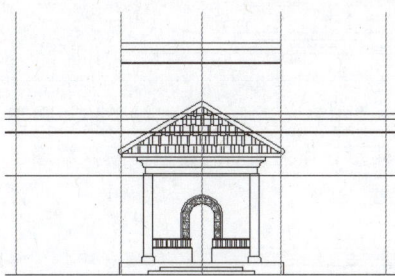

STEP 07 对偏移后的图形进行修剪。然后重复上一步操作，完成围墙立面轮廓的绘制。

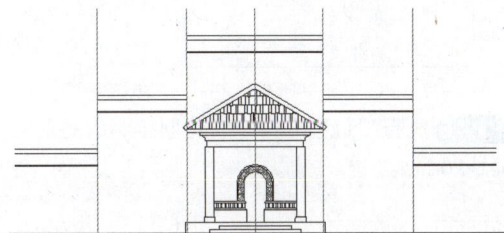

STEP 08 绘制围墙屋檐。执行"偏移"命令，将垂直辅助线向内依次偏移60mm、60mm、20mm和390mm。

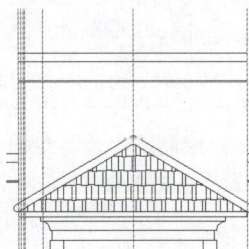

STEP 09 执行"修剪"和"圆角"命令，完成围墙屋檐造型轮廓的绘制。

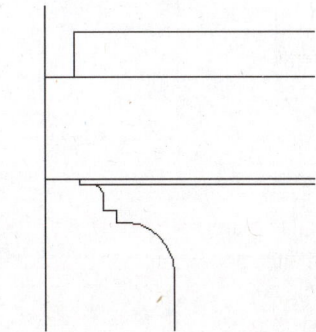

STEP 10 执行"镜像"命令，将绘制的屋檐轮廓线进行镜像，并对图形进行修剪。

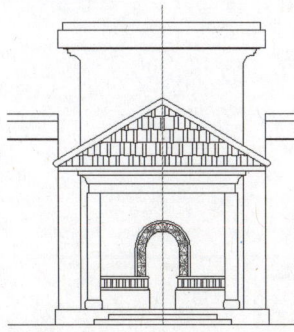

STEP 11 执行"图案填充"命令，对围墙屋檐进行填充。

STEP 12 在菜单栏中执行"修改 > 复制"命令，将绘制好的围墙图形复制至其余围墙轮廓上，并对其进行修剪。

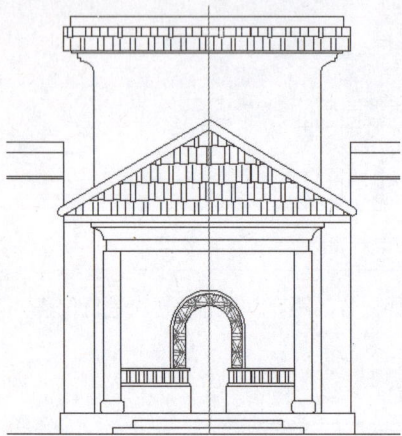

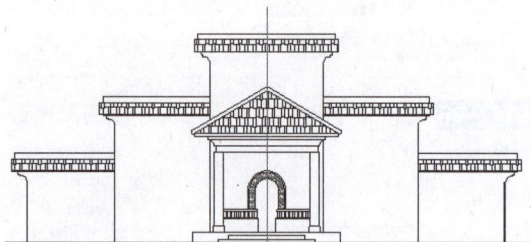

STEP 13 执行"矩形"命令，绘制一个长、宽都为1000mm的矩形，作为围墙的镂空窗格，放置于图形的合适位置。

STEP 14 执行"偏移"命令，将窗格向内依次偏移40mm和30mm。

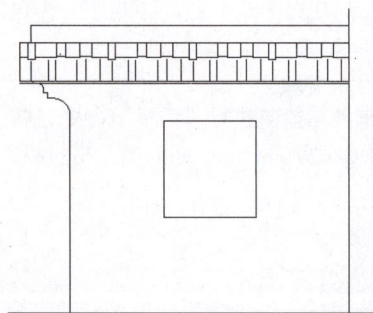

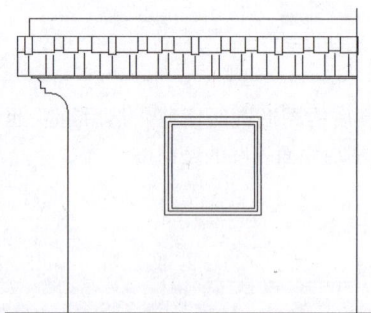

STEP 15 执行"矩形"命令，绘制一个长、宽都为260mm的矩形，并将其放置于窗格中心位置。

STEP 16 执行"偏移"命令，将刚绘制的矩形向外偏移20mm。

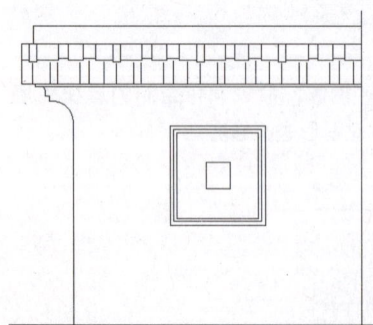

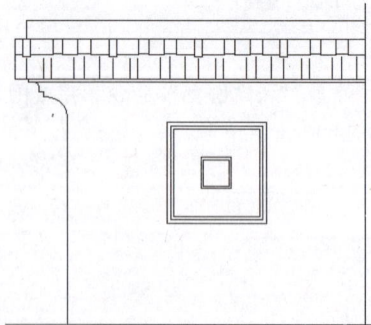

STEP 17 执行"直线"和"修剪"命令，绘制窗格的中式造型。

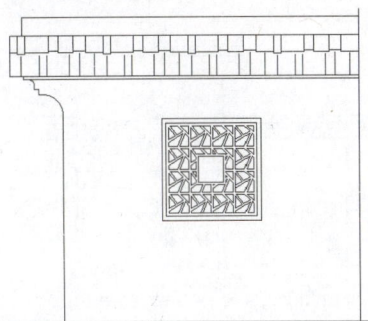

STEP 18 执行"镜像"命令，将窗格图形以中线为镜像线进行镜像。

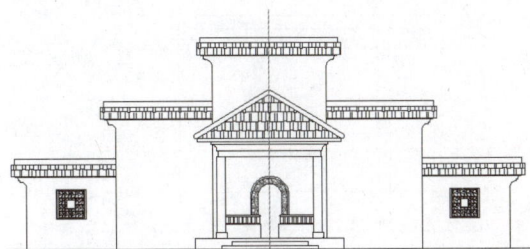

STEP 19 执行"绘图 > 多段线"命令，绘制装饰石头图块，并将其放置于围墙合适位置。

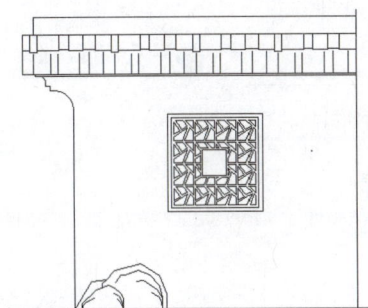

STEP 20 选中石块外轮廓线，右击，选择"多段线 > 编辑多段线"，将其线宽设置为20。

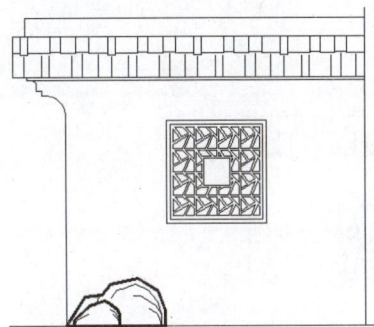

STEP 21 按照同样的操作方法，完成其他石块图形的绘制。

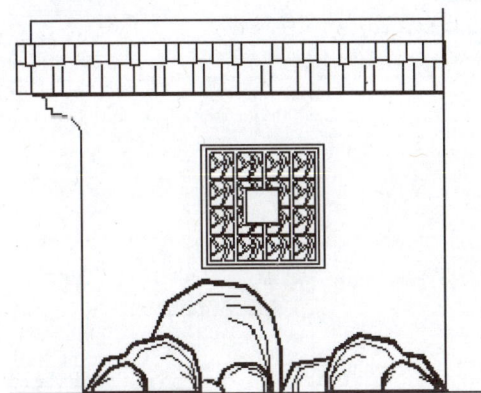

STEP 22 执行"复制"命令，将石块图形进行复制，并置于合适位置。

STEP 23 在菜单栏中执行"插入 > 块"命令，将竹子图块插入至图形合适位置。

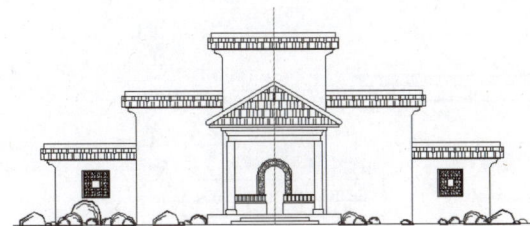

STEP 24 继续执行"插入 > 块"命令，将其他植物图块调入图形中。

STEP 25 执行"直线"命令，绘制标高图块，并将其放置于立面合适位置。

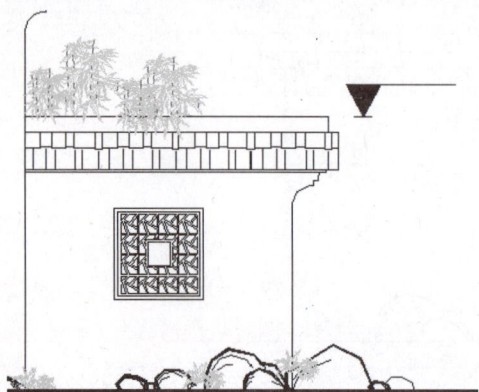

STEP 26 在菜单栏中执行"绘图 > 文字 > 单行文字"命令，输入标高数值。

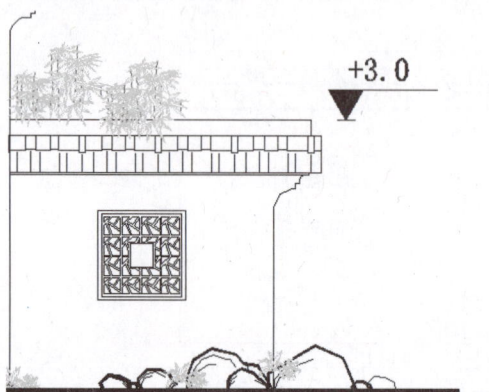

+3.0

STEP 27 执行"复制"和"单行文字"命令，完成剩余标高的绘制。

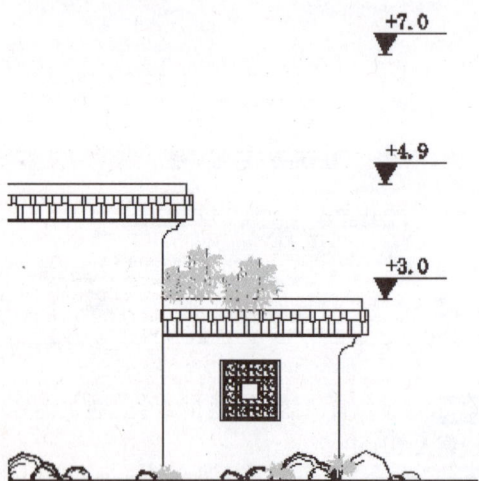

STEP 28 在菜单栏中执行"标注 > 多重引线"命令，对该立面图进行文字注释。

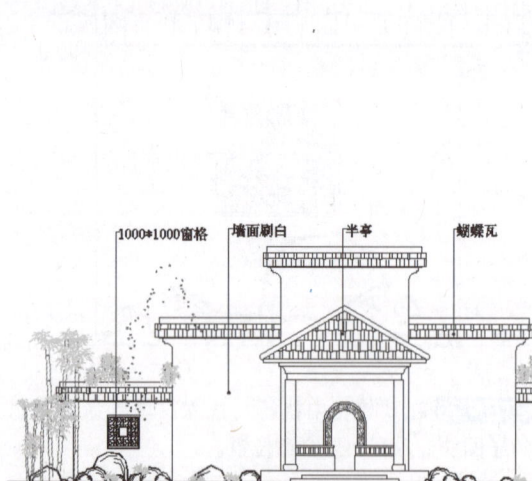

+7.0

+4.9

+3.0

1000*1000窗格　墙面刷白　半亭　蝴蝶瓦

03 绘制植物列表

在园林制图中，绘制植物明细表是很有必要的。该明细表将平面图形中运用到的所有植物图块进行归类，并对植物进行注明。

STEP 01 在菜单栏中执行"绘图 > 表格"命令，打开"插入表格"对话框，将表格列数设置为6，行数设置为15。

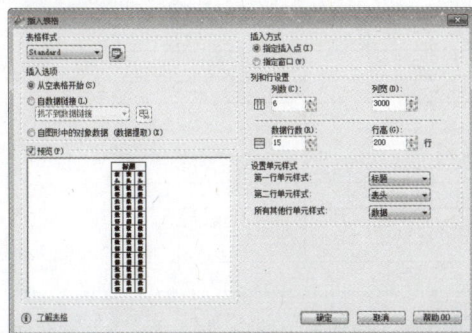

STEP 02 输入完成后，单击"确定"按钮，在绘图窗口中指定表格起点。

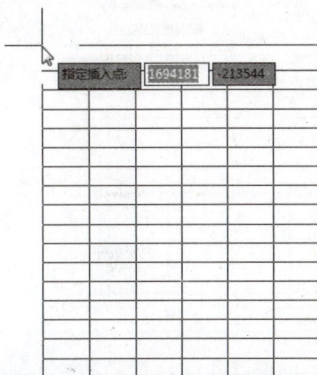

STEP 03 指定完成后，在文字编辑框中，输入"植物图例表"，关闭该编辑器，完成标题内容的输入。

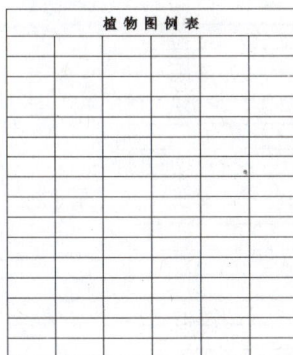

STEP 04 选中输入的文字，在"文字编辑器"选项卡中，可设置文字高度和文字样式。

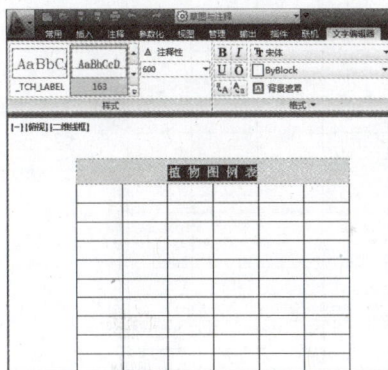

STEP 05 双击第2行第1列单元格，即可进入文字编辑框，输入文字内容，例如输入"序号"。

STEP 06 双击第3行第1列单元格，输入相应的序号，例如输入：1。

STEP 07 双击该单元格，并选中序号，在"文字编辑器"选项卡的"段落"面板中，单击"对正"下拉按钮，选择"正中"选项。

STEP 09 继续以上的操作步骤，在"序号"列中输入2。

STEP 11 捕捉单元格右下方的自动填充夹点。

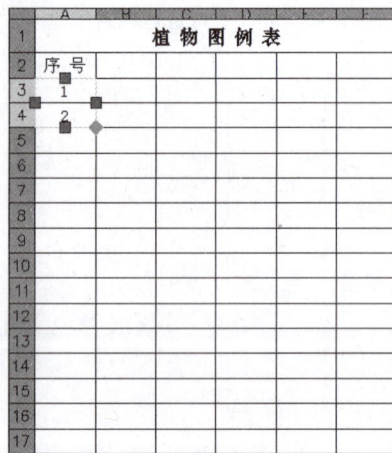

STEP 08 选择完成后，该序号即和表格居中对齐。

STEP 10 输入完毕后，选中"1"和"2"两个单元格。

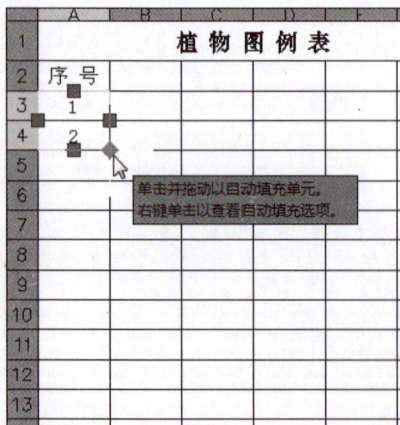

STEP 12 按住鼠标左键，向下拖动该夹点，此时在光标右侧会显示相应的数值。

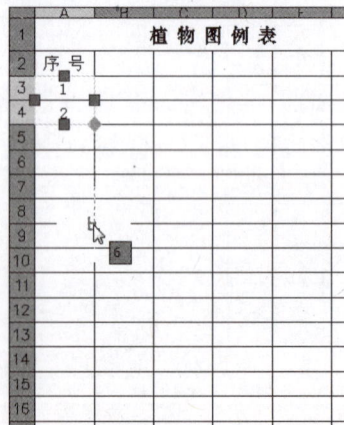

STEP 13 将光标拖至表格最后一行，放开鼠标，并单击该表格中的任意一处，即可完成序列号的自动填充。

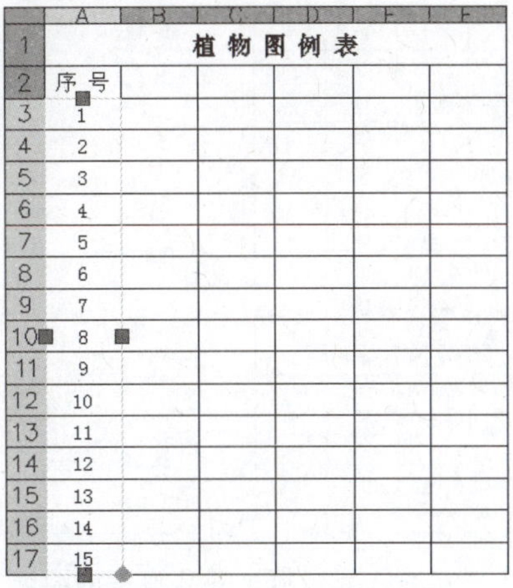

	A	B	C	D	E	F
1	植 物 图 例 表					
2	序 号					
3	1					
4	2					
5	3					
6	4					
7	5					
8	6					
9	7					
10	8					
11	9					
12	10					
13	11					
14	12					
15	13					
16	14					
17	15					

STEP 14 双击第2列第1行的单元格，在文字编辑框中，输入"名称"，然后，按照同样的方法，完成表头内容的输入。

	A	B	C	D	E	F
1	植 物 图 例 表					
2	序号	名称	图例	规格	单位	数量
3	1					
4	2					
5	3					
6	4					
7	5					
8	6					
9	7					
10	8					
11	9					
12	10					
13	11					
14	12					
15	13					
16	14					
17	15					

STEP 15 重复上一步的操作步骤，对"名称"一列中的内容进行输入。

	A	B	C	D	E	F
1	植 物 图 例 表					
2	序 号	名称	图例	规格	单位	数量
3	1	麦冬				
4	2	红刺露苋				
5	3	山茶花				
6	4	桂花				
7	5	芭蕉				
8	6	红叶李				
9	7	女贞				
10	8	毛鹃				
11	9	小叶黄球				
12	10	紫薇				
13	11	南天竹				
14	12	刚竹				
15	13	慈孝竹				
16	14	草坪				
17	15	山茶				

STEP 16 在菜单栏中执行"修改>复制"命令，将平面图中的"麦冬"图块复制至该列表中。

植 物 图 例 表				
序号	名称	图例	规格	单位
1	麦冬	✳		
2	红刺露苋			
3	山茶花			
4	桂花			
5	芭蕉			
6	红叶李			
7	女贞			
8	毛鹃			
9	小叶黄球			

STEP 17 按照同样的方法，将其他剩余植物图块复制至表格相应的单元格中。

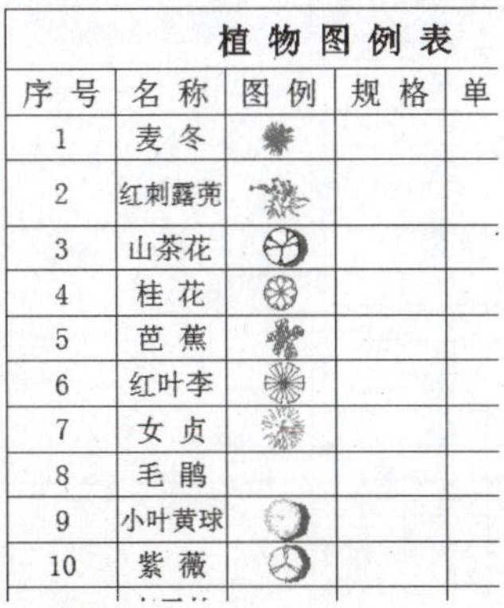

植 物 图 例 表			
序号	名称	图例	单
1	麦冬	✳	
2	红刺露苋	✳	
3	山茶花	◉	
4	桂花	◉	
5	芭蕉	✳	
6	红叶李	✳	
7	女贞	✳	
8	毛鹃		
9	小叶黄球	◑	
10	紫薇	◑	

STEP 18 在输入草坪等一系列填充区域图块时，可在相应的单元格中，绘制矩形。

6	红叶李	✳
7	女贞	✳
8	毛鹃	
9	小叶黄球	◑
10	紫薇	◑
11	南天竹	

STEP 19 在菜单栏中执行"修改 > 对象 > 图案填充"命令，为绘制的矩形填充平面图中相应的图案。

STEP 20 按照同样的方法，完成表格剩余内容的输入。

植物图例表					
序号	名称	图例	规格	单位	数量
1	麦冬		高4CM		30
2	红制露翠			丛	10
3	山茶花		高1M	棵	27
4	桂花		高1.8M,蓬径1M	棵	2
5	芭蕉		高1.5~2M	棵	8
6	红叶李		干径5~6CM	棵	3
7	女贞		干径10M	棵	3
8	毛鹃		高40CM	M²	31
9	小叶黄球		蓬径60CM	棵	4
10	紫薇		干径3CM	棵	6
11	南天竹		高40CM	M²	36
12	刚竹		高3.6M	棵	2400
13	慈孝竹		高2M	墩	20
14	草坪			M²	260
15	山茶		高40CM	M²	31

STEP 21 选中表格的全部内容，在"表格单元"选项卡的单元样式面板中，单击编辑边框按钮，打开"单元边框特性"对话框。

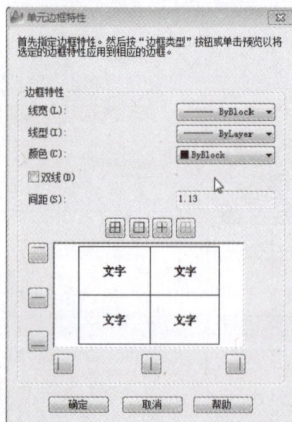

STEP 22 勾选"双线"复选框，并且设置间距值为500，然后选中"外边框"按钮，即可设置表格边框。

植物图例表					
序号	名称	图例	规格	单位	数量
1	麦冬		高4CM	M²	30
2	红制露翠			丛	10
3	山茶花		高1M	棵	27
4	桂花		高1.8M,蓬径1M	棵	2
5	芭蕉		高1.5~2M	棵	8
6	红叶李		干径5~6CM	棵	3
7	女贞		干径10M	棵	3
8	毛鹃		高40CM	M²	31
9	小叶黄球		蓬径60CM	棵	4
10	紫薇		干径3CM	棵	6
11	南天竹		高40CM	M²	36
12	刚竹		高3.6M	棵	2400
13	慈孝竹		高2M	墩	20
14	草坪			M²	260
15	山茶		高40CM	M²	31

STEP 23 选中表格标题，在"表格单元"选项卡的"单元样式"面板中，单击"表格单元背景色"下拉按钮，选中合适的单元格背景色。

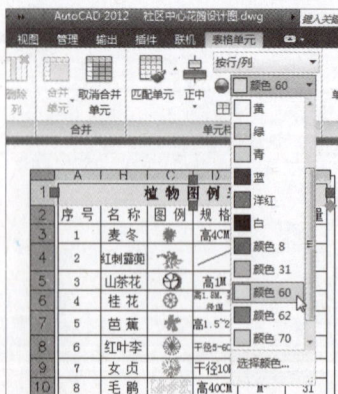

STEP 24 按照上一步的操作，完成列表背景色的填充。

植物图例表					
序号	名称	图例	规格	单位	数量
1	麦冬		高4CM	M²	30
2	红制露翠			丛	10
3	山茶花		高1M	棵	27
4	桂花		高1.8M,蓬径1M	棵	2
5	芭蕉		高1.5~2M	棵	8
6	红叶李		干径5~6CM	棵	3
7	女贞		干径10M	棵	3
8	毛鹃		高40CM	M²	31
9	小叶黄球		蓬径60CM	棵	4
10	紫薇		干径3CM	棵	6
11	南天竹		高40CM	M²	36
12	刚竹		高3.6M	棵	2400
13	慈孝竹		高2M	墩	20
14	草坪			M²	260
15	山茶		高40CM	M²	31

Q A 工程技术问答

如何实现图层上下叠放次序的切换、CMDDIA命令的使用、如何快速修剪图形、如何设置图形界限等，将是本章所要为用户解决的问题。

Q01: 在AutoCAD软件中，能否实现图层上下叠放次序的切换？

A01: 到目前为止，AutoCAD软件还没有该功能，只能对填充图形的前置与后置进行操作。其操作方法是：选中需要前置的填充图形，在"图案填充编辑器"选项卡中，单击"选项"下拉按钮，选择"前置"选项，即可将其图形前置操作。

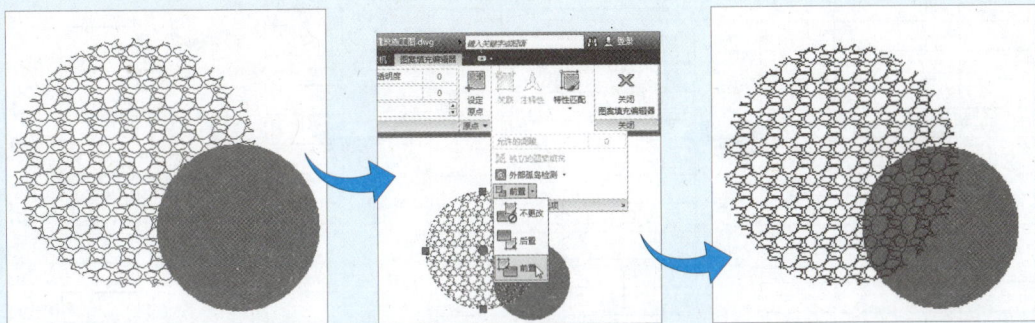

Q02: 命令对话框变为命令提示窗口，怎么办？

A02: 有时在绘制图形时，应该出现对话框，却在命令窗口中显示相关操作，该现象同样和系统变量有关。此时在命令窗口中输入CMDDIA命令，并按空格键，当系统变量为1时，则以对话框显示；当系统变量为0时，则在命令窗口中显示，如右图所示。

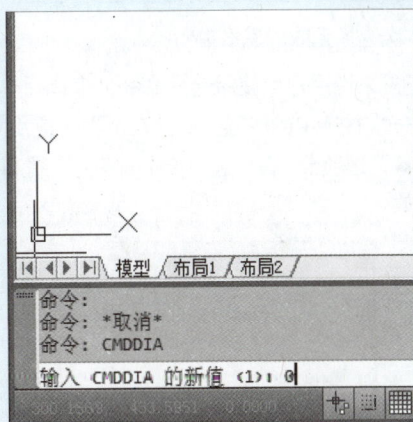

Q03: 在选择图形时，无法显示虚线轮廓，该如何操作？

A03: 遇到该情况时，修改系统变量DRAGMODE即可。可在命令窗口中输入DRAGMODE命令，并按空格键；然后按照命令窗口中的提示，进行设置。若系统变量为ON时，再选中对象后，只能在命令窗口中输入DRAG后，才能显示对象轮廓；而当系统变量为OFF时，在拖动对象时则不会显示轮廓；当系统变量为"自动"时，则总是显示对象轮廓，如右图所示。

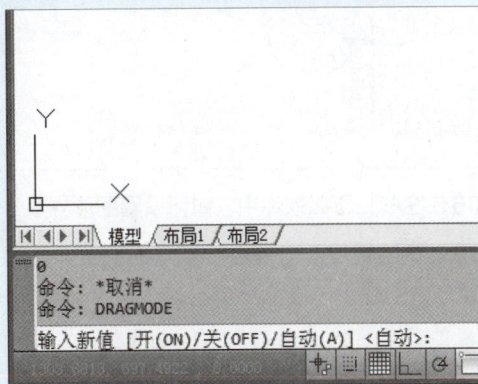

Q04： 如何快速修剪图形?

A04： 在对一些较为复杂的图形进行修剪时，单纯使用"修剪"命令，需要进行多次修剪才能完成，此时用户可使用"栏选"选取方式进行操作。执行"修剪"命令，当命令窗口中提示"选择要剪除的图形"时，输入 F，并在绘图窗口中指定所需修剪图形的位置，绘制一条直线，然后，按两次 Enter 键，此时与该直线相交的图形已全部被修剪，如下图所示。

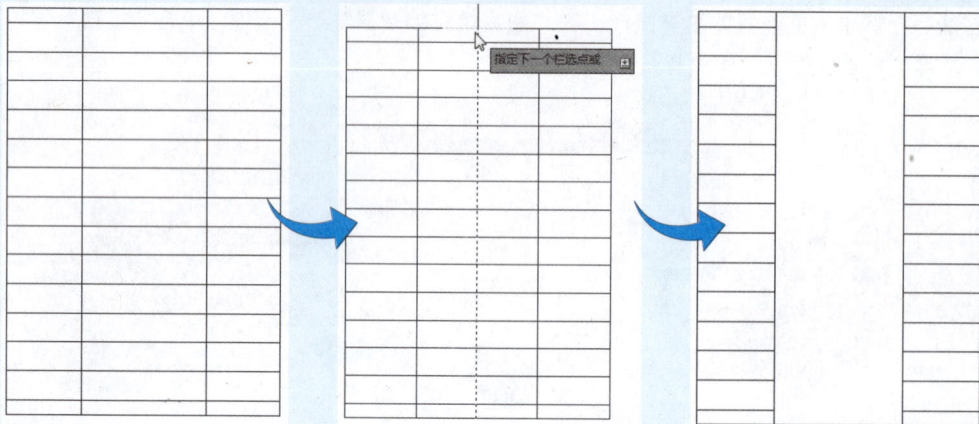

Q05： 多次选择无效时怎么办?

A05： 正常来说用户可使用选择命令，来选择单个或多个图形，而有时连续选择会失效，每次只能选择最后一次被选中的图形，此时在"程序应用菜单"中，单击"选项"，在"选项"对话框中，选择"选择集"选项卡，在该选项卡中，取消"用 Shift 键添加到选择集"选项，单击"确定"按钮即可，反之则无效。

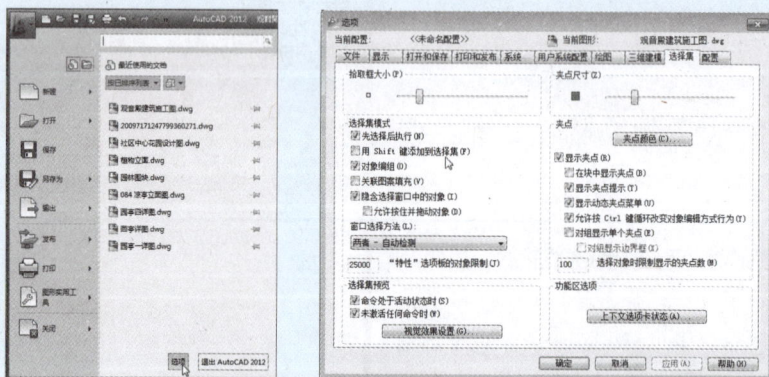

Q06： 在AutoCAD软件中，如何设置图形界限?

A06： 在绘制图形前要进行简单的设置，在菜单栏中执行"格式 > 图形界限"命令，并根据命令窗口中的提示，进行单位设置。命令提示如下：

```
命令: '_limits
重新设置模型空间界限:
指定左下角点或 [开(ON)/关(OFF)] <607.5002,948.2812>:          (指定左下角一点)
指定右上角点 <8087.8698,4726.5262>:                          (指定右上角一点)
```

CHAPTER 22

电气图形设计

电气图形是用电气图形符号、带注释的图框或简化外形表示电气系统或设备中组成部分之间相互关系及其连接关系的图形。本章将介绍电气工程图的基础知识和绘图的一般规则，可让读者对电气工程和电气工程图有一个初步的认识。

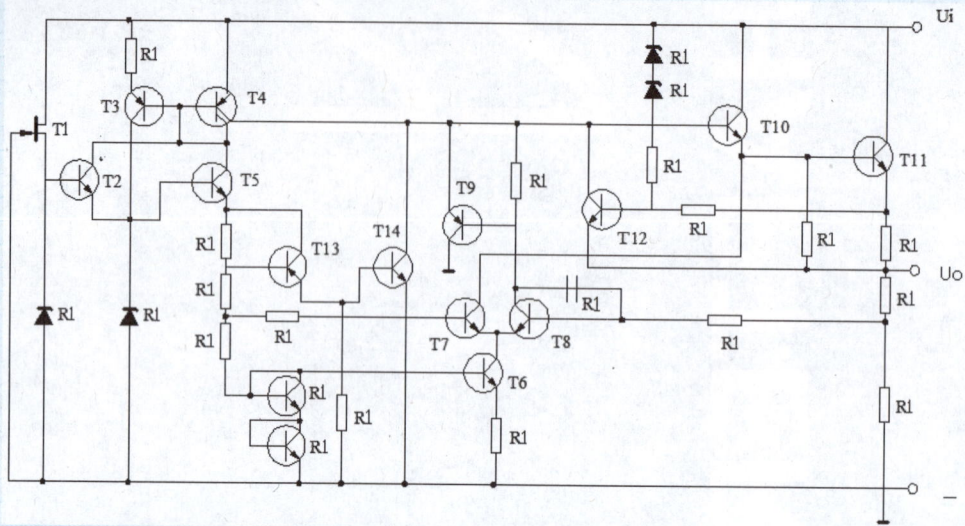

01 某网吧电路连接图

电气工程图与平时常看到的机械图纸和建筑图纸，在描述对象、表达方式以及绘制方法上都有所不同，电气工程图有自己的特点。

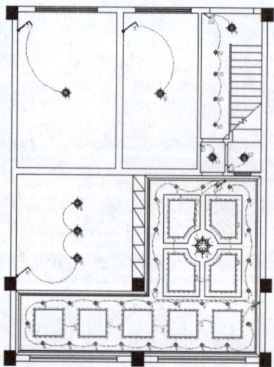

02 地下人防配电平面图

电气平面图主要表示某一电气工程中的电气设备、装置和线路的平面布置，一般在建筑平面的基础上绘制。

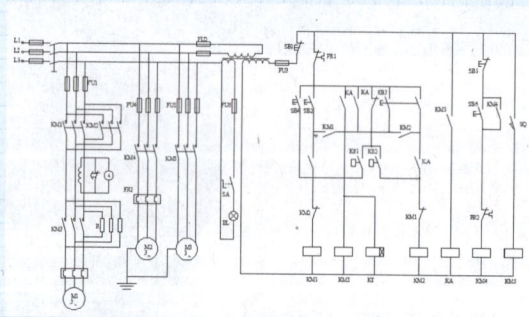

03 机床工作台自动往返系统图

通常在绘制电气控制系统图时，用户需根据国家电气制图标准进行绘制。例如绘制"机床工作台自动往返系统图"时，用户需要使用统一的电气符号、图线来表示各电气设备、装置、元器件等电气元件。

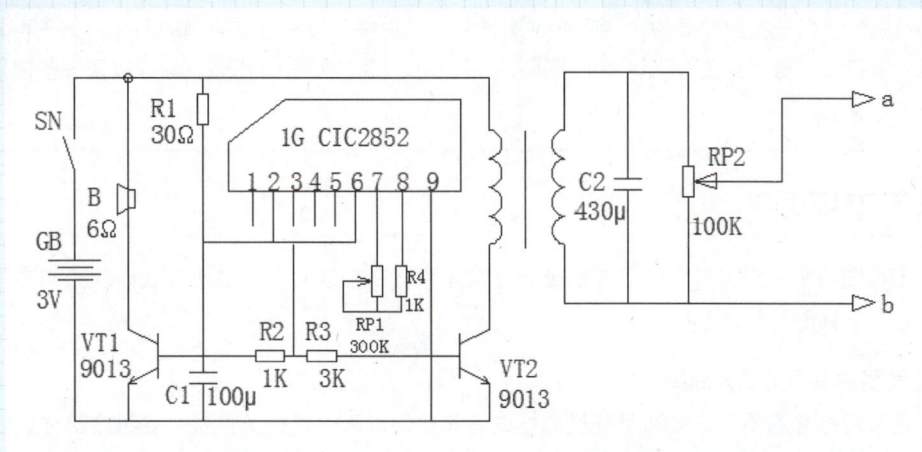

04 电疗仪电路原理图

电气原理图是用图形符号（~）和文字符号（KM）表示电路中各个电器元件连接关系和工作原理的图，而不考虑各电器元件实际安装的位置和实际连线情况。

05 射极偏置电路图

在建完模型后，可以简单地对其添加材质和进行图形渲染，使模型更加真实。

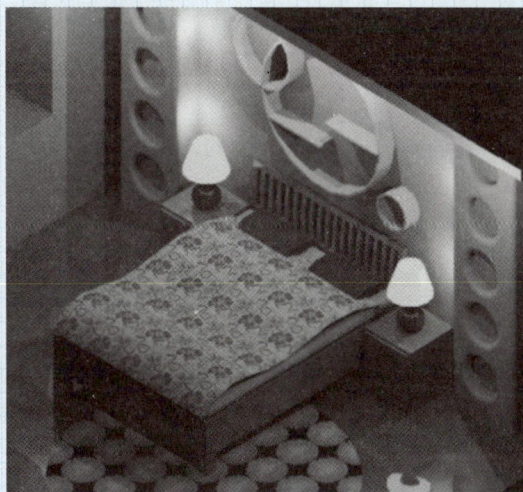

06 电动机正反转电气控制图

电源电路用水平线画出，电源相线自上而下排列，中性线（N）和保护接地线（PE）放在相线之下。

Lesson 01　电气工程图概述

电气工程图是一种示意性图，主要用来描述电气设备或系统的工作原理，以及有关组成部分的连接关系。在电气技术领域中主要有两种图样，一种是按正投影方法绘制的图样；另一种是用图形符号、字符、代号、线条等来说明电气系统、装置和设备的功能、用途、原理以及一些使用信息的简图。

01　电气工程图的特点

电气工程图与平时经常看到的机械图纸和建筑图纸，在描述对象、表达方式以及绘制方法上都有所不同，电气工程图有自己的特点。

1. 电气图的表现形式为简图

简图是采用标准的图形符号和带注释的框或者简化外形表示系统或设备中各组成部分之间相互关系的一种图。绝大部分的电气图都采用简图形式来表达。

2. 电气图描述的内容包括设备、装置、元器件和连接线

电气设备主要由电气元件和连接线组成。无论电路图、系统图还是接线图等都以电气元件和连接线作为描述的主要内容。其中电气元件和连接线的多种不同的表达方式，构成了电气工程图的多样性。

3. 电气图采用功能布局和位置布局两种方法

采用功能布局进行绘图时，各元件的位置只考虑元件之间的功能关系，而不考虑元件的实际位置，通常电气系统图、电路图采用该种布局方法；位置布局是指元件位置对应于元件的实际位置，通常接线图、设备布置图采用该种布局方法。

4. 电气图具有多样性

不同的电气图采用不同的方法来描述相关的工程图信息、逻辑、功能及能量。系统图、电路图、框图以及接线图是描述能量流和信息流的电气工程图；逻辑图是描述逻辑流的电气工程图；功能表图、程序框图是描述功能流的电气工程图。

5. 电气图的基本要素为图形、文字及项目代号

电气系统或装置通常由许多部件、组件构成，这些部件、组件或者功能模块就称为项目。一般项目由简单的符号表示，通常每个图形符号都有相应的文字符号。有时为了区别相同的设备，需添加设备编号，而设备编号、文字符号则可构成项目代号。

02　电气工程图的分类

电气图的种类很多，可根据具体用途对其进行分类。不同种类的电气图的表达方式和适用范围也不同，其具体划分及相关规定，用户可在《电气制图国家标准GB/T6988》参考书中进行了解。下面将简单介绍一下电气图的分类情况。

1. 系统图和框图

用图形符号或注释框来表示电气系统、分系统、成套装置、部件、设备等的基本组成、相互关系及其主要特征的简图，被称为系统图或框图，如下图所示。

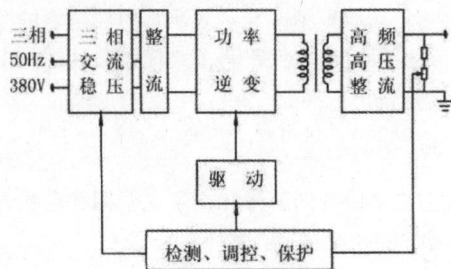

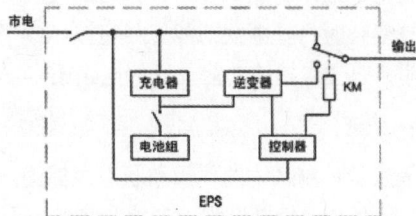

系统图和框图在原则上没有区别。系统图常用于系统或成套设备图中；而框图则用于分系统或设备图中。

2. 电路图

用图形符号绘制，并按工作顺序排列，详细表示电路、设备或成套装置的全部基本组成和链接关系，而不考虑实际位置的简图，被称为电路图，如下图所示。

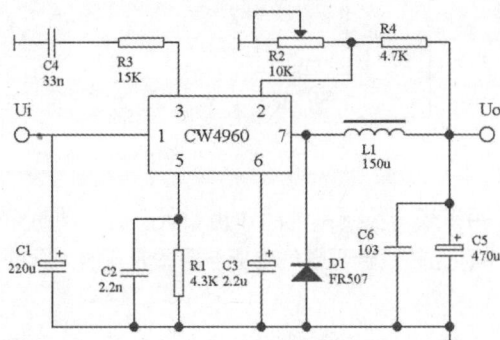

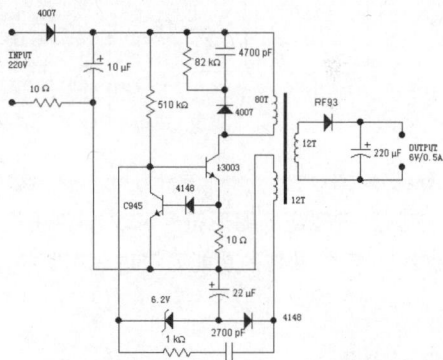

电路图的用途很广，简单的电路图可直接用于接线。它是电气图中的一个大类，在各个不同行业领域内都被广泛应用。

3. 等效电路图

该电路图是表示理论的或理想的元件及其连接关系的一种功能图，供分析计算电路特性和状态之用，是电路图中的分支，如下图所示。

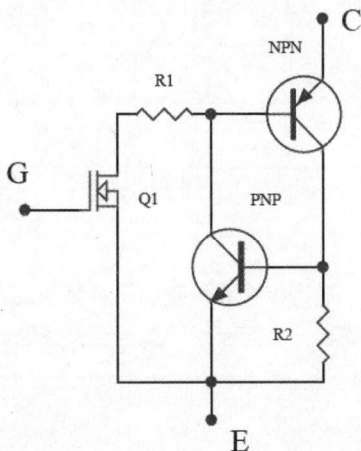

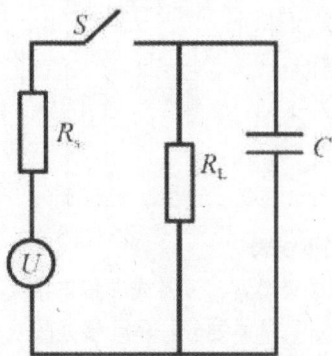

4. 端子功能图

该电路图是表示功能单元全部外接端子，并用功能图、功能表图或文字表示其内部功能的简图。当电路比较复杂时，其中的功能元件可以用端子功能图（也可以用方框符号）来代替，并在其中加注标记或说明，以便查找该功能单元的电路图。

5. 功能表图

该图是表示控制系统的作用和状态的简图。绘制时往往采用图形符号和文字说明相结合的方法，用以全面描述系统的控制过程、功能和特性，而不考虑具体的执行过程，如下图所示。

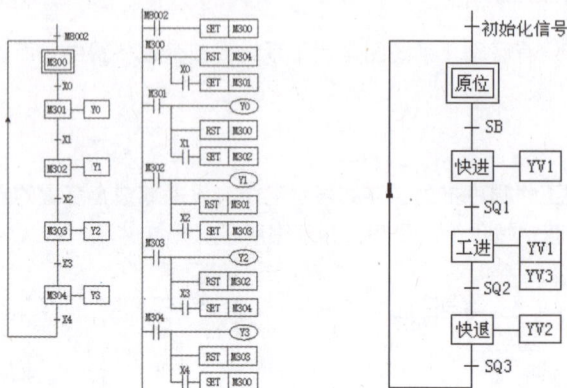

6. 功能图

该图是将规定的图形符号和文字叙述相结合，用以表示控制系统的作用和状态的一种简图。功能图多见于电气领域的功能系统说明书等技术文件中，比较适合于电气专业与非本专业的人员的技术交往。

7. 逻辑图

该图主要用二进制逻辑单元图形符号绘制，以表达可以实现一定目的的功能件的逻辑功能。这种功能件可以是一个组件，也可以是几个组件的组合。只表示功能不涉及实现方法的逻辑图，又可以称为纯逻辑图。逻辑图作为电气设计中的一个主要设计文件，不仅可以体现设计者的设计意图、表达产品的逻辑功能和工作原理，还是编制接线图等其他文件的依据，如下图所示。

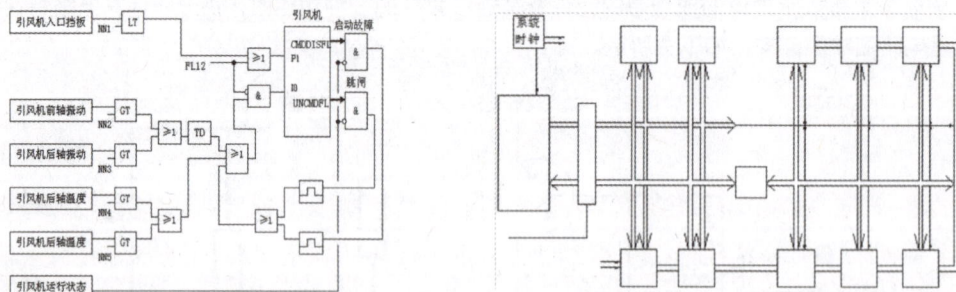

8. 接线图或接线表

它们是表示成套装置、设备或装置连接关系，用于进行接线和检查的一种简图或表格。接线图或接线表也可以再进行具体划分：单元接线图或单元接线表、互连接线图或互连接线表、端子接线图或端子接线表以及电缆配制图或电缆配置表，如下图所示。

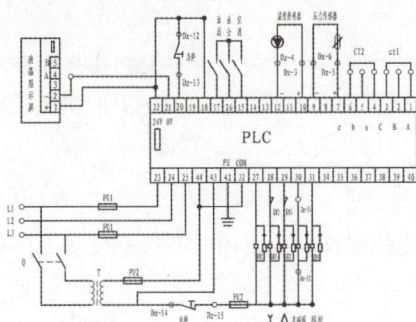

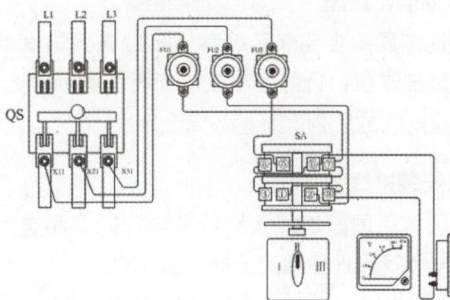

9. 程序图

该图是用于详细表示程序单元和程序片及其互连关系的简图，其主要便于提高用户对程序运行的理解。

10. 位置简图或位置图

位置图是指表示成套装置、设备或装置中各个项目的位置的一种图，用于项目 的安装就位。从本质上讲位置图是属于机械制图范围中的一个图种。

11. 互连接线图或互连接线表

它们表示成套装置或设备的不同结构单元之间连接关系的一种接线图或接线表。

12. 电缆配制图或电缆配置表

它们是提供电缆两端位置，必要时还包括电缆功能、特性和路径等信息的一种接线图或接线表。

03 电气工程图的组成

通常一张完整的电气图纸由7部分组成，不同的组成部分可能是由不同类型的电气图纸来表现的。下面将分别对其进行简单介绍。

1. 首页

首页内容包括电气工程图的目录、图例、设备明细表、设计说明等。图例只列出本套施工图涉及到的一些特殊图例；设备明细只列出该项电气工程的一些主要设备名称、型号、规格和数量等；设计说明主要表达该电气工程的设计依据，设计思路以及一些补充图中未能表明的工程特点、安装方法、工艺要求以及其他使用注意事项等。

2. 电气系统图

电气系统图表示整个工程或者其中某一项目的供电方式和电能输送的关系，也可表示某一装置各主要组成部分的关系。如电气一次主接线图、建筑供配电系统图和控制原理框图等。

3. 电气原理图

电气原理图用于表现某一具体设备或系统的电气工作原理，用以指导该设备与系统的安装、接线、调试、使用与维护，是电气图的重要组成部分。

4. 电气平面图

电气平面图主要表示某一电气工程中的电气设备、装置和线路的平面布置，一般在建筑平面的基础上绘制。常见的电气平面图主要有线路平面图、变电所平面图、弱电系统平面图、照明平面图、防雷和接地平面图等。

5. 设备布置图

设备布置图主要表示各种设备的布置方式、安装方式及相互间的尺寸关系，主要包括平面布置图、立面布置图、断面图和纵横剖面图等。该图通常都是按三视图的原理绘制的，与一般的机械工程图没有原则性的区别。

6. 安装接线图

安装接线图是表现某一设备内部的各种电气元件之间连线的图样，用以指导电气安装接线、查线，是与电气原理图相对应的一种图样。

7. 大样图

大样图主要表示电气工程中某一部件的结构，用于指导加工与安装，其中一部分大样图为国家标准图。

工程师点拨 | 其他补充说明电气图

在电气工程图中，电气系统图、电路图、安装接线图和设备布置图是最主要的。而在一些较复杂的电气工程中，为了补充和详细说明某一方面，还需要一些特殊的电气图，例如逻辑图、功能图、曲线图和表格等。

Lesson 02　常用电气符号的绘制

电气符号包括图形符号、文字符号、项目代号和回路标号等，这些符号构成了电气图的基本信息，只有正确识别各种电气符号的含义、构成及表达方式，才能正确识读电气图。

01　绘制电阻器、电感器、电容器和变压器符号

电阻器符号绘制如下。

STEP 01 在菜单栏中执行"绘图>矩形"命令，绘制一个长为7.5mm，宽为2.5mm的矩形。

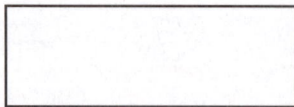

STEP 02 在菜单栏中执行"绘图>直线"命令，在矩形左右两侧绘制两条长7.5mm的直线。

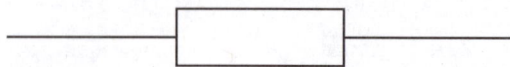

可调电阻器符号绘制如下。

STEP 01 按照以上方法，绘制出电阻符号。其后，在菜单栏中执行"绘图>多段线"命令，将线段起点设为0，其端点设为2。

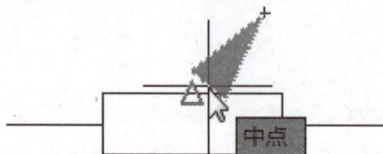

STEP 02 按Enter键，再次将线段宽度设置为0，其后，在绘图窗口中，完成箭头图形的绘制。

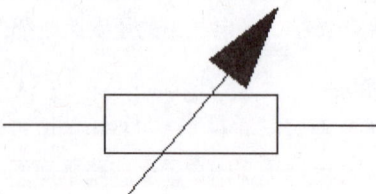

滑动触点电阻器符号绘制如下。

STEP 01 复制电阻器符号，执行"多段线"命令，在绘图窗口中，指定电阻器中点，并设置多段线起点和终点的宽度值。

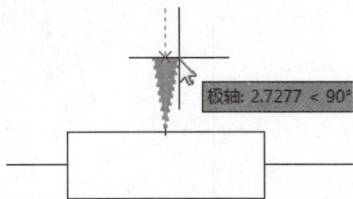

STEP 02 设置完成后，按Enter键，将线段宽度设置为0，并在绘图窗口中，指定线段的方向，即可完成绘制。

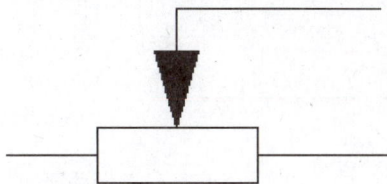

电感器、线圈、绕组或额流图符号绘制如下。

STEP 01 在菜单栏中执行"绘图＞圆＞圆心、半径"命令，绘制半径为3mm的圆，并执行"直线"命令，绘制圆的直径。

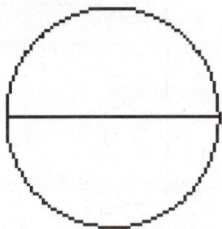

STEP 02 在菜单栏中执行"修改＞修剪"命令，将圆图形修剪成半圆。

STEP 03 在菜单栏中执行"修改＞复制"命令，对半圆进行复制，复制次数为4。

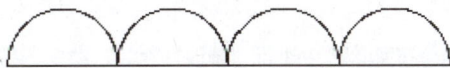

STEP 04 执行"直线"命令，绘制图形两端的垂直线，并将圆直径线段删除，完成绘制。

带磁芯连续可调的电感器符号绘制如下。

STEP 01 打开刚绘制的电感器图形，执行"直线"命令，在该图形中绘制一条直线。

STEP 02 执行"多段线"命令，在命令窗口中更改线宽值，并绘制出箭头图形。

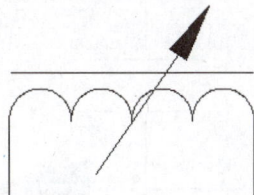

极性电容器符号绘制如下。

STEP 01 执行"直线"命令，绘制一条长2.5mm 的直线，并对其进行复制。

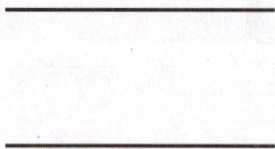

STEP 02 执行"直线"命令，捕捉水平线的中点，绘制长5.5mm的垂直线。

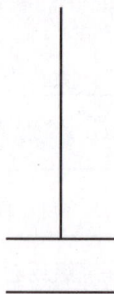

STEP 03 执行"复制"命令，将垂直线复制至另一条水平线的中点上。

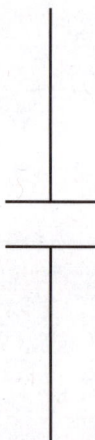

STEP 04 执行"直线"命令，在图形左侧绘制+符号，完成绘制。

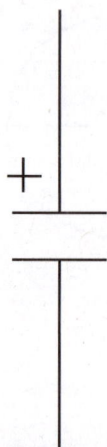

可变电容器或可调电容器符号绘制如下。

STEP 01 将极性电容器图形进行复制，并删除+符号。然后，执行"多段线"命令，设置线段宽度，绘制箭头。

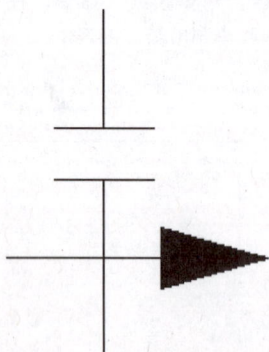

STEP 02 在菜单栏中执行"修改>旋转"命令，将绘制的箭头图形进行旋转，旋转角度为60°。

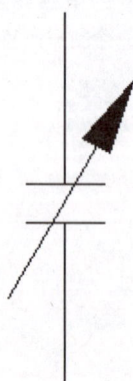

双绕组变压器符号的绘制如下。

STEP 01 按照绘制电感器的方法，绘制出与其相同的图形。

STEP 02 在菜单栏中执行"修改>镜像"命令，将绘制的图形进行镜像操作，即可完成绘制。

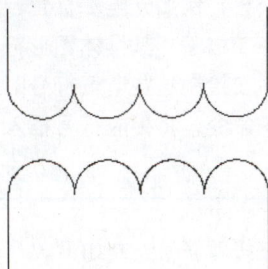

02 绘制半导体管符号

二极管符号绘制如下。

STEP 01 在菜单栏中执行"绘图>直线"命令，绘制一条长7.5mm的水平线段。

STEP 02 执行"正多边形"命令，输入侧面数为3，并捕捉线段的中点，然后，选择"内接于圆"选项。

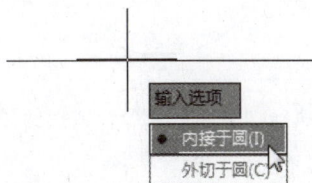

STEP 03 然后，按Enter键，输入半径值1，按Enter键，即可完成正三角形的绘制。

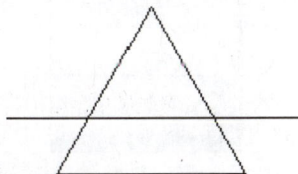

STEP 04 将该三角形进行旋转，并执行"直线"命令，捕捉三角形右侧的顶点，绘制长2.5mm的线段，即可完成该符号的绘制。

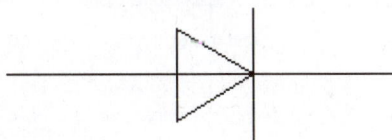

可发光二极管符号绘制如下。

STEP 01 对以上绘制的二极管符号进行复制，并执行"多段线"命令，绘制箭头图形。

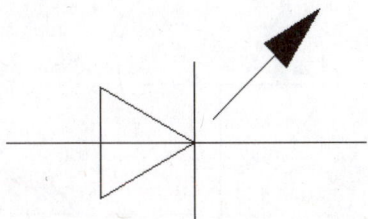

STEP 02 执行"复制"命令，对绘制好的箭头符号进行复制，即可完成该符号的绘制。

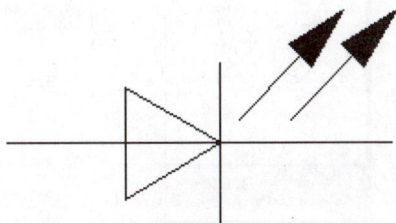

⑨ 工程师点拨 | 其他常用二极管符号

　　除了以上绘制的二极管符号外，还有其他几种常用二极管，例如光电二极管、稳压二极管以及变容二极管，其具体图形符号如右表所示。用户在绘制这些电气符号时，也可执行"插入"命令，将相应符号插入图形中即可。

图形符号	符号名称
	光电二极管
	稳压二极管
	变容二极管

　　PNP型晶体三极管符号绘制如下。

STEP 01 在菜单栏中执行"绘图>圆>圆心、半径"命令，绘制半径为5mm的圆。

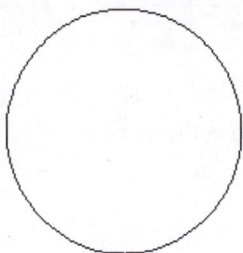

STEP 02 执行"直线"命令，绘制一条长7.5mm的水平线段。

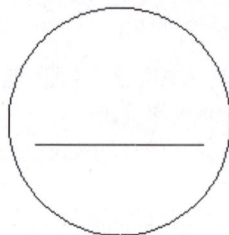

STEP 03 执行"直线"命令，捕捉线段中点，向下绘制一条长7.5mm的垂直线。

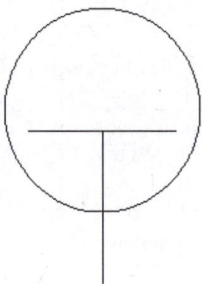

STEP 04 执行"直线"命令，在命令窗口中输入from命令，按Enter键，捕捉水平线的中点。

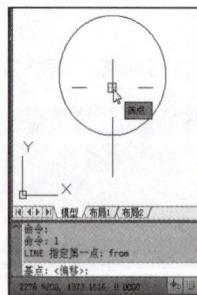

STEP 05 在命令窗口中，输入@1，0命令，按Enter键，并再次输入@7.5<60命令，按Enter键。

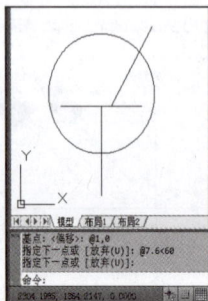

STEP 06 执行"镜像"命令，将绘制的斜线以水平线的中垂线为镜像中心进行镜像操作。

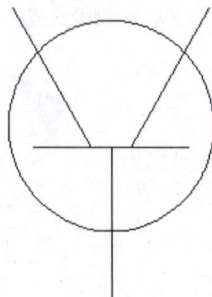

STEP 07 执行"多段线"命令，以点A为起点，设置其线段宽度，绘制出箭头。

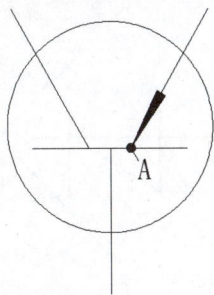

STEP 08 执行"直线"命令，捕捉B点，绘制一条长5mm的线段。

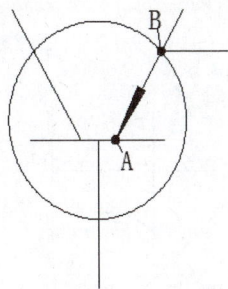

STEP 09 执行"复制"命令，将该直线复制至另一侧的斜线上。

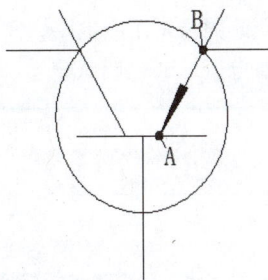

STEP 10 执行"修剪"命令，删除多余线段，即可完成该符号的绘制。

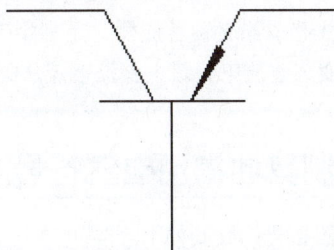

🔒 **工程师点拨** | NPN型晶体三极管

　　NPN型晶体三极管与PNP型晶体三极管相反，NPN型的电晶体以洞（带正电）为多数载子，而PNP型则以电子（带负电）为多数载子。其图形符号与PNP型晶体三极管的图形符号很相似，如右图所示。所以用户在制图时需仔细分辨。

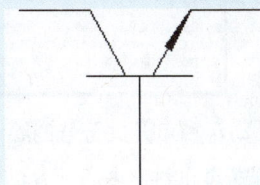

　　全波桥式整流器的符号绘制如下：

STEP 01 执行"矩形"命令，绘制一个长和宽都为3mm的矩形。

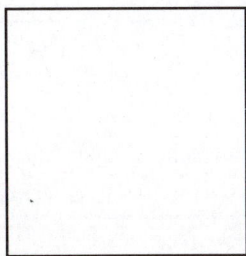

STEP 02 执行"旋转"命令，将矩形进行45°旋转。

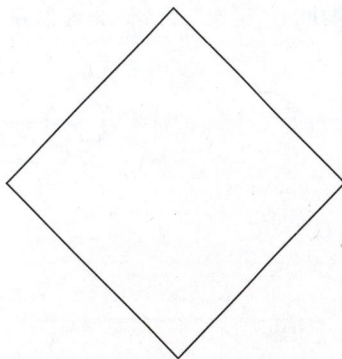

STEP 03 执行"插入"命令，将二极管图形放置于该菱形的合适位置。

STEP 04 执行"直线"命令，捕捉菱形两侧顶点，绘制直线。

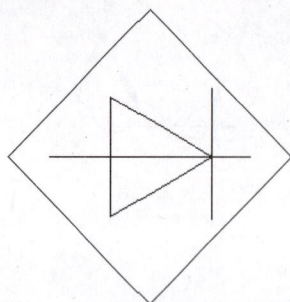

🔓 **工程师点拨** | 什么是桥式整流器

　　桥式整流器又称整流桥，是利用二极管的单向导通性进行整流的最常用的电路，常用于将交流电转变为直流电。最大整流电流从0.5A到100A，最高反向峰值电压从50v到1600v。

03 绘制其他常用电气符号

　　熔断器符号的绘制如下。

STEP 01 执行"矩形"命令，绘制一个长为7.5mm，宽为2.5mm的矩形。

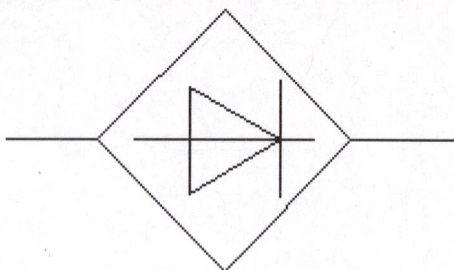

STEP 02 执行"直线"命令，捕捉矩形两侧中点，绘制直线，完成该符号的绘制。

　　动合触点开关符号的绘制如下。

STEP 01 执行"圆心、直径"命令，绘制直径为1.5mm的圆。

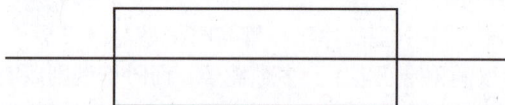

STEP 02 捕捉圆形左侧的象限点，绘制长3.5mm的线段。

STEP 03 执行"镜像"命令，对绘制好的图形进行镜像。

STEP 04 在菜单栏中执行"修改>拉长"命令，将镜像后的直线进行拉长操作。

STEP 05 在菜单栏中执行"修改>修剪"命令，对拉长后的图形进行修剪。

STEP 06 执行"直线"命令，捕捉左侧圆的圆心，并启动"极轴追踪"命令，绘制斜线，即可完成该符号的绘制。

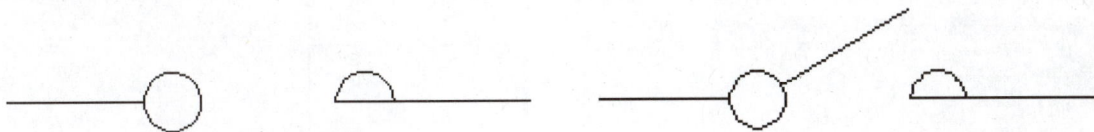

除了以上介绍的常用电气符号外，还有其他多种电气符号，由于绘制方法都比较简单，在此用列表形式对其进行简单介绍，其符号如下表所示。

表　其他常用电气符号

图形符号	名称	图形符号	名称
⊗	指示灯及信号灯	─┼─	导线的连接
◁	扬声器	─┼─	导线的不连接
冂	蜂鸣器	─╱─	动断（常闭）触点开关
⏚	接大地	─╱─	手动开关

04　箭头与指引线的绘制

电气图中使用的箭头有两种，一种是开口箭头，用来表示能量或信号的传播方向；另一种是实心箭头，用作指向连接线等对象的指引线，如下图所示。

图中的箭头也可以表示可调节性或运动方向等信息。指引线用于指示电气图中的注释对象。指引线一般为细实线，指向被注释处，并在其末端加注不同的标记。

- 如果末端在轮廓线内，则添加一个黑点。
- 如果末端在轮廓线上，则添加一个实心箭头。
- 如果末端在连接线上，则添加一个短斜线。

Lesson 03　绘制三端集成稳压器电路图

稳压器，顾名思义，就是使输出电压稳定的设备。所有的稳压器，都利用了相同的技术，实现输出电压的稳定。输出电压通过连接到误差放大器反相输入端的分压电阻进行采样，误差放大器的同相输入端连接到一个参考电压。下面将以三端集成稳压器为例，来介绍稳压器电路图的绘制方法。

01　绘制线路图

电气符号及连接线路的绘制方法如下。

STEP 01 启动AutoCAD 2012软件，新建空白文件，并将其另存为"三端集成稳压器.dwg"。

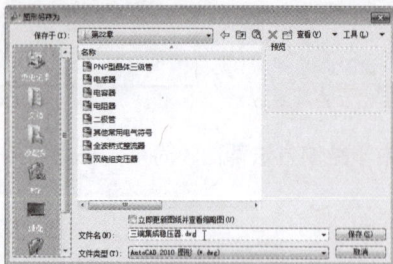

STEP 02 在菜单栏中执行"绘图>直线"命令，绘制长5mm的垂直线，然后，按Enter键，并在命令窗口中，输入from命令，按Enter键，指定线段的中点。

STEP 03 在命令窗口中输入偏移距离点@0，1，按Enter键并绘制长3.5mm的水平线和长3mm的垂直线。

STEP 04 在菜单栏中执行"修改>镜像"命令，将刚绘制的两条线段以左侧直线的中点为镜像点，进行镜像操作。

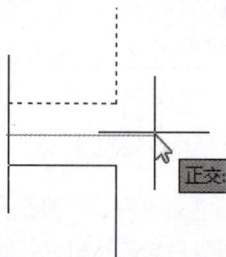

STEP 05 在菜单栏中执行"绘图>多段线"命令，以a点为起点，并设置其线宽值，绘制箭头符号。

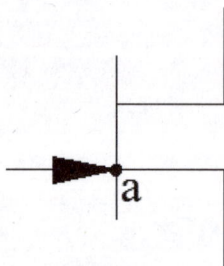

STEP 06 在菜单栏中执行"绘图>块>创建"命令，将该电气符号创建成块。

STEP 07 绘制导线。在菜单栏中执行"绘图 > 直线"命令，以箭头端点为起点，绘制导线，并执行"绘图 > 圆 > 圆心、半径"命令，在导线端点位置，绘制半径为 1mm 的小圆。

STEP 08 继续绘制电路导线。执行"直线"命令，以符号上侧线段端点为起点，绘制导线，然后在导线端点位置，绘制半径为1mm的小圆。

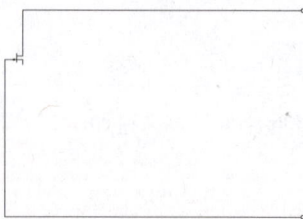

STEP 09 执行"直线"命令，捕捉符号下侧线段端点，绘制导线，并在其与水平线路相交的位置，绘制半径为0.5mm的实心圆。

STEP 10 在菜单栏中执行"绘图>多边形"命令，绘制一个内接圆半径为3mm的正三角形，放置于左侧第二条导线的合适位置。

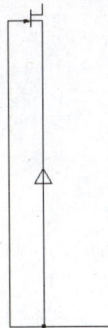

STEP 11 执行"直线"命令，捕捉三角形的顶点，绘制一条长5mm的水平线和一条长2.5mm的垂直线。

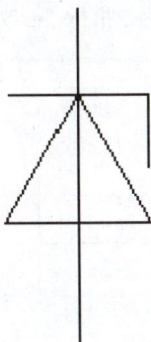

STEP 12 执行"绘图>块>创建"命令，将该二极管符号图形创建成块。

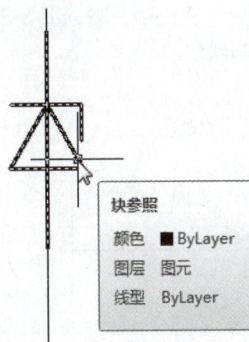

块参照
颜色　■ ByLayer
图层　图元
线型　ByLayer

STEP 13 执行"绘图>圆>圆心、半径"命令，在该线路的合适位置，绘制半径为0.5mm的实心圆。

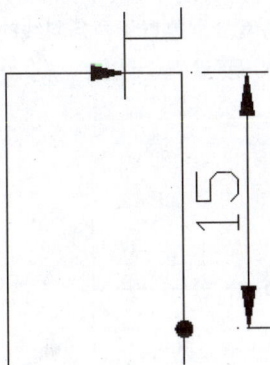

STEP 14 执行"直线"命令，绘制一条长7mm的水平线段。

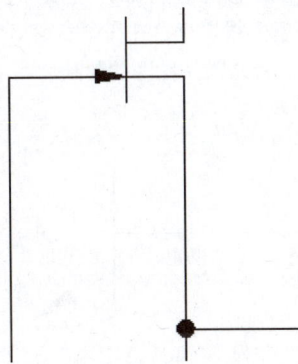

STEP 15 继续执行"直线"命令，绘制长为5mm 的线段。

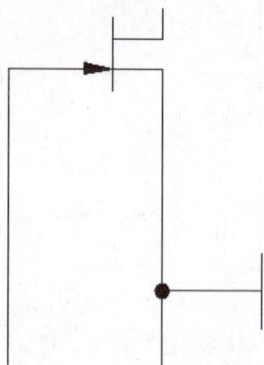

STEP 16 再次执行"直线"命令，在命令窗口中输入from命令，按Enter键，指定线段中点，输入 @0, 1.25命令，按Enter键。

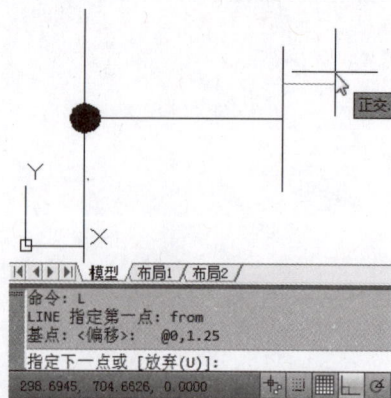

```
命令: L
LINE 指定第一点: from
基点: <偏移>:   @0,1.25
指定下一点或 [放弃(U)]:
298.6945, 704.6626, 0.0000
```

STEP 17 在命令窗口中，输入@3.2<60命令，按 Enter键，绘制斜线。

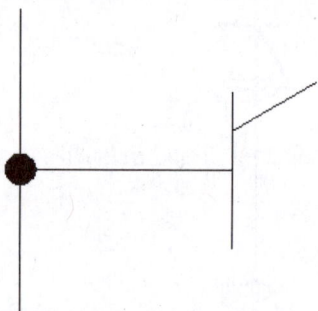

STEP 18 在菜单栏中执行"修改>镜像"命令，将 刚绘制的斜线进行镜像操作。

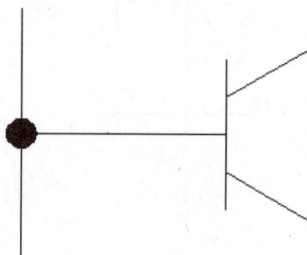

STEP 19 在菜单栏中执行"绘图>多段线"命令，捕捉下侧斜线端点，并在命令窗口中，设置起点与端点值，完成箭头图形的绘制。

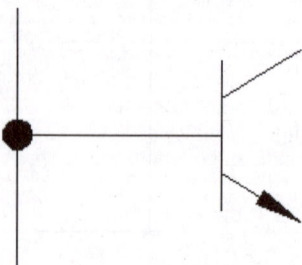

STEP 20 执行"直线"命令，绘制两条长2.5mm 的线段，并将其分别放置于两条斜线的端点位置，完成PNP晶体三极管的绘制。

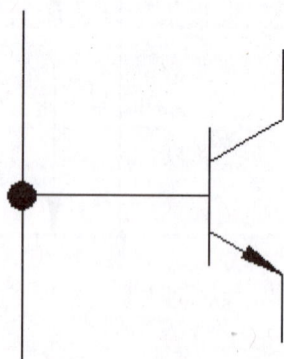

STEP 21 执行"绘图>块>创建"命令,将该符号创建成块。执行"偏移"命令,将当前导线向右进行偏移,偏移距离为15mm。

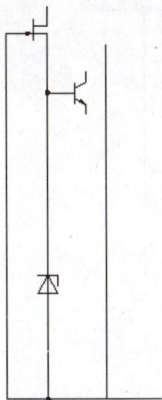

STEP 22 执行"圆心、半径"命令,在导线交点位置绘制半径为0.5mm的实心圆,并执行"复制"命令,对二极管符号进行复制。

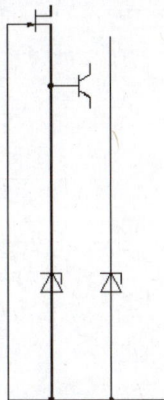

STEP 23 在菜单栏中执行"修改>拉长"命令,将偏移的导线拉长至最上侧的线路上,并绘制半径为0.5mm的实心圆交点。

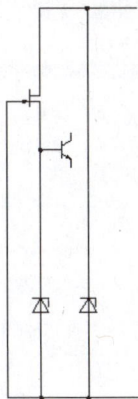

STEP 24 在菜单栏中执行"绘图>矩形"命令,绘制一个长为6mm,宽为1.5mm的矩形,并将其放置于导线合适的位置上。

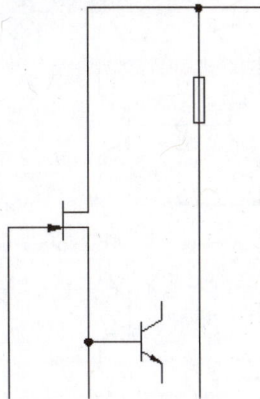

STEP 25 在菜单栏中执行"修改>修剪"命令,对矩形内多余的线段进行修剪。

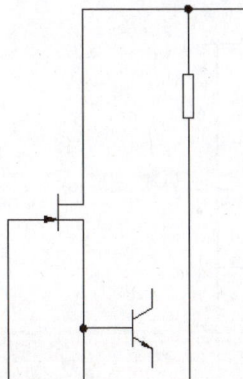

STEP 26 执行"直线"和"多段线"命令,绘制PNP晶体三极管符号图形,并将其放置于该导线的合适位置。

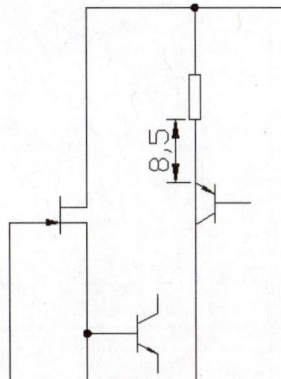

STEP 27 执行"修剪"命令，对导线进行修剪，并执行"镜像"命令，对PNP三极管图形进行镜像。

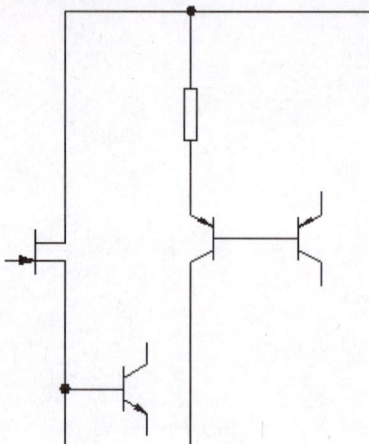

STEP 28 执行"直线"命令，绘制导线，并执行"圆心、半径"命令，绘制半径为 0.5mm 的实心圆，作为各条导线的交点。

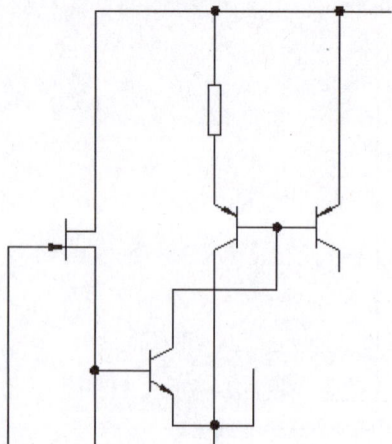

STEP 29 在菜单栏中执行"修改>复制"命令，对右侧NPN型三极管图形进行复制，并将其粘贴至导线合适位置。

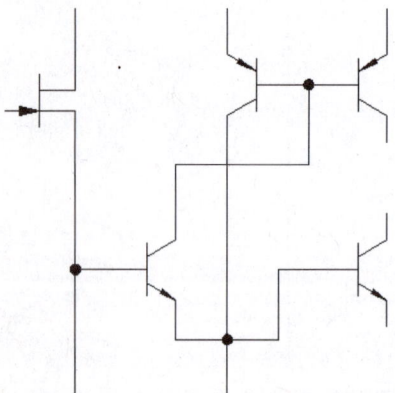

STEP 30 执行"直线"命令，绘制导线，并执行"复制"命令，对电阻符号进行复制。

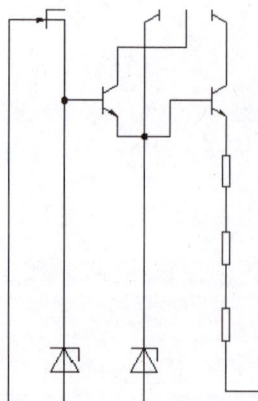

STEP 31 执行"复制"命令，对PNP型三极管图形进行复制。

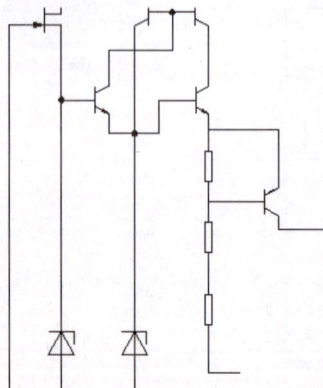

STEP 32 执行"直线"命令，绘制导线，并执行"复制"命令，对 NPN 型三极管图形进行复制。

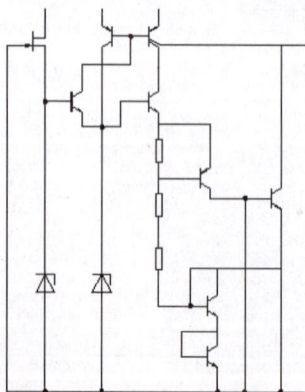

STEP 33 执行"复制"命令，对电阻图块进行复制并将其粘贴至导线合适位置，执行"修剪"命令，对电阻图形进行修剪。

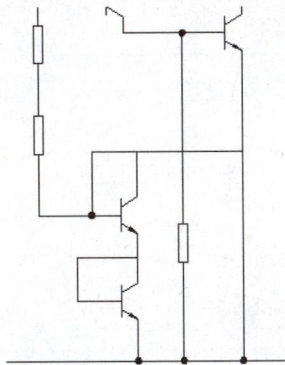

STEP 34 执行"直线"命令，绘制导线，然后，执行"圆心、半径"命令，绘制半径为0.5mm的实心圆，作为导线的交点。

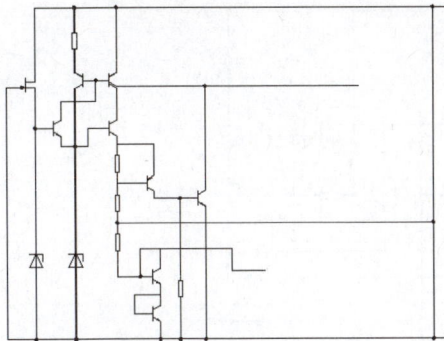

STEP 35 执行"复制"和"修剪"命令，对电阻图块进行复制并将其粘贴至导线合适位置，并对其进行修剪。

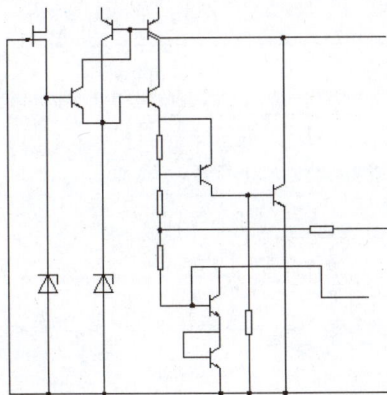

STEP 36 将NPN型三极管符号复制至图形合适位置，并执行"直线"命令，绘制导线。

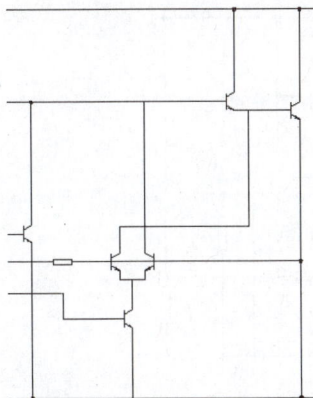

STEP 37 执行"修剪"命令，对图形进行修剪。

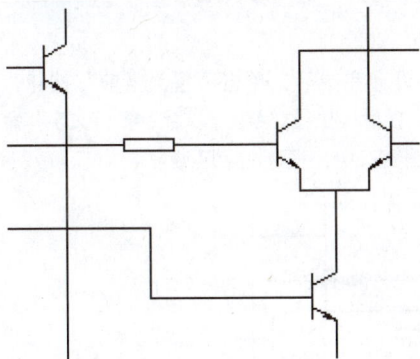

STEP 38 绘制剩余的导线，同时对电阻图块进行复制并将其粘贴至合适位置。

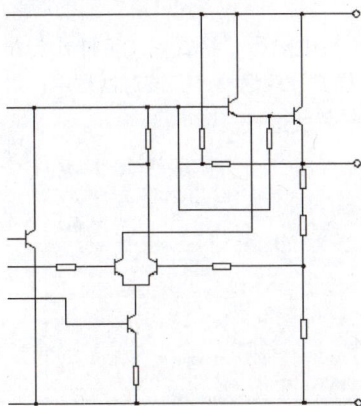

STEP 39 对PNP型三极管符号进行复制，并将其粘贴至合适位置，执行"修剪"命令，对线段进行修剪。

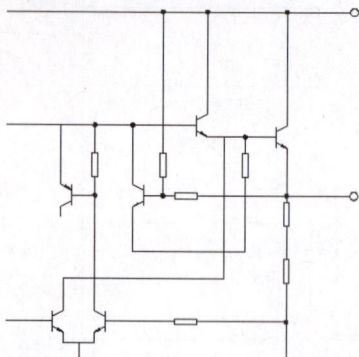

STEP 40 绘制串补电容符号。执行"直线"和"偏移"命令，完成串补电容图形的绘制。

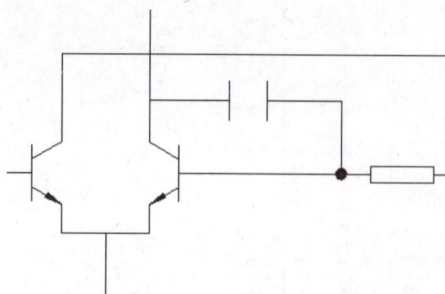

STEP 41 对二极管图形进行复制并将其粘贴至导线合适位置。

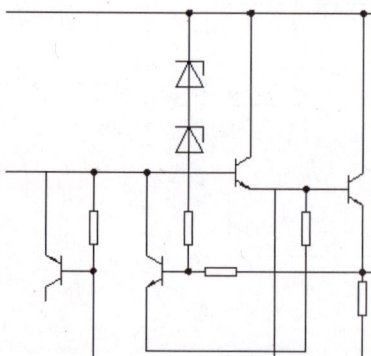

STEP 42 绘制开关触点，执行"多段线"命令，将其线宽设置为0.5mm，绘制线段，然后，对其进行复制，并将其粘贴于线路合适位置，完成整个电路的绘制。

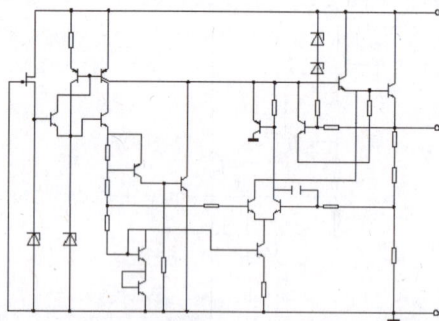

02 添加文字注释

　　电路接线图绘制完成后，需要对图中的电气符号进行编号与注释。下面将对绘制好的电路图进行文字注释。

STEP 01 在菜单栏中执行"格式>文字样式"命令，打开"文字样式"对话框，在该对话框中，对当前字体的高度、样式进行设置。

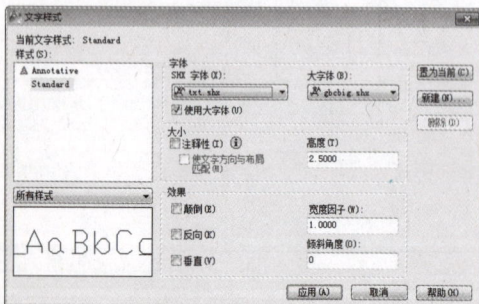

STEP 02 设置完成后，单击"置为当前"按钮，完成设置。然后，执行"绘图>文字>多行文字"命令，在绘图窗口中，框选文字区域。

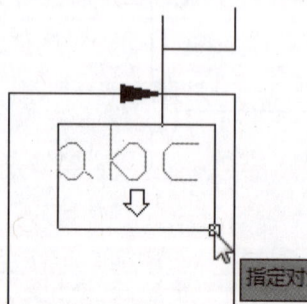

STEP 03 选择完成后，在文字编辑器中，输入电气编号内容。

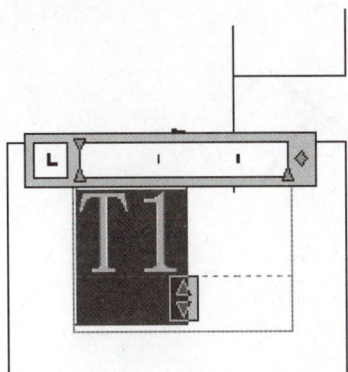

STEP 04 选中编号"1"，在"文字编辑器"选项卡的"样式"面板中，对其文字高度值进行更改。

STEP 05 设置完成后，指定绘图窗口空白处的任意一点，即可完成文字的输入，并放置电气符号于合适位置。

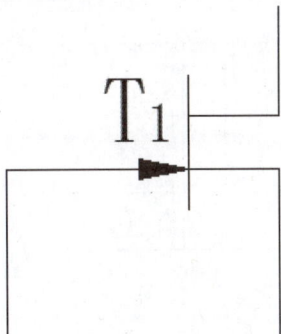

STEP 06 在菜单栏中执行"修改>复制"命令，对输入的文字进行复制，并双击注释文字，即可更改其注释内容。

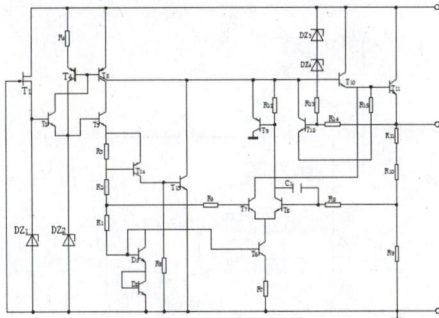

Lesson 04　建筑电气制图

　　建筑电气图主要用于反映室内装修的配电情况，包括照明、插座开关线路的铺设、配电箱的规格与配置等。下面将以三居室户型为例，介绍其照明、插座平面图的绘制方法。

　　原始文件：实例文件\第22章\原始文件\三居室顶棚图.dwg、三居室平面图.dwg
　　最终文件：实例文件\第22章\最终文件\三居室照明图.dwg、三居室插座图.dwg

01　绘制室内照明平面图

　　照明平面图反映了灯具和开关的安装位置、数量和连接线的走向，是电气施工中不可缺少的工程图，其具体绘制方法如下。

STEP 01 启动 AutoCAD 2012 软件，打开原始文件"三居室顶棚图 .dwg"。

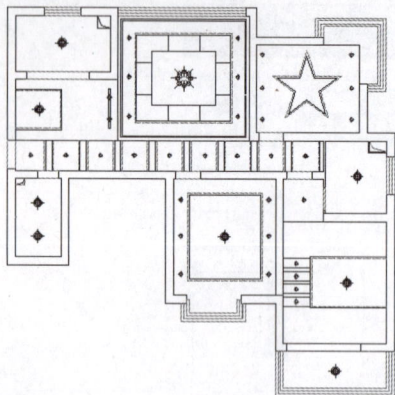

STEP 02 在菜单栏中执行"绘图>圆>圆心、半径"和"绘图>直线"命令，绘制出双联开关。

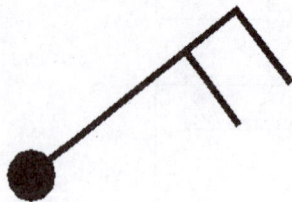

STEP 03 绘制完成后，在菜单栏中执行"绘图>块>创建"命令，将双联开关图形创建成块。

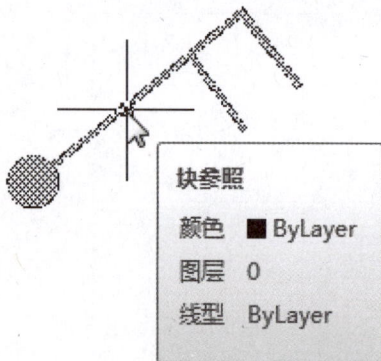

STEP 04 将该开关图块移动至三居室门厅的合适位置。

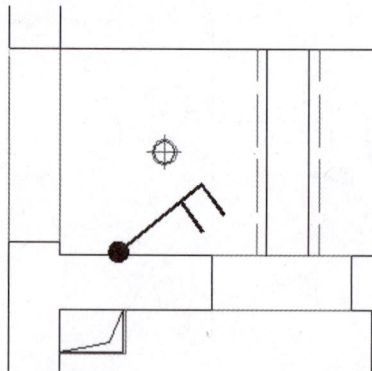

STEP 05 在菜单栏中执行"修改>复制"命令，对该双联开关图块进行复制，并将其粘贴至书房的合适位置。

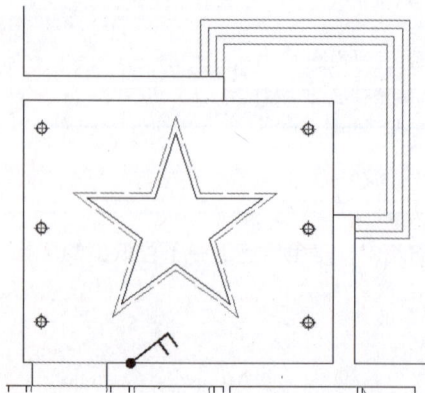

STEP 06 按照同样的方法，将该开关图块复制并粘贴至次卧室以及卫生间的合适位置。

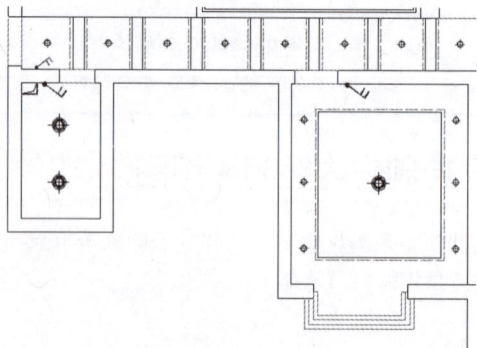

STEP 07 执行"圆心、半径"和"直线"命令，绘制出单联开关图形。

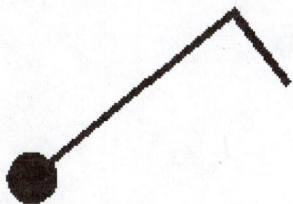

STEP 08 执行"绘图>块>创建"命令，将该开关图形创建成块。

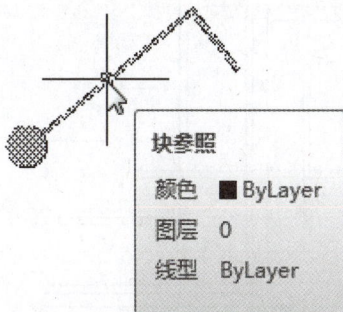

块参照

颜色	■ ByLayer
图层	0
线型	ByLayer

STEP 09 将单联开关图块移至餐厅合适位置。

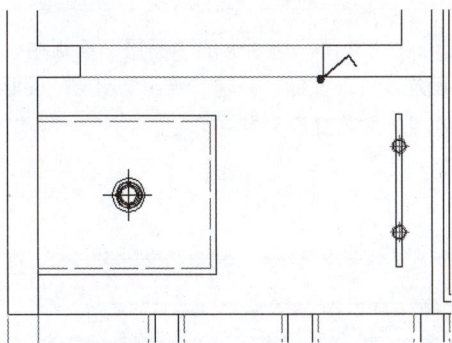

STEP 10 选中该图块，执行菜单栏中的"修改>旋转"命令，对该开关图块进行旋转。

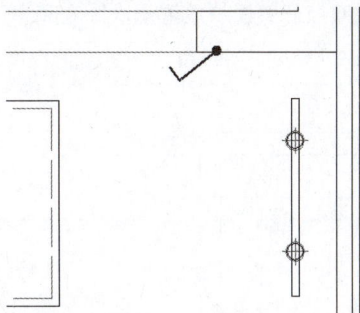

STEP 11 执行"复制"命令，将单联开关图块复制粘贴至主卧卫生间的合适位置，并执行"旋转"命令，对图块进行旋转。

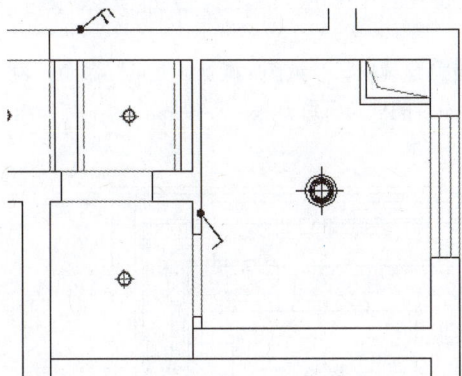

STEP 12 执行"直线"和"圆心、半径"命令，绘制出三联开关和单联双控开关图形。

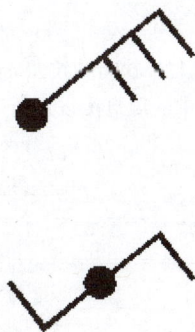

STEP 13 执行"绘图>块>创建"命令，将其分别创建成块，并将三联开关放置于客厅合适位置。

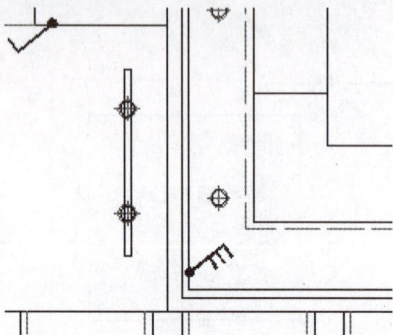

STEP 14 执行"复制"命令，将三联开关图块复制粘贴至三居室其他适当位置。

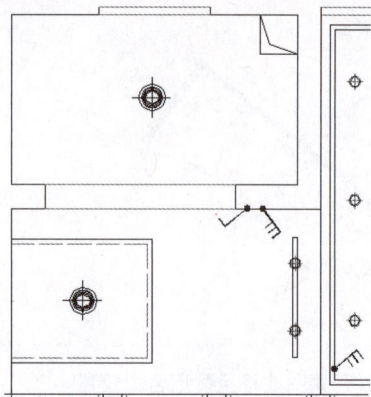

STEP 15 将单联双控开关图块放置于次卧室和主卧室合适位置。

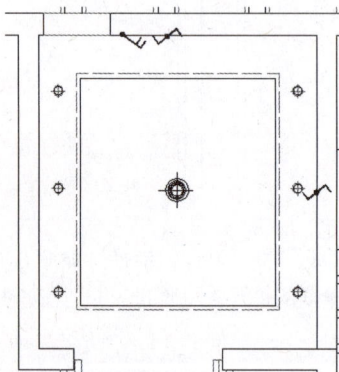

STEP 16 在"常用"选项卡的"图层"面板中，单击"图层特性"按钮，新建"照明"图层，设置其图层属性，并将其设为当前图层。

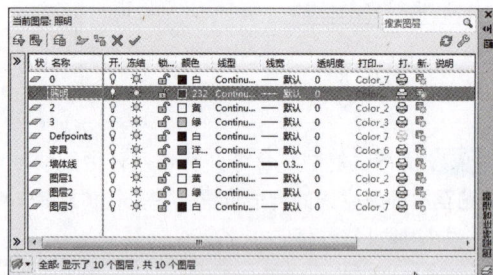

STEP 17 在菜单栏中执行"绘图>圆弧>三点"命令，将客厅区域中的筒灯图块进行串联，并将其连接至三联开关上。

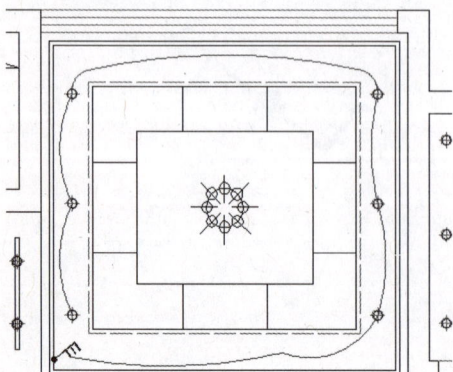

STEP 18 继续执行"绘图>圆弧>三点"命令，绘制客厅吊灯图块与三联开关的连接线。

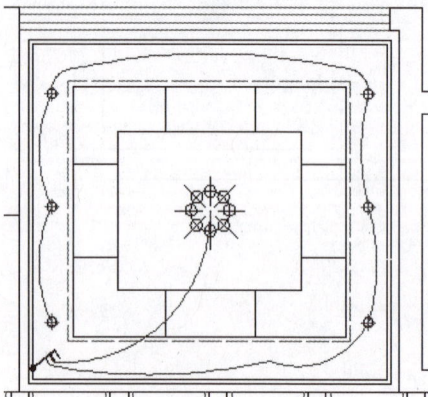

STEP 19 继续执行"绘图>圆弧>三点"命令，将灯槽中的软管灯图块与三联开关进行连接。

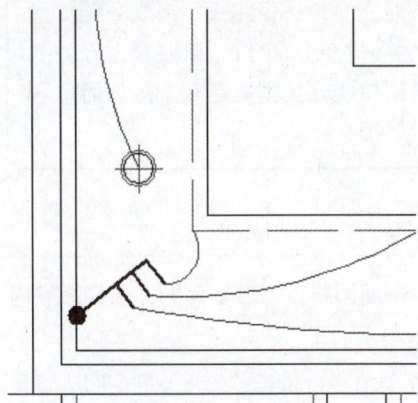

STEP 20 继续执行"绘图>圆弧>三点"命令，绘制书房照明连接线。

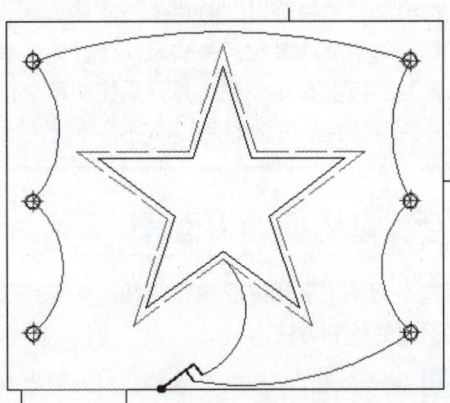

STEP 21 继续执行"绘图>圆弧>三点"命令，绘制主卧室与主卫照明的连接线。

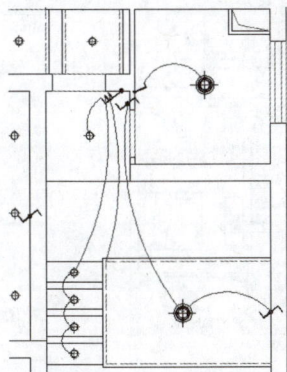

STEP 22 继续以上的操作步骤，完成三居室剩余房间照明连接线的绘制。

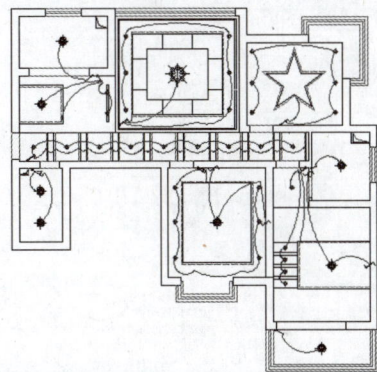

STEP 23 在菜单栏中执行"绘图>文字>多行文字"命令，对客厅灯具进行编号。

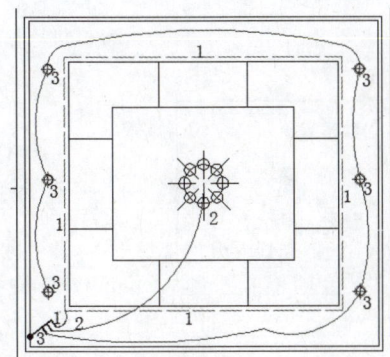

STEP 24 按照同样的方法，对三居室剩余区域的灯具进行编号，从而完成照明图的绘制。

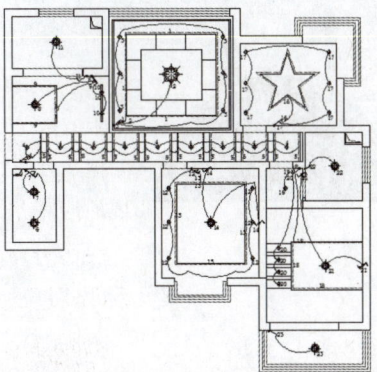

在绘制开关线路时，若用弧线连接，则弧线与弧线之间不能交叉，一根线只能串联一种类型的灯具。其中单联单控开关表示一个开关面板上只有一个开关并只控制一个灯，双联单控开关则表示开关面板上有两个开关并分别控制两个灯，以此类推，三联单控开关则控制三个灯。而单联双控开关则是在某区域的两侧都可以控制该区域中灯的开和关。

02 绘制室内插座平面图

插座平面图主要用来反映室内插座的安装位置和数量情况。下面同样以三居室为例，来介绍室内插座平面图的绘制方法。

STEP 01 启动 AutoCAD 2012 软件，打开原始文件"三居室平面图.dwg"。

STEP 02 在菜单栏中执行"绘图>圆>圆心、半径"和"绘图>直线"命令，绘制出双联开关。

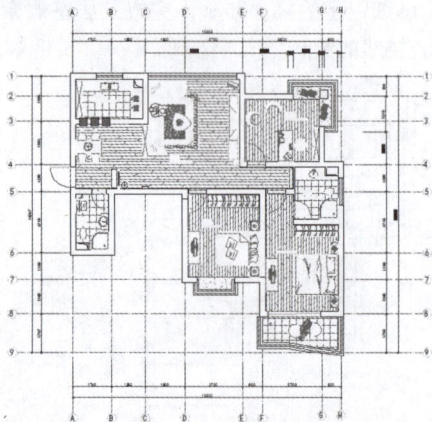

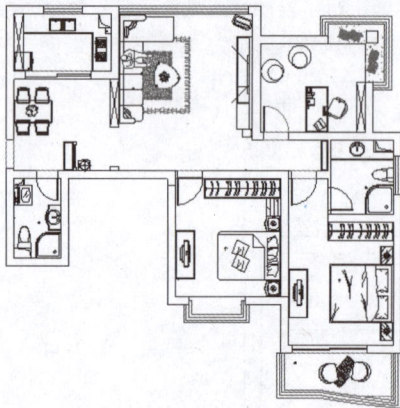

STEP 03 绘制完成后，执行"绘图>块>创建"命令，将双联开关创建成块。

STEP 04 将该开关图块移动至三居室门厅的合适位置。

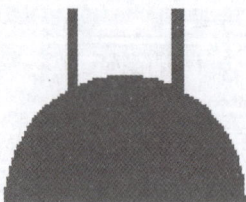

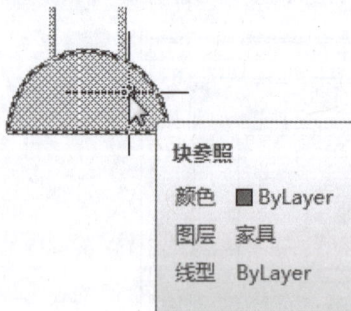

块参照

颜色　■ ByLayer
图层　家具
线型　ByLayer

STEP 05 将该插座图块移动至厨房冰箱位置，在菜单栏中执行"修改>旋转"命令，将其旋转成所需的角度。

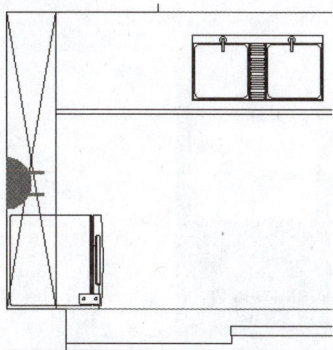

STEP 06 在菜单栏中执行"修改>镜像"命令，对该插座进行镜像，然后，将其移至厨房炉灶合适位置。

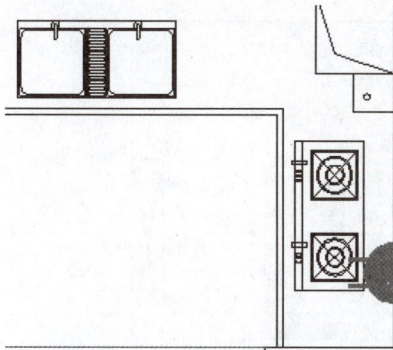

STEP 07 执行"修改>复制"和"修改>旋转"命令，将该插座图块复制粘贴至其他所需位置。

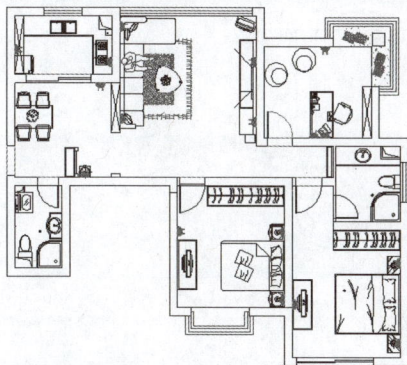

STEP 08 执行"直线"、"圆心、半径"和"图案填充"命令，绘制出空调插座符号。

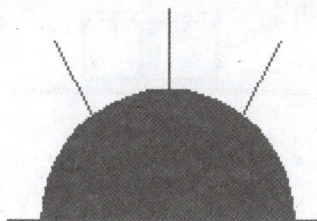

STEP 09 执行"绘图>块>创建"命令，将该插座符号图形创建成块。

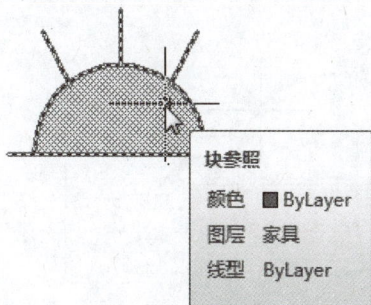

STEP 10 将该符号移至客厅空调后合适位置，执行"旋转"命令，对其进行旋转。

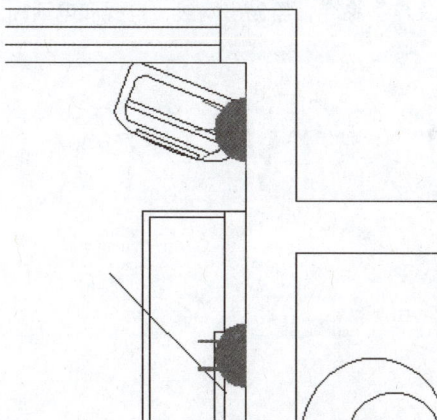

STEP 11 执行"复制"命令，将该符号图形复制粘贴至主卧、次卧以及书房空调所在位置，执行"旋转"命令，将其旋转放置。

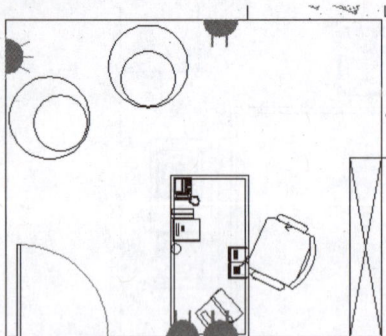

STEP 12 执行"直线"、"圆心、半径"、"修剪"和"图案填充"命令，绘制出防水插座符号，并执行"绘图>块>创建"命令，将其创建成块。

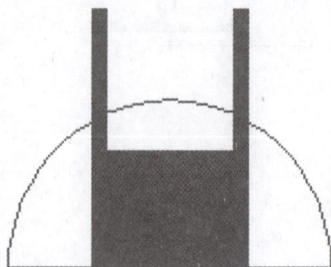

STEP 13 执行"复制"命令，将该符号图形复制至厨房洗菜池合适位置，并执行"旋转"命令，对其进行旋转适当角度。

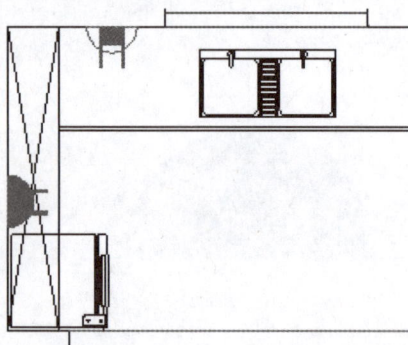

STEP 14 继续执行"复制"命令，将该插座图块粘贴至两卫生间所需位置。

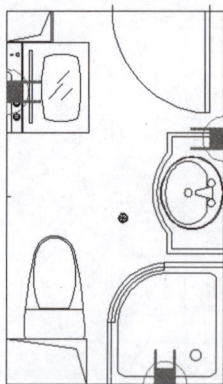

STEP 15 执行"绘图>圆>圆心、半径"和"绘图>文字>多行文字"命令，绘制出网线、电视和电话插座符号。

STEP 16 执行"绘图>块>创建"命令，将其插座符号图形创建成块。

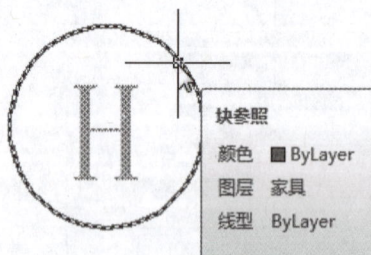

STEP 17 将网线、电话及电视机符号移至客厅电视墙及沙发墙所需位置。

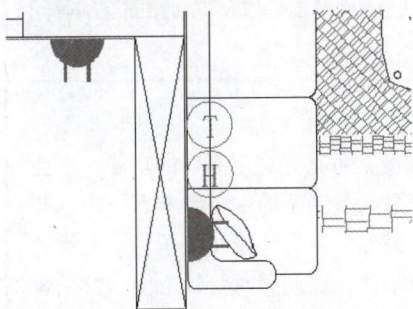

STEP 18 执行"复制"命令，将其符号复制粘贴至书房、主卧及次卧所需位置。

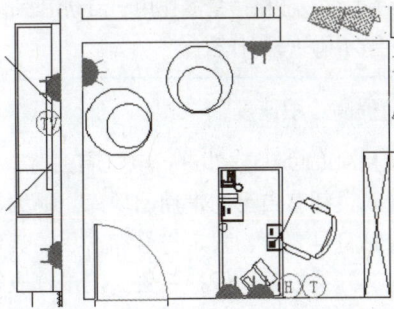

STEP 19 删除平面图中多余的家具图块。

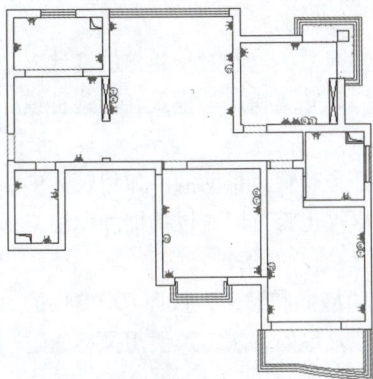

STEP 20 执行"多段线"和"多行文字"命令，对客厅插座进行标注。

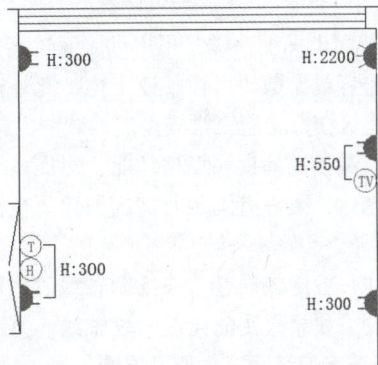

STEP 21 执行"复制"命令，将标注复制粘贴至书房各插座位置，双击该标注，即可修改注释内容。

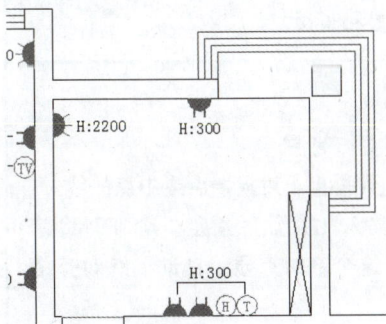

STEP 22 继续以上的步骤，对三居室其他位置的插座进行标注，从而完成插座平面布置图的绘制。

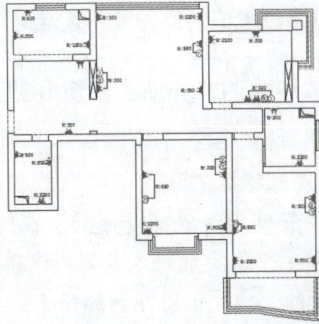

📖 **工程师点拨 | 绘制插座布置图时的注意事项**

在布置室内插座时，无需将平面图中的家具图块删除后，再进行操作。因为家具图块在电气图中有着参照作用，例如在电视机图块旁，就需摆放有线电视插座。此外还可根据家具的布局，合理安排插座和开关。

Q–A 工程技术问答

如何提高绘图速度、栅格命令的作用、自动追踪的技巧、调出CAD图形修复器，以及扩大绘图空间等问题，下面将会为用户一一作答。

Q01： 如何提高绘图速度？

A01： 在使用AutoCAD软件进行电气制图时，若想提高绘图速度，可充分利用图块的功能。专业的电气设计人员都有自己的常用图块库。而绘制基本电气符号是电气制图的主要内容之一，这些电气符号包括符号要素、限定符号和常用的其他符号，如无源器件、半导体管和电子管、电能的发生和转换、开关控制和保护装置、测量仪表等。电气图块越丰富，在制图时就越方便，绘图速度自然就能提高。在绘图过程中，如果需要在不同位置，以不同比例和旋转角度绘制相同的图形，其最有效的方法，就是将需要重复绘制的图形定义成块，其后以调入块的方法来绘制。

Q02： 在AutoCAD软件中，"栅格"命令有什么作用？

A02： 栅格就同坐标纸一样，用户可以通过捕捉栅格点以快速确定尺寸，当然对于熟练的设计人员来说输入坐标或参数也可以快速定位。此外栅格还可以设置为"等轴测捕捉"模式，在这种模式下，可以直接模拟绘制三维模型的等轴测投影图。

其实如果能熟练使用捕捉和栅格功能，对提高绘图的速度和效率都是有很大帮助的。如建筑图中绘制轴线、墙体、梁等有固定长宽的图元；机械图中的板、孔、槽等也都可以通过捕捉和栅格来辅助绘制。

1.轴线的尺寸一般比较规整，在绘制轴线时，可以打开100*100的捕捉和栅格，按照100单位的倍数进行绘制。如果采用先绘制一段轴线，再通过偏移来生成其他轴线的方法，那便用鼠标通过100的倍数来确定偏移距离也非常方便。

2.墙体和梁在平面图中一般都是有固定的厚度，而长度是沿着轴线绘制的。如墙体的厚度是200mm，可以先设定捕捉和栅格的X、Y间距都为100mm，然后可以在一个轴线上下各绘制一条直线，合为厚度200mm的墙体。再通过100的倍数偏移在其他轴线的位置绘制相应的墙体。

3.机械图中也可以通过类似的操作来快速准确地定位点、线的位置和长度。

Q03： AutoCAD软件中"自动追踪"的使用技巧是什么？

A03： 使用"自动追踪"时，适当结合一些技巧，会使绘图变得更加简便。

1.和对象捕捉追踪一起捕捉"垂足"、"端点"和"中点"，绘制到垂直于对象端点或中点的线。

2.与临时追踪点一起使用对象捕捉追踪。在输入点的提示下，输入 tt，然后指定一个临时追踪点，该点上将出现一个小的加号（＋）。移动光标时，将相对于这个临时点显示自动追踪对齐路径。要想将这点删除，将光标移回到加号（＋）上面即可。

3.获取对象捕捉点之后，使用直接距离沿对齐路径，在精确距离处指定点。具体步骤：指定点，先选择对象捕捉，移动光标显示对齐路径，然后在命令提示下，输入距离即可。

4.使用"选项"对话框的"绘图"选项卡中设置的"自动"和"用 Shift 键获取"选项管理点的获取方式。点的获取方式默认设置为"自动"。当光标距要获取的点非常近时，按下Shift 键将暂时不获取对象点。

Q04: 如何调出AutoCAD的图形修复器?

A04: 在命令窗口中,输入 recover 命令,按 Enter 键,选择修复文件即可。在菜单浏览器中执行"图形实用工具 > 打开图形修复管理器"命令,即可打开修复器,如下图所示。

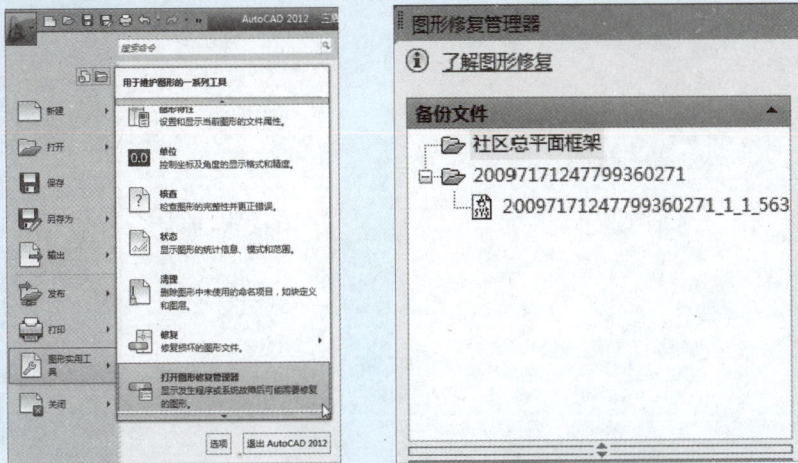

Q05: 如何扩大绘图空间?

A05: 若想扩大绘图空间,可使用以下几种操作方法。

1.提高系统显示分辨率。

2.设置显示器属性中的外观,改变图标、滚动条、标题按钮、文字等的大小。

3.去掉多余部件,例如屏幕菜单、滚动条和不常用的工具条。用户可在"选项"对话框的"显示"选项卡中,取消勾选的相应选项,单击"确定"按钮即可,如下图所示。

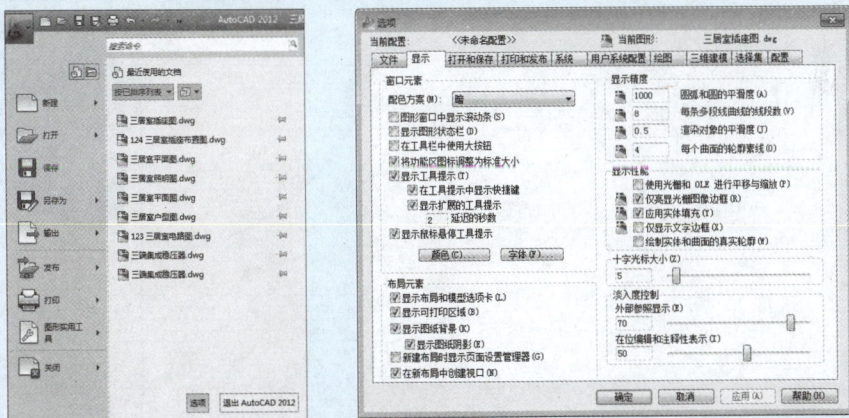

4.设定系统任务栏自动消隐,并将命令窗口尽量缩小。

5.在显示器属性"设置"页面中,将桌面大小设定为大于屏幕大小的1~2个级别,便可在超大的活动空间里绘制图形。

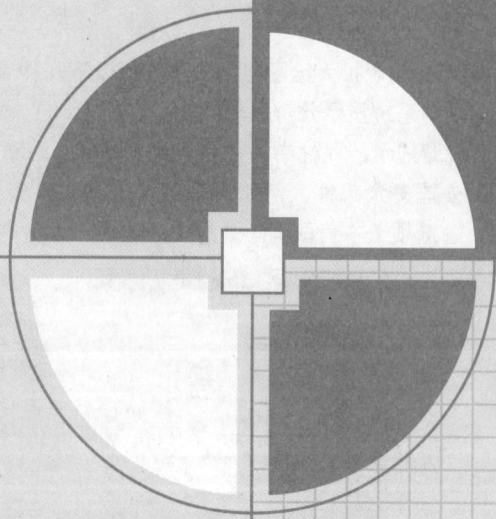

附录

附录涵盖三部分内容：天正建筑的应用、AutoCAD 2012常用命令汇总、AutoCAD 2012快捷键一览表。天正建筑软件是AutoCAD软件中的一个重要插件，对于建筑专业的人员来说更为适用。但需注意一点，天正软件必须在安装AutoCAD软件后，才能安装运行。

附录 一
天正建筑的应用

1.1　天正建筑软件概述

　　天正软件可以说是AutoCAD软件的一个扩展工具。该软件采用二维图形描述与三维空间表现一体化的先进技术，从方案到施工图全程体现建筑设计的特点，在建筑CAD技术上掀起了一场革命。下面将对天正建筑软件的概况、软件的操作界面以及界面设置等内容进行介绍。

01　天正软件介绍

　　天正公司是1994年成立的高新技术企业。它以实用高效的设计工具为理念，应用先进的计算机技术，研发了以天正建筑为首的包括暖通、给排水、电气、结构、日照、市政道路、市政管线、节能、造价等专业的建筑CAD系列软件。天正建筑的用户遍及全国，该软件已成为建筑设计绘图的标准，为建筑设计行业计算机应用水平的提高以及设计生产率的提高做出了卓越的贡献。

02　认识天正建筑界面

　　使用天正建筑软件，可以绘制较为复杂的平面、立面、剖面等建筑图。想要学好该软件，需先熟悉软件的界面。下面将对软件的界面进行介绍。

　　双击天正建筑软件图标，稍等片刻，则会启动该软件，下图所示为天正建筑8.2系统界面。

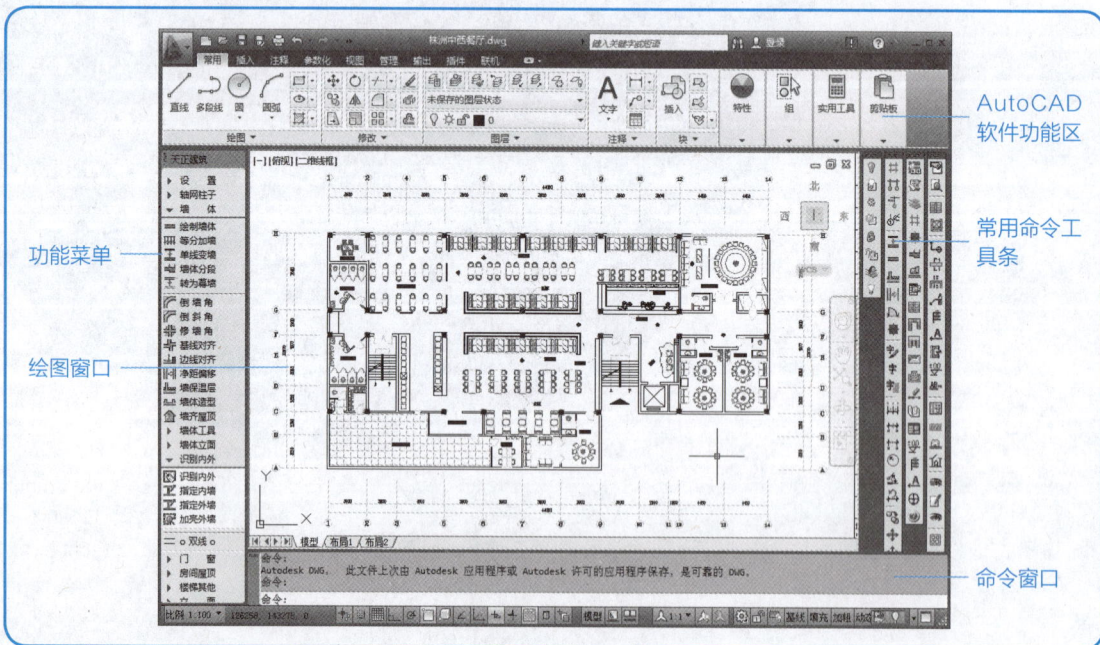

　　天正建筑界面与AutoCAD 2012软件很相似，主要分为5大区域。
- AutoCAD软件功能区

该功能区为AutoCAD 2012的命令功能区，其操作与使用AutoCAD 2012软件相同。

- 天正常用快捷命令工具条

该工具条位于AutoCAD 2012功能区下方，单击工具条中某项命令图标，则在命令窗口中，显示相应的命令信息，用户即可根据该操作信息，完成命令操作。

- 天正功能菜单栏

该栏位于绘图窗口左侧，用户单击该菜单栏中的某一子菜单，会在扩展菜单栏中，显示相应的操作命令，单击该命令就可进行相应的操作。

- 绘图窗口

该区域位于界面的中间，用户可在该区域中，完成所需建筑图的绘制。

- 命令窗口

该区域位于绘图窗口下方，其操作与AutoCAD 2012软件相同。

03 天正建筑系统设置

在天正功能菜单栏中，选择"设置"选项，在打开的扩展列表中，用户可根据需要对当前的系统参数进行设置。

1. 自定义

单击"自定义"选项，打开"天正自定义"对话框。在该对话框中，用户可对"屏幕菜单"、"操作配置"、"基本界面"、"工具条"以及"快捷键"等选项进行设置，如下左图所示。

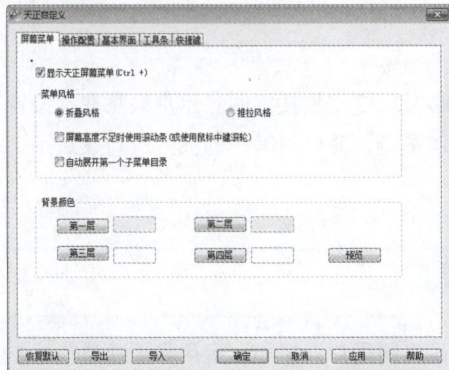

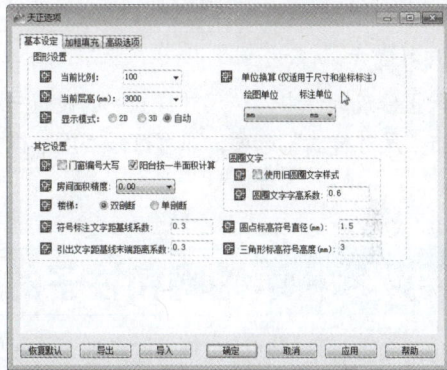

下面将分别对"天正自定义"对话框中的各选项卡进行说明。

- 屏幕菜单：在该选项卡中，用户可根据需要设置屏幕菜单的风格及颜色。
- 操作配置：在该选项卡中，主要可设置右键快捷菜单以及十字光标的拖动等。
- 基本界面：在该选项卡中，用户可对界面以及在位编辑等选项进行设置。
- 工具条：在该选项卡中，用户可选择需要的按钮将其拖动到浮动状态的工具栏中，方便工具栏命令的调用。
- 快捷键：在该选项卡中，用户可定义某个数字或字母键，按下该键即可调用对应的操作命令。

2. 天正选项

单击"天正选项"选项，即可打开"天正选项"对话框。在该对话框中，用户可对"基本设定"、"加粗填充"以及"高级选项"3个选项卡中的参数进行设置，如上右图所示。

下面将对"天正选项"对话框中的各选项卡进行说明：

- 基本设定：在该选项卡中，用户可对图形、界面、尺寸、坐标标注等进行设置。

● 加粗填充：在该选项卡中，用户可对墙体与柱子的填充图案、填充方式以及填充颜色和线宽进行设置。

● 高级选项：在该选项卡中，主要可控制天正建筑全局变量的用户自定义参数的设置界面。

3. 当前比例

单击"当前比例"选项，用户可在命令行中输入所需的比例值，来设置当前的绘图比例。系统默认比例值为100。

4. 文字样式

单击"文字样式"选项，可打开"文字样式"对话框。在该对话框中，用户可设置图纸的文字的样式、高度等选项，如下左图所示。

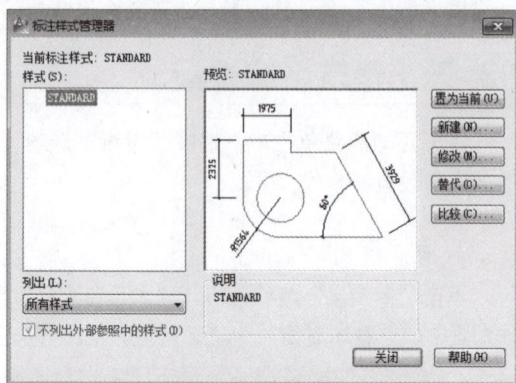

5. 尺寸样式

在天正建筑软件中，"尺寸样式"的设置与AutoCAD 2012软件相同。用户只需在"设置"菜单下，单击"尺寸样式"选项，即可打开"尺寸样式"对话框，并可对其中的参数进行设置了，如上右图所示。

1.2 轴网和柱子的绘制

轴网和梁柱是绘制建筑平面图的基本元素。下面将向用户介绍如何运用天正建筑软件中的相关命令，来绘制轴网和柱子。

01 轴网的绘制

轴网是建筑物各组成部分的定位中心线，是图形定位的基准线。绘制建筑户型图时，需先绘制墙体轴线，然后根据轴线来绘制建筑墙体。

1. 创建直线轴网

创建直线轴网的操作方法如下：

STEP 01 在功能菜单中单击"轴网柱子"选项，在其扩展列表中，选择"绘制轴网"选项，打开"绘制轴网"对话框。

STEP 02 在"直线轴网"选项卡中，单击"上开"单选按钮，在"轴间距"和"个数"列表中，输入尺寸数值。

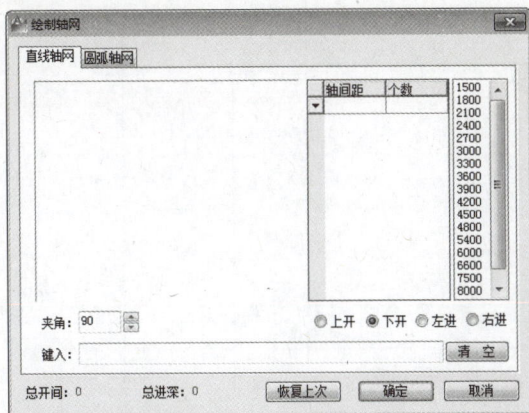

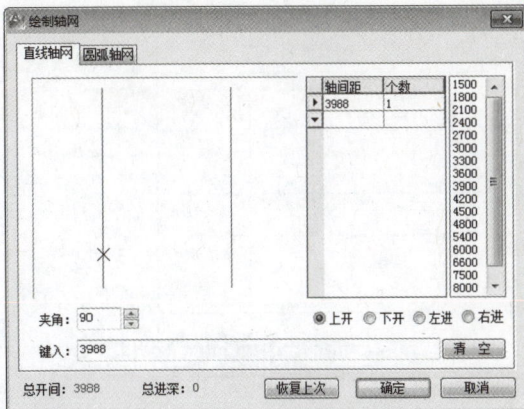

STEP 03 输入完成后，按Enter键，即可进行下一条轴线尺寸的输入。

STEP 04 单击"下开"单选按钮，输入相关的轴间距值。

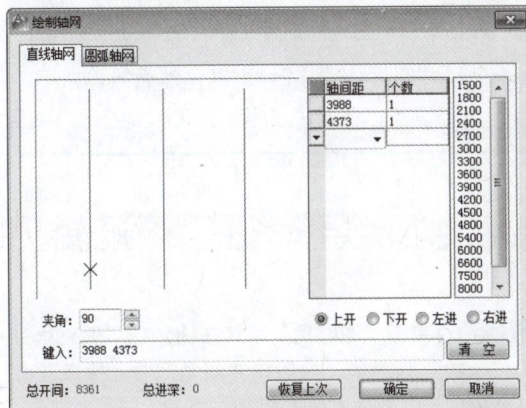

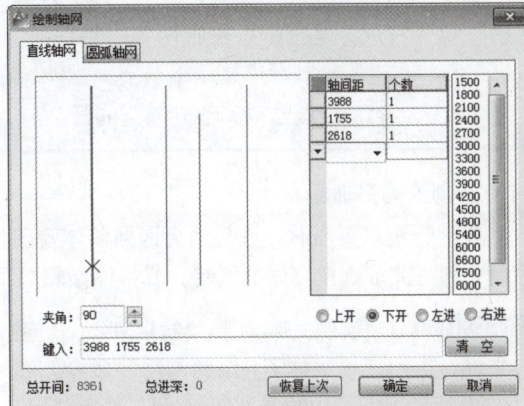

STEP 05 单击"左进"单选按钮，并在"轴间距"列表中，输入相关数值。

STEP 06 单击"右进"单选按钮，在"轴间距"列表中，输入相关数值。

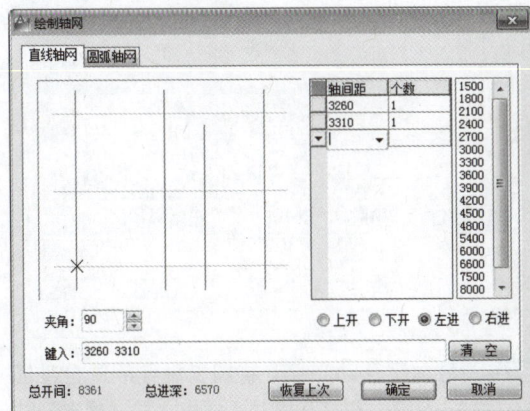

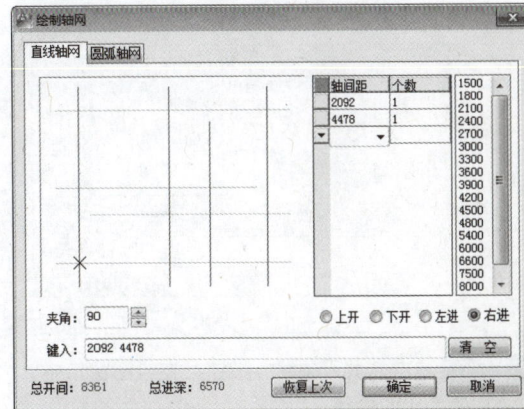

STEP 07 输入完毕后，单击"确定"按钮，在绘图窗口中，指定轴线起点。

STEP 08 指定完成后，即可完成对墙体轴线的绘制。

点取位置或 | 34263.9580 | <

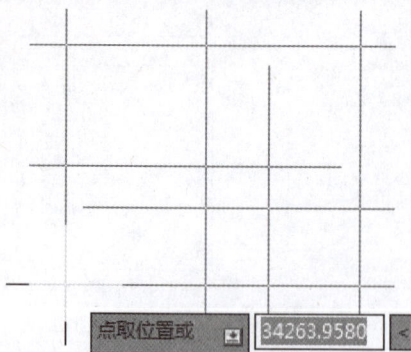

在"绘制轴网"对话框中,"上开"是指图纸上侧轴线,"下开"是指图纸下侧轴线,"左进"和"右进"是指图纸左右两侧的轴线。"上开"和"下开"的绘制顺序是从左至右,"左进"和"右进"绘制顺序是从下至上。此外,在输入一个尺寸值后,须按Enter键,然后再输入下一个数值,切勿按逗号或其他分隔符隔开。

2. 创建圆弧轴网

在进行建筑制图时,通常也会遇到墙体带圆角的情况。此时运用天正建筑软件中的"圆弧轴网"命令,即可完成圆角墙体的绘制,其操作步骤如下。

STEP 01 打开"实例文件\附录\绘制轴网.dwg"素材文件,执行"轴网柱子>绘制轴网"命令,在"绘制轴网"对话框中选择"圆弧轴网"选项卡。

STEP 02 单击"圆心角"单选按钮,在"轴夹角"和"个数"列表中,按照墙体圆角尺寸,输入圆心角数值。

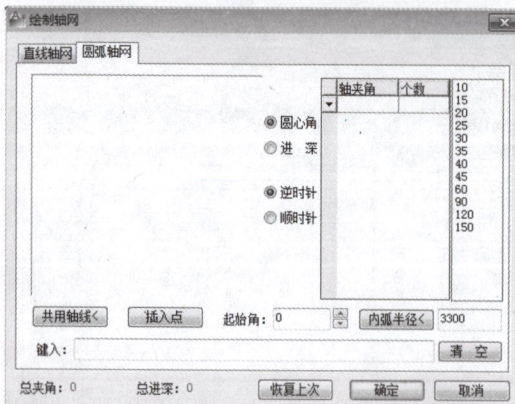

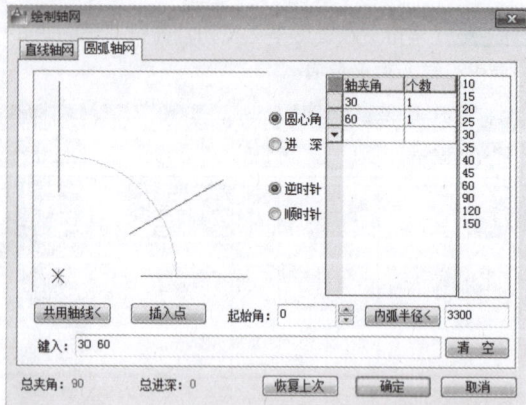

STEP 03 单击"共用轴线"按钮,在绘图窗口中,选择所需共用的轴线。

STEP 04 向下移动光标,将圆弧轴线放置合适位置,按Enter键,在打开的对话框中,按"确定"按钮,即可完成操作。

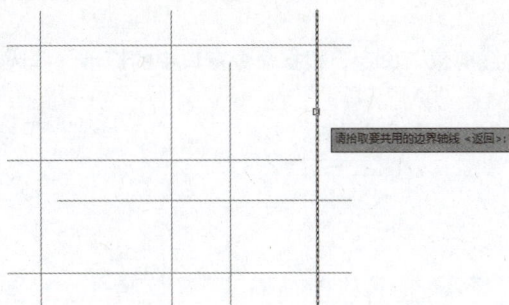

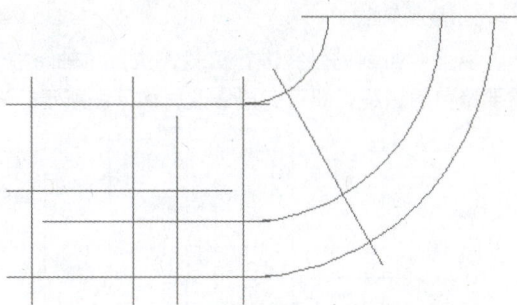

3. 墙生轴网

若将轴网意外删除，使得无法对墙体进行标注时，可以使用天正建筑软件中的"墙生轴网"命令，添加轴网即可。

STEP 01 执行"轴网柱子>墙生轴网"命令，根据命令窗口中的提示，选中墙体。

STEP 02 选择完成后，按Enter键，即可生成墙体轴线。

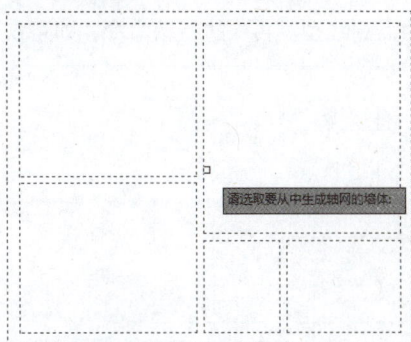

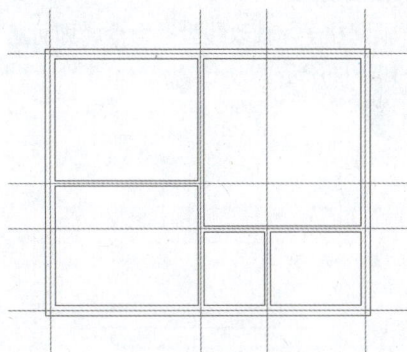

02 编辑轴网

通常轴线绘制好后，都需对其进行编辑。下面将分别对其编辑方法进行介绍。

1. 添加轴线

当需添加轴线时，执行"轴网柱子>添加轴线"命令，根据命令窗口中的提示，选择"参考轴线"、"偏移方向"并输入偏移距离，即可完成轴线的添加，如下图所示。

命令窗口提示如下：

```
命令: T81_TInsAxis
选择参考轴线 <退出>:                           （选择下左图中的轴线A）
新增轴线是否为附加轴线?[ 是(Y)/否(N)] <N>:            （按Enter键）
移方向<退出>:                         （向上移动光标，并指定任意一点）
距参考轴线的距离<退出>: 1000                    （输入偏移距离值）
```

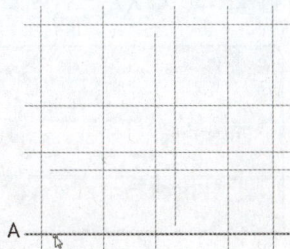

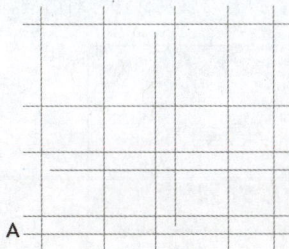

2. 裁剪轴线

若需对当前的轴线进行剪裁，执行"轴网柱子＞轴线剪裁"命令，根据命令窗口中的提示，框选需要修剪的轴线，即可完成修改，如下图所示。

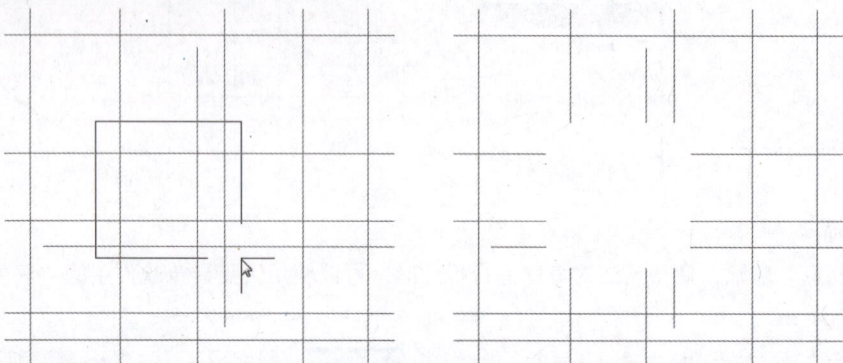

3. 更改轴线线型

执行"轴网柱子＞轴改线型"命令，即可将当前轴线更改为点划线型。再次执行该命令，即可恢复直线型，如下图所示。

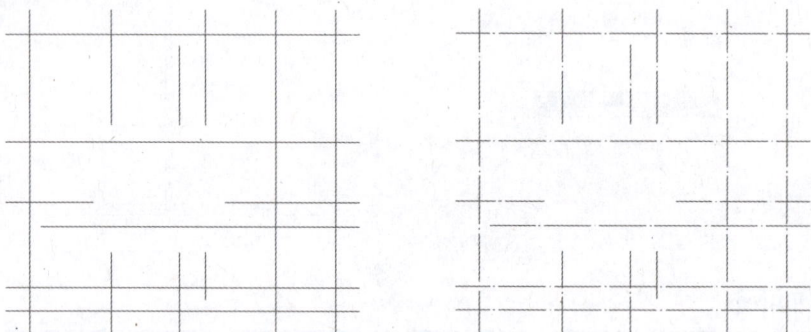

03 轴网的标注

在绘制建筑平面图纸中，通常需要对墙体轴线进行标注，例如标注轴号、进深以及开间等距离。在天正建筑软件中，有2种标注方法：两点轴标和逐点轴标。

1. 两点轴标

执行"轴网柱子＞两点轴标"命令，打开"轴网标注"对话框。用户可根据需要，单击"单侧标注"或"双侧标注"单选按钮，并输入"起始轴号"，然后在绘图窗口中，选择起始轴线和终止轴线，即可完成。下面将举例介绍其具体操作步骤。

STEP 01 打开"绘制轴线"素材文件，执行"轴网柱子＞两点轴标"命令，打开"轴网标注"对话框。

STEP 02 单击"单侧标注"单选按钮，并在"起始轴号"中，输入A。

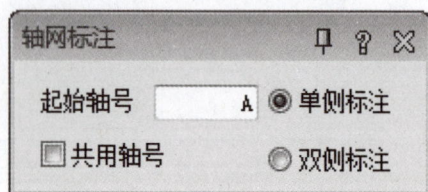

STEP 03 输入完毕后，在绘图窗口中捕捉起始轴线H。

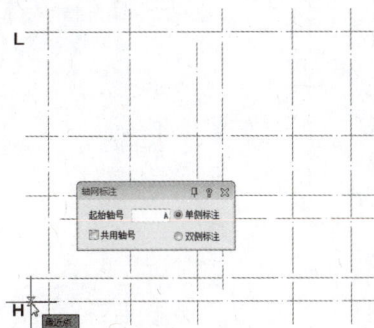

STEP 04 捕捉终止轴线L，即可完成轴线标注。

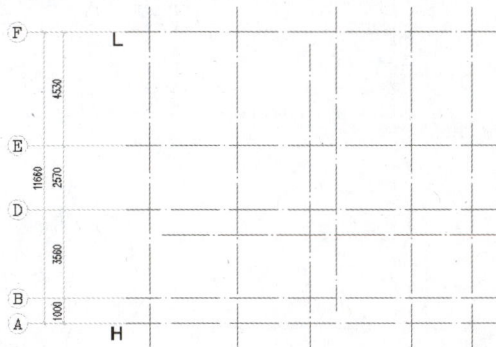

2. 逐点轴标

逐点轴标用于标注指定轴线的轴号，该命令以单独轴号为操作对象，通常用于立面、剖面图中的单独轴号。执行"轴网柱子>逐点轴标"命令，根据命令窗口中的提示，选择所需轴线，并输入轴号，即可完成，如下图所示。

命令窗口提示如下：

```
命令: T81_TAxisDimp
点取待标注的轴线<退出>:                              （选择下左图中的S轴）
请输入轴号<空号>:1/2                                   （输入轴号）
```

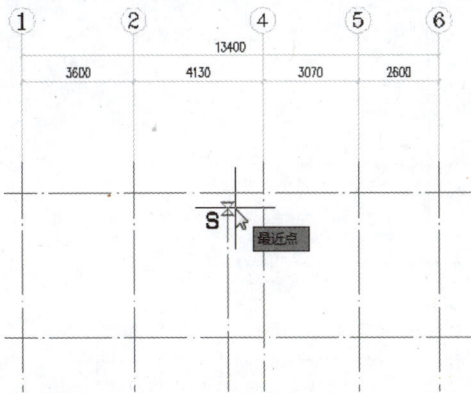

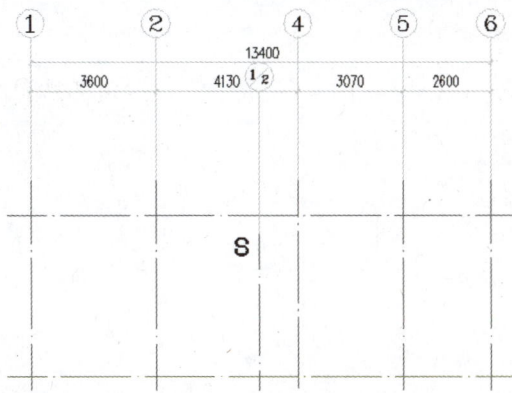

04 编辑轴号

在天正建筑软件中，还可根据用户需求对轴号进行修改编辑，例如添补、删除等操作。

1. 添补轴号

执行"轴网柱子>添补轴号"命令，并根据命令窗口中的提示，选中所需添加新轴号相邻的轴号，指定新轴号的位置，即可完成添加，如下图所示。

命令窗口提示如下：

```
命令: T81_TAddLabel
请选择轴号对象<退出>:                                （选择下左图中的E轴号）
请点取新轴号的位置或 [ 参考点 (R)]<退出>:            （指定好新轴号位置）
新增轴号是否双侧标注?[ 是(Y)/否(N)]<Y>: N            （选择"否"，按Enter键）
新增轴号是否为附加轴号?[ 是(Y)/否(N)]<N>:            （按Enter键，完成操作）
```

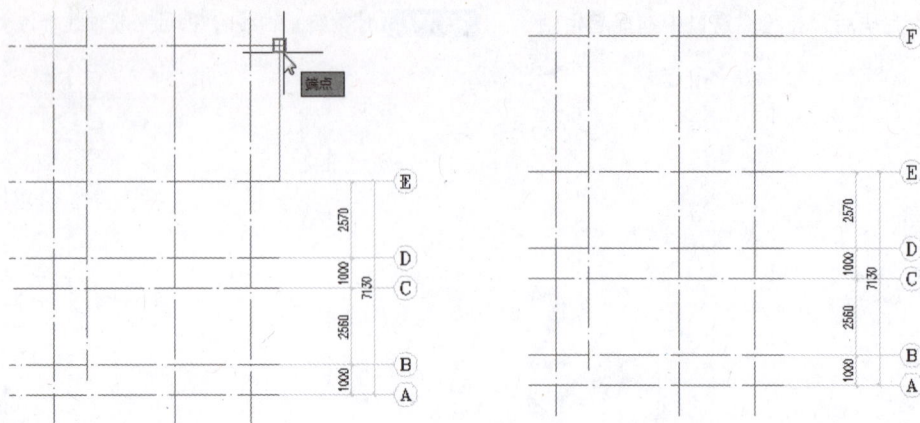

2. 删除轴号

删除轴号的方法也很简单。执行"轴网柱子>删除轴号"命令，框选所需删除的轴号，即可将其删除，如下图所示。

命令窗口提示如下：

```
命令：T81_TDelLabel
请框选轴号对象<退出>：                                    （框选下左图中轴号F）
请框选轴号对象<退出>：                                        （按Enter键）
是否重排轴号?[是(Y)/否(N)]<Y>：N                      （选择"否"，按Enter键）
```

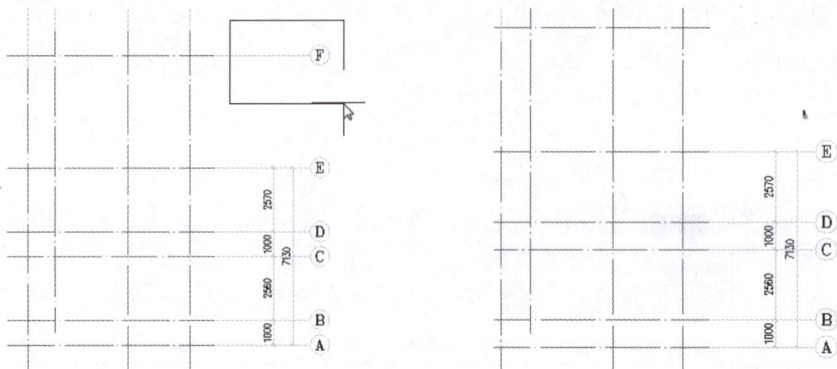

> **工程师点拨**｜轴号输入标准
>
> 在标注平面图中的尺寸时，左右两侧轴号通常为英文符号，而上下两侧轴号多为数字符号。

05 柱子的创建与编辑

柱子在整个建筑物中起到了支撑作用，而柱子在建筑图纸上的表现形式也很多，例如标准柱、角柱、构造柱、异形柱等。

1. 创建柱子

下面将介绍几种常用柱子的创建方法。

● 标准柱

执行"轴网柱子>标准柱"命令，打开"标准柱"对话框。在该对话框中，用户可根据需要对标准柱的尺寸、标准柱的材质进行设置。设置完成后，在绘图窗口中指定标准柱的位置，即可完成绘制，如下图所示。

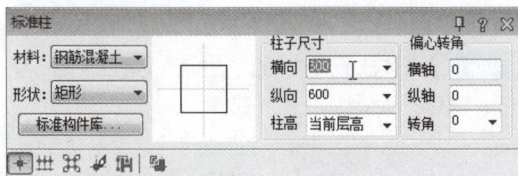

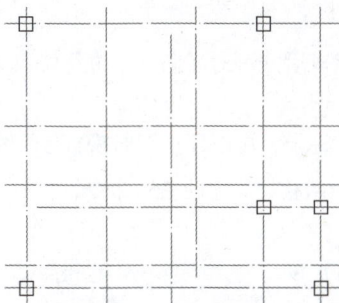

● 角柱

角柱是指位于建筑角部、与柱的正交的两个方向各只有一根框架梁与之相连接的框架柱。执行"轴网柱子>角柱"命令，在打开的"转角柱参数"对话框中，设置好角柱长度和宽度值即可，如下图所示。

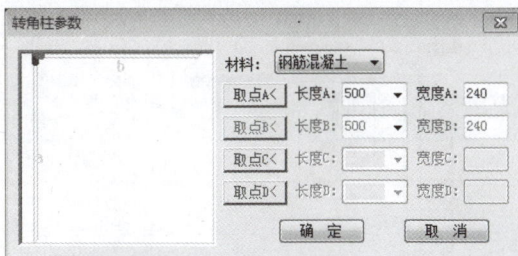

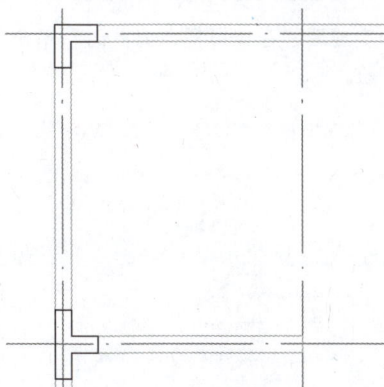

● 构造柱

在房屋的砌体内部设置钢筋混凝土柱并与圈梁连接，共同加强建筑物的稳定性，钢筋混凝土柱通常就被称为构造柱。执行"轴网柱子>构造柱"命令，在打开的"构造柱参数"对话框中，设置好构造柱的尺寸，然后在绘图窗口中，指定构造柱的位置即可，如下图所示。

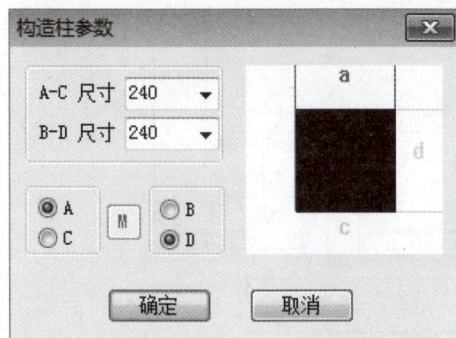

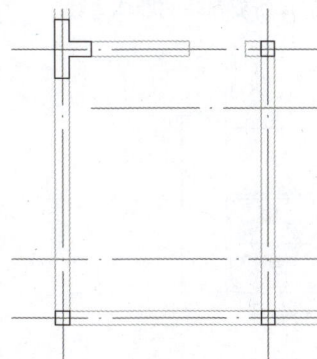

在绘制角柱和构造柱之前，需绘制好墙体线。若只有轴线，是不能定位角柱和构造柱的。

2. 编辑柱子

当柱子绘制完毕后，可对当前柱子进行修改编辑。

● 替换柱子

若想替换当前柱子，可以使用"替换柱子"命令进行操作。

STEP 01 执行"轴网柱子>标准柱"命令，打开"标准柱"对话框。

STEP 02 在"柱子尺寸"选项中，输入新柱子的"横向"、"纵向"以及"柱高"数值。

STEP 03 设置完成后，在选择插入方式时，单击"柱子替换"按钮。

STEP 04 在绘图窗口中，选择所要替换的柱子图形，按Enter键，即可完成替换。

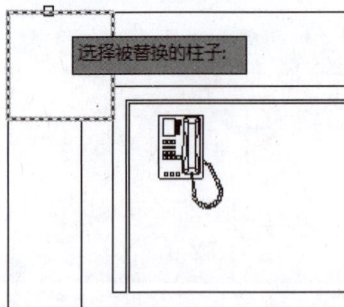

● 柱齐墙边

柱齐墙边命令则用来移动柱子边与墙边线对齐。其具体操作如下。

STEP 01 执行"轴网柱子>柱齐墙边"命令，根据命令窗口中的提示，选择所要对齐的墙体边线。

STEP 02 选择完成后，选择所要对齐的墙柱图形。

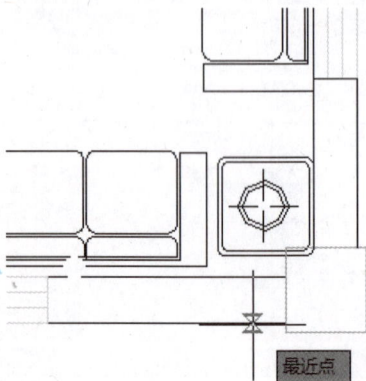

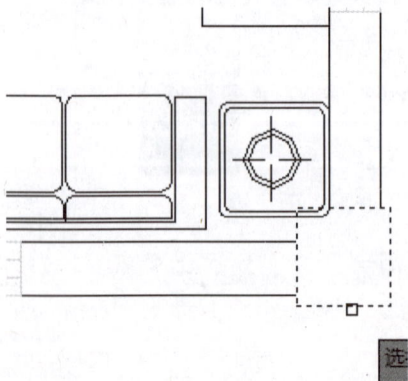

STEP 03 选择完成后，按Enter键，并选择所要对齐柱子的边线。

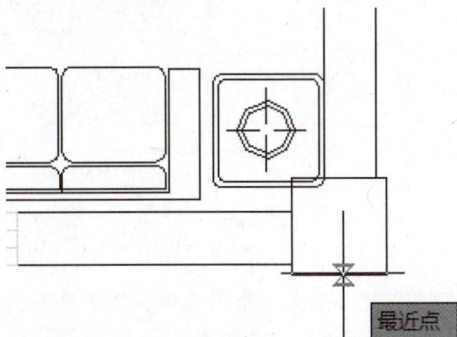

STEP 04 选择完成后，系统将自动将柱子对齐墙体边线。

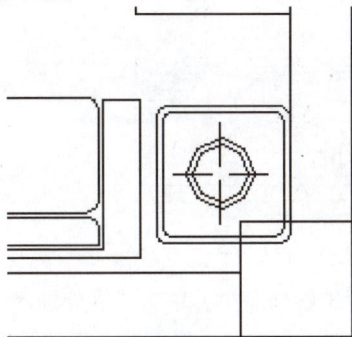

最近点

1.3　绘制墙体和门窗

　　当创建完轴线后，可使用"墙体"和"门窗"相关命令，来完成建筑户型图的绘制。下面将对相关操作进行介绍。

01　墙体的绘制与编辑

　　在天正建筑软件中，单击功能菜单栏中的"墙体"选项，在打开的扩展列表中，用户可根据需要，对相关命令进行选择并操作。

1.创建墙体

　　执行"墙体>绘制墙体"命令，在打开的"绘制墙体"对话框中，根据需要对墙体参数进行设置，设置完毕后，在绘图窗口中指定墙体的起点和端点，即可完成绘制。

● 绘制普通墙

下面将举例介绍其操作步骤。

STEP 01 打开"绘制轴线"素材文件，执行"墙体>绘制墙体"命令，打开"绘制墙体"对话框。

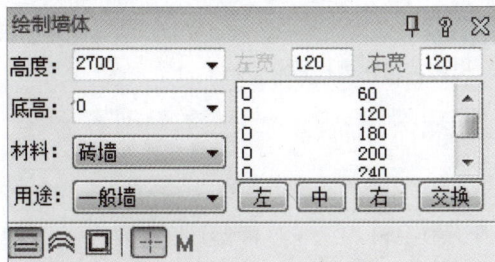

STEP 02 在该对话框中，将"高度"设置为2800，将"左宽"和"右宽"设置为120，单击"绘制直墙"和"自动捕捉"按钮。

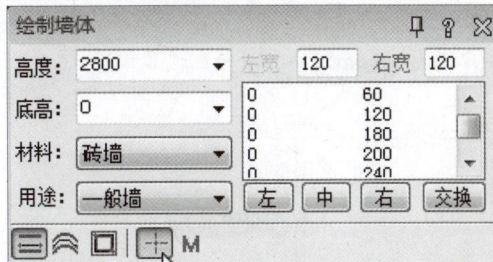

STEP 03 设置完成后，在绘图窗口中捕捉轴线起点A和轴线端点B，即可绘制墙体。

STEP 04 按照同样的操作方法，完成剩余墙体的绘制。

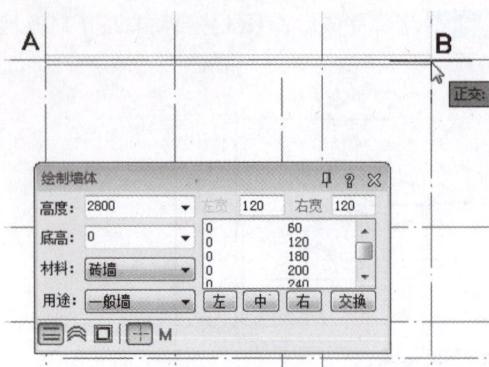

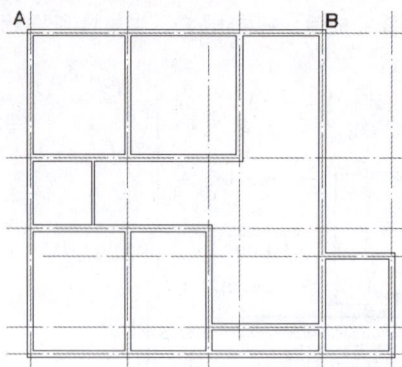

在"墙体"扩展列表中，单击"等分加墙"选项，并在绘图窗口中选择所需墙体，然后在打开的"等分加墙"对话框中，设置等分及墙体厚度值，即可将墙体进行等分，如下图所示。

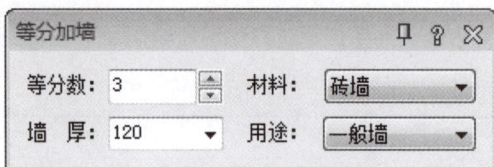

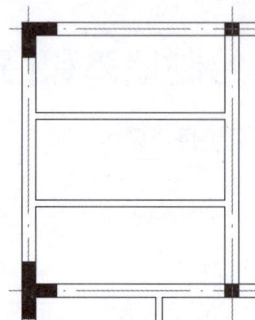

工程师点拨 | 天正建筑与AutoCAD绘制墙体的区别

使用天正建筑和AutoCAD两种软件绘制的墙体，从图形外观看没有任何区别，但实质却一点都不相同。天正建筑有专门绘制墙体的工具，使用起来相当方便，而CAD虽然有多种操作方法，但使用起来比较繁琐。从编辑方法上看，天正建筑在对某段墙体进行移动或删除后，与之相交的另一段墙体会自动形成一整段墙，无需对其进行修改，而AutoCAD则不同，它须通过"分解"、"修剪"、"延长"等编辑命令，才能完成对整个墙体的编辑修改。

● 创建等分墙

等分墙是在墙段的每一等分处，绘制等分墙体，并与指定边界相交，其具体操作方法如下。

STEP 01 执行"墙体>等分加墙"命令，在绘图窗口中，选中所需等分的墙体。

STEP 02 在该对话框中，设置等分数值、墙体厚度值、用途及材料选项值。

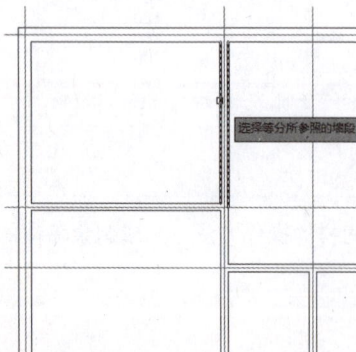

STEP 03 设置完成后，在绘图窗口中，选择延长至此的墙体。

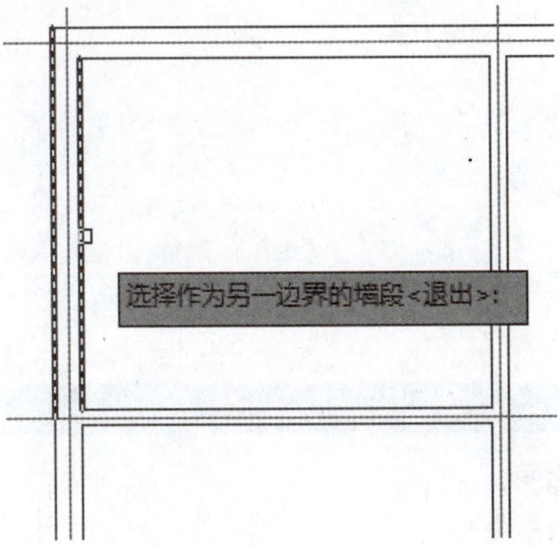
选择作为另一边界的墙段<退出>:

STEP 04 选择完成后，即完成等分加墙的绘制。

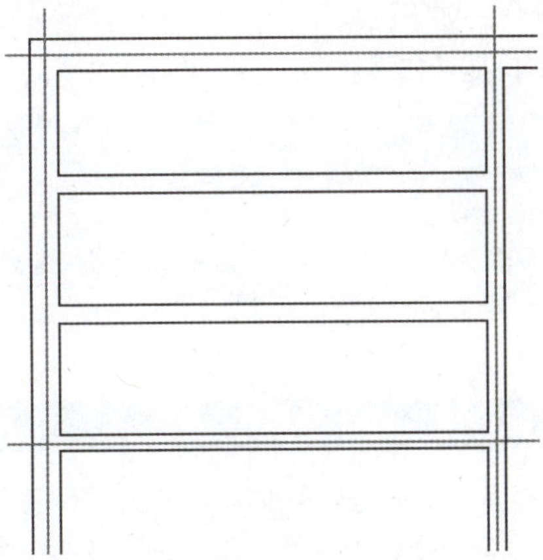

- 单线变墙

单线变墙是以AutoCAD软件中的直线、圆或弧线为基准，生成墙体，其具体操作如下。

STEP 01 执行“墙体>单线变墙”命令，打开“单线变墙”对话框。

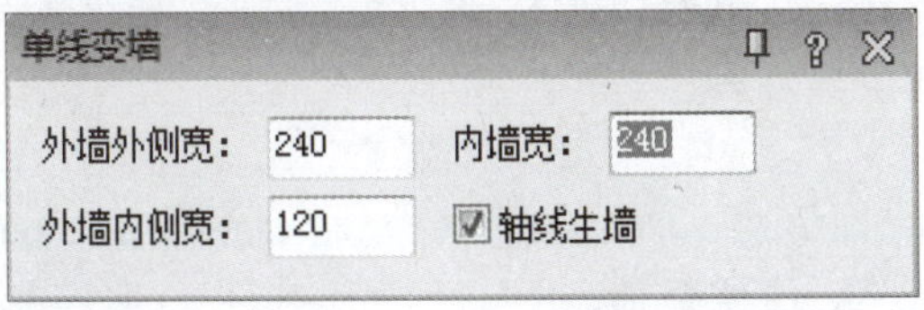
单线变墙
外墙外侧宽: 240
内墙宽: 240
外墙内侧宽: 120
轴线生墙

STEP 02 在该对话框中，设置好外墙外侧宽度、内墙宽度以及外墙内侧宽度，并取消“轴线生墙”复选框。

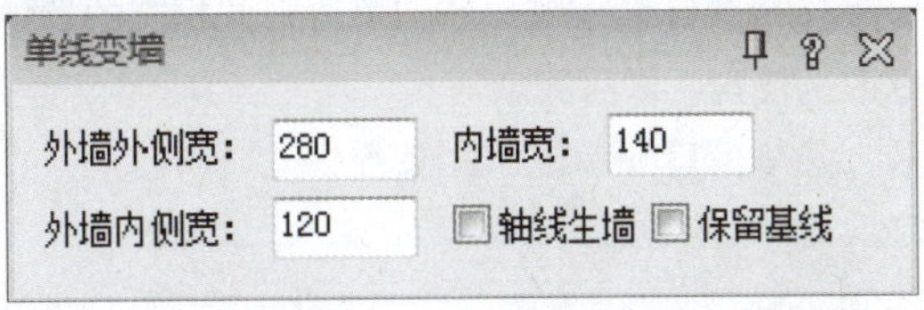
单线变墙
外墙外侧宽: 280
内墙宽: 140
外墙内侧宽: 120
轴线生墙
保留基线

STEP 03 设置完成后，在绘图窗口中，框选单线墙体线。

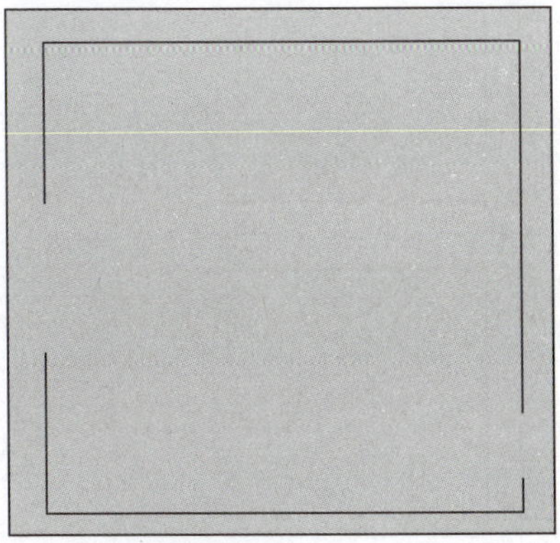

STEP 04 框选完成后，按Enter键，系统将自动生成有厚度的墙体。

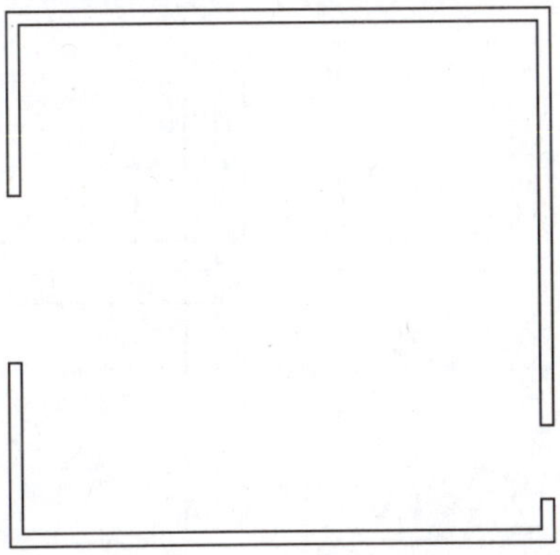

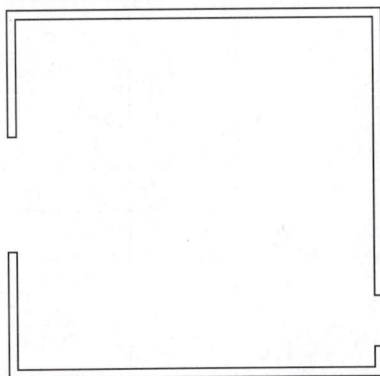

2. 编辑墙体

墙体绘制完成后，有时会根据需要对当前墙体进行修改编辑。例如“倒墙角”、“修墙角”、“净距偏移”、“墙体造型”等命令。

- 倒墙角

执行"墙体>倒墙角"命令，在命令窗口中设置倒墙角半径值，并选择需要倒角的墙体，即可完成倒墙角操作，如下图所示。

命令窗口提示如下：

```
命令: T81_TFillet
选择第一段墙或 [设圆角半径(R),当前=0]<退出>: R                    (选择"R")
请输入圆角半径<0>:1500                                          (输入半径值)
选择第一段墙或 [设圆角半径(R),当前=1500]<退出>:              (选择需要倒角的墙体)
选择另一段墙<退出>:
```

> **工程师点拨** | 墙体倒斜角
>
> "倒斜角"的方法与AutoCAD中的"倒直角"的方法相同，只需在命令窗口中设置好倒角距离，并在绘图窗口中，选择所需的墙体，即可完成。

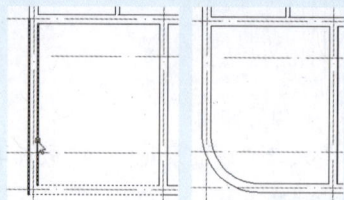

- 修墙角

运用"修墙角"命令，可对一些相交的墙体线进行修改。执行"墙体>修墙角"命令，框选需要修改的墙角，即可完成。

命令窗口提示如下：

```
命令: T81_TFixWall
请框选需要处理的墙角、柱子或墙体造型.
请点取第一个角点或 [参考点(R)]<退出>:                       (框选需要修改的墙角)
点取另一个角点<退出>:                                     (按Enter键，完成操作)
请点取第一个角点或 [参考点(R)]<退出>:
```

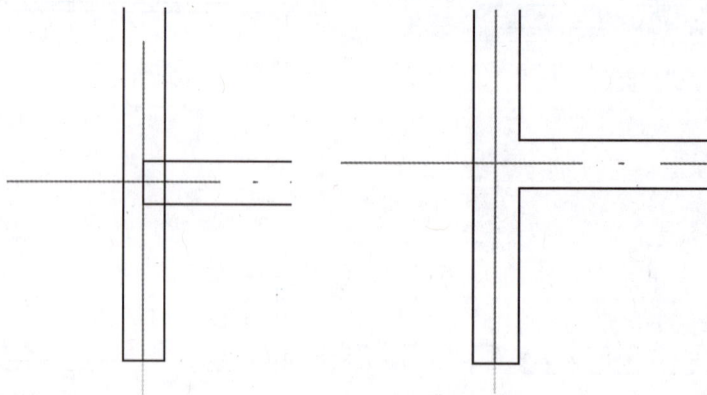

- 净距偏移

净距偏移操作与AutoCAD软件中的"偏移"命令操作相同。对墙体按照一定的距离进行偏移复制。在天正建筑软件中，执行"墙体>净距偏移"命令，在命令窗口中，选中所需偏移的墙体并输入偏移距离，即可完成，如下图所示。

命令窗口提示如下：

```
命令：T81_TOffset
输入偏移距离<1500>:800                                      （输入偏移距离）
请点取墙体一侧<退出>：                                      （选取右侧墙线）
```

工程师点拨 | 确定偏移方向

在进行墙体偏移时，若选中墙体内侧墙线，该墙体则会向内侧偏移，相反若选中墙体外侧线，该墙体则会向外偏移。

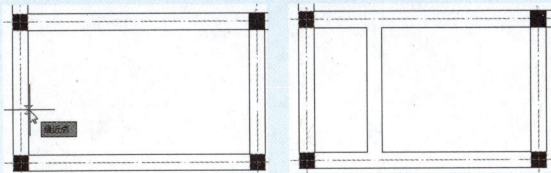

- 墙体造型

"墙体造型"命令可构造平面形状局部凹凸的墙体，并与原始墙体形成一体。执行"墙体>墙体造型"命令，根据命令窗口中的提示信息，绘制墙体造型，即可完成操作。

命令窗口提示如下：

```
命令：T81_TAddPatch
选择 [外凸造型(T)/内凹造型(A)]<外凸造型>：              （默认选项，按Enter键）
墙体造型轮廓起点或 [点取图中曲线(P)/点取参考点(R)]<退出>：        （指定线段起点）
直段下一点或 [弧段(A)/回退(U)]<结束>：            （绘制墙体造型线，按Enter键完成）
直段下一点或 [弧段(A)/回退(U)]<结束>：
```

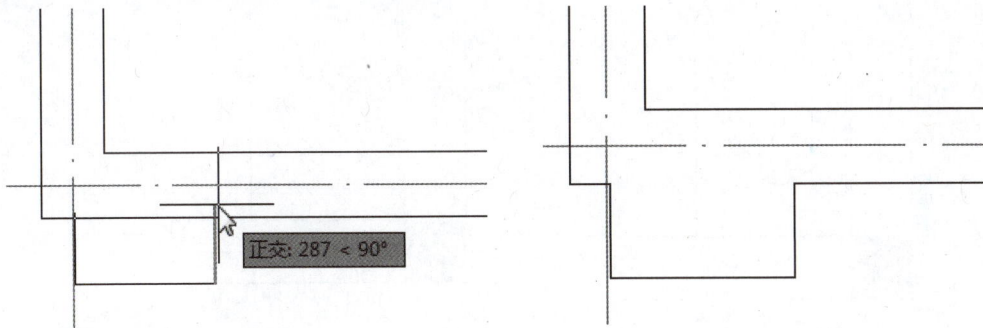

正交: 287 < 90°

02 墙体编辑工具介绍

双击墙体，在打开的"墙体编辑"对话框中，用户可对当前墙体进行编辑。当然在天正建筑软件中，用户还可使用"墙体工具"功能，对墙体进行编辑，其中包括"改墙厚"、"改高度"、"墙端封口"等命令。

1. 改墙厚

执行"墙体>墙体工具>改墙厚"命令，根据命令窗口中的提示信息，选中需要修改的墙体，并输入新墙厚度值即可，如下图所示。

命令窗口提示如下：

```
命令：T81_TWallThick
选择墙体：找到1个                                          （选中需要修改的墙体）
选择墙体：                                                      （按Enter键）
新的墙宽<240>:140                                          （输入新墙体厚度值）
```

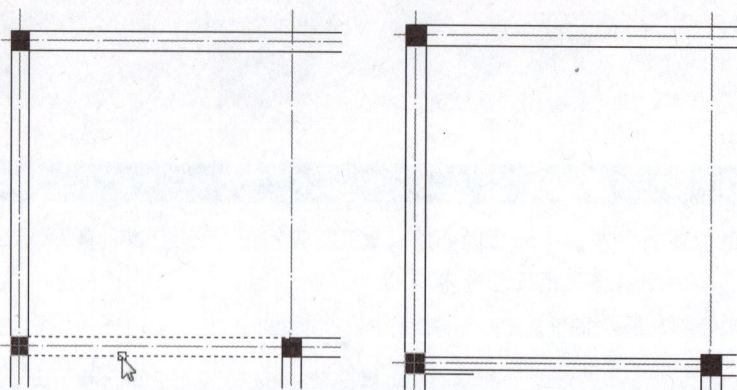

2. 墙端封口

　　"墙端封口"命令可对墙端进行封口或开口操作，当需墙端开口时，则执行"墙体>墙体工具>墙端封口"命令，选中需要开口的墙体，按Enter键，即可进行开口操作，再次执行该命令，则进行封口操作，如下左图为墙端开口，下右图为墙端封口。

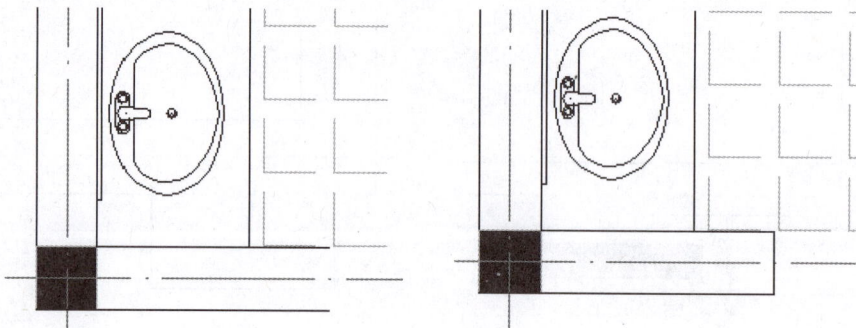

3.更改墙厚

　　若想更改墙体厚度，可运用天正建筑软件中的"改墙厚"命令进行操作，其操作步骤如下。

STEP 01 执行"墙体>墙体工具>改墙厚"命令，选中需要修改的墙体。

STEP 02 选择完成后，按Enter键，输入新墙体宽度，按Enter键，即可完成操作。

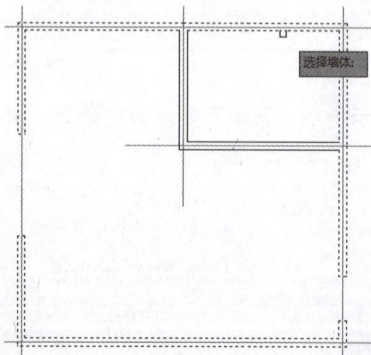

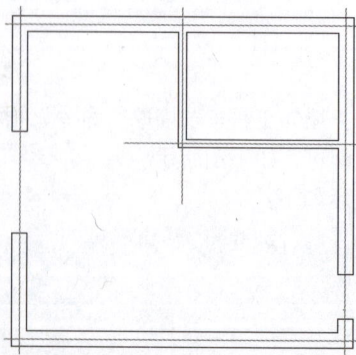

03 门窗的绘制

墙体绘制完成后，则需添加门窗，门窗同样是建筑物的基本元素之一，其种类也很多。下面将向读者介绍几种常用门窗的绘制方法。

1. 绘制普通门窗

执行"门窗>门窗"命令，在打开的"门"对话框中，用户可对门窗样式、门窗尺寸等参数进行设置，然后即可按照需求插入至图形中。下面将举例介绍其操作步骤。

STEP 01 打开"别墅户型图"素材文件，执行"门窗>门窗"命令，打开"门"对话框。

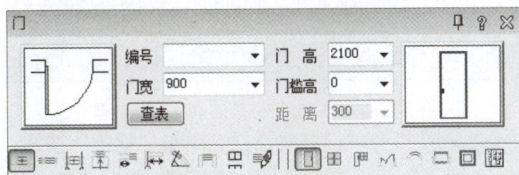

STEP 02 将"编号"设为M01，"门宽"设为1200，"门高"设为2000。

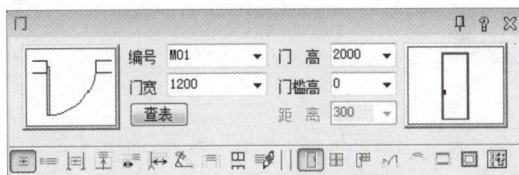

STEP 03 单击对话框左侧门平面预览视图，打开"天正图库管理系统"对话框。

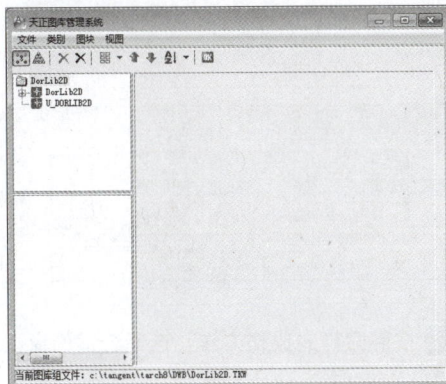

STEP 04 单击左上方DorLib2D叠加按钮，在下拉菜单中，选择"平开门"选项。

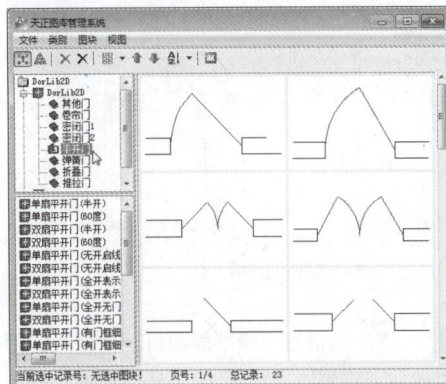

STEP 05 在左下方列表中，选择"子母门（90度双线）"选项，此时在右侧预览视图中，会显示已选定好的门平面样式。

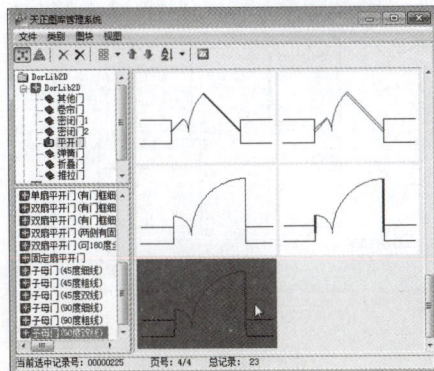

STEP 06 双击所选的平面门样式，返回"门"对话框，单击右侧门立面预览视图，打开"天正图库管理系统"对话框，选择"WDLIB3D>门>子母门"选项，并选择好立面门样式。

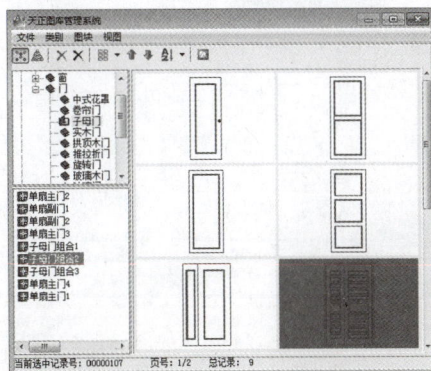

STEP 07 双击立面门样式，返回"门"对话框，单击"自由插入"按钮，在绘图窗口中指定门位置，按Enter键，完成进户门的绘制。

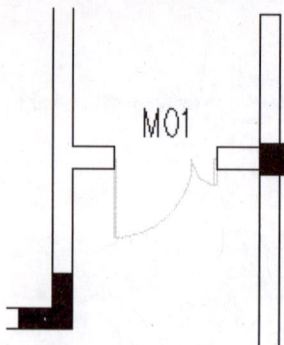

M01

STEP 08 按照同样的方法，在"门"对话框中，设置好房门的参数。

STEP 09 设置完成后，将房门放置在图形中的合适位置，按照同样的操作方法，完成剩余门的绘制。

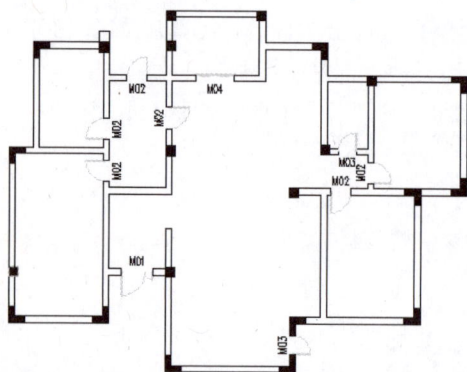

STEP 10 打开"门"对话框，单击"插窗"按钮，将"编号"设为C01，将"窗宽"设为1200，将"窗高"设为1500，将"窗台高"设为900。

STEP 11 在该对话框左侧窗平面图打开的"天正图库管理系统"对话框中，选择WINLIB2D选项，并选择合适的窗样式。

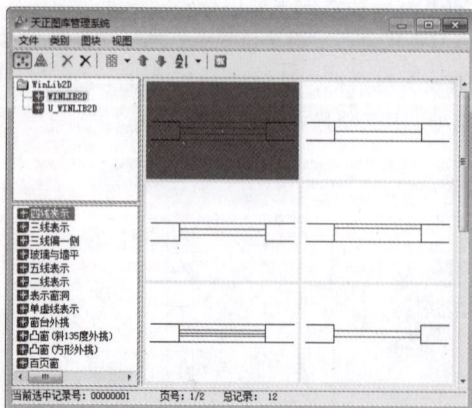

STEP 12 按照同样的操作方法，选择合适的窗立面图样式。

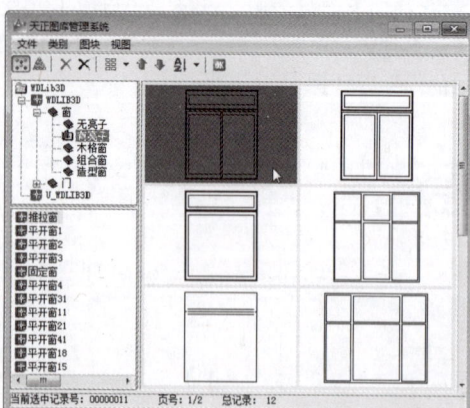

STEP 13 在绘图窗口中指定窗的位置，按Enter键，即可完成窗的绘制。

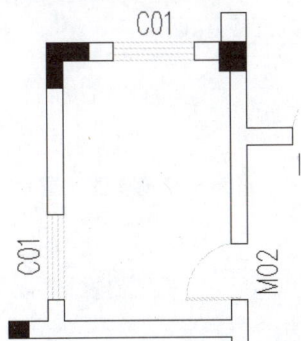

STEP 14 按照同样的方法，完成剩余窗的绘制。

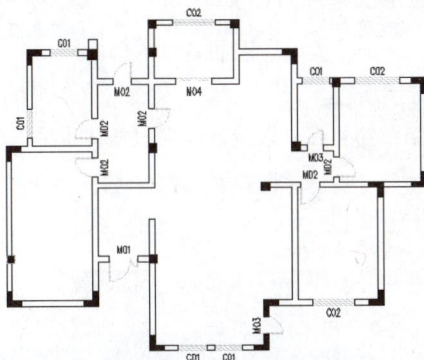

通常进户门是从里往外开的，所以在插入门图块时要注意，选择恰当的墙线，也就是指定门开方向。在插入门图块后，按Shift键，则可对门的左开、右开进行切换。

2. 绘制组合门窗

执行"门窗>组合门窗"命令，按照命令窗口中的提示，选择需要组合的门、窗编号，并将组合门窗进行编号，即可完成，如下图所示。

命令窗口提示如下：

```
命令: T81_TGroupOpening
选择需要组合的门窗和编号文字:找到 1 个                    （选择下左图中的"C01"和"M02"）
选择需要组合的门窗和编号文字:找到 1 个，总计 2 个
选择需要组合的门窗和编号文字:
输入编号:zhmc01                                          （输入新门窗名称）
```

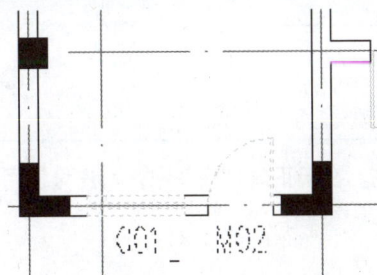

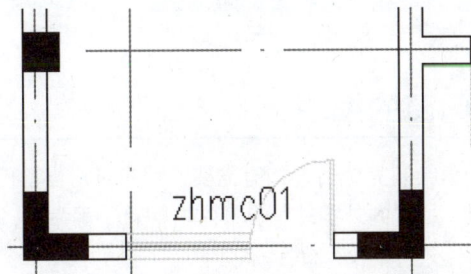

3. 绘制转角窗

执行"门窗>转角窗"命令，在打开的"绘制角窗"对话框中，用户可对转角窗的参数进行设置，然后，根据命令窗口中的提示输入窗的长度值，即可完成，如下图所示。

命令行提示如下：

```
命令: T81_TCornerWin
请选取墙内角<退出>:                                      （选择转角窗的墙内角）
转角距离1<1500>:                                        （输入窗的长度值）
转角距离2<1500>:                                  （输入另一段窗的长度值，按Enter键）
```

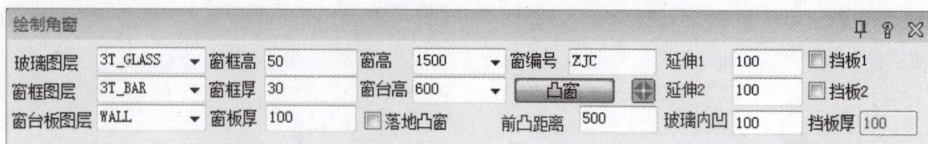

绘制角窗对话框

玻璃图层	3T_GLASS	窗框高	50	窗高	1500	窗编号	ZJC	延伸1	100	□挡板1
窗框图层	3T_BAR	窗框厚	30	窗台高	600	凸窗		延伸2	100	□挡板2
窗台板图层	WALL	窗板厚	100	□落地凸窗		前凸距离	500	玻璃内凹	100	挡板厚 100

4. 绘制带形窗

绘制带形窗可在一段或连续多段墙体上插入带窗。

STEP 01 执行"门窗>带形窗"命令，打开"带形窗"对话框。

STEP 02 在该对话框中，设置窗户高度值、窗台高度值及其编号。

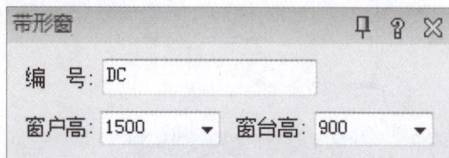

STEP 03 在绘图窗口中，指定带形窗户的起点和终点。

STEP 04 选中带形窗所在的墙体段，按Enter键，即可完成。

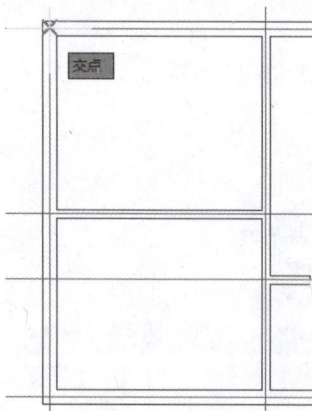

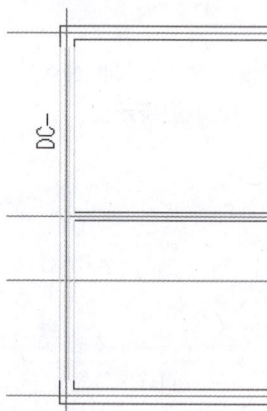

04 门窗的编辑

门窗绘制完成后，如有需要，用户可对当前门窗进行修改。在天正建筑软件中，用户可使用"门窗工具"、"内外翻转"、"左右翻转"等命令，对门窗进行编辑操作。

1. 门窗套

执行"门窗>门窗工具>门窗套"命令，在打开的"门窗套"对话框中，用户可对其中的参数进行设置，设置完成后，选中所需的窗图块，即可完成窗套的绘制，如下图所示。

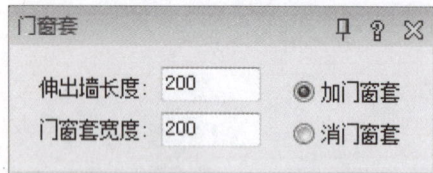

2. 加装饰套

"加装饰套"命令用于添加门窗套线，可以选择各种装饰风格和参数的装饰套。执行"门窗>门窗工具>加装饰套"命令，在打开的"门窗套设计"对话框中，用户可根据需要将其中的参数进行设置，如下图所示。

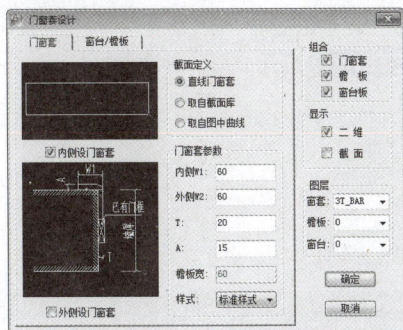

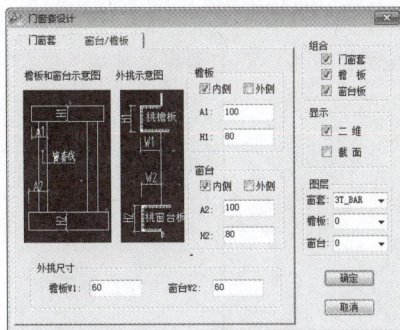

3. 翻转门

"翻转门"命令是根据绘制需要，对门进行左右或内外翻转。

● 内外翻转

内外翻转是以墙体中线为翻转中心，进行翻转操作。

STEP 01 执行"门窗>内外翻转"命令，在绘图窗口中，选中需要翻转的门图块。

STEP 02 按Enter键，即可以该墙体中心线为翻转线，完成门图块的翻转。

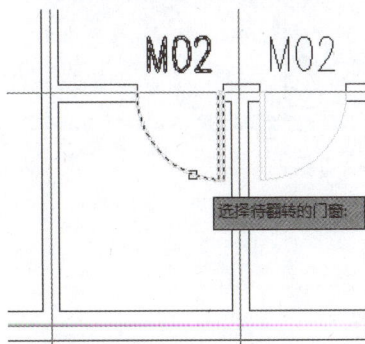

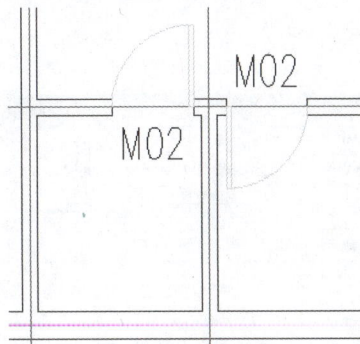

● 左右翻转

左右翻转是对门图块以门垂直中线为翻转线，进行翻转操作。

STEP 01 执行"门窗>左右翻转"命令，选中需要翻转的门图块。

STEP 02 按Enter键，即可完成对门图块的翻转操作。

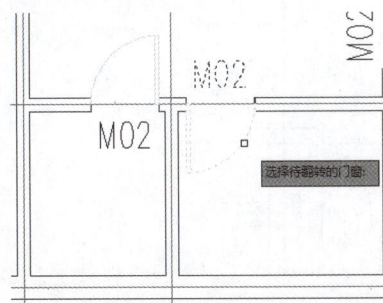

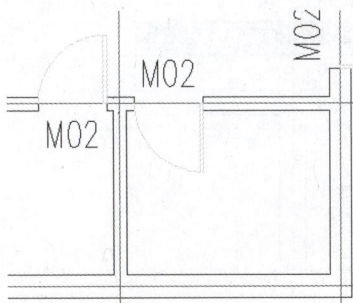

4. 门窗编号

在天正建筑软件中，无论是插入门还是窗图形，系统将自动带有门窗编号。若需对其编号进行修改或删除，可使用"门窗编号"功能。

- 添加门窗编号

添加门窗编号的方法如下。

STEP 01 在绘图窗口中，双击需要添加编号的门图块。

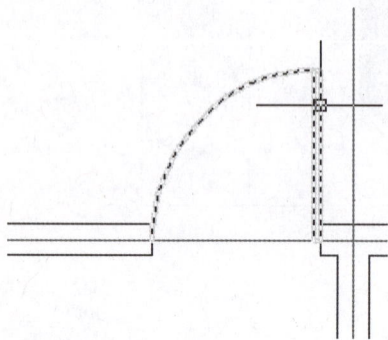

STEP 02 打开"门"对话框。

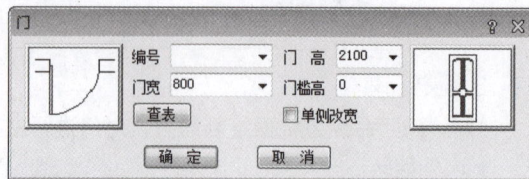

STEP 03 在该对话框中的"编号"选项中，输入编号。

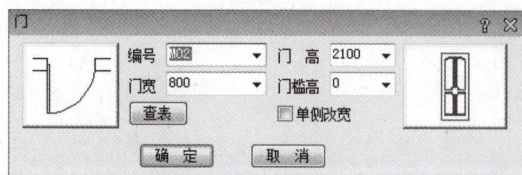

STEP 04 输入完成后，单击"确定"按钮，即可完成添加操作。

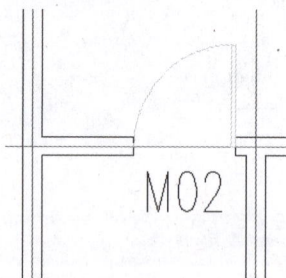

- 修改门窗编号

若想对门窗编号进行修改，可进行如下操作。

STEP 01 执行"门窗>门窗编号"命令，在绘图窗口中，选中需要修改的门窗图块。

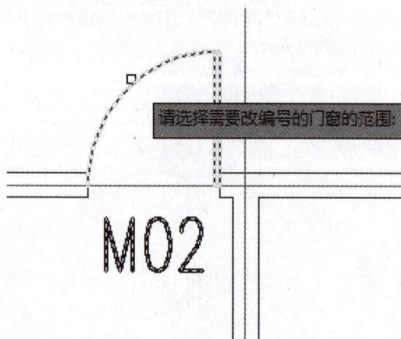

STEP 02 按Enter键，在命令窗口中，输入新的门窗编号，按Enter键，即可完成修改。

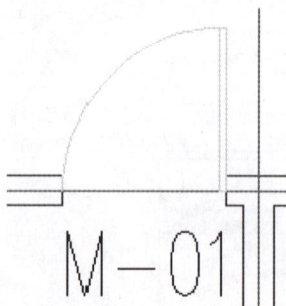

● 删除门窗编号

删除门窗编号的操作如下：

STEP 01 执行"门窗>门窗编号"命令，在绘图窗口中，选中需要修改的门窗图块，按Enter键。

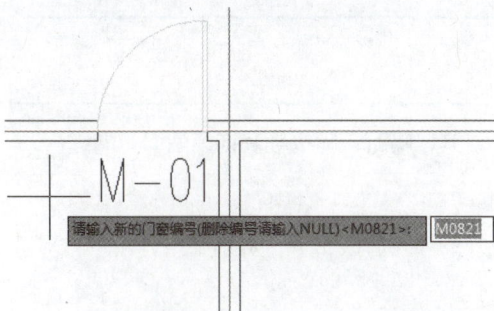

M-01

请输入新的门窗编号(删除编号请输入NULL)<M0821>： M0821

STEP 02 在命令窗口中，输入NULL命令，按Enter键，即可删除。

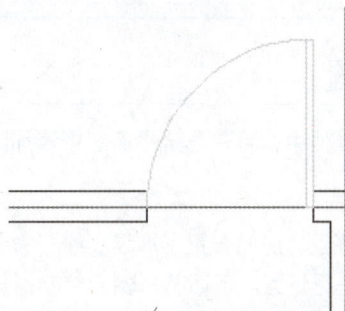

5. 创建门窗表

门窗表主要用来统计当前图纸中门窗的参数。

STEP 01 执行"门窗>门窗表"命令，框选整个平面图。

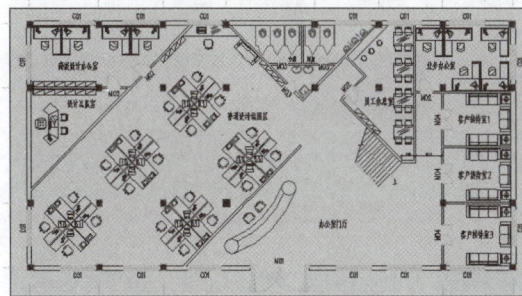

STEP 02 框选完成后，其图形中的所有门窗图块都将被选中。

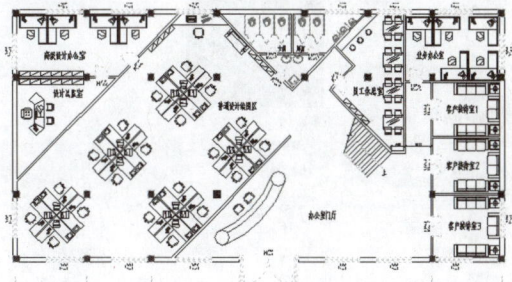

STEP 03 选择完成后，按Enter键，即可打开"选择门窗样式"对话框。

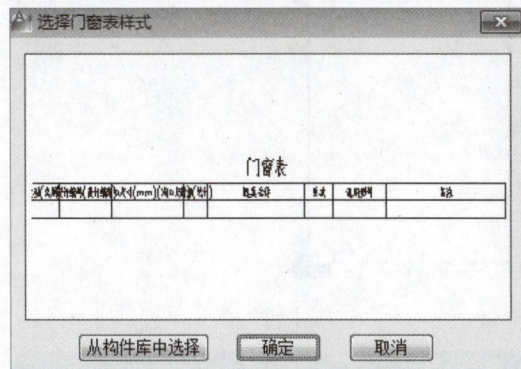

STEP 04 在该对话框中，单击"确定"按钮，并在绘图窗口中，指定好表格位置，完成操作。

门窗表

类型	设计编号	洞口尺寸(mm)	数量	图集名称	页次	选用型号	备注
门	M01	3600X2100	1				
	M02	800X2100	4				
	M03	700X2100	3				
	M04	1200X1950	3				
窗	C01	2100X1500	16				

1.4 房间和屋顶的绘制

当建筑户型图绘制完成后，接下来则需要对房间进行布置。下面将分别对其操作方法进行介绍。

01 房间布置

在天正建筑软件中，可在建筑平面图中添加踢脚线、洁具、隔断、隔板等装饰模型。

1. 添加踢脚线

执行"房间屋顶>房间布置>加踢脚线"命令，在打开的"踢脚线生成"对话框中，用户可对其中的参数、选项进行设置。下面将举例介绍其操作步骤。

STEP 01 打开"绘制门窗"素材文件，单击"房间屋顶>房间布置>加踢脚线"命令，打开"踢脚线生成"对话框。

STEP 02 单击"取自截面库"右侧按钮，打开"天正图库管理系统"对话框，在该对话框中，选择踢脚线的样式。

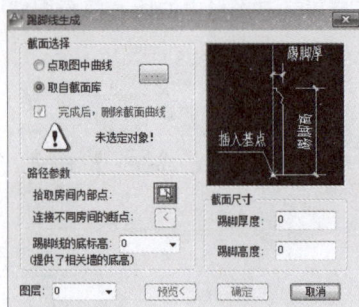

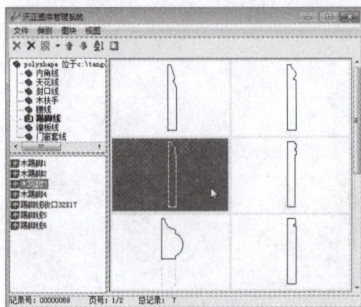

STEP 03 双击踢脚线的样式，返回到上一层对话框，单击"拾取房间内部点"按钮，在绘图窗口中，指定房间任意一点。

STEP 04 选取完成后，按Enter键，返回对话框，设置好踢脚线的厚度和高度值，单击"确定"按钮，即可完成踢脚线的添加。

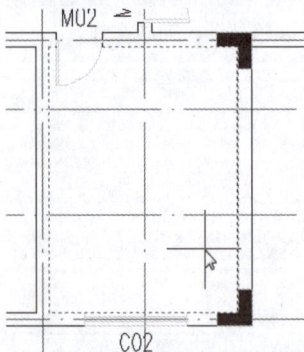

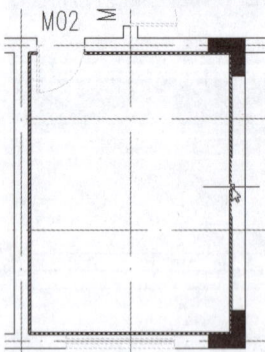

> **工程师点拨** | 显示三维效果
>
> 踢脚线添加完毕后，若想查看其立面效果，可在命令行中输入3DO命令，按Enter键，按住鼠标左键，拖动图形至合适位置，放开鼠标，即可看到该平面图的三维效果。

2. 布置洁具

执行"房间屋顶>房间布置>布置洁具"命令，在打开的"天正洁具"对话框中，用户可选择合适的洁具模型，并将其放置于图形所需位置。下面将举例介绍其操作步骤。

STEP 01 打开"绘制门窗"素材文件。单击"房间屋顶>房间布置>布置洁具"命令，打开"天正洁具"对话框。

STEP 02 在"洁具"列表中，选择"洗脸盆"选项，并在右侧预览视图中，选择合适的图块样式。

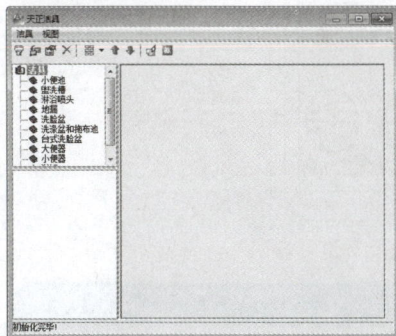

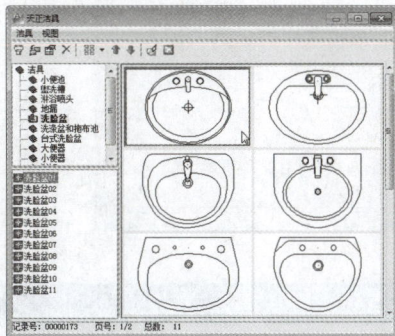

STEP 03 双击该图块样式，即可打开"布置洗脸盆01"对话框，在该对话框中，设置洗脸盆图块的尺寸。

STEP 04 设置完成后，在绘图窗口中，指定合适的插入点，按Enter键，即可完成布置。

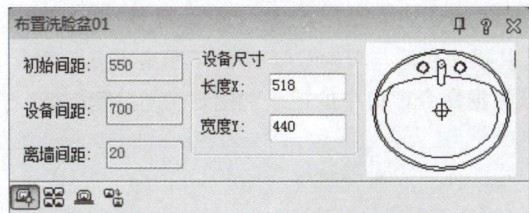

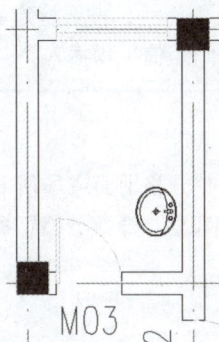

STEP 05 执行"布置洁具"命令，在打开的"天正洁具"对话框中，选择合适的蹲便器图块样式。

STEP 06 双击该样式图块，在打开的图块编辑对话框中，设置好其中的参数值，并在绘图窗口中指定插入点，即可插入。

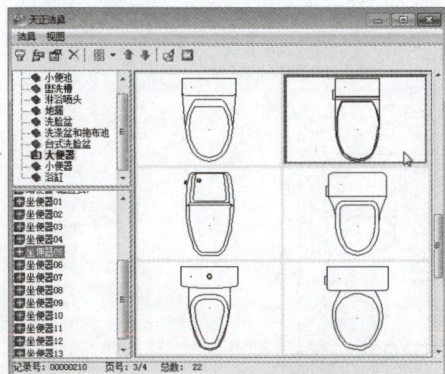

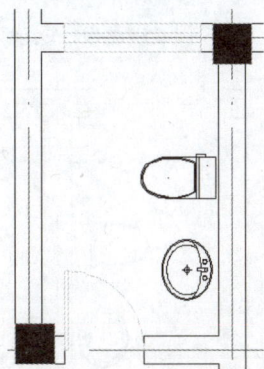

STEP 07 按照同样的操作方法，在"天正洁具"对话框中，选择合适的淋浴器图块。

STEP 08 双击该图块，在打开的图块编辑对话框中，设置好参数，并将其插入至图形合适位置。

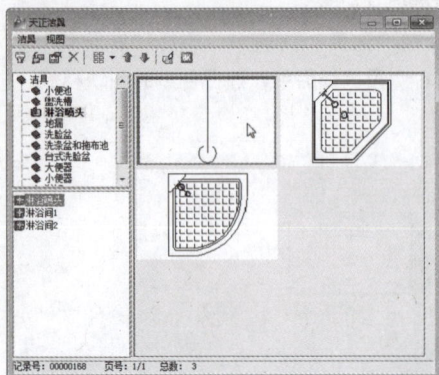

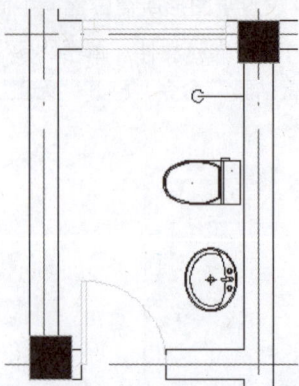

🔧 **工程师点拨** | 图块插入方式

　　在图块编辑对话框中，有4种图块插入方式：自由插入、平均分布、沿墙内侧边线布置和已有洁具布置。用户可根据图纸需要进行选择。"自由插入"方式是在房间中任意指定一点，即可插入；"平均分布"方式是在房间中指定区域中进行平均分布；"沿墙内侧边线布置"方式为默认方式，该方式则会沿着内侧墙线，按照指定的间距值插入；"已有洁具布置"方式则是按照已有的洁具模块，和其指定的间距值平均插入。

---

3. 奇数分格

　　"奇数分格"命令是按奇数分格地面或吊顶平面，其操作功能与AutoCAD中的"图案填充"命令相似。执行"房间屋顶>房间布置>奇数分格"命令，根据命令窗口中的提示，指定房间分割区域，即可完成，如下图所示。

　　命令窗口提示如下：

```
命令：sdvln
请用三点定一个要奇数分格的四边形，第一点 <退出>：                          （选择下左图中的第1个角点）
第二点 <退出>：                                                    （选择第2个角点）
第三点 <退出>：                                                    （选择第3个角点）
第一、二点方向上的分格宽度(小于100为格数) <700>：600
                                              （输入大于100的数为分格的宽度，小于100的数为个数）
第二、三点方向上的分格宽度(小于100为格数) <700>：600
```

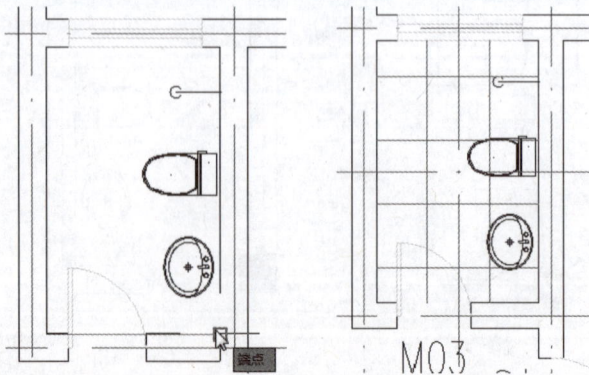

⑨ 工程师点拨 │ 偶数分格

"偶数分格"命令的使用方法与"奇数分格"命令的相同，"偶数分格"命令以偶数分格来布置房间地面或吊顶平面。

02 屋顶的绘制

在天正建筑软件中，可绘制多种类型的屋顶样式。例如人字坡、攒尖屋顶、矩形屋顶以及任意坡顶。下面将分别对其操作方法进行介绍。

1. 搜屋顶线

"搜屋顶线"命令用来搜索户型整体墙线，按照外墙线生成屋顶平面的轮廓线。执行"房间屋顶>搜屋顶线"命令，根据命令窗口中的提示信息，选中建筑所有墙体或门窗，输入屋檐参数值，即可完成，如下图所示。

命令窗口提示如下：

```
命令：T81_TRoflna
请选择构成一完整建筑物的所有墙体(或门窗)：指定对角点：找到 17 个          （选中所有墙体）
请选择构成一完整建筑物的所有墙体(或门窗)：                              （按Enter键）
偏移外皮距离<600>：                                                   （输入屋檐宽度值）
```

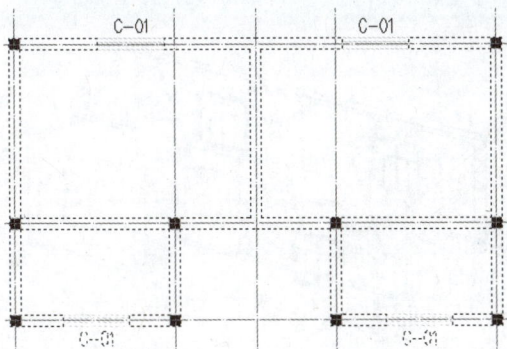

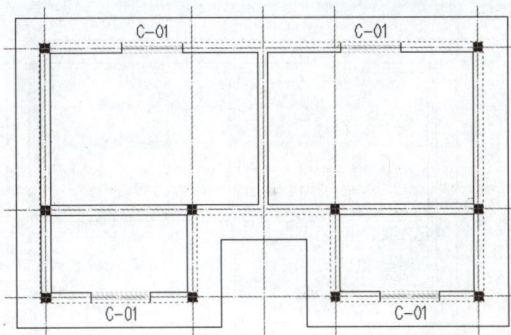

2. 人字坡顶

"人字坡顶"命令可由封闭的多段线生成指定坡度角的单坡或双坡屋面对象。执行"房间屋顶>人字坡顶"命令，根据命令窗口提示，绘制屋脊线即可。下面将举例说明其操作步骤。

STEP 01 执行"房间屋顶>人字坡顶"命令，选择屋顶线，并指定屋脊线起点和端点。

STEP 02 绘制完成后，即可打开"人字坡顶"对话框。

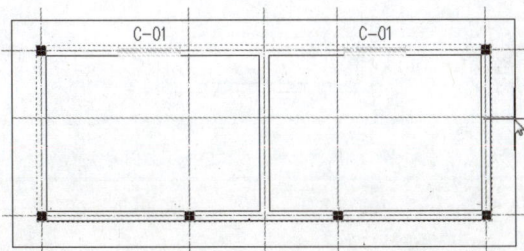

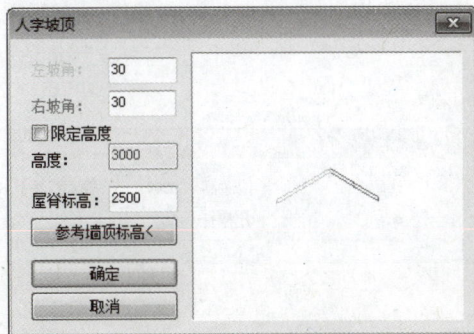

STEP 03 在该对话框中，设置两个坡顶的角度值，单击"参考墙顶标高"按钮，在绘图窗口中，选择墙体。

STEP 04 选择完成后，返回对话框，单击"确定"按钮，在命令窗口中输入3DO命令，按Enter键，即可查看效果。

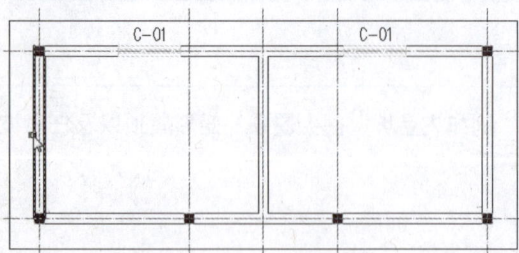

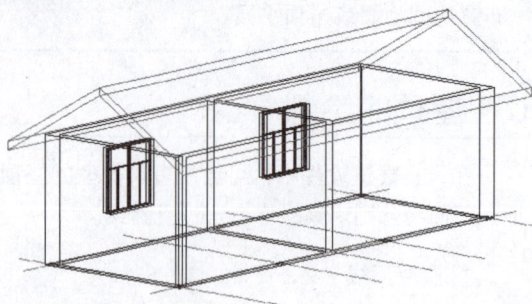

3. 任意坡顶

"任意坡顶"命令由封闭的多段线生成指定坡度的坡形屋面，并可对各坡度进行编辑。执行"房间屋顶>任意坡顶"命令，在命令窗口中输入坡度角以及屋檐长度，如下图所示。

命令窗口提示如下：

```
命令：T81_TslopeRoof
选择一封闭的多段线<退出>：                                    （选择屋顶线）
请输入坡度角 <30>:30                                      （输入坡顶角度值）
出檐长<600>:300                                            （屋檐宽度）
```

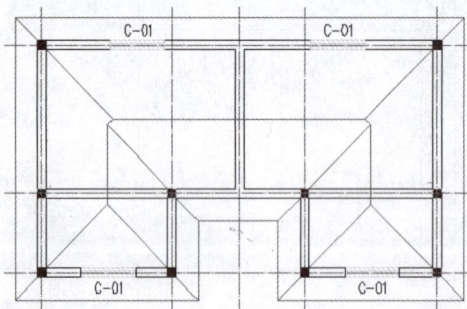

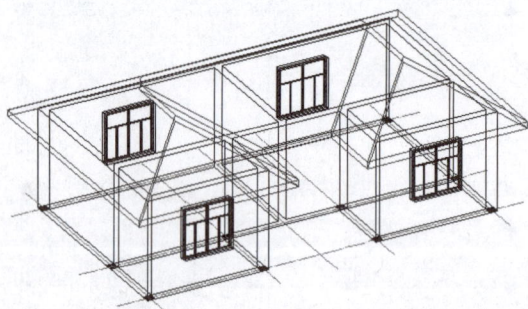

4. 攒尖屋顶

执行"房间屋顶>攒尖屋顶"命令，在绘图窗口中，指定屋顶中心点，按住鼠标左键，拖动其至合适位置，即可完成该屋顶的绘制。双击该屋顶，在打开的"攒尖屋顶"对话框中，用户可对屋顶参数进行更改设置，如下图所示。

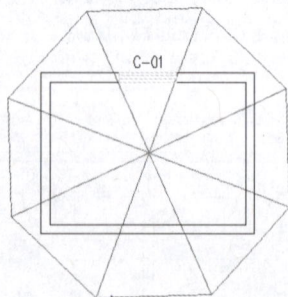

03 查询房间面积

通常在进行装修设计时，都会查询各房间面积，从而对其进行价格运算。在天正建筑软件中，可通过"查询面积"功能进行操作。

1. 搜索房间

"搜索房间"命令是新生成或更新已有的房间对象，同时生成房间地面、文字标注等内容。

STEP 01 执行"房间屋顶>搜索房间"命令，打开"搜索房间"对话框。

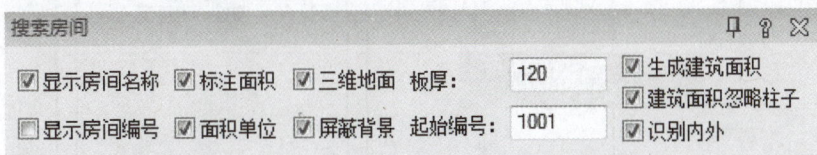

STEP 02 在该对话框中，设置需要显示的选项后，在绘图窗口中，框选所有需要搜索的房间。

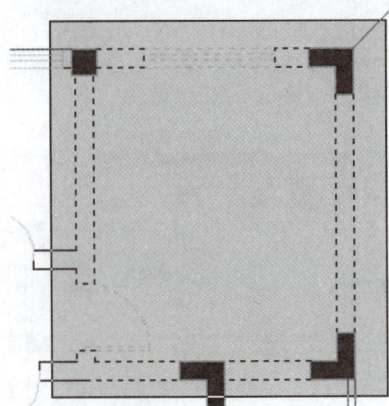

STEP 03 选择完成后，按Enter键，即可完成搜索操作。

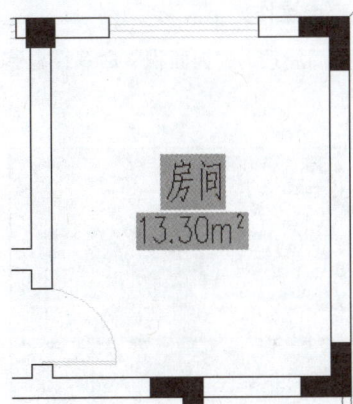

2. 查询面积

查询房间面积的操作方法如下。

STEP 01 执行"房间屋顶>查询面积"命令，打开"查询面积"对话框。

STEP 02 在该对话框中，对其设置选项进行修改，并框选需要查询的范围。

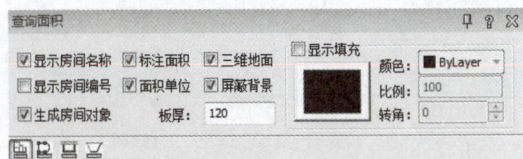

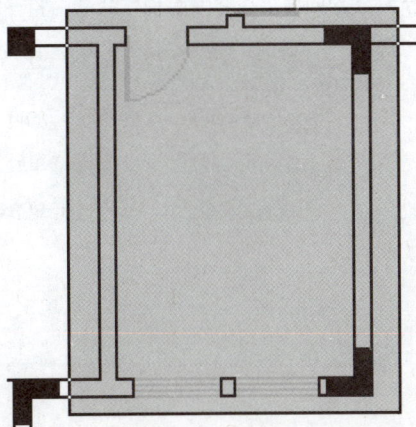

STEP 03 选择完成后，按Enter键，根据命令窗口提示，在绘图窗口中，指定面积标注位置。

STEP 04 指定完成后，按Enter键，即可显示查询面积。

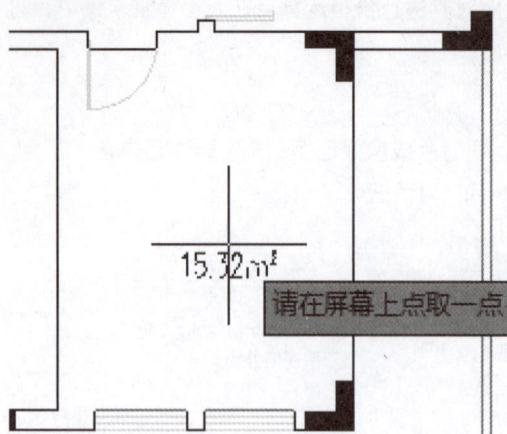

15.32m²

请在屏幕上点取一点

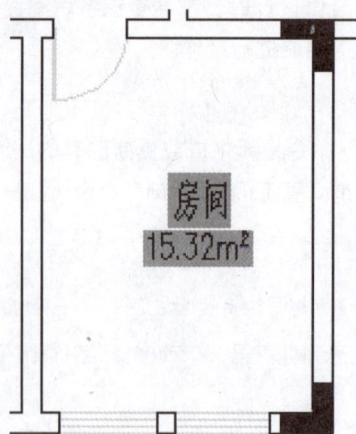

房间
15.32m²

3. 套内面积

套内面积的查询操作如下。

STEP 01 执行"房间屋顶>查询面积"命令，框选需要查询的户型图。

STEP 02 按Enter键，指定该户型中，各房间面积值的位置。

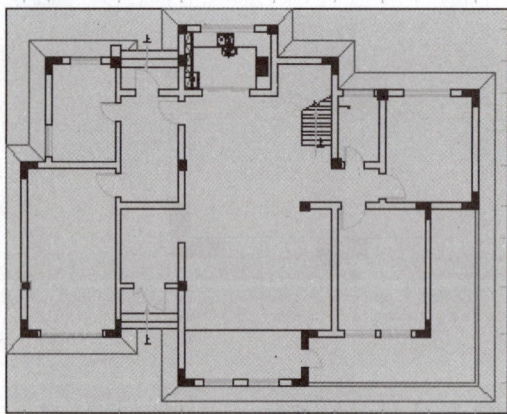

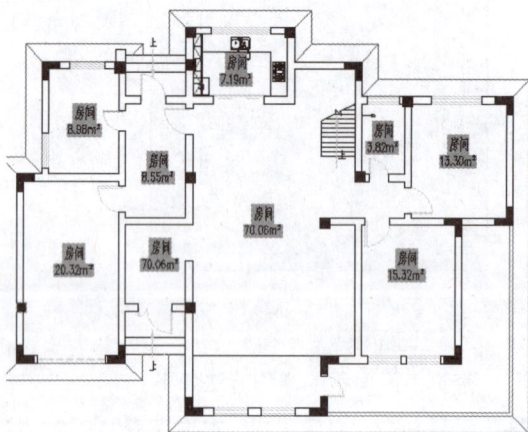

STEP 03 执行"房间屋顶>套内面积"命令，打开"套内面积"对话框。

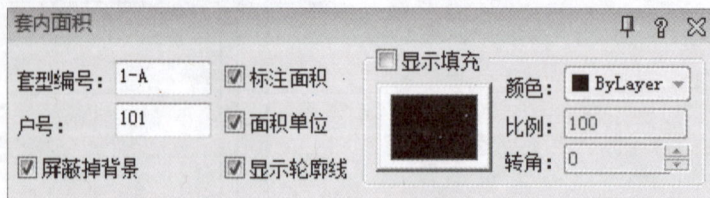

套内面积			📌 ❓ ✕
套型编号：1-A	☑标注面积	☐显示填充	颜色：■ ByLayer ▾
户号：101	☑面积单位		比例：100
☑屏蔽掉背景	☑显示轮廓线		转角：0

STEP 04 在该对话框中，设置相关的选项，并在绘图窗口中，选择所有房间面积值。

STEP 05 按Enter键，指定文字标注位置，即可完成操作。

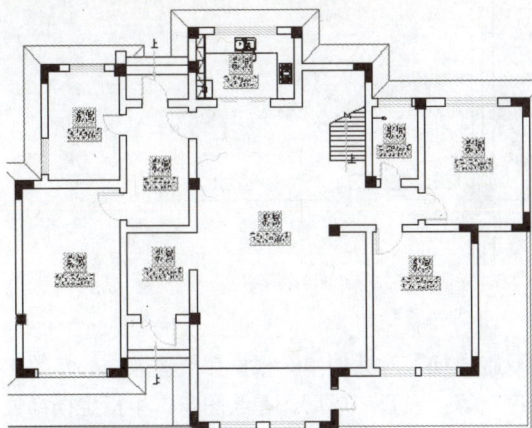

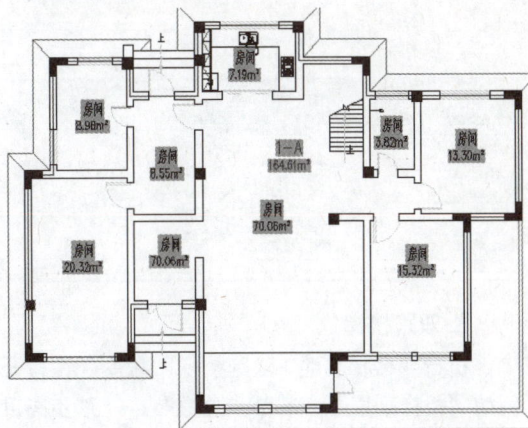

1.5 绘制楼梯与其他建筑设施

楼梯的绘制在建筑图纸中，也是经常遇到的。在天正建筑软件中有专门绘制楼梯图块的工具，使用起来很方便。

01 楼梯的绘制

楼梯的种类很多，有直线梯段、圆弧梯段和任意梯段等。下面将分别对其绘制方法进行介绍。

1. 直线梯段

单击功能菜单栏中的"楼梯其他"选项，在打开的扩展列表中，选择"直线梯段"选项，在打开的"直线梯段"对话框中，根据需要对楼梯的"梯段长度"、"梯段高度"、"踏步宽度"、"踏步高度"以及"踏步数目"进行设置。设置完成后，在绘图窗口中指定楼梯位置，即可完成绘制，如下图所示。

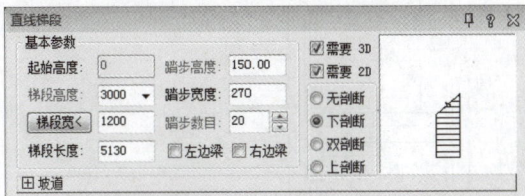

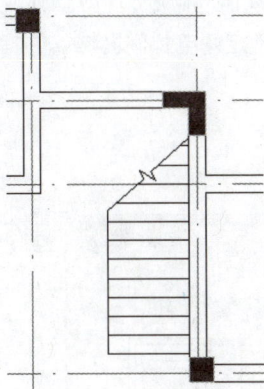

2. 圆弧梯段

执行"楼梯其他>圆弧梯段"命令，打开"圆弧梯段"对话框，在该对话框中，设置"内圆半径"、"外圆半径"、"圆心角"、"梯段宽度"、"梯段高度"、"踏步高度"、"踏步数目"等参数，设置完成后，在绘图窗口中指定楼梯位置，即可完成绘制，如下图所示。

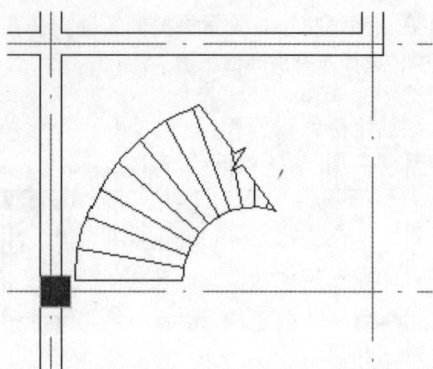

3.双跑楼梯

执行"楼梯其他>双跑楼梯"命令，在打开的"双跑楼梯"对话框中，根据需要输入楼梯参数，例如"楼梯高度"、"踏步总数"、"踏步高度和宽度"等。设置完成后，在绘图窗口中指定楼梯位置，即可完成，如下图所示。

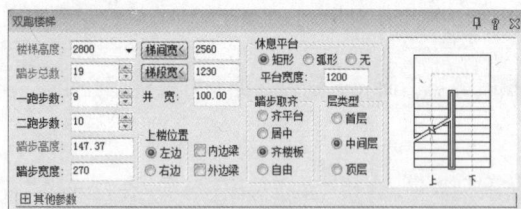

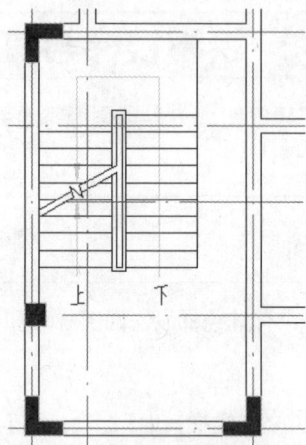

4.电梯

执行"楼梯其他>电梯"命令，打开"电梯参数"对话框，用户可根据需要设置好电梯的参数值，然后在绘图窗口中指定好电梯间区域，并指定电梯间开门方向以及电梯平衡块位置，即可完成电梯的绘制，如下图所示。

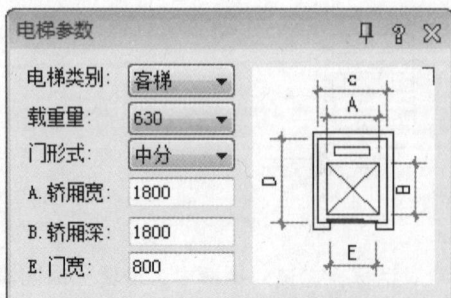

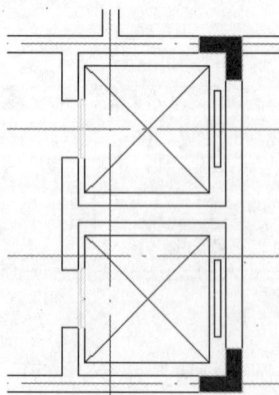

⑨ 工程师点拨 | 楼梯种类

　　楼梯的种类很多，除了以上介绍的之外，还有"多跑楼梯"、"双分平行"、"双分转角"、"双分三跑"、"交叉楼梯"、"矩形转角"等，其绘制方法与以上操作相似，在此就不再一一介绍。

5. 添加扶手

　　楼梯创建完成后，可使用"添加扶手"命令，对楼梯添加扶手。

STEP 01 执行"楼梯其他>添加扶手"命令，选择楼梯图块。

STEP 02 执行"楼梯其他>添加扶手"命令，选择楼梯图块。

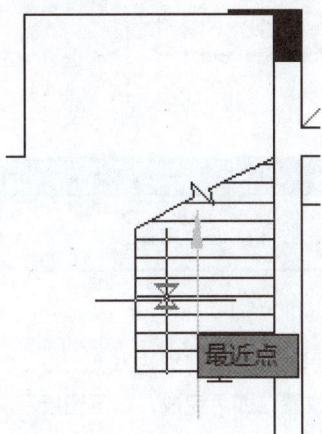

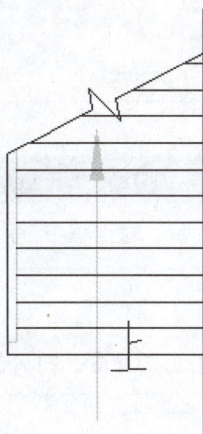

02 其他设施的绘制

　　下面将介绍一些其他建筑设施的绘制方法，例如"阳台"、"台阶"、"散水"等。

1. 绘制阳台

　　执行"楼梯其他>阳台"命令，在打开的"绘制阳台"对话框中，根据需要设置"栏板宽度"、"栏板高度"、"阳台板厚"、"伸出距离"等参数选项，并在对话框下方，指定绘制样式，即可在绘图窗口中，按照命令窗口中的提示信息进行绘制，如下图所示。

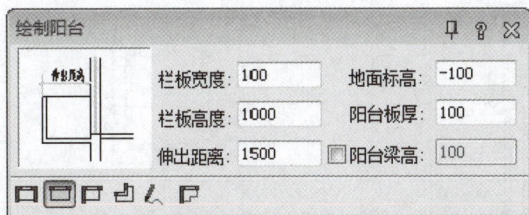

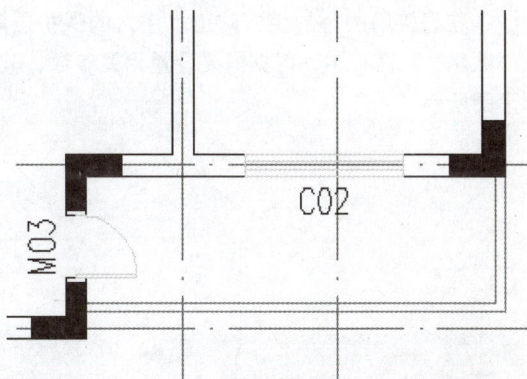

2. 绘制台阶

执行"楼梯其他>台阶"命令，在打开的"台阶"对话框中，根据需要设置"台阶总高"、"踏步宽度"、"踏步高度"以及"踏步数目"等选项，并在下方选择好绘制样式，即可在绘图窗口中，按照命令窗口中的提示信息进行绘制，如下图所示。

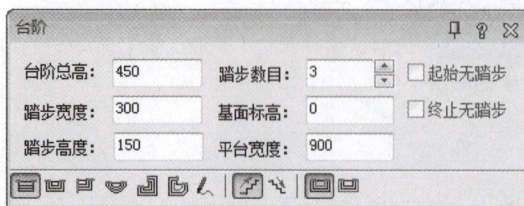

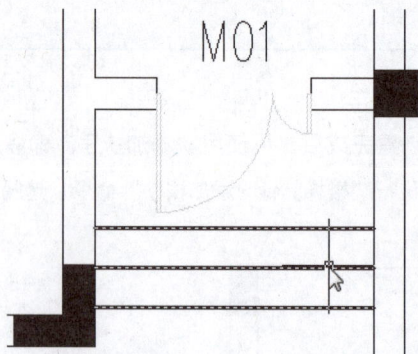

工程师点拨 | 选择绘制方式

在"阳台"和"台阶"对话框中，用户可根据需要，选择不同的绘制样式进行绘制。

3. 绘制坡道

执行"楼梯其他>坡道"命令，打开"坡道"对话框，用户可根据需要设置"坡道长度"、"高度"、"宽度"以及"边坡宽度"等参数选项，并在绘图窗口中指定图块位置，即可完成，如下图所示。

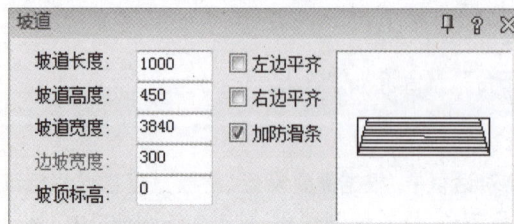

4. 绘制散水

在建筑周围铺的用以防止水渗入的保护层叫做散水。执行"楼梯其他>散水"命令，在打开的"散水"对话框中，根据需要设置相关参数，其后在绘图窗口中框选所有建筑物，即可完成绘制，如下图所示。

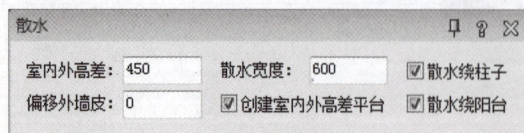

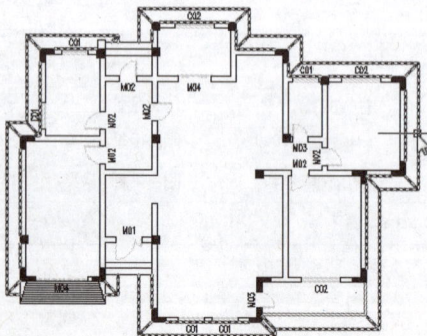

1.6 添加文字与表格

在天正建筑软件中，可以使用文字和表格工具，在图纸中的合适位置添加相应的文字注释或表格。

01 文字工具的使用

在天正建筑软件中，用户可在功能菜单栏中单击"文字表格"选项，在打开的扩展列表中，根据需要选择相应的文字工具。

1. 文字样式

执行"文字表格>文字样式"命令，打开"文字样式"对话框，在该对话框中，用户可对文字的种类、宽高比例值以及字体进行设置，如下左图所示。

若想新建文字样式，则在该对话框中，单击"新建"按钮，在打开的"新建文字样式"对话框中，输入样式名，单击"确定"按钮，返回至上一层对话框，从而对其相关选项进行设置，如下右图所示。

2. 单行文字

执行"文字表格>单行文字"命令，打开"单行文字"对话框，在该对话框的文本框中输入文字内容，然后，在绘图窗口中指定文字的位置，即可完成，如下图所示。

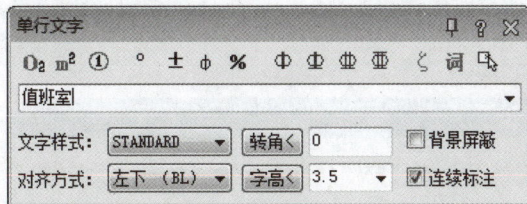

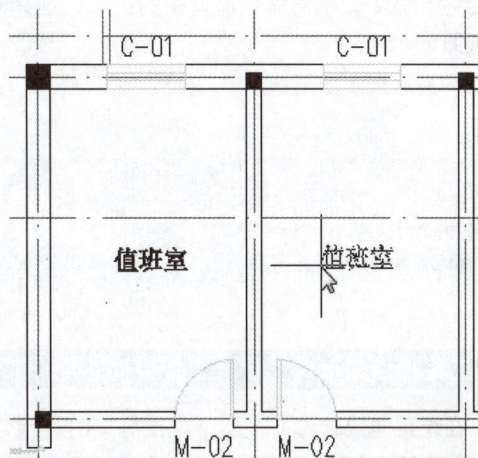

若需要对当前字体的高度、样式以及对齐方式进行修改，可在"单行文字"对话框中进行相关设置。

3. 多行文字

"多行文字"命令的使用方法与"单行文字"命令相似。执行"文字表格>多行文字"命令，在打开的"多行文字"对话框中，输入文字内容，并对文字"页宽"、"字高"等选项进行设置，设置完成后，在绘图窗口中指定合适的位置，即可完成，如下图所示。

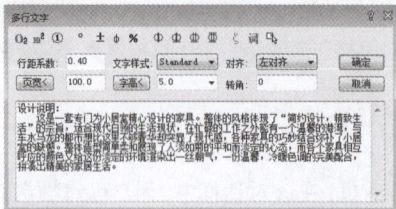

设计说明：
这是一套专门为小居室精心设计的家具。整体的风格体现了"简约设计，精致生活"的宗旨，适合现代白领的生活现状。在忙碌的工作之外能有一个温馨的港湾，与车水马龙的都市相比这里不够奢华却突显了现代感，各种家具的巧妙结合弥补了小居室的缺憾。整体造型简单柔和展现了人淡如菊的平面淡定的心态，而各个家具相互呼应的颜色又给这份淡定的环境渲染出一丝朝气，一份温馨，冷暖色调的完美配合，拼装出精美的家居生活。

4. 专业词库

"专业词库"命令可用于输入或维护专业词库中的内容，由用户扩充的专业词库，可提供一些常用的建筑专业词汇并可随时插入图纸中，词库还可在各种符号标注命令中调用。执行"文字表格 > 专业词库"命令，在打开的"专业词库"对话框中，根据需要，在"天正词库"列表中，选择需要的文字内容后，即可在绘图窗口中，指定位置插入相关文字，如下图所示。

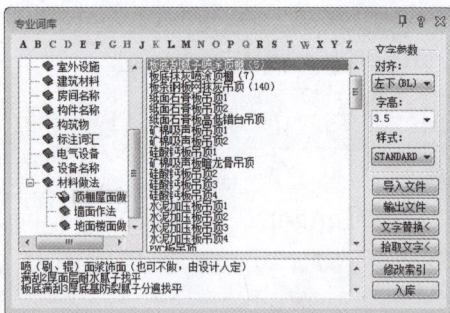

喷（刷、辊）面浆饰面（也可不做，由设计人定）
满刮2厚面层耐水腻子找平
板底满刮3厚底基防裂腻子分遍找平
素水泥浆一道甩毛（内掺建筑胶）
钢筋混凝土预制板用水加10％火碱清洗油渍，并
用1:0.5:1水泥石灰膏砂浆将板缝嵌实抹平

5. 文字合并

在天正建筑软件中，可将单行文字通过"文字合并"命令，合并成多行文字。执行"文字表格>文字合并"命令，根据命令窗口中的提示，选择需要合并的单行文字，按Enter键，指定好合并文字的位置即可。

命令窗口提示如下：

```
命令：T81_TTextMerge
请选择要合并的文字段落<退出>：指定对角点：找到 4 个              （选择所有需合并的文字）
请选择要合并的文字段落<退出>：                              （按Enter键）
[合并为单行文字(D)]<合并为多行文字>：                        （按Enter键）
移动到目标位置<替换原文字>：                               （指定文字位置）
```

> **工程师点拨** | 对文字"查找替换"或"繁简转换"
>
> 在天正建筑软件中，还可对当前文字进行"查找替换"或"繁简转换"操作，执行"文字表格>查找替换/繁简转换"命令，打开相应的对话框，用户只需根据提示信息，即可完成相关操作，下图左为"查找和替换"对话框，下图右为"繁简转换"对话框。

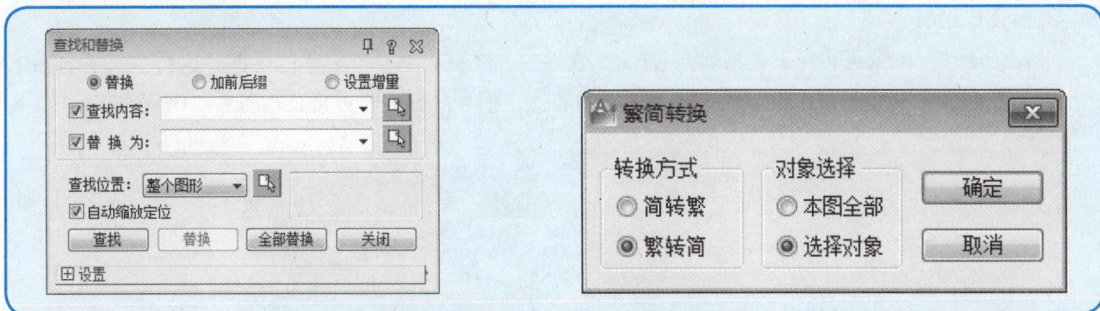

6. 统一字高

"统一字高"命令是将所有文字设置为统一高度，其操作方法为：执行"文字表格>统一字高"命令，选中需要更改的文字，并在命令窗口中输入新文字的高度，按Enter键，即可完成，如下图所示。

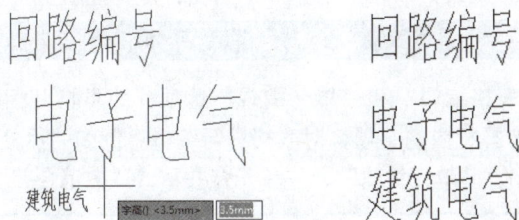

02 表格工具的使用

表格是建筑绘图中的重要组成部分，通过表格可表达大量的数据内容，表格可独立绘制，也可在门窗表盒图样目录中应用。

1. 新建表格

执行"文字表格>新建表格"命令，在打开的"新建表格"对话框中，设置好表格的行数、列数、行高和列宽，然后单击"确定"按钮，在绘图窗口中指定表格起点，即可完成表格的创建，如下图所示。

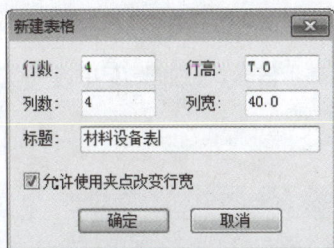

双击该表格，即可打开"表格设定"对话框。在该对话框中，用户可对当前表格进行参数设定，例如"文字参数"、"横线参数"、"竖线参数"、"表格边框"以及"标题"等，单击其中任意一标签，即可在相应选项卡中进行设置，下左图为"文字参数"选项卡，下右图为"标题"选项卡。

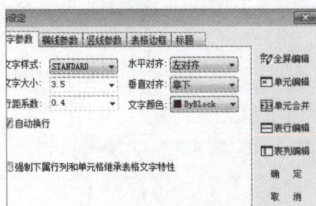

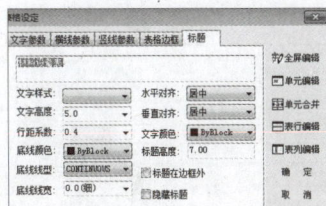

2. 转出Excel

"转出Excel"命令可将天正表格输入至Excel软件中，或更新到当前表单的区域。执行"文字表格>转出Excel"命令，在绘图窗口中，选中需要转出的表格，稍等片刻，即可将其转入至Excel软件中，如下图所示。

材料设备表			
材料名称	数量	型号	备注

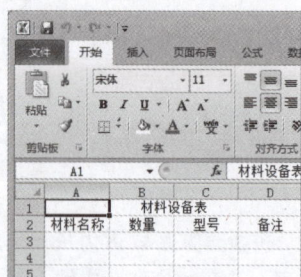

工程师点拨｜表格编辑操作

单击"文字表格"中的"表格编辑"和"单元编辑"选项，即可打开相应的扩展列表，用户可在这些列表中，根据需要选择相应的选项，对表格进行编辑。例如"拆分表格"、"合并表格"、"添加行"、"删除行"、"单元编辑"、"单元合并"、"撤销合并"等。

1.7　添加尺寸与符号标注

尺寸、符号的标注是建筑绘图中的重要组成部分，下面将分别对其进行介绍。

01　添加尺寸标注

在天正建筑软件中，用户可对门窗、墙体等建筑物进行标注。

1. 门窗标注

执行"尺寸标注>门窗标注"命令，根据命令窗口中的提示信息，在绘图窗口中选中门窗的起点和端点，即可完成，如下图所示。

命令窗口提示如下：

```
命令: T81_TDim3
请用线选第一、二道尺寸线及墙体！
起点<退出>：                                    （选中下左图中A点）
终点<退出>：                                     （选中图中B点）
选择其他墙体：                              （按Enter键，完成操作）
```

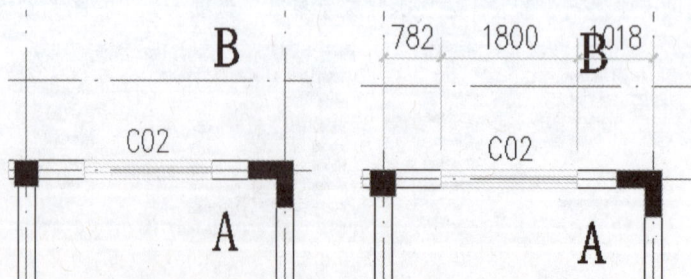

2. 墙厚标注

执行"尺寸标注>墙厚标注"命令，根据命令窗口中的提示信息，选中墙体内外两条边线，即可完成标注，如下图所示。

命令窗口提示如下：

```
命令：T81_TDimWall
直线第一点<退出>：                                          （选中墙体内线）
直线第二点<退出>：                                          （选中墙体外线）
```

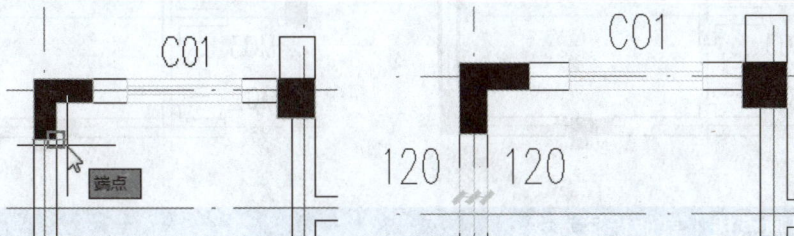

3. 两点标注

执行"尺寸标注>两点标注"命令，根据命令窗口中的提示信息，选中标注起点和端点，即可完成标注，如下图所示。

命令窗口提示如下：

```
命令：T81_TDimTP
起点(当前墙面标注) 或 [ 墙中标注(C)]<退出>：                     （选中标注起点）
终点<选物体>：                                              （选中标注端点）
请选择不要标注的轴线和墙体：                                    （按Enter键）
选择其他要标注的门窗和柱子：                                    （按Enter键）
请输入其他标注点或 [ 参考点(R)]<退出>：                         （按Enter键）
```

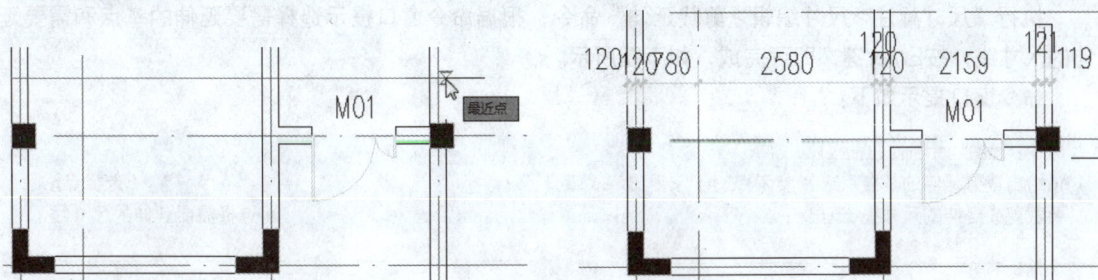

4. 快速标注

"快速标注"命令可快速识别图形外轮廓或基线点，沿着对象的长宽方向标注对象的尺寸。执行"尺寸标注 > 快速标注"命令，根据命令窗口提示，选中需要标注的对象，按 Enter 键，即可完成尺寸标注，如下图所示。

命令窗口提示如下：

```
命令：T81_TQuickDim
选择要标注的几何图形：找到 1 个                                （选中所要标注的墙柱）
选择要标注的几何图形：找到 1 个，总计 2 个
选择要标注的几何图形：找到 1 个，总计 3 个
选择要标注的几何图形：                                        （按Enter键，完成操作）
请指定尺寸线位置(当前标注方式：整体) 或 [ 整体(T)/连续(C)/连续加整体(A)]<退出>： （指定标注位置）
```

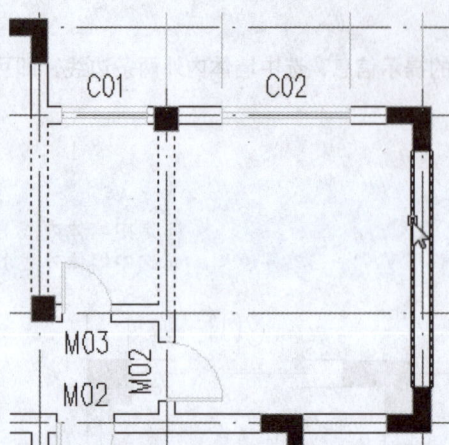

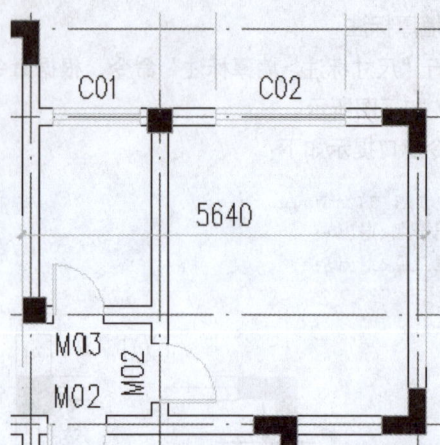

在"尺寸标注"扩展列表中，除了以上介绍的尺寸标注方法外，还有其他方法，例如"逐点标注"、"半径标注"、"直径标注"、"角度标注"以及"弧长标注"等，其使用方法与AutoCAD软件的操作方法相同。

02 尺寸标注的编辑

尺寸标注完成后，用户可对标注后的尺寸进行编辑，例如"文字复位"、"剪裁延伸"、"尺寸打断"、"增补尺寸"等操作。

1. 剪裁延伸

执行"尺寸标注＞尺寸编辑＞剪裁延伸"命令，根据命令窗口提示选择需要延伸的基点和需要延伸的尺寸线，按Enter键，即可完成，如下图所示。

命令窗口提示如下：

```
命令: T81_TDimTrimExt
请给出裁剪延伸的基准点或 [ 参考点(R)]<退出>:                              (选择点A)
要裁剪或延伸的尺寸线<退出>:                                    (选择需要延伸的尺寸线)
```

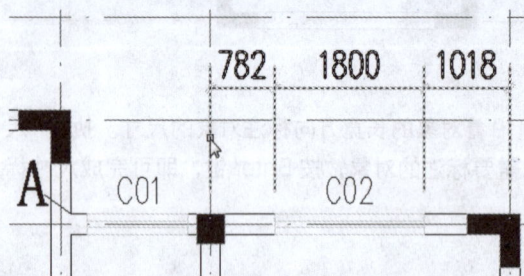

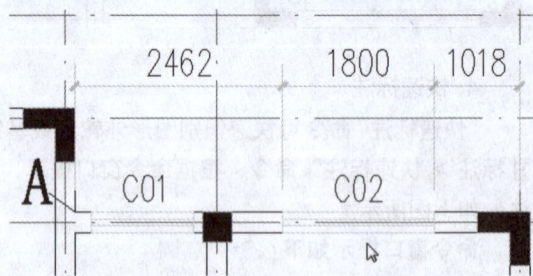

2. 取消尺寸

"取消尺寸"命令，可取消连续标注中的一个尺寸标注区间。执行"尺寸标注＞尺寸编辑＞取消尺寸"命令，在绘图窗口中选中需要删除的尺寸，即可完成操作，如下图所示。

命令窗口提示如下：

命令：T81_TDimDel
请选择待取消的尺寸区间的文字<退出>：　　　　　　　　　　　　　　　　　　（选择需要删除的尺寸）

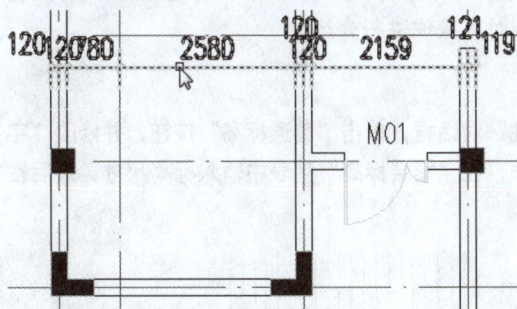
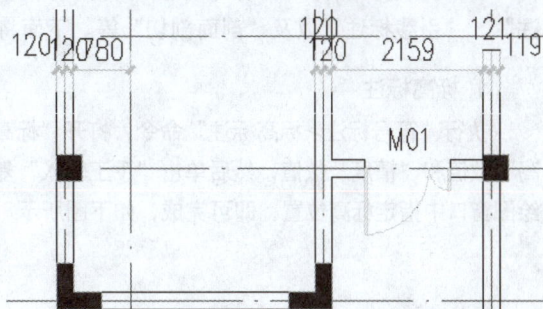

3. 合并区间

执行"尺寸标注>尺寸编辑>合并区间"命令，根据命令窗口中的提示选择需要合并的尺寸，按Enter键，即可完成，如下图所示。

命令窗口提示如下：

命令：T81_TConbineDim
请框选合并区间中的尺寸界线箭头<退出>：　　　　　　　　　　　　　（选择下左图中的s尺寸线）
请框选合并区间中的尺寸界线箭头或 [撤销(U)]<退出>：　　　　　　　　　　（选择k尺寸线）

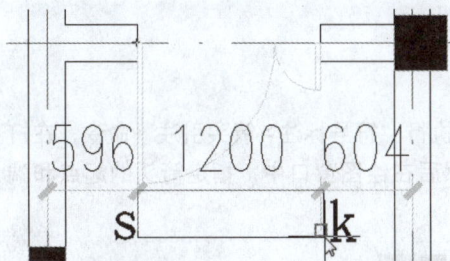
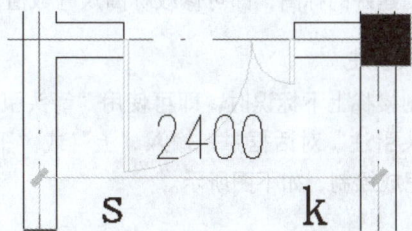

4. 增补尺寸

"增补尺寸"命令可以对已有的尺寸标注增加标注点。单击"尺寸标注>尺寸编辑>增补尺寸"命令，根据命令窗口提示，选择所要增补尺寸和增补标注点的位置，即可完成，如下图所示。

命令窗口提示如下：

命令：T81_TBreakDim
请选择尺寸标注<退出>：　　　　　　　　　　　　　　　　　　　　　（选择下左图中点q）
点取待增补的标注点的位置或 [参考点(R)]<退出>：　　　　　　　　　　　　（选择点x）
点取待增补的标注点的位置或 [参考点(R)/撤销上一标注点(U)]<退出>：　　　　（按Enter键，完成）

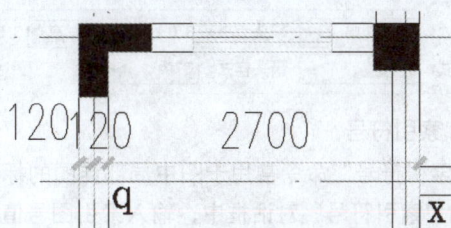

03 添加符号标注

在天正建筑软件中，符号标注的种类有很多，例如"标高标注"、"索引符号"、"箭头标注"、"引线标注"以及"剖面剖切"等。下面将分别对其操作进行介绍。

1. 标高标注

执行"符号标注>标高标注"命令，打开"标高标注"对话框，单击"普通标高"按钮，并修改"字高"数值和"精度"数值，然后单击"手工输入"复选框，在"楼层标高"列表中输入标高尺寸，最后在绘图窗口中指定标高位置，即可完成，如下图所示。

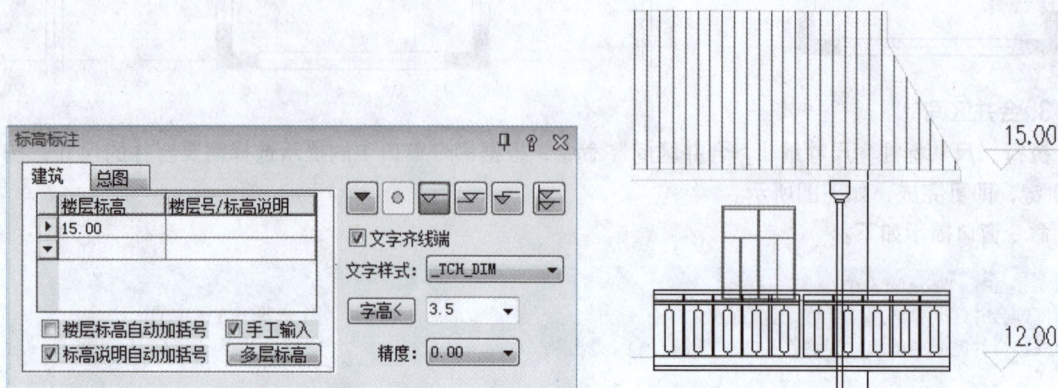

双击创建好的标高，即可修改标高尺寸数值。

2. 箭头引注

在绘制楼梯上下标识时，即可使用"箭头引注"命令。执行"符号标注>箭头引注"命令，在打开的"箭头引注"对话框中，输入"上"或"下"文本，然后在绘图窗口中，指定箭头的起点和端点，即可完成绘制，如下图所示。

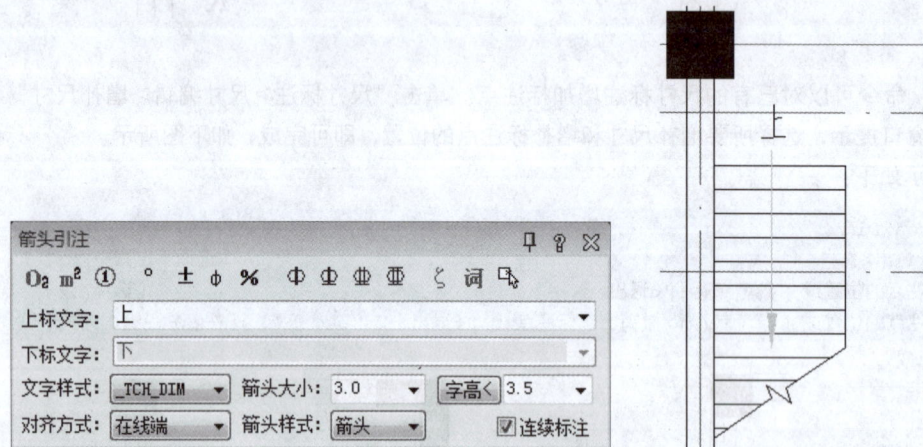

3. 索引符号

"索引符号"命令常用于图中局部详图的标注索引图号。执行"符号标注>索引符号"命令，在打开的"索引符号"对话框中，输入索引图号值和索引编号值，然后在绘图窗口中指定需要被索引的详图，最后指定标注位置，即可完成，如下图所示。

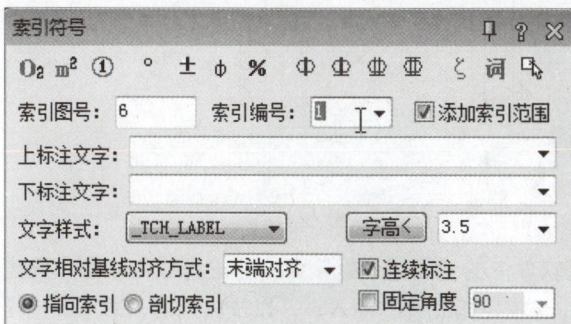

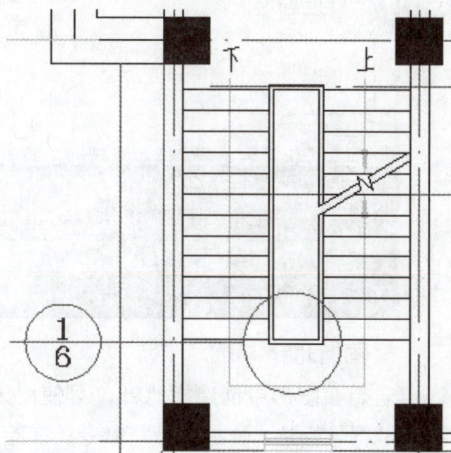

4. 加折断线

执行"符号标注>加折断线"命令,根据命令窗口提示,在图形中指定折断线的起点和端点,即可完成折断线的添加。

命令窗口提示如下:

```
命令:T81_TSymbCut
点取折断线起点或 [选多段线(S)]<退出>:                    (选取折线起点)
点取折断线终点或 [改折断数目,当前=1(N)]<退出>:            (选择折线端点)
当前切除外部,请选择保留范围或 [改为切除内部(Q)]<不切割>:    (按Enter键,完成)
```

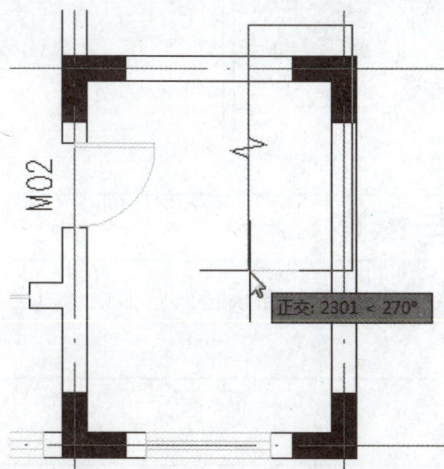

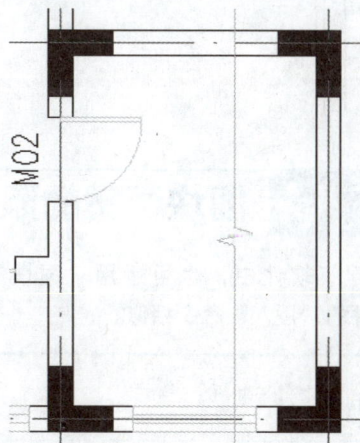

5. 剖面切剖

若想在图形中,绘制剖切符号,可使用天正建筑软件中的"剖面切剖"命令进行操作。其具体操作步骤如下:

STEP 01 执行"符号标注>剖面剖切"命令,在命令窗口中,输入剖切编号。

STEP 02 输入完毕后,在绘图窗口中,指定剖切位置,按照命令提示,即可完成。

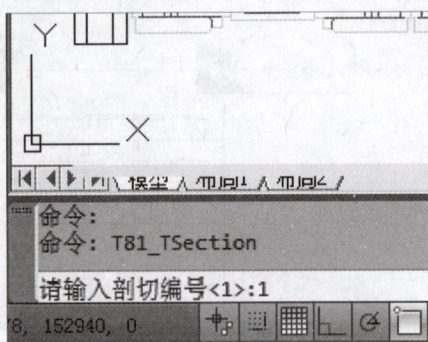

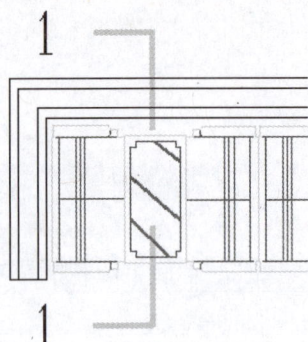

命令:
命令: T81_TSection
请输入剖切编号<1>:1

8, 152940, 0

6.画指北针

若想在图形中创建指北针，可使用天正建筑软件中的"画指北针"命令，进行操作。用户只需执行"符号标注>画指北针"命令，在绘图窗口中，指定指北针的插入点，以及其方向，即可完成绘制，如下图所示。

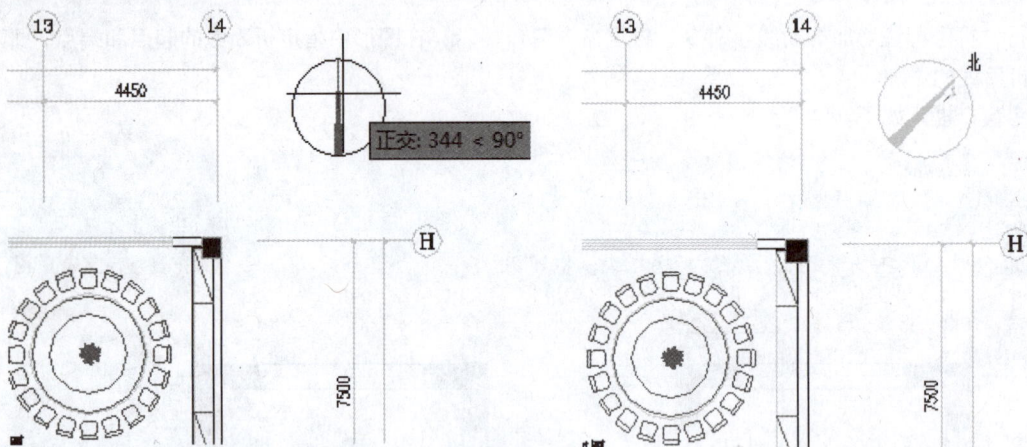

| 1.8 | 图块图案的添加与填充 |

在天正建筑软件中，也可运用"图块"命令，将所需的图块插入图形中，其方法与AutoCAD软件的"插入"命令相似。

01 添加图块

在天正建筑软件中，若想插入图块，则使用"通用图库"命令插入即可。但需注意，只能插入天正格式的图块，而CAD图块则无法添加。所以用户需先加载天正图库，才可执行。

STEP 01 执行"图块图案>通用图库"命令，打开"天正图库管理系统"对话框。

STEP 02 在该对话框中，单击"打开－图库"按钮，打开"打开"对话框。

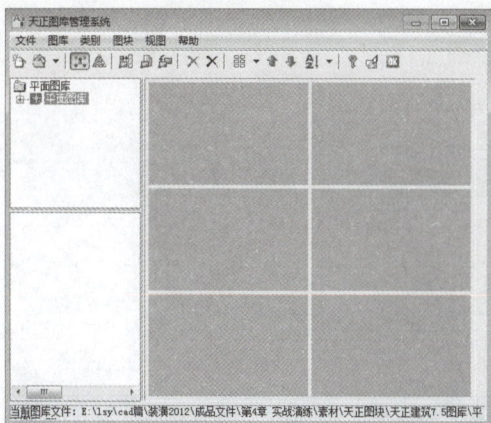

STEP 03 在该对话框中，查找到天正格式的图库，将其选中，并单击"打开"按钮。

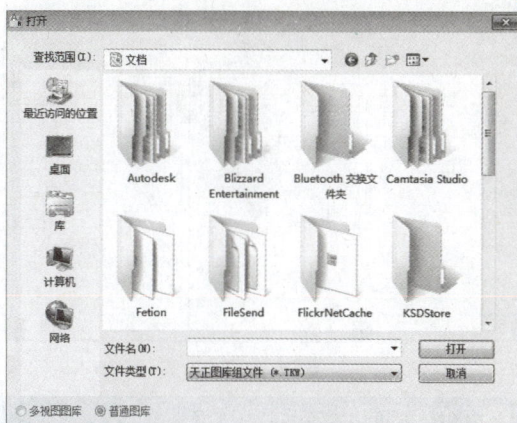

STEP 04 加载完成后，在"天正图库管理系统"对话框中，即可显示加载的天正平面图库。

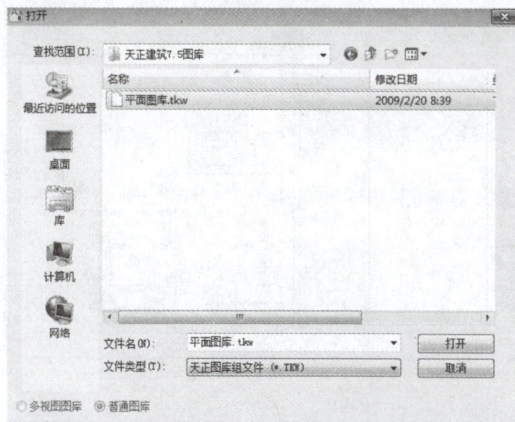

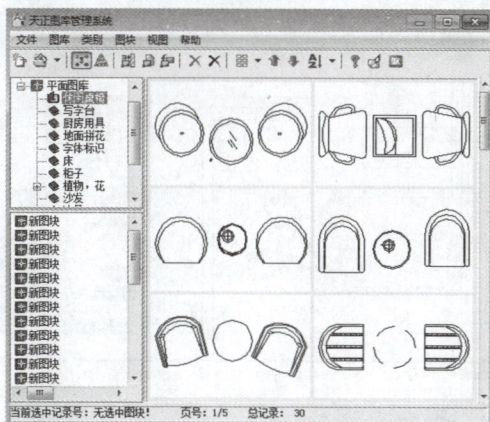

STEP 05 在该对话框中，双击需要插入的图块。

STEP 06 在打开的"图块编辑"对话框中，设置图块参数，通常设置为默认项。

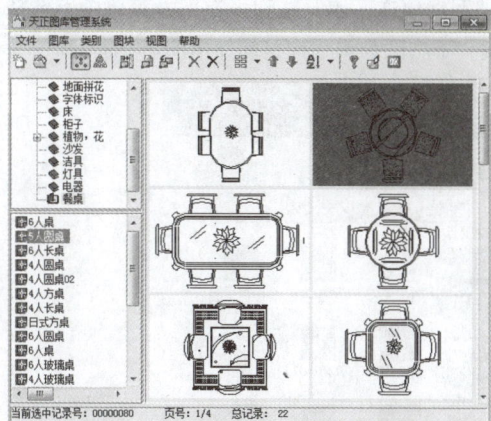

STEP 07 设置完成后，即可在绘图窗口中，指定好图块位置。

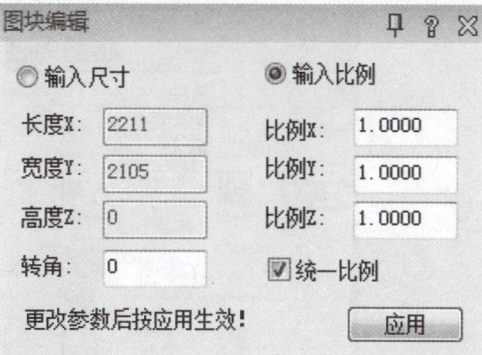

STEP 08 指定完成后，按Enter键，即可完成图块的插入，执行"修改>复制"命令，对图块进行复制。

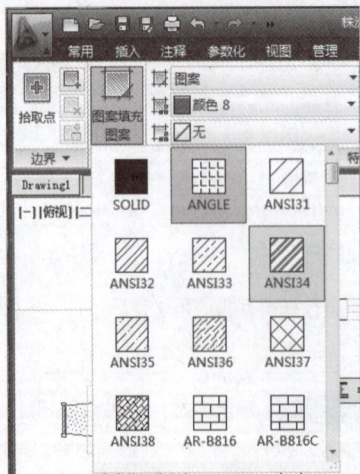

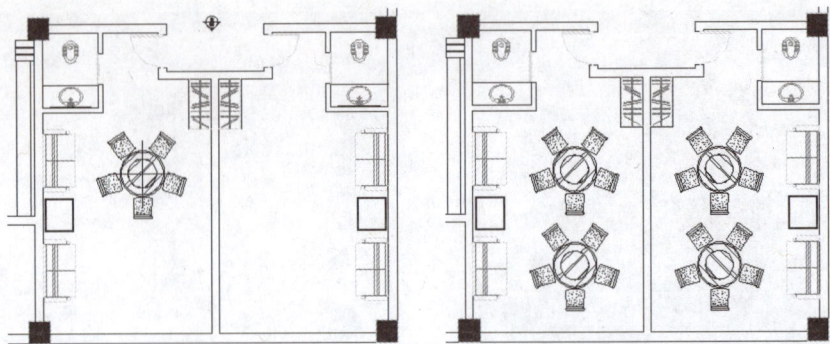

工程师点拨 | 图块替换

在天正建筑软件中，若想对当前图块进行替换，可使用"图块替换"命令，执行"图块图案>图块替换"命令，选中需要替换的图块，在打开的"天正图库管理器"对话框中，选中新图块，即可完成，如下图所示。

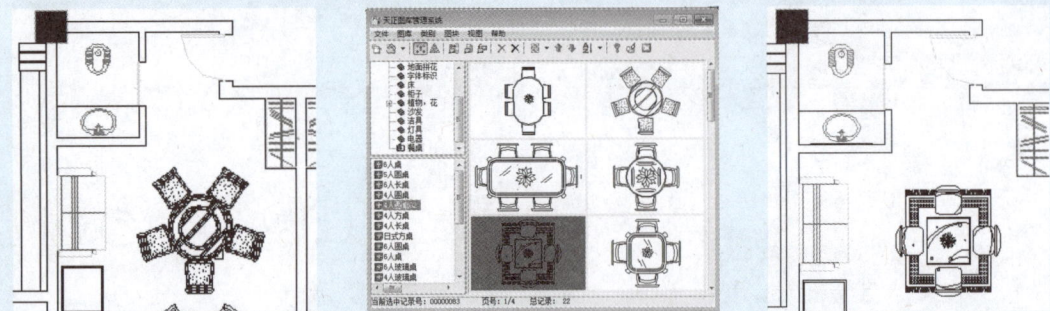

02 图案填充

在天正建筑软件中，"图案填充"命令与AutoCAD软件中的"图案填充"命令基本相同。不同的是，在天正建筑软件中，其填充图案在AutoCAD软件的基础上，又增添了很多。执行"绘图>图案填充"命令，在打开的"图案填充创建"选项卡中，单击"图案填充图案"按钮，在下拉菜单中，选择所需的图案，即可。下左图为AutoCAD软件中的填充图案，下右图为天正建筑软件中的填充图案。

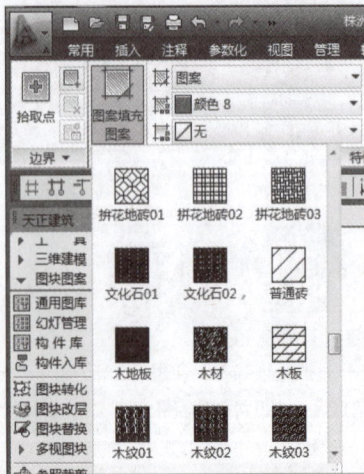

1.9　创建立面

在天正建筑软件中，立面图形是通过"建筑立面"命令，自动生成的。可以其绘图方法与AutoCAD软件相比，要简便得多。

01　建筑立面

下面将以二层别墅为例，介绍运用天正建筑软件，创建建筑立面图的操作方法。

STEP 01 启动天正建筑软件，打开"别墅平面图"原始文件。执行"立面＞建筑立面"命令，系统则打开"新建工程项目"提示框。

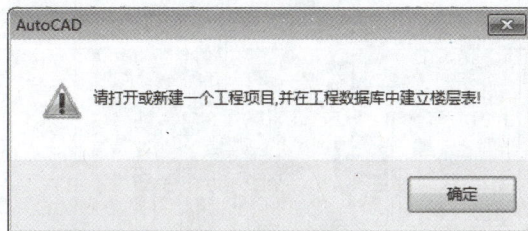

STEP 02 在"工程管理"面板中，单击"工程管理"选项，选择"新建工程"选项。

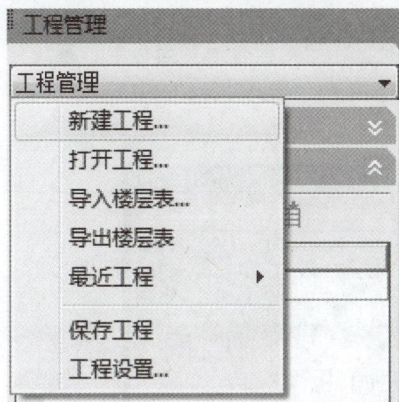

STEP 03 在"另存为"对话框中，设置保存路径，输入文件名，单击"保存"按钮，即可完成工程的创建。

STEP 04 在"工程管理"面板中，在"层高"下的文本框中，输入1。

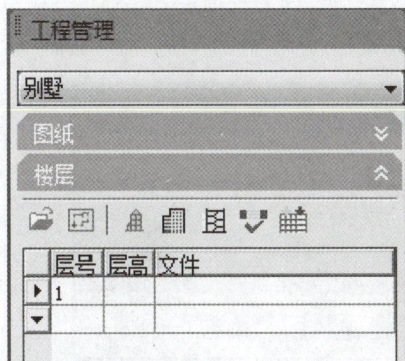

STEP 05 单击"框选范围"按钮，在绘图窗口中，框选别墅一层平面图。

STEP 06 框选完成后，根据命令窗口提示，选择A轴与1轴的交点为对齐点。

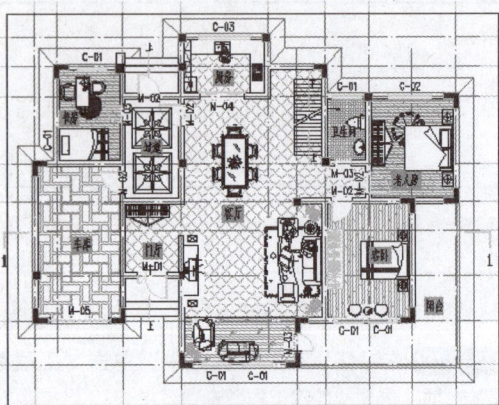

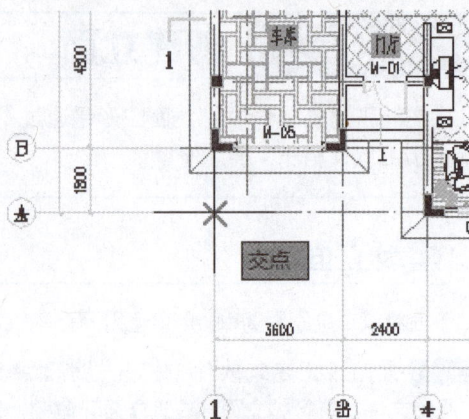

STEP 07 此时，在"工程管理"面板中，系统会自动显示出该图纸的"层高"及"文件位置"的相关信息。

STEP 08 同样，在"层号"列表中，输入2，单击"框选范围"按钮，框选出别墅二层平面图。

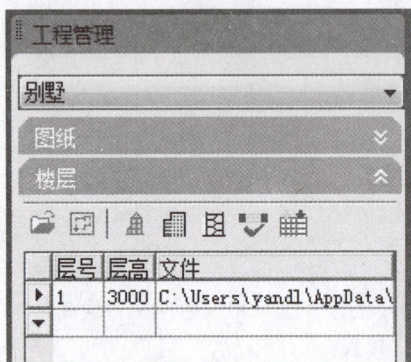

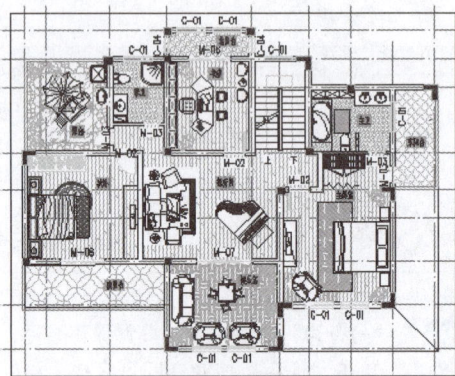

STEP 09 选择A轴与1轴的交点为对齐点，完成二层别墅的"层高"与"文件"信息的输入。

STEP 10 单击"建筑立面"按钮，根据命令提示，选择"F（正立面）"选项，按Enter键，并选择轴线1和轴线10。

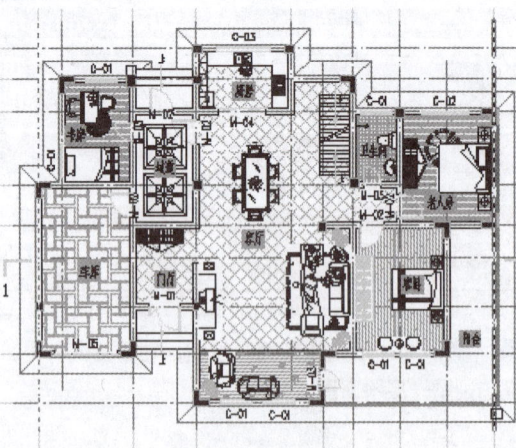

STEP 11 按Enter键,在打开的"立面生成设置"对话框中,设置相关选项的参数。

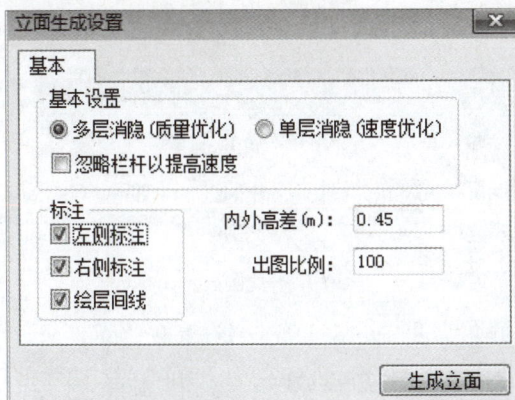

STEP 12 在"输入要生成的文件"对话框中,输入文件名,单击"保存"按钮,稍等片刻,系统将自动生成别墅立面图。

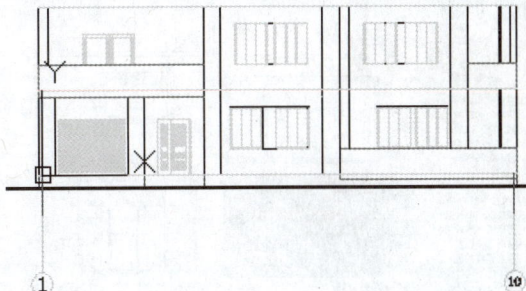

02 立面编辑

通常在生成立面图后,都需对立面图进行编辑。例如绘制窗套、门窗、立面阳台以及屋顶等。下面将对其操作进行介绍。

STEP 01 打开"实例文件\附录\别墅立面.dwg"素材文件,执行"立面>立面窗套"命令,根据需要在绘图窗口中,框选窗图块。

STEP 02 选择完成后,在打开的"窗套参数"对话框中,根据需要,设置相关参数。

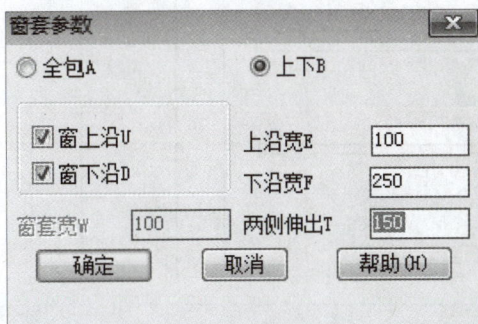

STEP 03 设置完成后,单击"确定"按钮,即可完成窗套图形的绘制。

STEP 04 按照同样的操作方法,完成其他窗套的绘制。

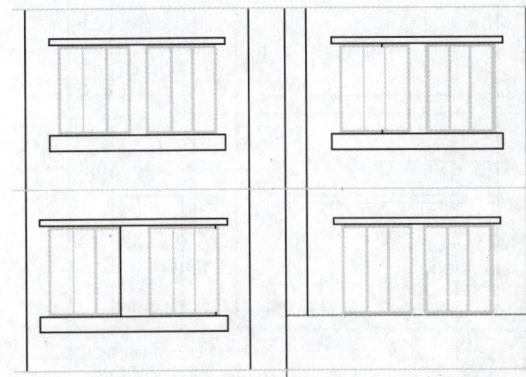

执行"立面>立面门窗"命令，打开"天正图库管理系统"对话框。

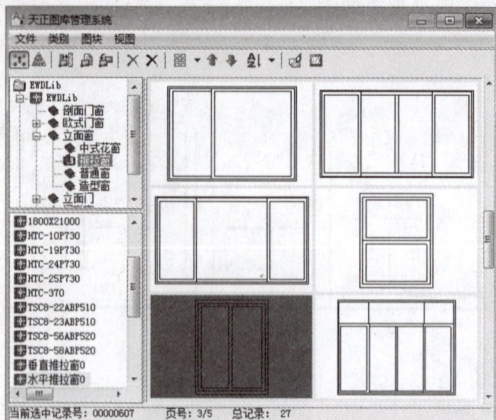

在该对话框中，双击需要插入的立面窗图形，在"图块编辑"对话框中，设置相关图块参数。

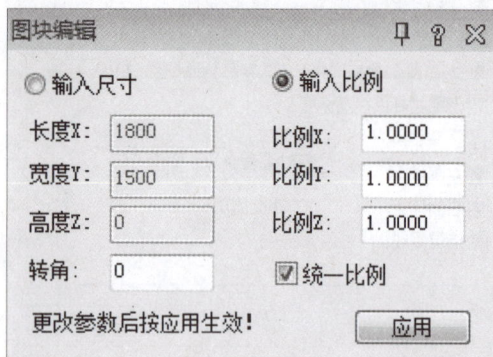

在绘图窗口中，指定立面窗图块的位置，即可插入立面窗。

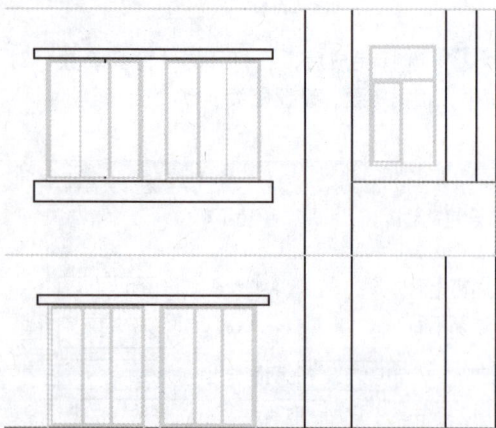

执行"立面门窗"命令，在打开的"天正图库管理系统"对话框中，选择合适的立面门图块。

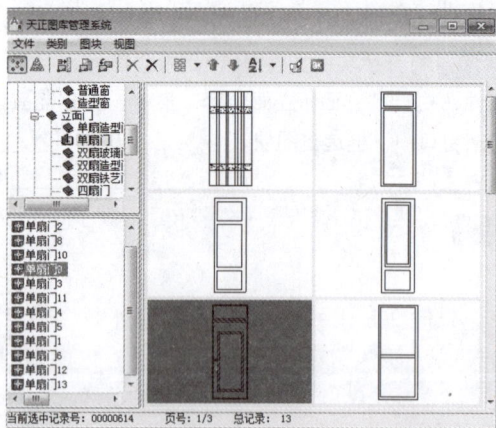

双击该图块，并设置相关参数，即可将该立面门图块插入至图形合适位置。

执行"立面>立面阳台"命令，打开"天正图库管理系统"对话框，选择合适的阳台立面图块。

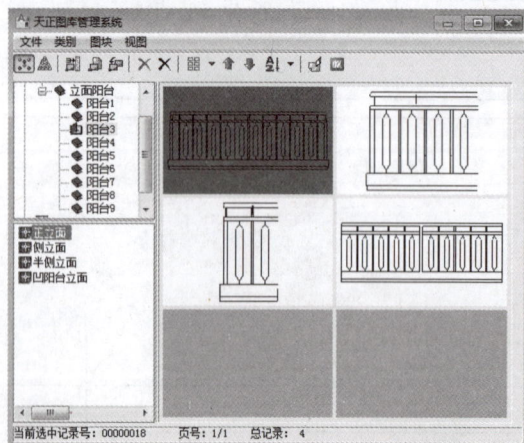

STEP 11 双击该阳台图块，在打开的"图块编辑"对话框中，设置相关图块参数。

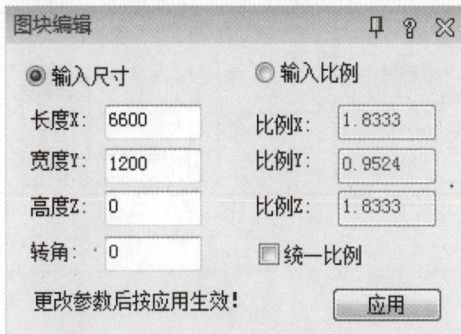

图块编辑

◉ 输入尺寸　　　○ 输入比例

长度X: 6600　　比例X: 1.8333

宽度Y: 1200　　比例Y: 0.9524

高度Z: 0　　　　比例Z: 1.8333

转角: 0　　　□ 统一比例

更改参数后按应用生效!　　 应用

STEP 12 设置完成后，即可在绘图窗口中指定阳台图块位置，插入阳台图块。

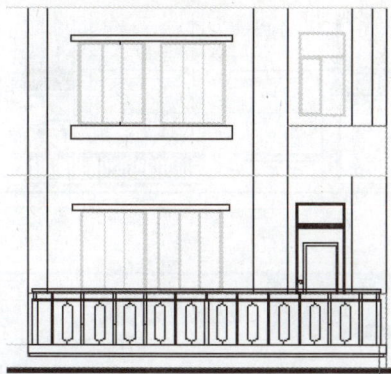

STEP 13 按照同样的操作方法，完成剩余栏杆图块的插入。

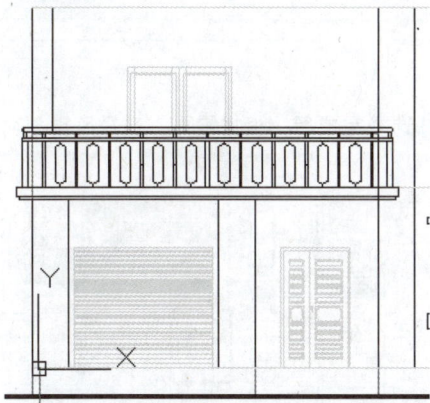

STEP 14 执行"立面>雨水管线"命令，并根据命令提示，选择水管的起点和端点。

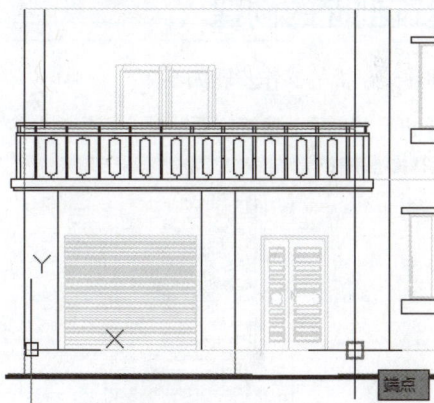

端点

STEP 15 在命令窗口中，输入水管的管径数值，按Enter键，即可完成雨水管立面图的绘制。

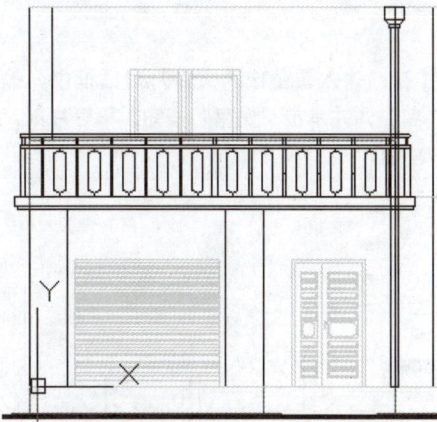

STEP 16 执行"立面>立面屋顶"命令，在"立面屋顶参数"对话框中，设置屋顶参数。

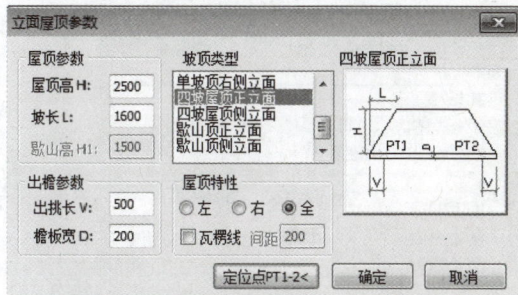

立面屋顶参数

屋顶参数　　　坡顶类型　　　四坡屋顶正立面

屋顶高 H: 2500　　单坡顶右侧立面

坡长 L: 1600　　四坡屋顶侧立面

歇山高 H1: 1500　　四坡屋顶正立面

歇山顶正立面

歇山顶侧立面

出檐参数　　　屋顶特性

出挑长 V: 500　　○ 左　○ 右　◉ 全

檐板宽 D: 200　　□ 瓦楞线　间距 200

定位点PT1-2<　 确定　 取消

STEP 17 设置完成后，单击"确定"按钮，即可完成立面屋顶图形的绘制。

STEP 18 执行"绘图>图案填充"命令，对屋顶图形进行填充，完成对建筑立面图形的编辑。

1.10   创建剖面

"建筑剖面"命令可生成建筑物剖面，其操作步骤与"生成立面"的步骤相似。下面将介绍其具体的操作步骤。

01 建筑剖面的创建

创建建筑剖面的操作步骤如下。

STEP 01 执行"剖面>建筑剖面"命令，根据命令提示，选择图形中的剖面线。

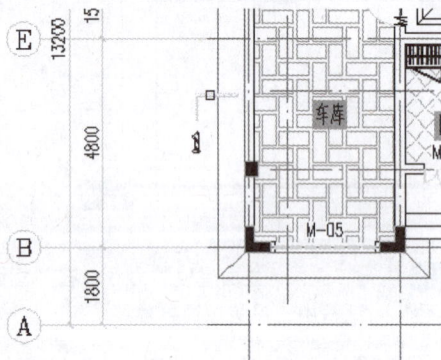

STEP 02 选择完成后，根据需要，选择所需剖面轴线。

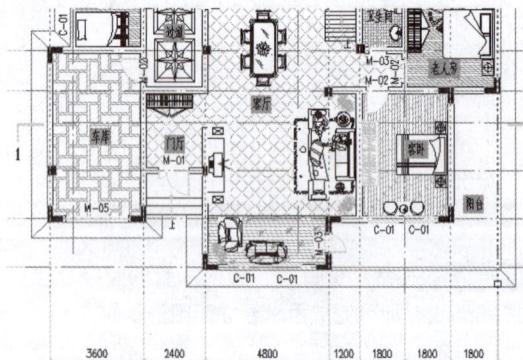

STEP 03 选择完成后，在打开的"剖面生成设置"对话框中，设置相关参数，单击"生成剖面"按钮。

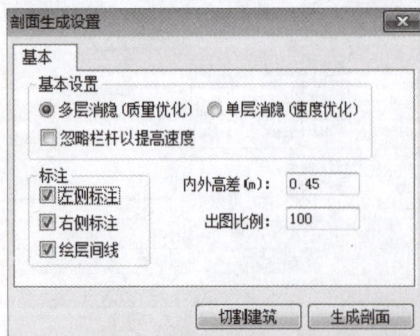

STEP 04 在"输入要生成的文件"对话框中，输入"文件名"，并单击"保存"按钮，稍等片刻，即可生成剖面。

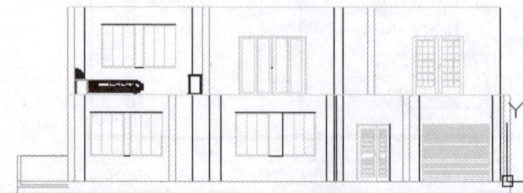

02 剖面的绘制

剖面创建完成后,即可对剖面进行细化操作。

STEP 01 执行"剖面>预设楼板"命令,在"剖面楼板参数"对话框中,设置楼板参数。

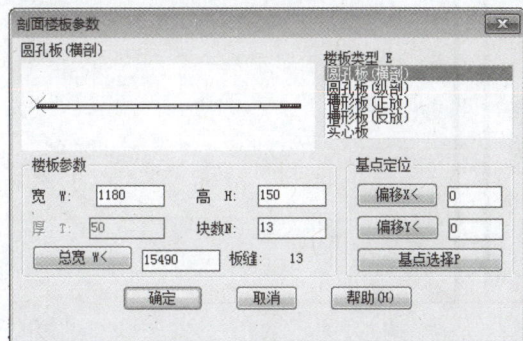

STEP 02 设置完成后,单击"确定"按钮,在绘图窗口中,指定楼板位置,即可完成。

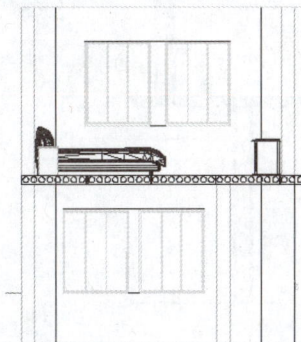

STEP 03 执行"剖面>剖面填充"命令,根据命令提示,在绘图窗口中,选择剖面线。

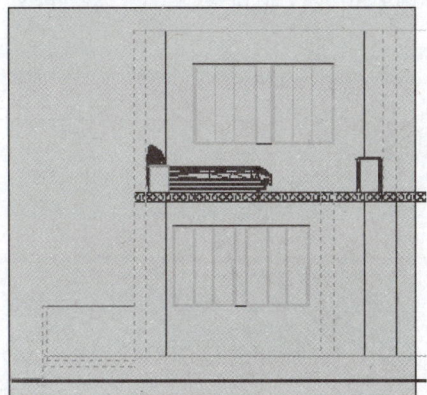

STEP 04 选择完成后,在"请点取所需的填充图案"对话框中,选择所要填充的图案。

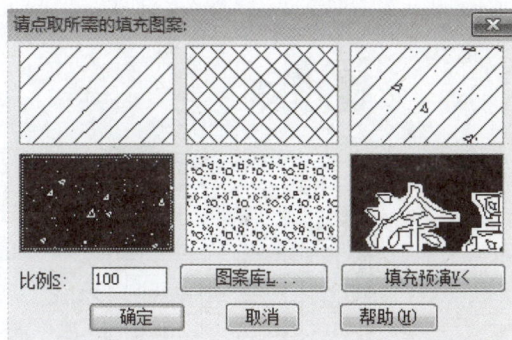

STEP 05 设置完成后,单击"确定"按钮,即可完成剖面填充。

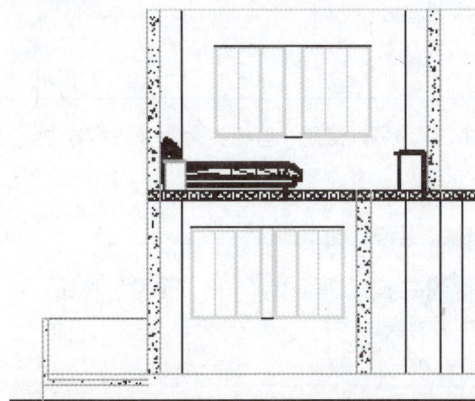

STEP 06 执行"剖面>居中加粗"命令,并选择填充线。

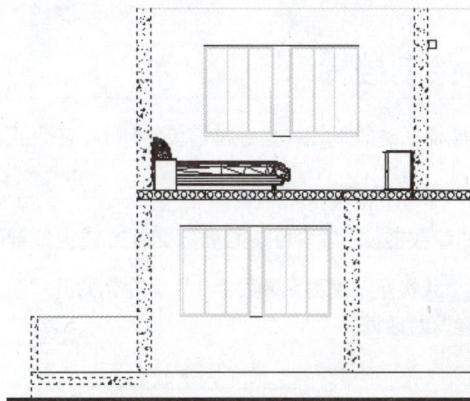

STEP 07 选择完成后，按Enter键，即可将剖面线加粗。

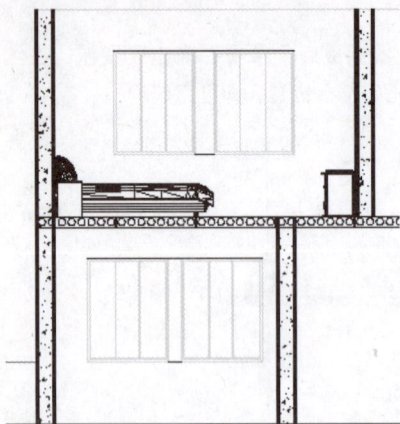

STEP 08 执行"剖面>加剖断梁"命令，并根据命令提示，绘制断梁。

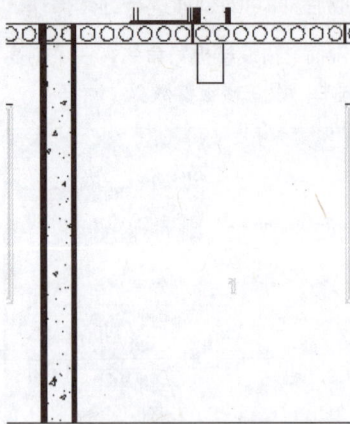

03 创建构件剖面

　　在天正建筑软件中，除了可创建建筑剖面图形外，还可创建一些建筑构件图形的剖面。其具体操作为：执行"剖面>构件剖面"命令，根据命令提示，选择剖切线，并选择剖切图形，按Enter键，即可完成创建，如下图所示。

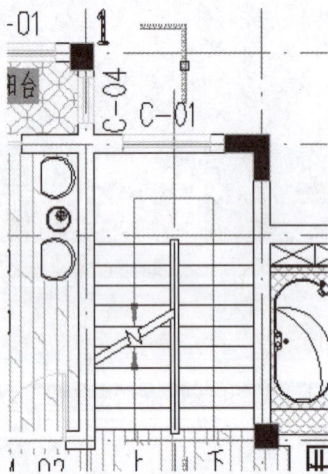

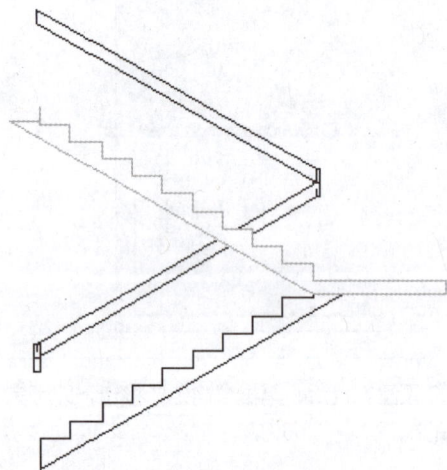

04 绘制楼梯

　　楼梯在建筑制图中是经常需要绘制的，在天正建筑软件中，用户可以使用一些相关命令来进行绘制。

1. 参数楼梯

　　"参数楼梯"命令可按照参数交互方式生成剖面或可见楼梯，其操作如下。

STEP 01 执行"剖面>参数楼梯"命令，打开"参数楼梯"对话框。

STEP 02 在该对话框中，单击"参数"按钮，可打开扩展列表。

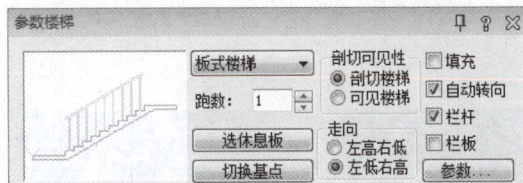

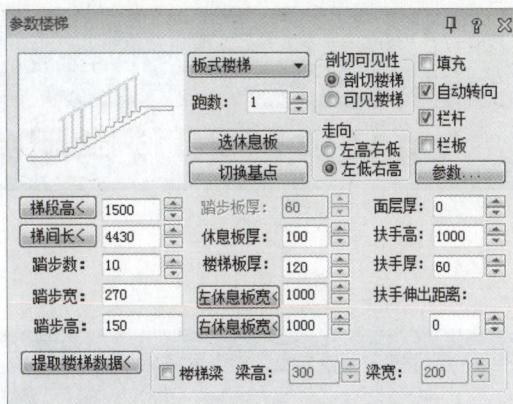

STEP 03 在该对话框中，对梯段高、梯间长、楼梯类型以及踏步数进行设置。

STEP 04 设置完成后，即可在绘图窗口中，指定楼梯位置，完成绘制。

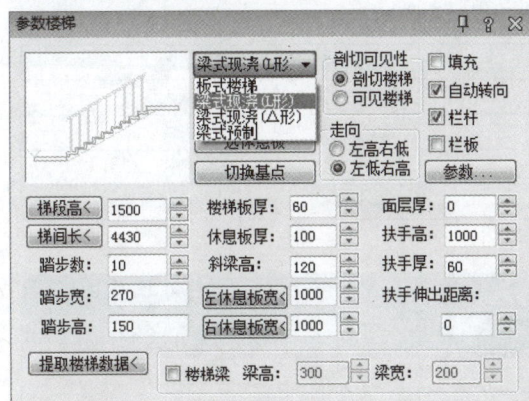

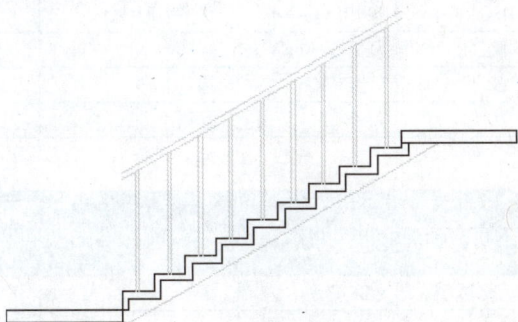

2. 扶手接头

楼梯绘制完成后，通常都需对扶手进行调整修改，在天正建筑软件中，可使用"扶手接头"命令进行相关操作。用户执行"剖面>扶手接头"命令，在命令窗口中，输入扶手伸出的距离值，按Enter键，并选择是否增加栏杆选项，最后在绘图窗口中，选择需连接的一对扶手，即可完成，如下图所示。

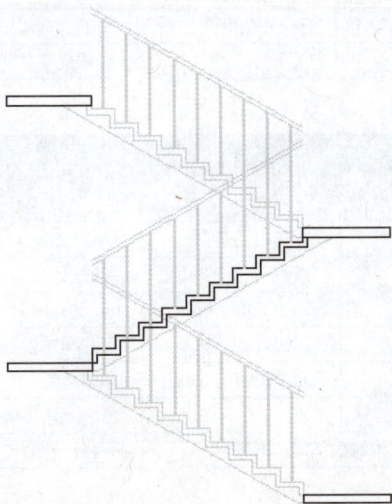

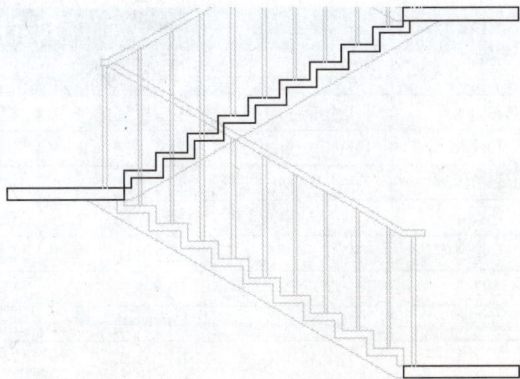

附 录 二

AutoCAD 2012常用命令汇总

绘图命令

快捷命令	命令全称	功能描述	快捷命令	命令全称	功能描述
PO	POINT	点	DO	DONUT	圆环
L	LINE	直线	EL	ELLIPSE	椭圆
XL	XLINE	射线	REG	REGION	创建面域
PL	PLINE	多段线	T或MT	MTEXT	多行文字
ML	MLINE	多线	DT	DTEXT	单行文字
SPL	SPLINE	样条曲线	B	BLOCK	块定义
POL	POLYGON	正多边形	I	INSERT	插入块
REC	RECTANGLE	矩形	W	WBLOCK	写块
C	CIRCLE	圆	DIV	DIVIDE	等分
A	ARC	圆弧	H	HATCH	图案填充

修改命令

快捷命令	命令全称	功能描述	快捷命令	命令全称	功能描述
CO或CP	COPY	复制	EX	EXTEND	延伸
MI	MIRROR	镜像	S	STRETCH	拉伸
AR	ARRAY	阵列	LEN	LENGTHEN	拉长
O	OFFSET	偏移	SC	SCALE	比例缩放
RO	ROTATE	旋转	BR	BREAK	打断
M	MOVE	移动	CHA	CHAMFER	倒角
E	ERASE	删除	F	FILLET	倒圆角
X	EXPLODE	分解	PE	PEDIT	转换为多段线
TR	TRIM	修剪	ED	DDEDIT	编辑文字

尺寸标注命令

快捷命令	命令全称	功能描述	快捷命令	命令全称	功能描述
DLI	DIMLINEAR	线性标注	LE	QLEADER	快速标注
DRA	DIMRADIUS	半径标注	DBA	DIMBASELINE	基线标注
DDI	DIMDIAMETER	直径标注	DCO	DIMCONTINUE	连续标注
DAN	DIMANGULAR	角度标注	D	DIMSTYLE	标注样式管理器
DCE	DIMCENTER	圆心标记	DED	DIMEDIT	编辑标注
DOR	DIMORDINATE	点标注	DOV	DIMOVERRIDE	替代标注系统变量
TOL	TOLERANCE	形位公差标注	DIMTED	DIMTEDIT	标注尺寸重定位

三维绘图命令

快捷命令	命令全称	功能描述	快捷命令	命令全称	功能描述
3A	3DARRAY	三维阵列	3P	3DPOLY	三维多义线
3DO	3DORBIT	三维动态观察器	SU	SUBTRACT	差集运算
3F	3DFACE	三维表面			
UNI	UNION	通过并运算创建组合面域或实体	EXT	EXTRUDE	将二维图形拉伸成三维图形

对象特征命令

快捷命令	命令全称	功能描述	快捷命令	命令全称	功能描述
ADC	ADCENTER	打开设计中心	EXIT	QUIT	退出
AL	ALIGN	对齐	EXP	EXPORT	输出数据
AP	APPLOAD	加载或卸载应用程序	IMP	IMPORT	输入文件
AA	AREA	计算对象的面积	OP或PR	OPTIONS	选项设置
ATT	ATTDEF	属性定义	PRINT	PLOT	打印文件
ATE	ATTEDIT	修改属性信息	PU	PURGE	删除图形数据库中没有使用的命名对象
DDATTEXT	ATTEXT	提取属性数据	R	REDRAW	刷新显示当前视口
CH或MO	PROPERTIES	打开"特性"面板	REN	RENAME	对象重命名
MA	MATCHPROP	特性匹配	SN	SNAP	捕捉栅格
ST	STYLE	文字样式	DS或SE	DSETTINGS	草图设置
COL	COLOR	设置颜色	OS	OSNAP	设置对象捕捉模式
LA	LAYER	图层特性管理器	PRE	PREVIEW	打印预览
LT	LINETYPE	线型管理器	TO	TOOLBAR	工具栏
LTS	LTSCALE	线型比例	V	VIEW	视图管理器
LW	LWEIGHT	线宽	DI	DIST	测量两点之间的距离和角度
UN	UNITS	图形单位	LI或LS	LIST	显示选定对象的数据库信息
BO	BOUNDARY	边界创建	VP	DDVPOINT	设置三维观察方向
IO	INSERTOBJ	插入链接或嵌入对象	MS	MSPACE	从图纸空间切换至模型空间

附 录 三

AutoCAD 2012快捷键一览表

快捷键/组合键	功能描述
F1	获取帮助
F2	实现绘图窗口和文本窗口的切换
F3	控制是否实现对象自动捕捉
F4	三维对象捕捉
F5	等轴测平面切换
F6	动态UCS控制
F7	栅格显示模式控制
F8	正交模式控制
F9	栅格捕捉模式控制
F10	极轴模式控制
F11	对象追踪式控制
F12	动态输入
Ctrl+1	打开特性对话框
Ctrl+2	设计中心
Ctrl+6	数据库连接管理器
Ctrl+B	栅格捕捉模式控制（F9）
Ctrl+C	将选择的对象复制到剪贴板上
Ctrl+F	控制是否实现对象自动捕捉
Ctrl+G	栅格显示模式控制（F7）
Ctrl+J	重复执行上一步命令
Ctrl+K	超级链接
Ctrl+N	新建图形文件
Ctrl+M	打开选项对话框
Ctrl+O	打开图像文件
Ctrl+P	打开打印对话框
Ctrl+S	保存文件
Ctrl+U	极轴模式控制
Ctrl+V	粘贴剪贴板上的内容
Ctrl+W	对象追踪式控制
Ctrl+X	剪切所选择的内容
Ctrl+Y	重做
Ctrl+Z	取消前一步的操作